기아 EV6 정비지침서 I 권

목차

일반사항

고전압 시스템 작업 및 취급 주의사항

⚠ 경 고

전기 차량은 고전압 배터리를 포함하고 있어 잘못 건드릴 경우 누전이나 감전 등의 심각한 사고로 이어질 수 있다. 반드시 아래의 모든 사항을 준수한다.

고전압 시스템 작업 전 주의사항

1. 고전압 배터리를 포함한 고전압 시스템의 수리, 정비 및 진단 작업을 수행하기 위해선 해당 국가의 규정 및 법규에 따른 특수한 자격 증명 혹은 교육이 필요하다.
2. 금속성 물질(시계, 반지, 기타 금속성 제품 등)은 고전압 단락을 유발하여 심각한 신체 상해를 입을 수 있고, 차량이 손상될 수 있으므로 작업 전에 반드시 몸에서 제거한다.
3. 고전압 시스템 및 관련 작업 전에는 안전사고 예방을 위해 개인 보호 장비를 착용하도록 한다.
   (고전압 시스템 안전 사항 및 주의, 경고 - "개인 보호 장비(PPE)" 참조)
4. 고전압 시스템을 작업하기 전에는 반드시 고전압 차단 절차를 수행해야 한다.
   (배터리 제어 시스템 (기본형) - "고전압 차단 절차" 참조)
5. 고전압 시스템 작업 시 아래와 같이 "고전압 위험 차량" 표시를 하여 타인에게 고전압 위험을 주지시킨다.

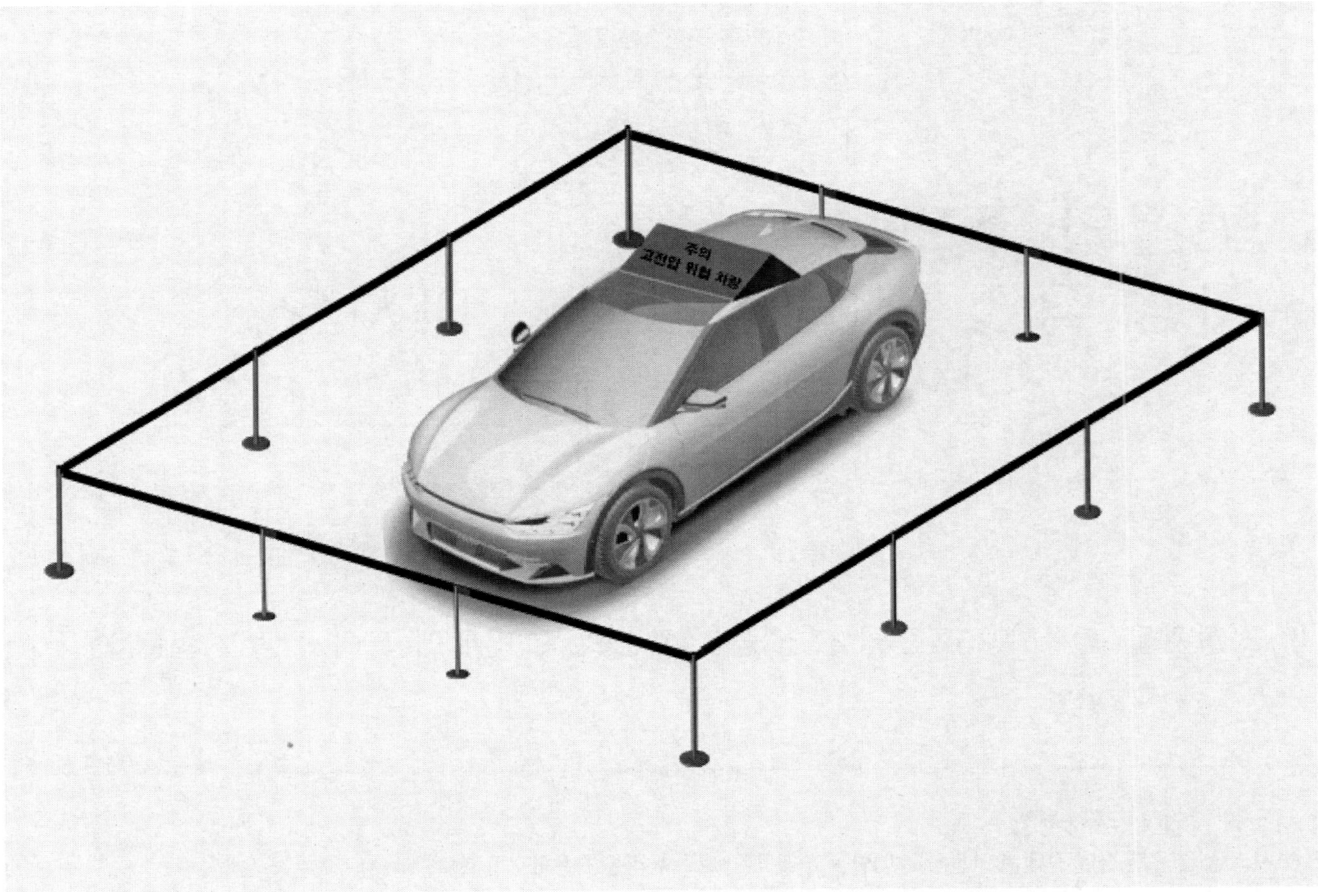

이 페이지를 복사해서 고전압 작업 중인 차량의 지붕 위에 접어서 올려 놓을 것.

경고

고전압 주의 :
차량 작업 중이니 만지지 마시오.

담당자 : ____________________

경고

고전압 주의 :
차량 작업 중이니 만지지 마시오.

담당자 : ____________________

이 페이지를 복사해서 고전압 작업 중인 차량의 지붕 위에 접어서 올려 놓을 것.

고전압 시스템 작업 시 주의사항

1. 고전압 시스템 및 관련 작업 전에는 안전사고 예방을 위해 개인 보호 장비를 착용하도록 한다.
   (고전압 시스템 안전 사항 및 주의, 경고 - "개인 보호 장비(PPE)" 참조)
2. 고전압 시스템 관련 작업 시 절연 공구를 사용한다.
3. 고전압이 흐르는 와이어링과 커넥터는 경고색(주황색)으로 표시되어 있다.
4. 고전압 시스템의 모든 부품은 "고전압 경고" 라벨이 부착되어 있다.

> **참 고**
>
> 고전압 시스템 부품 : 배터리 시스템 어셈블리(BSA), 모터 어셈블리, 인버터 어셈블리, 고전압 정션 박스, 파워 케이블 등

5. 고전압 시스템 관련 작업을 하는 동안 시스템의 외부 손상(마모 위치, 사고 손상, 결함 등) 여부를 점검한다.
   – 고전압 부품 또는 케이블에 외부 손상이 확인되면 반드시 신품으로 교환한다. (고전압 부품 또는 케이블은 수리하지 않는다.)

6. 고전압 시스템 작업 시 체결 토크를 준수한다.
7. 고전압 케이블을 분리 할 경우, 분리 직후 절연 테이프 등을 이용하여 절연 조치한다.
8. 고전압 케이블 및 버스 바 또는 고전압 배터리 관련 부품 분해 작업 시 (+), (-) 단자 간 접촉이 발생하지 않도록 한다.
9. 보호 장비를 착용한 작업 담당자 이외에는 고전압과 관련된 부분을 절대 만지지 못하도록 한다. 이를 위해 작업과 관련 없는 고전압 시스템은 절연 덮개로 덮어놓는다.
10. 탈거된 고전압 부품은 누전을 예방하기 위해 절연 매트에 정리하여 보관한다.
11. 배터리 시스템 어셈블리(BSA)가 밀폐되지 않거나 냉각수 라인 누출이 있는 경우 고전압 배터리 시스템에 심각한 고장이 발생한다.

고전압 배터리 취급 시 주의사항

1. 고전압 시스템 및 관련 작업 전에는 안전사고 예방을 위해 개인 보호 장비를 착용하도록 한다.
   (고전압 시스템 안전 사항 및 주의, 경고 - "개인 보호 장비(PPE)" 참조)
2. 고전압 배터리는 반드시 평행을 유지한 상태로 운반한다. 그렇지 않을 경우 배터리의 성능이 저하되거나 수명이 단축될 수 있다.
3. 고전압 배터리는 고온 장시간 노출 시 성능 저하가 발생할 수 있으므로 페인트 열처리 작업은 반드시 70°C / 30분 또는 80°C / 20분을 초과하지 않는다.

고전압 배터리 폐기 시 주의사항

1. 고전압 시스템 및 관련 작업 전에는 안전사고 예방을 위해 개인 보호 장비를 착용하도록 한다.
   (고전압 시스템 안전 사항 및 주의, 경고 - "개인 보호 장비(PPE)" 참조)
2. 메인 퓨즈 탈거 후 신품 배터리 시스템과 동일한 기준으로 안전 포장 및 보관한다.
3. 절연체(비닐, 랩 등)로 고전압 배터리 시스템 어셈블리(BSA) 외부 마감 후, 충격 방지재를 넣어 포장한다.
4. 지정 폐기업체에 운송하여 염수 침전으로 완전 방전 시킨 후, 폐기업체의 절차를 수행한다.
5. 고전압 배터리는 감전 및 기타사고의 위험이 있으므로 고품 고전압 배터리에서 아래와 같은 이상 징후가 감지되면 염수침전(소금물에 담금) 방식으로 배터리를 즉시 방전 시킨다.
   - 화재의 흔적이 있거나 연기가 발생하는 경우
   - 고전압 배터리의 전압이 비정상적으로 높은 경우
   - 고전압 배터리의 온도가 비정상적으로 지속 상승하는 경우
   - 전해액 누설이 의심되는 냄새(화학약품, 아크릴 냄새와 유사)가 발생할 경우

[염수 침전 방전 방법]

(1) 대형 대야(또는 유사 크기의 용기)에 해당 배터리가 완전히 잠길 정도로 물을 붓는다.
(2) 크레인 잭을 이용하여 고전압 배터리 어셈블리를 물에 담근다.
(3) 90시간 방전 시킨다.
(4) 소금물의 농도가 약 3.5% 정도가 되도록 소금을 넣는다.
(5) 48시간 추가 방전 시킨다.
(6) 고전압 배터리를 대야에서 꺼내어 건조한다.

유 의

- 염분은 방전 속도를 높이지만 발열을 촉진시켜 위험성을 높이기 때문에 일반 물에 담근 후 소금을 투입한다.
- 배터리 및 이하 단위 침전 시 담수 기간은 1주일로 한다. (최소 3일 이상)
- 염수 침전 방전 완료 후 각각의 셀 전압은 1.2 V 이하여야 한다.

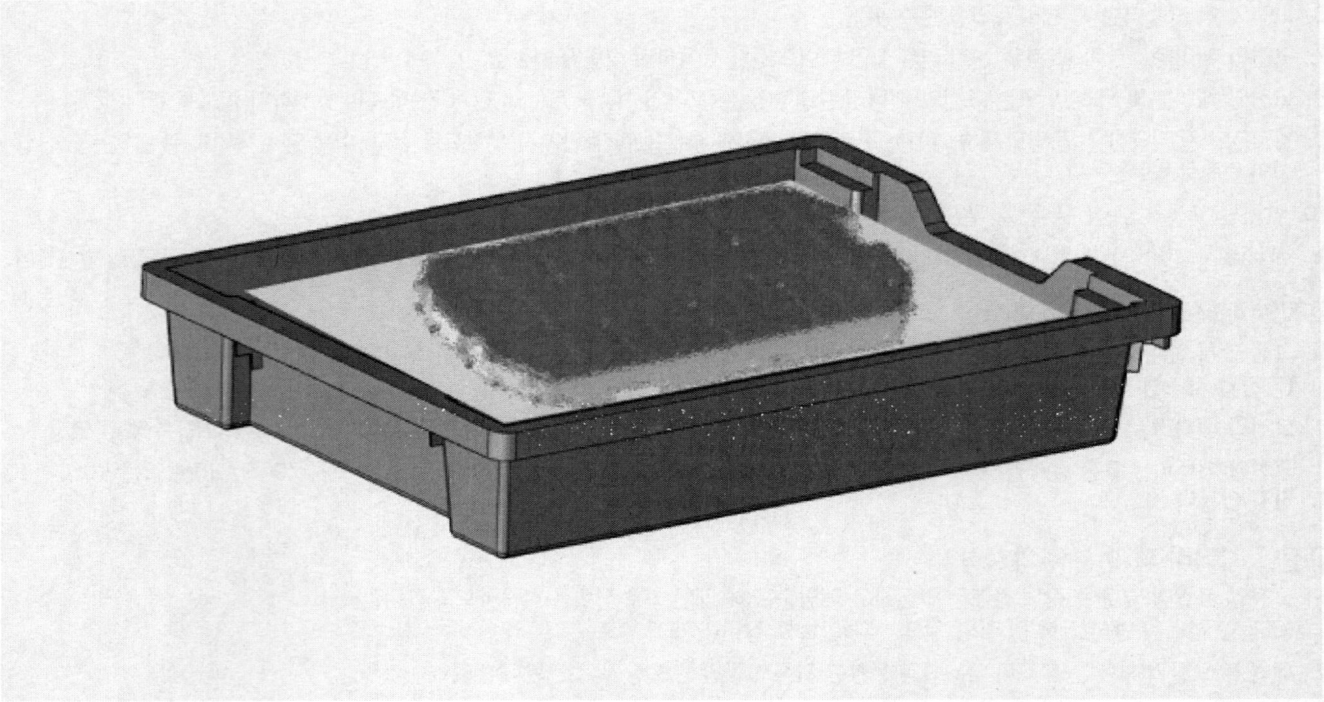

개인 보호 장비(PPE)

⚠ 경 고

- 전기 차량은 고전압 배터리를 포함하고 있어 잘못 건드릴 경우 누전이나 감전 등의 심각한 사고로 이어질 수 있다. 반드시 아래의 모든 사항을 준수한다.
- 절연 공구는 국제 표준(IEC 60900, ASTM F1505, VDE 등)이 승인된 제품을 사용하며 교류 1,000 V 직류 1,500 V에서 절연 성능이 보장된 제품인지 확인한다.

<table>
<tr><th>명칭</th><th>형상</th><th>용도</th></tr>
<tr><td>절연 장갑</td><td>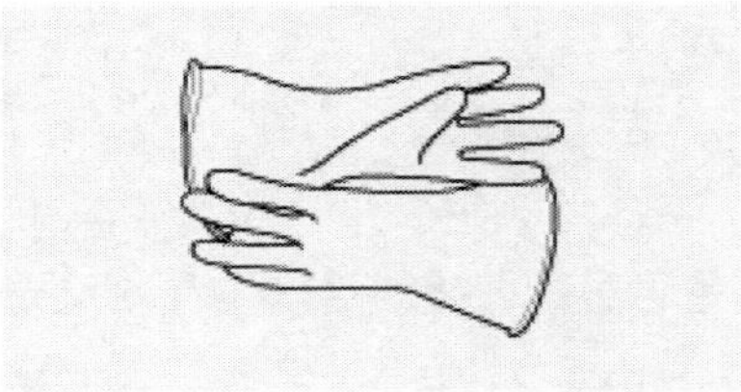</td><td>고전압 부품 점검 및 관련 작업 시 착용
[절연 성능 : 1,000 V / 300 A 이상]</td></tr>
<tr><td>절연화</td><td></td><td rowspan="3">고전압 부품 점검 및 관련 작업 시 착용</td></tr>
<tr><td>절연복</td><td></td></tr>
<tr><td>절연 안전모</td><td>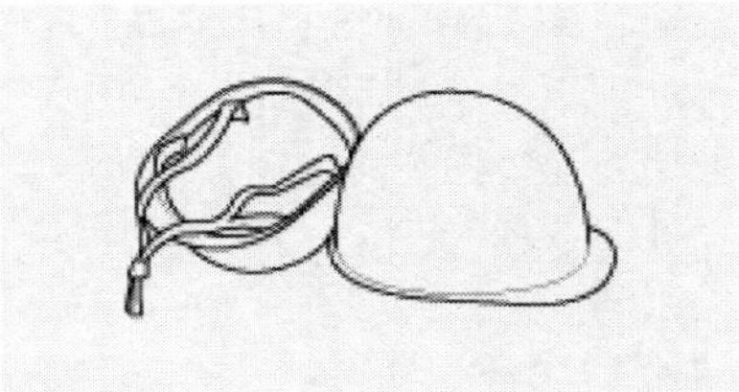</td></tr>
<tr><td>보호 안경</td><td>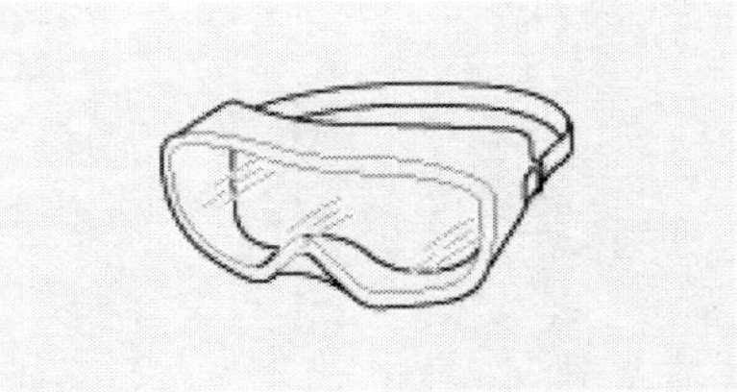</td><td rowspan="2">아래의 경우에 착용
• 스파크가 발생할 수 있는 고전압 배터리 단자나 와이어링을 탈장착 또는 점검
• 배터리 시스템 어셈블리(BSA) 작업</td></tr>
<tr><td>안면 보호대</td><td></td></tr>
</table>

절연 매트	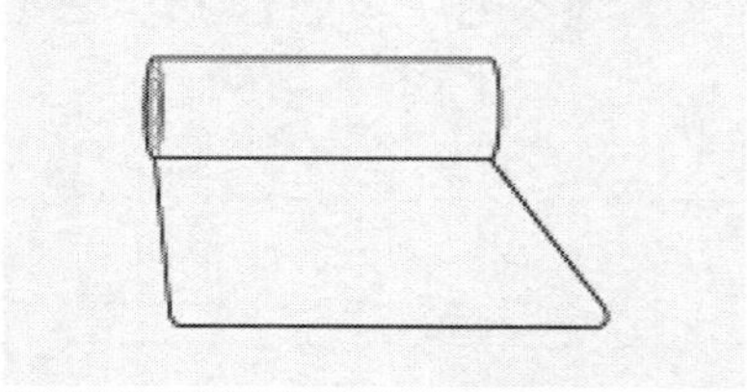	탈거한 고전압 부품에 의한 감전 사고 예방을 위해 절연 매트 위에 정리하여 보관
절연 덮개		보호 장비 미 착용자의 안전 사고 예방을 위해 고전압 부품을 절연 덮개로 차단

개인 보호 장비(PPE) 점검

> **⚠ 주 의**
>
> 국제규격(ASTM, IEC, 국내 규격 포함)에 따라 절연 장갑은 제품에 기재된 검증일 기준 12개월 내에 사용돼야 하며, 6개월마다 재검증 후 사용해야 한다.

- 절연화, 절연복, 절연 안전모, 안전 보호대, 절연 장갑 등이 찢어졌거나 파손되었는지 확인한다.
- 절연 장갑의 물기를 완전히 제거한 후 아래와 같이 점검 후 착용한다.

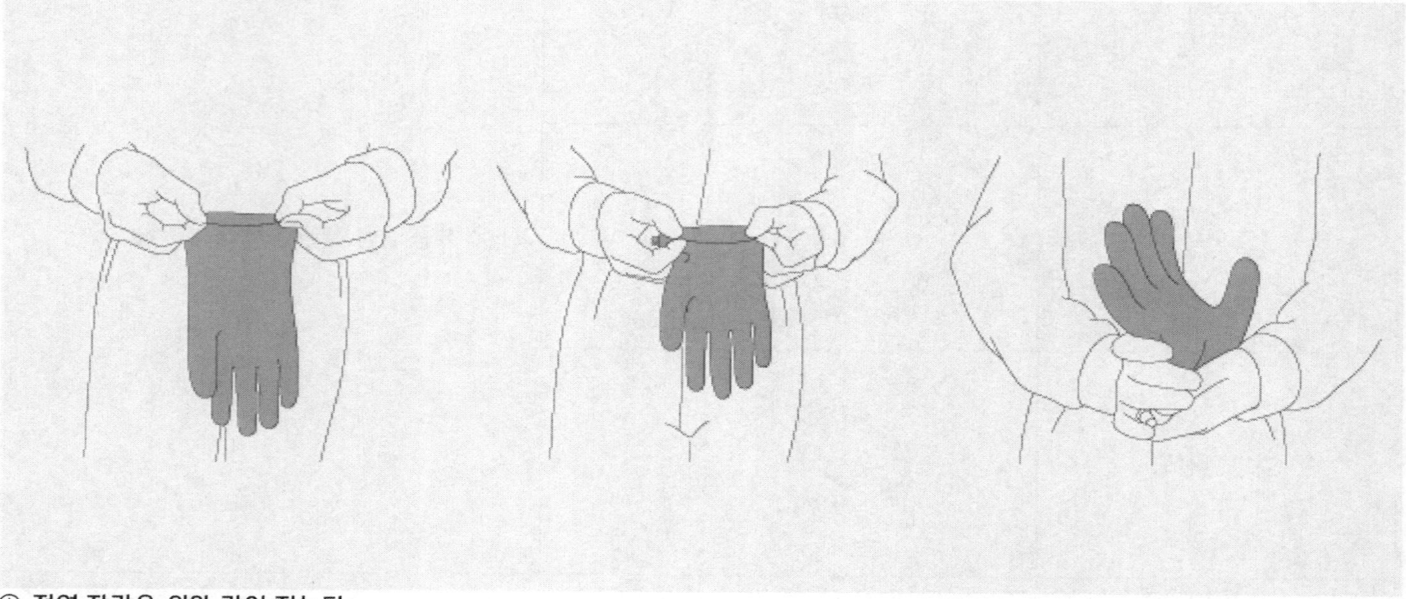

① 절연 장갑을 위와 같이 접는다.
② 공기 배출을 방지하기 위해 3~4번 더 접는다.
③ 찢어지거나 손상된 곳이 있는지 확인한다.

위험 발생 시 주의사항

⚠ 경 고

전기 차량은 고전압 배터리를 포함하고 있어 잘못 건드릴 경우 누전이나 감전 등의 심각한 사고로 이어질 수 있다. 반드시 아래의 모든 사항을 준수한다.

고전압 배터리 시스템 화재 발생 시 주의사항

1. 실내에서 화재가 발생한 경우, 수소 가스 방출을 위하여 환기를 실시한다.
2. 화재 진압 시, 다량의 물을 직접 배터리에 분사하여 냉각시킨다. (배터리가 잠길 때까지 물을 분사하여 냉각시킨다)
3. 와이어 하네스나 다른 부품에서 발생한 화재에 대해서는 ABC 소화기 사용이 가능하다.

고전압 배터리 가스 및 전해질 유출 시 주의사항

1. IG OFF 한 후, 의도치 않은 시동을 방지하기 위해 스마트 키를 차량으로부터 2m 이상 떨어진 위치에 보관하도록 한다.
2. 가스는 수소 및 알칼리성 증기이므로, 실내일 경우는 즉시 환기를 실시하고 안전한 장소로 대피한다.
3. 누출된 액체가 피부에 접촉 시, 즉각 흐르는 물 또는 소금물로 세척한 후 의사의 진료를 받는다.
4. 누출된 증기나 액체가 눈에 접촉 시, 즉시 흐르는 물에 세척한 후 의사의 진료를 받는다.
5. 고온에 의한 가스 누출일 경우, 고전압 배터리가 상온으로 완전히 냉각될 때까지 사용을 금한다.

사고 차량 작업 및 취급 주의사항

⚠ 경 고

전기 차량은 고전압 배터리를 포함하고 있어 잘못 건드릴 경우 누전이나 감전 등의 심각한 사고로 이어질 수 있다. 반드시 아래의 모든 사항을 준수한다.

사고 차량 작업 시 준비사항

1. 개인 보호 장비(PPE)
   (고전압 시스템 안전 사항 및 주의, 경고 - "개인 보호 장비(PPE)" 참조)
2. 붕소액
3. ABC 소화기
4. 전해질용 수건
5. 비닐 테이프(터미널 절연용)
6. 메가옴 테스터(고전압 확인용)

사고 차량 취급 시 주의사항

1. 사고 차량 취급 전에는 안전사고 예방을 위해 개인 보호 장비를 착용하도록 한다.
   (고전압 시스템 안전 사항 및 주의, 경고 - "개인 보호 장비(PPE)" 참조)
2. 절연 피복이 벗겨진 파워 케이블은 절대 접촉하지 않는다.
3. 가스는 수소 및 알칼리성 증기이므로, 실내일 경우는 즉시 환기를 실시하고 안전한 장소로 대피한다.
4. 누출된 액체가 피부에 접촉 시, 즉각 붕소액으로 중화시키고 흐르는 물 또는 소금물로 세척한다.
5. 고전압 차단이 필요할 경우, 고전압 차단 절차를 수행한다.
   (배터리 제어 시스템 (기본형) - "고전압 차단 절차" 참조)
6. 사고 후 고전압 배터리 센서데이터(절연 저항, 셀 간 전압 편차, DTC 등)를 점검하고 내부 손상이 있는지 확인한다.
7. 아래와 같이 사고유형을 판단하여 차량수리를 진행한다.

   (1) 전기적 사고
   - 과충전/과방전 : 배터리 저전압(P0DE600)/과전압(P0DE700) 코드 표출(DTC 진단 가이드 참조)
   - 단락 : 고전압 퓨즈 단선 관련 진단(P1B7700, P1B2500) 코드 표출(DTC 진단 가이드 참조)

   (2) 화재 사고

구분	점검 절차	점검 결과	조치사항
고전압 배터리 탑재부위 외 화재 (예 : PE룸 화재)	1. 외관 점검(변형, 부식, 와이어링 피복 상태, 냄새, 커넥터)	전압 배터리 손상	고전압 배터리 탈거 후 절연 처리 및 포장
	2. 고전압 차단 후, 고전압 배터리 절연 저항 측정 **(배터리 제어 시스템 (기본형) - "배터리 시스템 어셈블리 (BSA) 점검" 참조)**	고전압 배터리 절연 파괴	
	3. 고전압 배터리 메인 퓨즈 단선 유무 점검 **(배터리 제어 시스템 (기본형) - "메인 퓨즈" 참조)**	메인 퓨즈 단선	메인 퓨즈 교환
	4. 고전압 배터리 메인 릴레이 융착 유무 점검 **(배터리 제어 시스템 (기본형) - "파워 릴레이 어셈블리 (PRA)" 참조)**	메인 릴레이 융착	파워 릴레이 어셈블리(PRA) 교환
	5. 기타 부품 고장 확인	기타 부품 고장	기타 부품 교환

	6. 배터리 매니지먼트 유닛(BMU)의 DTC 코드 확인	DTC 발생	DTC 진단 가이드 수리 절차 수행
고전압 배터리 탑재부위 화재	1. 외관 점검(변형, 부식, 와이어링 피복 상태, 냄새, 커넥터)	고전압 배터리 손상	고전압 배터리 탈거 후 절연 처리 및 포장
	2. 고전압 배터리 외관 손상 유무 점검	고전압 배터리 외관 손상(열흔, 그을음 등)	고전압 배터리 탈거 후 배터리 폐기 절차 수행
	3. 고전압 차단 후, 고전압 배터리 절연 저항 측정 **(배터리 제어 시스템 (기본형) - "배터리 시스템 어셈블리 (BSA) 점검" 참조)**	고전압 배터리 절연 파괴	고전압 배터리 탈거 후 절연 처리 및 포장
	4. 고전압 배터리 메인 퓨즈 단선 유무 점검 **(배터리 제어 시스템 (기본형) - "메인 퓨즈" 참조)**	메인 퓨즈 단선	메인 퓨즈 교환
	5. 고전압 배터리 메인 릴레이 융착 유무 점검 **(배터리 제어 시스템 (기본형) - "파워 릴레이 어셈블리 (PRA)" 참조)**	메인 릴레이 융착	파워 릴레이 어셈블리(PRA) 교환
	6. 기타 부품 고장 확인	기타 부품 고장	기타 부품 교환
	7. 배터리 매니지먼트 유닛(BMU)의 DTC 코드 확인	DTC 발생	DTC 진단 가이드 수리 절차 수행

(3) 충돌 사고

참 고

- 차량 손상으로 고전압 배터리 탑재 부위로 접근 불가 시 고전압 시스템이 손상되지 않도록 차량 외부를 변형 및 절단하여 점검 및 수리 절차를 수행한다.
- DTC 미발생 및 배터리 외관이 정상이면 고전압 배터리를 교체하지 않는다(단, 차량 폐차 수준으로 파손 시, 필요에 따라 고전압 배터리 폐기 절차를 수행한다).

점검 절차	점검 결과	조치사항
1. 외관 점검(변형, 부식, 와이어링 피복 상태, 냄새, 커넥터)	고전압 배터리 손상	고전압 배터리 탈거 후 절연 처리 및 포장
2. 고전압 차단 후, 고전압 배터리 절연 저항 측정 **(배터리 제어 시스템 (기본형) - "배터리 시스템 어셈블리 (BSA) 점검" 참조)**	고전압 배터리 절연 파괴	
3. 고전압 배터리 메인 퓨즈 단선 유무 점검 **(배터리 제어 시스템 (기본형) - "메인 퓨즈" 참조)**	메인 퓨즈 단선	메인 퓨즈 교환
4. 고전압 배터리 메인 릴레이 융착 유무 점검 **(배터리 제어 시스템 (기본형) - "파워 릴레이 어셈블리 (PRA) 참조")**	메인 릴레이 융착	파워 릴레이 어셈블리(PRA) 교환
5. 기타 부품 고장 확인	기타 부품 고장	기타 부품 교환
6. 배터리 매니지먼트 유닛(BMU)의 DTC 코드 확인	DTC 발생	DTC 진단 가이드 수리 절차 수행

(4) 침수 사고

- 차량이 절반 이상 침수 상태인 경우, 서비스 인터록 커넥터 등 고전압 관련 부품에 절대 접근하지 않는다. 불가피한 경우라도 차량을 안전한 곳으로 완전히 이동시킨 후 조치한다.
- 고전압 배터리 탈거하고 절연 처리 및 포장한다.

차량 장기 방치 및 냉매 주의사항

차량 장기 방치 시 주의사항

1. IG OFF 한 후, 의도치 않은 시동 방지를 위해 스마트 키를 차량으로부터 2m 이상 떨어진 위치에 보관하도록 한다.
2. 2개월 이상 장기 방치할 경우, 고전압 배터리 보호 및 관리를 위하여 2개월에 1회 30분 이상 주행을 권장한다.
3. 보조 배터리(12 V) 방전 여부 점검 및 교체 시, 고전압 배터리 충전 상태(SOC) 초기화에 따른 문제점을 점검한다.

냉매 회수 및 충전 시 주의사항

1. 고전압을 사용하는 차량의 전동식 컴프레서는 절연 성능이 높은 Polyol ester (POE) 오일을 사용한다.
2. 냉매 회수 및 충전 시 일반 차량의 Polyalkylene Glycol (PAG) 오일이 혼입되지 않도록 고전압 차량 정비를 위한 별도 전용 장비(냉매 회수 및 충전기)를 사용한다.

▲ 경 고

반드시 전동식 컴프레서 전용의 냉매 회수 및 충전기를 이용하여 지정된 냉매(R-1234yf)와 냉동유(POE)를 주입한다. 일반 차량의 냉동유(PAG)가 혼입될 경우 컴프레서 손상 및 안전사고가 발생할 수 있다.

고품 배터리 시스템 보관, 운송, 폐기 가이드

⚠ 경 고

- 고전압 시스템 관련 작업 시, 관련 교육을 이수한 작업자가 정비를 진행한다. 고전압 시스템에 대한 이해가 부족한 경우 감전 또는 누전 등으로 인한 심각한 사고를 초래할 수 있다.
- 고전압 시스템 또는 주변 부품 작업 시, 반드시 "고전압 시스템 안전사항 및 주의, 경고" 내용을 숙지하고 준수해야 한다. 미 준수 시, 감전 또는 누전 등으로 인한 심각한 사고를 초래할 수 있다.
- 고전압 시스템 작업 특성 상, 개인 보호 장구(PPE) 및 사전 고전압 차단 절차를 반드시 확인한다.

고품 배터리 시스템 취급 절차

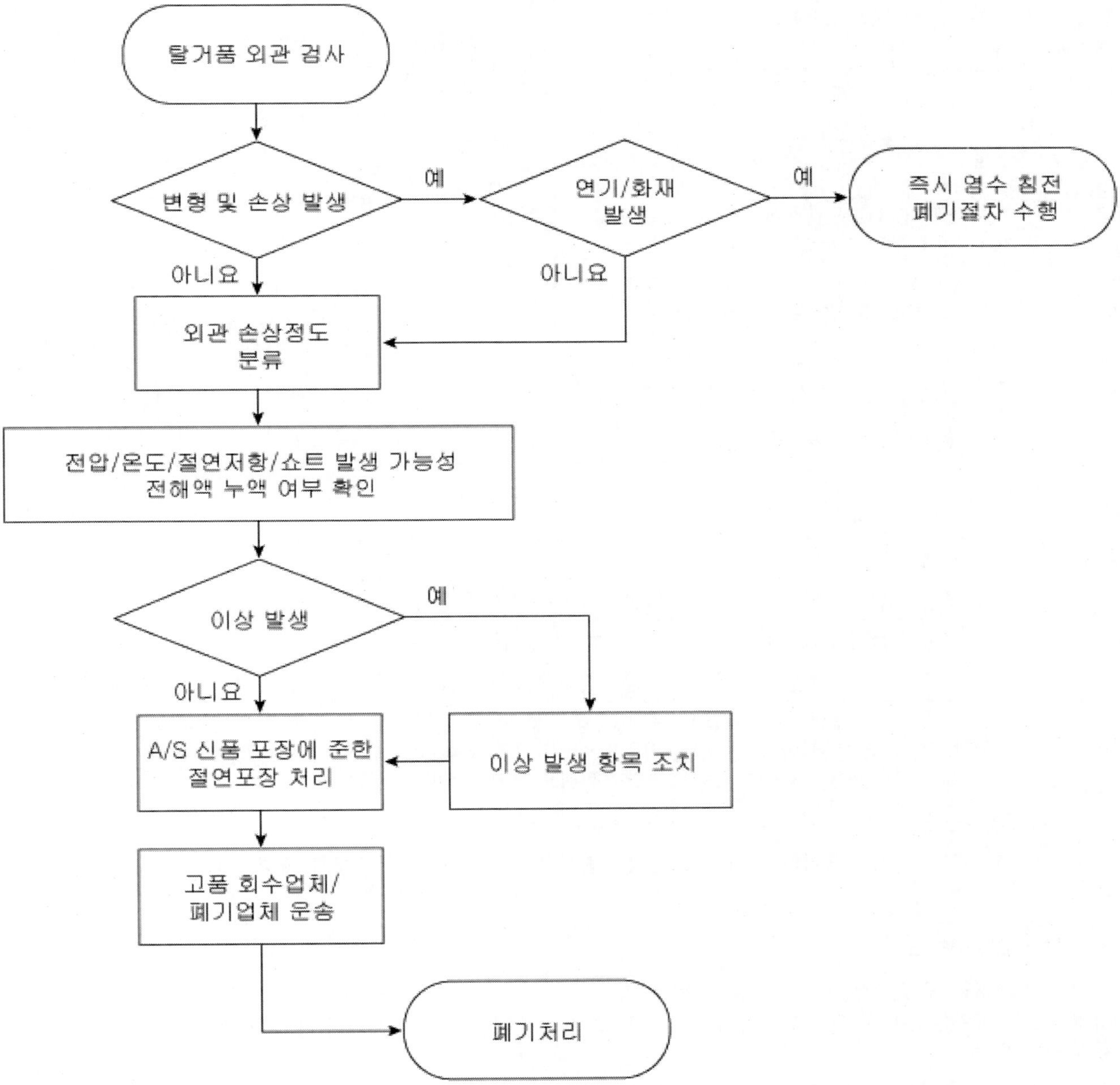

고품 배터리 시스템 취급/점검 방법

미손상 배터리

항목	조치 내용
보관	신품 배터리 시스템과 동일한 기준으로 안전 포장 및 보관
운송	충격을 최소화하고 타 부품과 섞이지 않도록 별도 운송 조치
폐기	지정 폐기업체에 운송하여 염수 침전으로 완전 방전 시킨 후, 폐기업체의 폐기 절차 수행

손상 배터리

1. 손상 배터리 점검

항목	점검 방법	점검 기준	조치사항
전압 이상 점검 (디지털 멀티미터 이용)	고전압 배터리 메인 커넥터 (+), (-) 단자 간 전압 측정	기본형 : 약 360 ~ 604.8 V 항속형 : 약 450 ~ 756 V	비정상 시 고전압 배터리 화재 방지를 위해 즉시 염수 침전 실시
온도 이상 점검 (비접촉식 온도계 이용)	1) 배터리 시스템 어셈블리 케이스의 외부 온도 확인 2) 최초 온도와 30분 후 측정한 온도의 변화 확인	1) 온도 변화 3°C 이하 2) 최대 온도 35°C 이하	- 최대 온도 35°C 이상 시, 건냉한 장소에 자연 방치 후 35°C 부근에서 온도 점검 진행 - 최초 온도와 40분 후 온도의 차이가 3°C 이상 상승할 경우, 즉시 염수 침전 실시 - 30분 간격으로 온도 측정 결과 온도 지속 상승 시, 즉시 염수 침전 실시
절연 저항 이상 점검 (메가옴 테스터 이용)	1) 파워 릴레이 어셈블리(PRA) (+) 단자와 배터리 팩 커버 간 절연 저항 측정 2) 파워 릴레이 어셈블리(PRA) (-) 단자와 배터리 팩 커버 간 절연 저항 측정	절연 저항 2 MΩ 이상 (500 V 전압 적용 시)	절연 처리 및 외부 절연체 포장
단락 발생 가능 부위 점검 (육안 점검)	1) 파워 릴레이 어셈블리(PRA) 연결 케이블 단자 2) 배터리 매니지먼트 유닛(BMU) 전압 센싱 커넥터	-	- 팩, 셀 간, 모듈 간 단락 방지를 위해 고무 캡 혹은 절연 테이프로 절연 처리 필요 - 움직임 최소화를 위한 케이블 단자 고정 필요
전해액 누설 점검	배터리 시스템 어셈블리 30cm 이내 거리에서 냄새 직접 확인 (화학약품, 아크릴 냄새와 유사)	-	전해액 누설이 의심되는 이상 냄새 감지 시, 즉시 염수 침전 실시

2. 손상 배터리 점검 결과

점검 결과	항목	조치사항
정상	보관	신품 배터리 시스템과 동일한 기준으로 안전 포장 및 보관
	운송	충격을 최소화하고 타 부품과 섞이지 않도록 별도 운송 조치
	폐기	지정 폐기업체에 운송하여 염수 침전으로 완전 방전 시킨 후, 폐기업체의 폐기 절차 수행
비정상	보관	- 노출된 외부 단자에 단락 방지용 외부 절연체(절연 테이프, 고무 캡 등)를 이용하여 절연 처리 - 절연체(비닐, 랩 등)를 이용하여 배터리 팩 외부 마감 후, 충격 방지재를 넣어 박스 포장 - 건냉한 장소에 휘발성/가연성 물질과 분리하여 별도 보관
	운송	충격을 최소화하고 타 일반 부품과 섞이지 않도록 별도 운송 조치
	폐기	지정 폐기업체에 운송하여 염수 침전으로 완전 방전 시킨 후, 폐기업체의 폐기 절차 수행

단락 발생 가능 부위 절연 처리 절차

1. 파워 릴레이 어셈블리(PRA) 연결 케이블 단자 절연 처리 방법
   - 배터리 시스템 어셈블리(BSA) 단락 방지를 위해 고무 캡 혹은 절연 테이프를 이용한 파워 릴레이 어셈블리(PRA) (+), (-) 케이블을 절연 처리한다.
   - 움직임 최소화를 위해 절연 테이프를 이용하여 케이블 단자를 배터리 시스템 어셈블리(BSA) 케이스에 고정시킨다.

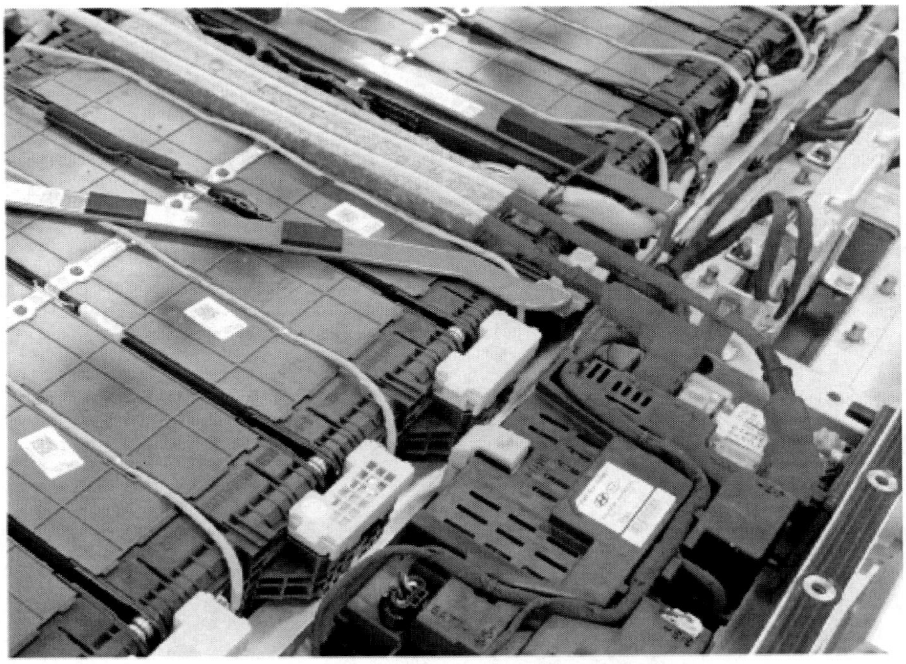

2. 배터리 매니지먼트 유닛(BMU) 전압 신호 커넥터 절연 처리 방법
   - 셀 간, 모듈 간 단락 방지를 위해 고무 캡 또는 절연 테이프를 이용하여 커넥터(A)를 절연 처리 한다.
   - 와이어링의 움직임 최소화를 위해 절연 테이프를 이용하여 와이어링을 배터리 시스템 어셈블리(BSA) 케이스에 고정시킨다.

고전압 배터리 폐기 시 주의사항

1. 고전압 시스템 및 관련 작업 전에는 안전사고 예방을 위해 개인 보호 장비를 착용하도록 한다.
   (고전압 시스템 안전 사항 및 주의, 경고 - "개인 보호 장비(PPE)" 참조)
2. 메인 퓨즈 탈거 후 신품 배터리 시스템과 동일한 기준으로 안전 포장 및 보관한다.
3. 절연체(비닐, 랩 등)로 고전압 배터리 시스템 어셈블리(BSA) 외부 마감 후, 충격 방지재를 넣어 포장한다.
4. 지정 폐기업체에 운송하여 염수 침전으로 완전 방전 시킨 후, 폐기업체의 절차를 수행한다.
5. 고전압 배터리는 감전 및 기타사고의 위험이 있으므로 고품 고전압 배터리에서 아래와 같은 이상 징후가 감지되면 염수침전(소금물에 담금) 방식으로 배터리를 즉시 방전 시킨다.
   - 화재의 흔적이 있거나 연기가 발생하는 경우
   - 고전압 배터리의 전압이 비정상적으로 높은 경우
   - 고전압 배터리의 온도가 비정상적으로 지속 상승하는 경우
   - 전해액 누설이 의심되는 냄새(화학약품, 아크릴 냄새와 유사)가 발생할 경우

[염수 침전 방전 방법]

(1) 대형 대야(또는 유사 크기의 용기)에 해당 배터리가 완전히 잠길 정도로 물을 붓는다.

(2) 크레인 잭을 이용하여 고전압 배터리 어셈블리를 물에 담근다.

(3) 90시간 방전 시킨다.

(4) 소금물의 농도가 약 3.5% 정도가 되도록 소금을 넣는다.

(5) 48시간 추가 방전 시킨다.

(6) 고전압 배터리를 대야에서 꺼내어 건조한다.

유 의

- 염분은 방전 속도를 높이지만 발열을 촉진시켜 위험성을 높이기 때문에 일반 물에 담근 후 소금을 투입한다.
- 염수 침전 방전 완료 후 각각의 셀 전압은 1.2 V 이하여야 한다.

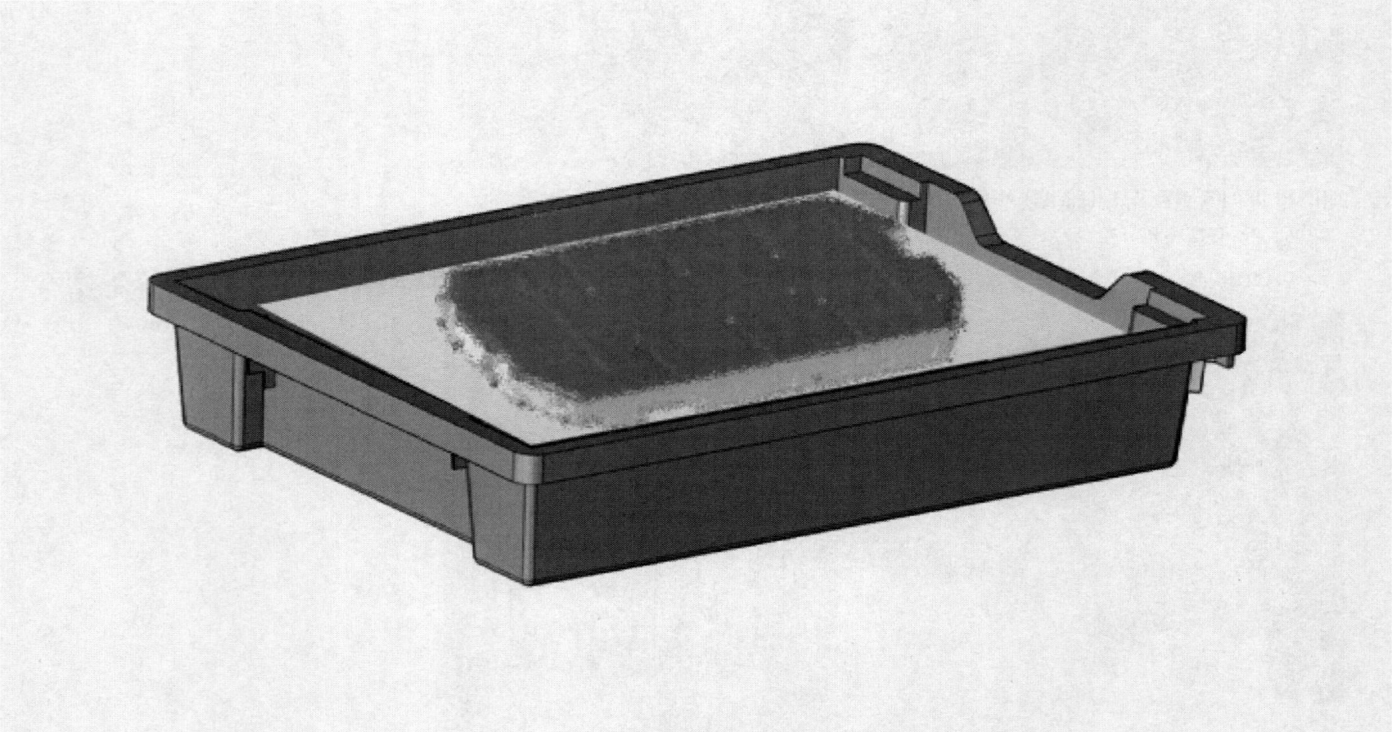

고전압 차단 절차

⚠ 경 고

- 고전압 시스템 관련 작업 시, 관련 교육을 이수한 작업자가 정비를 진행한다. 고전압 시스템에 대한 이해가 부족한 경우 감전 또는 누전 등으로 인한 심각한 사고를 초래할 수 있다.
- 고전압 시스템 또는 주변 부품 작업 시, 반드시 "고전압 시스템 안전사항 및 주의, 경고" 내용을 숙지하고 준수해야 한다. 미 준수 시, 감전 또는 누전 등으로 인한 심각한 사고를 초래할 수 있다.
- 고전압 시스템 작업 특성상, 개인보호장구(PPE) 및 사전 고전압 차단 절차를 반드시 확인한다.

ⓘ 참 고

고전압 시스템 부품 : 배터리 시스템 어셈블리(BSA), 모터 어셈블리, 인버터 어셈블리, 고전압 정션 박스, 파워 케이블 등

1. 진단 장비(KDS)를 자기 진단 커넥터(DLC)에 연결한다.
2. IG ON 한다.
3. 진단 장비(KDS) 서비스 데이터의 BMU 융착 상태를 확인한다.

규정값 : NO

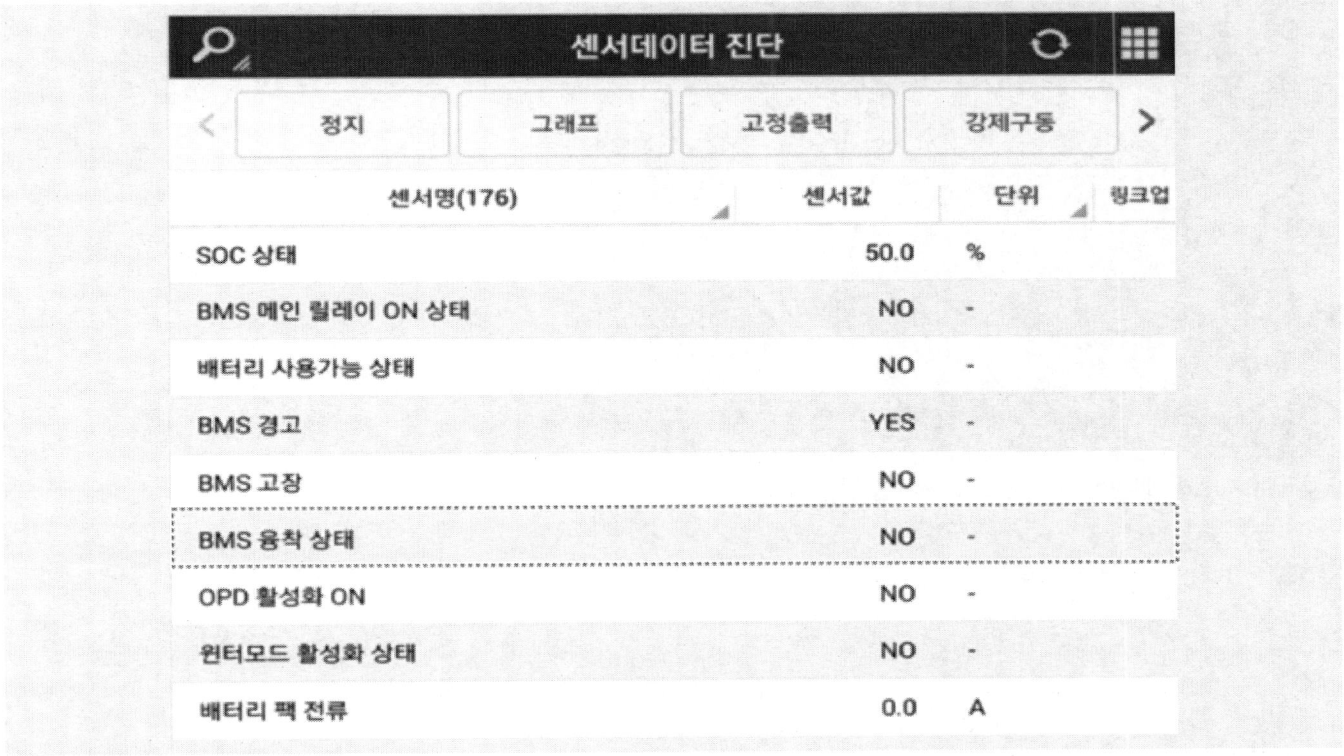

4. 프런트 트렁크(A)를 연다.

5. 보조 배터리 (12 V) 서비스 커버(A)를 연다.

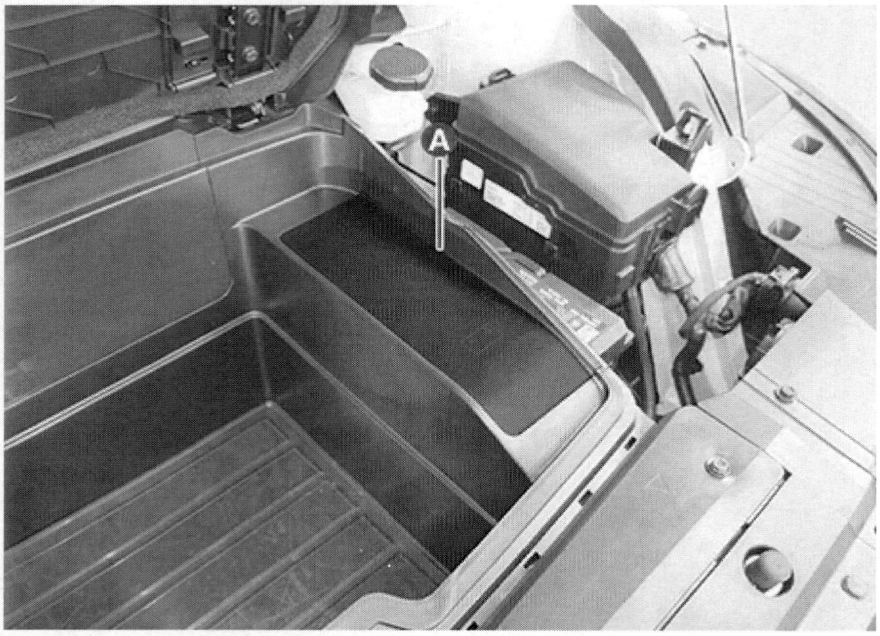

6. IG OFF하고, 보조 배터리 (12 V)의 (-) 케이블을 분리한다.

체결토크 : 0.8 ~ 1.0 kgf·m

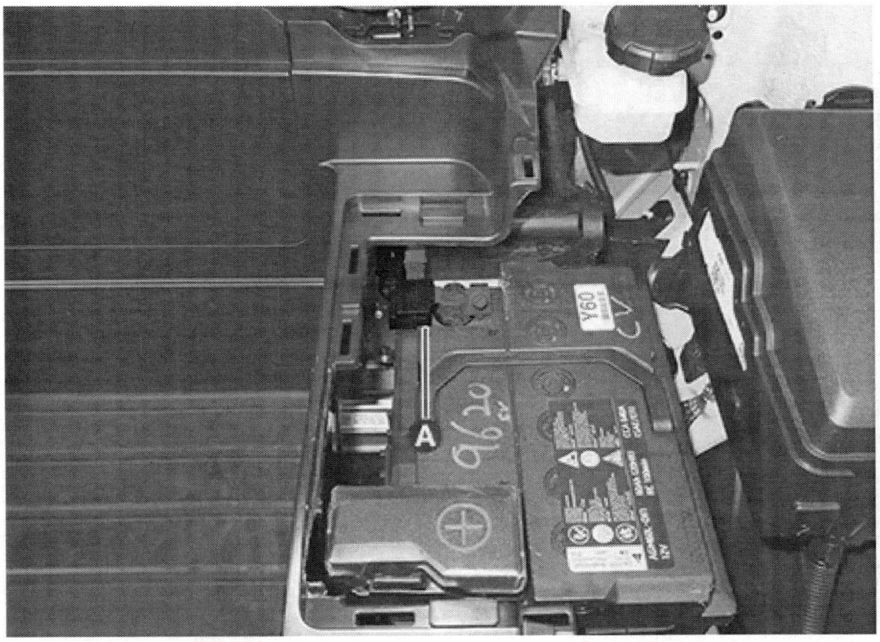

7. 서비스 인터록 커넥터(A)를 분리한다.

> **⚠ 경 고**
>
> 고전압 시스템의 커패시터가 완전히 방전될 수 있도록 5분 이상 대기한다.

> **유 의**
>
> 서비스 인터록 커넥터는 완전히 탈거되지 않는다.

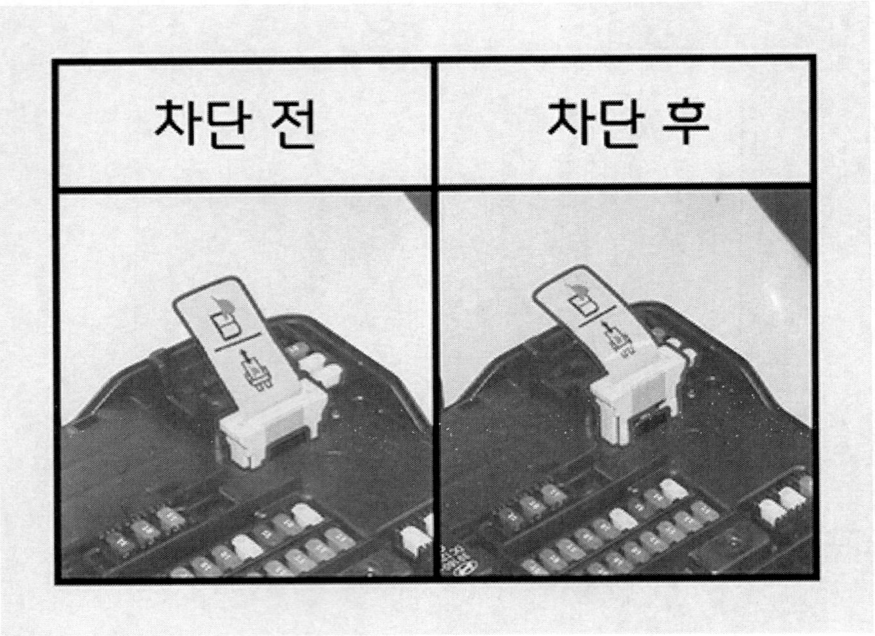

8. 프런트 언더 커버를 탈거한다.
(모터 및 감속기 시스템 - "프런트 언더 커버" 참조)
9. 고전압 배터리 커버(A)를 탈거한다.

체결토크 : 0.8 ~ 1.2 kgf·m

10. 프런트 고전압 정션 박스 파워 케이블(A)을 분리한다.

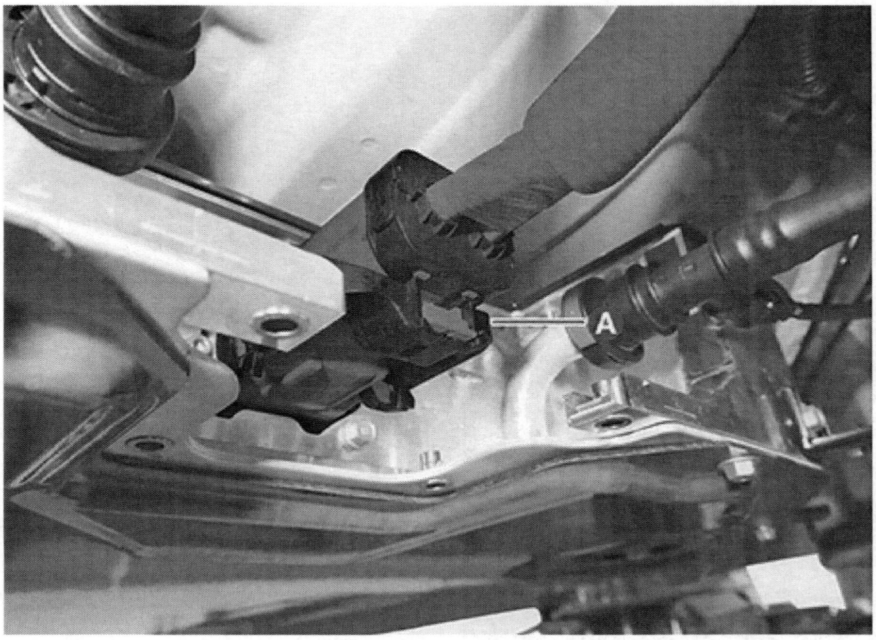

유 의

커넥터 분리 방법

1) 잠금 클립(A)을 당겨 해제한다.

2) 잠금 클립(B)을 누른 상태에서 레버(A)를 화살표 방향으로 밀며 분리한다.

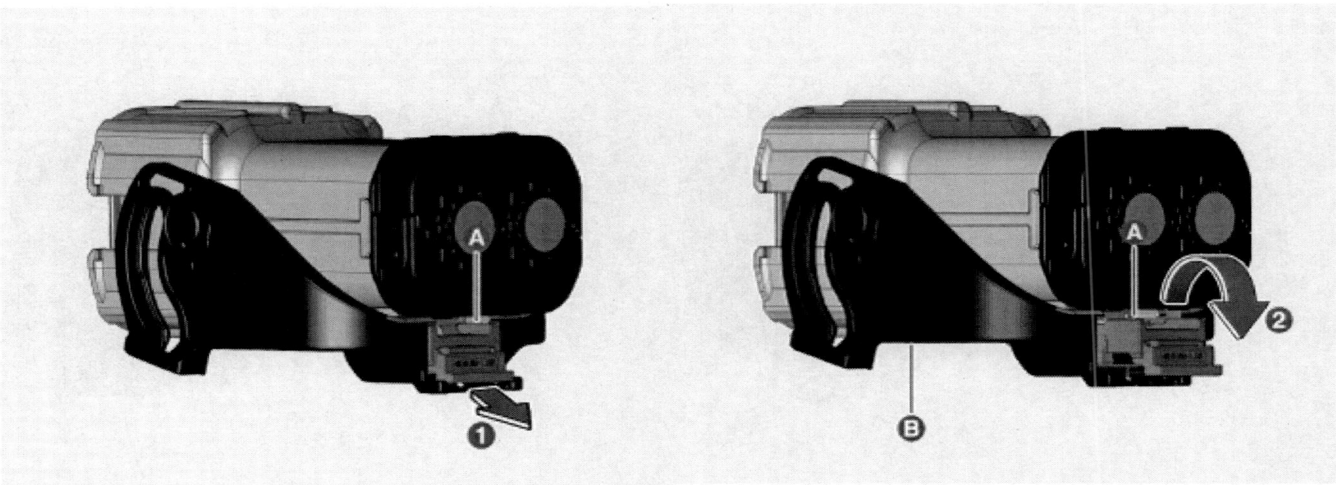

11. 리어 언더 커버를 탈거한다.
    (모터 및 감속기 시스템 - "리어 언더 커버" 참조)

12. 리어 고전압 정션 박스 파워 케이블(A)을 분리한다.

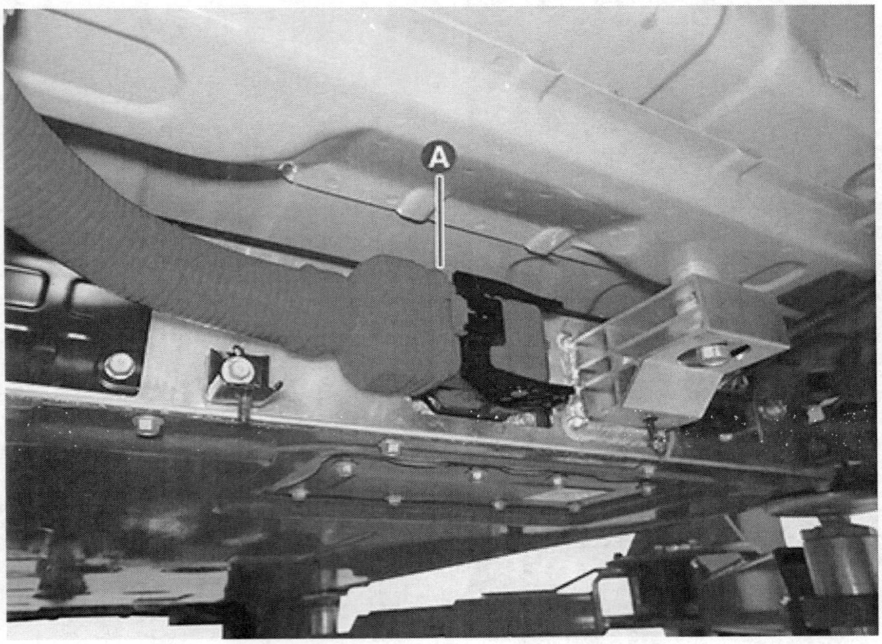

유 의

커넥터 분리 방법

1) 잠금 클립(A)을 당겨 해제한다.

2) 잠금 클립(B)을 누른 상태에서 레버(A)를 화살표 방향으로 밀며 분리한다.

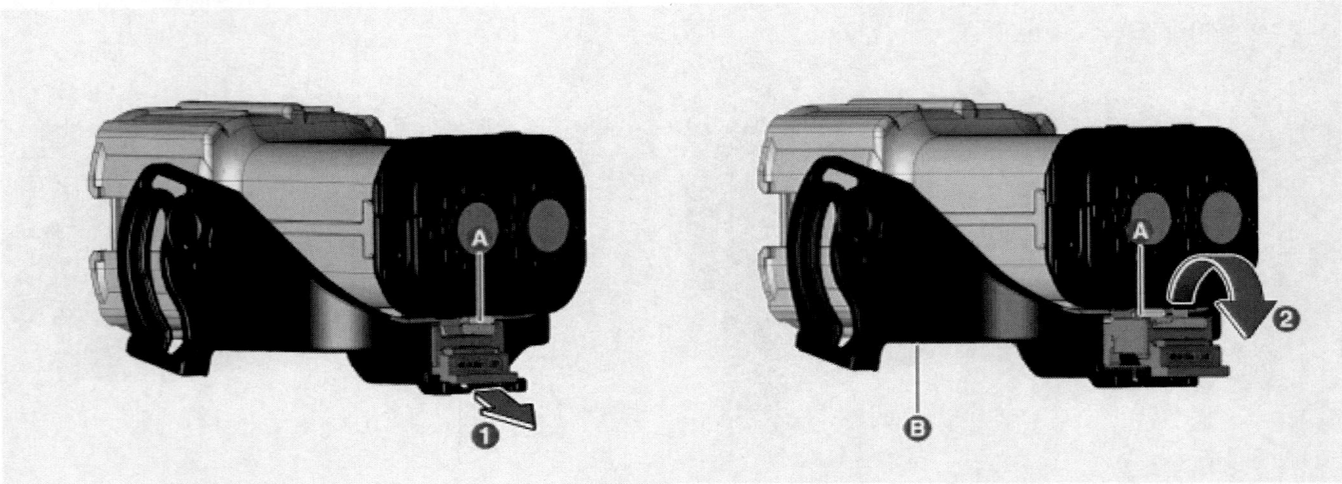

13. 분리 된 파워 케이블의 전압을 측정한다.

정상 : 30 V 이하

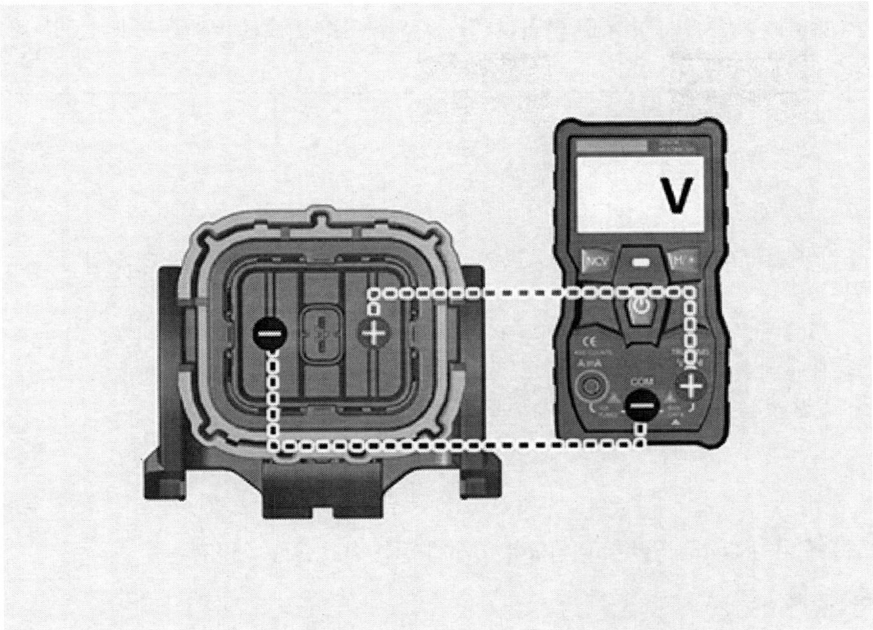

14. 고전압 배터리 단자 사이의 전압을 측정하여 고전압 차단 여부를 확인한다.

정상 : 0 V

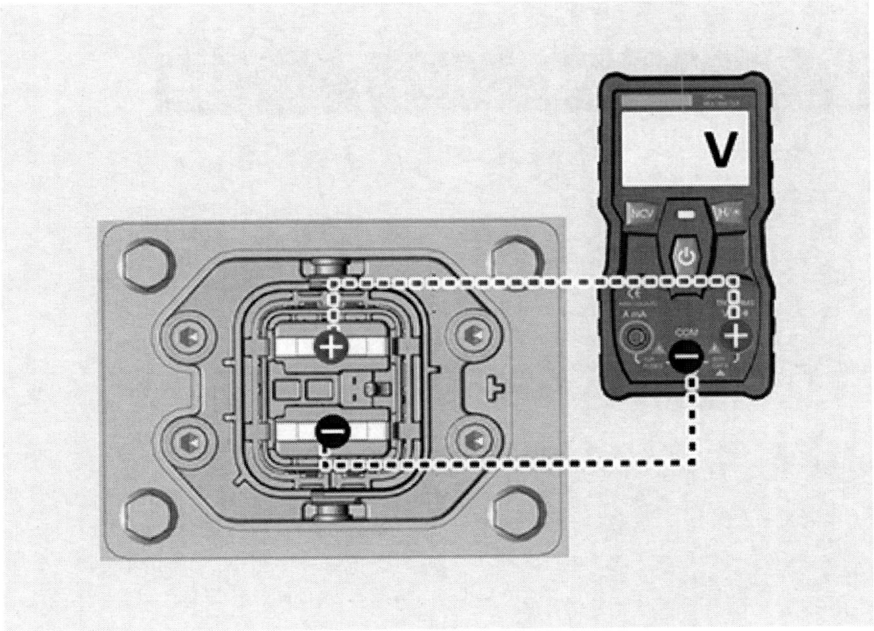

▲ 경 고

1) EV 작업 전, 진단 장비(KDS)를 통해 절연파괴 여부를 확인하고, 물리적으로 누설 전류가 있는지 확인한다.
2) 절연파괴 또는 누설전류가 의심되는 경우 메인 퓨즈를 탈거한다. (PRA 오작동과 같은 고장코드(DTC)가 확인되어도 메인 퓨즈를 탈거한다)
   (고전압 배터리 컨트롤 시스템 - "메인 퓨즈" 참조)
   ※ 절연파괴 혹은 누설전류가 없는 정상적인 배터리라면, 메인 퓨즈 탈거 없이 고전압 배터리 관련 작업을 진행한다.

고전압 차단 절차

⚠ 경 고

- 고전압 시스템 관련 작업 시, 관련 교육을 이수한 작업자가 정비를 진행한다. 고전압 시스템에 대한 이해가 부족한 경우 감전 또는 누전 등으로 인한 심각한 사고를 초래할 수 있다.
- 고전압 시스템 또는 주변 부품 작업 시, 반드시 "고전압 시스템 안전사항 및 주의, 경고" 내용을 숙지하고 준수해야 한다. 미 준수 시, 감전 또는 누전 등으로 인한 심각한 사고를 초래할 수 있다.
- 고전압 시스템 작업 특성상, 개인보호장구(PPE) 및 사전 고전압 차단 절차를 반드시 확인한다.

ℹ 참 고

고전압 시스템 부품 : 배터리 시스템 어셈블리(BSA), 모터 어셈블리, 인버터 어셈블리, 고전압 정션 박스, 파워 케이블 등

1. 진단 장비(KDS)를 자기 진단 커넥터(DLC)에 연결한다.
2. IG ON 한다.
3. 진단 장비(KDS) 서비스 데이터의 BMU 융착 상태를 확인한다.

규정값 : NO

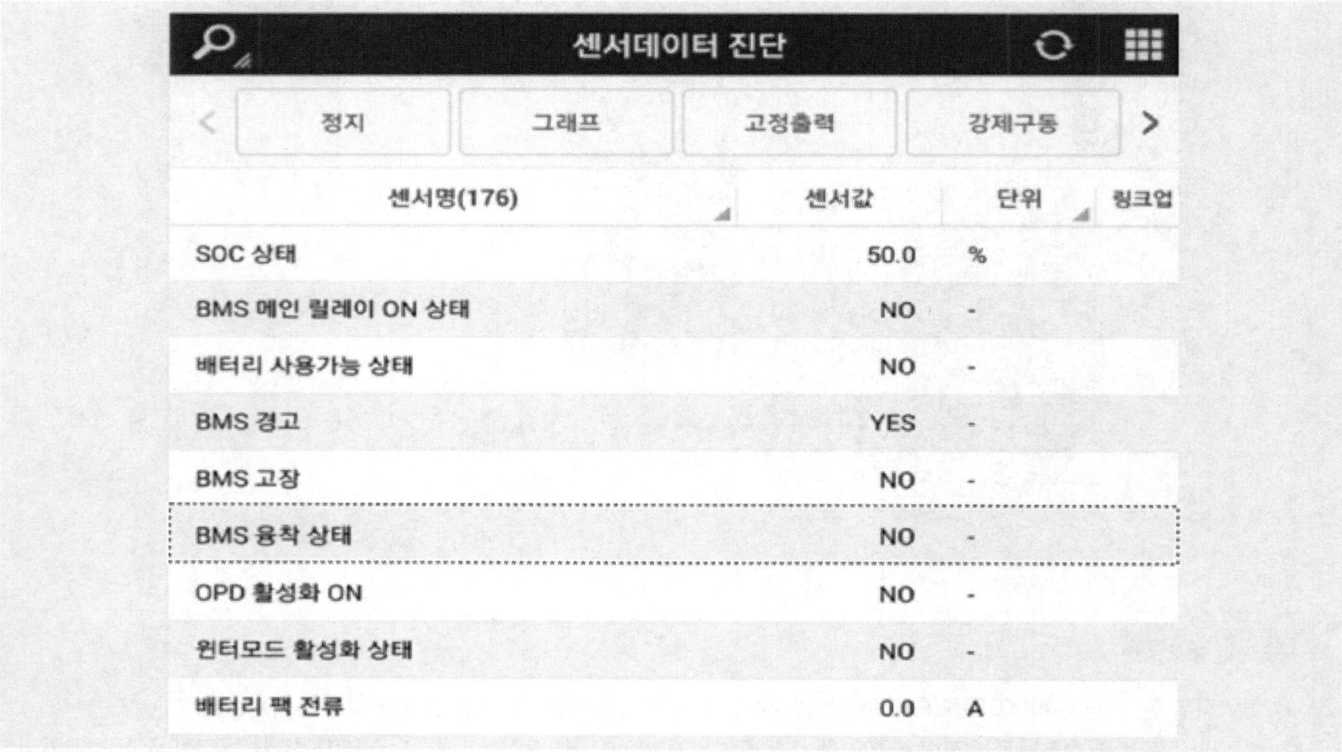

센서명(176)	센서값	단위	링크업
SOC 상태	50.0	%	
BMS 메인 릴레이 ON 상태	NO	-	
배터리 사용가능 상태	NO	-	
BMS 경고	YES	-	
BMS 고장	NO	-	
BMS 융착 상태	NO	-	
OPD 활성화 ON	NO	-	
윈터모드 활성화 상태	NO	-	
배터리 팩 전류	0.0	A	

4. 프런트 트렁크(A)를 연다.

5. 보조 배터리 (12 V) 서비스 커버(A)를 연다.

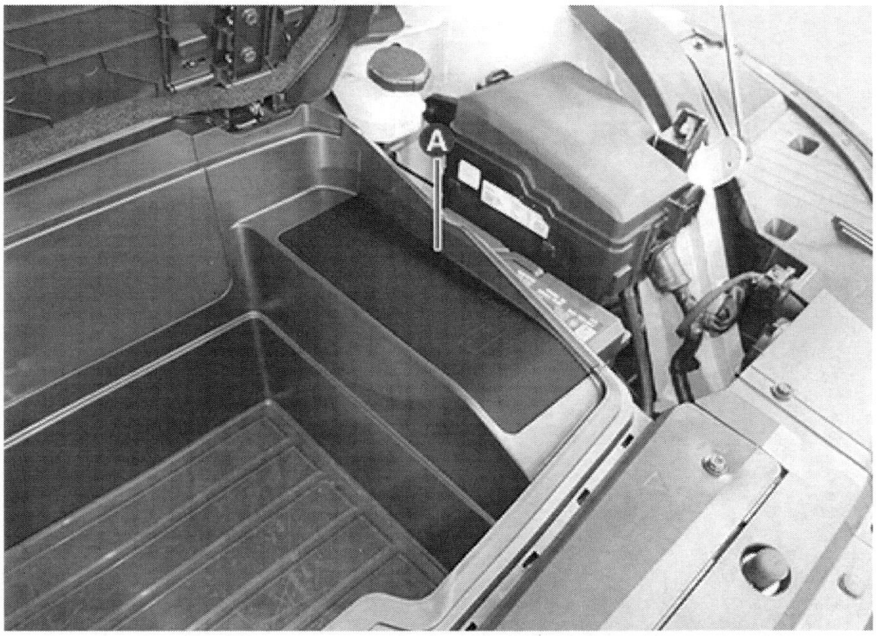

6. IG OFF하고, 보조 배터리 (12 V)의 (-) 케이블을 분리한다.

체결토크 : 0.8 ~ 1.0 kgf·m

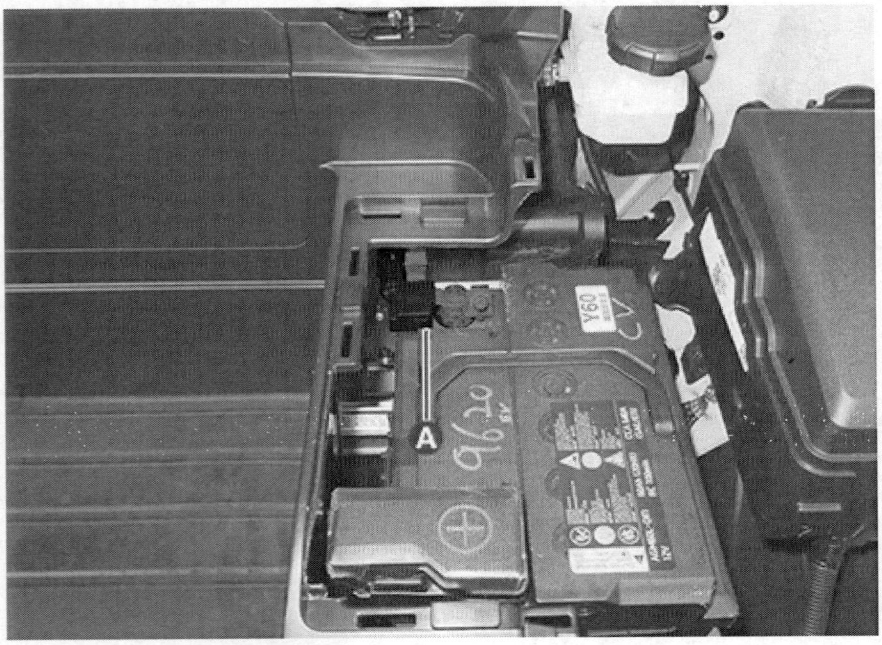

7. 서비스 인터록 커넥터(A)를 분리한다.

▲ 경 고

고전압 시스템의 커패시터가 완전히 방전될 수 있도록 5분 이상 대기한다.

유 의

서비스 인터록 커넥터는 완전히 탈거되지 않는다.

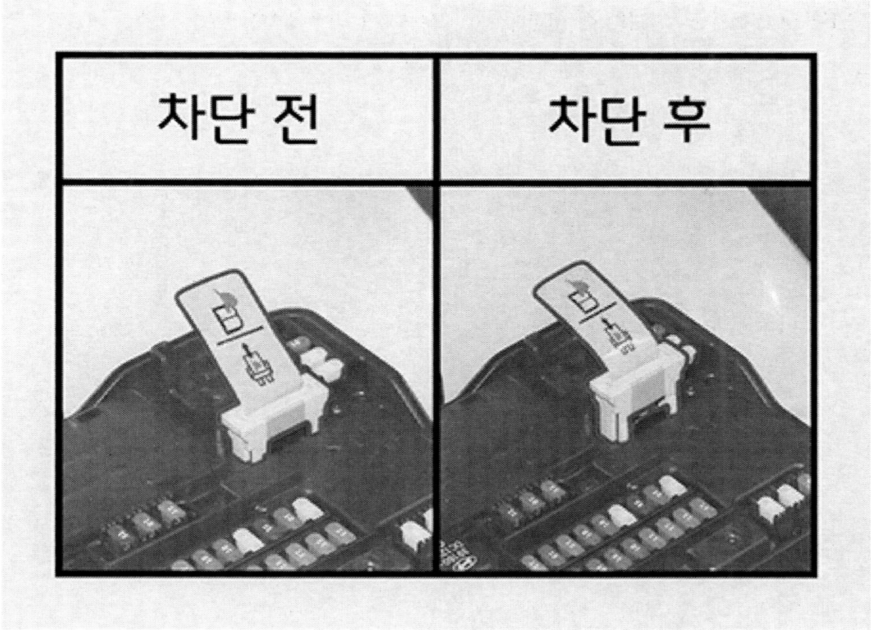

8. 프런트 언더 커버를 탈거한다.
   (모터 및 감속기 시스템 - "프런트 언더 커버" 참조)
9. 고전압 배터리 커버(A)를 탈거한다.

체결토크 : 0.8 ~ 1.2 kgf·m

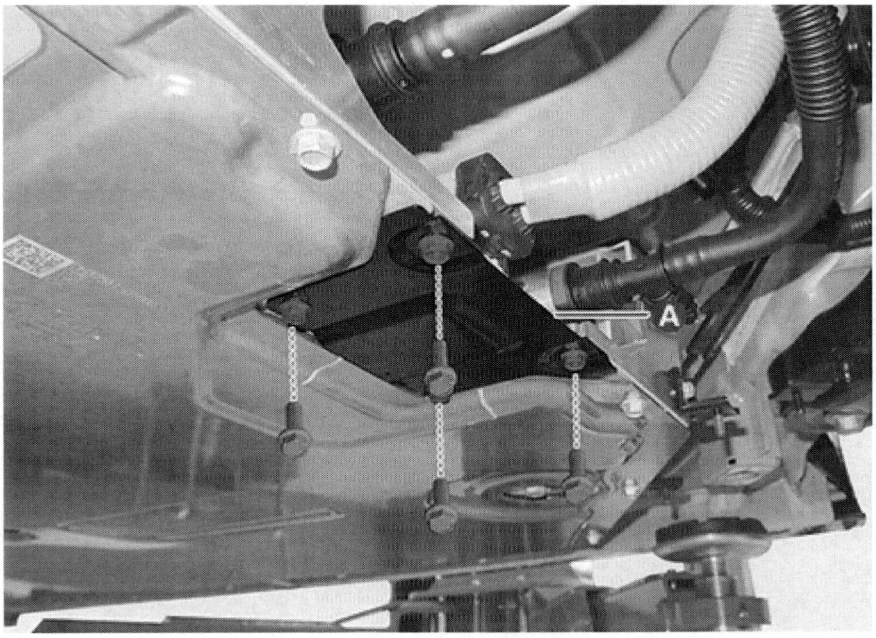

10. 프런트 고전압 정션 박스 파워 케이블(A)을 분리한다.

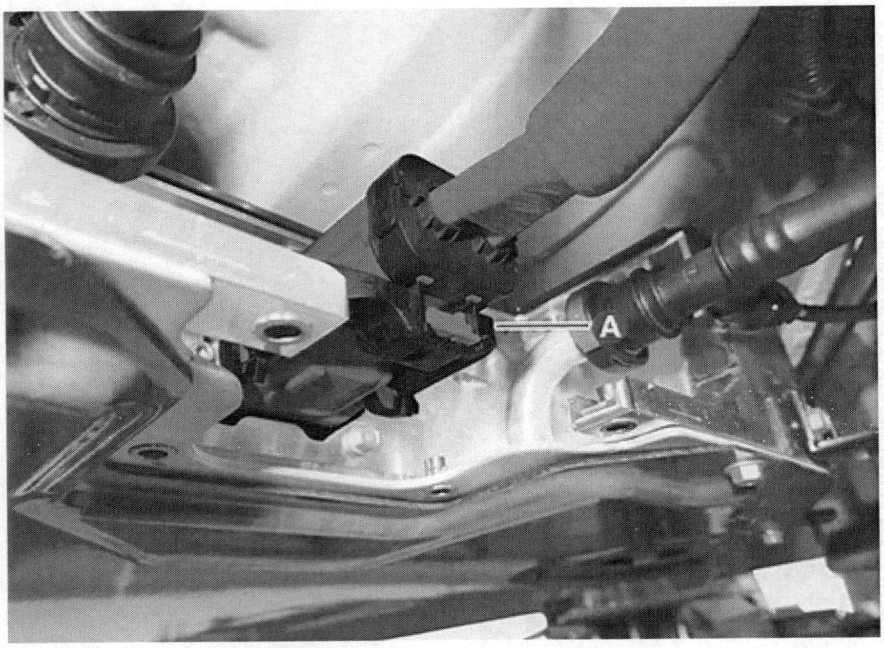

유 의

커넥터 분리 방법

1) 잠금 클립(A)을 당겨 해제한다.

2) 잠금 클립(B)을 누른 상태에서 레버(A)를 화살표 방향으로 밀며 분리한다.

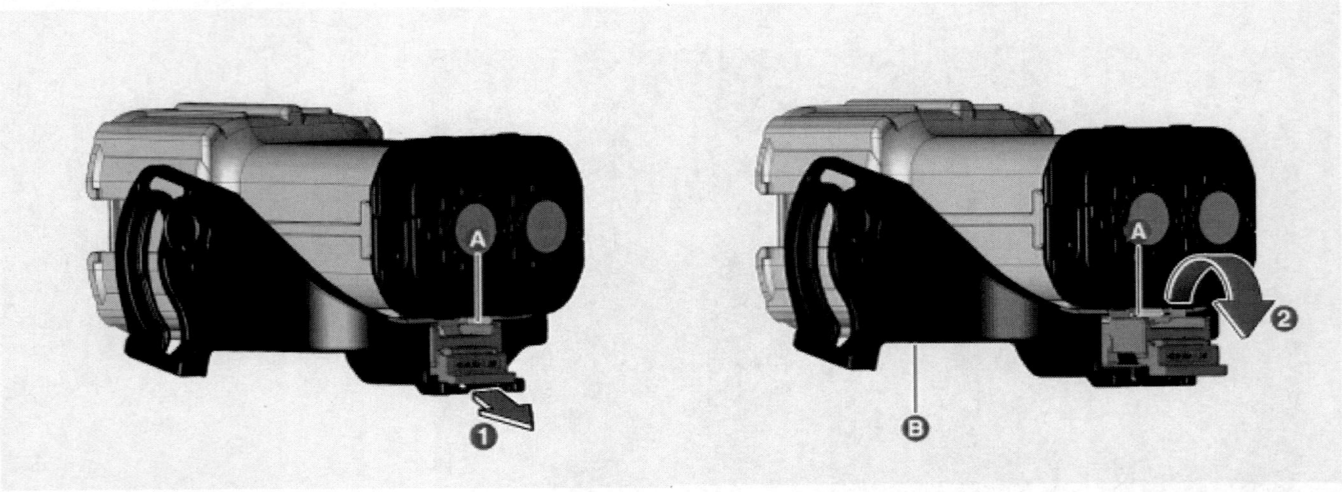

11. 리어 언더 커버를 탈거한다.
    (모터 및 감속기 시스템 - "리어 언더 커버" 참조)
12. 리어 고전압 정션 박스 파워 케이블(A)을 분리한다.

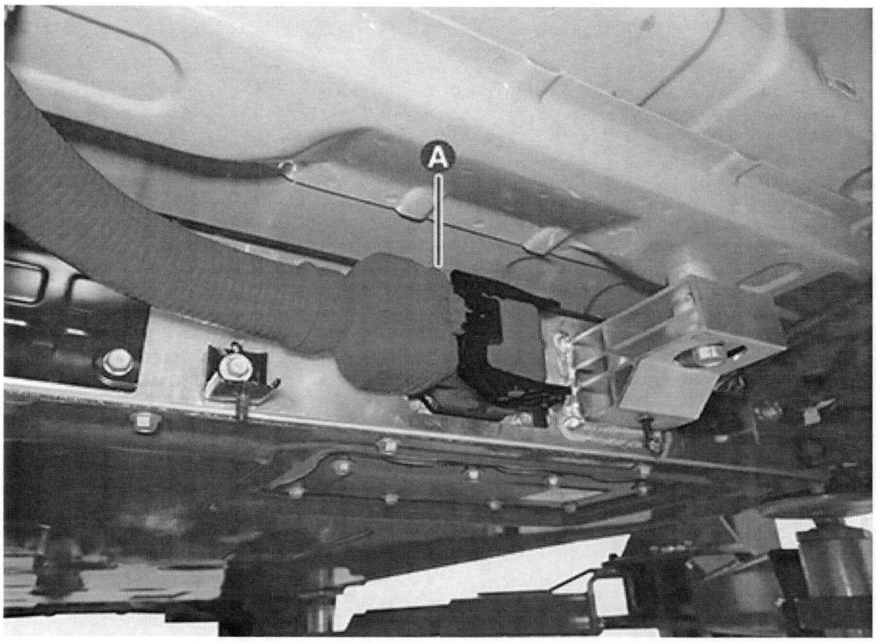

유 의

커넥터 분리 방법

1) 잠금 클립(A)을 당겨 해제한다.
2) 잠금 클립(B)을 누른 상태에서 레버(A)를 화살표 방향으로 밀며 분리한다.

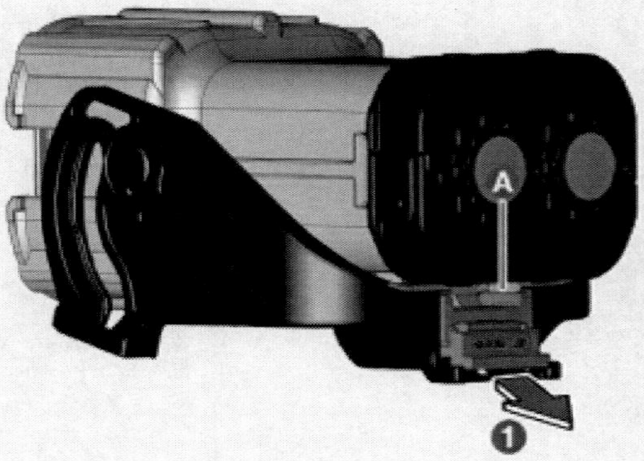

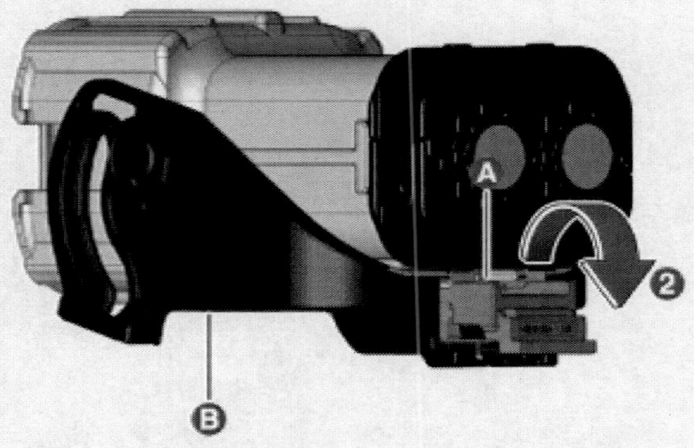

13. 분리 된 파워 케이블의 전압을 측정한다.

정상 : 30 V 이하

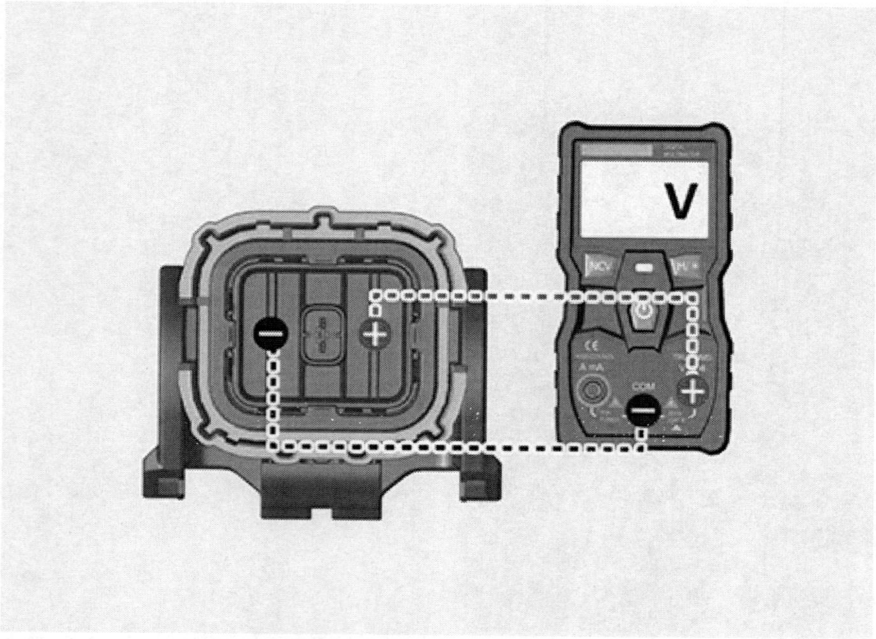

14. 고전압 배터리 단자 사이의 전압을 측정하여 고전압 차단 여부를 확인한다.

정상 : 0 V

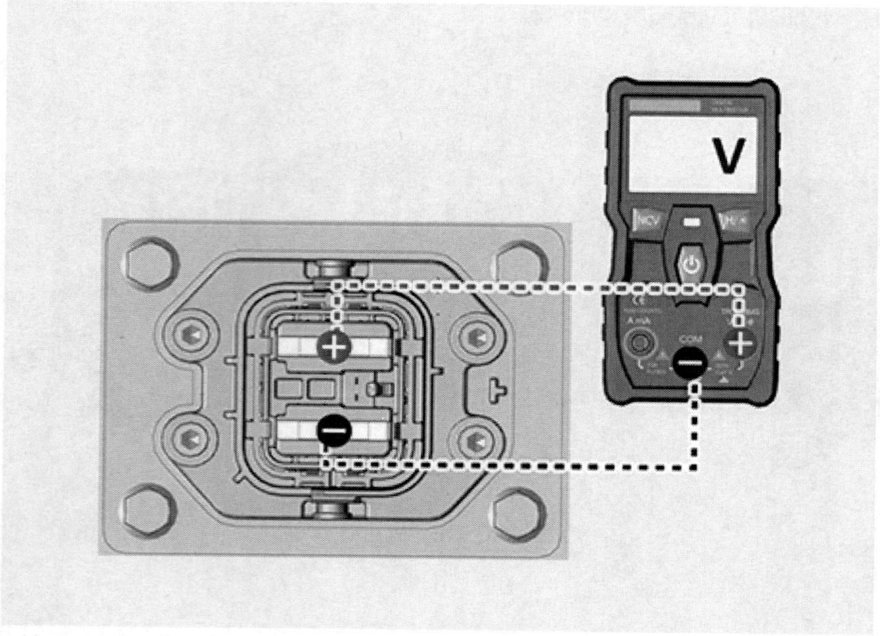

⚠ 경 고

1) EV 작업 전, 진단 장비(KDS)를 통해 절연파괴 여부를 확인하고, 물리적으로 누설 전류가 있는지 확인한다.
2) 절연파괴 또는 누설전류가 의심되는 경우 메인 퓨즈를 탈거한다. (PRA 오작동과 같은 고장코드(DTC)가 확인되어도 메인 퓨즈를 탈거한다)
   (고전압 배터리 컨트롤 시스템 - "메인 퓨즈" 참조)
   ※ 절연파괴 혹은 누설전류가 없는 정상적인 배터리라면, 메인 퓨즈 탈거 없이 고전압 배터리 관련 작업을 진행한다.

중요 안전 사항

본 매뉴얼은 차량의 각 시스템에 대한 기본적이고 효율적인 정비 방법 및 지시 사항을 제공한다.
작업자의 안전 확보 및 정확한 정비 작업을 위해 본 매뉴얼을 쉽게 조회할 수 있는 환경하에 작업을 실시한다.
본 매뉴얼에서 제공하는 정비 절차 및 부품, 특수공구를 제외한 임의적인 정비 행위는 차량의 심각한 손상이나 인명사고를 야기할 수 있다.

현상별 중요 안전 사항

정비 매뉴얼에 제공되는 현상별 중요 안전 사항은 아래와 같은 의미를 가지고 있다.

> **⚠ 위 험**
>
> 정비 시 부주의로 인해 필연적으로 발생하는 사망 또는 심각한 신체 상해 방지

> **⚠ 경 고**
>
> 정비 시 부주의로 인해 발생 가능한 사망 또는 심각한 신체 상해 방지

> **⚠ 주 의**
>
> 정비 시 부주의로 인해 발생 가능한 경미한 신체 상해 방지

> **유 의**
>
> 정비 시 부주의로 인해 발생 가능한 차량 손상 방지

> **ⓘ 참 고**
>
> 특정 정비 절차를 수행하는데 있어 도움이 되는 추가적인 정보의 전달

정비 작업 시 주의 사항

정비 작업 시 아래 항목을 반드시 준수한다.

> **⚠ 경 고**
>
> - 고전압 시스템 작업 시, "고전압 차단 절차"에 따라 반드시 고전압을 먼저 차단해야 한다. 미준수 시, 감전 또는 누전 등으로 인한 심각한 사고를 초래할 수 있다.
>   **(일반 사항 - "고전압 차단 절차" 참조)**
> - 고전압 시스템 또는 주변 부품 작업 시, 반드시 "고전압 시스템 안전 사항 및 주의, 경고" 내용을 숙지하고 준수해야 한다. 미준수 시, 감전 또는 누전 등으로 인한 심각한 사고를 초래할 수 있다.
>   **(일반 사항 - "고전압 시스템 안전 사항 및 주의, 경고" 참조)**

- 화재 및 감전 등의 위험을 방지하기 위해 전기 계통 또는 고전압 시스템 주변 부품 작업을 수행하기 전 반드시 고전압 차단 절차를 선행한다.
- 작업 중 흡연을 하거나 히터와 같은 난방기구를 차량 근처에 배치하지 않는다.
- 작업 시 소화기를 주변에 반드시 배치한다.
- 차량 아래에서 작업 시 반드시 차량용 리프트를 사용하여 차량을 들어 올린다.
  리프트 사용 방법은 리프트 포인트 및 주의 사항을 참고한다.
  (일반 사항 - "리프트 포인트" 참조)
- 작업자의 몸 상태가 좋지 않을 경우 인명 사고 및 작업 후 출고 차량의 품질 저하를 유발할 수 있으므로 작업을 중지한다.
- 작업 시 인체에 유해한 물질을 취급하거나 공구를 사용할 경우 보호 안경, 보호 장갑, 보호의 등을 착용한다.
- 작업 중 머리카락, 넥타이, 스카프, 목걸이, 반지 등이 빨려 들어가 인명 사고를 일으킬 수 있으므로 주의한다.

- 마모 또는 변형된 파스너, 너트, 볼트 등을 재사용하지 않는다. 일부 부품은 재사용이 금지되어 있으므로 본 매뉴얼에서 지시하는 재사용 금지 지시를 준수한다.
- 브레이크 패드, 클러치 디스크 등과 같은 마찰 부품 작업 시 인체에 유해한 분진이 날릴 수 있으므로 마스크 등을 착용한다.
- 작업 중 흐르는 오일, 브레이크액 등은 적절한 용기를 사용해 받는다.
- 에어컨 시스템은 인체에 유해한 화학 냉매로 충전되어 있다. 냉매의 회수/충전 작업은 반드시 정식 승인된 장비를 사용하는 숙련된 작업자에 의해 이루어져야 한다.

식별번호

차대번호

위치

차대 번호는 아래의 위치에서 찾을 수 있다.

[운전석 B필러 하단]

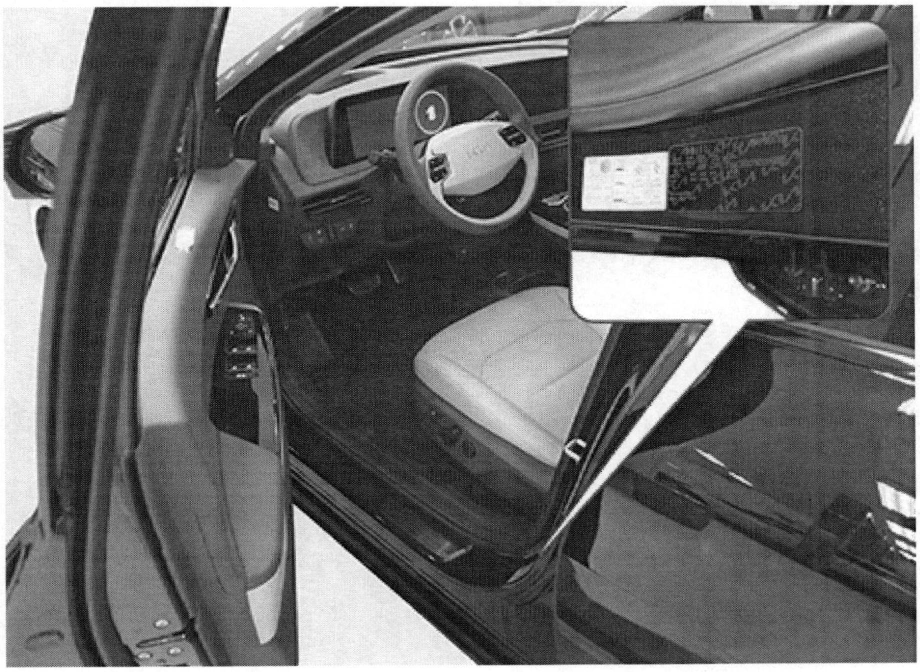

[프런트 윈드쉴드 글라스 하단]

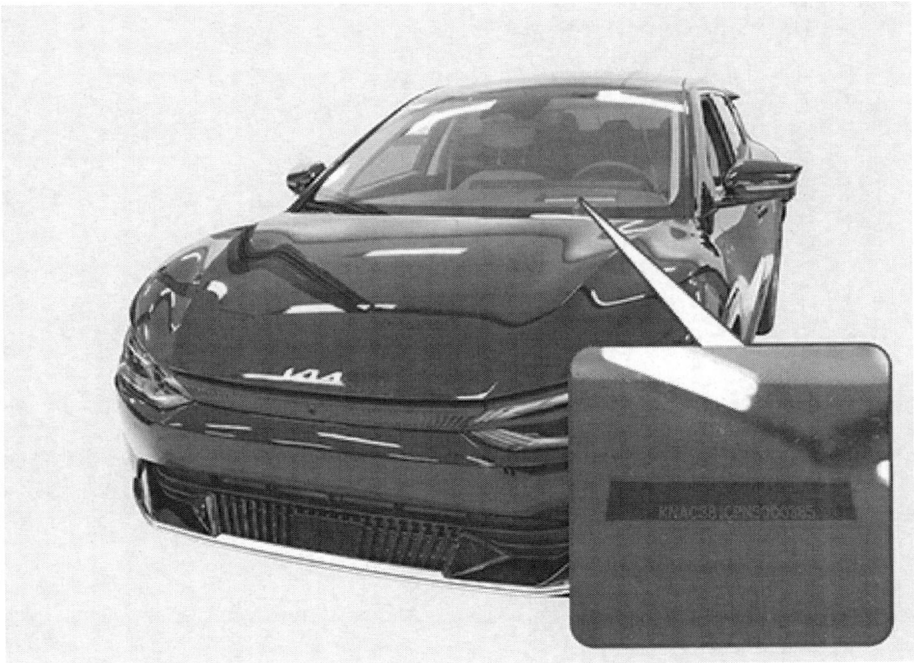

[조수석 시트 하단]

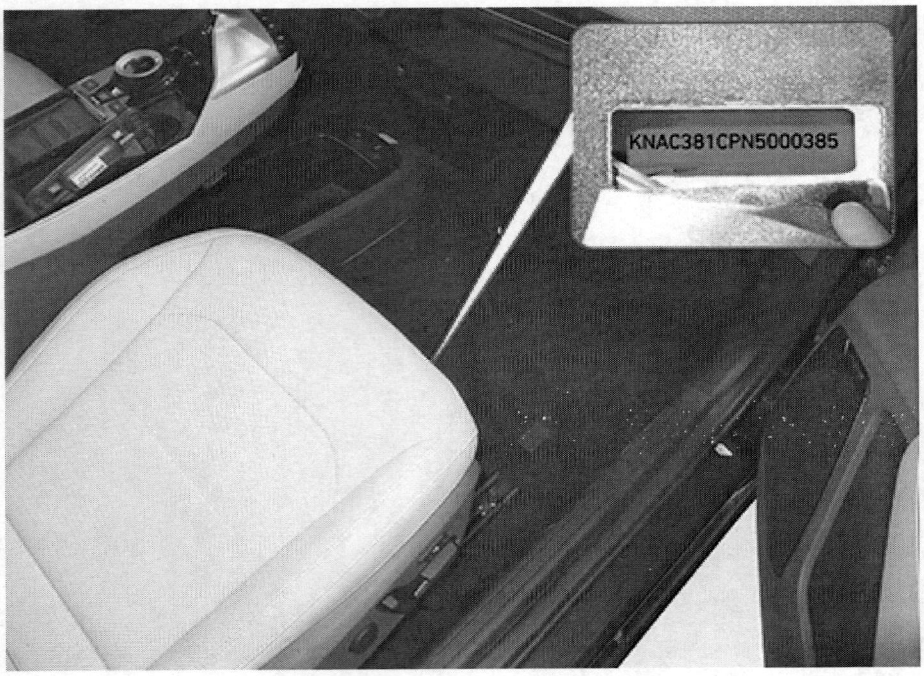

자리별 의미

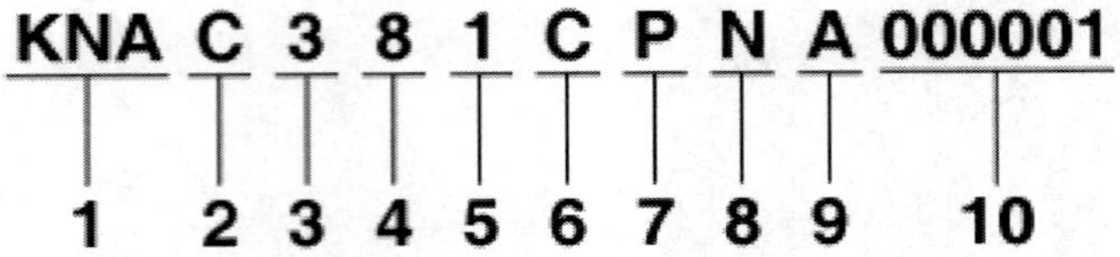

1. 국제지정제작사(World Manufacturer Identifier: WMI)
   - KNA : 승용, 다목적용
   - KNC : 화물(밴)
   - KNH : 승합
2. 차종(Vehicle Line)
   - C : CV
3. 세부차종(Vehicle Line - Detail)
   - 1 : Low 급 (L, GA1)
   - 2 : Middle-Low 급 (GL, GB1)
   - 3 : Middle 급 (GLS, JLS, TAX, GD1)
   - 4 : Middle-High 급 (HGS, GE1)
   - 5 : High 급 (TOP, GF1)
   - 6 : Premium GL 급 (PGL, GC1)
   - 7 : Super HGSL 급 (SHG, GG1)
4. 차체/캡 형상(Body/Cabin Type)
   KNA
   - 2 : 세단 - 2 도어
   - 3 : 세단 - 3 도어
   - 4 : 세단 - 4 도어
   - 5 : 세단 - 5 도어
   - 6 : 쿠페
   - 7 : 컨버터블
   - 8 : 웨건
   - 9 : 화물(밴)
   - 0 : 픽업
   - G : 슈팅 브레이크 - 5 도어
   - H : 패스트백 - 5 도어

   KNC(화물 / 밴)

- X : 일반캡 / 세미-본넷
- Y : 더블캡 / 본넷
- Z : 슈퍼캡 / 박스

KNH
- 1 : 박스
- 2 : 본넷
- 3 : 세미-본넷

5. 안전장치(Restraint system), 브레이크(Brake system)

KNA
- 0 : 운전석/동승석 - 미적용
- 1 : 운전석/동승석 - 액티브(Active) 시트벨트
- 2 : 운전석/동승석 - 패시브(Passive) 시트벨트

KNC, KNH
- 7 : 유압식 브레이크
- 8 : 공기식 브레이크
- 9 : 혼합식 브레이크

6. 동력 장치(Engine Type)
   - A : 653V, 111.2Ah + RR 160kW
   - B : 523V, 111.2Ah + RR 160kW
   - C : 653V, 111.2Ah + FR 70kW + RR 160kW
   - D : 523V, 111.2Ah + FR 70kW + RR 270kW
   - E : 697V, 111.2Ah + FR 160kW + RR 270kW
7. 운전석 방향 및 구동 휠 (Driver's side & Drive train)
   - F : LHD & 감속기
   - P : LHD & 감속기 + 4WD
   - R : RHD & 감속기 + 4WD
   - U : RHD & 감속기
8. 모델 연도(Model Year)[알파벳 I,O,Q,U,Z 제외]
   - N : 2022, P : 2023, R : 2024, S : 2025, T : 2026
9. 생산공장(Plant of Manufacture)
   - A : 화성(한국)
   - S : 광명(한국)
   - K : 광주(한국)
   - T : 서산(한국)
10. 생산일련번호(Serial Number)
    - 000001 ~ 999999

모터 일련번호

전륜 모터

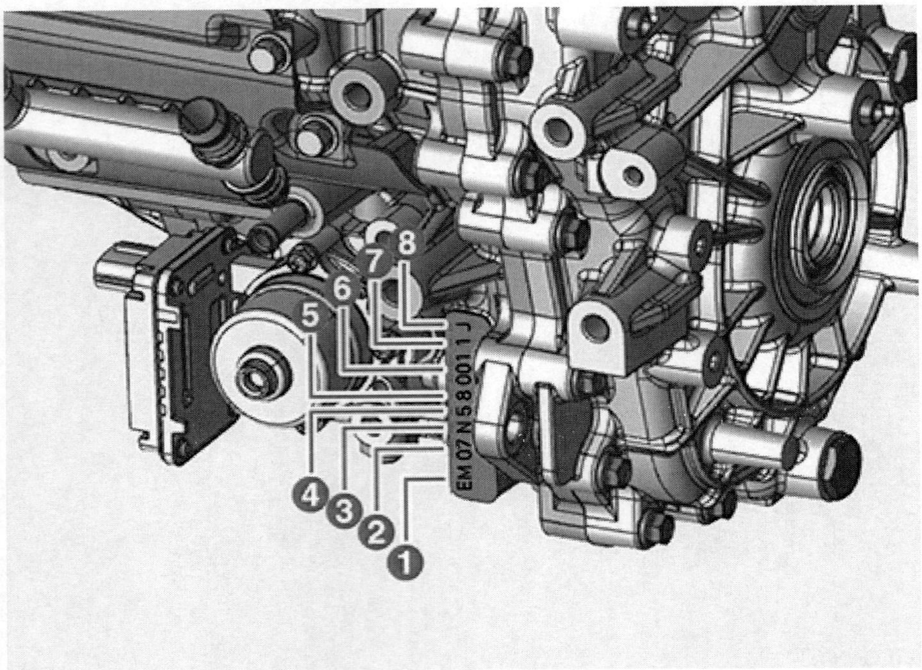

후륜 모터

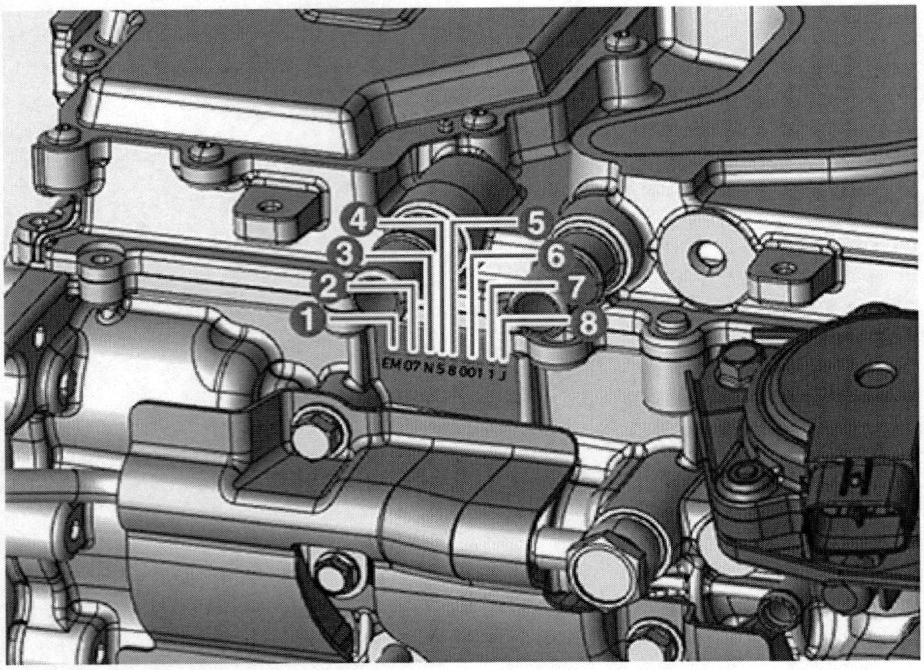

1. 차량 타입
   - EM : 전기차
2. 전력
   - 07 : 73kW
   - 17 : 160kW
   - 27 : 270kW
3. 생산 년도 [알파벳 I,O,Q 제외]
   - N : 2022, P : 2023, R : 2024, S : 2025, T : 2026 ...
4. 제작월
   - 1~ 9 : 1 ~ 9월
   - A ~ C : 10월 ~ 12월
5. 제작일
   - 1~ 9 : 1 ~ 9일
   - A ~ Y : 10 ~ 31일(알파벳 I, O, Q 제외)
6. 생산일련번호
   - 001 ~ Z99
   - A : 10 ~ Z : 32

- Z99 : 3299

7. 라인 번호
   - 1

8. 생산 공장
   - J : 충주
   - C : 중국
   - D : 대구

컬러 코드

코드	명칭	색상
SWP	스노우 화이트 펄	
ABP	오로라 블랙 펄	
B4U	그래비티 블루	
CR5	런웨이 레드	
AGT	인터스텔라 그레이	
DU3	요트 블루	
G4E	딥 포레스트 그린	

KLM	문스케이프 매트 그레이	
GLB	글래시어	

경고/주의 라벨

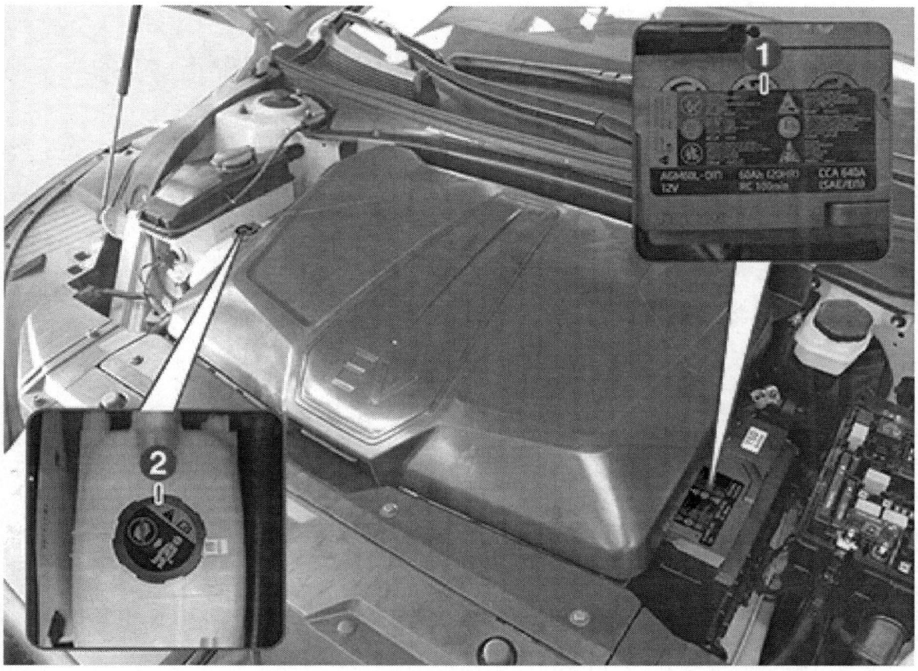

1. 압력 캡 경고 라벨
2. 배터리 주의 라벨

배터리 주의 라벨

A. 화기 금지
B. 안경 착용
C. 어린이 접근 금지
D. 배터리액 주의
E. 설명서 숙지
F. 폭발 주의

배터리 취급 시 주의사항

⚠ 경 고

배터리를 장착, 충전 또는 취급할 때는 반드시 아래 안전사항을 숙지한다. 배터리를 잘못된 방법으로 취급할 경우 폭발 및 질식, 중독의 위험이 있다.

- 보호경, 보호장갑, 보호 마스크를 착용한다.
- 담배불, 불꽃, 화염 등 발화원 등의 근처에서 작업하지 않는다.
- 배터리는 절대로 임의 분해하지 않는다.
- 배터리의 보관, 취급, 운반할 때 반드시 수평 상태를 유지한다.
- 배터리가 충·방전중일 때 배터리 근처에서 작업하지 않는다.
- 환기가 되지 않는곳에서의 배터리 보관 또는 사용하지 않는다.
- 금속 도구나 도체를 이용해 작업할 때 단락등으로 인한 불꽃 발생에 주의한다.
- 전해액이 눈에 묻었을 경우 즉시 눈을 다량의 물로 세척하고 적절한 의료 조치를 받는다.
- 전해액을 삼켰을 경우 다량의 물이나 우유를 마시고 적절한 의료 조치를 받는다. 이 때 강제로 구토를 유도하지 않는다.
- 배터리 충전 시 충전기 케이블의 파손 여부를 확인한다. 파손된 케이블로 충전할 경우 배터리 품질이 떨어지고 폭발의 위험이 있다.
- 배터리를 충전할 때 배터리가 뜨거워질 경우 가스 발생이 증가하여 폭발의 위험이 있으므로 즉시 충전 전압을 낮추거나 충전을 중단한다.

배터리 보관방법

취급 및 보관	배터리 보관 시 직사광선이 없고 온도와 습도가 낮은 서늘한 곳에서 보관한다. **유 의** 보관 온도가 25°C를 초과할 경우 배터리 수명에 영향을 줄 수 있다. • 차량에서 배터리를 제거한 상태로 보관한다. • 배터리가 완전히 충전되었는지 확인하고 최소 2개월마다 보충전을 해준다. • 단자가 부식되어있는 상태로 보관할 경우 배터리 성능이 저하될 수 있으며 사용 시 위험이 발생할 수 있으므로 보관 전 베이킹 소다와 물 혼합액 (중탄산나트륨)으로 단자와 커넥터를 브러쉬질하여 부식을 제거한다. • 배터리를 다시 사용하기 위해 장착하기 전 부식 방지를 위한 그리스를 바른다.
장기간 미운행 차량	배터리를 차량에서 분리하고 가능한 배터리를 완충한다. 완충된 배터리를 서늘하고 건조한 장소에 보관한다. 완충된 배터리는 영하에서 보관할 수 있지만, 완충되지 않은 배터리는 동결될 수 있다.
정기 운행 차량	배터리 누액 및 파손여부, 청결상태 등을 정기적으로 확인한다. 정기적으로 배터리 충전 상태를 점검한다. 배터리가 방전 또는 과충전되었을 경우 차량을 점검한다. 배터리 성능이 저하된 경우 배터리를 교체한다.

리프트 포인트 및 리프트 사용 시 주의 사항

리프트를 사용할 경우 아래 사항에 주의하며 작업한다.

- 리프트를 사용하여 차량을 들어올릴 경우 차량은 공차 상태를 유지하도록 한다. 불가피할 경우 리프트의 최대 중량을 초과하지 않도록 주의한다.
- 모터 또는 배터리와 같이 무거운 부품을 탈거할 경우 차량의 무게중심이 변동되어 차량이 낙하할 수 있으므로 평형추 등을 사용해 무게중심을 맞추거나 변속기 잭과 같은 안전 잭을 배치하여 차량 낙하 사고를 방지한다.
- 고무 블록 등을 사용하여 차량의 리프트 포인트가 손상되지 않도록 주의한다.
- 리프트 조작 시 차량 아래쪽에 도구, 장비, 부품 또는 사람이 있는지 반드시 확인 후 조작한다.
- 사용하는 리프트 제조사 사용 매뉴얼의 안전 절차를 준수한다.
- 아래 명시된 리프트 포인트 외 다른 곳에 잭을 설치하지 않는다.
  [리프트 포인트]

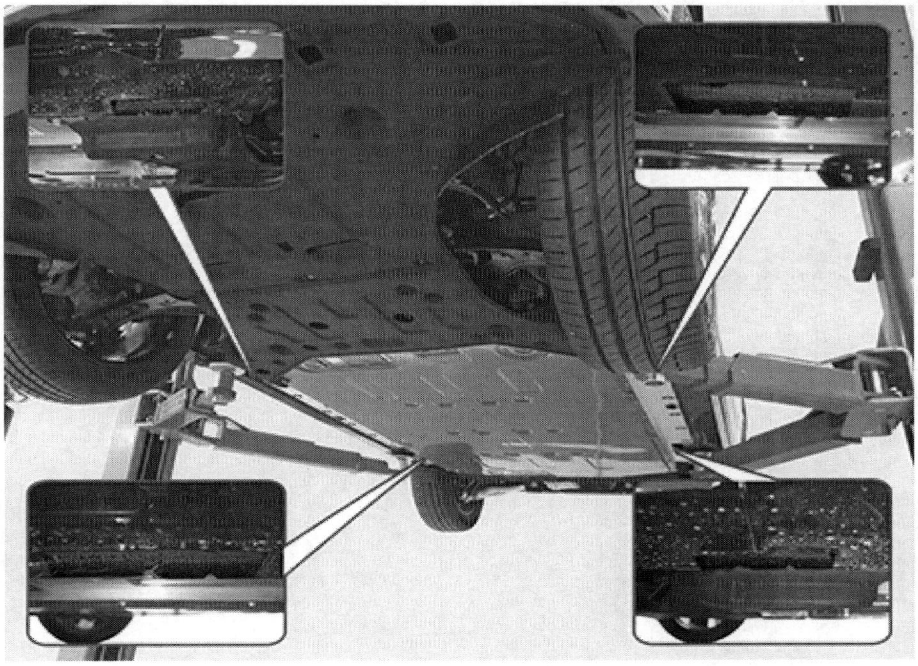

[2주식 리프트 사용 시 주의사항]

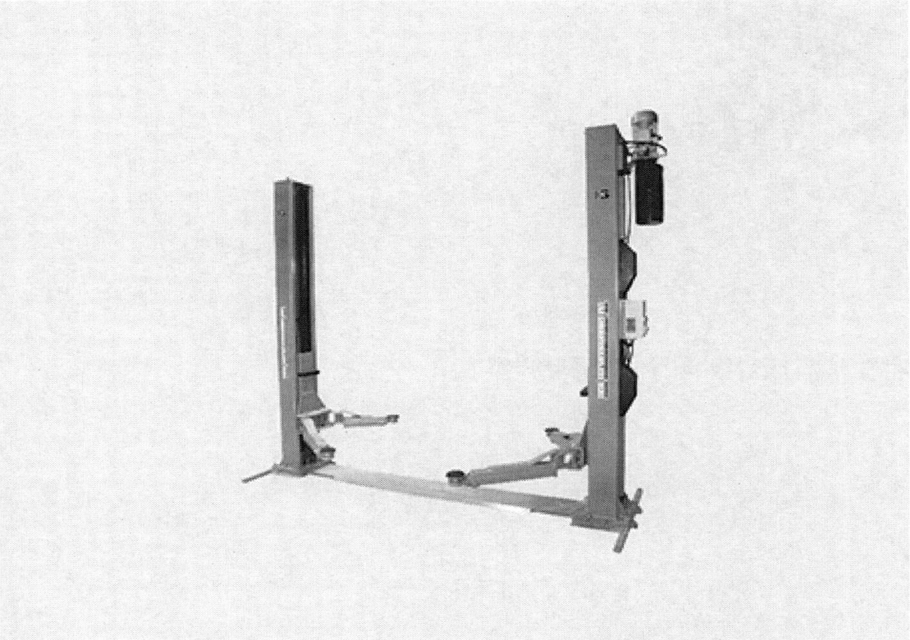

1. 차량이 리프트 중앙에 위치하도록 전후좌우의 간격을 맞추어 천천히 진입한다.

2. 안전을 위하여 타이어가 지면에서 떨어질 정도로만 차량을 들어 올린 후 흔들어 차량 지지 상태를 확인한다.
3. 안전에 이상이 없을 경우 차량을 들어 올린다.

[4주식 리프트 사용 시 주의사항]

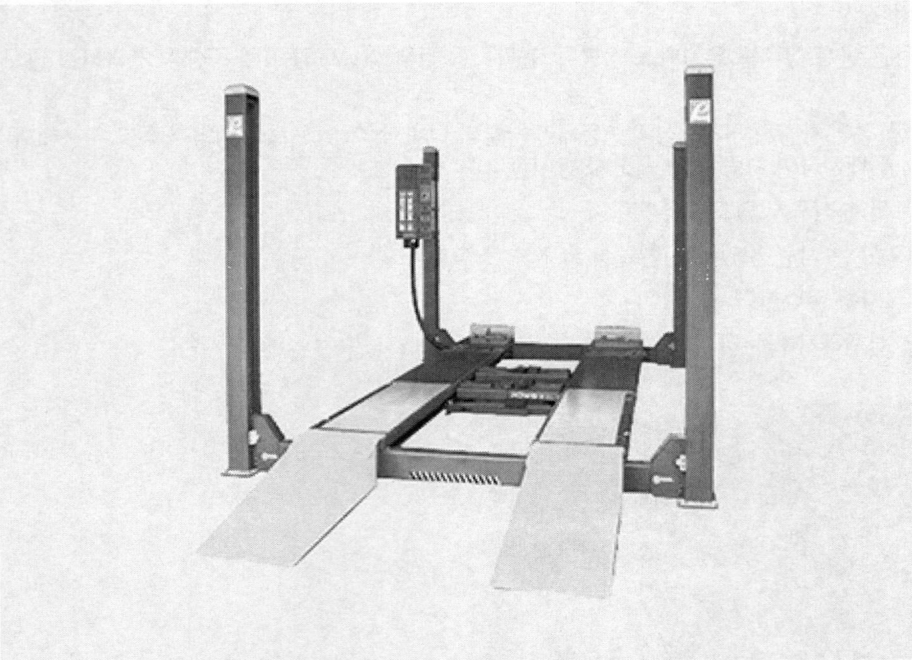

1. 차량이 리프트 중앙에 위치하도록 전후좌우의 간격을 맞추어 천천히 진입한다.
2. 고임목을 사용하여 차량이 움직이는 사고를 방지한다.

[X형 (시저스) 리프트 사용 시 주의 사항]

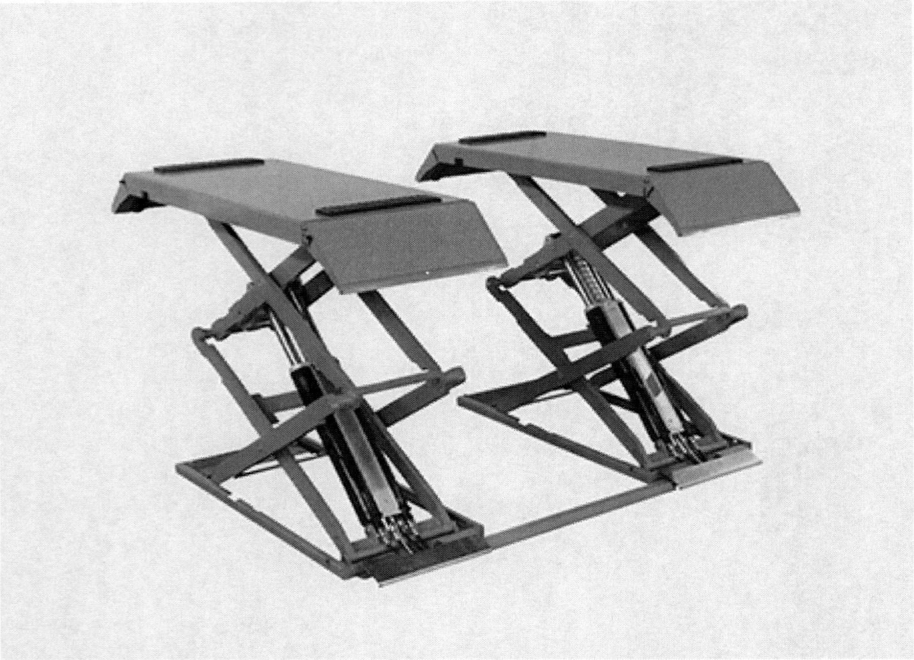

1. 차량을 들어올릴 때 리프트가 차량 하부에 장착된 부품과 간섭이 되지 않도록 주의한다.

[플로어 잭 사용 시 주의 사항]

1. 고임목을 사용하여 차량이 움직이는 사고를 방지한다.
2. 플로어 잭을 서브 프레임 및 리어 크로스 멤버, 명시된 리프트 포인트를 제외한 기타 부품에 설치하지 않는다.

견인

견인 시 아래 사항에 반드시 유의한다.

유 의

- 견인하는 차량보다 무거운 차량은 견인하지 않는다.
- 브레이크 제동 성능이 평소보다 약할 수 있으므로 제동 시 브레이크 페달을 평소보다 힘껏 밟는다.
- 스티어링 휠 조작이 원활하지 않기 때문에 평소보다 강하게 조작한다.
- 긴 경사로를 내려올 경우 브레이크 과열의 위험이 있으므로 자주 차량을 멈춰 브레이크를 식힌다.
- 견인 시 운전자 외 인원은 차량으로부터 멀리 떨어져 있는다.
- 차량 운행 가능상태로 차량 견인 시 사이드 에어백이 전개될 수 있으므로 반드시 견인 전 차량의 전원을 차단한다.

견인 후크

견인 후크는 차량 앞, 뒤에 장착 할 수 있다.

유 의

차량의 다른 부위에 연결하여 견인할 경우 차체 손상 및 변형의 우려가 있으므로 반드시 견인 후크를 장착하여 연결한다.

1. 범퍼의 홀 커버 아래쪽을 눌러 커버를 분리한다.

[앞]

[뒤]

2. 견인 후크를 홀에 삽입하고 시계방향으로 끝까지 돌려 후크를 장착한다.
[앞]

[뒤]

유 의

견인 전 견인 후크의 장착 상태를 다시한번 확인한다.

일반 차량으로 견인 방법

1. 견인 후크에 로프 또는 체인 등을 단단히 고정한다.

유 의

로프 또는 체인의 길이는 5M 이내로 하고 중앙에 식별이 가능하도록 표시해둔다.

2. 변속 위치를 'N으로 설정한다.
3. 스티어링 휠이 잠기지 않도록 차량을 'ACC' 상태로 유지한다.
4. 주차 브레이크를 해제한다.
5. 운전자 상호 실시간 연락을 취하며 차량을 견인한다.

유 의

- 운전자 외 인원은 절대 탑승하지 않는다.
- 조향 및 브레이크 조작을 위해 반드시 피견인 차량에도 운전자가 탑승한다.
- 견인 차량과 같은 방향으로 스티어링 휠을 조향한다.
- 견인 후크와 로프 또는 체인에 과도한 하중을 줄 수 있는 급출발, 급제동등의 난폭 운전을 피한다.
- 출발 및 주행 시 견인 로프 또는 체인이 팽팽하게 유지될 수 있도록 서서히 감속 및 가속한다.

견인 트럭으로 견인 방법

일반적인 차량 견인에는 아래 세 가지 방법이 사용될 수 있다. 단, 슬링 타입 견인 방식은 긴급 상황을 제외한 상황에서는 차량 손상의 위험이 있으므로 권장되지 않는다.

- **플랫베드 견인**
  차량 전체를 견인 트럭 뒤에 상차하여 견인하는 방식으로 전기차 견인에 가장 권장되는 방법
- **언더 리프트 견인**
  견인 트럭에 차량의 구동축 바퀴를 들어 올리고 반대쪽 바퀴는 바닥에 닿게 하거나 보조 장비를 이용하여 견인하는 방법
  * 전기차의 경우 반드시 돌리 등의 보조 장비를 사용하여 바퀴가 지면에 닿지 않도록 한다.
- **슬링 타입 견인**
  견인 트럭의 견인 고리를 차량에 장착된 견인 고리에 연결하여 견인하는 방법
  이런 방법의 견인은 차량의 서스펜션과 차체가 심하게 손상될 수 있으므로 권장되지 않는 견인 방법이다.

유 의

- 차량의 손상을 방지하기 위해 전기차는 반드시 플랫베드 견인 또는 언더 리프트 견인 방식으로 견인한다. 언더 리프트 견인을 사용할 경우 반드시 돌리등의 보조 장비를 사용하여 바퀴가 지면에 닿지 않는 상태로 견인한다.

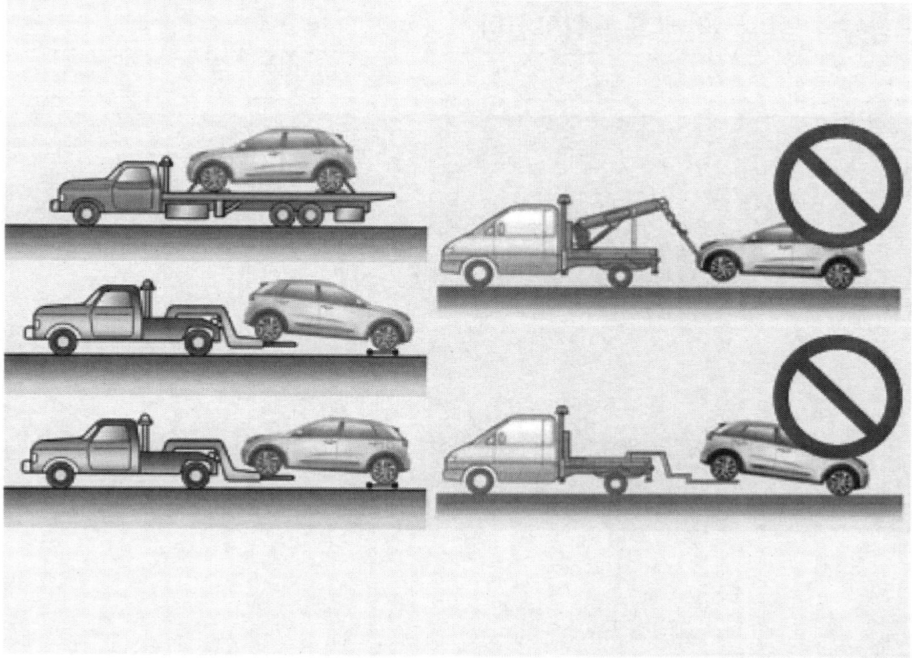

- 언더 리프트 견인 방식을 사용할 시 반드시 돌리등의 장비를 사용하여 바퀴가 지면에 닿지 않도록 한다.
- 플랫 베드 견인 방식을 사용할 시 상차 또는 하차할 때 반드시 견인고리 장착 후 견인한다.

기본 정비심볼

구성 부품이나 정비 절차등에 사용된 심볼의 의미는 아래 표를 참고한다.

기 호	의 미
	재사용 금지 부품, 신품 교환.
	그리스 도포 부위.

일반 주의 사항

1. 차량의 보호도장면 및 내장 부품들이 오손, 손상되지 않도록 작업 커버(시트 커버) 및 테이프(공구 등에 의해 손상되는 경우)로 보호한다.

> **유 의**
>
> 후드를 닫기 전에 PE룸에 공구 및 부품들이 남아 있는지 확인한다.

2. 탈거, 분해 결함이 있는 부분 확인과 동시에 고장 원인을 규명하고 탈거, 분해할 필요가 있는지를 파악한 후 정비 지침서의 순서대로 작업한다.
   오조립의 방지 및 조립 작업 용이화를 위해 펀치 마크 또는 일치 마크를 기능상, 외관상 나쁜 영향이 없는 부분에 한다. 부품 개수가 많은 부분 및 유사 부품 등을 분해할 때는 조립 시에 혼돈되지 않도록 정리한다.
   1) 탈거한 부품은 순서대로 잘 정리한다.
   2) 교환 부품과 재사용 부품을 구분한다.
   3) 볼트 및 너트류를 교환할 때는 필히 지정 규격품을 사용한다.

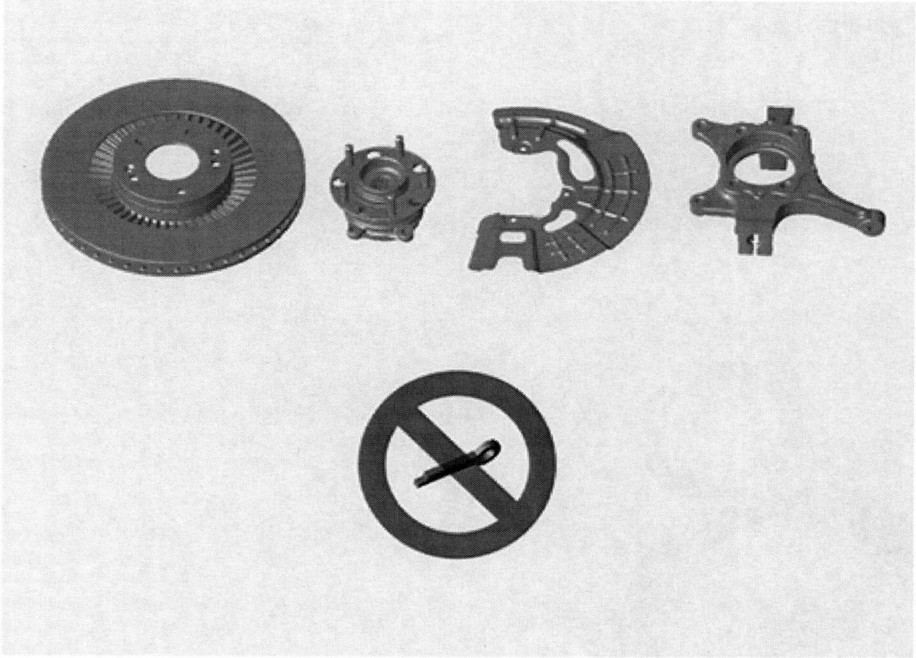

3. 특수공구 외 다른 공구로 대응하여 작업을 실시하면 부품이 파손, 손상될 수 있으므로 특수공구의 사용을 지시하는 작업에는 필히 특수공구를 사용한다.

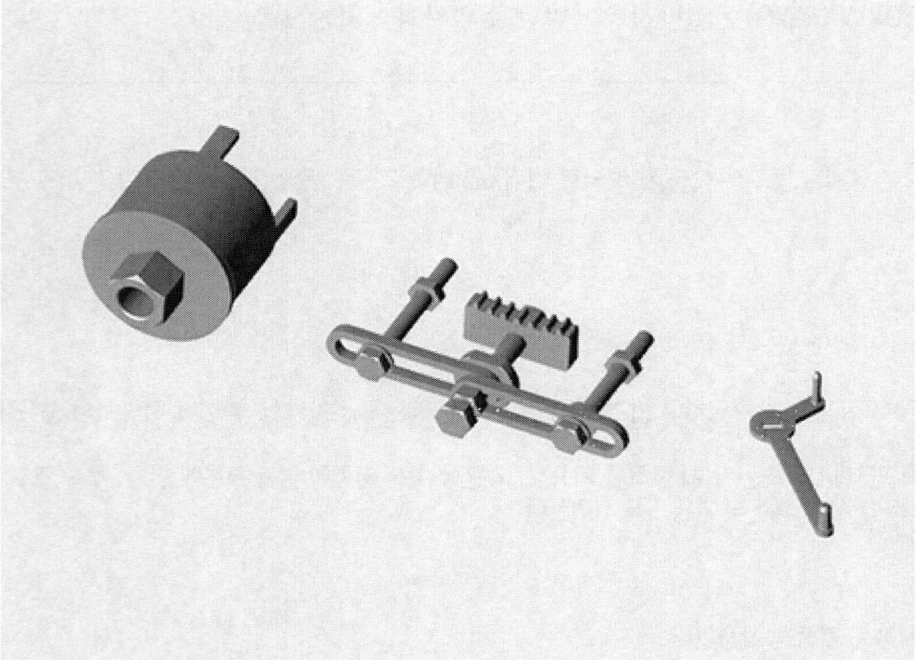

4. 재사용 금지 부품은 반드시 신품으로 교환한다.
   1) 오일 실
   2) 개스킷
   3) 패킹
   4) O-링
   5) 와셔
   6) 분할 핀

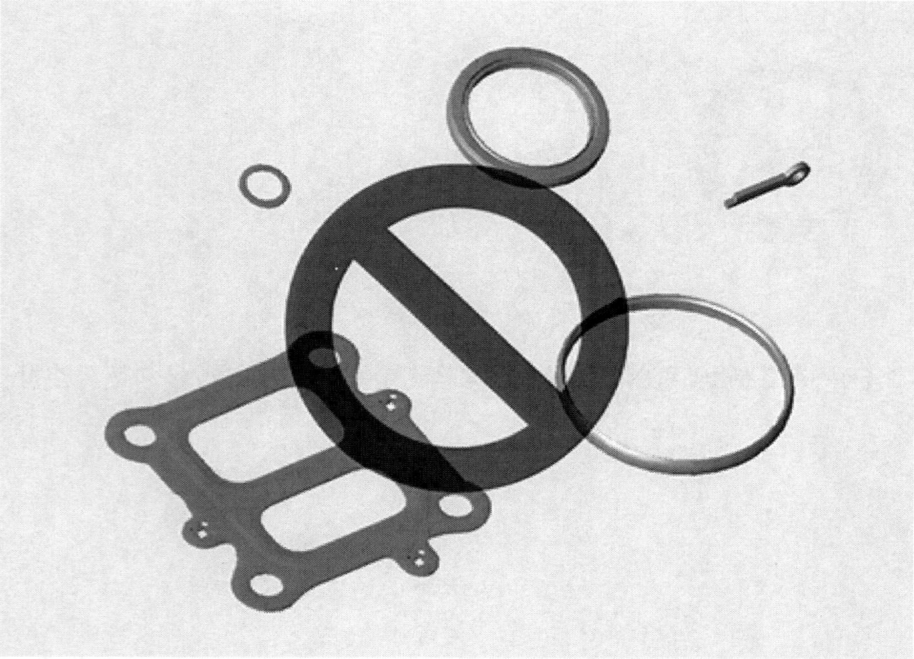

5. 부품
   1) 품질이나 성능이 부적합한 부품을 사용하거나, 불량 연료를 사용했을 경우 차량에 손상을 줄 수 있다. 순정부품은 품질과 성능을 당사가 보증하는 부품이다.
   2) 보수용 부품에는 세트, 키트 부품을 갖추고 있으므로 세트, 키트 부품을 사용한다.
   3) 보수용 부품으로써 공급되는 부품은 부품의 통일화 등을 위해 차량에 조립되어 있는 부품과 차이가 있을 수 있으므로 부품 카탈로그를 잘 확인 후 정비 작업을 실시한다.
6. 전기 계통의 부품 교환, 수리 작업하기 전에 단락 등에 의한 손상을 방지하기 위해 사전에 보조 배터리 (-) 단자와 서비스 인터록 커넥터를 분리한다.
   (배터리 제어 시스템 - "보조 배터리 (12V) - 2WD" 참조)

(배터리 제어 시스템 - "보조 배터리 (12V) - 4WD" 참조)

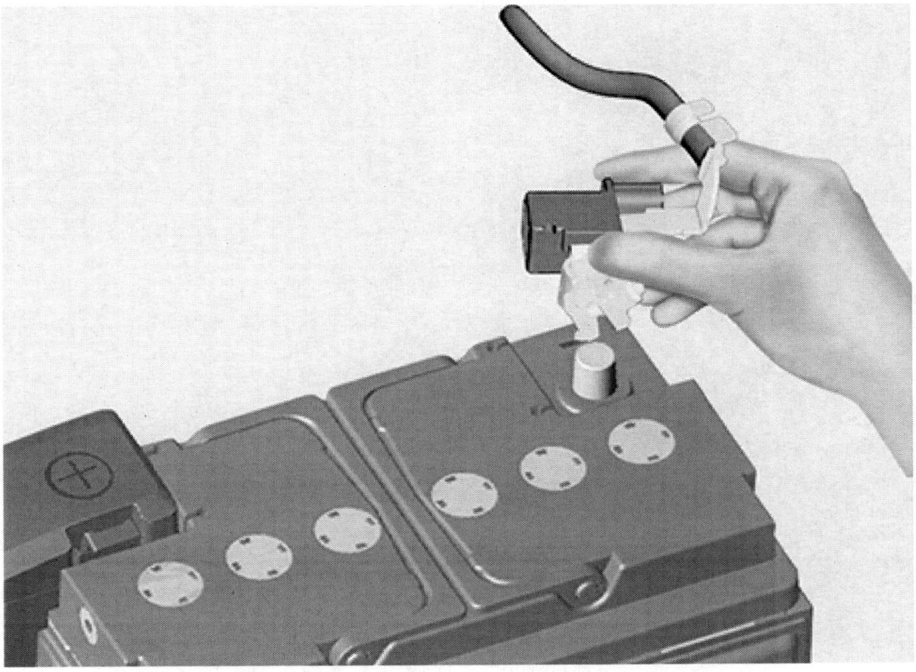

7. 고무 부품 및 호스는 연료 및 오일에 접촉하지 않도록 주의한다.

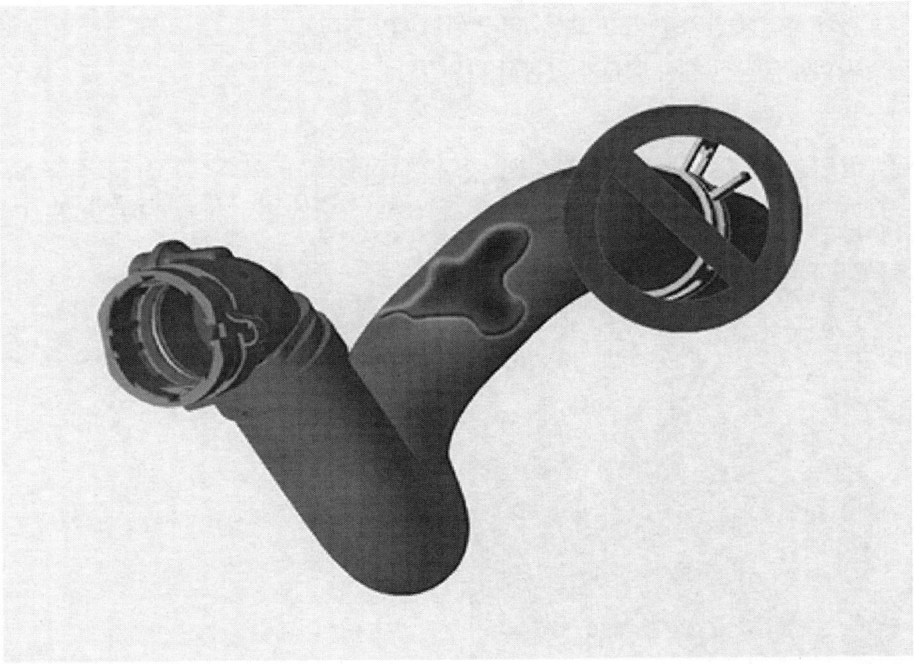

배터리 단자와 와이어링류의 점검

1. 배터리 단자 연결상태가 견고한지 확인한다.
2. 배터리 단자와 와이어링에 배터리 전해액 등으로 인한 부식이 없는지 확인한다.
3. 배터리 단자의 와이어링에 개회로 또는 그 가능성이 있는 부분이 있는지 확인한다.
4. 와이어링의 절연과 피복에 손상, 갈라짐 및 품질 저하가 있는지 확인한다.
5. 배터리 단자가 다른 금속 부분과 접촉하는지 확인한다.(차체 또는 다른 부품)
6. 접지 부분의 볼트와 차체 간에 완전하게 접촉이 되어 있는지 확인한다.

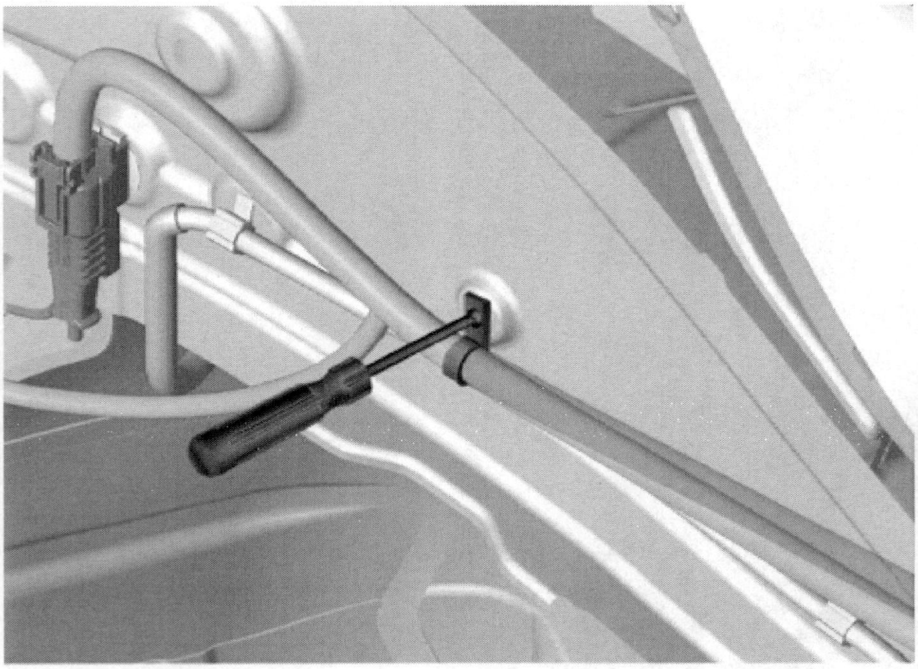

7. 와이어링이 잘못된 부분이 있는지 확인한다.
8. 와이어링이 차체의 날카로운 모서리 또는 뜨거운 부품(배기 매니폴드, 머플러 등)과 접촉되지 않도록 고정되어 있는지 확인한다.
9. 와이어링이 쿨링 팬, 드라이브 벨트 등 회전 부품과 충분한 간격을 두고 고정되어 있는지 확인한다.
10. 와이어링이 진동 부품, 차체 등 고정 부품과의 사이에 적당한 진동 여유가 있는지 확인한다.

퓨즈의 점검

퓨즈에는 퓨즈 자체를 빼지 않고도 퓨즈를 확인할 수 있는 점검용 접점이 있다. 점검용 램프의 한 쪽 접점과 퓨즈의 한 쪽을 연결하고(한 반에 하나씩) 한 쪽 접점을 접지 시켰을때 점등되면 퓨즈는 양호한 것이다. (퓨즈 회로에 전기가 통하도록 시동 스위치의 위치를 적절히 선택한다.)

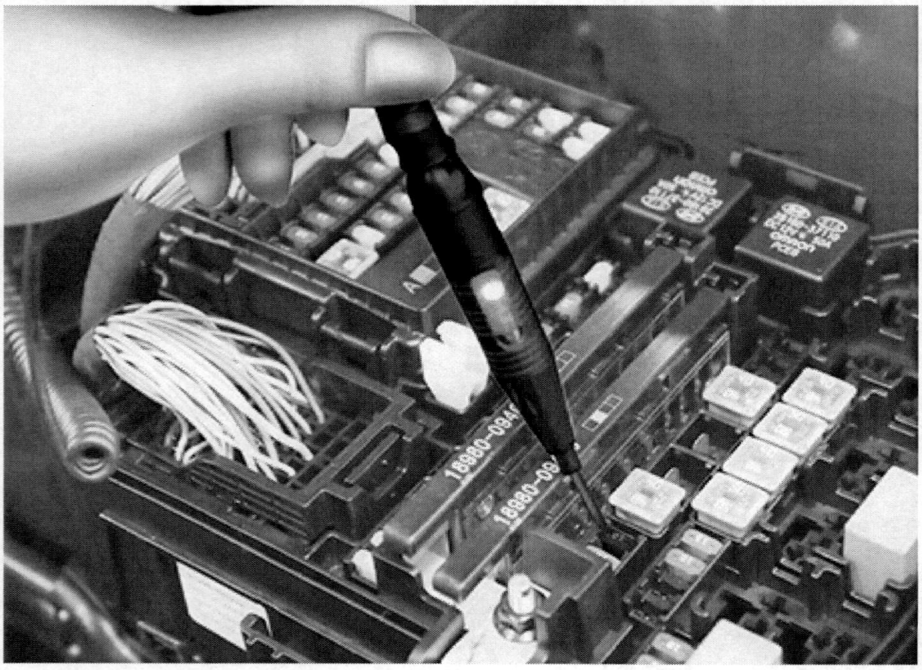

전기 시스템의 점검

⚠ 경 고

- 고전압 시스템 작업 시, "고전압 차단 절차"에 따라 반드시 고전압을 먼저 차단해야 한다. 미준수 시, 감전 또는 누전 등으로 인한 심각한 사고를 초래할 수 있다.
  (일반 사항 - "고전압 차단 절차" 참조)
- 고전압 시스템 또는 주변 부품 작업 시, 반드시 "안전 사항 및 주의, 경고" 내용을 숙지하고 준수해야 한다. 미준수 시, 감전 또는 누전 등으로 인한 심각한 사고를 초래할 수 있다.

(일반 사항 - "안전 사항 및 주의, 경고" 참조)

1. 와이어링이 늘어나지 않도록 하니스를 클램프로 고정한다.
   단 진동 부위를 지나가는 와이어링 뭉치는 진동으로 인해 와이어링이 다른 주변 부품과 접촉하지 않도록 느슨하게 클램프로 고정한다.

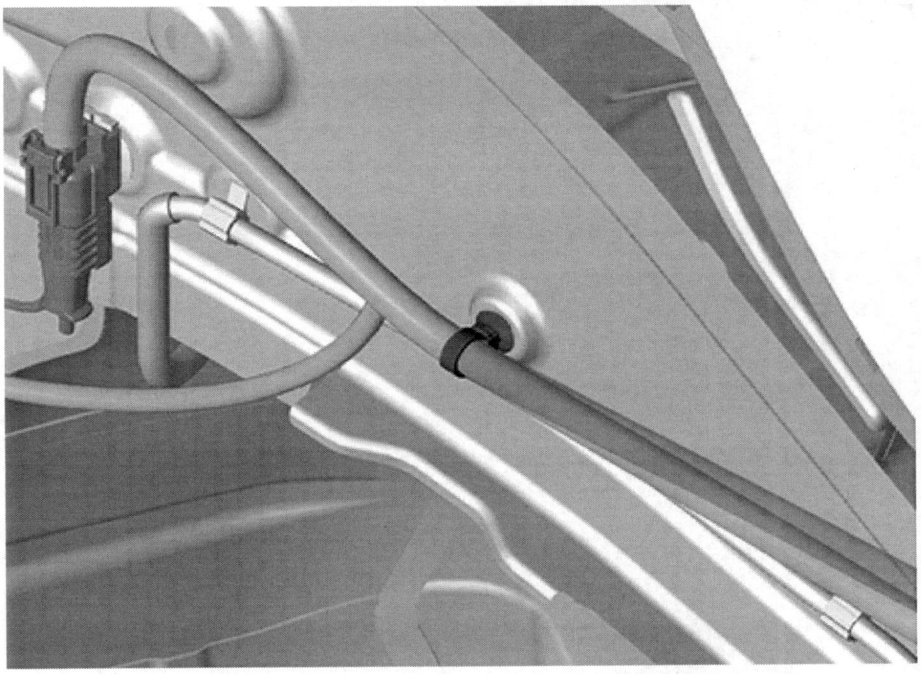

2. 만약 와이어링이 부품의 모서리 또는 끝단 부와 간섭이 되면 손상되지 않도록 간섭 부분을 절연 테이프 등으로 감아 보호한다.

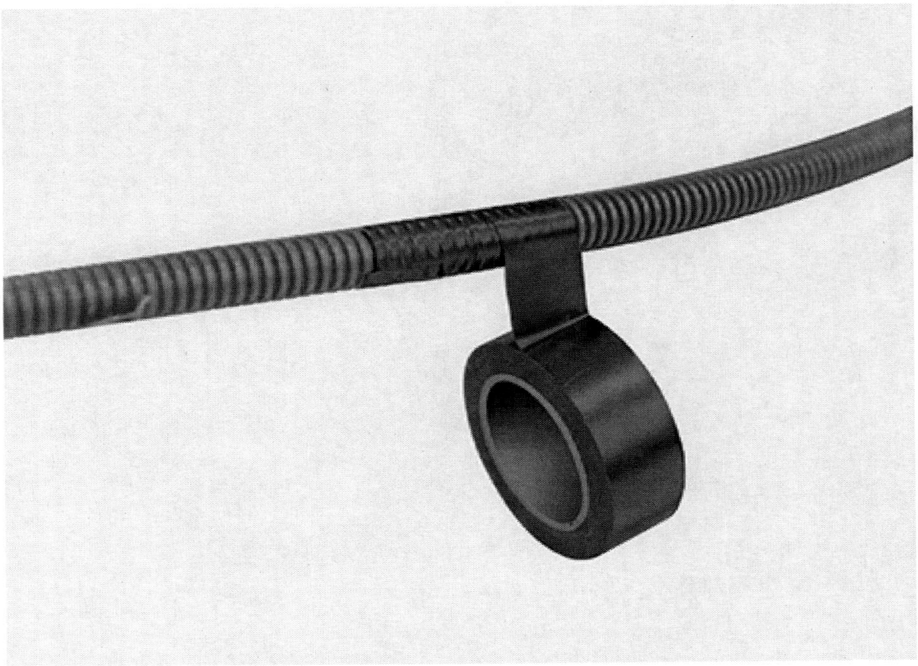

3. 차량의 부품을 조립할 때 와이어링이 씹히거나 손상을 입지 않도록 주의해야 한다.

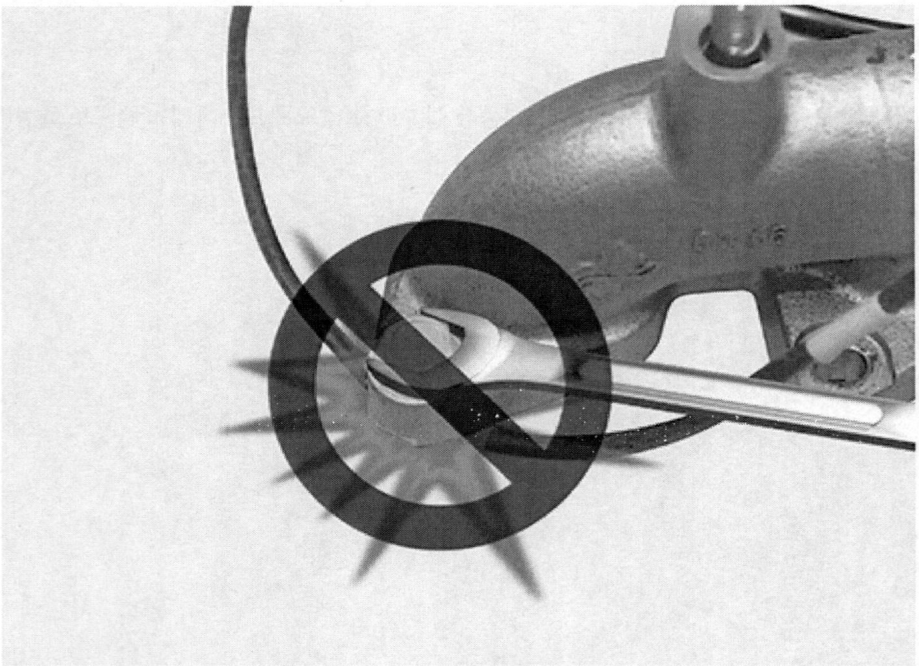

4. 릴레이, 센서, 전기 부품을 던지거나 강한 충격을 받으면 안 된다.

5. 릴레이 등에 쓰이는 전자 부품은 열에 의해서 손상되기 쉽다.
온도가 80°C 이상 될 수 있는 작업을 할 경우 사전에 전자 제품을 분리한다.

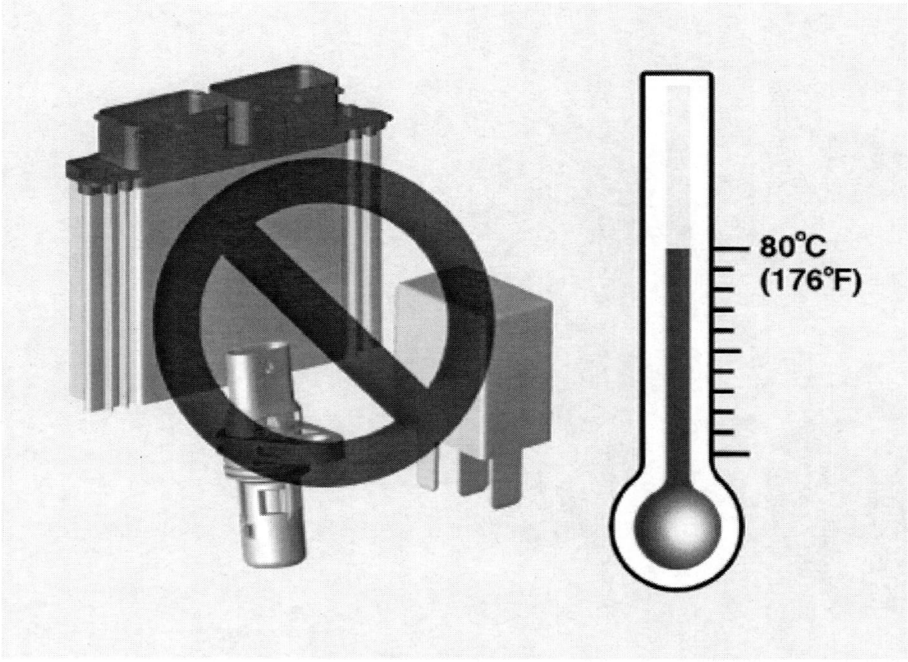

6. 느슨한 커넥터의 연결은 고장의 원인이 되므로 커넥터가 확실하게 연결되었는지 확인하여야 한다.

7. 커넥터는 반드시 커넥터 몸체를 잡고 분리한다. 케이블을 잡고 분리할 경우 단선의 위험이 있다.

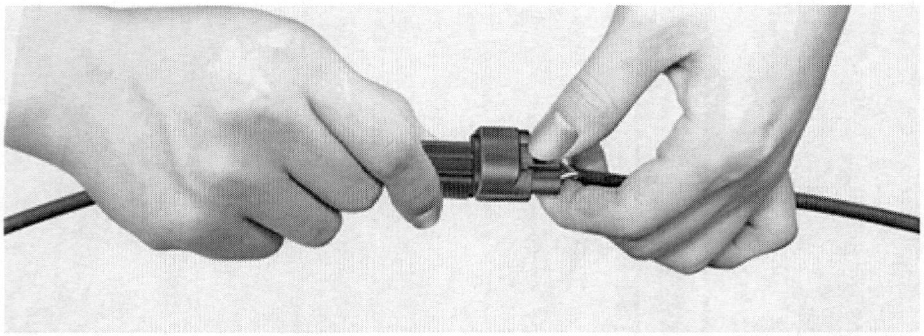

8. 잠금장치가 있는 커넥터 분리 시 그림의 화살표 방향으로 누르며 분리한다.

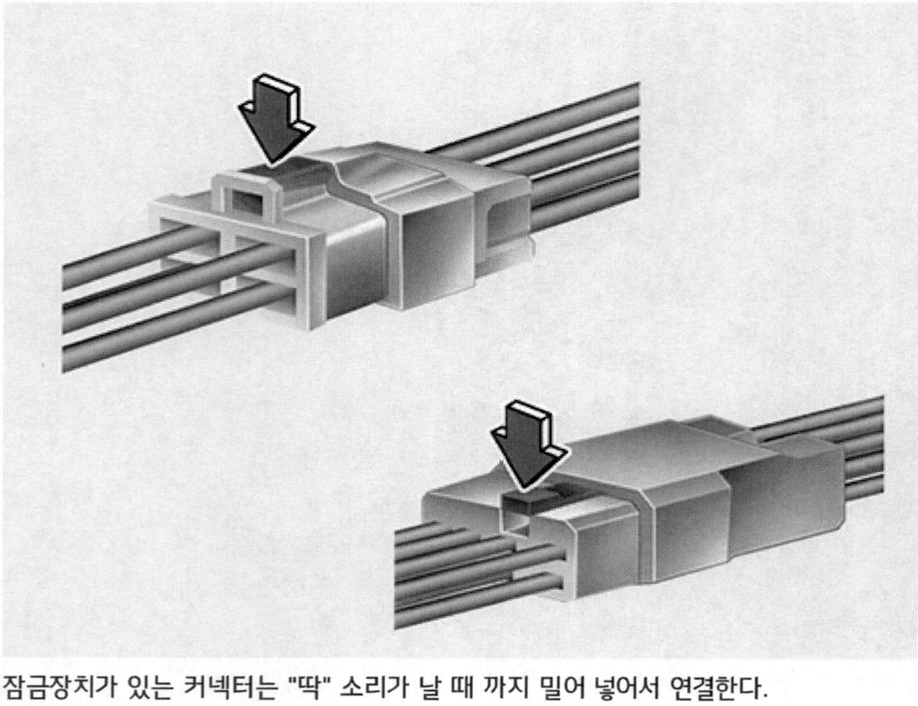

9. 잠금장치가 있는 커넥터는 "딱" 소리가 날 때 까지 밀어 넣어서 연결한다.

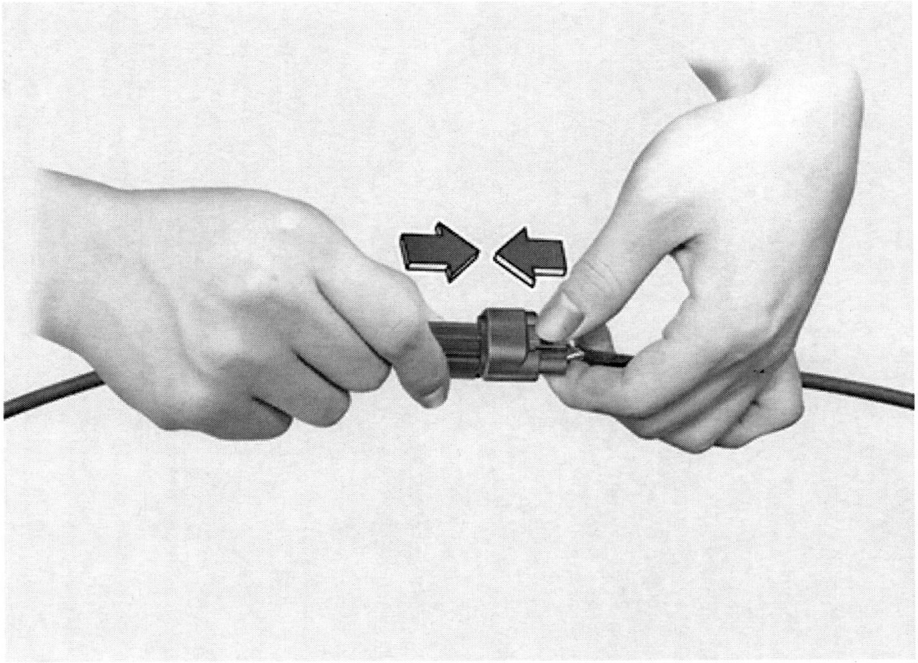

10. 회로 테스터로 커넥터 단자의 통전 또는 전압 점검을 할 때에는 탐침을 하니스 쪽에서 밀어 넣는다.
    만약 커넥터가 밀폐형이면 와이어링의 절연을 상하지 않도록 주의하면서 단자에 탐침이 닿을 때까지 고무 피복의 구멍으로 탐침을 밀어 넣는다.

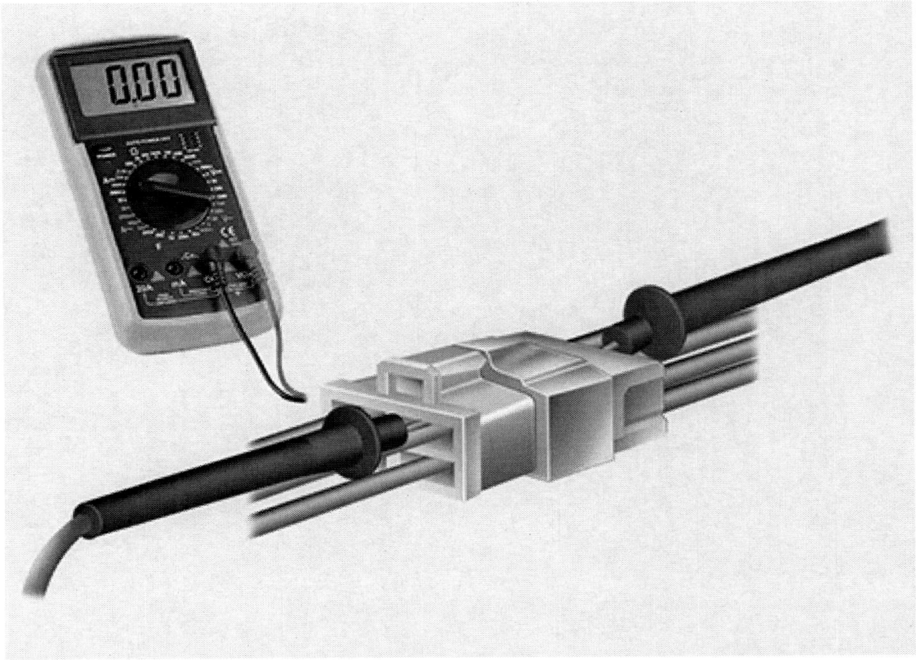

11. 장치의 전류 부하를 고려하여 와이어링의 과부하를 피할 수 있는 적절한 와이어링 종류를 결정한다.

추천 규격	SAE 규격NO.	허용 전류	
		PE 룸 내부	다른 부위
0.3mm^2	AWG 22	-	5A
0.5mm^2	AWG 20	7A	13A
0.85mm^2	AWG 18	9A	17A
1.25mm^2	AWG 16	12A	22A
2.0mm^2	AWG 14	16A	30A
3.0mm^2	AWG 12	22A	40A
5.0mm^2	AWG 10	31A	54A

배터리 제어 시스템 (기본형)

서비스 데이터

고전압 배터리 시스템

항목	제원
용량(kWh)	58.0
정격 전압(V)	523
충전 및 방전 최대 출력(kW)	195
셀 용량(Ah)	111.2
구성	144셀 (24모듈)

고전압 배터리 컨트롤 시스템

배터리 매니지먼트 유닛 (BMU)

항목	제원
작동 전압(V)	9 ~ 16
작동 온도 (°C)	-35 ~ 75
절연 저항(MΩ)	10 (2kV기준)

셀 모니터링 유닛 (CMU)

항목	제원
작동 전압(V)	9 ~ 60 (12셀 기준)
작동 온도(°C)	-35 ~75
절연 저항(MΩ)	10 (2kV기준)

파워 릴레이 어셈블리 (PRA)

메인 릴레이

항목	제원
정격 전압(V)	12
작동 전압(V)	0.5 ~ 9
코일 저항(Ω)	21.6 ~ 26.4 (20°C)

프리 차지 릴레이

항목	제원
타입	기계식 릴레이
정격 전압(V)	610
정격 전류(A)	12

배터리 전류 센서

대전류 (A)	출력 전압 (V)
-750 (충전)	0.5
0	2.5

750 (방전)	4.5

저전류 (A)	출력 전압 (V)
-75	0.5
0	2.5
75	4.5

메인 퓨즈

항목	제원
저항(Ω)	1.0 이하 (20°C)

전압 & 온도 센싱 와이어링

온도 (°C)	저항값 (kΩ)	편차 (%)
-40	214.8	-0.7 ~ 0.7
-30	122	-0.7 ~ 0.7
- 20	72.04	-0.6 ~ 0.6
- 10	44.09	-0.6 ~ 0.6
0	27.86	-0.5 ~ 0.5
10	18.13	-0.4 ~ 0.4
20	12.12	-0.4 ~ 0.4
30	8.3	-0.4 ~ 0.4
40	5.81	-0.5 ~ 0.5
50	4.14	-0.6 ~ 0.6
60	3.01	-0.8 ~ 0.8
70	2.23	-0.9 ~ 0.9

고전압 충전 시스템

통합 충전 제어 장치 (ICCU)

항목		제원
주요 기능		완속 충전기(OBC) + 저전압 직류 변환 장치 (LDC)
OBC 시스템 사양	최대 용량(kW)	10.9
	입력 전압(V)	AC 70 ~ 285
	출력 전압(V)	DC 360 ~ 826
	입력 전류(A)	최대 48
LDC 시스템 사양	최대 용량(kW)	1.8
	입력 전압(V)	DC 360 ~ 826
	출력 전압(V)	12.8 ~ 15.1
	전류(A)	130
냉각	냉각 방법	수냉식
	작동 온도(°C)	-40 ~ 85

차량 충전 관리 시스템 (VCMS)

항목	제원
정격 전압(V)	DC 11 ~ 13
작동 전압(V)	DC 9 ~ 16
동작 온도(°C)	-30 ~ 75
암전류(mA)	최대 1.0 (Power off Mode)

전기차 가정용 충전기 (ICCB)

항목	제원
정격 전압(V)	120 ~ 230
정격 전류(A)	6, 8, 10, 12 (가변 설정)

전력 변환 시스템

멀티 인버터 어셈블리

항목	제원
입력 전압(V)	452.5 ~ 778.3
작동 전압(V)	9 ~ 16
연속 전류(A)	180 (@20min.)
전류(A)	최대 245 (@15sec.)

인버터 어셈블리(4WD)

항목	제원
입력 전압(V)	452.5 ~ 778.3
작동 전압(V)	9 ~ 16
연속 전류(A)	75 (@20min.)
전류(A)	최대 190 (@15sec.)

보조 배터리(12 V)

항목	제원
타입	AGM60L-DIN
용량(Ah) [20HR/5HR]	60 / 48
냉간 시동 전류(A)	640 (SAE / EN)
보존 용량(분)	100
비중	1.30 ~ 1.32 (25℃)
전압(V)	12

배터리 센서

항목	제원
정격 전압(V)	12 ~ 14
작동 전압(V)	6 ~ 18
작동 온도(°C)	-40 ~ 105
암전류(uA)	최대 300

체결토크

고전압 배터리 시스템

배터리 시스템 어셈블리 (BSA)

항목	kgf·m
배터리 시스템 어셈블리 (BSA) 관통 볼트	7.0 ~ 9.0
배터리 시스템 어셈블리 (BSA) 볼트	12.0 ~ 14.0
배터리 시스템 어셈블리 (BSA) 접지 케이블	0.8 ~ 1.2

배터리 모듈 어셈블리 (BMA)

항목	kgf·m
배터리 모듈 어셈블리 (BM A) 고정 볼트 및 너트	0.8 ~ 1.2
배터리 모듈 어셈블리 (BMA) 고정 브래킷	0.8 ~ 1.2
버스 바	0.8 ~ 1.2

서브 배터리 모듈 어셈블리 (Sub-BMA)

항목	kgf·m
고전압 배터리 모듈 어셈블리 분해 지그	0.5 ~ 0.7
서브 배터리 모듈 어셈블리(Sub-BMA)	2.0 ~ 3.0

케이스

항목		kgf·m
고전압 배터리 수밀 보강 브래킷 볼트 및 너트	1차	0.9
	2차	1.1
고전압 배터리 시스템 상부 케이스 볼트		10.5 ~ 15.8
고전압 정션 박스 커넥터 어셈블리		0.8 ~ 1.2
배터리 매니지먼트 유닛(BMU) 커넥터 어셈블리		0.8 ~ 1.2
통합 충전 제어 유닛(ICCU) 커넥터 서비스 커버		0.8 ~ 1.2
통합 충전 제어 유닛(ICCU) 커넥터 어셈블리		0.8 ~ 1.2

고전압 배터리 컨트롤 시스템

배터리 매니지먼트 유닛 (BMU)

항목		kgf·m
배터리 매니지먼트 유닛(BMU)	1차	0.9
	2차	1.1
배터리 매니지먼트 유닛(BMU) 서비스 커버	1차	0.9
	2차	1.1

셀 모니터링 유닛 (CMU)

항목	kgf·m

셀 모니터링 유닛(CMU)	1차	0.9
	2차	1.1

파워 릴레이 어셈블리 (PRA)

항목	kgf·m
버스 바	0.8 ~ 1.2
통합 충전 제어 유닛(ICCU) 케이블	0.8 ~ 1.2
파워 릴레이 어셈블리(PRA)	0.8 ~ 1.2

메인 퓨즈

항목		kgf·m
메인 퓨즈 서비스 커버	1차	0.9
	2차	1.1
메인 퓨즈		1.6 ~ 1.7

전압 & 온도 센싱 와이어링

항목	kgf·m
버스 바	0.8 ~ 1.2

고전압 충전 시스템

통합 충전 제어 유닛 (ICCU)

항목	kgf·m
저전압 직류 변환 장치(LDC) 케이블	0.8 ~ 1.0
통합 충전 제어 유닛(ICCU)	0.8 ~ 1.2
통합 충전 제어 유닛(ICCU) 패드	0.4 ~ 0.6

차량 충전 관리 시스템 (VCMS)

항목	kgf·m
차량 충전 관리 시스템(VCMS)	0.8 ~ 1.2

콤보 충전 인렛 어셈블리

항목	kgf·m
급속 충전 커넥터	1.0 ~ 1.1
급속 충전 커넥터 서비스 커버	0.8 ~ 1.2
콤보 충전 인렛 어셈블리	0.8 ~ 1.2
콤보 충전 인렛 어셈블리 접지 케이블	0.8 ~ 1.0

고전압 분배 시스템

프런트 고전압 정션 박스

항목	kgf·m
고전압 정션 박스 서비스 커버	0.4 ~ 0.6

고전압 정션 박스 접지 볼트	0.7 ~ 1.0
프런트 고전압 정션 박스	0.7 ~ 1.0
프런트 고전압 정션 박스 와이어링 프로텍터	0.7 ~ 1.0

리어 고전압 정션 박스

항목	kgf·m
고전압 정션 박스 서비스 커버	0.4 ~ 0.6
고전압 케이블	0.7 ~ 1.0
리어 고전압 정션 박스	2.0 ~ 2.4
리어 고전압 정션 박스 및 인버터 볼트	0.7 ~ 1.0

전력 변환 시스템

멀티 인버터 어셈블리

항목	kgf·m
멀티 인버터 어셈블리	0.4 ~ 0.6
멀티 인버터 어셈블리 와이어링 프로텍터	0.7 ~ 1.0

인버터 어셈블리(4WD)

항목	kgf·m
인버터 어셈블리	0.4 ~ 0.6

보조 배터리(12 V)

항목	kgf·m
보조 배터리(12 V) (-) 단자	0.8 ~ 1.0
보조 배터리(12 V) (+) 단자	0.8 ~ 1.0
보조 배터리(12 V) 클램프	1.0 ~ 1.4
보조 배터리(12 V) 트레이	1.0 ~ 1.4

배터리 센서

항목	kgf·m
배터리 센서	2.7 ~ 3.3
보조 배터리(12 V) (-) 단자	0.8 ~ 1.0

구성부품

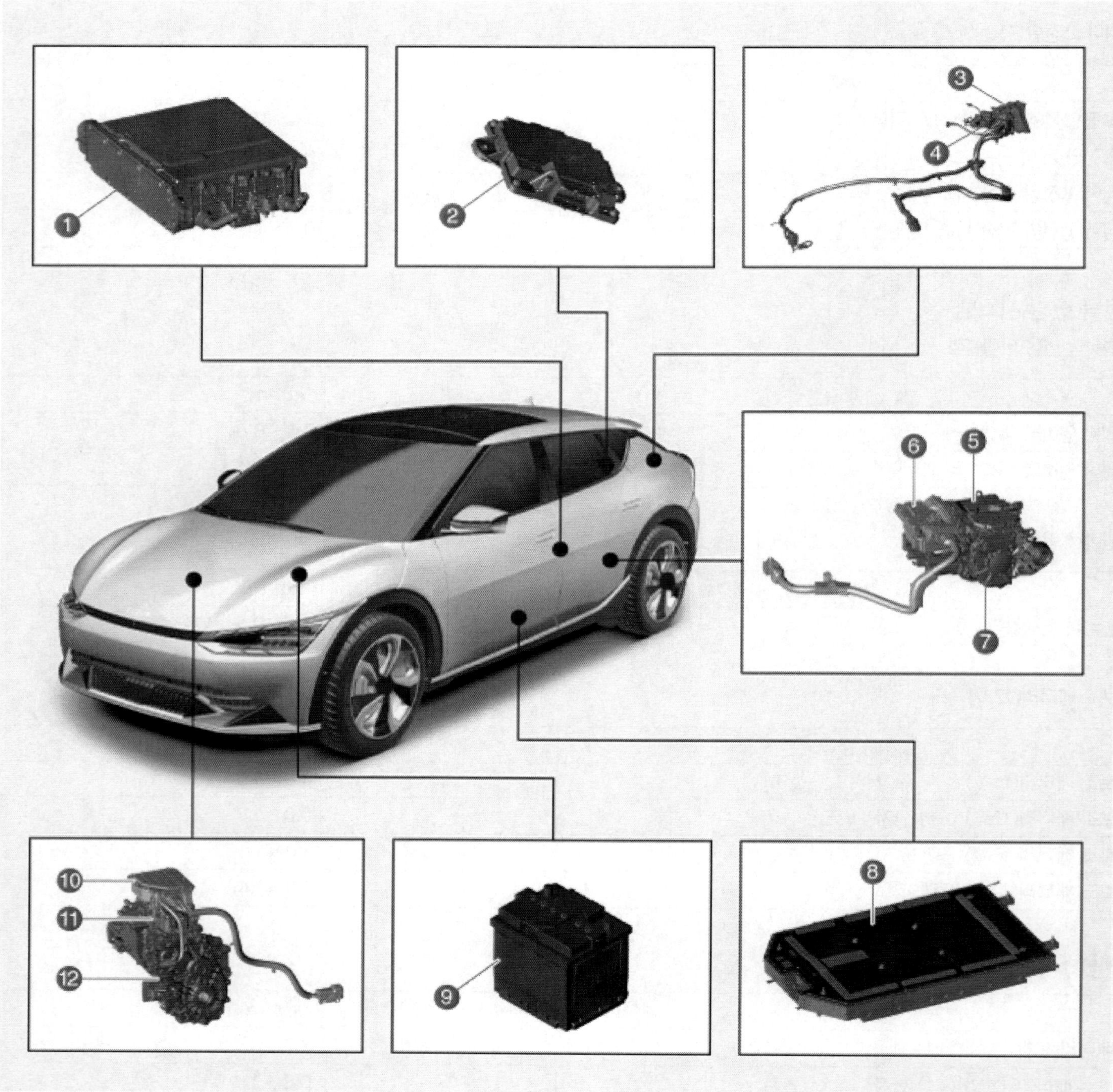

1. 통합 충전 제어 유닛(ICCU)	7. 리어 모터 & 감속기 어셈블리
2. 차량 충전 관리 시스템(VCMS)	8. 배터리 시스템 어셈블리(BSA)
3. 충전 도어 어셈블리	9. 보조 배터리(12 V)
4. 콤보 충전 인렛 어셈블리	10. 프런트 고전압 정션 박스
5. 멀티 인버터 어셈블리	11. 인버터 어셈블리(4WD 사양)
6. 리어 고전압 정션 박스	12. 프런트 모터 & 감속기 어셈블리(4WD 사양)

개요

시스템 구성

- **고전압 배터리 시스템:** 6개의 배터리 모듈 어셈블리로 구성되어 있으며 차량 구동에 필요한 전기 에너지를 저장/공급한다.
- **고전압 배터리 컨트롤 시스템:** 배터리 매니지먼트 유닛(BMU), 셀 모니터링 유닛(CMU), 파워 릴레이 어셈블리(PRA) 등으로 구성되어 있으며 고전압 배터리의 충전 상태(SOC), 출력, 고장 진단, 배터리 셀 밸런싱, 전원 공급 및 차단을 제어한다.
- **고전압 충전 시스템:** 완속 충전기(OBC), 저전압 직류 변환 장치(LDC)가 통합된 통합 충전 제어 유닛(ICCU)과 충전 도어 어셈블리, 콤보 충전 인렛 어셈블리 등으로 구성되어 있다.
- **고전압 분배 시스템:** 고전압 배터리에서 공급되는 전력을 각 부품에 공급하는 고전압 정션 박스와 고전압 파워 케이블로 구성되어 있다.
- **전력 변환 시스템:** 전력의 형태를 사용하는 용도에 따라 변환시켜 주는 시스템이다. (AC/DC ↔ DC/AC)

고전압 회로 구성

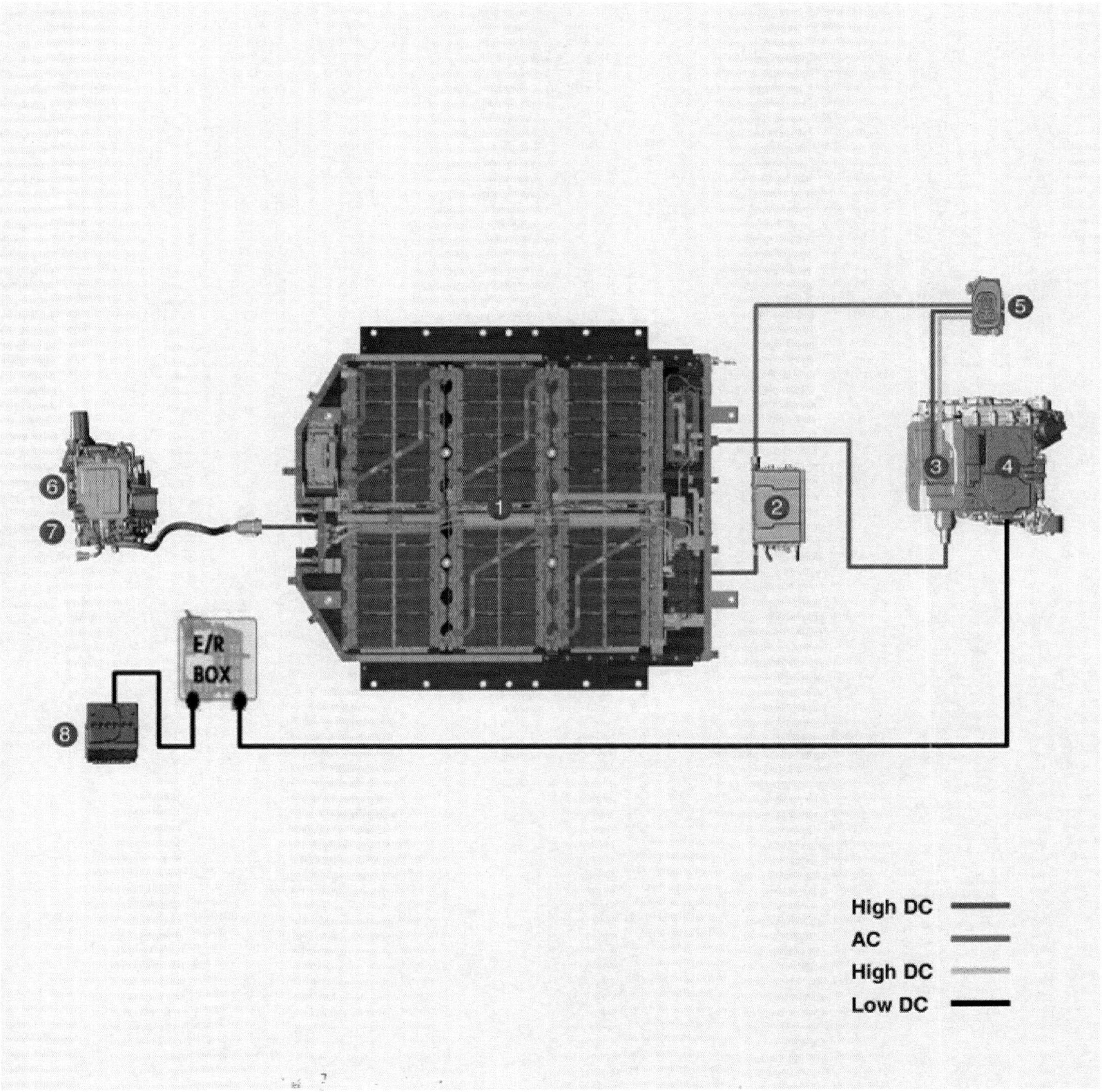

1. 배터리 시스템 어셈블리(BSA) 2. 통합 충전 제어 유닛(ICCU) 3. 리어 고전압 정션 박스 4. 멀티 인버터 어셈블리	5. 콤보 충전 인렛 어셈블리 6. 프런트 고전압 정션 박스 7. 인버터 어셈블리(4WD 사양) 8. 보조 배터리(12 V)

특수공구

공구 명칭 / 번호	형상	용도
고전압 배터리 이송 행어 09375 - K4100		고전압 배터리 시스템 어셈블리 이송 시 사용
고전압 배터리 모듈 어셈블리 행어 09375 - GI700	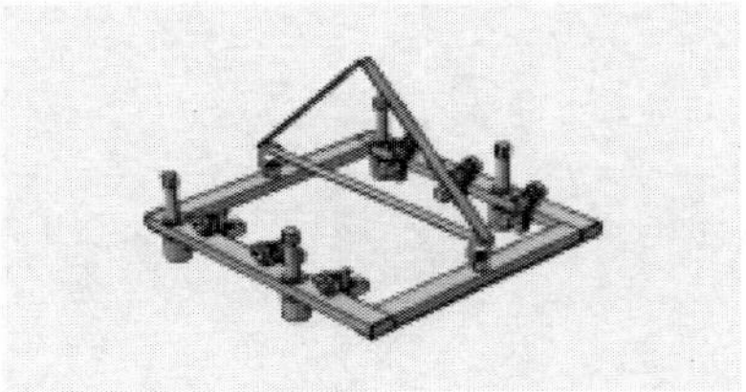	고전압 배터리 모듈 어셈블리 이송 시 사용
고전압 배터리 모듈 면압 지그 09375 - GI800	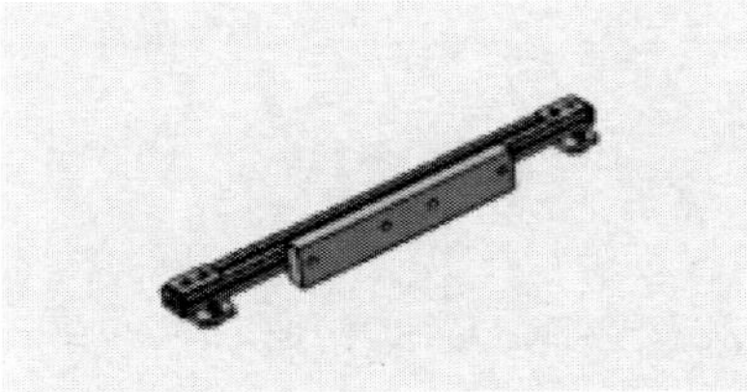	고전압 배터리 모듈 어셈블리 압축 시 사용
고전압 배터리 모듈 가이드 09375 - GI900	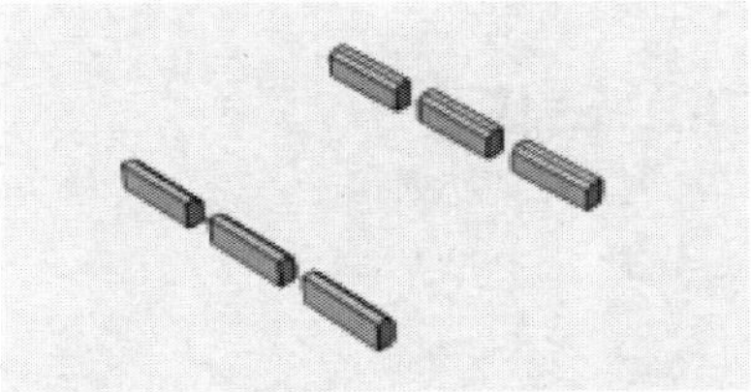	고전압 배터리 모듈을 면압기 안착 시 사용
고전압 배터리 모듈 어셈블리 분해 지그 TMS - 1907		고전압 배터리 모듈 어셈블리 분해 시 사용
갭 필러 도포 가이드 0K375 - CV210	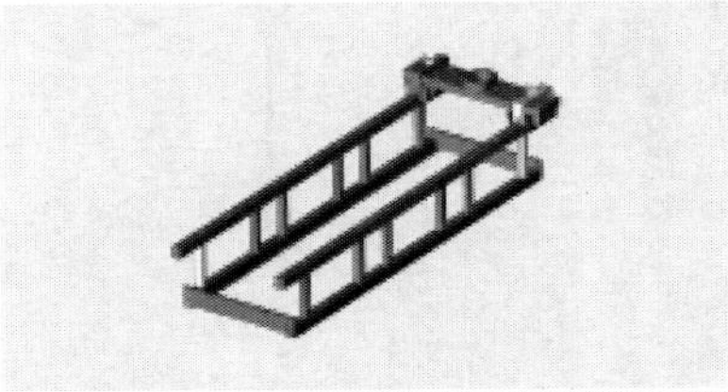	고전압 배터리 갭 필러 도포 시 사용
갭 필러 도포 노즐 0K375 - CV220		
카트리지 어댑터 0K375 - CV230	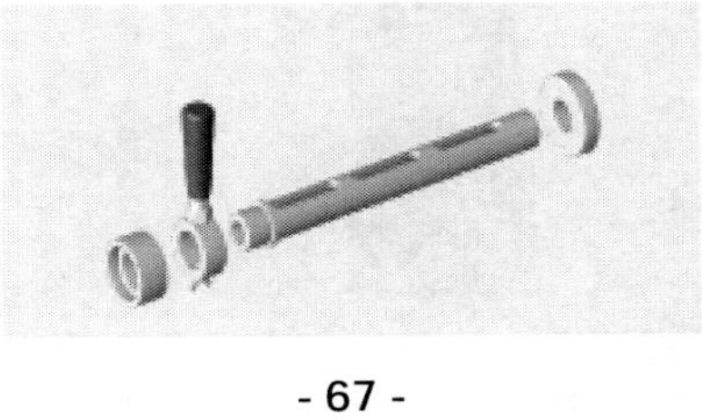	

갭 필러 도포 디스펜서 건 0K375 - CV300	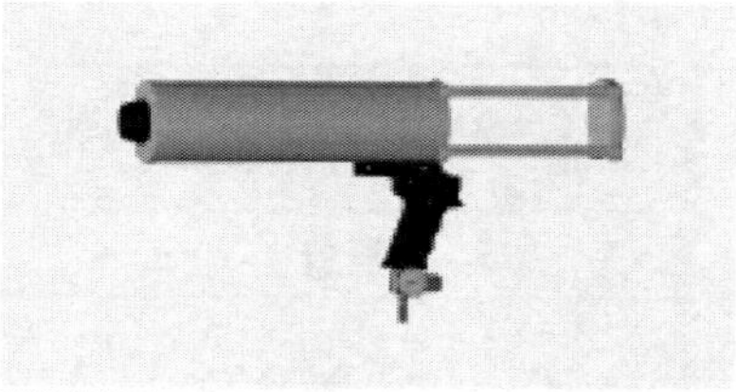
TGF-NT300NL 600cc 카트리지 09375 - GI220	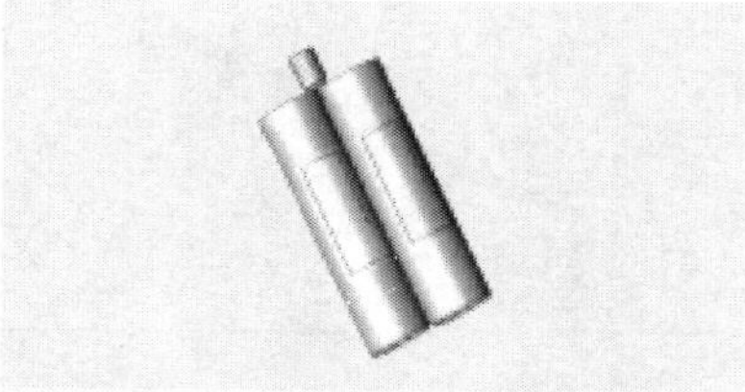
갭 필러 믹서 09375 - GI230	

> **참 고**
>
> 갭 필러 도포 특수공구(09375 - CV210, CV220, CV230, CV300)에 대한 문의는 아래를 참고한다.
> – (주)툴앤텍 TOOL&TECH (ka.yun@toolntech.com, 031-227-4568~70)

[고전압 배터리 이송 행어(09375 - K4100) 조립도]

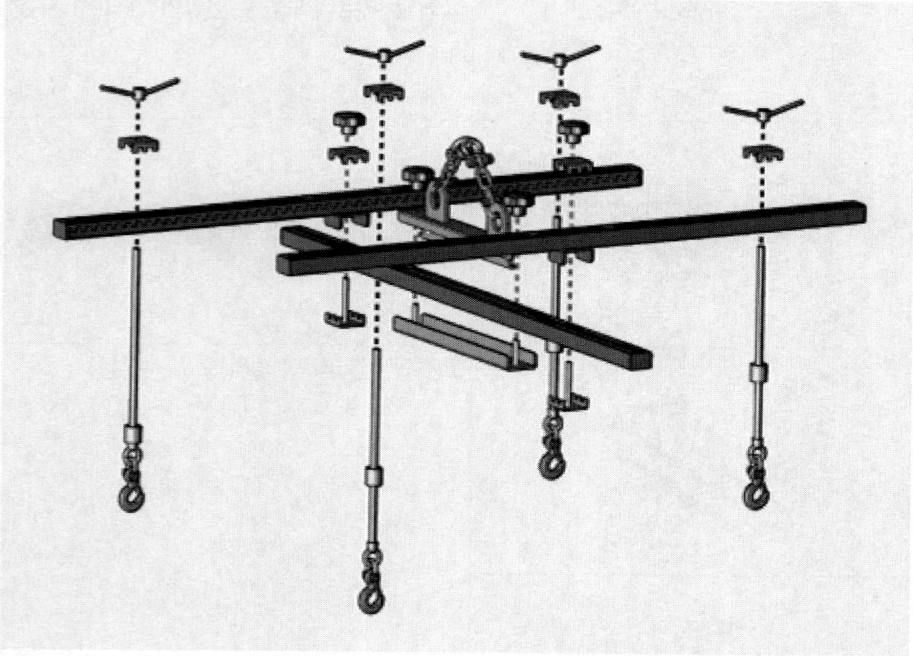

범용 공구

공구 명칭	형상	용도
디지털 테스터		전압 및 전류, 저항 측정 시 사용

메가옴 테스터		절연 저항, 전압, 저항 측정 시 사용
접촉침	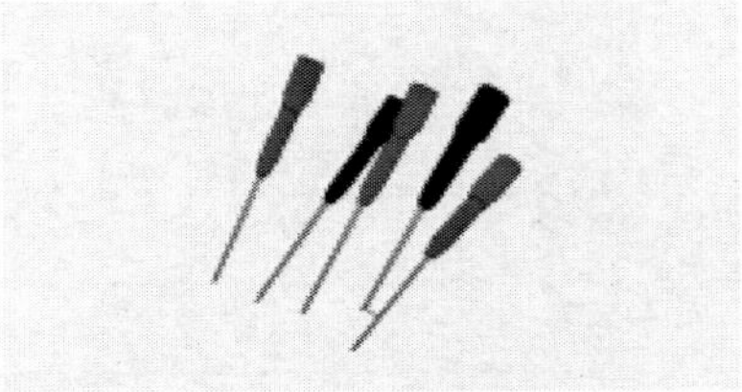	커넥터 연결된 상태에서 각종 점검 시 커넥터가 손상되지 않고 정확한 측정을 위하여 사용

범용 장비

공구 명칭	형상	용도
고전압 배터리 모듈 충방전 장비 Tool & Tech T2000		고전압 배터리 모듈 교환 시 신품 모듈 충방전 (기존 배터리 모듈과의 전압차를 줄이기 위해 신품 모듈 밸런싱)
EV 배터리 팩 기밀 점검 테스트 장비 GIT 기밀 테스트 장비	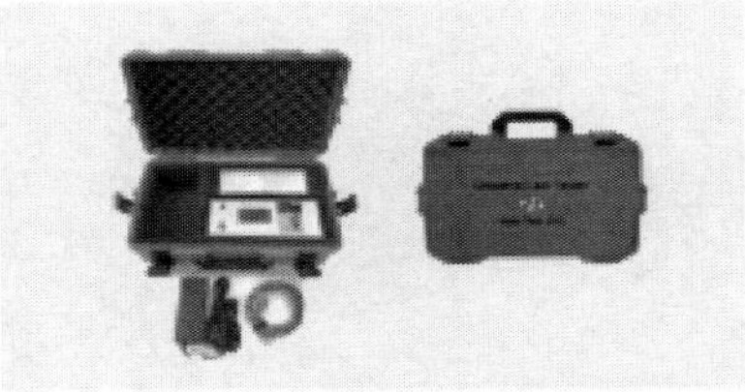	고전압 배터리 시스템 어셈블리 압력 누설 점검 시 사용
헬륨 가스와 압력 조절기		고전압 배터리 시스템 어셈블리 기밀 점검 시 사용 (※ 헬륨가스 감지기는 시중품을 구매하여 사용)
헬륨 가스 감지기	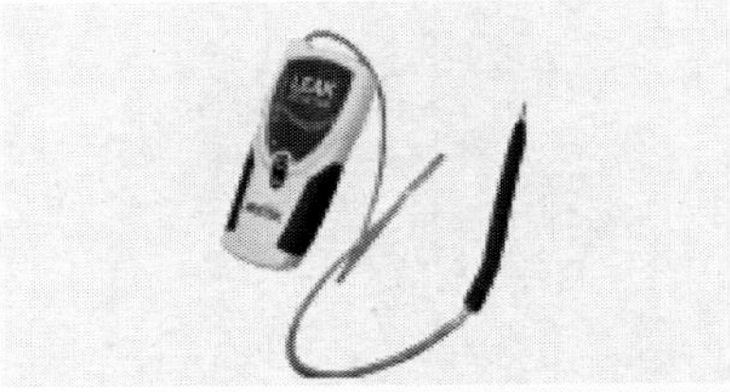	

제원

항목	제원
용량(kWh)	58.0
정격 전압(V)	523
충전 및 방전 최대 출력(kW)	195
셀 용량(Ah)	111.2
구성	144셀 (24모듈)

구성부품

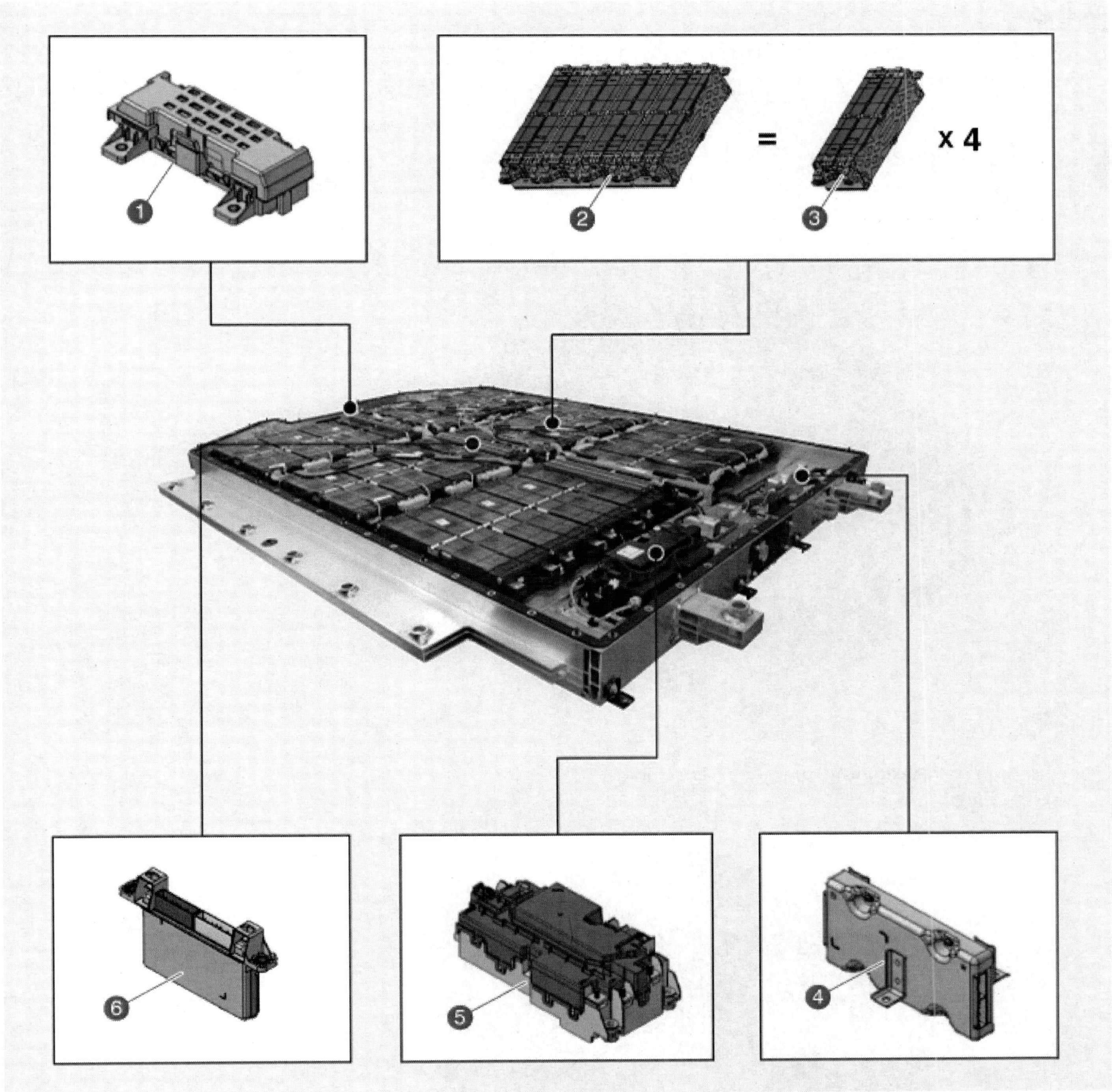

1. 메인 퓨즈	4. 배터리 매니지먼트 유닛(BMU)
2. 배터리 모듈 어셈블리(BMA)	5. 파워 릴레이 어셈블리(PRA)
3. 서브 배터리 모듈 어셈블리(Sub-BMA)	6. 셀 모니터링 유닛(CMU)

개요

시스템 구성

- 고전압 배터리 시스템은 차량 구동에 필요한 전기 에너지를 저장/공급한다.
- 24개의 서브 배터리 모듈과 모듈 어셈블리를 제어하는 배터리 매니지먼트 유닛(BMU), 셀 모니터링 유닛(CMU), 파워 릴레이 어셈블리(PRA) 등으로 구성된다.

배터리 시스템 어셈블리 구성

- 배터리 모듈 어셈블리(BMA) - 6 모듈
  - 모듈 번호

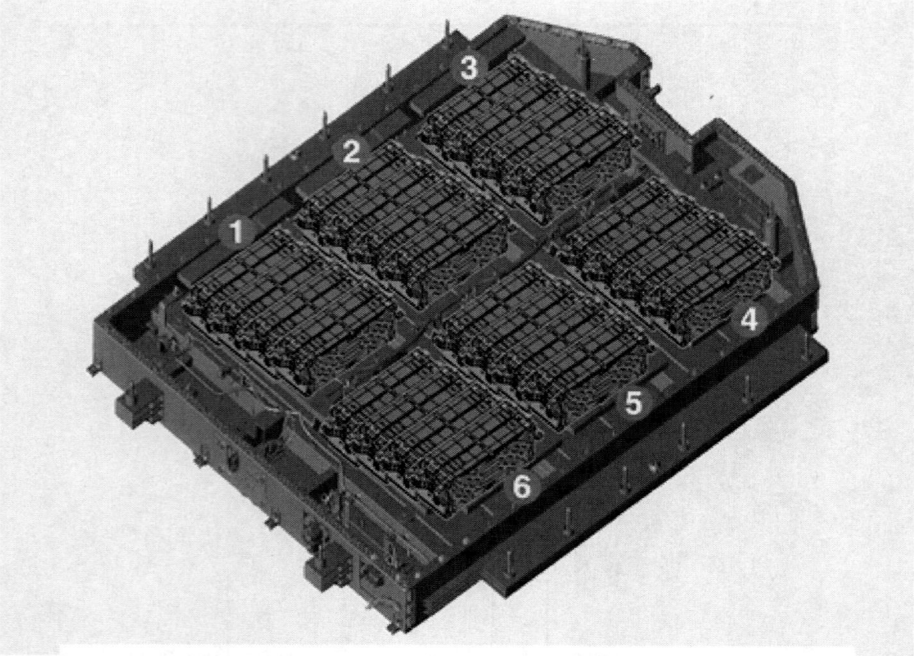

- 서브 배터리 모듈 어셈블리(Sub-BMA) - 24 모듈 (2P6S)
  - 서브 모듈 번호

- 셀 - 144
  - 셀 번호

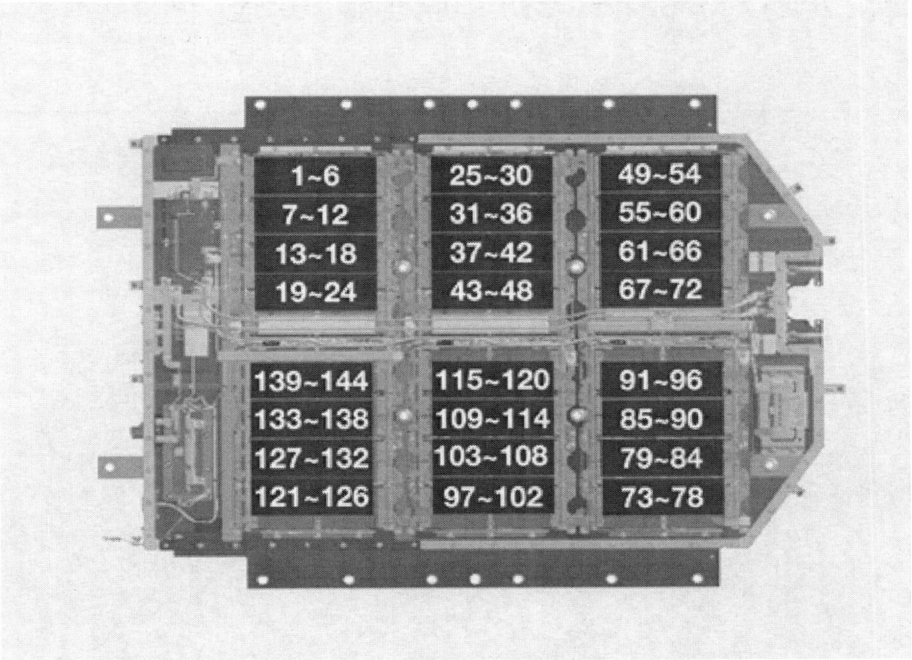
1~6
7~12
13~18
19~24
25~30
31~36
37~42
43~48
49~54
55~60
61~66
67~72
139~144
133~138
127~132
121~126
115~120
109~114
103~108
97~102
91~96
85~90
79~84
73~78

회로도

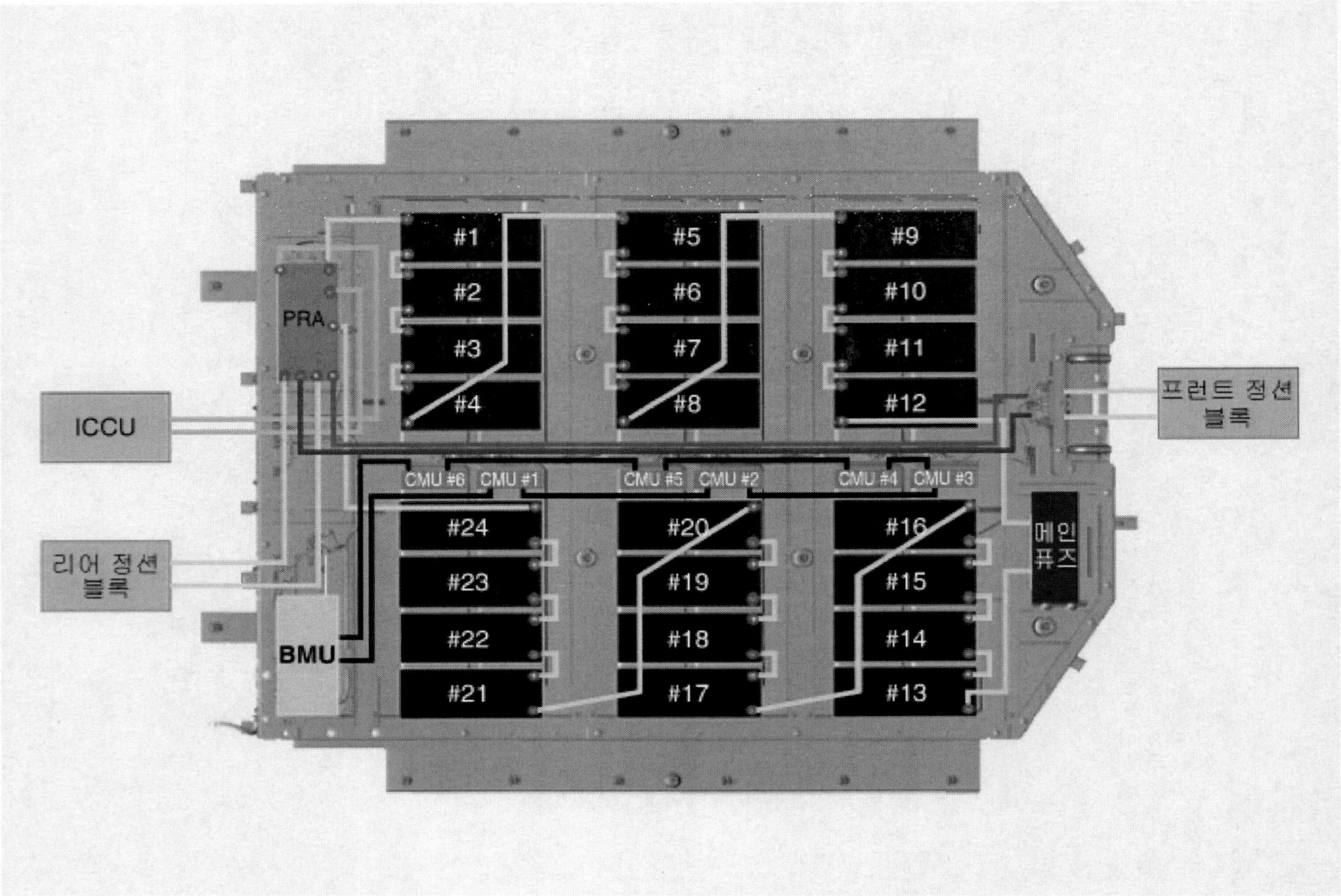

#1
#2
#3
#4
#5
#6
#7
#8
#9
#10
#11
#12
PRA
ICCU
프런트 정션 블록
CMU #6
CMU #1
CMU #5
CMU #2
CMU #4
CMU #3
#24
#23
#22
#21
#20
#19
#18
#17
#16
#15
#14
#13
메인 퓨즈
리어 정션 블록
BMU

배터리 부분 수리 고장진단

유 의

- 배터리 부분 수리 필요시 아래 조건에 따라 부분 수리 가능 여부를 확인한다.
- 정확한 진단을 위해 주행거리 및 SOH와 무관하게 "SOH 20% 이상, 25°C 이상 5초간 유지" 조건 하에서 진단을 실시한다.
- 아래 조건에 부합되지 않을 경우 배터리 모듈을 교환하지 않는다. 신품 배터리와 기존 배터리 간 성능 차이로 문제가 발생할 수 있다.

주행거리 30,000 km 이하 차량

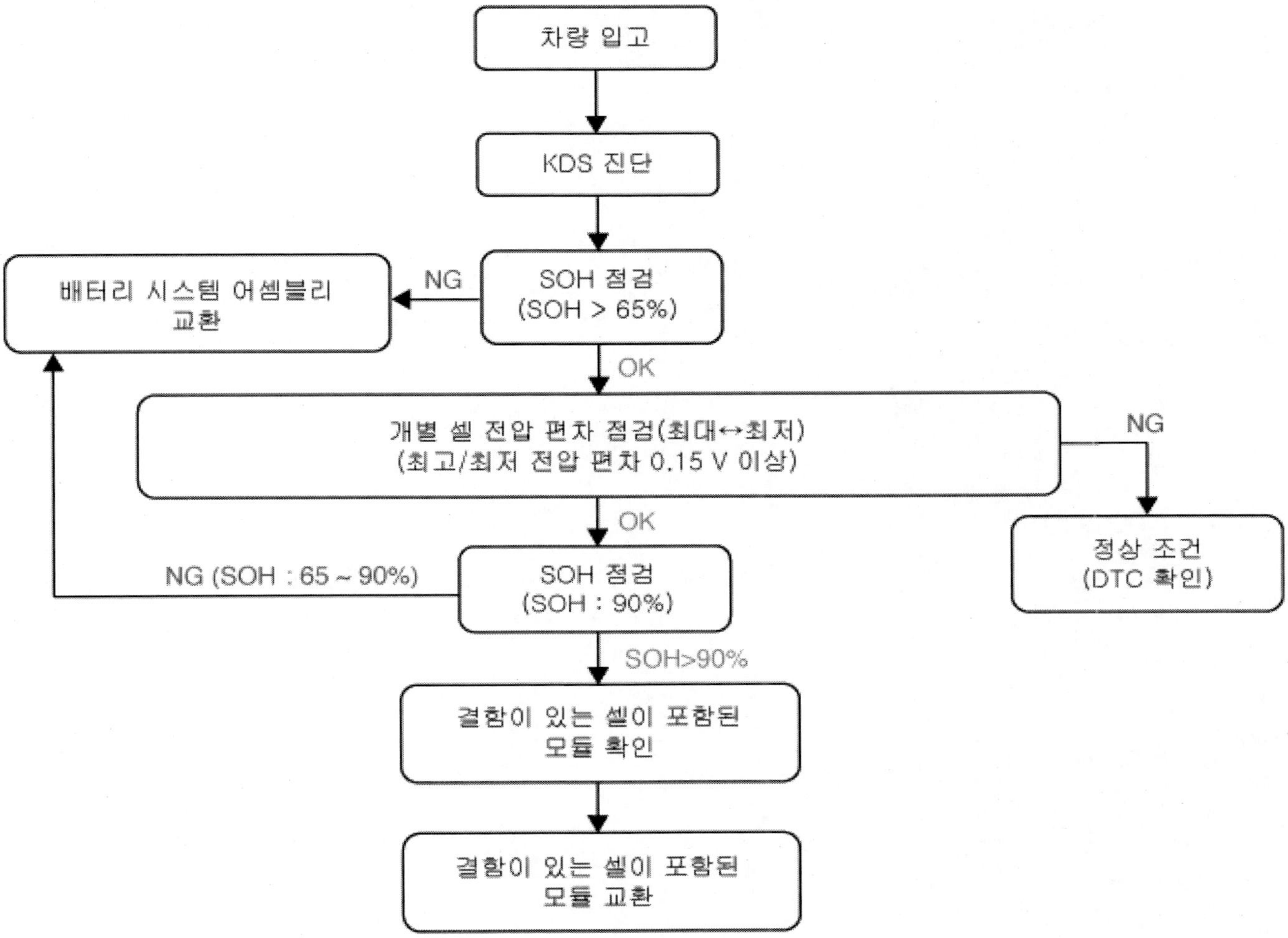

주행거리 30,000 km 이상 차량

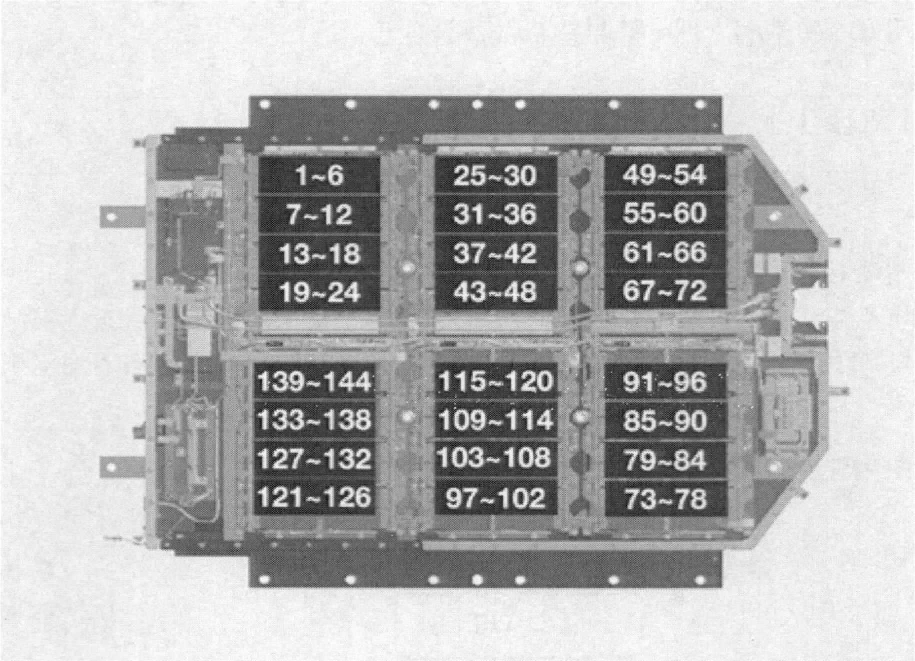
1~6
7~12
13~18
19~24
25~30
31~36
37~42
43~48
49~54
55~60
61~66
67~72
139~144
133~138
127~132
121~126
115~120
109~114
103~108
97~102
91~96
85~90
79~84
73~78

점검

참 고

- 배터리 충전 상태(SOC : State Of Charge)는 고전압 배터리의 완충전 용량 대비 배터리 사용 가능 에너지를 백분율로 표시한 양을 나타낸다.
- 배터리 시스템 어셈블리(BSA) 또는 배터리 모듈 어셈블리(BMA) 교환 시, 진단 장비(KDS)를 이용하여 SOC 보정 기능을 수행해야 정확한 SOC 값을 확인할 수 있다.
- SOC 보정 기능을 수행하지 않더라도 주행하면서 30분 이내에 정상적인 SOC로 보정된다.

1. 진단 장비(KDS)를 이용하여 서비스 데이터의 SOC 상태를 확인한다.

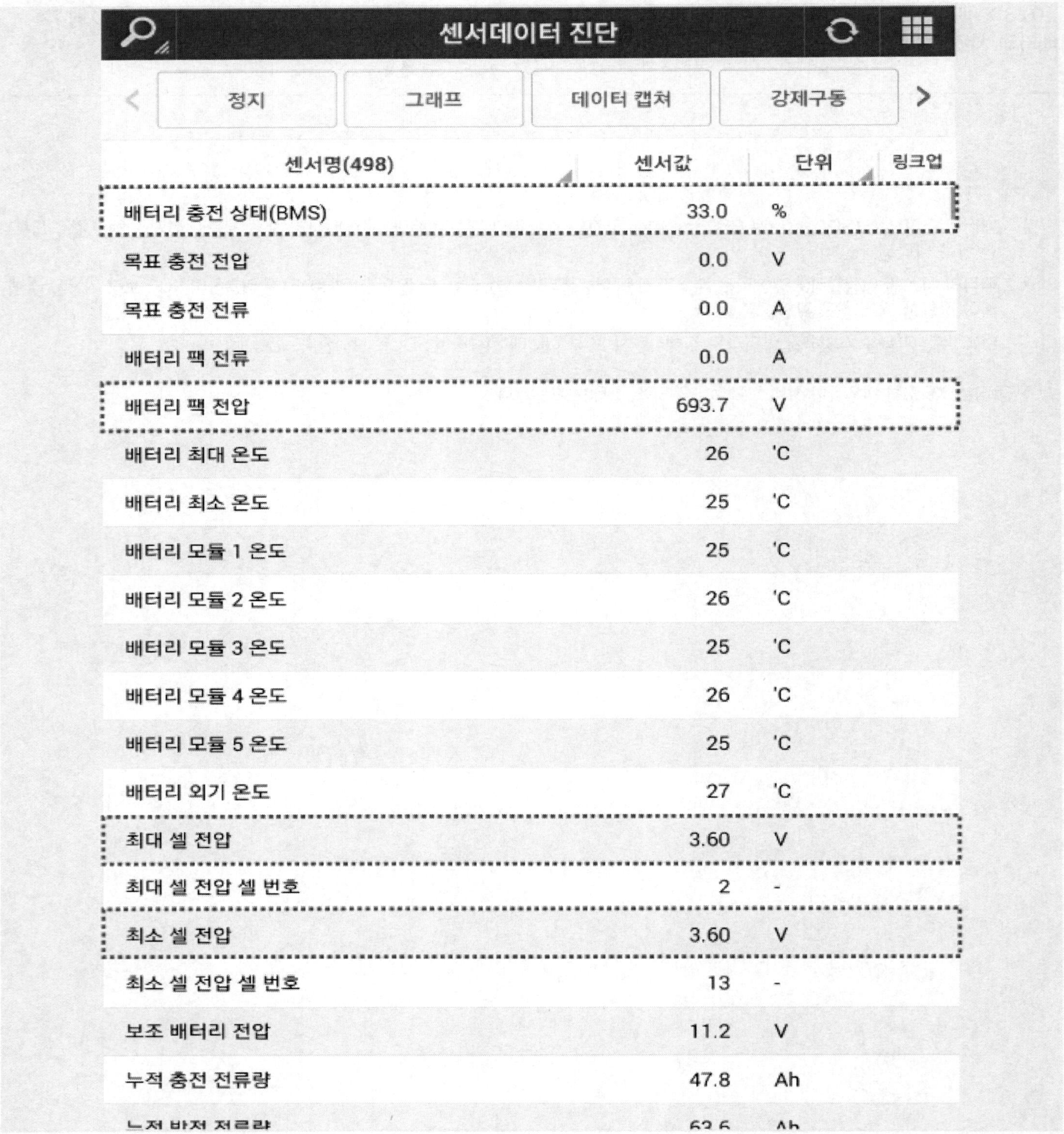
센서데이터 진단

정지 | 그래프 | 데이터 캡처 | 강제구동

센서명(498)	센서값	단위	링크업
배터리 충전 상태(BMS)	33.0	%	
목표 충전 전압	0.0	V	
목표 충전 전류	0.0	A	
배터리 팩 전류	0.0	A	
배터리 팩 전압	693.7	V	
배터리 최대 온도	26	'C	
배터리 최소 온도	25	'C	
배터리 모듈 1 온도	25	'C	
배터리 모듈 2 온도	26	'C	
배터리 모듈 3 온도	25	'C	
배터리 모듈 4 온도	26	'C	
배터리 모듈 5 온도	25	'C	
배터리 외기 온도	27	'C	
최대 셀 전압	3.60	V	
최대 셀 전압 셀 번호	2	-	
최소 셀 전압	3.60	V	
최소 셀 전압 셀 번호	13	-	
보조 배터리 전압	11.2	V	
누적 충전 전류량	47.8	Ah	
누적 방전 전류량	63.6	Ah	

점검

참 고

- 배터리 건강 상태(SOH : State Of Health)는 배터리의 이상적인 상태와 현재 배터리의 상태를 비교하여 나타낸 성능지수를 말한다.
- SOH가 100%이면 현재 배터리의 상태가 초기 배터리의 사양을 만족한다는 의미이고 사용 기간이 증가 할수록 SOH는 감소하게 된다.

유 의

SOH가 90% 미만일 경우 배터리 부분 수리를 하지 않는다. 신품 배터리와 기존 배터리 간 성능 차이로 문제가 발생할 수 있다.

1. 진단 장비(KDS)를 이용하여 서비스 데이터의 SOH 상태를 확인한다.

신품 기준 : 100%
부분 수리 가능 기준 : 90% 이상

센서데이터 진단

정지 | 그래프 | 고정출력 | 강제구동

센서명(170)	센서값	단위	링크업
충전 표시등 상태	Normal	-	
급속충전 릴레이 ON 상태	NO	-	
완속충전 커넥터 ON	NO	-	
급속충전 커넥터 ON	NO	-	
에어백 하네스 와이어 듀티	80	%	
히터 1 온도	0	'C	
SOH 상태 (신품기준 100%)	100.0	%	
디스플레이 SOC	54.0	%	
배터리 셀 전압 97	3.72	V	
배터리 셀 전압 98	3.72	V	
배터리 급속충전인렛 온도	24	'C	
배터리 냉각수 인렛 온도	48	'C	
배터리 LTR 후단 온도	53	'C	
BMS 라디에이터 팬 동작요청 듀티	52	RPM	
라디에이터 팬 동작 듀티	0	RPM	
BMS 배터리 EWP 동작요청 RPM	160	RPM	
배터리 EWP 동작 RPM	0	RPM	
BMS 배터리 칠러 동작요청 RPM	0	RPM	
에어컨 컴프레서 동작 RPM	0	RPM	

점검

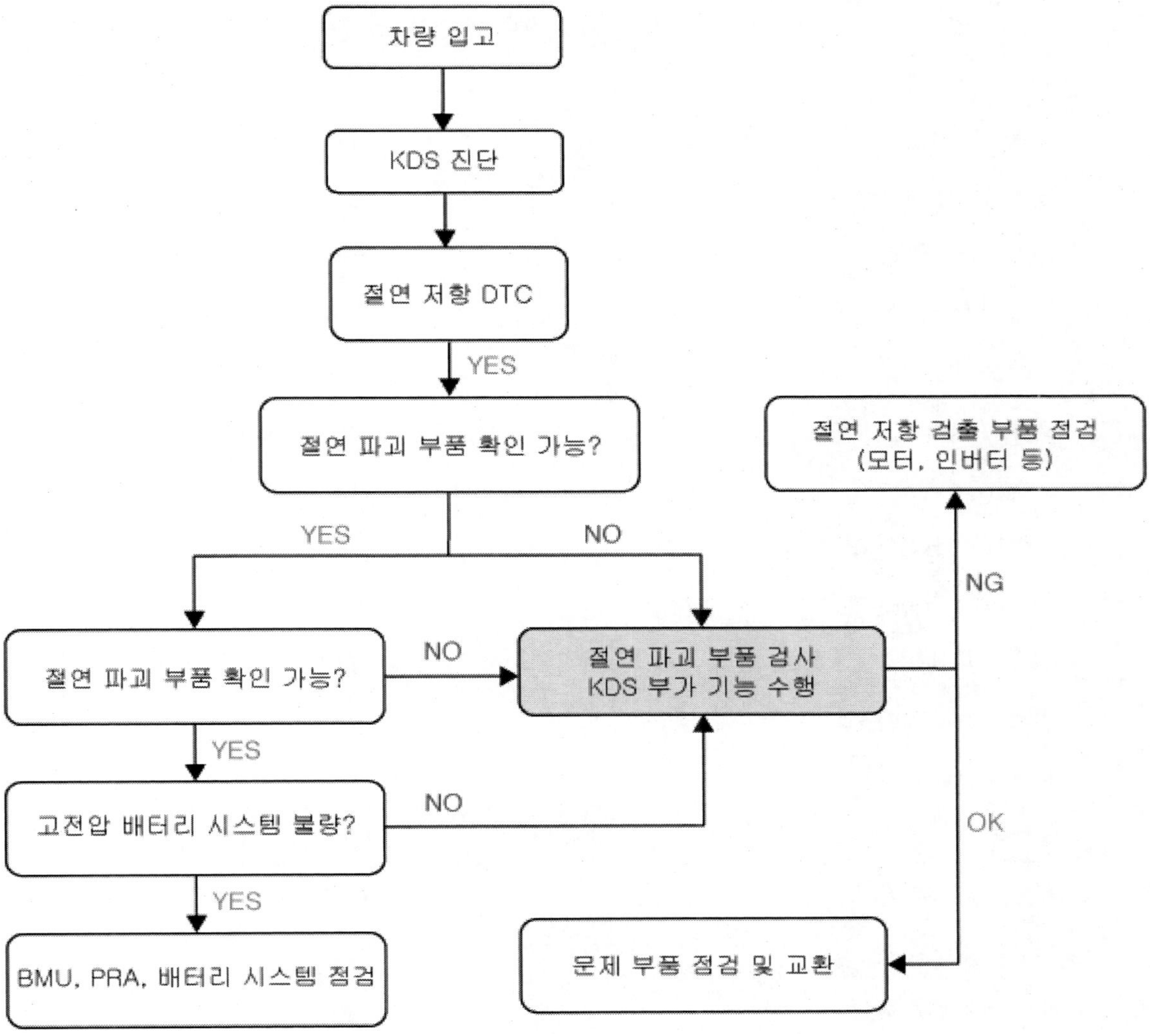

1. 진단 장비(KDS)를 이용하여 고장 코드(DTC)를 검색한다.

참 고

점검 절차와 상관없이 절연 저항 값은 진단 장비(KDS) 센서데이터로 확인 가능하다.

규정값 : 300 kΩ 이상

센서데이터 진단

정지 | 그래프 | 고정출력 | 강제구동

센서명(176)	센서값	단위	링크업
최소 셀 전압	3.66	V	
최소 셀 전압 셀 번호	1	-	
보조 배터리 전압	7.5	V	
누적 충전 전류량	0.0	Ah	
누적 방전 전류량	1.0	Ah	
누적 충전 전력량	0.0	kWh	
누적 방전 전력량	0.2	kWh	
총 동작 시간	4792	Sec	
MCU 준비 상태	YES	-	
MCU 메인릴레이 OFF 요청	NO	-	
MCU 제어가능 상태	NO	-	
VCU 준비상태	YES	-	
인버터 커패시터 전압	6553	V	
모터 회전수	32767	RPM	
절연 저항	3000	kOhm	
배터리 셀 전압 1	0.00	V	
배터리 셀 전압 2	0.00	V	
배터리 셀 전압 3	0.00	V	
배터리 셀 전압 4	0.00	V	

2. 절연 저항 관련 DTC 발생 시 고장상황 데이터를 이용하여 문제 부품을 확인한다. (DTC 가이드 매뉴얼 참조)

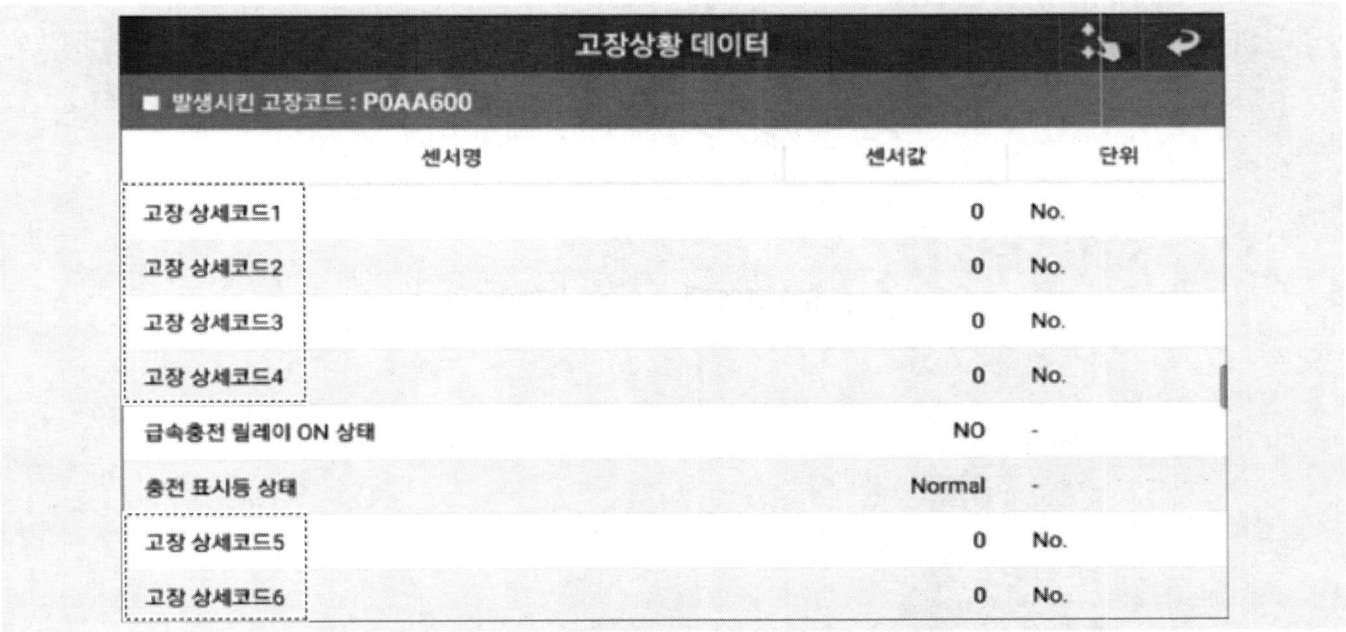
고장상황 데이터
■ 발생시킨 고장코드 : P0AA600
센서명
센서값
단위
고장 상세코드1 0 No.
고장 상세코드2 0 No.
고장 상세코드3 0 No.
고장 상세코드4 0 No.
급속충전 릴레이 ON 상태 NO -
충전 표시등 상태 Normal -
고장 상세코드5 0 No.
고장 상세코드6 0 No.

참 고

절연 파괴로 인해 전/후단 판단이 불가할 경우에는 고장 상세코드 저장을 하지 않는다.

3. 문제 부품 확인 불가 시, 진단 장비(KDS) 부가기능 절연 파괴 부품 검사를 수행한다.

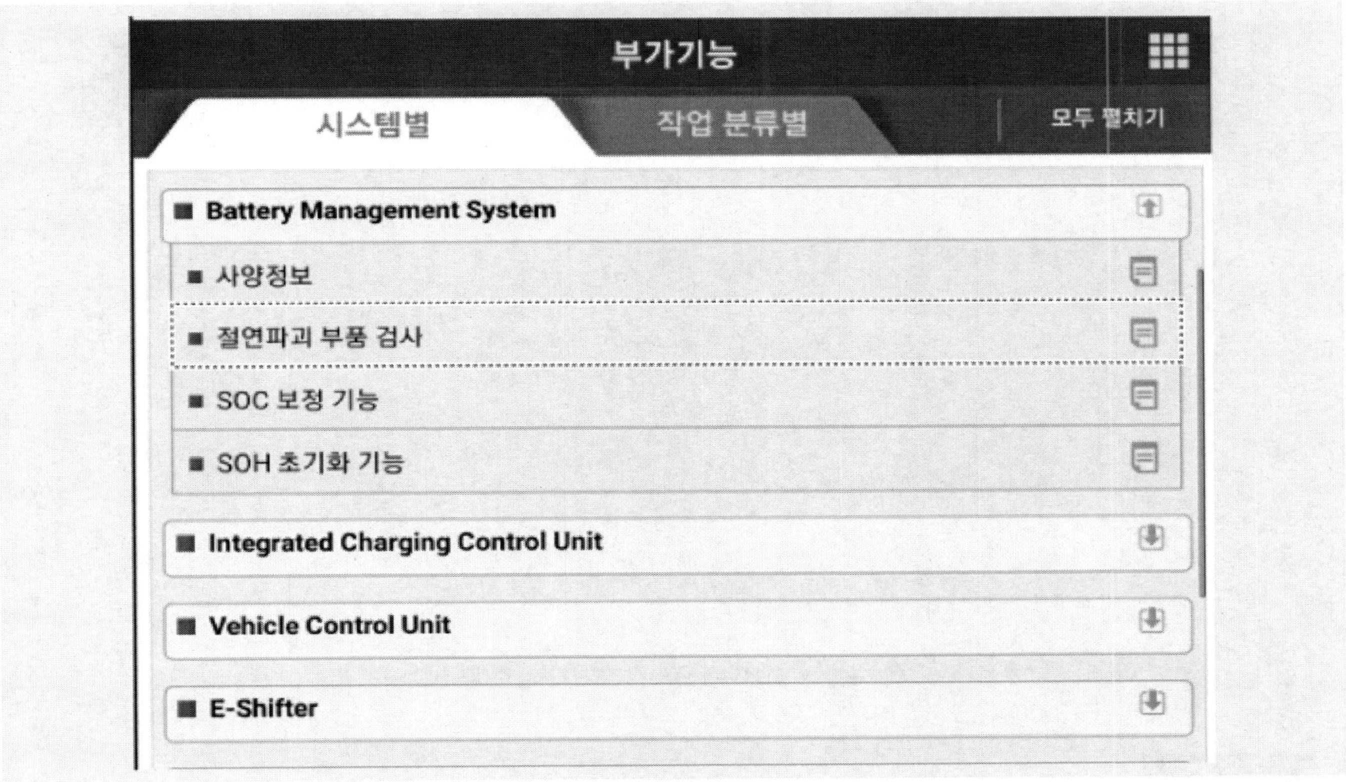

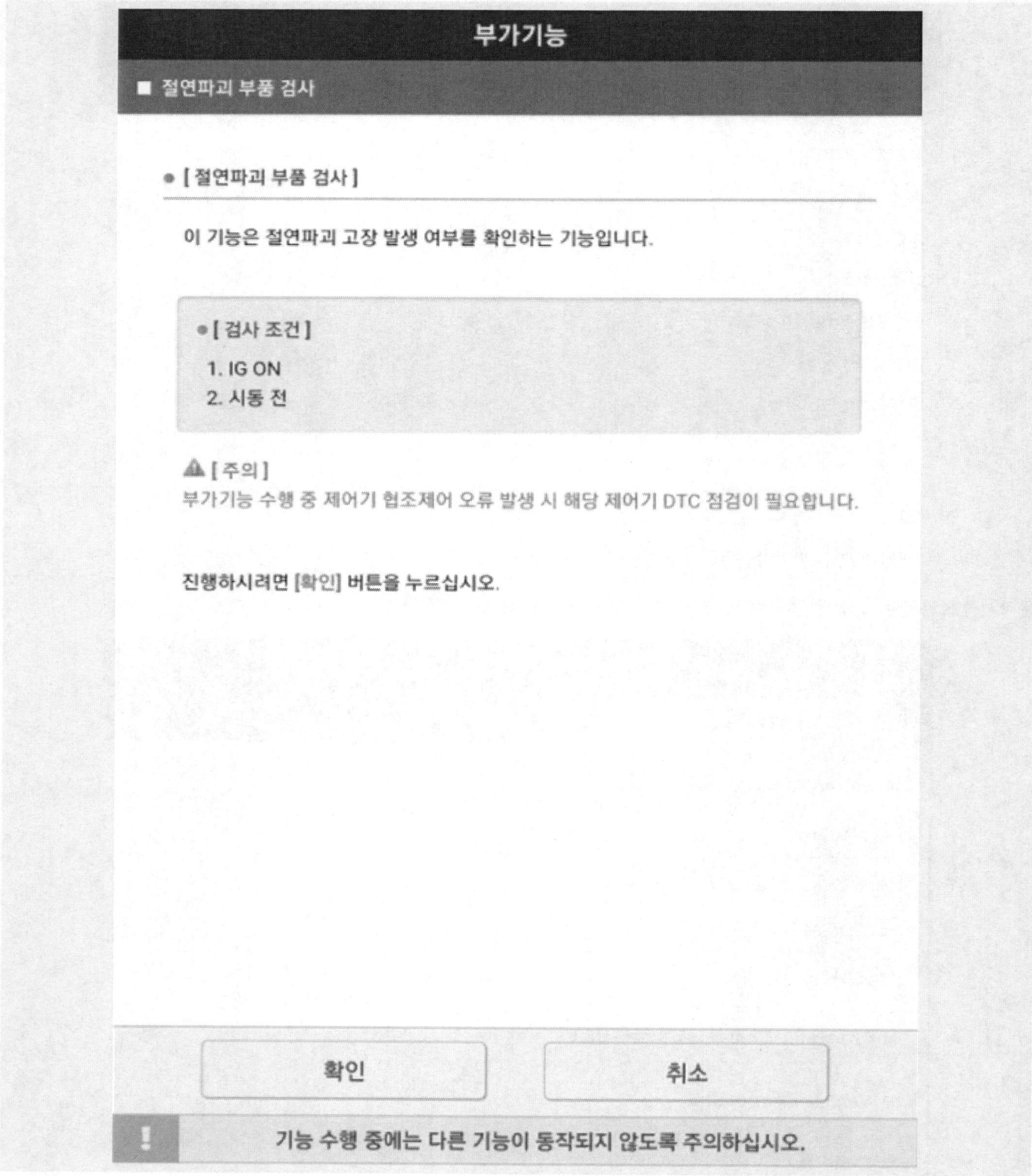
부가기능
■ 절연파괴 부품 검사
● [절연파괴 부품 검사]
이 기능은 절연파괴 고장 발생 여부를 확인하는 기능입니다.
● [검사 조건]
1. IG ON
2. 시동 전
[주의]
부가기능 수행 중 제어기 협조제어 오류 발생 시 해당 제어기 DTC 점검이 필요합니다.
진행하시려면 [확인] 버튼을 누르십시오.
확인
취소
기능 수행 중에는 다른 기능이 동작되지 않도록 주의하십시오.

유 의

부가기능 실패 시 절연 파괴 검출 부품(모터, 인버터 등)을 점검한다.

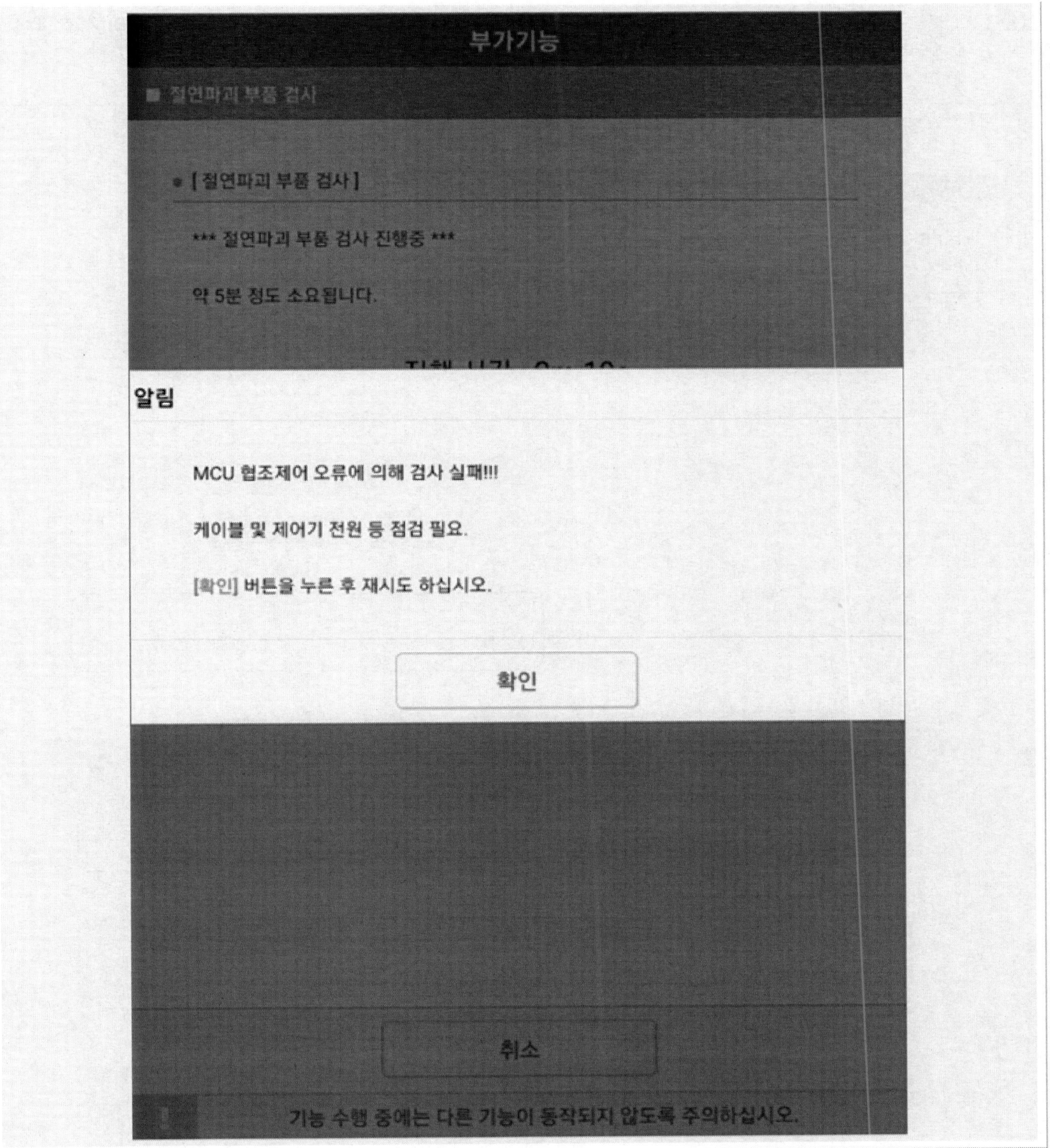

4. 메가옴 테스터를 이용하여 문제 부품의 절연 저항을 점검한 후 필요시 교환한다.

규정값 : 2 MΩ 이상 (20°C)

참 고

절연 저항 측정 방법 : 500 V 전압을 지속적으로(약 1분간) 인가하면서 (+) 단자 또는 (−) 단자와 차체(고전압 배터리 케이스) 사이의 절연 저항을 측정한다.

점검

유 의

- 배터리 모듈 부분 수리가 필요할 시 부분 수리 조건을 확인한다.
  (배터리 시스템 어셈블리 (BSA) 점검 - "배터리 부분 수리 고장진단" 참조)
- 배터리 셀 전압 점검은 아래 절차를 참조한다.

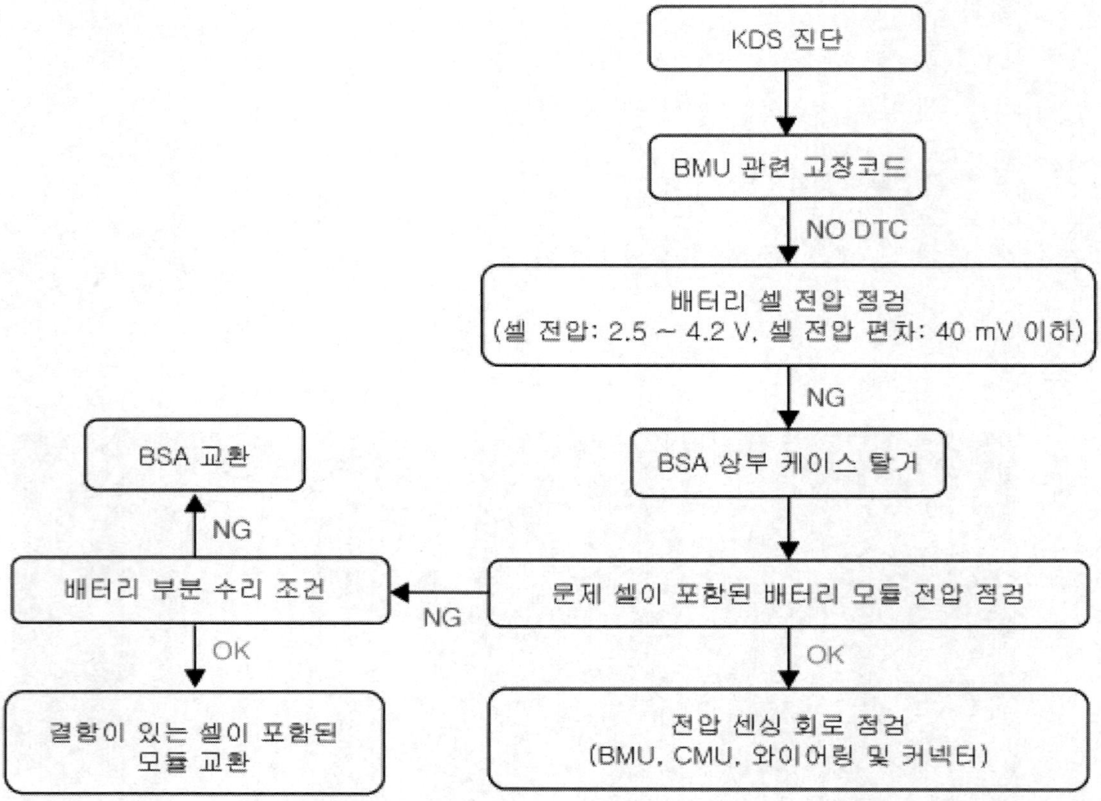

1. 진단 장비(KDS)를 이용하여 배터리 셀 전압을 확인한다.

정상 셀 전압 : 2.5 ~ 4.2 V
셀간 전압 편차 : 40 mV 이하

정지 | 그래프 | 데이터 캡쳐 | 강제구동

센서명(499)	센서값	단위	링크업
누적 방전 전류량	0.0	Ah	
누적 충전 전력량	0.0	kWh	
누적 방전 전력량	0.0	kWh	
총 동작 시간	826	Sec	
인버터 커패시터 전압	0	V	
모터 회전수	0	RPM	
절연 저항	3000	kOhm	
배터리 셀 전압 1	3.68	V	
배터리 셀 전압 2	3.70	V	
배터리 셀 전압 3	3.70	V	
배터리 셀 전압 4	3.70	V	
배터리 셀 전압 5	3.70	V	
배터리 셀 전압 6	3.70	V	
배터리 셀 전압 7	3.70	V	
배터리 셀 전압 8	3.70	V	
배터리 셀 전압 9	3.70	V	
배터리 셀 전압 10	3.70	V	
배터리 셀 전압 11	3.70	V	
배터리 셀 전압 12	3.68	V	

2. 배터리 시스템 어셈블리(BSA) 상부 케이스를 탈거한다.
   (고전압 배터리 시스템 - "케이스" 참조)
3. 문제 셀이 포함된 배터리 모듈 전압을 점검한다.

> **유 의**
>
> 배터리 전압이 정상이면 전압 센싱 회로(BMU, CMU, 와이어링 및 커넥터)를 점검한다.

4. 배터리 부분 수리 조건에 따라 배터리 시스템 어셈블리(BSA) 또는 배터리 모듈 어셈블리(BMA)를 교환한다.
   (고전압 배터리 시스템 - "배터리 시스템 어셈블리 (BSA)" 참조)
   (고전압 배터리 시스템 - "서브 배터리 모듈 어셈블리 (Sub-BMA)" 참조)

고전압 배터리 시스템 및 냉각수 라인 기밀 점검

유 의

- 배터리 시스템 어셈블리(BSA) 또는 배터리 모듈 어셈블리(BMA) 작업 시, EV 배터리 팩 기밀 점검 테스터 장비를 이용하여 기밀 점검 절차를 실시한다.
- 점검 전 반드시 배터리 시스템 어셈블리(BSA) 내 냉각수를 배출한다.

참 고

냉각수 라인 기밀 점검 후 배터리 시스템 어셈블리 기밀 점검 순으로 진행된다.

1. 냉각수 어댑터(A, B)를 설치한다.

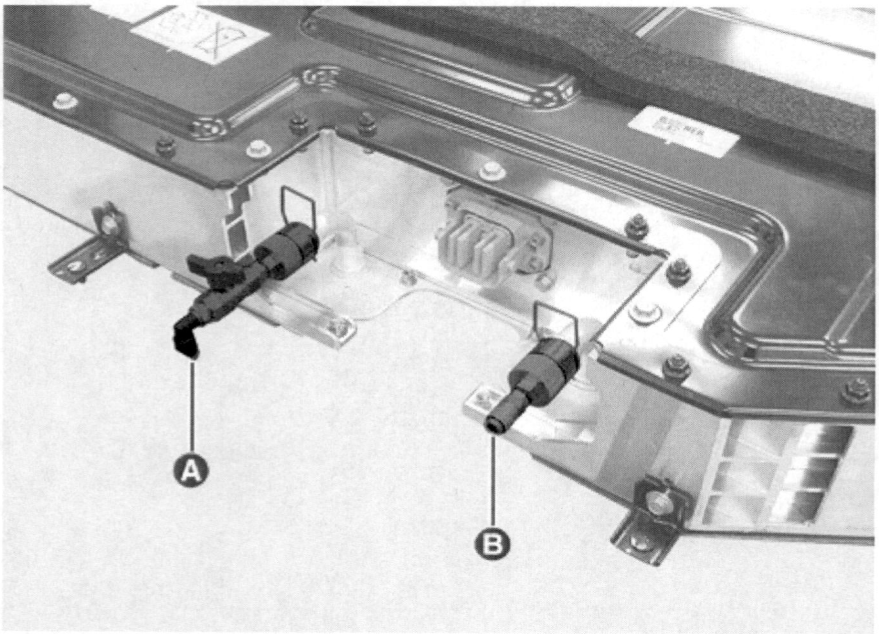

2. 주입 어댑터(A)에 호스(B)를 연결한다.

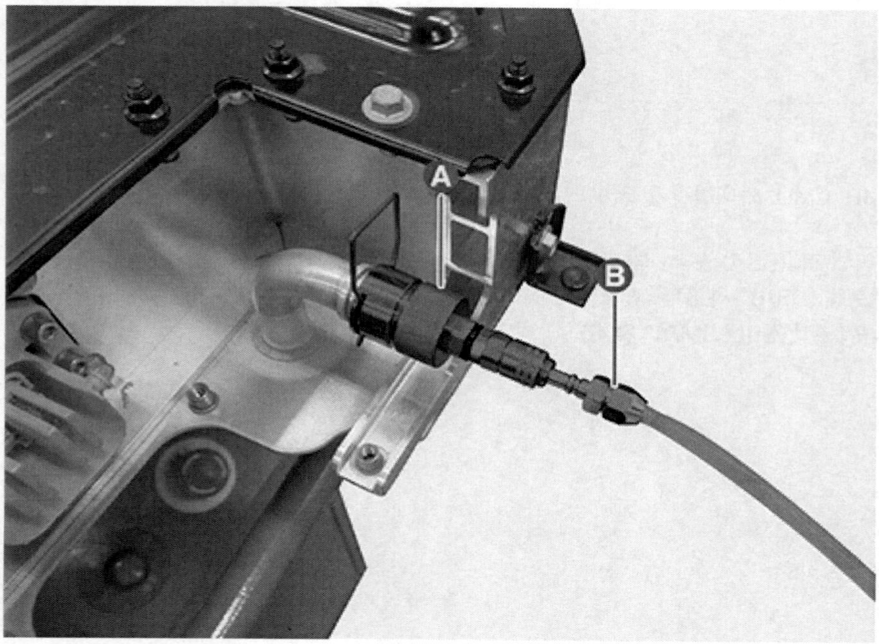

3. 주입구 연결 호스(A)의 반대편을 특수공구(0K253 - J2300) 에어 연결부에 연결한다.

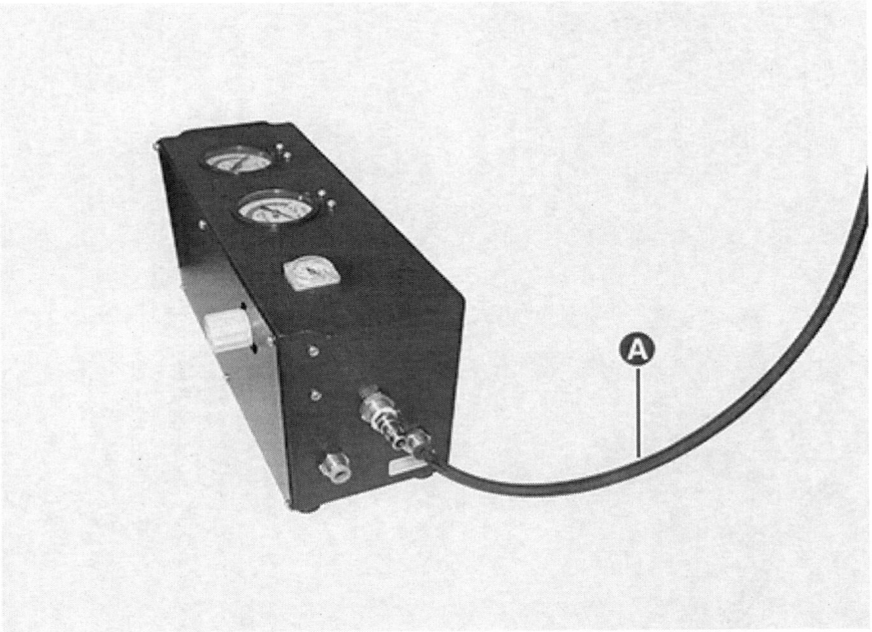

4. 배출 어댑터(A)에 호스(B)를 연결하고 반대편 호스는 냉각수를 받을 통에 넣는다.

> **유 의**
>
> 반드시 깨끗한 드레인 통을 사용하여 다른 혼합물과 냉각수가 섞이지 않도록 한다.

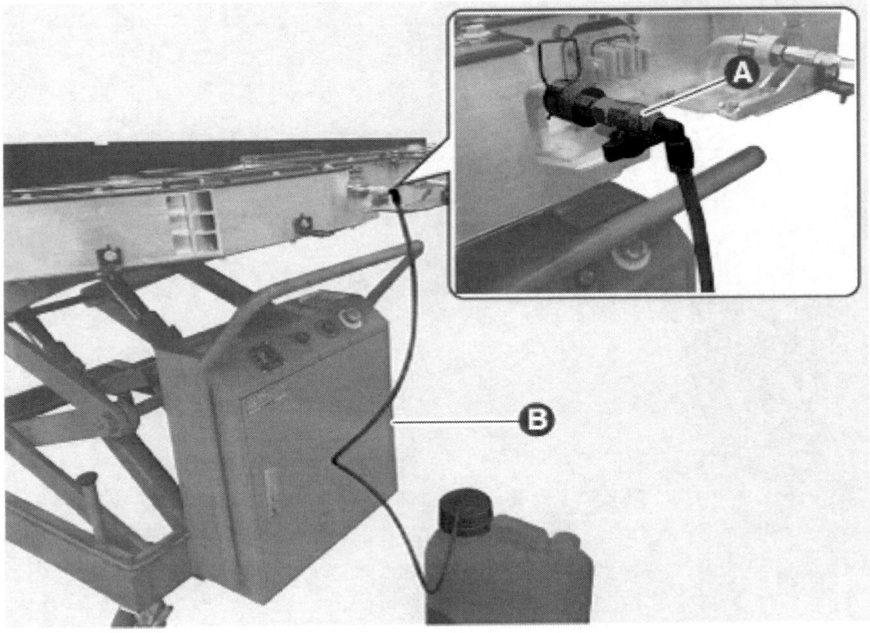

5. 에어 공급 호스(A)를 특수공구(0K253 - J2300) 에어 가압부에 연결한다.

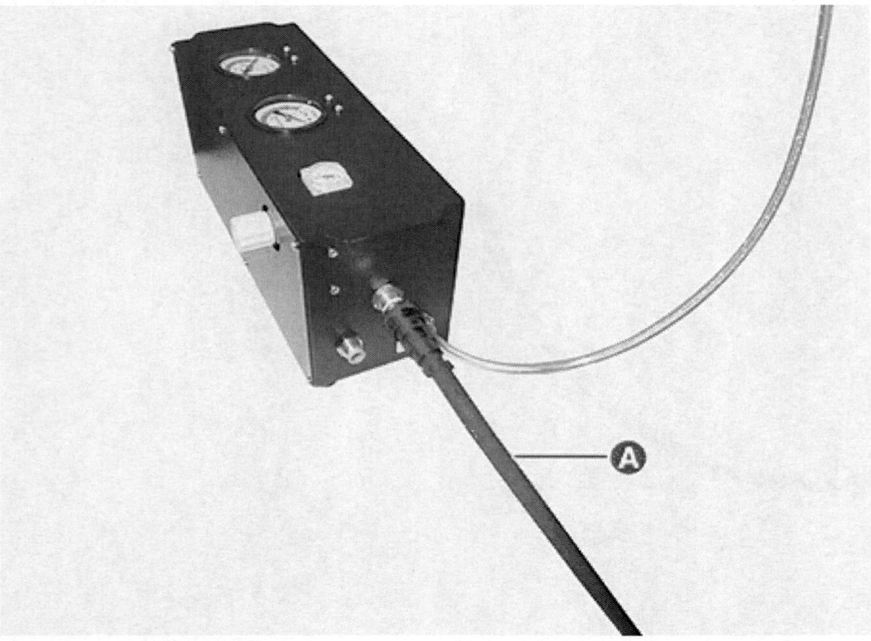

6. 레귤레이터 조절부(A)를 이용하여 레귤레이터 압력 게이지(B)의 눈금을 0.2 MPa (2.1 bar)에 맞춘다.

> **참 고**
>
> 냉각수 배출 시 압력은 최대 0.2 MPa (2.1 bar)를 넘지 않도록 한다.

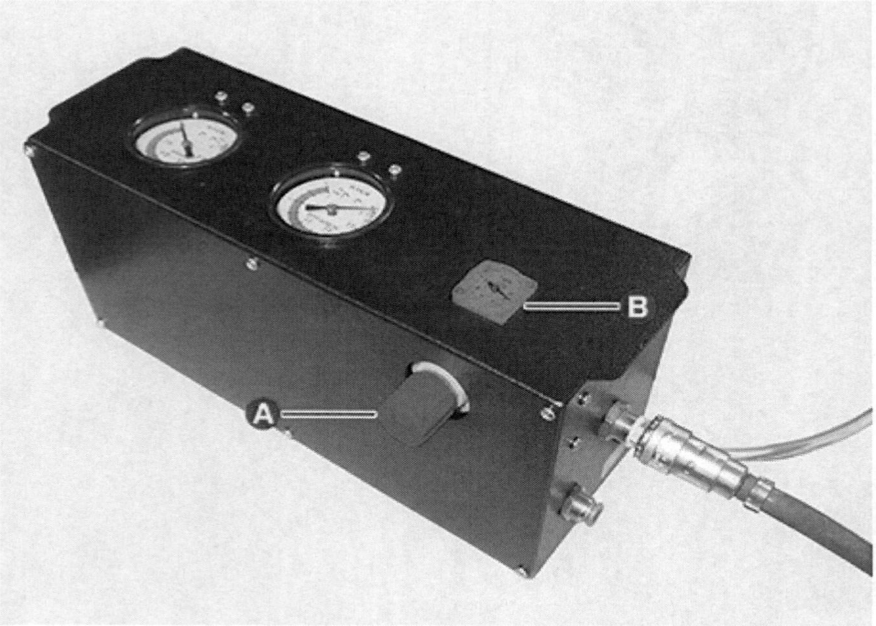

7. 특수공구(0K253 - J2300) 압력 밸브(A)를 화살표 방향으로 열어준다.

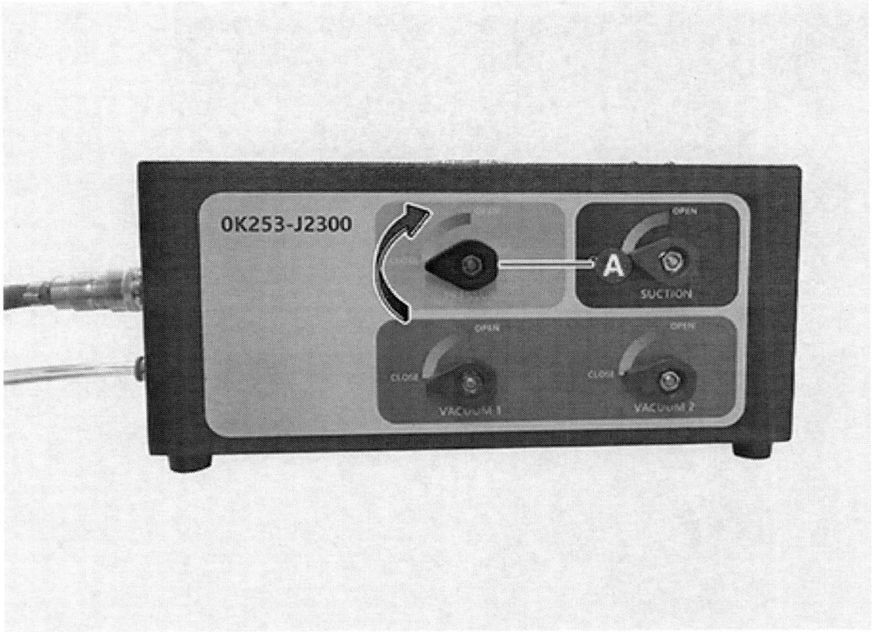

8. 배출 어댑터 밸브(A)를 서서히 열면서 냉각수를 배출한다.

유 의

배출 어댑터 밸브를 서서히 열지 않으면 냉각수가 고압으로 분출되므로 유의한다.

9. 배출이 완료 되면 냉각수 주입 및 배출 공구 탈거 후, 진단 장비(KDS)를 이용하여 고전압 배터리 팩 및 냉각수 라인 기밀 점검을 수행한다.

10. 고전압 배터리 상부 케이스에 있는 QR코드를 스캔한다.

진단
종료
부가기능
■ 고전압 배터리 팩 및 냉각수라인 기밀 점검
배터리 정보를 수집하기 위해 QR코드를 스캔해주십시오.
[예시]
QR 코드 영역
확인
취소
기능 수행 중에는 다른 기능이 동작되지 않도록 주의하십시오.

참 고

QR코드 스캔이 안 되는 경우 QR코드 하단에 있는 배터리 코드를 직접 입력한다.

진단
종료
부가기능
■ 고전압 배터리 팩 및 냉각수라인 기밀 점검
● [배터리 정보 입력]
배터리 정보를 입력하신 뒤 [확인] 버튼을 누르십시오.
BSXXXXXXXXXXXXXXXXX
배터리 코드
확인
취소
기능 수행 중에는 다른 기능이 동작되지 않도록 주의하십시오.

11. EV 배터리 팩 기밀 점검 테스터 장비와 진단 장비(KDS)를 연결한다.

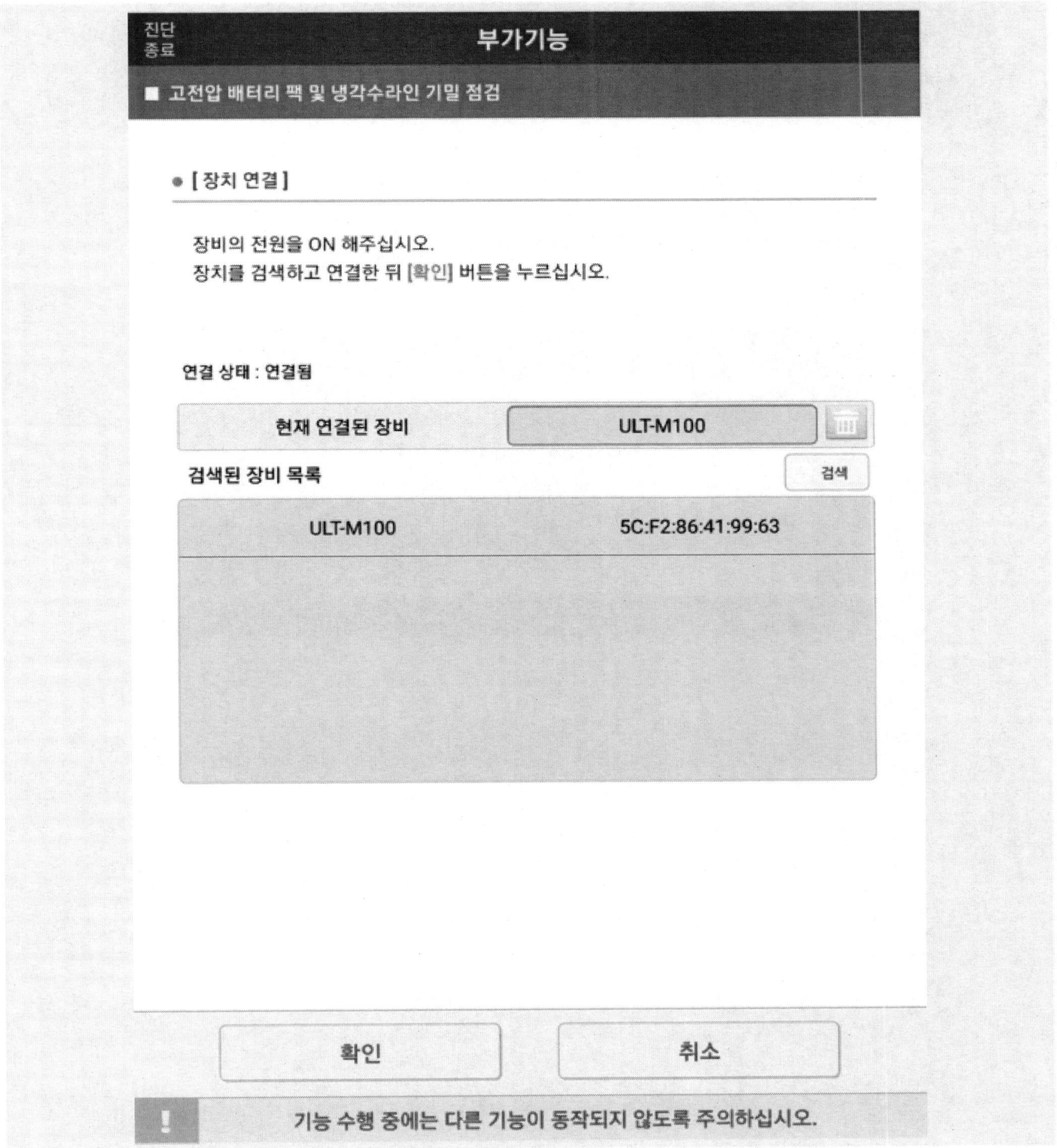

12. 진단 장비(KDS) 지시에 따라 기밀 점검을 수행한다.

진단
종료

부가기능

■ 고전압 배터리 팩 및 냉각수라인 기밀 점검

● [냉각수라인 기밀 점검 - 영점조정]

전체 미연결된 상태로 [영점 조정] 버튼을 누르십시오.

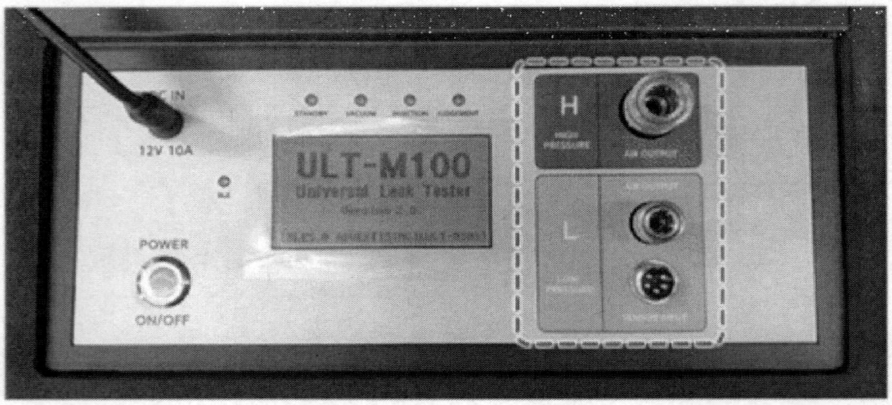

영점 조정

확인

취소

! 기능 수행 중에는 다른 기능이 동작되지 않도록 주의하십시오.

진단
종료

부가기능

■ 고전압 배터리 팩 및 냉각수라인 기밀 점검

● [냉각수라인 기밀 점검 - 장비 연결]

1. 호스를 연결한 후 밸브를 잠가 주십시오.
2. 'HIGH PRESSURE AIR OUTPUT'과 '배터리 냉각수 라인'을 연결 후 검사를 진행해 주십시오.

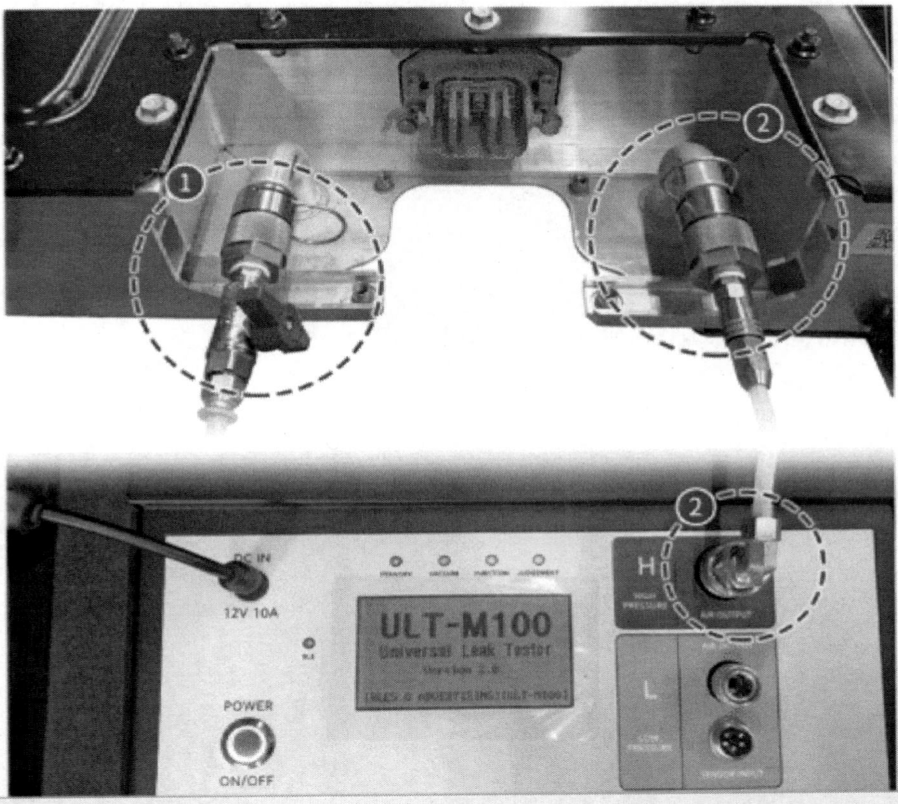

확인 | 이전 | 취소

! 기능 수행 중에는 다른 기능이 동작되지 않도록 주의하십시오.

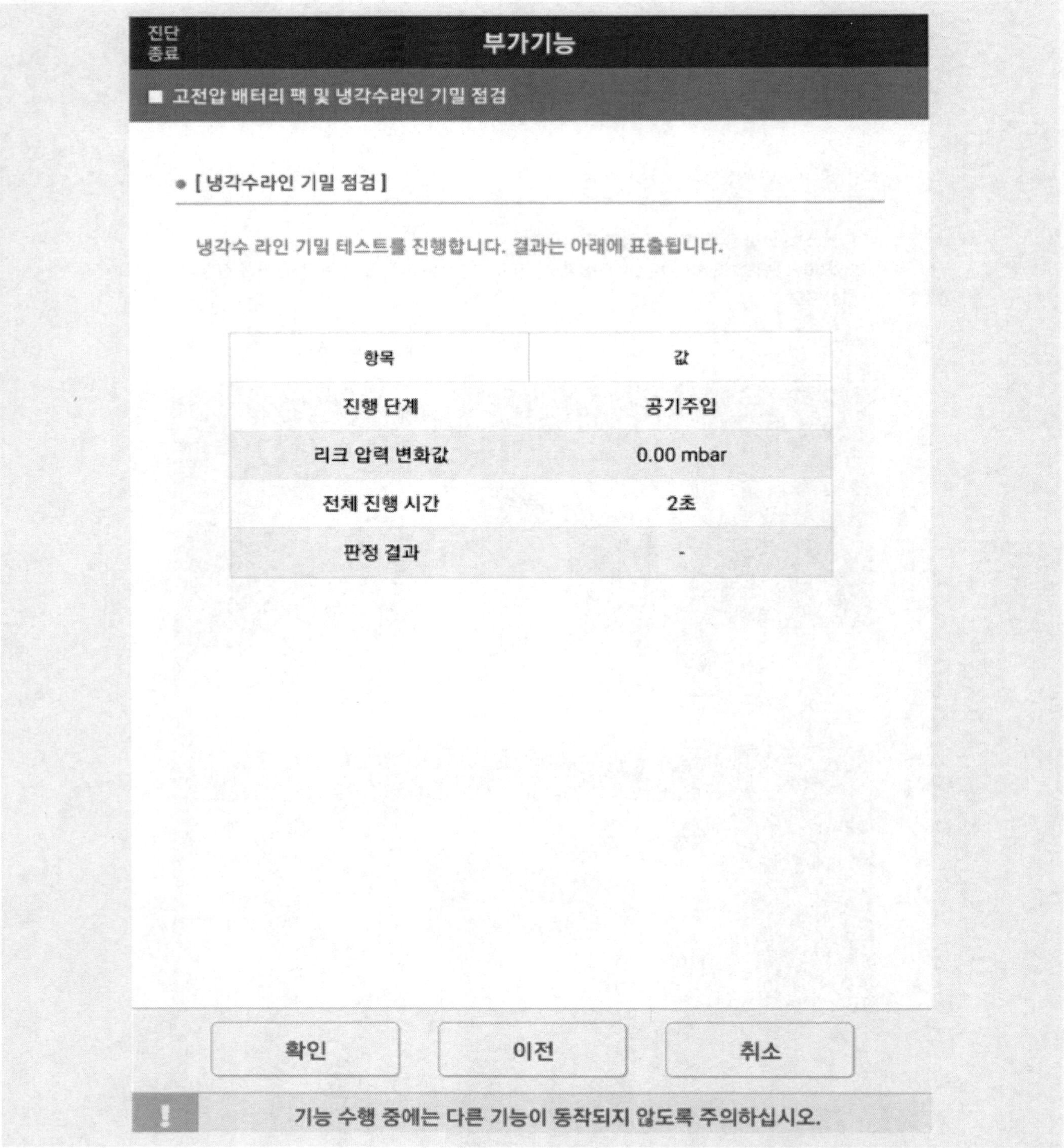

진단
종료
부가기능
■ 고전압 배터리 팩 및 냉각수라인 기밀 점검
● [냉각수라인 기밀 점검]
냉각수 라인 기밀 테스트를 진행합니다. 결과는 아래에 표출됩니다.
항목
값
진행 단계
공기주입
리크 압력 변화값
0.00 mbar
전체 진행 시간
2초
판정 결과
-
확인
이전
취소
!
기능 수행 중에는 다른 기능이 동작되지 않도록 주의하십시오.

부가기능

■ 고전압 배터리 팩 및 냉각수라인 기밀 점검

● [냉각수라인 기밀 점검 - 냉각수 제거]

1. 냉각수 배출 호스를 열어 잔여 공기를 제거하십시오.
2. 냉각수 피팅을 제거하십시오.

⚠[주의]
냉각수 배출 호스를 확실히 고정 후 개방하십시오.

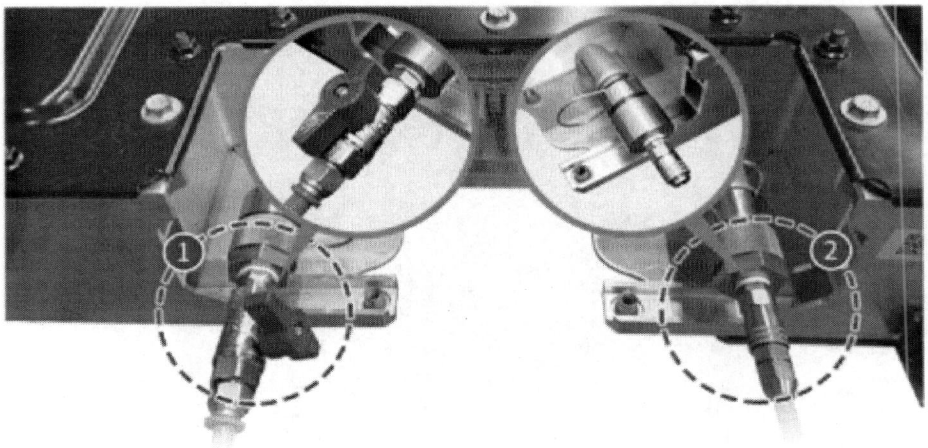

확인 취소

! 기능 수행 중에는 다른 기능이 동작되지 않도록 주의하십시오.

진단
종료

부가기능

■ 고전압 배터리 팩 및 냉각수라인 기밀 점검

● [배터리팩 기밀 점검 - 막음 커넥터 결합]

막음 커넥터 결합 여부를 확인하신 후 [확인] 버튼을 누르십시오.

⚠[주의]
차종에 맞는 커넥터를 사용해 주십시오.

확인 취소

! 기능 수행 중에는 다른 기능이 동작되지 않도록 주의하십시오.

진단
종료

부가기능

■ 고전압 배터리 팩 및 냉각수라인 기밀 점검

● [배터리팩 기밀 점검 - 영점조정]

LOW PRESSURE SENSOR INPUT 유닛에만 연결된 상태로 [영점 조정] 버튼을 누르십시오.

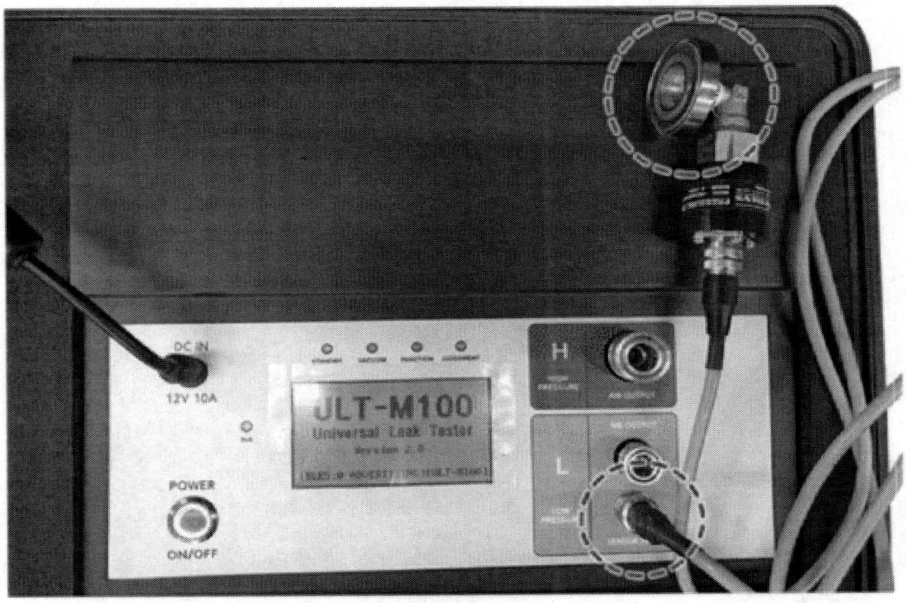

영점 조정

확인 | 이전 | 취소

! 기능 수행 중에는 다른 기능이 동작되지 않도록 주의하십시오.

진단
종료

부가기능

■ 고전압 배터리 팩 및 냉각수라인 기밀 점검

● [배터리팩 기밀 점검 - 장비연결 및 압력조정재 확인]

1. 압력조정재 결합 여부를 확인 후 진행하십시오.
2. LOW PRESSURE AIR OUTPUT 유닛에 공기주입 호스를 연결하십시오.
3. SENSOR OUTPUT을 압력조정재 홀 상단에 연결하십시오.

①~②, ①~③의 결합 상태를 확인 후 [확인] 버튼을 누르십시오.

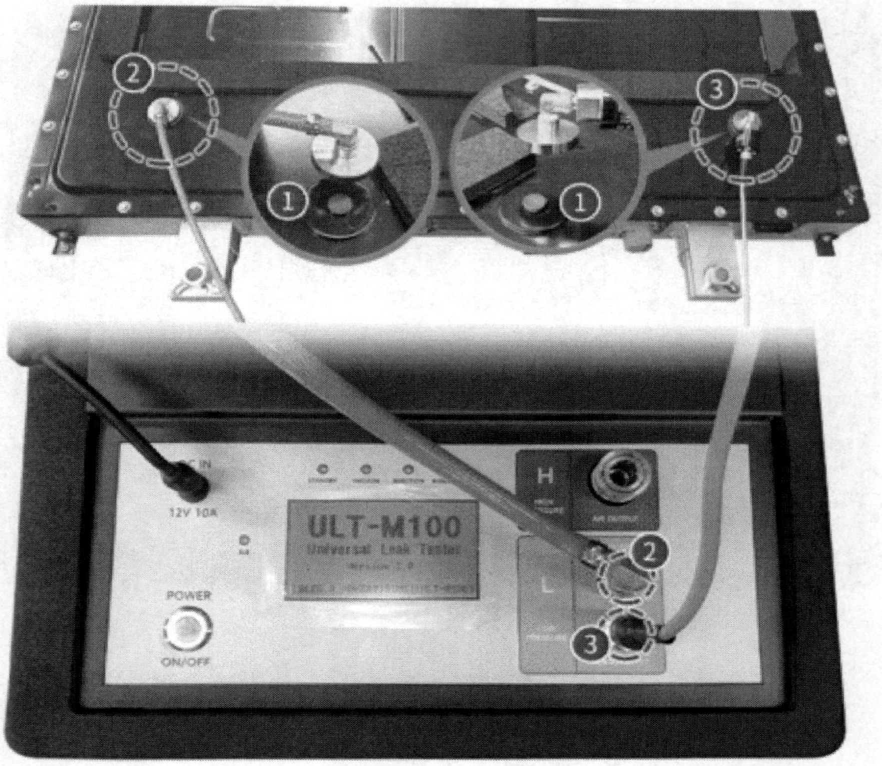

확인 | 이전 | 취소

! 기능 수행 중에는 다른 기능이 동작되지 않도록 주의하십시오.

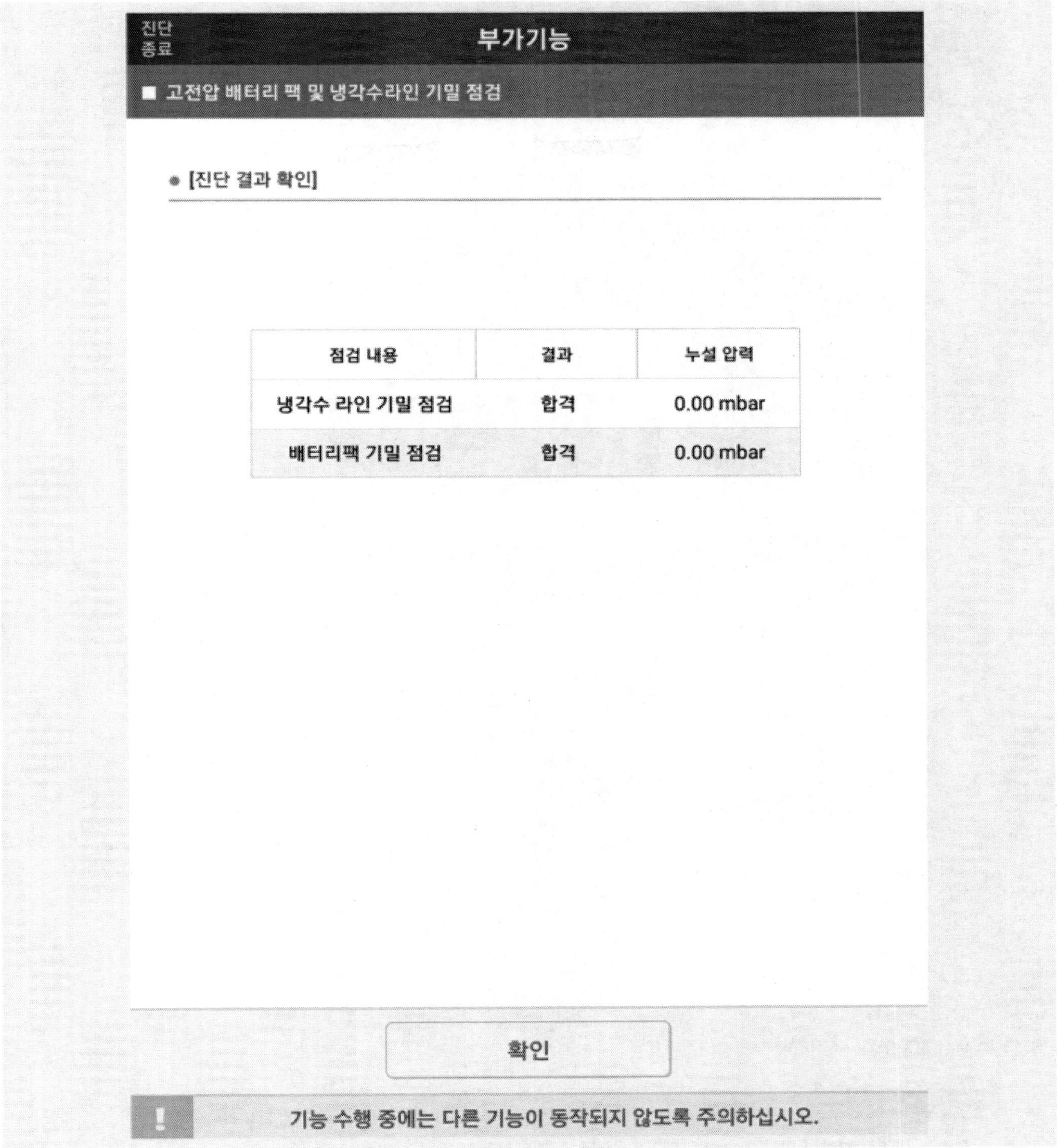

13. 배터리 시스템 어셈블리(BSA) 기밀 점검 진행 후 결과를 확인한다.

참 고

- 배터리 시스템 어셈블리(BSA) 기밀 점검 불합격 시 아래 절차로 누설 부위를 점검한다.
- 누설 부위 점검 시 헬륨 가스, 압력 조절기, 누설 감지기가 필요하다.
- 헬륨, 레귤레이터, 헬륨가스 디텍터는 시중품을 구매하여 미세누설(0.1~0.3mbar)을 감지하고 팩의 완전한 기밀을 확보한다.

(1) 어댑터(A)를 압력 조정재에 부착한다.

유 의

조정재에 제대로 부착이 되지 않으면 압력이 누설 될 수 있으므로 반드시 확인한다..

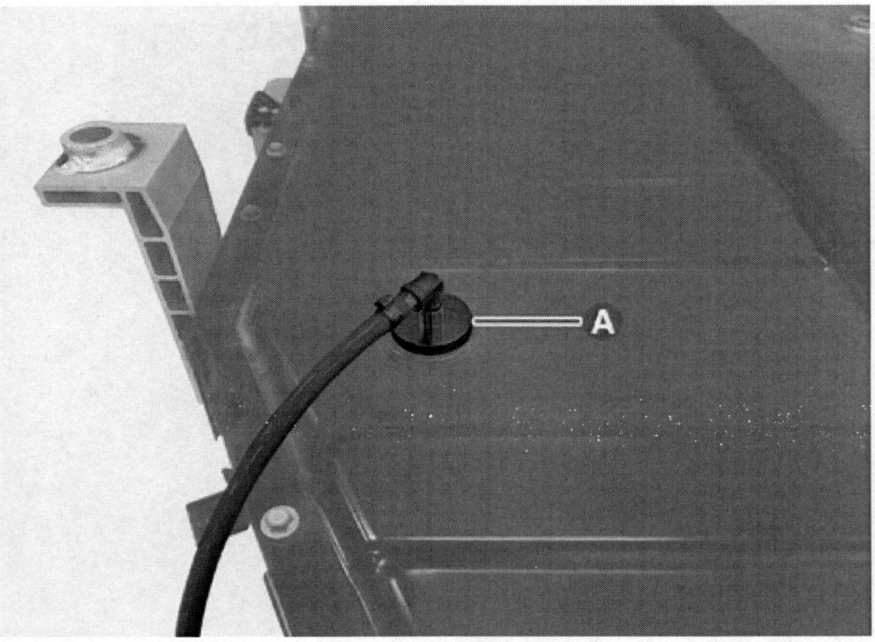

(2) 헬륨 가스 밸브에 어댑터 호스(A)를 연결한다.

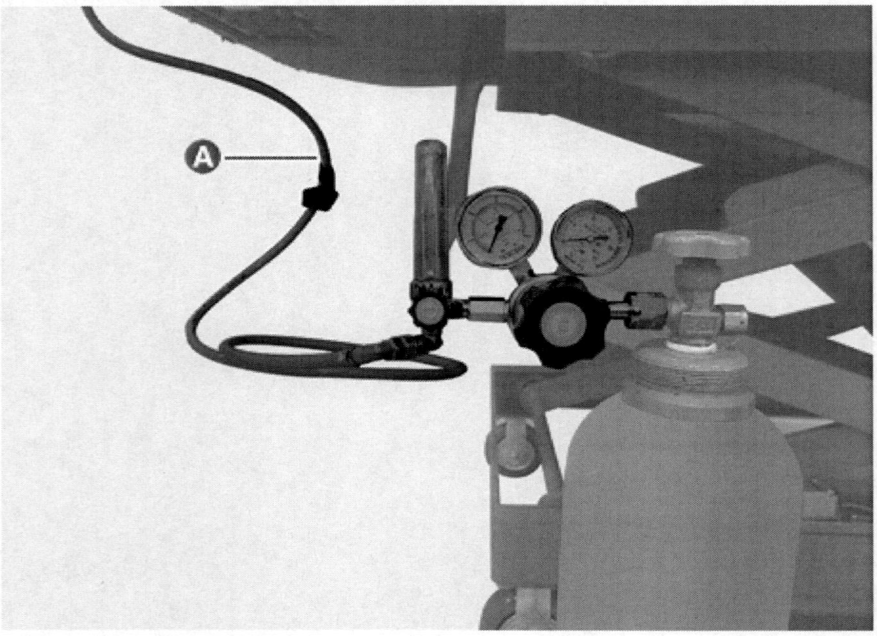

(3) 압력 센서 모듈(A)을 조정재에 부착한다.

유 의

조정재에 제대로 부착이 되지 않으면 압력이 누설 될 수 있으므로 반드시 확인한다.

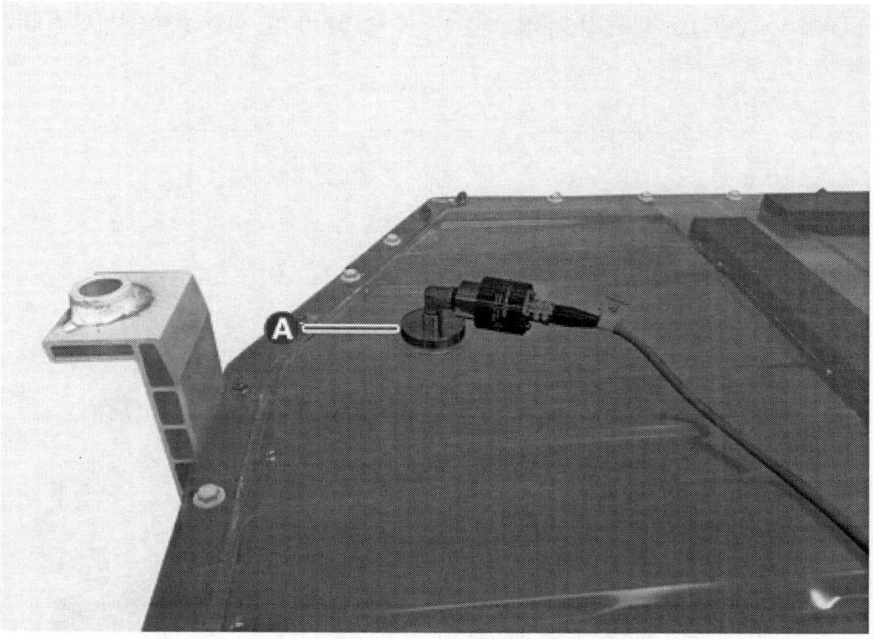

(4) 압력 센서 모듈(A)을 기밀 장비 SENSOR INPUT에 연결한다.

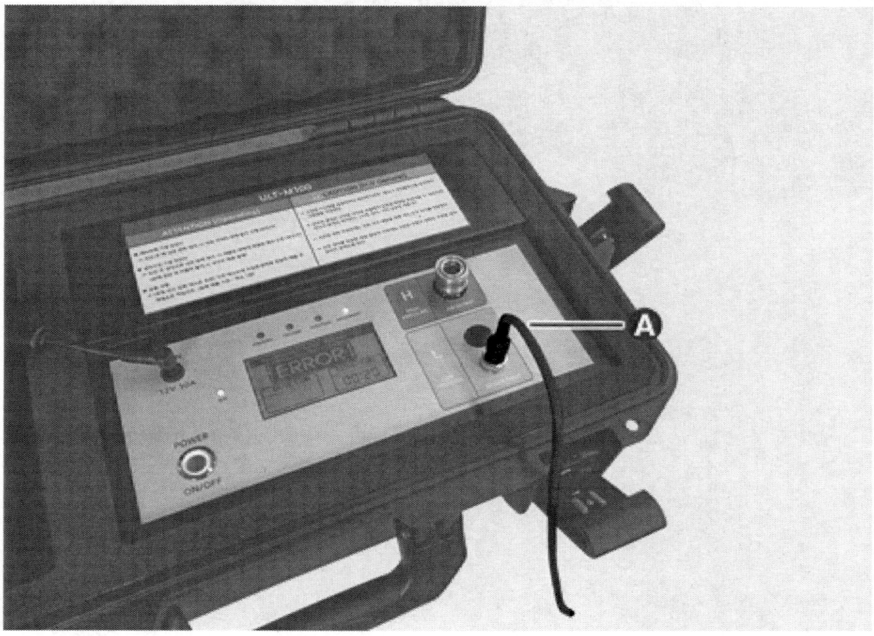

(5) 헬륨 가스를 주입한다.

> **유 의**
>
> 내부 압력이 20 ~ 30 mbar를 초과하면 상부 케이스의 변형이 생길 수 있으므로 헬륨을 500 mbar로 약 30초간 가압 후 헬륨 주입 밸브를 닫는다.

(6) 누설 감지기를 이용하여 배터리 시스템 어셈블리(BSA) 누설 부위를 점검한다.

> **유 의**
>
> - 하단 케이스의 용접 부위, 커넥터 체결 부위 등을 위주로 점검한다.
> - 가스켓 체결부위에서 기밀 유지가 안되는 경우가 다수로 디텍터로 가스켓 체결 부위를 위주로 점검한다.

부품위치

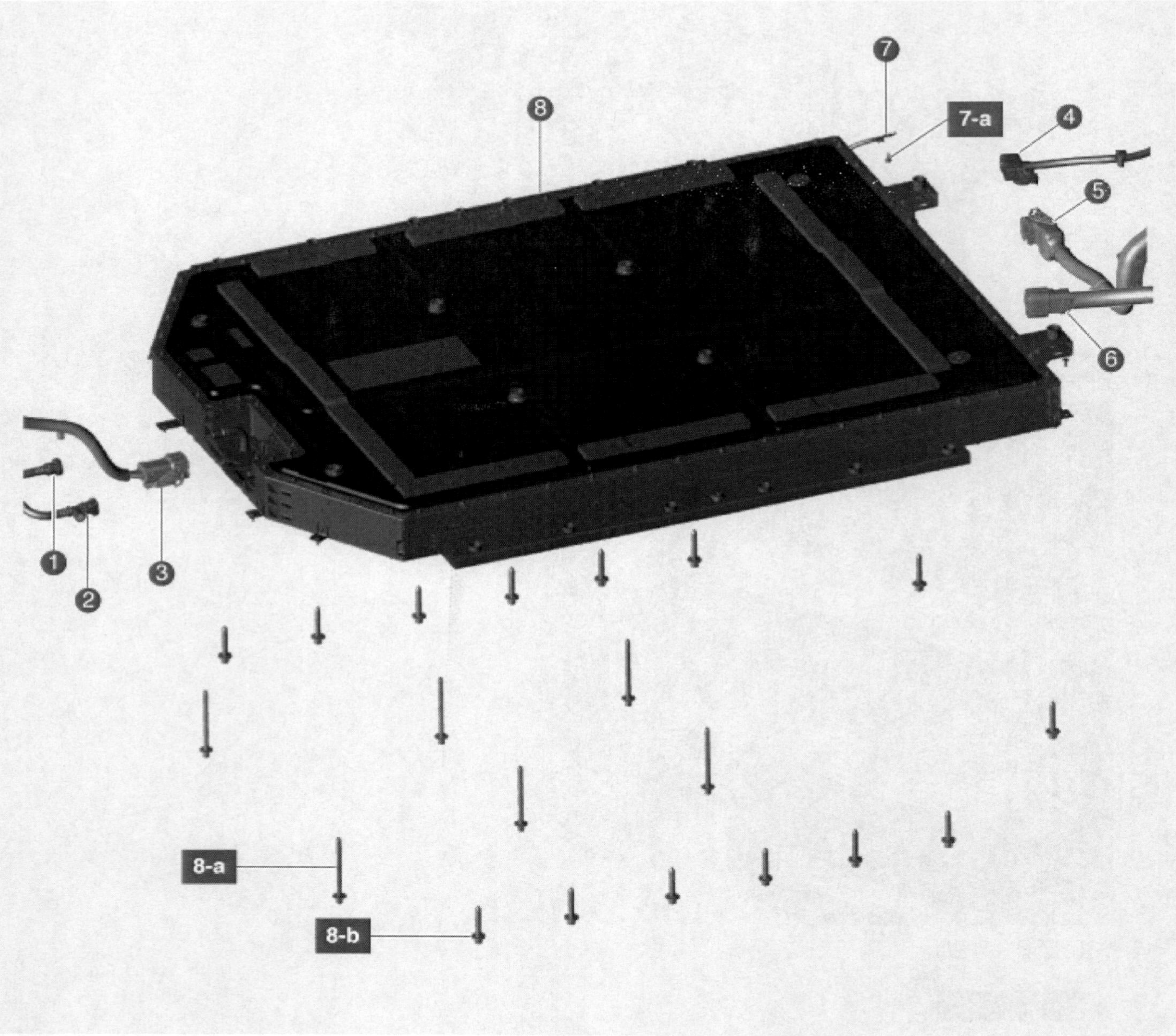

1. 배터리 아웃렛 냉각 호스 2. 배터리 인렛 냉각 호스 3. 프런트 고전압 정션 박스 파워 케이블 4. 배터리 매니지먼트 유닛(BMU) 커넥터 5. 리어 고전압 정션 박스 파워 케이블 6. 통합 충전 제어 유닛(ICCU) 파워 케이블	7. 접지 케이블 7-a. 0.8 ~ 1.2 kgf·m 8. 배터리 시스템 어셈블리(BSA) 8-a. 7.0 ~ 9.0 kgf·m 8-b. 12.0 ~ 14.0 kgf·m

특수공구

공구 명칭 / 번호	형상	용도
고전압 배터리 이송 행어 09375 - K4100		고전압 배터리 시스템 어셈블리 이송 시 사용

탈거

⚠ 경 고

- 고전압 시스템 관련 작업 시, 관련 교육을 이수한 작업자가 정비를 진행한다. 고전압 시스템에 대한 이해가 부족한 경우 감전 또는 누전 등으로 인한 심각한 사고를 초래할 수 있다.
- 고전압 시스템 또는 주변 부품 작업 시, 반드시 "고전압 시스템 안전사항 및 주의, 경고" 내용을 숙지하고 준수해야 한다. 미 준수 시, 감전 또는 누전 등으로 인한 심각한 사고를 초래할 수 있다.
- 고전압 시스템 작업 특성상, 개인보호장구(PPE) 및 사전 고전압 차단 절차를 반드시 확인한다.

1. 고전압 차단 절차를 수행한다.
   (배터리 제어 시스템 (기본형) - "고전압 차단 절차" 참조)
2. 고전압 배터리 시스템 냉각 호스(A)를 분리한다.

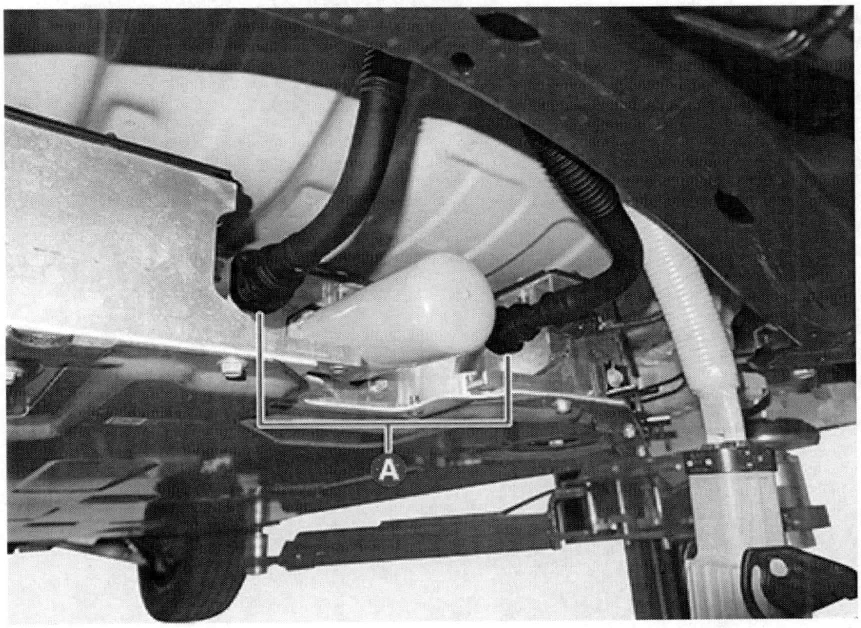

유 의

- 냉각수가 배출되므로 고전압 커넥터에 유입되지 않도록 막음 처리한다.
- 배출되는 냉각수를 깨끗한 비커로 받는다. (다른 혼합물과 냉각수가 섞이지 않도록 한다.)
- 냉각수가 고전압 커넥터에 유입 되면 반드시 세척하고 장착한다.

3. 통합 충전 제어 유닛(ICCU) 커넥터(A)를 분리한다.

유 의

커넥터 분리 방법

1) 잠금 클립(A)을 당겨 해제한다.

2) 잠금 클립(B)을 누른 상태에서 커넥터를 분리한다.

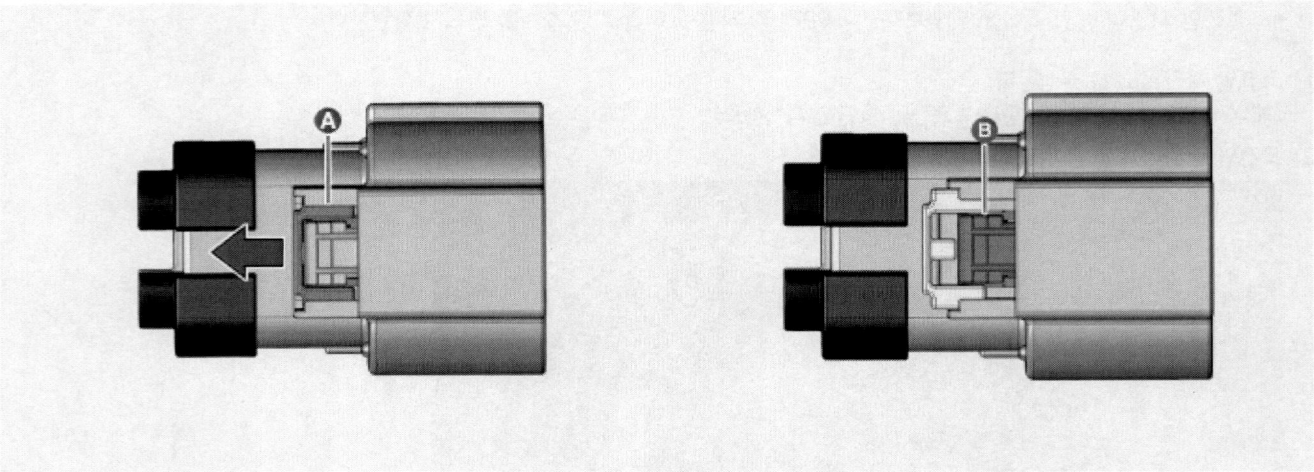

4. 리어 고전압 정션 박스 파워 케이블(A)을 분리한다.

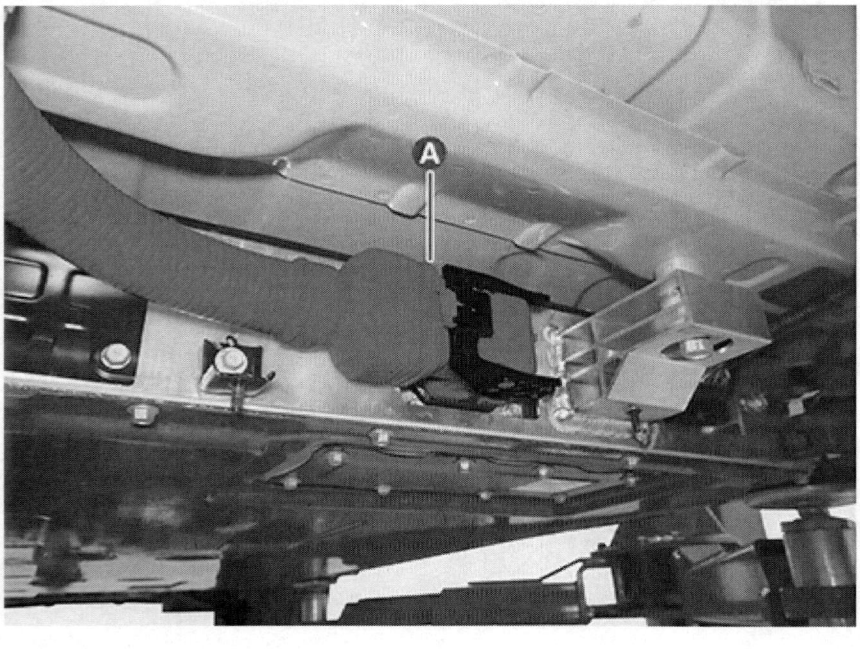

5. 배터리 매니지먼트 유닛(BMU) 커넥터(A)를 분리한다.

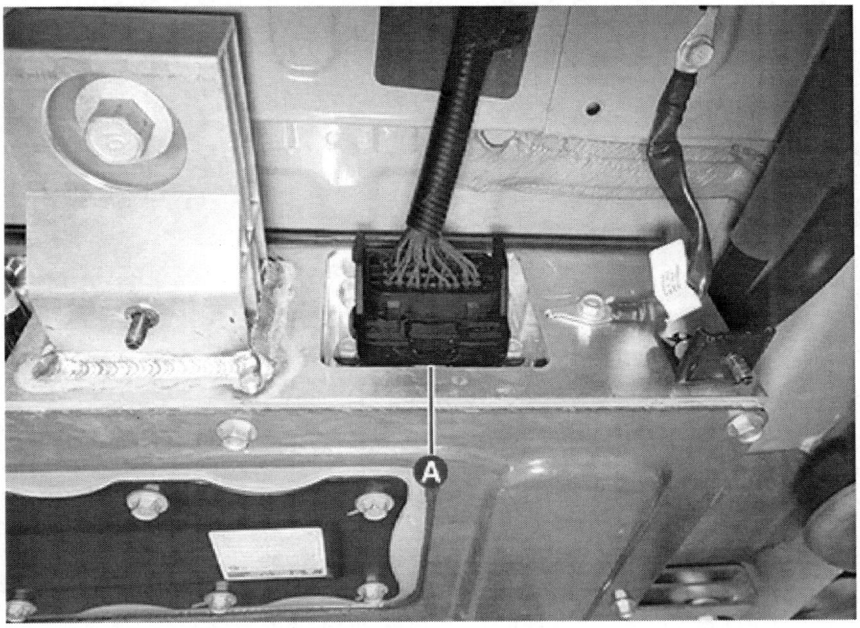

6. 볼트를 풀어 접지 케이블(A)을 분리한다.

체결토크 : 0.8 ~ 1.2 kgf·m

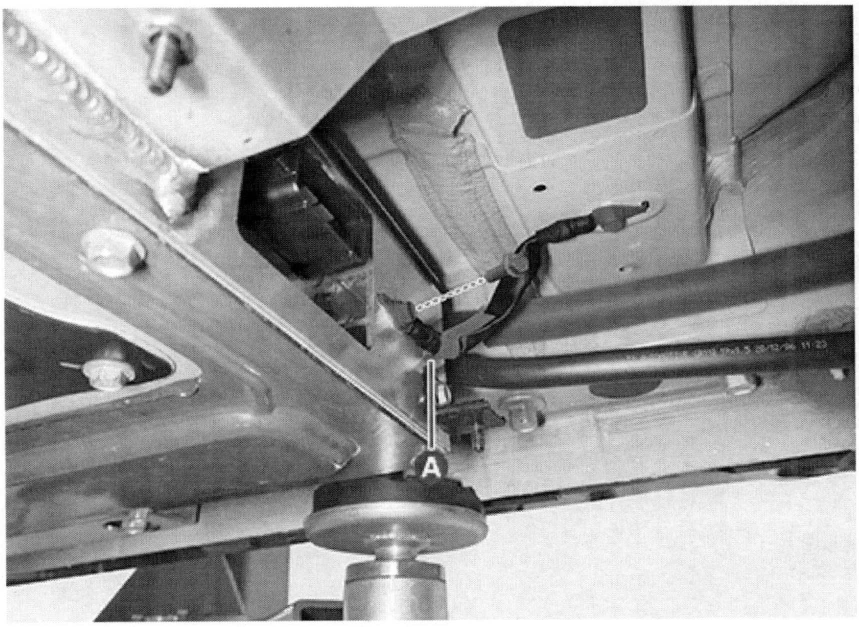

7. 배터리 시스템 어셈블리(BSA) 관통 볼트(A)를 탈거한다.

체결토크 : 7.0 ~ 9.0 kgf·m

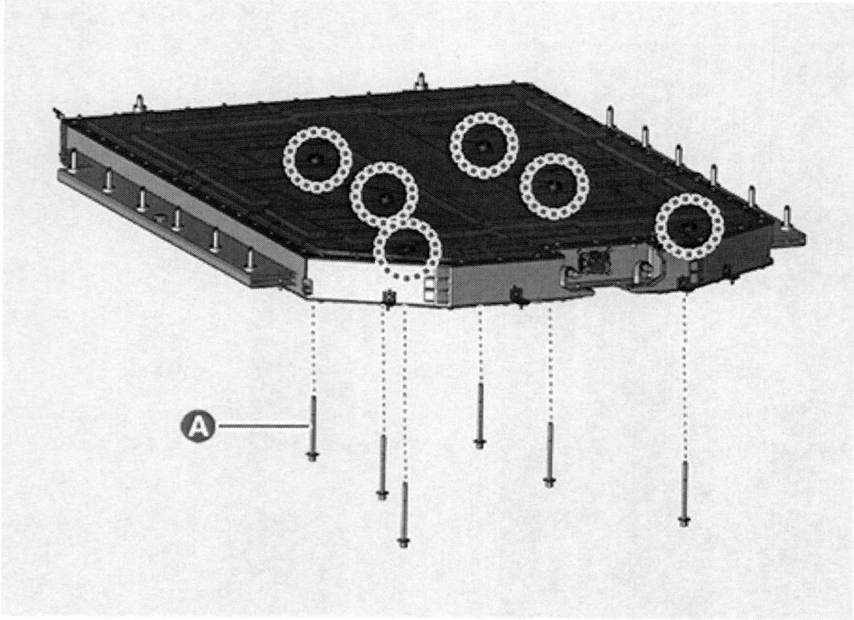

▲ 경 고

리프트 설치를 위해 BSA 중앙부 볼트만 탈거한다.

8. 리프트(A)를 이용하여 BSA를 지지한다.

유 의

- 하부 보호케이스에 이물질이 있을 경우 배터리 부하로 인해 보호케이스가 파손될 수 있으나 절연 매트(또는 고무 매트)로 배터리 손상을 방지할 수 있습니다.
- 리프트 규격은 최소 무게 700kg 이상, 너비 1 m 이하를 이용한다.

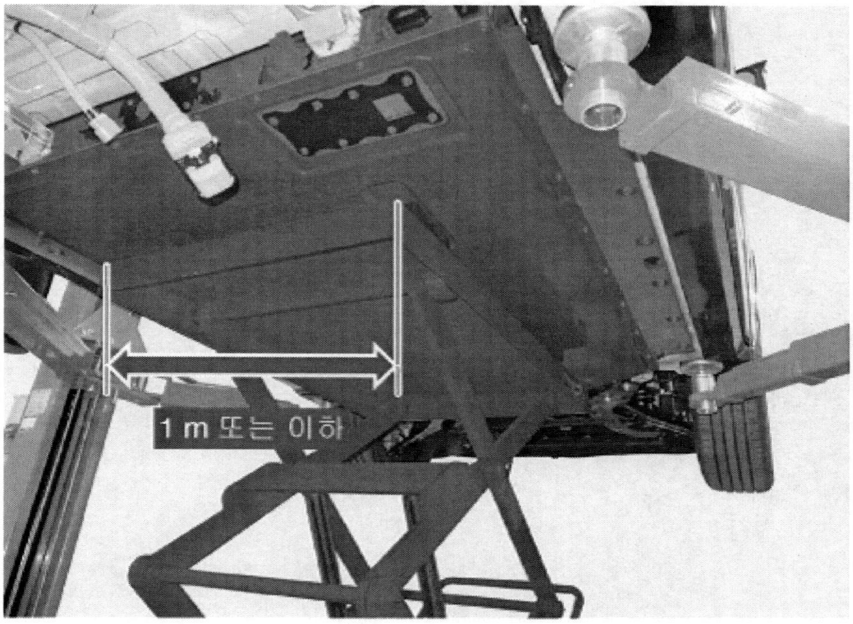

9. 볼트를 탈거한 후 리프트를 천천히 내리면서 BSA(A)를 탈거한다.

체결토크 : 12.0 ~ 14.0 kgf·m

유 의

BSA 탈거 시 주변 부품이 손상되지 않도록 한다.

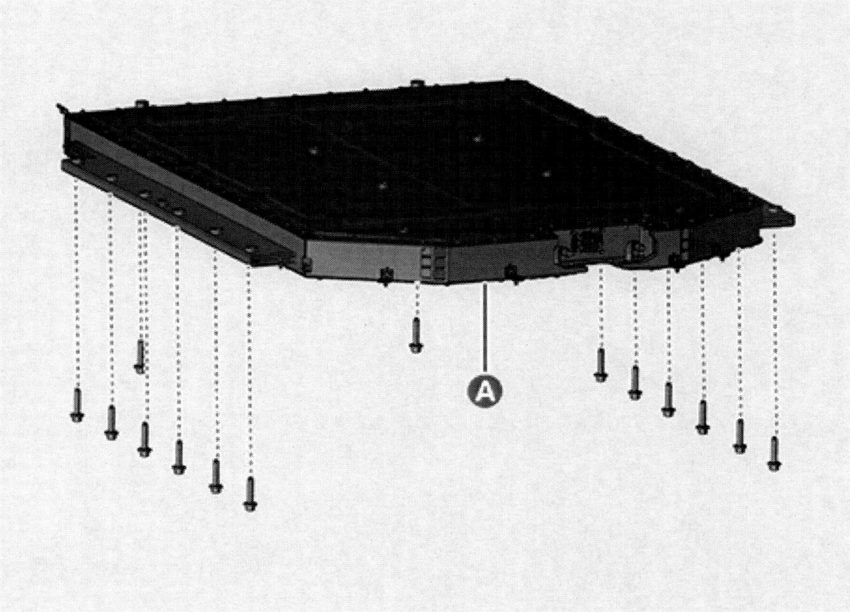

10. BSA 이송 시 특수공구(09375 - K4100)를 설치하고 크레인 잭을 이용해서 이송한다.

▲ 주 의

BSA 이송 시 주의사항

- BSA를 과도하게 들어올리지 않는다.
- BSA를 들어올린 상태에서 회전되지 않도록 한다.
- BSA 이동 시 리프트에 올려진 상태로 이동한 후 크레인 잭을 이용해 들어올린다.
- BSA 손상을 방지하기 위해 평평한 절연 매트 또는 파렛트 위에 내려 놓는다.

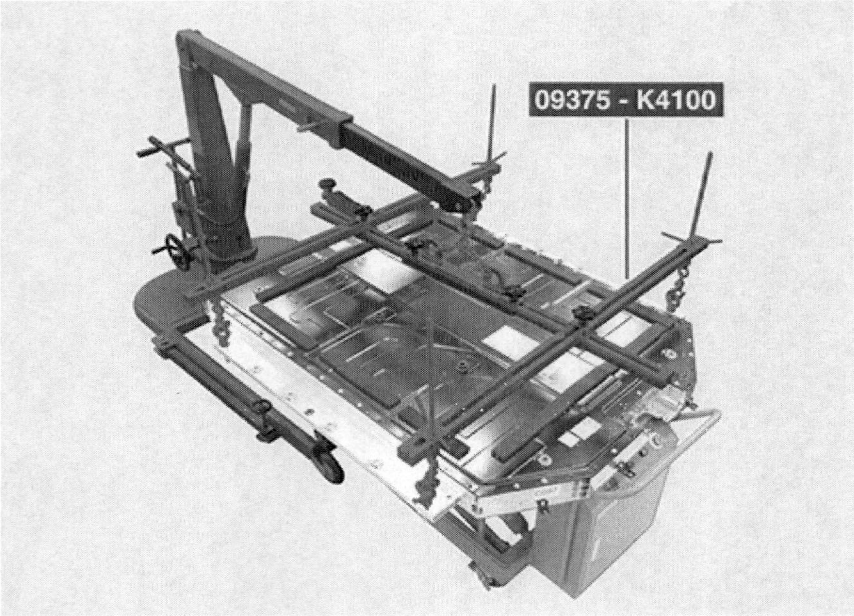
09375 - K4100

특수공구

공구 명칭 / 번호	형상	용도
고전압 배터리 이송 행어 09375 - K4100		고전압 배터리 시스템 어셈블리 이송 시 사용

장착

⚠ 경 고

- 고전압 시스템 관련 작업 시, 관련 교육을 이수한 작업자가 정비를 진행한다. 고전압 시스템에 대한 이해가 부족한 경우 감전 또는 누전 등으로 인한 심각한 사고를 초래할 수 있다.
- 고전압 시스템 또는 주변 부품 작업 시, 반드시 "고전압 시스템 안전사항 및 주의, 경고" 내용을 숙지하고 준수해야 한다. 미 준수 시, 감전 또는 누전 등으로 인한 심각한 사고를 초래할 수 있다.
- 고전압 시스템 작업 특성상, 개인보호장구(PPE) 및 사전 고전압 차단 절차를 반드시 확인한다.

1. 특수공구(09375 - K4100)와 크레인 잭을 이용하여 고전압 배터리 시스템 어셈블리(BSA)를 리프트 위에 위치시킨다.

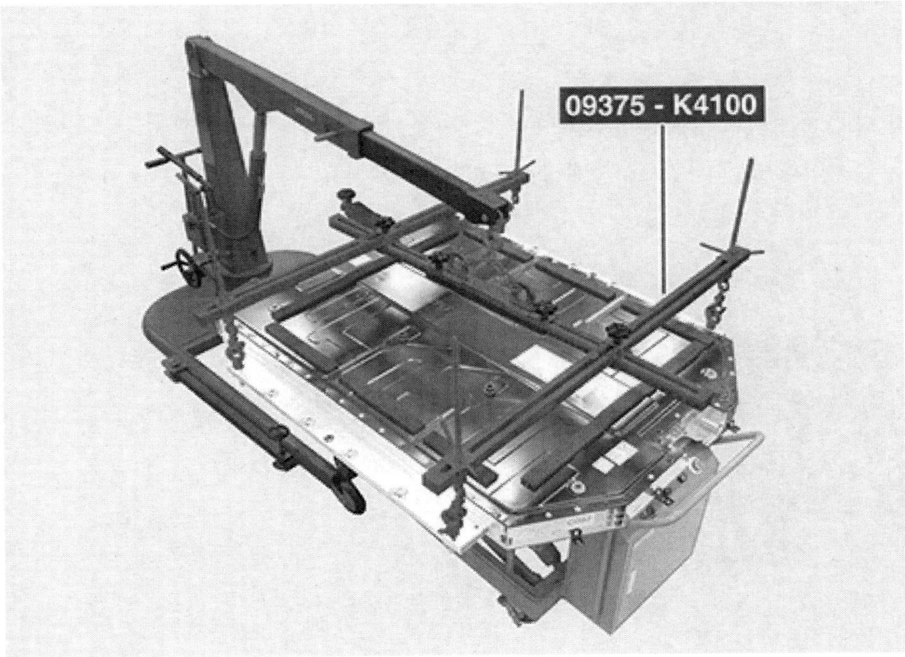

유 의

- 리프트 규격은 최소 무게 700kg 이상, 너비 1 m 이하를 이용한다.

▲ 주 의

BSA 이송 시 주의사항

- BSA를 과도하게 들어올리지 않는다.
- BSA를 들어올린 상태에서 회전되지 않도록 한다.
- BSA를 크레인 잭으로 들어올린 후 리프트를 BSA 아래에 위치시킨다. (크레인 잭 이동 금지)

2. 장착은 탈거의 역순으로 한다.

유 의

- 배터리 시스템 어셈블리 (BSA) 장착 시 규정 토크를 준수하여 장착한다.
- BSA를 떨어뜨렸을 경우, 보이지 않는 손상이 유발될 수 있으니 신품으로 교환한다. (재사용 금지)
- BSA 볼트(A)는 재사용하지 않는다.

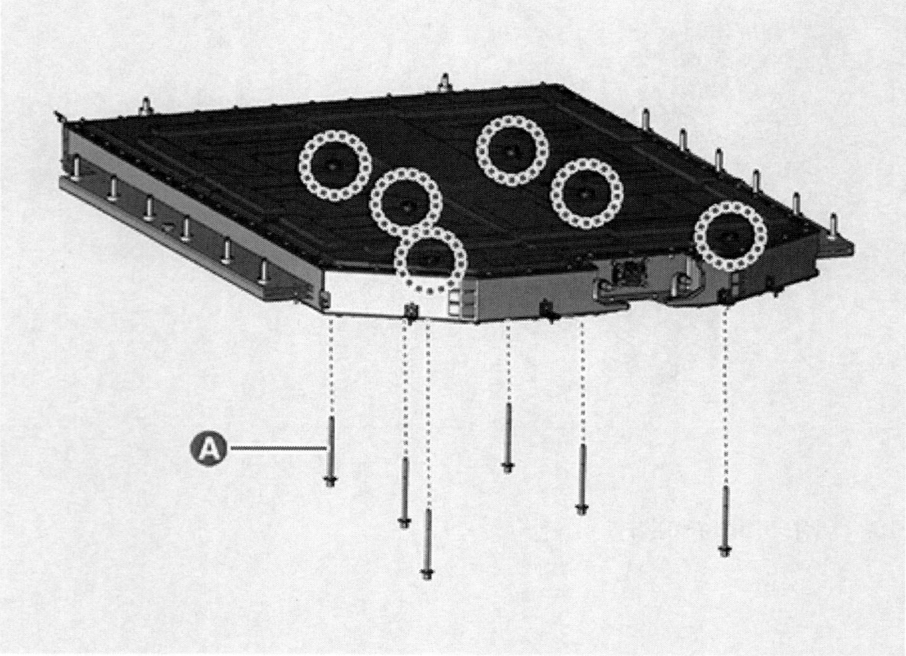

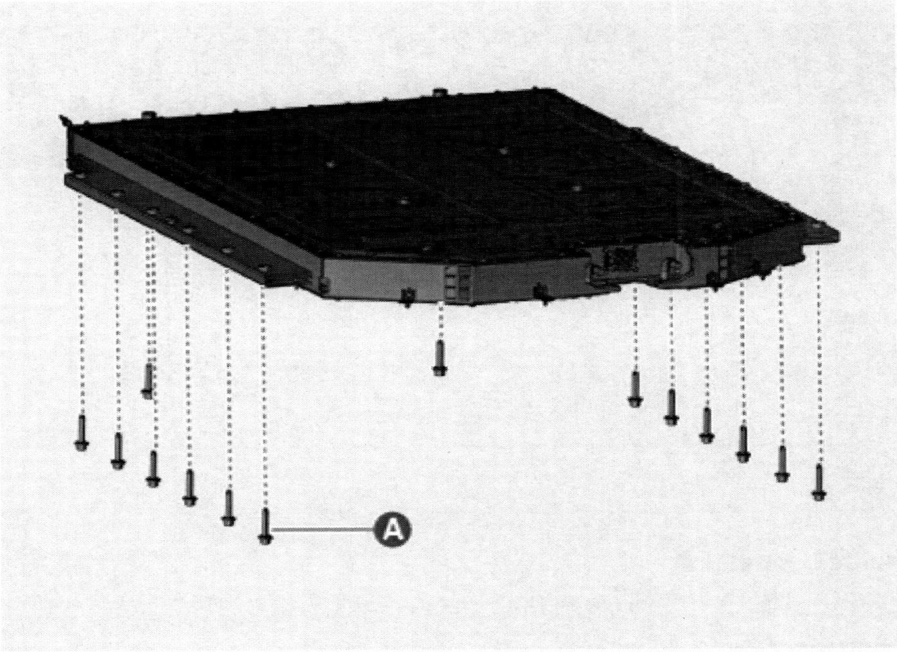

3. 냉각수를 보충한다.
   (전기차 냉각 시스템 - "배터리 냉각수" 참조)
4. 진단 장비(KDS)를 이용하여 SOC 보정 기능을 수행한다.

부가기능
시스템별
작업 분류별
모두 펼치기
Battery Management System
사양정보
절연파괴 부품 검사
SOC 보정 기능
SOH 초기화 기능
Integrated Charge Control Unit
Vehicle Charging Management System
Vehicle Control Unit
Electronic Shifter(SBW)
SBW Control Unit
Brake
Front Radar
Airbag(Event #1)
Airbag(Event #2)
Occupant Classification System
Air Conditioner
기능 수행 중에는 다른 기능이 동작되지 않도록 주의하십시오.

구성부품

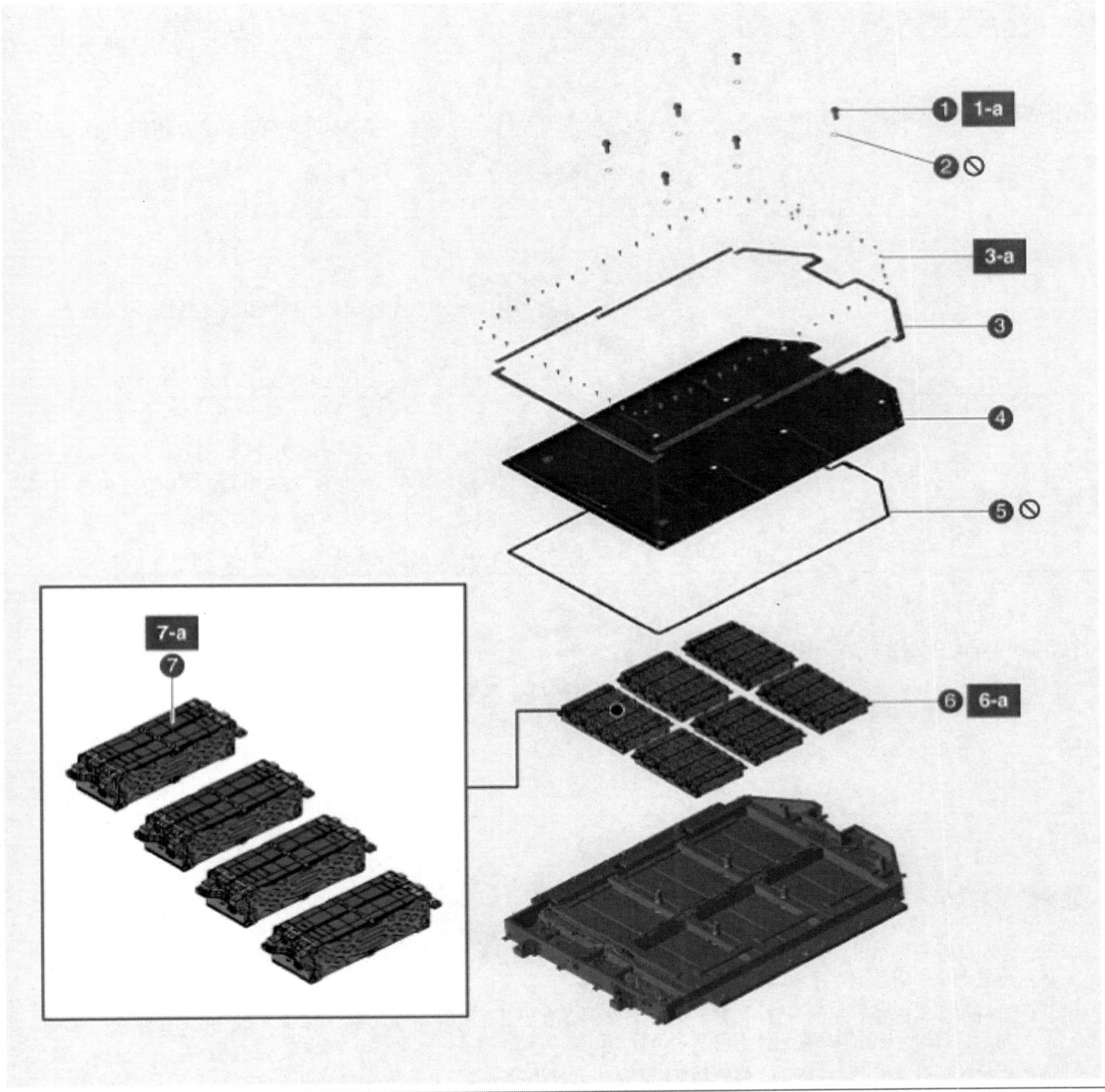

1. 상부 케이스 볼트 1-a. 10.5 ~ 15.8 kgf·m 2. O-링 3. 수밀 보강 브래킷 3-a. 1차 : 0.9 kgf·m 3-a. 2차 : 1.1 kgf·m	4. 상부 케이스 5. 수밀 개스킷 6. 배터리 모듈 어셈블리(BMA) 6-a. 0.8 ~ 1.2 kgf·m 7. 서브 배터리 모듈 어셈블리(Sub-BMA) 7-a. 2.0 ~ 3.0 kgf·m

특수공구

공구 명칭 / 번호	형상	용도
고전압 배터리 모듈 어셈블리 행어 09375 - GI700	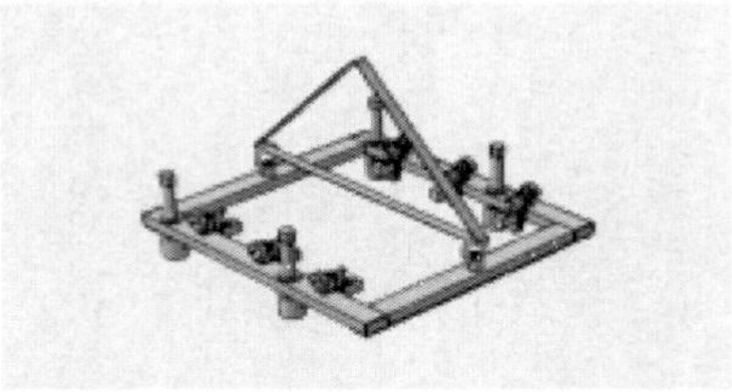	고전압 배터리 모듈 어셈블리 이송 시 사용
고전압 배터리 모듈 면압 지그 09375 - GI800	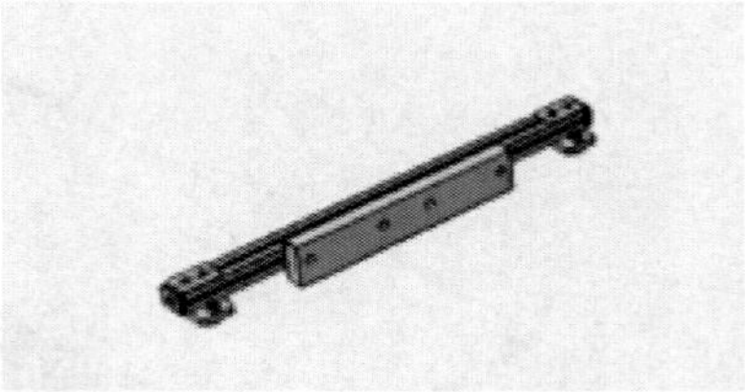	고전압 배터리 모듈 어셈블리 압축 시 사용
고전압 배터리 모듈 가이드 09375 - GI900	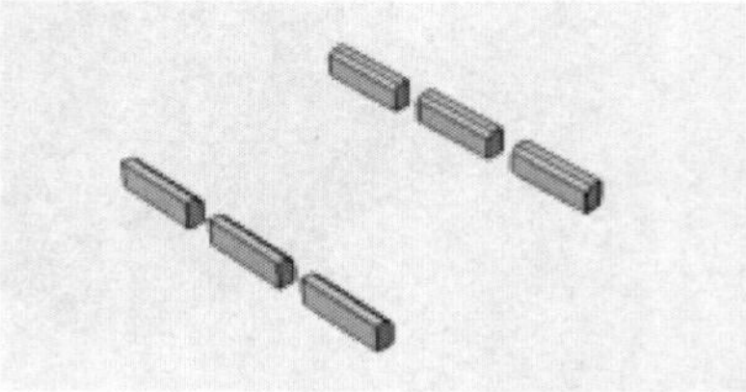	고전압 배터리 모듈을 면압기 안착 시 사용
고전압 배터리 모듈 어셈블리 분해 지그 TMS - 1907	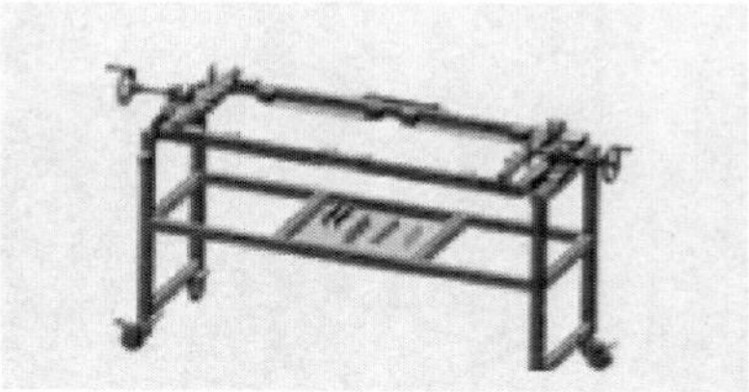	고전압 배터리 모듈 어셈블리 분해 시 사용

탈거

⚠ 경 고

- 고전압 시스템 관련 작업 시, 관련 교육을 이수한 작업자가 정비를 진행한다. 고전압 시스템에 대한 이해가 부족한 경우 감전 또는 누전 등으로 인한 심각한 사고를 초래할 수 있다.
- 고전압 시스템 또는 주변 부품 작업 시, 반드시 "고전압 시스템 안전사항 및 주의, 경고" 내용을 숙지하고 준수해야 한다. 미준수 시, 감전 또는 누전 등으로 인한 심각한 사고를 초래할 수 있다.
- 고전압 시스템 작업 특성상, 개인보호장구(PPE) 및 사전 고전압 차단 절차를 반드시 확인한다.

유 의

배터리 모듈 어셈블리(BMA) 탈거 작업 시 절대로 밟거나 하중을 가하지 않는다. 하중이 가해질 경우 BMA 하단 부에 손상이 발생할 수 있다.

ℹ 참 고

- 고전압 배터리 모듈 어셈블리 분해 지그 사용 전 고전압 배터리 모듈 면압 지그와 모듈 가이드를 장착 후 사용한다. (제조사 매뉴얼 참조)
- 아래 배터리 모듈 어셈블리(BMA) 탈거 절차는 모듈#1에 대한 절차이다. 나머지 BMA도 동일한 방법으로 진행한다.

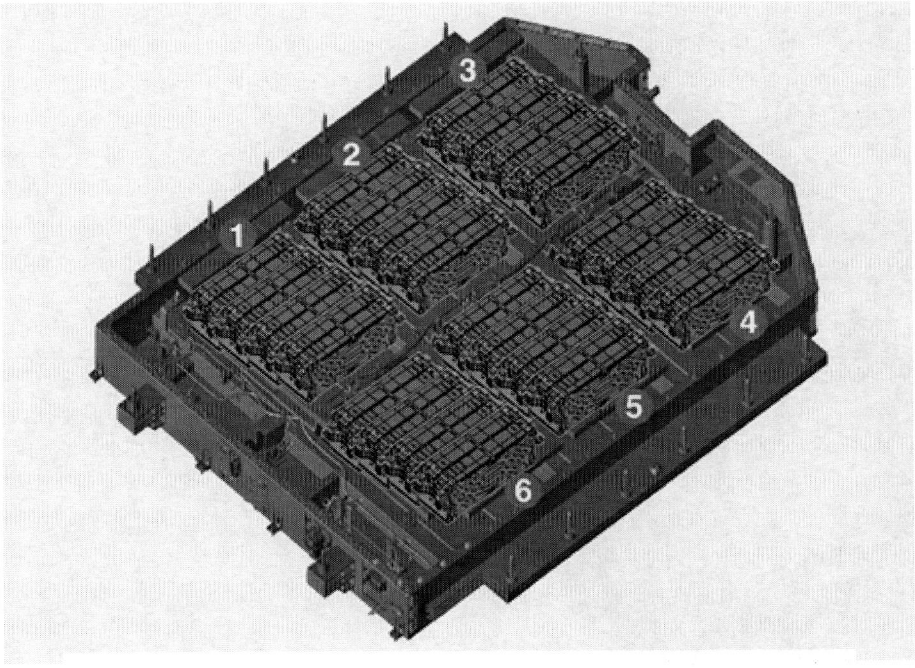

1. 배터리 시스템 어셈블리(BSA) 상부 케이스를 탈거한다.
   (고전압 배터리 시스템 - "케이스" 참조)
2. 볼트와 너트를 풀어 버스 바(A)를 탈거한다.

체결토크 : 0.8 ~ 1.2 kgf·m

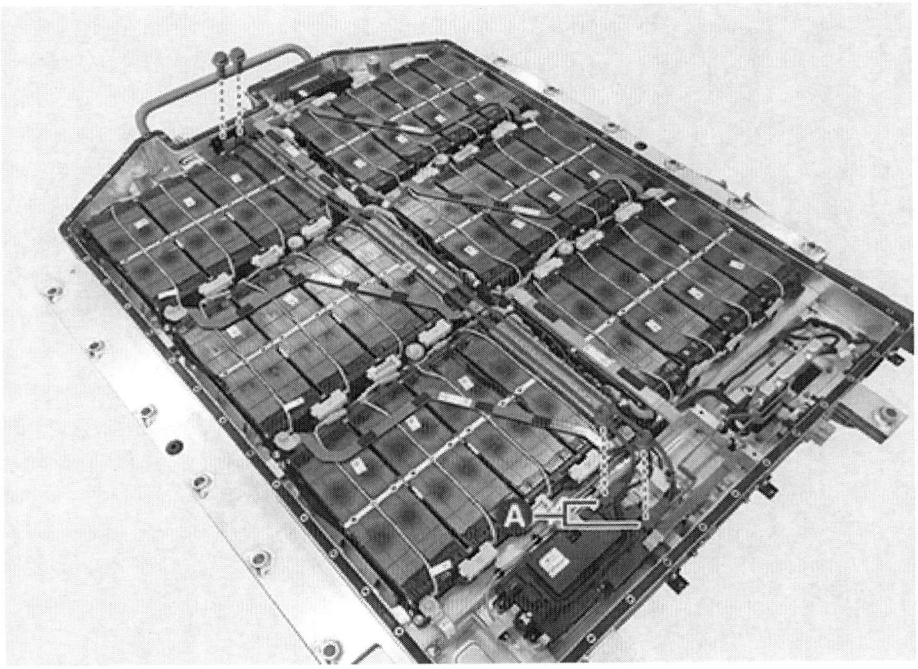

3. 볼트와 너트를 풀어 버스 바(A)를 탈거한다.

체결토크 : 0.8 ~ 1.2 kgf·m

4. 모듈 간 버스 바(A)를 탈거한다.

체결토크 : 0.8 ~ 1.2 kgf·m

5. 전압 & 온도 센싱 와이어링 커넥터(A, B)를 분리한다.

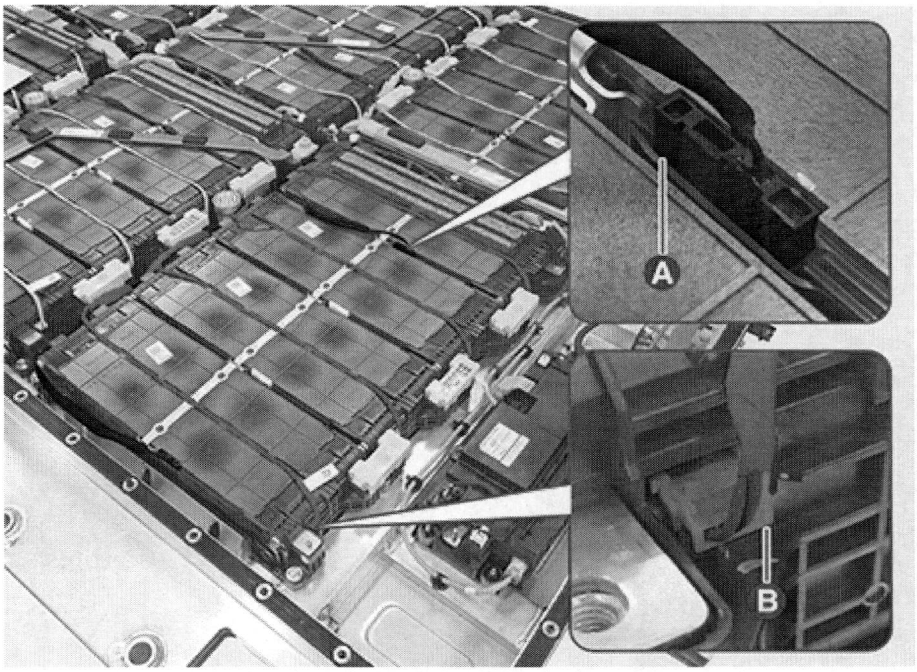

6. 커넥터(B)를 분리 후 전압 & 온도 센싱 와이어링(A)을 탈거한다.

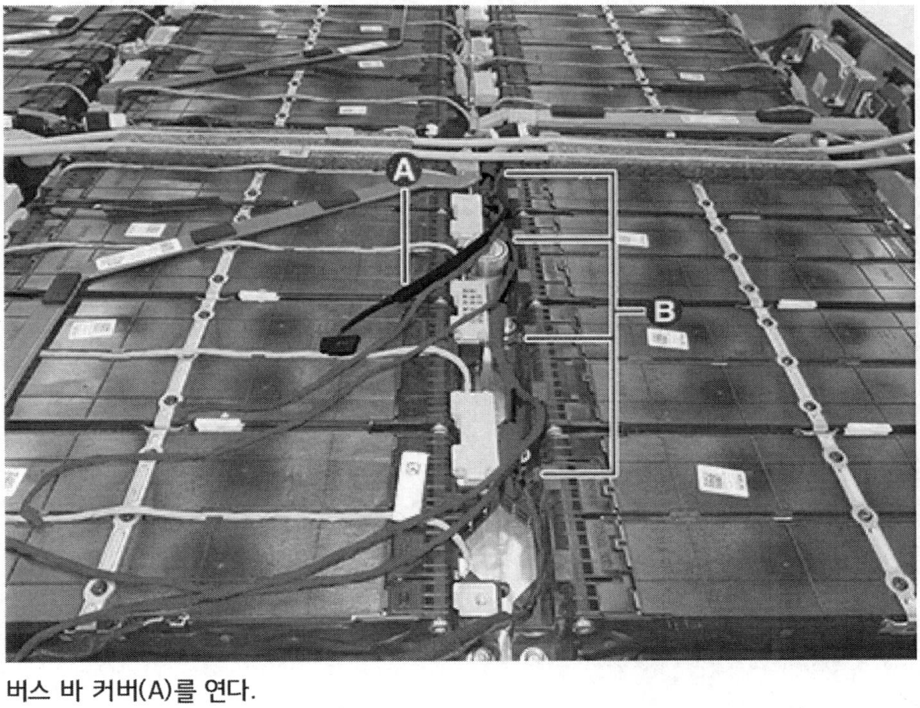

7. 버스 바 커버(A)를 연다.

8. 볼트를 풀어 버스 바(A)를 탈거한다.

체결토크 : 0.8 ~ 1.2 kgf·m

9. 볼트와 너트를 풀어 버스 바(A)를 탈거한다.

체결토크 : 0.8 ~ 1.2 kgf·m

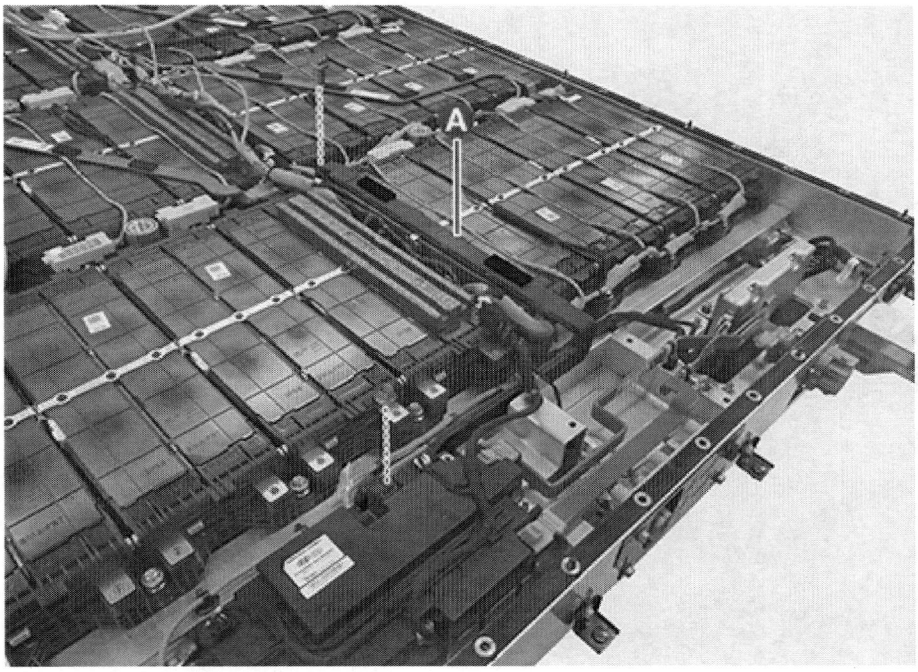

10. 모듈 간 버스 바(A)를 탈거한다.

체결토크 : 0.8 ~ 1.2 kgf·m

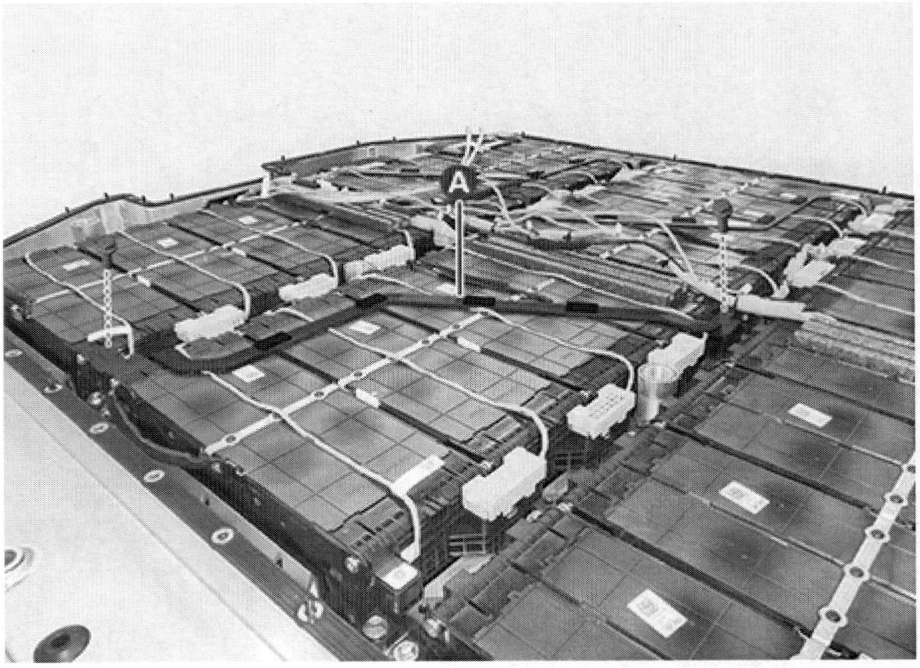

11. 와이어링 패드(A)를 탈거한다.

유 의

양면 테이프는 항상 신품으로 교환한다. (재사용 금지)

12. 볼트를 풀어 고정 브래킷(A)을 탈거한다.

체결토크 : 0.8 ~ 1.2 kgf·m

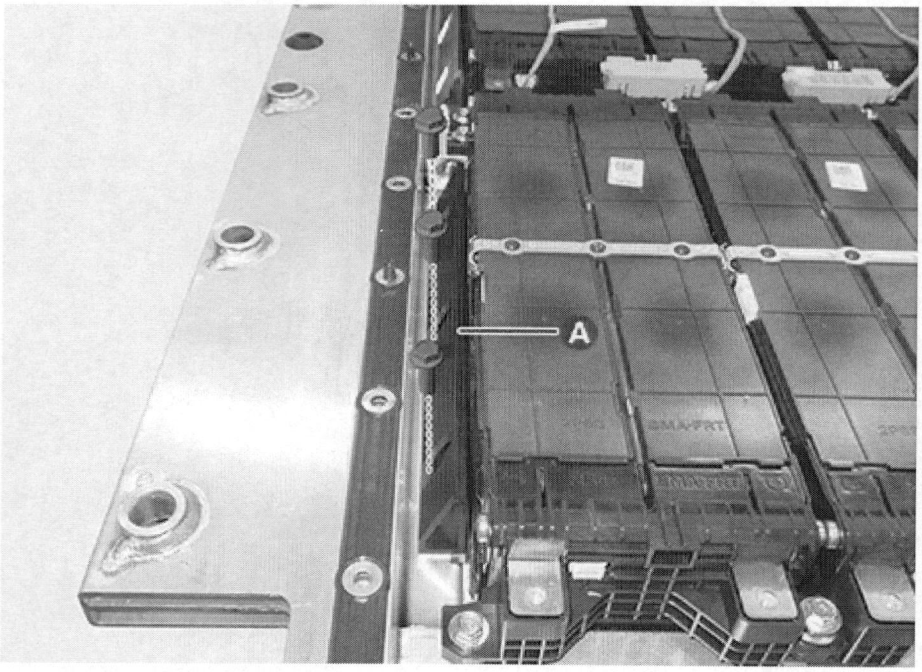

13. 배터리 모듈 어셈블리(BMA)(A) 고정 볼트와 너트를 탈거한다.

체결토크 : 0.8 ~ 1.2 kgf·m

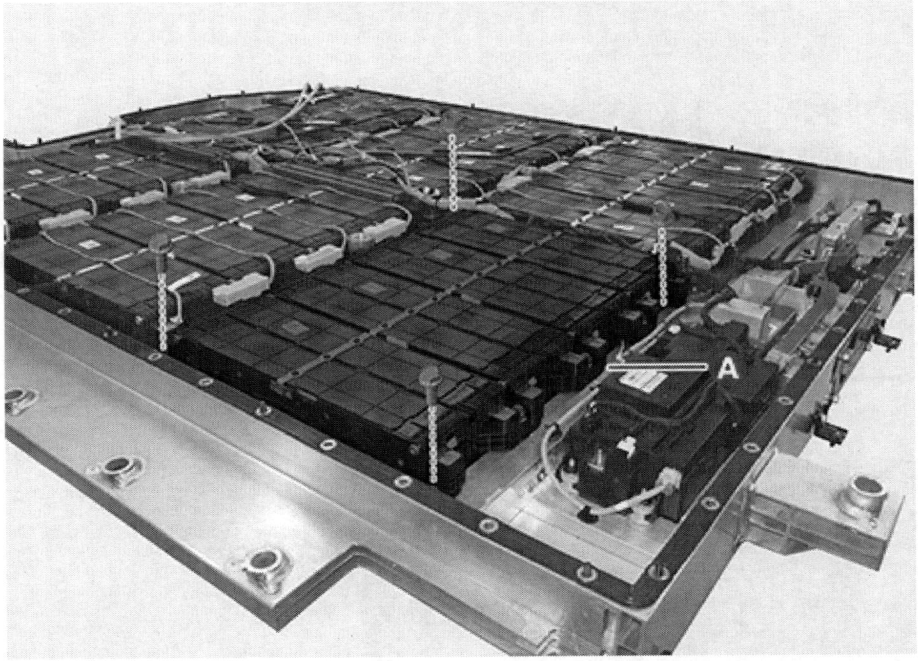

14. 고전압 배터리 모듈 어셈블리 행어(09375 - GI700)를 설치한 후 BMA를 케이스로부터 분리한다.

> **ℹ 참 고**
>
> 고전압 배터리 모듈 어셈블리 행어(09375 - GI700) 업체 매뉴얼을 참조한다.

유 의

- 탈거된 BMA는 고전압 배터리 모듈 어셈블리 분해 지그(TMS - 1907)에 설치하여 작업한다.
- BMA 하단부의 손상 및 변형은 화재의 원인이 될 수 있으므로 취급에 유의한다.

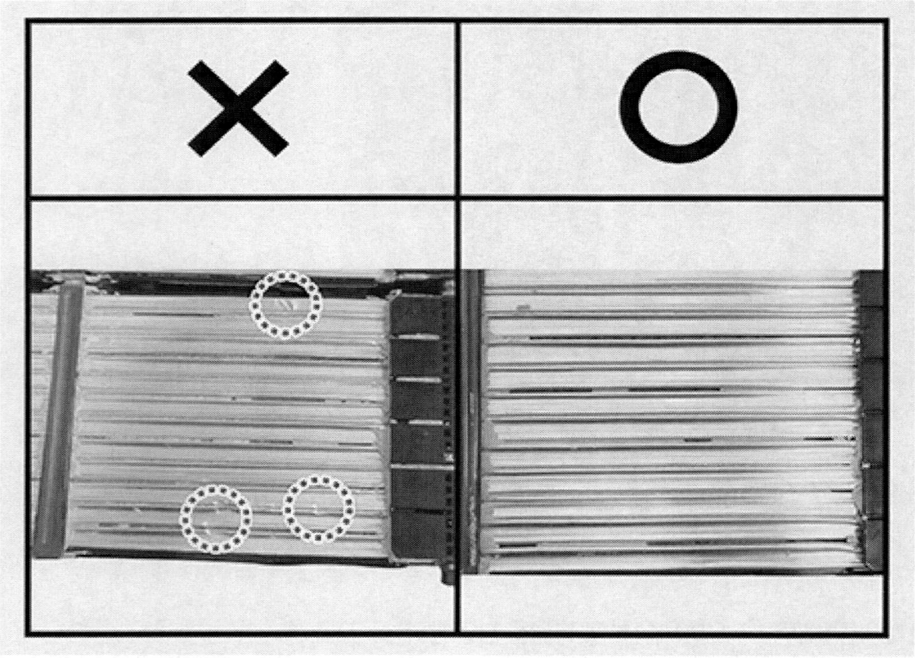

15. 크레인 잭을 이용하여 고전압 배터리 모듈을 이송한다.

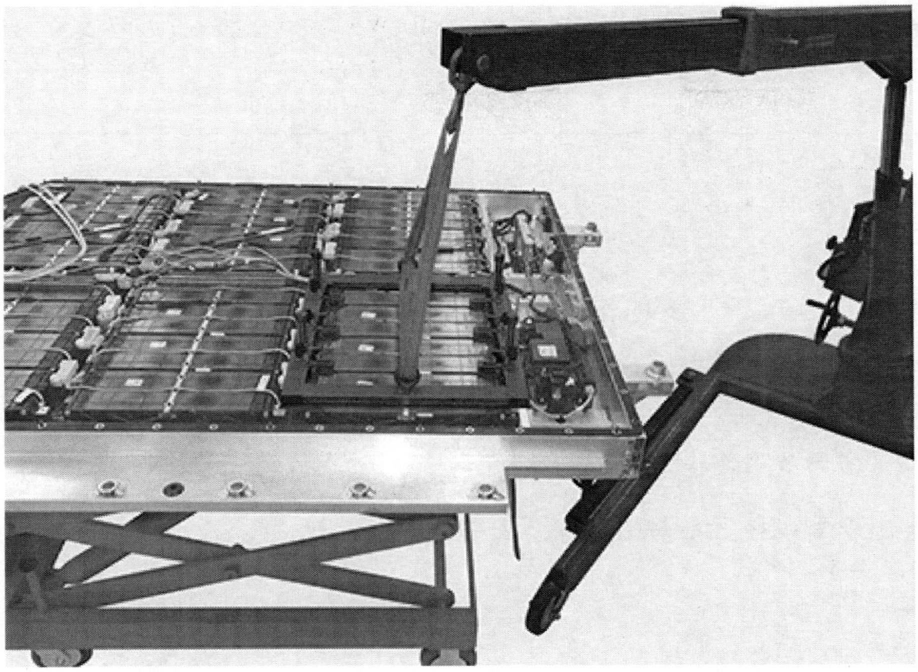

16. 탈거 된 BMA(A)를 고전압 배터리 모듈 어셈블리 분해 지그(B)에 설치한다.

> **참 고**
>
> 고전압 배터리 모듈 어셈블리 분해 지그(TMS - 1907) 업체 매뉴얼을 참조한다.

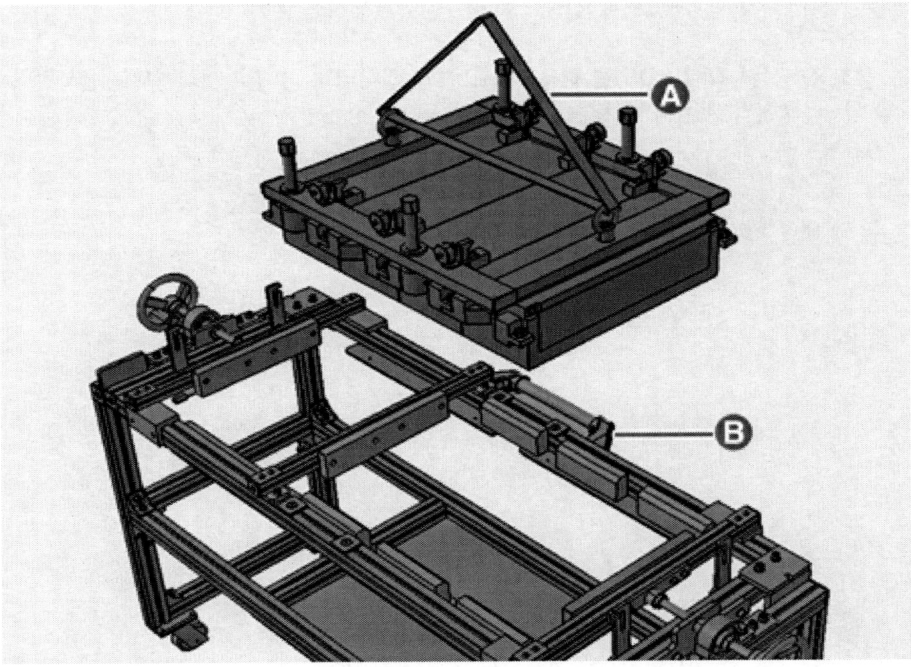

17. BMA 하단 및 하부 케이스에 있는 잔여 갭 필러를 제거한다.

> **유 의**
>
> - 반드시 절연 장갑 착용 후 모듈 하단부가 변형 되지않도록 조심스럽게 갭 필러를 제거한다.
> - 하부 케이스 스크래치 발생을 방지하기 위해 플라스틱 리무버를 이용해서 제거한다.
> - 에어건 사용 시 모듈 하단부와 접촉되지 않도록 한다.

장착

⚠ 경 고

- 고전압 시스템 관련 작업 시, 관련 교육을 이수한 작업자가 정비를 진행한다. 고전압 시스템에 대한 이해가 부족한 경우 감전 또는 누전 등으로 인한 심각한 사고를 초래할 수 있다.
- 고전압 시스템 또는 주변 부품 작업 시, 반드시 "고전압 시스템 안전사항 및 주의, 경고" 내용을 숙지하고 준수해야 한다. 미 준수 시, 감전 또는 누전 등으로 인한 심각한 사고를 초래할 수 있다.
- 고전압 시스템 작업 특성상, 개인보호장구(PPE) 및 사전 고전압 차단 절차를 반드시 확인한다.

1. 서브 배터리 모듈 어셈블리(Sub-BMA)를 신품으로 교환한 경우 셀 밸런싱 절차를 수행한다.
   (서브 배터리 모듈 어셈블리 (Sub-BMA) - "조정" 참조)
2. 특수공구를 사용하여 신품 갭 필러를 도포한다.
   (고전압 배터리 시스템 - "갭 필러 도포" 참조)
3. 장착은 탈거의 역순으로 한다.

유 의

- 배터리 모듈 어셈블리 (BMA) 장착 시 규정 토크를 준수하여 장착한다.
- BMA를 떨어뜨렸을 경우, 보이지 않는 손상이 유발될 수 있으니 신품으로 교환한다. (재사용 금지)

4. 배터리 시스템 어셈블리(BSA) 상부 케이스 장착 전, 진단 장비(KDS)를 이용하여 고전압 배터리팩 커넥터 체결검사를 실시한다.
   (부가기능 → 배터리 매니지먼트 시스템(BMS) → 고전압 배터리 팩 체결 검사)
5. 진단 장비(KDS)를 이용하여 기밀 점검을 실시한다.
   (고전압 배터리 시스템 - "기밀 점검" 참조)
6. 진단 장비(KDS)를 이용하여 SOC 보정 기능을 수행한다.

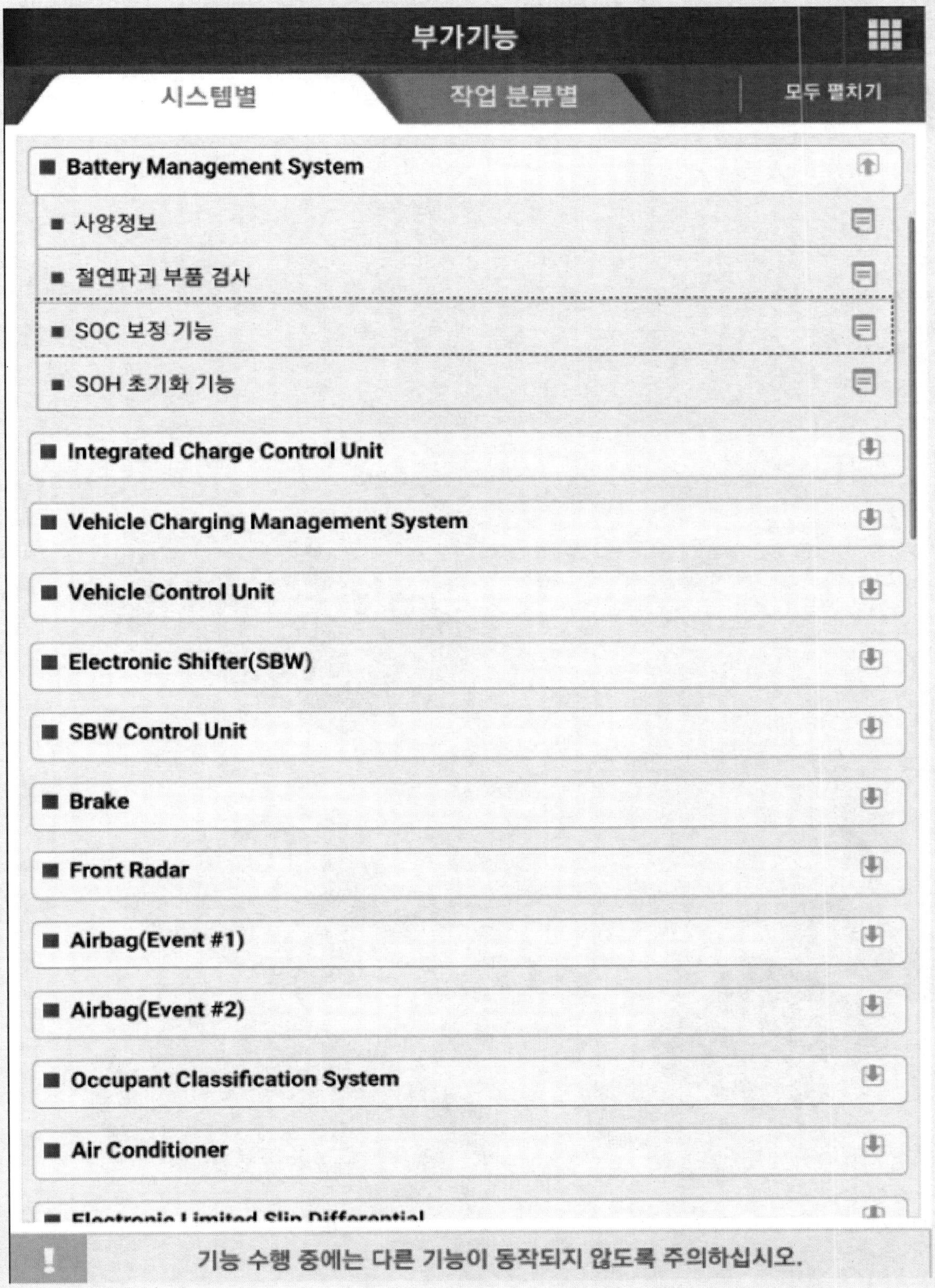
부가기능
시스템별
작업 분류별
모두 펼치기
Battery Management System
사양정보
절연파괴 부품 검사
SOC 보정 기능
SOH 초기화 기능
Integrated Charge Control Unit
Vehicle Charging Management System
Vehicle Control Unit
Electronic Shifter(SBW)
SBW Control Unit
Brake
Front Radar
Airbag(Event #1)
Airbag(Event #2)
Occupant Classification System
Air Conditioner
기능 수행 중에는 다른 기능이 동작되지 않도록 주의하십시오.

구성부품

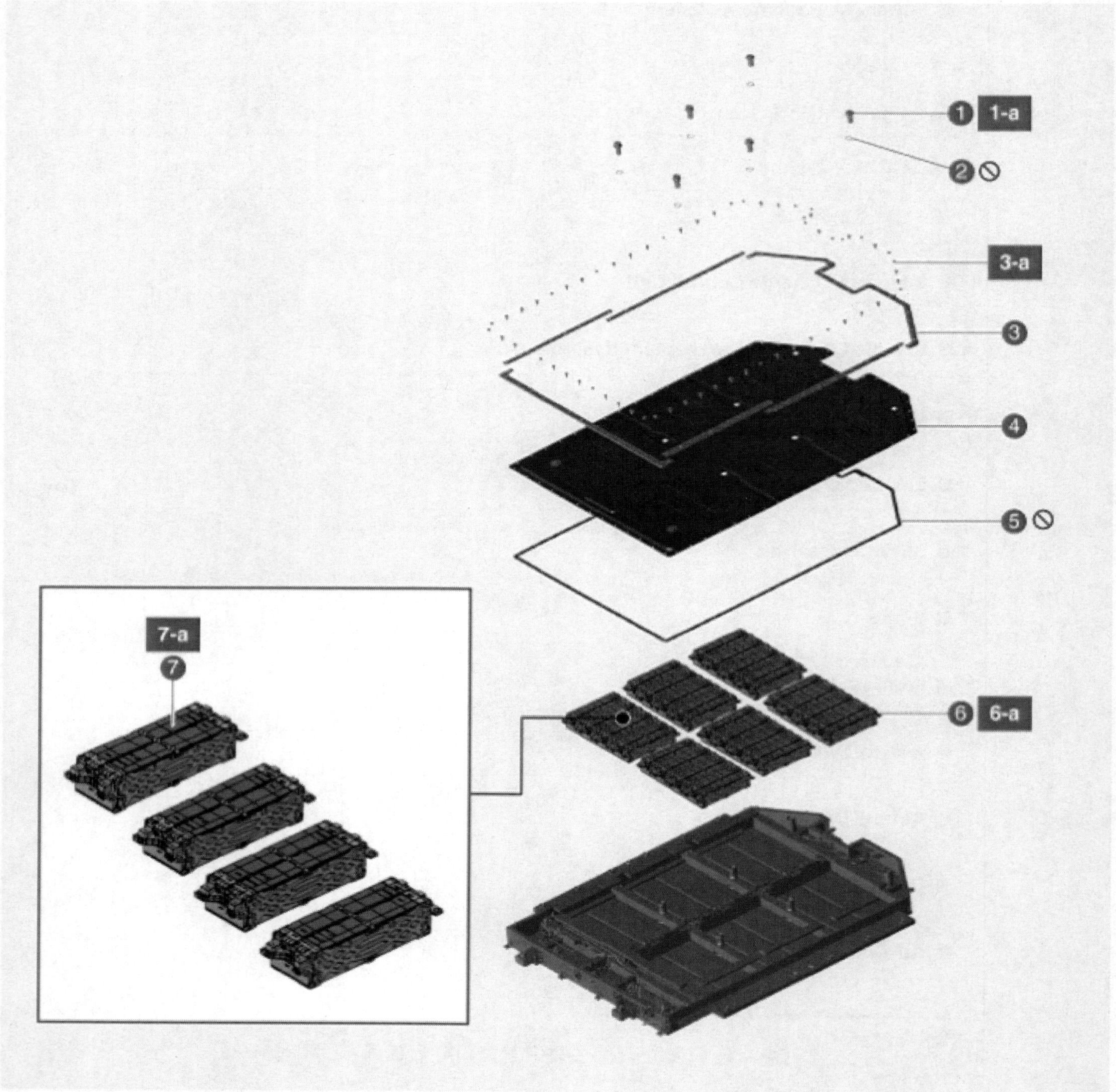

1. 상부 케이스 볼트 1-a. 10.5 ~ 15.8 kgf·m 2. O-링 3. 수밀 보강 브래킷 3-a. 1차 : 0.9 kgf·m 3-a. 2차 : 1.1 kgf·m	4. 상부 케이스 5. 수밀 개스킷 6. 배터리 모듈 어셈블리(BMA) 6-a. 0.8 ~ 1.2 kgf·m 7. 서브 배터리 모듈 어셈블리(Sub-BMA) 7-a. 2.0 ~ 3.0 kgf·m

특수공구

공구 명칭 / 번호	형상	용도
고전압 배터리 모듈 어셈블리 행어 09375 - GI700	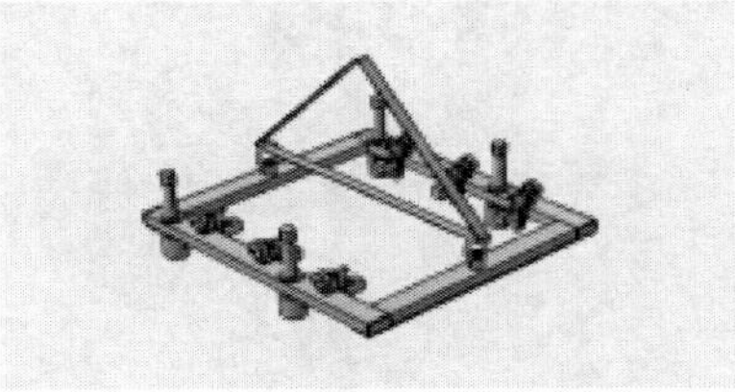	고전압 배터리 모듈 어셈블리 이송 시 사용
고전압 배터리 모듈 면압 지그 09375 - GI800	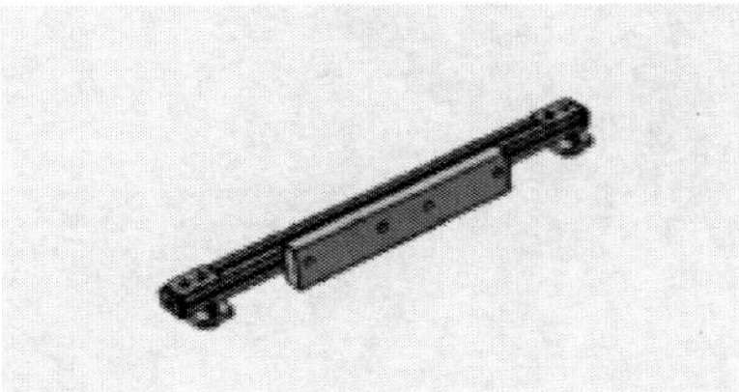	고전압 배터리 모듈 어셈블리 압축 시 사용
고전압 배터리 모듈 가이드 09375 - GI900	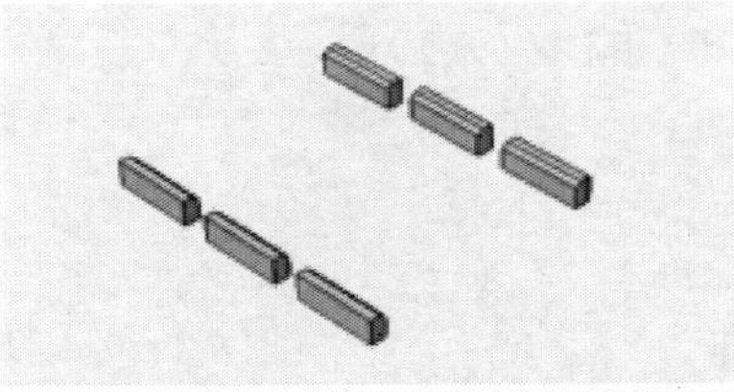	고전압 배터리 모듈을 면압기 안착 시 사용
고전압 배터리 모듈 어셈블리 분해 지그 TMS - 1907	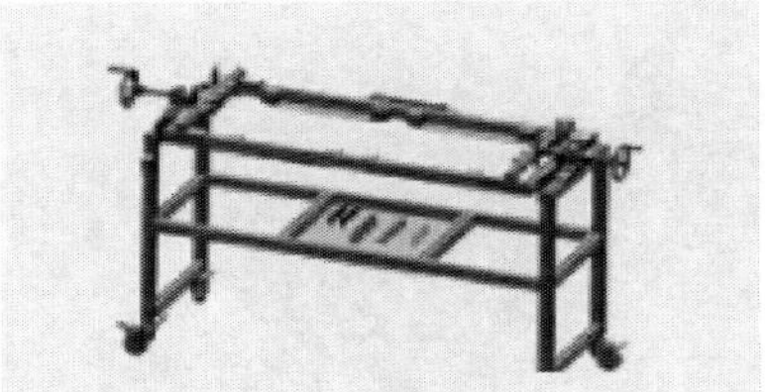	고전압 배터리 모듈 어셈블리 분해 시 사용

탈거

⚠ 경 고

- 고전압 시스템 관련 작업 시, 관련 교육을 이수한 작업자가 정비를 진행한다. 고전압 시스템에 대한 이해가 부족한 경우 감전 또는 누전 등으로 인한 심각한 사고를 초래할 수 있다.
- 고전압 시스템 또는 주변 부품 작업 시, 반드시 "고전압 시스템 안전사항 및 주의, 경고" 내용을 숙지하고 준수해야 한다. 미 준수 시, 감전 또는 누전 등으로 인한 심각한 사고를 초래할 수 있다.
- 고전압 시스템 작업 특성상, 개인보호장구(PPE) 및 사전 고전압 차단 절차를 반드시 확인한다.

ℹ 참 고

- 고전압 배터리 모듈 어셈블리 분해 지그 사용 전 고전압 배터리 모듈 면압 지그와 모듈 가이드를 장착 후 사용한다. (제조사 매뉴얼 참조)
- 아래 서브 배터리 모듈 어셈블리(Sub-BMA) 탈거 절차는 #1~4에 대한 절차이다. 나머지 Sub-BMA도 동일한 방법으로 진행한다.

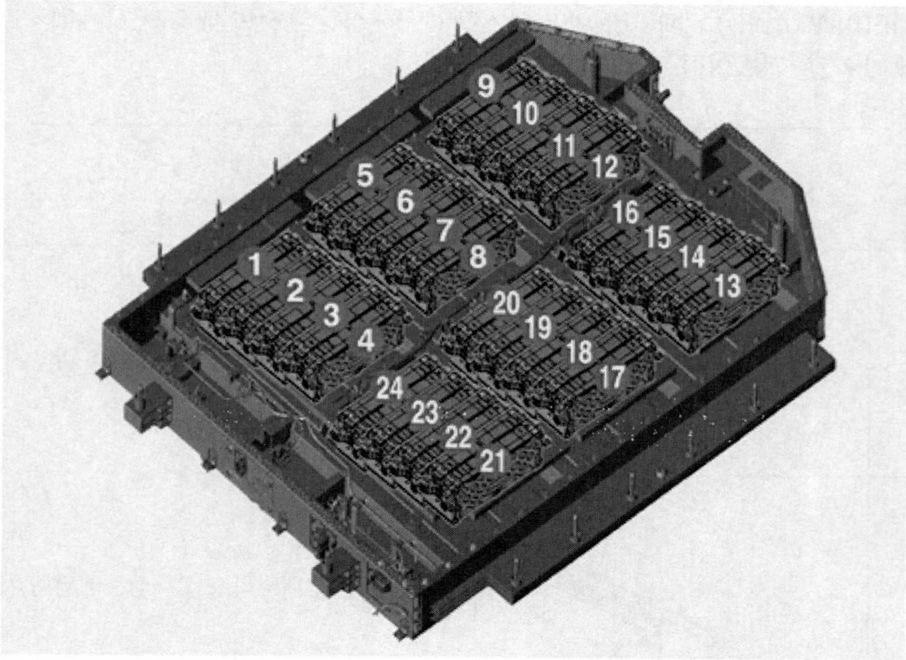

1. 고전압 배터리 모듈 어셈블리(BMA)를 탈거한다.
   (고전압 배터리 시스템 - "배터리 모듈 어셈블리 (BMA)" 참조)
2. 고전압 배터리 모듈 어셈블리 행어(A)를 탈거한다.

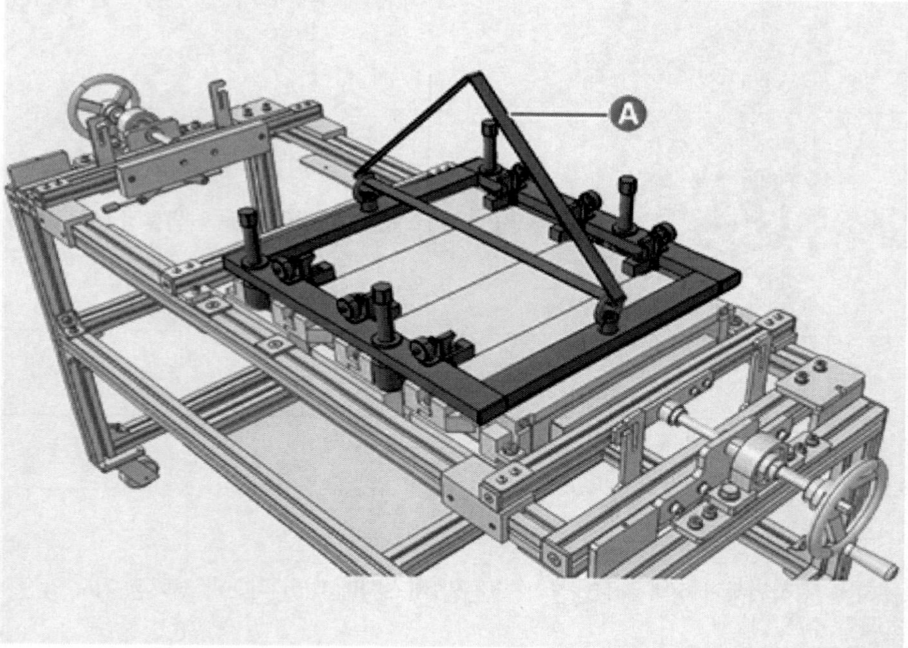

3. 고전압 배터리 모듈 어셈블리 분해 지그 핸들을 시계 방향으로 돌려서 BMA(A)를 압축한다.

압축토크 : 0.5 ~ 0.7 kgf·m

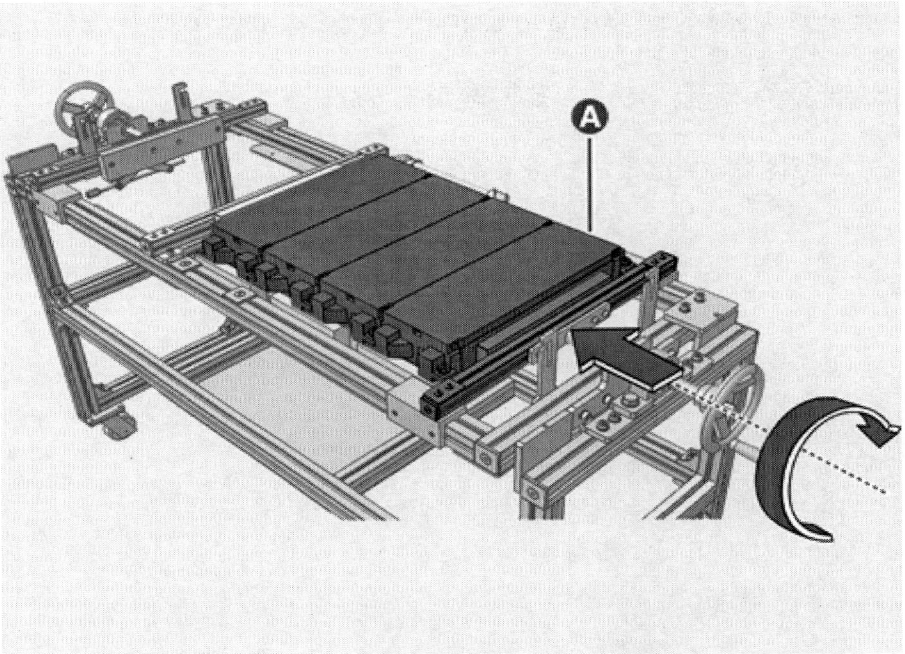

4. 볼트를 풀어 서브 배터리 모듈 어셈블리(Sub-BMA)(A)를 탈거한다.

체결토크 : 2.0 ~ 3.0 kgf·m

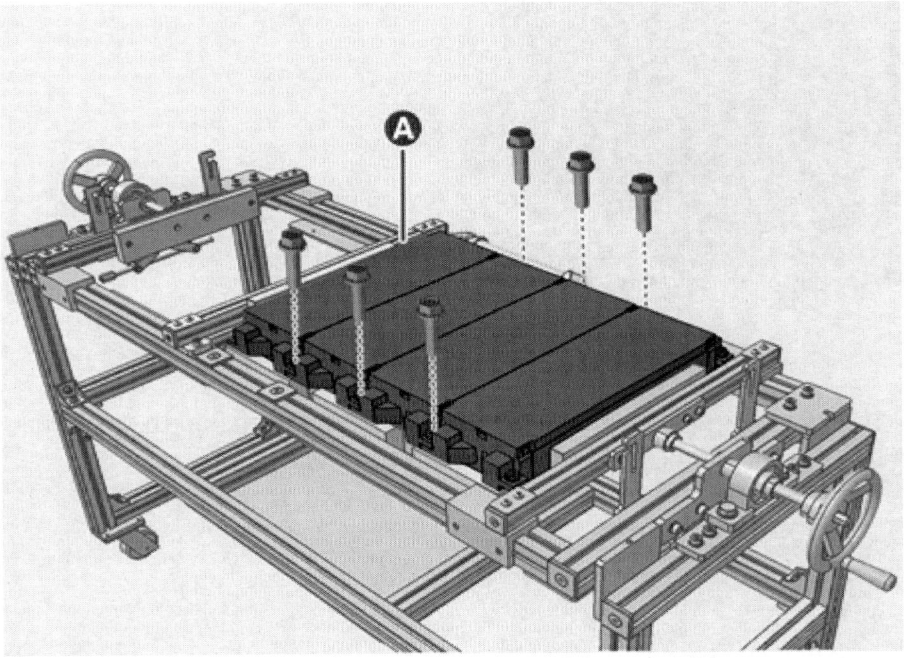

5. BMA 하단부를 육안으로 점검하여 변형이 있는 Sub-BMA는 신품으로 교환한다.

> **⚠ 경 고**
>
> 변형이 있는 모듈 장착 시 차량 화재 위험이 있으므로 반드시 신품으로 교환한다.

장착

> **⚠ 경 고**
>
> - 고전압 시스템 관련 작업 시, 관련 교육을 이수한 작업자가 정비를 진행한다. 고전압 시스템에 대한 이해가 부족한 경우 감전 또는 누전 등으로 인한 심각한 사고를 초래할 수 있다.

- 고전압 시스템 또는 주변 부품 작업 시, 반드시 "고전압 시스템 안전사항 및 주의, 경고" 내용을 숙지하고 준수해야 한다. 미 준수 시, 감전 또는 누전 등으로 인한 심각한 사고를 초래할 수 있다.
- 고전압 시스템 작업 특성상, 개인보호장구(PPE) 및 사전 고전압 차단 절차를 반드시 확인한다.

1. 서브 배터리 모듈 어셈블리(Sub-BMA)를 신품으로 교환한 경우 셀 밸런싱 절차를 수행한다.
   (서브 배터리 모듈 어셈블리 (Sub-BMA) - "조정" 참조)
2. 특수공구를 사용하여 신품 갭 필러를 도포한다.
   (고전압 배터리 시스템 - "갭 필러 도포" 참조)
3. 장착은 탈거의 역순으로 한다.

유 의

- 서브 배터리 모듈 어셈블리 (Sub-BMA) 장착 시 규정 토크를 준수하여 장착한다.
- Sub-BMA를 떨어뜨렸을 경우, 보이지 않는 손상이 유발될 수 있으니 신품으로 교환한다. (재사용 금지)
- Sub-BMA 장착 시, 가압 된 상태에서 아래 순서에 따라 볼트를 체결한다.

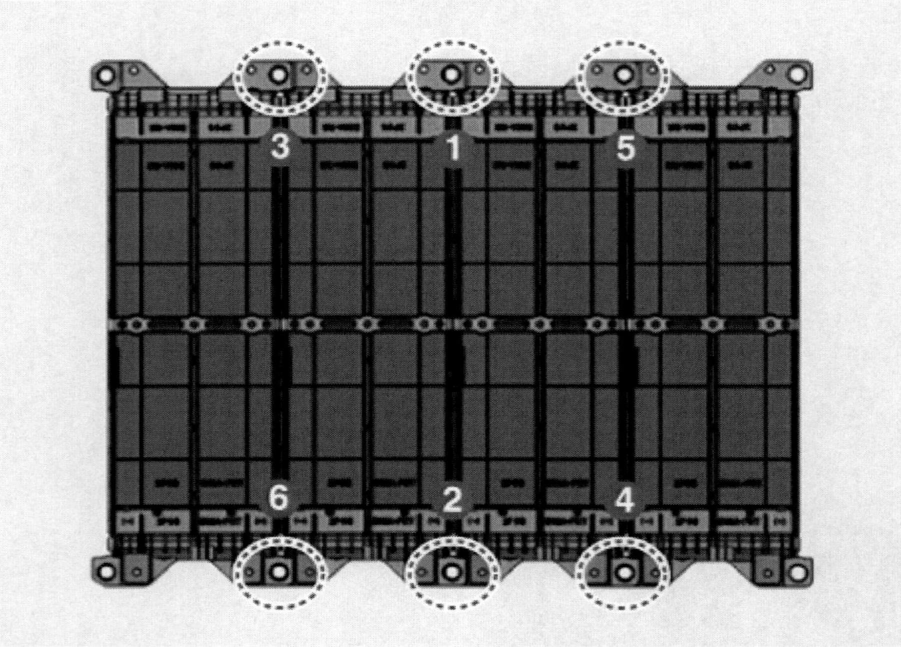

4. 배터리 시스템 어셈블리(BSA) 상부 케이스 장착 전, 진단 장비(KDS)를 이용하여 고전압 배터리팩 커넥터 체결검사를 실시한다.
   (부가기능 → 배터리 매니지먼트 시스템(BMS) → 고전압 배터리 팩 체결 검사)
5. 진단 장비(KDS)를 이용하여 기밀 점검을 실시한다.
   (고전압 배터리 시스템 - "기밀 점검" 참조)
6. 진단 장비(KDS)를 이용하여 SOC 보정 기능을 수행한다.

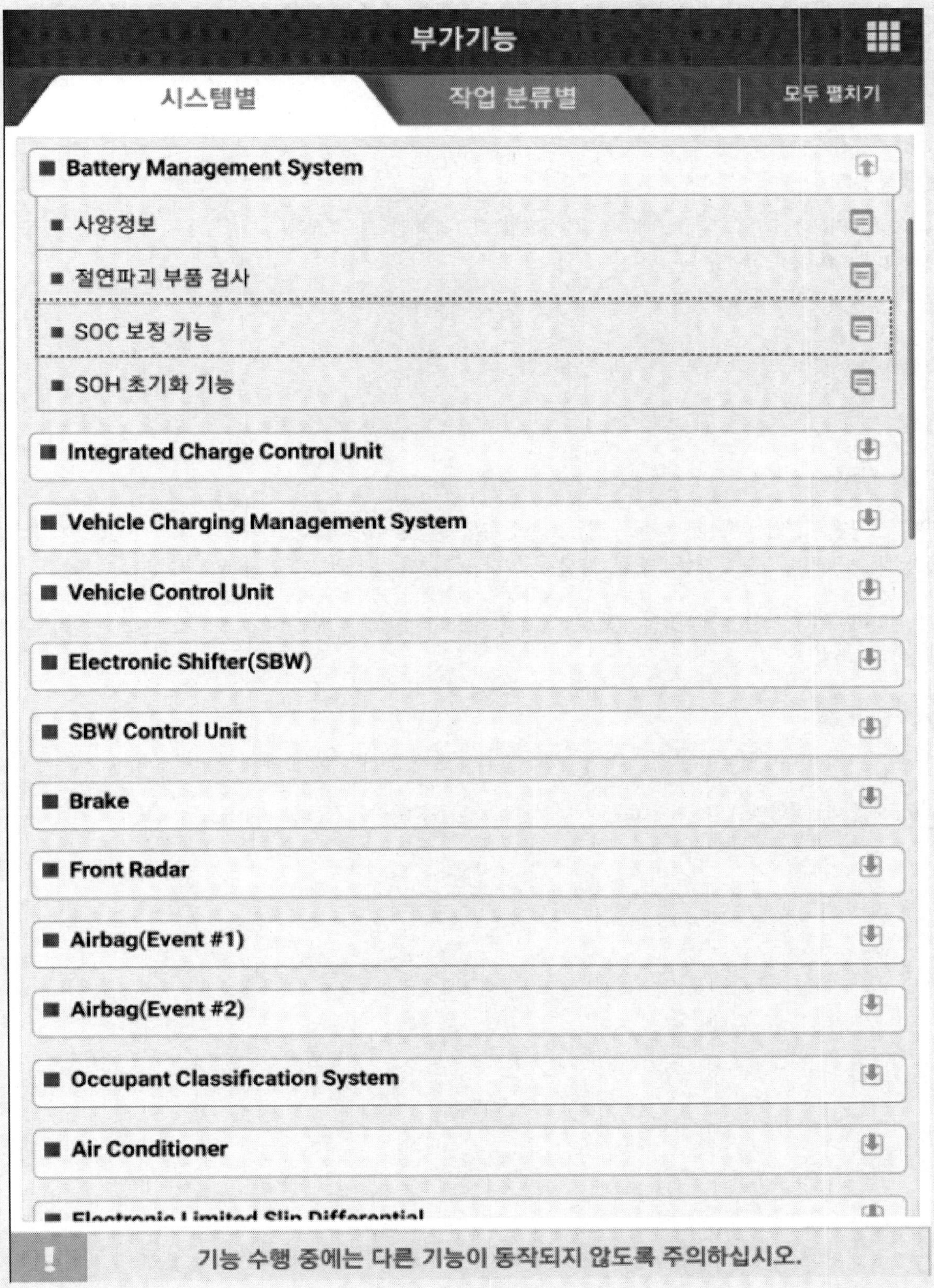
부가기능
시스템별
작업 분류별
모두 펼치기
Battery Management System
사양정보
절연파괴 부품 검사
SOC 보정 기능
SOH 초기화 기능
Integrated Charge Control Unit
Vehicle Charging Management System
Vehicle Control Unit
Electronic Shifter(SBW)
SBW Control Unit
Brake
Front Radar
Airbag(Event #1)
Airbag(Event #2)
Occupant Classification System
Air Conditioner
기능 수행 중에는 다른 기능이 동작되지 않도록 주의하십시오.

조정

배터리 셀 밸런싱 절차

1. 디지털 테스터를 이용하여 양호한 서브 배터리 모듈 어셈블리 4개의 전압을 측정한다.
2. 측정된 값을 이용하여 목표 전압을 계산한다.

목표 전압 : A ÷ 4
A : 양호한 서브 배터리 모듈 어셈블리 4개의 전압의 합

참 고

- 양호한 모듈의 전압을 측정한 후 목표 전압을 계산하므로, 진단 장비(KDS)로 최대 및 최소 전압을 측정할 필요가 없다.
- 모든 서브 배터리 모듈 어셈블리의 셀 개수는 동일하므로 개별 셀 전압을 계산할 필요가 없다.

3. 신품 서브 배터리 모듈 어셈블리를 충방전기(xEV Battery Module Balancer)에 설치하고, 목표 전압을 장비에 입력한 후 배터리 모듈 밸런싱을 수행한다.

경 고

충방전기(xEV Battery Module Balancer) 주변에 안전 공간을 충분히 확보한 후에 배터리 모듈 충전/방전 작업을 수행한다.

4. 서브 배터리 모듈 어셈블리의 밸런싱이 완료된 후 디지털 테스터를 이용하여 신품 모듈의 전압이 목표 전압과 같은지 측정한다.

구성부품

상부 케이스

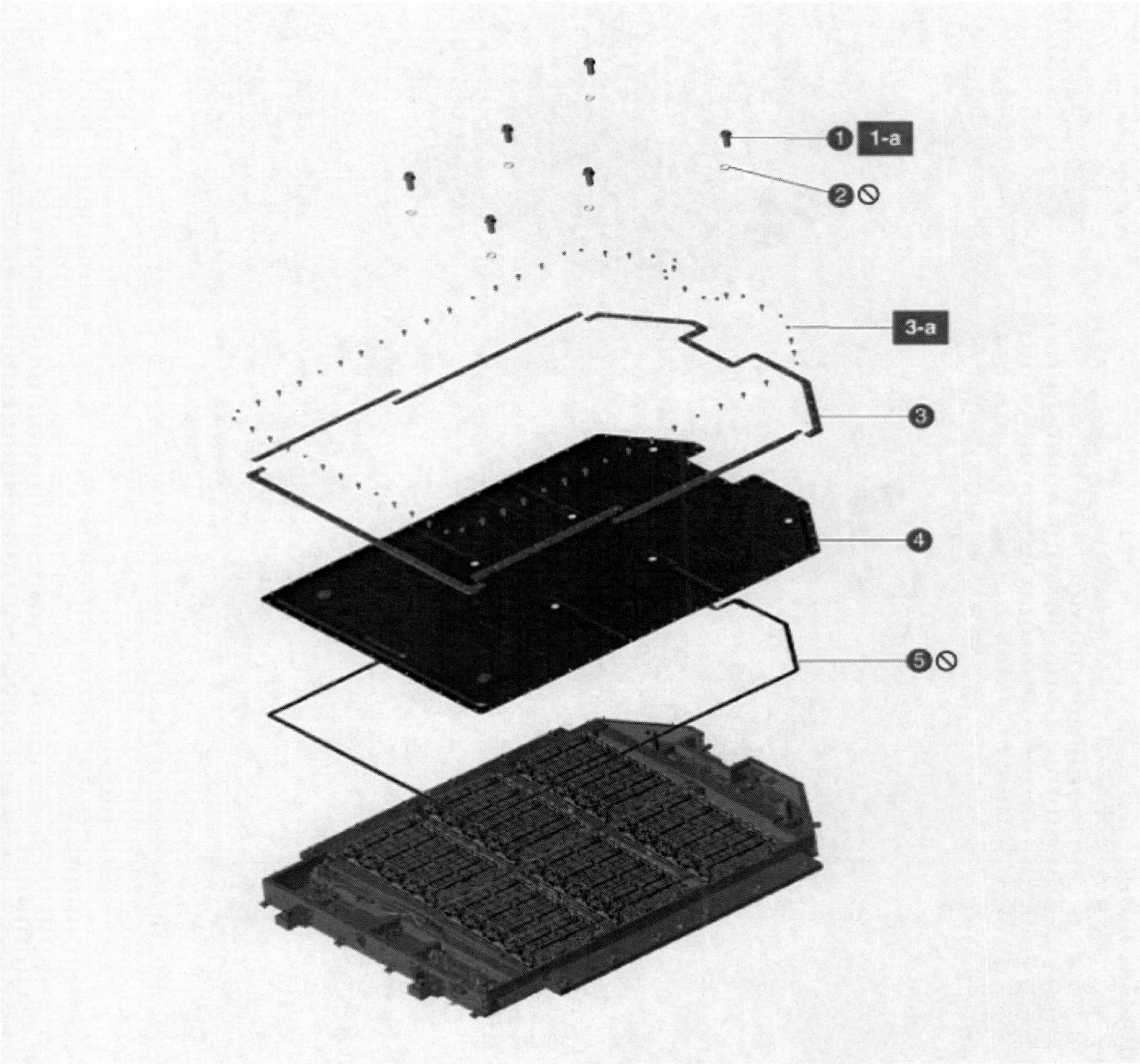

1. 상부 케이스 볼트 1-a. 10.5 ~ 15.8 kgf·m 2. O-링	3. 수밀 보강 브래킷 3-a. 1차 : 0.9 kgf·m 3-a. 2차 : 1.1 kgf·m 4. 상부 케이스 5. 수밀 개스킷

하부 케이스

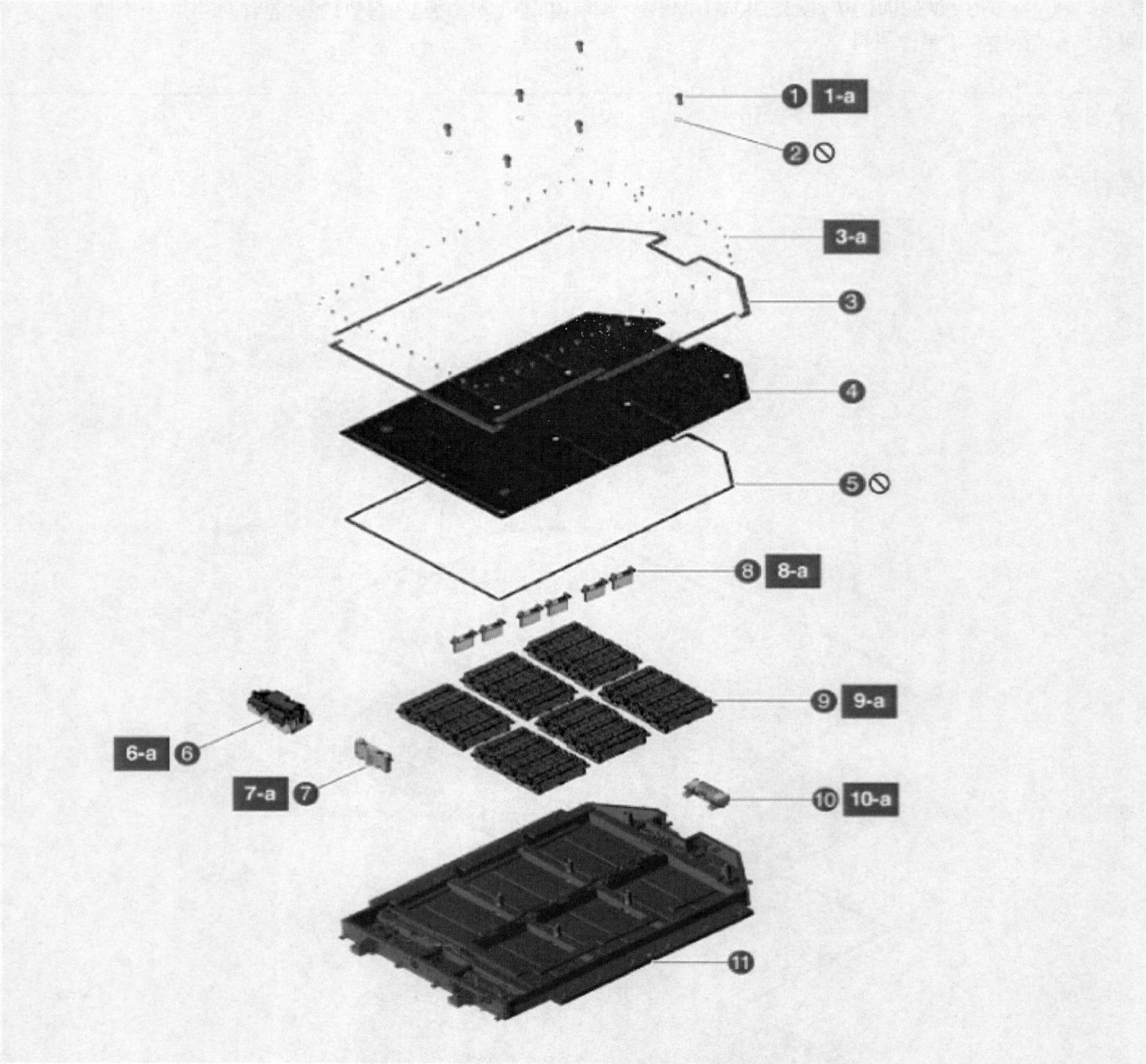

1. 상부 케이스 볼트 1-a. 10.5 ~ 15.8 kgf·m 2. O-링 3. 수밀 보강 브래킷 3-a. 1차 : 0.9 kgf·m 3-a. 2차 : 1.1 kgf·m 4. 상부 케이스 5. 수밀 개스킷 6. 파워 릴레이 어셈블리(PRA) 6-a. 0.8 ~ 1.2 kgf·m	7. 배터리 매니지먼트 유닛(BMU) 7-a. 0.8 ~ 1.2 kgf·m 8. 셀 모니터링 유닛(CMU) 8-a. 0.8 ~ 1.2 kgf·m 9. 배터리 모듈 어셈블리(BMA) 9-a. 0.8 ~ 1.2 kgf·m 10. 메인 퓨즈 10-a. 0.8 ~ 1.2 kgf·m 11. 하부 케이스

탈거

⚠ 경 고

- 고전압 시스템 관련 작업 시, 관련 교육을 이수한 작업자가 정비를 진행한다. 고전압 시스템에 대한 이해가 부족한 경우 감전 또는 누전 등으로 인한 심각한 사고를 초래할 수 있다.
- 고전압 시스템 또는 주변 부품 작업 시, 반드시 "고전압 시스템 안전사항 및 주의, 경고" 내용을 숙지하고 준수해야 한다. 미준수 시, 감전 또는 누전 등으로 인한 심각한 사고를 초래할 수 있다.
- 고전압 시스템 작업 특성상, 개인보호장구(PPE) 및 사전 고전압 차단 절차를 반드시 확인한다.

유 의

- 사고 후 고전압 배터리 센서데이터(절연 저항, 셀 간 전압 편차, DTC 등)를 점검하고 내부 손상이 있는지 확인한다.
- 미세한 변형으로 고전압 배터리 케이스만 교환 시, 고전압 배터리 센서 데이터 변화를 확인 후 케이스만 교환한다.
- 배터리 정비 후 기밀 점검 및 냉각수 라인 기밀 점검을 실시한다.
- 고전압 배터리 시스템(BSA)이 밀폐되어 있지 않고 냉각수 라인에 누수가 있는 경우 BSA의 심각한 고장을 초래할 수 있다.

상부 케이스

1. 배터리 시스템 어셈블리(BSA)를 탈거한다.
   (고전압 배터리 시스템 - "배터리 시스템 어셈블리 (BSA)" 참조)
2. 고전압 배터리 시스템 상부 케이스 볼트(A)를 탈거한다.

체결토크 : 10.5 ~ 15.8 kgf·m

유 의

고전압 배터리 시스템 상부 케이스 볼트 탈거 시 육각 소켓 및 렌치를 사용한다.

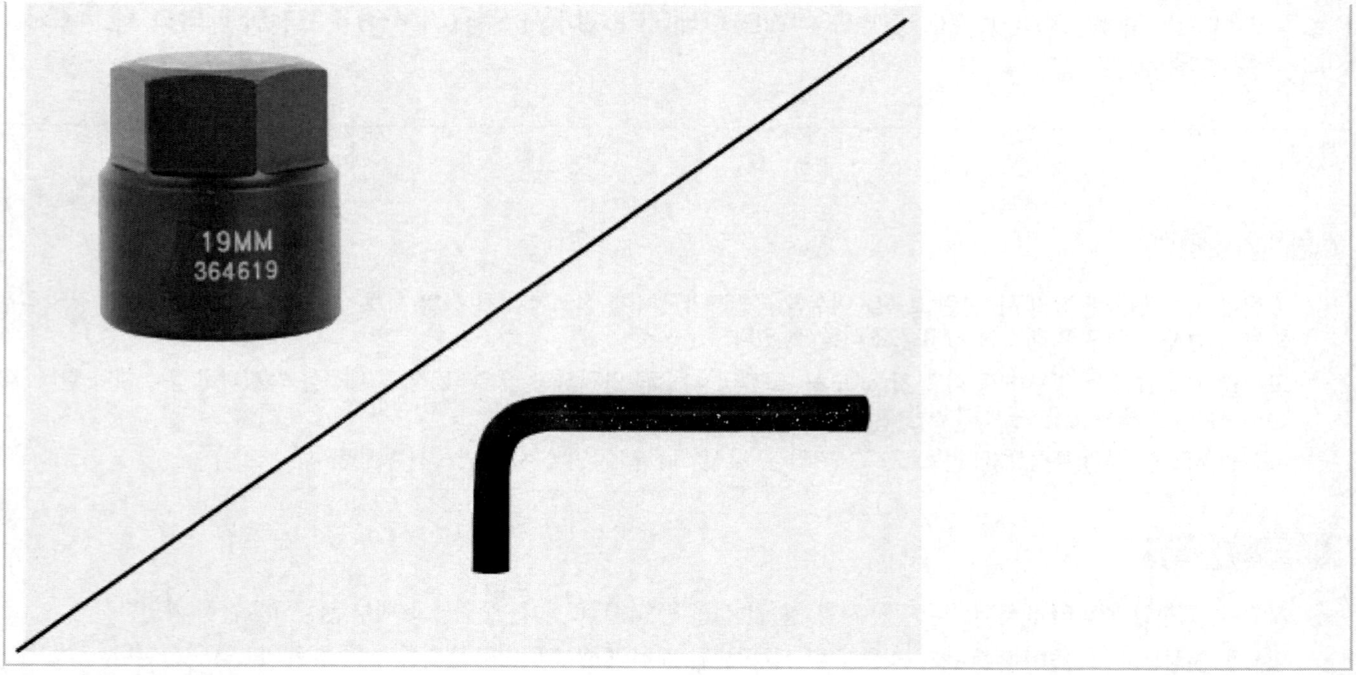

3. 볼트와 너트를 풀고 고전압 배터리 수밀 보강 브래킷(A)을 탈거한다.

체결토크
1차 : 0.9 kgf·m
2차 : 1.1 kgf·m

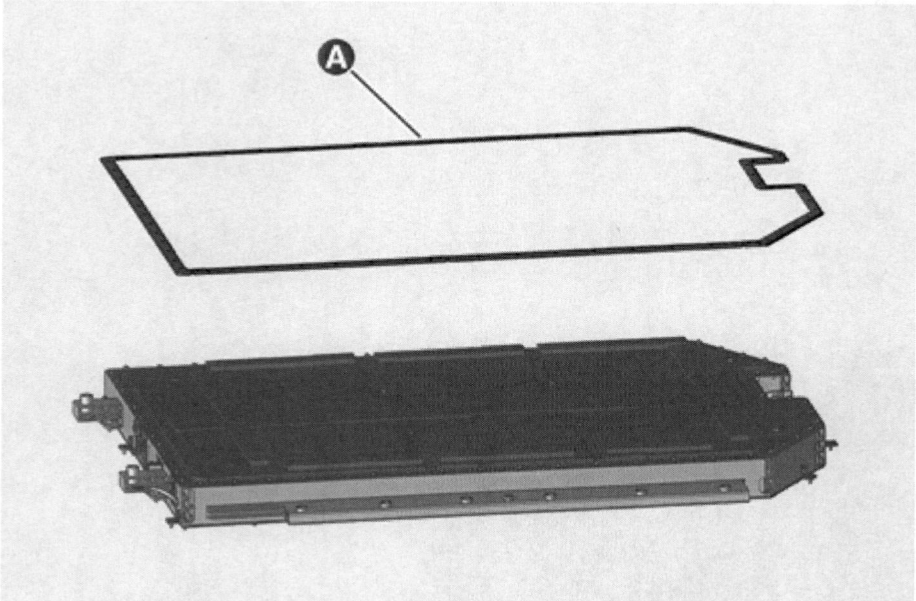

4. 고전압 배터리 시스템 상부 케이스(A)를 탈거한다.

유 의

- 케이스의 변형 방지를 위해서 반드시 2인 이상 작업한다.
- 상부 케이스 이동 시 비대칭으로 들거나 하중을 순간적으로 강하게 가하면 변형이 생길 수 있으므로, 종방향 보다 횡방향으로 들어서 이동을 권장한다.

하부 케이스

1. 배터리 매니지먼트 유닛(BMU)을 탈거한다.
   (고전압 배터리 컨트롤 시스템 - "배터리 매니지먼트 유닛(BMU)" 참조)
2. 메인 퓨즈를 탈거한다.
   (고전압 배터리 컨트롤 시스템 - "메인 퓨즈" 참조)
3. 배터리 시스템 어셈블리(BSA)를 탈거한다.
   (고전압 배터리 시스템 - "배터리 시스템 어셈블리 (BSA)" 참조)
4. 배터리 시스템 어셈블리(BSA) 상부 케이스를 탈거한다.
   (케이스 - "탈거" 참조)
5. 파워 릴레이 어셈블리(PRA)를 탈거한다.
   (고전압 배터리 컨트롤 시스템 - "파워 릴레이 어셈블리 (PRA)" 참조)
6. 셀 모니터링 유닛(CMU)을 탈거한다.
   (고전압 배터리 컨트롤 시스템 - "셀 모니터링 유닛 (CMU)" 참조)
7. 배터리 모듈 어셈블리(BMA)를 탈거한다.
   (고전압 배터리 시스템 - "배터리 모듈 어셈블리 (BMA)" 참조)
8. 볼트를 풀어 통합 충전 제어 유닛(ICCU) 커넥터 서비스 커버(A)를 탈거한다.

체결토크 : 0.8 ~ 1.2 kgf·m

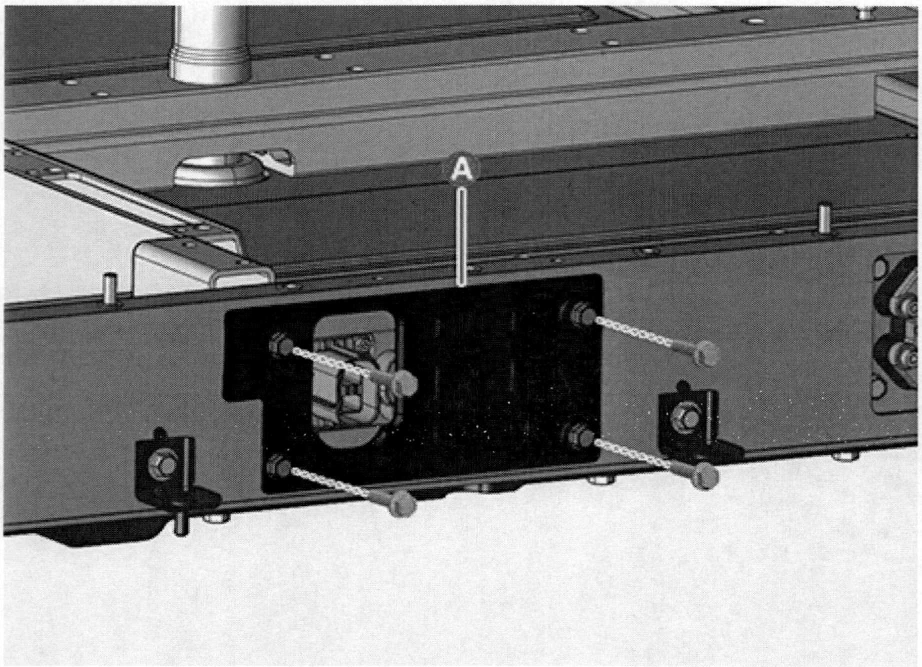

9. 볼트를 풀어 ICCU 커넥터 어셈블리(A)를 탈거한다.

체결토크 : 0.8 ~ 1.2 kgf·m

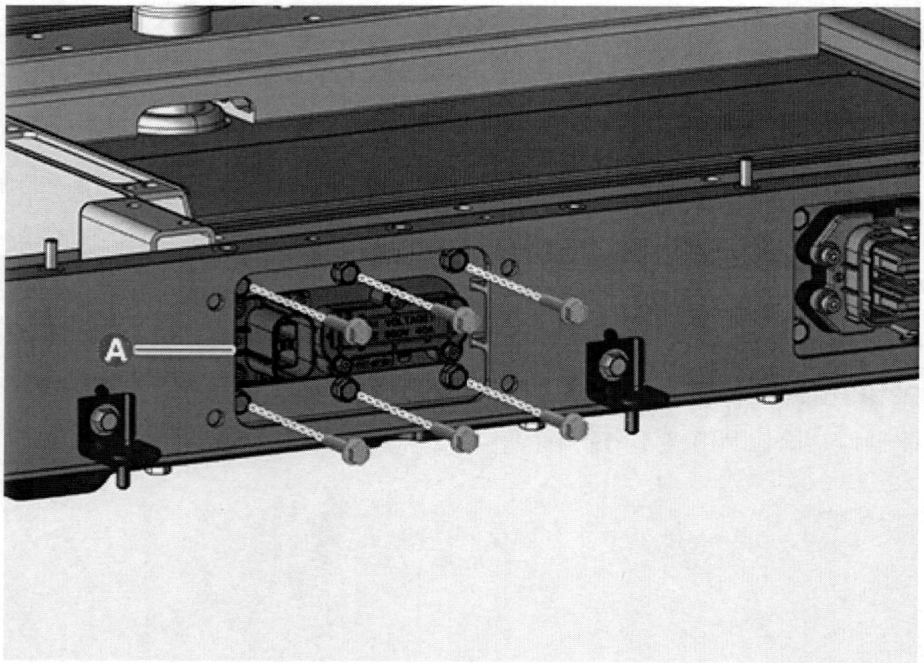

10. 볼트를 풀어 고전압 정션 박스 커넥터 어셈블리(A)를 탈거한다.

체결토크 : 0.8 ~ 1.2 kgf·m

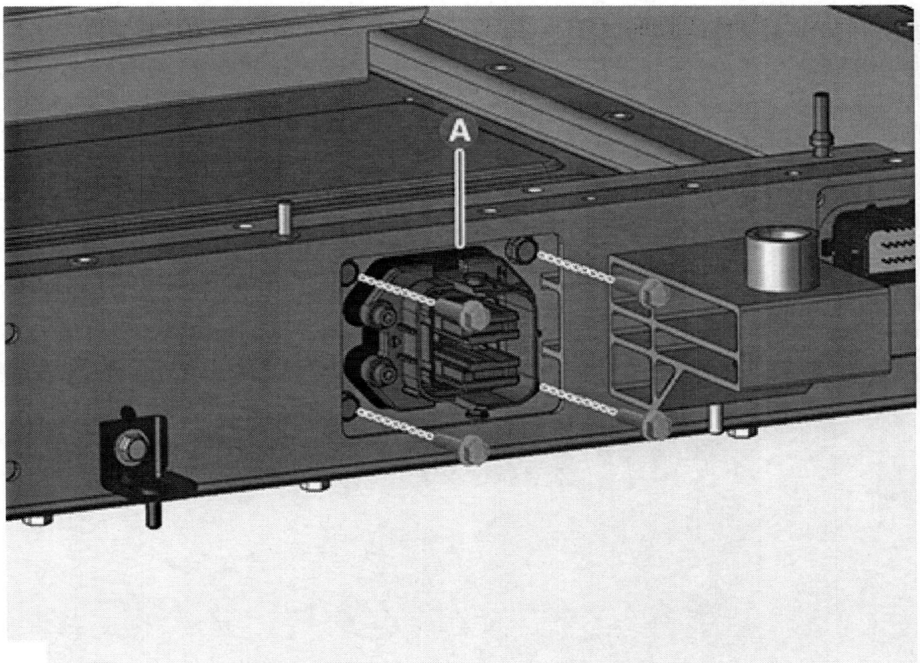

11. 볼트를 풀어 BMU 커넥터 어셈블리(A)를 탈거한다.

체결토크 : 0.8 ~ 1.2 kgf·m

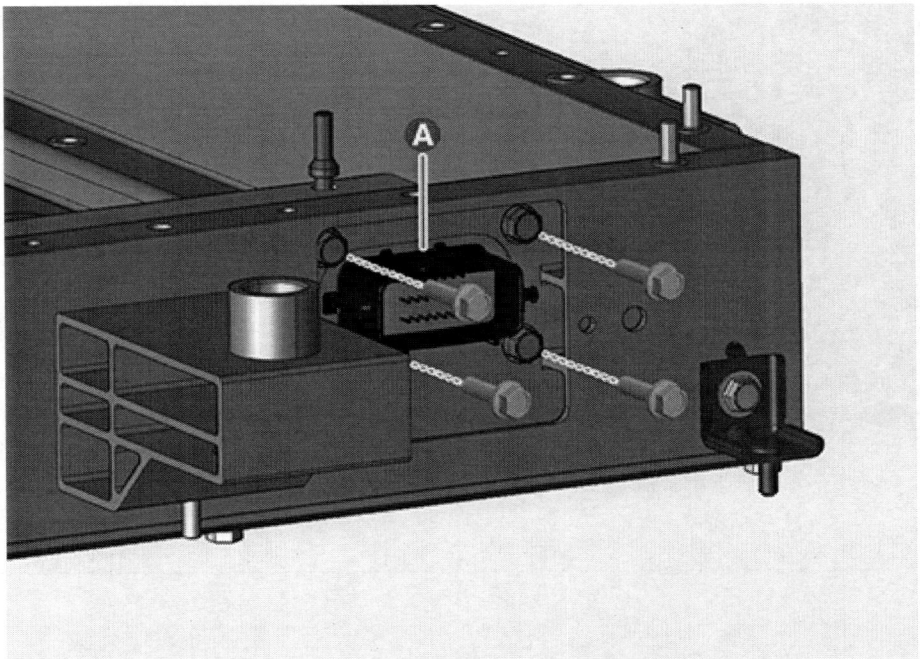

12. 볼트를 풀어 프런트 고전압 정션 박스 커넥터 어셈블리(A)를 탈거한다.

체결토크 : 0.8 ~ 1.2 kgf·m

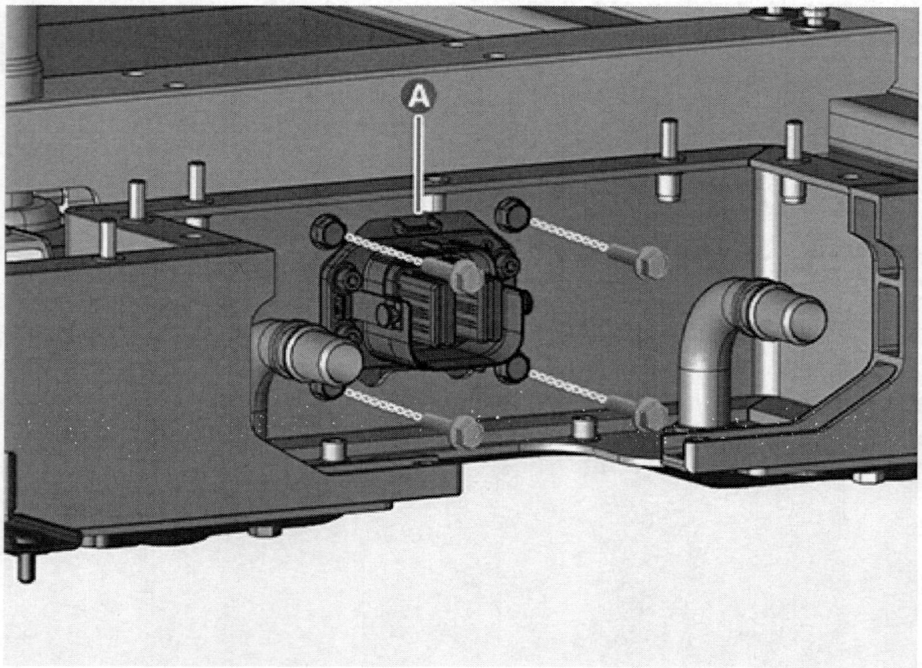

13. 하부 케이스를 탈거한다.

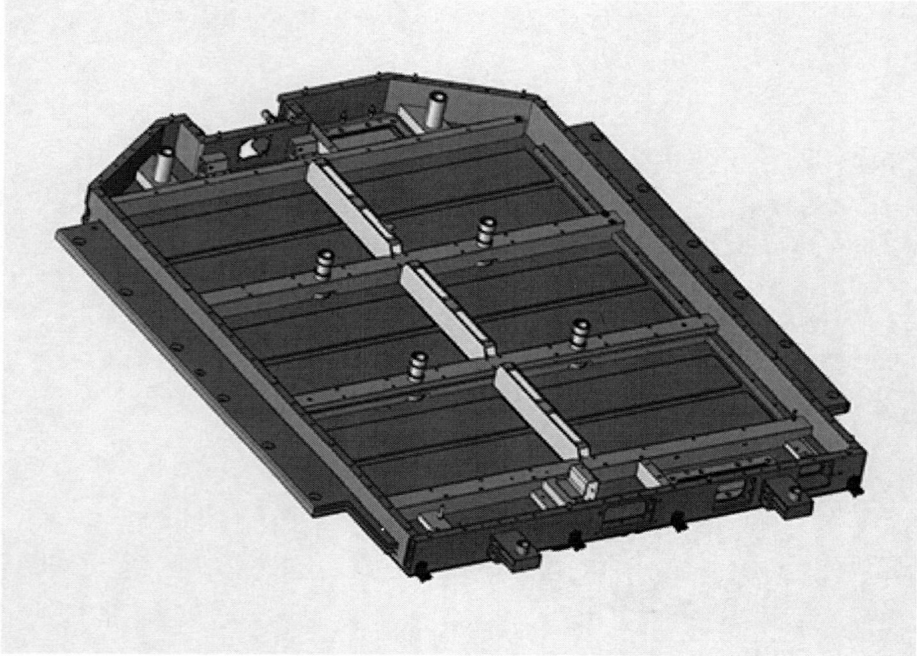

장착

▲ 경 고

- 고전압 시스템 관련 작업 시, 관련 교육을 이수한 작업자가 정비를 진행한다. 고전압 시스템에 대한 이해가 부족한 경우 감전 또는 누전 등으로 인한 심각한 사고를 초래할 수 있다.
- 고전압 시스템 또는 주변 부품 작업 시, 반드시 "고전압 시스템 안전사항 및 주의, 경고" 내용을 숙지하고 준수해야 한다. 미준수 시, 감전 또는 누전 등으로 인한 심각한 사고를 초래할 수 있다.
- 고전압 시스템 작업 특성상, 개인보호장구(PPE) 및 사전 고전압 차단 절차를 반드시 확인한다.

1. 특수공구를 사용하여 신품 갭 필러를 도포한다.
   (고전압 배터리 시스템 - "갭 필러 도포" 참조)
2. 배터리 시스템 어셈블리(BSA) 상부 케이스 장착 전, 진단 장비(KDS)를 이용하여 고전압 배터리팩 커넥터 체결검사를 실시한다.
   (부가기능 → 배터리 매니지먼트 시스템(BMS) → 고전압 배터리 팩 체결 검사)
3. 장착은 탈거의 역순으로 한다.

유 의

- 케이스 장착 시 규정 토크를 준수하여 장착한다.
- 배터리 시스템 어셈블리(BSA) 기밀 유지를 위하여 변형이 발생하면 반드시 교환한다.
- 케이스의 변형 방지를 위해서 반드시 2인 이상 작업한다.
- 상부 케이스 이동 시 비대칭으로 들거나 하중을 순간적으로 강하게 가하면 변형이 생길 수 있으므로, 종방향 보다 횡방향으로 들어서 이동을 권장한다.
- 상부 케이스 장착 볼트(A) 형상이 다르므로 확인 후 알맞은 위치에 체결한다.

- 상부 케이스 장착 볼트 O-링(A)은 신품으로 교환한다. (재사용 금지)

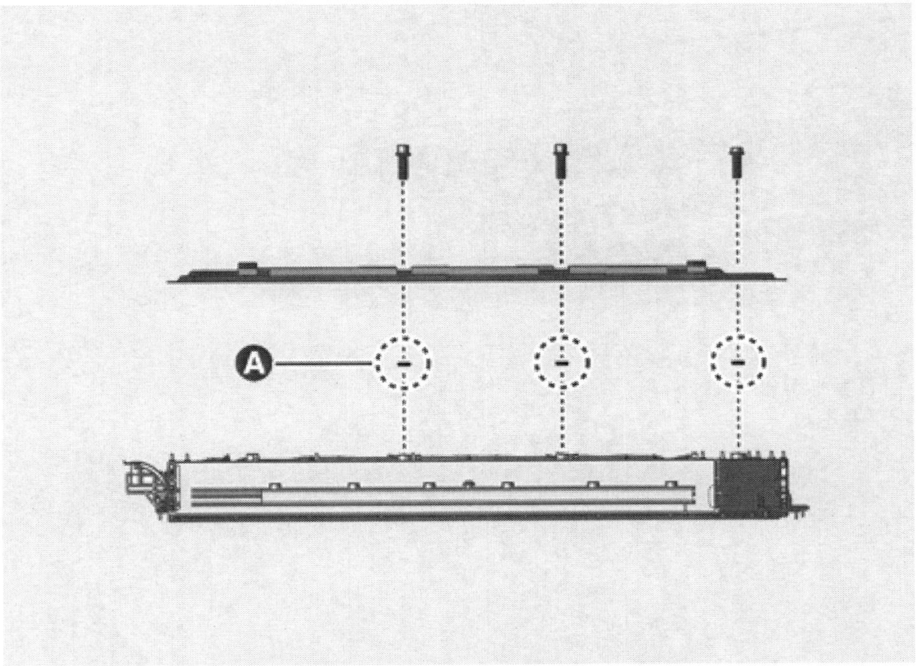

- 상부 케이스 장착 시 수밀 보강 브래킷은 아래의 순서대로 장착한다.

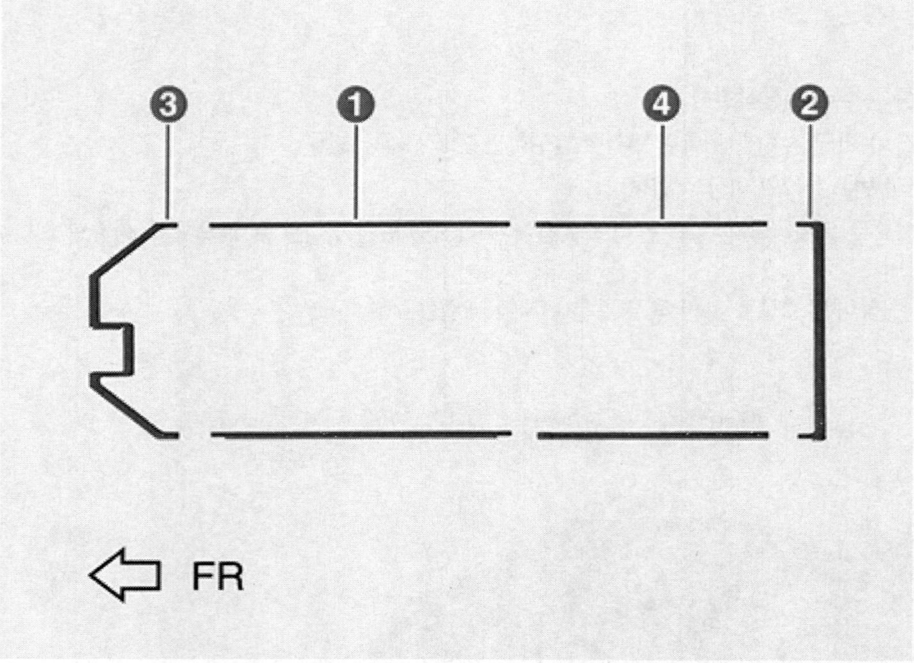

- 상부 케이스 장착 시 개스킷(A)은 신품으로 교환한다. (재사용 금지)

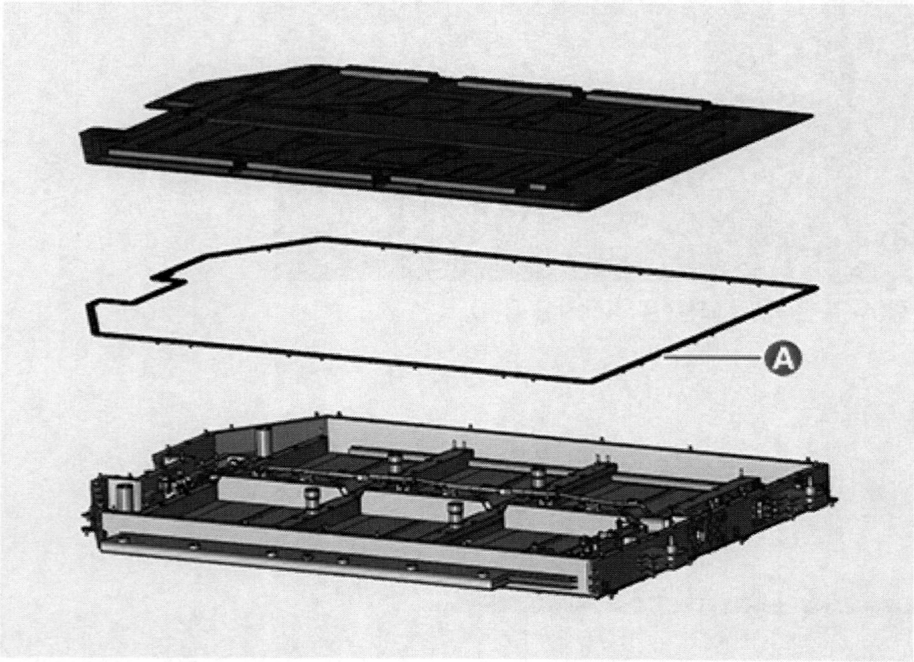

4. 진단 장비(KDS)를 이용하여 기밀 점검을 실시한다.
   (고전압 배터리 시스템 - "기밀 점검" 참조)

특수공구

공구 명칭 / 번호	형상	용도
갭 필러 도포 가이드 0K375 - CV210	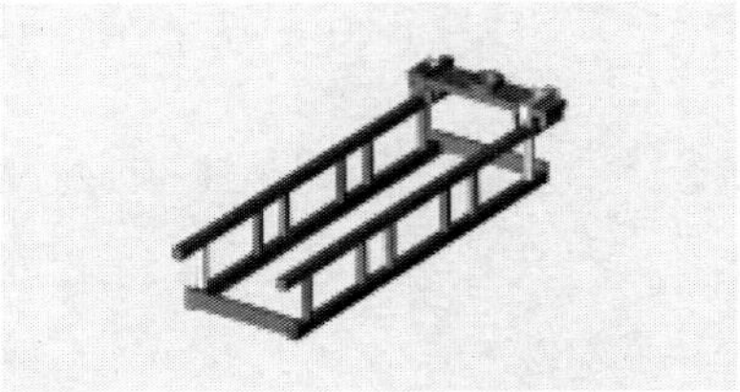	
갭 필러 도포 노즐 0K375 - CV220	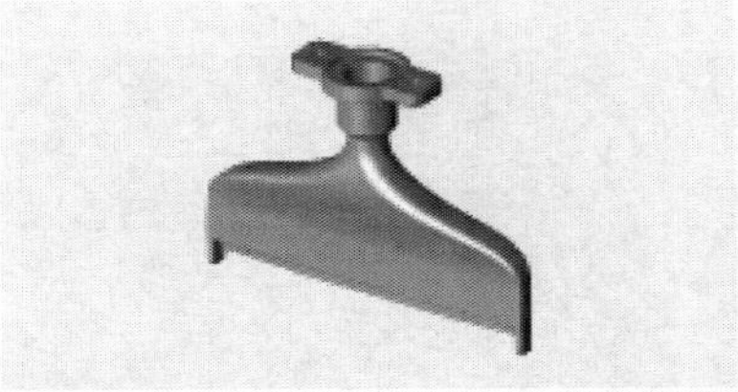	
카트리지 어댑터 0K375 - CV230	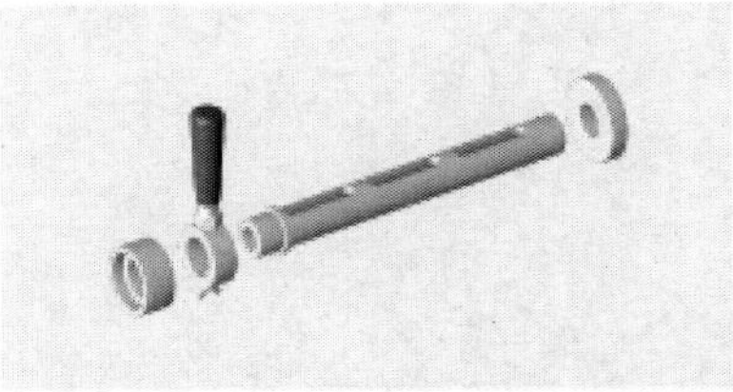	
갭 필러 도포 디스펜서 건 0K375 - CV300	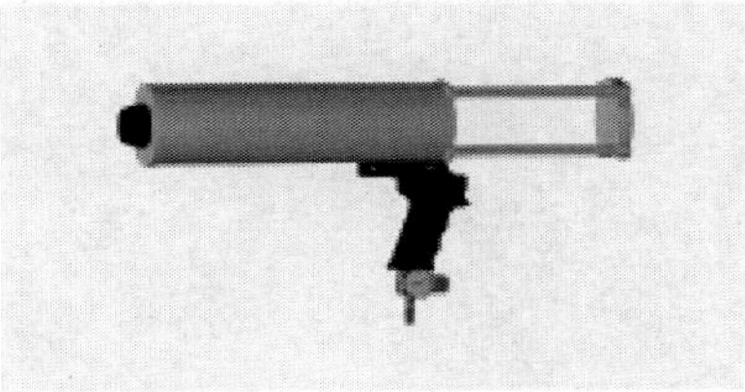	고전압 배터리 갭 필러 도포 시 사용
TGF-NT300NL 600cc 카트리지 09375 - GI220	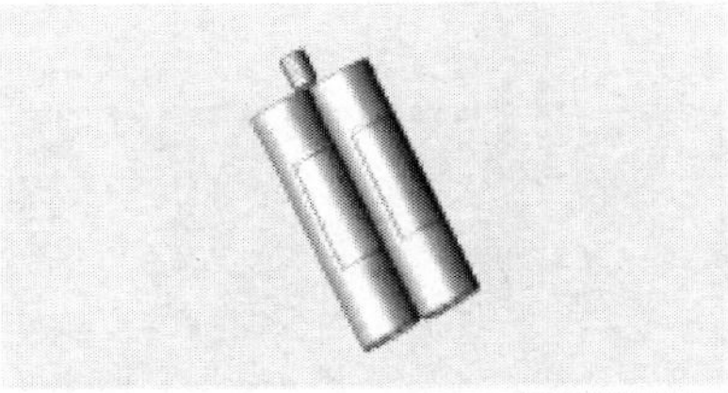	
갭 필러 믹서 09375 - GI230		

참 고

갭 필러 도포 특수공구(09375 - CV210, CV220, CV230, CV300)에 대한 문의는 아래를 참고한다.

– (주)툴앤텍 TOOL&TECH (ka.yun@toolntech.com, 031-227-4568~70)

갭 필러 도포

경 고

- 고전압 시스템 관련 작업 시, 관련 교육을 이수한 작업자가 정비를 진행한다. 고전압 시스템에 대한 이해가 부족한 경우 감전 또는 누전 등으로 인한 심각한 사고를 초래할 수 있다.
- 고전압 시스템 또는 주변 부품 작업 시, 반드시 "고전압 시스템 안전사항 및 주의, 경고" 내용을 숙지하고 준수해야 한다. 미준수 시, 감전 또는 누전 등으로 인한 심각한 사고를 초래할 수 있다.
- 고전압 시스템 작업 특성상, 개인보호장구(PPE) 및 사전 고전압 차단 절차를 반드시 확인한다.

유 의

갭 필러 도포 시 절대로 고전압 배터리를 밟거나 하중을 가하지 않는다. 하중이 가해질 경우 변형 또는 파손이 발생할 수 있다.

1. 배터리 모듈 어셈블리(BMA)를 탈거한다.
   (고전압 배터리 시스템 - "배터리 모듈 어셈블리 (BMA)" 참조)
2. 분기 커넥터(A)를 분리한다.

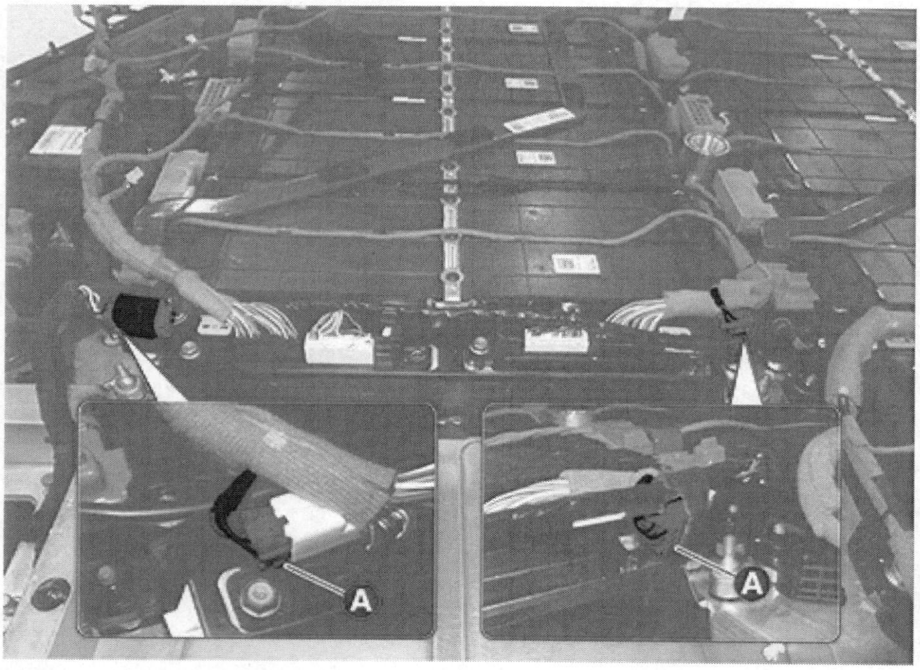

3. 파스너를 분리하여 와이어링(A)을 분리한다.

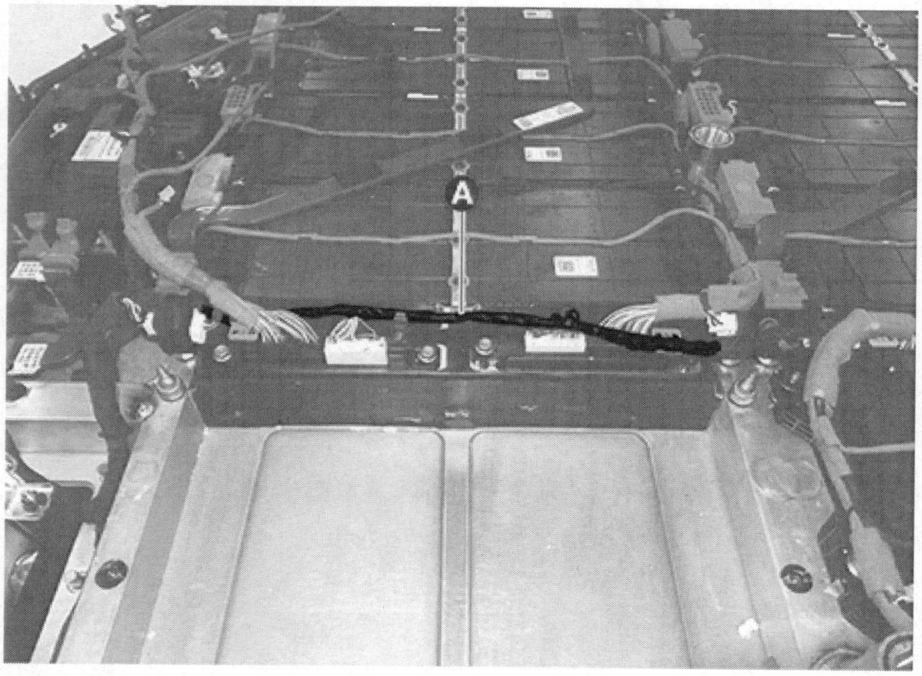

4. 볼트를 풀어 셀 모니터링 유닛(CMU) (A)을 분리한다.

체결토크

1차 : 0.9 kgf·m
2차 : 1.1 kgf·m

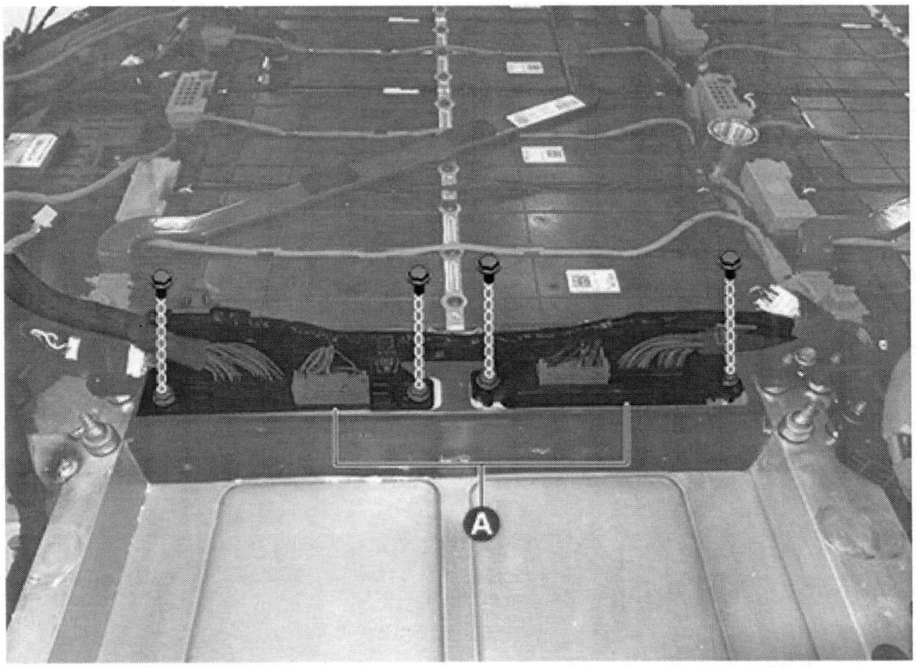

5. BMA 하단 및 하부 케이스에 있는 잔여 갭 필러를 제거한다.

> **유 의**
>
> - 절연 장갑을 착용한 후 손으로 또는 에어 건을 이용하여 잔여 갭 필러를 최대한 제거한다.
> - 셀 손상이 발생될 수 있으므로 갭 필러를 무리하게 제거하지 않는다.(일부 갭 필러가 남아도 성능에 영향이 없다)
> - 칼날 같은 날카로운 공구 이용 시 BMA 하단 및 하부 케이스에 손상이 발생할 수 있다.

6. TGF-NT300NL 600cc 카트리지(09375 - GI220)와 갭 필러 도포 디스펜서 건(0K375 - CV300)을 조립한다.

> **참 고**
>
> - 특수공구 매뉴얼을 참고하여 모든 액세서리를 조립한다.
>
> 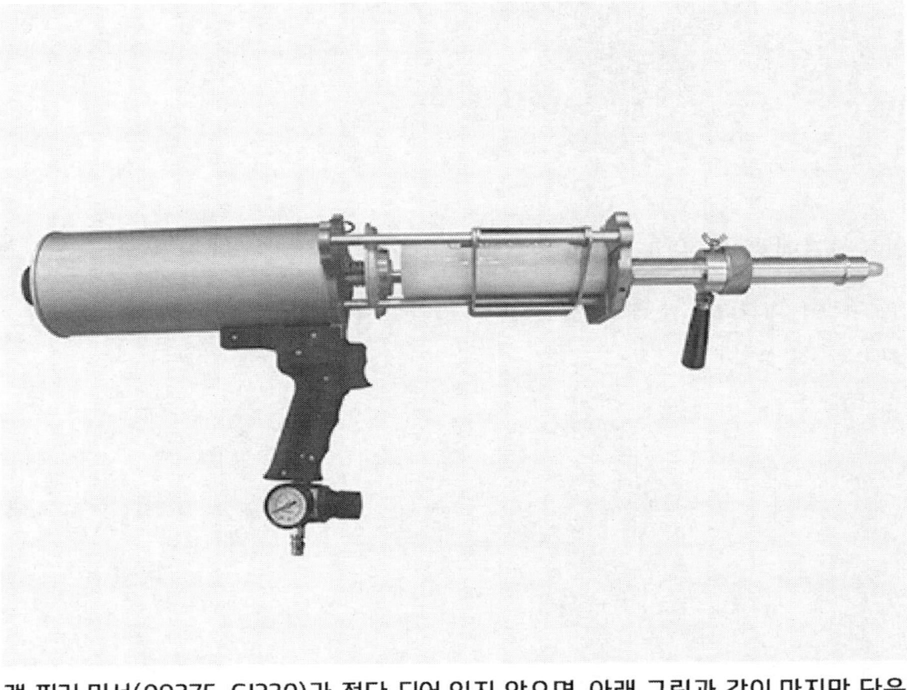
>
> - 갭 필러 믹서(09375-GI230)가 절단 되어 있지 않으면, 아래 그림과 같이 마지막 단을 제외하고 절단한다.

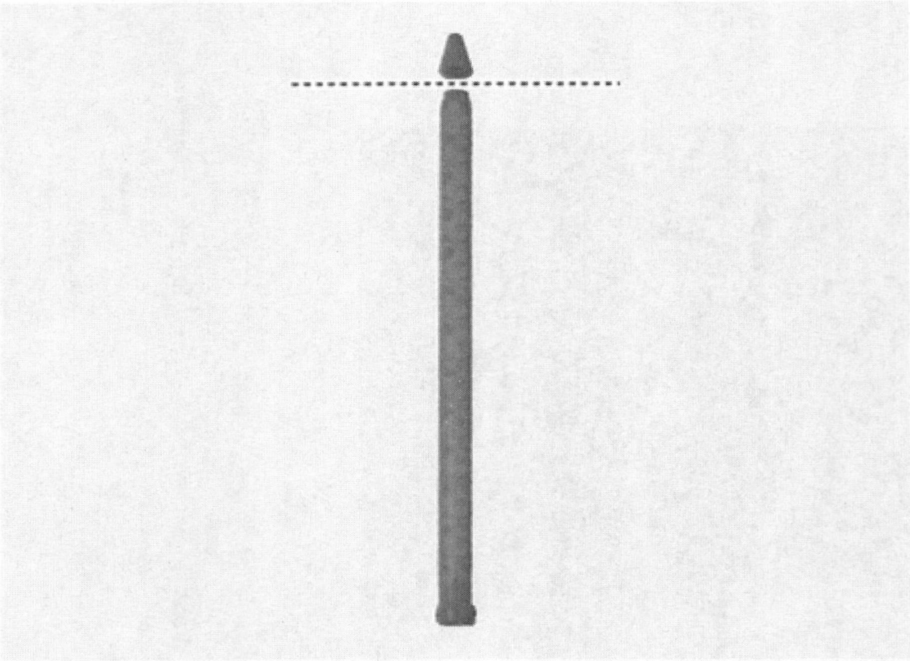

7. 갭 필러 도포 디스펜서 건(0K375 - CV300) (A)에 에어 호스(B)를 연결하고 6 bar로 설정한다.

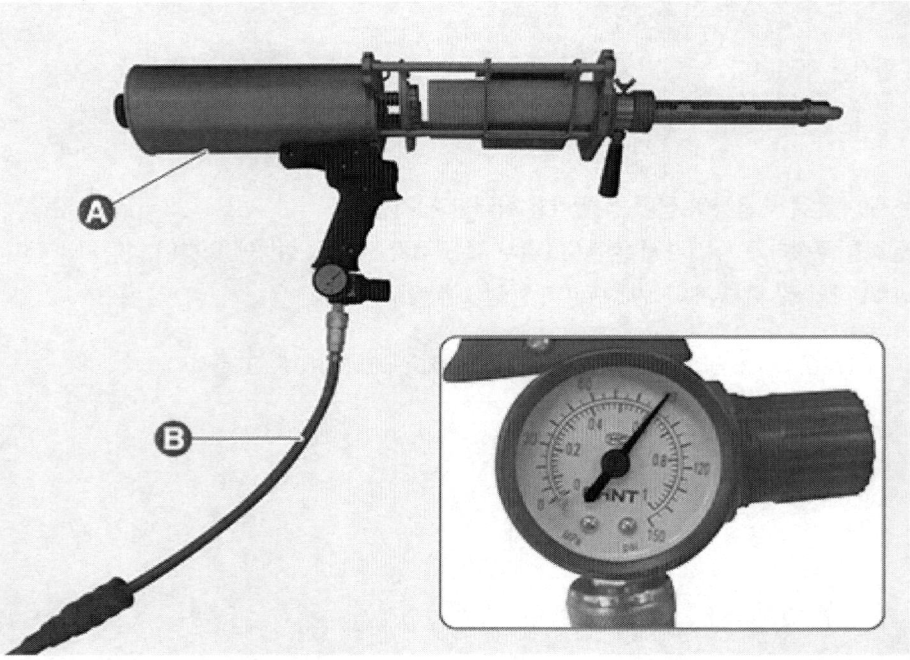

유 의

규정 된 압력(6 bar) 이상으로 설정 시, TGF-NT300NL 600cc 카트리지(09375 - GI220)가 파손된다.

8. 최초 토출되는 묽은 갭 필러를 10 cm 가량 폐기한다.
9. 갭 필러 도포 가이드(0K375 - CV210) (A)를 설치한다.

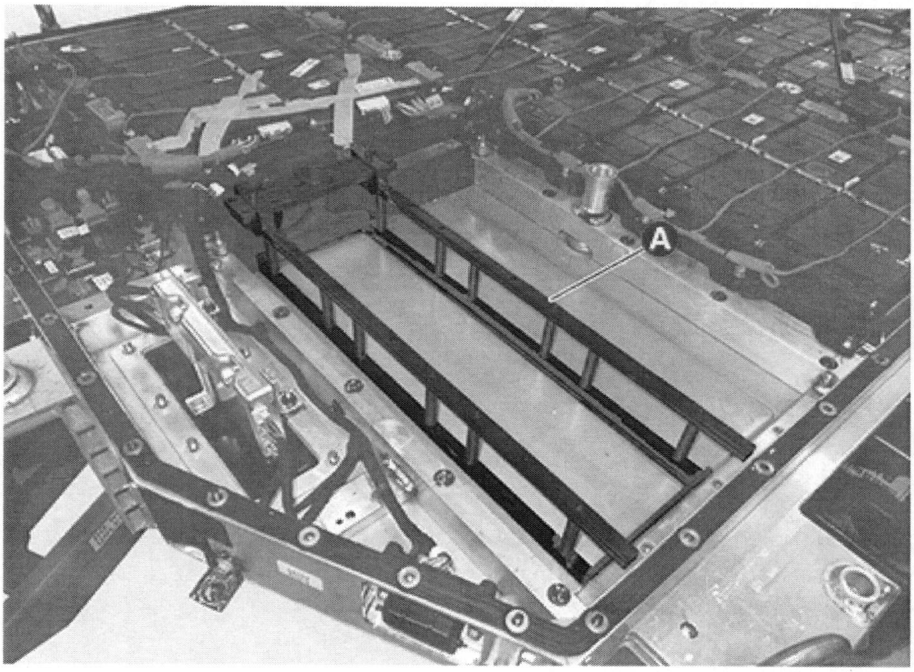

유 의

갭 필러 도포 가이드(0K375 - CV210) 설치 시 방향을 확인한다.

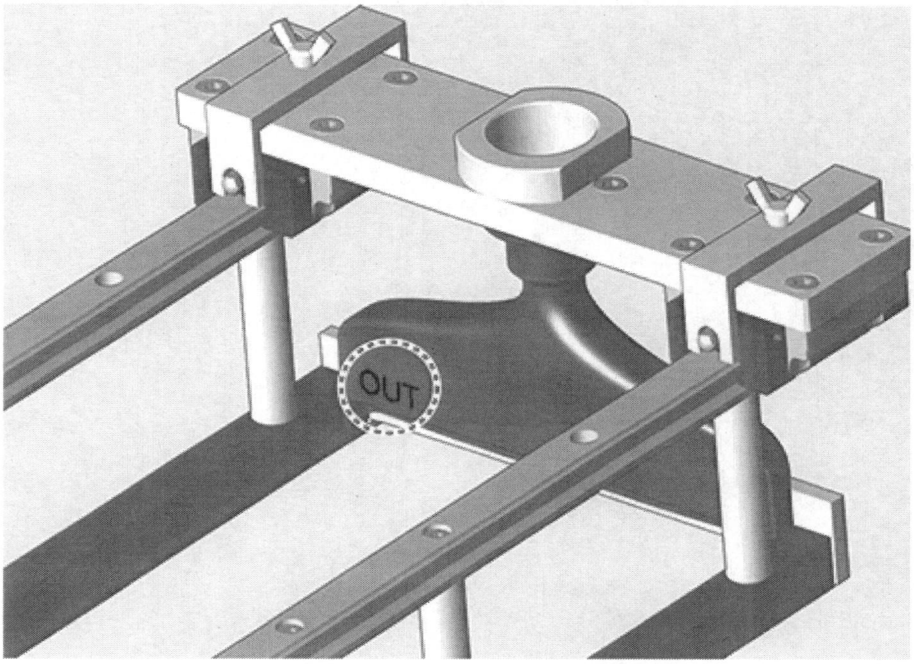

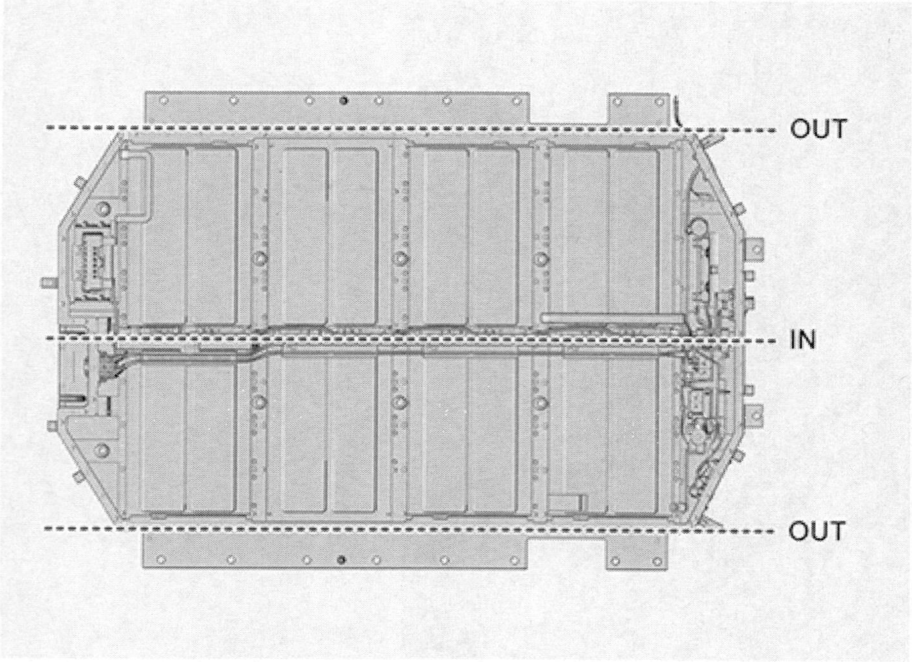

10. 고정 핀(B, C)을 장착하여 갭 필러 도포 가이드(0K375 - CV210) (A)를 고정한다.

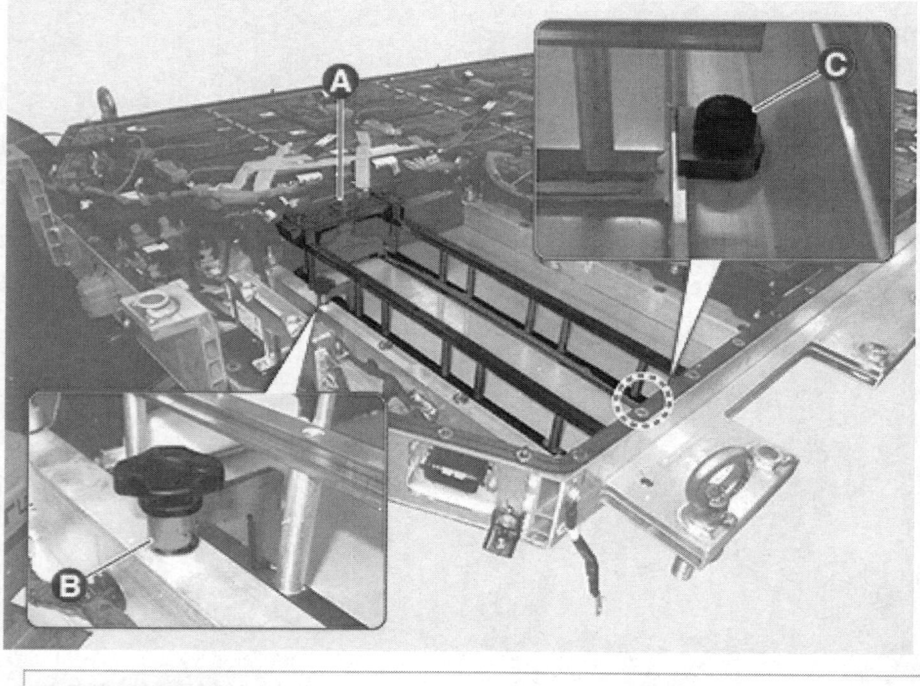

유 의

- 고정 핀(B,C)의 장착 위치는 아래와 같다.

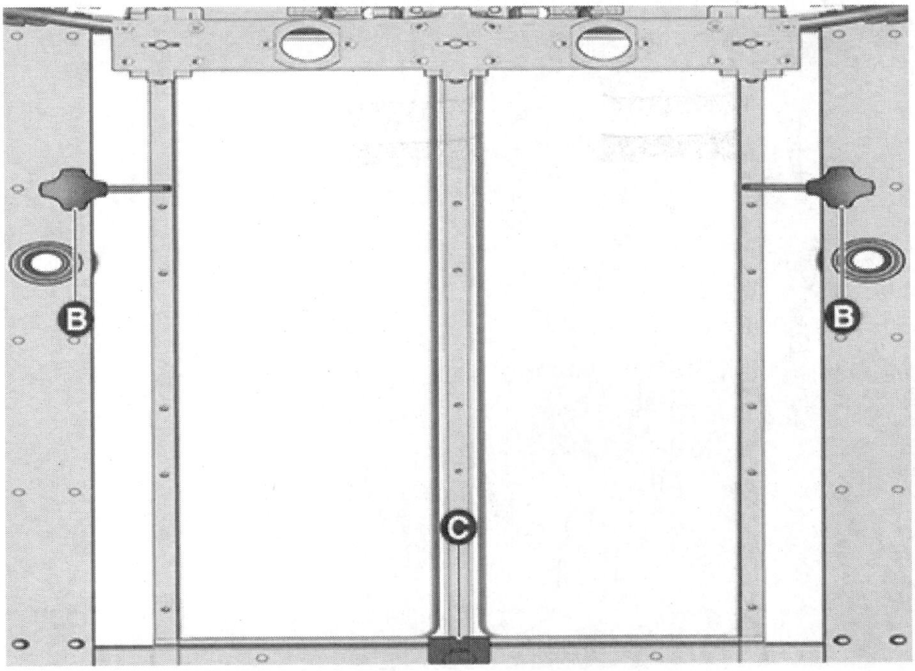

- 고정 핀(B)이 도포 되는 면을 침범하지 않도록 장착한다.

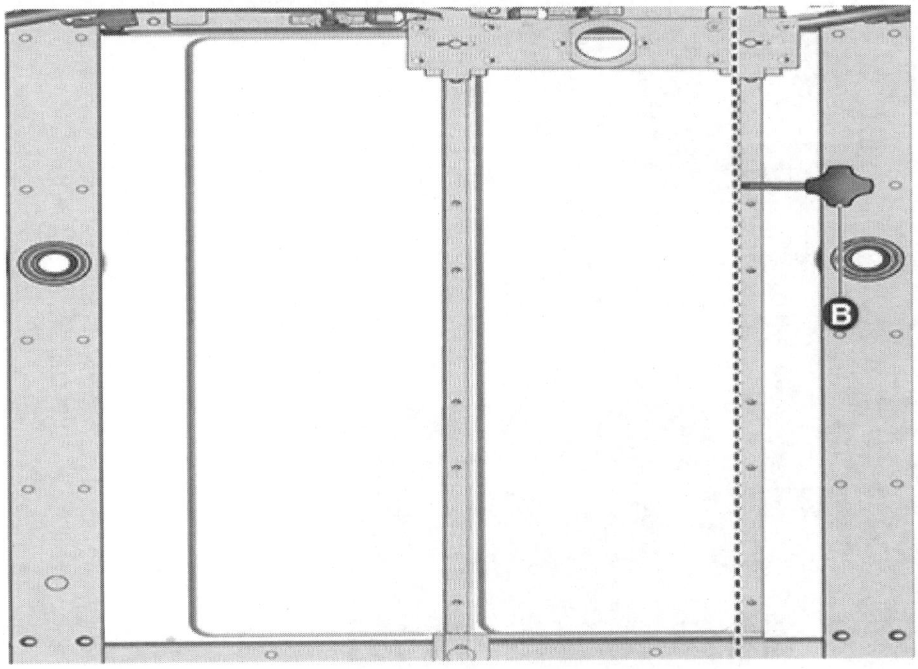

11. 갭 필러 도포 디스펜서(0K375 - CV300) (A)를 갭 필러 도포 가이드(0K375 - CV210) (B)에 설치한다.

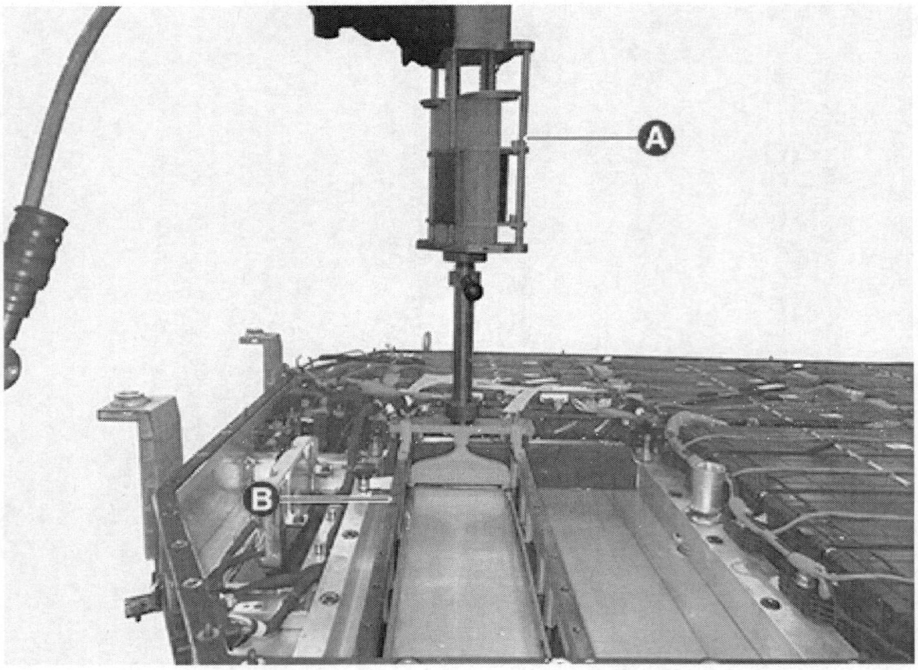

12. 카트리지 어댑터(0K375 - CV230)의 손잡이(A) 위치를 조정 후 고정한다.

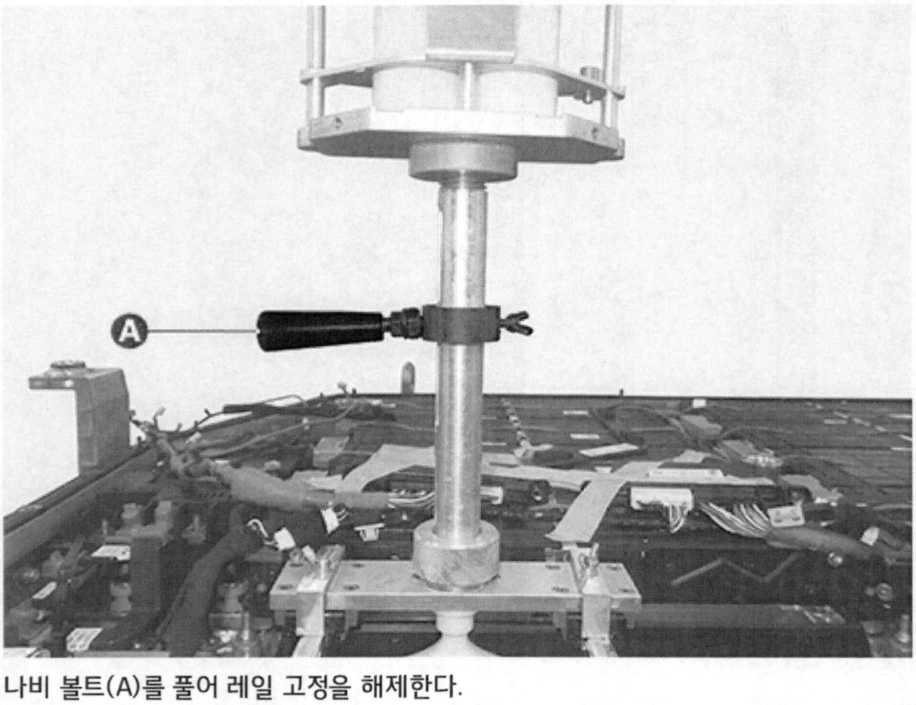

13. 나비 볼트(A)를 풀어 레일 고정을 해제한다.

14. 방아쇠를 누른 채로 고정 핀(A)을 장착 후 갭 필러를 일정하게 도포한다.

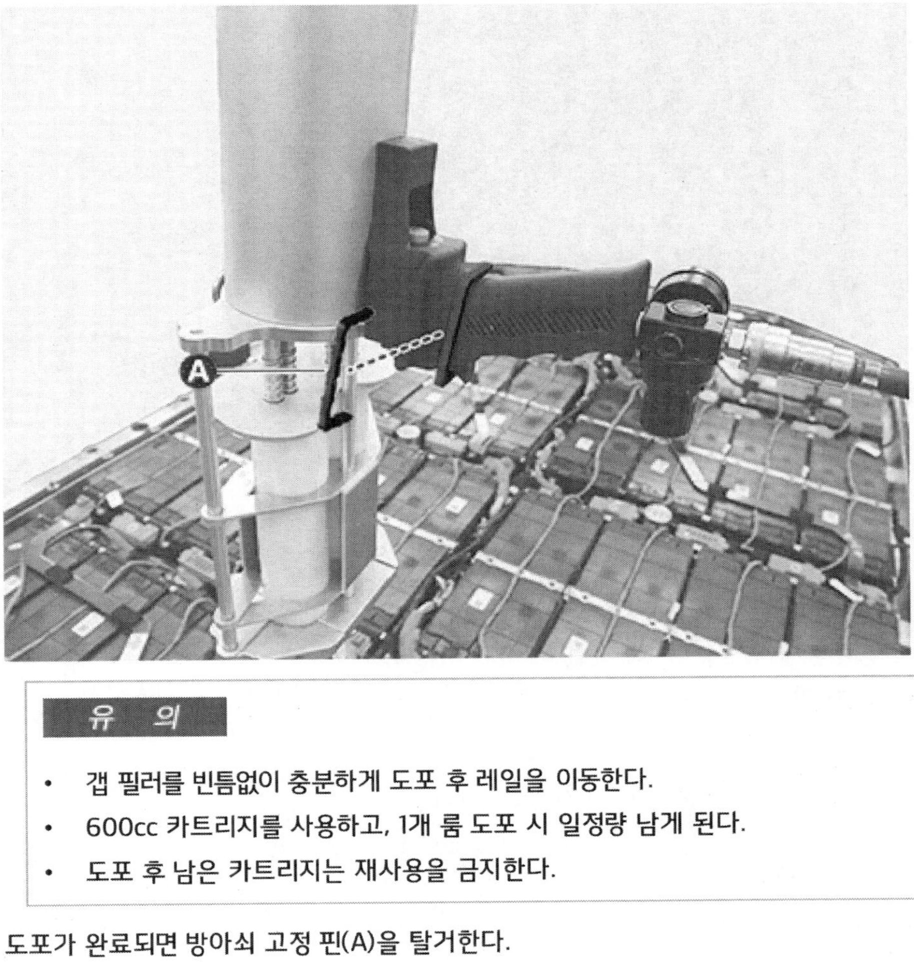

유 의

- 갭 필러를 빈틈없이 충분하게 도포 후 레일을 이동한다.
- 600cc 카트리지를 사용하고, 1개 룸 도포 시 일정량 남게 된다.
- 도포 후 남은 카트리지는 재사용을 금지한다.

15. 도포가 완료되면 방아쇠 고정 핀(A)을 탈거한다.

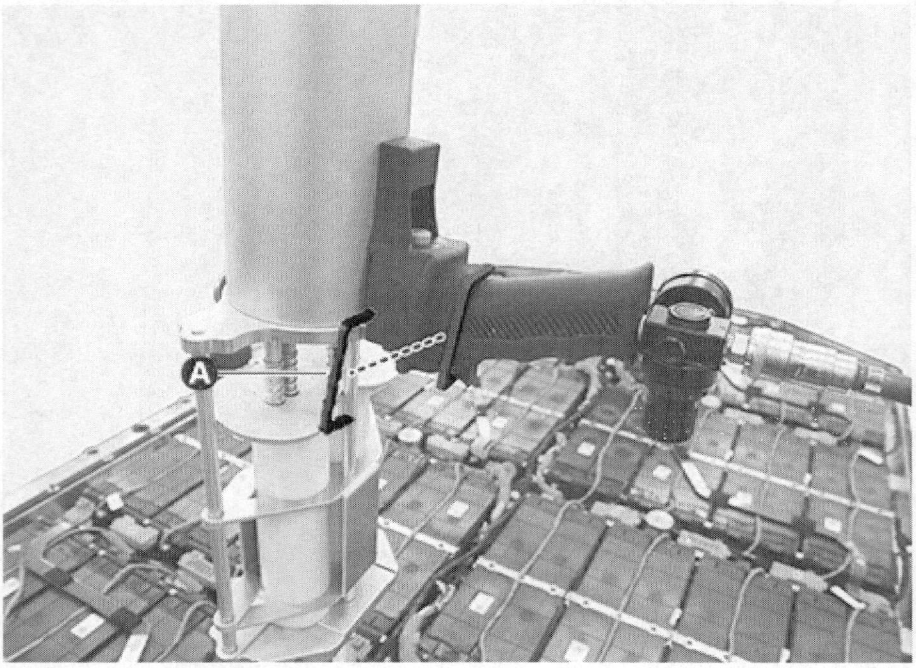

16. 나비 볼트(A)를 조여 레일을 고정한다.

17. 갭 필러 도포 디스펜서(0K375 - CV300) (A)를 갭 필러 도포 가이드(0K375 - CV210)에서 분리한다.

유 의

갭 필러가 도포된 면에 손상이 없도록 유의해서 디스펜서(0K375 - CV300)를 탈거한다.

18. 고정 핀(B, C)을 탈거하여 갭 필러 도포 가이드(0K375 - CV210) (A)를 탈거한다.

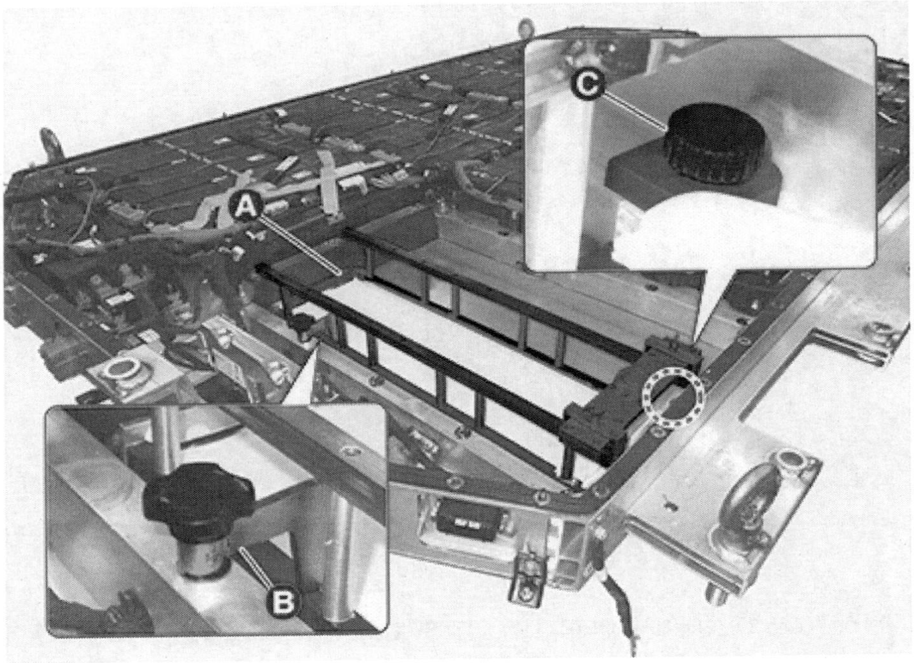

유 의

갭 필러가 도포된 면에 손상이 없도록 유의해서 도포 가이드 및 고정 핀을 탈거한다.

19. 두번째 도포 전 갭 필러 도포 노즐(0K375-CV220) 및 레일을 한 번 닦아준다.

유 의

갭 필러가 제대로 제거되지 않은 채로 도포 시 기포 발생이 야기될 수 있다.

20. TGF-NT300NL 600cc 카트리지(09375 - GI220)를 교환한다.

21. 위와 동일한 방법으로 갭 필러를 도포한다.

22. 장착은 탈거의 역순으로 한다.

유 의

- 갭 필러가 경화되기 전 1.5 시간 내에 상온((25°C)상태에서 배터리 모듈 어셈블리(BMA)를 장착한다.
- 셀 모니터링 유닛(CMU) 장착 시, 도포 면이 손상되지 않도록 주의한다.
- BMA 장착 시, 아래 순서에 맞춰 규정 토크로 장착한다.

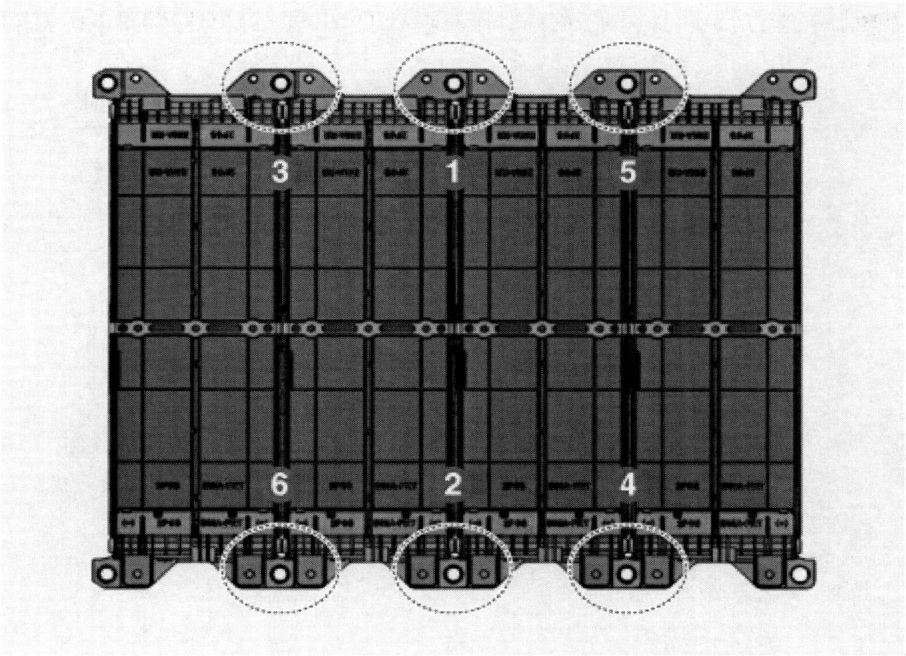
3
1
5
6
2
4

부품 위치

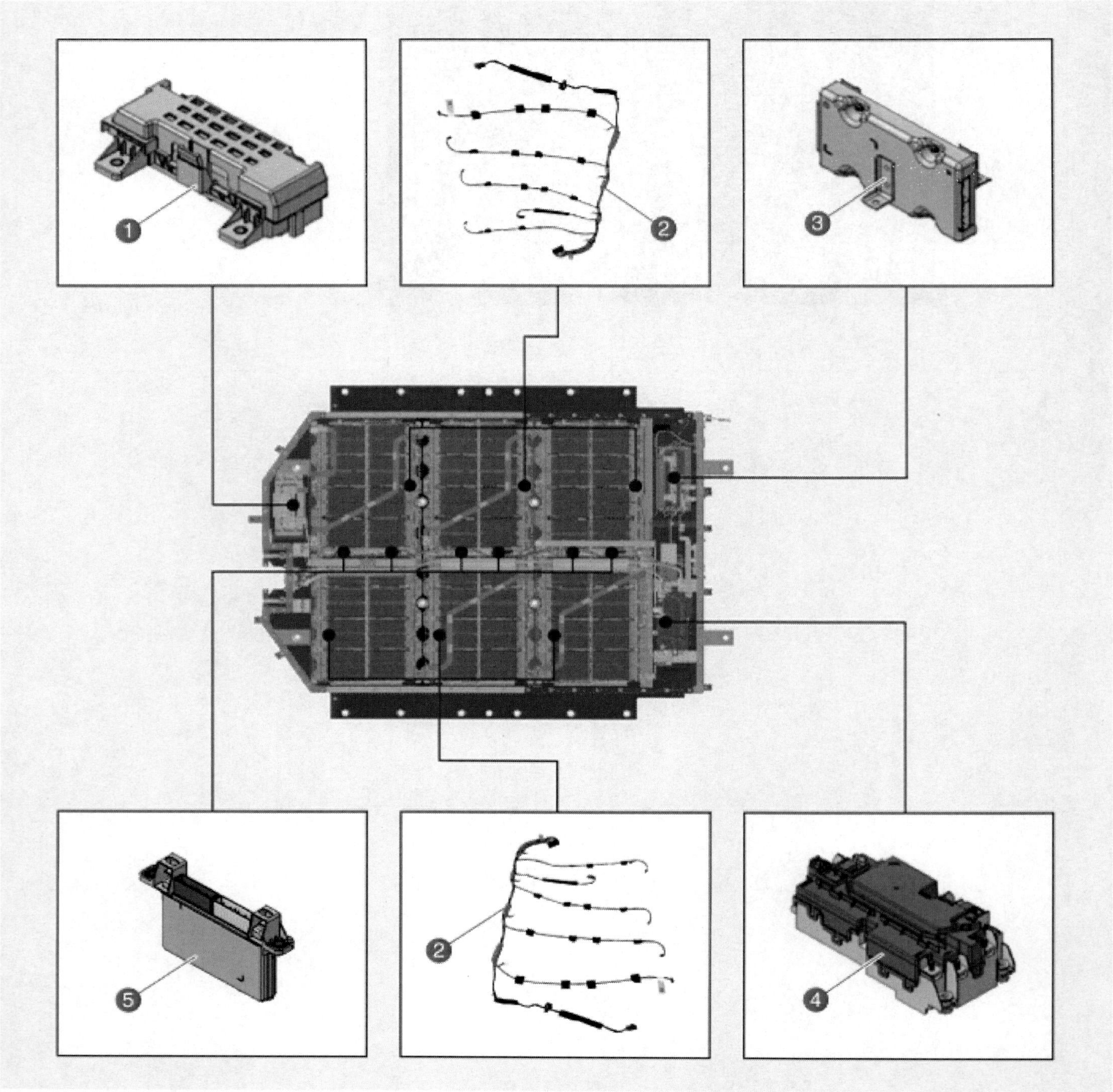

1. 메인 퓨즈 2. 전압 & 온도 센싱 와이어링 3. 배터리 매니지먼트 유닛(BMU)	4. 파워 릴레이 어셈블리(PRA) 5. 셀 모니터링 유닛(CMU)

개요

고전압 배터리 컨트롤 시스템 개요

- 고전압 배터리 컨트롤 시스템은 배터리 매니지먼트 유닛(BMU), 셀 모니터링 유닛(CMU), 파워 릴레이 어셈블리(PRA) 등으로 구성되어 있다.
  - **BMU** : 배터리 시스템 내 고전압 릴레이 제어 및 차량 내 타 부품 및 제어기와 통신한다.
  - **CMU** : 고전압 배터리 모듈의 온도, 전압, OPD (Over Voltage Protection Device)를 측정하고 데이터를 BMU로 전송한다.
  - **PRA** : BMU의 제어를 받는 릴레이(메인 릴레이, 프리 차지 릴레이, PTC 히터 릴레이 등)와 배터리 전류 센서로 구성되어 있다.
- 고전압 배터리 충전 상태 (SOC), 출력, 고장 진단, 배터리 셀 밸런싱, 전원 공급 및 차단을 제어한다.

주요 기능

1. **SOC 제어 :** 전압,전류,온도 측정을 통해 SOC를 계산하여 적정 영역으로 제어한다.
2. **배터리 출력 제어 :** 시스템 상태에 따른 입력 및 출력 에너지 값을 산출하여 배터리 보호, 가용 파워 예측, 충전 및 방전 에너지를 극대화하며 과충전과 과방전은 방지한다.
3. **릴레이 제어 :** 고전압 배터리 시스템과 관련 시스템으로 전원을 공급 및 차단하고, 고장 시 릴레이 차단으로 안전 사고를 방지한다.
4. **온도 제어 :** 3 웨이 밸브, 전자식 워터 펌프(EWP) 제어, PTC 히트 제어(옵션)를 통해 최적의 배터리 작동 온도를 유지시킨다.
5. **고장 진단 :** 시스템 고장을 진단하고 페일 세이프(Fail safe) 레벨을 분류하여 출력 제한 또는 릴레이 제어를 통해 안전 사고를 방지한다.

> **참 고**
>
> - SOC (State Of Charge) : 배터리의 사용 가능 에너지
> - SOC = (방전 가능 전류량 / 배터리 정격 용량) X 100%

고전압 배터리 컨트롤 시스템 제어

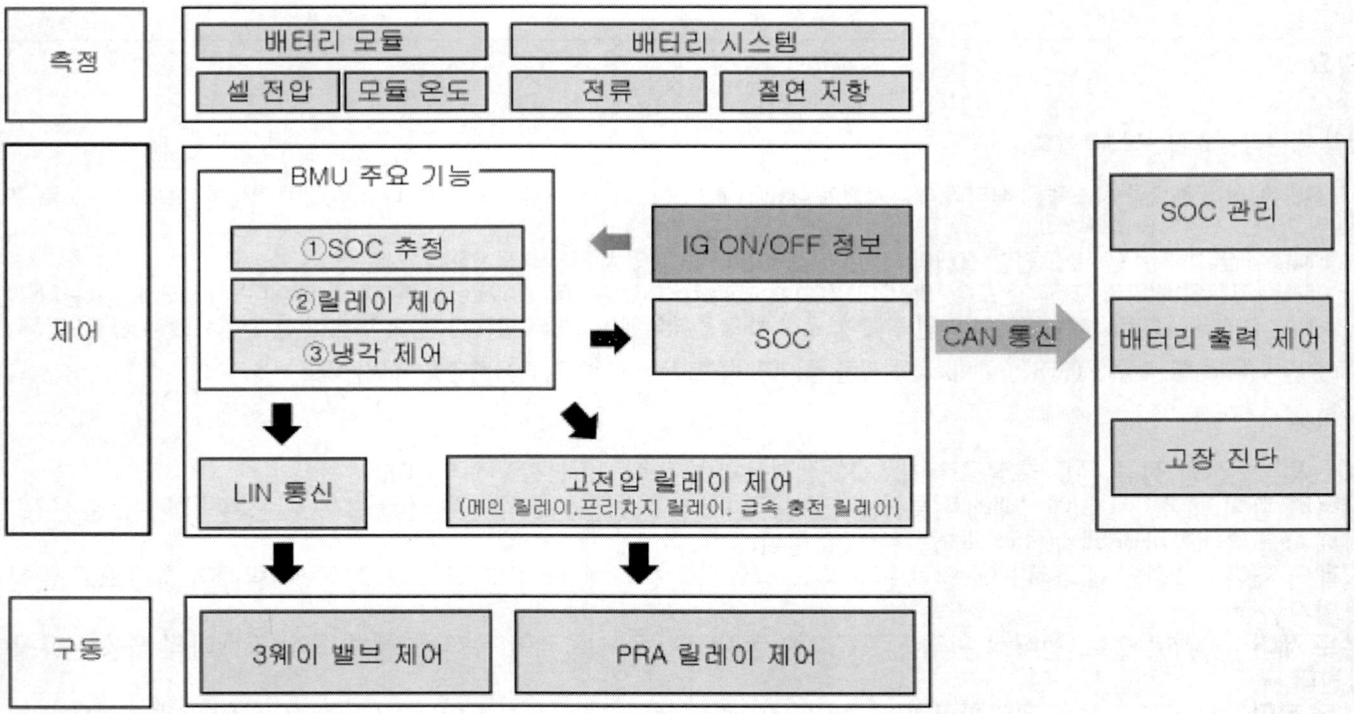
측정
배터리 모듈
배터리 시스템
셀 전압
모듈 온도
전류
절연 저항
제어
BMU 주요 기능
①SOC 추정
②릴레이 제어
③냉각 제어
IG ON/OFF 정보
SOC
CAN 통신
SOC 관리
배터리 출력 제어
고장 진단
LIN 통신
고전압 릴레이 제어
(메인 릴레이,프리차지 릴레이, 급속 충전 릴레이)
구동
3웨이 밸브 제어
PRA 릴레이 제어

제원

항목	제원
작동 전압(V)	9 ~ 16
작동 온도(°C)	-35 ~ 75
절연 저항(MΩ)	10 (2kV기준)

구성부품

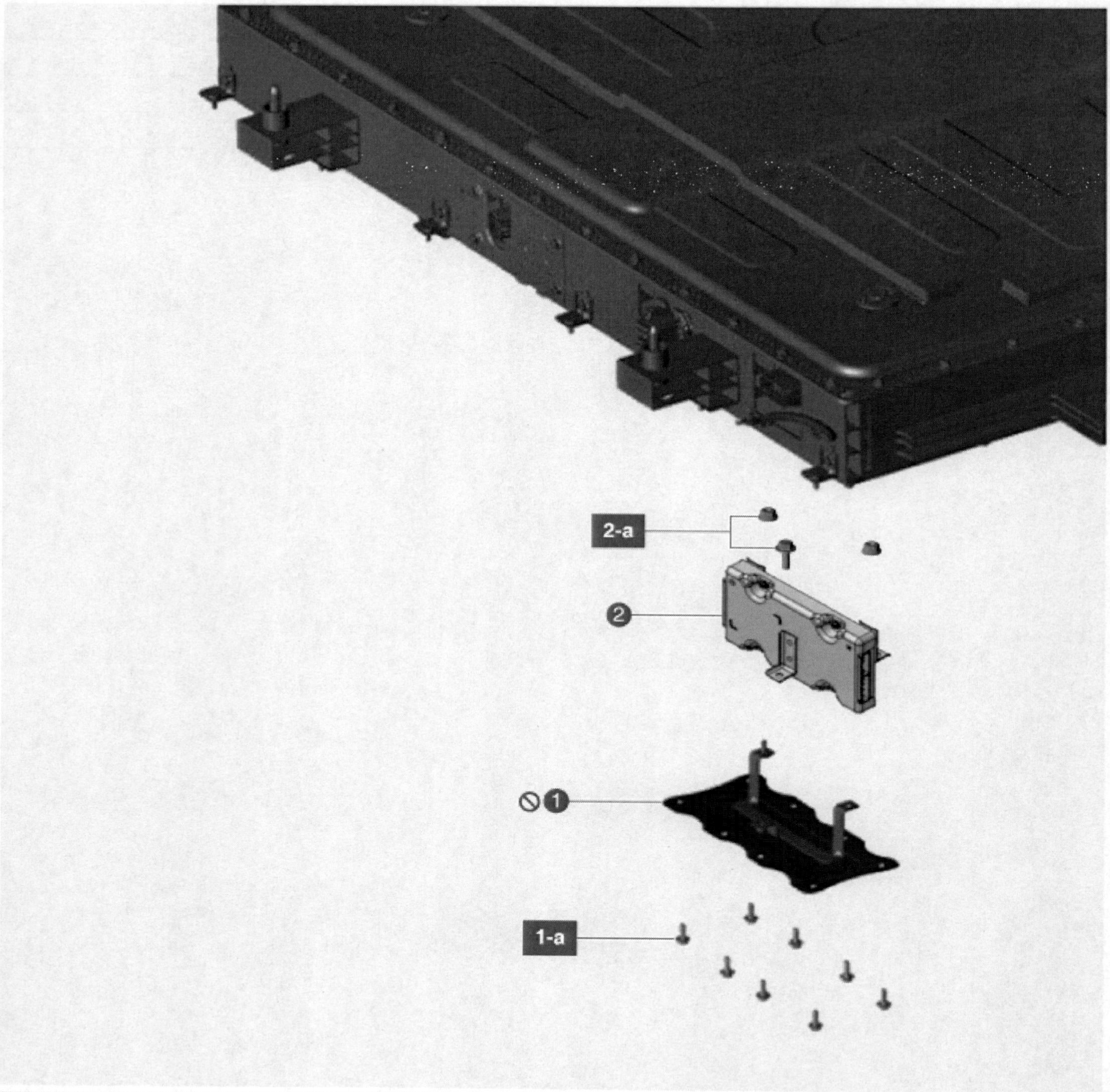

1. 서비스 커버 1-a. 1차 : 0.9 kgf·m 1-a. 2차 : 1.1 kgf·m	2. 배터리 매니지먼트 유닛(BMU) 2-a. 1차 : 0.9 kgf·m 2-a. 2차 : 1.1 kgf·m

차상점검

경 고

- 고전압 시스템 관련 작업 시, 관련 교육을 이수한 작업자가 정비를 진행한다. 고전압 시스템에 대한 이해가 부족한 경우 감전 또는 누전 등으로 인한 심각한 사고를 초래할 수 있다.
- 고전압 시스템 또는 주변 부품 작업 시, 반드시 "고전압 시스템 안전사항 및 주의, 경고" 내용을 숙지하고 준수해야 한다. 미준수 시, 감전 또는 누전 등으로 인한 심각한 사고를 초래할 수 있다.
- 고전압 시스템 작업 특성상, 개인보호장구(PPE) 및 사전 고전압 차단 절차를 반드시 확인한다.

유 의

배터리 매니지먼트 유닛(BMU) 관련 고장 발생 시 관련 고장 부품을 점검하고 관련 부품이 정상일 경우 BMU를 교환한다.

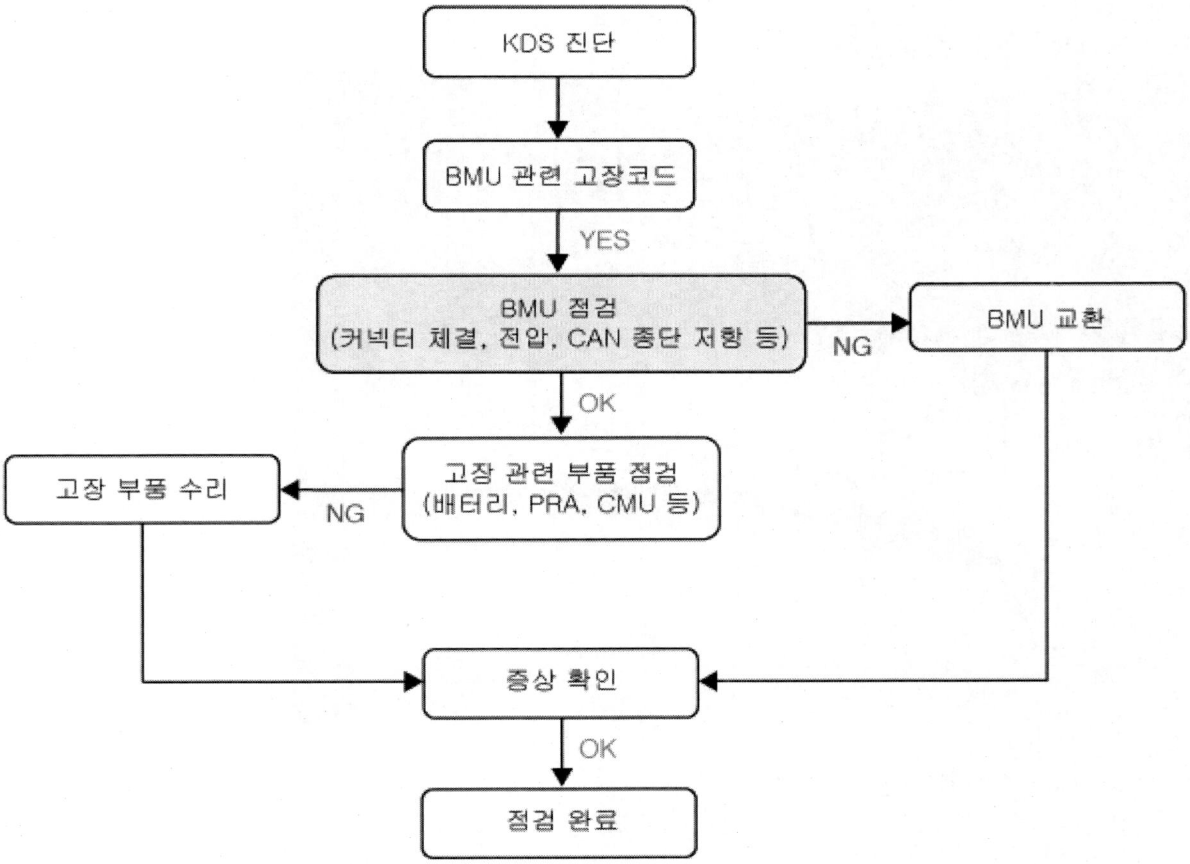

1. 진단 장비(KDS)를 이용해 배터리 매니지먼트 시스템을 진단한다.
2. 볼트를 풀어 BMU 서비스 커버(A)를 탈거한다.

체결토크
1차 : 0.9 kgf·m
2차 : 1.1 kgf·m

3. 고장 발생 시 BMU를 점검하고 필요시 교환한다.

커넥터 연결 상태

(1) BMU 커넥터(A) 연결 상태를 점검한다.

CAN 통신 라인 점검

(1) IG 상태에서 G-CAN 라인 전압을 측정한다.

점검 부위 : CAN LOW 단자 D19와 차체 접지, CAN HIGH 단자 D20과 접지
정상값 : 1.5 ~ 3.5 V

(2) G-CAN 라인 종단 저항을 점검한다.

점검 부위 : 단자 D19와 단자 D20
정상값 : 120 Ω

4. BMU가 정상일 경우 고장 코드(DTC) 관련 부품을 점검한다.

참 고

고장 코드 별 점검 방법은 DTC 가이드 매뉴얼을 참조한다.

탈거

⚠ 경 고

- 고전압 시스템 관련 작업 시, 관련 교육을 이수한 작업자가 정비를 진행한다. 고전압 시스템에 대한 이해가 부족한 경우 감전 또는 누전 등으로 인한 심각한 사고를 초래할 수 있다.
- 고전압 시스템 또는 주변 부품 작업 시, 반드시 "고전압 시스템 안전사항 및 주의, 경고" 내용을 숙지하고 준수해야 한다. 미 준수 시, 감전 또는 누전 등으로 인한 심각한 사고를 초래할 수 있다.
- 고전압 시스템 작업 특성상, 개인보호장구(PPE) 및 사전 고전압 차단 절차를 반드시 확인한다.

1. 고전압 차단 절차를 수행한다.
   (배터리 제어 시스템 (기본형) - "고전압 차단 절차" 참조)
2. 볼트를 풀어 배터리 매니지먼트 유닛(BMU) 서비스 커버(A)를 탈거한다.

체결토크
1차 : 0.9 kgf·m
2차 : 1.1 kgf·m

3. BMU 커넥터(A)를 분리한다.

4. 볼트와 너트를 풀어 서비스 커버에서 BMU(A)를 탈거한다.

체결토크
1차 : 0.9 kgf·m
2차 : 1.1 kgf·m

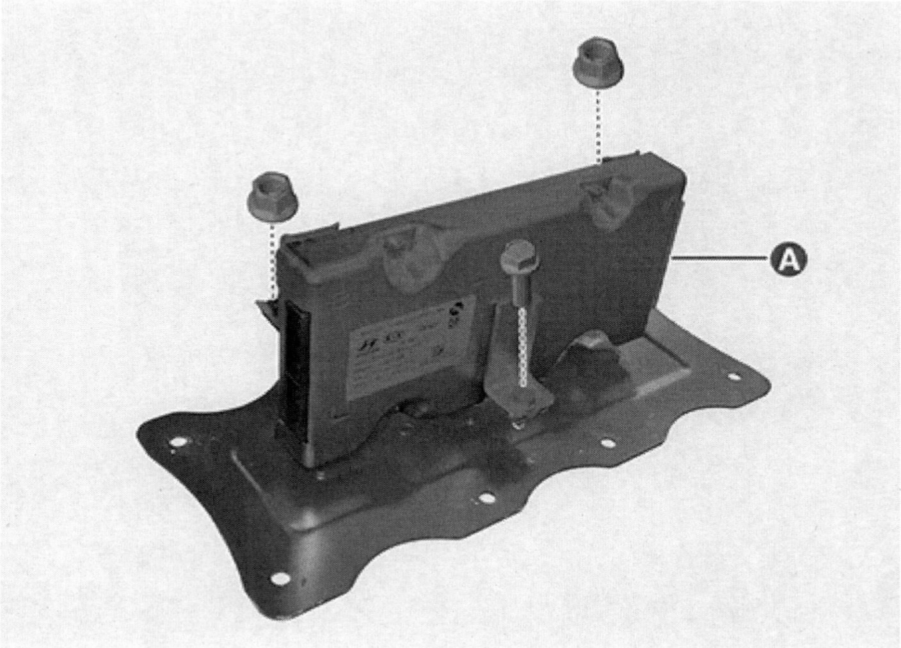

장착

⚠ 경 고

- 고전압 시스템 관련 작업 시, 관련 교육을 이수한 작업자가 정비를 진행한다. 고전압 시스템에 대한 이해가 부족한 경우 감전 또는 누전 등으로 인한 심각한 사고를 초래할 수 있다.
- 고전압 시스템 또는 주변 부품 작업 시, 반드시 "고전압 시스템 안전사항 및 주의, 경고" 내용을 숙지하고 준수해야 한다. 미 준수 시, 감전 또는 누전 등으로 인한 심각한 사고를 초래할 수 있다.
- 고전압 시스템 작업 특성상, 개인보호장구(PPE) 및 사전 고전압 차단 절차를 반드시 확인한다.

1. 장착은 탈거의 역순으로 한다.

유 의

- 배터리 매니지먼트 유닛(BMU) 장착 시 규정 토크를 준수하여 장착한다.
- BMU를 떨어뜨렸을 경우, 보이지 않는 손상이 유발될 수 있으니 신품으로 교환한다. (재사용 금지)
- 기밀 유지를 위해 배터리 측에 도포된 기존 테이프는 완전히 제거 후 서비스 커버를 장착한다.
- 서비스 커버는 신품으로 교환한다. (재사용 금지)

2. 진단 장비(KDS)를 이용하여 기밀 점검을 실시한다.
   (고전압 배터리 시스템 - "기밀 점검" 참조)
3. 진단 장비(KDS)를 이용하여 SOC 보정 기능을 수행한다.

4. 진단 장비(KDS)를 이용하여 SOH 초기화 기능을 수행한다.

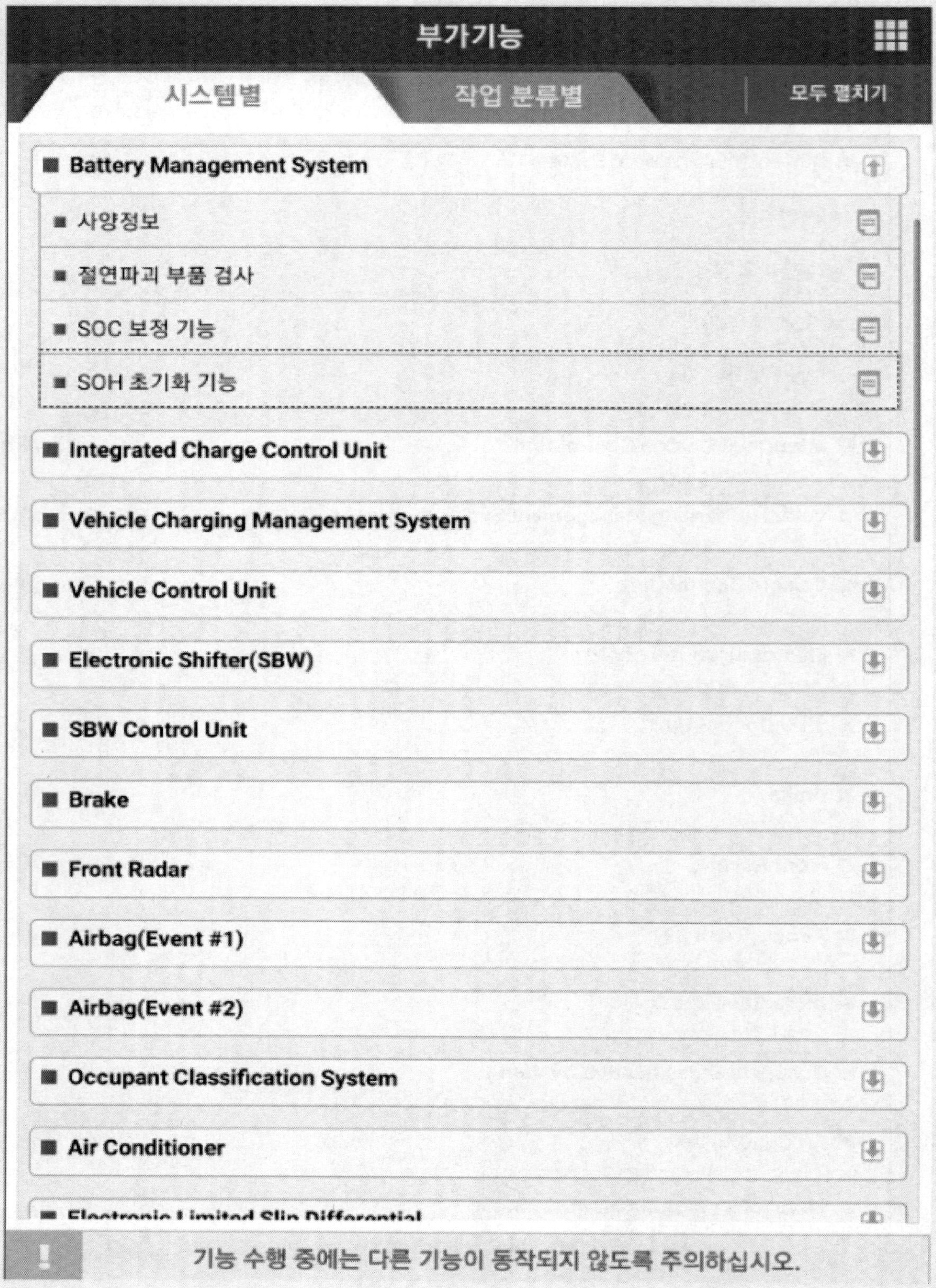
부가기능
시스템별
작업 분류별
모두 펼치기
Battery Management System
사양정보
절연파괴 부품 검사
SOC 보정 기능
SOH 초기화 기능
Integrated Charge Control Unit
Vehicle Charging Management System
Vehicle Control Unit
Electronic Shifter(SBW)
SBW Control Unit
Brake
Front Radar
Airbag(Event #1)
Airbag(Event #2)
Occupant Classification System
Air Conditioner
기능 수행 중에는 다른 기능이 동작되지 않도록 주의하십시오.

제원

항목	제원
작동 전압(V)	9 ~ 60 (12셀 기준)
작동 온도(°C)	-35 ~75
절연 저항(MΩ)	10 (2kV기준)

구성부품

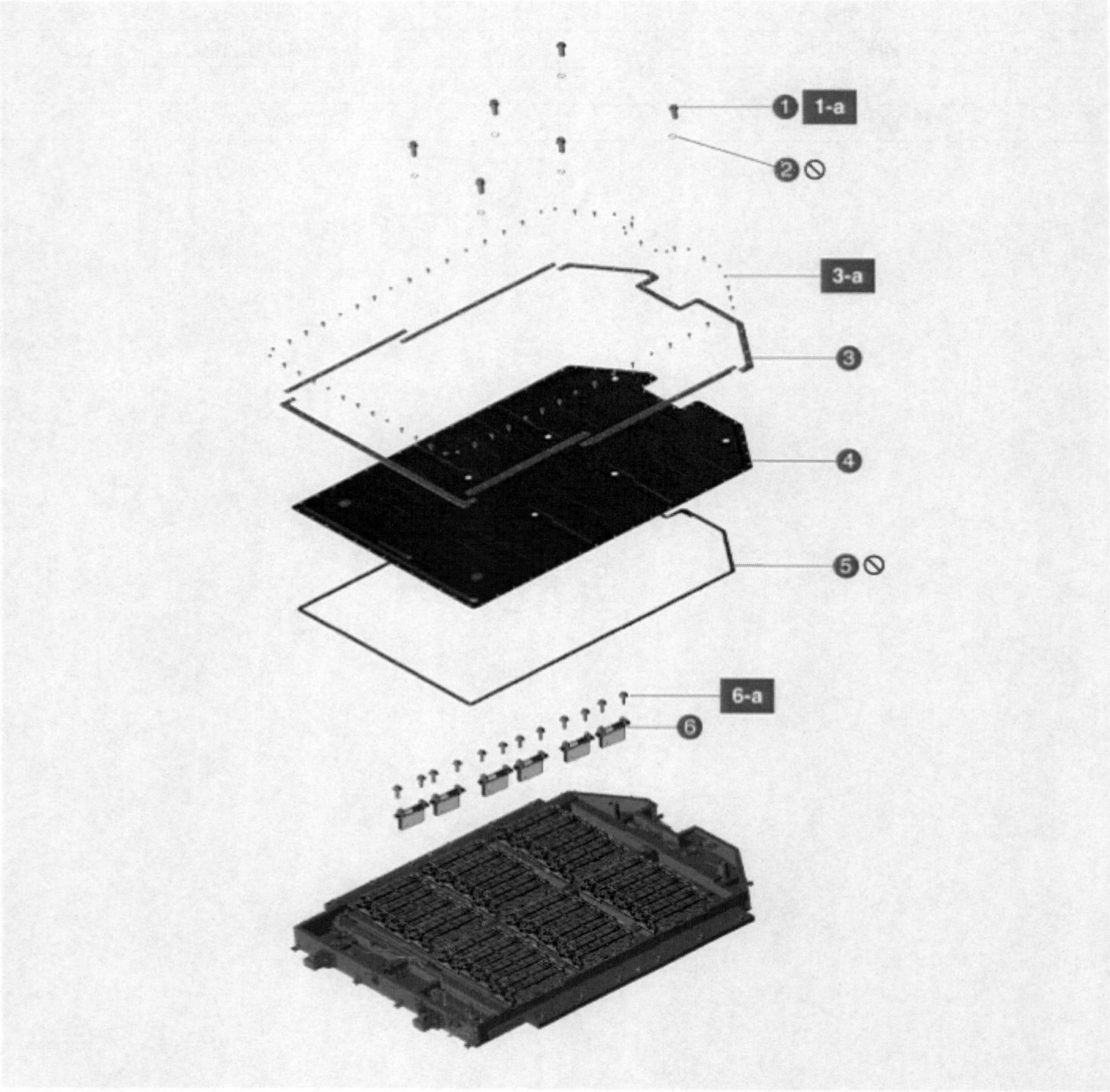

1. 상부 케이스 볼트 1-a. 10.5 ~ 15.8 kgf·m 2. O-링 3. 수밀 보강 브래킷 3-a. 1차 : 0.9 kgf·m 3-a. 2차 : 1.1 kgf·m	4. 상부 케이스 5. 수밀 개스킷 6. 셀 모니터링 유닛(CMU) 6-a. 1차 : 0.9 kgf·m 6-a. 2차 : 1.1 kgf·m

셀 모니터링 유닛(CMU) 커넥터 및 단자 정보

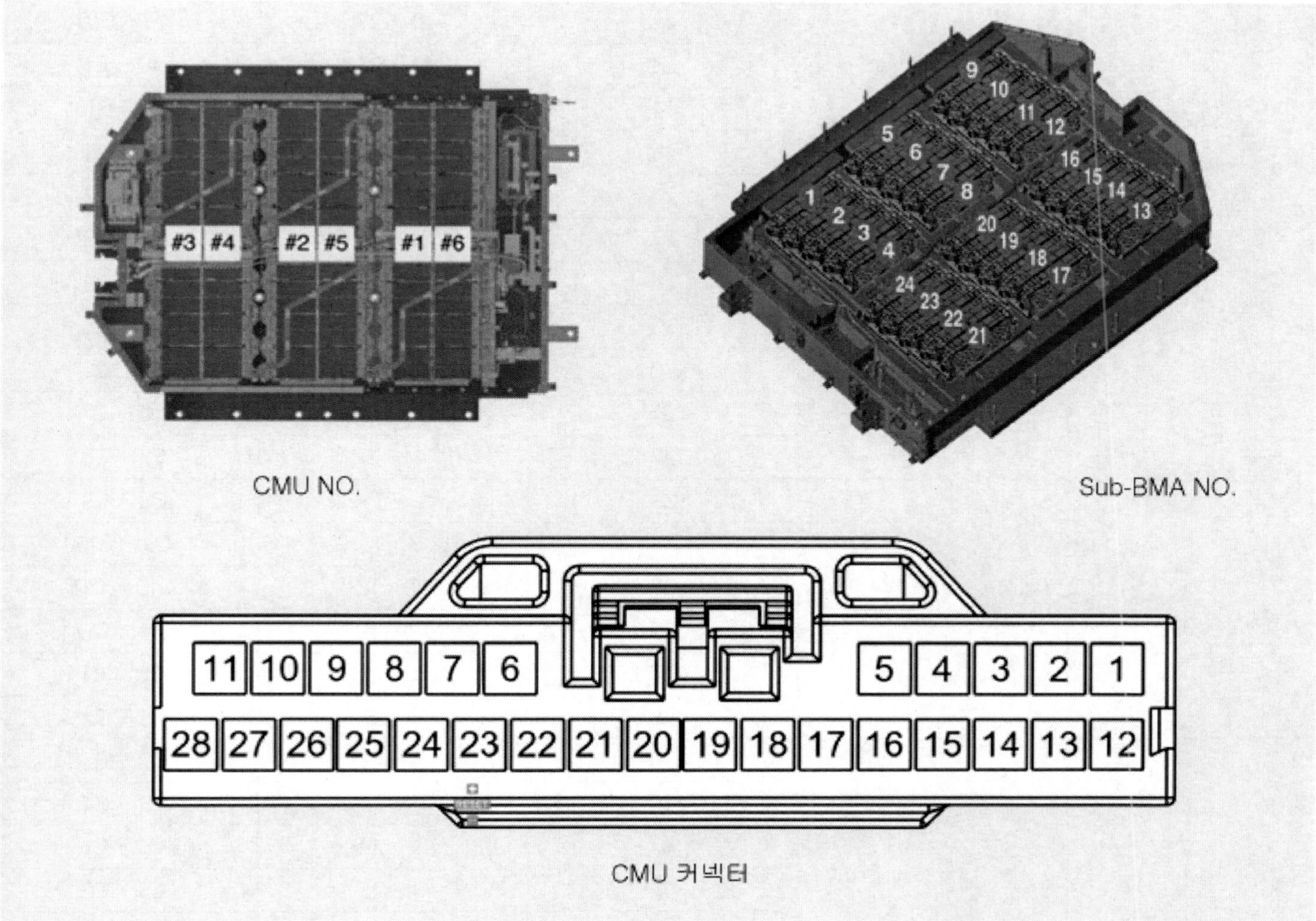

CMU NO.

Sub-BMA NO.

CMU 커넥터

셀 모니터링 유닛(CMU)	모듈	셀 번호	단자	ETM 회로도 단자
#1	1	1	1 - 12	C0 - C1
		2	1 - 13	C1 - C2
		3	2 - 13	C2 - C3
		4	2 - 14	C3 - C4
		5	3 - 14	C4 - C5
		6	3 - 15	C5 - C6
	2	7	4 - 15	C6 - C7
		8	4 - 16	C7 - C8
		9	5 - 15	C8 - C9
		10	5 - 17	C9 - C10
		11	17 - 18	C10 - C11
		12	18 - 19	C11 - C12
	3	13	6 - 22	C0 - C1
		14	6 -23	C1 - C2
		15	7 - 23	C2 - C3
		16	7 - 24	C3 - C4
		17	8 - 24	C4 - C5

#2		18	8 - 25	C5 - C6
		19	9 - 25	C6 - C7
		20	9 - 26	C7 - C8
	4	21	10 - 26	C8 - C9
		22	10 - 27	C9 - C10
		23	11 - 27	C10 - C11
		24	11 - 28	C11 - C12
		25	1 - 12	C0 - C1
		26	1 - 13	C1 - C2
	5	27	2 - 13	C2 - C3
		28	2 - 14	C3 - C4
		29	3 - 14	C4 - C5
		30	3 - 15	C5 - C6
		31	4 - 15	C6 - C7
		32	4 - 16	C7 - C8
	6	33	5 - 15	C8 - C9
		34	5 - 17	C9 - C10
		35	17 - 18	C10 - C11
		36	18 - 19	C11 - C12
		37	6 - 22	C0 - C1
		38	6 -23	C1 - C2
#3	7	39	7 - 23	C2 - C3
		40	7 - 24	C3 - C4
		41	8 - 24	C4 - C5
		42	8 - 25	C5 - C6
		43	9 - 25	C6 - C7
		44	9 - 26	C7 - C8
	8	45	10 - 26	C8 - C9
		46	10 - 27	C9 - C10
		47	11 - 27	C10 - C11
		48	11 - 28	C11 - C12
		49	1 - 12	C0 - C1
		50	1 - 13	C1 - C2
	9	51	2 - 13	C2 - C3
		52	2 - 14	C3 - C4
		53	3 - 14	C4 - C5
		54	3 - 15	C5 - C6
		55	4 - 15	C6 - C7
	10	56	4 - 16	C7 - C8
		57	5 - 15	C8 - C9
		58	5 - 17	C9 - C10
		59	17 - 18	C10 - C11
		60	18 - 19	C11 - C12

	11	61	6 - 22	C0 - C1
		62	6 -23	C1 - C2
		63	7 - 23	C2 - C3
		64	7 - 24	C3 - C4
		65	8 - 24	C4 - C5
	12	66	8 - 25	C5 - C6
		67	9 - 25	C6 - C7
		68	9 - 26	C7 - C8
		69	10 - 26	C8 - C9
		70	10 - 27	C9 - C10
		71	11 - 27	C10 - C11
	13	72	11 - 28	C11 - C12
		73	1 - 12	C0 - C1
		74	1 - 13	C1 - C2
		75	2 - 13	C2 - C3
		76	2 - 14	C3 - C4
		77	3 - 14	C4 - C5
	14	78	3 - 15	C5 - C6
		79	4 - 15	C6 - C7
		80	4 - 16	C7 - C8
		81	5 - 15	C8 - C9
		82	5 - 17	C9 - C10
		83	17 - 18	C10 - C11
#4	15	84	18 - 19	C11 - C12
		85	6 - 22	C0 - C1
		86	6 -23	C1 - C2
		87	7 - 23	C2 - C3
		88	7 - 24	C3 - C4
		89	8 - 24	C4 - C5
	16	90	8 - 25	C5 - C6
		91	9 - 25	C6 - C7
		92	9 - 26	C7 - C8
		93	10 - 26	C8 - C9
		94	10 - 27	C9 - C10
		95	11 - 27	C10 - C11
#5	17	96	11 - 28	C11 - C12
		97	1 - 12	C0 - C1
		98	1 - 13	C1 - C2
		99	2 - 13	C2 - C3
		100	2 - 14	C3 - C4
		101	3 - 14	C4 - C5
	18	102	3 - 15	C5 - C6
		103	4 - 15	C6 - C7

		104	4 - 16	C7 - C8
		105	5 - 15	C8 - C9
		106	5 - 17	C9 - C10
		107	17 - 18	C10 - C11
	19	108	18 - 19	C11 - C12
		109	6 - 22	C0 - C1
		110	6 -23	C1 - C2
		111	7 - 23	C2 - C3
		112	7 - 24	C3 - C4
		113	8 - 24	C4 - C5
	20	114	8 - 25	C5 - C6
		115	9 - 25	C6 - C7
		116	9 - 26	C7 - C8
		117	10 - 26	C8 - C9
		118	10 - 27	C9 - C10
		119	11 - 27	C10 - C11
	21	120	11 - 28	C11 - C12
		121	1 - 12	C0 - C1
		122	1 - 13	C1 - C2
		123	2 - 13	C2 - C3
		124	2 - 14	C3 - C4
		125	3 - 14	C4 - C5
#6	22	126	3 - 15	C5 - C6
		127	4 - 15	C6 - C7
		128	4 - 16	C7 - C8
		129	5 - 15	C8 - C9
		130	5 - 17	C9 - C10
		131	17 - 18	C10 - C11
	23	132	18 - 19	C11 - C12
		133	6 - 22	C0 - C1
		134	6 -23	C1 - C2
		135	7 - 23	C2 - C3
		136	7 - 24	C3 - C4
		137	8 - 24	C4 - C5
	24	138	8 - 25	C5 - C6
		139	9 - 25	C6 - C7
		140	9 - 26	C7 - C8
		141	10 - 26	C8 - C9
		142	10 - 27	C9 - C10
		143	11 - 27	C10 - C11
		144	11 - 28	C11 - C12

차상점검

⚠ 경 고

- 고전압 시스템 관련 작업 시, 관련 교육을 이수한 작업자가 정비를 진행한다. 고전압 시스템에 대한 이해가 부족한 경우 감전 또는 누전 등으로 인한 심각한 사고를 초래할 수 있다.
- 고전압 시스템 또는 주변 부품 작업 시, 반드시 "고전압 시스템 안전사항 및 주의, 경고" 내용을 숙지하고 준수해야 한다. 미준수 시, 감전 또는 누전 등으로 인한 심각한 사고를 초래할 수 있다.
- 고전압 시스템 작업 특성상, 개인보호장구(PPE) 및 사전 고전압 차단 절차를 반드시 확인한다.

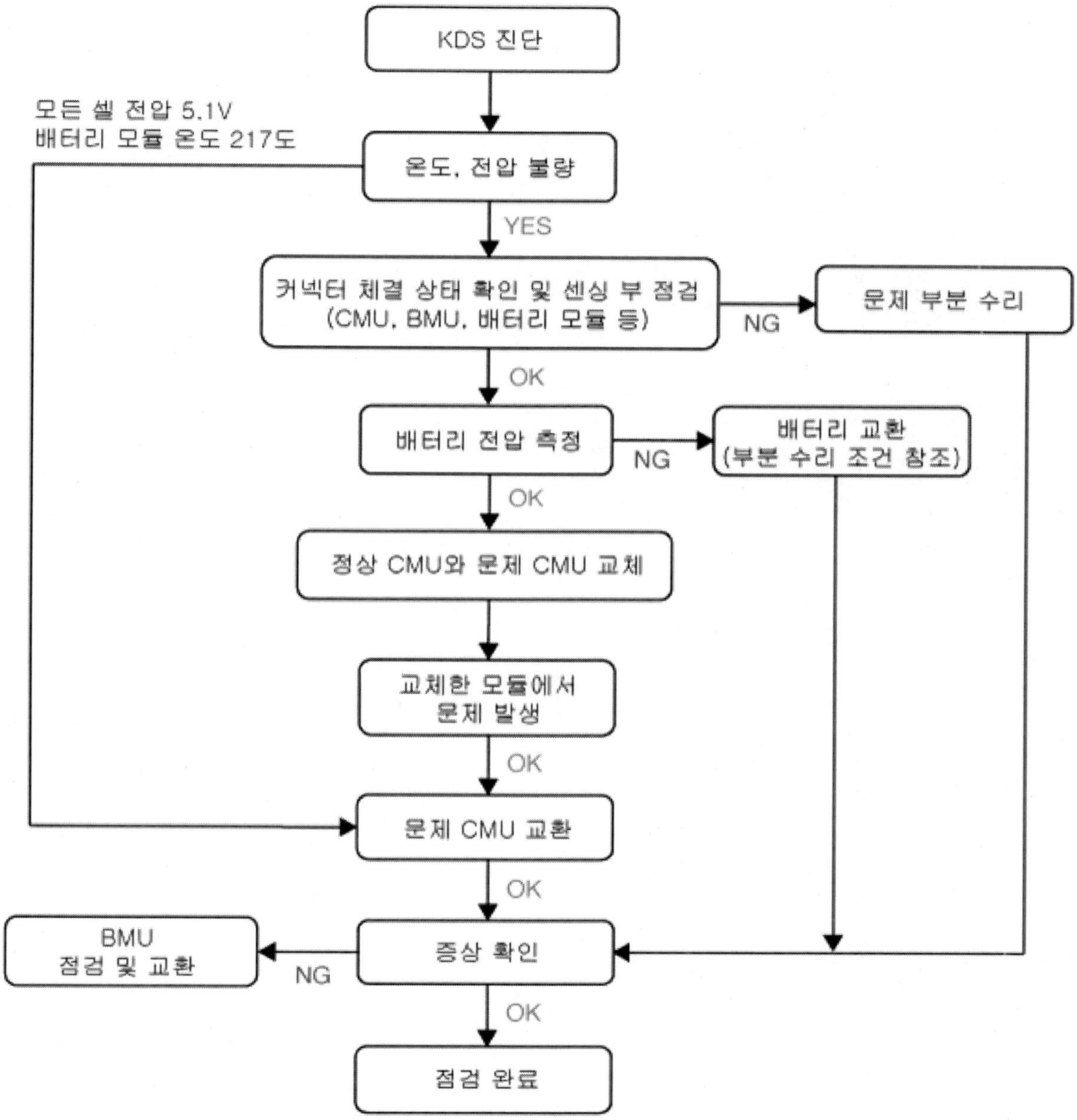

1. 진단 장비(KDS) 센서데이터를 확인한다.
2. 셀 전압 및 배터리 모듈 온도 관련 문제 발생 시 센싱 회로 부(CMU, 배터리 모듈, BMU, 센서 와이어링)를 점검한다.
3. 전압 및 온도 센싱 회로에 이상이 없을 경우 문제 발생 CMU와 정상 CMU를 바꿔서 장착한다.
4. 진단 장비(KDS)를 이용해 문제 발생 모듈 및 셀 번호가 바뀌었는지 확인한다

5. 문제 발생 모듈 및 셀 번호 변경 시 결함이 있는 CMU를 신품으로 교환한다.

탈거

⚠ 경 고

- 고전압 시스템 관련 작업 시, 관련 교육을 이수한 작업자가 정비를 진행한다. 고전압 시스템에 대한 이해가 부족한 경우 감전 또는 누전 등으로 인한 심각한 사고를 초래할 수 있다.
- 고전압 시스템 또는 주변 부품 작업 시, 반드시 "고전압 시스템 안전사항 및 주의, 경고" 내용을 숙지하고 준수해야 한다. 미준수 시, 감전 또는 누전 등으로 인한 심각한 사고를 초래할 수 있다.
- 고전압 시스템 작업 특성상, 개인보호장구(PPE) 및 사전 고전압 차단 절차를 반드시 확인한다.

ⓘ 참 고

아래 셀 모니터링 유닛(CMU) 탈거 절차는 #6에 대한 절차이다. 나머지 CMU도 동일한 방법으로 진행한다.

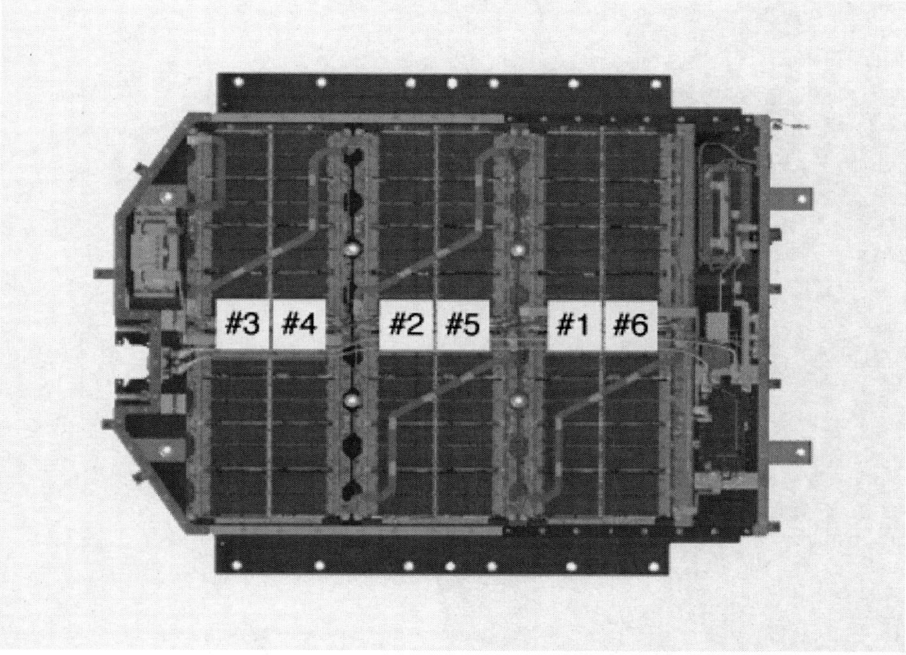

1. 배터리 시스템 어셈블리(BSA) 상부 케이스를 탈거한다.
   (고전압 배터리 시스템 - "케이스" 참조)
2. 볼트와 너트를 풀어 버스 바(A)를 탈거한다.

체결토크 : 0.8 ~ 1.2 kgf·m

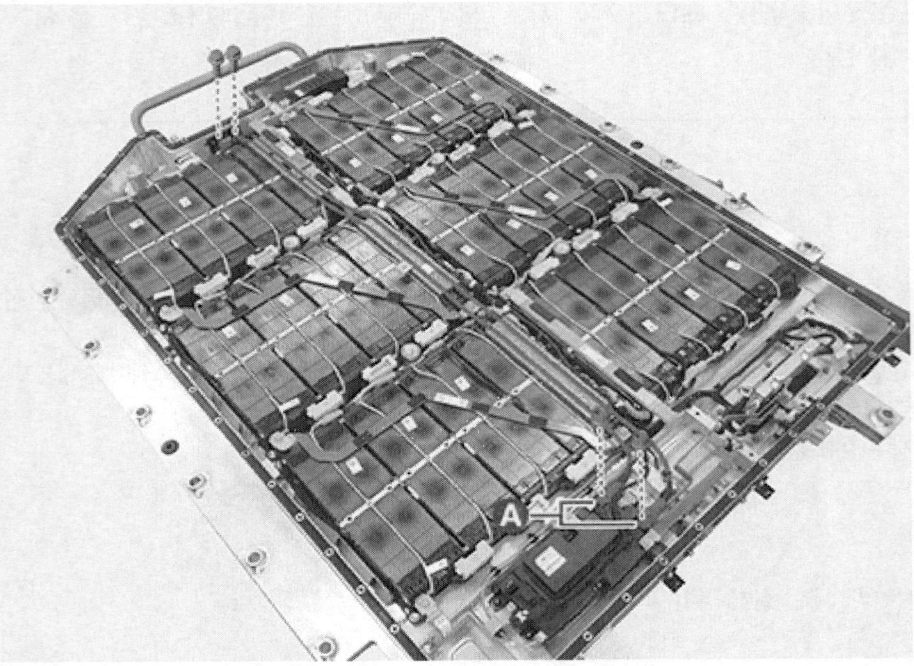

3. 모든 셀 모니터링 유닛(CMU)에 분기 커넥터(A)를 분리한다.

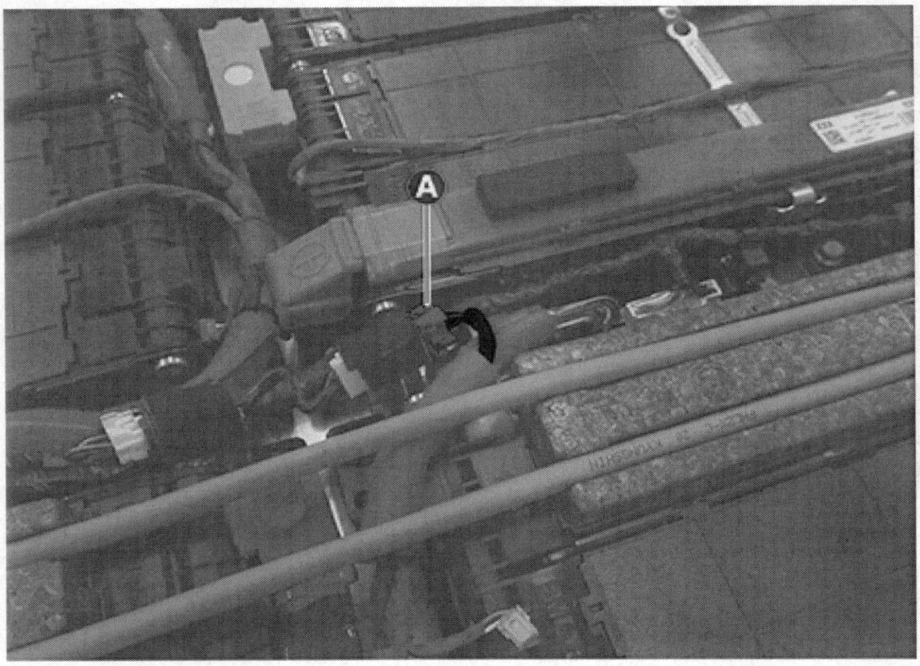

> **참 고**
>
> 분기 커넥터의 위치는 아래를 참고한다.

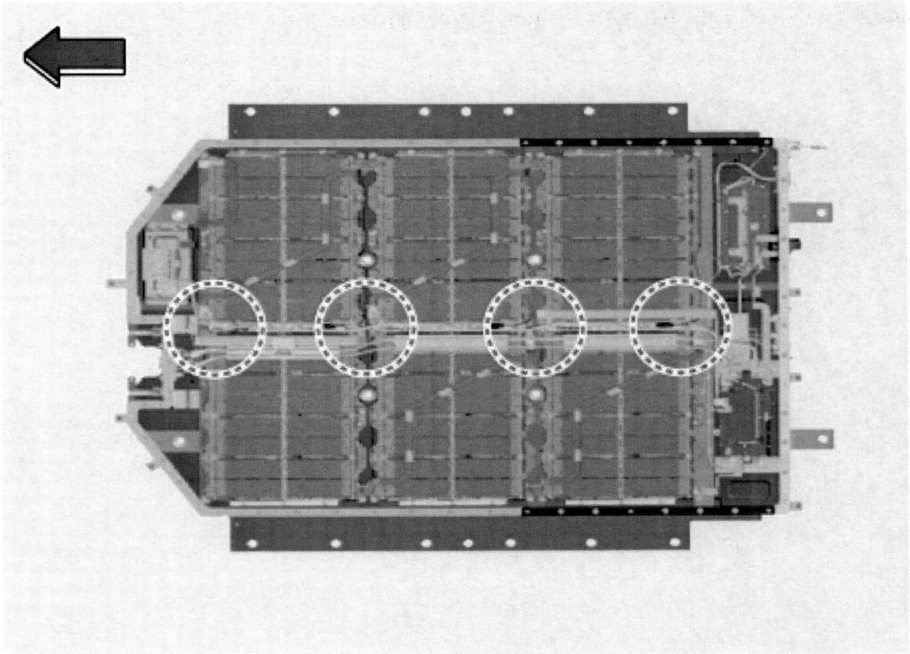

4. 모든 셀 모니터링 유닛(CMU)에 전압 센싱 커넥터(A)를 분리한다.

⚠ 경 고

전위차 발생으로 배터리 모듈 어셈블리(BMA) 내부 회로 상 쇼트나 CMU 내부 회로에 서지 전압 발생을 방지하기 위하여 하기 절차를 필히 준수 한다.

- 셀 모니터링 유닛(CMU) 커넥터 탈거 시, 반드시 CMU#6>#5>#4>#3>#2>#1 순서로 분리한다.
- CMU를 개별적으로 교환하더라고 모든 커넥터는 순서대로 분리해야한다.
- CMU의 검정색 커넥터가 전압 센싱 커넥터이다.
- CMU 번호는 아래 이미지를 참고한다.

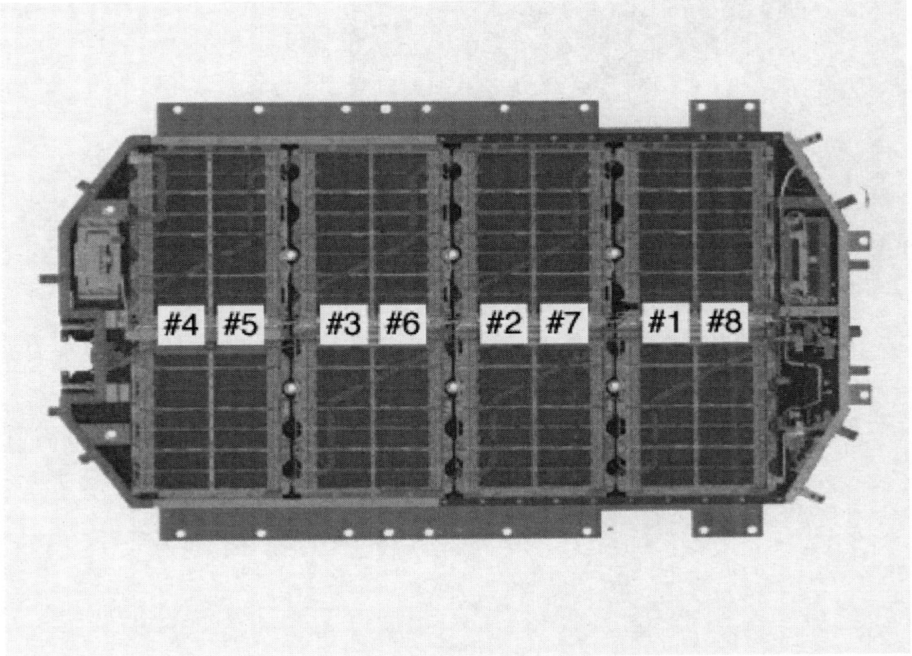

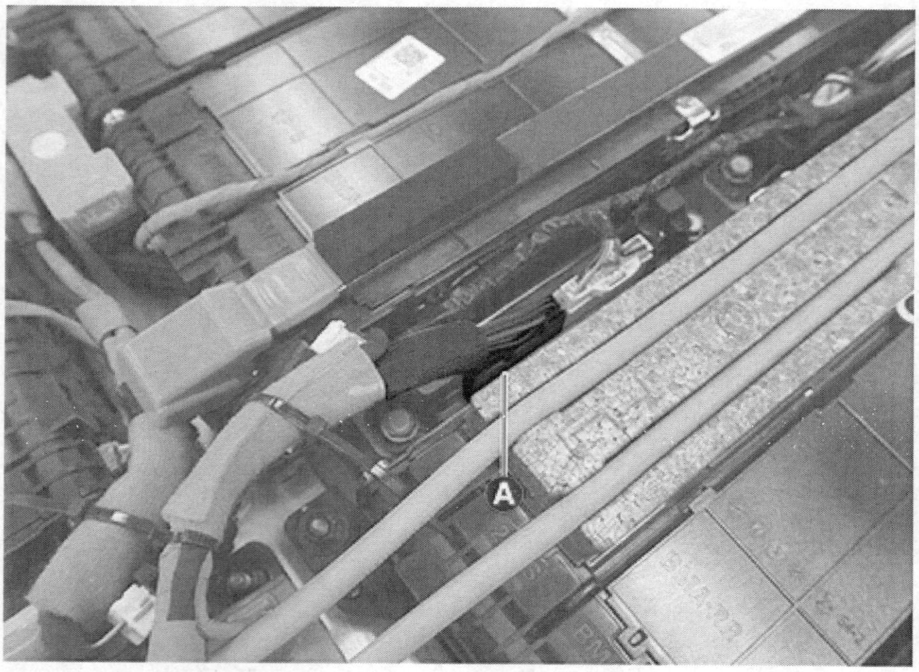

5. 셀 모니터링 유닛(CMU)에 비동기 통신 커넥터(A)를 분리한다.

6. 볼트를 풀어 CMU(A)를 들어올린다.

체결토크
1차 : 0.9 kgf·m
2차 : 1.1 kgf·m

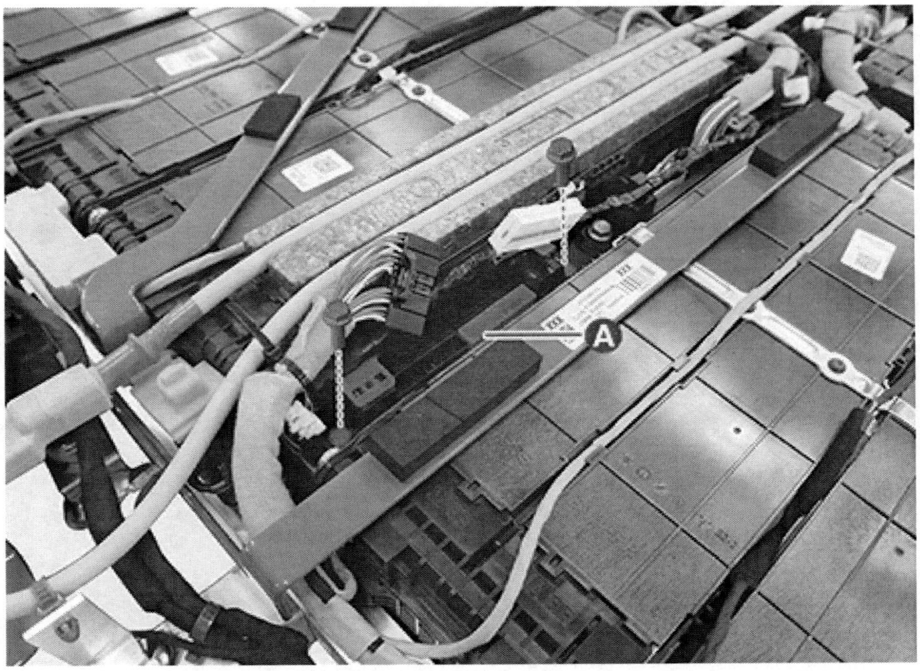

7. 와이어링 클립(B)을 해제하여 CMU(A)를 분리한다.

장착

⚠ 경 고

- 고전압 시스템 관련 작업 시, 관련 교육을 이수한 작업자가 정비를 진행한다. 고전압 시스템에 대한 이해가 부족한 경우 감전 또는 누전 등으로 인한 심각한 사고를 초래할 수 있다.
- 고전압 시스템 또는 주변 부품 작업 시, 반드시 "고전압 시스템 안전사항 및 주의, 경고" 내용을 숙지하고 준수해야 한다. 미준수 시, 감전 또는 누전 등으로 인한 심각한 사고를 초래할 수 있다.
- 고전압 시스템 작업 특성상, 개인보호장구(PPE) 및 사전 고전압 차단 절차를 반드시 확인한다.

1. 장착은 탈거의 역순으로 한다.

유 의

- 셀 모니터링 유닛 (CMU) 장착 시 규정 토크를 준수하여 장착한다.
- CMU를 떨어뜨렸을 경우, 보이지 않는 손상이 유발될 수 있으니 신품으로 교환한다. (재사용 금지)

- 셀 모니터링 유닛(CMU) 커넥터 장착 시, 반드시 CMU#1>#2>#3>#4>#5>#6 순서로 장착한다.

2. 배터리 시스템 어셈블리(BSA) 상부 케이스 장착 전, 진단 장비(KDS)를 이용하여 고전압 배터리팩 커넥터 체결검사를 실시한다. (부가기능 → 배터리 매니지먼트 시스템(BMS) → 고전압 배터리 팩 체결 검사)

제원

메인 릴레이

항목	제원
정격 전압(V)	12
작동 전압(V)	0.5 ~ 9
코일 저항(Ω)	21.6 ~ 26.4 (20°C)

프리 차지 릴레이

항목	제원
타입	기계식 릴레이
정격 전압(V)	610
정격 전류(A)	12

배터리 전류 센서

대전류 (A)	출력 전압 (V)
-750 (충전)	0.5
0	2.5
750 (방전)	4.5

저전류 (A)	출력 전압 (V)
-75	0.5
0	2.5
75	4.5

구성부품

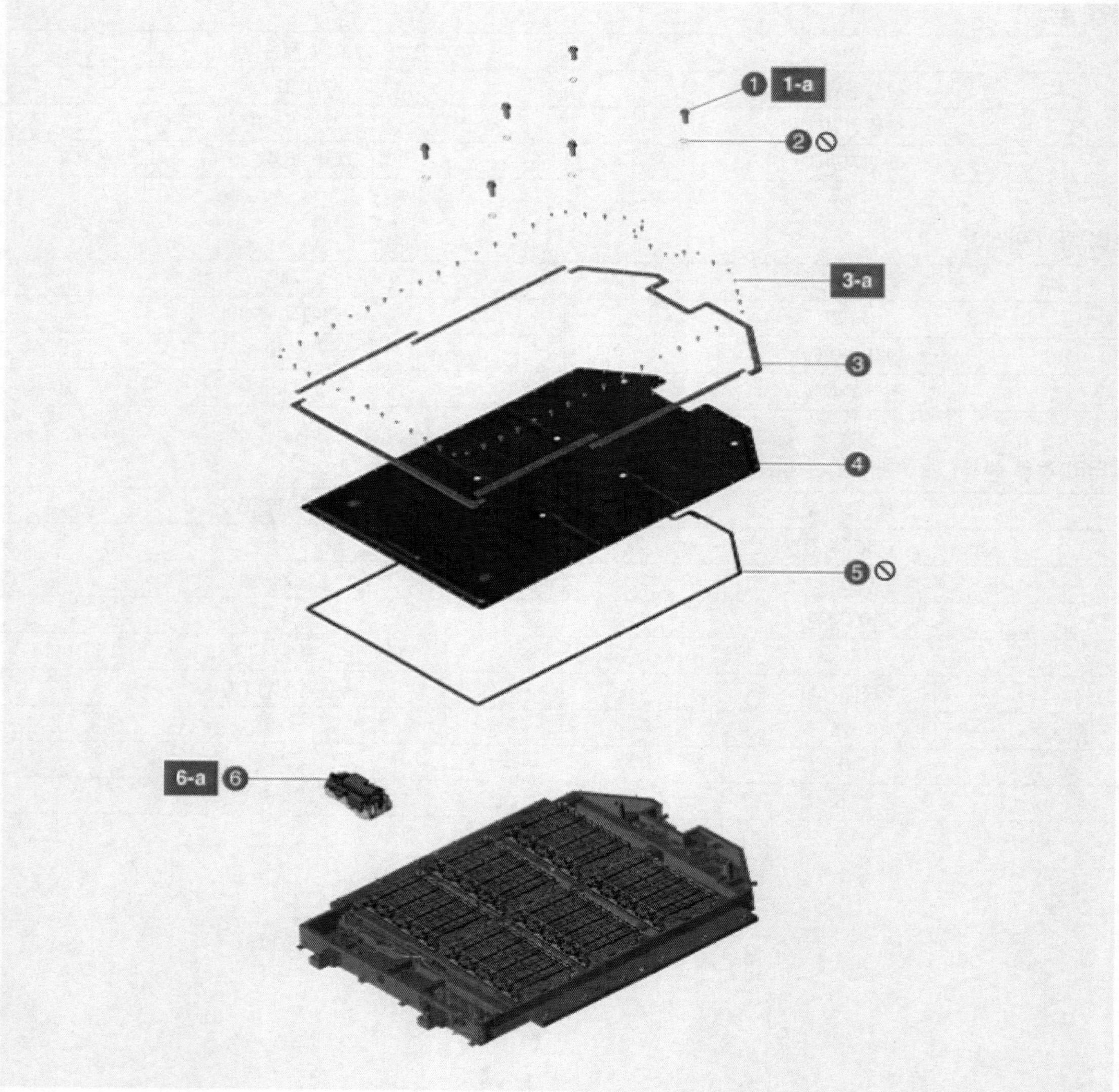

1. 상부 케이스 볼트 1-a. 10.5 ~ 15.8 kgf·m 2. O-링 3. 수밀 보강 브래킷 3-a. 1차 : 0.9 kgf·m 3-a. 2차 : 1.1 kgf·m	4. 상부 케이스 5. 수밀 개스킷 6. 파워 릴레이 어셈블리(PRA) 6-a. 0.8 ~ 1.2 kgf·m

부품위치

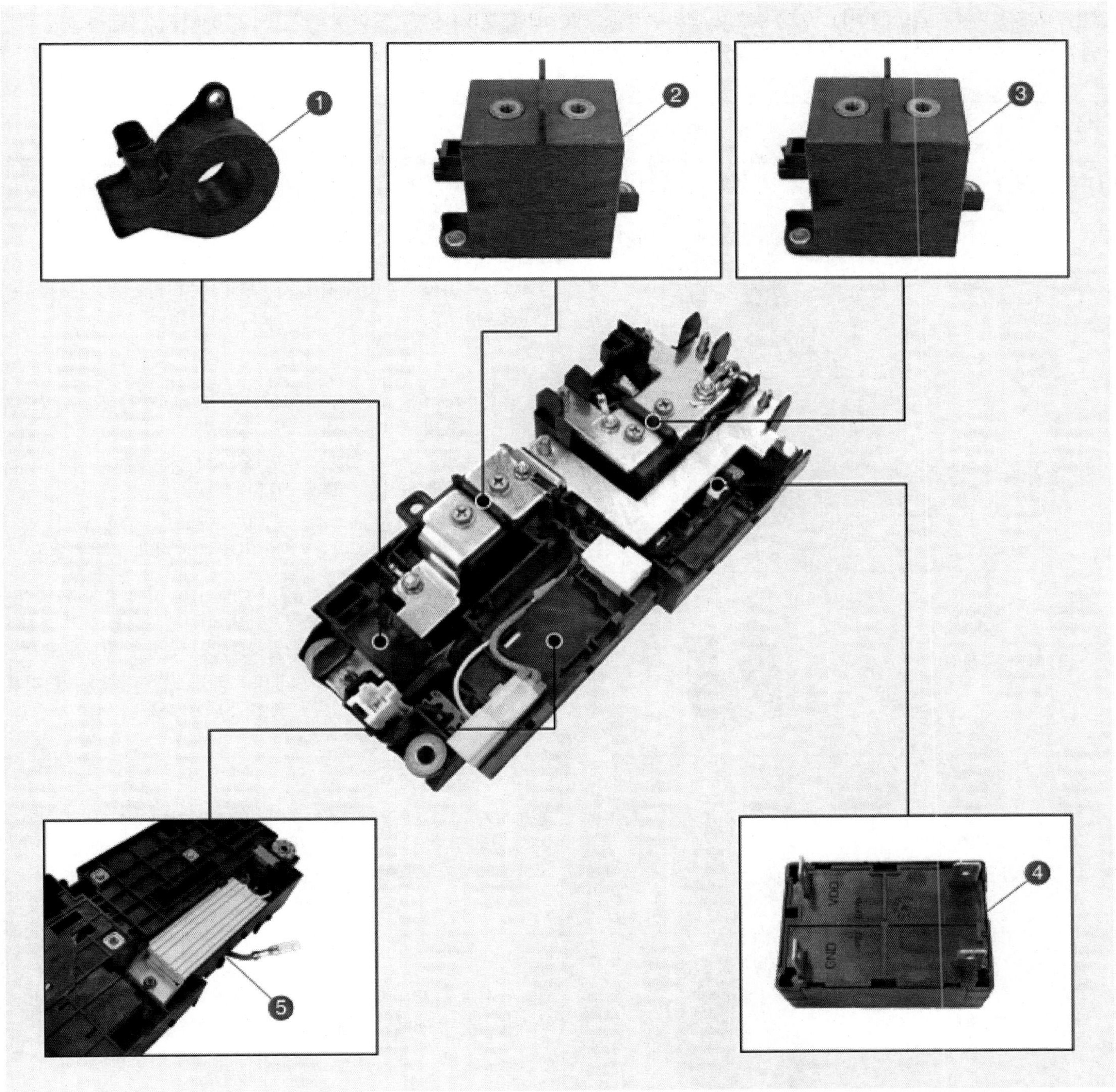

1. 배터리 전류 센서 2. 메인 릴레이 (-) 3. 메인 릴레이 (+)	4. 프리 차지 릴레이 5. 프리 차지 레지스터

개요

항목	형상	개요
파워 릴레이 어셈블리 (PRA)		배터리 매니지먼트 유닛(BMU)의 제어를 받는 릴레이(메인 릴레이, 프리 차지 릴레이, 프리 차지 레지스터)와 배터리 전류 센서로 구성되어 있다.
메인 릴레이		• 메인 릴레이는 파워 릴레이 어셈블리(PRA)에 장착되어 있으며 (+), (-) 메인 릴레이로 구성되어 있다. • BMU 제어 신호에 의해 고전압 정션 박스와 고전압 배터리의 전원을 연결시키는 역할을 한다. • 고전압 배터리 셀 과충전으로 배터리 셀이 부풀어 오르는 상황이 오면 메인 릴레이 (+, -), 프리 차지 릴레이가 차단된다.
프리 차지 릴레이		• 프리 차지 릴레이(Pre-Charge Relay)는 파워 릴레이 어셈블리(PRA)에 장착되어 있으며 인버터의 커패시터를 초기 충전할 때 고전압 배터리와 고전압 회로를 연결하는 기능을 한다. • IG ON을 하면 프리 차지 릴레이와 레지스터를 통해 흐른 전류가 인버터 내에 커패시터에 충전이 되고, 충전이 완료 되면 프리 차지 릴레이는 OFF 된다.
프리 차지 레지스터	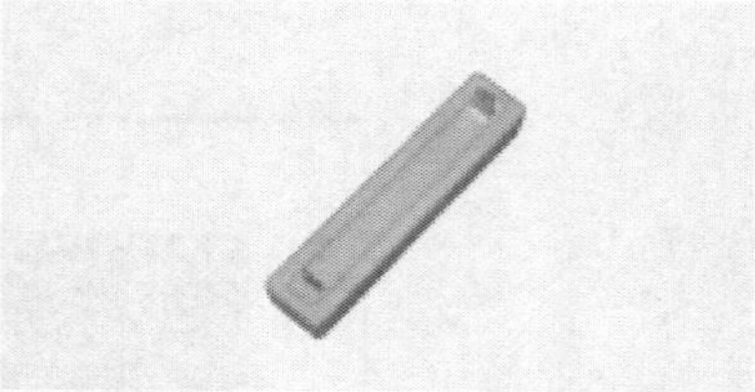	프리 차지 레지스터는 파워 릴레이 어셈블리(PRA)에 장착되어 있으며, 인버터의 커패시터를 초기 충전할 때 충전 전류를 제한하여 고전압 회로를 보호한다.
배터리 전류 센서		배터리 전류 센서는 파워 릴레이 어셈블리(PRA) 내부에 장착되어 있으며 고전압 배터리의 충전 및 방전 시 전류를 측정하는 센서이다.

작동원리

IG START

① 메인 릴레이 (-) ON → ② 프리 차지 릴레이 ON → ③ 캐패시터 충전 → ④ 메인 릴레이 (+) ON → ⑤ 프리 차지 릴레이 OFF

IG OFF

① 메인 릴레이 (+)(-) OFF

차상점검

⚠ 경 고

- 고전압 시스템 관련 작업 시, 관련 교육을 이수한 작업자가 정비를 진행한다. 고전압 시스템에 대한 이해가 부족한 경우 감전 또는 누전 등으로 인한 심각한 사고를 초래할 수 있다.
- 고전압 시스템 또는 주변 부품 작업 시, 반드시 "고전압 시스템 안전사항 및 주의, 경고" 내용을 숙지하고 준수해야 한다. 미준수 시, 감전 또는 누전 등으로 인한 심각한 사고를 초래할 수 있다.
- 고전압 시스템 작업 특성상, 개인보호장구(PPE) 및 사전 고전압 차단 절차를 반드시 확인한다.

프리 차지 릴레이 작동 점검

1. 고전압 차단 절차를 수행한다.
   (배터리 제어 시스템 (기본형) - "고전압 차단 절차" 참조)
2. IG ON한다.
3. 진단 장비(KDS) 강제 구동의 메인 릴레이 (-) ON & 프리 차지 릴레이 ON 을 통해 프리 차지 릴레이 작동 상태를 점검한다.
4. 고전압 배터리 시스템 커넥터 (+) 단자와 (-) 단자 사이의 전압을 측정한다.

제원 : 0 V 이상

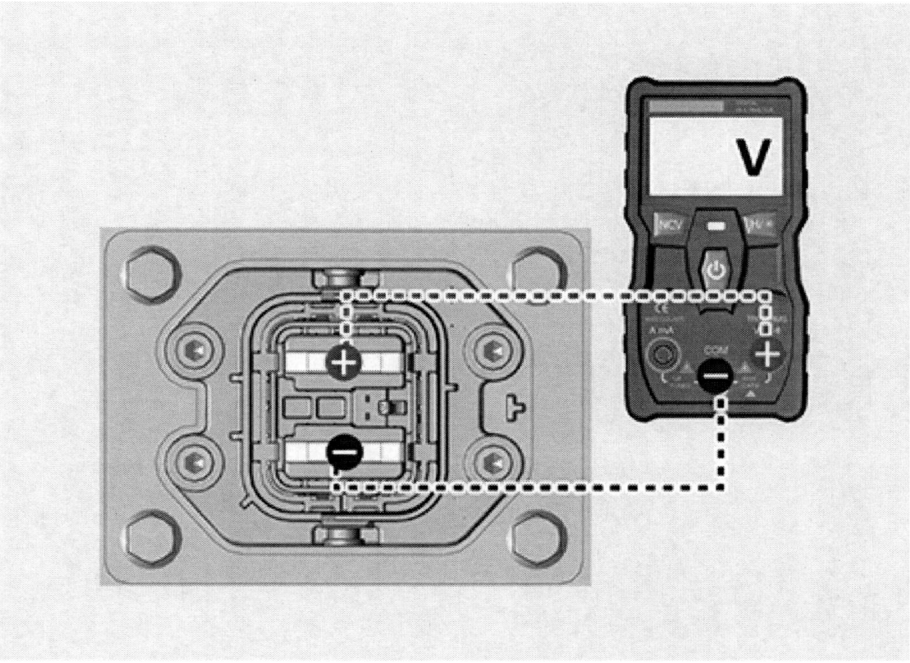

5. 측정 값이 정상이면 메인 릴레이 작동 점검을 실시한다.
6. 측정 값이 비정상이면 파워 릴레이 어셈블리(PRA)를 교환한다.
   (파워 릴레이 어셈블리 (PRA) - "탈거 및 장착" 참조)

메인 릴레이 작동 점검

1. 고전압 차단 절차를 수행한다.
   (배터리 제어 시스템 (기본형) - "고전압 차단 절차" 참조)
2. IG ON한다.
3. 진단 장비(KDS) 강제 구동의 메인 릴레이 (-) ON 또는 메인 릴레이 (+) ON 을 통해 메인 릴레이 작동 상태를 점검한다.
4. 고전압 배터리 시스템 커넥터 (+) 단자와 (-) 단자 사이의 전압을 측정한다.

제원 : 0 V

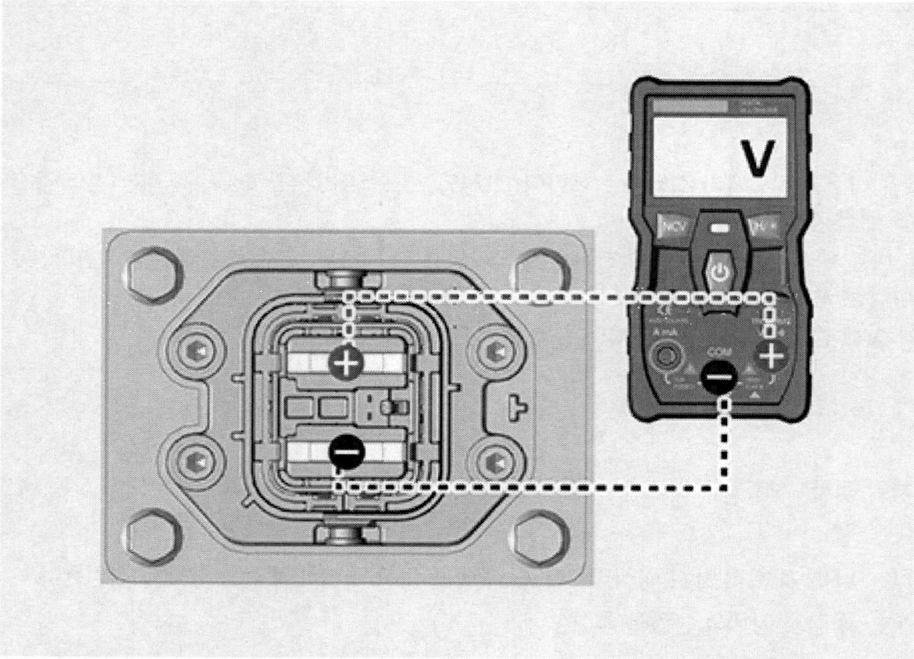

5. 측정 값이 정상이면 고전압 부품 및 A/C 컴프레셔 점검을 실시한다.
6. 측정 값이 비정상이면 파워 릴레이 어셈블리(PRA)를 교환한다.
   (파워 릴레이 어셈블리 (PRA) - "탈거 및 장착" 참조)

탈거

⚠ 경 고

- 고전압 시스템 관련 작업 시, 관련 교육을 이수한 작업자가 정비를 진행한다. 고전압 시스템에 대한 이해가 부족한 경우 감전 또는 누전 등으로 인한 심각한 사고를 초래할 수 있다.
- 고전압 시스템 또는 주변 부품 작업 시, 반드시 "고전압 시스템 안전사항 및 주의, 경고" 내용을 숙지하고 준수해야 한다. 미준수 시, 감전 또는 누전 등으로 인한 심각한 사고를 초래할 수 있다.
- 고전압 시스템 작업 특성상, 개인보호장구(PPE) 및 사전 고전압 차단 절차를 반드시 확인한다.

1. 배터리 시스템 어셈블리(BSA) 상부 케이스를 탈거한다.
   (고전압 배터리 시스템 - "케이스" 참조)
2. 커넥터(A, B, C, D, E)를 분리한다.

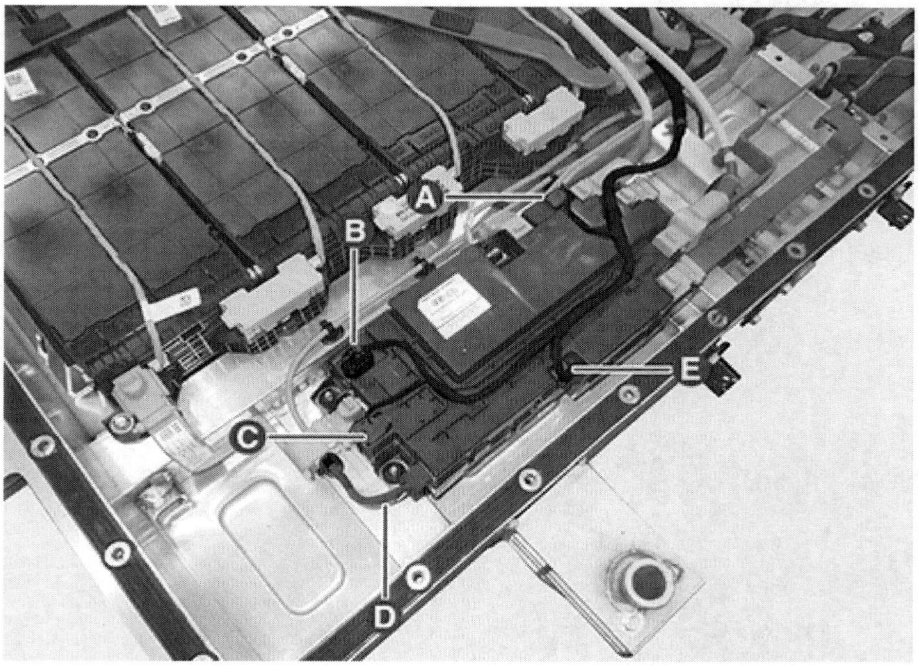

3. 와이어링(A)을 분리한다.

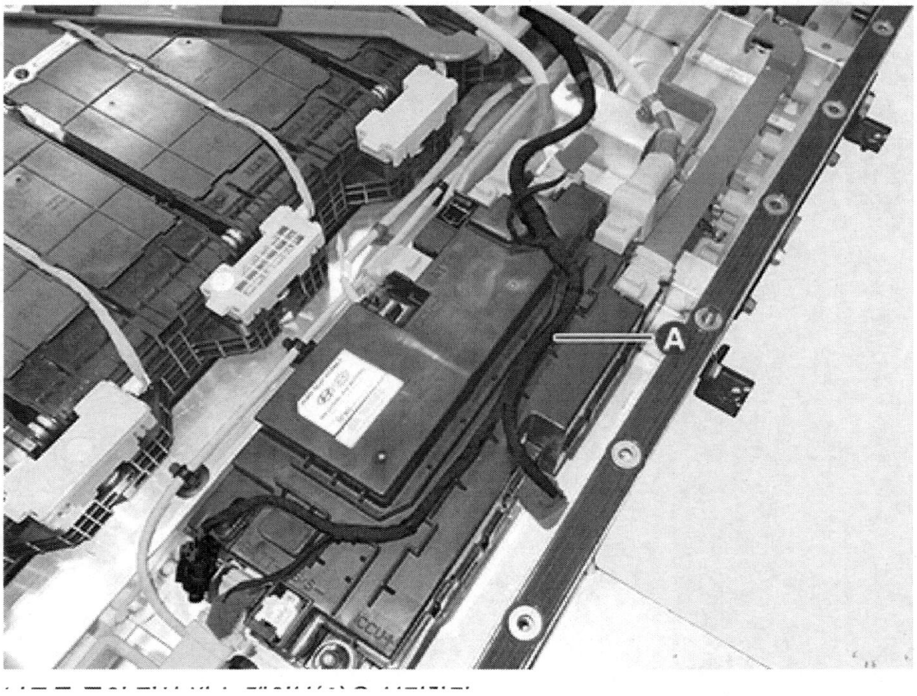

4. 너트를 풀어 정션 박스 케이블(A)을 분리한다.

체결토크 : 0.8 ~ 1.2 kgf·m

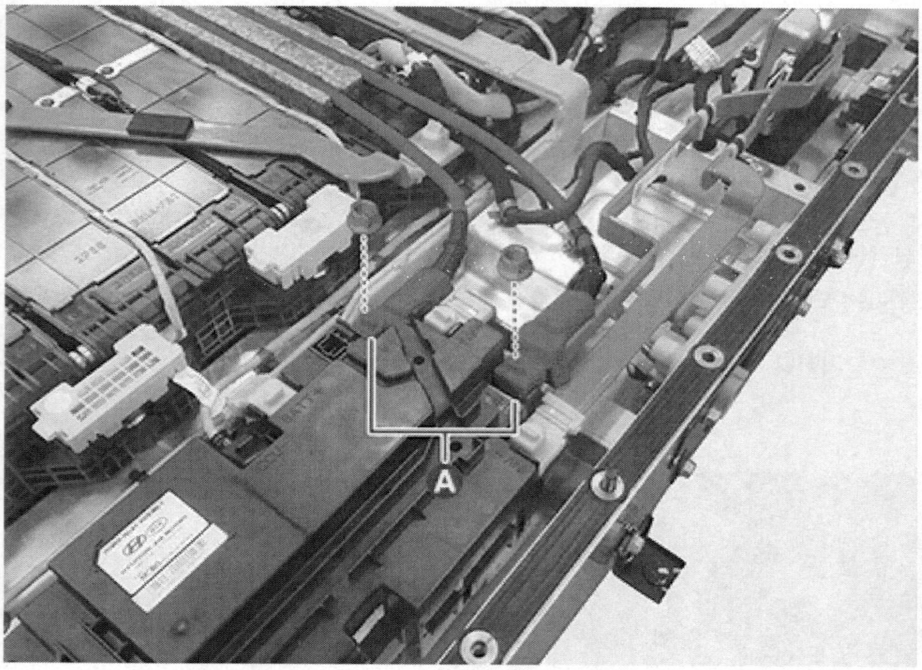

5. 볼트와 너트를 풀고 파스너를 해제한 후, 인버터 버스 바(A)를 탈거한다.

체결토크 : 0.8 ~ 1.2 kgf·m

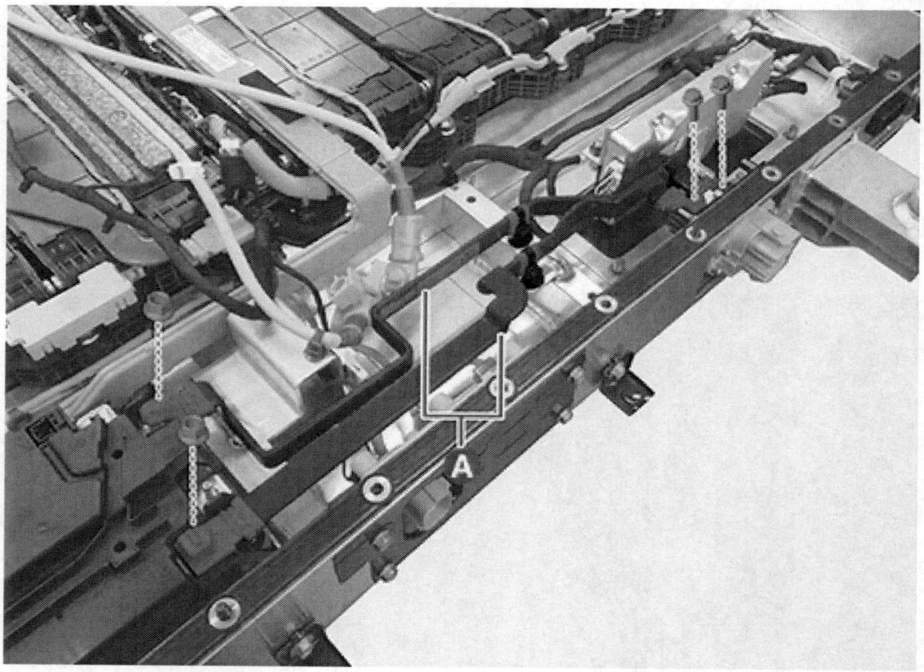

6. 볼트와 너트를 풀어 버스 바(A)를 탈거한다.

체결토크 : 0.8 ~ 1.2 kgf·m

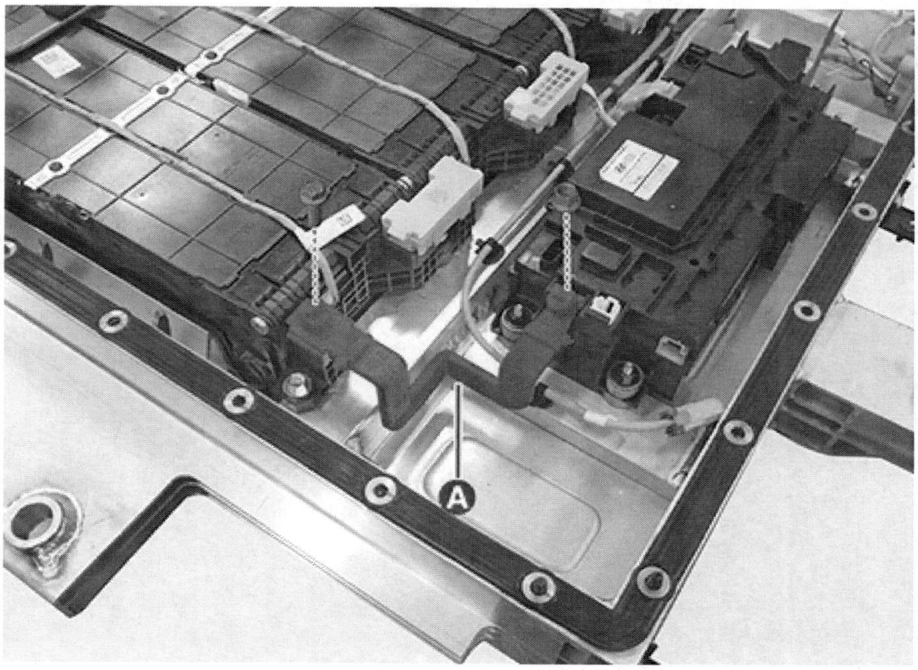

7. 버스 바(A)를 탈거한다.

체결토크 : 0.8 ~ 1.2 kgf·m

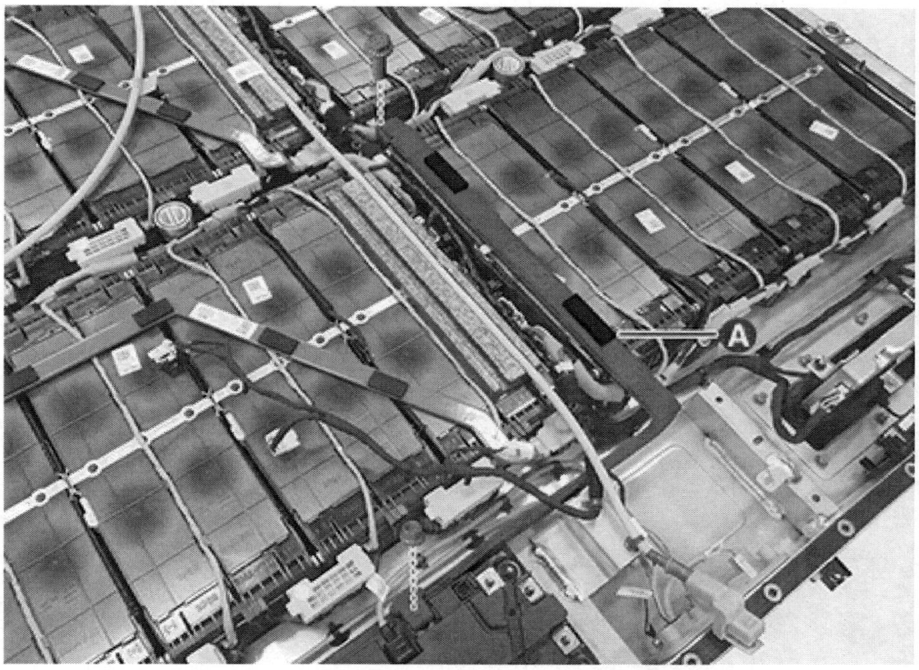

8. 너트를 풀어 통합 충전 제어 유닛(ICCU) 케이블(A)을 분리한다.

체결토크 : 0.8 ~ 1.2 kgf·m

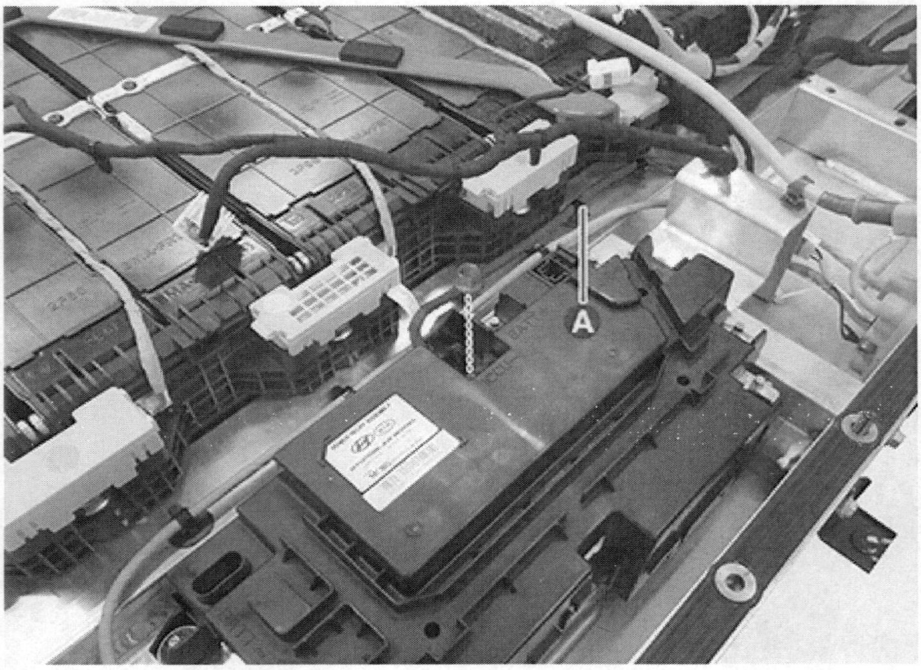

9. 너트를 풀어 파워 릴레이 어셈블리(PRA)(A)를 탈거한다.

체결토크 : 0.8 ~ 1.2 kgf·m

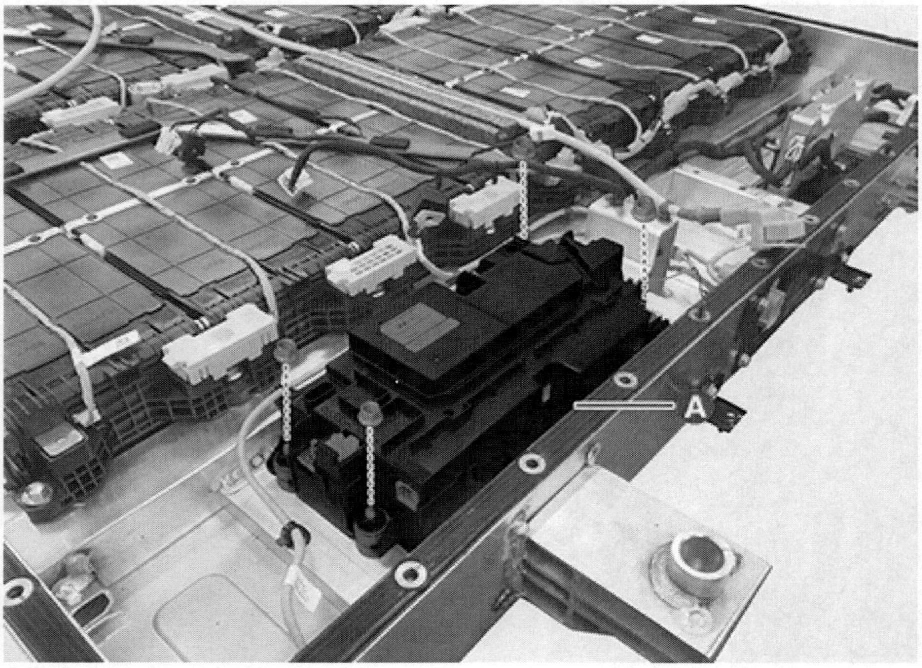

장착

> **⚠ 경 고**
>
> - 고전압 시스템 관련 작업 시, 관련 교육을 이수한 작업자가 정비를 진행한다. 고전압 시스템에 대한 이해가 부족한 경우 감전 또는 누전 등으로 인한 심각한 사고를 초래할 수 있다.
> - 고전압 시스템 또는 주변 부품 작업 시, 반드시 "고전압 시스템 안전사항 및 주의, 경고" 내용을 숙지하고 준수해야 한다. 미준수 시, 감전 또는 누전 등으로 인한 심각한 사고를 초래할 수 있다.
> - 고전압 시스템 작업 특성상, 개인보호장구(PPE) 및 사전 고전압 차단 절차를 반드시 확인한다.

1. 장착은 탈거의 역순으로 한다.

유 의

- 파워 릴레이 어셈블리(PRA) 장착 시 규정 토크를 준수하여 장착한다.
- PRA를 떨어뜨렸을 경우, 보이지 않은 손상이 유발될 수 있으니 신품으로 교환한다. (재사용 금지)

2. 배터리 시스템 어셈블리(BSA) 상부 케이스 장착 전, 진단 장비(KDS)를 이용하여 고전압 배터리팩 커넥터 체결검사를 실시한다. (부가기능 → 배터리 매니지먼트 시스템(BMS) → 고전압 배터리 팩 체결 검사)

점검

경 고

- 고전압 시스템 관련 작업 시, 관련 교육을 이수한 작업자가 정비를 진행한다. 고전압 시스템에 대한 이해가 부족한 경우 감전 또는 누전 등으로 인한 심각한 사고를 초래할 수 있다.
- 고전압 시스템 또는 주변 부품 작업 시, 반드시 "고전압 시스템 안전사항 및 주의, 경고" 내용을 숙지하고 준수해야 한다. 미 준수 시, 감전 또는 누전 등으로 인한 심각한 사고를 초래할 수 있다.
- 고전압 시스템 작업 특성상, 개인보호장구(PPE) 및 사전 고전압 차단 절차를 반드시 확인한다.

유 의

- 파워 릴레이 어셈블리(PRA)는 부분 수리가 불가능하므로 교환 필요 시 파워 릴레이 어셈블리(PRA)를 교환한다.
- PRA 내부 분해할 경우 PRA 재사용을 금지한다. (볼트 및 너트 체결 등이 발열에 주요 원인으로 PRA 과열 문제 및 화재 사고와 관련 되어 재사용을 금지한다.)
- 프리 차지 저항 점검 시, 내부 볼트 및 너트를 해제하지 않고 점검한다.
- PRA 점검 시, 프리 차지 레지스터 점검 후 릴레이를 점검하는 것이 효율적이다. (프리 차지 레지스터 소손 시, PRA 상태에서 프리 차지 릴레이를 점검하기 어렵다.)

파워 릴레이 어셈블리 (PRA) 점검

1. 파워 릴레이 어셈블리(PRA) 단품을 점검한다.
   (파워 릴레이 어셈블리 (PRA) - "차상 점검" 참조)

프리 차지 레지스터 점검

1. 파워 릴레이 어셈블리(PRA)를 탈거한다.
   (파워 릴레이 어셈블리 (PRA) - "탈거 및 장착" 참조)
2. 프리 차지 레지스터 저항을 측정한다.

제원 : 55 Ω

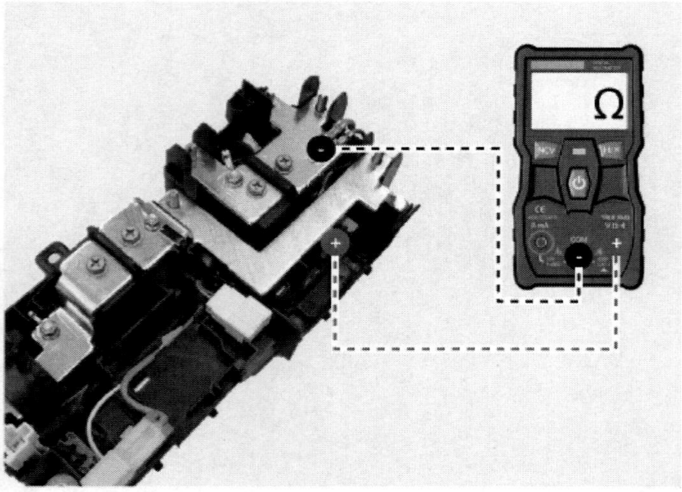

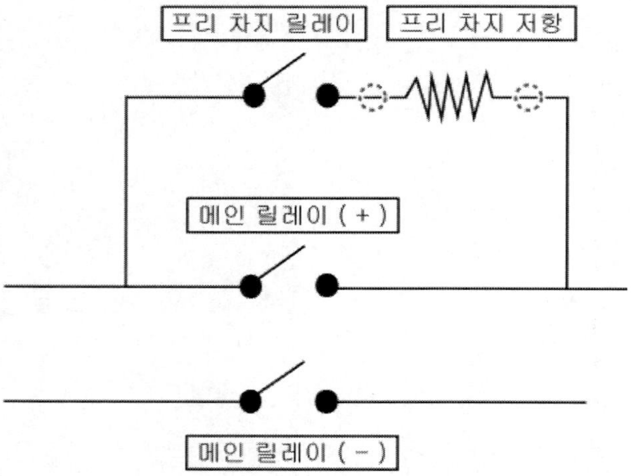

프리 차지 릴레이 점검

1. 파워 릴레이 어셈블리(PRA)를 탈거한다.

(파워 릴레이 어셈블리 (PRA) - "탈거 및 장착" 참조)

2. 프리 차지 릴레이를 점검한다.

(1) 디지털 테스터를 이용해 배터리 (+) 단자와 인버터 (+) 단자간 저항을 측정하여 융착 상태를 점검한다.

제원 : 55 Ω

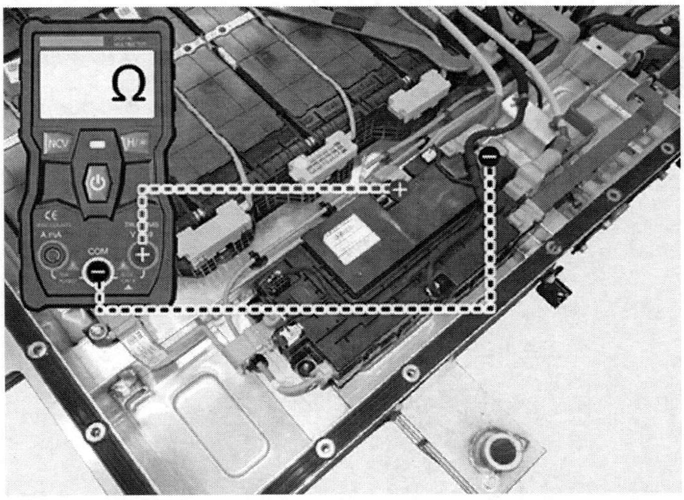

(2) 디지털 테스터를 이용해 배터리 (+) 단자와 인버터 (+) 단자간 저항을 측정하여 작동 상태를 점검한다.

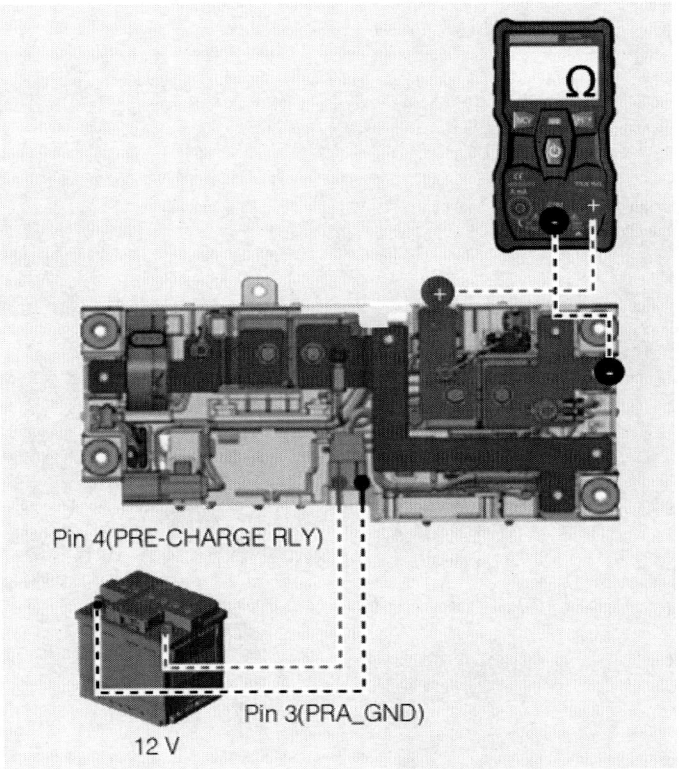

항목	제원
프리 차지 릴레이 12 V ON (Ω)	50 ~ 60
프리 차지 릴레이 12 V OFF (Ω)	∞

메인 릴레이 점검

1. 파워 릴레이 어셈블리(PRA)를 탈거한다.
(파워 릴레이 어셈블리 (PRA) - "탈거 및 장착" 참조)

2. 메인 릴레이를 점검한다.

항목	릴레이 OFF	릴레이 ON

<table>
<tr><td>메인릴레이(+)</td><td>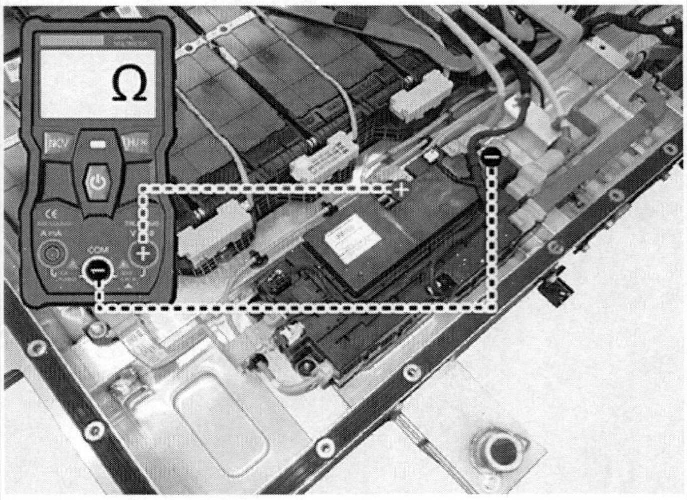
</td><td>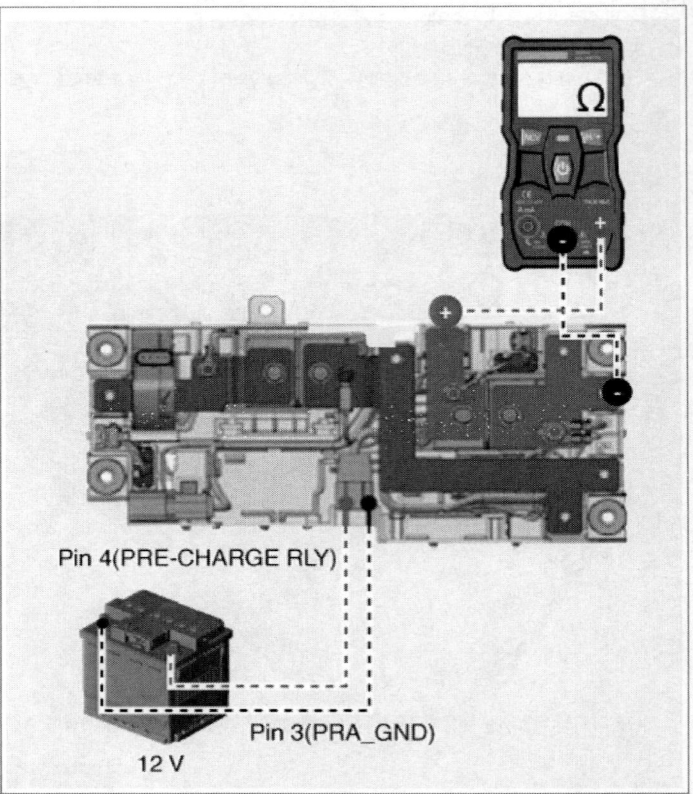
</td></tr>
<tr><td>메인릴레이(-)</td><td>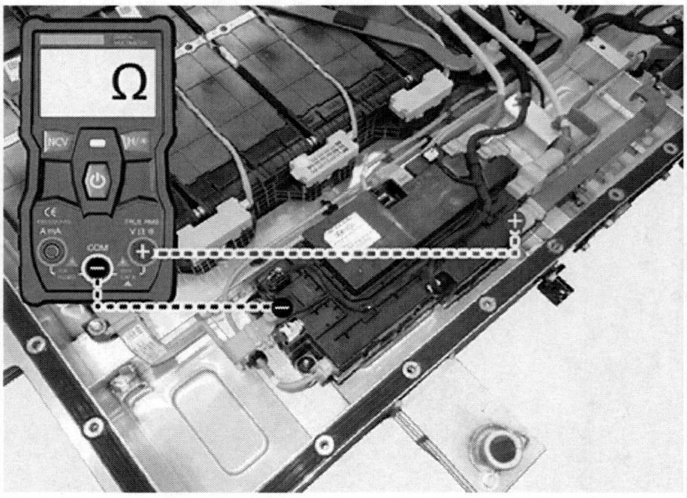
</td><td>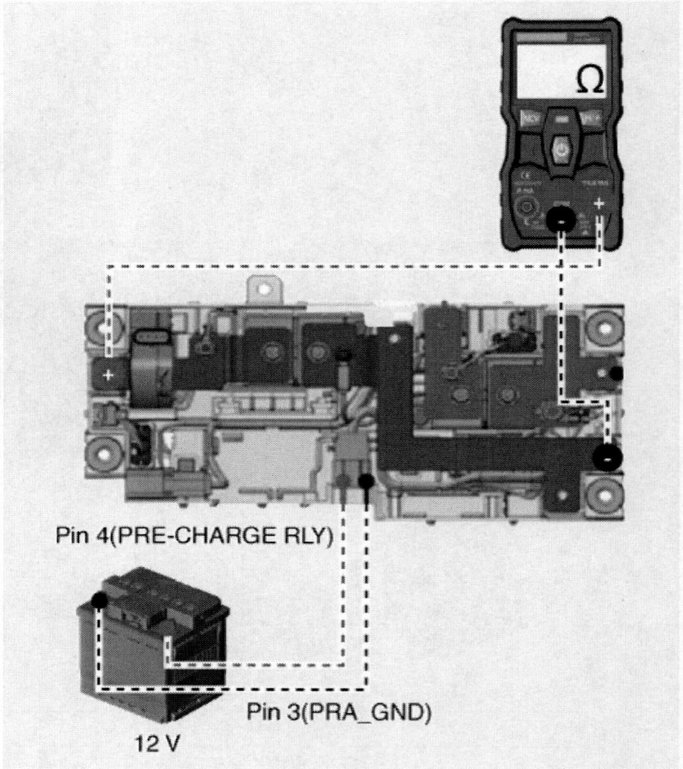
</td></tr>
<tr><td>제원</td><td>∞ Ω</td><td>1 Ω 이하</td></tr>
</table>

제원

항목	제원
저항(Ω)	1.0 이하 (20°C)

구성부품

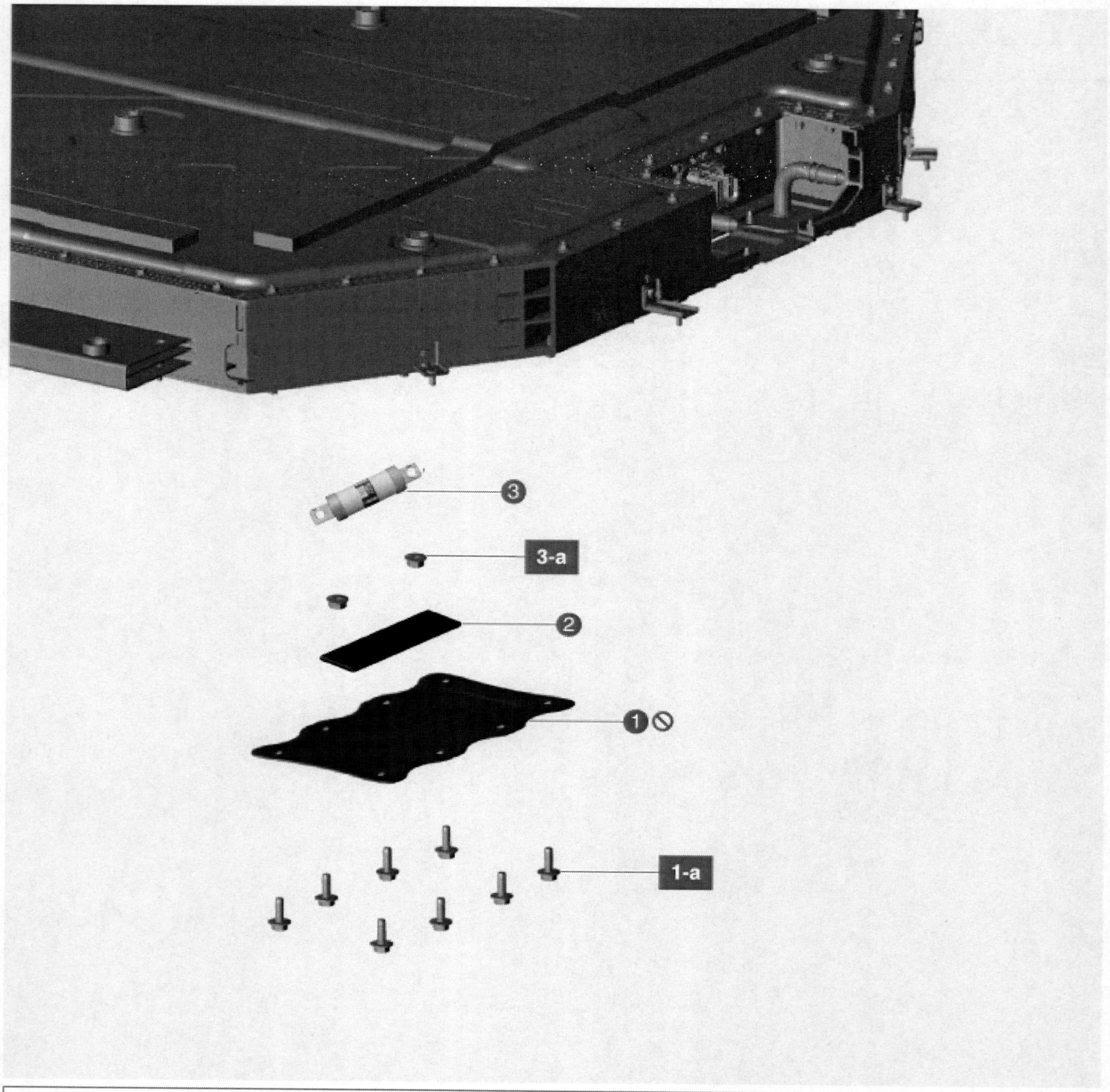

1. 서비스 커버 3-a. 1차 : 0.9 kgf·m 3-a. 2차 : 1.1 kgf·m	2. 메인 퓨즈 커버 3. 메인 퓨즈 3-a. 1.6 ~ 1.7 kgf·m

개요

메인 퓨즈는 안전 플러그 내에 장착되어 있으며 고전압 배터리 및 고전압 회로를 과전류로부터 보호하는 기능을 한다.

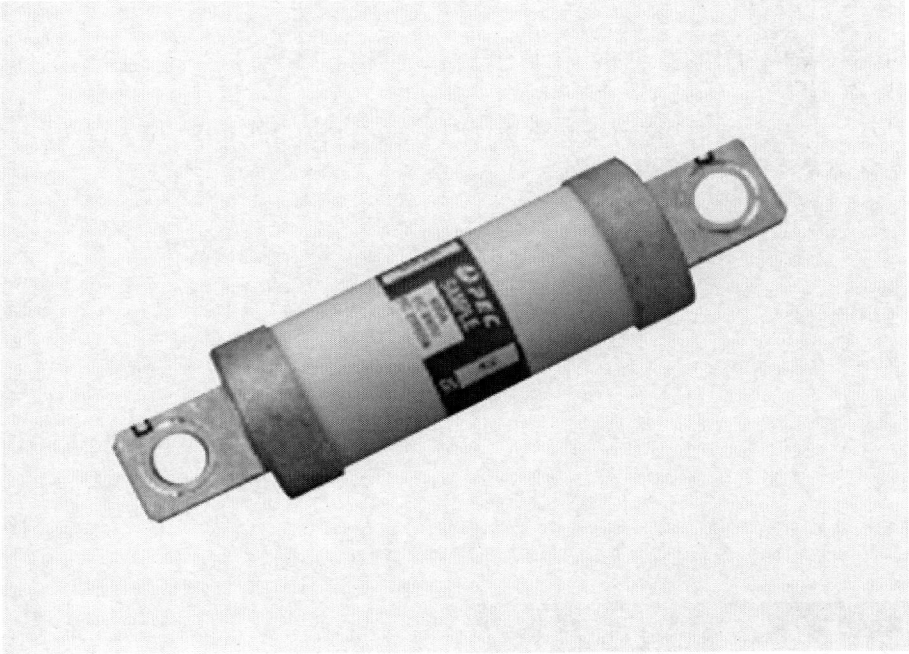

탈거

⚠ 경 고

- 고전압 시스템 관련 작업 시, 관련 교육을 이수한 작업자가 정비를 진행한다. 고전압 시스템에 대한 이해가 부족한 경우 감전 또는 누전 등으로 인한 심각한 사고를 초래할 수 있다.
- 고전압 시스템 또는 주변 부품 작업 시, 반드시 "고전압 시스템 안전사항 및 주의, 경고" 내용을 숙지하고 준수해야 한다. 미준수 시, 감전 또는 누전 등으로 인한 심각한 사고를 초래할 수 있다.
- 고전압 시스템 작업 특성상, 개인보호장구(PPE) 및 사전 고전압 차단 절차를 반드시 확인한다.

1. 고전압 차단 절차를 수행한다.
   (배터리 제어 시스템 (기본형) - "고전압 차단 절차" 참조)
2. 메인 퓨즈 서비스 커버(A)를 탈거한다.

체결토크
1차 : 0.9 kgf·m
2차 : 1.1 kgf·m

3. 메인 퓨즈 커버(A)를 탈거한다.

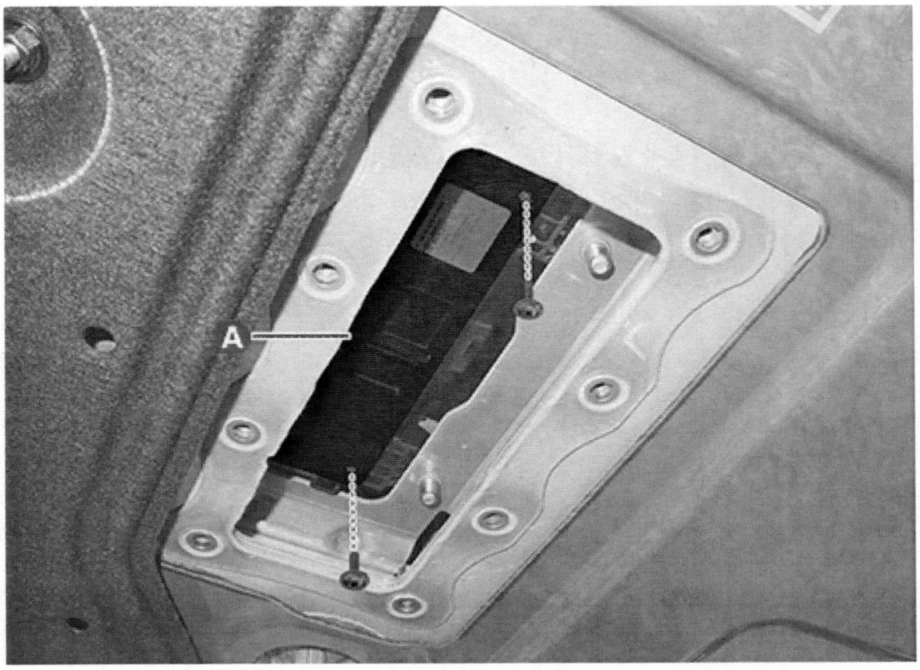

4. 메인 퓨즈(A)를 탈거한다.

체결토크 : 1.6 ~ 1.7 kgf·m

장착

⚠ 경 고

- 고전압 시스템 관련 작업 시, 관련 교육을 이수한 작업자가 정비를 진행한다. 고전압 시스템에 대한 이해가 부족한 경우 감전 또는 누전 등으로 인한 심각한 사고를 초래할 수 있다.
- 고전압 시스템 또는 주변 부품 작업 시, 반드시 "고전압 시스템 안전사항 및 주의, 경고" 내용을 숙지하고 준수해야 한다. 미준수 시, 감전 또는 누전 등으로 인한 심각한 사고를 초래할 수 있다.
- 고전압 시스템 작업 특성상, 개인보호장구(PPE) 및 사전 고전압 차단 절차를 반드시 확인한다.

1. 장착은 탈거의 역순으로 한다.

유 의

- 메인 퓨즈 장착 시 규정 토크를 준수하여 장착한다.
- 메인 퓨즈를 떨어뜨렸을 경우, 보이지 않는 손상이 유발될 수 있으니 신품으로 교환한다. (재사용 금지)
- 기밀 유지를 위해 배터리 측에 도포된 기존 테이프는 완전히 제거 후 서비스 커버를 장착한다.
- 서비스 커버는 신품으로 교환한다. (재사용 금지)

2. 진단 장비(KDS)를 이용하여 기밀 점검을 실시한다.
   (고전압 배터리 시스템 - "기밀 점검" 참조)

점검

⚠ 경 고

- 고전압 시스템 관련 작업 시, 관련 교육을 이수한 작업자가 정비를 진행한다. 고전압 시스템에 대한 이해가 부족한 경우 감전 또는 누전 등으로 인한 심각한 사고를 초래할 수 있다.
- 고전압 시스템 또는 주변 부품 작업 시, 반드시 "고전압 시스템 안전사항 및 주의, 경고" 내용을 숙지하고 준수해야 한다. 미준수 시, 감전 또는 누전 등으로 인한 심각한 사고를 초래할 수 있다.
- 고전압 시스템 작업 특성상, 개인보호장구(PPE) 및 사전 고전압 차단 절차를 반드시 확인한다.

1. 메인 퓨즈를 탈거한다.
   (메인 퓨즈 - "탈거 및 장착" 참조)
2. 메인 퓨즈 저항을 측정한다.

정상 : 1.0 Ω 이하 (20°C)

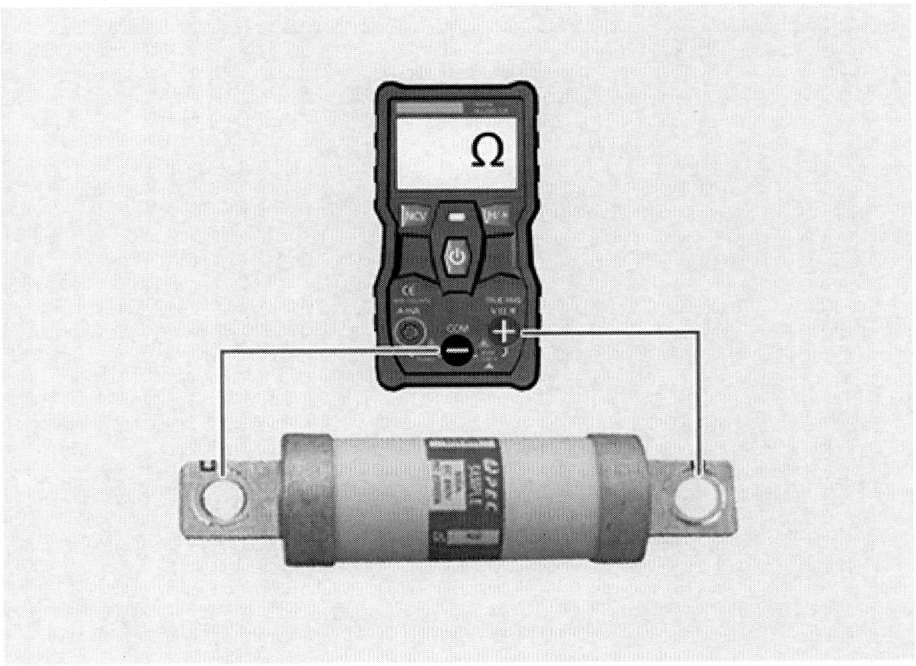

제원

온도 (°C)	저항값 (kΩ)	편차 (%)
-40	214.8	-0.7 ~ 0.7
-30	122	-0.7 ~ 0.7
- 20	72.04	-0.6 ~ 0.6
- 10	44.09	-0.6 ~ 0.6
0	27.86	-0.5 ~ 0.5
10	18.13	-0.4 ~ 0.4
20	12.12	-0.4 ~ 0.4
30	8.3	-0.4 ~ 0.4
40	5.81	-0.5 ~ 0.5
50	4.14	-0.6 ~ 0.6
60	3.01	-0.8 ~ 0.8
70	2.23	-0.9 ~ 0.9

개요

각 배터리 모듈의 셀 전압과 모듈 온도를 측정하여 셀 모니터링 유닛(CMU)에 전달한다.

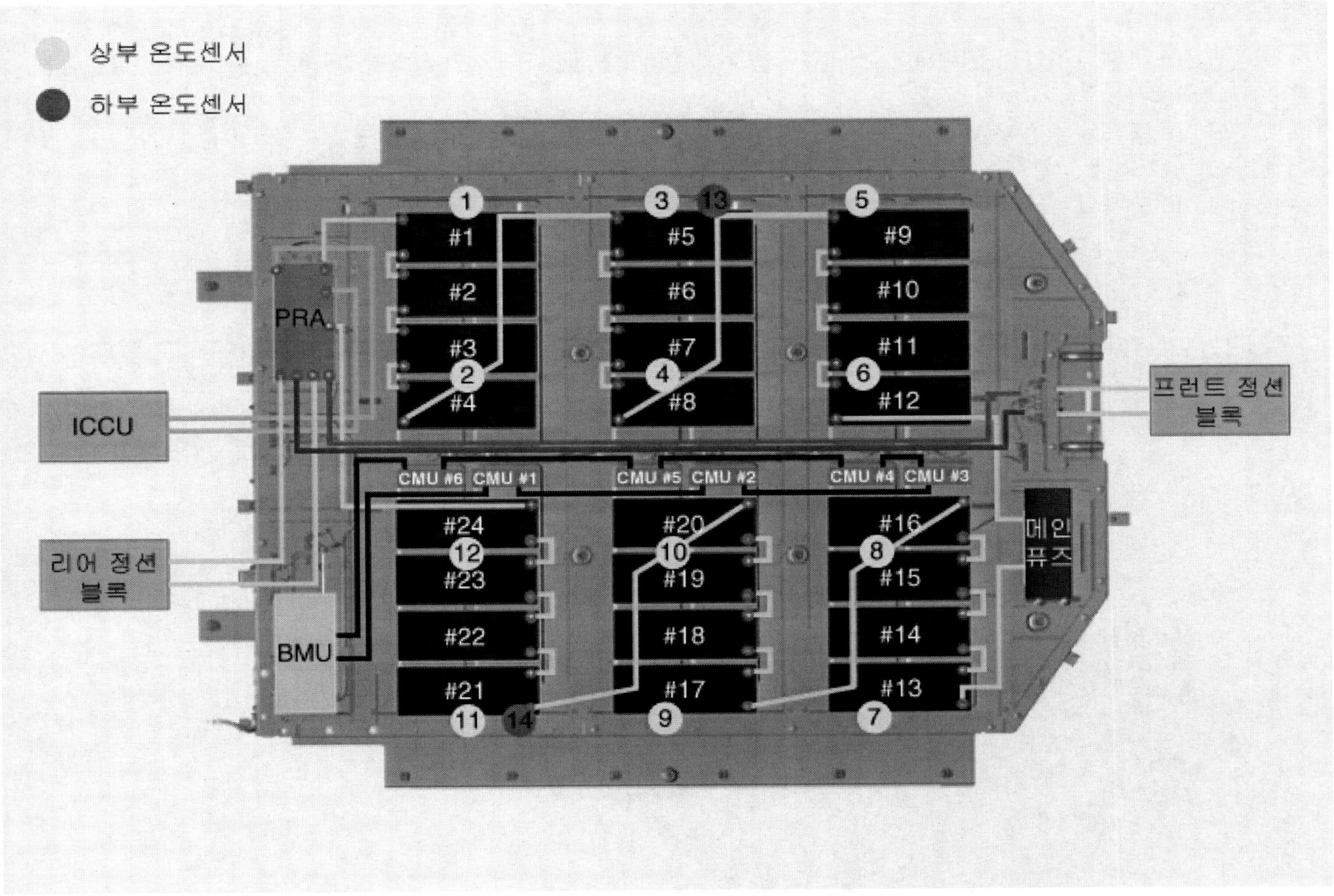

작동원리

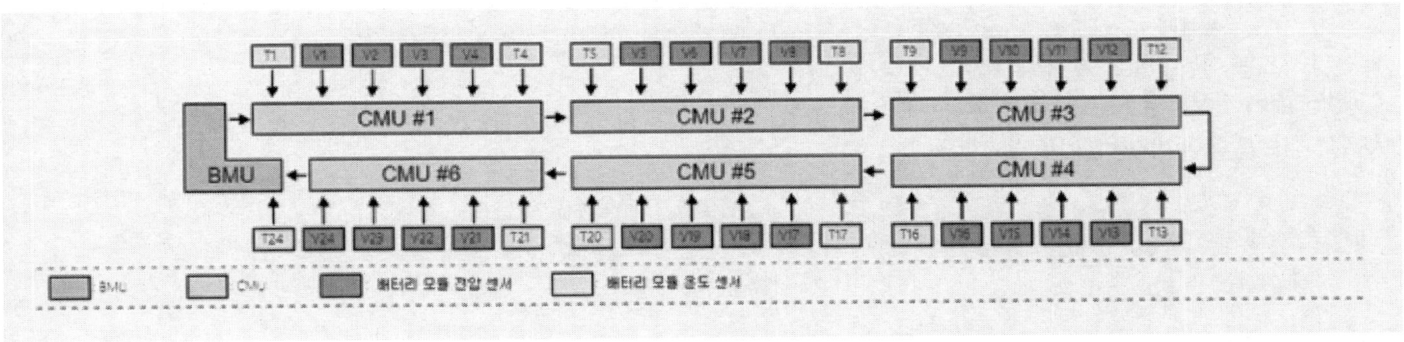

탈거

⚠ 경 고

- 고전압 시스템 관련 작업 시, 관련 교육을 이수한 작업자가 정비를 진행한다. 고전압 시스템에 대한 이해가 부족한 경우 감전 또는 누전 등으로 인한 심각한 사고를 초래할 수 있다.
- 고전압 시스템 또는 주변 부품 작업 시, 반드시 "고전압 시스템 안전사항 및 주의, 경고" 내용을 숙지하고 준수해야 한다. 미 준수 시, 감전 또는 누전 등으로 인한 심각한 사고를 초래할 수 있다.
- 고전압 시스템 작업 특성상, 개인보호장구(PPE) 및 사전 고전압 차단 절차를 반드시 확인한다.

ℹ 참 고

다음 절차는 배터리 모듈 어셈블리#1의 전압 & 온도 센싱 와이어링 탈거 절차이다. 다른 전압 & 온도 센싱 와이어링도 동일한 방법으로 탈거한다.

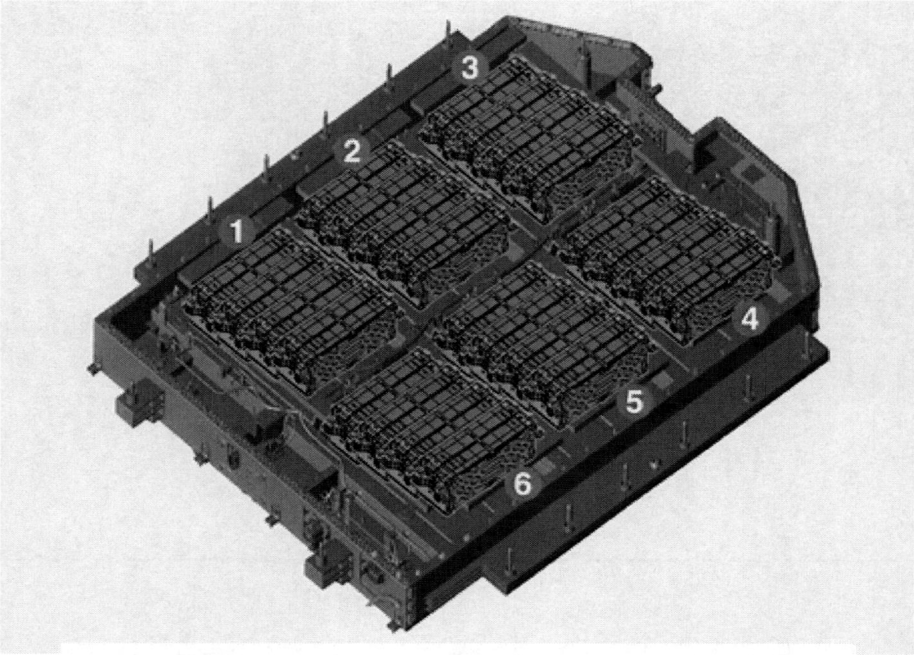

1. 배터리 시스템 어셈블리(BSA) 상부 케이스를 탈거한다.
   (고전압 배터리 시스템 - "케이스" 참조)
2. 볼트와 너트를 풀어 버스 바(A)를 탈거한다.

체결토크 : 0.8 ~ 1.2 kgf·m

3. 버스 바(A)를 탈거한다.

체결토크 : 0.8 ~ 1.2 kgf·m

4. 온도 센싱 와이어링 커넥터(A)를 분리한다.

5. 분기 커넥터(A)를 분리한다.

6. 모든 셀 모니터링 유닛(CMU)에 전압 센싱 커넥터(A)를 분리한다.

⚠ 경 고

전위차 발생으로 배터리 모듈 어셈블리(BMA) 내부 회로 상 쇼트나 CMU 내부 회로에 서지 전압 발생을 방지하기 위하여 하기 절차를 필히 준수 한다.

- 셀 모니터링 유닛(CMU) 커넥터 탈거 시, 반드시 CMU#6>#5>#4>#3>#2>#1 순서로 분리한다.
- CMU를 개별적으로 교환하더라고 모든 커넥터는 순서대로 분리해야한다.
- CMU의 검정색 커넥터가 전압 센싱 커넥터이다.
- CMU 번호는 아래 이미지를 참고한다.

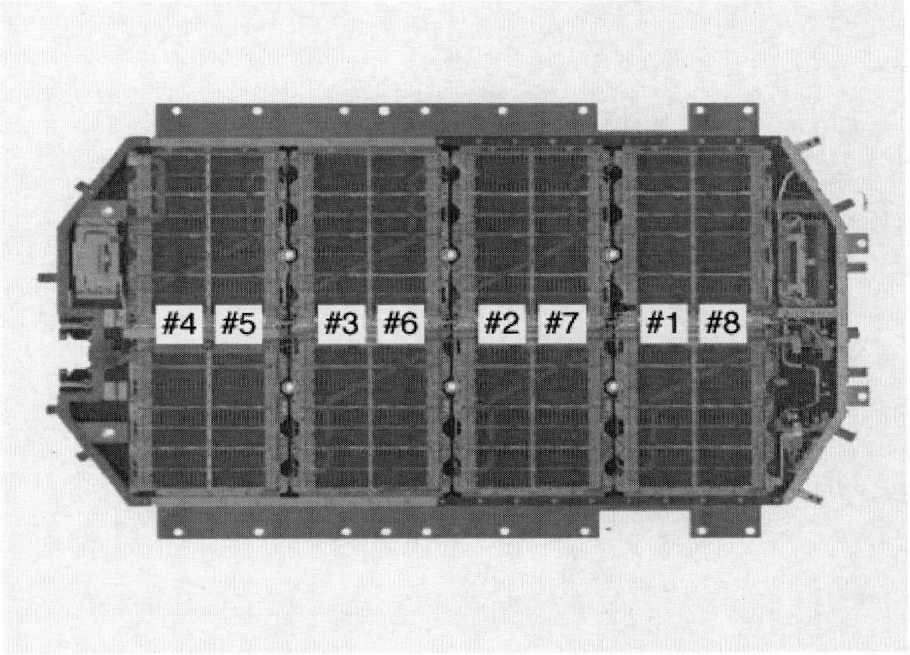

7. 전압 센싱 커넥터(A)를 분리한다.

8. 전압 센싱 커넥터(B)를 탈거하여 전압&온도 센싱 와이어링(A)을 분리한다.

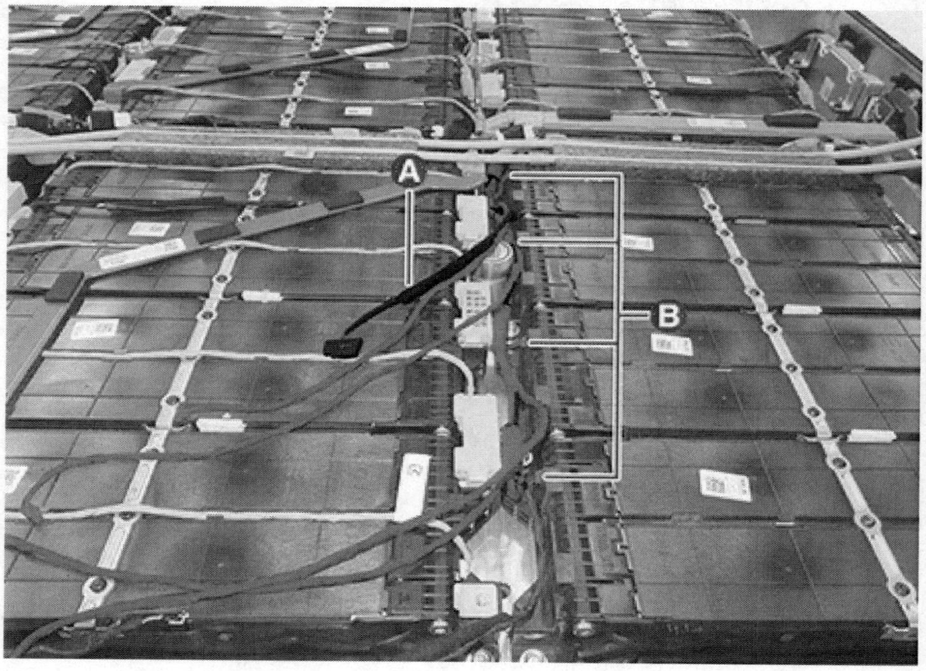

장착

> **⚠ 경 고**
>
> - 고전압 시스템 관련 작업 시, 관련 교육을 이수한 작업자가 정비를 진행한다. 고전압 시스템에 대한 이해가 부족한 경우 감전 또는 누전 등으로 인한 심각한 사고를 초래할 수 있다.
> - 고전압 시스템 또는 주변 부품 작업 시, 반드시 "고전압 시스템 안전사항 및 주의, 경고" 내용을 숙지하고 준수해야 한다. 미준수 시, 감전 또는 누전 등으로 인한 심각한 사고를 초래할 수 있다.
> - 고전압 시스템 작업 특성상, 개인보호장구(PPE) 및 사전 고전압 차단 절차를 반드시 확인한다.

1. 장착은 탈거의 역순으로 한다.

> **유 의**
>
> - 전압 & 온도 센싱 와이어링을 떨어뜨렸을 경우, 보이지 않는 손상이 유발될 수 있으니 신품으로 교환한다. (재사용 금지)
> - 셀 모니터링 유닛(CMU) 커넥터 장착 시, 반드시 CMU#1>#2>#3>#4>#5>#6 순서로 장착한다.

2. 배터리 시스템 어셈블리(BSA) 상부 케이스 장착 전, 진단 장비(KDS)를 이용하여 고전압 배터리팩 커넥터 체결검사를 실시한다.
(부가기능 → 배터리 매니지먼트 시스템(BMS) → 고전압 배터리 팩 체결 검사)

개요

충전 시스템 개요

- 고전압 충전 시스템은 통합 충전 제어 유닛(ICCU), 차량 충전 관리 시스템(VCMS), 멀티 인버터 어셈블리, 콤보 충전 인렛 어셈블리, 전동식 충전 도어로 구성되어 있다.
- 충전 시에는 안전을 위해 차량 주행이 불가능하고 급속 충전과 완속 충전이 동시에 이루어질 수 없다.

주요 기능

- **완속 충전** : 220 V 교류 전원이 통합 충전 제어 유닛(ICCU)을 통해 직류 전원으로 변환되어 고전압 배터리를 충전한다.
- **멀티 입력 급속 충전** : 급속 충전기의 직류 전원으로 고전압 배터리를 충전한다.
  - 멀티 인버터 어셈블리를 통해 급속 충전기 사양(400 V / 800 V)에 관계없이 충전이 가능하다. (별도 컨버터 불필요)
  - 400 V 충전기로 충전 시 멀티 인버터를 활용하여 800 V로 승압하여 충전한다.
- **V2L (Vehicle to Load)** : 양방향 OBC를 활용하여 차량 내/외부로 일반 전기 전원(220 V)을 제공한다.
  1. 사용 방법
  - 실외 : 충전 인렛에 젠더 커넥터 연결 후 사용 가능하다.
  - 실내 : IG ON / 유틸리티 모드 시 사용 가능하다.
  2. 시스템 구성

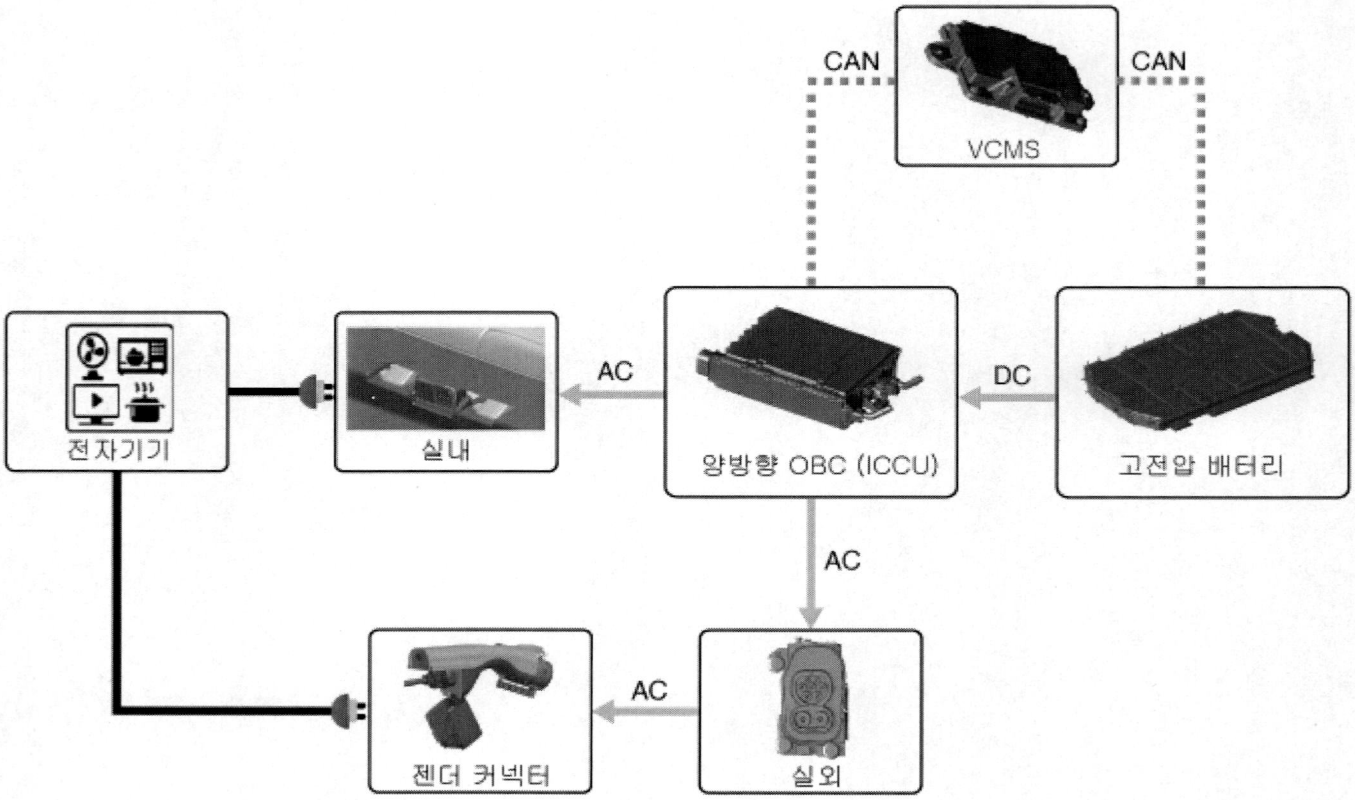

- **V2V (Vehicle-to-Vehicle)** : 양방향 OBC를 활용하여 차량간 충전이 가능하다.
  1. 사용 방법
  - 충전 인렛에 V2L 젠더 커넥터 연결한 후 충전 케이블(ICCB)을 연결하여 충전 가능하다.

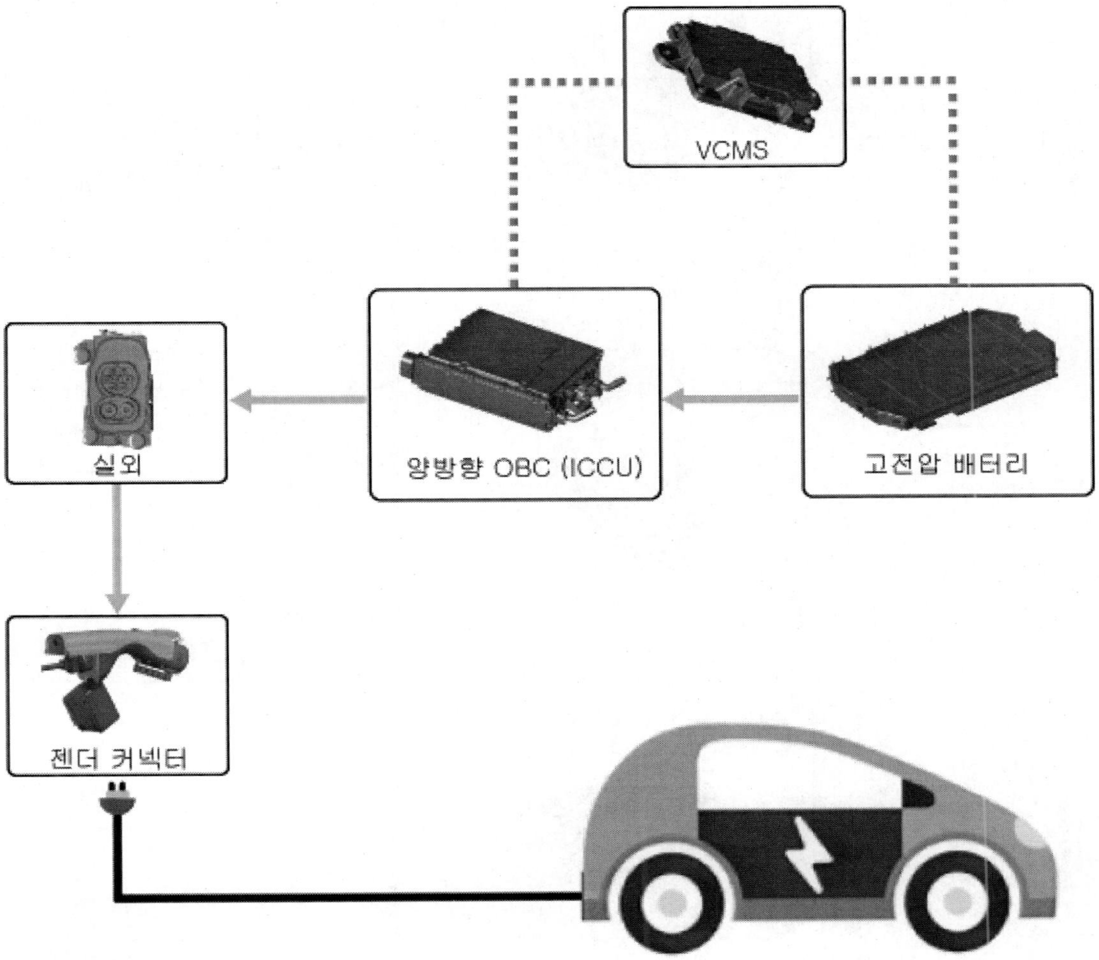

- **간편 결제 시스템(PnC)** : VCMS를 활용하여 별도의 인증/결제 절차 없이 즉시 충전이 가능한 기능이다.

충전 시스템 흐름도

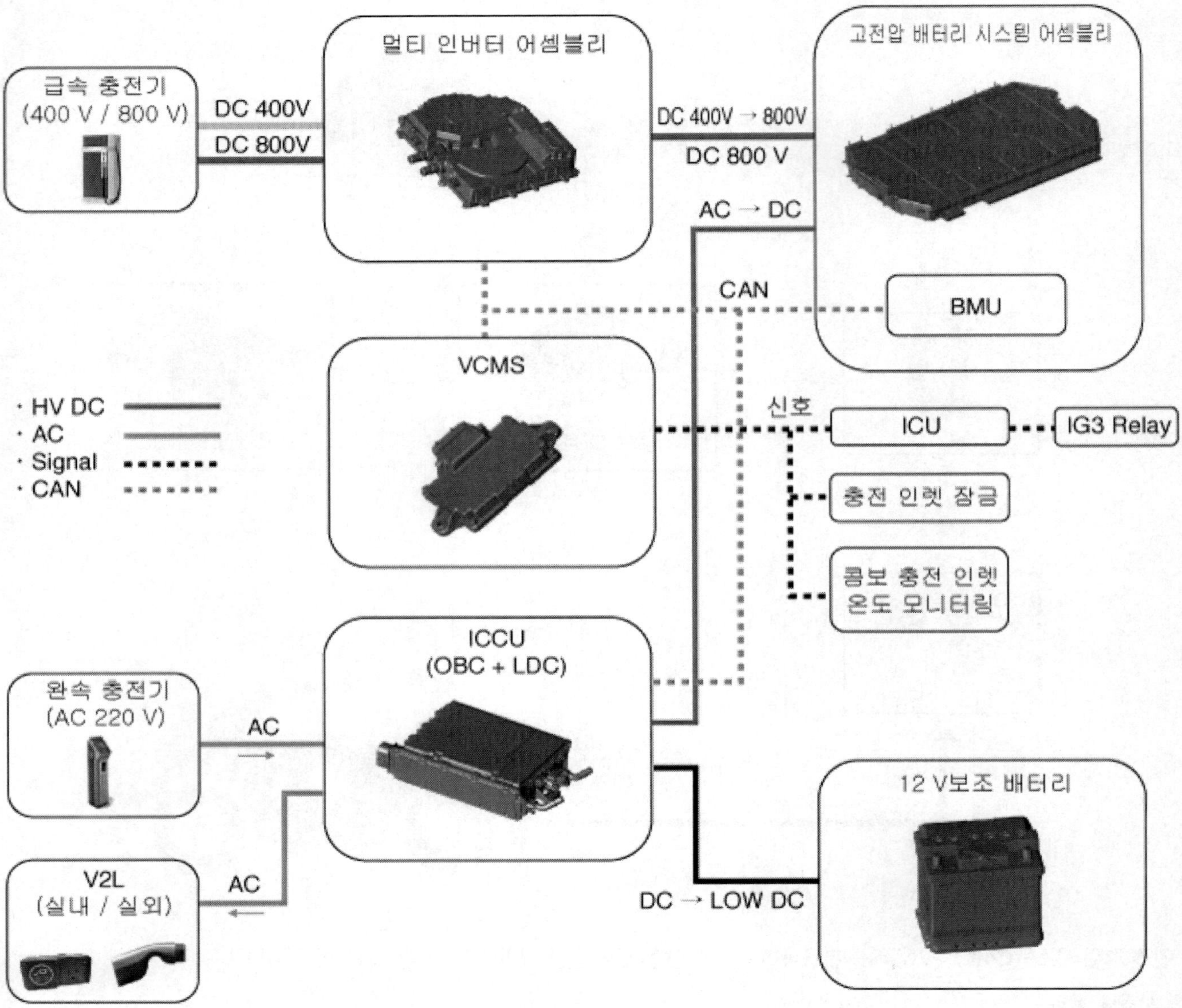

급속 충전기
(400 V / 800 V)
DC 400V
DC 800V
멀티 인버터 어셈블리
DC 400V → 800V
DC 800 V
고전압 배터리 시스템 어셈블리
AC → DC
CAN
BMU
VCMS
· HV DC
· AC
· Signal
· CAN
신호
ICU
IG3 Relay
충전 인렛 잠금
콤보 충전 인렛
온도 모니터링
ICCU
(OBC + LDC)
완속 충전기
(AC 220 V)
AC
V2L
(실내 / 실외)
AC
DC → LOW DC
12 V보조 배터리

차상점검

유 의

- 충전 불가 시 차량 충전 관리 시스템(VCMS)을 교환하기 전에 전기차 충전 장비(EVSE), 콤보 충전 인렛, 급속 충전 릴레이, 유관 제어기의 이상유무를 확인한다.
- VCMS 교환 및 관련 부품 교환 후에는 정상 충전 여부를 확인해야 한다.

충전 불가 시 점검 방법

1. 충전 경고 문구 확인
   (1) 정상 작동하는 전기차 충전 장비(EVSE)를 이용하여 완속 충전을 진행한다. (약 10분간 수행)
   (2) 충전이 불가 시 IG ON에서 충전 경고 문구가 표출되는지 확인한다.

   참 고

   클러스터는 10초간, AVN은 3초간 충전 경고 문구가 표출된다.

   (3) 경고 문구 표출 시 아래와 같이 점검한다.

경고 문구	원인	점검 방법
외부(완속/급속)충전기 상태를 확인하십시오.	• EVSE CP신호 이상 • EVSE 충전 중단(자체 진단/사용자 종료 등) • 정전 또는 차단기 동작	• EVSE 이상유무 점검 • 다른 EVSE에서 동일 경고 문구 표출 시 VCMS 점검 필요
충전 커넥터 연결 상태를 확인하십시오.	• 충전 커넥터 체결 불량	• 충전 커넥터 점검(이물질, 파손) • 충전 케이블 교환 후 동일 경고 문구 표출 시 VCMS 점검 필요(근접 감지 신호 점검)

2. 차량 상태 점검
   (1) 완속 충전 진입 조건을 확인 후 아래와 같이 점검한다.

항목	진입 조건	점검 방법
예약 충전	• 예약 충전 해제 상태 • 예약 충전 설정 상태에서 해제 버튼 누름(충전 케이블 연결 후 3분내에만 가능) • 예약 충전 설정 상태에서 충전 시작 시간 도달 시	• AVN에서 예약 충전 해제 후 충전 수행
충전 종료 배터리량 설정	• 완속 충전 종료 배터리량 설정값이 현재 배터리량(SOC) 보다 큰 경우	• AVN에서 충전 종료 배터리량 100%로 변경 후 충전 수행
기어 위치	• P단	• P단 상태에서 충전 수행
보조 배터리(12 V)	• 정상	• 보조 배터리(12 V) 정상 조건에서 충전 수행

V2L (Vehicle to Load) 불가 시 점검 방법

1. 방전 경고 문구 확인
   (1) V2L 전용 커넥터를 연결하고 V2L 기능을 수행한다.(약 5분간 수행)
   (2) 방전 불가 시 IG ON에서 방전 경고 문구가 표출되는지 확인한다.

참 고

클러스터는 10초간, AVN은 3초간 방전 경고 문구가 표출된다.

(3) 경고 문구 표출 시 아래와 같이 점검한다.

경고 문구	원인	점검 방법
사용 전력 초과로 V2L 기능이 중지됩니다.	• 방전 전력 초과	• 전자 기기 점검
V2L 작동 조건이 아닙니다.	• 실외 V2L 전용 커넥터 스위치 OFF • 실내 V2L 콘센트 과열 차단 • 실내 V2L 사용 중 충전 도어 열림	• V2L 전용 커넥터 점검(이물질, 파손) • 실내 V2L 콘센트 점검 • 충전 도어 어셈블리 점검

2. 차량 상태 점검

(1) V2L 진입 조건을 확인 후 아래와 같이 점검한다.

항목	진입 조건	점검 방법
방전 종료 배터리량 설정	• 최소 방전 종료 배터리량 설정값이 현재 고전압 배터리량(SOC) 보다 낮은 경우	• AVN에서 방전 종료 배터리량 20%로 변경 후 방전 수행
보조 배터리(12 V)	• 정상	• 보조 배터리(12 V) 정상 조건에서 방전 수행

제원

항목		제원
주요 기능		완속 충전기(OBC) + 저전압 직류 변환 장치 (LDC)
OBC 시스템 사양	최대 용량(kW)	10.9
	입력 전압(V)	AC 70 ~ 285
	출력 전압(V)	DC 360 ~ 826
	입력 전류(A)	최대 48
LDC 시스템 사양	최대 용량(kW)	1.8
	입력 전압(V)	DC 360 ~ 826
	출력 전압(V)	12.8 ~ 15.1
	전류(A)	130
냉각	냉각 방법	수냉식
	작동 온도(°C)	-40 ~ 85

구성부품

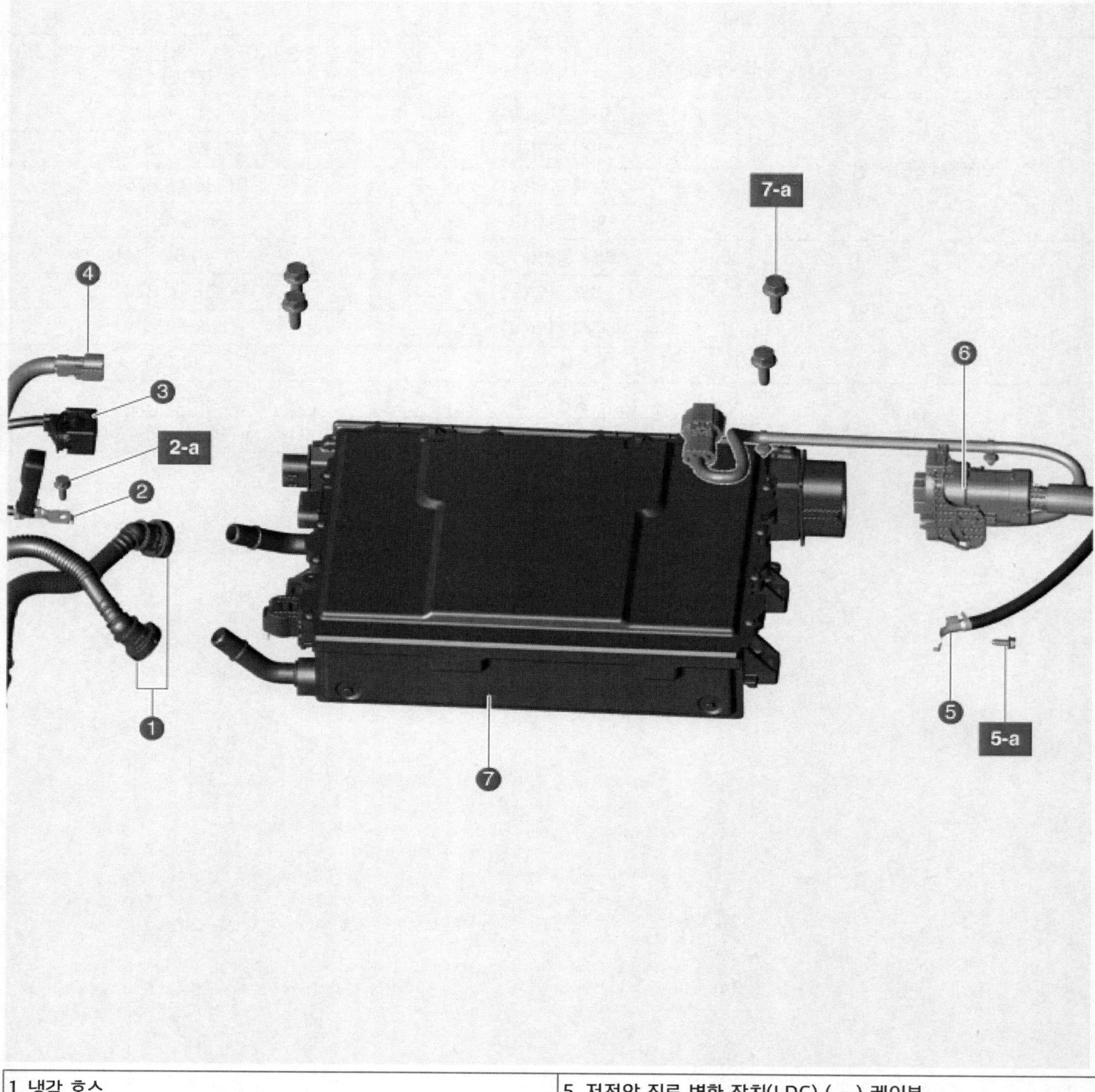

1. 냉각 호스 2. 저전압 직류 변환 장치(LDC) (+) 케이블 2-a. 0.8 ~ 1.0 kgf·m 3. 통합 충전 제어 유닛(ICCU) 커넥터 4. ICCU 고전압 파워 커넥터	5. 저전압 직류 변환 장치(LDC) (-) 케이블 5-a. 0.8 ~ 1.0 kgf·m 6. 콤보 충전 인렛 커넥터 7. 통합 충전 제어 유닛(ICCU) 7-a. 0.8 ~ 1.2 kgf·m

개요

- 고전압 배터리 충전 및 보조 배터리(12 V) 충전 기능을 수행한다.
- 통합 충전 제어 유닛(ICCU)은 양방향 완속 충전기(OBC)와 저전압 직류 변환 장치(LDC)가 일체형으로 구성된 통합형 유닛이다.
  1) OBC
  - 상용 전원인 AC 전압을 DC 전압으로 변환하여 고전압 배터리 전력을 공급한다.
  - 고전압 배터리 전력인 DC 전압을 AC 전압으로 변환하여 차량 내/외부로 전원(110 V / 220 V)을 제공한다. (V2L : Vehicle-to-Load)
  2) LDC
  - 고전압 배터리의 전력(DC)을 보조 배터리(12 V)의 전력(DC)으로 변환시킨다. (고전압 → 저전압)

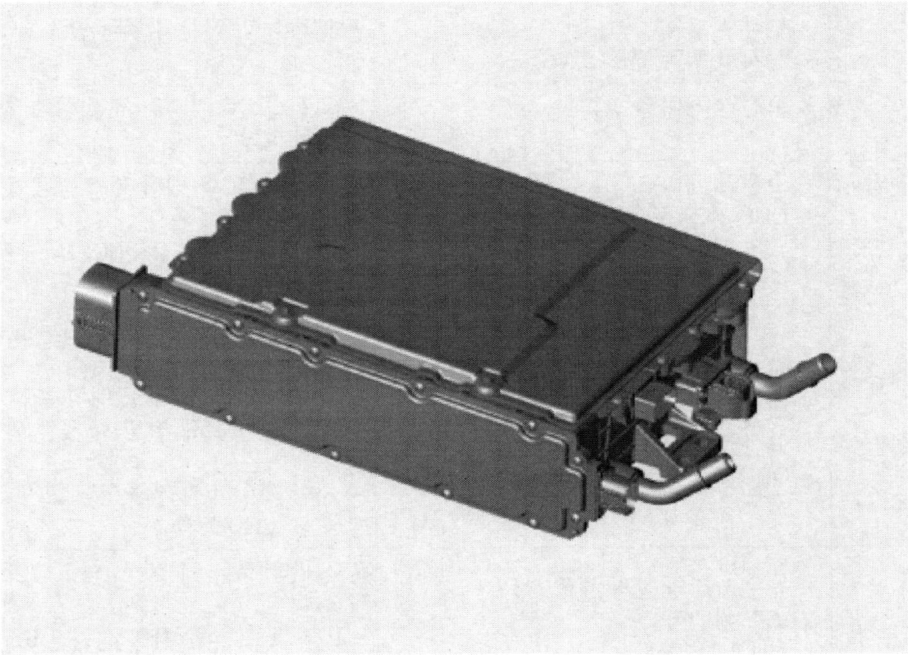

고장진단

고장 코드 발생 시 조치 방법

완속 충전기(OBC)

구분	주요 고장 코드	원인	점검
OBC 점검	• 내부 센서 고장(전압, 전류, 온도) • OBC 출력 파워 성능 이상	• OBC	• 완속 충전 수행 후 동일 고장 재현 시 통합 충전 제어 유닛(ICCU) 교환
차량 점검	• OBC 과열	• 냉각 시스템 • 냉각수 부족 • 전자식 워터 펌프(EWP)	• 충전 중 OBC 온도 변화 확인 • 냉각수 및 전자식 워터 펌프(EWP) 점검
	• 인터락	• 고전압 케이블	• 고전압 DC 커넥터 체결 상태 및 단자 상태 확인
	• 배터리 충전기 출력 전압 낮음 • 고전압 배터리 전압과 OBC 출력 전압 편차 높음	• 고전압 케이블 • OBC 퓨즈(고전압 배터리)	• 고전압 DC 커넥터 체결 상태 및 단자 상태 확인 • 통합 충전 제어 유닛(ICCU) 교환
외부 교류 전원 점검	• 배터리 충전기 입력 전압 낮음 • 배터리 충전기 입력 전압 높음	• 외부 AC 전원 계통 • 외부 EVSE • 고전압 케이블 • OBC	• 외부 충전기(EVSE) 및 외부 교류 전원(전압, 주파수) 점검 • 정상 동작하는 EVSE에서 충전 수행 후 도일 고장 코드 발생 시 차량 와이어 점검 • 차량 와이어 점검 후 동일 고장 코드 발생 시 ICCU 교환
V2L 부하 점검	• V2L 모드 AC 출력 과부하	• 높은 부하의 전기 제품 사용 • V2L 커넥터 • 실내 V2L 단자 • OBC	• 전기 제품을 연결하지 않고 V2L 동작 수행 - 고장 코드 발생: 차량 점검 필요 - 고장 코드 미발생: 이전에 사용한 전기 제품에 의한 과부하 발생

저전압 직류 변환 장치(LDC)

구분	주요 고장 코드	원인	점검
LDC 점검	• 출력 과전압 고장	• LDC	• 차량 재시동 후 동일 문제 발생 시 통합 충전 제어 유닛(ICCU) 교환
	• LDC 전압 제어 이상		
	• 센서류 고장 - 전류 센서 옵셋 보정 이상 - 온도 센서 단선/단락/성능 이상 고장 - 입력/출력 전압 센서 고장		
	• PWM 출력부 이상		
차량 점검	• 출력단 경로 이상	• LDC 출력 단자와 정션 박스간 배선 및 커넥터	• LDC 출력단 배선 및 케이블 체결 상태 점검
	• 냉각 시스템 이상	• 냉각 시스템 • 냉각수 부족 • 전자식 워터 펌프(EWP)	• 냉각수 및 전자식 워터 펌프(EWP) 점검
	• 입력 과전류 고장	• 보조 배터리(12 V) 방전 • 12 V 전장 과부하	• 보조 배터리(12 V) 방전 상태 점검 • 12 V 전장부하 이상 동작 또는 단락 상태 점검

탈거

⚠ 경 고

- 고전압 시스템 관련 작업 시, 관련 교육을 이수한 작업자가 정비를 진행한다. 고전압 시스템에 대한 이해가 부족한 경우 감전 또는 누전 등으로 인한 심각한 사고를 초래할 수 있다.
- 고전압 시스템 또는 주변 부품 작업 시, 반드시 "고전압 시스템 안전사항 및 주의, 경고" 내용을 숙지하고 준수해야 한다. 미준수 시, 감전 또는 누전 등으로 인한 심각한 사고를 초래할 수 있다.
- 고전압 시스템 작업 특성상, 개인보호장구(PPE) 및 사전 고전압 차단 절차를 반드시 확인한다.

1. 고전압 차단 절차를 수행한다.
   (배터리 제어 시스템 (기본형) - "고전압 차단 절차" 참조)
2. 냉각수를 배출한다.
   (전기차 냉각 시스템 - "모터 냉각수" 참조)
3. 리어 시트 어셈블리를 탈거한다.
   (바디 - "리어 시트 어셈블리" 참조)
4. 냉각수 호스 커넥터(A)를 분리한다.

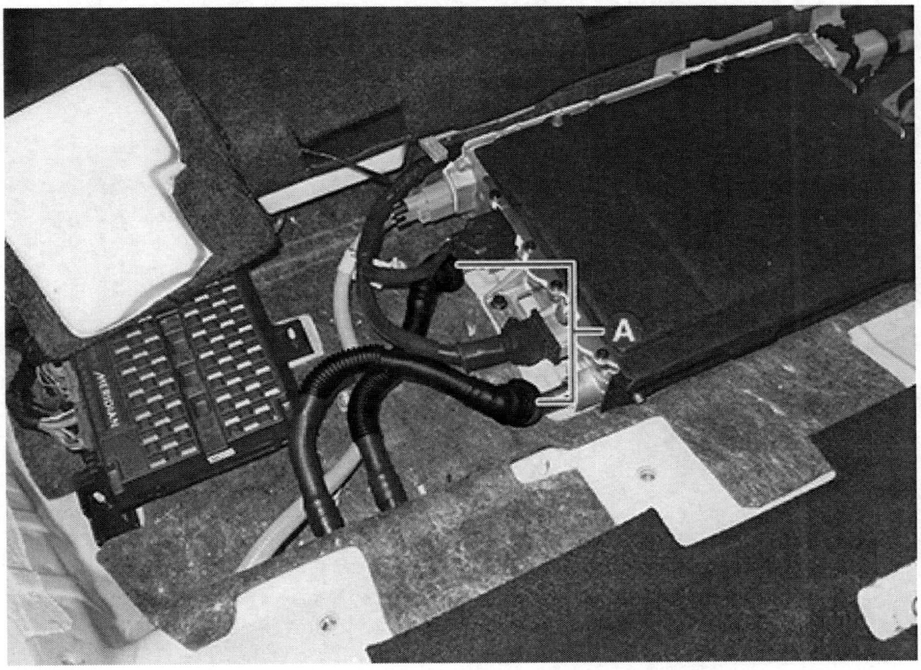

5. 볼트를 풀어 저전압 직류 변환 장치(LDC) (+) 케이블(A)을 분리한다.

체결토크 : 0.8 ~ 1.0 kgf·m

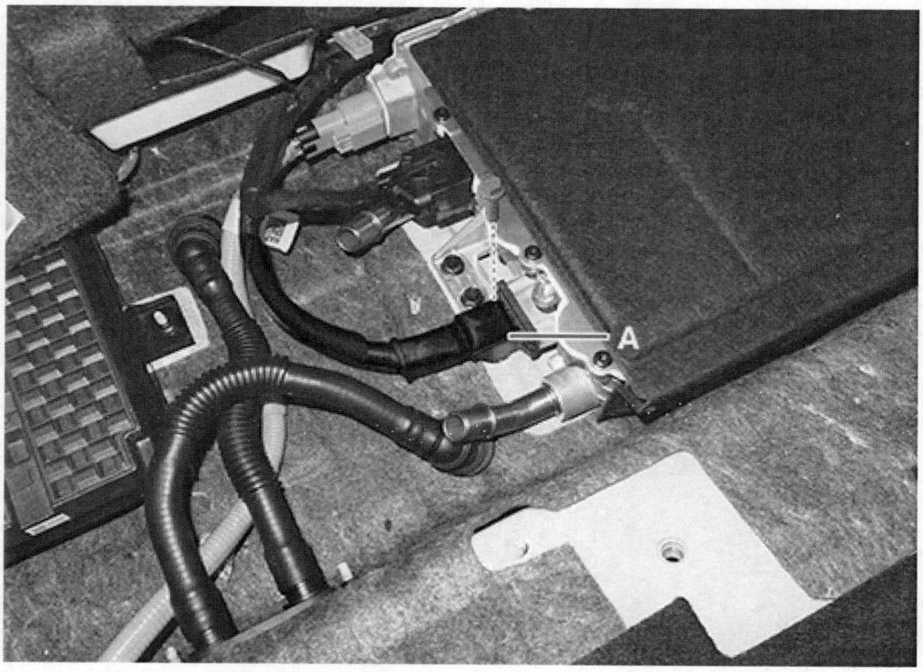

6. 통합 충전 제어 유닛(ICCU) 커넥터(A)를 분리한다.

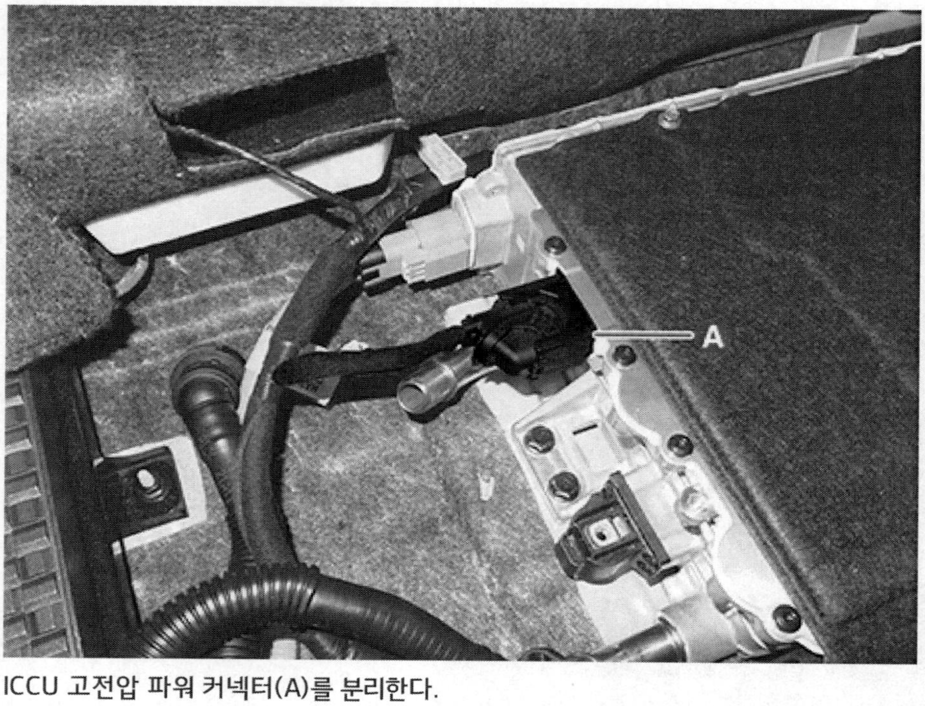

7. ICCU 고전압 파워 커넥터(A)를 분리한다.

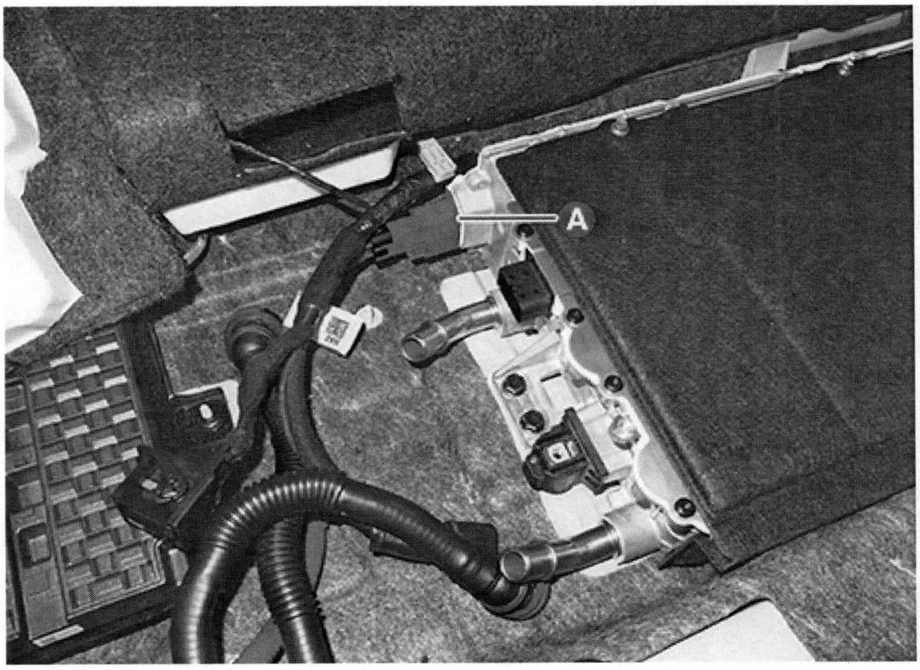

8. 볼트를 풀어 LDC (-) 케이블(A)을 분리한다.

체결토크 : 0.8 ~ 1.0 kgf·m

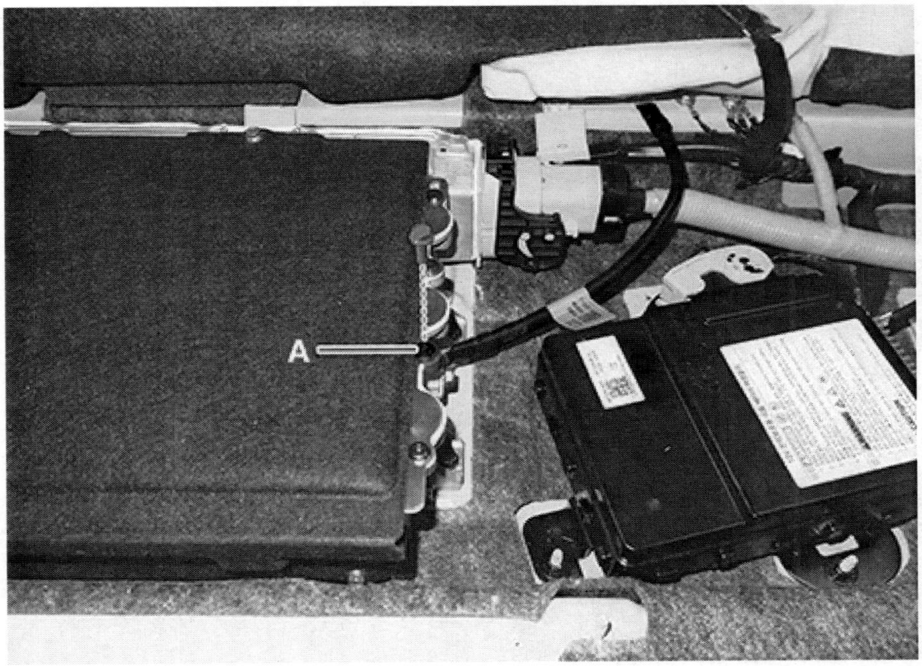

9. 콤보 충전 인렛 커넥터(A)를 분리한다.

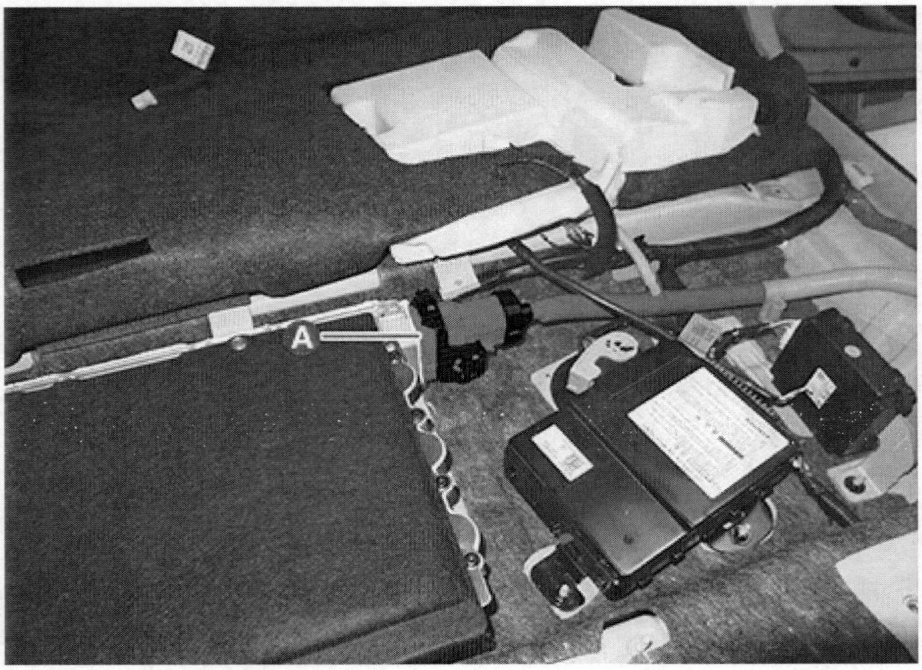

10. 볼트를 풀어 ICCU(A)를 탈거한다.

체결토크 : 0.8 ~ 1.2 kgf·m

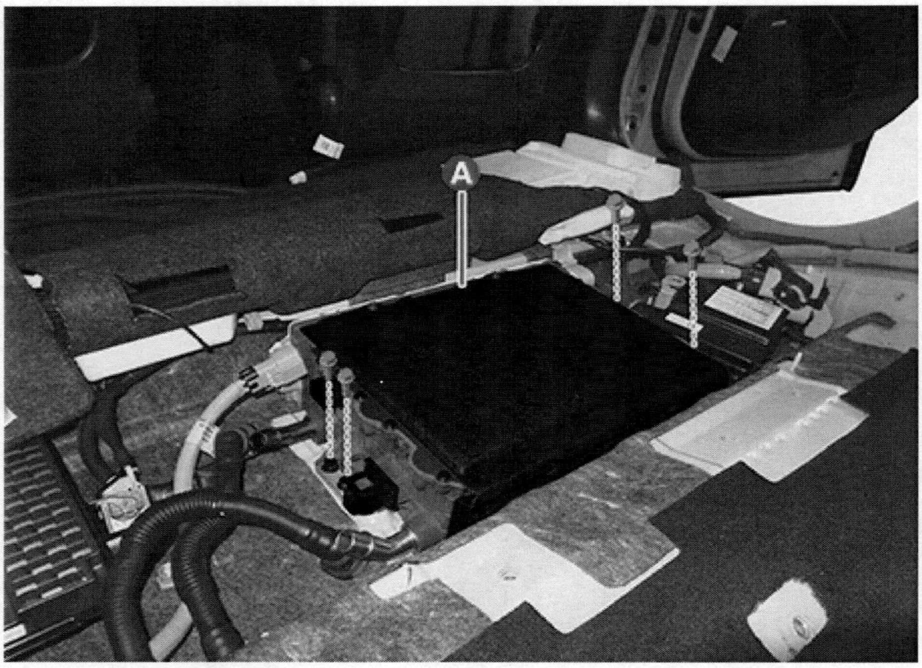

11. ICCU 패드(A)를 탈거한다.

체결토크 : 0.4 ~ 0.6 kgf·m

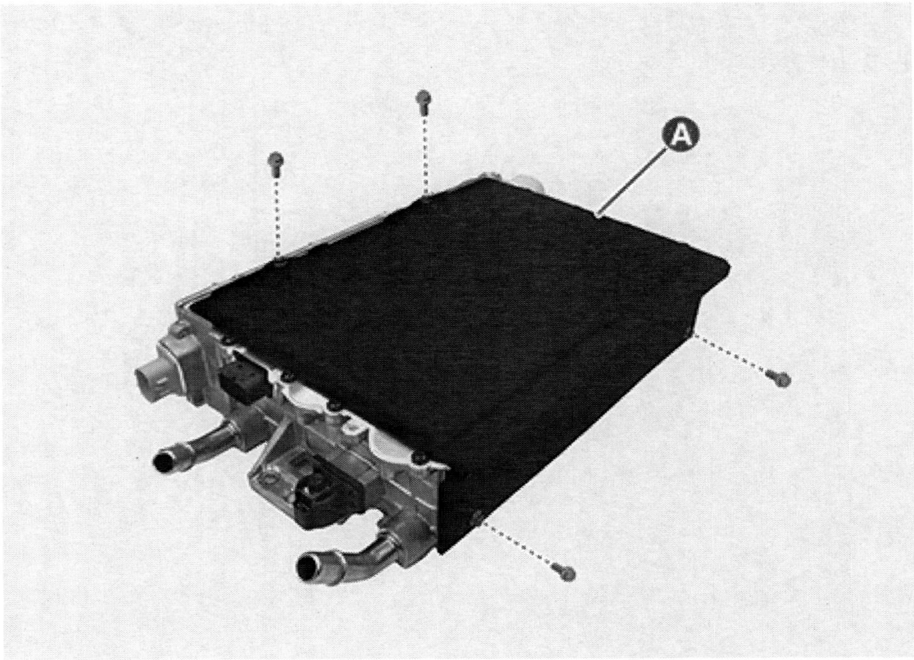

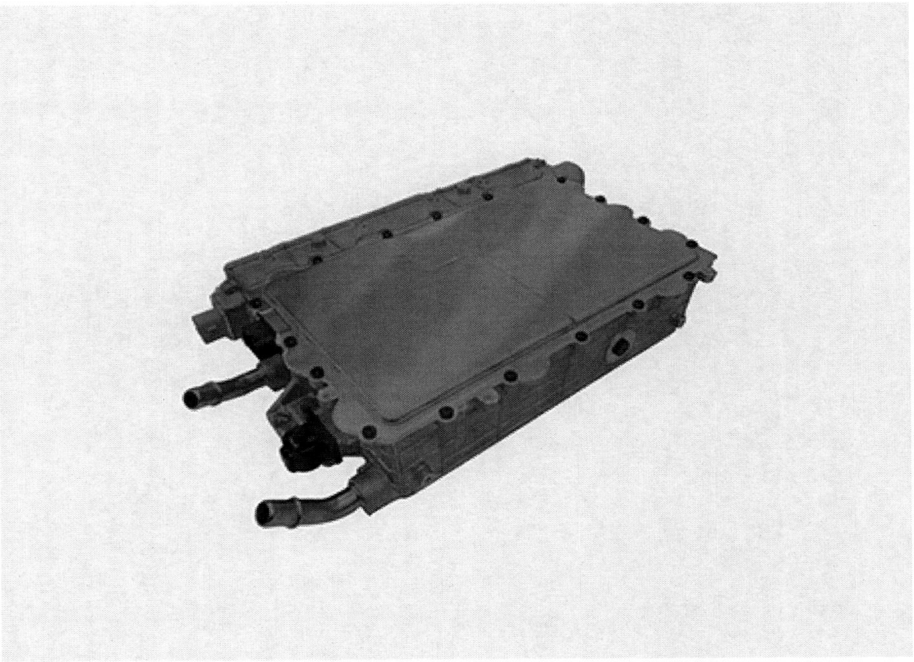

장착

▲ 경 고

- 고전압 시스템 관련 작업 시, 관련 교육을 이수한 작업자가 정비를 진행한다. 고전압 시스템에 대한 이해가 부족한 경우 감전 또는 누전 등으로 인한 심각한 사고를 초래할 수 있다.
- 고전압 시스템 또는 주변 부품 작업 시, 반드시 "고전압 시스템 안전사항 및 주의, 경고" 내용을 숙지하고 준수해야 한다. 미준수 시, 감전 또는 누전 등으로 인한 심각한 사고를 초래할 수 있다.
- 고전압 시스템 작업 특성상, 개인보호장구(PPE) 및 사전 고전압 차단 절차를 반드시 확인한다.

1. 장착은 탈거의 역순으로 한다.

유 의

- 통합 충전 제어 유닛 (ICCU) 장착 시 규정 토크를 준수하여 장착한다.
- ICCU를 떨어뜨렸을 경우, 보이지 않는 손상이 유발될 수 있으니 신품으로 교환한다. (재사용 금지)
- ICCU를 장착 후 냉각수를 보충하고 반드시 진단 장비(KDS)를 이용하여 냉각수를 순환시킨다.

2. ICCU 및 관련 부품의 교체 후 정상 충전 여부를 확인한다.

제원

항목	제원
정격 전압(V)	DC 11 ~ 13
작동 전압(V)	DC 9 ~ 16
동작 온도(°C)	-30 ~ 75
암전류(mA)	최대 1.0 (Power off Mode)

부품위치

1. 차량 충전 관리 시스템(VCMS)
1-a. 0.8 ~ 1.2 kgf·m

개요

기능

- 다수 제어기에 분산된 충전 관련 기능을 통합 관리 하는 제어기이다.
- 충전/방전 상위 제어기로써 완속/급속 충전 인터페이스 및 편의 기능 인터페이스 정보를 제어한다.

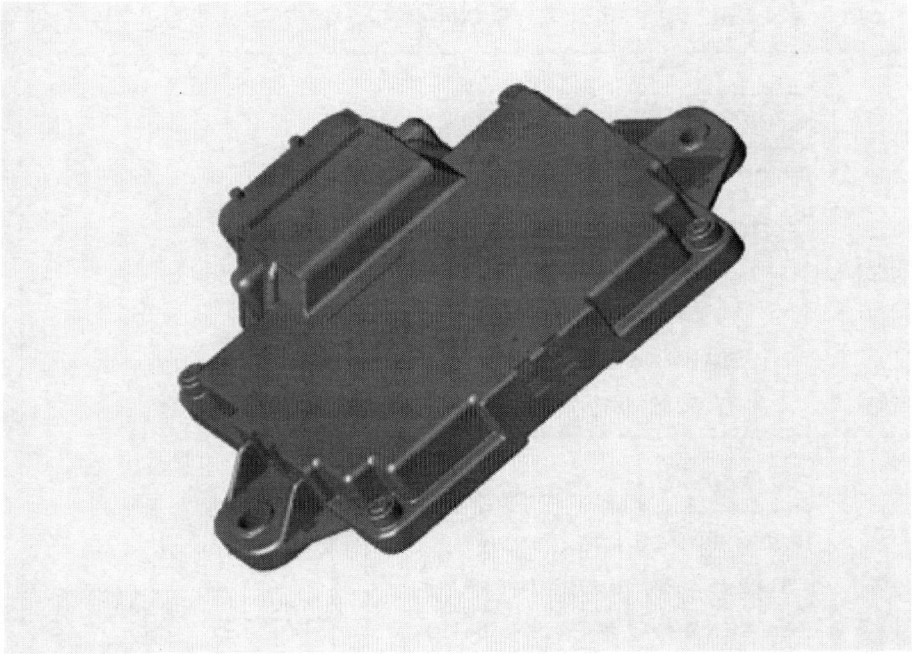

제어 로직

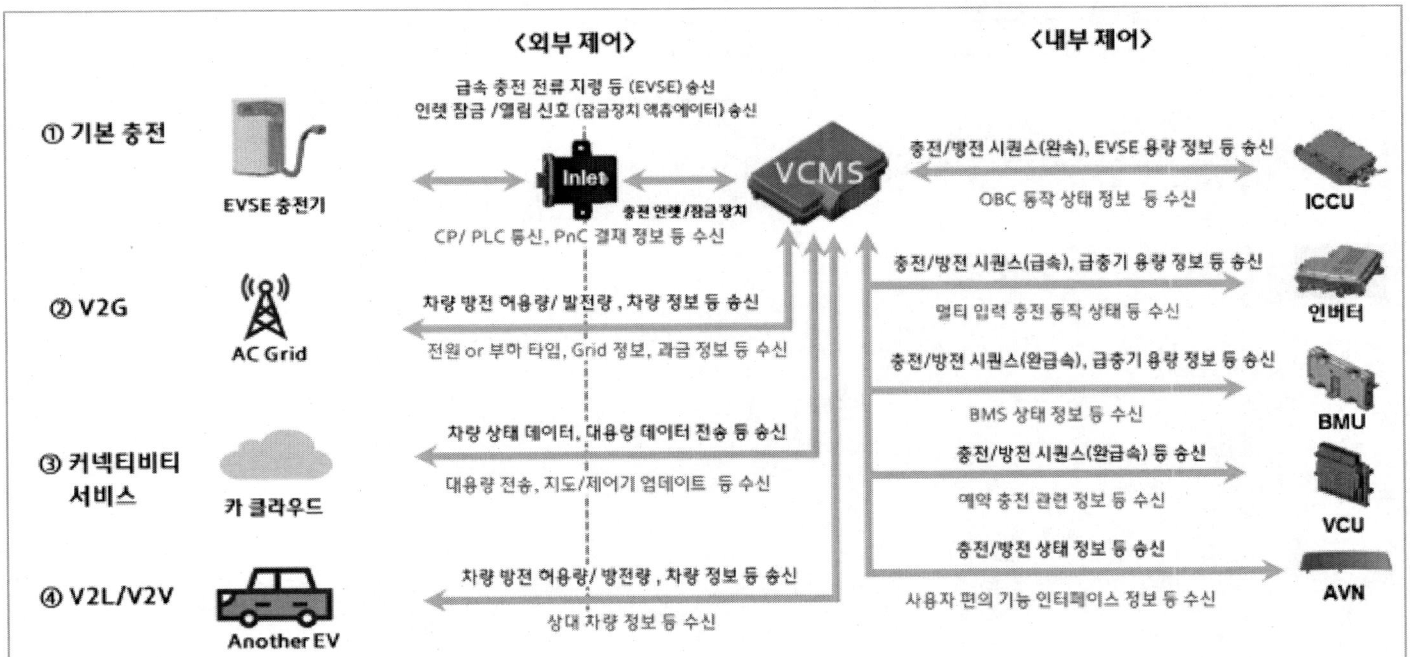

> **참 고**
>
> * V2G (Vehicle to Grid) : 표준 기반 충전 통신 및 차량 협조 제어를 적용한 양방향 충방전 시퀀스
> * V2L (Vehicle to Load) : 전기차에 탑재된 고전압 배터리의 DC 전원을 AC 전원으로 변환하여 차량 내/외부에 AC전원을 공급하는 기능

* V2V (Vehicle to Vehicle) : 차량간 통신 기능
* PnC (Plug and Charge) : 간편 결제 기능
* PLC (Power Line Communication) : 충전 장비 / 차량간 통신
* EVSE (Electric Vehicle Supply Equipment) : 전기차 충전 장비
* OBC (On-Board Charger) : 완속 충전기

구성

CMS부와 PCM부로 구성되어있다. (하나의 제어 보드에 2개의 CPU 구성)

- CMS (Charging Management System) : 충전, V2G, V2L, 편의 기능을 위해 차량 유관제어기와의 협조 제어(충전 총괄 제어) 담당
- PCM (Powerline Communication Module) : PLC 통신, PnC, 커넥티비티 기능을 위한 충전기/차량간 통신 및 보안 기능 담당

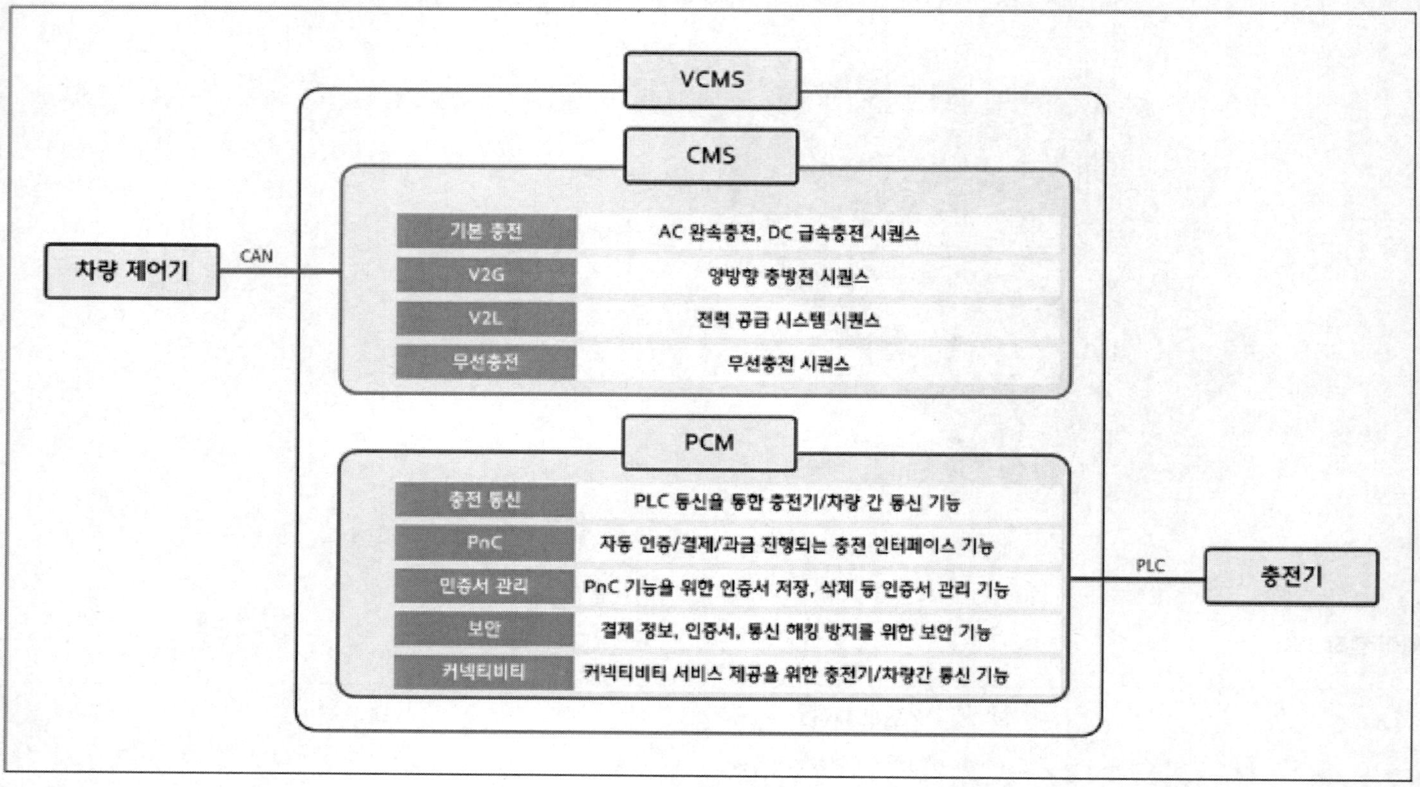

고장진단

고장 코드 발생 시 조치 방법

> **유 의**
>
> 차량 충전 관리 시스템(VCMS) 교환 전 반드시 충전 장비(EVSE), 인렛 잠금 장치, 각종 릴레이의 이상 유무를 먼저 점검한다.

구분	주요 고장 코드	원인	점검
차량 충전 관리 시스템(VCMS)	• 시스템 과전압 및 저전압 • 제어 모듈(CPU) 성능 이상	• VCMS • 보조 배터리(12 V)	• 완속/급속 충전 후 동일 고장 재현 시 보조 배터리(12 V) 점검 및 VCMS 교환
	• 근접 탐지(PD) 회로 이상	• VCMS • 콤보 충전 인렛 단자와 VCMS간 배선 및 커넥터 이상	• VCMS PD 인식 회로 점검 • 콤보 충전 인렛 단자와 VCMS간 배선 및 커넥터 점검
전기차 충전 장비(EVSE)	• EVSE CP 신호 이상	• EVSE	• 정상 작동하는 EVSE에서 충전 수행 후 동일 고장 코드 발생 시 VCMS CP 인식 회로 점검
	• EVSE 통신 실패 • PLC 신호 이상	• EVSE • VCMS	• 정상 작동하는 EVSE에서 충전 수행 후 동일 고장 코드 발생 시 PLC 통신 모듈 점검 및 교환
콤보 충전 인렛	• 충전구 과열 • 충전구 온도 센서 고장	• LDC 출력 단자와 정션 박스간 배선 및 커넥터	• 정상 작동하는 EVSE에서 충전 수행 후 동일 고장 코드 발생 시 충전구 온도 센서 점검
	• 인렛 액추에이터 고장 • 인렛 위치 센서 고장	• 인렛 액추에이터 • 인렛 위치 센서	• 인렛 액추에이터 강제 구동을 통한 인렛 잠금/해제 점검
페일 세이프	• 급속 충전 릴레이 융착 / 성능 이상	• 급속 충전 릴레이 • 급속 충전 릴레이 연결 배선 및 커넥터 체결 불량	• 고전압 정션 박스 내 급속 충전 릴레이 이상 유무 점검

탈거

▲ 경 고

- 고전압 시스템 관련 작업 시, 관련 교육을 이수한 작업자가 정비를 진행한다. 고전압 시스템에 대한 이해가 부족한 경우 감전 또는 누전 등으로 인한 심각한 사고를 초래할 수 있다.
- 고전압 시스템 또는 주변 부품 작업 시, 반드시 "고전압 시스템 안전사항 및 주의, 경고" 내용을 숙지하고 준수해야 한다. 미준수 시, 감전 또는 누전 등으로 인한 심각한 사고를 초래할 수 있다.
- 고전압 시스템 작업 특성상, 개인보호장구(PPE) 및 사전 고전압 차단 절차를 반드시 확인한다.

유 의

차량 충전 관리 시스템(VCMS) 교환 전 반드시 충전 장비(EVSE), 인렛 잠금 장치, 각종 릴레이의 이상 유무를 먼저 점검한다.

1. 고전압 차단 절차를 수행한다.
   (배터리 제어 시스템 (기본형) - "고전압 차단 절차" 참조)
2. 리어 시트 어셈블리를 탈거한다.
   (바디 - "리어 시트 어셈블리" 참조)
3. 우측 러기지 사이드 트림을 탈거한다.
   (바디 - "러기지 사이드 트림" 참조)
4. 차량 충전 관리 시스템(VCMS) 커넥터(A)를 분리한다.

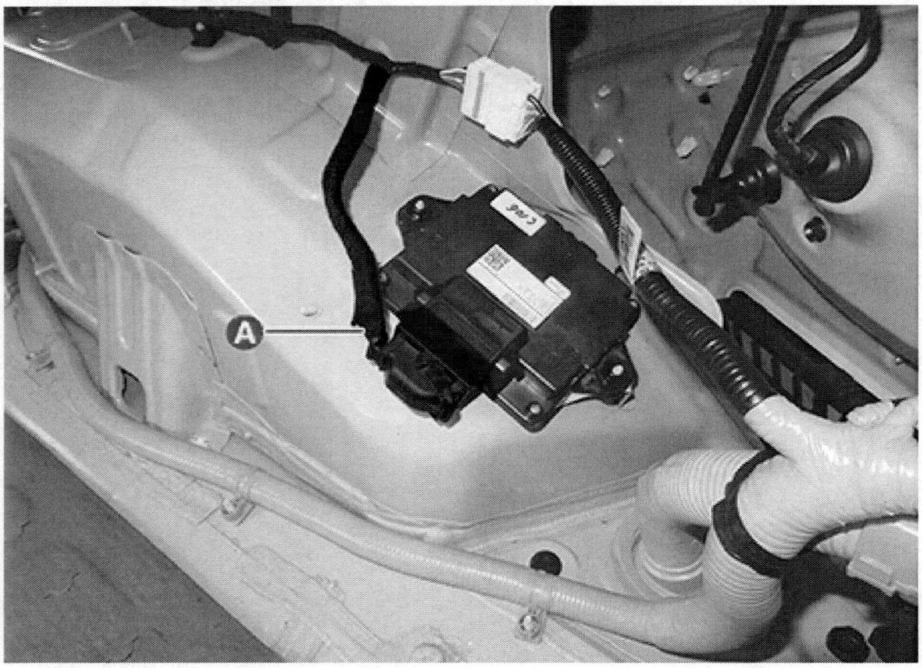

5. 너트를 풀어 VCMS(A)를 탈거한다.

체결토크 : 0.8 ~ 1.2 kgf·m

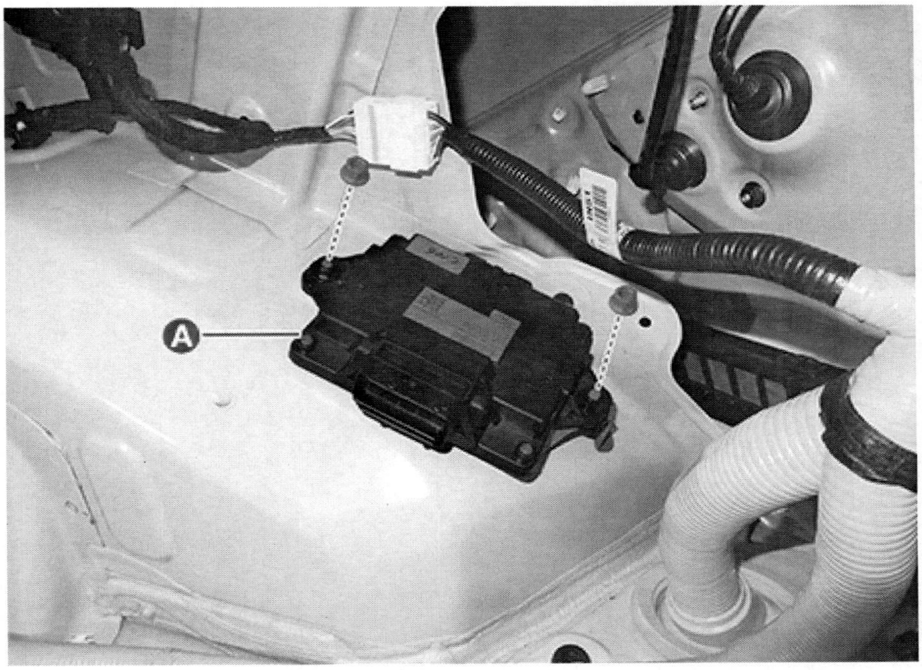

장착

▲ 경 고

- 고전압 시스템 관련 작업 시, 관련 교육을 이수한 작업자가 정비를 진행한다. 고전압 시스템에 대한 이해가 부족한 경우 감전 또는 누전 등으로 인한 심각한 사고를 초래할 수 있다.
- 고전압 시스템 또는 주변 부품 작업 시, 반드시 "고전압 시스템 안전사항 및 주의, 경고" 내용을 숙지하고 준수해야 한다. 미준수 시, 감전 또는 누전 등으로 인한 심각한 사고를 초래할 수 있다.
- 고전압 시스템 작업 특성상, 개인보호장구(PPE) 및 사전 고전압 차단 절차를 반드시 확인한다.

1. 장착은 탈거의 역순으로 한다.

   유 의

   - 차량 충전 관리 시스템(VCMS) 장착 시 규정 토크를 준수하여 장착한다.
   - VCMS를 떨어뜨렸을 경우, 보이지 않는 손상이 유발될 수 있으니 신품으로 교환한다. (재사용 금지)

2. VCMS 및 관련 부품의 교체 후 정상 충전 여부를 확인한다.

구성 부품

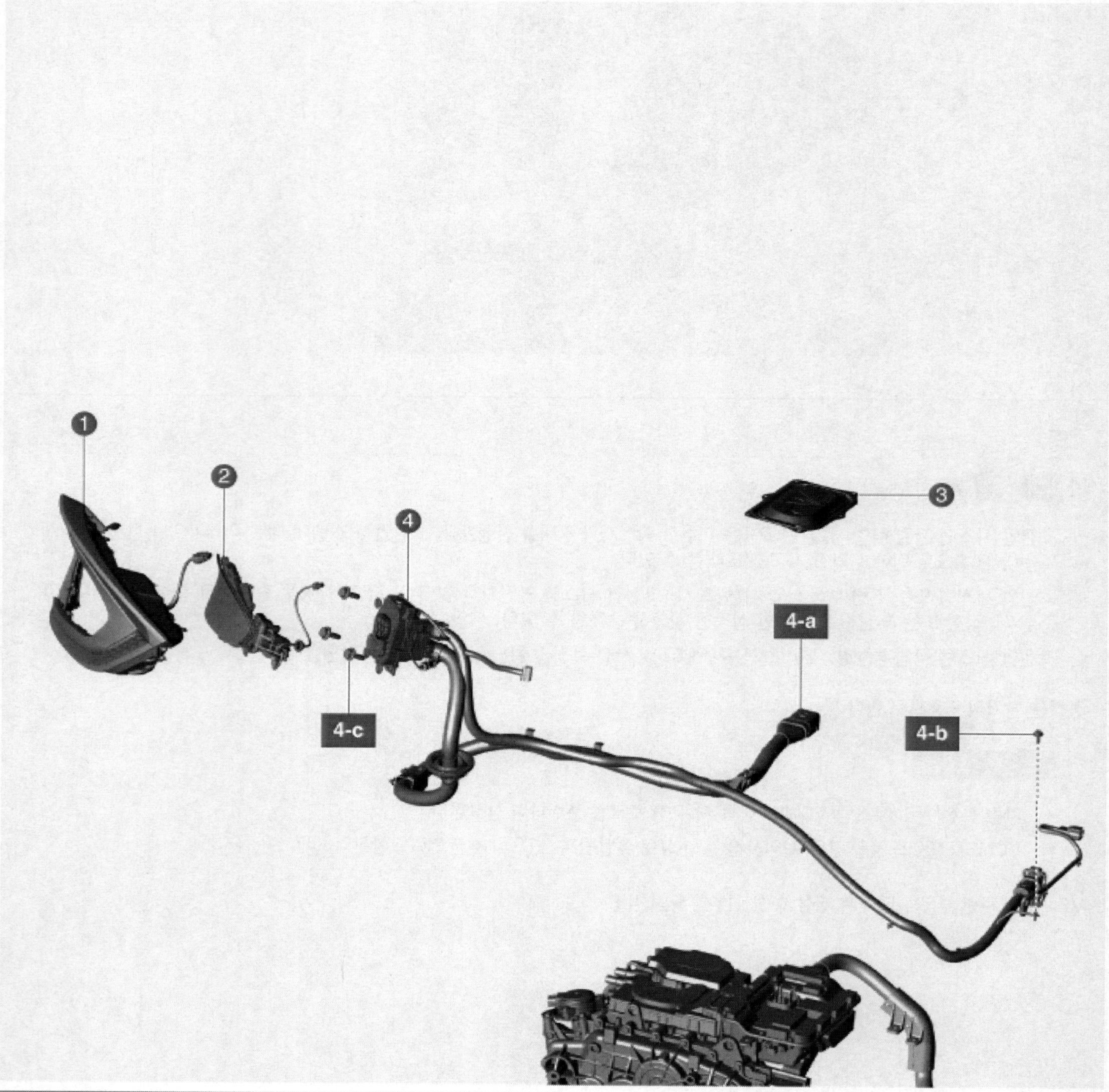

1. 리어 콤비네이션 램프 2. 충전 도어 어셈블리 3. 서비스 커버	4. 콤보 충전 인렛 어셈블리 4-a. 1.0 ~ 1.1 kgf·m 4-b. 0.8 ~ 1.0 kgf·m 4-c. 0.8 ~ 1.2 kgf·m

개요

충전 포트는 우측 후방 콤비네이션 램프 측에 위치해있다. 전기차 휴대용 충전기(ICCB)를 완속 충전 포트에 연결하거나 급속 충전 커넥터를 급속 충전 포트에 연결하면 충전이 시작된다.

탈거

⚠ 경 고

- 고전압 시스템 관련 작업 시, 관련 교육을 이수한 작업자가 정비를 진행한다. 고전압 시스템에 대한 이해가 부족한 경우 감전 또는 누전 등으로 인한 심각한 사고를 초래할 수 있다.
- 고전압 시스템 또는 주변 부품 작업 시, 반드시 "고전압 시스템 안전사항 및 주의, 경고" 내용을 숙지하고 준수해야 한다. 미준수 시, 감전 또는 누전 등으로 인한 심각한 사고를 초래할 수 있다.
- 고전압 시스템 작업 특성상, 개인보호장구(PPE) 및 사전 고전압 차단 절차를 반드시 확인한다.

1. 고전압 차단 절차를 수행한다.
   (배터리 제어 시스템 (기본형) - "고전압 차단 절차" 참조)
2. 리어 시트 어셈블리를 탈거한다.
   (바디 - "리어 시트 어셈블리" 참조)
3. 우측 리어 콤비네이션 램프를 탈거한다.
   (바디 전장 - "리어 콤비네이션 램프" 참조)
4. 볼트를 풀어 콤보 충전 인렛 어셈블리(A)를 분리한다.

체결토크 : 0.8 ~ 1.2 kgf·m

5. 커넥터(A)를 분리한다.

6. 콤보 충전 인렛 어셈블리 케이블(A)을 차체에서 분리한다.

7. 볼트를 풀어 접지 케이블(A)을 분리한다.

체결토크 : 0.8 ~ 1.0 kgf·m

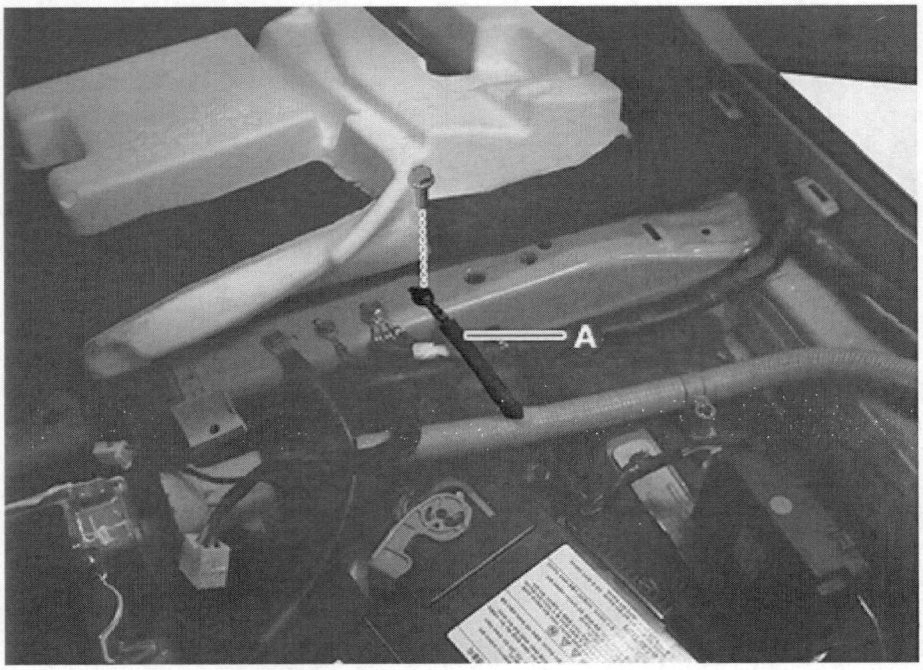

8. 콤보 충전 인렛 어셈블리 커넥터(A)를 분리한다.

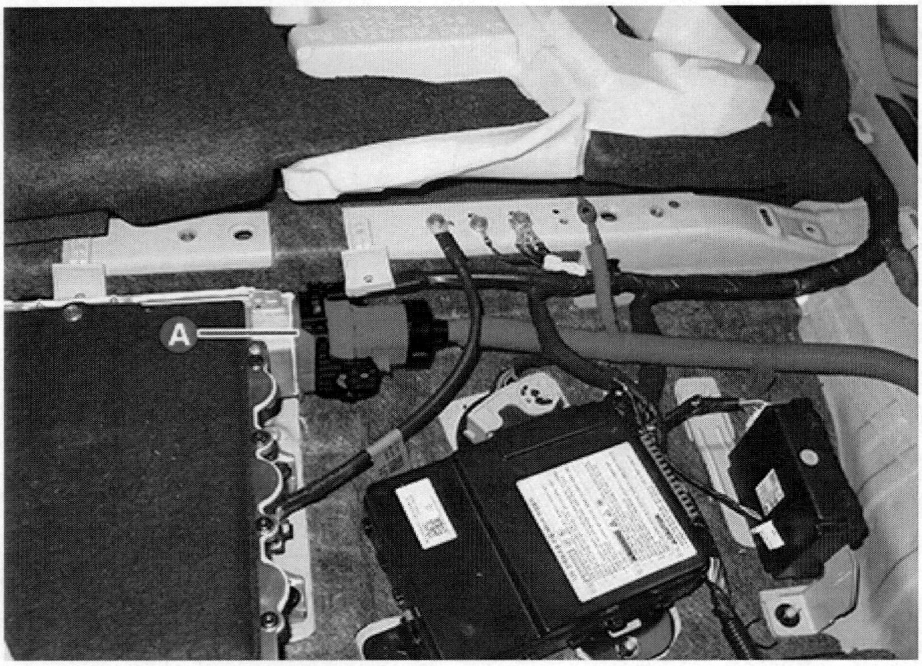

9. 급속 충전 커넥터 서비스 커버(A)를 탈거한다.

체결토크 : 0.8 ~ 1.2 kgf·m

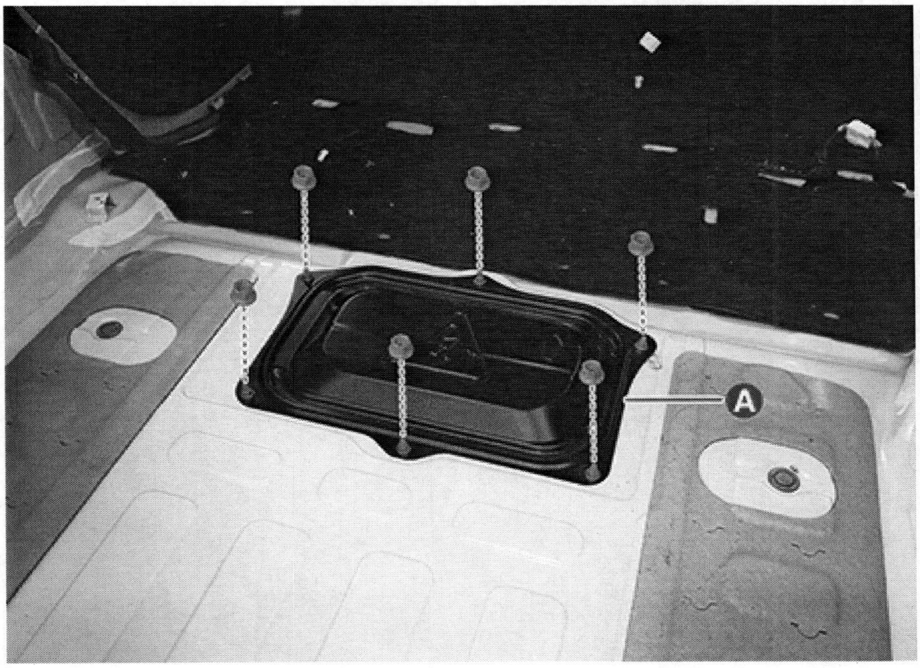

10. 급속 충전 커넥터(A)를 분리한다.

체결토크 : 1.0 ~ 1.1 kgf·m

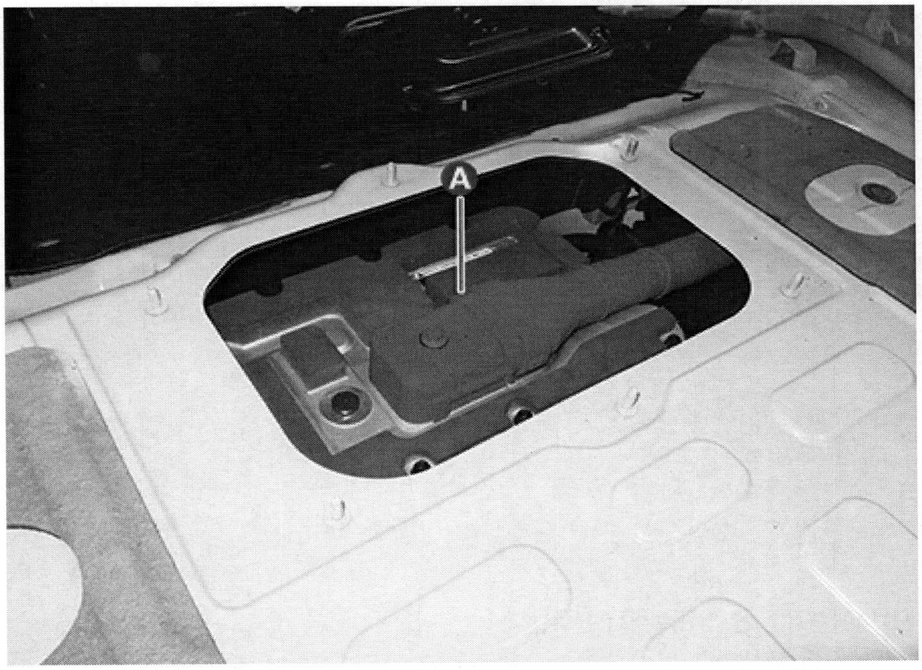

11. 케이블 고정 클립(A)을 분리한다.

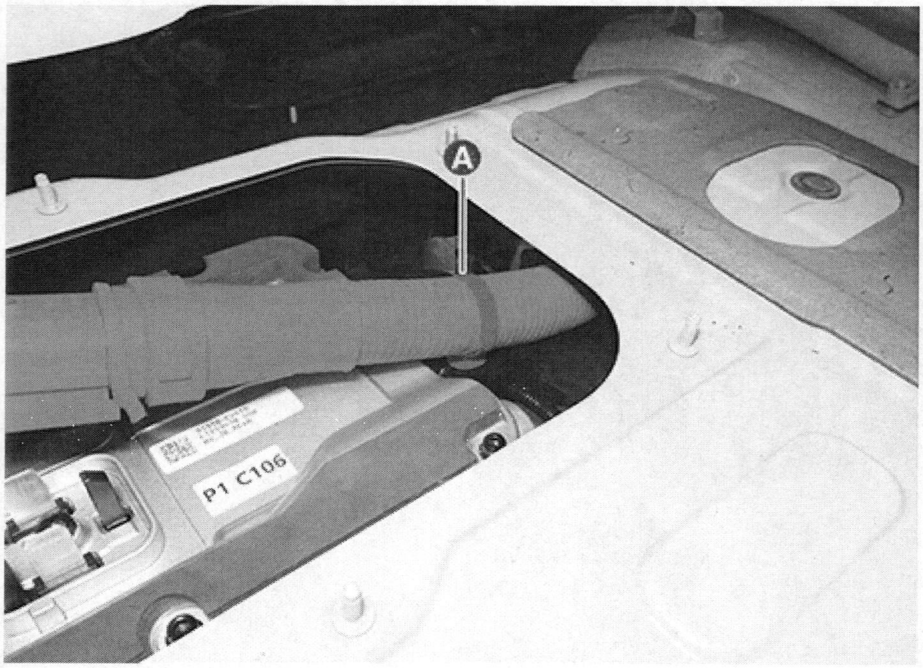

12. 리어 언더 커버를 탈거한다.
(모터 및 감속기 시스템 - "리어 언더 커버" 참조)
13. 리어 언더 커버(A)를 탈거한다

14. 파스너 및 너트를 탈거하여 콤보 충전 인렛 어셈블리(A)를 차체로부터 분리한다.

체결토크 : 0.8 ~ 1.2 kgf·m

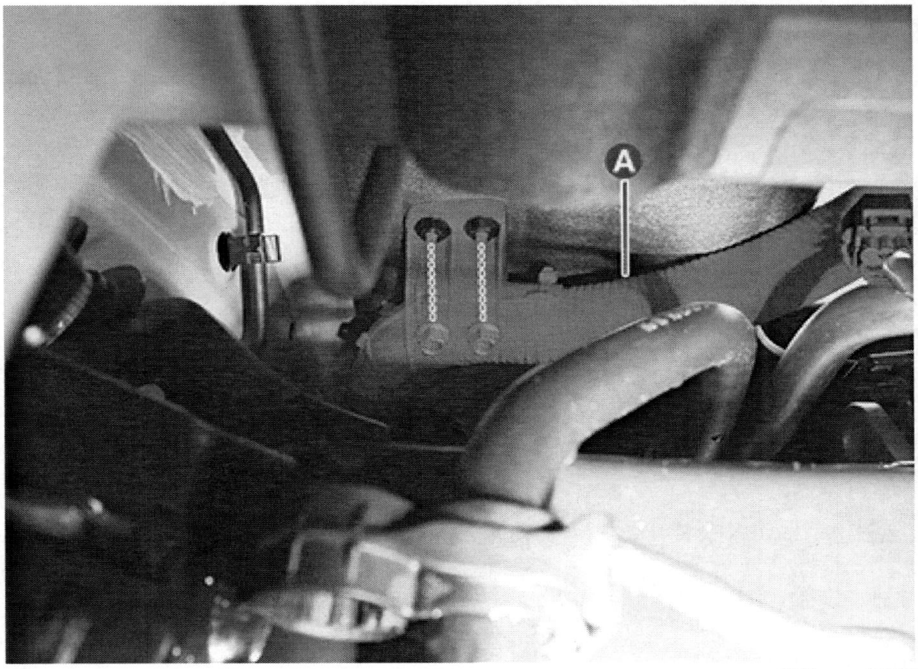
A

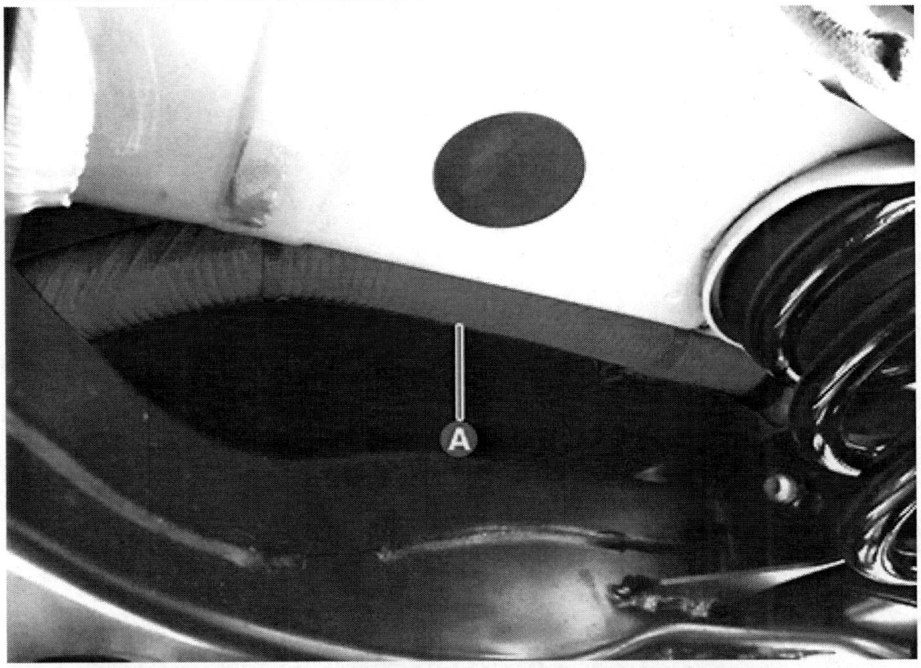
A

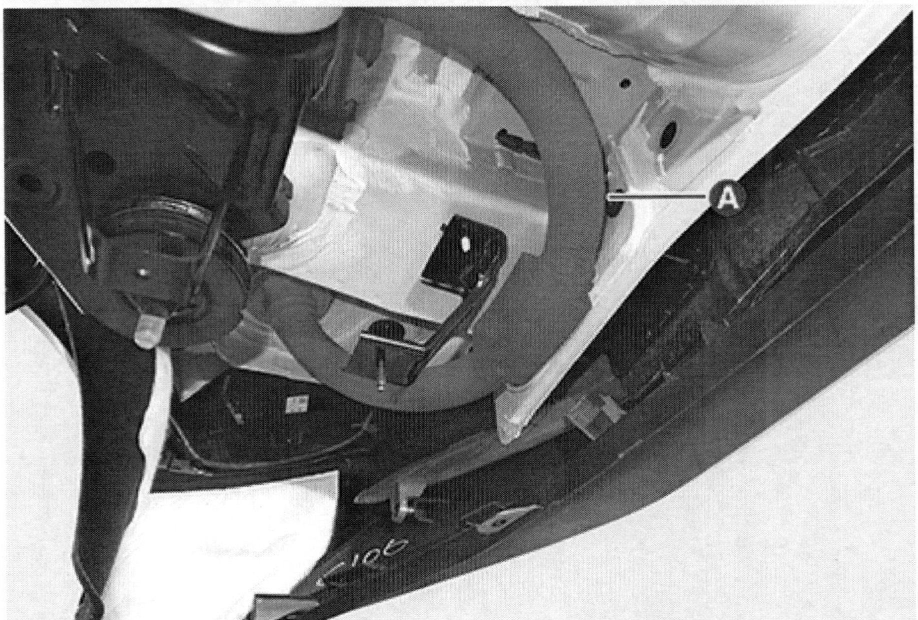
A

장착

⚠ 경 고

- 고전압 시스템 관련 작업 시, 관련 교육을 이수한 작업자가 정비를 진행한다. 고전압 시스템에 대한 이해가 부족한 경우 감전 또는 누전 등으로 인한 심각한 사고를 초래할 수 있다.
- 고전압 시스템 또는 주변 부품 작업 시, 반드시 "고전압 시스템 안전사항 및 주의, 경고" 내용을 숙지하고 준수해야 한다. 미준수 시, 감전 또는 누전 등으로 인한 심각한 사고를 초래할 수 있다.
- 고전압 시스템 작업 특성상, 개인보호장구(PPE) 및 사전 고전압 차단 절차를 반드시 확인한다.

1. 장착은 탈거의 역순으로 한다.

유 의

콤보 충전 인렛 어셈블리 장착 시 규정 토크를 준수하여 장착한다.

2. 콤보 충전 인렛 어셈블리 및 관련 부품의 교체 후 정상 충전 여부를 확인한다.

교환

⚠ 경 고

- 고전압 시스템 관련 작업 시, 관련 교육을 이수한 작업자가 정비를 진행한다. 고전압 시스템에 대한 이해가 부족한 경우 감전 또는 누전 등으로 인한 심각한 사고를 초래할 수 있다.
- 고전압 시스템 또는 주변 부품 작업 시, 반드시 "고전압 시스템 안전사항 및 주의, 경고" 내용을 숙지하고 준수해야 한다. 미준수 시, 감전 또는 누전 등으로 인한 심각한 사고를 초래할 수 있다.
- 고전압 시스템 작업 특성상, 개인보호장구(PPE) 및 사전 고전압 차단 절차를 반드시 확인한다.

유 의

인렛 액추에이터는 콤보 충전 인렛 어셈블리로 구성되어 있어 부분 수리가 불가능하다. 교환 필요시 콤보 충전 인렛 어셈블리를 교환한다.

1. 콤보 충전 인렛 어셈블리를 교환한다.
   (고전압 충전 시스템 - "콤보 충전 인렛 어셈블리" 참조)

탈거

1. 우측 아웃사이드 리어 콤비네이션 램프를 탈거한다.
   (바디 전장 - "리어 콤비네이션 램프" 참조)
2. 플랜지 커버(A)를 탈거한다.

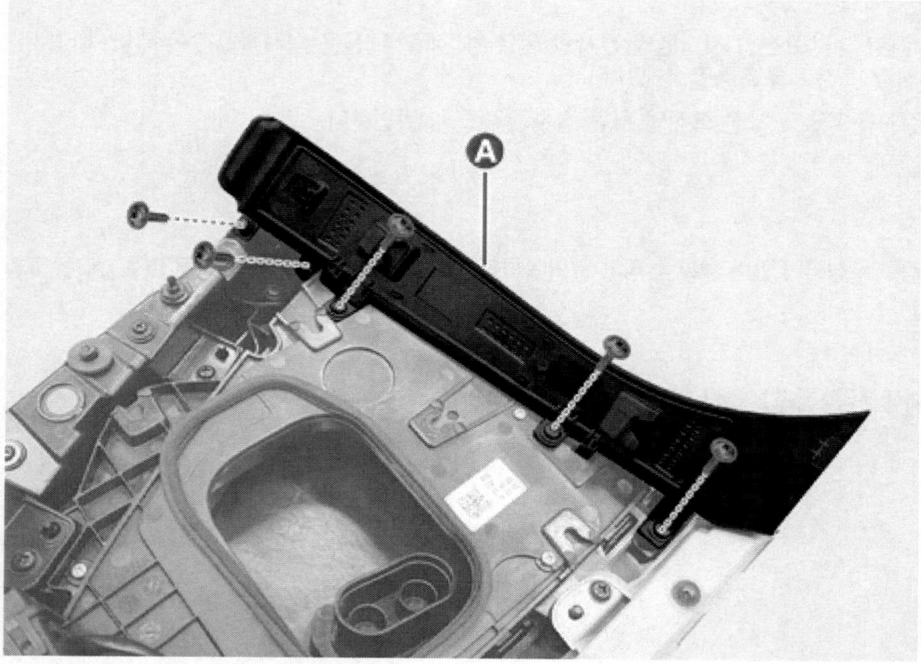

3. 충전 도어 컨트롤 유닛 커넥터(A)를 분리한다.

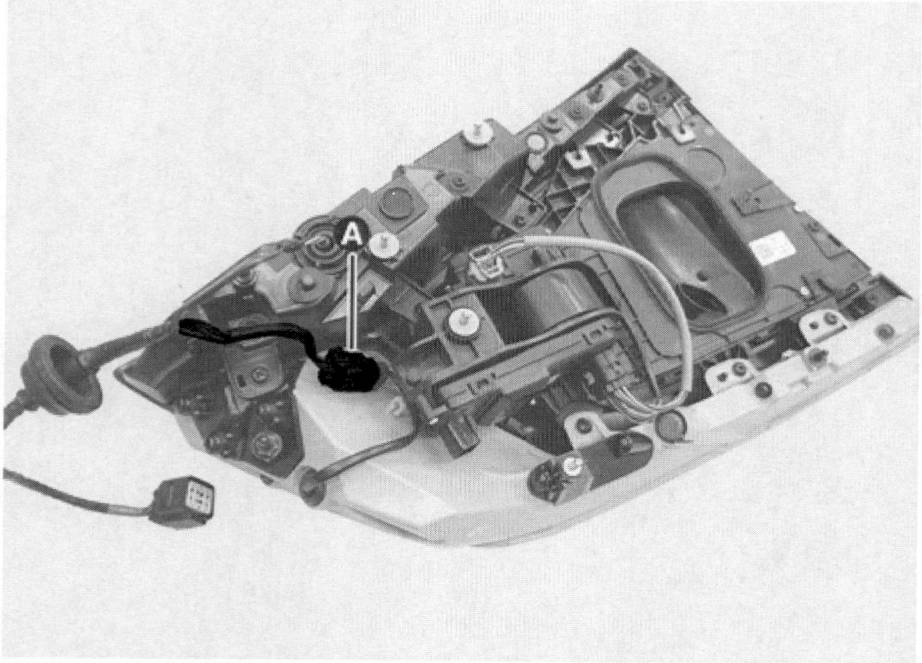

4. 스크루를 풀어 정지등 및 미등(A)을 탈거한다.

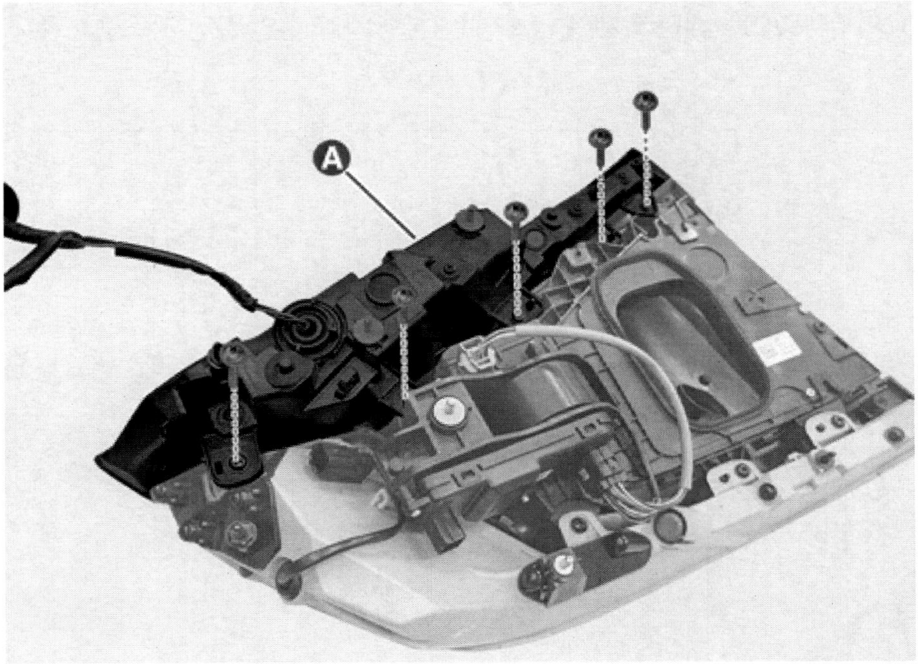

5. 스크루를 풀어 방향지시등(A)을 탈거한다.

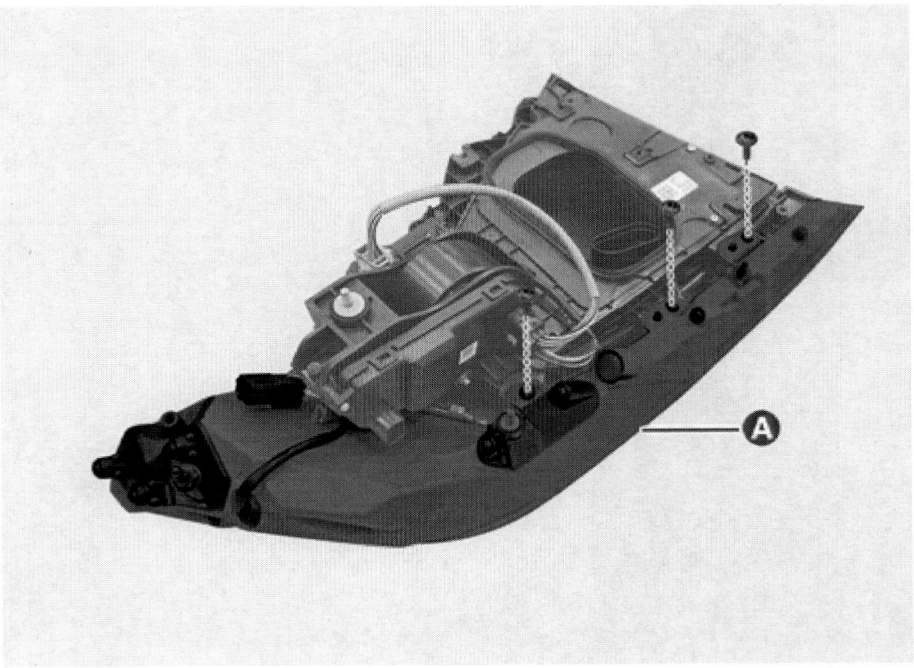

장착

1. 장착은 탈거의 역순으로 한다.

> **유 의**
>
> - 충전 도어 어셈블리 장착 시 규정 토크를 준수하여 장착한다.
> - 충전 도어 어셈블리를 떨어뜨렸을 경우, 보이지 않는 손상이 유발될 수 있으니 신품으로 교환한다. (재사용 금지)

2. 충전 도어 어셈블리 및 관련 부품의 교체 후 정상 충전 여부를 확인한다.

탈거

1. 우측 아웃사이드 리어 콤비네이션 램프를 탈거한다.
   (바디 전장 - "리어 콤비네이션 램프" 참조)
2. 플랜지 커버(A)를 탈거한다.

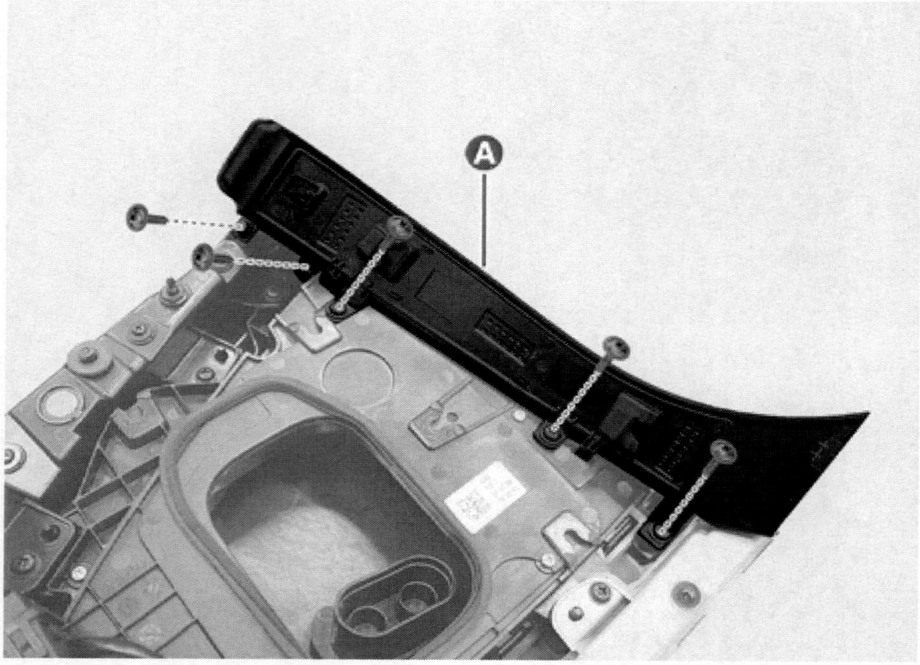

3. 충전 도어 컨트롤 유닛 커넥터(A)를 분리한다.

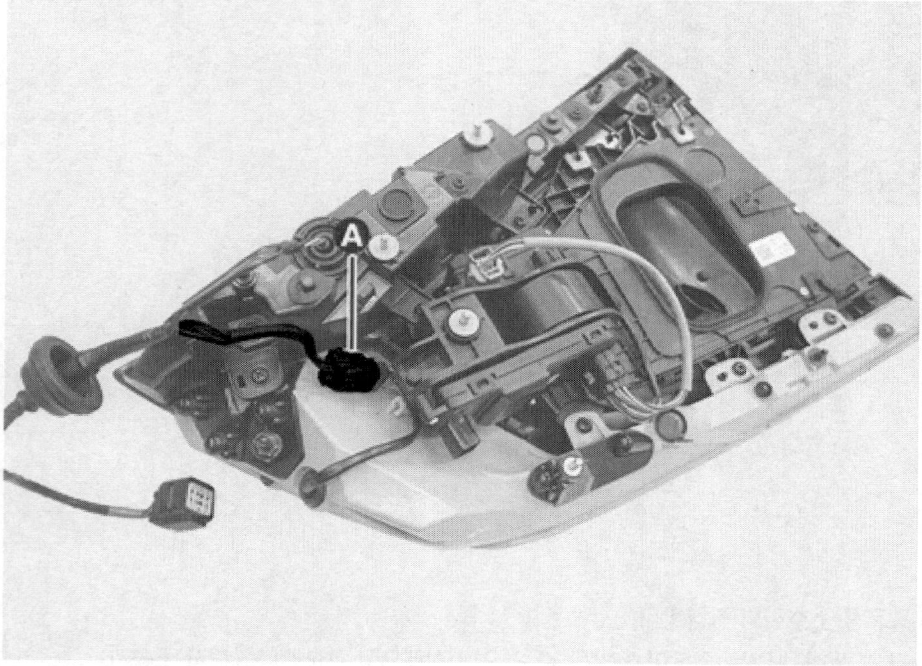

4. 스크루를 풀어 정지등 및 미등(A)을 탈거한다.

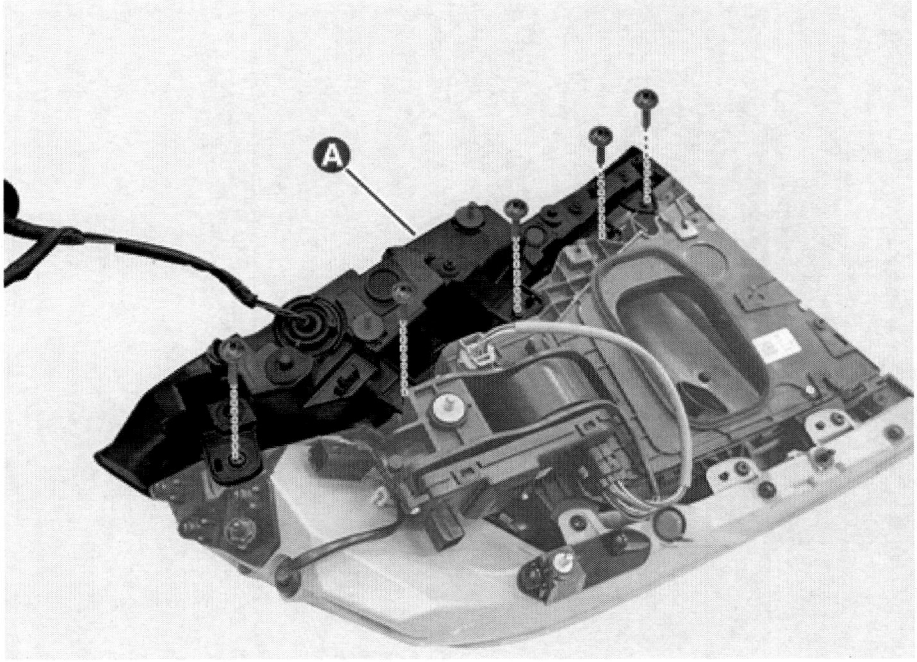

5. 스크루를 풀어 방향지시등(A)을 탈거한다.

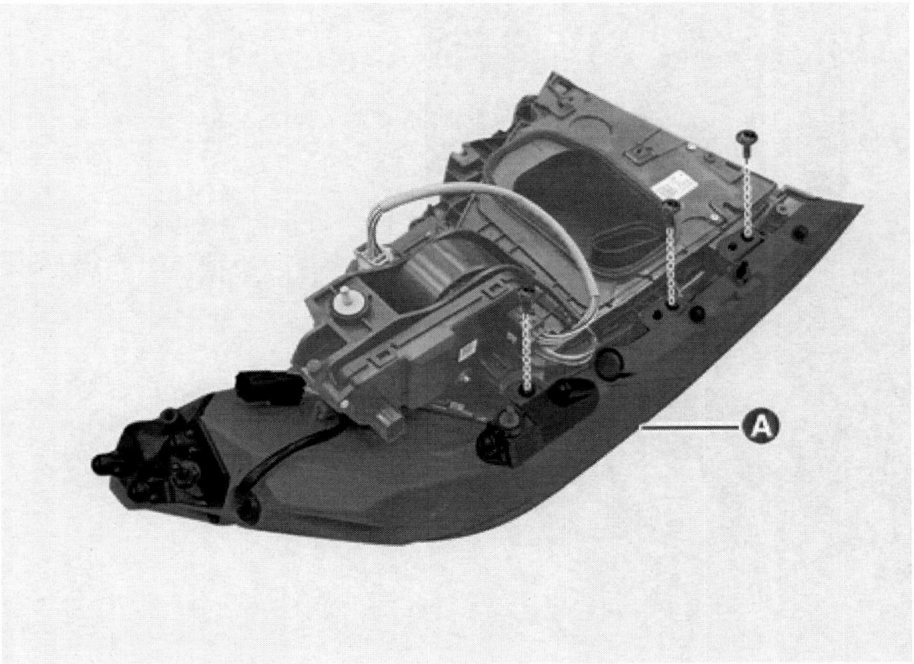

6. 충전 도어 모듈 커넥터(A)를 분리한다.

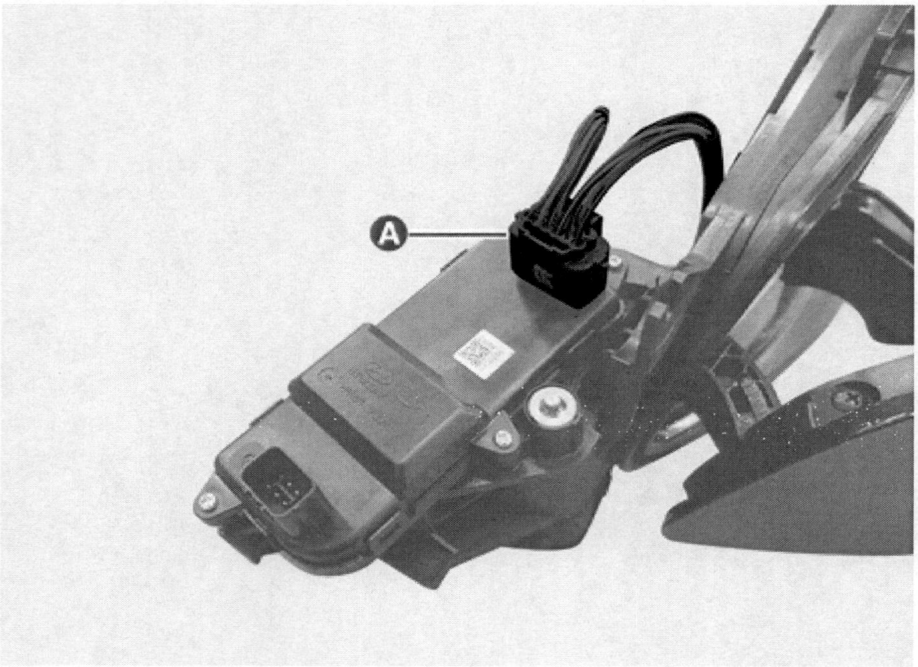

7. 스크루를 풀어 충전 도어 모듈(A)을 탈거한다.

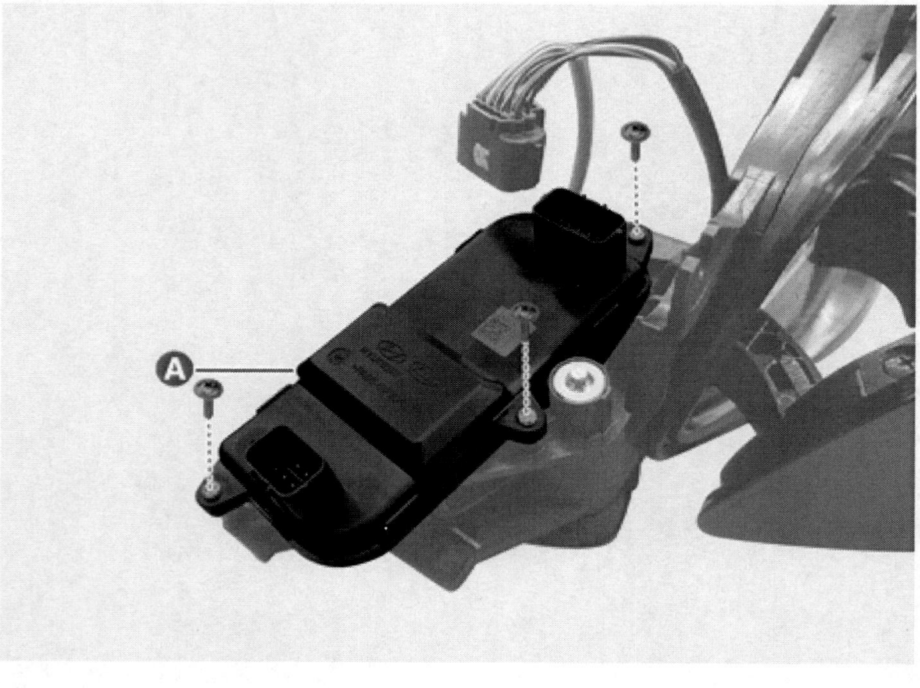

장착

1. 장착은 탈거의 역순으로 한다.

> **유 의**
>
> - 충전 도어 모듈 (CDM) 장착 시 규정 토크를 준수하여 장착한다.
> - CDM을 떨어뜨렸을 경우, 보이지 않는 손상이 유발될 수 있으니 신품으로 교환한다. (재사용 금지)

2. CDM 및 관련 부품의 교체 후 정상 충전 여부를 확인한다.

탈거

1. 우측 아웃사이드 리어 콤비네이션 램프를 탈거한다.
   (바디 전장 - "리어 콤비네이션 램프" 참조)
2. 플랜지 커버(A)를 탈거한다.

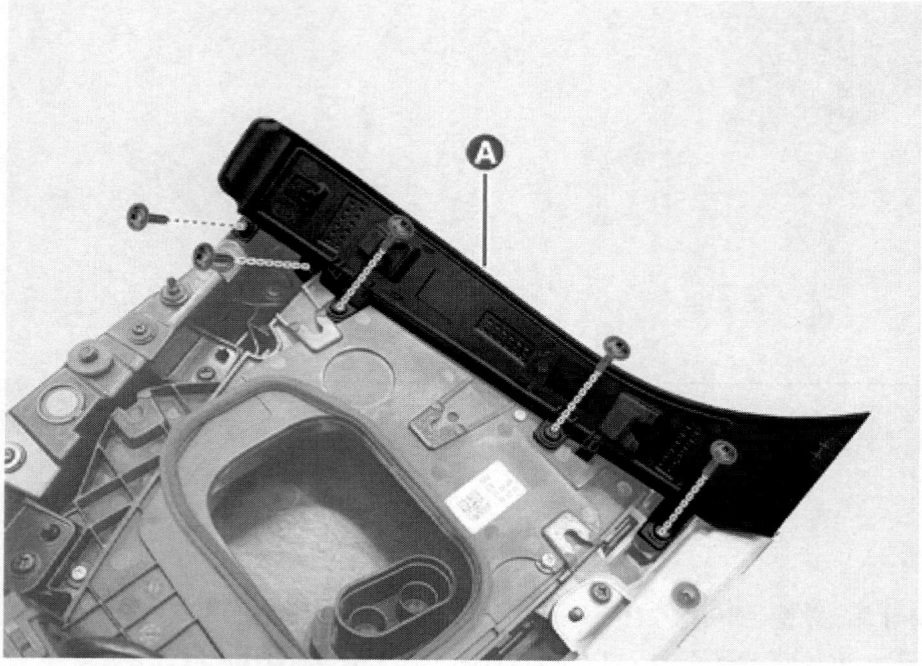

3. 충전 도어 컨트롤 유닛 커넥터(A)를 분리한다.

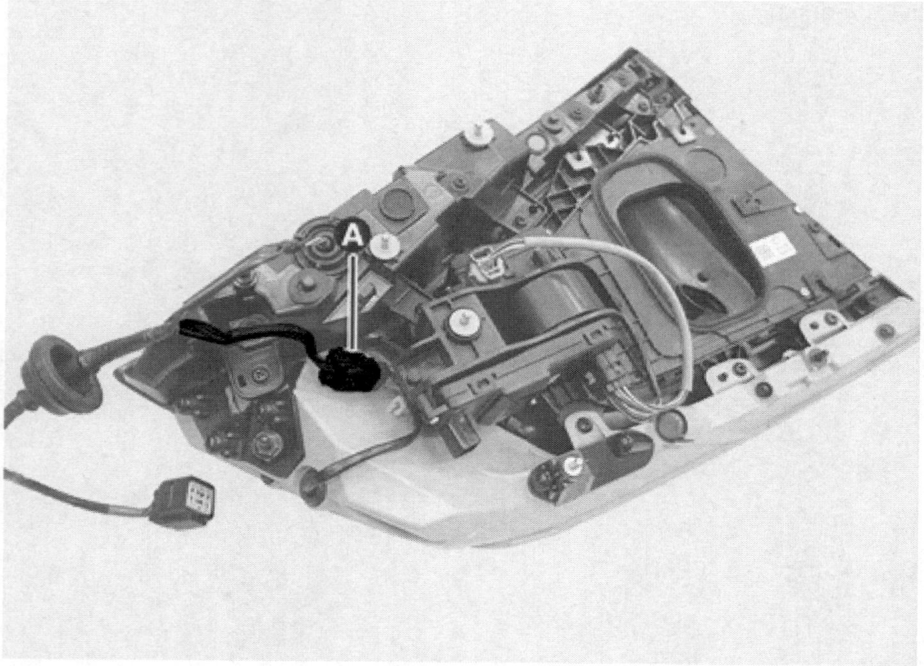

4. 스크루를 풀어 정지등 및 미등(A)을 탈거한다.

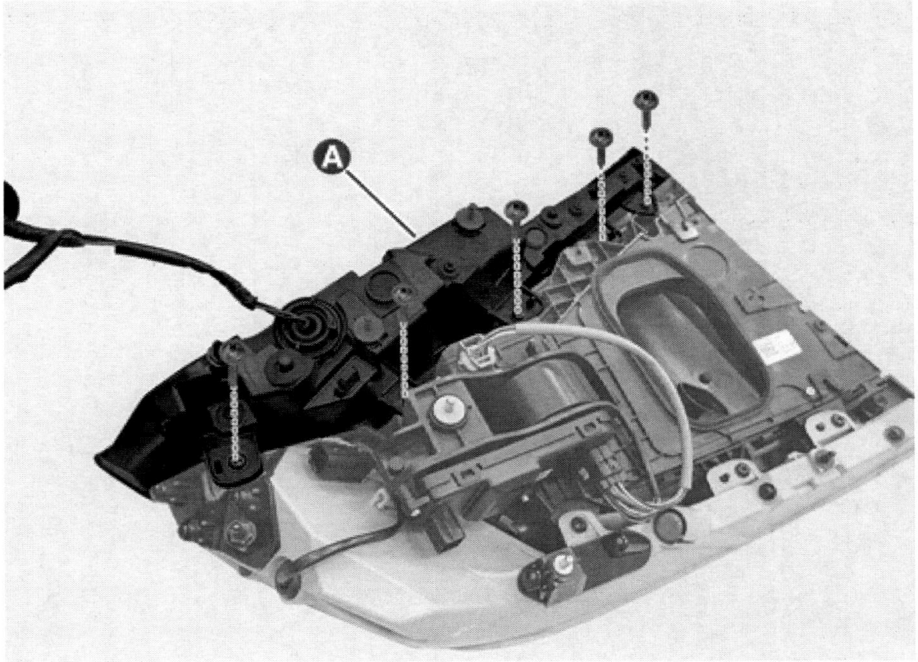

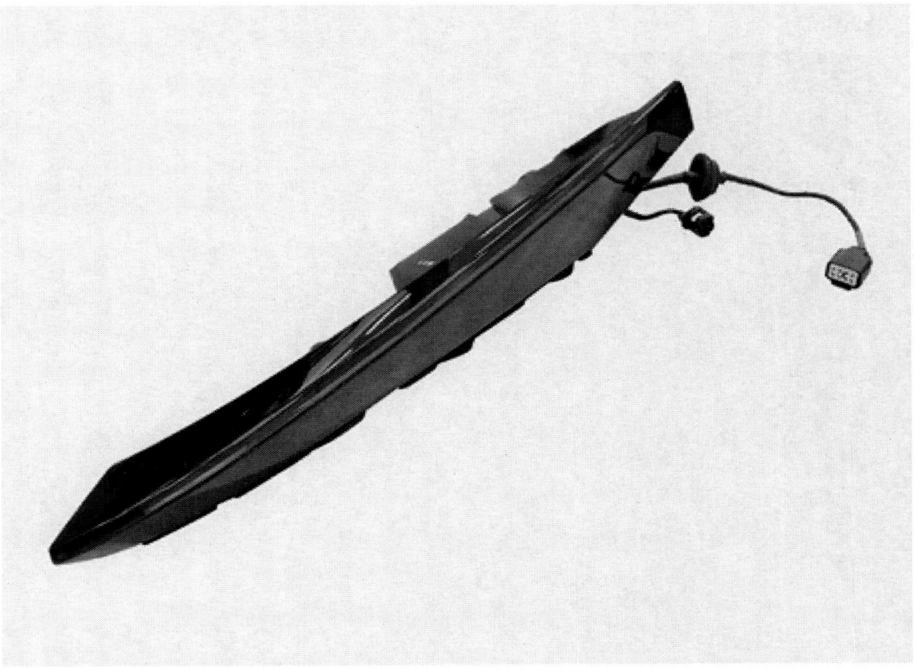

5. 충전 도어 액추에이터 커넥터(A)를 탈거한다.

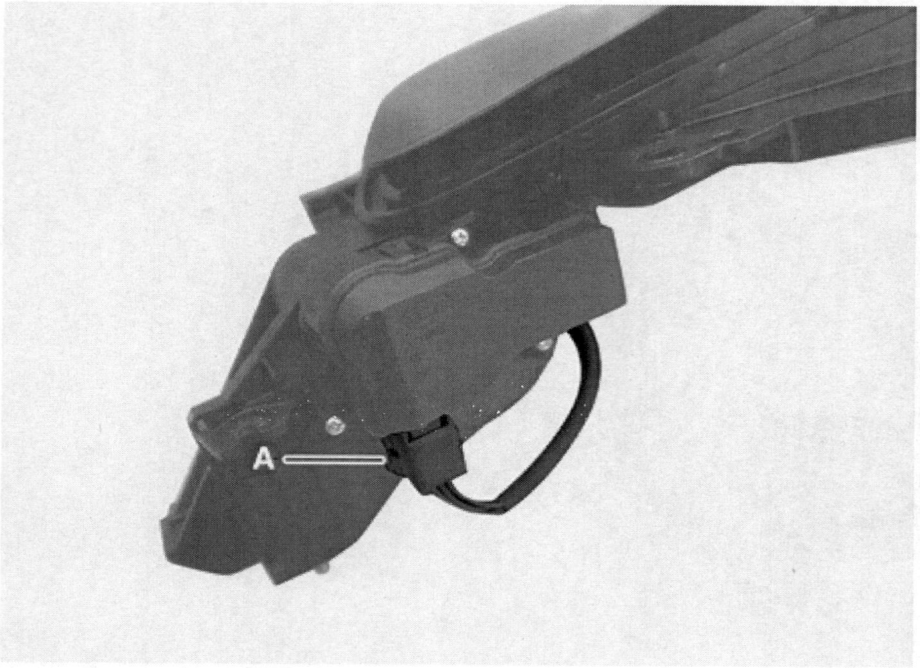

6. 스크루를 풀고 충전 도어 액추에이터(A)를 탈거한다.

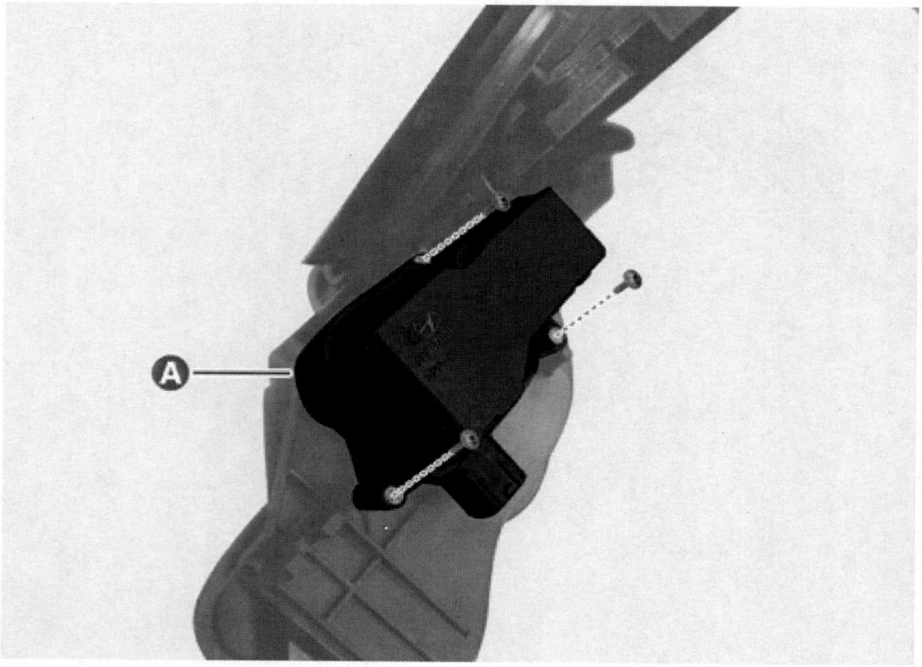

장착

1. 장착은 탈거의 역순으로 한다.

> **유 의**
>
> - 충전 도어 액추에이터 장착 시 규정 토크를 준수하여 장착한다.
> - 충전 도어 액추에이터를 떨어뜨렸을 경우, 보이지 않는 손상이 유발될 수 있으니 신품으로 교환한다. (재사용 금지)

2. 충전 도어 액추에이터 및 관련 부품의 교체 후 정상 충전 여부를 확인한다.

교환

유 의

충전 도어 스위치는 레오스탯으로 구성되어 있어 부분 수리가 불가능하다. 교환 필요시 레오스탯을 교환한다.

1. 레오스탯을 교환한다.
   (바디 전장 - "레오스탯" 참조)

제원

항목	제원
정격 전압(V)	120 ~ 230
정격 전류(A)	6, 8, 10, 12 (가변 설정)

개요

- 전기차 가정용 충전기(ICCB)는 완속충전(가정에서 충전 시)을 지원하기 위한 전원 공급 장치이다.
- ICCB는 충전 상태 표시, 누설전류 차단 및 검출, 내부온도 이상시 전원차단, 과전류 검출, 전원플러그 온도이상시 차단, 전류 자동 하향 가변 기능이 있다.

표시등 개요

명칭	표시등	기능
전원 표시등		녹색 점등 : 전원 플러그 연결
충전 표시등		파란색 점등 : 정상 충전 파란색 점멸 : 하향 충전
고장 코드 표시등		빨간색 점멸 : 고장으로 충전 중단(누설전류, 과전류 등)
7 - 세그먼트	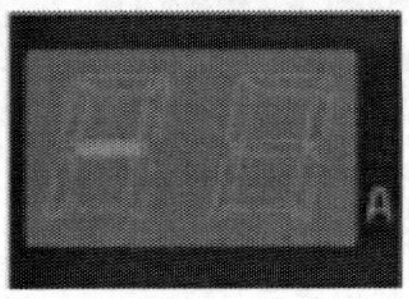	충전 전류 또는 고장 코드 표시 충전 전류 가변 모드에서 점멸

고장진단

정상 충전 진행시 디스플레이 점등 사양

순서	조건	디스플레이 모드	
1	전원 플러그에 전기차 가정용 충전기 (ICCB) 연결 : 전원 표시등 점등(대기 상태)이 되고 7 - 세그먼트에 현재 설정된 충전 전류가 표시된다.	대기 모드	
2	차량 인렛 커넥터에 ICCB 연결 및 충전 : ICCB가 인렛 커넥터에 체결되면 약 1.5초간 자기진단 검사를 실시하며 문제가 없을 경우 내부 릴레이를 ON시켜 충전이 가능한 상태가 되고, 충전 표시등(충전 상태)이 점등된다. 충전 상태에서 약 1분 동안 상태 변화가 없다면 절전을 위해 7 - 세그먼트의 충전 전류가 꺼진다. 플러그 온도가 80 ~ 90°C 또는 ICCB 내부 온도가 90 ~ 95°C 이면 충전 전류 하향 모드가 되어 충전 전류는 6 A가 되고 충전 표시등은 점멸된다. 충전 전류 하향 모드 이후 온도가 70°C 이하가 되면 원래 충전 전류값으로 원복된다.	충전 모드	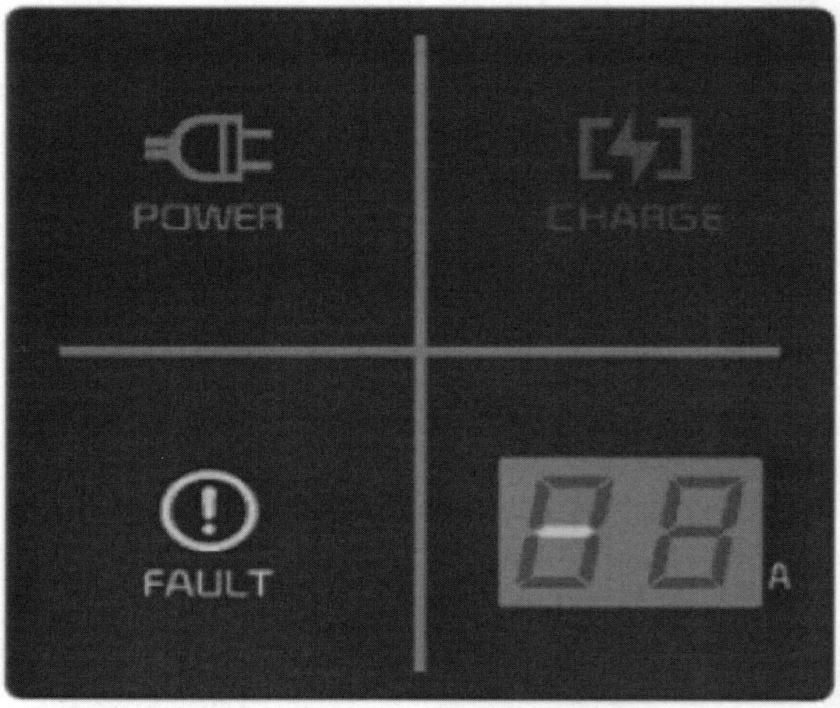
3	충전 완료 : 충전 표시등이 OFF 되고, 전원 표시등만 녹색 점등 된다.	대기 모드	

			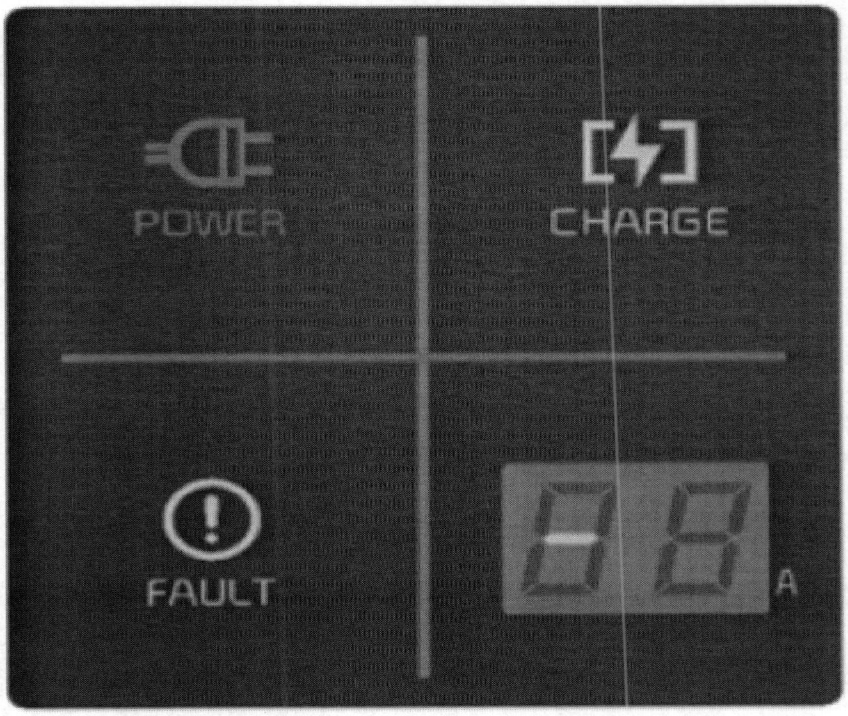

충전 전류 설정 방법

순서	절차
1	충전 전류 설정 상태 진입 대기 상태 또는 충전 상태에서 버튼을 2 ~ 8초간 누르면 충전 전류 변경 가능한 상태로 진입하고 7 - 세그먼트의 충전 전류값이 점멸된다.
2	충전 전류 변경 충전 전류는 초기 6 A로 설정되어 있으며, 버튼을 1회 누를 때마다(1초 미만) 1단계씩 상승되고, 현재 전류가 12 A인 경우 버튼 1회 누르면 6 A가 된다. 1단계 6 A → 2단계 8 A → 3단계 10 A → 4단계 12 A → 1단계 6 A
3	충전 전류 확정 충전 전류를 원하는 값으로 설정 후 버튼을 1초 이상 누르면 설정된 값으로 적용되고, 충전 전류 설정 모드에서 원래 모드(대기 모드 또는 충전 모드)로 전환된다. 버튼 입력이 없는 상태로 10초 이상 경과 시 이전 설정된 충전 전류값으로 복귀되고 원래 모드로 전환된다.

전기차 가정용 충전기 (ICCB) 자기진단(Self-diagnosis)

고장 발생 시 전기차 가정용 충전기 (ICCB) 동작

고장 발생 시 전기차 가정용 충전기 (ICCB) 동작 사양	디스플레이 모드

전원 표시등이 점등되고, 고장 코드 표시등이 점멸되며, 7 - 세그먼트에 고장 코드가 표시된다. 내부 릴레이를 OFF 시켜 전원을 차단한다.	고장 모드	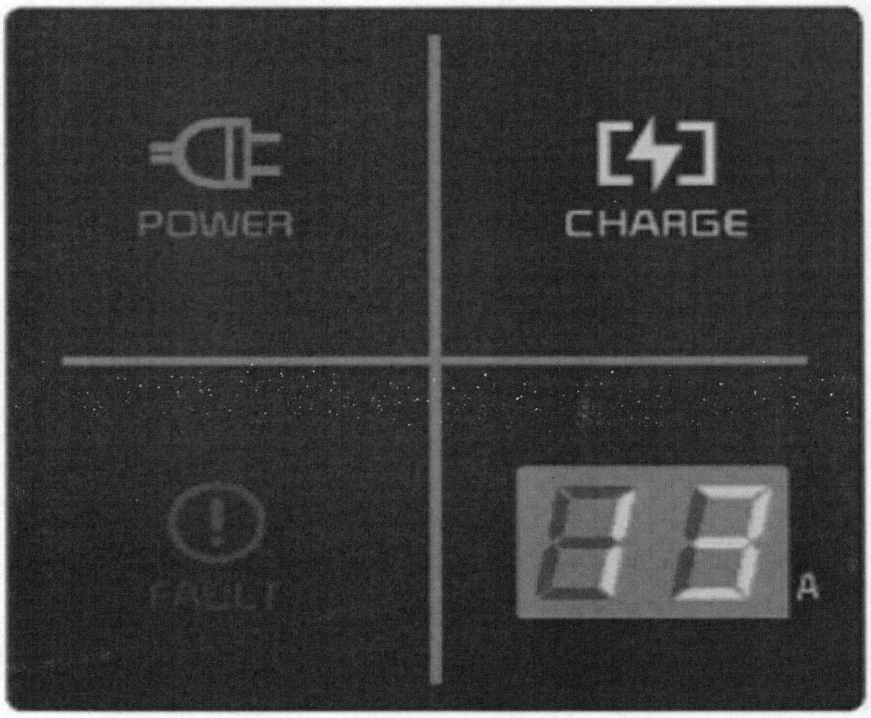

전기차 가정용 충전기 (ICCB) 고장 코드 항목

고장 코드	항목	원인	점검
E1	CP 통신	차량 통신 오류 발생	통신 라인 점검, ICCU 점검
E2	누설	누설 전류 발생	E2 고장 코드(누설 전류) 조치 방법 : 전원 플러그를 탈거했다가 다시 연결 후 2초 이상 버튼을 누르면 자동 복구 ※ 상기 내용을 2 ~ 3회 반복 후에도 복구가 안되면 ICCB 교환 요망
E3		충전기 오류 발생	ICCB 교환
E4	플러그 온도	전원 플러그 90°C 이상	
E5		전원 플러그 1분 이내 20°C 이상 온도 상승	
E6		전원 플러그 온도 센서 이상	
E7	과전류	충전 과전류 경고	
E8	내부 온도	ICCB 내부 온도 95°C 이상	
E9		ICCB 내부 온도 센서 이상	
F1	릴레이 고장	내부 릴레이 융착	
F3	SMPS 전원 이상	SMPS 출력 전압 8.5 V 미만	
F4		SMPS 출력 전압 8.5 ~ 11 V	
F5	CP 전압 이상	CP (-) 전압 이상	
F6		CP (+) 전압 이상	
F7	온도 센서 이상	플러그 온도 센서 이상	
F8		PCB 내부 온도 센서 이상	

과거 고장 코드 삭제 방법

순서	조건	디스플레이 사양

고장 코드 호출	고장 코드 호출은 고장 코드 표시가 없는 대기 상태에서 가능하며, 과거에 발생된 고장 코드 내역을 호출하기 위해서는 8초 이상 버튼을 누른다.	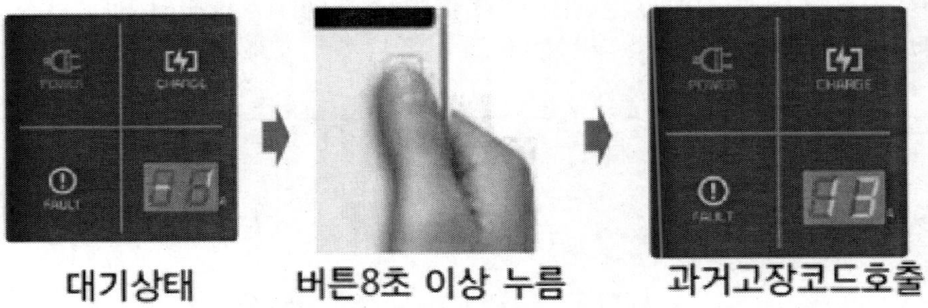
저장 코드 삭제	고장 코드를 호출한 상태에서 버튼을 8초 이상 누를 시, 고장 코드가 삭제되고 7 - 세그먼트에는 no가 표시된다. 그 이후 자동 대기 모드로 전환된다.	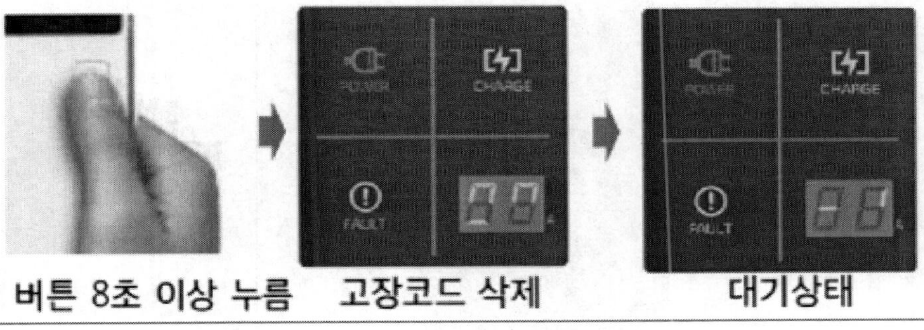
대기 상태 복귀	고장 코드를 삭제하지 않고 복귀하는 방법 1. 전원 플러그 탈거 후 재 연결 2. 버튼을 2 ~ 8초간 1회 누름	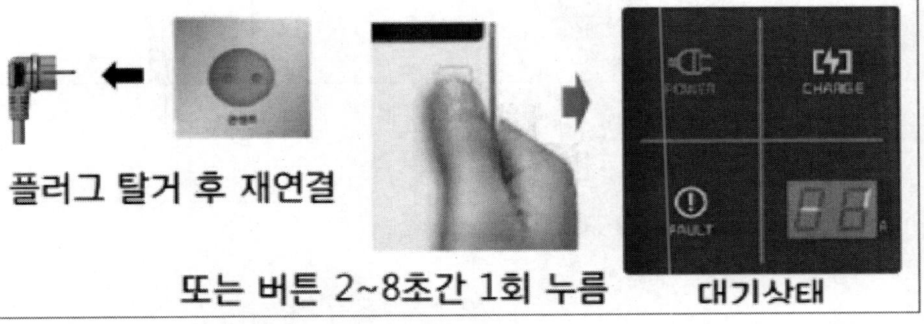

구성부품

2WD

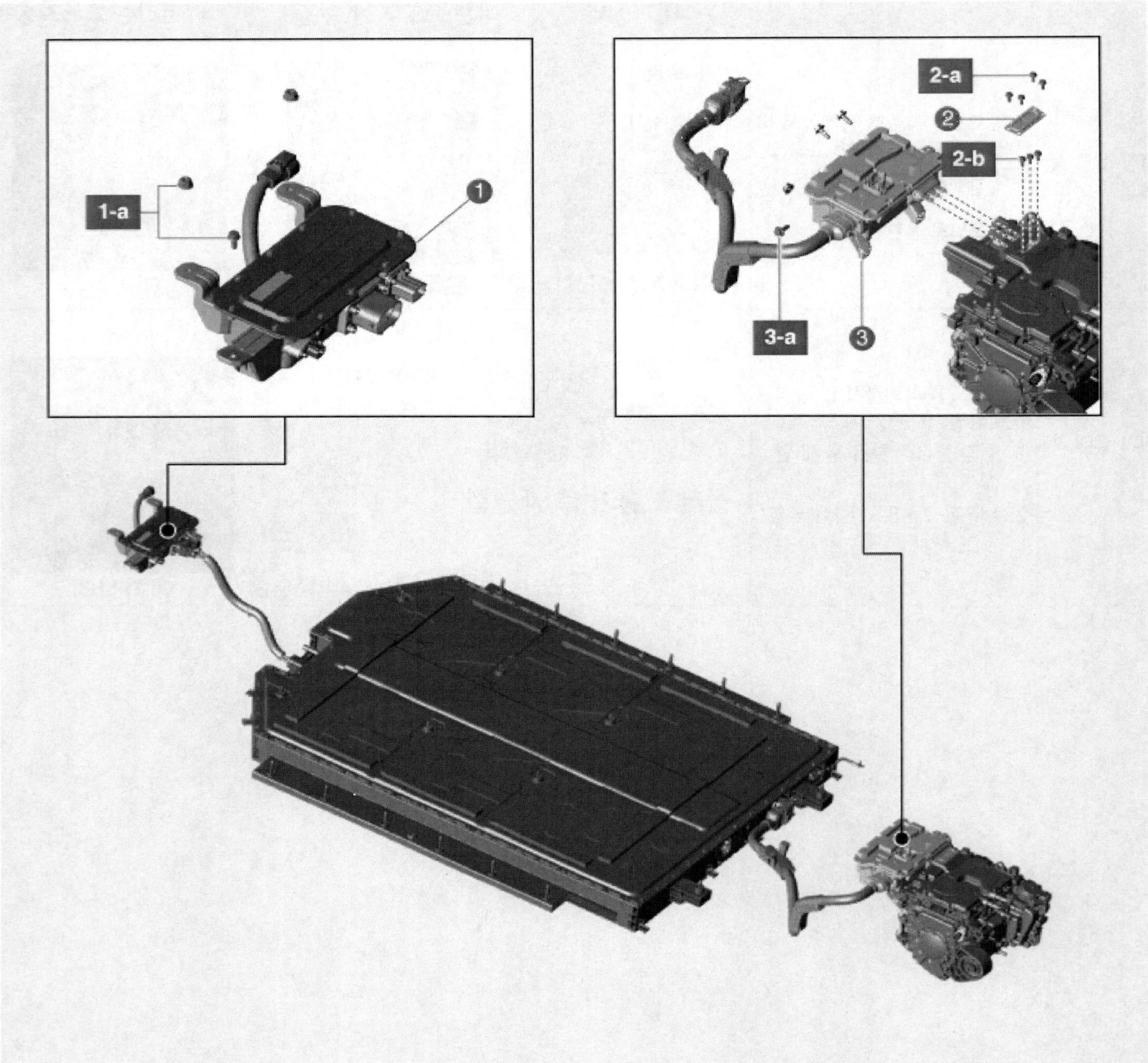

1. 프런트 고전압 정션 박스 1-a. 0.7 ~ 1.0 kgf·m	2. 고전압 정션 박스 서비스 커버 2-a. 0.4 ~ 0.6 kgf·m 2-b. 0.7 ~ 1.0 kgf·m 3. 리어 고전압 정션 박스 3-a. 2.0 ~ 2.4 kgf·m

4WD

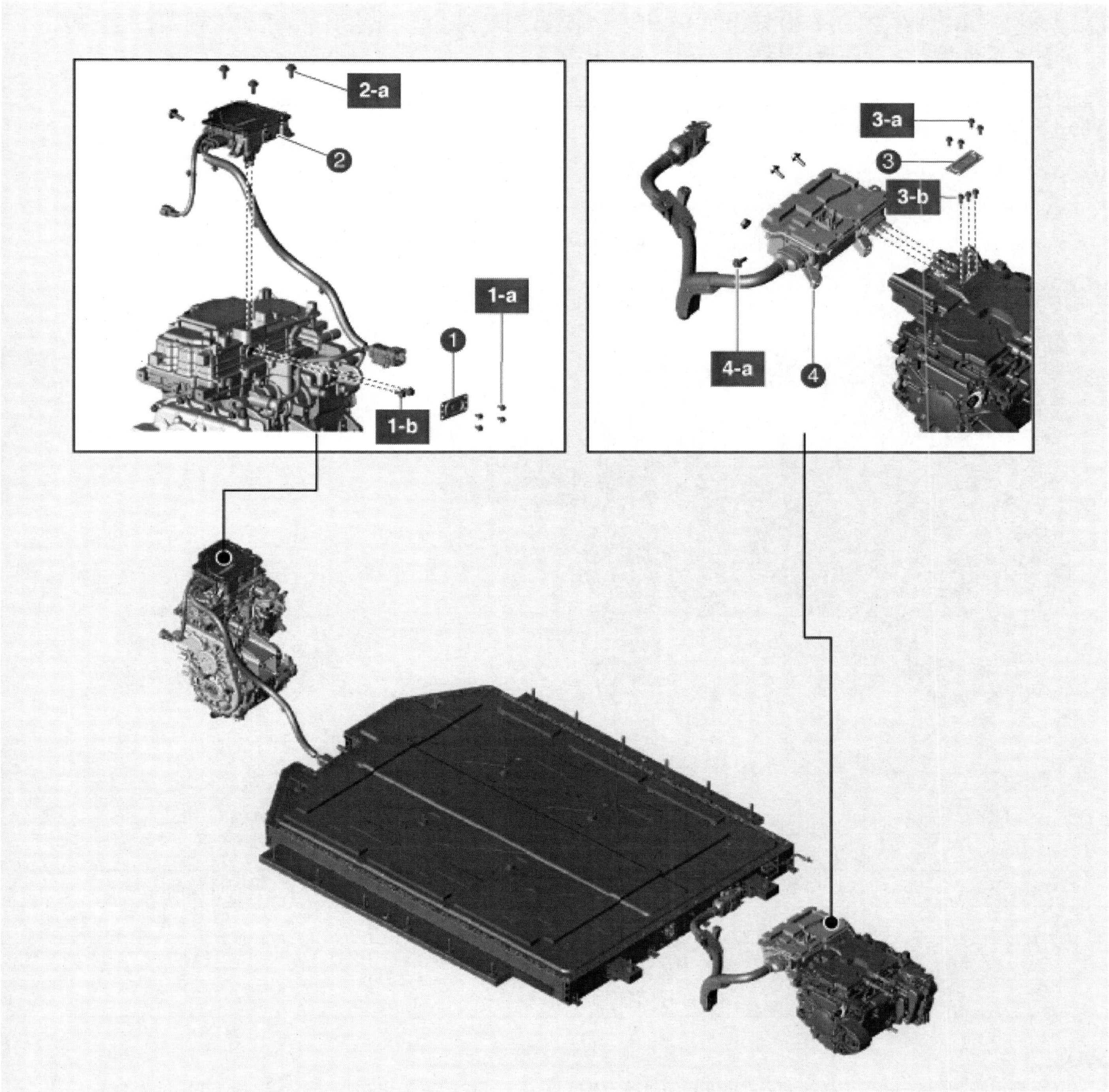

1. 고전압 정션 박스 서비스 커버 1-a. 0.4 ~ 0.6 kgf·m 1-b. 0.7 ~ 1.0 kgf·m 2. 프런트 고전압 정션 박스 2-a. 0.7 ~ 1.0 kgf·m	3. 고전압 정션 박스 서비스 커버 3-a. 0.4 ~ 0.6 kgf·m 3-b. 0.7 ~ 1.0 kgf·m 4. 리어 고전압 정션 박스 4-a. 2.0 ~ 2.4 kgf·m

개요

[2WD]

- 고전압 배터리 전력을 고전압 부품(에어컨 컴프레서, PTC 히터 등)과 연결해주는 전원 분배기 역할을 한다.
- 차량 전방 크로스 멤버에 장착되어 있으며 버스 바와 퓨즈, 승온 히터 릴레이(+)가 내장돼 있다.

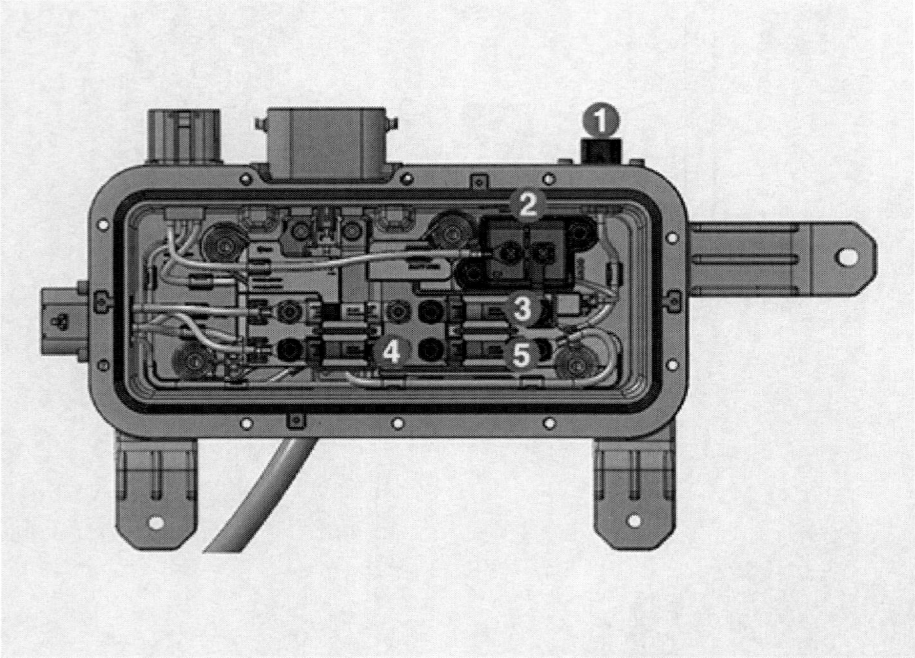

NO	시스템	비고
1	배터리 신호	-
2	배터리 PTC 릴레이	BMU 릴레이 제어
3	배터리 PTC 퓨즈	20 A
4	PTC 히터 퓨즈	30 A
5	에어컨 컴프레서 퓨즈	30 A

[4WD]

- 고전압 배터리 전력을 전방 고전압 부품 (인버터, 에어컨 컴프레서, PTC 히터 등)과 연결해주는 전원 분배기 역할을 한다.
- 전방 인버터 어셈블리 상단에 장착되어 있으며 버스 바와 퓨즈, 승온 히터 릴레이(+)가 내장돼 있다.

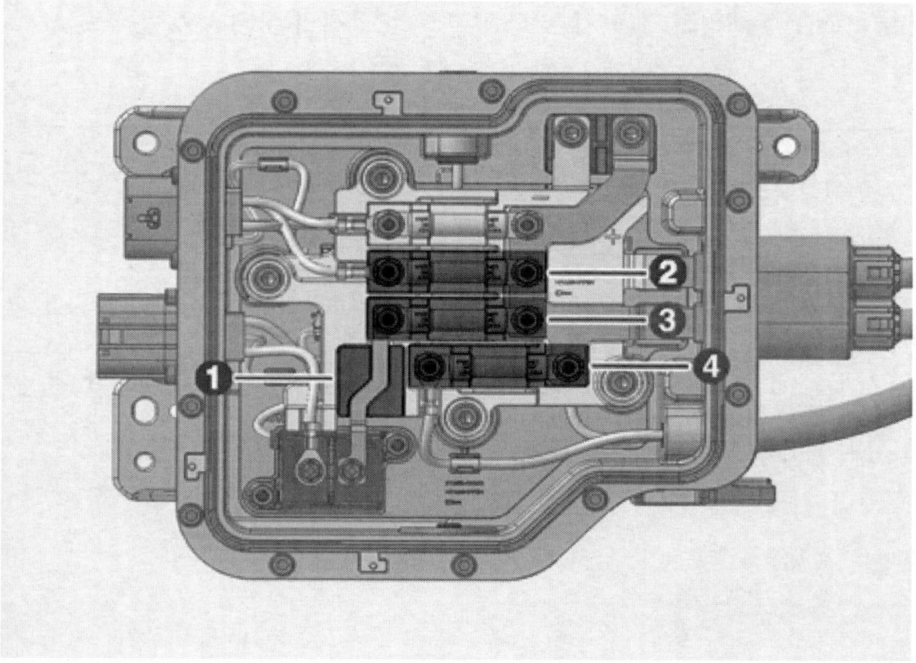

NO	시스템	비고
1	배터리 PTC 릴레이	BMU 릴레이 제어
2	PTC 히터 퓨즈	30 A
3	배터리 PTC 퓨즈	20 A
4	에어컨 컴프레서 퓨즈	30 A

탈거

⚠ 경 고

- 고전압 시스템 관련 작업 시, 관련 교육을 이수한 작업자가 정비를 진행한다. 고전압 시스템에 대한 이해가 부족한 경우 감전 또는 누전 등으로 인한 심각한 사고를 초래할 수 있다.
- 고전압 시스템 또는 주변 부품 작업 시, 반드시 "고전압 시스템 안전사항 및 주의, 경고" 내용을 숙지하고 준수해야 한다. 미준수 시, 감전 또는 누전 등으로 인한 심각한 사고를 초래할 수 있다.
- 고전압 시스템 작업 특성상, 개인보호장구(PPE) 및 사전 고전압 차단 절차를 반드시 확인한다.

1. 고전압 차단 절차를 수행한다.
   (배터리 제어 시스템 (기본형) - "고전압 차단 절차" 참조)
2. 프런트 트렁크를 탈거한다.
   (바디 - "프런트 트렁크" 참조)
3. 보조 배터리(12 V) 트레이를 탈거한다.
   (전력 변환 시스템 - "보조 배터리(12 V)" 참조)
4. 프런트 정션 박스 커넥터(A)를 분리한다.

5. 커넥터(A, B)를 분리한다.

6. 커넥터(A)를 분리한다.

7. 전동식 컴프레서 커넥터(A)를 분리한다.

8. 너트를 풀어 프런트 고전압 정션 박스(A)를 탈거한다.

체결토크 : 0.7 ~ 1.0 kgf·m

장착

⚠ 경 고

- 고전압 시스템 관련 작업 시, 관련 교육을 이수한 작업자가 정비를 진행한다. 고전압 시스템에 대한 이해가 부족한 경우 감전 또는 누전 등으로 인한 심각한 사고를 초래할 수 있다.
- 고전압 시스템 또는 주변 부품 작업 시, 반드시 "고전압 시스템 안전사항 및 주의, 경고" 내용을 숙지하고 준수해야 한다. 미준수 시, 감전 또는 누전 등으로 인한 심각한 사고를 초래할 수 있다.
- 고전압 시스템 작업 특성상, 개인보호장구(PPE) 및 사전 고전압 차단 절차를 반드시 확인한다.

1. 장착은 탈거의 역순으로 한다.

유 의

- 프런트 고전압 정션 박스 장착 시 규정 토크를 준수하여 장착한다.
- 프런트 고전압 정션 박스를 떨어뜨렸을 경우, 보이지 않는 손상이 유발될 수 있으니 신품으로 교환한다. (재사용 금지)

탈거

⚠ 경 고

- 고전압 시스템 관련 작업 시, 관련 교육을 이수한 작업자가 정비를 진행한다. 고전압 시스템에 대한 이해가 부족한 경우 감전 또는 누전 등으로 인한 심각한 사고를 초래할 수 있다.
- 고전압 시스템 또는 주변 부품 작업 시, 반드시 "고전압 시스템 안전사항 및 주의, 경고" 내용을 숙지하고 준수해야 한다. 미준수 시, 감전 또는 누전 등으로 인한 심각한 사고를 초래할 수 있다.
- 고전압 시스템 작업 특성상, 개인보호장구(PPE) 및 사전 고전압 차단 절차를 반드시 확인한다.

1. 고전압 차단 절차를 수행한다.
   (배터리 제어 시스템 (기본형) - "고전압 차단 절차" 참조)
2. 프런트 고전압 정션 박스 파워 케이블(A)을 분리한다.

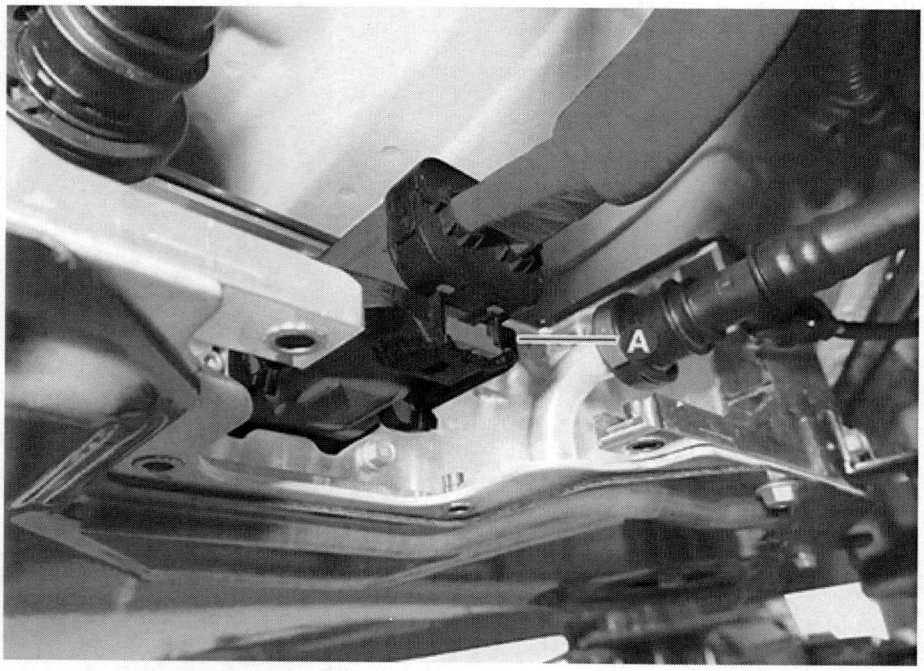

3. 파워 케이블 파스너(A)를 차체로부터 분리한다.

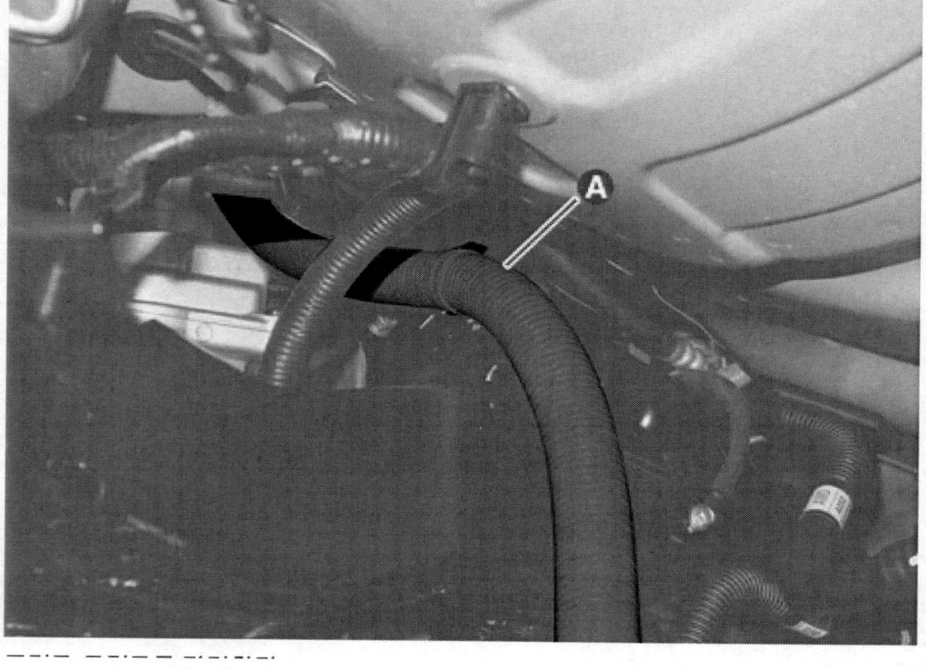

4. 프런트 트렁크를 탈거한다.
   (바디 - "프런트 트렁크"참조)

5. 고전압 정션 박스 파워 케이블(A, B)을 분리한다.

6. 정션 박스 신호 커넥터(A,B)를 분리한다.

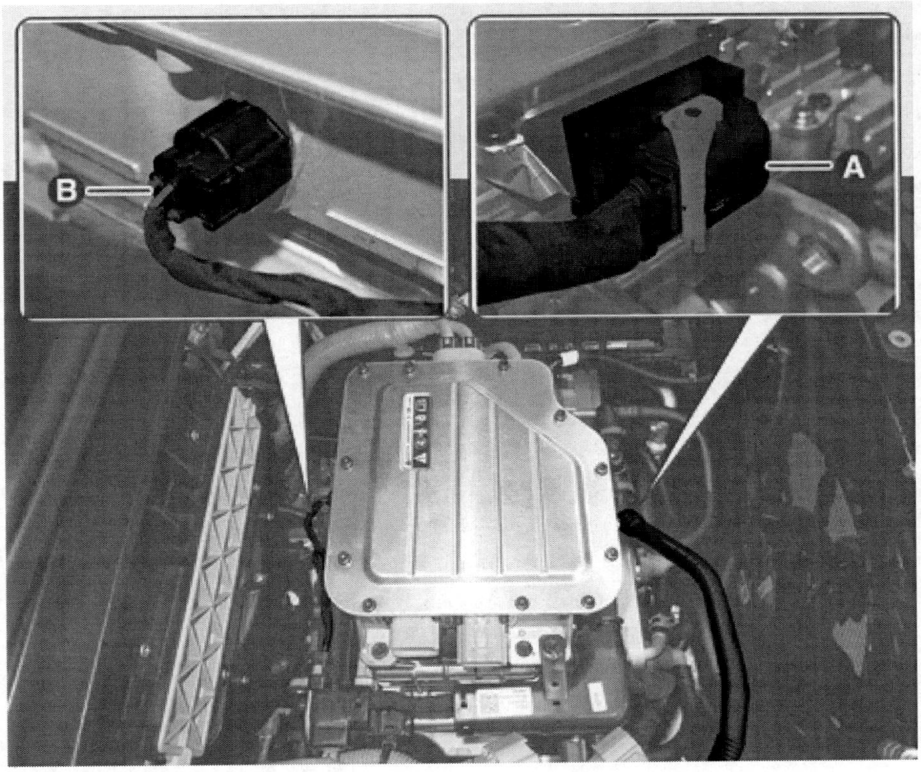

7. 와이어링 프로텍터(A)를 분리한다.

체결토크 : 0.7 ~ 1.0 kgf·m

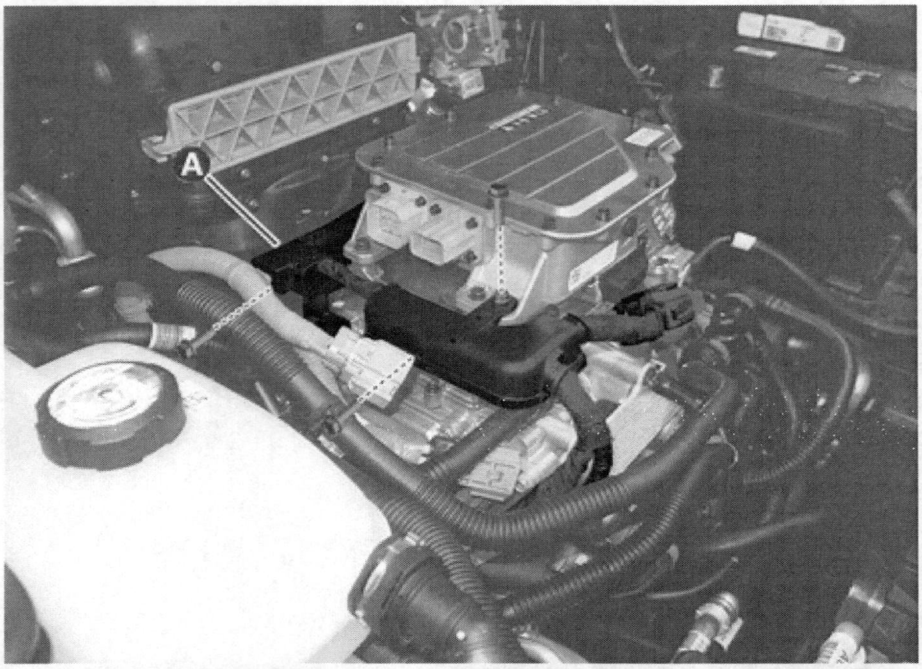

8. 고전압 정션 박스 서비스 커버(A)를 탈거한다.

체결토크 : 0.4 ~ 0.6 kgf·m

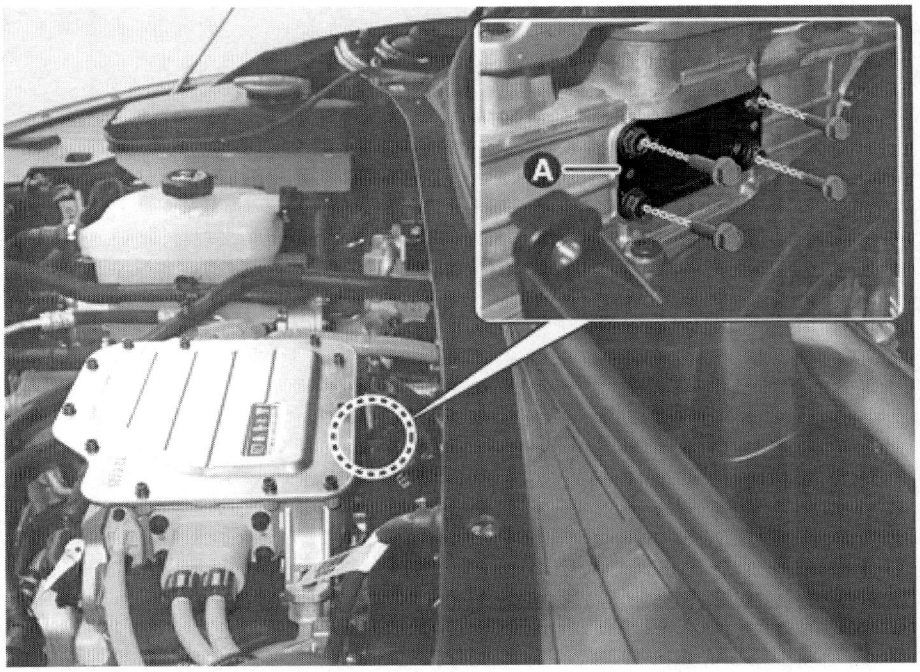

9. 고전압 정션 박스 접지 볼트(A)를 탈거한다.

체결토크 : 0.7 ~ 1.0 kgf·m

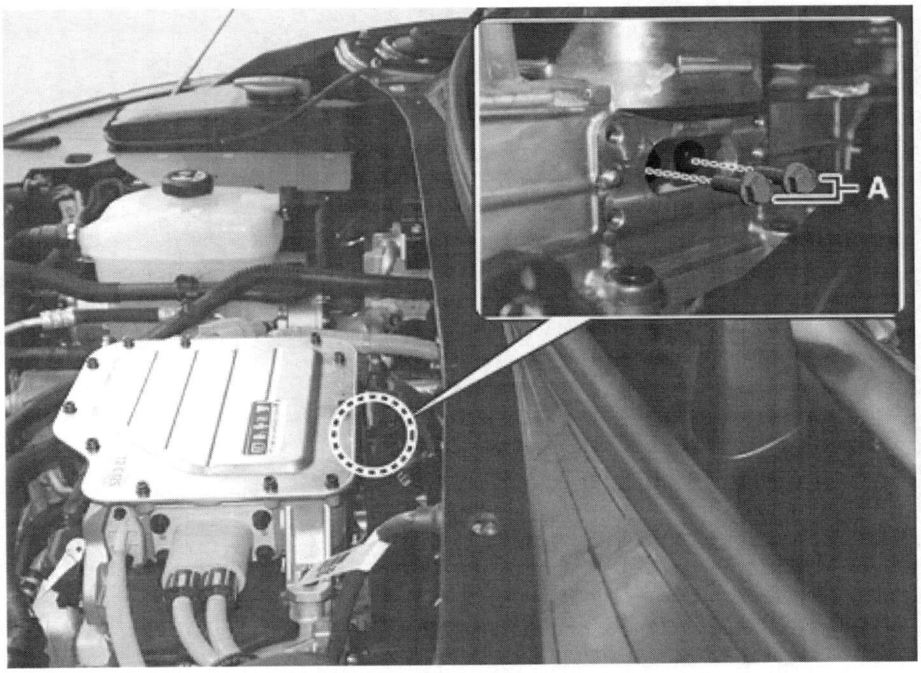

10. 전동식 컴프레서 커넥터(A)와 파스너(B)를 분리한다.

11. 파스너(A)를 분리하여 파워 케이블을 분리한다.

12. 프런트 고전압 정션 박스(A)를 탈거한다.

체결토크 : 0.7 ~ 1.0 kgf·m

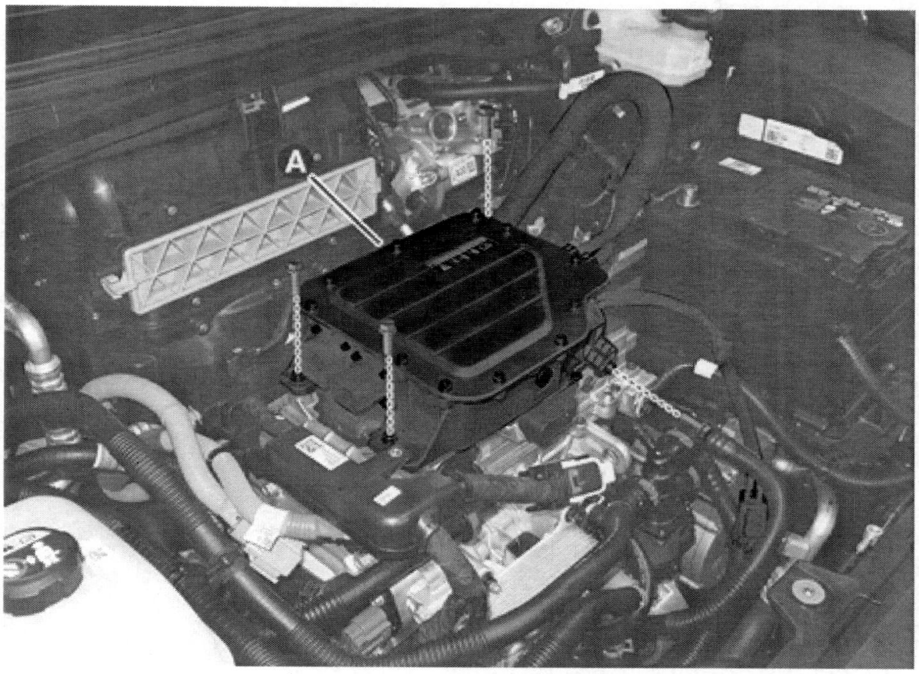

장착

⚠ 경 고

- 고전압 시스템 관련 작업 시, 관련 교육을 이수한 작업자가 정비를 진행한다. 고전압 시스템에 대한 이해가 부족한 경우 감전 또는 누전 등으로 인한 심각한 사고를 초래할 수 있다.
- 고전압 시스템 또는 주변 부품 작업 시, 반드시 "고전압 시스템 안전사항 및 주의, 경고" 내용을 숙지하고 준수해야 한다. 미준수 시, 감전 또는 누전 등으로 인한 심각한 사고를 초래할 수 있다.
- 고전압 시스템 작업 특성상, 개인보호장구(PPE) 및 사전 고전압 차단 절차를 반드시 확인한다.

1. 장착은 탈거의 역순으로 한다.

유 의

- 프런트 고전압 정션 박스 장착 시 규정 토크를 준수하여 장착한다.
- 프런트 고전압 정션 박스를 떨어뜨렸을 경우, 보이지 않는 손상이 유발될 수 있으니 신품으로 교환한다. (재사용 금지)

기밀점검

유 의

- 고전압 정션 박스 또는 멀티 인버터 어셈블리[또는 인버터 어셈블리(4WD)]를 차량에 장착하기 전에 PE 시스템 기밀 점검 절차를 실시한다.
- 고전압 정션 박스 또는 인버터 어셈블리 작업 시, EV 배터리 팩 기밀 점검 테스터 장비를 이용하여 PE 시스템 기밀 점검 절차를 실시한다.
- 모터 어셈블리 관련 작업 시, PE 시스템 기밀 점검 절차를 완료 후 차량에 장착한다.

1. 프런트 고전압 정션 박스에 기밀 유지 커넥터(A)를 장착한다.

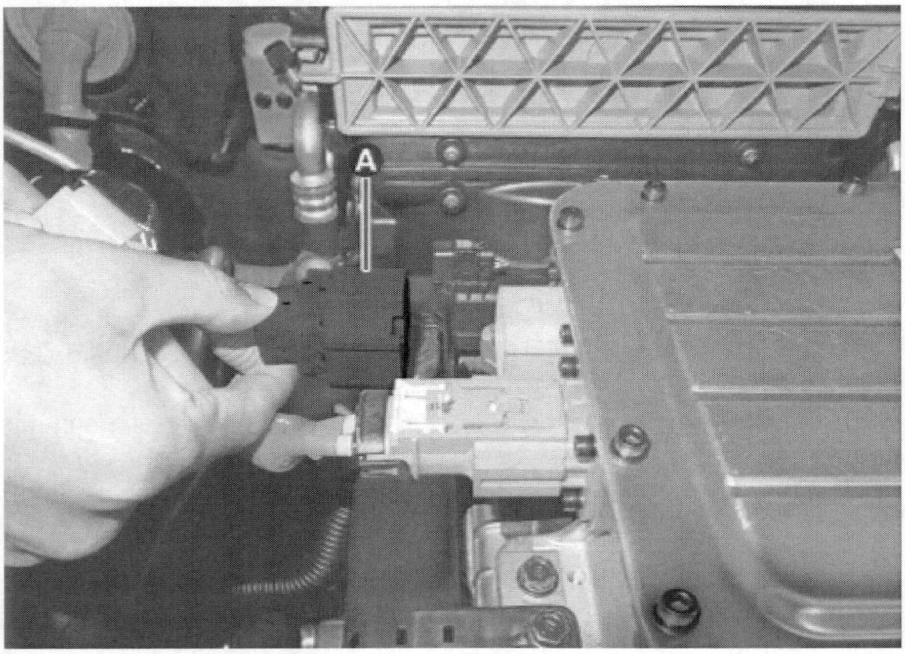

2. 프런트 리어 언더 커버를 탈거한다.
   (모터 및 감속기 시스템 - "프런트 언더 커버" 참조)
3. 고전압 케이블에 기밀 유지 커넥터(A)를 장착한다.

4. 기밀 점검 테스터기의 압력 조정제 어댑터(A)를 연결한다.

유 의

- 압력 조정재 어댑터 연결 시, 기밀 점검 전까지 손으로 어댑터를 밀착시킨 후 유지한다.
- 기밀 점검 테스터기와 압력 조정제 어댑터 호스가 꺾이지 않도록 유의한다.

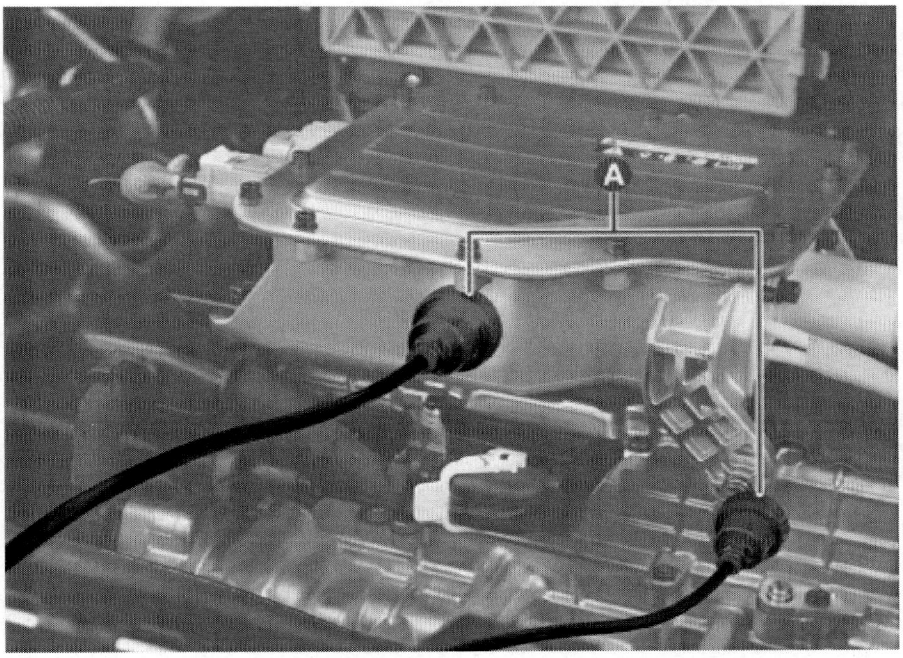

5. 진단 장비(KDS)를 이용하여 PE 시스템 기밀 점검을 실시한다.

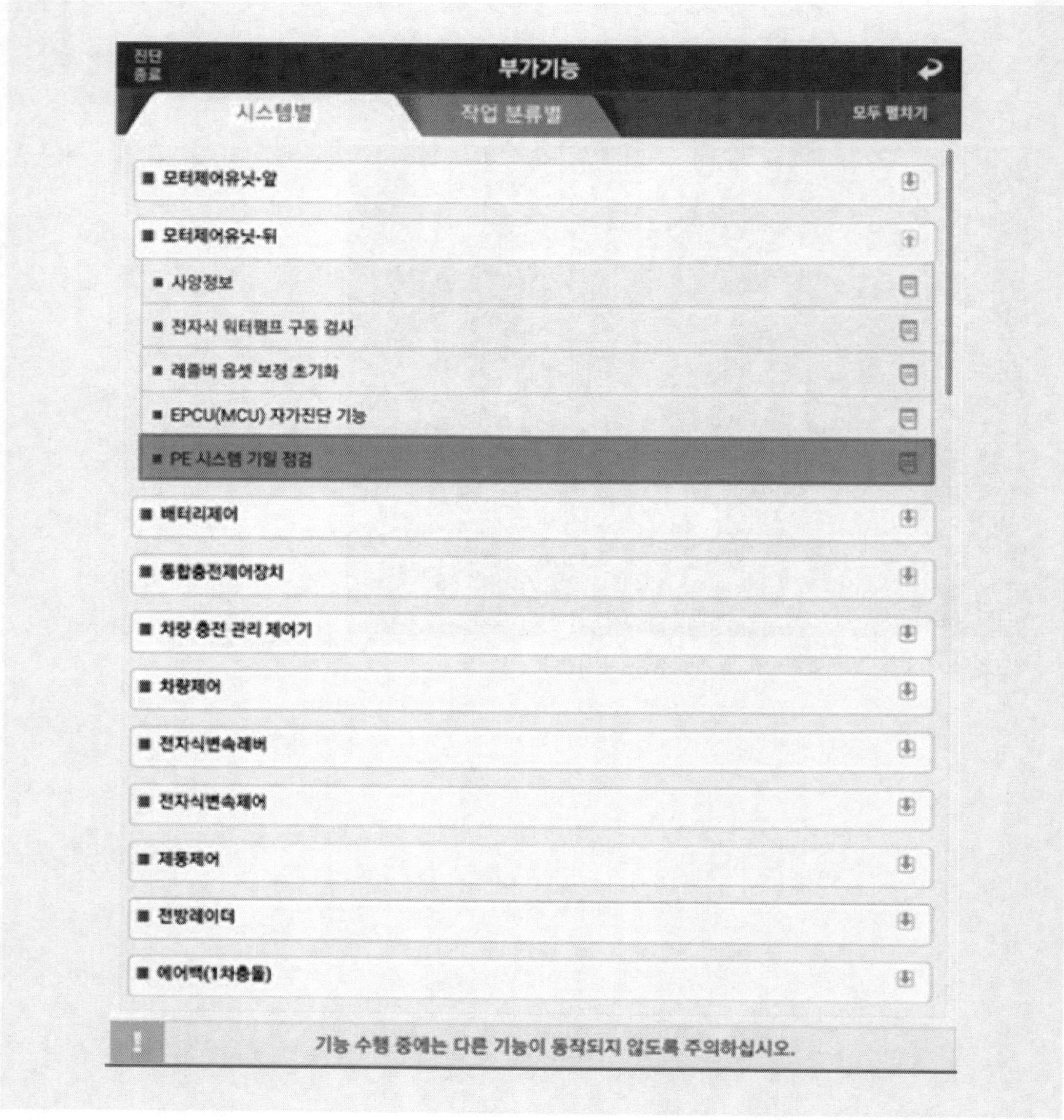
진단 종료
부가기능
시스템별
작업 분류별
모두 펼치기
■ 모터제어유닛-앞
■ 모터제어유닛-뒤
■ 사양정보
■ 전자식 워터펌프 구동 검사
■ 레졸버 옵셋 보정 초기화
■ EPCU(MCU) 자가진단 기능
■ PE 시스템 기밀 점검
■ 배터리제어
■ 통합충전제어장치
■ 차량 충전 관리 제어기
■ 차량제어
■ 전자식변속레버
■ 전자식변속제어
■ 제동제어
■ 전방레이더
■ 에어백(1차충돌)
기능 수행 중에는 다른 기능이 동작되지 않도록 주의하십시오.

진단 종료

부가기능

• **PE시스템 기밀 점검**

검사목적	진공 후 증설 압력을 체크하여 PE시스템 조립상태를 점검하는 기능
검사조건	-
연계단품	Motor Control Unit (MCU)
연계DTC	-
불량현상	-
기 타	

확인

! 기능 수행 중에는 다른 기능이 동작되지 않도록 주의하십시오.

진단
종료
부가기능
■ PE 시스템 기밀 점검
PE시스템 정보를 수집하기 위해 QR코드를 스캔해 주십시오.
[예시]
QR 코드 영역
확인
취소
!
기능 수행 중에는 다른 기능이 동작되지 않도록 주의하십시오.

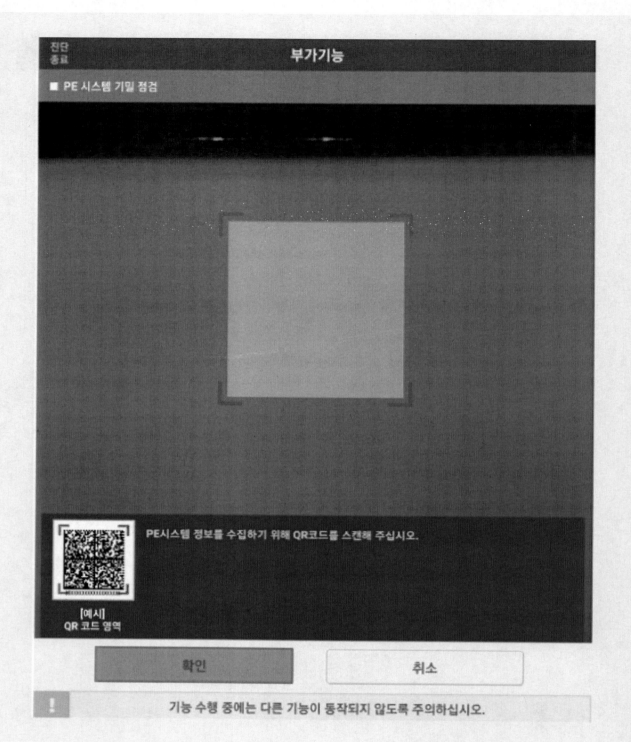

진단
종료

부가기능

■ PE 시스템 기밀 점검

● [PE시스템 정보 입력]

코드를 입력하신 뒤 [확인] 버튼을 누르십시오.

BSXXXXXXXXXXXXXXXXXX

PE시스템 코드

확인 취소

! 기능 수행 중에는 다른 기능이 동작되지 않도록 주의하십시오.

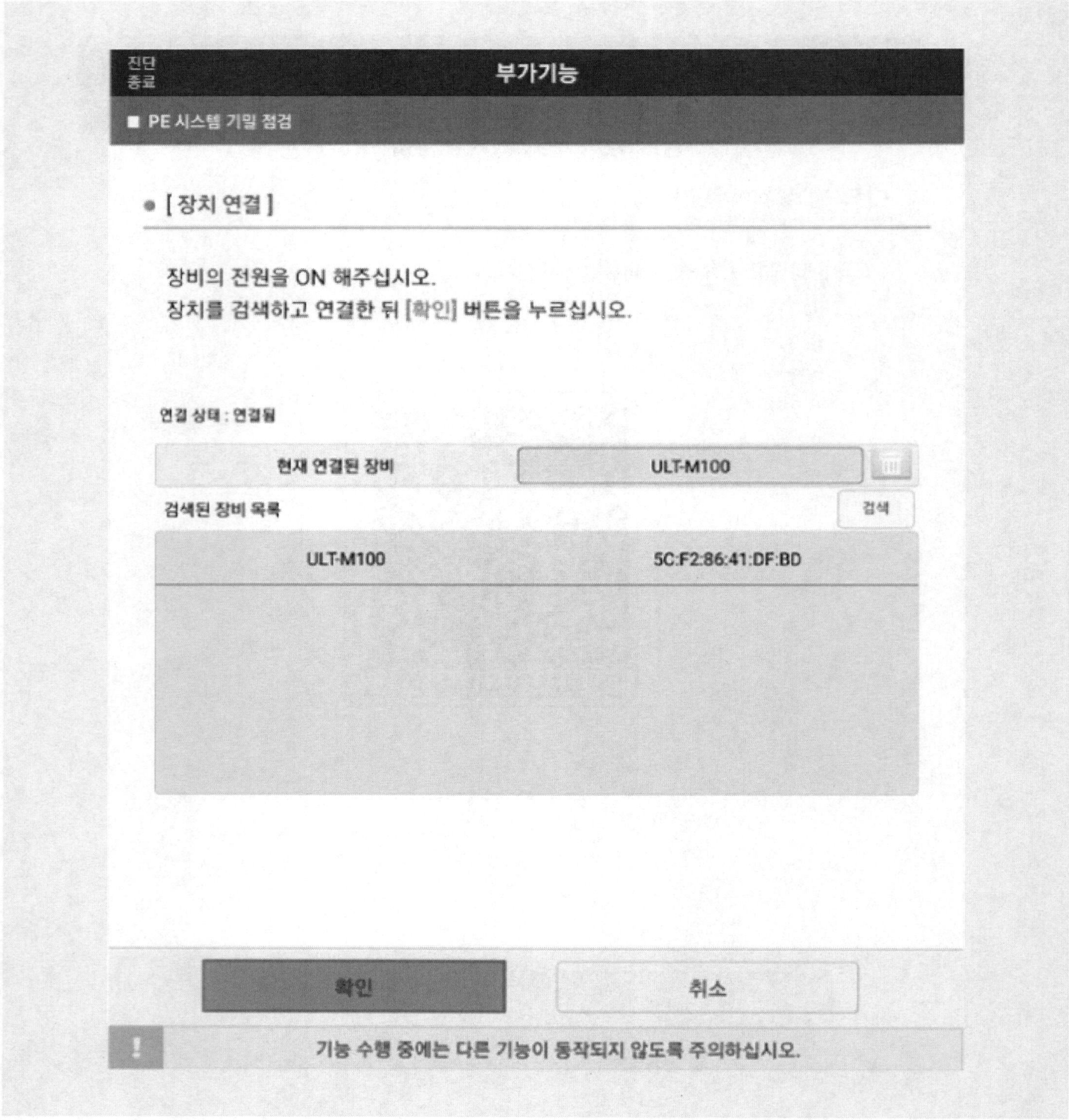

진단
종료
부가기능
■ PE 시스템 기밀 점검
● [장치 연결]
장비의 전원을 ON 해주십시오.
장치를 검색하고 연결한 뒤 [확인] 버튼을 누르십시오.
연결 상태 : 연결됨
현재 연결된 장비
ULT-M100
검색된 장비 목록
검색
ULT-M100
5C:F2:86:41:DF:BD
확인
취소
기능 수행 중에는 다른 기능이 동작되지 않도록 주의하십시오.

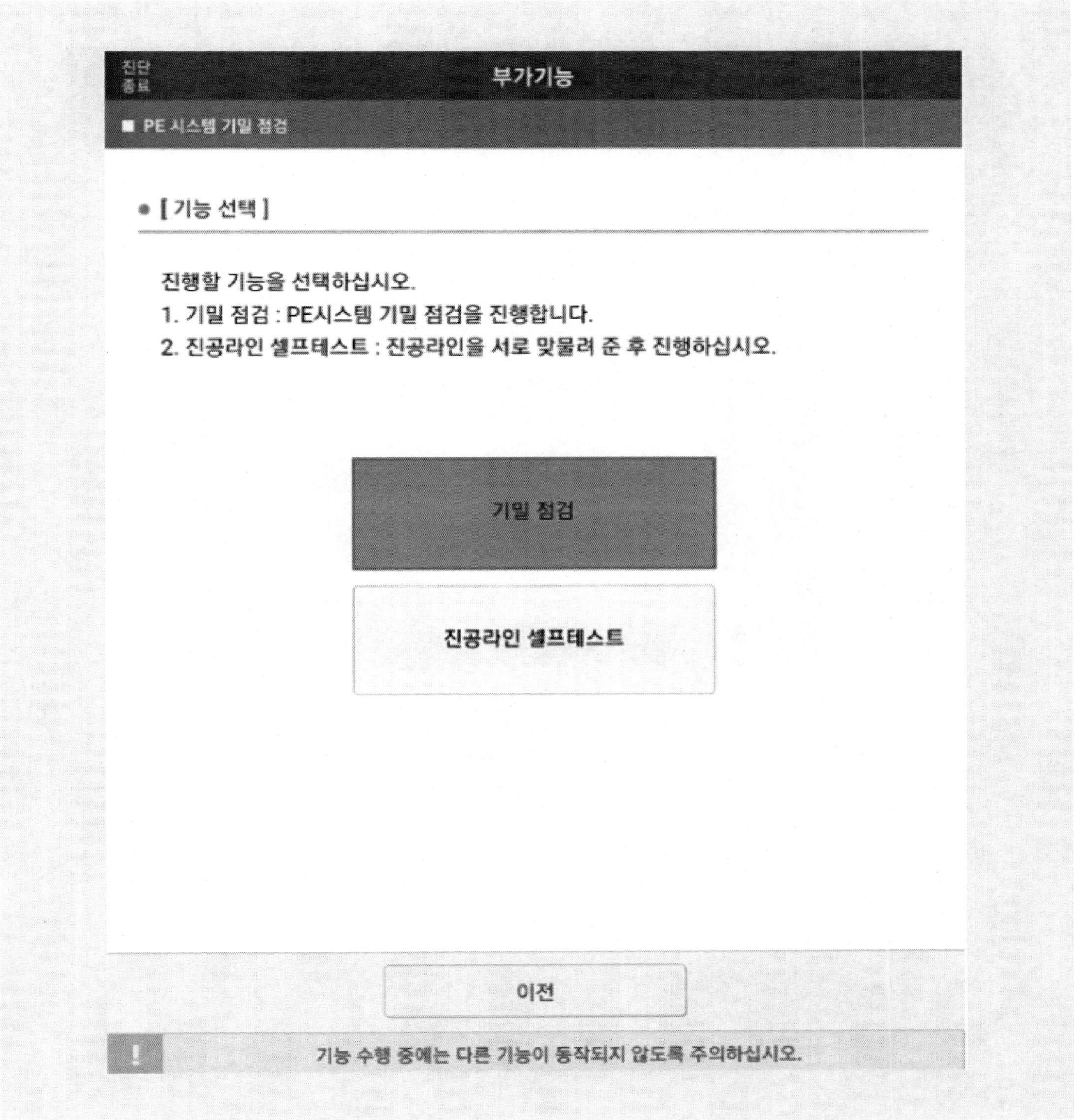
진단
종료
부가기능
■ PE 시스템 기밀 점검
● [기능 선택]
진행할 기능을 선택하십시오.
1. 기밀 점검 : PE시스템 기밀 점검을 진행합니다.
2. 진공라인 셀프테스트 : 진공라인을 서로 맞물려 준 후 진행하십시오.
기밀 점검
진공라인 셀프테스트
이전
!
기능 수행 중에는 다른 기능이 동작되지 않도록 주의하십시오.

진단
종료

부가기능

■ PE 시스템 기밀 점검

● [PE시스템 기밀 점검 - 영점조정]

전체 미연결된 상태로 [영점 조정] 버튼을 누르십시오.

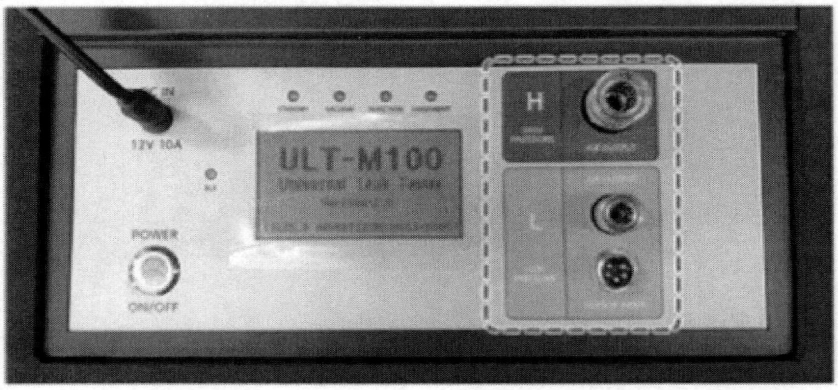

❶ 영점 조정

❷ 확인 이전 취소

! 기능 수행 중에는 다른 기능이 동작되지 않도록 주의하십시오.

진단
종료

부가기능

■ PE 시스템 기밀 점검

● [PE시스템 기밀 점검 - 막음 커넥터 결합]

막음 커넥터 결합 여부를 확인하신 후 [확인] 버튼을 누르십시오.

⚠[주의]
차종에 맞는 커넥터를 사용해 주십시오.

확인 | 이전 | 취소

! 기능 수행 중에는 다른 기능이 동작되지 않도록 주의하십시오.

진단
종료

부가기능

■ PE 시스템 기밀 점검

● [PE시스템 기밀 점검 - 장비연결]

1. 압력조정재 2곳에 진공 라인을 연결해주십시오.
2. 'LOW PRESSURE AIR OUTPUT'과 'PE시스템 진공 라인'을 연결 후 검사를 진행해 주십시오.

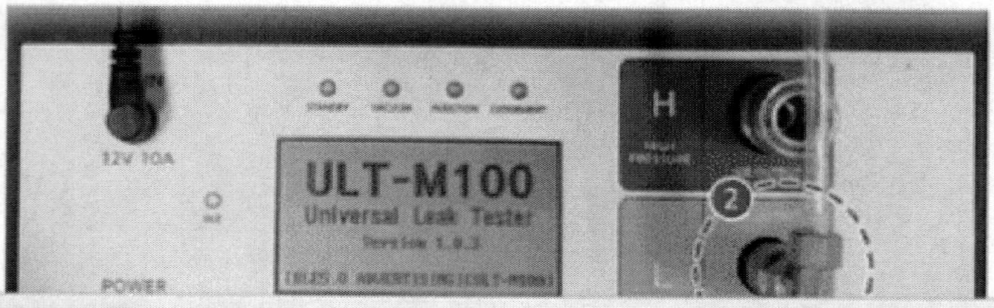

확인 | 이전 | 취소

! 기능 수행 중에는 다른 기능이 동작되지 않도록 주의하십시오.

진단
종료

부가기능

■ PE 시스템 기밀 점검

● [PE시스템 기밀 점검]

PE시스템 기밀 점검을 진행합니다. 결과는 아래에 표출됩니다.

항목	값
진행 단계	공기 빼기
리크 압력 변화값	0.00 mbar
진행 시간	4초

확인 이전 취소

! 기능 수행 중에는 다른 기능이 동작되지 않도록 주의하십시오.

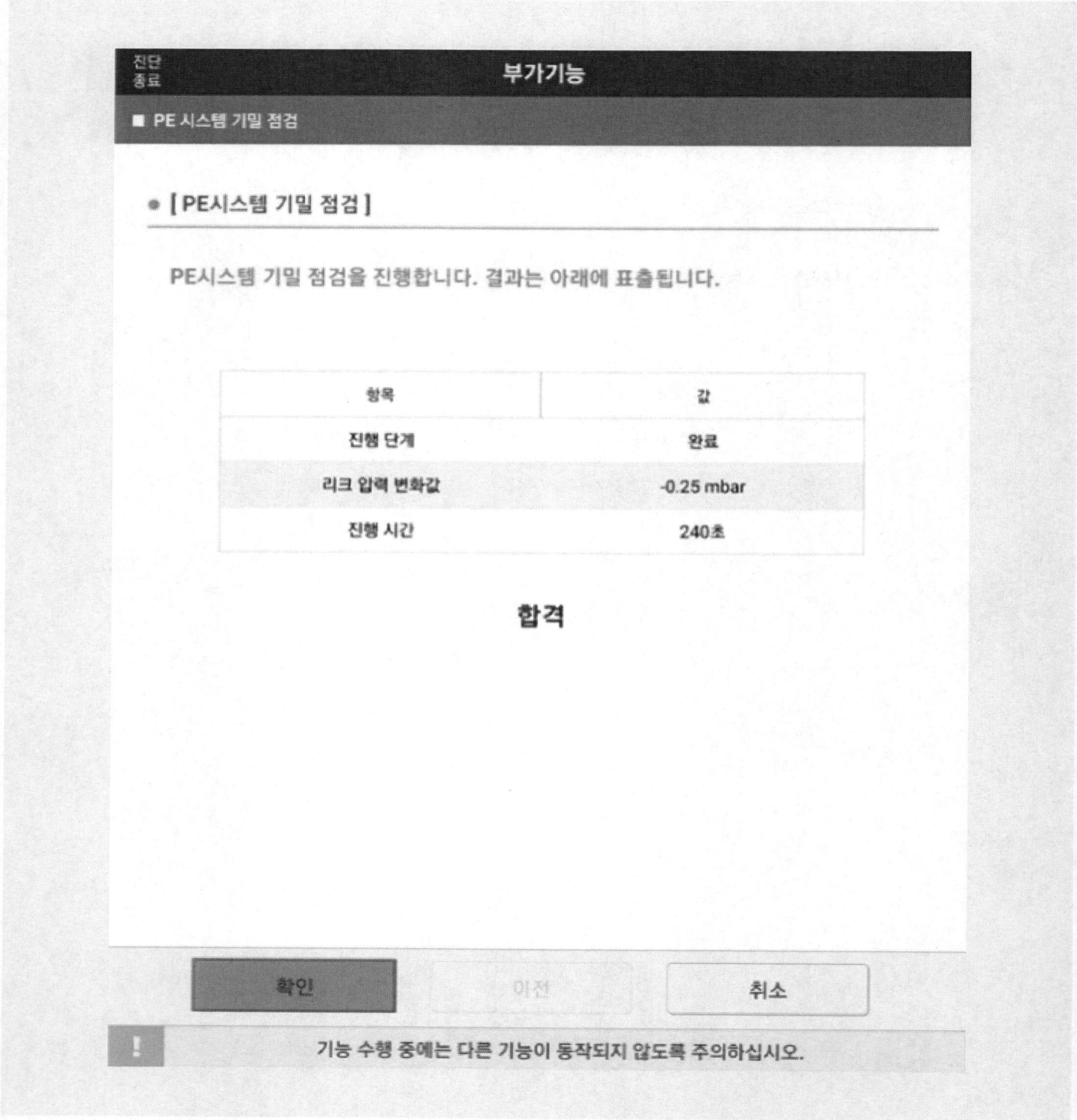

6. PE 시스템의 기밀 누설 여부를 확인한다.

참 고

PE 시스템 기밀 누설 판정 기준

PASS (이상없음)	FAIL (이상있음)

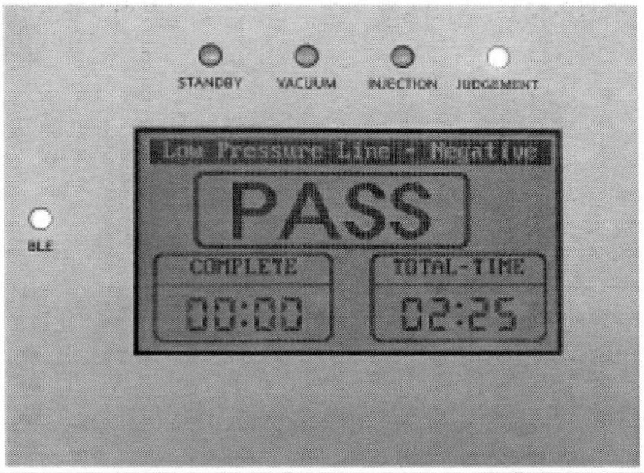
STANDBY
VACUUM
INJECTION
JUDGEMENT
Low Pressure Line - Negative
PASS
BLE
COMPLETE
00:00
TOTAL-TIME
02:25

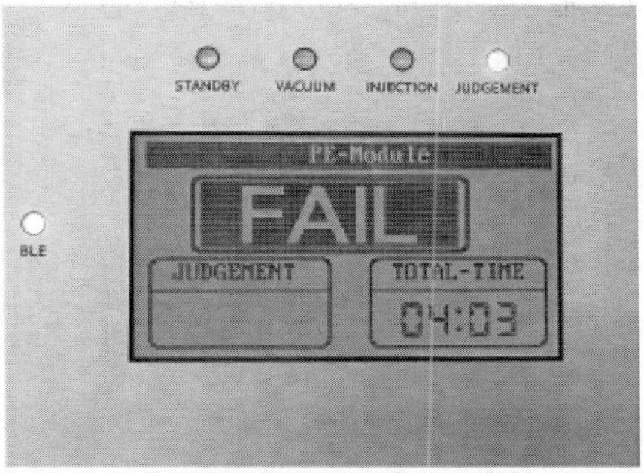
STANDBY
VACUUM
INJECTION
JUDGEMENT
PE-Module
FAIL
BLE
JUDGEMENT
TOTAL-TIME
04:03

구성부품

2WD

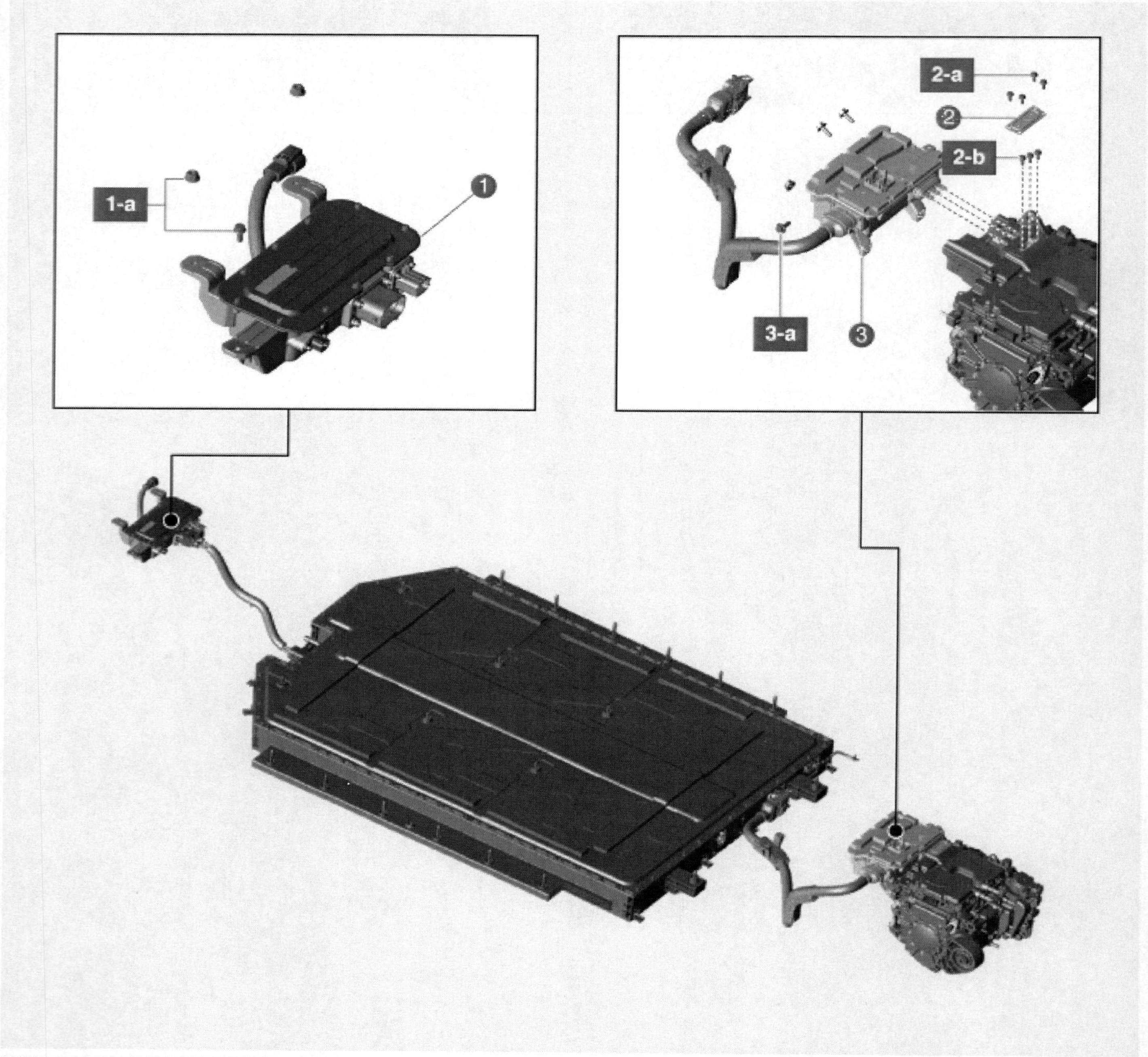

1. 프런트 고전압 정션 박스 1-a. 0.7 ~ 1.0 kgf·m	2. 고전압 정션 박스 서비스 커버 2-a. 0.4 ~ 0.6 kgf·m 2-b. 0.7 ~ 1.0 kgf·m 3. 리어 고전압 정션 박스 3-a. 2.0 ~ 2.4 kgf·m

4WD

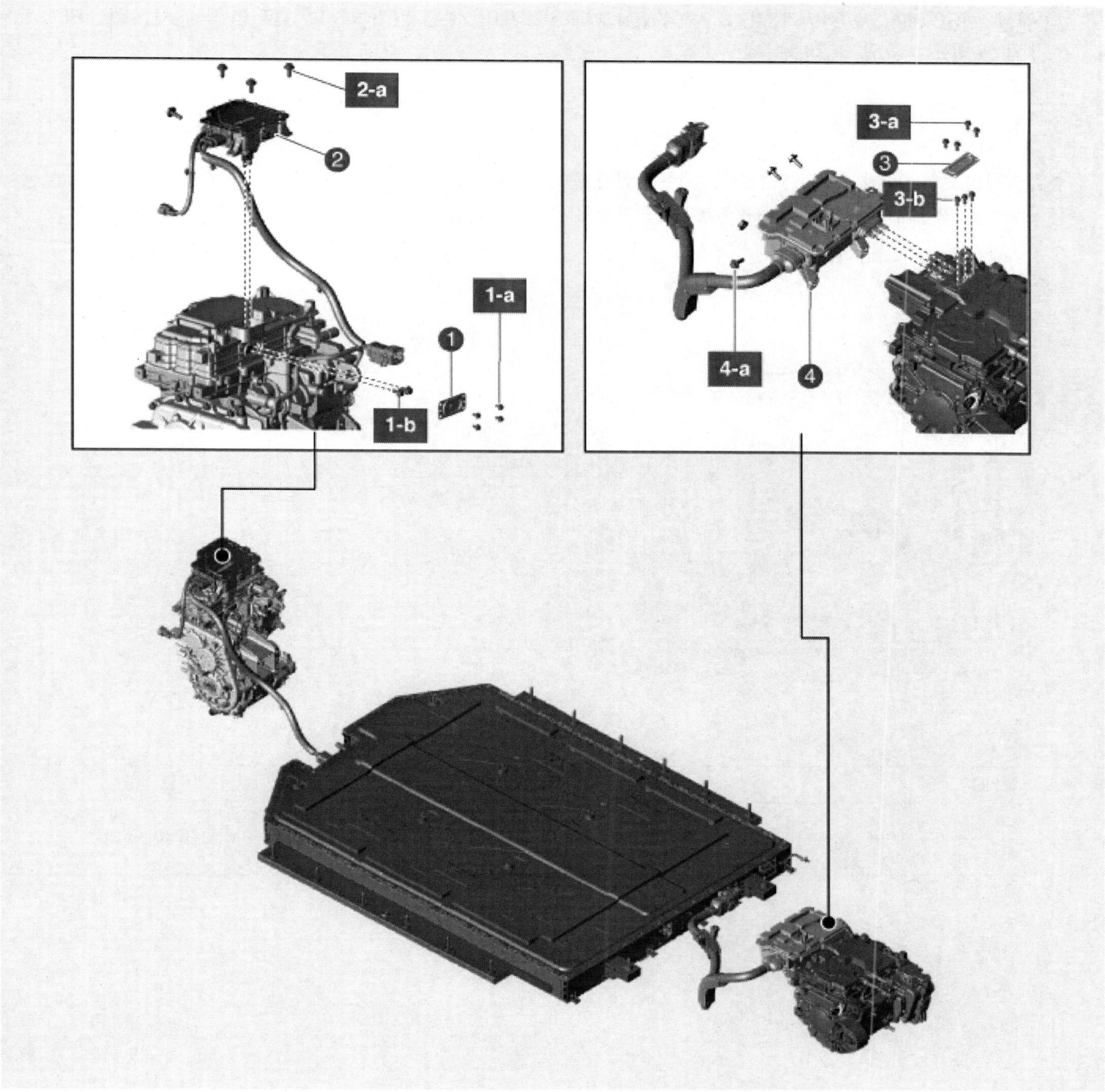

1. 고전압 정션 박스 서비스 커버	3. 고전압 정션 박스 서비스 커버
1-a. 0.4 ~ 0.6 kgf·m	3-a. 0.4 ~ 0.6 kgf·m
1-b. 0.7 ~ 1.0 kgf·m	3-b. 0.7 ~ 1.0 kgf·m
2. 프런트 고전압 정션 박스	4. 리어 고전압 정션 박스
2-a. 0.7 ~ 1.0 kgf·m	4-a. 2.0 ~ 2.4 kgf·m

개요

- 고전압 배터리 전력을 후방 고전압 부품과 연결해주는 전원 분배기 역할을 한다.
- 후륜 모터 상단 및 멀티 인버터 어셈블리 정면에 장착되어 있으며 버스 바와 급속 충전 릴레이(+,-)가 내장돼 있다.

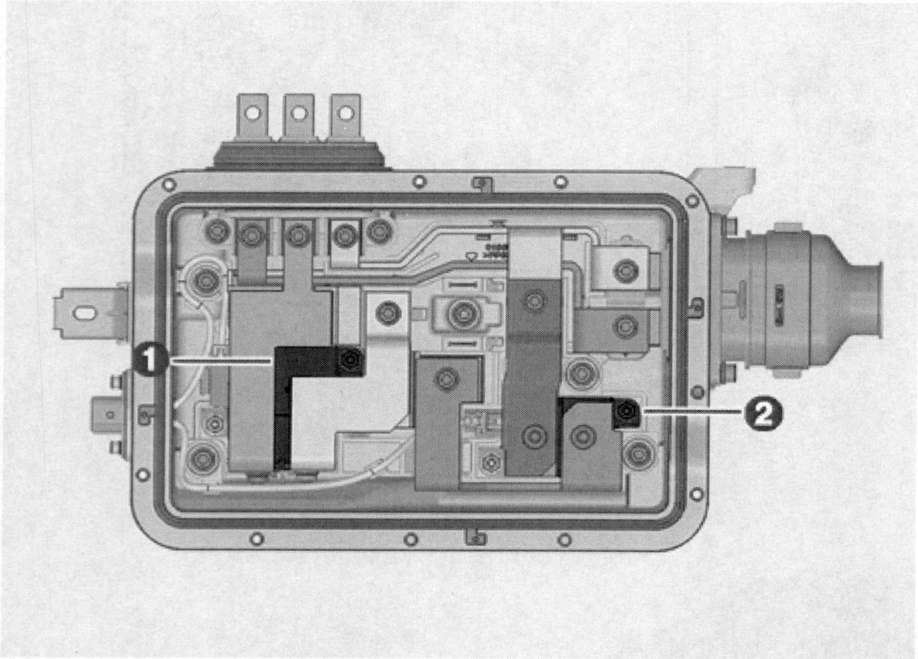

NO	시스템	비고
1	급속 충전 릴레이 (+)	BMU 릴레이 제어
2	급속 충전 릴레이 (–)	

탈거

⚠ 경 고

- 고전압 시스템 관련 작업 시, 관련 교육을 이수한 작업자가 정비를 진행한다. 고전압 시스템에 대한 이해가 부족한 경우 감전 또는 누전 등으로 인한 심각한 사고를 초래할 수 있다.
- 고전압 시스템 또는 주변 부품 작업 시, 반드시 "고전압 시스템 안전사항 및 주의, 경고" 내용을 숙지하고 준수해야 한다. 미준수 시, 감전 또는 누전 등으로 인한 심각한 사고를 초래할 수 있다.
- 고전압 시스템 작업 특성상, 개인보호장구(PPE) 및 사전 고전압 차단 절차를 반드시 확인한다.

1. 고전압 차단 절차를 수행한다.
   (배터리 제어 시스템 (기본형) - "고전압 차단 절차" 참조)
2. 후륜 모터 및 감속기 어셈블리를 탈거한다.
   (후륜 모터 및 감속기 시스템 - "후륜 모터 및 감속기 어셈블리" 참조)
3. 볼트를 풀어 고전압 케이블(A)을 차체로부터 분리한다.

체결토크 : 0.7 ~ 1.0 kgf·m

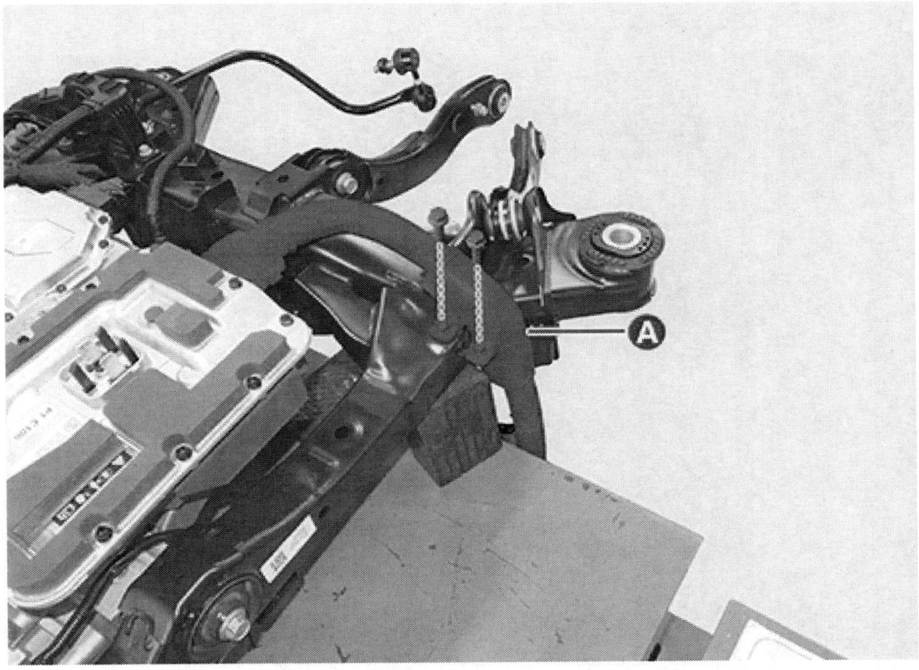

4. 고전압 정션 박스 서비스 커버(A)를 탈거한다.

체결토크 : 0.4 ~ 0.6 kgf·m

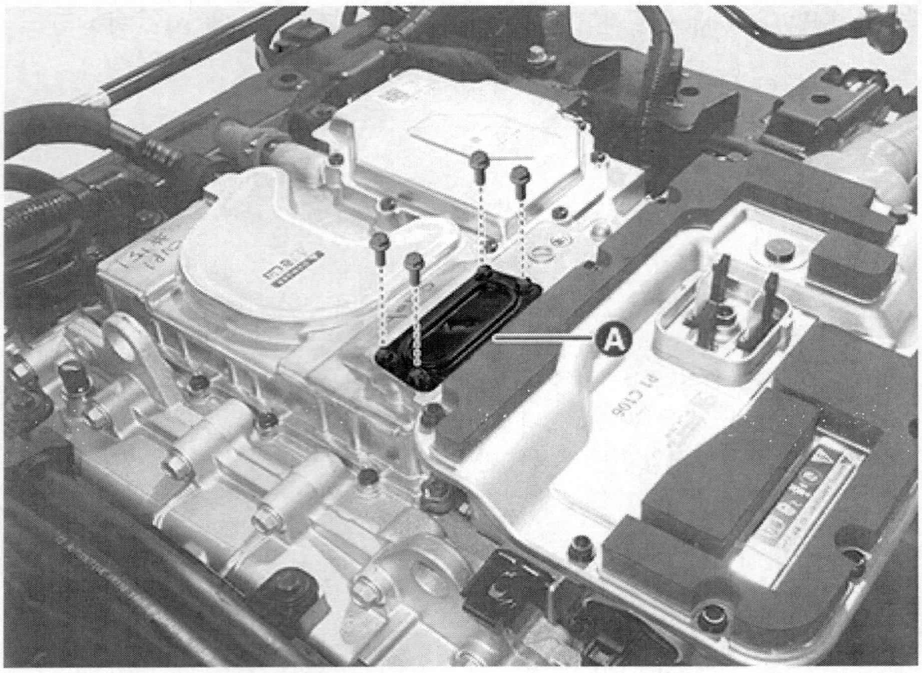

5. 리어 고전압 정션 박스 및 인버터 볼트(A)를 탈거한다.

체결토크 : 0.7 ~ 1.0 kgf·m

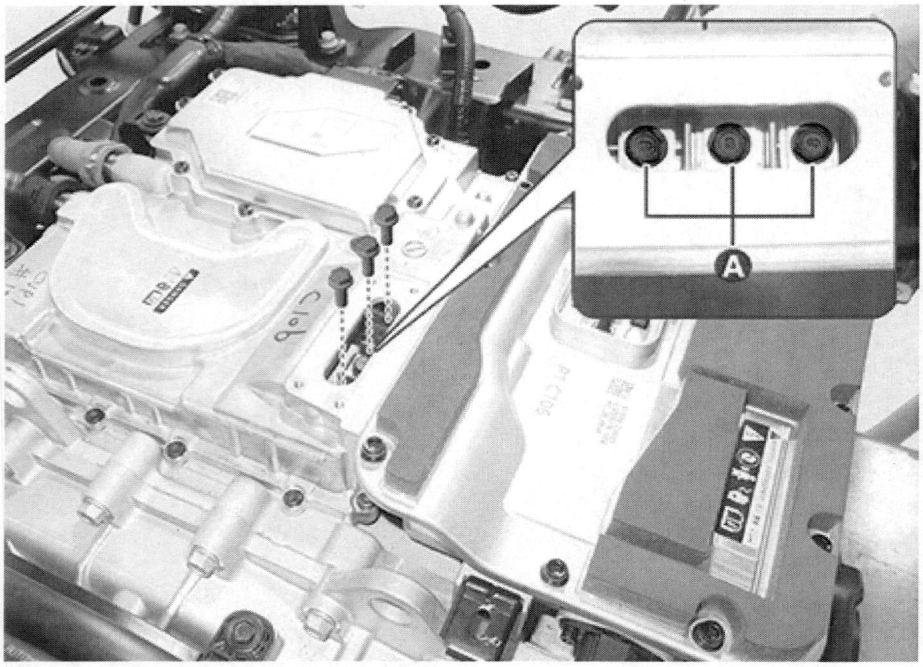

6. 리어 고전압 정션 박스 커넥터(A)를 분리한다.

7. 볼트를 풀어 리어 고전압 정션 박스(A)를 탈거한다.

체결토크 : 2.0 ~ 2.4 kgf·m

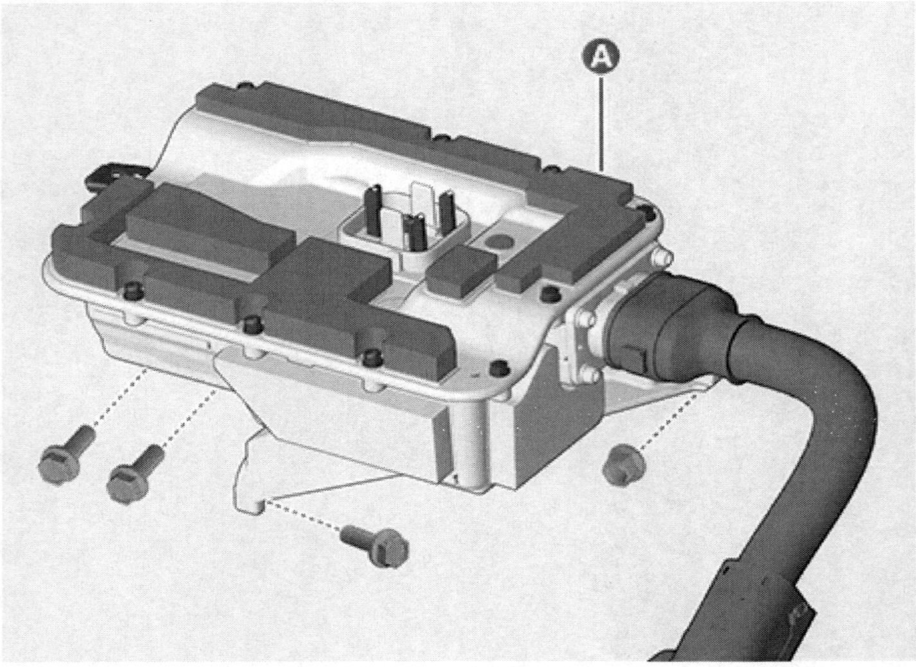

장착

⚠ 경 고

- 고전압 시스템 관련 작업 시, 관련 교육을 이수한 작업자가 정비를 진행한다. 고전압 시스템에 대한 이해가 부족한 경우 감전 또는 누전 등으로 인한 심각한 사고를 초래할 수 있다.
- 고전압 시스템 또는 주변 부품 작업 시, 반드시 "고전압 시스템 안전사항 및 주의, 경고" 내용을 숙지하고 준수해야 한다. 미준수 시, 감전 또는 누전 등으로 인한 심각한 사고를 초래할 수 있다.
- 고전압 시스템 작업 특성상, 개인보호장구(PPE) 및 사전 고전압 차단 절차를 반드시 확인한다.

1. 장착은 탈거의 역순으로 한다.

유 의

- 리어 고전압 정션 박스 장착 시 규정 토크를 준수하여 장착한다.
- 리어 고전압 정션 박스를 떨어뜨렸을 경우, 보이지 않는 손상이 유발될 수 있으니 신품으로 교환한다. (재사용 금지)

기밀점검

유 의

- 고전압 정션 박스 또는 멀티 인버터 어셈블리[또는 인버터 어셈블리(4WD)]를 차량에 장착하기 전에 PE 시스템 기밀 점검 절차를 실시한다.
- 고전압 정션 박스 또는 인버터 어셈블리 작업 시, EV 배터리 팩 기밀 점검 테스터 장비를 이용하여 PE 시스템 기밀 점검 절차를 실시한다.
- 모터 어셈블리 관련 작업 시, PE 시스템 기밀 점검 절차를 완료 후 차량에 장착한다.

1. 리어 고전압 정션 박스에 기밀 유지 커넥터(A)를 장착한다.

체결토크 : 0.8 ~ 1.2 kgf·m

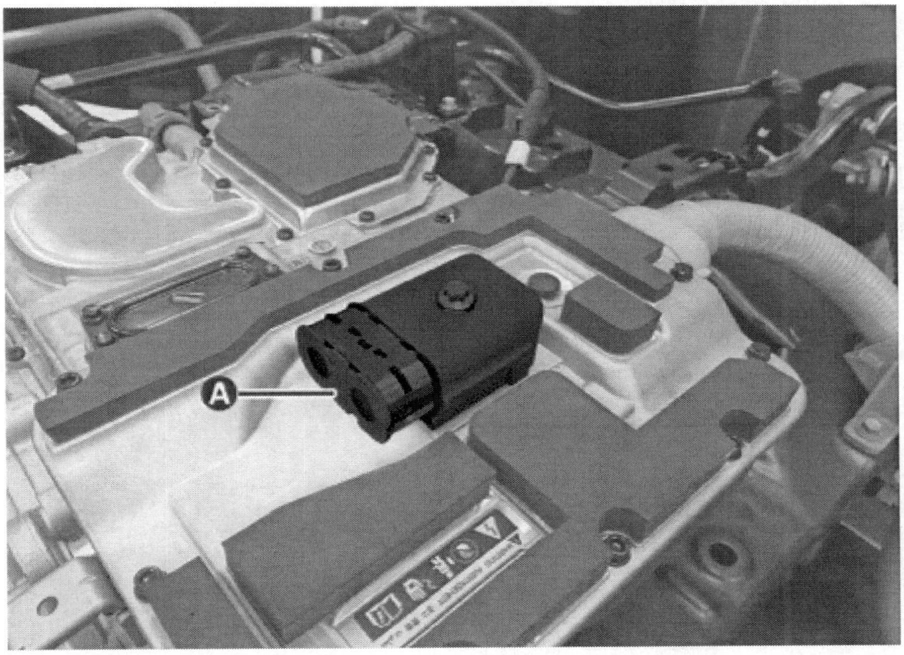

2. 고전압 케이블(B)에 기밀 유지 커넥터(A)를 장착한다.

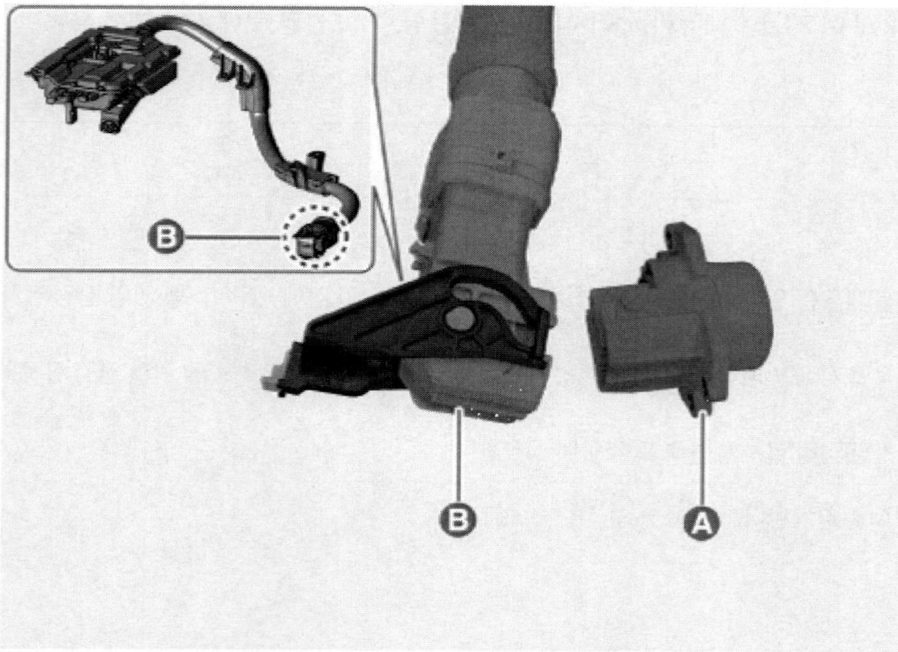

3. 기밀 점검 테스터기의 압력 조정제 어댑터(A)를 연결한다.

> **유 의**
>
> - 압력 조정재 어댑터 연결 시, 기밀 점검 전까지 손으로 어댑터를 밀착시킨 후 유지한다.
> - 기밀 점검 테스터기와 압력 조정제 어댑터 호스가 꺾이지 않도록 유의한다.

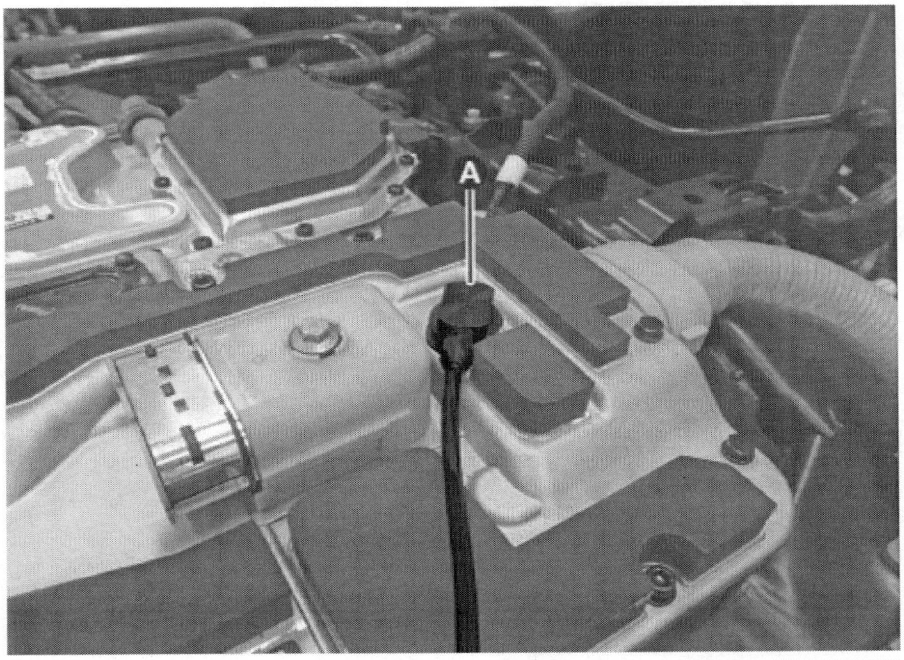

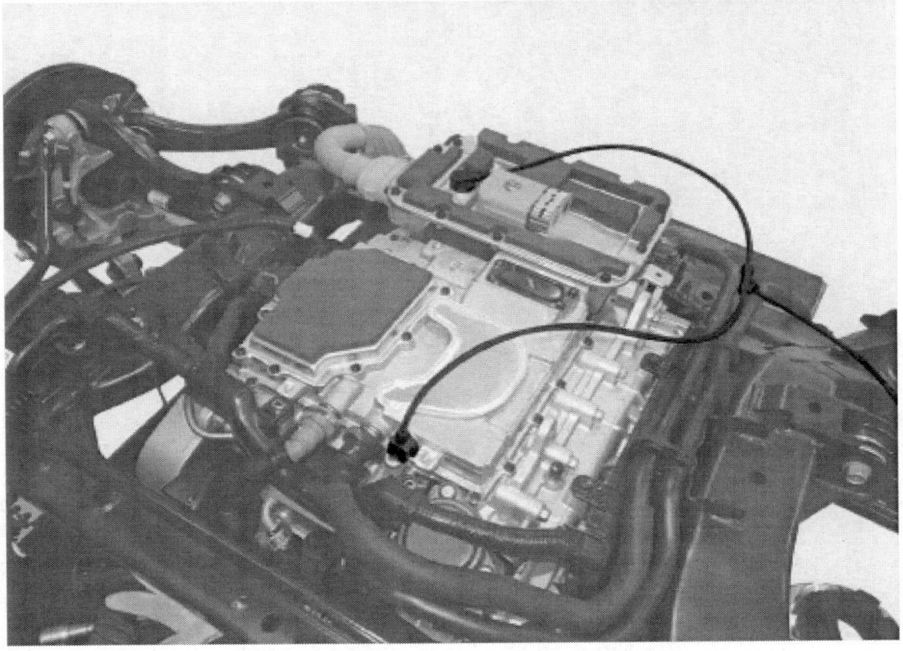

4. 진단 장비(KDS)를 이용하여 PE 시스템 기밀 점검을 실시한다.

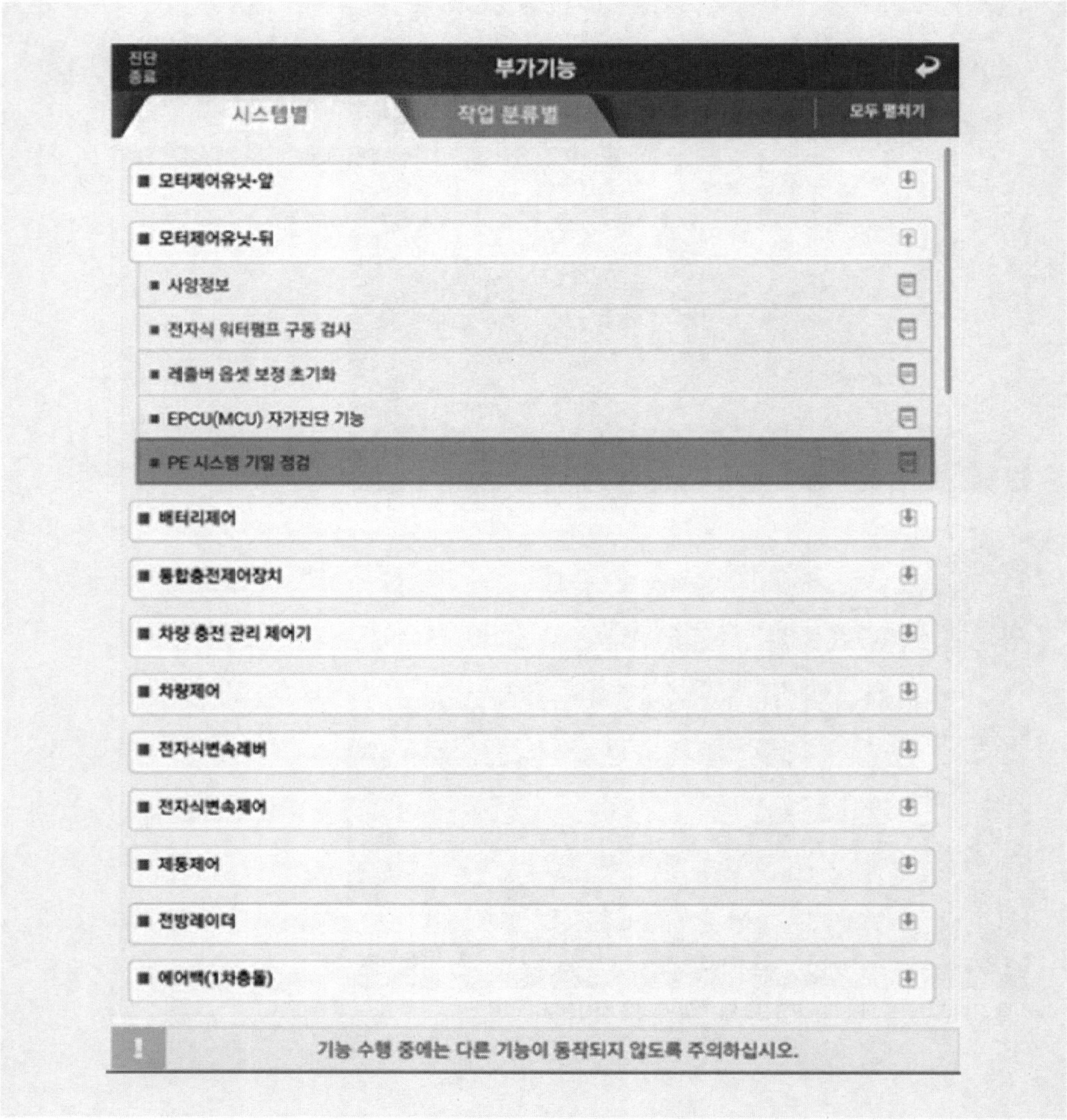
진단 종료
부가기능
시스템별
작업 분류별
모두 펼치기
■ 모터제어유닛-앞
■ 모터제어유닛-뒤
■ 사양정보
■ 전자식 워터펌프 구동 검사
■ 레졸버 옵셋 보정 초기화
■ EPCU(MCU) 자가진단 기능
■ PE 시스템 기밀 점검
■ 배터리제어
■ 통합충전제어장치
■ 차량 충전 관리 제어기
■ 차량제어
■ 전자식변속레버
■ 전자식변속제어
■ 제동제어
■ 전방레이더
■ 에어백(1차충돌)
기능 수행 중에는 다른 기능이 동작되지 않도록 주의하십시오.

진단
종료

부가기능

• **PE시스템 기밀 점검**

검사목적	진공 후 증설 압력을 체크하여 PE시스템 조립상태를 점검하는 기능
검사조건	-
연계단품	Motor Control Unit (MCU)
연계DTC	-
불량현상	-
기 타	

확인

! 기능 수행 중에는 다른 기능이 동작되지 않도록 주의하십시오.

진단
종료
부가기능
■ PE 시스템 기밀 점검
PE시스템 정보를 수집하기 위해 QR코드를 스캔해 주십시오.
[예시]
QR 코드 영역
확인
취소
기능 수행 중에는 다른 기능이 동작되지 않도록 주의하십시오.

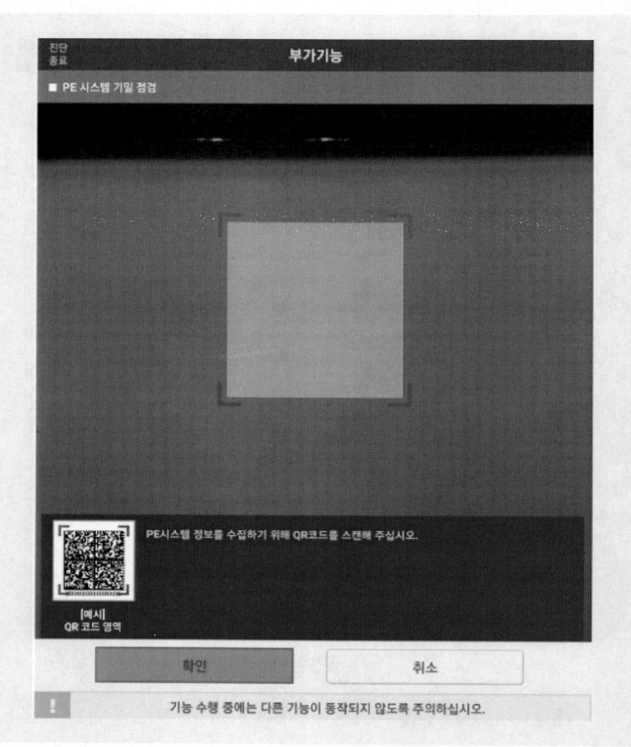

진단
종료
부가기능
■ PE 시스템 기밀 점검
● [PE시스템 정보 입력]
코드를 입력하신 뒤 [확인] 버튼을 누르십시오.
BSXXXXXXXXXXXXXXXXXX
PE시스템 코드
확인
취소
!
기능 수행 중에는 다른 기능이 동작되지 않도록 주의하십시오.

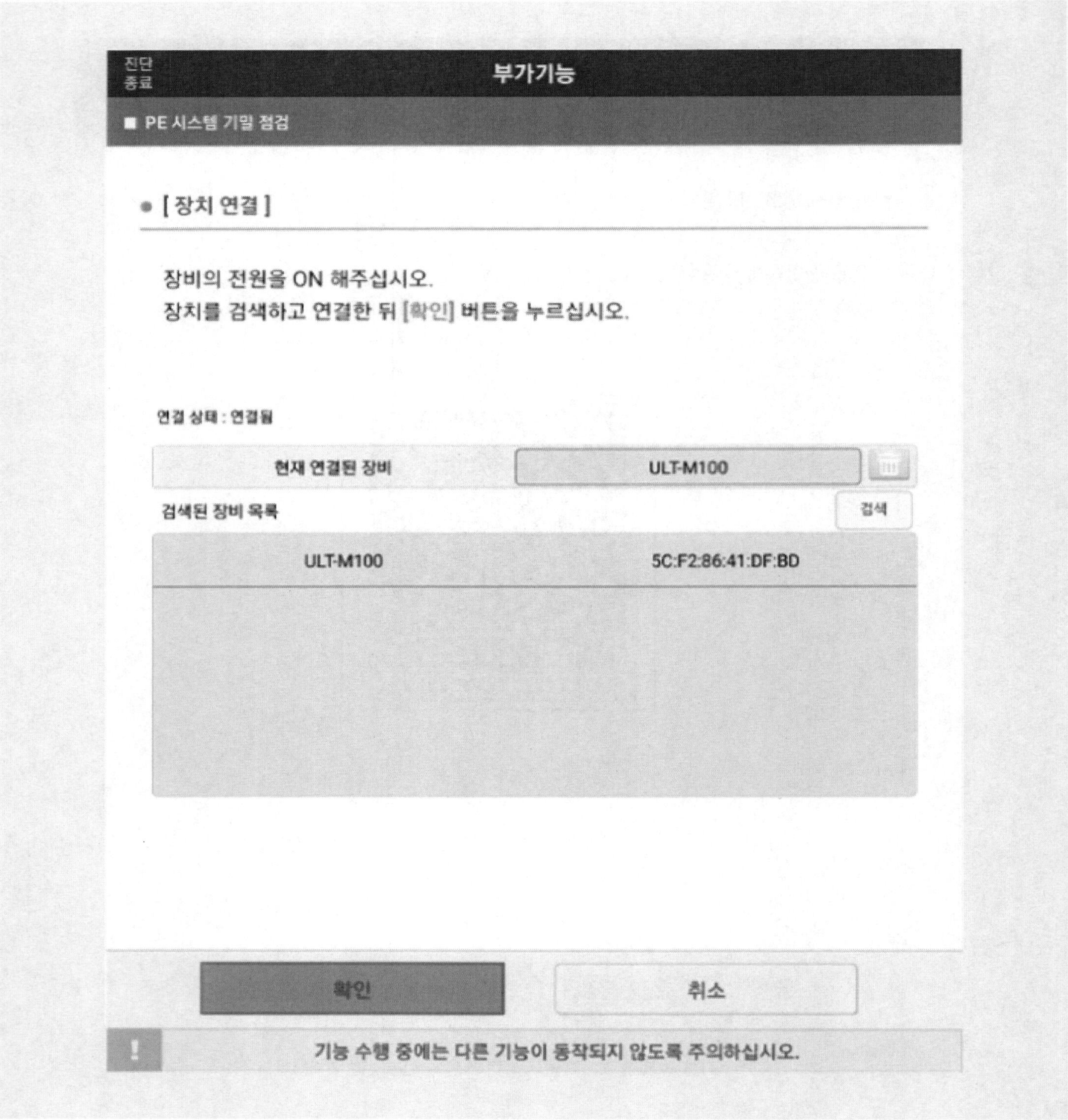
진단 종료
부가기능
■ PE 시스템 기밀 점검
● [장치 연결]
장비의 전원을 ON 해주십시오.
장치를 검색하고 연결한 뒤 [확인] 버튼을 누르십시오.
연결 상태 : 연결됨
현재 연결된 장비
ULT-M100
검색된 장비 목록
검색
ULT-M100
5C:F2:86:41:DF:BD
확인
취소
!
기능 수행 중에는 다른 기능이 동작되지 않도록 주의하십시오.

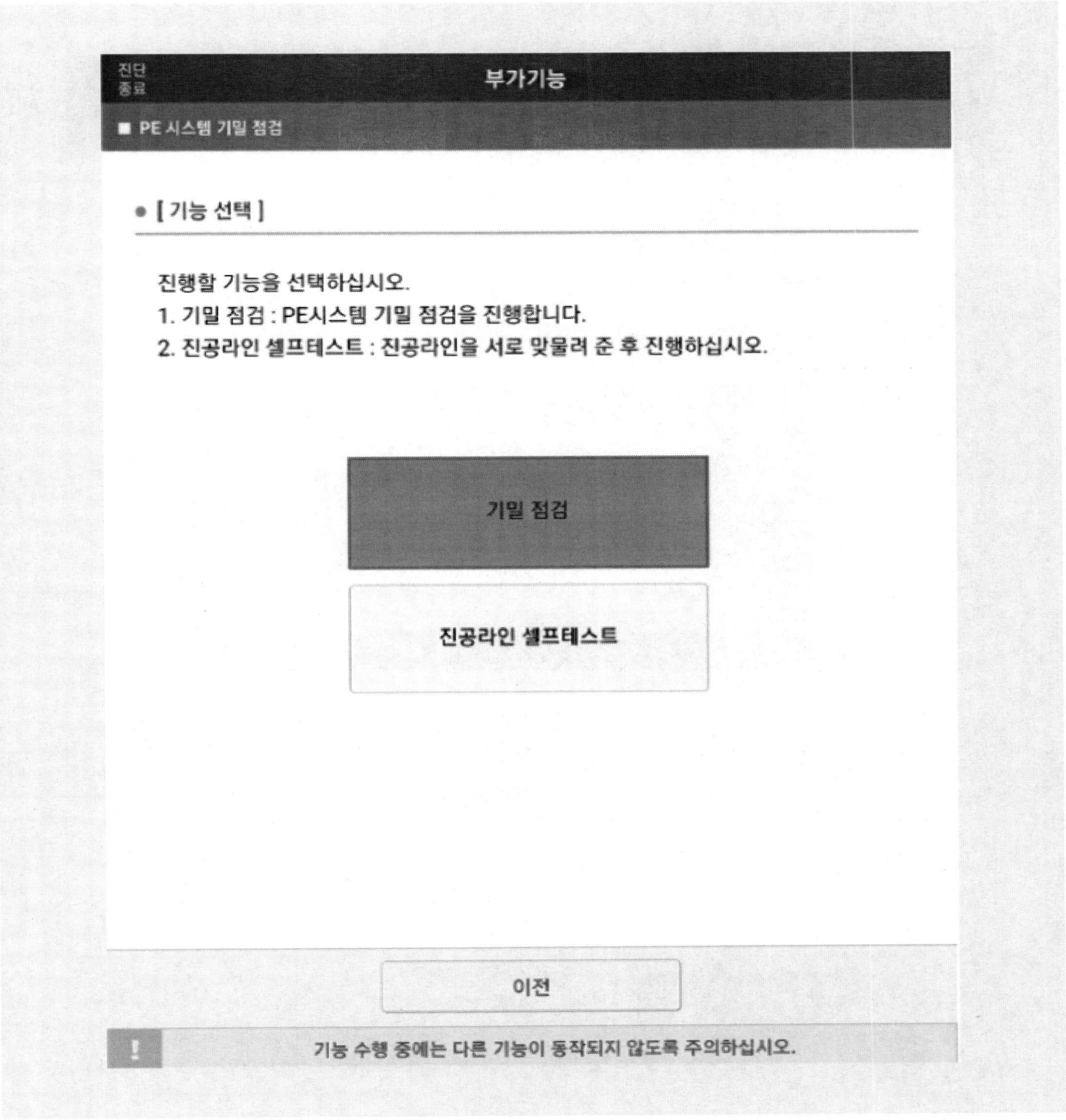
진단 종료
부가기능
■ PE 시스템 기밀 점검
● [기능 선택]
진행할 기능을 선택하십시오.
1. 기밀 점검 : PE시스템 기밀 점검을 진행합니다.
2. 진공라인 셀프테스트 : 진공라인을 서로 맞물려 준 후 진행하십시오.
기밀 점검
진공라인 셀프테스트
이전
!
기능 수행 중에는 다른 기능이 동작되지 않도록 주의하십시오.

진단
종료

부가기능

■ PE 시스템 기밀 점검

• [PE시스템 기밀 점검 - 영점조정]

전체 미연결된 상태로 [영점 조정] 버튼을 누르십시오.

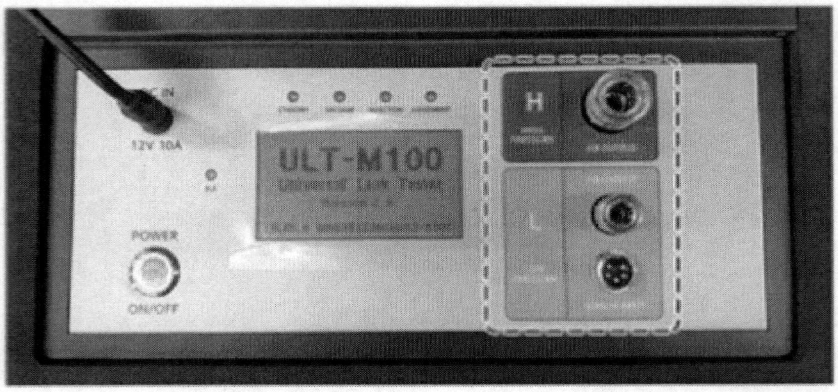

❶ 영점 조정

❷ 확인 | 이전 | 취소

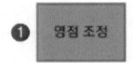

! 기능 수행 중에는 다른 기능이 동작되지 않도록 주의하십시오.

진단
종료

부가기능

■ PE 시스템 기밀 점검

● [PE시스템 기밀 점검 - 막음 커넥터 결합]

막음 커넥터 결합 여부를 확인하신 후 [확인] 버튼을 누르십시오.

⚠[주의]
차종에 맞는 커넥터를 사용해 주십시오.

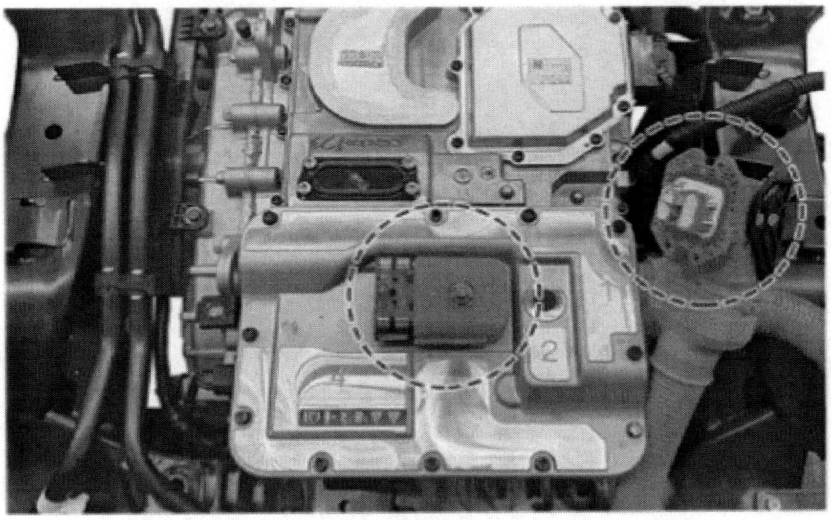

확인 | 이전 | 취소

! 기능 수행 중에는 다른 기능이 동작되지 않도록 주의하십시오.

진단
종료

부가기능

■ PE 시스템 기밀 점검

● [PE시스템 기밀 점검 - 장비연결]

1. 압력조정재 2곳에 진공 라인을 연결해주십시오.
2. 'LOW PRESSURE AIR OUTPUT'과 'PE시스템 진공 라인'을 연결 후 검사를 진행해 주십시오.

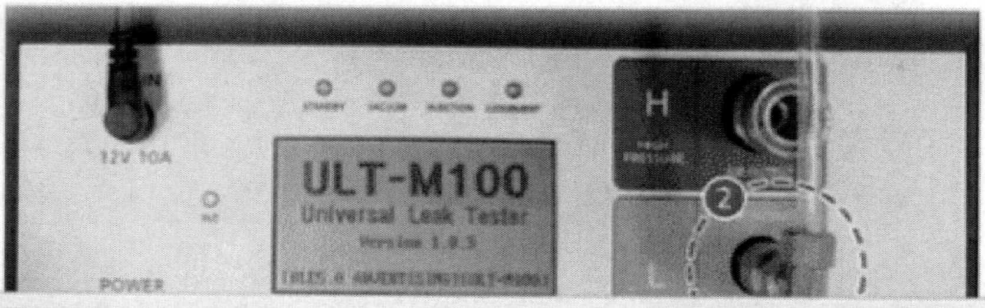

확인 | 이전 | 취소

! 기능 수행 중에는 다른 기능이 동작되지 않도록 주의하십시오.

진단
종료

부가기능

■ PE 시스템 기밀 점검

● [PE시스템 기밀 점검]

PE시스템 기밀 점검을 진행합니다. 결과는 아래에 표출됩니다.

항목	값
진행 단계	공기 빼기
리크 압력 변화값	0.00 mbar
진행 시간	4초

확인 이전 취소

! 기능 수행 중에는 다른 기능이 동작되지 않도록 주의하십시오.

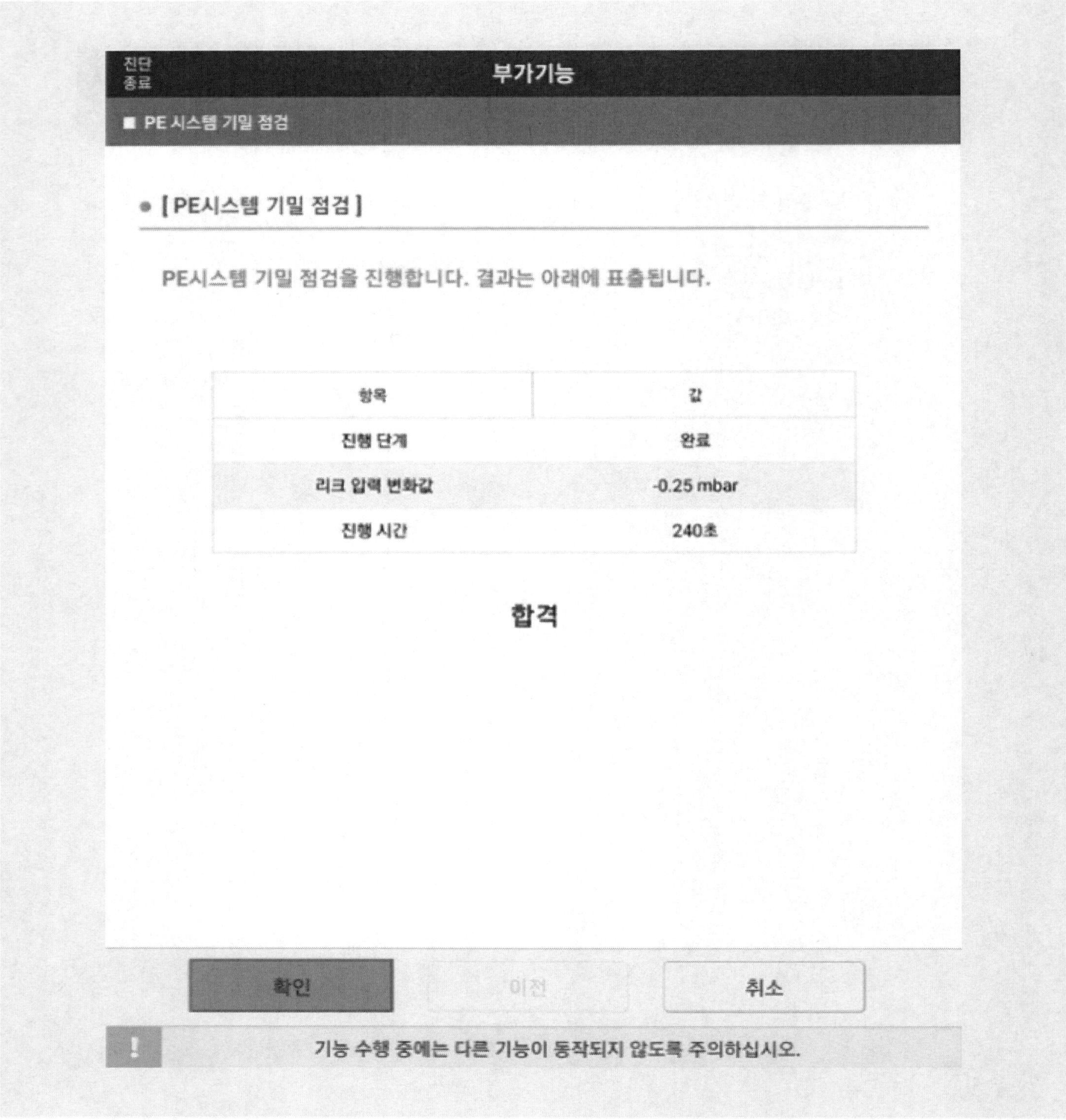

5. PE 시스템의 기밀 누설 여부를 확인한다.

참 고

PE 시스템 기밀 누설 판정 기준

PASS (이상없음)	FAIL (이상있음)

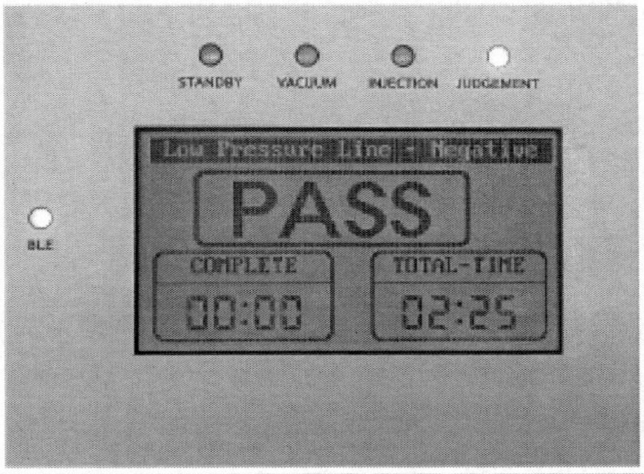
STANDBY
VACUUM
INJECTION
JUDGEMENT
Low Pressure Line - Negative
PASS
BLE
COMPLETE
00:00
TOTAL-TIME
02:25

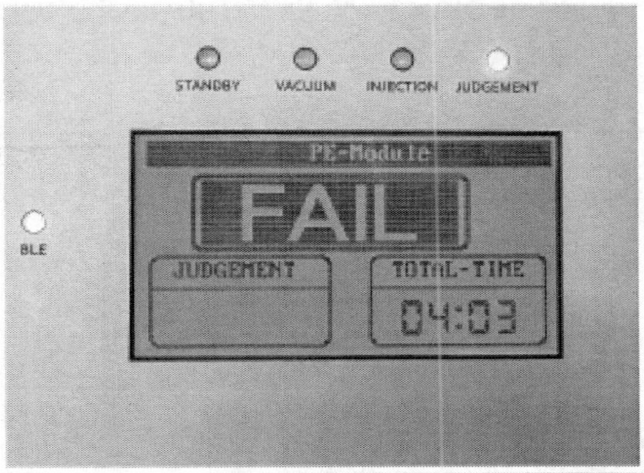
STANDBY
VACUUM
INJECTION
JUDGEMENT
PE-Module
FAIL
BLE
JUDGEMENT
TOTAL-TIME
04:03

부품위치

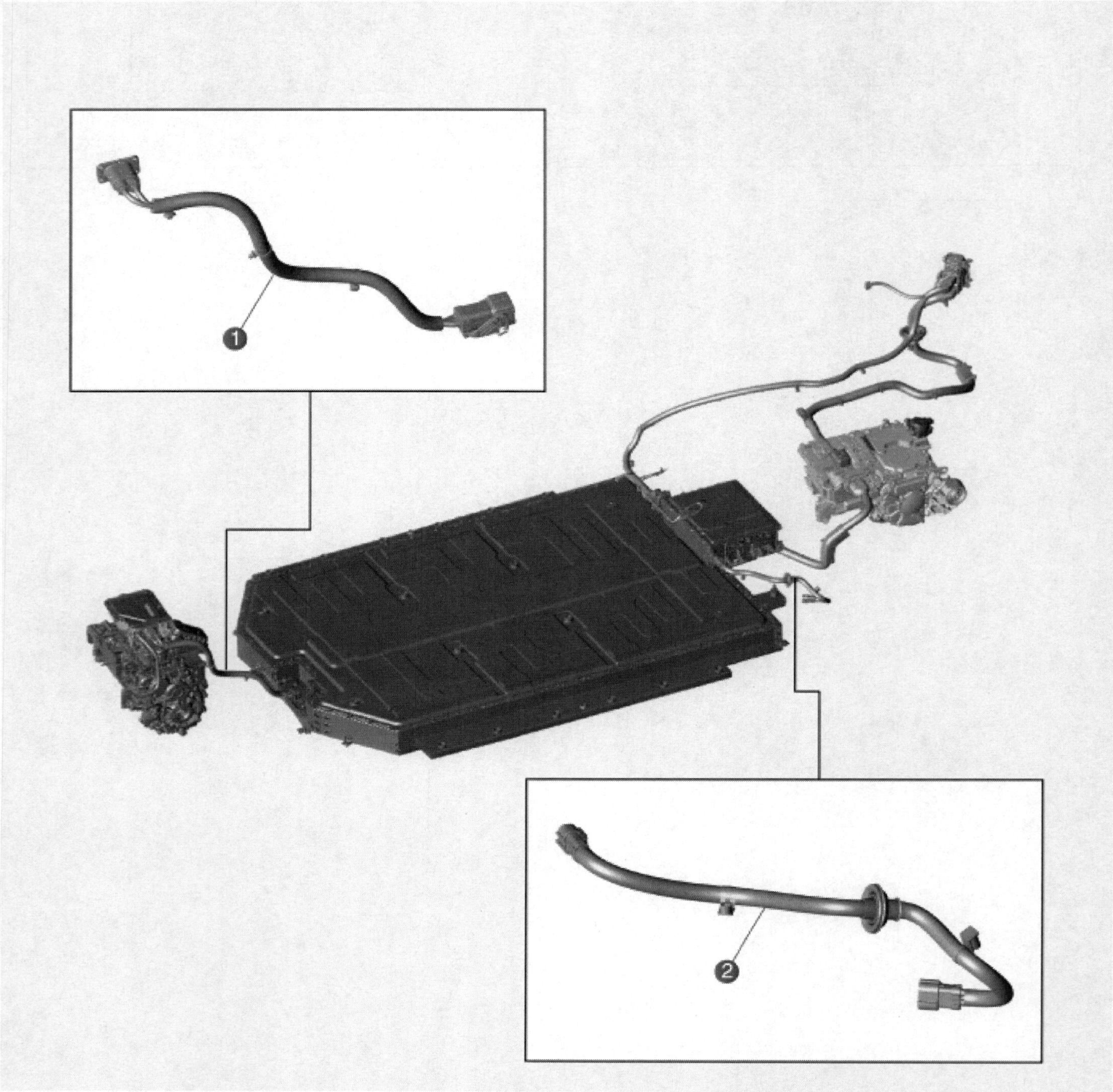

1. 파워 케이블(프런트 고전압 정션 박스 - 배터리 시스템 어셈블리)	2. 파워 케이블(리어 고전압 정션 박스 - 배터리 시스템 어셈블리)

탈거

⚠ 경 고

- 고전압 시스템 관련 작업 시, 관련 교육을 이수한 작업자가 정비를 진행한다. 고전압 시스템에 대한 이해가 부족한 경우 감전 또는 누전 등으로 인한 심각한 사고를 초래할 수 있다.
- 고전압 시스템 또는 주변 부품 작업 시, 반드시 "고전압 시스템 안전사항 및 주의, 경고" 내용을 숙지하고 준수해야 한다. 미준수 시, 감전 또는 누전 등으로 인한 심각한 사고를 초래할 수 있다.
- 고전압 시스템 작업 특성상, 개인보호장구(PPE) 및 사전 고전압 차단 절차를 반드시 확인한다.

파워 케이블[프런트 고전압 정션 박스 - 배터리 시스템 어셈블리]

1. 고전압 차단 절차를 수행한다.
   (배터리 제어 시스템 (기본형) - "고전압 차단 절차" 참조)
2. 고전압 배터리 측 파워 케이블 커넥터(A)를 분리하여 파워 케이블을 탈거한다.

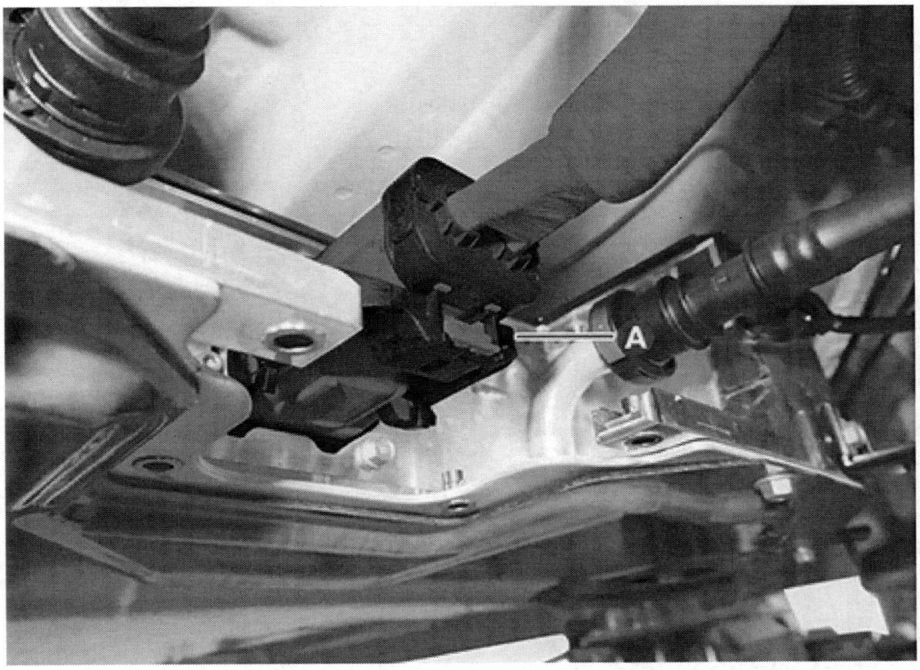

3. 프런트 언더 커버를 탈거한다.
   (모터 및 감속기 시스템 - "프런트 언더 커버" 참조)
4. 프런트 고전압 정션 박스 측 파워 케이블 커넥터(A)를 분리한다.

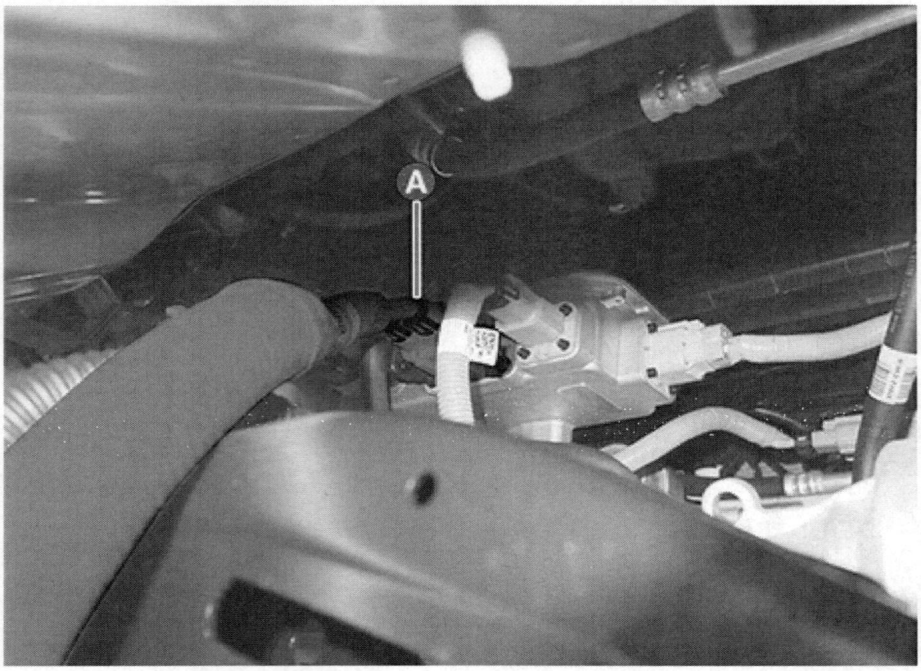

파워 케이블[리어 고전압 정션 박스 - 배터리 시스템 어셈블리]

1. 고전압 차단 절차를 수행한다.
   (배터리 제어 시스템 (기본형) - "고전압 차단 절차" 참조)
2. 리어 시트 어셈블리를 탈거한다.
   (바디 - "리어 시트 어셈블리" 참조)
3. 통합 충전 제어 유닛(ICCU) 커넥터를 분리하여 케이블(A)을 탈거한다.

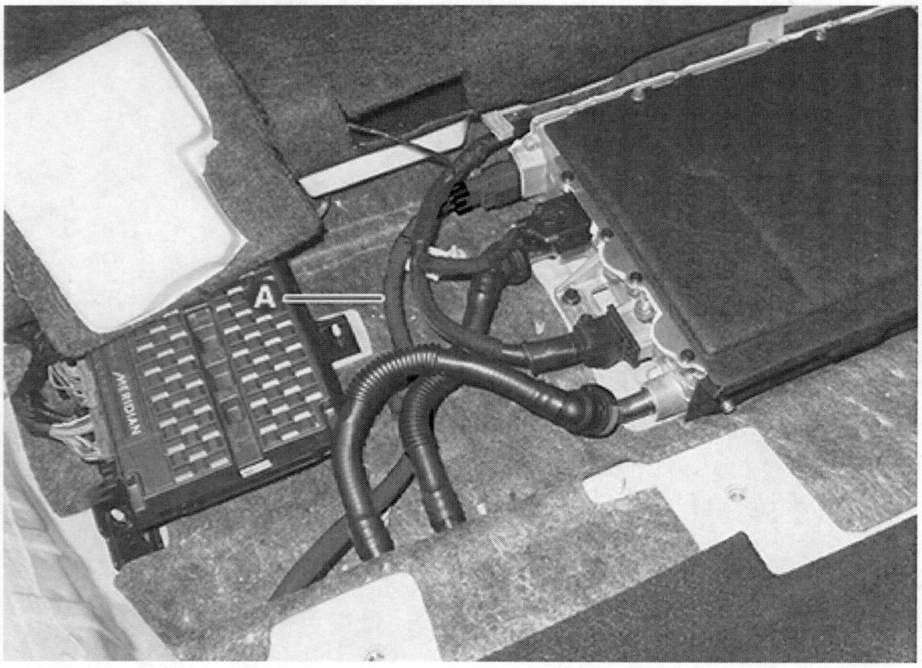

4. 리어 언더 커버를 탈거한다.
   (모터 및 감속기 시스템 - "리어 언더 커버" 참조)
5. ICCU 커넥터를 분리하여 케이블(A)을 차체로부터 분리한다.

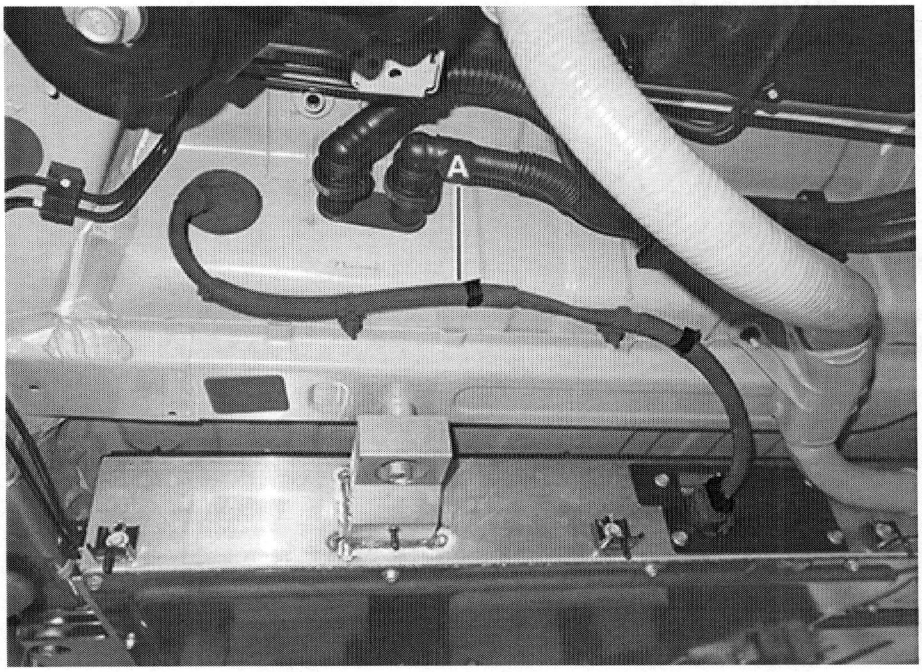

장착

⚠ 경 고

- 고전압 시스템 관련 작업 시, 관련 교육을 이수한 작업자가 정비를 진행한다. 고전압 시스템에 대한 이해가 부족한 경우 감전 또는 누전 등으로 인한 심각한 사고를 초래할 수 있다.
- 고전압 시스템 또는 주변 부품 작업 시, 반드시 "고전압 시스템 안전사항 및 주의, 경고" 내용을 숙지하고 준수해야 한다. 미준수 시, 감전 또는 누전 등으로 인한 심각한 사고를 초래할 수 있다.
- 고전압 시스템 작업 특성상, 개인보호장구(PPE) 및 사전 고전압 차단 절차를 반드시 확인한다.

1. 장착은 탈거의 역순으로 한다.

유 의

파워 케이블을 떨어뜨렸을 경우, 보이지 않는 손상이 유발될 수 있으니 신품으로 교환한다. (재사용 금지)

탈거

⚠ 경 고

- 고전압 시스템 관련 작업 시, 관련 교육을 이수한 작업자가 정비를 진행한다. 고전압 시스템에 대한 이해가 부족한 경우 감전 또는 누전 등으로 인한 심각한 사고를 초래할 수 있다.
- 고전압 시스템 또는 주변 부품 작업 시, 반드시 "고전압 시스템 안전사항 및 주의, 경고" 내용을 숙지하고 준수해야 한다. 미준수 시, 감전 또는 누전 등으로 인한 심각한 사고를 초래할 수 있다.
- 고전압 시스템 작업 특성상, 개인보호장구(PPE) 및 사전 고전압 차단 절차를 반드시 확인한다.

파워 케이블[프런트 고전압 정션 박스 - 배터리 시스템 어셈블리]

1. 프런트 고전압 정션 박스를 탈거한다.
   (고전압 분배 시스템 - "프런트 고전압 정션 박스" 참조)

유 의

파워 케이블이 프런트 고전압 정션 박스와 일체형으로 단품 교환이 불가하다.

파워 케이블[리어 고전압 정션 박스 - 배터리 시스템 어셈블리]

1. 고전압 차단 절차를 수행한다.
   (배터리 제어 시스템 (기본형) - "고전압 차단 절차" 참조)
2. 리어 시트 어셈블리를 탈거한다.
   (바디 - "리어 시트 어셈블리" 참조)
3. 통합 충전 제어 유닛(ICCU) 커넥터를 분리하여 케이블(A)을 탈거한다.

4. 리어 언더 커버를 탈거한다.
   (모터 및 감속기 시스템 - "리어 언더 커버" 참조)
5. ICCU 커넥터를 분리하여 케이블(A)을 차체로부터 분리한다.

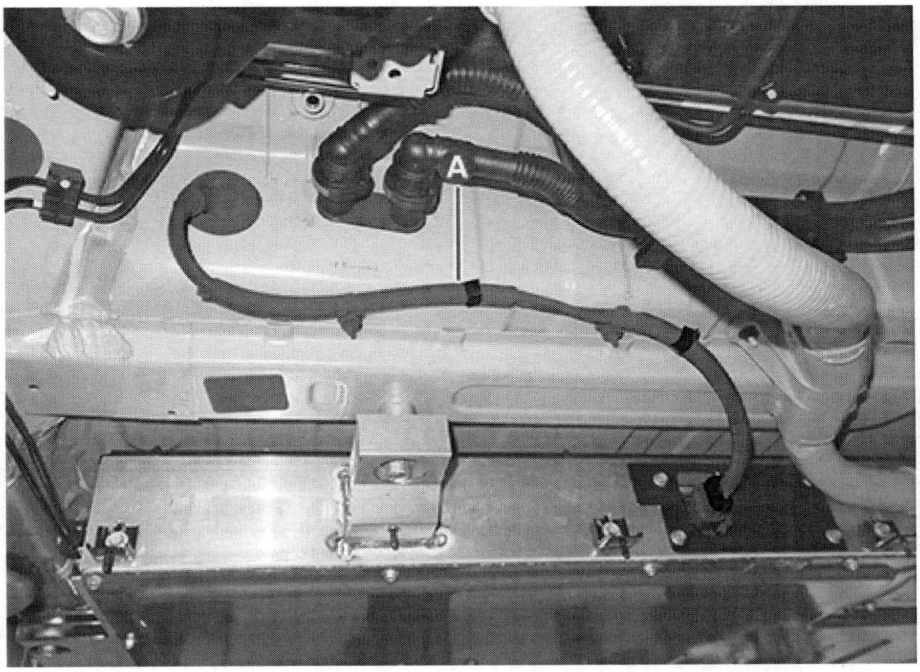

장착

⚠ 경 고

- 고전압 시스템 관련 작업 시, 관련 교육을 이수한 작업자가 정비를 진행한다. 고전압 시스템에 대한 이해가 부족한 경우 감전 또는 누전 등으로 인한 심각한 사고를 초래할 수 있다.
- 고전압 시스템 또는 주변 부품 작업 시, 반드시 "고전압 시스템 안전사항 및 주의, 경고" 내용을 숙지하고 준수해야 한다. 미준수 시, 감전 또는 누전 등으로 인한 심각한 사고를 초래할 수 있다.
- 고전압 시스템 작업 특성상, 개인보호장구(PPE) 및 사전 고전압 차단 절차를 반드시 확인한다.

1. 장착은 탈거의 역순으로 한다.

유 의

파워 케이블을 떨어뜨렸을 경우, 보이지 않는 손상이 유발될 수 있으니 신품으로 교환한다. (재사용 금지)

구성부품

1. 통합 충전 제어 유닛(ICCU) 2. 멀티 인버터 어셈블리	3. 인버터 어셈블리(4WD 사양)

개요

전력 변환 시스템 정의

- 전력의 형태를 사용하는 용도에 따라 변환(AC/DC ↔ DC/AC) 시켜 주는 시스템이다.
- 전압, 전류, 주파수, 상(phase) 수 가운데 하나 이상을 전력 손실 없이 변환시킨다.

전력 변환 시스템 구성

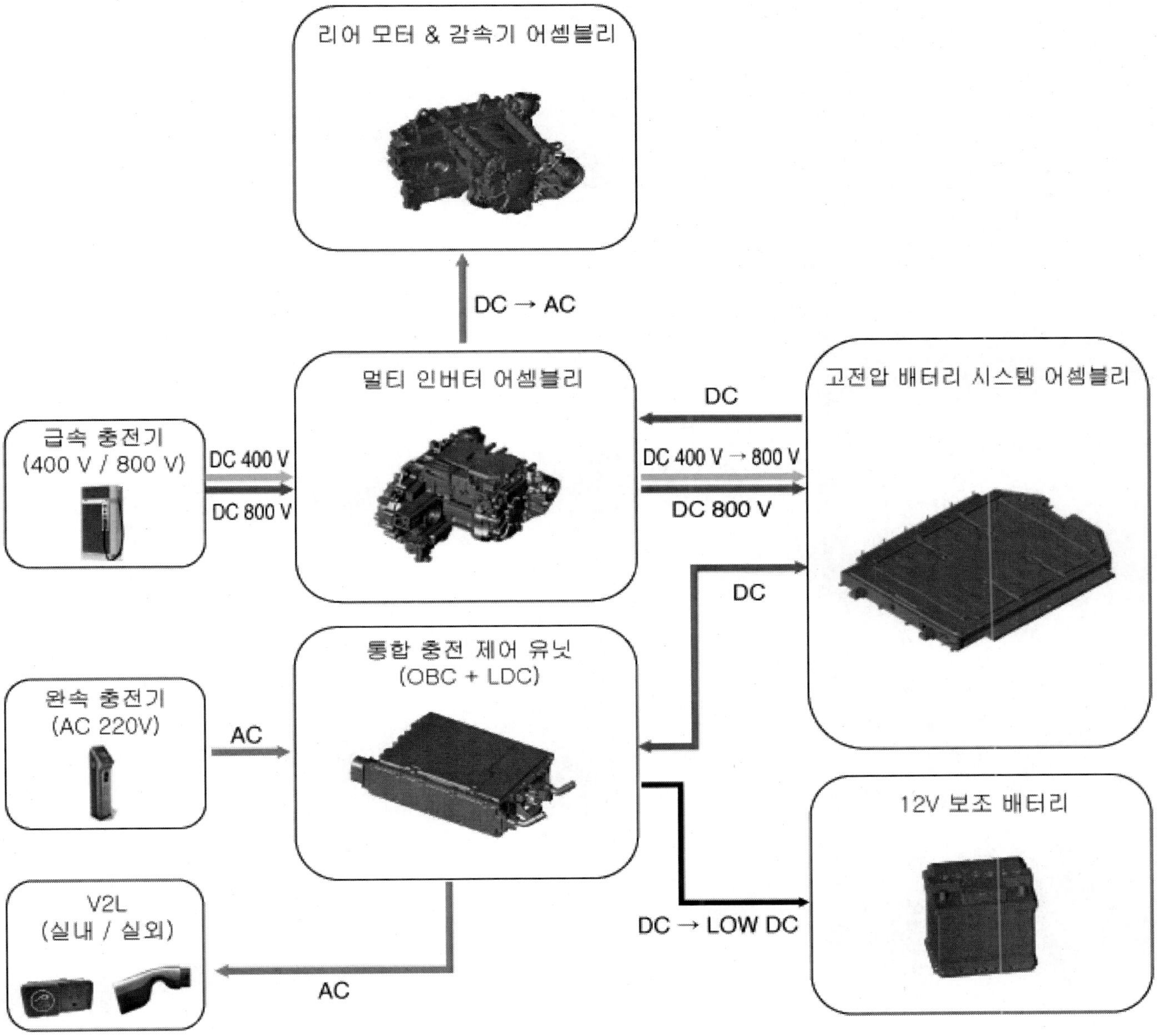

제원

항목	제원
입력 전압(V)	452.5 ~ 778.3
작동 전압(V)	9 ~ 16
연속 전류(A)	180 (@20min.)
전류(A)	최대 245 (@15sec.)

구성부품

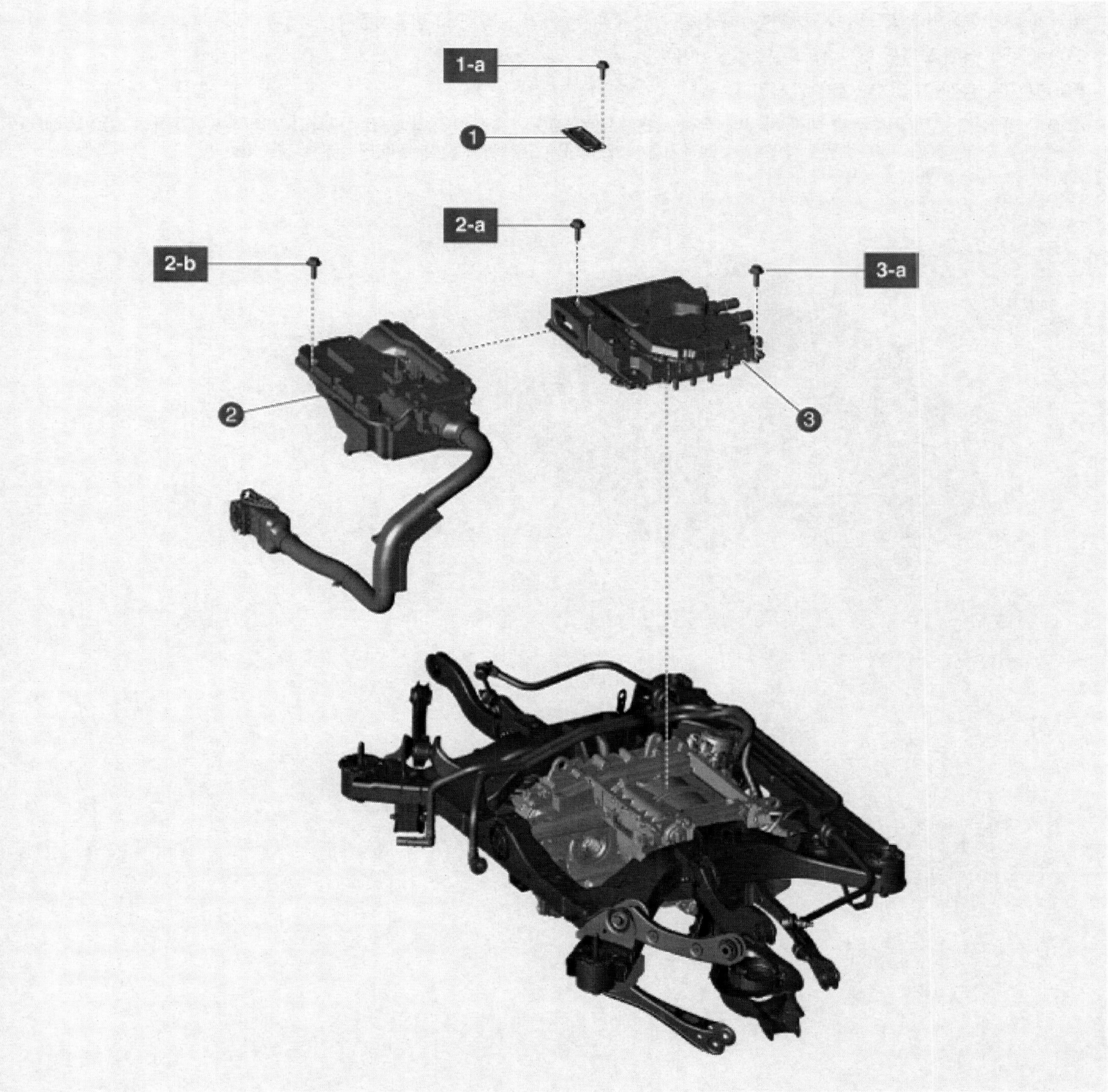

1. 고전압 정션 박스 서비스 커버 1-a. 0.4 ~ 0.6 kgf·m 2. 리어 고전압 정션 박스 2-a. 0.7 ~ 1.0 kgf·m 2-b. 2.0 ~ 2.4 kgf·m	3. 멀티 인버터 어셈블리 3-a. 0.4 ~ 0.6 kgf·m

개요

- 리어 모터에 장착되어 있으며 DC 전원을 AC 전원(가변 주파수, 가변 전압)으로 변환시킨다.
- 전력 조절을 통해 모터의 회전속도와 토크를 제어한다.
- 400 V 급속 충전 시 800 V로 승압시킨다.
- 400 V 와 800 V 멀티 충전을 위한 차세대 충전 시스템으로 400 V 충전 인프라에서는 모터와 인버터를 활용하여 800 V 배터리에 충전을 하고, 800 V 충전 인프라에서는 충전기에서 입력되는 고전압을 그대로 배터리에 충전한다.

탈거

⚠ 경 고

- 고전압 시스템 관련 작업 시, 관련 교육을 이수한 작업자가 정비를 진행한다. 고전압 시스템에 대한 이해가 부족한 경우 감전 또는 누전 등으로 인한 심각한 사고를 초래할 수 있다.
- 고전압 시스템 또는 주변 부품 작업 시, 반드시 "고전압 시스템 안전사항 및 주의, 경고" 내용을 숙지하고 준수해야 한다. 미 준수 시, 감전 또는 누전 등으로 인한 심각한 사고를 초래할 수 있다.
- 고전압 시스템 작업 특성상, 개인보호장구(PPE) 및 사전 고전압 차단 절차를 반드시 확인한다.

1. 리어 고전압 정션 박스를 탈거한다.
   (고전압 분배 시스템 - "리어 고전압 정션 박스" 참조)
2. 멀티 인버터 냉각 퀵 커넥터 호스(A)를 분리한다.

3. 와이어링 프로텍터(A)를 멀티 인버터 어셈블리로부터 분리한다.

체결토크 : 0.7 ~ 1.0 kgf·m

4. 멀티 인버터 어셈블리 커넥터(A)를 분리한다.

5. 볼트를 풀어 멀티 인버터 어셈블리(A)를 탈거한다.

체결토크 : 0.4 ~ 0.6 kgf·m

장착

경 고

- 고전압 시스템 관련 작업 시, 관련 교육을 이수한 작업자가 정비를 진행한다. 고전압 시스템에 대한 이해가 부족한 경우 감전 또는 누전 등으로 인한 심각한 사고를 초래할 수 있다.
- 고전압 시스템 또는 주변 부품 작업 시, 반드시 "고전압 시스템 안전사항 및 주의, 경고" 내용을 숙지하고 준수해야 한다. 미 준수 시, 감전 또는 누전 등으로 인한 심각한 사고를 초래할 수 있다.
- 고전압 시스템 작업 특성상, 개인보호장구(PPE) 및 사전 고전압 차단 절차를 반드시 확인한다.

1. 장착은 탈거의 역순으로 한다.

유 의

- 멀티 인버터 어셈블리 장착 시 규정 토크를 준수하여 장착한다.
- 멀티 인버터 어셈블리를 떨어뜨렸을 경우, 보이지 않는 손상이 유발될 수 있으니 신품으로 교환한다. (재사용 금지)
- 멀티 인버터 어셈블리를 장착하기 전에 개스킷(A)을 신품으로 교환 후 장착 상태를 확인한다.

- 멀티 인버터 어셈블리를 차량에 장착하기 전에 PE 시스템 기밀 점검 절차를 실시한다.

2. 진단 장비(KDS)를 이용하여 PE 시스템 기밀 점검을 실시한다.
   (고전압 분배 시스템 - "리어 고전압 정션 박스" 참조)
3. 진단 장비(KDS)를 이용하여 레졸버 옵셋 보정 초기화를 실시한다.

제원

항목	제원
입력 전압(V)	452.5 ~ 778.3
작동 전압(V)	9 ~ 16
연속 전류(A)	75 (@20min.)
전류(A)	최대 190 (@15sec.)

구성부품

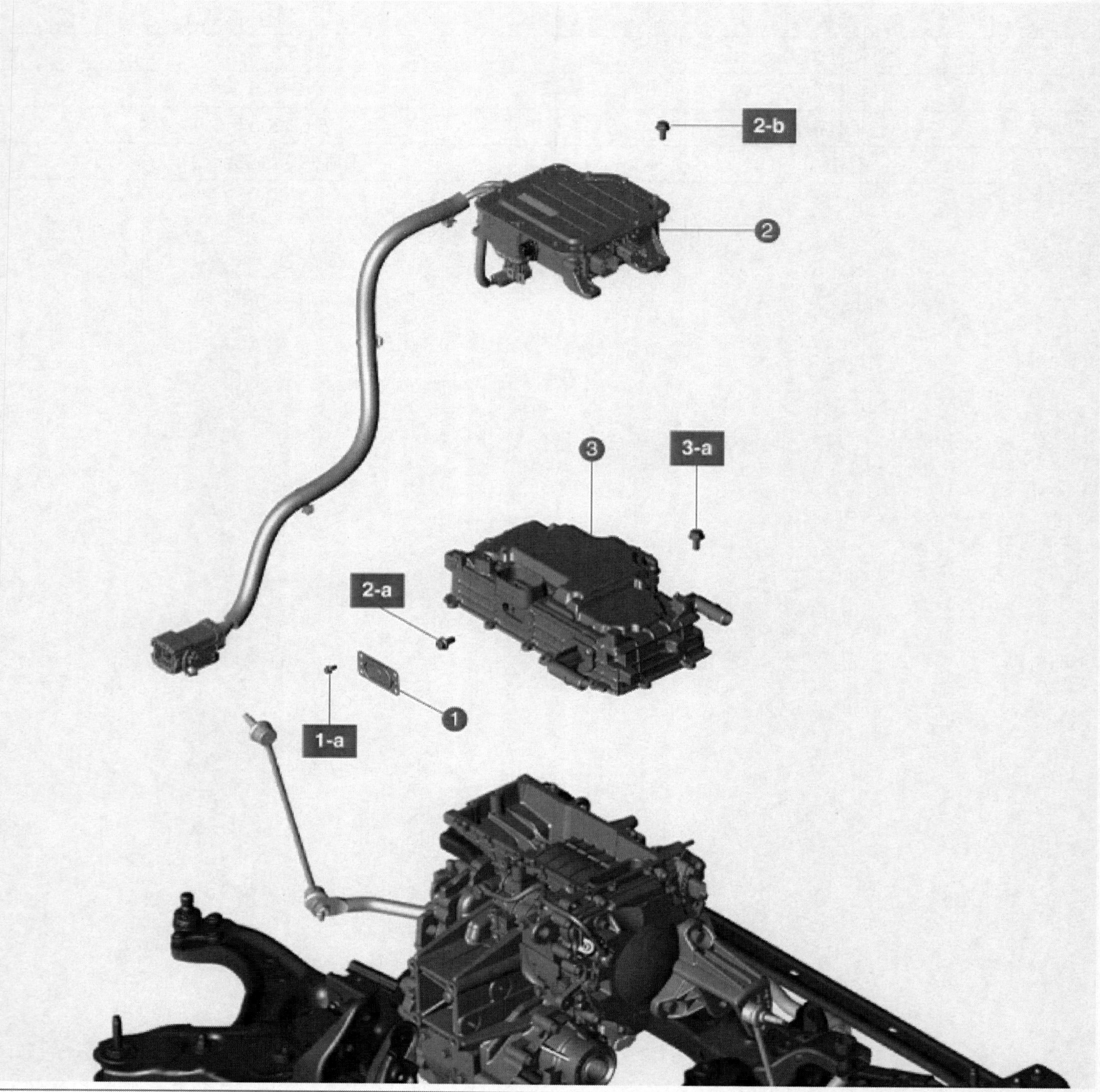

1. 고전압 정션 박스 서비스 커버 1-a. 0.4 ~ 0.6 kgf·m 2. 프런트 고전압 정션 박스 2-a. 0.7 ~ 1.0 kgf·m 2-b. 0.7 ~ 1.0 kgf·m	3. 인버터 어셈블리 3-a. 0.4 ~ 0.6 kgf·m

개요

- 프런트 모터에 장착되어 있으며 DC 전원을 AC 전원(가변 주파수, 가변 전압)으로 변환시킨다.
- 전력 조절을 통해 모터의 회전속도와 토크를 제어한다.

탈거

⚠ 경 고

- 고전압 시스템 관련 작업 시, 관련 교육을 이수한 작업자가 정비를 진행한다. 고전압 시스템에 대한 이해가 부족한 경우 감전 또는 누전 등으로 인한 심각한 사고를 초래할 수 있다.
- 고전압 시스템 또는 주변 부품 작업 시, 반드시 "고전압 시스템 안전사항 및 주의, 경고" 내용을 숙지하고 준수해야 한다. 미 준수 시, 감전 또는 누전 등으로 인한 심각한 사고를 초래할 수 있다.
- 고전압 시스템 작업 특성상, 개인보호장구(PPE) 및 사전 고전압 차단 절차를 반드시 확인한다.

1. 프런트 고전압 정션 박스를 탈거한다.
   (고전압 분배 시스템 - "프런트 고전압 정션 박스" 참조)
2. 인버터 냉각 퀵 커넥터 호스(A)를 분리한다.

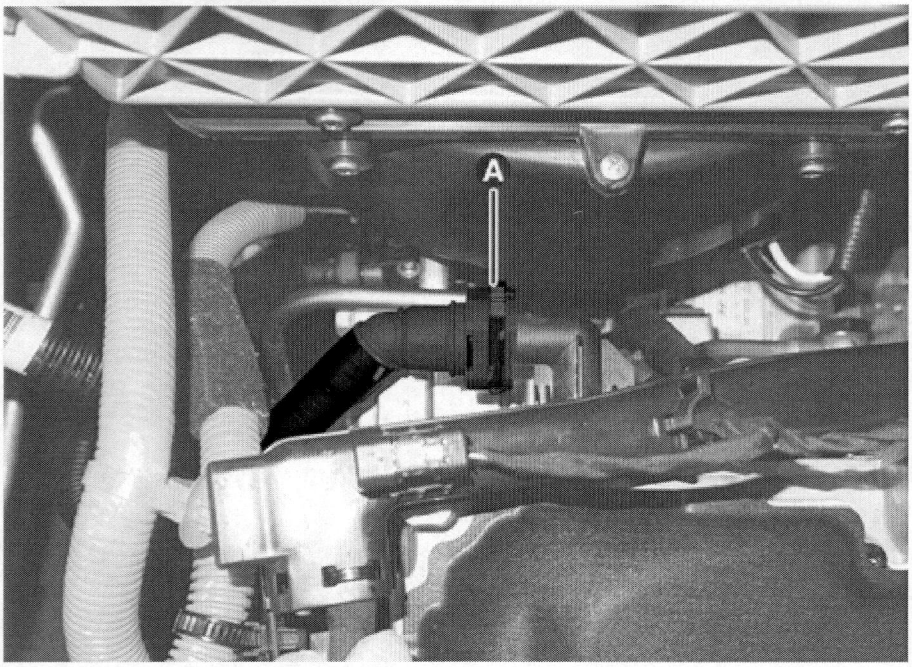

3. 볼트를 풀어 인버터 어셈블리(A)를 탈거한다.

체결토크 : 0.4 ~ 0.6 kgf·m

장착

⚠ 경 고

- 고전압 시스템 관련 작업 시, 관련 교육을 이수한 작업자가 정비를 진행한다. 고전압 시스템에 대한 이해가 부족한 경우 감전 또는 누전 등으로 인한 심각한 사고를 초래할 수 있다.
- 고전압 시스템 또는 주변 부품 작업 시, 반드시 "고전압 시스템 안전사항 및 주의, 경고" 내용을 숙지하고 준수해야 한다. 미 준수 시, 감전 또는 누전 등으로 인한 심각한 사고를 초래할 수 있다.
- 고전압 시스템 작업 특성상, 개인보호장구(PPE) 및 사전 고전압 차단 절차를 반드시 확인한다.

1. 장착은 탈거의 역순으로 한다.

유 의

- 인버터 어셈블리 장착 시 규정 토크를 준수하여 장착한다.
- 인버터 어셈블리를 떨어뜨렸을 경우, 보이지 않는 손상이 유발될 수 있으니 신품으로 교환한다. (재사용 금지)
- 인버터 어셈블리를 장착하기 전에 개스킷(A)을 신품으로 교환 후 장착 상태를 확인한다.

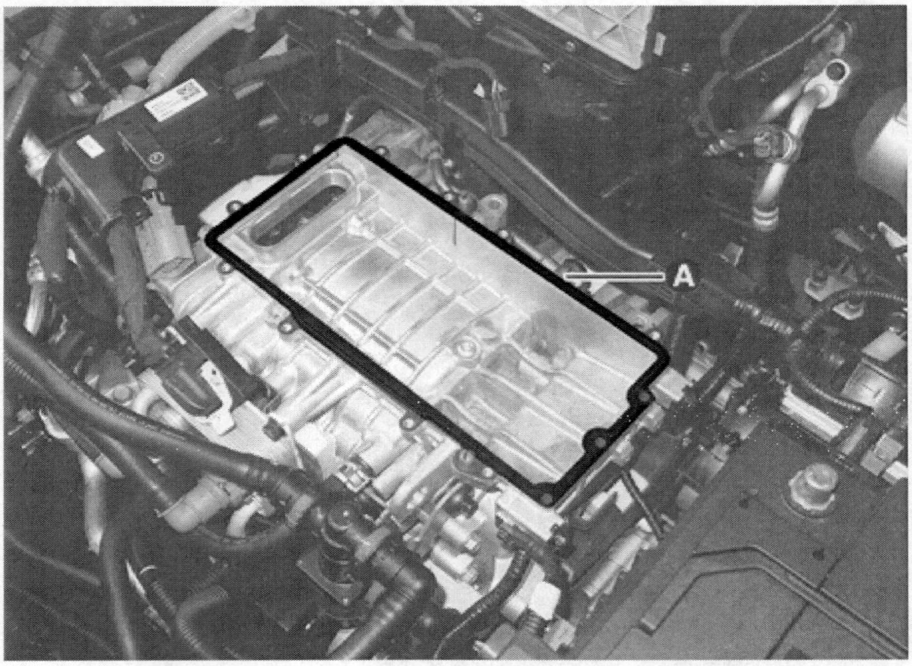

2. 진단 장비(KDS)를 이용하여 PE 시스템 기밀 점검을 실시한다.
   (고전압 분배 시스템 - "프런트 고전압 정션 박스" 참조)
3. 진단 장비(KDS)를 이용하여 레졸버 옵셋 보정 초기화를 실시한다.

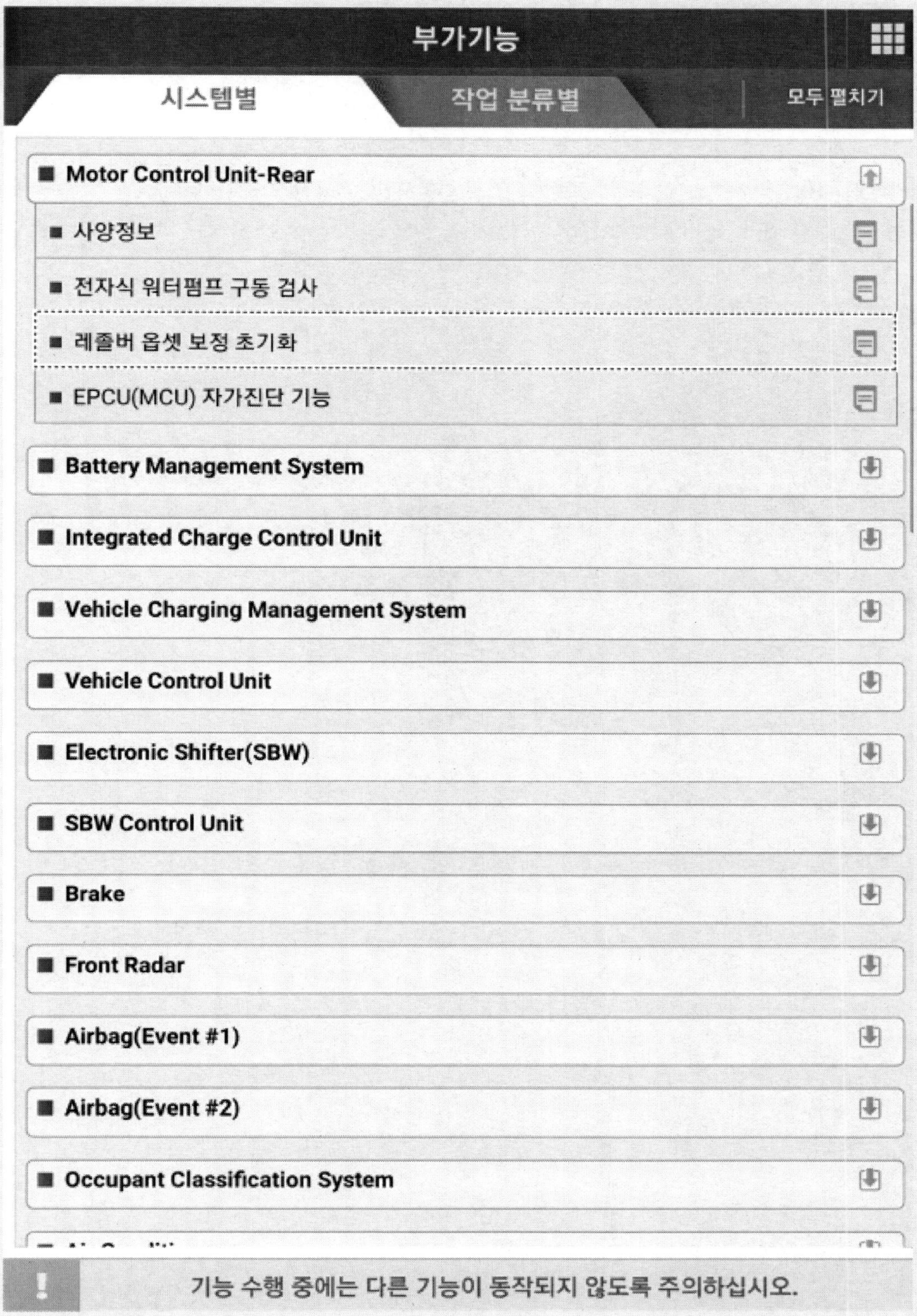
부가기능
시스템별
작업 분류별
모두 펼치기
Motor Control Unit-Rear
사양정보
전자식 워터펌프 구동 검사
레졸버 옵셋 보정 초기화
EPCU(MCU) 자가진단 기능
Battery Management System
Integrated Charge Control Unit
Vehicle Charging Management System
Vehicle Control Unit
Electronic Shifter(SBW)
SBW Control Unit
Brake
Front Radar
Airbag(Event #1)
Airbag(Event #2)
Occupant Classification System
기능 수행 중에는 다른 기능이 동작되지 않도록 주의하십시오.

개요

- 고전압 배터리의 전력(DC)을 저전압 배터리의 전력(DC)으로 변환시킨다. (고전압 → 저전압)
- LDC와 OBC는 통합 충전 제어 장치(ICCU)에 통합되어 있다.

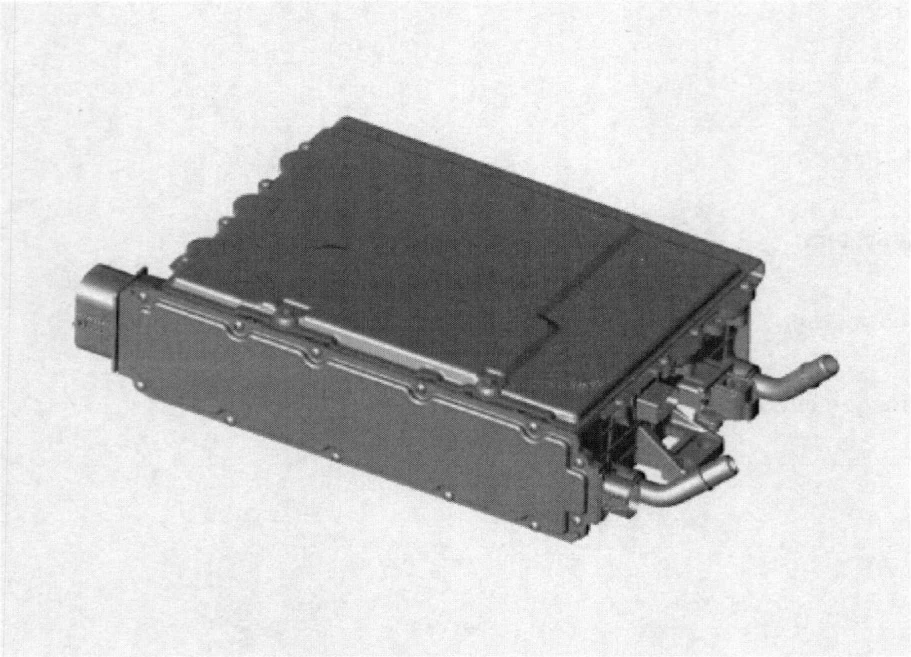

고장진단

고장 코드 발생 시 조치 방법

구분	주요 고장 코드	원인	점검
LDC 점검	• 출력 과전압 고장 • LDC 전압 제어 이상 • 센서류 고장 - 전류 센서 옵셋 보정 이상 - 온도 센서 단선/단락/성능 이상 고장 - 입력/출력 전압 센서 고장 • PWM 출력부 이상	• LDC	• 차량 재시동 후 동일 문제 발생 시 통합 충전 제어 유닛(ICCU) 교환
차량 점검	• 출력단 경로 이상	• LDC 출력 단자와 정션 박스간 배선 및 커넥터	• LDC 출력단 배선 및 케이블 체결 상태 점검
	• 냉각 시스템 이상	• 냉각 시스템 • 냉각수 부족 • 전자식 워터 펌프(EWP)	• 냉각수 및 전자식 워터 펌프(EWP) 점검
	• 입력 과전류 고장	• 보조 배터리(12 V) 방전 • 12 V 전장 과부하	• 보조 배터리(12 V) 방전 상태 점검 • 12 V 전장부하 이상 동작 또는 단락 상태 점검

교환

경 고

- 고전압 시스템 관련 작업 시, 관련 교육을 이수한 작업자가 정비를 진행한다. 고전압 시스템에 대한 이해가 부족한 경우 감전 또는 누전 등으로 인한 심각한 사고를 초래할 수 있다.
- 고전압 시스템 또는 주변 부품 작업 시, 반드시 "고전압 시스템 안전사항 및 주의, 경고" 내용을 숙지하고 준수해야 한다. 미준수 시, 감전 또는 누전 등으로 인한 심각한 사고를 초래할 수 있다.
- 고전압 시스템 작업 특성상, 개인보호장구(PPE) 및 사전 고전압 차단 절차를 반드시 확인한다.

유 의

저전압 직류 변환 장치(LDC)는 완속 충전기(OBC)와 함께 통합 충전 제어 유닛(ICCU)으로 구성되어 있어 부분 수리가 불가능하다. 교환 필요시 통합 충전 제어 유닛(ICCU)을 교환한다.

1. 통합 충전 제어 유닛(ICCU)을 교환한다.
   (고전압 충전 시스템 - "통합 충전 제어 유닛 (ICCU)" 참조)

제원

항목	제원
타입	AGM60L-DIN
용량(Ah) [20HR/5HR]	60 / 48
냉간 시동 전류(A)	640 (SAE / EN)
보존 용량(분)	100
비중	1.30 ~ 1.32 (25℃)
전압(V)	12

참 고

배터리 사이즈

용량(20HR/5HR)	가로	세로	높이	총 높이
	mm			
60 / 48	239 ~ 243	173 ~ 175	164.5 ~ 167.5	187 ~ 190

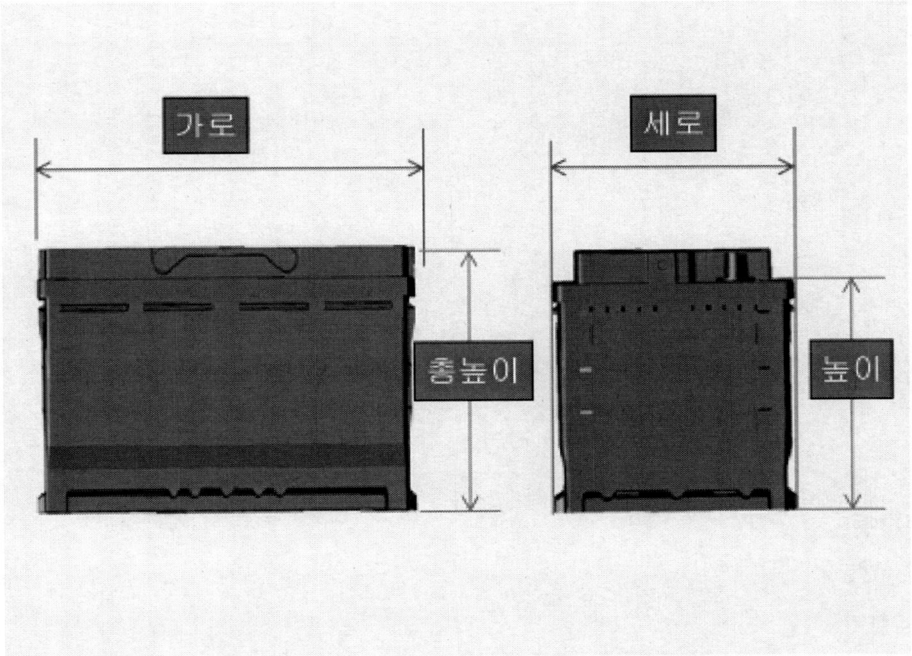

개요

- 보조 배터리(12 V)는 고전압 부품을 제외한 전장품에 전원을 공급한다.
- 고전압 배터리의 고전압 전원이 저전압 직류 변환 장치(LDC)를 통해 저전압으로 변환되어 보조 배터리(12 V)를 충전한다.

배터리 라벨 정보

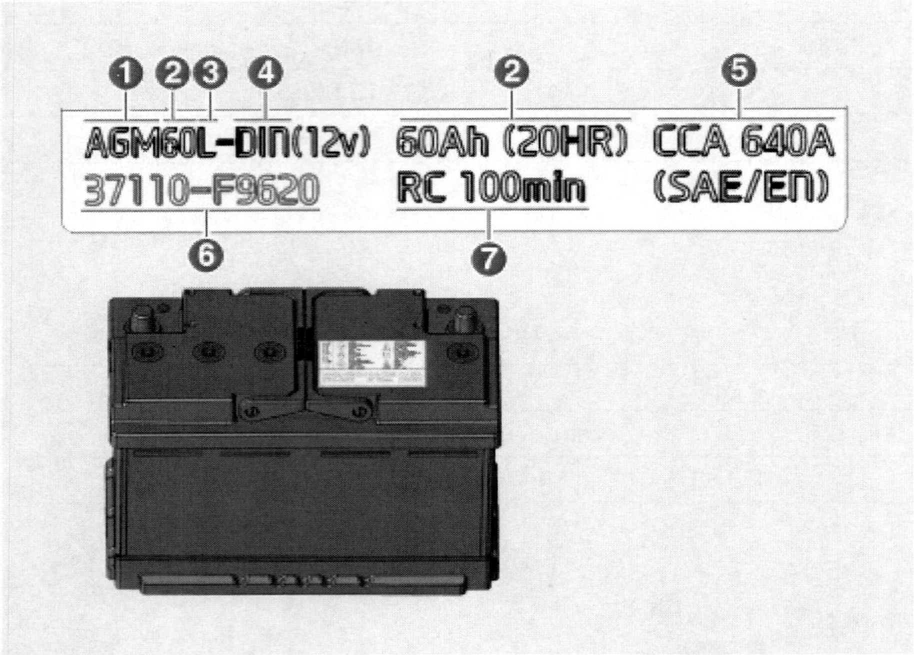

1. 배터리 사양
   - AGM : Absorbent Glass Material
   - CMF : Closed Maintenance Free
   - MF : Maintenance Free
2. 배터리 용량(20시간율 기준)
3. 단자 위치
   - L : (+)단자가 왼쪽에 위치
   - R : (+)단자가 오른쪽에 위치
4. 배터리 타입
   - BCI (Battery Council International) : 돌출형 단자
   - DIN (Deutsche Industric Normen) : 함몰형 단자
5. 냉간 시동 전류(CCA : Cold Cranking Ampere)

> **참 고**
>
> CCA : -18°C에서 7.2 V 이상의 전압을 유지하면서 30초간 공급할 수 있는 전류량

6. 부품 번호
7. 보존 용량(RC : Reserve Capacity)

> **참 고**
>
> RC : 26.7°C의 온도에서 최소 전압 10.5 V를 유지하면서 25 A를 공급할 수 있는 시간

구성부품

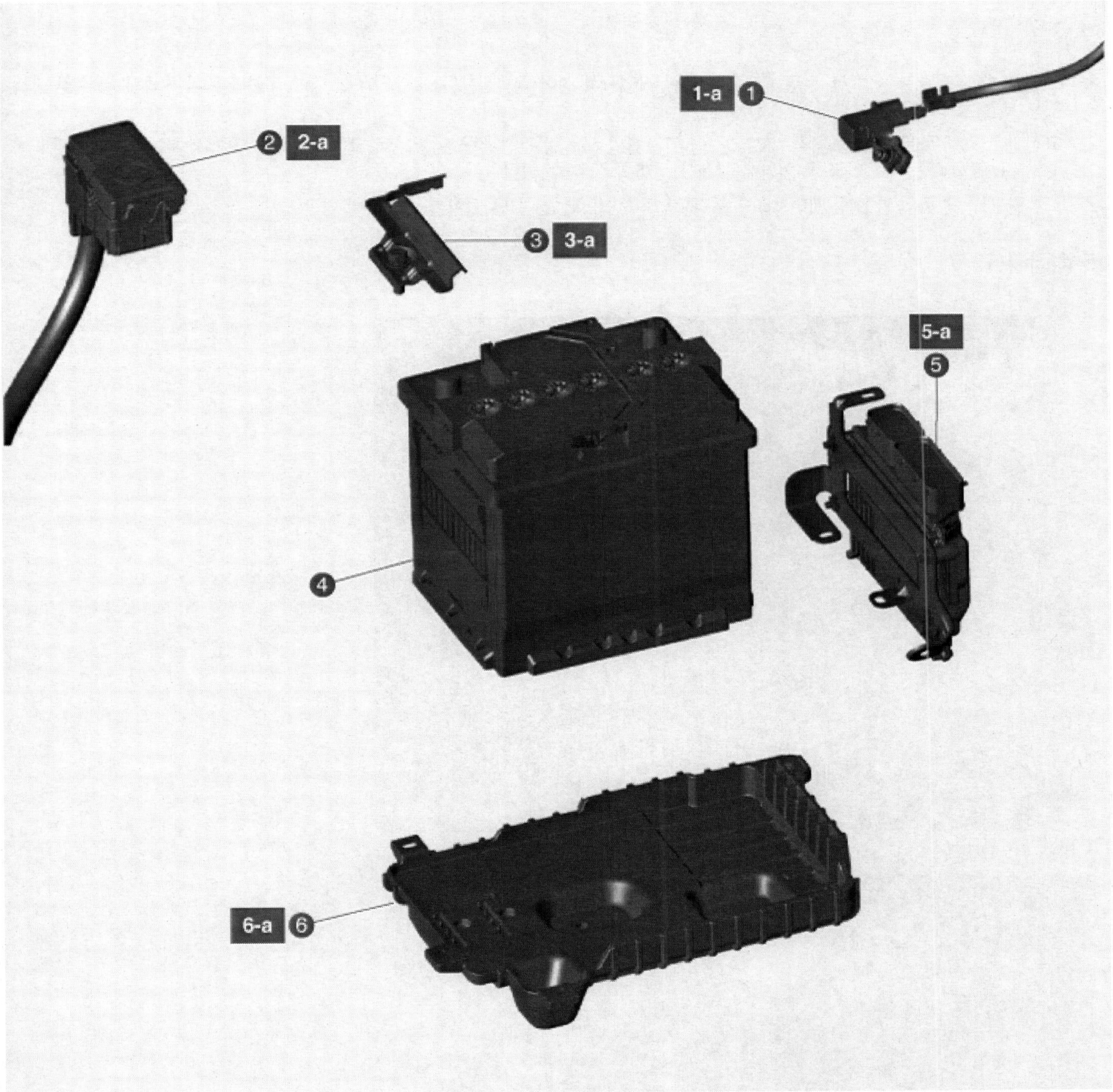

1. 배터리 (-) 케이블 1-a. 0.8 ~ 1.0 kgf·m 2. 배터리 (+) 케이블 2-a. 0.8 ~ 1.0 kgf·m 3. 배터리 클램프 3-a. 1.0 ~ 1.4 kgf·m	4. 보조 배터리(12 V) 5. 차량 제어 유닛(VCU) 5-a. 1.0 ~ 1.2 kgf·m 6. 배터리 트레이 6-a. 1.0 ~ 1.4 kgf·m

탈거

⚠ 경 고

- 고전압 시스템 관련 작업 시, 관련 교육을 이수한 작업자가 정비를 진행한다. 고전압 시스템에 대한 이해가 부족한 경우 감전 또는 누전 등으로 인한 심각한 사고를 초래할 수 있다.
- 고전압 시스템 또는 주변 부품 작업 시, 반드시 "고전압 시스템 안전사항 및 주의, 경고" 내용을 숙지하고 준수해야 한다. 미준수 시, 감전 또는 누전 등으로 인한 심각한 사고를 초래할 수 있다.
- 고전압 시스템 작업 특성상, 개인보호장구(PPE) 및 사전 고전압 차단 절차를 반드시 확인한다.

보조 배터리(12 V)

1. 프런트 트렁크(A)를 연다.

2. 서비스 커버(A)를 연다.

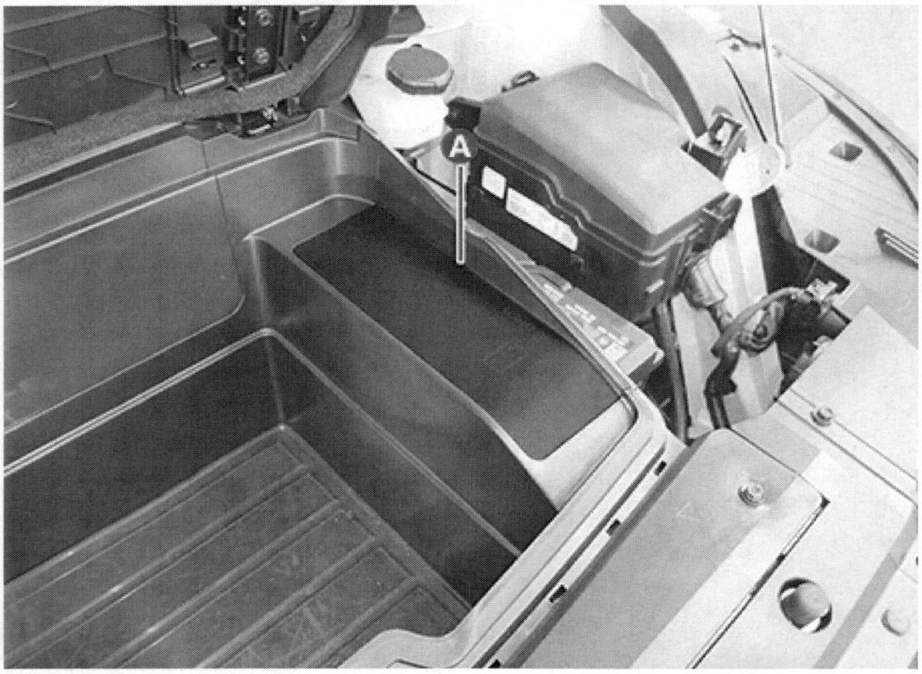

3. 보조 배터리(12 V) (-) 단자(A)를 분리한다.

체결토크 : 0.8 ~ 1.0 kgf·m

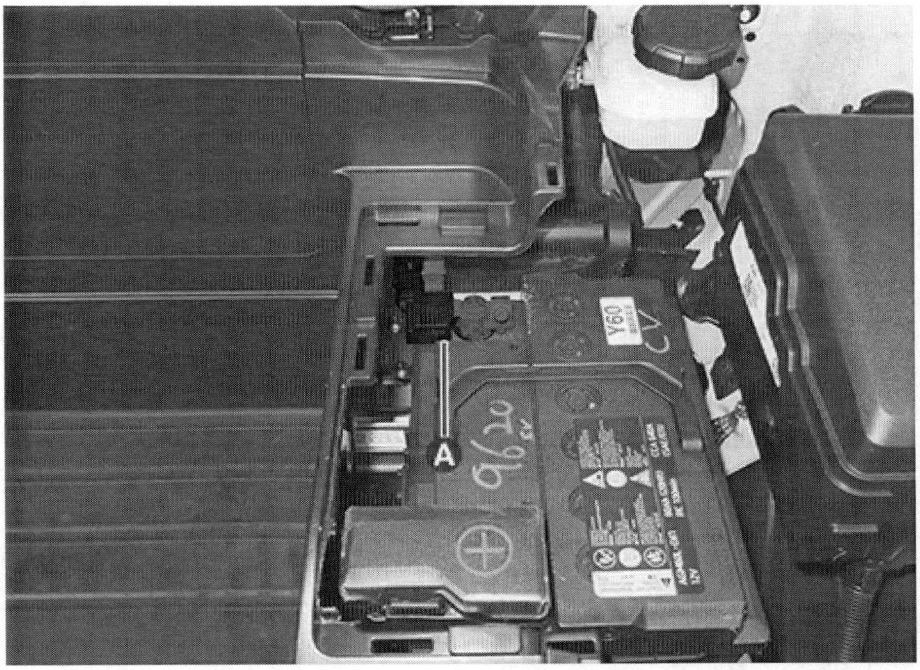

4. 서비스 인터록 커넥터(A)를 분리한다.

⚠ 경 고

고전압 시스템의 커패시터가 완전히 방전될 수 있도록 5분 이상 대기한다.

유 의

서비스 인터록 커넥터는 완전히 탈거되지 않는다.

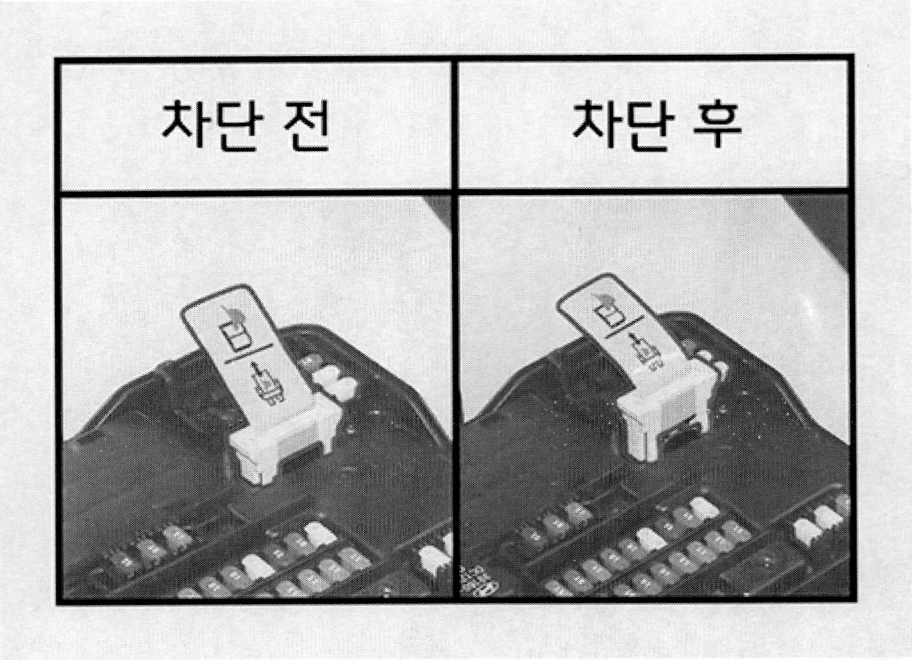

5. 보조 배터리(12 V) (+) 단자 커버(A)를 연다.

6. 보조 배터리(12 V) (+) 단자(A)를 분리한다.

체결토크 : 0.8 ~ 1.0 kgf·m

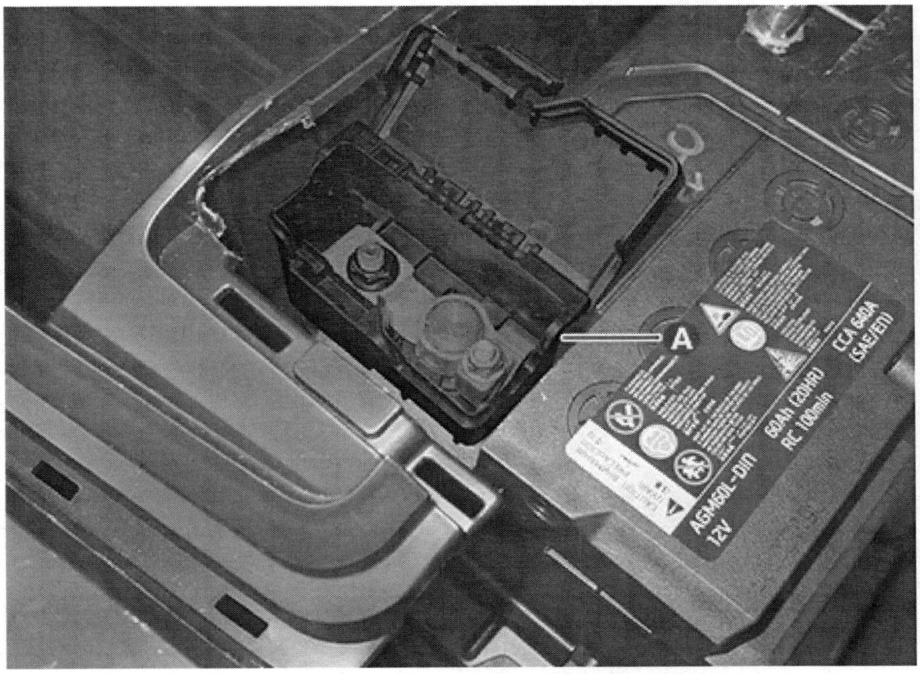

7. 보조 배터리(12 V) 클램프(B)를 탈거 후 보조 배터리(A)를 탈거한다.

체결토크 : 1.0 ~ 1.4 kgf·m

보조 배터리(12 V) 트레이

1. 보조 배터리(12 V)를 탈거한다.
   (보조 배터리(12 V) - "탈거 및 장착 - 2WD" 참조)
2. 차량 제어 유닛(VCU)을 탈거한다.
   (모터 및 감속기 시스템 - "차량 제어 유닛 (VCU)" 참조)
3. 와이어링(A)을 트레이로부터 분리한다.

4. 배터리 트레이(A)를 탈거한다.

체결토크 : 1.0 ~ 1.4 kgf·m

장착

⚠ 경 고

- 고전압 시스템 관련 작업 시, 관련 교육을 이수한 작업자가 정비를 진행한다. 고전압 시스템에 대한 이해가 부족한 경우 감전 또는 누전 등으로 인한 심각한 사고를 초래할 수 있다.
- 고전압 시스템 또는 주변 부품 작업 시, 반드시 "고전압 시스템 안전사항 및 주의, 경고" 내용을 숙지하고 준수해야 한다. 미준수 시, 감전 또는 누전 등으로 인한 심각한 사고를 초래할 수 있다.
- 고전압 시스템 작업 특성상, 개인보호장구(PPE) 및 사전 고전압 차단 절차를 반드시 확인한다.

1. 장착은 탈거의 역순으로 한다.

유 의

- 보조 배터리(12 V) 및 트레이 장착 시 규정 토크를 준수하여 장착한다.
- 보조 배터리(12 V)를 떨어뜨렸을 경우, 보이지 않는 손상이 유발될 수 있으니 신품으로 교환한다. (재사용 금지)

탈거

⚠ 경 고

- 고전압 시스템 관련 작업 시, 관련 교육을 이수한 작업자가 정비를 진행한다. 고전압 시스템에 대한 이해가 부족한 경우 감전 또는 누전 등으로 인한 심각한 사고를 초래할 수 있다.
- 고전압 시스템 또는 주변 부품 작업 시, 반드시 "고전압 시스템 안전사항 및 주의, 경고" 내용을 숙지하고 준수해야 한다. 미준수 시, 감전 또는 누전 등으로 인한 심각한 사고를 초래할 수 있다.
- 고전압 시스템 작업 특성상, 개인보호장구(PPE) 및 사전 고전압 차단 절차를 반드시 확인한다.

보조 배터리(12 V)

1. 프런트 트렁크(A)를 연다.

2. 서비스 커버(A)를 연다.

3. 보조 배터리(12 V) (-) 단자(A)를 분리한다.

체결토크 : 0.8 ~ 1.0 kgf·m

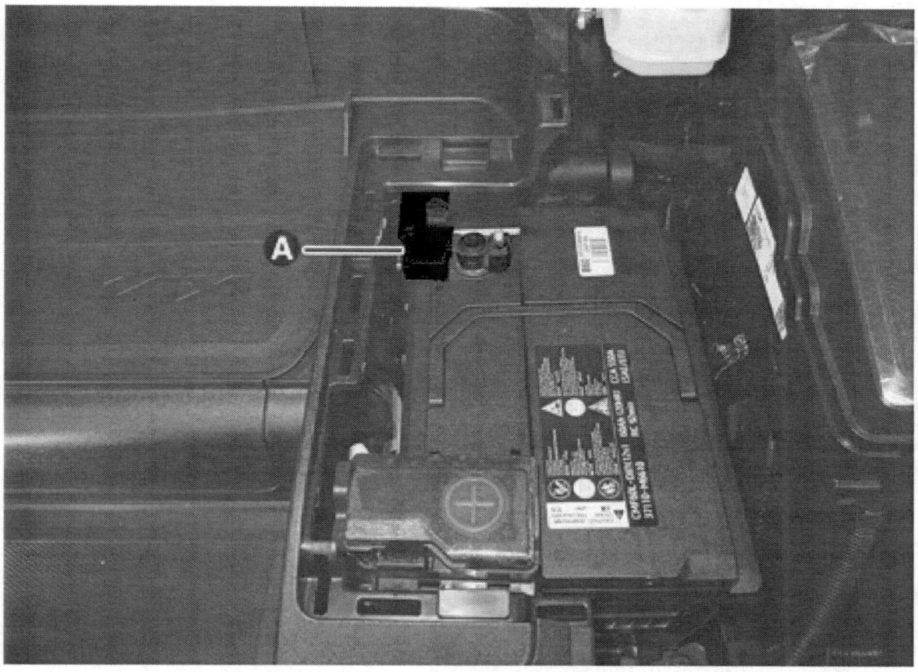

4. 서비스 인터록 커넥터(A)를 분리한다.

> **⚠ 경 고**
>
> 고전압 시스템의 커패시터가 완전히 방전될 수 있도록 5분 이상 대기한다.

> **유 의**
>
> 서비스 인터록 커넥터는 완전히 탈거되지 않는다.

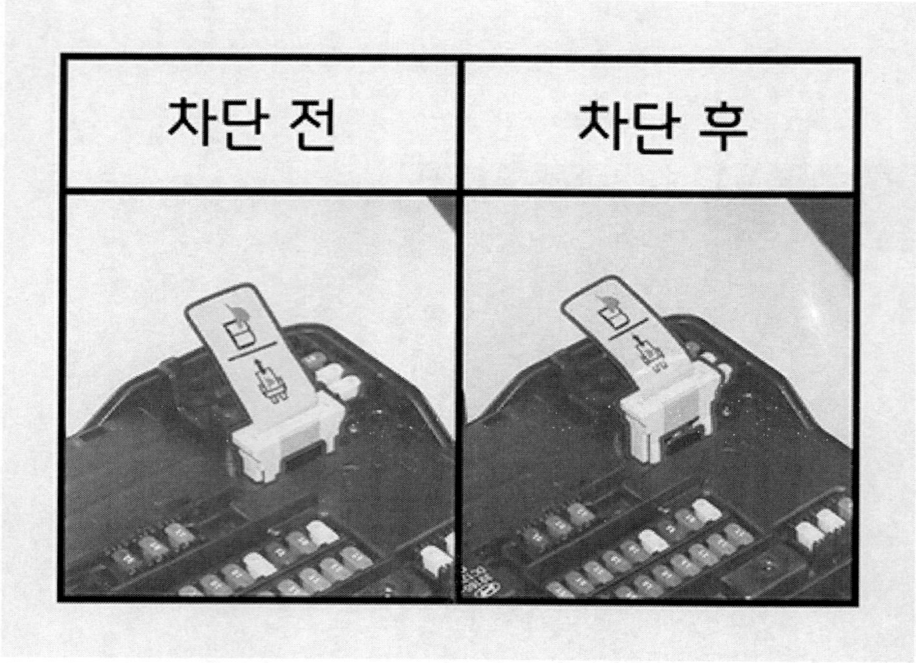

5. 보조 배터리(12 V) (+) 단자 커버(A)를 연다.

6. 보조 배터리(12 V) (+) 단자(A)를 분리한다.

체결토크 : 0.8 ~ 1.0 kgf·m

7. 보조 배터리(12 V) 클램프(B)를 탈거 후 보조 배터리(12 V) (A)를 탈거한다.

체결토크 : 1.0 ~ 1.4 kgf·m

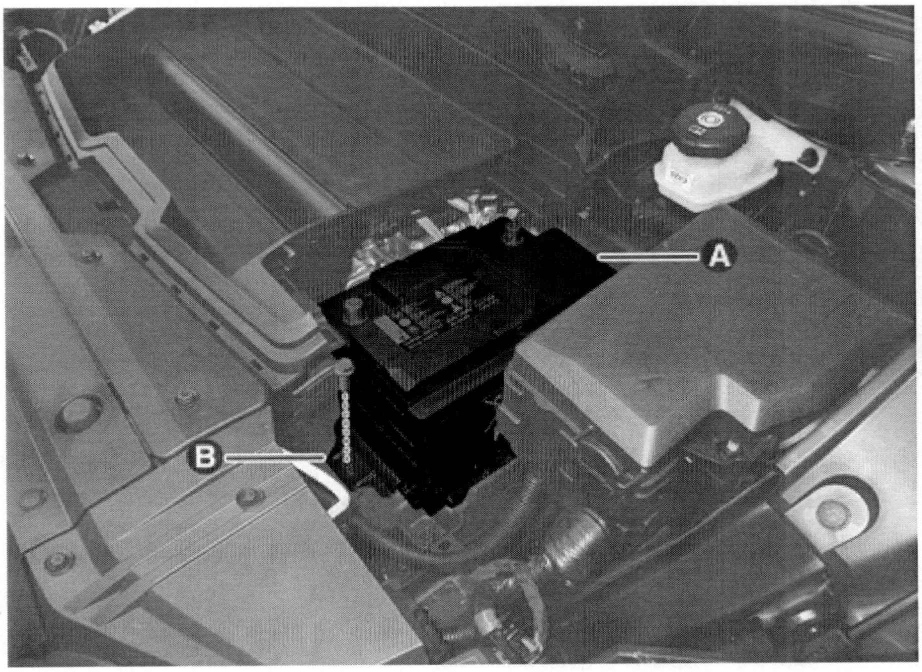

보조 배터리(12 V) 트레이

1. 보조 배터리(12 V)를 탈거한다.
   (보조 배터리(12 V) - "탈거 및 장착 - 4WD" 참조)
2. 차량 제어 유닛(VCU)을 탈거한다.
   (모터 및 감속기 시스템 - "차량 제어 유닛 (VCU)" 참조)
3. 와이어링(A, B)을 트레이로부터 분리한다.

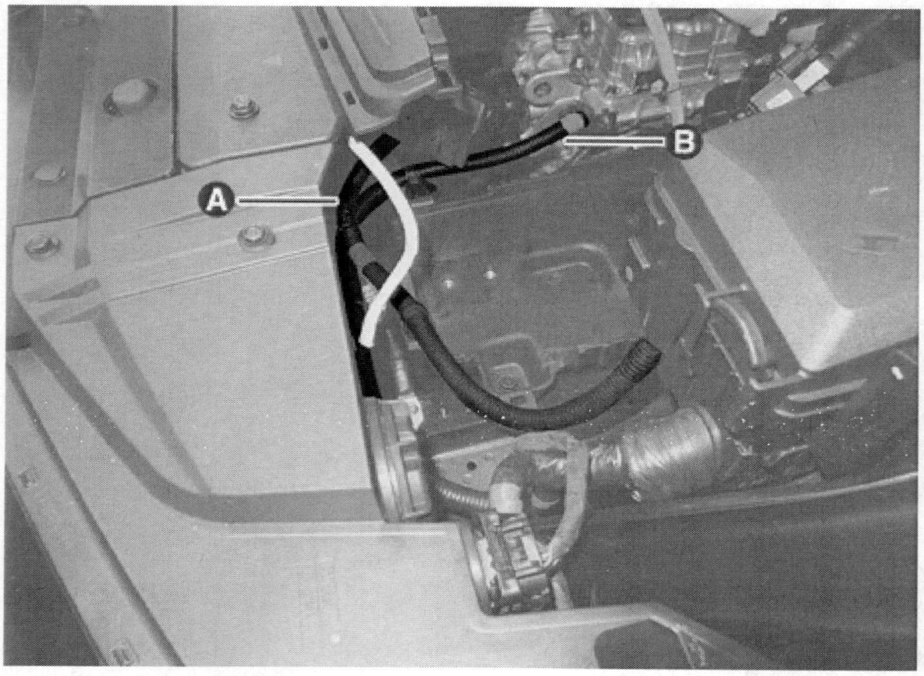

4. 배터리 트레이(A)를 탈거한다.

체결토크 : 1.0 ~ 1.4 kgf·m

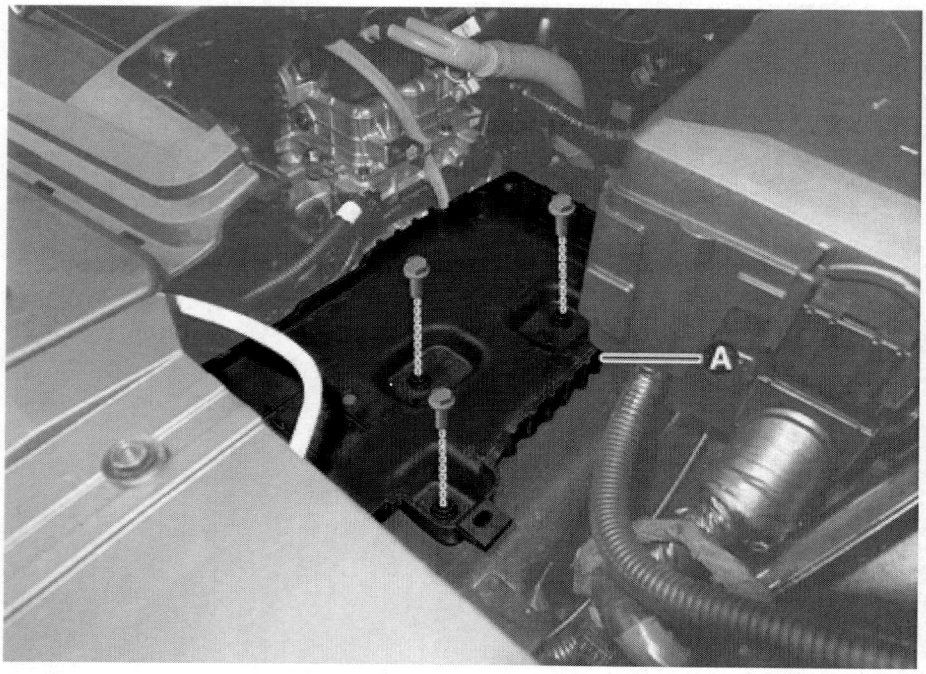

장착

▲ 경 고

- 고전압 시스템 관련 작업 시, 관련 교육을 이수한 작업자가 정비를 진행한다. 고전압 시스템에 대한 이해가 부족한 경우 감전 또는 누전 등으로 인한 심각한 사고를 초래할 수 있다.
- 고전압 시스템 또는 주변 부품 작업 시, 반드시 "고전압 시스템 안전사항 및 주의, 경고" 내용을 숙지하고 준수해야 한다. 미준수 시, 감전 또는 누전 등으로 인한 심각한 사고를 초래할 수 있다.
- 고전압 시스템 작업 특성상, 개인보호장구(PPE) 및 사전 고전압 차단 절차를 반드시 확인한다.

1. 장착은 탈거의 역순으로 한다.

유 의

- 보조 배터리(12 V) 및 트레이 장착 시 규정 토크를 준수하여 장착한다.
- 보조 배터리(12 V)를 떨어뜨렸을 경우, 보이지 않는 손상이 유발될 수 있으니 신품으로 교환한다. (재사용 금지)

제원

항목	제원
정격 전압(V)	12 ~ 14
작동 전압(V)	6 ~ 18
작동 온도(°C)	-40 ~ 105
암전류(uA)	최대 300

개요

배터리 센서는 보조 배터리(12 V) (-) 단자에 장착되며 전장 액추에이터에 공급되는 전압 변화를 감지하고 보조 배터리(12 V) 입력과 출력 전류를 감지한다.

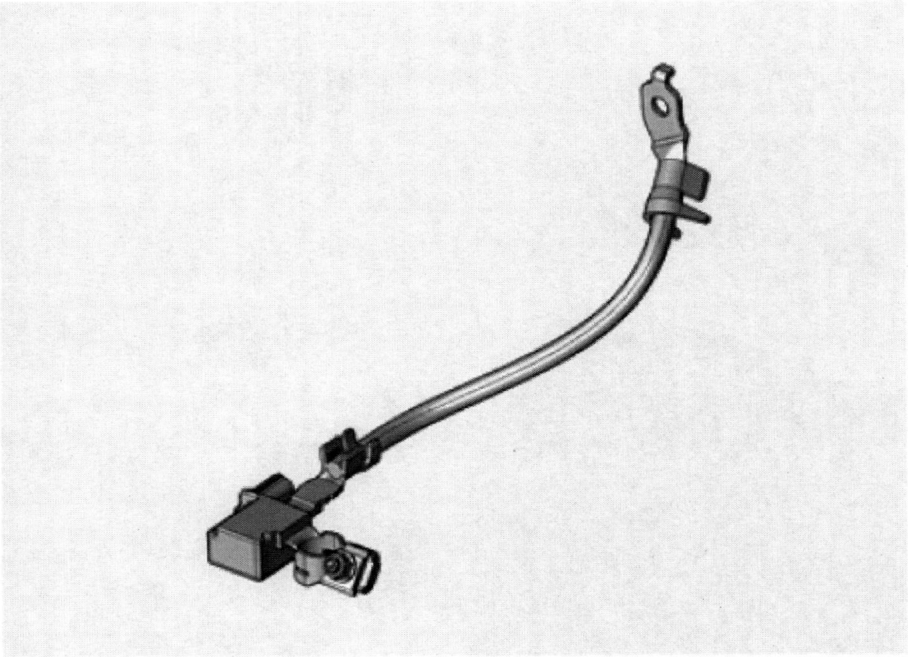

구성부품

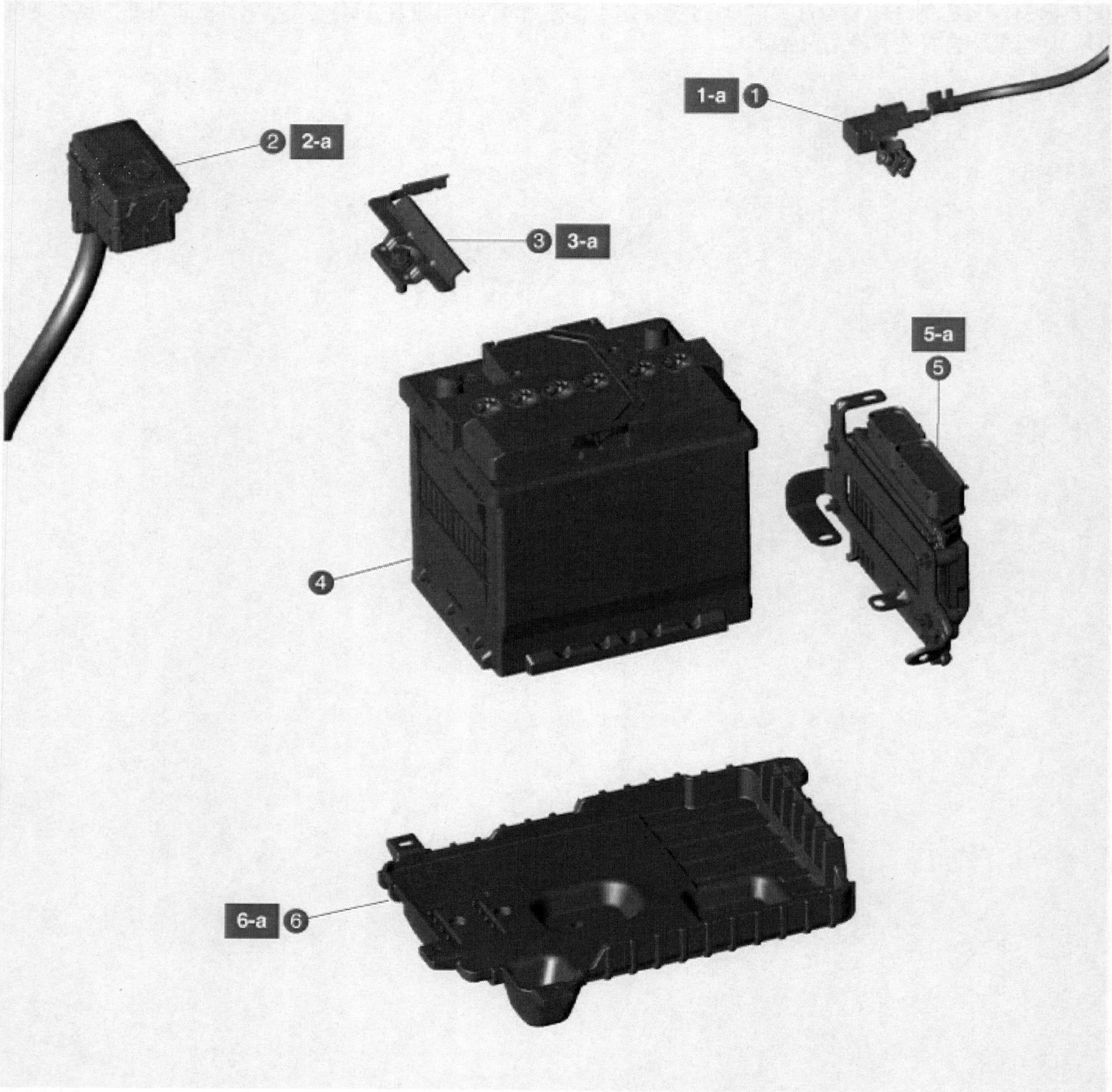

1. 배터리 (-) 케이블 1-a. 0.8 ~ 1.0 kgf·m 2. 배터리 (+) 케이블 2-a. 0.8 ~ 1.0 kgf·m 3. 배터리 클램프 3-a. 1.0 ~ 1.4 kgf·m	4. 보조 배터리(12 V) 5. 차량 제어 유닛(VCU) 5-a. 1.0 ~ 1.2 kgf·m 6. 배터리 트레이 6-a. 1.0 ~ 1.4 kgf·m

탈거

⚠ 경 고

- 고전압 시스템 관련 작업 시, 관련 교육을 이수한 작업자가 정비를 진행한다. 고전압 시스템에 대한 이해가 부족한 경우 감전 또는 누전 등으로 인한 심각한 사고를 초래할 수 있다.
- 고전압 시스템 또는 주변 부품 작업 시, 반드시 "고전압 시스템 안전사항 및 주의, 경고" 내용을 숙지하고 준수해야 한다. 미준수 시, 감전 또는 누전 등으로 인한 심각한 사고를 초래할 수 있다.
- 고전압 시스템 작업 특성상, 개인보호장구(PPE) 및 사전 고전압 차단 절차를 반드시 확인한다.

1. 서비스 인터록 커넥터(A)를 분리한다.

⚠ 경 고

고전압 시스템의 커패시터가 완전히 방전될 수 있도록 5분 이상 대기한다.

유 의

서비스 인터록 커넥터는 완전히 탈거되지 않는다.

2. 프런트 트렁크를 탈거한다.
   (바디 - "프런트 트렁크" 참조)
3. 보조 배터리(12 V) (-) 단자(A)를 분리한다.

체결토크 : 0.8 ~ 1.0 kgf·m

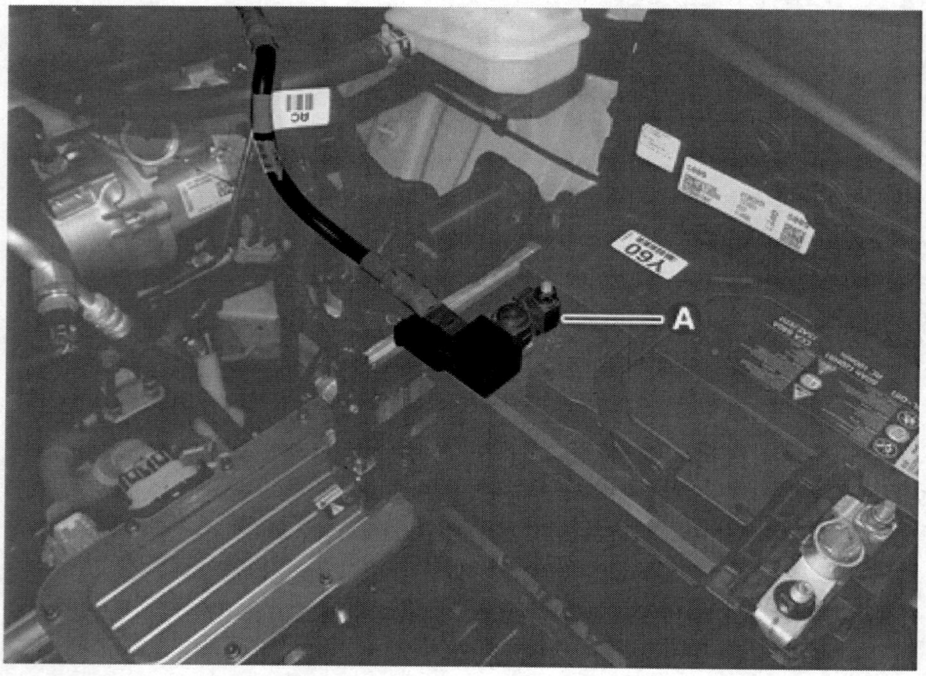

4. 배터리 센서 커넥터(A)를 분리한다.

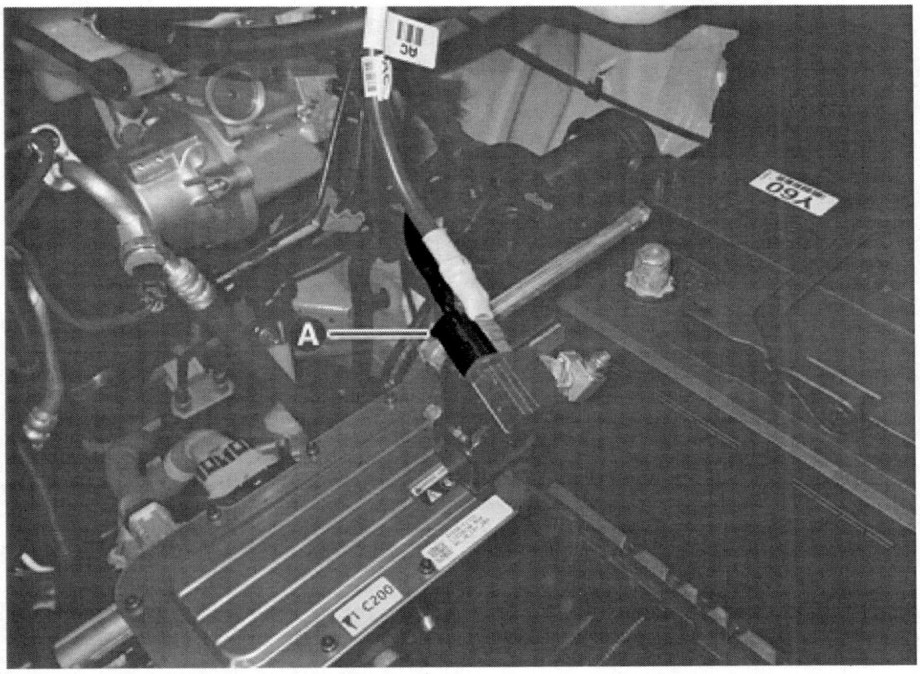

5. 볼트를 풀어 배터리 센서(A)를 탈거한다.

체결토크 : 2.7 ~ 3.3 kgf·m

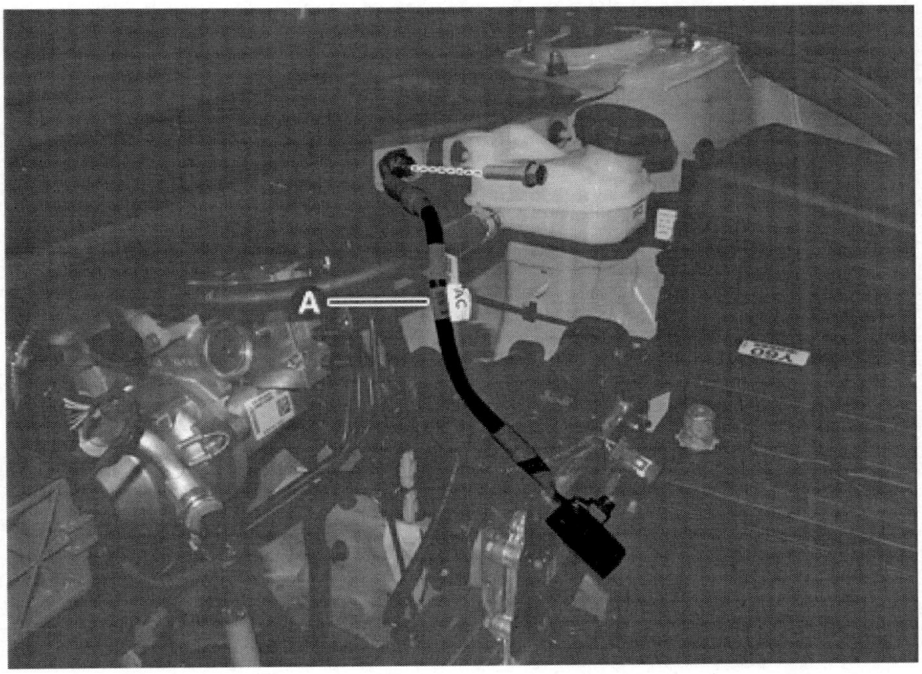

장착

▲ 경 고

- 고전압 시스템 관련 작업 시, 관련 교육을 이수한 작업자가 정비를 진행한다. 고전압 시스템에 대한 이해가 부족한 경우 감전 또는 누전 등으로 인한 심각한 사고를 초래할 수 있다.
- 고전압 시스템 또는 주변 부품 작업 시, 반드시 "고전압 시스템 안전사항 및 주의, 경고" 내용을 숙지하고 준수해야 한다. 미준수 시, 감전 또는 누전 등으로 인한 심각한 사고를 초래할 수 있다.
- 고전압 시스템 작업 특성상, 개인보호장구(PPE) 및 사전 고전압 차단 절차를 반드시 확인한다.

1. 장착은 탈거의 역순으로 한다.

유 의

- 배터리 센서 장착 시 규정 토크를 준수하여 장착한다.
- 배터리 센서를 떨어뜨렸을 경우, 보이지 않는 손상이 유발될 수 있으니 신품으로 교환한다. (재사용 금지)

탈거

⚠ 경 고

- 고전압 시스템 관련 작업 시, 관련 교육을 이수한 작업자가 정비를 진행한다. 고전압 시스템에 대한 이해가 부족한 경우 감전 또는 누전 등으로 인한 심각한 사고를 초래할 수 있다.
- 고전압 시스템 또는 주변 부품 작업 시, 반드시 "고전압 시스템 안전사항 및 주의, 경고" 내용을 숙지하고 준수해야 한다. 미준수 시, 감전 또는 누전 등으로 인한 심각한 사고를 초래할 수 있다.
- 고전압 시스템 작업 특성상, 개인보호장구(PPE) 및 사전 고전압 차단 절차를 반드시 확인한다.

1. 서비스 인터록 커넥터(A)를 분리한다.

⚠ 경 고

고전압 시스템의 커패시터가 완전히 방전될 수 있도록 5분 이상 대기한다.

유 의

서비스 인터록 커넥터는 완전히 탈거되지 않는다.

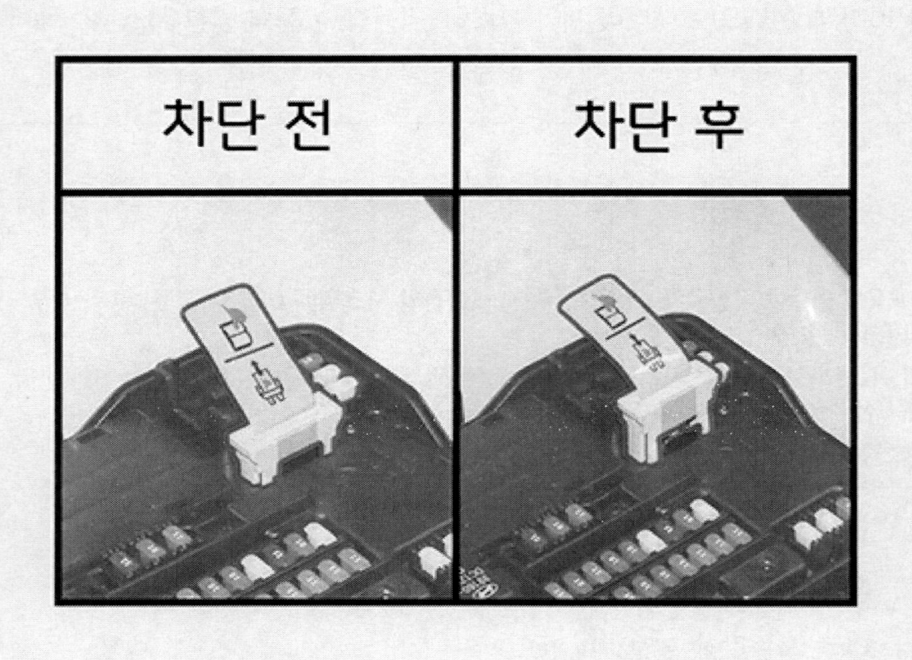

2. 프런트 트렁크를 탈거한다.
   (바디 - "프런트 트렁크" 참조)
3. 보조 배터리(12 V) (-) 단자(A)를 분리한다.

체결토크 : 0.8 ~ 1.0 kgf·m

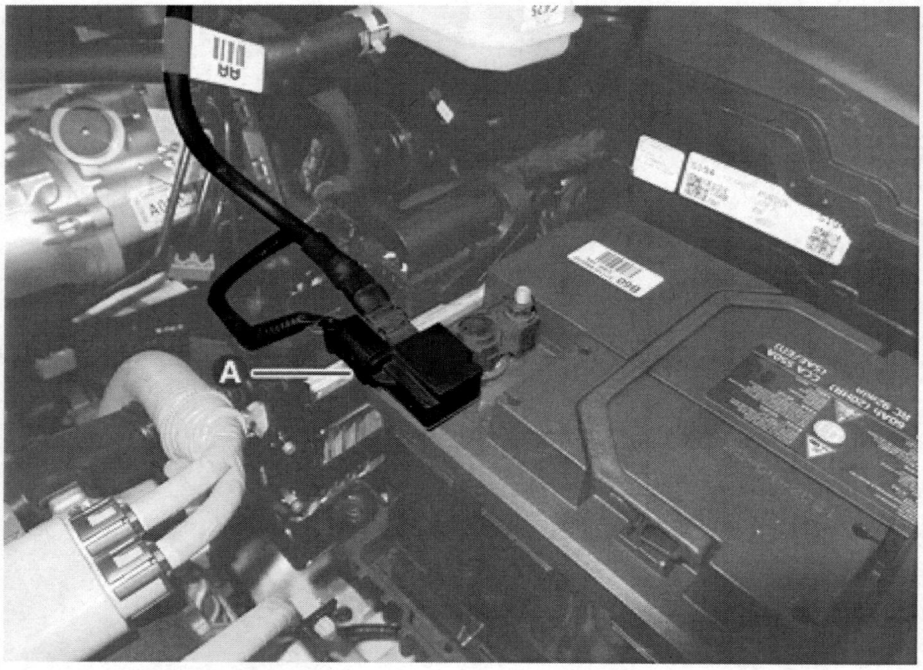

4. 배터리 센서 커넥터(A)를 분리한다.

5. 볼트를 풀어 배터리 센서(A)를 탈거한다.

체결토크 : 2.7 ~ 3.3 kgf·m

장착

▲ 경 고

- 고전압 시스템 관련 작업 시, 관련 교육을 이수한 작업자가 정비를 진행한다. 고전압 시스템에 대한 이해가 부족한 경우 감전 또는 누전 등으로 인한 심각한 사고를 초래할 수 있다.
- 고전압 시스템 또는 주변 부품 작업 시, 반드시 "고전압 시스템 안전사항 및 주의, 경고" 내용을 숙지하고 준수해야 한다. 미준수 시, 감전 또는 누전 등으로 인한 심각한 사고를 초래할 수 있다.
- 고전압 시스템 작업 특성상, 개인보호장구(PPE) 및 사전 고전압 차단 절차를 반드시 확인한다.

1. 장착은 탈거의 역순으로 한다.

유 의

- 배터리 센서 장착 시 규정 토크를 준수하여 장착한다.
- 배터리 센서를 떨어뜨렸을 경우, 보이지 않는 손상이 유발될 수 있으니 신품으로 교환한다. (재사용 금지)

배터리 제어 시스템 (항속형)

구성부품

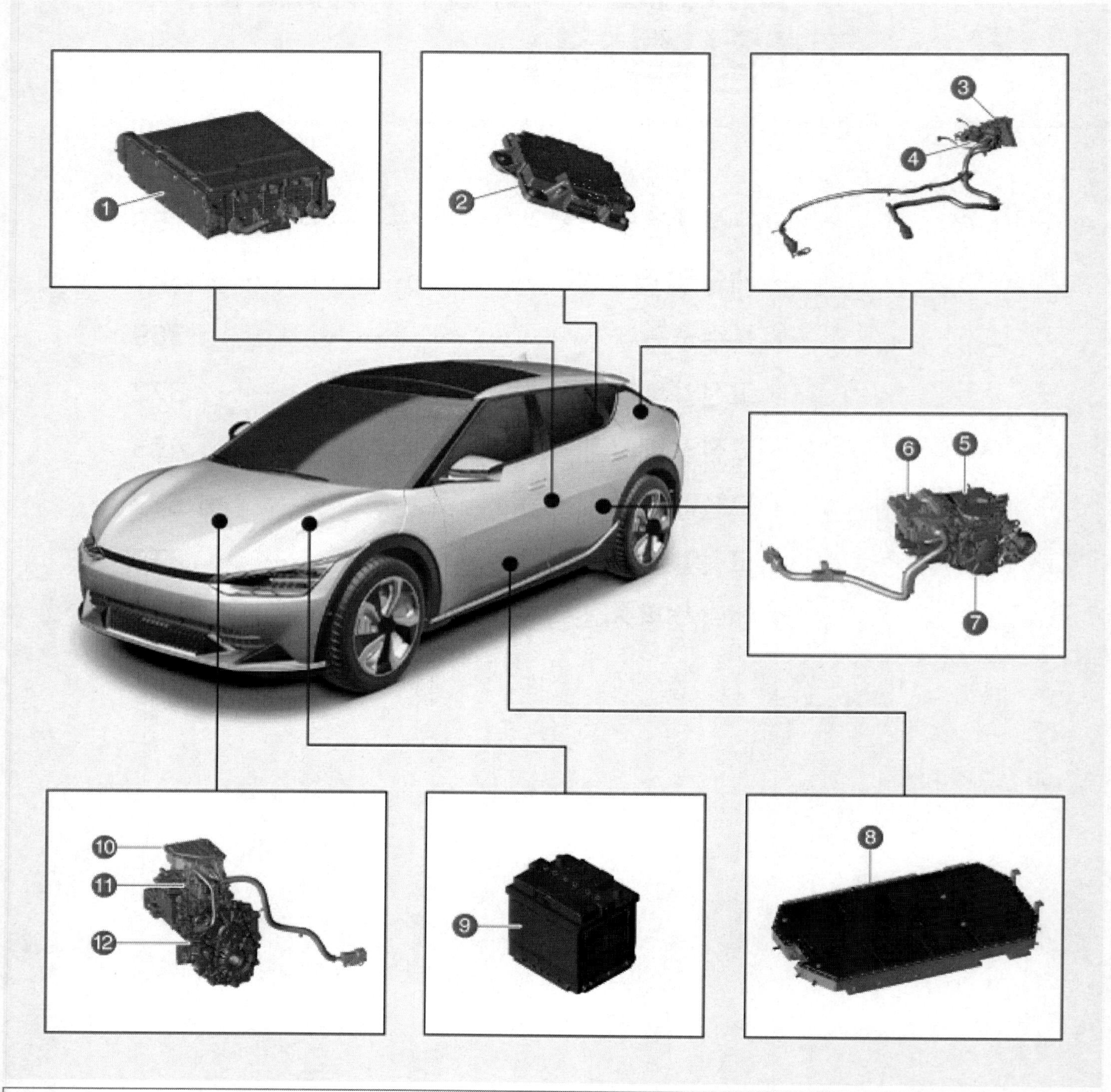

1. 통합 충전 제어 유닛(ICCU)	7. 리어 모터 & 감속기 어셈블리
2. 차량 충전 관리 시스템(VCMS)	8. 배터리 시스템 어셈블리(BSA)
3. 충전 도어 어셈블리	9. 보조 배터리(12 V)
4. 콤보 충전 인렛 어셈블리	10. 프런트 고전압 정션 박스
5. 멀티 인버터 어셈블리	11. 인버터 어셈블리(4WD 사양)
6. 리어 고전압 정션 박스	12. 프런트 모터 & 감속기 어셈블리(4WD 사양)

개요

시스템 구성

- **고전압 배터리 시스템:** 8개의 배터리 모듈 어셈블리로 구성되어 있으며 차량 구동에 필요한 전기 에너지를 저장/공급한다.
- **고전압 배터리 컨트롤 시스템:** 배터리 매니지먼트 유닛(BMU), 셀 모니터링 유닛(CMU), 파워 릴레이 어셈블리(PRA) 등으로 구성되어 있으며 고전압 배터리의 충전 상태(SOC), 출력, 고장 진단, 배터리 셀 밸런싱, 전원 공급 및 차단을 제어한다.
- **고전압 충전 시스템:** 완속 충전기(OBC), 저전압 직류 변환 장치(LDC)가 통합된 통합 충전 제어 유닛(ICCU)과 충전 도어 어셈블리, 콤보 충전 인렛 어셈블리 등으로 구성되어 있다.
- **고전압 분배 시스템:** 고전압 배터리에서 공급되는 전력을 각 부품에 공급하는 고전압 정션 박스와 고전압 파워 케이블로 구성되어 있다.
- **전력 변환 시스템:** 전력의 형태를 사용하는 용도에 따라 변환시켜 주는 시스템이다. (AC/DC ↔ DC/AC)

고전압 회로 구성

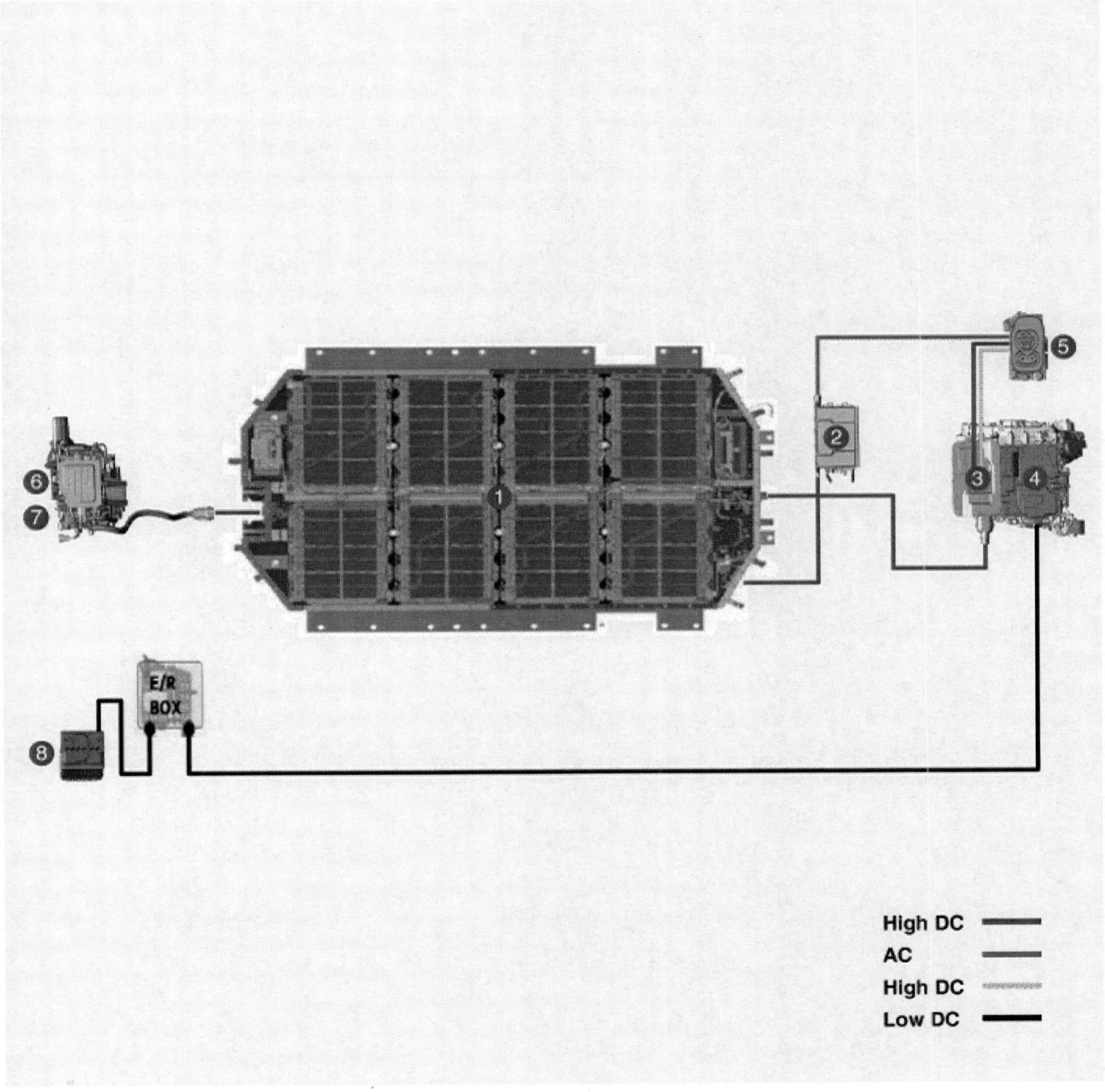

1. 배터리 시스템 어셈블리(BSA) 2. 통합 충전 제어 유닛(ICCU) 3. 리어 고전압 정션 박스 4. 멀티 인버터 어셈블리	5. 콤보 충전 인렛 어셈블리 6. 프런트 고전압 정션 박스 7. 인버터 어셈블리(4WD 사양) 8. 보조 배터리(12 V)

특수공구

공구 명칭 / 번호	형상	용도
고전압 배터리 이송 행어 09375 - K4100		고전압 배터리 시스템 어셈블리 이송 시 사용
고전압 배터리 모듈 어셈블리 행어 09375 - GI700	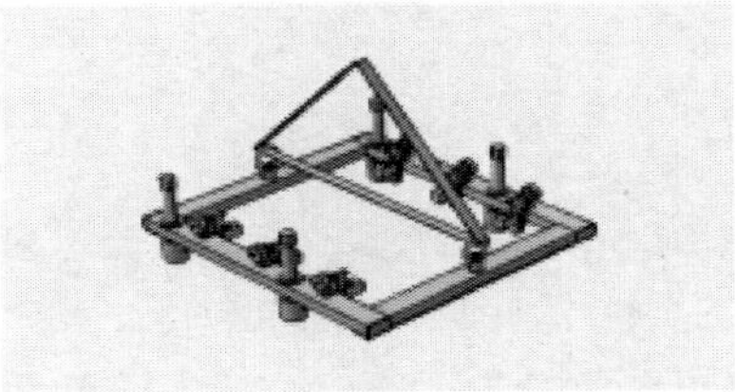	고전압 배터리 모듈 어셈블리 이송 시 사용
고전압 배터리 모듈 면압 지그 09375 - GI800	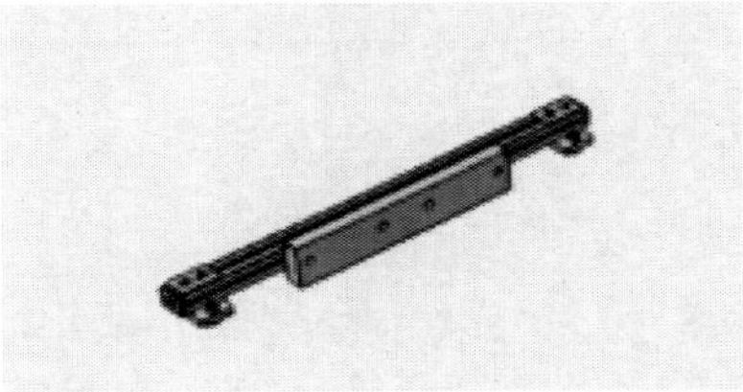	고전압 배터리 모듈 어셈블리 압축 시 사용
고전압 배터리 모듈 가이드 09375 - GI900	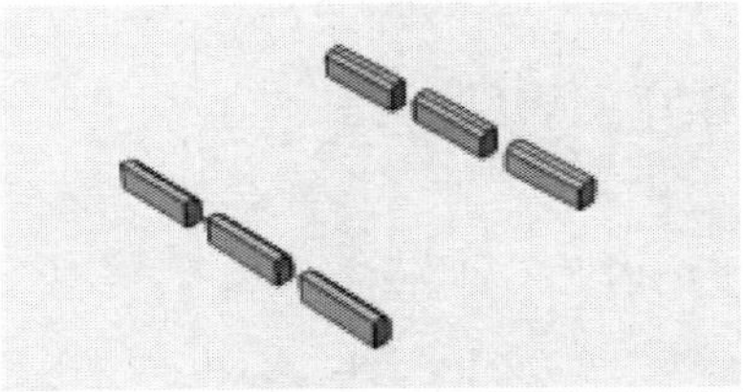	고전압 배터리 모듈을 면압기 안착 시 사용
고전압 배터리 모듈 어셈블리 분해 지그 TMS - 1907	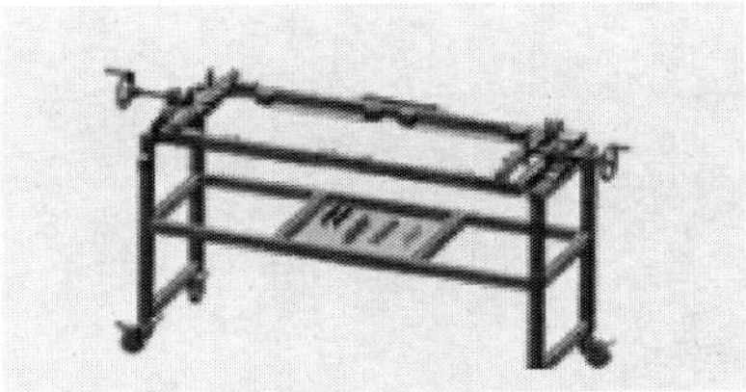	고전압 배터리 모듈 어셈블리 분해 시 사용
갭 필러 도포 가이드 0K375 - CV210	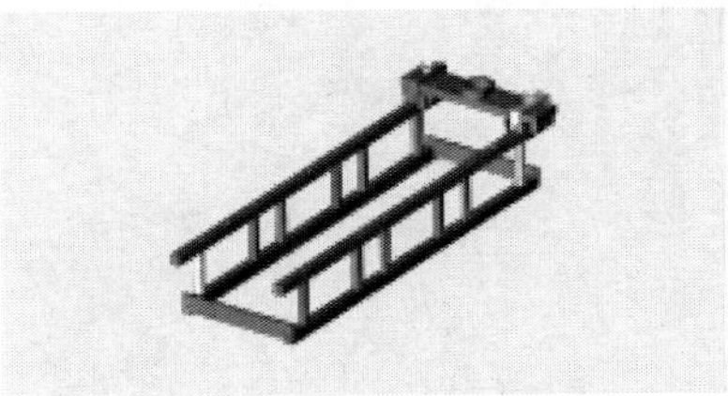	고전압 배터리 갭 필러 도포 시 사용
갭 필러 도포 노즐 0K375 - CV220	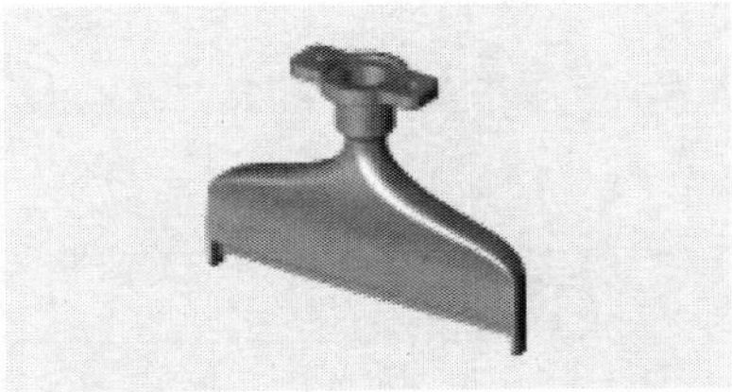	
카트리지 어댑터 0K375 - CV230	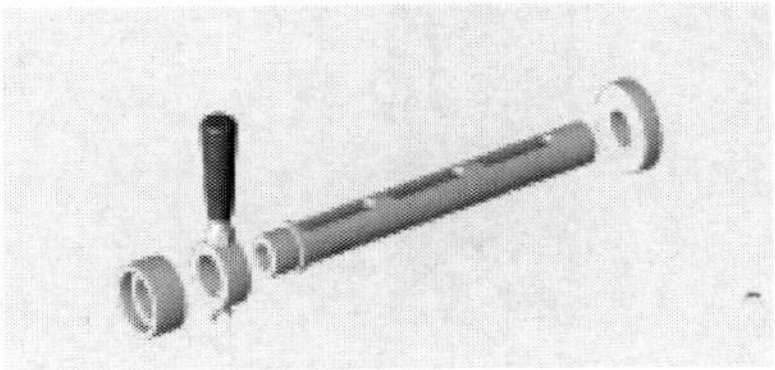	

갭 필러 도포 디스펜서 건 0K375 - CV300	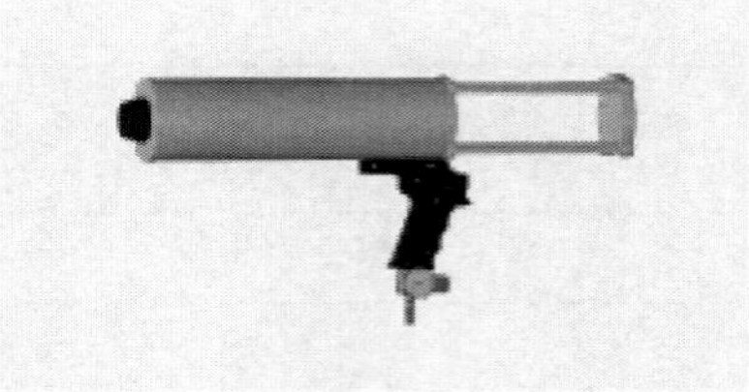
TGF-NT300NL 600cc 카트리지 09375 - GI220	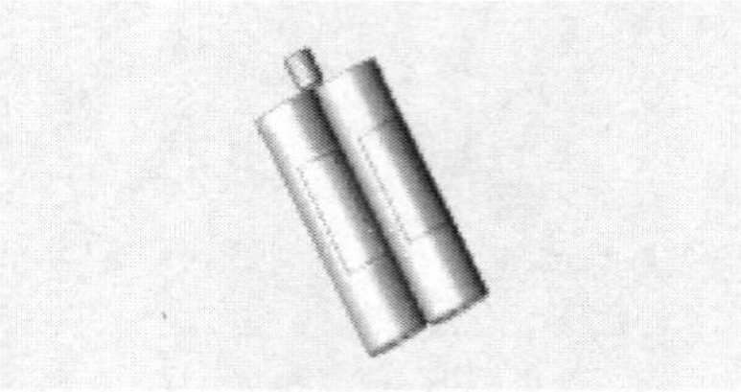
갭 필러 믹서 09375 - GI230	

> **ⓘ 참 고**
>
> 갭 필러 도포 특수공구(09375 - CV210, CV220, CV230, CV300)에 대한 문의는 아래를 참고한다.
>
> – (주)툴앤텍 TOOL&TECH (ka.yun@toolntech.com, 031-227-4568~70)

[고전압 배터리 이송 행어(09375 - K4100) 조립도]

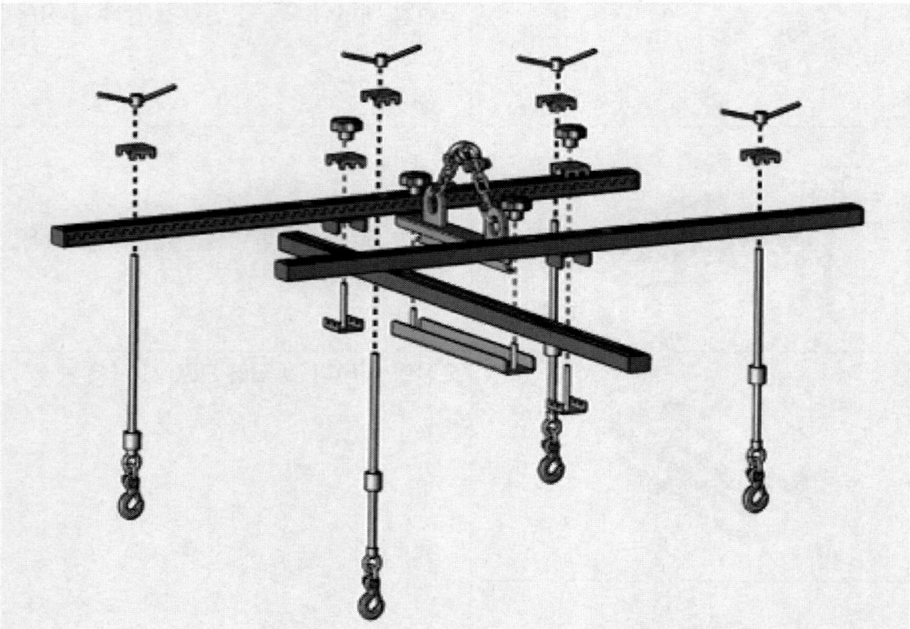

범용 공구

공구 명칭	형상	용도
디지털 테스터		전압 및 전류, 저항 측정 시 사용

메가옴 테스터		절연 저항, 전압, 저항 측정 시 사용
접촉침	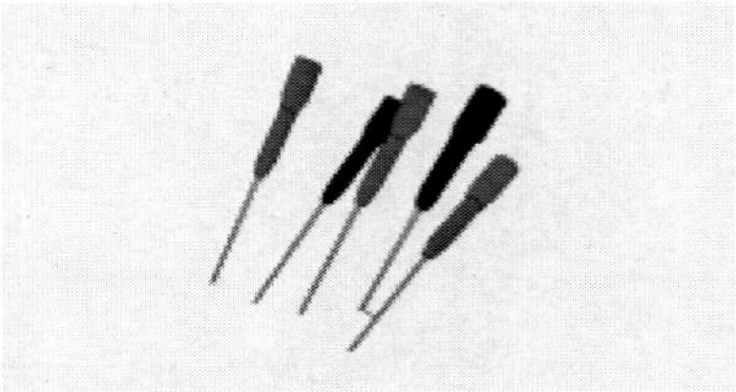	커넥터 연결된 상태에서 각종 점검 시 커넥터가 손상되지 않고 정확한 측정을 위하여 사용

범용 장비

공구 명칭	형상	용도
고전압 배터리 모듈 충방전 장비 Tool & Tech T2000		고전압 배터리 모듈 교환 시 신품 모듈 충방전 (기존 배터리 모듈과의 전압차를 줄이기 위해 신품 모듈 밸런싱)
EV 배터리 팩 기밀 점검 테스트 장비 GIT 기밀 테스트 장비	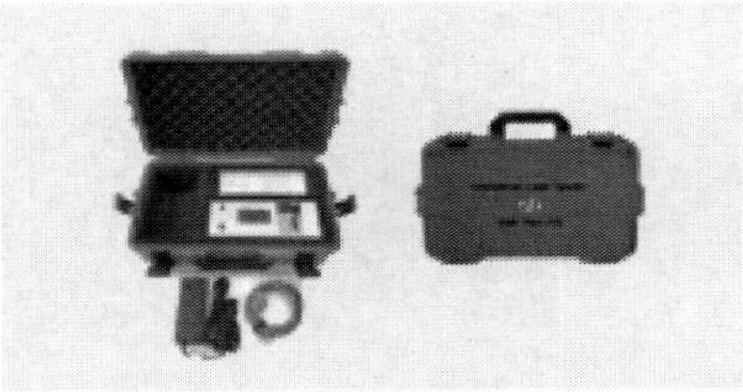	고전압 배터리 시스템 어셈블리 압력 누설 점검 시 사용
헬륨 가스와 압력 조절기		고전압 배터리 시스템 어셈블리 기밀 점검 시 사용 (※ 헬륨가스 감지기는 시중품을 구매하여 사용)
헬륨 가스 감지기	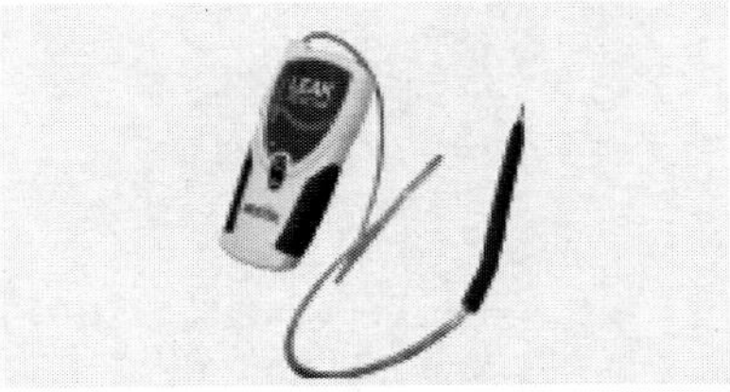	

제원

항목	제원
용량(kWh)	77.4
정격 전압(V)	697
충전 및 방전 최대 출력(kW)	253
셀 용량(Ah)	111.2
구성	192셀 (32모듈)

구성부품

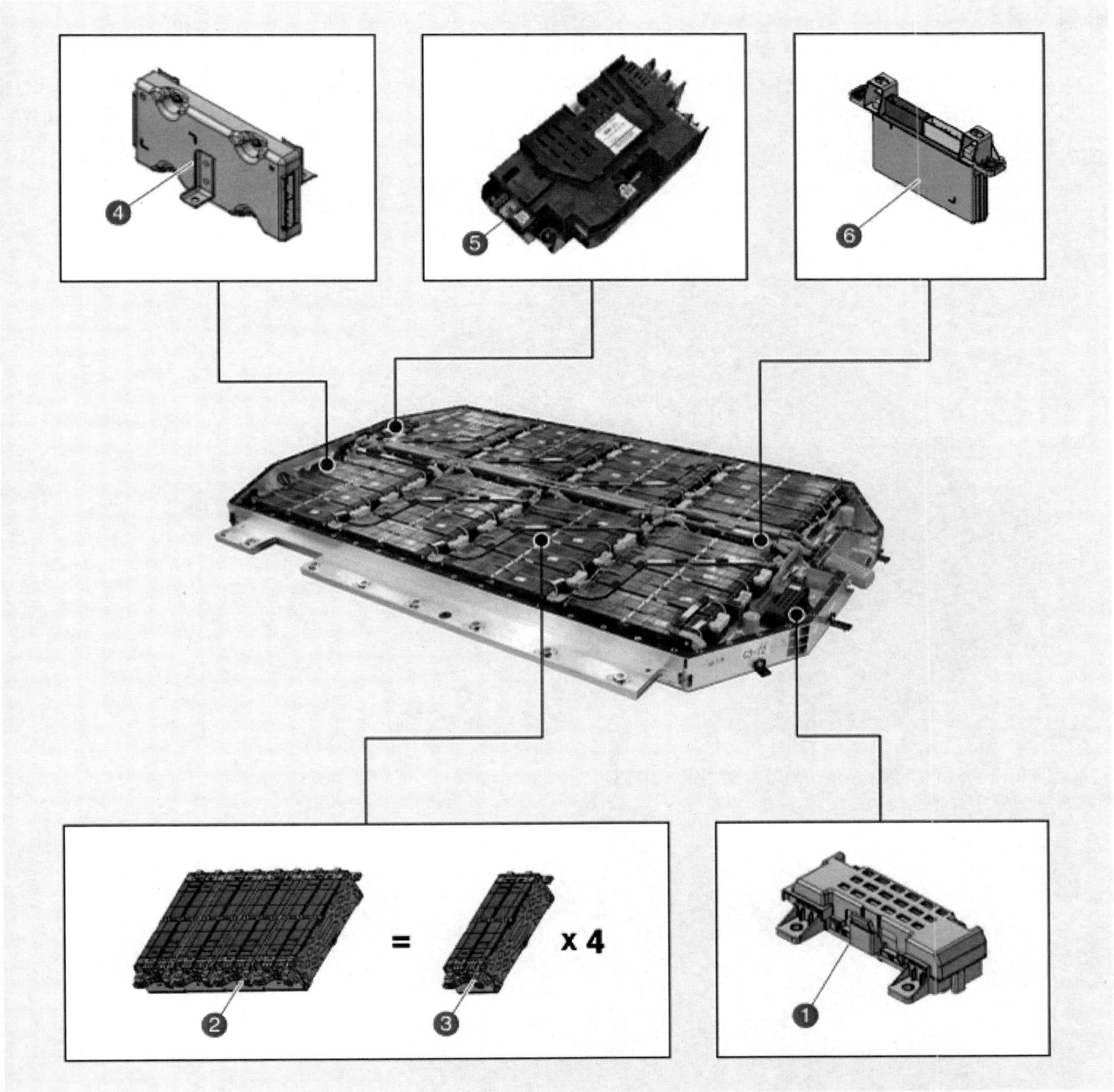

1. 메인 퓨즈 2. 배터리 모듈 어셈블리(BMA) 3. 서브 배터리 모듈 어셈블리(Sub-BMA)	4. 배터리 매니지먼트 유닛(BMU) 5. 파워 릴레이 어셈블리(PRA) 6. 셀 모니터링 유닛(CMU)

개요

시스템 구성

- 고전압 배터리 시스템은 차량 구동에 필요한 전기 에너지를 저장/공급한다.
- 32개의 서브 배터리 모듈과 모듈 어셈블리를 제어하는 배터리 매니지먼트 유닛(BMU), 셀 모니터링 유닛(CMU), 파워 릴레이 어셈블리(PRA) 등으로 구성된다.

배터리 시스템 어셈블리 구성

- 배터리 모듈 어셈블리(BMA) - 8 모듈
  - 모듈 번호

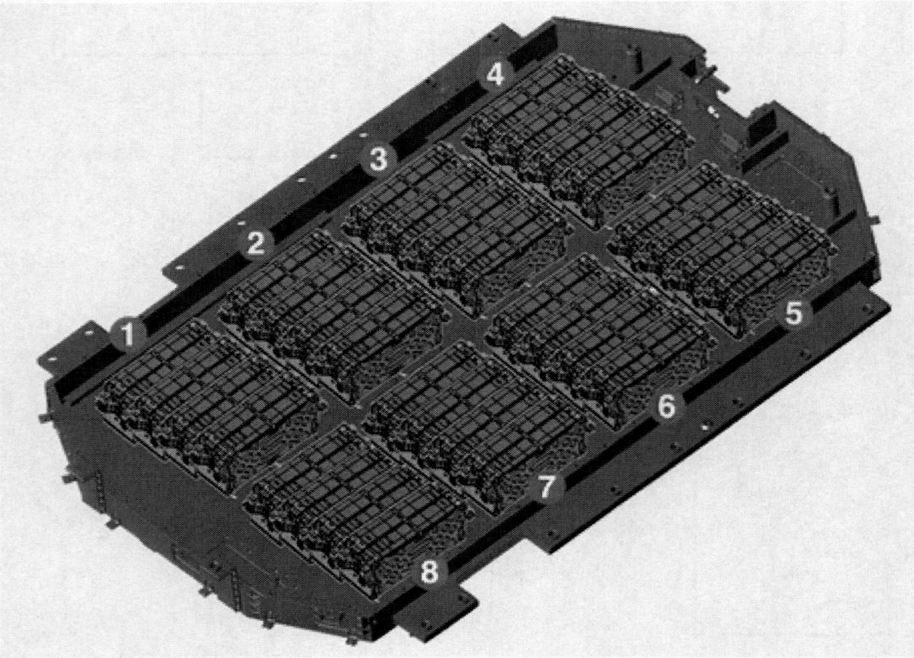

- 서브 배터리 모듈 어셈블리(Sub-BMA) - 32 모듈 (2P6S)
  - 서브 모듈 번호

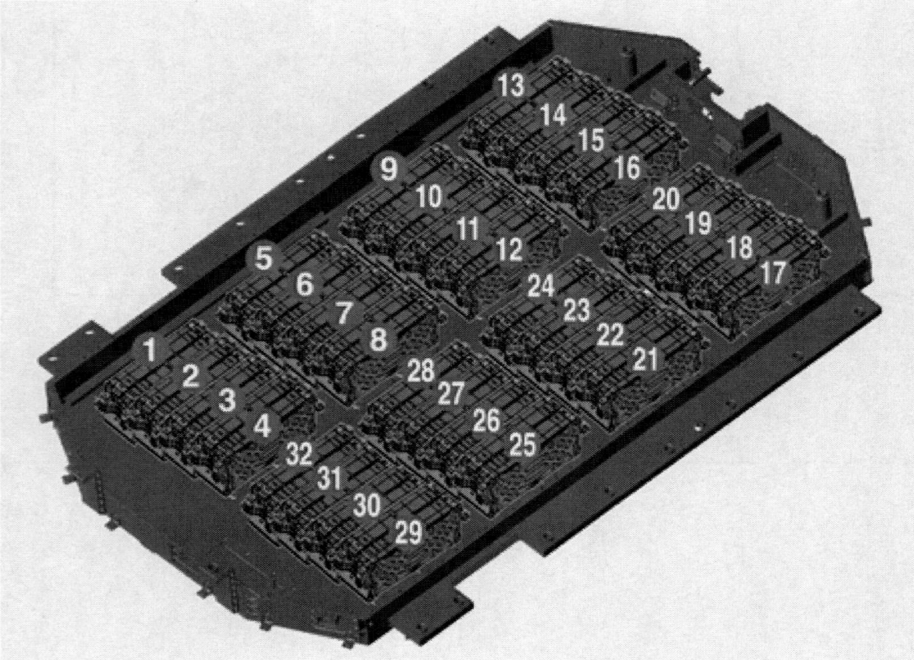

- 셀 - 192
  - 셀 번호

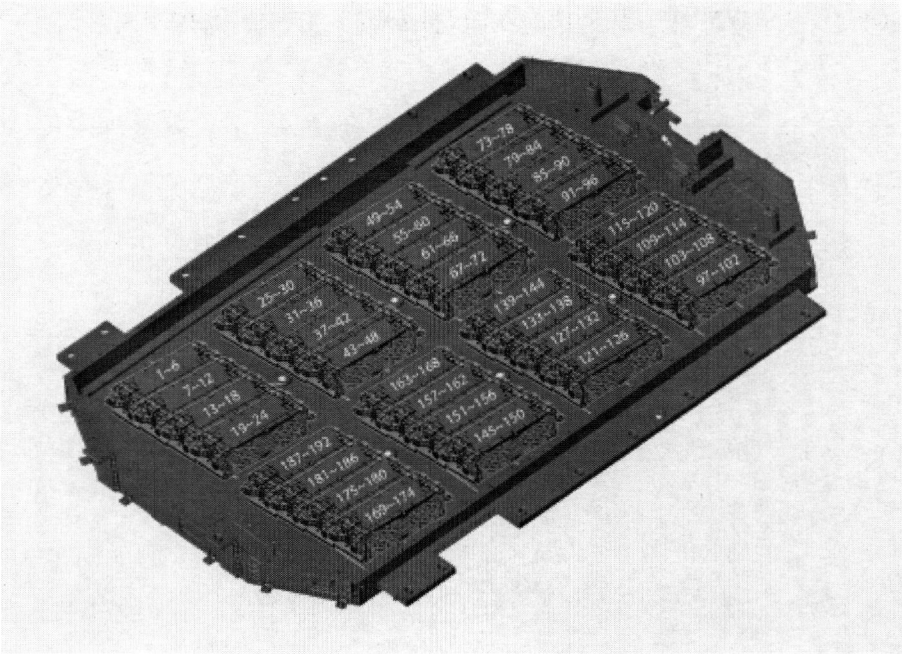
1~6
7~12
13~18
19~24
25~30
31~36
37~42
43~48
49~54
55~60
61~66
67~72
73~78
79~84
85~90
91~96
115~120
109~114
103~108
97~102
139~144
133~138
127~132
121~126
163~168
152~162
151~156
145~150
187~192
181~186
175~180
169~174

회로도

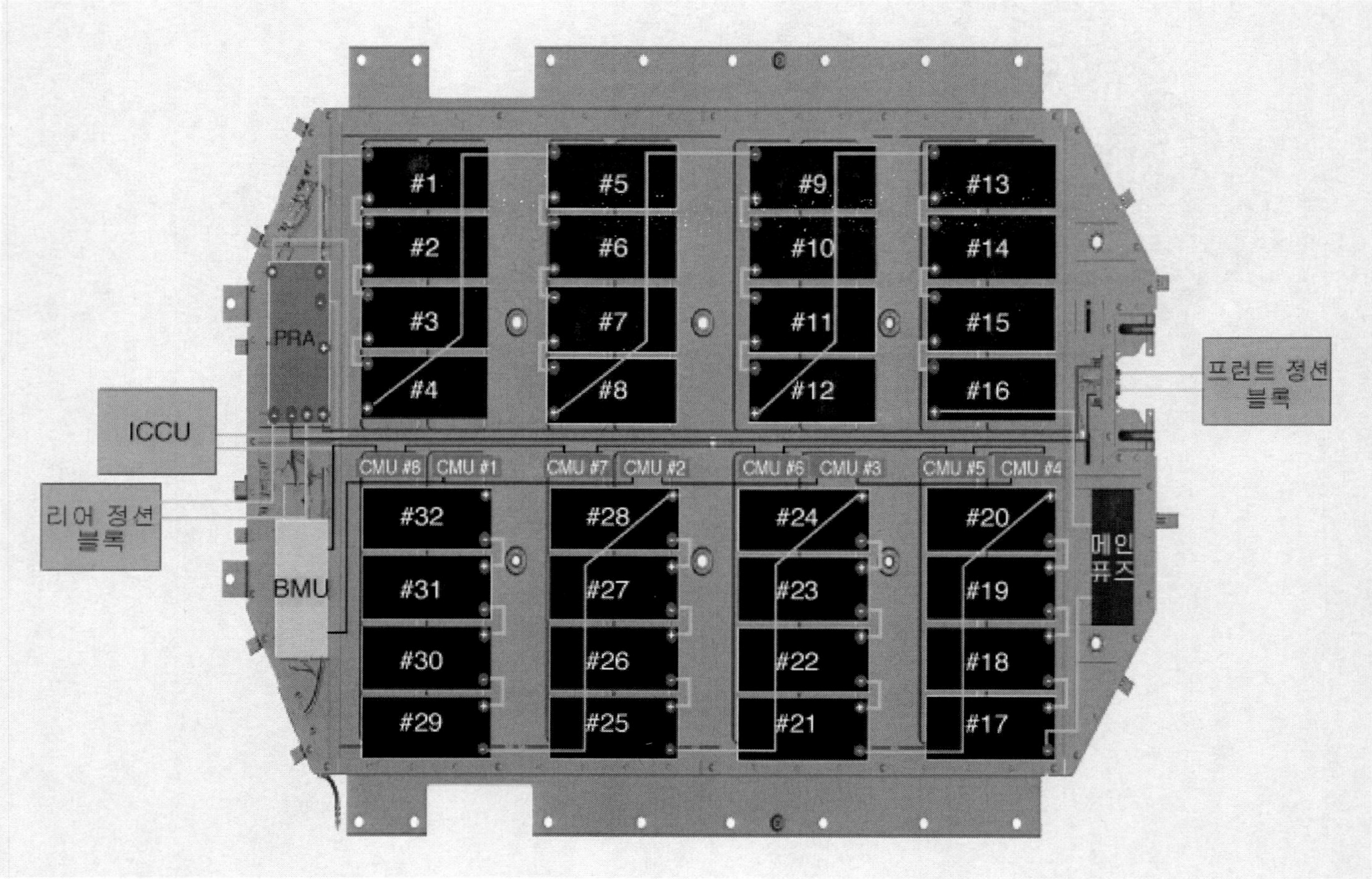
#1
#2
#3
#4
#5
#6
#7
#8
#9
#10
#11
#12
#13
#14
#15
#16
PRA
ICCU
프런트 정션 블록
리어 정션 블록
CMU #8
CMU #1
CMU #7
CMU #2
CMU #6
CMU #3
CMU #5
CMU #4
#32
#31
#30
#29
#28
#27
#26
#25
#24
#23
#22
#21
#20
#19
#18
#17
BMU
메인 퓨즈

배터리 부분 수리 고장진단

유 의

- 배터리 부분 수리 필요시 아래 조건에 따라 부분 수리 가능 여부를 확인한다.
- 정확한 진단을 위해 주행거리 및 SOH와 무관하게 "SOH 20% 이상, 25°C 이상 5초간 유지" 조건 하에서 진단을 실시한다.
- 아래 조건에 부합되지 않을 경우 배터리 모듈을 교환하지 않는다. 신품 배터리와 기존 배터리 간 성능 차이로 문제가 발생할 수 있다.

주행거리 30,000 km 이하 차량

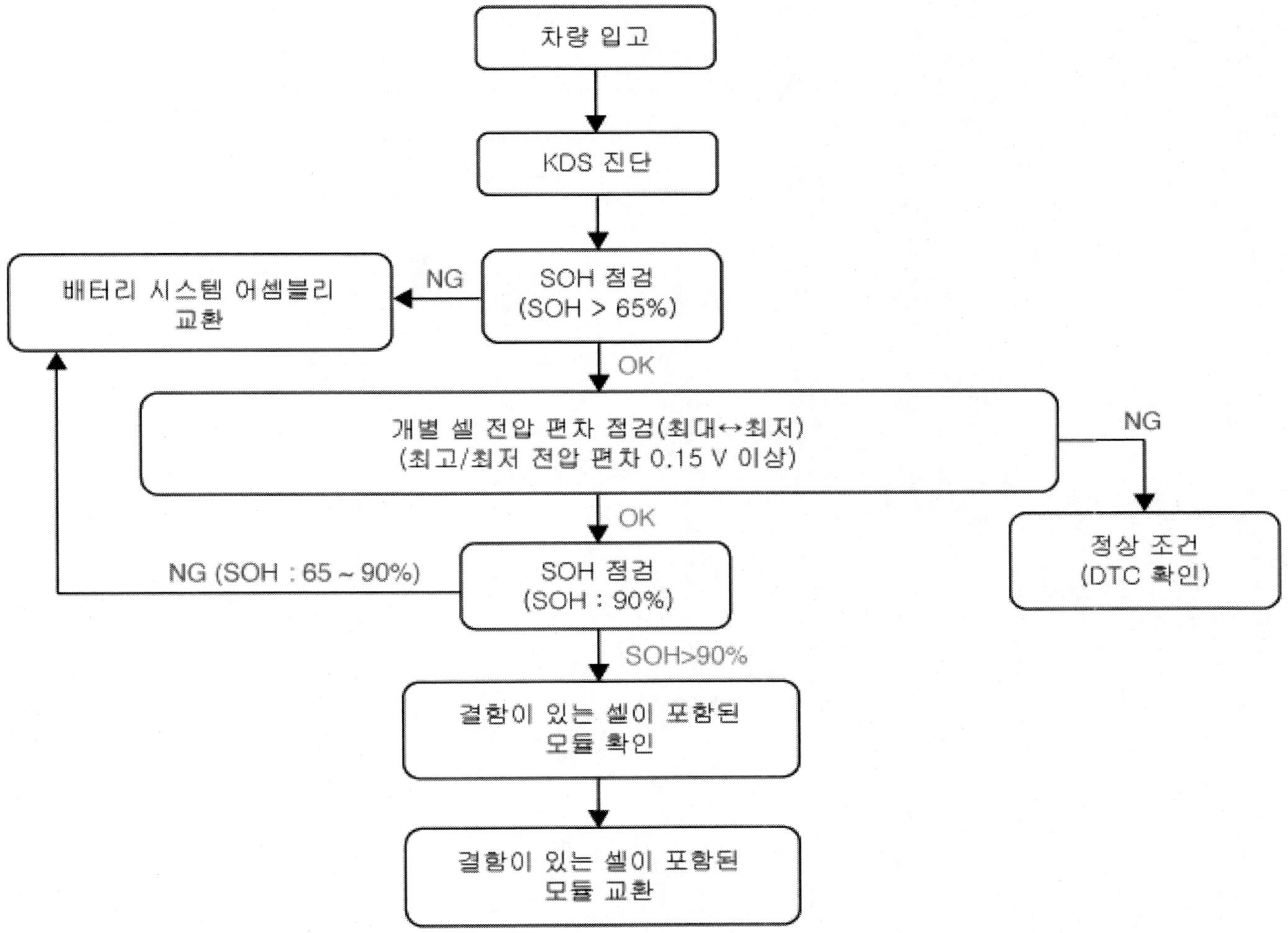

주행거리 30,000 km 이상 차량

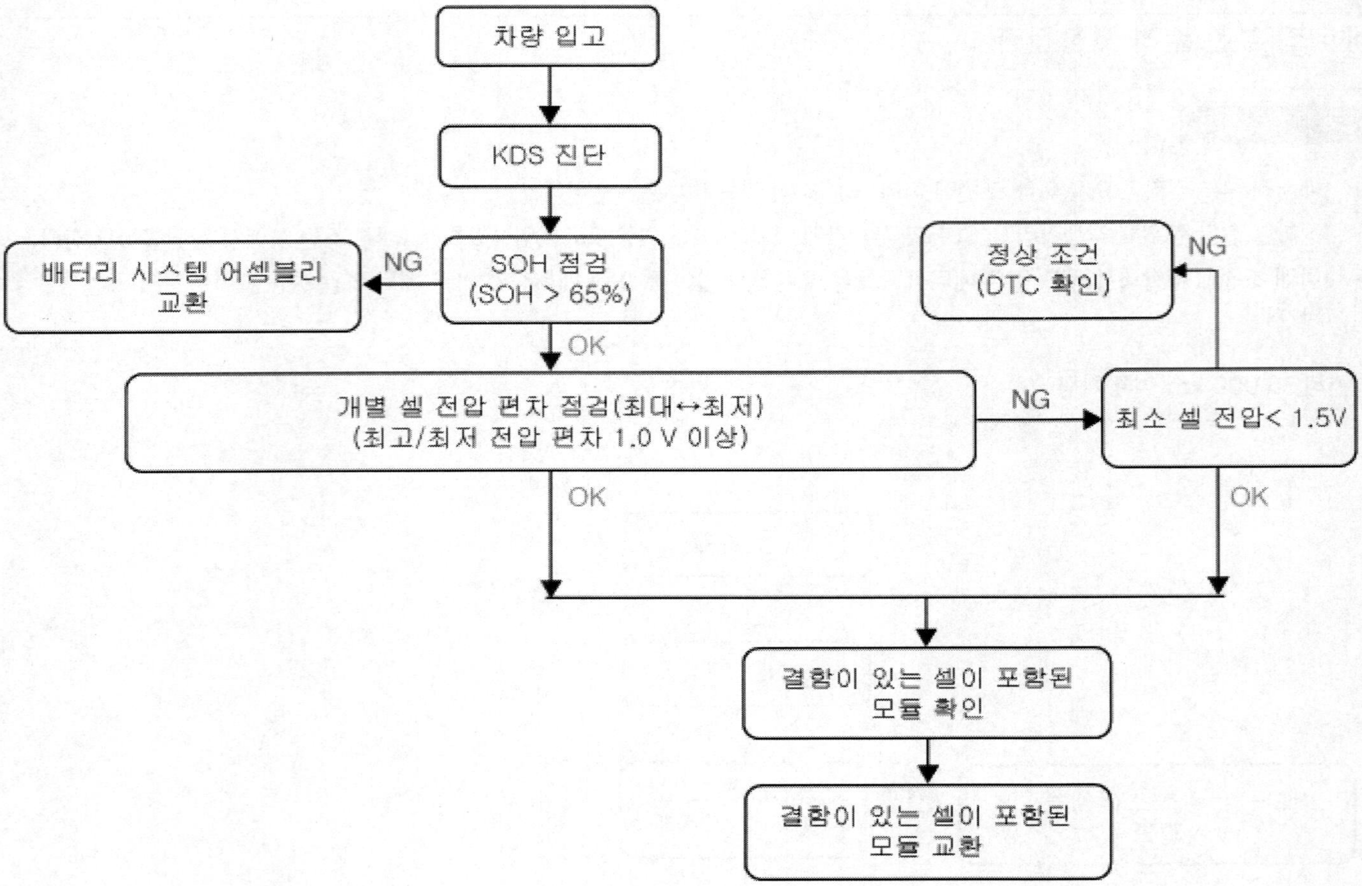

차량 입고
KDS 진단
SOH 점검
(SOH > 65%)
NG
배터리 시스템 어셈블리 교환
OK
개별 셀 전압 편차 점검(최대↔최저)
(최고/최저 전압 편차 1.0 V 이상)
NG
최소 셀 전압< 1.5V
NG
정상 조건
(DTC 확인)
OK
OK
결함이 있는 셀이 포함된 모듈 확인
결함이 있는 셀이 포함된 모듈 교환

점검

참 고

- 배터리 충전 상태(SOC : State Of Charge)는 고전압 배터리의 완충전 용량 대비 배터리 사용 가능 에너지를 백분율로 표시한 양을 나타낸다.
- 배터리 시스템 어셈블리(BSA) 또는 배터리 모듈 어셈블리(BMA) 교환 시, 진단 장비(KDS)를 이용하여 SOC 보정 기능을 수행해야 정확한 SOC 값을 확인할 수 있다.
- SOC 보정 기능을 수행하지 않더라도 주행하면서 30분 이내에 정상적인 SOC로 보정된다.

1. 진단 장비(KDS)를 이용하여 서비스 데이터의 SOC 상태를 확인한다.

센서데이터 진단

정지 | 그래프 | 데이터 캡처 | 강제구동

센서명(498)	센서값	단위	링크업
배터리 충전 상태(BMS)	33.0	%	
목표 충전 전압	0.0	V	
목표 충전 전류	0.0	A	
배터리 팩 전류	0.0	A	
배터리 팩 전압	693.7	V	
배터리 최대 온도	26	'C	
배터리 최소 온도	25	'C	
배터리 모듈 1 온도	25	'C	
배터리 모듈 2 온도	26	'C	
배터리 모듈 3 온도	25	'C	
배터리 모듈 4 온도	26	'C	
배터리 모듈 5 온도	25	'C	
배터리 외기 온도	27	'C	
최대 셀 전압	3.60	V	
최대 셀 전압 셀 번호	2	-	
최소 셀 전압	3.60	V	
최소 셀 전압 셀 번호	13	-	
보조 배터리 전압	11.2	V	
누적 충전 전류량	47.8	Ah	
누적 방전 전류량	63.6	Ah	

점검

참 고

- 배터리 건강 상태(SOH : State Of Health)는 배터리의 이상적인 상태와 현재 배터리의 상태를 비교하여 나타낸 성능지수를 말한다.
- SOH가 100%이면 현재 배터리의 상태가 초기 배터리의 사양을 만족한다는 의미이고 사용 기간이 증가 할수록 SOH는 감소하게 된다.

유 의

SOH가 90% 미만일 경우 배터리 부분 수리를 하지 않는다. 신품 배터리와 기존 배터리 간 성능 차이로 문제가 발생할 수 있다.

1. 진단 장비(KDS)를 이용하여 서비스 데이터의 SOH 상태를 확인한다.

신품 기준 : 100%
부분 수리 가능 기준 : 90% 이상

센서데이터 진단

정지 | 그래프 | 고정출력 | 강제구동

센서명(170)	센서값	단위	링크업
충전 표시등 상태	Normal	-	
급속충전 릴레이 ON 상태	NO	-	
완속충전 커넥터 ON	NO	-	
급속충전 커넥터 ON	NO	-	
에어백 하네스 와이어 듀티	80	%	
히터 1 온도	0	'C	
SOH 상태 (신품기준 100%)	100.0	%	
디스플레이 SOC	54.0	%	
배터리 셀 전압 97	3.72	V	
배터리 셀 전압 98	3.72	V	
배터리 급속충전인렛 온도	24	'C	
배터리 냉각수 인렛 온도	48	'C	
배터리 LTR 후단 온도	53	'C	
BMS 라디에이터 팬 동작요청 듀티	52	RPM	
라디에이터 팬 동작 듀티	0	RPM	
BMS 배터리 EWP 동작요청 RPM	160	RPM	
배터리 EWP 동작 RPM	0	RPM	
BMS 배터리 칠러 동작요청 RPM	0	RPM	
에어컨 컴프레서 동작 RPM	0	RPM	

점검

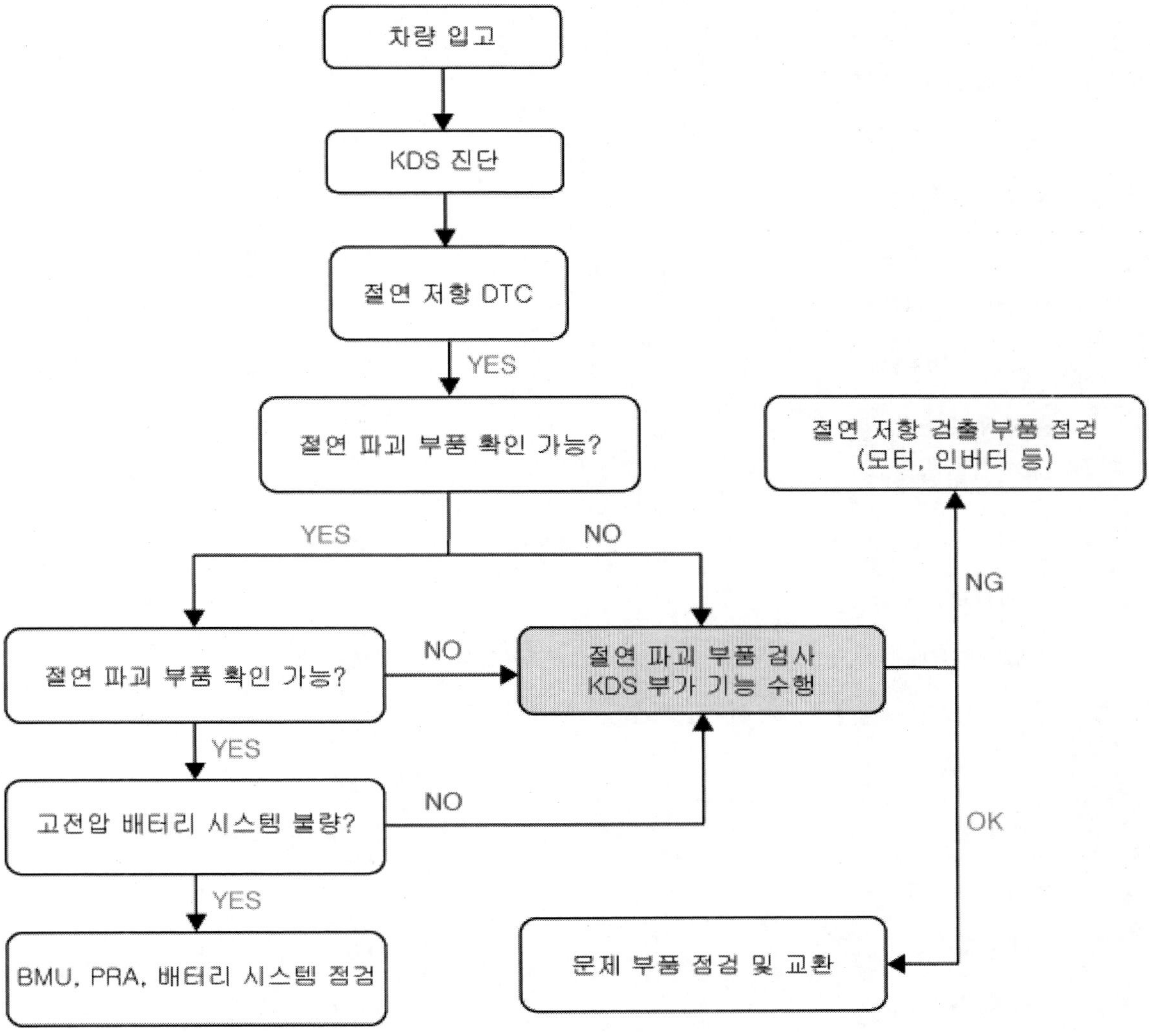

1. 진단 장비(KDS)를 이용하여 고장 코드(DTC)를 검색한다.

> **참 고**
>
> 점검 절차와 상관없이 절연 저항 값은 진단 장비(KDS) 센서데이터로 확인 가능하다.
>
> **규정값** : 300 kΩ 이상

센서데이터 진단

정지 | 그래프 | 고정출력 | 강제구동

센서명(176)	센서값	단위	링크업
최소 셀 전압	3.66	V	
최소 셀 전압 셀 번호	1	-	
보조 배터리 전압	7.5	V	
누적 충전 전류량	0.0	Ah	
누적 방전 전류량	1.0	Ah	
누적 충전 전력량	0.0	kWh	
누적 방전 전력량	0.2	kWh	
총 동작 시간	4792	Sec	
MCU 준비 상태	YES	-	
MCU 메인릴레이 OFF 요청	NO	-	
MCU 제어가능 상태	NO	-	
VCU 준비상태	YES	-	
인버터 커패시터 전압	6553	V	
모터 회전수	32767	RPM	
절연 저항	3000	kOhm	
배터리 셀 전압 1	0.00	V	
배터리 셀 전압 2	0.00	V	
배터리 셀 전압 3	0.00	V	
배터리 셀 전압 4	0.00	V	

2. 절연 저항 관련 DTC 발생 시 고장상황 데이터를 이용하여 문제 부품을 확인한다.(DTC 가이드 매뉴얼 참고)

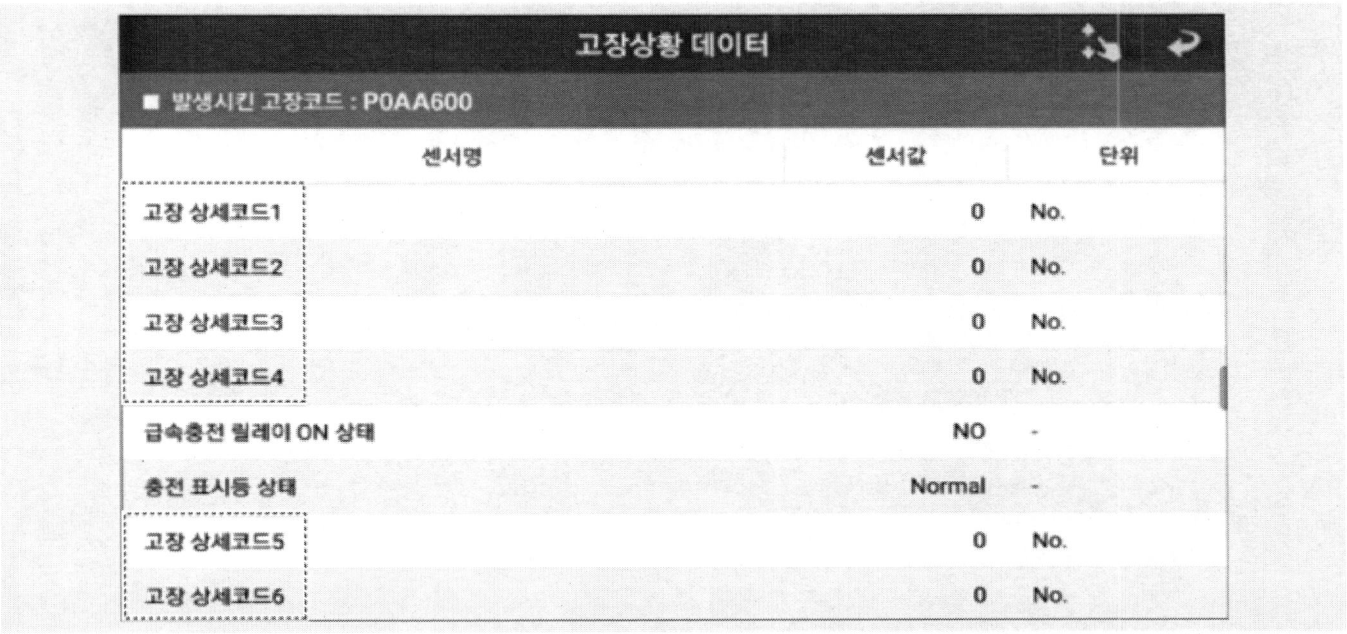

고장상황 데이터
■ 발생시킨 고장코드 : P0AA600
센서명
센서값
단위
고장 상세코드1
0
No.
고장 상세코드2
0
No.
고장 상세코드3
0
No.
고장 상세코드4
0
No.
급속충전 릴레이 ON 상태
NO
-
충전 표시등 상태
Normal
-
고장 상세코드5
0
No.
고장 상세코드6
0
No.

> **참 고**
>
> 절연 파괴로 인해 전/후단 판단이 불가할 경우에는 고장 상세코드 저장을 하지 않는다.

3. 문제 부품 확인 불가 시, 진단 장비(KDS) 부가기능 절연 파괴 부품 검사를 수행한다.

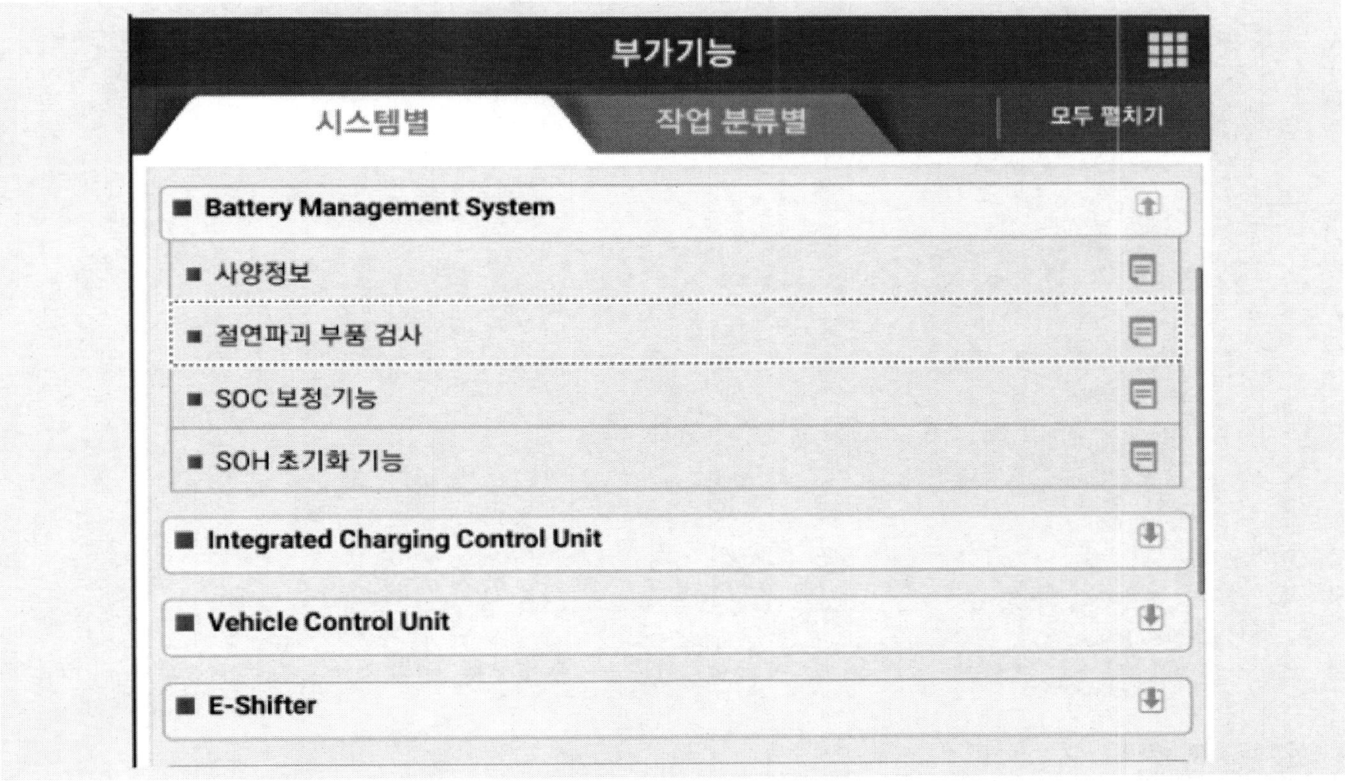

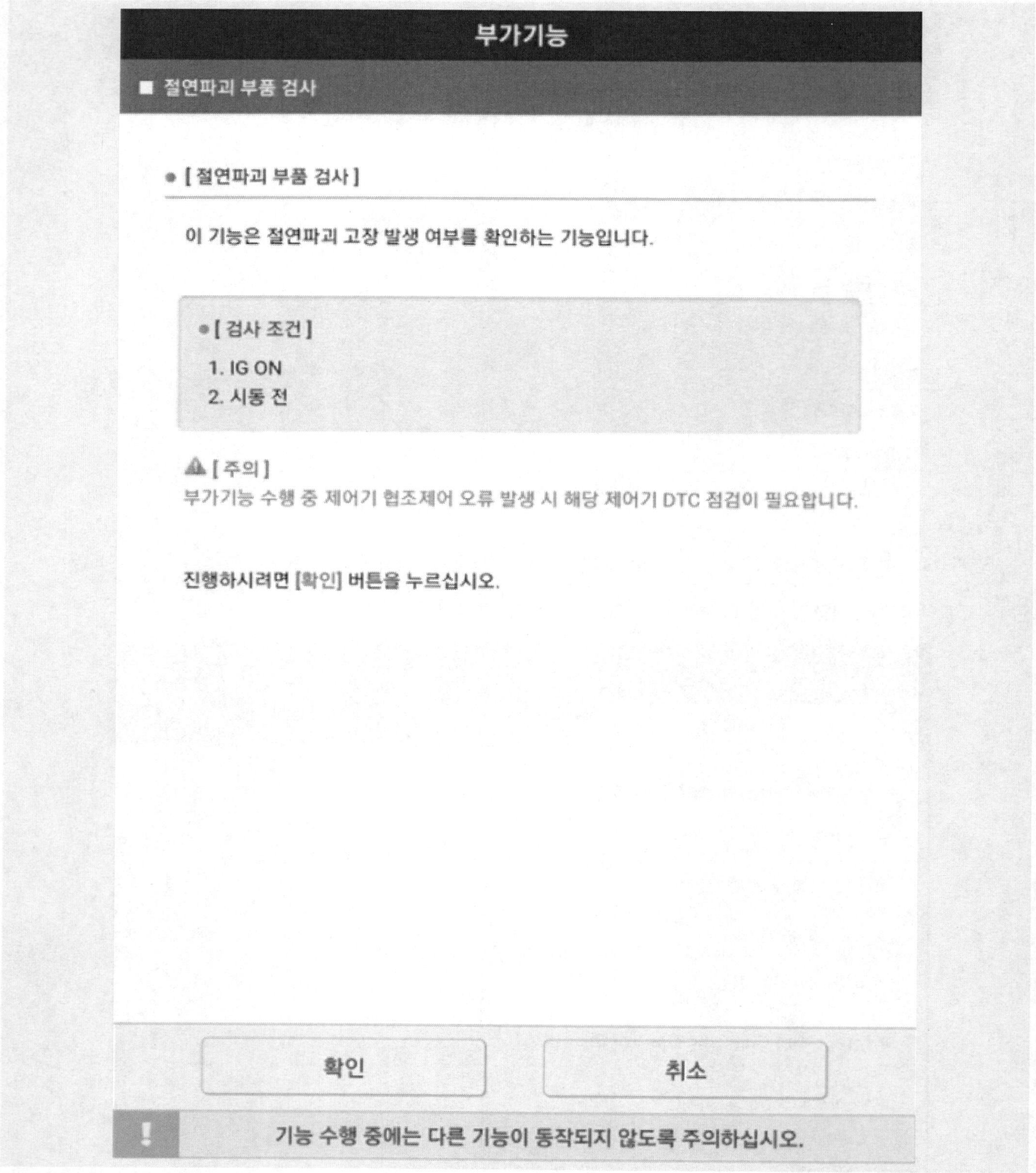
부가기능
■ 절연파괴 부품 검사
● [절연파괴 부품 검사]
이 기능은 절연파괴 고장 발생 여부를 확인하는 기능입니다.
● [검사 조건]
1. IG ON
2. 시동 전
[주의]
부가기능 수행 중 제어기 협조제어 오류 발생 시 해당 제어기 DTC 점검이 필요합니다.
진행하시려면 [확인] 버튼을 누르십시오.
확인
취소
기능 수행 중에는 다른 기능이 동작되지 않도록 주의하십시오.

유 의

부가기능 실패 시 절연 파괴 검출 부품(모터, 인버터 등)을 점검한다.

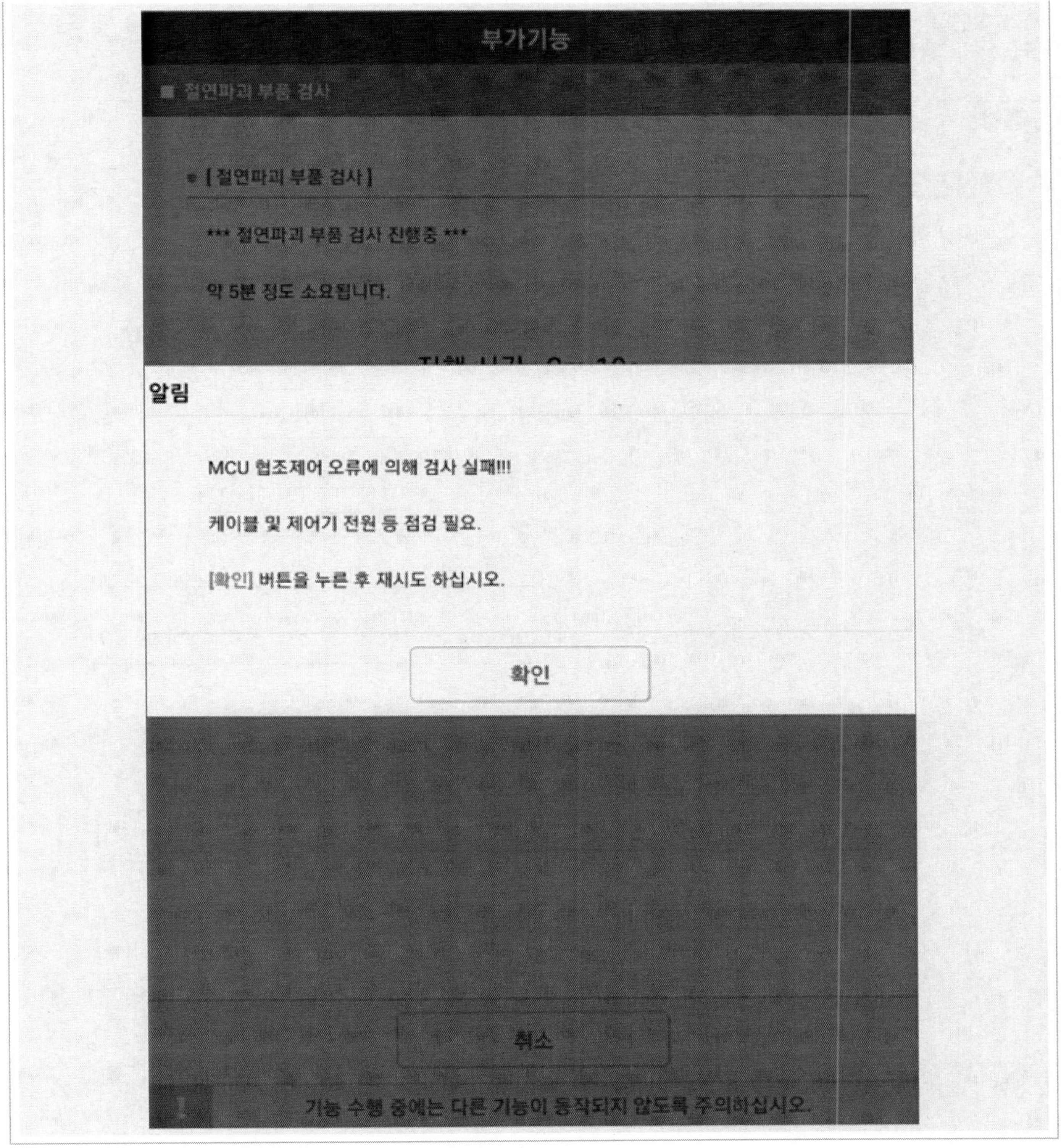

4. 메가옴 테스터를 이용하여 문제 부품의 절연 저항을 점검한 후 필요시 교환한다.

규정값 : 2 MΩ 이상 (20°C)

> **참 고**
>
> 절연 저항 측정 방법 : 500 V 전압을 지속적으로(약 1분간) 인가하면서 (+) 단자 또는 (-) 단자와 차체(고전압 배터리 케이스) 사이의 절연 저항을 측정한다.

점검

유 의

- 배터리 모듈 부분 수리가 필요할 시 부분 수리 조건을 확인한다.
  (배터리 시스템 어셈블리 (BSA) 점검 - "배터리 부분 수리 고장진단" 참조)
- 배터리 셀 전압 점검은 아래 절차를 참고한다.

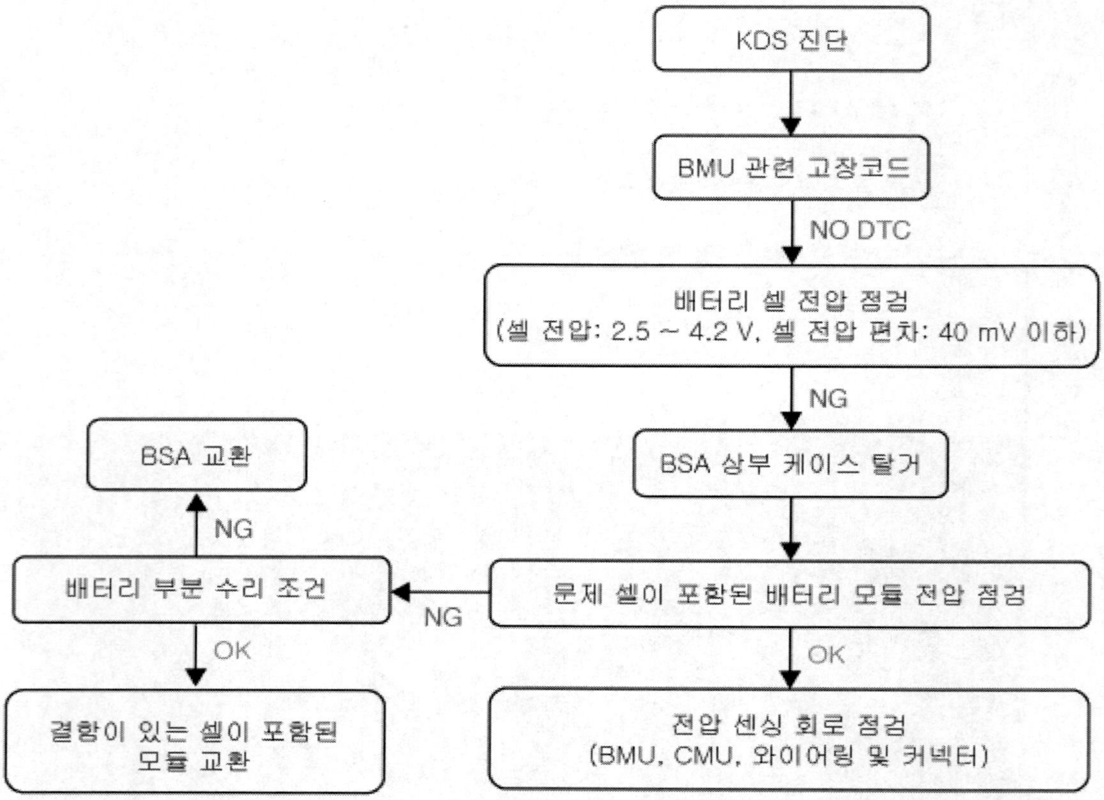

1. 진단 장비(KDS)를 이용하여 배터리 셀 전압을 확인한다.

정상 셀 전압 : 2.5 ~ 4.2 V
셀간 전압 편차 : 40 mV 이하

< 정지 | 그래프 | 데이터 캡쳐 | 강제구동 >

센서명(499)	센서값	단위	링크업
누적 방전 전류량	0.0	Ah	
누적 충전 전력량	0.0	kWh	
누적 방전 전력량	0.0	kWh	
총 동작 시간	826	Sec	
인버터 커패시터 전압	0	V	
모터 회전수	0	RPM	
절연 저항	3000	kOhm	
배터리 셀 전압 1	3.68	V	
배터리 셀 전압 2	3.70	V	
배터리 셀 전압 3	3.70	V	
배터리 셀 전압 4	3.70	V	
배터리 셀 전압 5	3.70	V	
배터리 셀 전압 6	3.70	V	
배터리 셀 전압 7	3.70	V	
배터리 셀 전압 8	3.70	V	
배터리 셀 전압 9	3.70	V	
배터리 셀 전압 10	3.70	V	
배터리 셀 전압 11	3.70	V	
배터리 셀 전압 12	3.68	V	

2. 배터리 시스템 어셈블리(BSA) 상부 케이스를 탈거한다.
   (고전압 배터리 시스템 - "케이스" 참조)

3. 문제 셀이 포함된 배터리 모듈 전압을 점검한다.

> **유 의**
>
> 배터리 전압이 정상이면 전압 센싱 회로(BMU, CMU, 와이어링 및 커넥터)를 점검한다.

4. 배터리 부분 수리 조건에 따라 배터리 시스템 어셈블리(BSA) 또는 배터리 모듈 어셈블리(BMA)를 교환한다.
   (고전압 배터리 시스템 - "배터리 시스템 어셈블리 (BSA)" 참조)
   (고전압 배터리 시스템 - "서브 배터리 모듈 어셈블리 (Sub-BMA)" 참조)

고전압 배터리 시스템 및 냉각수 라인 기밀 점검

유 의

- 배터리 시스템 어셈블리(BSA) 또는 배터리 모듈 어셈블리(BMA) 작업 시, EV 배터리 팩 기밀 점검 테스터 장비를 이용하여 기밀 점검 절차를 실시한다.
- 점검 전 반드시 배터리 시스템 어셈블리(BSA) 내 냉각수를 배출한다.

참 고

냉각수 라인 기밀 점검 후 배터리 시스템 어셈블리 기밀 점검 순으로 진행된다.

1. 냉각수 어댑터(A, B)를 설치한다.

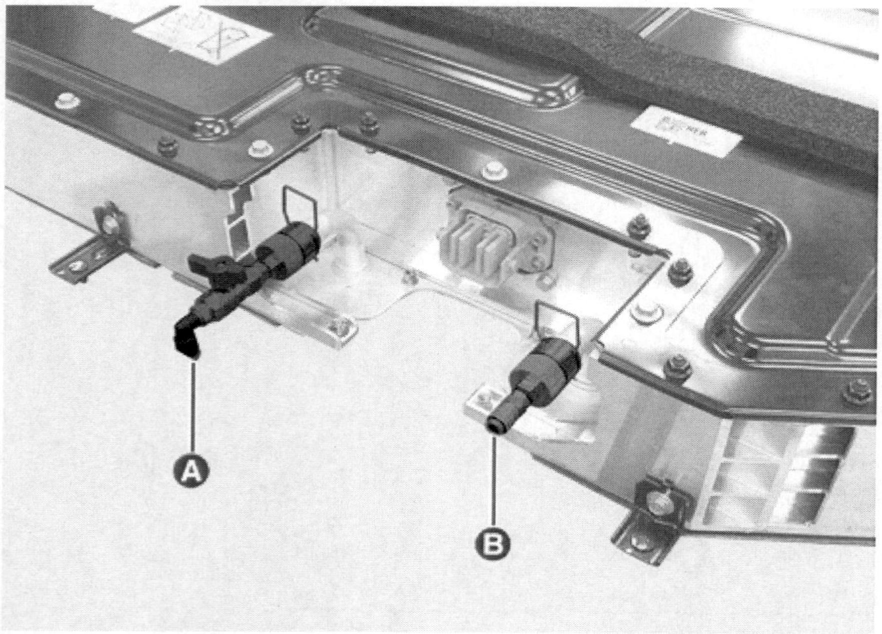

2. 주입 어댑터(A)에 호스(B)를 연결한다.

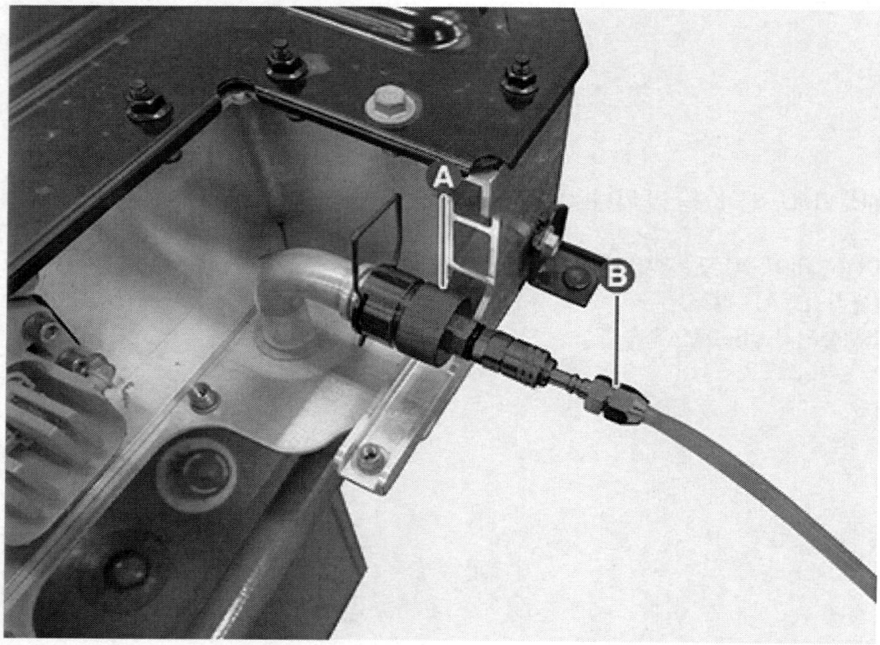

3. 주입구 연결 호스(A)의 반대편을 특수공구(0K253 - J2300) 에어 연결부에 연결한다.

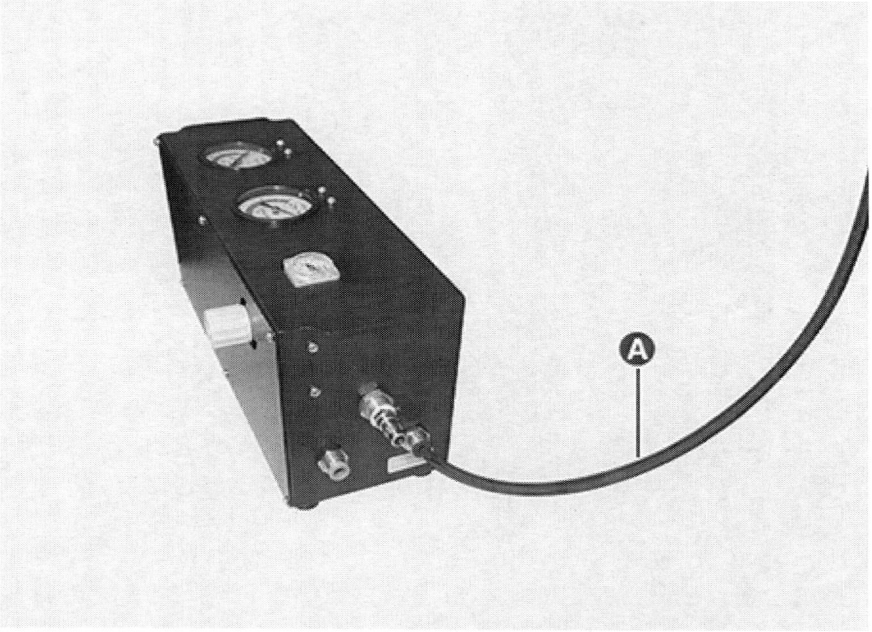

4. 배출 어댑터(A)에 호스(B)를 연결하고 반대편 호스는 냉각수를 받을 통에 넣는다.

> **유 의**
>
> 반드시 깨끗한 드레인 통을 사용하여 다른 혼합물과 냉각수가 섞이지 않도록 한다.

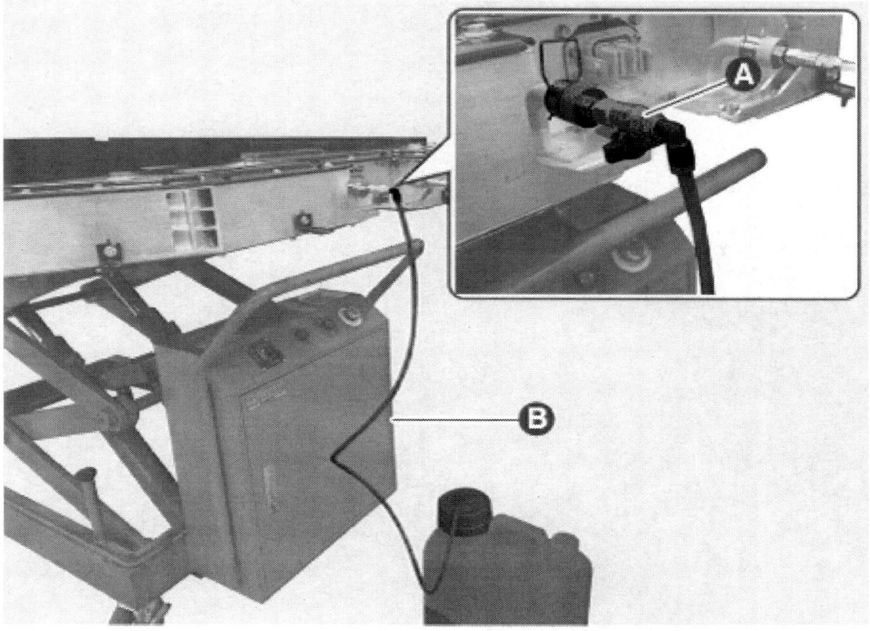

5. 에어 공급 호스(A)를 특수공구(0K253 - J2300) 에어 가압부에 연결한다.

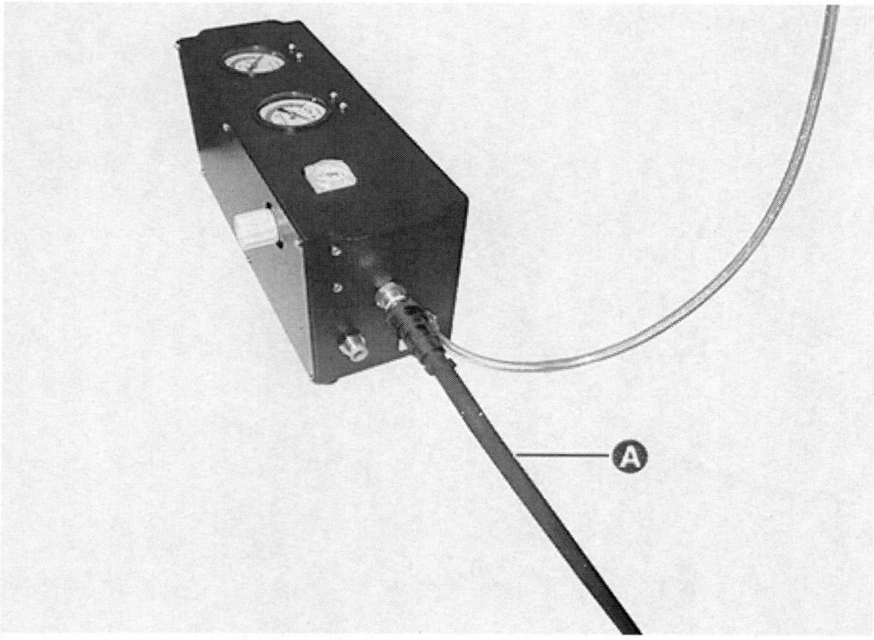

6. 레귤레이터 조절부(A)를 이용하여 레귤레이터 압력 게이지(B)의 눈금을 0.2 MPa (2.1 bar)에 맞춘다.

> **참 고**
>
> 냉각수 배출 시 압력은 최대 0.2 MPa (2.1 bar)를 넘지 않도록 한다.

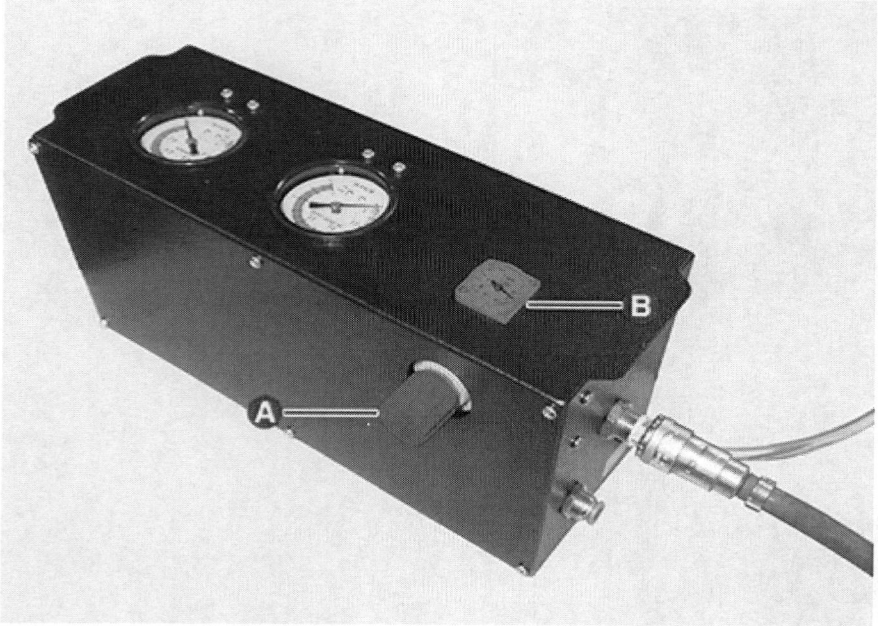

7. 특수공구(0K253 - J2300) 압력 밸브(A)를 화살표 방향으로 열어준다.

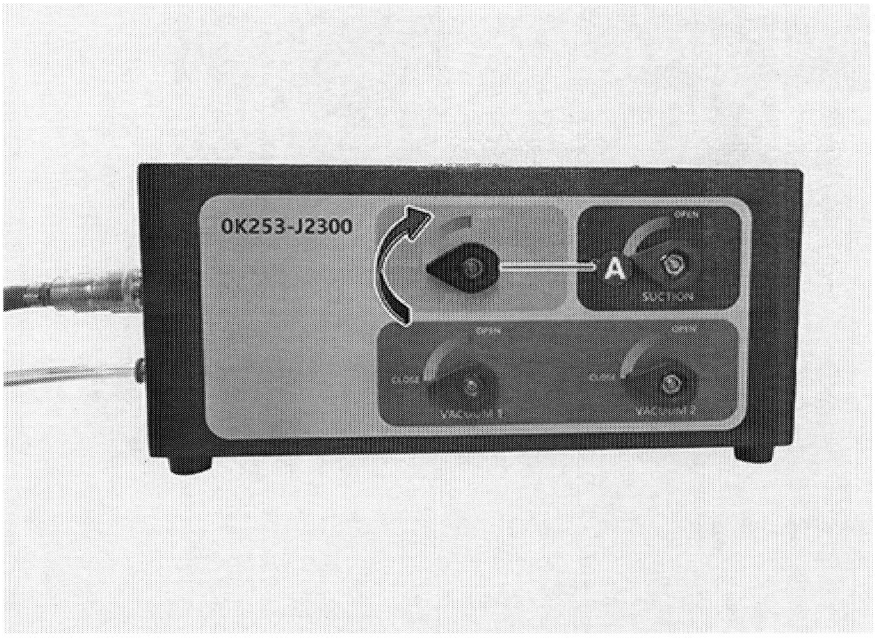

8. 배출 어댑터 밸브(A)를 서서히 열면서 냉각수를 배출한다.

> **유 의**
>
> 배출 어댑터 밸브를 서서히 열지 않으면 냉각수가 고압으로 분출되므로 유의한다.

9. 배출이 완료 되면 냉각수 주입 및 배출 공구 탈거 후, 진단 장비(KDS)를 이용하여 고전압 배터리 팩 및 냉각수 라인 기밀 점검을 수행한다.

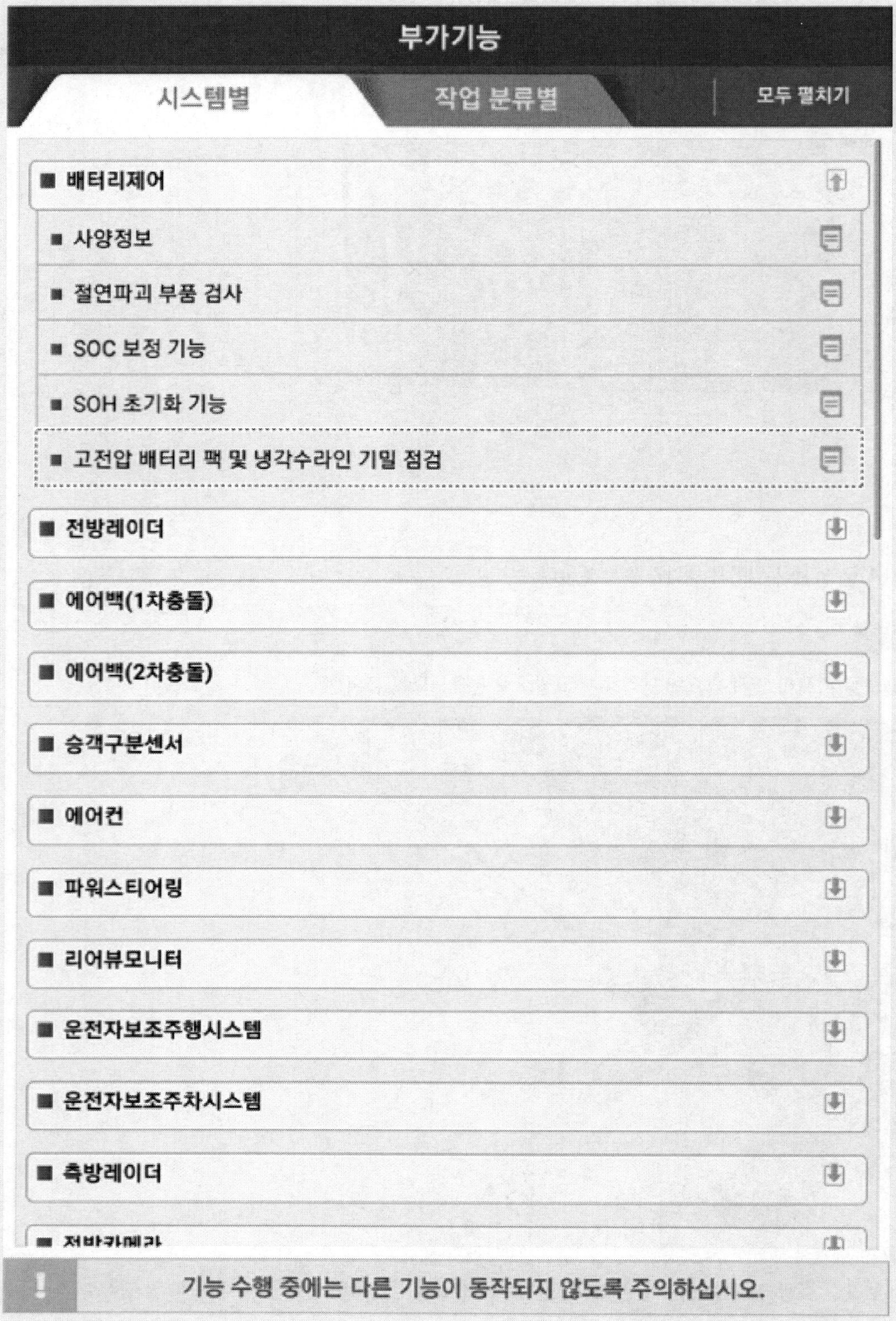

10. 고전압 배터리 상부 케이스에 있는 QR코드를 스캔한다.

진단
종료
부가기능
■ 고전압 배터리 팩 및 냉각수라인 기밀 점검
배터리 정보를 수집하기 위해 QR코드를 스캔해주십시오.
[예시]
QR 코드 영역
확인
취소
기능 수행 중에는 다른 기능이 동작되지 않도록 주의하십시오.

참 고

QR코드 스캔이 안 되는 경우 QR코드 하단에 있는 배터리 코드를 직접 입력한다.

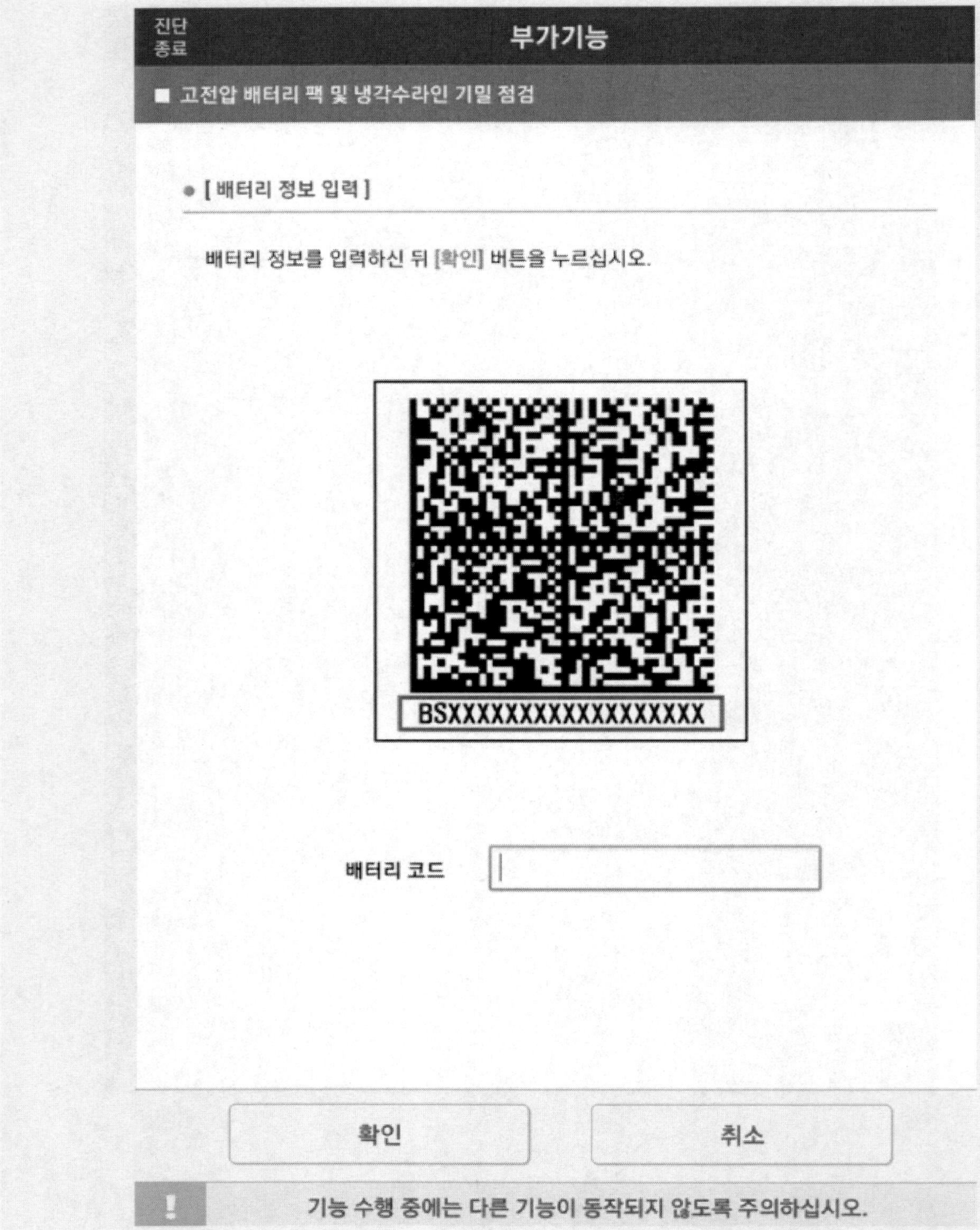
진단
종료
부가기능
■ 고전압 배터리 팩 및 냉각수라인 기밀 점검
● [배터리 정보 입력]
배터리 정보를 입력하신 뒤 [확인] 버튼을 누르십시오.
BSXXXXXXXXXXXXXXXXXX
배터리 코드
확인
취소
기능 수행 중에는 다른 기능이 동작되지 않도록 주의하십시오.

11. EV 배터리 팩 기밀 점검 테스터 장비와 진단 장비(KDS)를 연결한다.

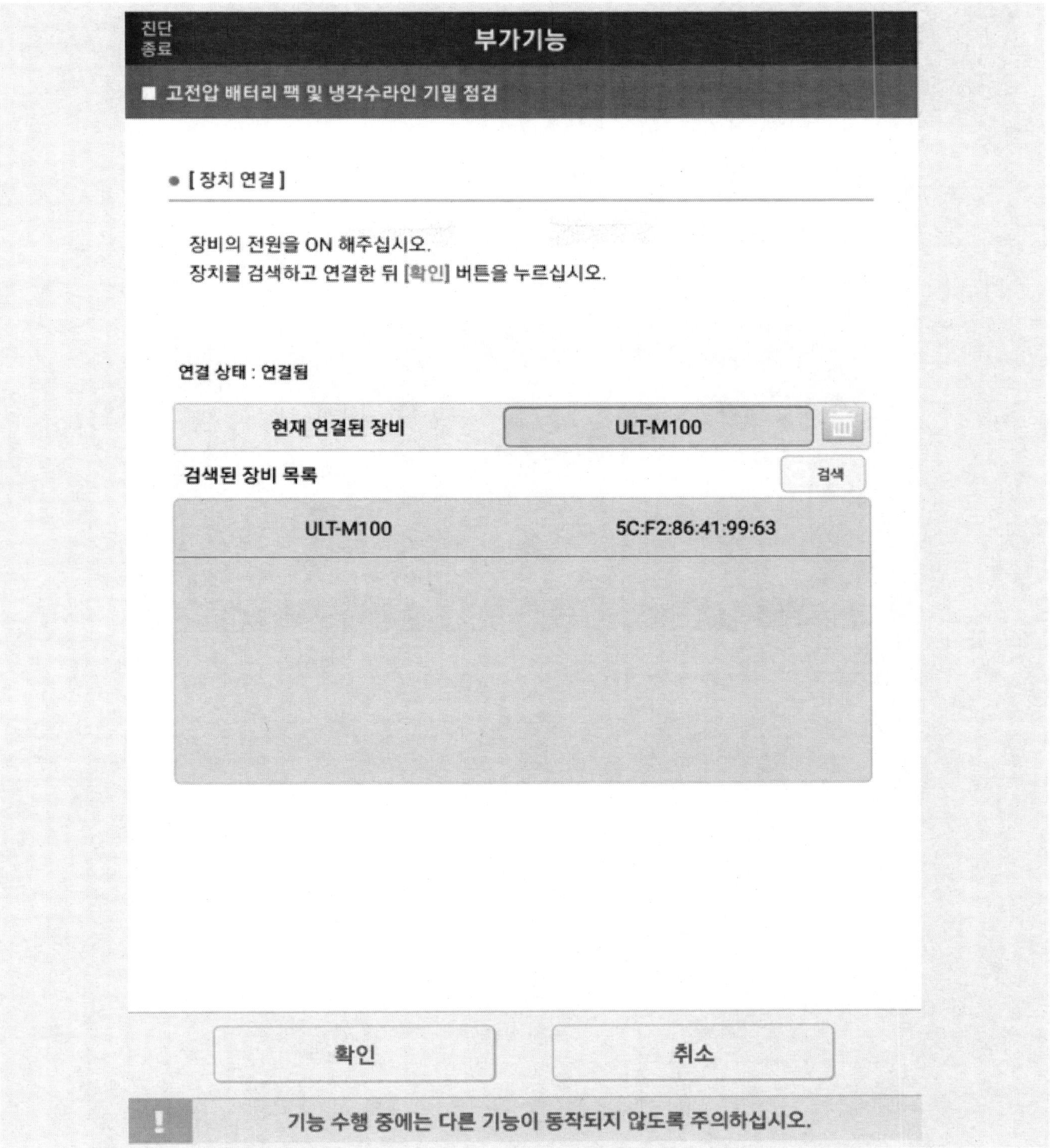

12. 진단 장비(KDS) 지시에 따라 기밀 점검을 수행한다.

진단
종료

부가기능

■ 고전압 배터리 팩 및 냉각수라인 기밀 점검

● [냉각수라인 기밀 점검 - 영점조정]

전체 미연결된 상태로 [영점 조정] 버튼을 누르십시오.

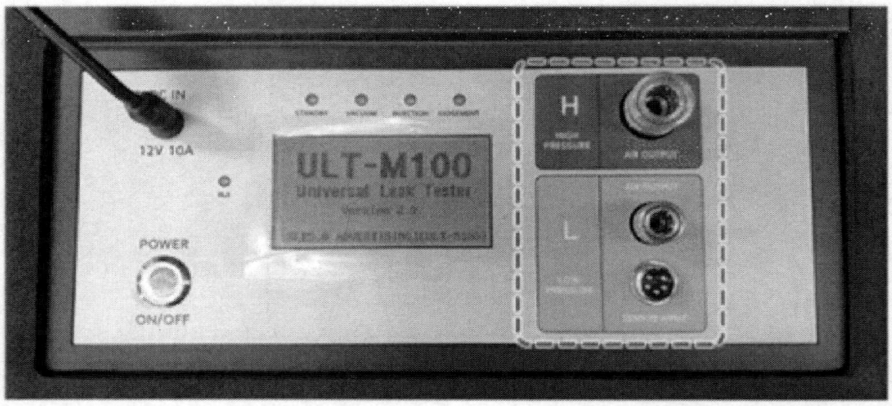

영점 조정

확인

취소

! 기능 수행 중에는 다른 기능이 동작되지 않도록 주의하십시오.

진단
종료

부가기능

■ 고전압 배터리 팩 및 냉각수라인 기밀 점검

● [냉각수라인 기밀 점검 - 장비 연결]

1. 호스를 연결한 후 밸브를 잠가 주십시오.
2. 'HIGH PRESSURE AIR OUTPUT'과 '배터리 냉각수 라인'을 연결 후 검사를 진행해 주십시오.

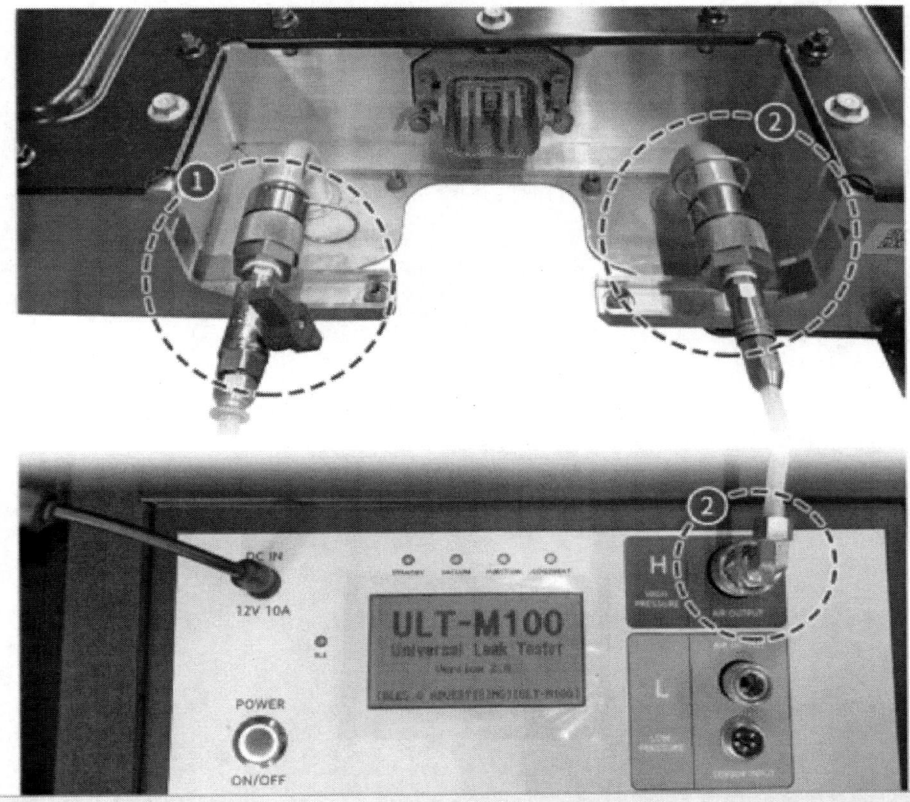

확인 이전 취소

! 기능 수행 중에는 다른 기능이 동작되지 않도록 주의하십시오.

진단
종료

부가기능

■ 고전압 배터리 팩 및 냉각수라인 기밀 점검

● [냉각수라인 기밀 점검]

냉각수 라인 기밀 테스트를 진행합니다. 결과는 아래에 표출됩니다.

항목	값
진행 단계	공기주입
리크 압력 변화값	0.00 mbar
전체 진행 시간	2초
판정 결과	-

확인 이전 취소

! 기능 수행 중에는 다른 기능이 동작되지 않도록 주의하십시오.

부가기능

■ 고전압 배터리 팩 및 냉각수라인 기밀 점검

● [냉각수라인 기밀 점검 - 냉각수 제거]

1. 냉각수 배출 호스를 열어 잔여 공기를 제거하십시오.
2. 냉각수 피팅을 제거하십시오.

⚠[주의]
냉각수 배출 호스를 확실히 고정 후 개방하십시오.

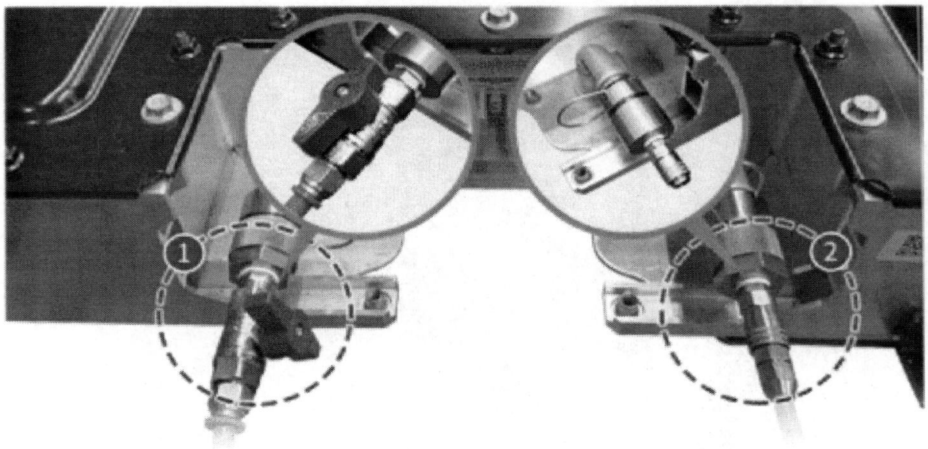

확인 | 취소

! 기능 수행 중에는 다른 기능이 동작되지 않도록 주의하십시오.

진단
종료

부가기능

■ 고전압 배터리 팩 및 냉각수라인 기밀 점검

● [배터리팩 기밀 점검 - 막음 커넥터 결합]

막음 커넥터 결합 여부를 확인하신 후 [확인] 버튼을 누르십시오.

⚠[주의]
차종에 맞는 커넥터를 사용해 주십시오.

확인 취소

! 기능 수행 중에는 다른 기능이 동작되지 않도록 주의하십시오.

■ 고전압 배터리 팩 및 냉각수라인 기밀 점검

● [배터리팩 기밀 점검 - 영점조정]

LOW PRESSURE SENSOR INPUT 유닛에만 연결된 상태로 [영점 조정] 버튼을 누르십시오.

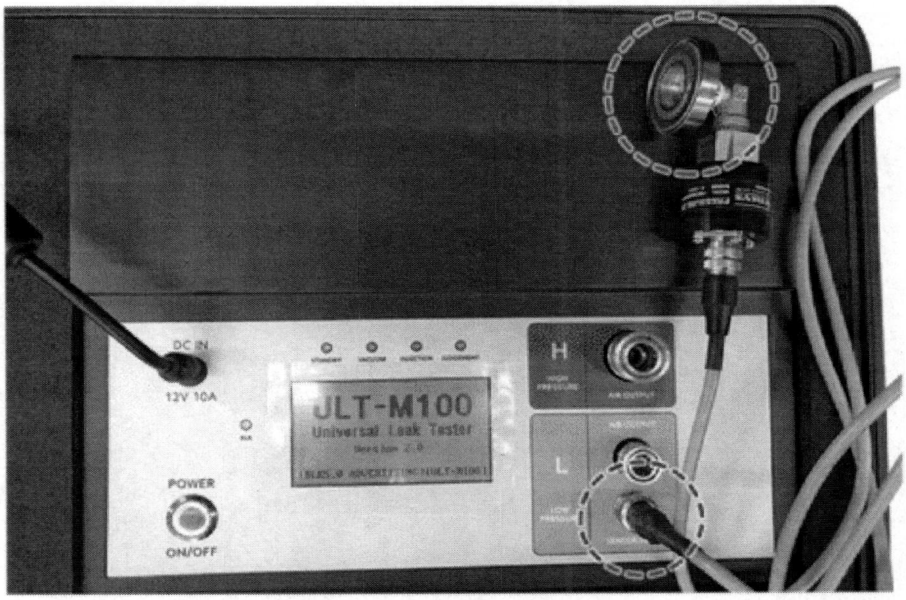

영점 조정

확인 이전 취소

! 기능 수행 중에는 다른 기능이 동작되지 않도록 주의하십시오.

진단 종료

부가기능

■ 고전압 배터리 팩 및 냉각수라인 기밀 점검

● [배터리팩 기밀 점검 - 장비연결 및 압력조정재 확인]

1. 압력조정재 결합 여부를 확인 후 진행하십시오.
2. LOW PRESSURE AIR OUTPUT 유닛에 공기주입 호스를 연결하십시오.
3. SENSOR OUTPUT을 압력조정재 홀 상단에 연결하십시오.

①~②, ①~③의 결합 상태를 확인 후 [확인] 버튼을 누르십시오.

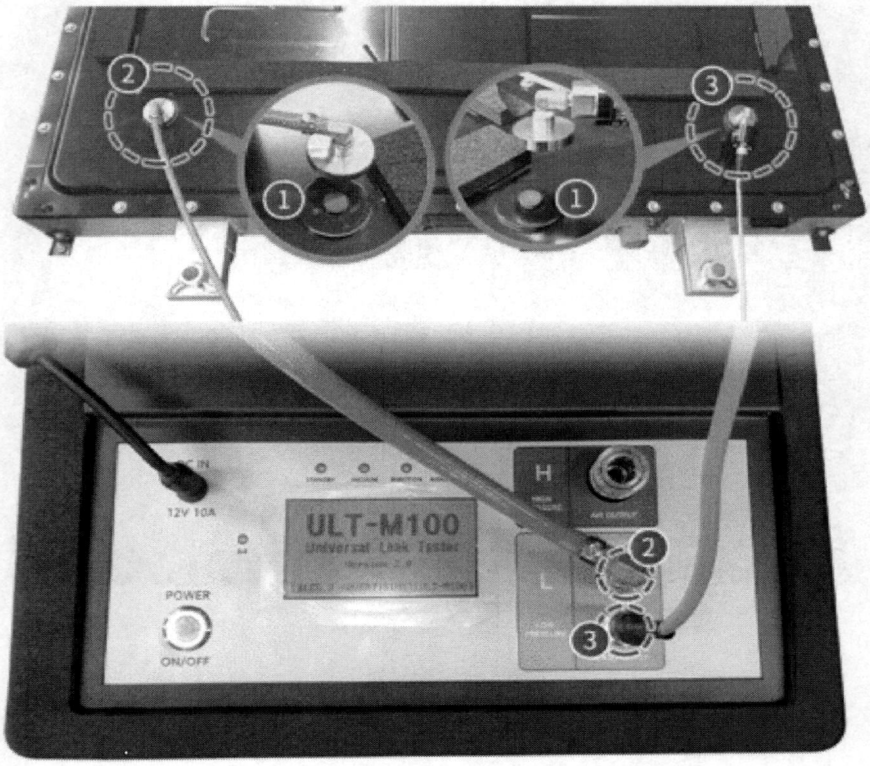

확인 | 이전 | 취소

! 기능 수행 중에는 다른 기능이 동작되지 않도록 주의하십시오.

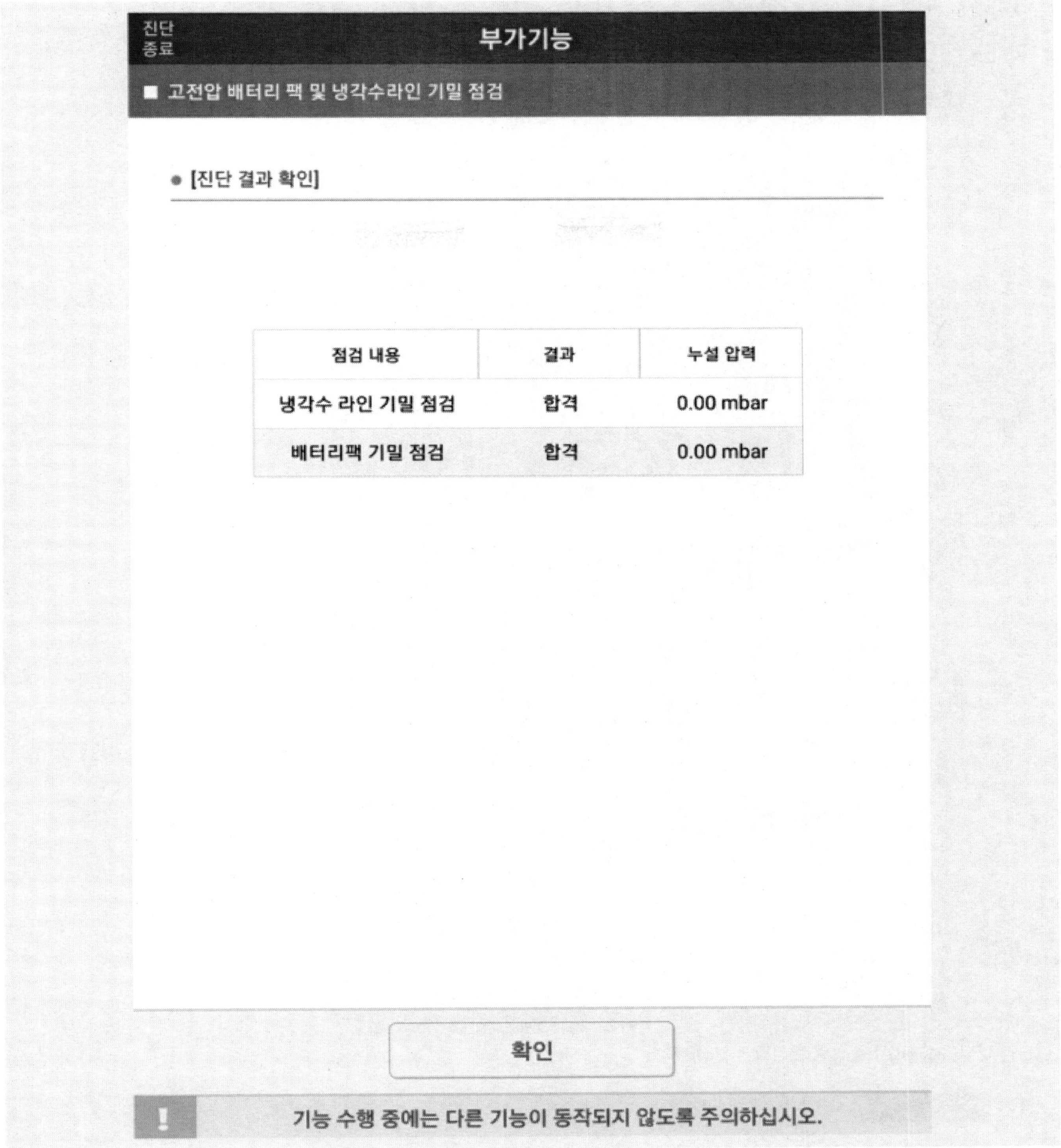
진단 종료

부가기능

■ 고전압 배터리 팩 및 냉각수라인 기밀 점검

● [진단 결과 확인]

점검 내용	결과	누설 압력
냉각수 라인 기밀 점검	합격	0.00 mbar
배터리팩 기밀 점검	합격	0.00 mbar

확인

! 기능 수행 중에는 다른 기능이 동작되지 않도록 주의하십시오.

13. 배터리 시스템 어셈블리(BSA) 기밀 점검 진행 후 결과를 확인한다.

참 고

- 배터리 시스템 어셈블리(BSA) 기밀 점검 불합격 시 아래 절차로 누설 부위를 점검한다.
- 누설 부위 점검 시 헬륨 가스, 압력 조절기, 누설 감지기가 필요하다.
- 헬륨, 레귤레이터, 헬륨가스 디텍터는 시중품을 구매하여 미세누설(0.1~0.3mbar)을 감지하고 팩의 완전한 기밀을 확보한다.

(1) 어댑터(A)를 압력 조정재에 부착한다.

유 의

조정재에 제대로 부착이 되지 않으면 압력이 누설 될 수 있으므로 반드시 확인한다.

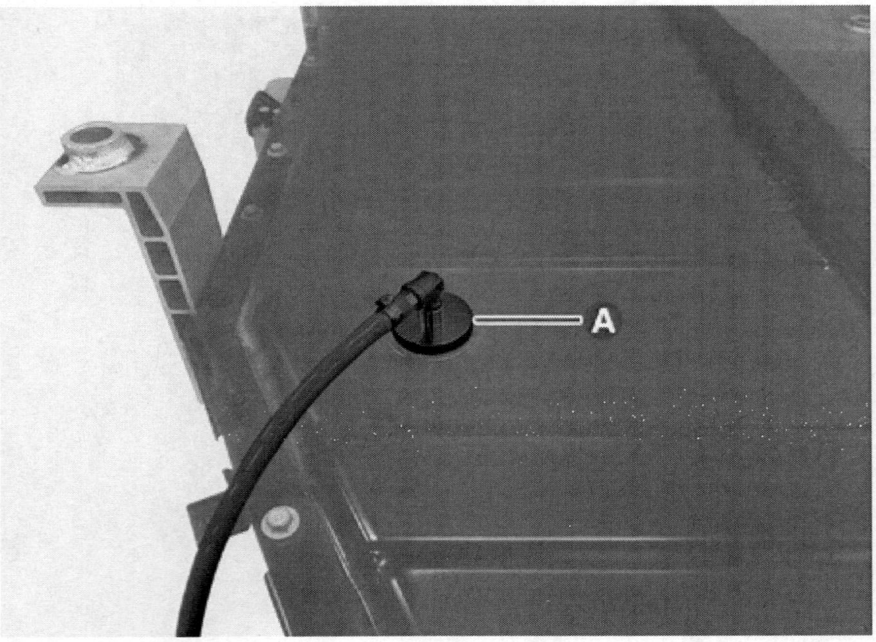

(2) 헬륨 가스 밸브에 어댑터 호스(A)를 연결한다.

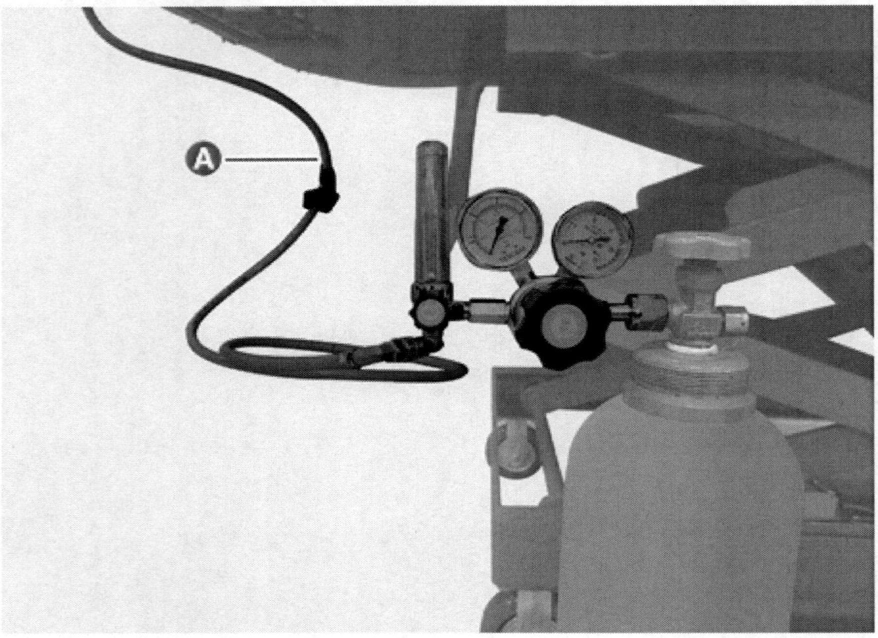

(3) 압력 센서 모듈(A)을 압력 조정재에 부착한다.

유 의
조정재에 제대로 부착이 되지 않으면 압력이 누설 될 수 있으므로 반드시 확인한다.

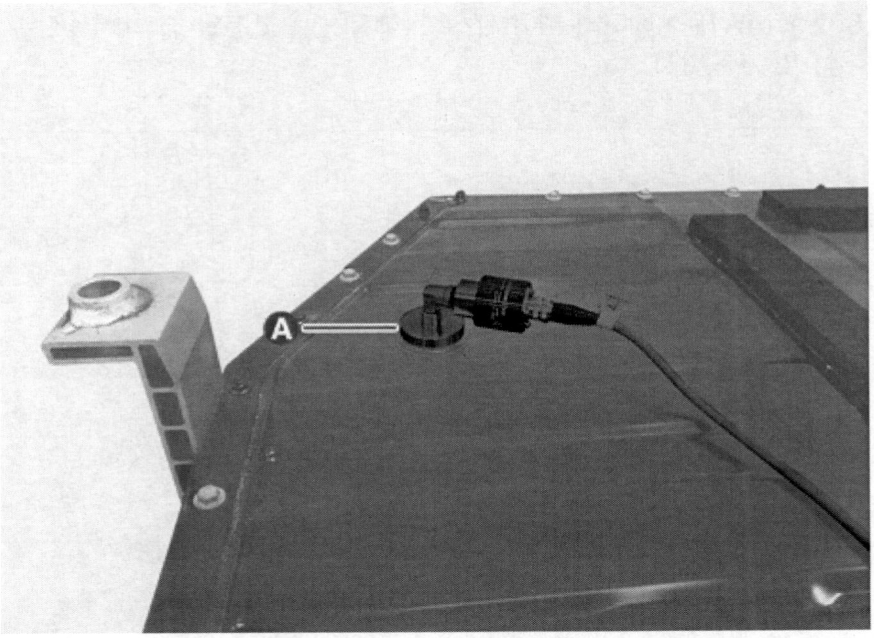

(4) 압력 센서 모듈(A)을 기밀 장비 SENSOR INPUT에 연결한다.

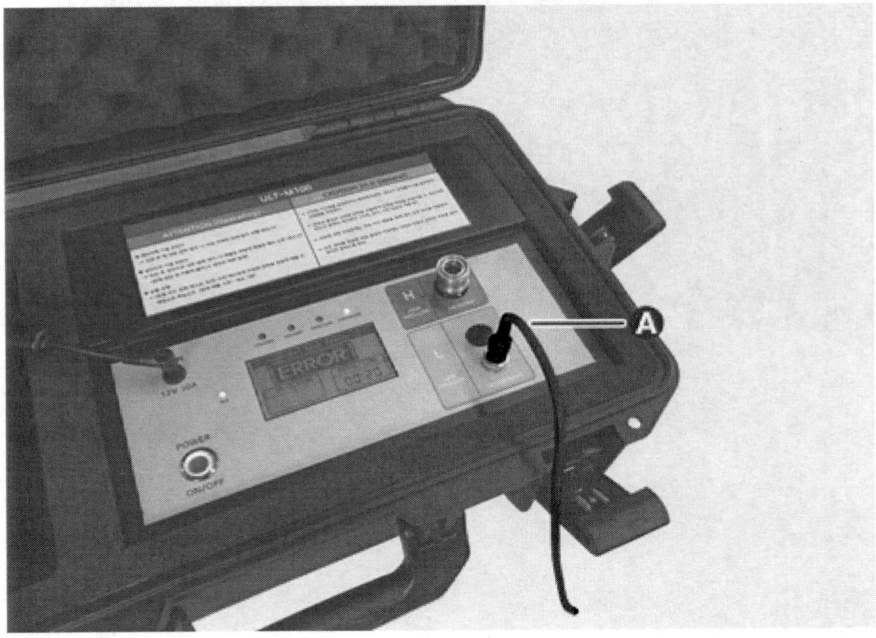

(5) 헬륨 가스를 주입한다.

> **유 의**
>
> 내부 압력이 20 ~ 30 mbar를 초과하면 상부 케이스의 변형이 생길 수 있으므로 헬륨을 500 mbar로 약 30초간 가압 후 헬륨 주입 밸브를 닫는다.

(6) 헬륨가스 누설 감지기를 이용하여 배터리 시스템 어셈블리(BSA) 누설 부위를 점검한다.

> **유 의**
>
> - 하단 케이스의 용접 부위, 커넥터 체결 부위 등을 위주로 점검한다.
> - 가스켓 체결부위에서 기밀 유지가 안되는 경우가 다수로 디텍터로 가스켓 체결 부위를 위주로 점검한다.

부품위치

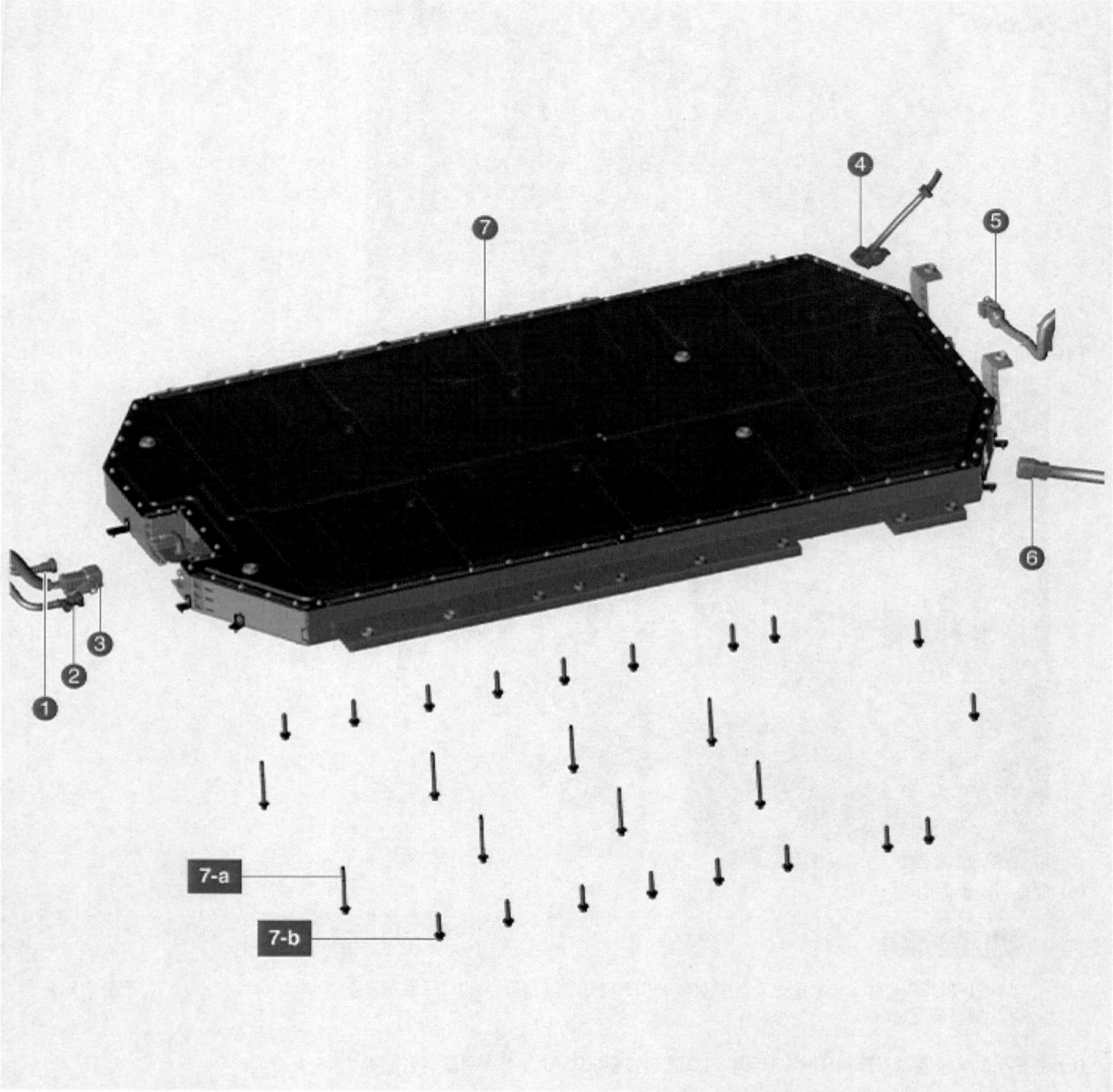

1. 배터리 아웃렛 냉각 호스 2. 배터리 인렛 냉각 호스 3. 프런트 고전압 정션 박스 파워 케이블 4. 배터리 매니지먼트 유닛(BMU) 커넥터 5. 리어 고전압 정션 박스 파워 케이블	6. 통합 충전 제어 유닛(ICCU) 파워 케이블 7. 배터리 시스템 어셈블리(BSA) 7-a. 7.0 ~ 9.0 kgf·m 7-b. 12.0 ~ 14.0 kgf·m

특수공구

공구 명칭 / 번호	형상	용도
고전압 배터리 이송 행어 09375 - K4100		고전압 배터리 시스템 어셈블리 이송 시 사용

탈거

⚠ 경 고

- 고전압 시스템 관련 작업 시, 관련 교육을 이수한 작업자가 정비를 진행한다. 고전압 시스템에 대한 이해가 부족한 경우 감전 또는 누전 등으로 인한 심각한 사고를 초래할 수 있다.
- 고전압 시스템 또는 주변 부품 작업 시, 반드시 "고전압 시스템 안전사항 및 주의, 경고" 내용을 숙지하고 준수해야 한다. 미 준수 시, 감전 또는 누전 등으로 인한 심각한 사고를 초래할 수 있다.
- 고전압 시스템 작업 특성상, 개인보호장구(PPE) 및 사전 고전압 차단 절차를 반드시 확인한다.

1. 고전압 차단 절차를 수행한다.
   (배터리 제어 시스템 (항속형) - "고전압 차단 절차" 참조)
2. 고전압 배터리 시스템 냉각 호스(A)를 분리한다.

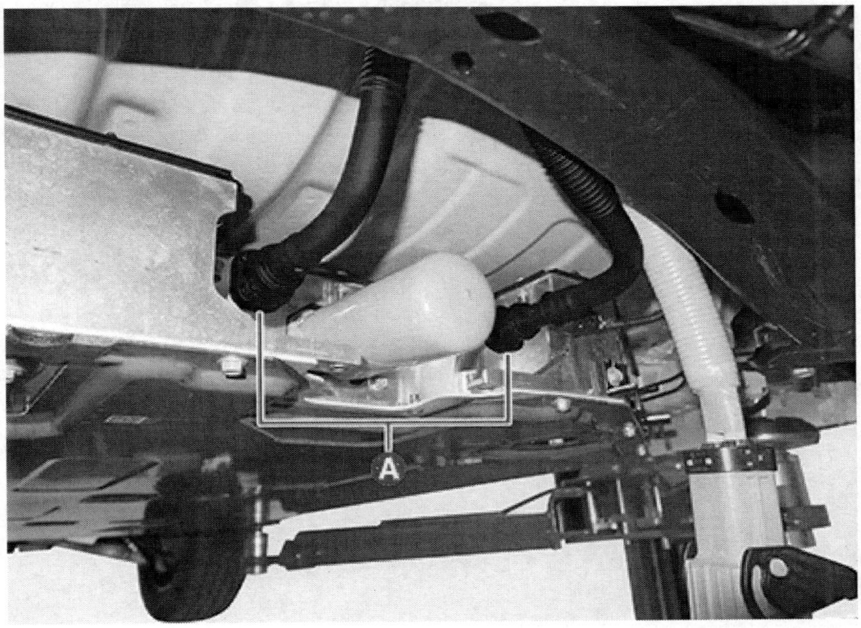

유 의

- 냉각수가 배출되므로 고전압 커넥터에 유입되지 않도록 막음 처리한다.
- 배출되는 냉각수를 깨끗한 비커로 받는다. (다른 혼합물과 냉각수가 섞이지 않도록 한다.)
- 냉각수가 고전압 커넥터에 유입 되면 반드시 세척하고 장착한다.

3. 통합 충전 제어 유닛(ICCU) 커넥터(A)를 분리한다.

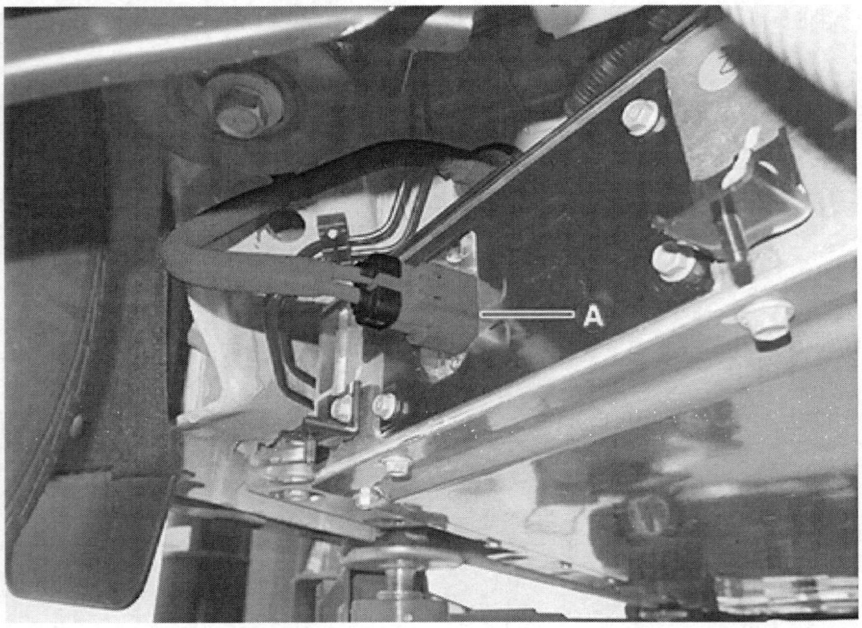

유 의

커넥터 분리 방법

1) 잠금 클립(A)을 당겨 해제한다.

2) 잠금 클립(B)을 누른 상태에서 커넥터를 분리한다.

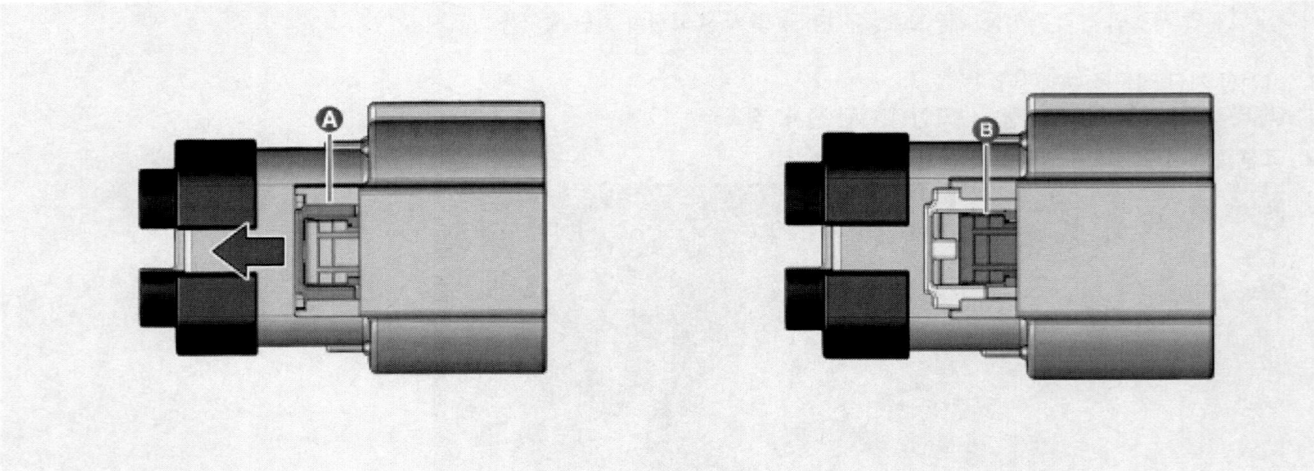

4. 리어 고전압 정션 박스 파워 케이블(A)을 분리한다.

5. 리어 고전압 정션 박스 파워 케이블 파스너(A)를 배터리로부터 분리한다.

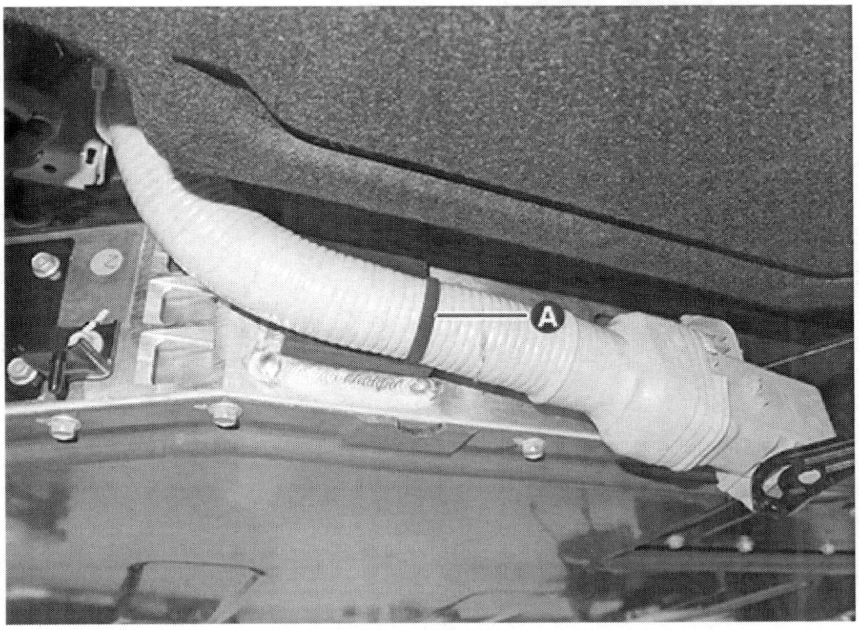

6. 배터리 매니지먼트 유닛(BMU) 커넥터(A)를 분리한다.

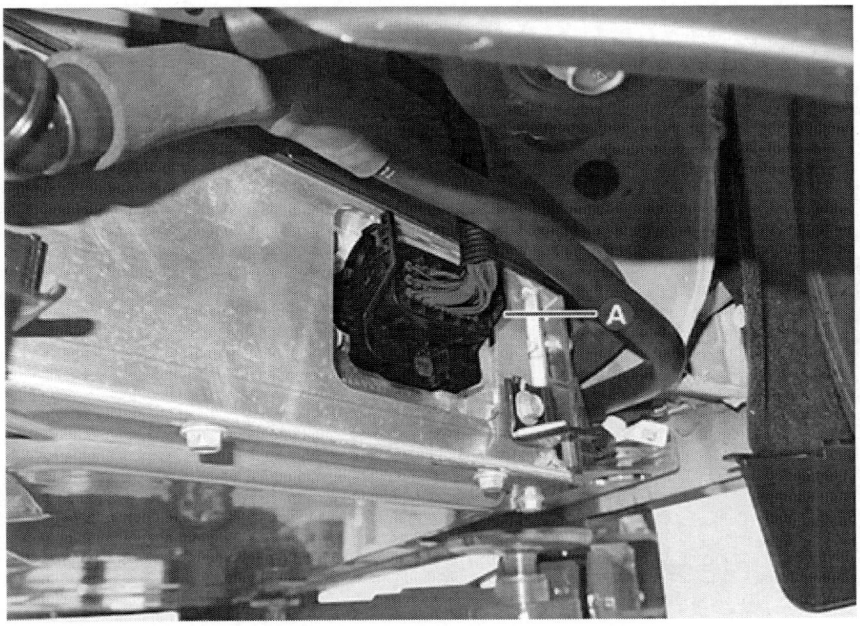

7. 볼트를 풀어 접지 케이블(A)을 분리한다.

체결토크 : 0.8 ~ 1.2 kgf·m

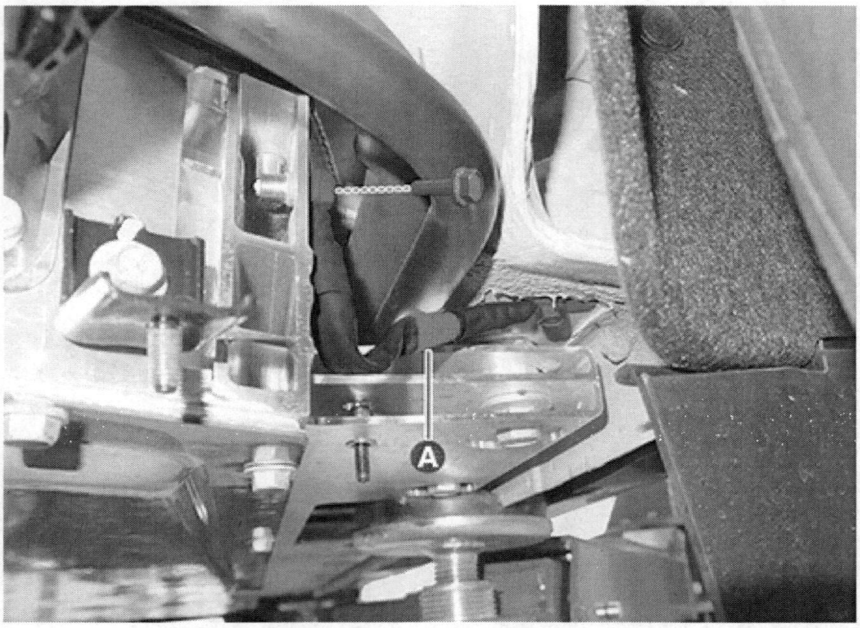

8. 배터리 시스템 어셈블리(BSA) 관통 볼트(A)를 탈거한다.

체결토크 : 7.0 ~ 9.0 kgf·m

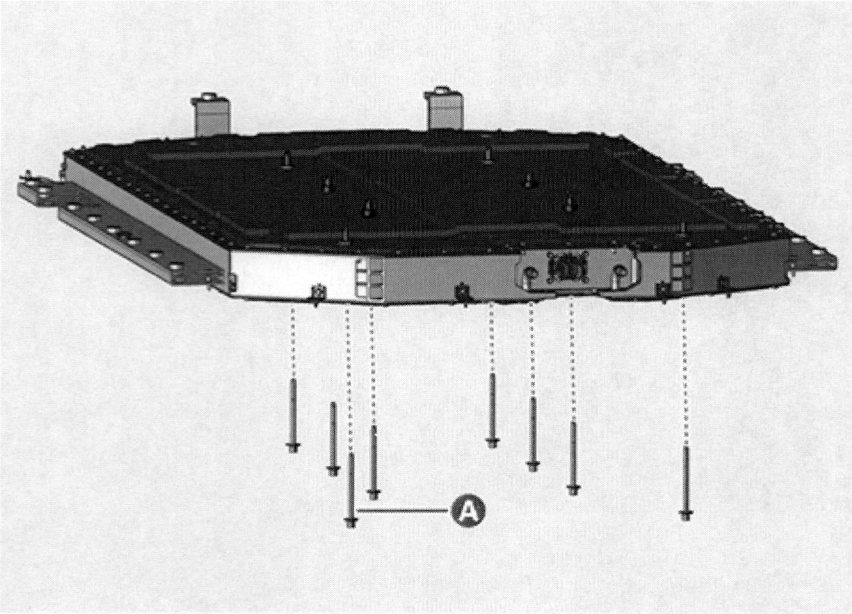

⚠ 경 고

리프트 설치를 위해 BSA 중앙부 볼트만 탈거한다.

9. 리프트(A)를 이용하여 BSA를 지지한다.

유 의

- 하부 보호케이스에 이물질이 있을 경우 배터리 부하로 인해 보호케이스가 파손될 수 있으나 절연 매트(또는 고무 매트)로 배터리 손상을 방지할 수 있습니다.
- 리프트 규격은 최소 무게 700kg 이상, 너비 1 m 이하를 이용한다.

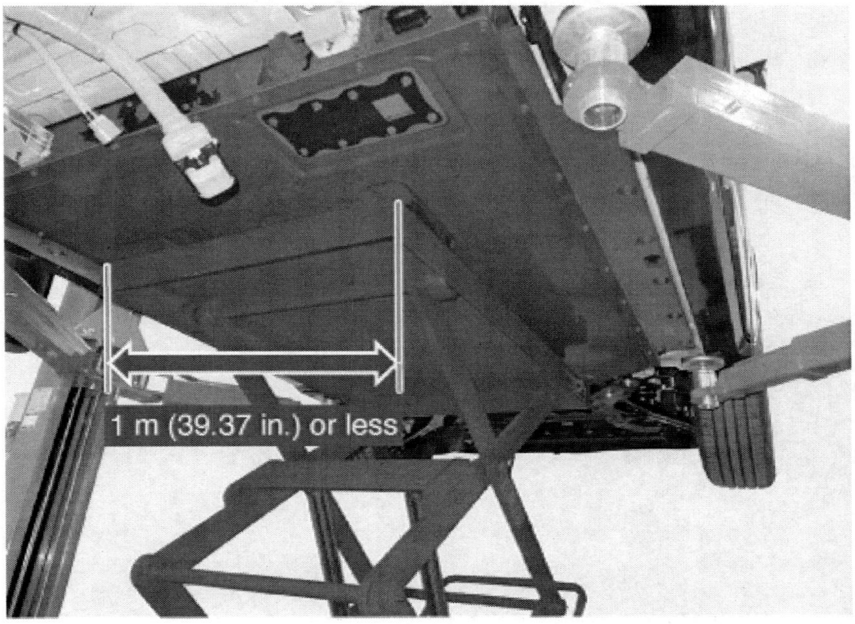

10. 볼트를 탈거한 후 리프트를 천천히 내리면서 BSA(A)를 탈거한다.

체결토크 : 12.0 ~ 14.0 kgf·m

유 의

BSA 탈거 시 주변 부품이 손상되지 않도록 한다.

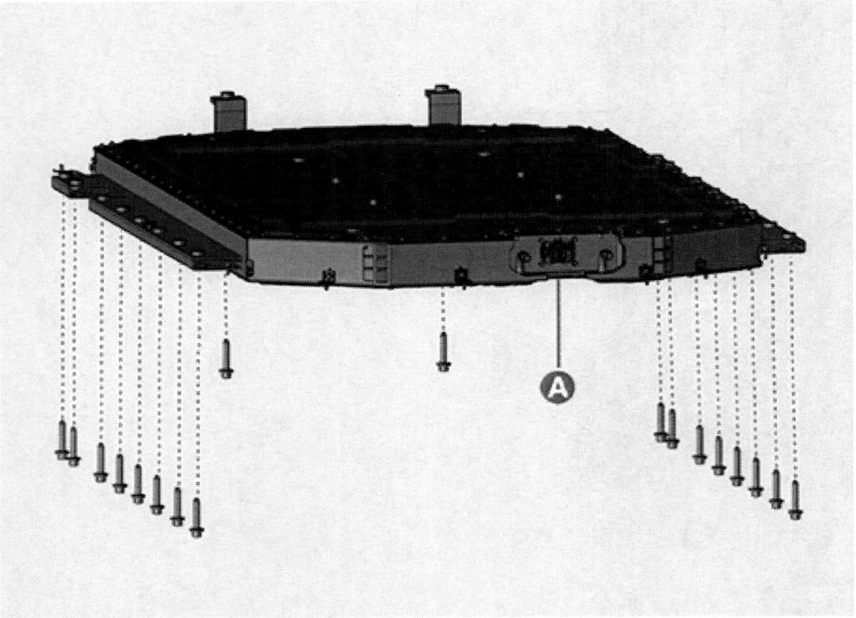

11. BSA 이송 시 특수공구(09375 - K4100)를 설치하고 크레인 잭을 이용해서 이송한다.

> **▲ 주 의**
>
> **BSA 이송 시 주의사항**
> - BSA를 과도하게 들어올리지 않는다.
> - BSA를 들어올린 상태에서 회전되지 않도록 한다.
> - BSA 이동 시 리프트에 올려진 상태로 이동한 후 크레인 잭을 이용해 들어올린다.
> - BSA 손상을 방지하기 위해 평평한 절연 매트 또는 파레트 위에 내려 놓는다.

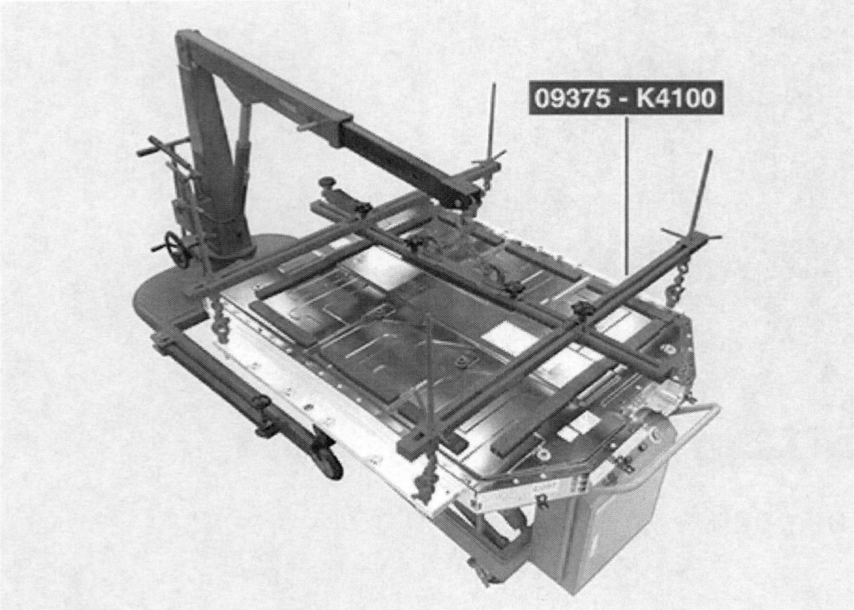

특수공구

공구 명칭 / 번호	형상	용도
고전압 배터리 이송 행어 09375 - K4100	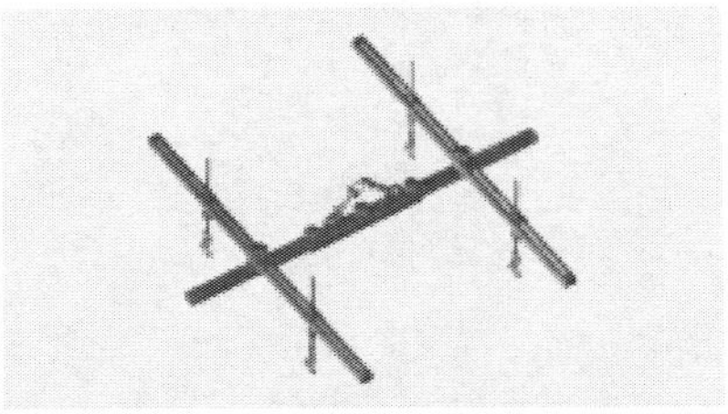	고전압 배터리 시스템 어셈블리 이송 시 사용

장착

⚠ 경 고

- 고전압 시스템 관련 작업 시, 관련 교육을 이수한 작업자가 정비를 진행한다. 고전압 시스템에 대한 이해가 부족한 경우 감전 또는 누전 등으로 인한 심각한 사고를 초래할 수 있다.
- 고전압 시스템 또는 주변 부품 작업 시, 반드시 "고전압 시스템 안전사항 및 주의, 경고" 내용을 숙지하고 준수해야 한다. 미 준수 시, 감전 또는 누전 등으로 인한 심각한 사고를 초래할 수 있다.
- 고전압 시스템 작업 특성상, 개인보호장구(PPE) 및 사전 고전압 차단 절차를 반드시 확인한다.

1. 특수공구(09375 - K4100)와 크레인 잭을 이용하여 고전압 배터리 시스템 어셈블리(BSA)를 리프트 위에 위치시킨다.

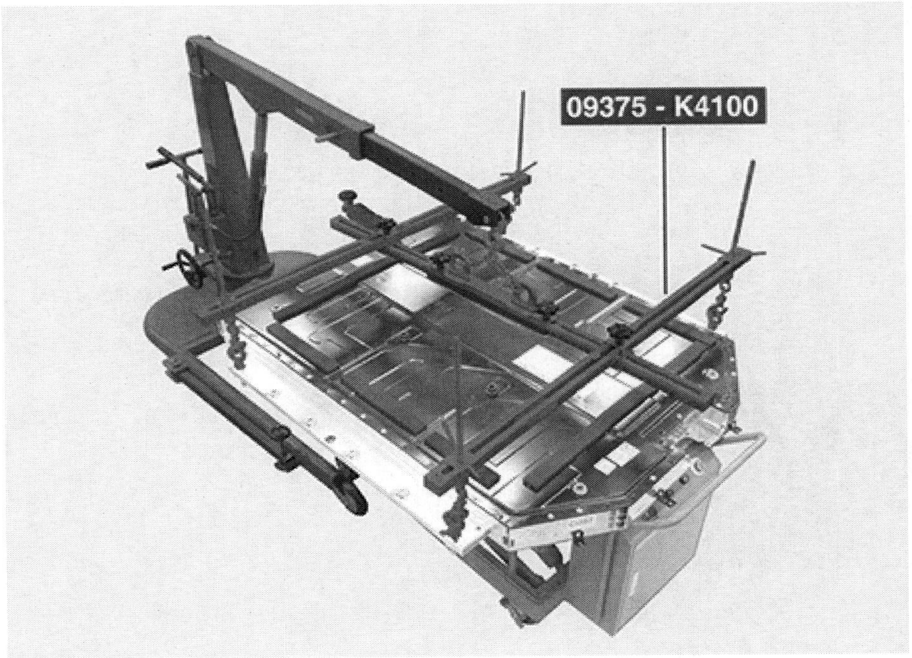

유 의

- 리프트 규격은 최소 무게 700kg 이상, 너비 1 m 이하를 이용한다.

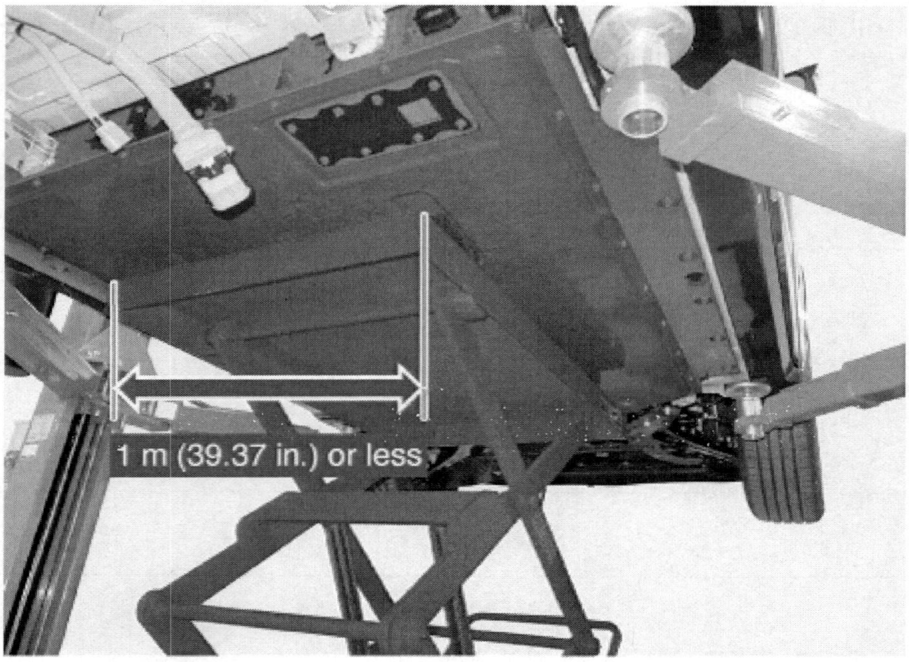

▲ 주 의

BSA 이송 시 주의사항

- BSA를 과도하게 들어올리지 않는다.
- BSA를 들어올린 상태에서 회전되지 않도록 한다.
- BSA를 크레인 잭으로 들어올린 후 리프트를 BSA 아래에 위치시킨다. (크레인 잭 이동 금지)

2. 장착은 탈거의 역순으로 한다.

유 의

- 배터리 시스템 어셈블리 (BSA) 장착 시 규정 토크를 준수하여 장착한다.
- BSA를 떨어뜨렸을 경우, 보이지 않는 손상이 유발될 수 있으니 신품으로 교환한다. (재사용 금지)
- BSA 볼트(A)는 재사용하지 않는다.

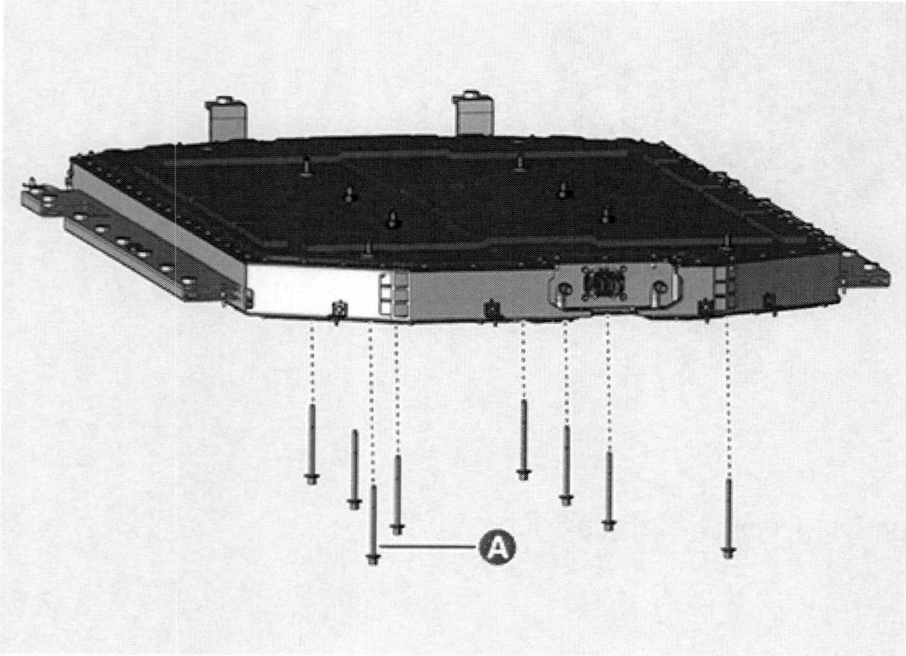

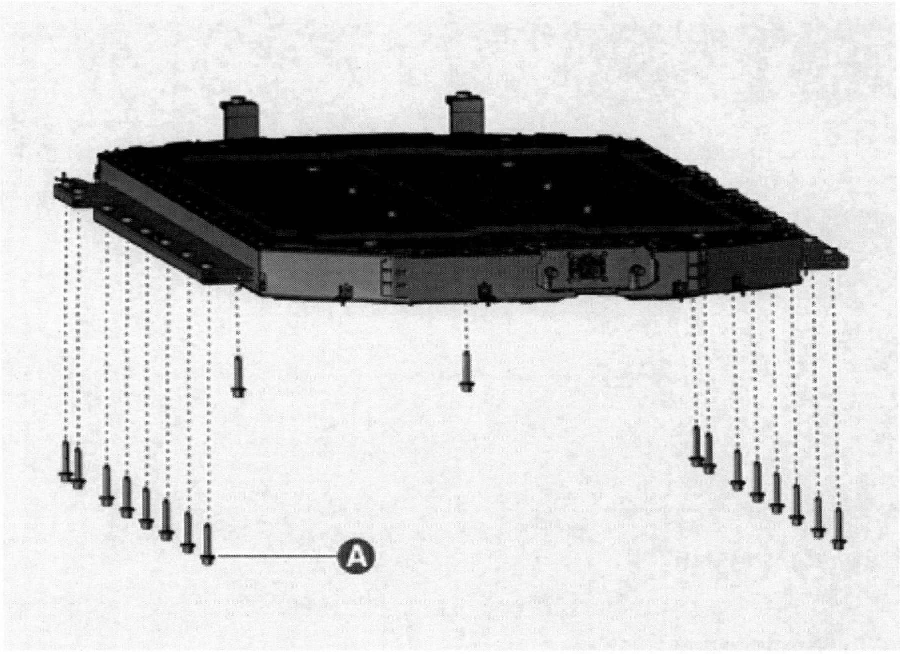

3. 냉각수를 보충한다.
   (전기차 냉각 시스템 - "배터리 냉각수" 참조)
4. 진단 장비(KDS)를 이용하여 SOC 보정 기능을 수행한다.

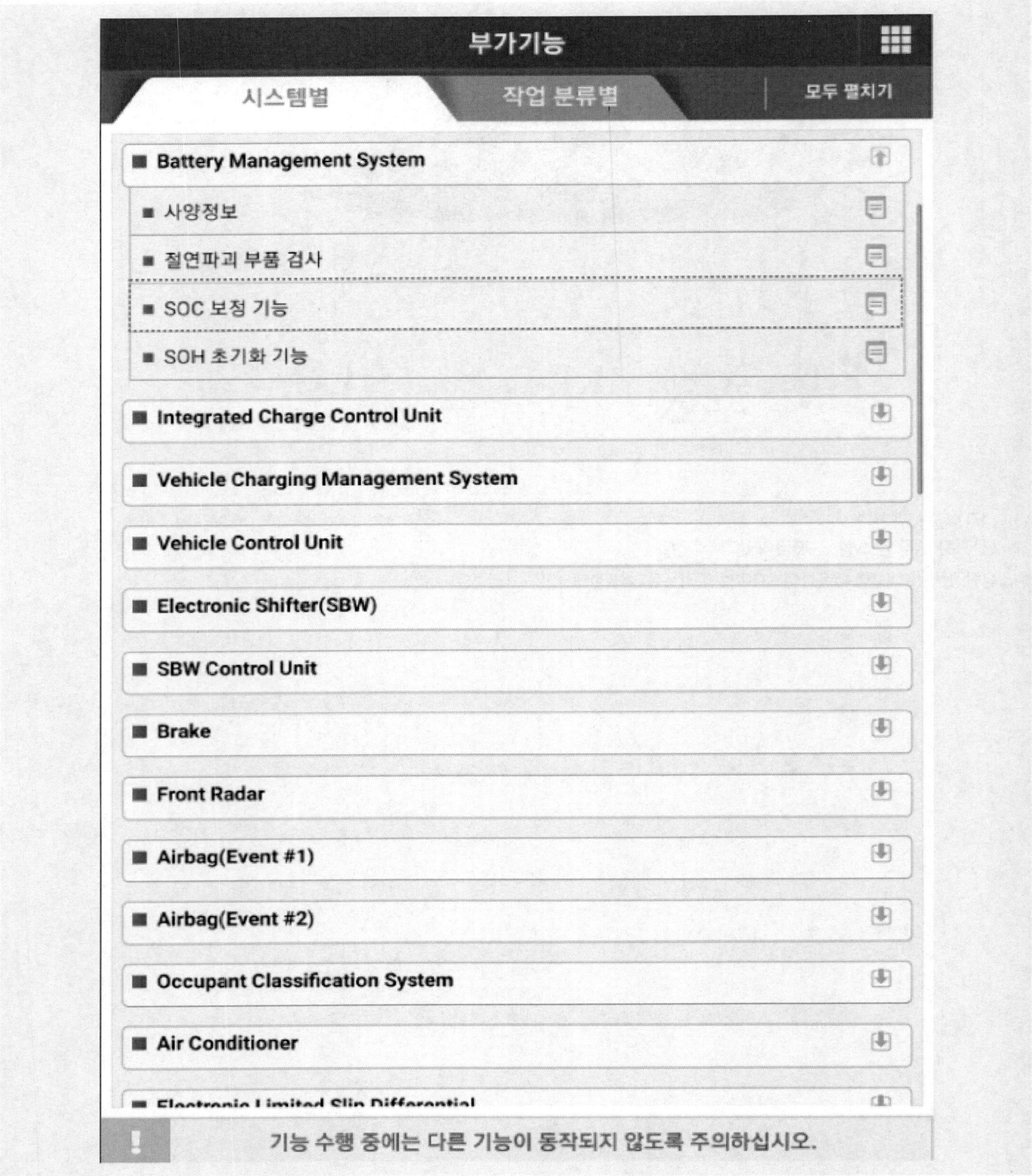
부가기능
시스템별
작업 분류별
모두 펼치기
Battery Management System
사양정보
절연파괴 부품 검사
SOC 보정 기능
SOH 초기화 기능
Integrated Charge Control Unit
Vehicle Charging Management System
Vehicle Control Unit
Electronic Shifter(SBW)
SBW Control Unit
Brake
Front Radar
Airbag(Event #1)
Airbag(Event #2)
Occupant Classification System
Air Conditioner
기능 수행 중에는 다른 기능이 동작되지 않도록 주의하십시오.

구성부품

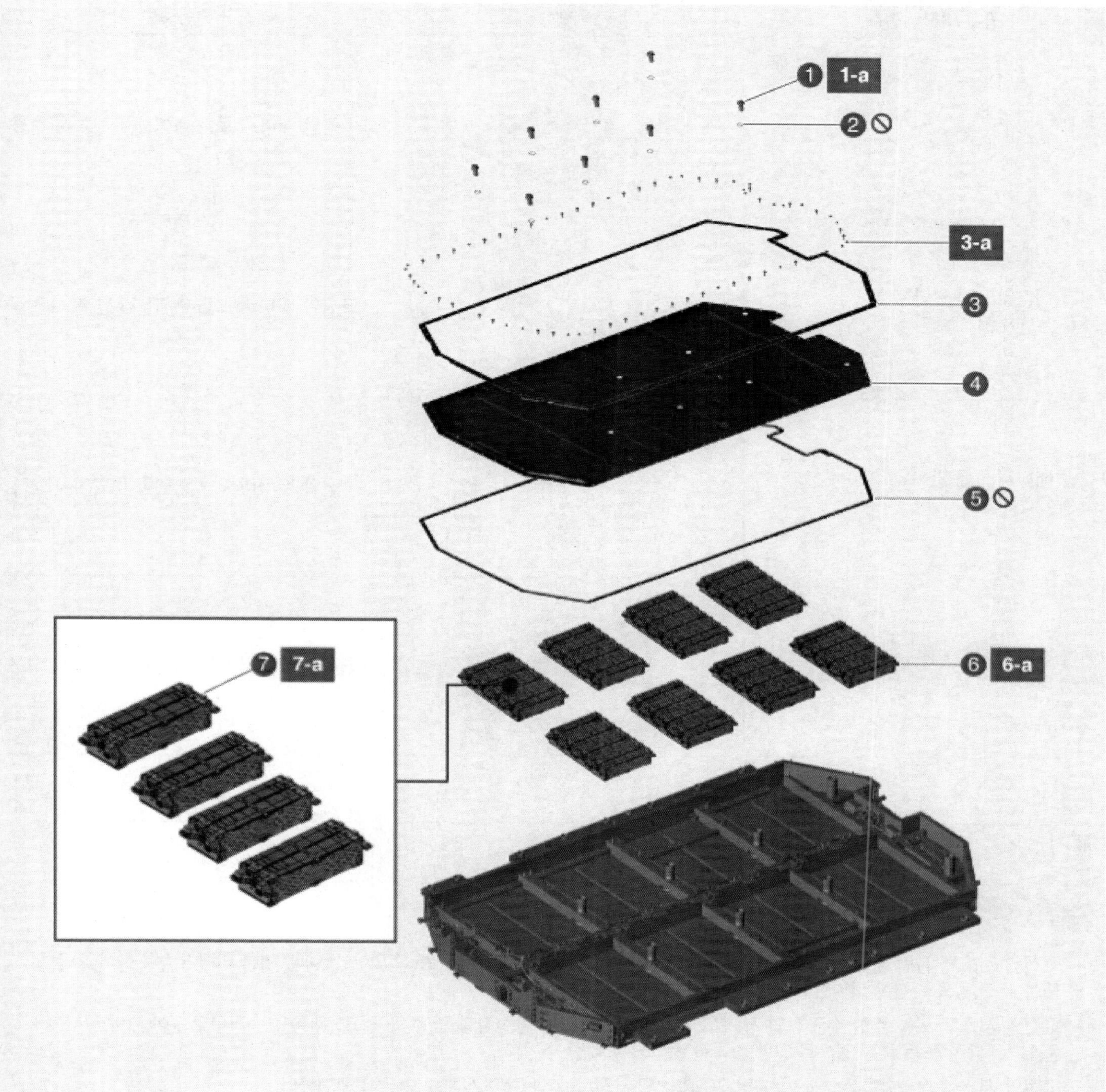

1. 상부 케이스 볼트 1-a. 10.5 ~ 15.8 kgf·m 2. O-링 3. 수밀 보강 브래킷 3-a. 1차 : 0.9 kgf·m 3-a. 2차 : 1.1 kgf·m	4. 상부 케이스 5. 수밀 개스킷 6. 배터리 모듈 어셈블리(BMA) 6-a. 0.8 ~ 1.2 kgf·m 7. 서브 배터리 모듈 어셈블리(Sub-BMA) 7-a. 2.0 ~ 3.0 kgf·m

특수공구

공구 명칭 / 번호	형상	용도
고전압 배터리 모듈 어셈블리 행어 09375 - GI700	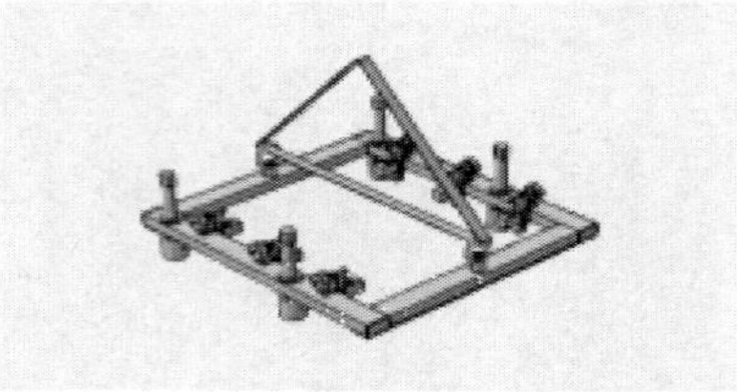	고전압 배터리 모듈 어셈블리 이송 시 사용
고전압 배터리 모듈 면압 지그 09375 - GI800	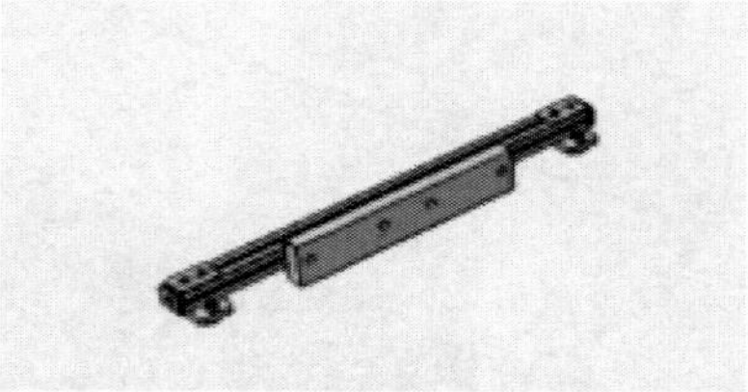	고전압 배터리 모듈 어셈블리 압축 시 사용
고전압 배터리 모듈 가이드 09375 - GI900	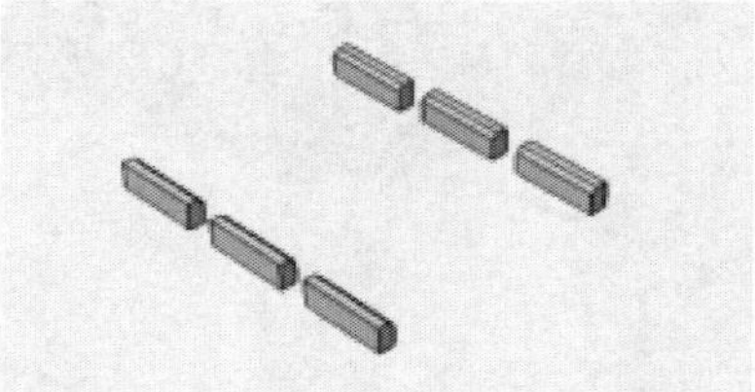	고전압 배터리 모듈을 면압기 안착 시 사용
고전압 배터리 모듈 어셈블리 분해 지그 TMS - 1907	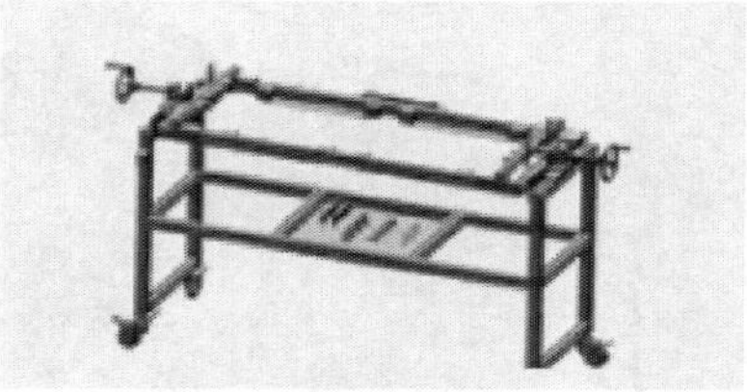	고전압 배터리 모듈 어셈블리 분해 시 사용

탈거

⚠ 경 고

- 고전압 시스템 관련 작업 시, 관련 교육을 이수한 작업자가 정비를 진행한다. 고전압 시스템에 대한 이해가 부족한 경우 감전 또는 누전 등으로 인한 심각한 사고를 초래할 수 있다.
- 고전압 시스템 또는 주변 부품 작업 시, 반드시 "고전압 시스템 안전사항 및 주의, 경고" 내용을 숙지하고 준수해야 한다. 미준수 시, 감전 또는 누전 등으로 인한 심각한 사고를 초래할 수 있다.
- 고전압 시스템 작업 특성상, 개인보호장구(PPE) 및 사전 고전압 차단 절차를 반드시 확인한다.

유 의

배터리 모듈 어셈블리(BMA) 탈거 작업 시 절대로 밟거나 하중을 가하지 않는다. 하중이 가해질 경우 BMA 하단 부에 손상이 발생할 수 있다.

ℹ 참 고

- 고전압 배터리 모듈 어셈블리 분해 지그 사용 전 고전압 배터리 모듈 면압 지그와 모듈 가이드를 장착 후 사용한다. (제조사 매뉴얼 참고)
- 아래 배터리 모듈 어셈블리(BMA) 탈거 절차는 모듈#1에 대한 절차이다. 나머지 BMA도 동일한 방법으로 진행한다.

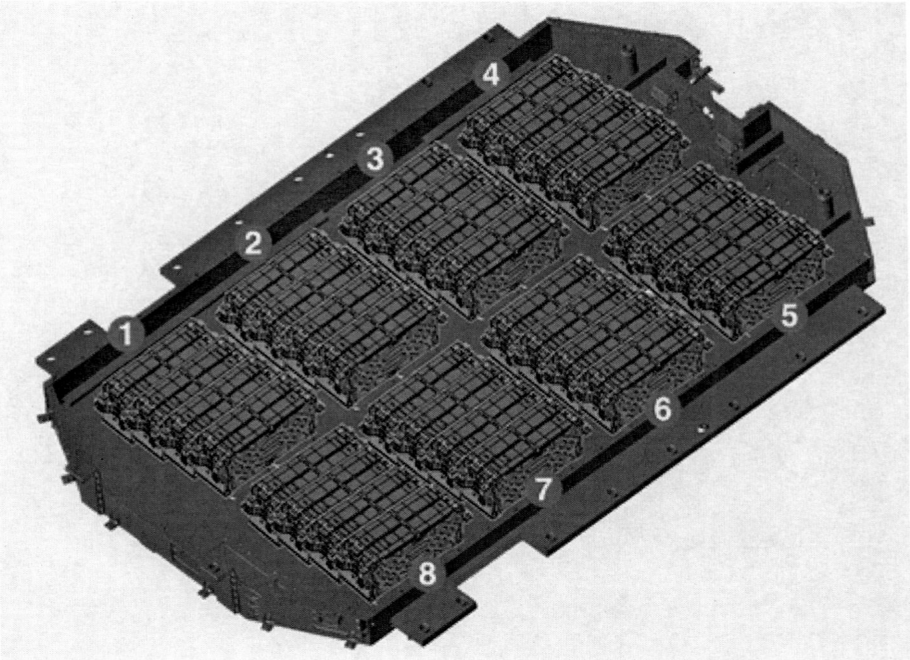

1. 배터리 시스템 어셈블리(BSA) 상부 케이스를 탈거한다.
   (고전압 배터리 시스템 - "케이스" 참조)
2. 볼트와 너트를 풀어 버스 바(A)를 탈거한다.

체결토크 : 0.8 ~ 1.2 kgf·m

3. 볼트와 너트를 풀어 버스 바(A)를 탈거한다.

체결토크 : 0.8 ~ 1.2 kgf·m

4. 볼트를 풀어 버스 바(A)를 탈거한다.

체결토크 : 0.8 ~ 1.2 kgf·m

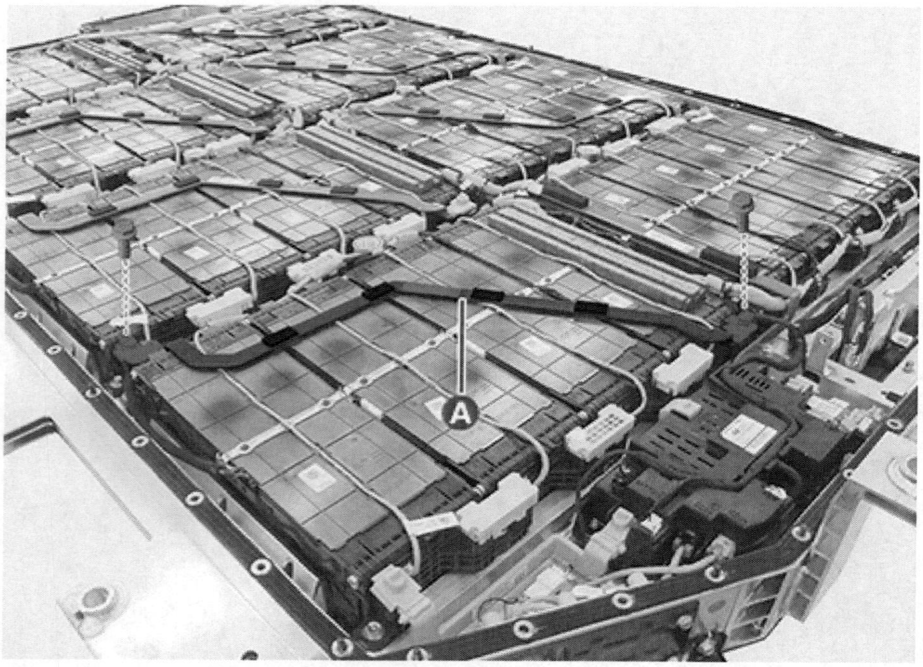

5. 전압 & 온도 센싱 와이어링 커넥터(A)를 분리한다.

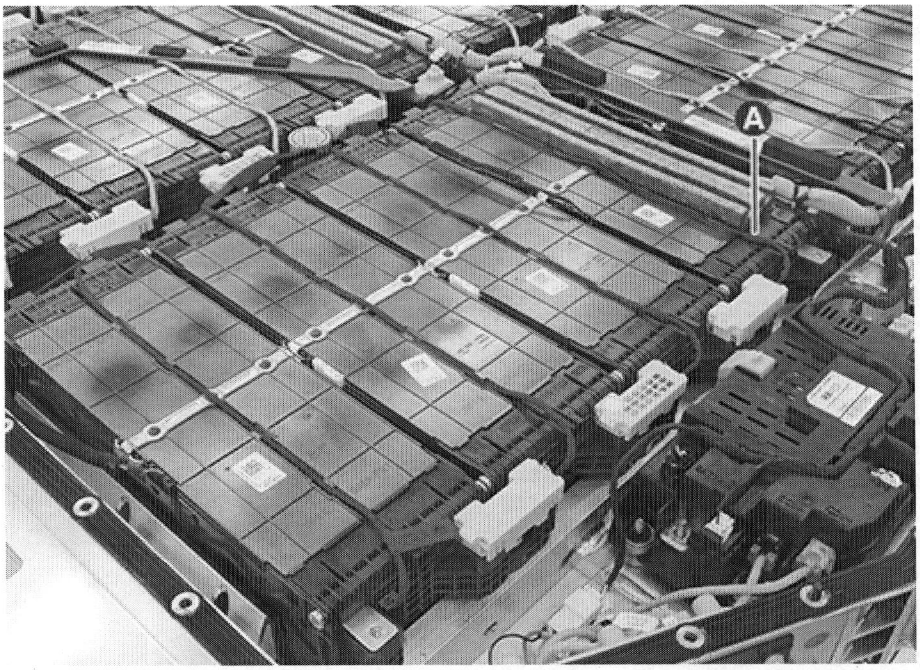

6. 커넥터(B)를 분리 후 전압 & 온도 센싱 와이어링(A)을 탈거한다.

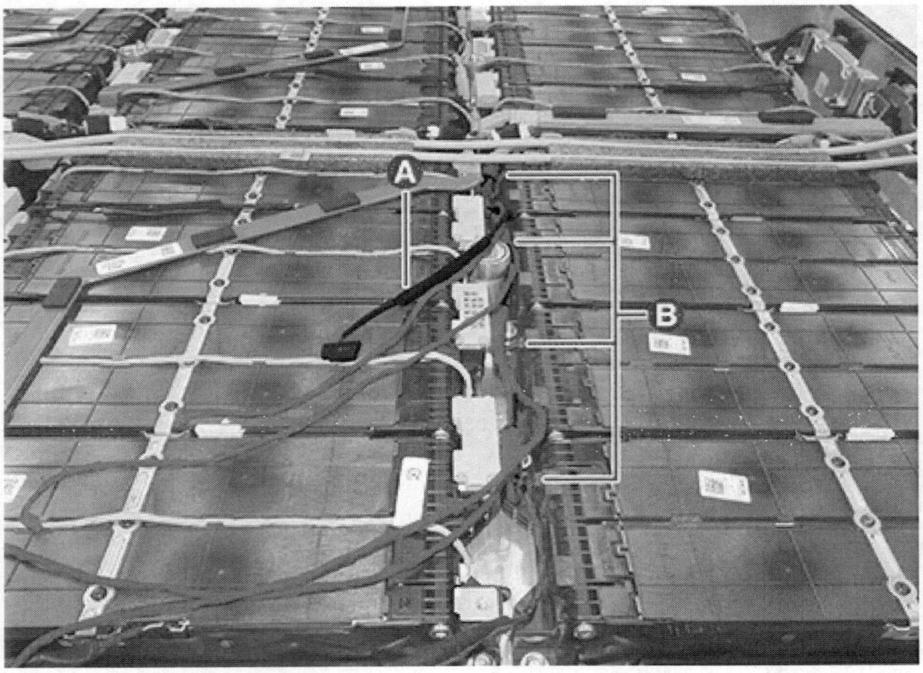

7. 버스 바 커버(A)를 연다.

8. 볼트를 풀어 버스 바(A)를 탈거한다.

체결토크 : 0.8 ~ 1.2 kgf·m

9. 볼트와 너트를 풀어 버스 바(A)를 탈거한다.

체결토크 : 0.8 ~ 1.2 kgf·m

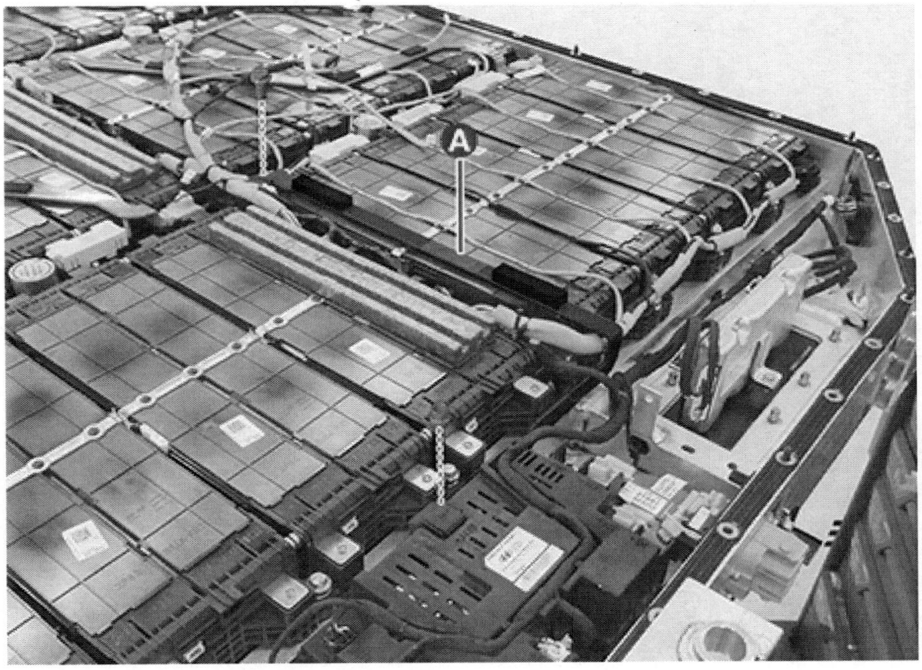

10. 볼트를 풀어 버스 바(A)를 탈거한다.

체결토크 : 0.8 ~ 1.2 kgf·m

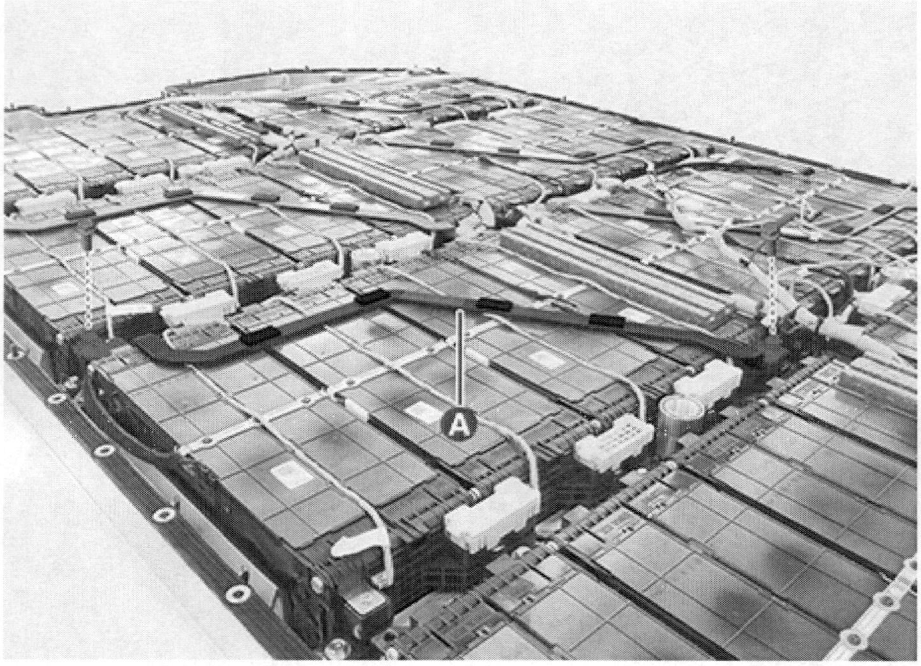

11. 와이어링 패드(A)를 탈거한다.

유 의

양면 테이프는 항상 신품으로 교환한다. (재사용 금지)

12. 볼트를 풀어 고정 브래킷(A)을 탈거한다.

체결토크 : 0.8 ~ 1.2 kgf·m

13. 배터리 모듈 어셈블리(BMA)(A) 고정 볼트와 너트를 탈거한다.

체결토크 : 0.8 ~ 1.2 kgf·m

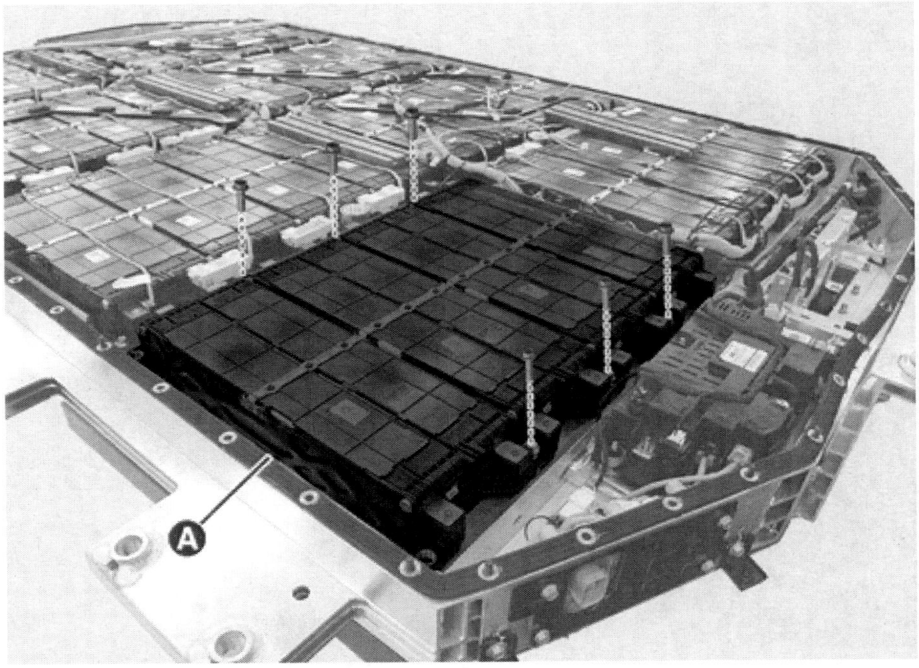

14. 고전압 배터리 모듈 어셈블리 행어(09375 - GI700)를 설치한 후 BMA를 케이스로부터 분리한다.

> **참 고**
>
> 고전압 배터리 모듈 어셈블리 행어(09375 - GI700) 업체 매뉴얼을 참고한다.

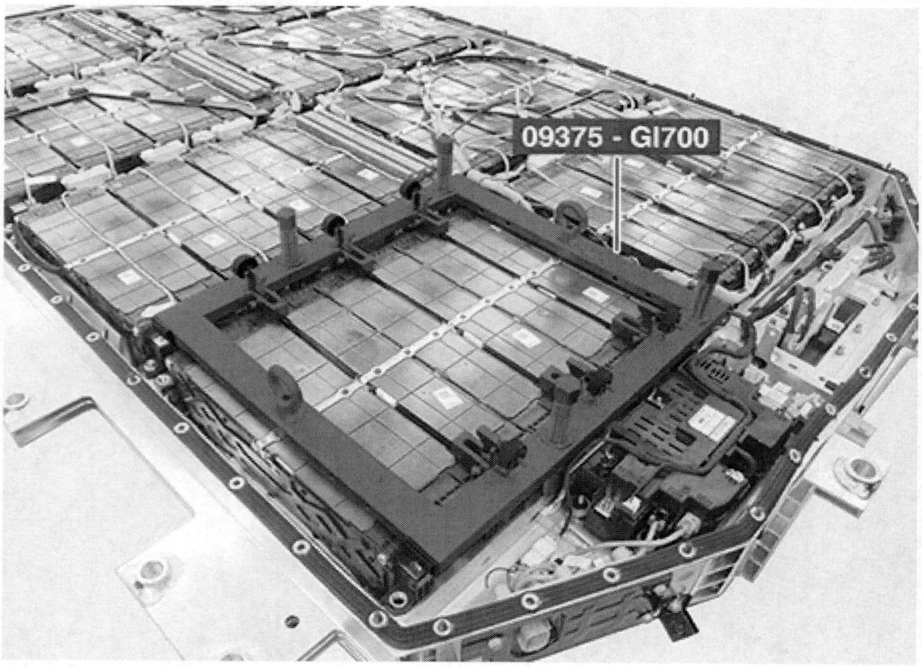

> **유 의**
>
> - 탈거된 BMA는 고전압 배터리 모듈 어셈블리 분해 지그(TMS - 1907)에 설치하여 작업한다.
> - BMA 하단부의 손상 및 변형은 화재의 원인이 될 수 있으므로 취급에 유의한다.

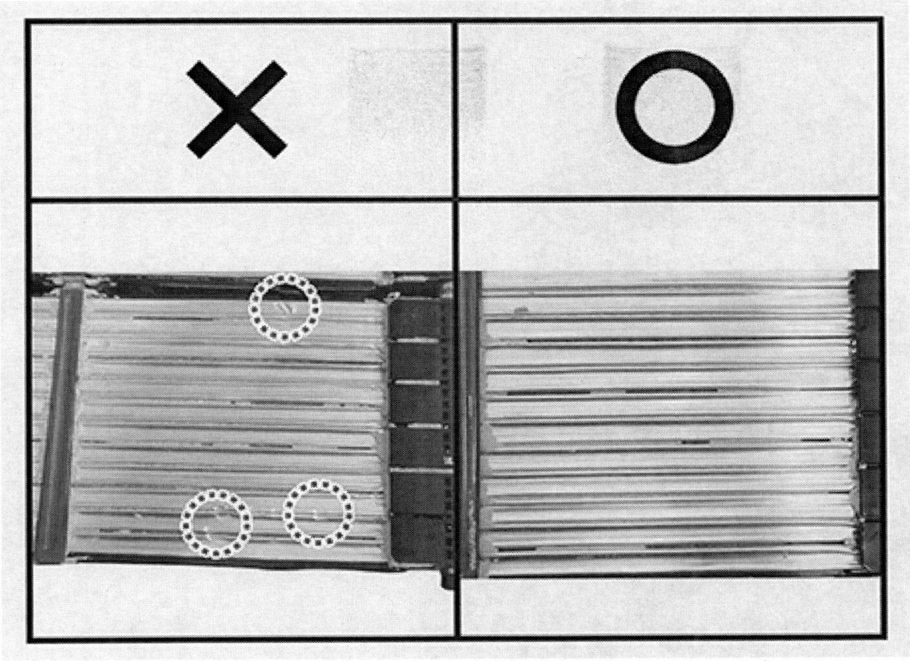

15. 크레인 잭을 이용하여 고전압 배터리 모듈을 이송한다.

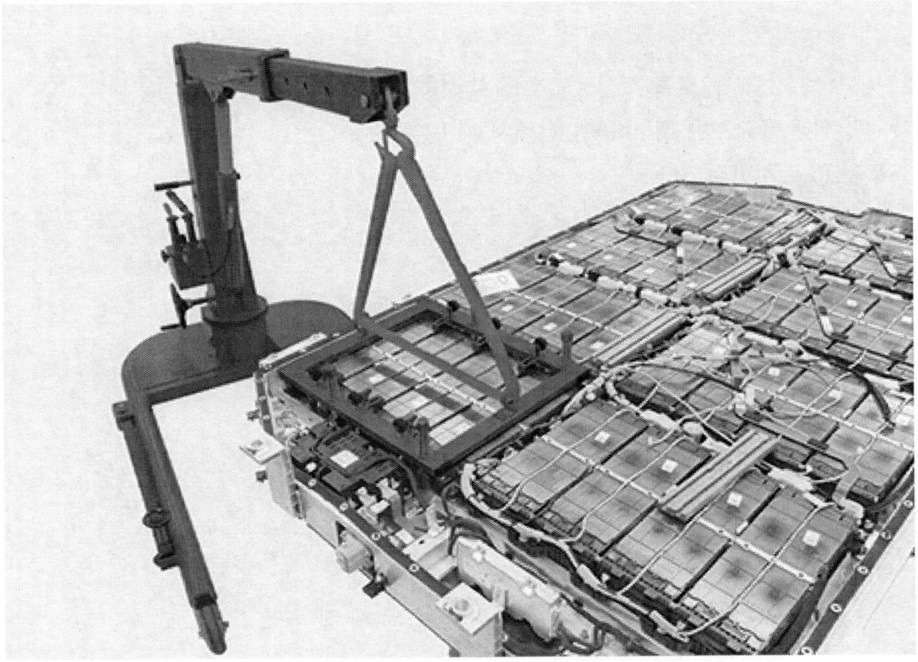

16. 탈거 된 BMA(A)를 고전압 배터리 모듈 어셈블리 분해 지그(B)에 설치한다.

참 고

고전압 배터리 모듈 어셈블리 분해 지그(TMS - 1907) 업체 매뉴얼을 참고한다.

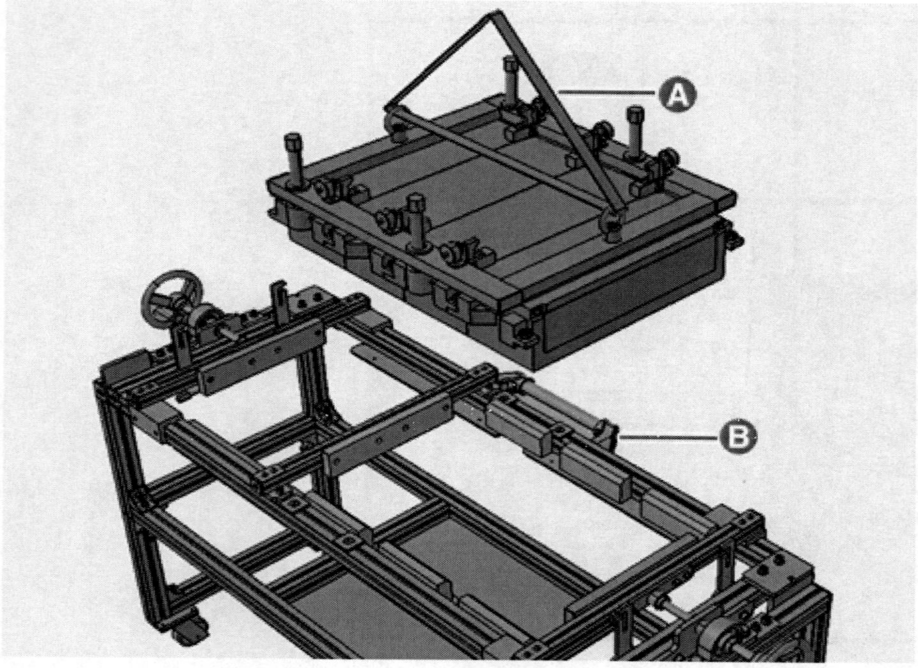

17. BMA 하단 및 하부 케이스에 있는 잔여 갭 필러를 제거한다.

유 의

- 반드시 절연 장갑 착용 후 모듈 하단부가 변형 되지않도록 조심스럽게 갭 필러를 제거한다.
- 하부 케이스 스크래치 발생을 방지하기 위해 플라스틱 리무버를 이용해서 제거한다.
- 에어건 사용 시 모듈 하단부와 접촉되지 않도록 한다.

장착

경 고

- 고전압 시스템 관련 작업 시, 관련 교육을 이수한 작업자가 정비를 진행한다. 고전압 시스템에 대한 이해가 부족한 경우 감전 또는 누전 등으로 인한 심각한 사고를 초래할 수 있다.
- 고전압 시스템 또는 주변 부품 작업 시, 반드시 "고전압 시스템 안전사항 및 주의, 경고" 내용을 숙지하고 준수해야 한다. 미 준수 시, 감전 또는 누전 등으로 인한 심각한 사고를 초래할 수 있다.
- 고전압 시스템 작업 특성상, 개인보호장구(PPE) 및 사전 고전압 차단 절차를 반드시 확인한다.

1. 서브 배터리 모듈 어셈블리(Sub-BMA)를 신품으로 교환한 경우 셀 밸런싱 절차를 수행한다.
   (서브 배터리 모듈 어셈블리 (Sub-BMA) - "조정" 참조)
2. 특수공구를 사용하여 신품 갭 필러를 도포한다.
   (고전압 배터리 시스템 - "갭 필러 도포" 참조)
3. 장착은 탈거의 역순으로 한다.

유 의

- 배터리 모듈 어셈블리 (BMA) 장착 시 규정 토크를 준수하여 장착한다.
- BMA를 떨어뜨렸을 경우, 보이지 않는 손상이 유발될 수 있으니 신품으로 교환한다. (재사용 금지)

4. 배터리 시스템 어셈블리(BSA) 상부 케이스 장착 전, 진단 장비(KDS)를 이용하여 고전압 배터리팩 커넥터 체결검사를 실시한다.
   (부가기능 → 배터리 매니지먼트 시스템(BMS) → 고전압 배터리 팩 체결 검사)
5. 진단 장비(KDS)를 이용하여 기밀 점검을 실시한다.
   (고전압 배터리 시스템 - "기밀 점검" 참조)
6. 진단 장비(KDS)를 이용하여 SOC 보정 기능을 수행한다.

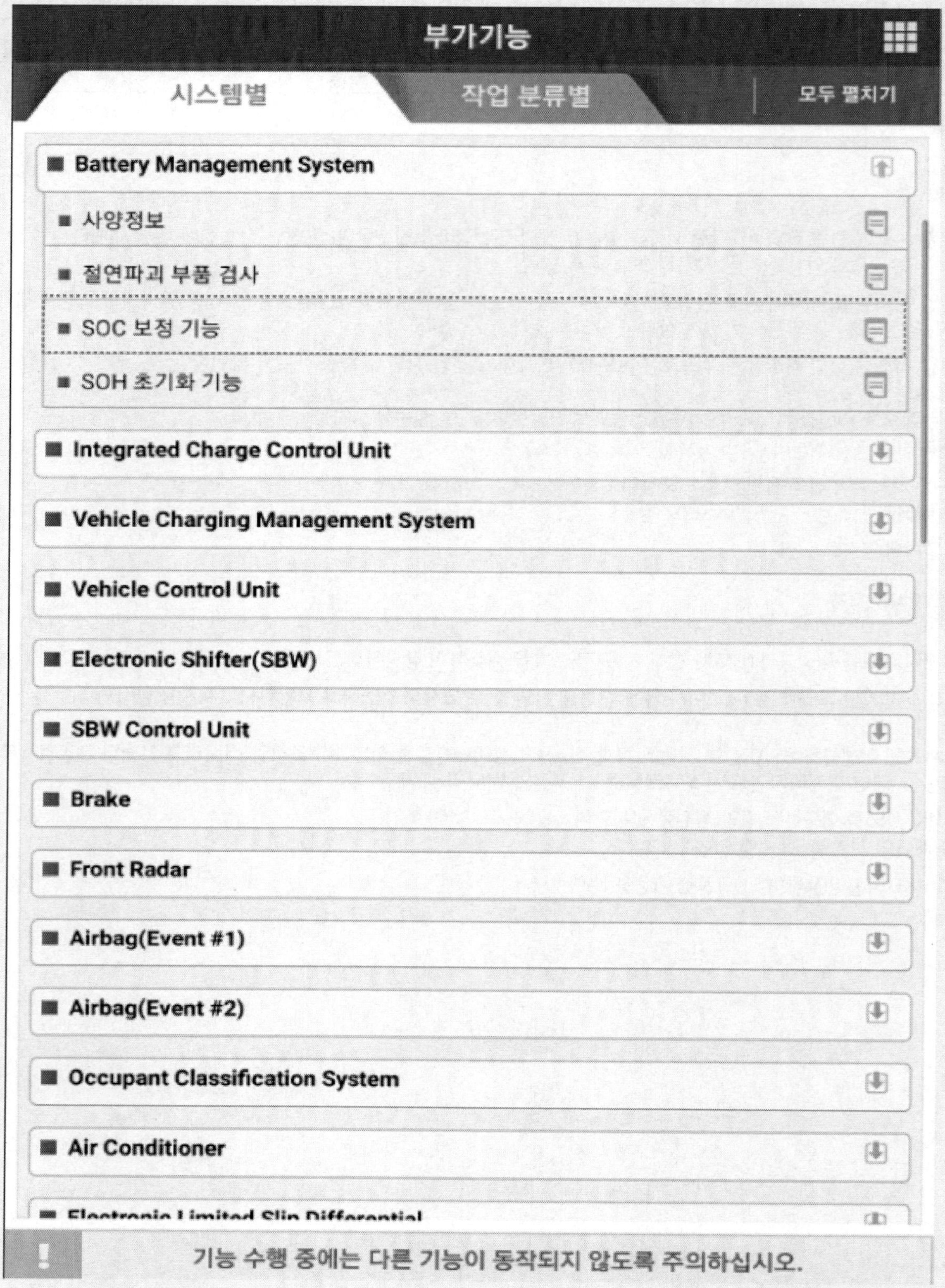
부가기능
시스템별
작업 분류별
모두 펼치기
Battery Management System
사양정보
절연파괴 부품 검사
SOC 보정 기능
SOH 초기화 기능
Integrated Charge Control Unit
Vehicle Charging Management System
Vehicle Control Unit
Electronic Shifter(SBW)
SBW Control Unit
Brake
Front Radar
Airbag(Event #1)
Airbag(Event #2)
Occupant Classification System
Air Conditioner
기능 수행 중에는 다른 기능이 동작되지 않도록 주의하십시오.

구성부품

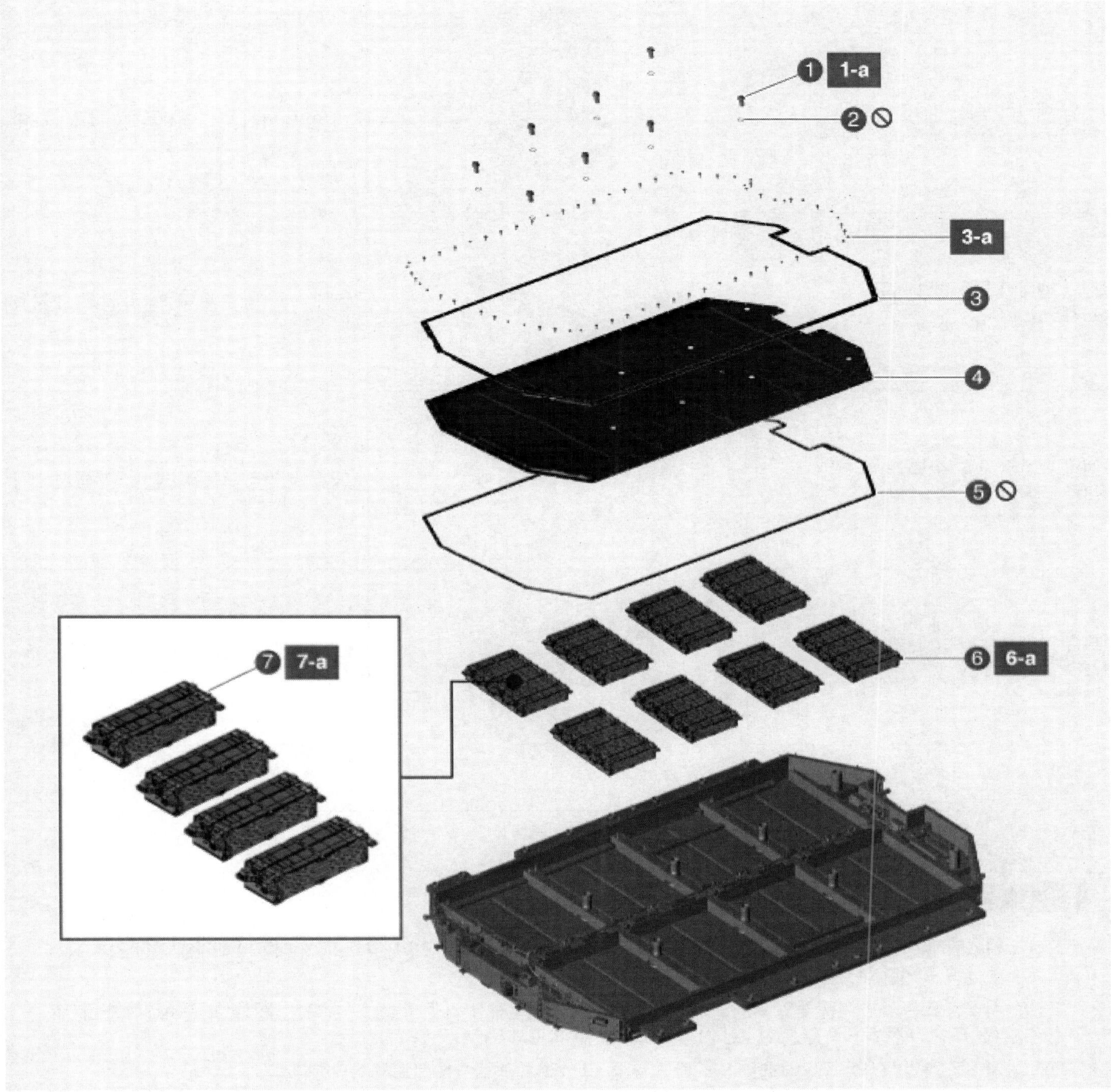

1. 상부 케이스 볼트 1-a. 10.5 ~ 15.8 kgf·m 2. O-링 3. 수밀 보강 브래킷 3-a. 1차 : 0.9 kgf·m 3-a. 2차 : 1.1 kgf·m	4. 상부 케이스 5. 수밀 개스킷 6. 배터리 모듈 어셈블리(BMA) 6-a. 0.8 ~ 1.2 kgf·m 7. 서브 배터리 모듈 어셈블리(Sub-BMA) 7-a. 2.0 ~ 3.0 kgf·m

특수공구

공구 명칭 / 번호	형상	용도
고전압 배터리 모듈 어셈블리 행어 09375 - GI700	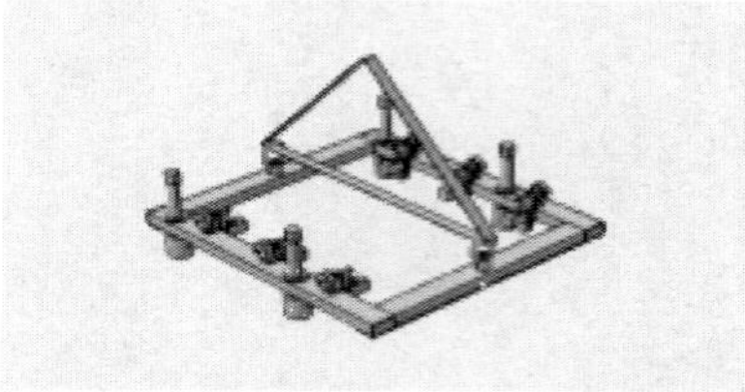	고전압 배터리 모듈 어셈블리 이송 시 사용
고전압 배터리 모듈 면압 지그 09375 - GI800	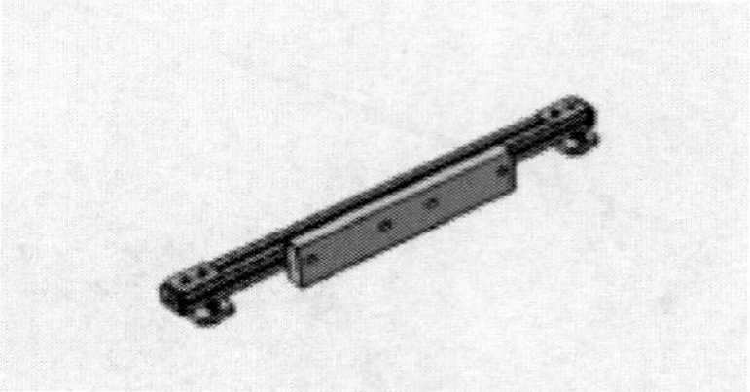	고전압 배터리 모듈 어셈블리 압축 시 사용
고전압 배터리 모듈 가이드 09375 - GI900	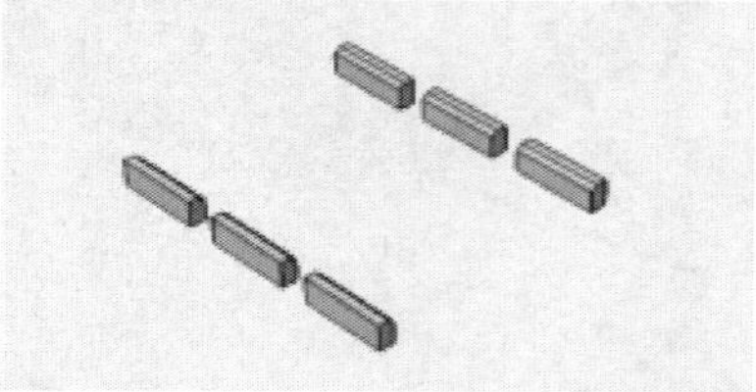	고전압 배터리 모듈을 면압기 안착 시 사용
고전압 배터리 모듈 어셈블리 분해 지그 TMS - 1907	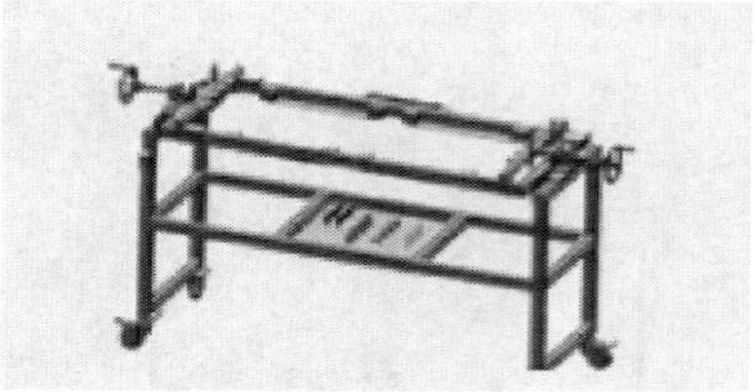	고전압 배터리 모듈 어셈블리 분해 시 사용

탈거

⚠ 경 고

- 고전압 시스템 관련 작업 시, 관련 교육을 이수한 작업자가 정비를 진행한다. 고전압 시스템에 대한 이해가 부족한 경우 감전 또는 누전 등으로 인한 심각한 사고를 초래할 수 있다.
- 고전압 시스템 또는 주변 부품 작업 시, 반드시 "고전압 시스템 안전사항 및 주의, 경고" 내용을 숙지하고 준수해야 한다. 미 준수 시, 감전 또는 누전 등으로 인한 심각한 사고를 초래할 수 있다.
- 고전압 시스템 작업 특성상, 개인보호장구(PPE) 및 사전 고전압 차단 절차를 반드시 확인한다.

ℹ 참 고

- 고전압 배터리 모듈 어셈블리 분해 지그 사용 전 고전압 배터리 모듈 면압 지그와 모듈 가이드를 장착 후 사용한다. (제조사 매뉴얼 참고)
- 아래 서브 배터리 모듈 어셈블리(Sub-BMA) 탈거 절차는 #1~4에 대한 절차이다. 나머지 Sub-BMA도 동일한 방법으로 진행한다.

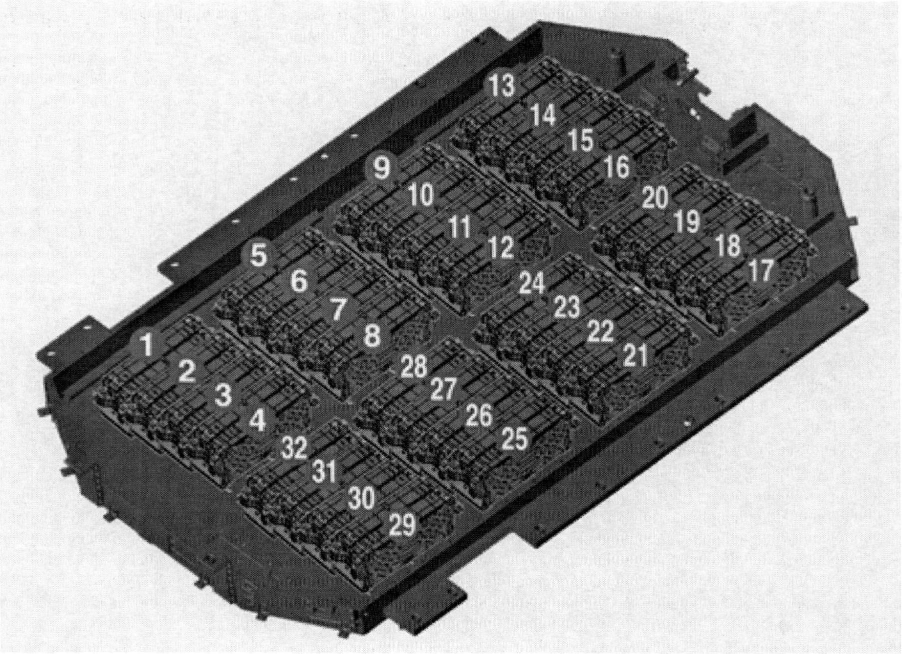

1. 고전압 배터리 모듈 어셈블리(BMA)를 탈거한다.
   (고전압 배터리 시스템 - "배터리 모듈 어셈블리 (BMA)" 참조)
2. 고전압 배터리 모듈 어셈블리 행어(A)를 탈거한다.

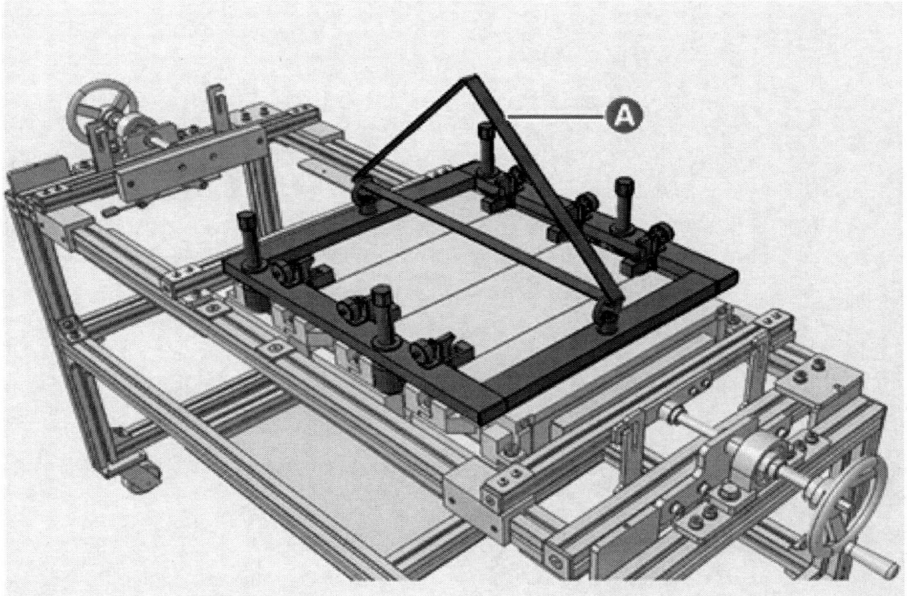

3. 고전압 배터리 모듈 어셈블리 분해 지그 핸들을 시계 방향으로 돌려서 BMA(A)를 압축한다.

압축토크 : 0.5 ~ 0.7 kgf·m

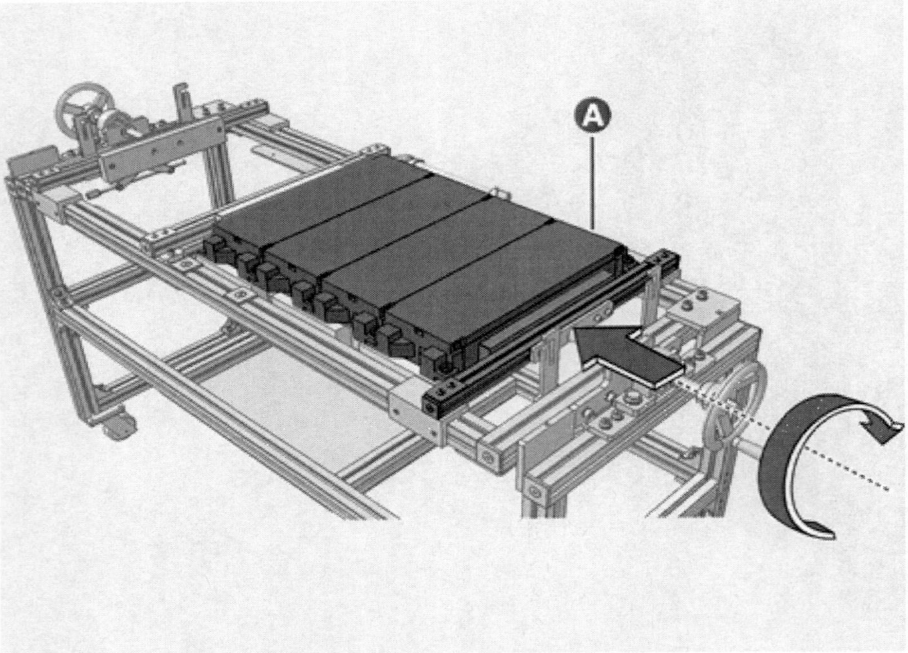

4. 볼트를 풀어 서브 배터리 모듈 어셈블리(Sub-BMA)(A)를 탈거한다.

체결토크 : 2.0 ~ 3.0 kgf·m

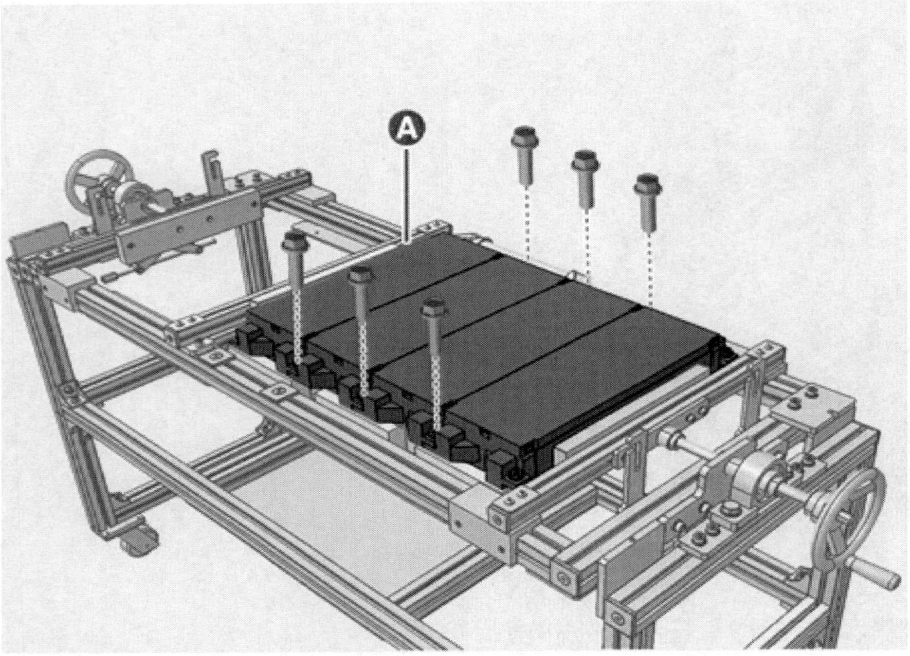

5. BMA 하단부를 육안으로 점검하여 변형이 있는 Sub-BMA는 신품으로 교환한다.

⚠ 경 고

변형이 있는 모듈 장착 시 차량 화재 위험이 있으므로 반드시 신품으로 교환한다.

장착

⚠ 경 고

- 고전압 시스템 관련 작업 시, 관련 교육을 이수한 작업자가 정비를 진행한다. 고전압 시스템에 대한 이해가 부족한 경우 감전 또는 누전 등으로 인한 심각한 사고를 초래할 수 있다.

- 고전압 시스템 또는 주변 부품 작업 시, 반드시 "고전압 시스템 안전사항 및 주의, 경고" 내용을 숙지하고 준수해야 한다. 미 준수 시, 감전 또는 누전 등으로 인한 심각한 사고를 초래할 수 있다.
- 고전압 시스템 작업 특성상, 개인보호장구(PPE) 및 사전 고전압 차단 절차를 반드시 확인한다.

1. 서브 배터리 모듈 어셈블리(Sub-BMA)를 신품으로 교환한 경우 셀 밸런싱 절차를 수행한다.
   (서브 배터리 모듈 어셈블리 (Sub-BMA) - "조정" 참조)
2. 특수공구를 사용하여 신품 갭 필러를 도포한다.
   (고전압 배터리 시스템 - "갭 필러 도포" 참조)
3. 장착은 탈거의 역순으로 한다.

유 의

- 서브 배터리 모듈 어셈블리 (Sub-BMA) 장착 시 규정 토크를 준수하여 장착한다.
- Sub-BMA를 떨어뜨렸을 경우, 보이지 않는 손상이 유발될 수 있으니 신품으로 교환한다. (재사용 금지)
- Sub-BMA 장착 시, 가압 된 상태에서 아래 순서에 따라 볼트를 체결한다.

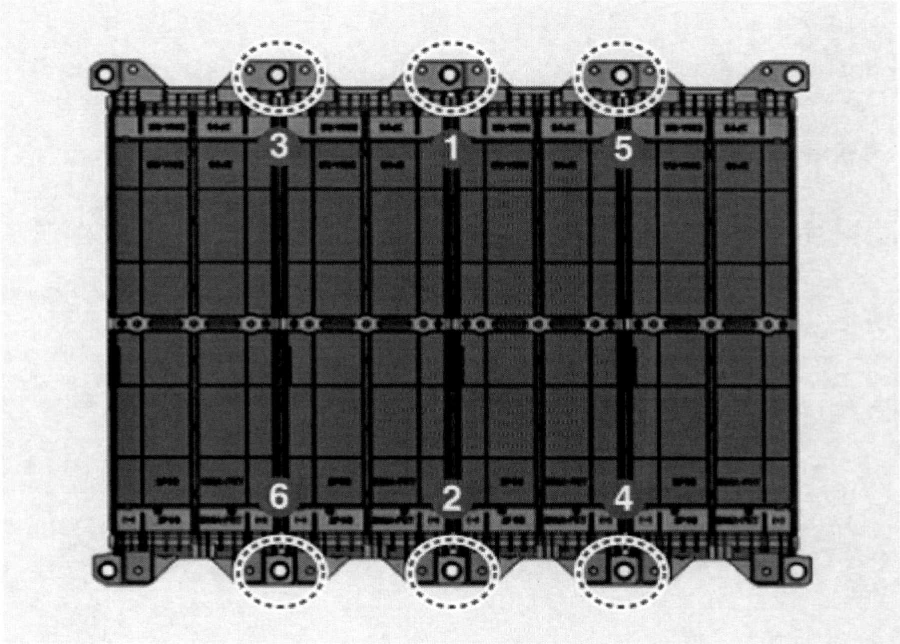

4. 배터리 시스템 어셈블리(BSA) 상부 케이스 장착 전, 진단 장비(KDS)를 이용하여 고전압 배터리팩 커넥터 체결검사를 실시한다.
   (부가기능 → 배터리 매니지먼트 시스템(BMS) → 고전압 배터리 팩 체결 검사)
5. 진단 장비(KDS)를 이용하여 기밀 점검을 실시한다.
   (고전압 배터리 시스템 - "기밀 점검" 참조)
6. 진단 장비(KDS)를 이용하여 SOC 보정 기능을 수행한다.

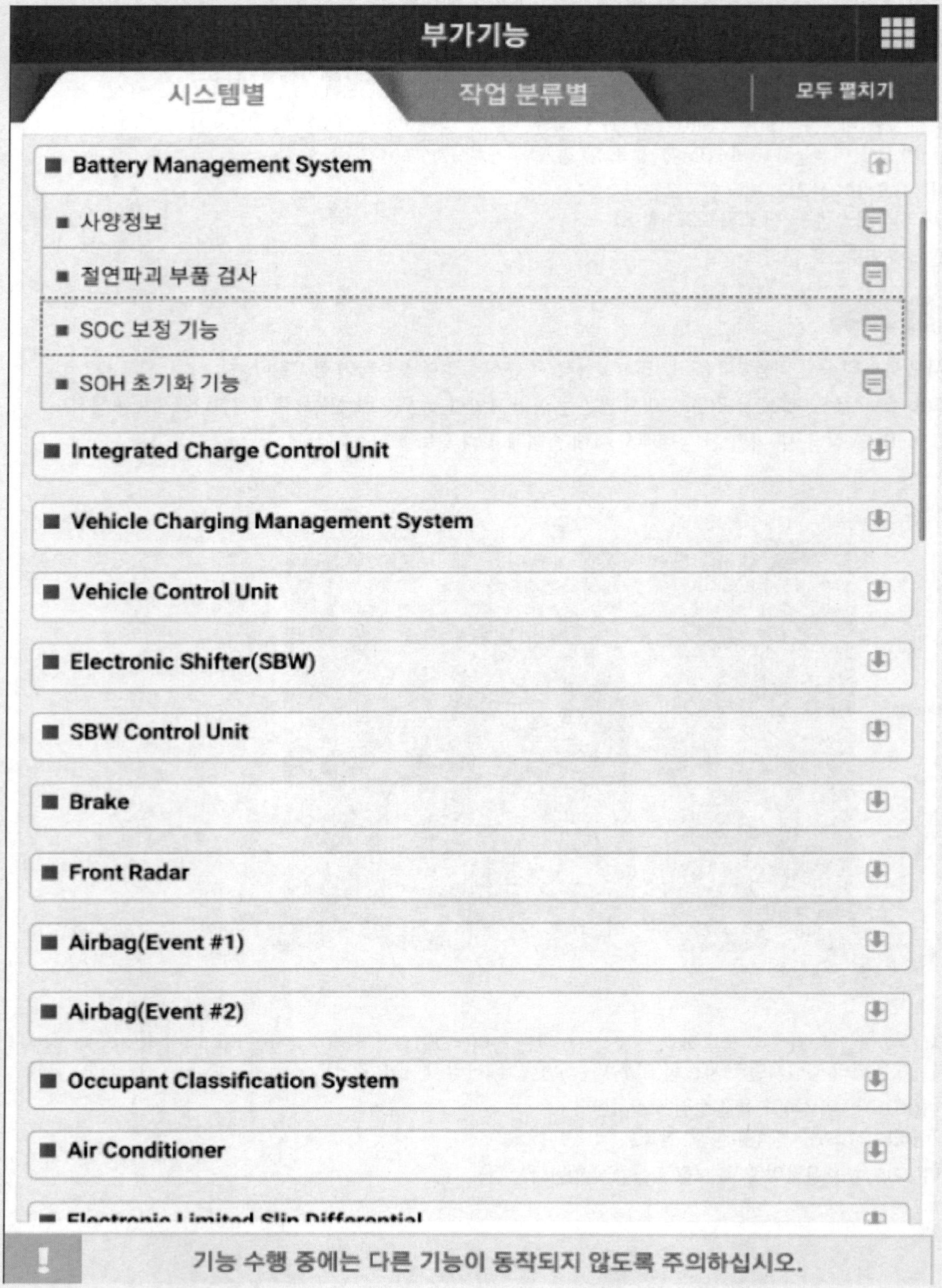
부가기능
시스템별
작업 분류별
모두 펼치기
Battery Management System
사양정보
절연파괴 부품 검사
SOC 보정 기능
SOH 초기화 기능
Integrated Charge Control Unit
Vehicle Charging Management System
Vehicle Control Unit
Electronic Shifter(SBW)
SBW Control Unit
Brake
Front Radar
Airbag(Event #1)
Airbag(Event #2)
Occupant Classification System
Air Conditioner
!
기능 수행 중에는 다른 기능이 동작되지 않도록 주의하십시오.

조정

배터리 셀 밸런싱 절차

1. 디지털 테스터를 이용하여 양호한 서브 배터리 모듈 어셈블리 4개의 전압을 측정한다.
2. 측정된 값을 이용하여 목표 전압을 계산한다.

목표 전압 : A ÷ 4
A : 양호한 서브 배터리 모듈 어셈블리 4개의 전압의 합

참 고

- 양호한 모듈의 전압을 측정한 후 목표 전압을 계산하므로, 진단 장비(KDS)로 최대 및 최소 전압을 측정할 필요가 없다.
- 모든 서브 배터리 모듈 어셈블리의 셀 개수는 동일하므로 개별 셀 전압을 계산할 필요가 없다.

3. 신품 서브 배터리 모듈 어셈블리를 충방전기(xEV Battery Module Balancer)에 설치하고, 목표 전압을 장비에 입력한 후 배터리 모듈 밸런싱을 수행한다.

경 고

충방전기(xEV Battery Module Balancer) 주변에 안전 공간을 충분히 확보한 후에 배터리 모듈 충전/방전 작업을 수행한다.

4. 서브 배터리 모듈 어셈블리의 밸런싱이 완료된 후 디지털 테스터를 이용하여 신품 모듈의 전압이 목표 전압과 같은지 측정한다.

구성부품

상부 케이스

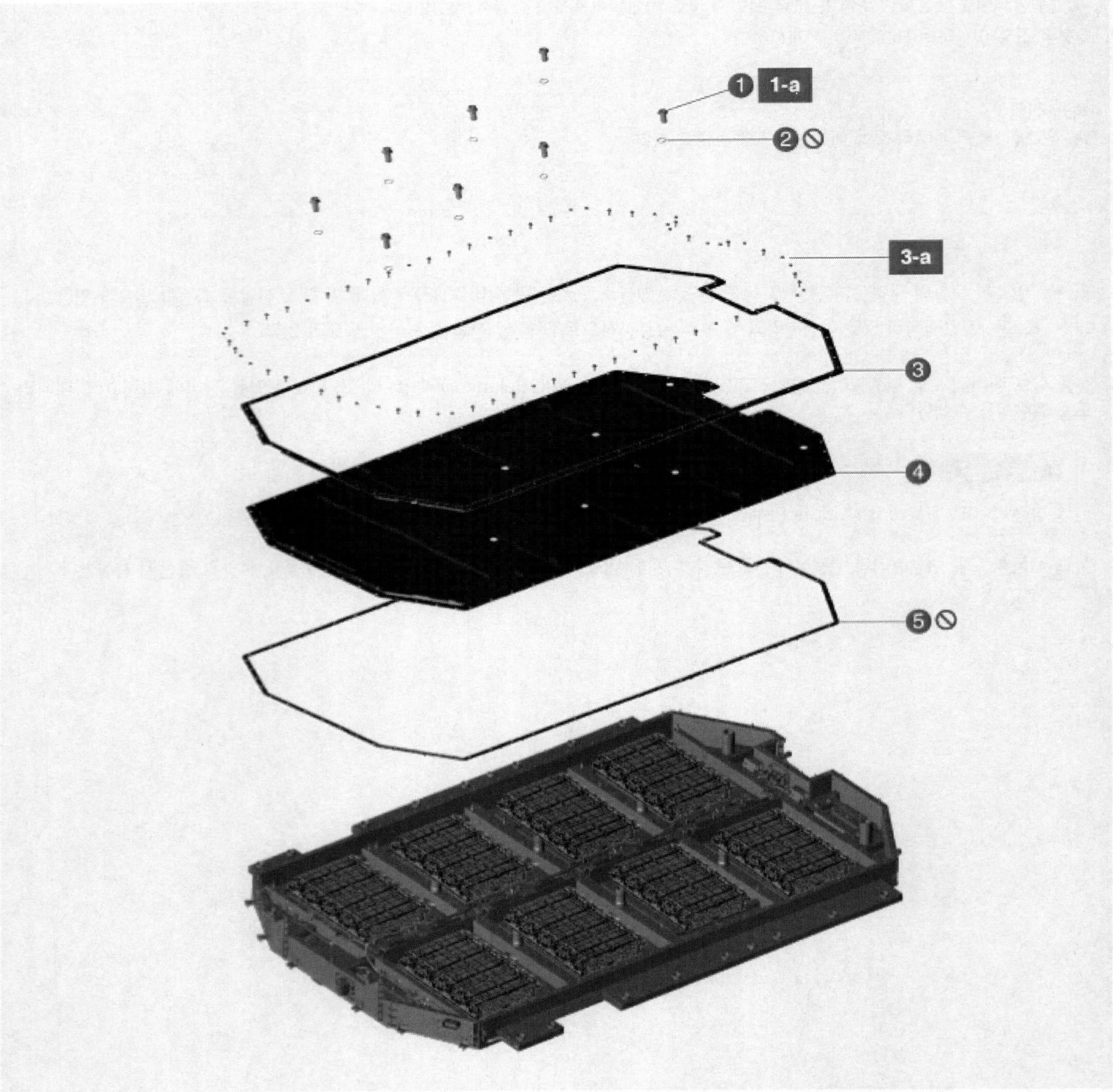

1. 상부 케이스 볼트 1-a. 10.5 ~ 15.8 kgf·m 2. O-링	3. 수밀 보강 브래킷 3-a. 1차 : 0.9 kgf·m 3-a. 2차 : 1.1 kgf·m 4. 상부 케이스 5. 수밀 개스킷

하부 케이스

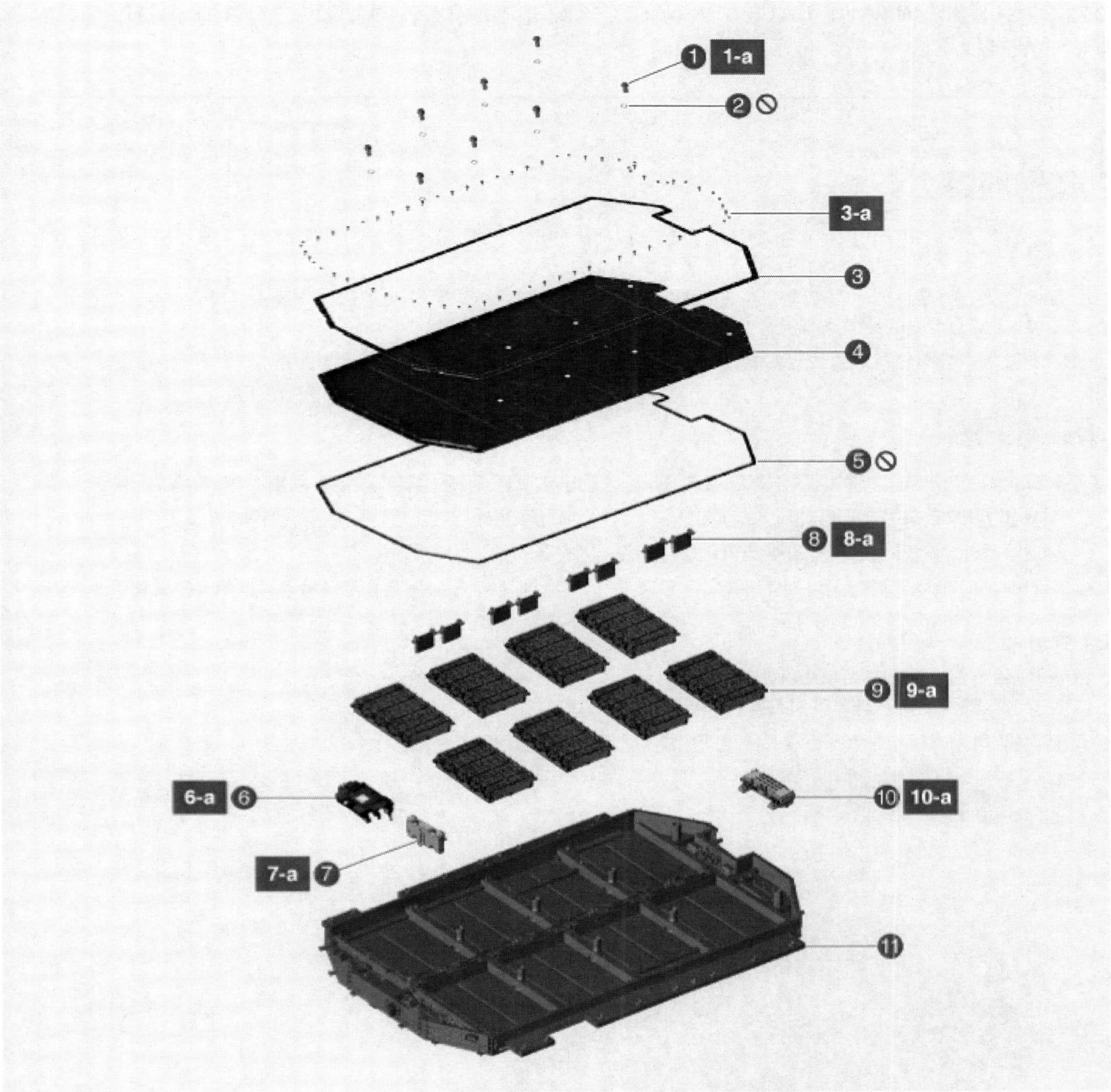

1. 상부 케이스 볼트 1-a. 10.5 ~ 15.8 kgf·m 2. O-링 3. 수밀 보강 브래킷 3-a. 1차 : 0.9 kgf·m 3-a. 2차 : 1.1 kgf·m 4. 상부 케이스 5. 수밀 개스킷 6. 파워 릴레이 어셈블리(PRA) 6-a. 0.8 ~ 1.2 kgf·m	7. 배터리 매니지먼트 유닛(BMU) 7-a. 0.8 ~ 1.2 kgf·m 8. 셀 모니터링 유닛(CMU) 8-a. 0.8 ~ 1.2 kgf·m 9. 배터리 모듈 어셈블리(BMA) 9-a. 0.8 ~ 1.2 kgf·m 10. 메인 퓨즈 10-a. 0.8 ~ 1.2 kgf·m 11. 하부 케이스

탈거

⚠ 경 고

- 고전압 시스템 관련 작업 시, 관련 교육을 이수한 작업자가 정비를 진행한다. 고전압 시스템에 대한 이해가 부족한 경우 감전 또는 누전 등으로 인한 심각한 사고를 초래할 수 있다.
- 고전압 시스템 또는 주변 부품 작업 시, 반드시 "고전압 시스템 안전사항 및 주의, 경고" 내용을 숙지하고 준수해야 한다. 미 준수 시, 감전 또는 누전 등으로 인한 심각한 사고를 초래할 수 있다.
- 고전압 시스템 작업 특성상, 개인보호장구(PPE) 및 사전 고전압 차단 절차를 반드시 확인한다.

유 의

- 사고 후 고전압 배터리 센서데이터(절연 저항, 셀 간 전압 편차, DTC 등)를 점검하고 내부 손상이 있는지 확인한다.
- 미세한 변형으로 고전압 배터리 케이스만 교환 시, 고전압 배터리 센서 데이터 변화를 확인 후 케이스만 교환한다.
- 배터리 정비 후 기밀 점검 및 냉각수 라인 기밀 점검을 실시한다.
- 고전압 배터리 시스템(BSA)이 밀폐되어 있지 않고 냉각수 라인에 누수가 있는 경우 BSA의 심각한 고장을 초래할 수 있다.

상부 케이스

1. 배터리 시스템 어셈블리(BSA)를 탈거한다.
   (고전압 배터리 시스템 - "배터리 시스템 어셈블리 (BSA)" 참조)
2. 고전압 배터리 시스템 상부 케이스 볼트(A)를 탈거한다.

체결토크 : 10.5 ~ 15.8 kgf·m

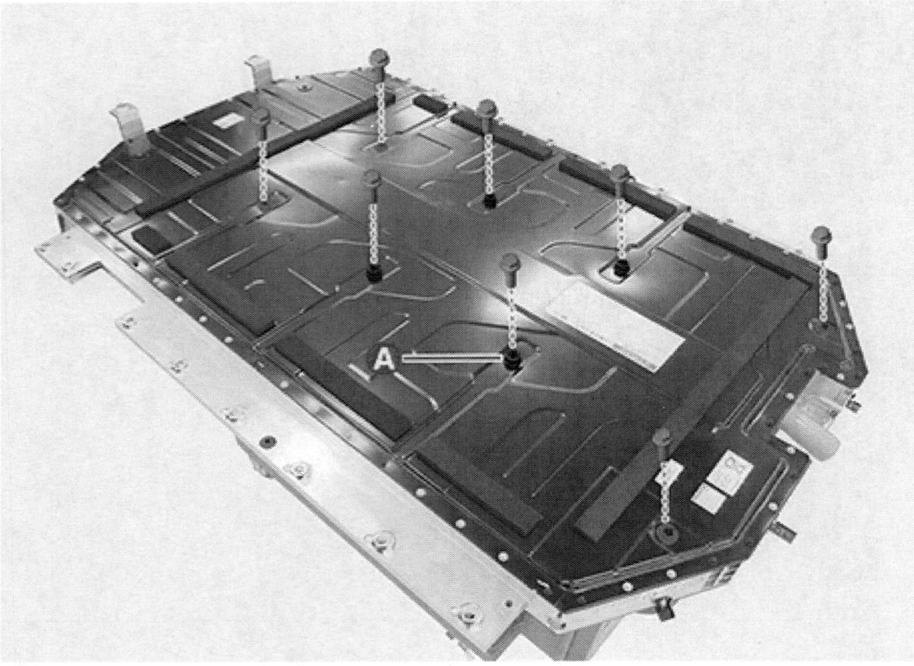

유 의

고전압 배터리 시스템 상부 케이스 볼트 탈거 시 육각 소켓 및 렌치를 사용한다.

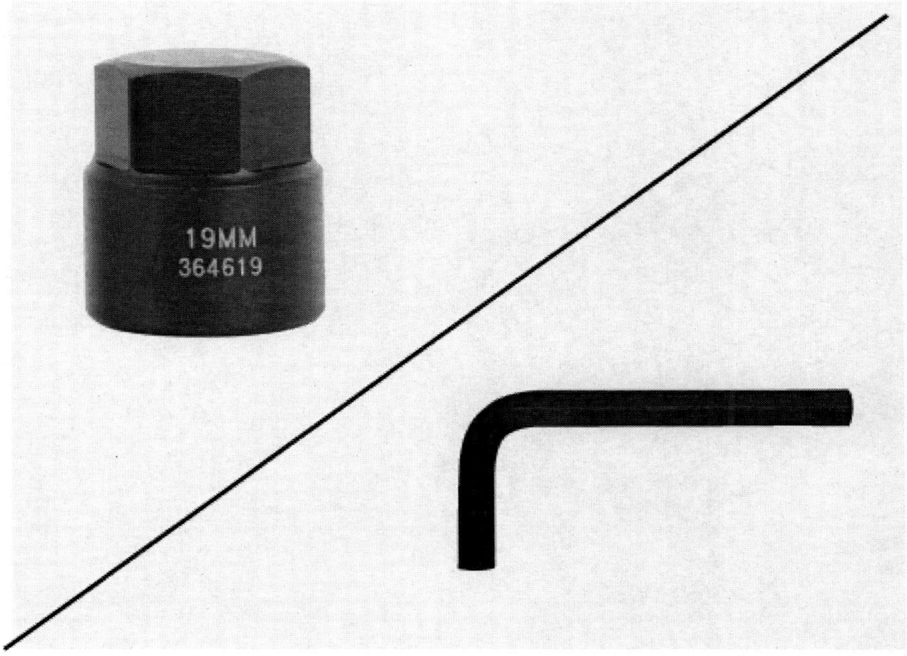

3. 볼트와 너트를 풀고 고전압 배터리 수밀 보강 브래킷(A)을 탈거한다.

체결토크
1차 : 0.9 kgf·m
2차 : 1.1 kgf·m

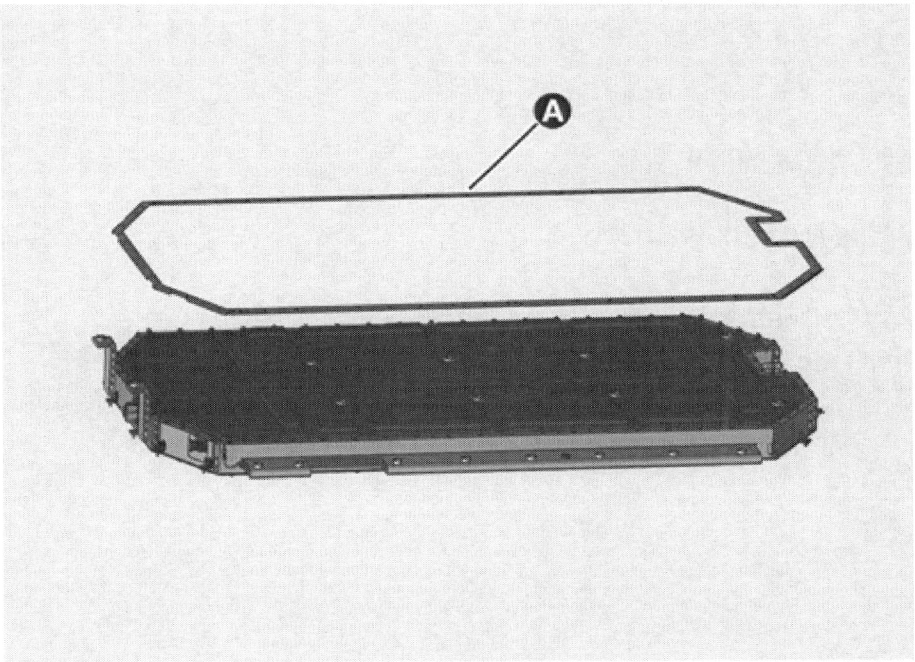

4. 고전압 배터리 시스템 상부 케이스(A)를 탈거한다.

유 의

- 케이스의 변형 방지를 위해서 반드시 2인 이상 작업한다.
- 상부 케이스 이동 시 비대칭으로 들거나 하중을 순간적으로 강하게 가하면 변형이 생길 수 있으므로, 종방향 보다 횡방향으로 들어서 이동을 권장한다.

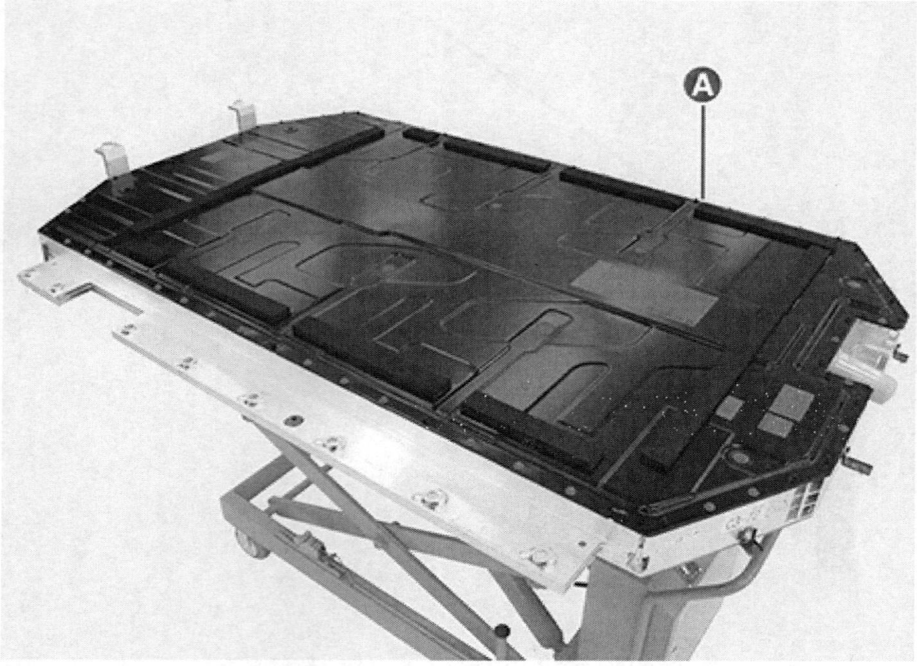

하부 케이스

1. 배터리 매니지먼트 유닛(BMU)을 탈거한다.
   (고전압 배터리 컨트롤 시스템 - "배터리 매니지먼트 유닛(BMU)" 참조)
2. 메인 퓨즈를 탈거한다.
   (고전압 배터리 컨트롤 시스템 - "메인 퓨즈" 참조)
3. 배터리 시스템 어셈블리(BSA)를 탈거한다.
   (고전압 배터리 시스템 - "배터리 시스템 어셈블리 (BSA)" 참조)
4. 배터리 시스템 어셈블리(BSA) 상부 케이스를 탈거한다.
   (케이스 - "탈거" 참조)
5. 파워 릴레이 어셈블리(PRA)를 탈거한다.
   (고전압 배터리 컨트롤 시스템 - "파워 릴레이 어셈블리 (PRA)" 참조)
6. 셀 모니터링 유닛(CMU)을 탈거한다.
   (고전압 배터리 컨트롤 시스템 - "셀 모니터링 유닛 (CMU)" 참조)
7. 배터리 모듈 어셈블리(BMA)를 탈거한다.
   (고전압 배터리 시스템 - "배터리 모듈 어셈블리 (BMA)" 참조)
8. 볼트를 풀어 통합 충전 제어 유닛(ICCU) 커넥터 서비스 커버(A)를 탈거한다.

체결토크 : 0.8 ~ 1.2 kgf·m

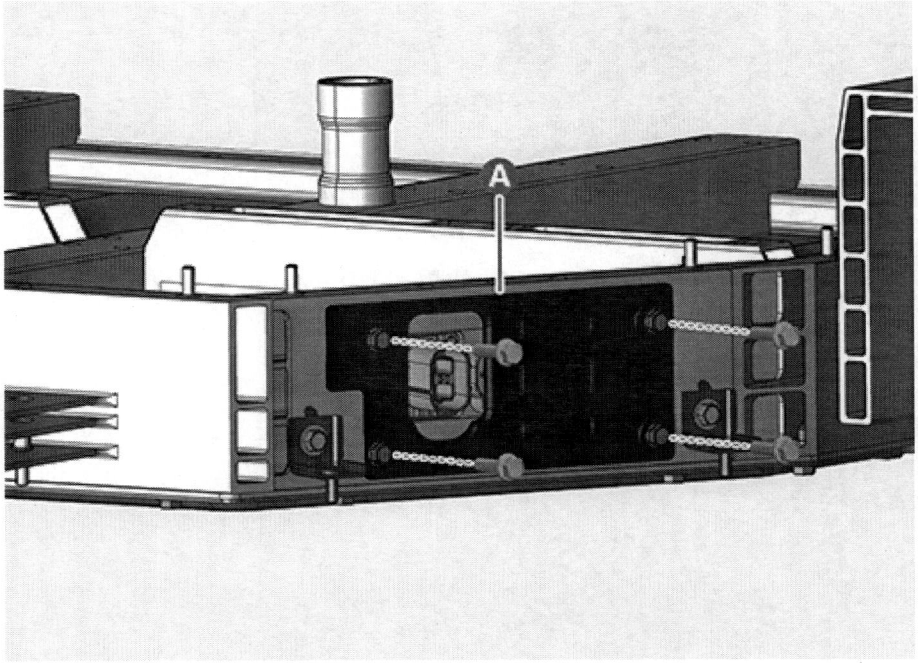

9. 볼트를 풀어 ICCU 커넥터 어셈블리(A)를 탈거한다.

체결토크 : 0.8 ~ 1.2 kgf·m

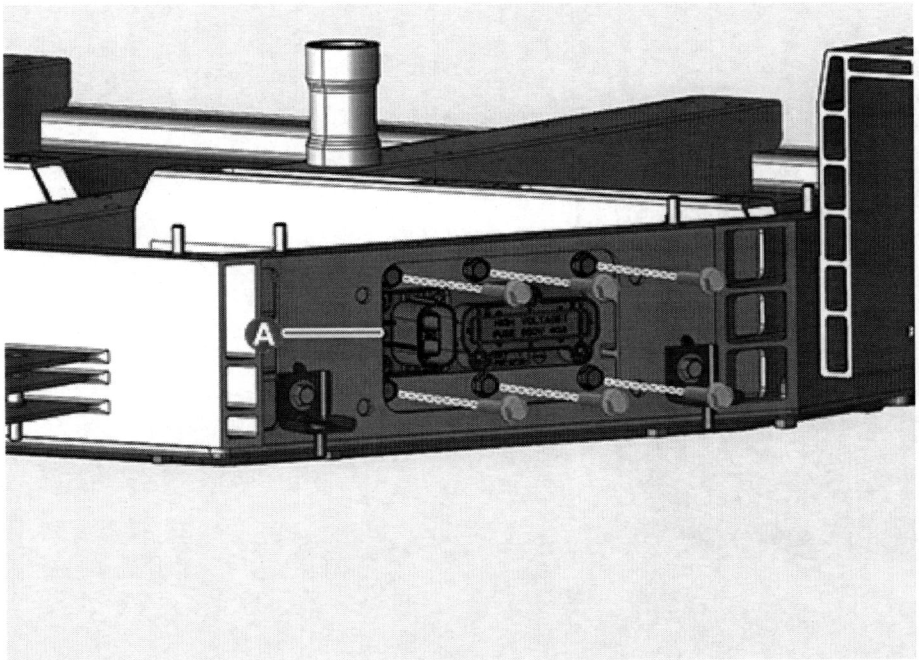

10. 볼트를 풀어 고전압 정션 박스 커넥터 어셈블리(A)를 탈거한다.

체결토크 : 0.8 ~ 1.2 kgf·m

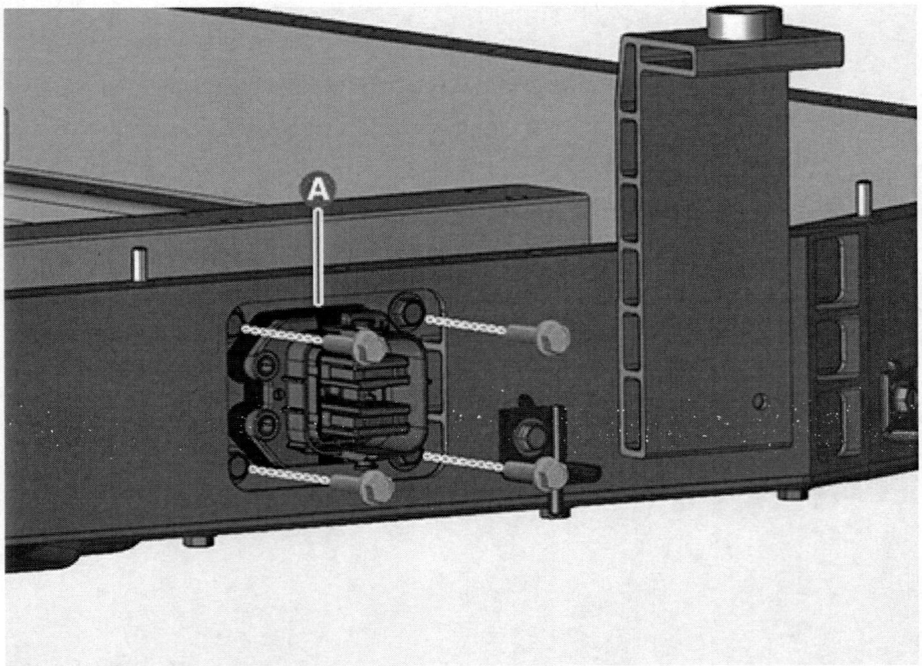

11. 볼트를 풀어 BMU 커넥터 어셈블리(A)를 탈거한다.

체결토크 : 0.8 ~ 1.2 kgf·m

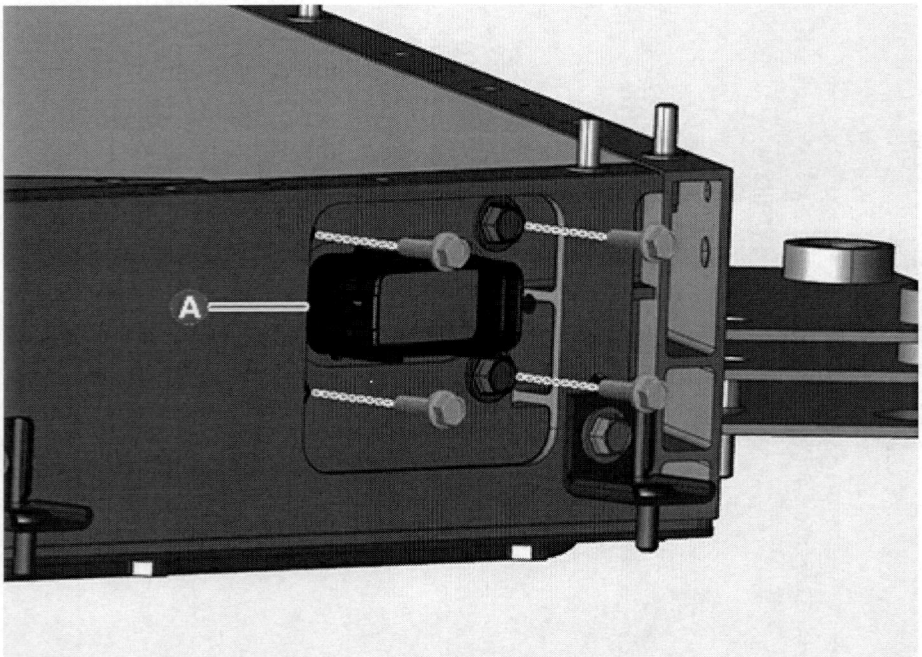

12. 볼트를 풀어 프런트 고전압 정션 박스 커넥터 어셈블리(A)를 탈거한다.

체결토크 : 0.8 ~ 1.2 kgf·m

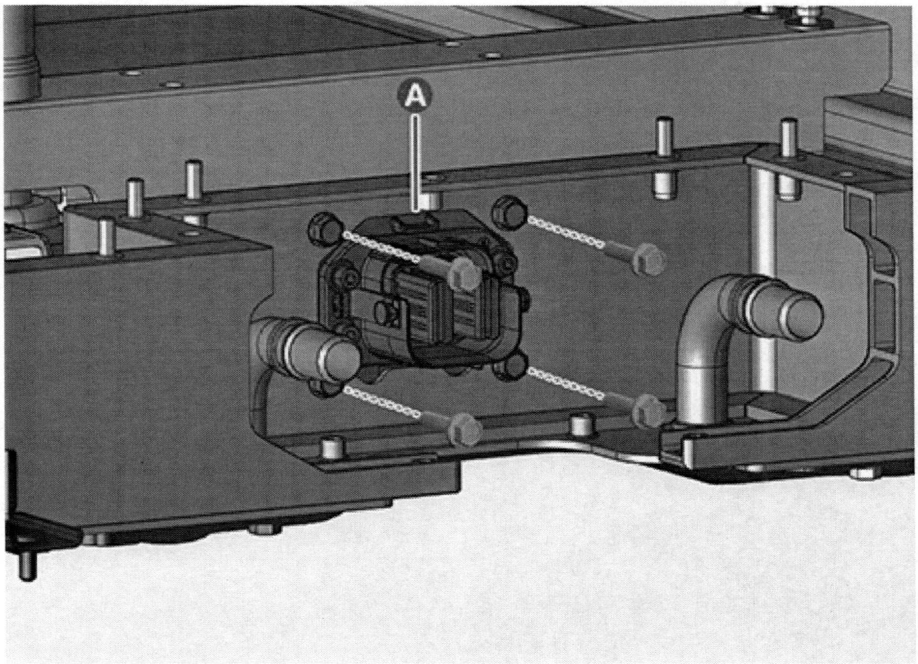

13. 하부 케이스를 탈거한다.

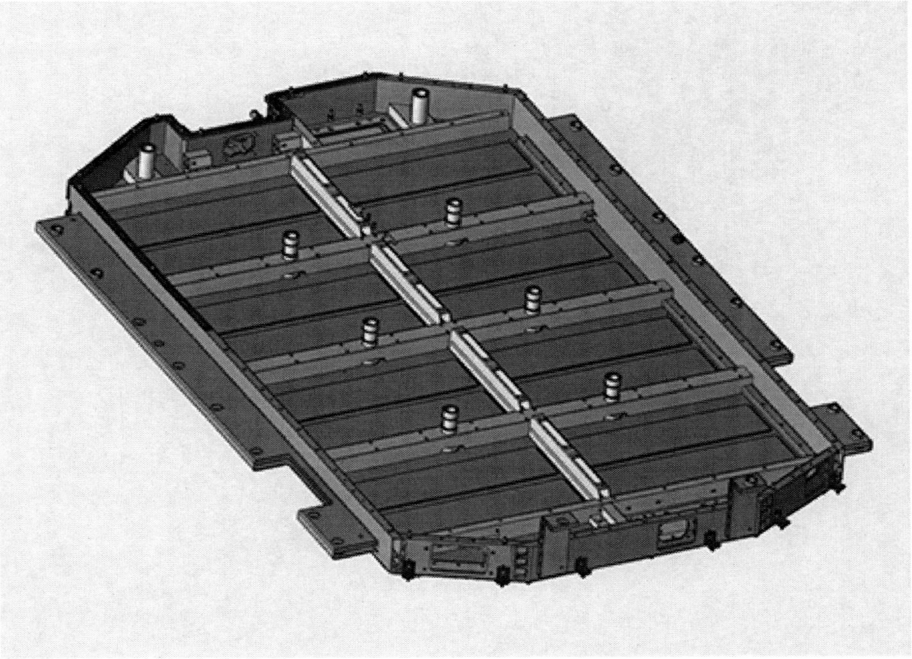

장착

⚠ 경 고

- 고전압 시스템 관련 작업 시, 관련 교육을 이수한 작업자가 정비를 진행한다. 고전압 시스템에 대한 이해가 부족한 경우 감전 또는 누전 등으로 인한 심각한 사고를 초래할 수 있다.
- 고전압 시스템 또는 주변 부품 작업 시, 반드시 "고전압 시스템 안전사항 및 주의, 경고" 내용을 숙지하고 준수해야 한다. 미준수 시, 감전 또는 누전 등으로 인한 심각한 사고를 초래할 수 있다.
- 고전압 시스템 작업 특성상, 개인보호장구(PPE) 및 사전 고전압 차단 절차를 반드시 확인한다.

1. 특수공구를 사용하여 신품 갭 필러를 도포한다.
   (고전압 배터리 시스템 - "갭 필러 도포" 참조)
2. 배터리 시스템 어셈블리(BSA) 상부 케이스 장착 전, 진단 장비(KDS)를 이용하여 고전압 배터리팩 커넥터 체결검사를 실시한다.
   (부가기능 → 배터리 매니지먼트 시스템(BMS) → 고전압 배터리 팩 체결 검사)
3. 장착은 탈거의 역순으로 한다.

유 의

- 케이스 장착 시 규정 토크를 준수하여 장착한다.
- 배터리 시스템 어셈블리(BSA) 기밀 유지를 위하여 변형이 발생하면 반드시 교환한다.
- 케이스의 변형 방지를 위해서 반드시 2인 이상 작업한다.
- 상부 케이스 이동 시 비대칭으로 들거나 하중을 순간적으로 강하게 가하면 변형이 생길 수 있으므로, 길이방향 보다 횡방향으로 들어서 이동을 권장한다.
- 상부 케이스 장착 볼트(A) 형상이 다르므로 확인 후 알맞은 위치에 체결한다.

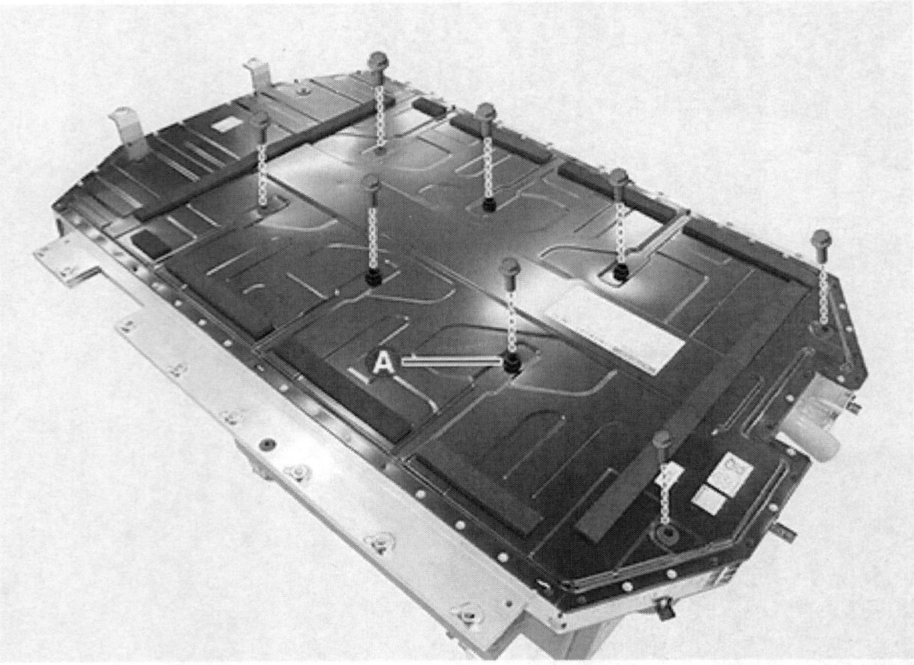

- 상부 케이스 장착 볼트 O-링(A)은 신품으로 교환한다. (재사용 금지)

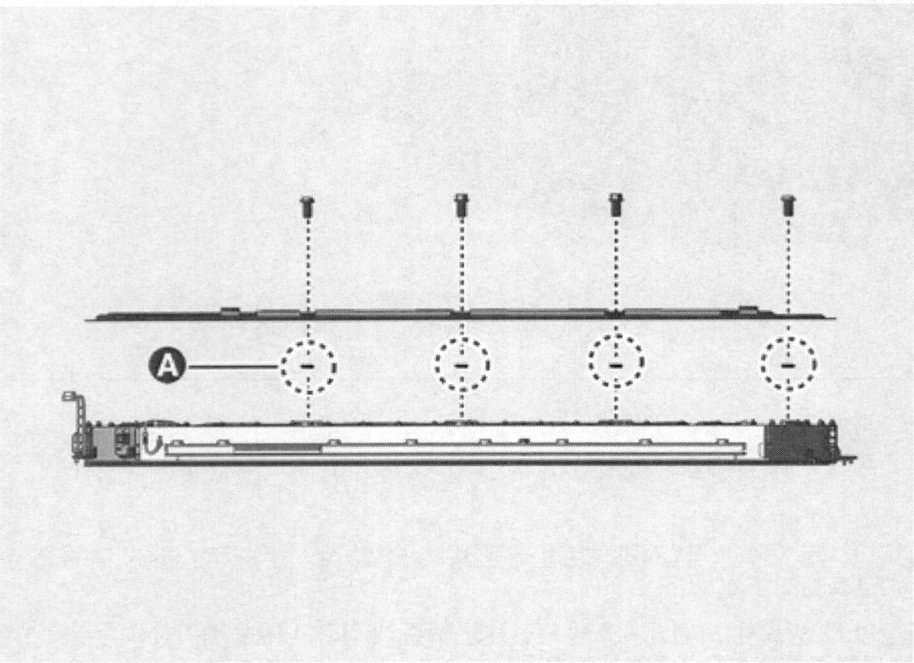

- 상부 케이스 장착 시 수밀 보강 브래킷은 아래의 순서대로 장착한다.

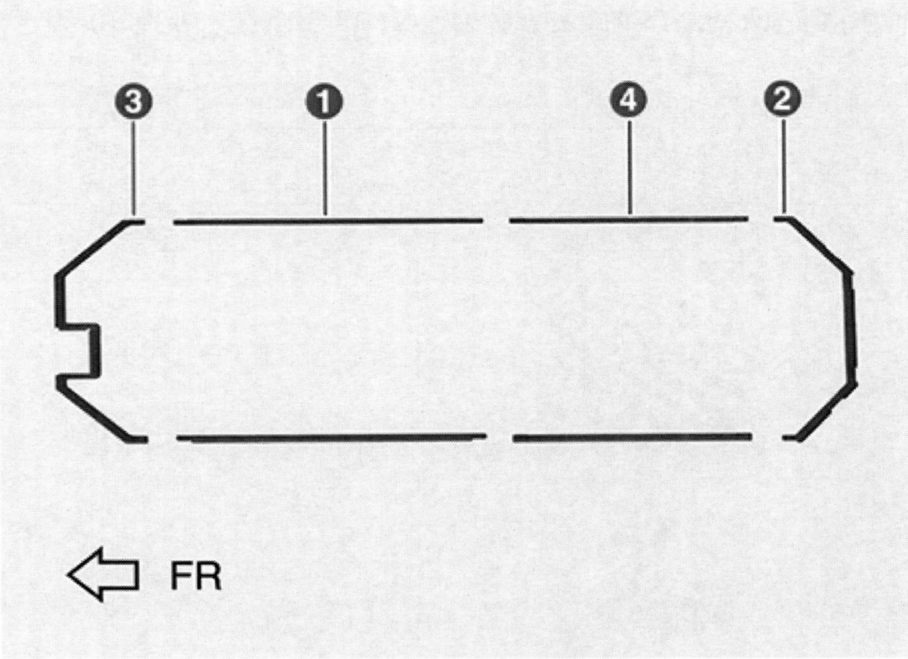

- 상부 케이스 장착 시 개스킷(A)은 신품으로 교환한다. (재사용 금지)

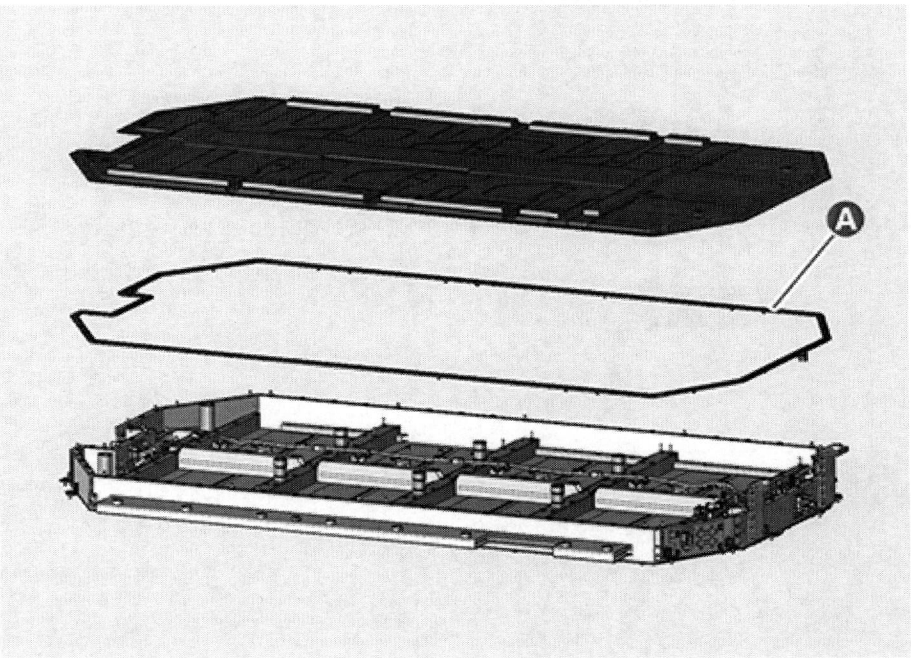

4. 진단 장비(KDS)를 이용하여 기밀 점검을 실시한다.
   (고전압 배터리 시스템 - "기밀 점검" 참조)

특수공구

<table>
<tr><th>공구 명칭 / 번호</th><th>형상</th><th>용도</th></tr>
<tr><td>갭 필러 도포 가이드
0K375 - CV210</td><td>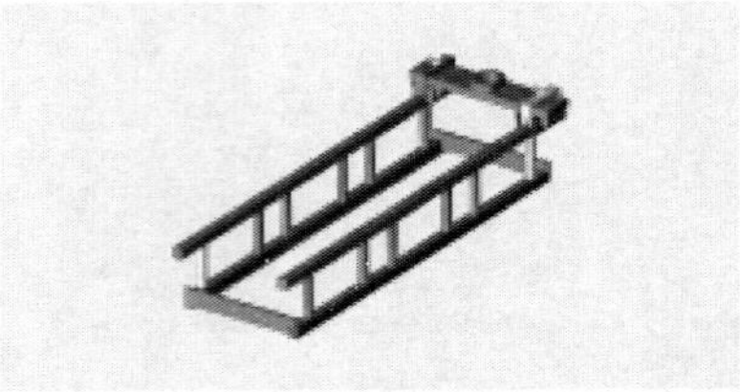</td><td rowspan="6">고전압 배터리 갭 필러 도포 시 사용</td></tr>
<tr><td>갭 필러 도포 노즐
0K375 - CV220</td><td>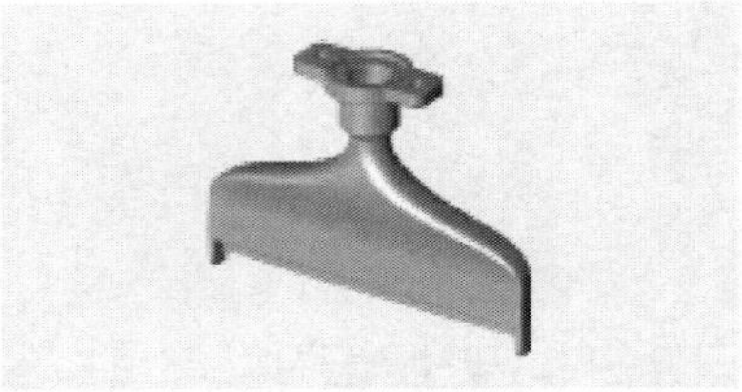</td></tr>
<tr><td>카트리지 어댑터
0K375 - CV230</td><td>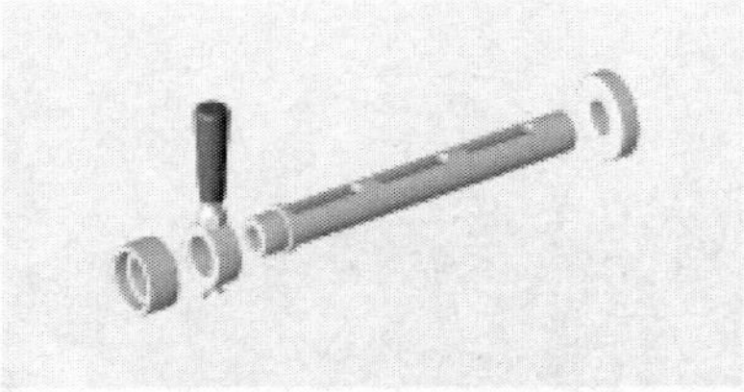</td></tr>
<tr><td>갭 필러 도포 디스펜서 건
0K375 - CV300</td><td>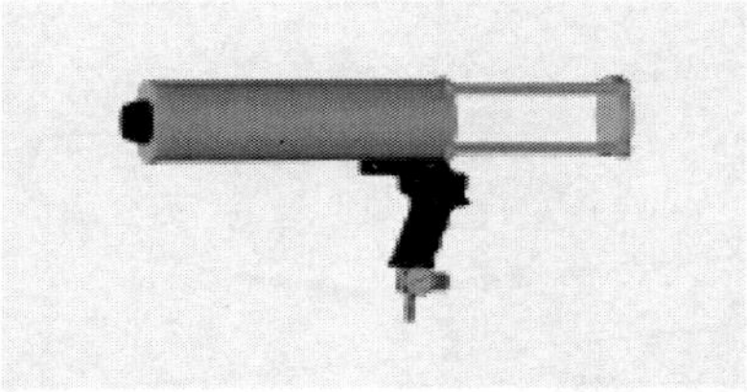</td></tr>
<tr><td>TGF-NT300NL 600cc 카트리지
09375 - GI220</td><td></td></tr>
<tr><td>갭 필러 믹서
09375 - GI230</td><td></td></tr>
</table>

참 고

갭 필러 도포 특수공구(09375 - CV210, CV220, CV230, CV300)에 대한 문의는 아래를 참고한다.

– (주)툴앤텍 TOOL&TECH (ka.yun@toolntech.com, 031-227-4568~70)

갭 필러 도포

경 고

- 고전압 시스템 관련 작업 시, 관련 교육을 이수한 작업자가 정비를 진행한다. 고전압 시스템에 대한 이해가 부족한 경우 감전 또는 누전 등으로 인한 심각한 사고를 초래할 수 있다.
- 고전압 시스템 또는 주변 부품 작업 시, 반드시 "고전압 시스템 안전사항 및 주의, 경고" 내용을 숙지하고 준수해야 한다. 미준수 시, 감전 또는 누전 등으로 인한 심각한 사고를 초래할 수 있다.
- 고전압 시스템 작업 특성상, 개인보호장구(PPE) 및 사전 고전압 차단 절차를 반드시 확인한다.

유 의

갭 필러 도포 시 절대로 고전압 배터리를 밟거나 하중을 가하지 않는다. 하중이 가해질 경우 변형 또는 파손이 발생할 수 있다.

1. 배터리 모듈 어셈블리(BMA)를 탈거한다.
   (고전압 배터리 시스템 - "배터리 모듈 어셈블리 (BMA)" 참조)
2. 분기 커넥터(A)를 분리한다.

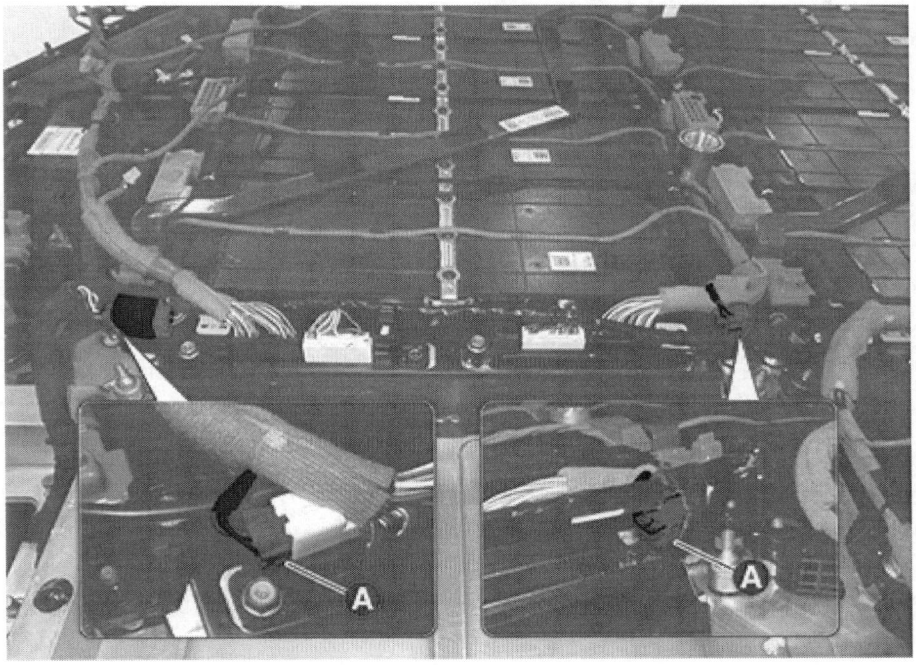

3. 파스너를 분리하여 와이어링(A)을 분리한다.

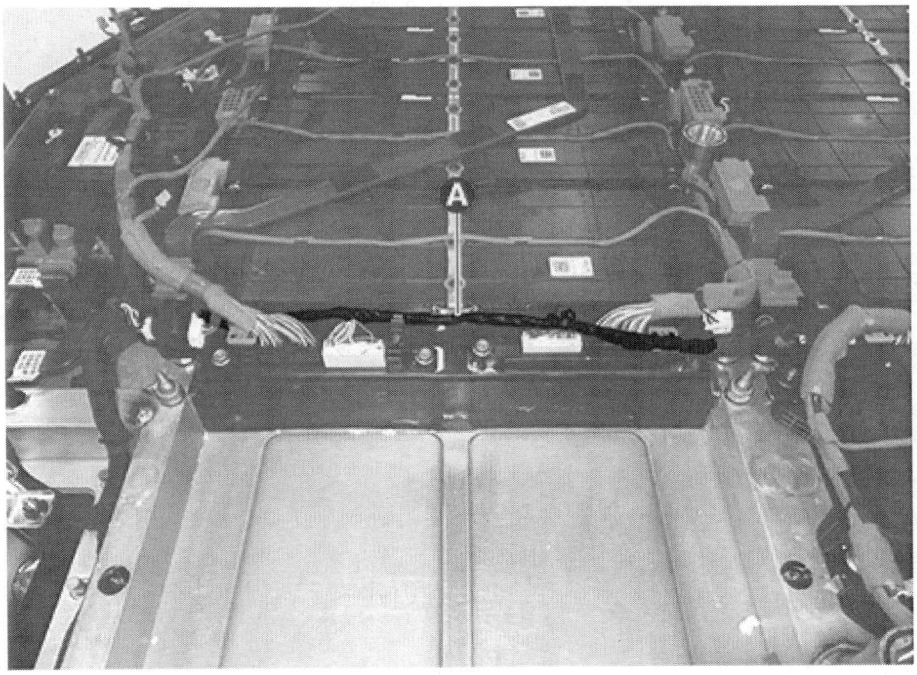

4. 볼트를 풀어 셀 모니터링 유닛(CMU) (A)을 분리한다.

체결토크

1차 : 0.9 kgf·m
2차 : 1.1 kgf·m

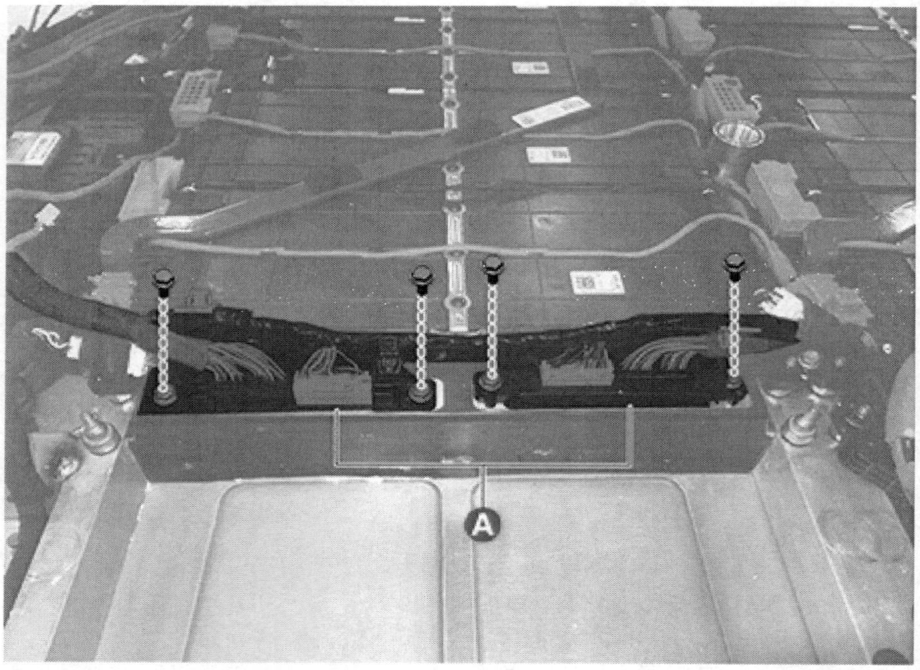

5. BMA 하단 및 하부 케이스에 있는 잔여 갭 필러를 제거한다.

유 의

- 절연 장갑을 착용한 후 손으로 또는 에어 건을 이용하여 잔여 갭 필러를 최대한 제거한다.
- 셀 손상이 발생될 수 있으므로 갭 필러를 무리하게 제거하지 않는다.(일부 갭 필러가 남아도 성능에 영향이 없다)
- 칼날 같은 날카로운 공구 이용 시 BMA 하단 및 하부 케이스에 손상이 발생할 수 있다.

6. TGF-NT300NL 600cc 카트리지(09375 - GI220)와 갭 필러 도포 디스펜서 건(0K375 - CV300)을 조립한다.

참 고

- 특수공구 매뉴얼을 참고하여 모든 액세서리를 조립한다.

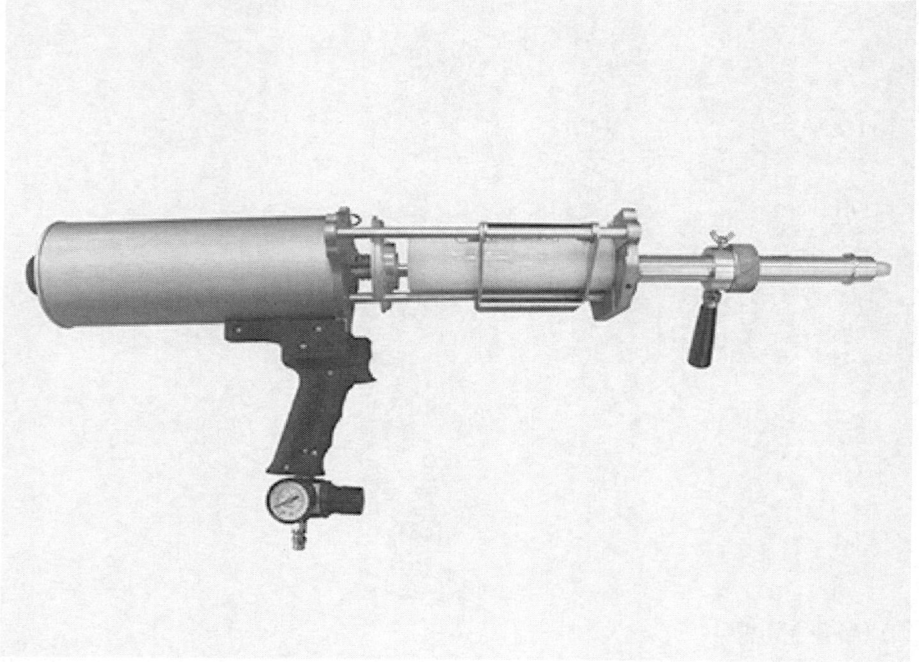

- 갭 필러 믹서(09375-GI230)가 절단 되어 있지 않으면, 아래 그림과 같이 마지막 단을 제외하고 절단한다.

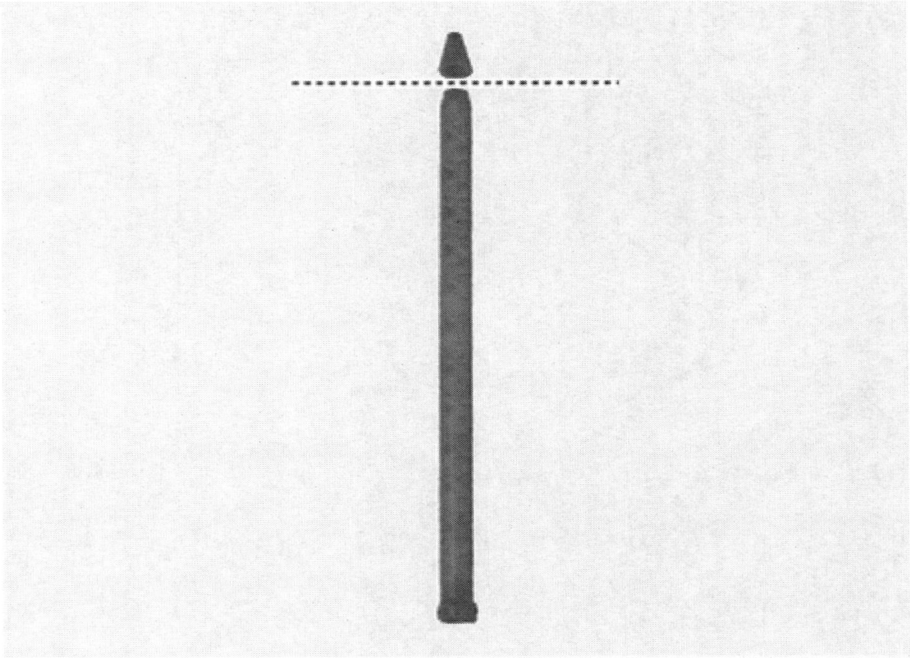

7. 갭 필러 도포 디스펜서 건(0K375 - CV300) (A)에 에어 호스(B)를 연결하고 6 bar로 설정한다.

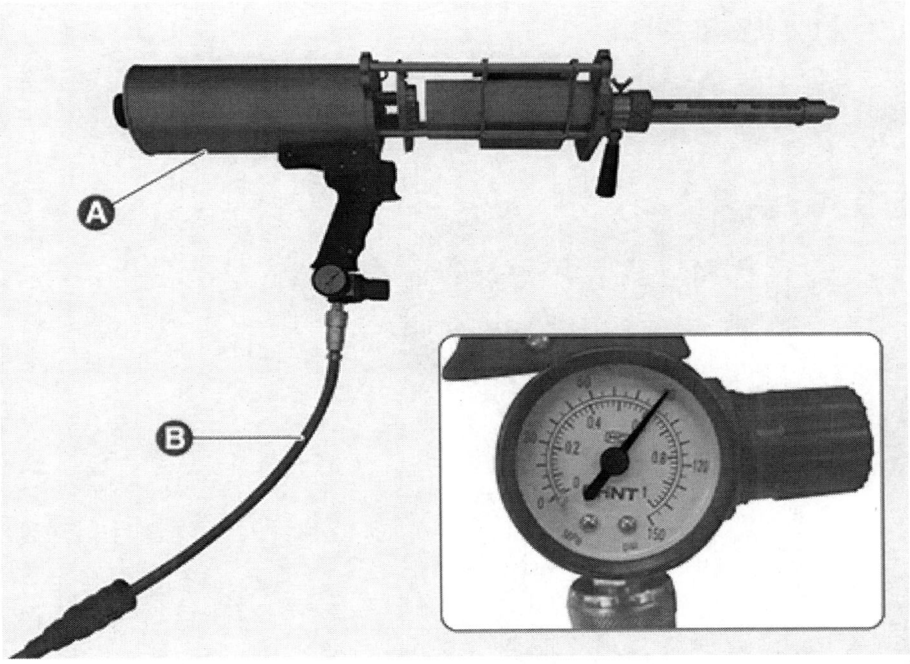

유 의

규정 된 압력(6 bar) 이상으로 설정 시, TGF-NT300NL 600cc 카트리지(09375 - GI220)가 파손된다.

8. 최초 토출되는 묽은 갭 필러를 10 cm 가량 폐기한다.
9. 갭 필러 도포 가이드(0K375 - CV210) (A)를 설치한다.

유 의

갭 필러 도포 가이드(0K375 - CV210) 설치 시 방향을 확인한다.

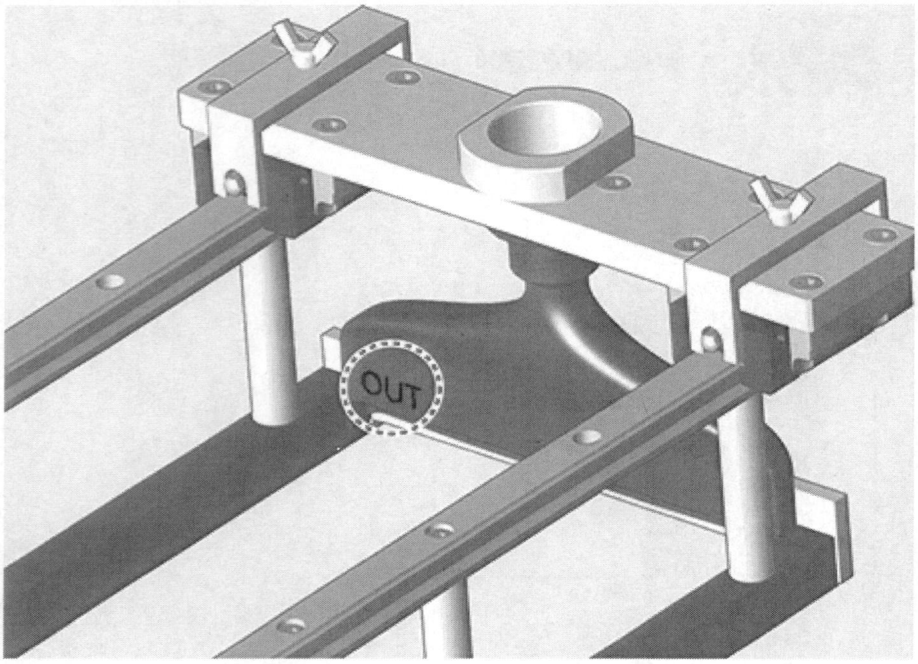

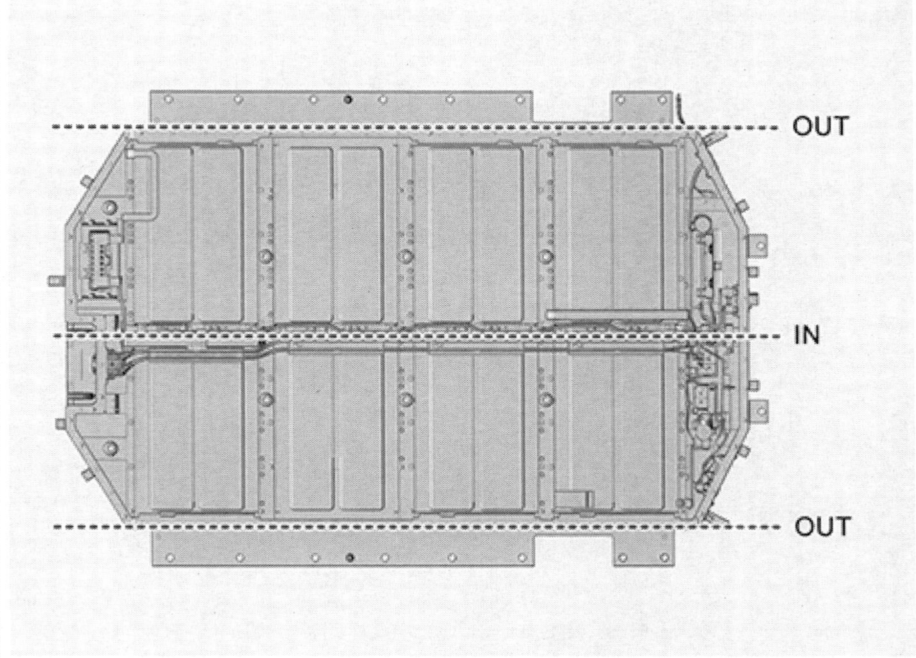

10. 고정 핀(B, C)을 장착하여 갭 필러 도포 가이드(0K375 - CV210) (A)를 고정한다.

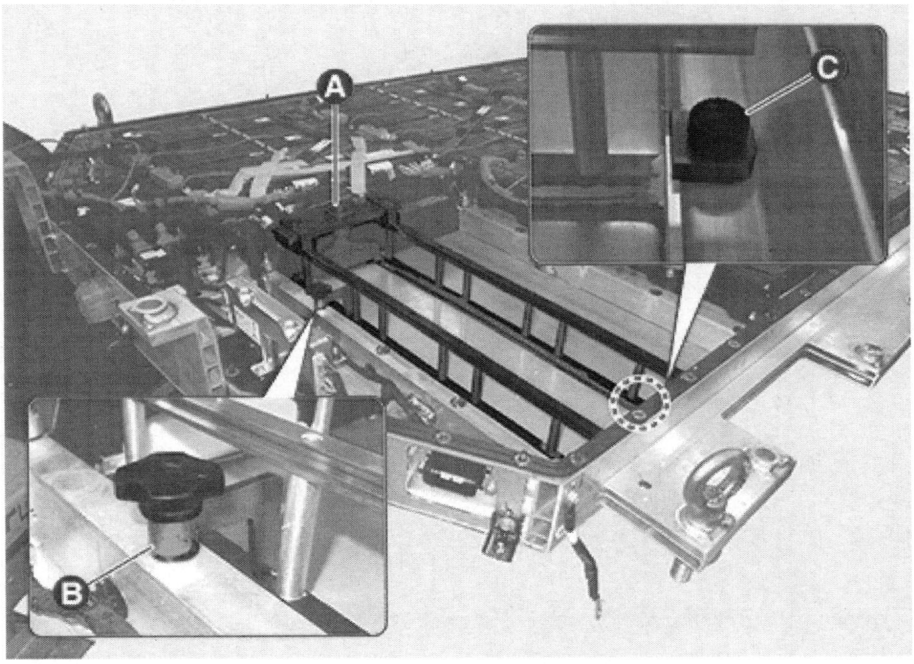

유 의

- 고정 핀(B,C)의 장착 위치는 아래와 같다.

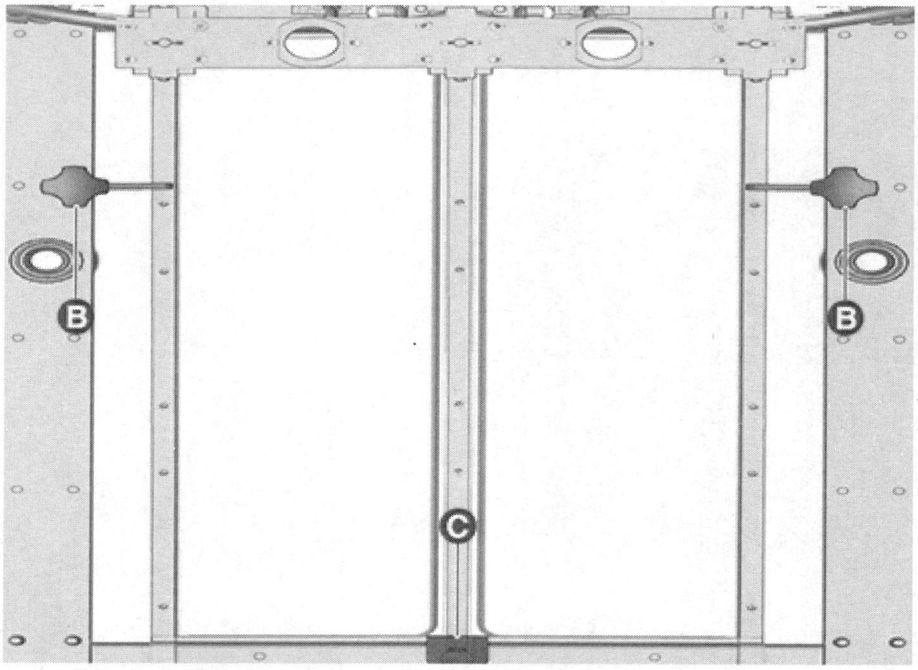

- 고정 핀(B)이 도포 되는 면을 침범하지 않도록 장착한다.

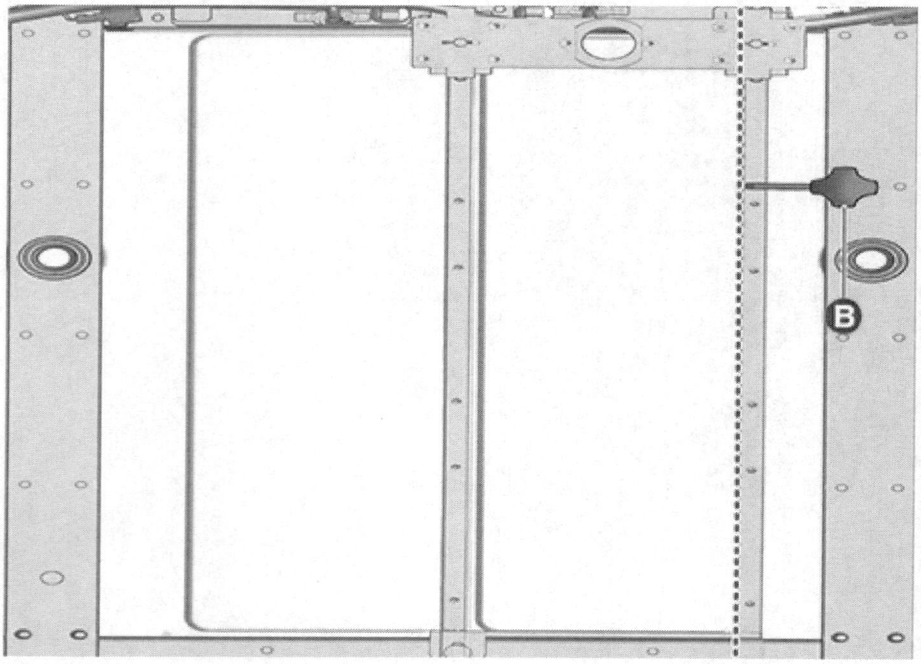

11. 갭 필러 도포 디스펜서(0K375 - CV300) (A)를 갭 필러 도포 가이드(0K375 - CV210) (B)에 설치한다.

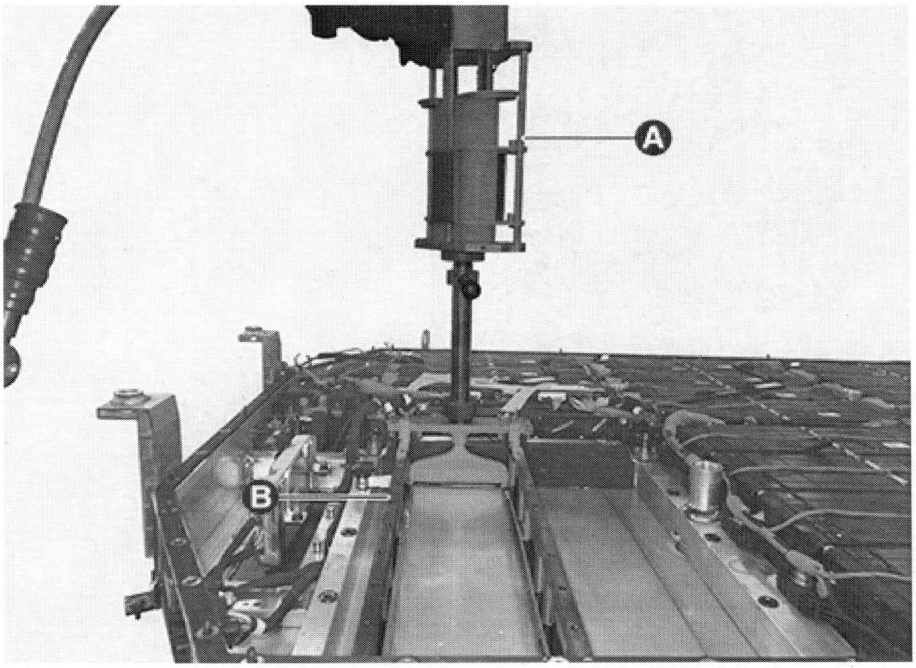

12. 카트리지 어댑터(0K375 - CV230)의 손잡이(A) 위치를 조정 후 고정한다.

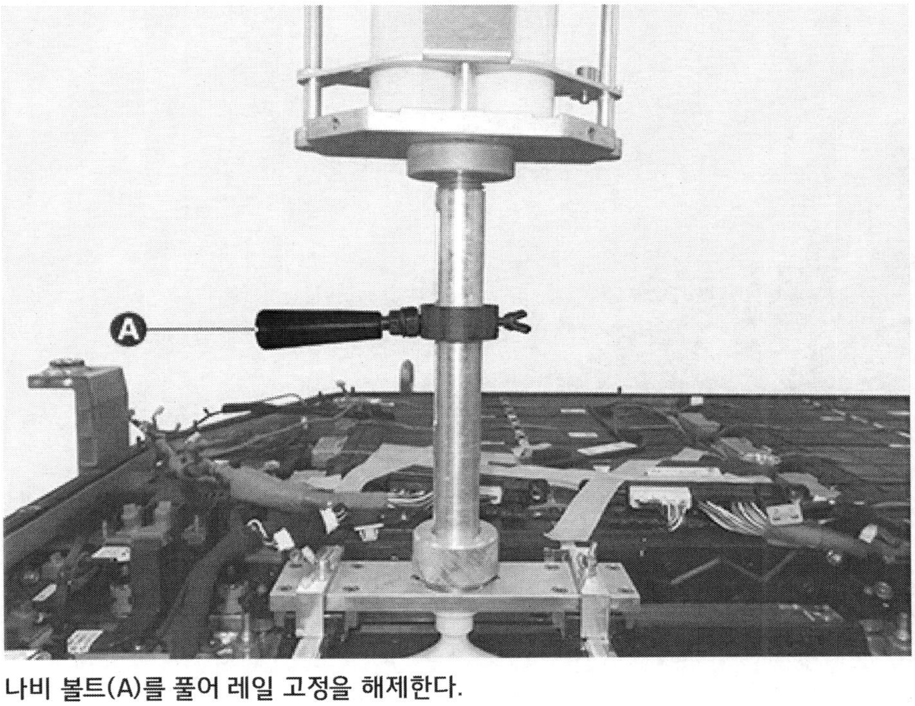

13. 나비 볼트(A)를 풀어 레일 고정을 해제한다.

14. 방아쇠를 누른 채로 고정 핀(A)을 장착 후 갭 필러를 일정하게 도포한다.

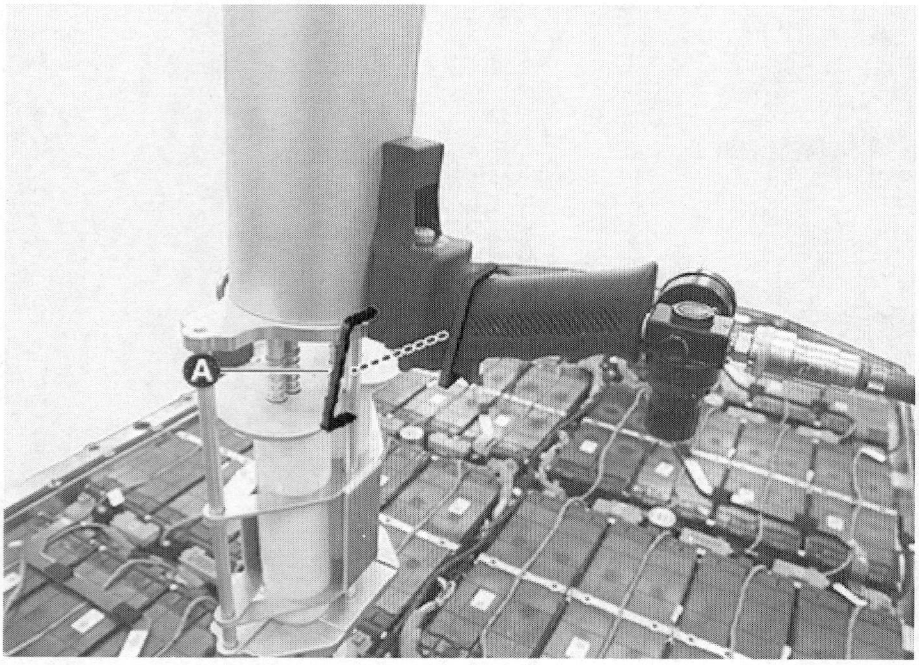

유 의

- 갭 필러를 빈틈없이 충분하게 도포 후 레일을 이동한다.
- 600cc 카트리지를 사용하고, 1개 룸 도포 시 일정량 남게 된다.
- 도포 후 남은 카트리지는 재사용을 금지한다.

15. 도포가 완료되면 방아쇠 고정 핀(A)을 탈거한다.

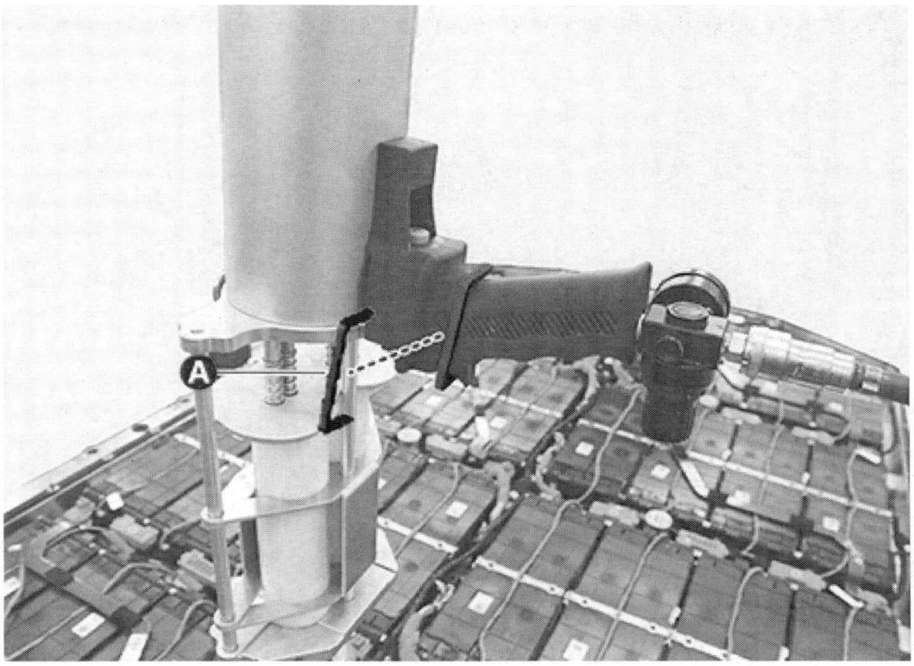

16. 나비 볼트(A)를 조여 레일을 고정한다.

17. 갭 필러 도포 디스펜서(0K375 - CV300) (A)를 갭 필러 도포 가이드(0K375 - CV210)에서 분리한다.

유 의
갭 필러가 도포된 면에 손상이 없도록 유의해서 디스펜서(0K375 - CV300)를 탈거한다.

18. 고정 핀(B, C)을 탈거하여 갭 필러 도포 가이드(0K375 - CV210) (A)를 탈거한다.

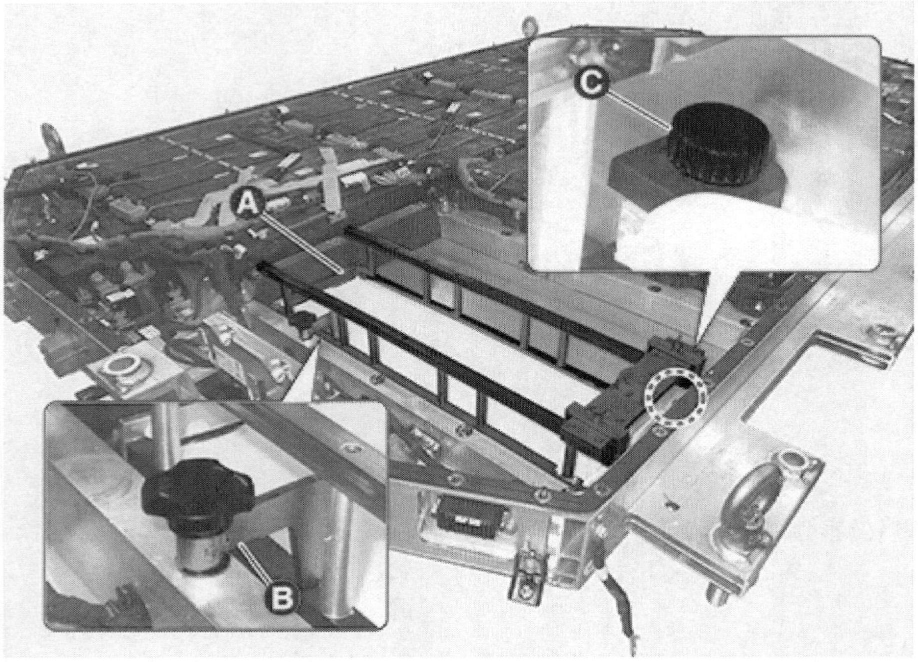

유 의
갭 필러가 도포된 면에 손상이 없도록 유의해서 도포 가이드 및 고정 핀을 탈거한다.

19. 두번째 도포 전 갭 필러 도포 노즐(0K375-CV220) 및 레일을 한 번 닦아준다.

유 의
갭 필러가 제대로 제거되지 않은 채로 도포 시 기포 발생이 야기될 수 있다.

20. TGF-NT300NL 600cc 카트리지(09375 - GI220)를 교환한다.
21. 위와 동일한 방법으로 갭 필러를 도포한다.

22. 장착은 탈거의 역순으로 한다.

유 의

- 갭 필러가 경화되기 전 1.5 시간 내에 상온((25°C)상태에서 배터리 모듈 어셈블리(BMA)를 장착한다.
- 셀 모니터링 유닛(CMU) 장착 시, 도포 면이 손상되지 않도록 주의한다.
- BMA 장착 시, 아래 순서에 맞춰 규정 토크로 장착한다.

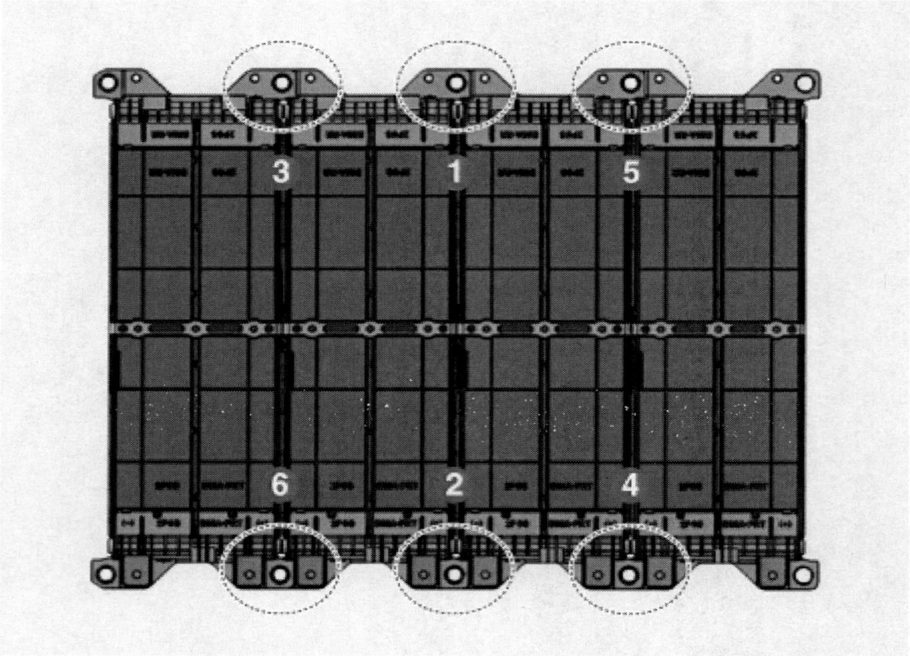
3
1
5
6
2
4

부품 위치

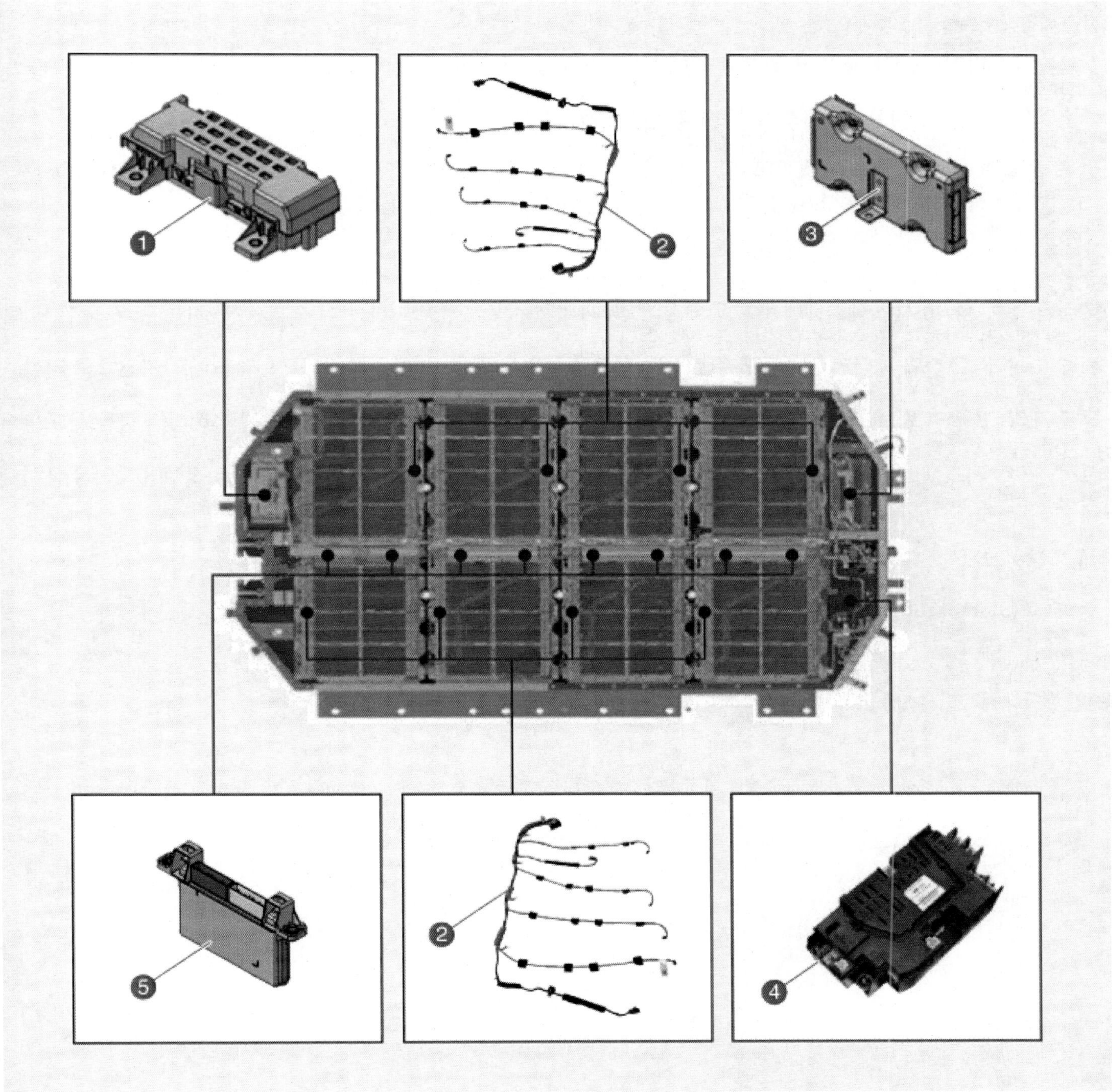

1. 메인 퓨즈 2. 전압 & 온도 센싱 와이어링 3. 배터리 매니지먼트 유닛(BMU)	4. 파워 릴레이 어셈블리(PRA) 5. 셀 모니터링 유닛(CMU)

개요

고전압 배터리 컨트롤 시스템 개요

- 고전압 배터리 컨트롤 시스템은 배터리 매니지먼트 유닛(BMU), 셀 모니터링 유닛(CMU), 파워 릴레이 어셈블리(PRA) 등으로 구성되어 있다.
  - **BMU** : 배터리 시스템 내 고전압 릴레이 제어 및 차량 내 타 부품 및 제어기와 통신한다.
  - **CMU** : 고전압 배터리 모듈의 온도, 전압, OPD (Over Voltage Protection Device)를 측정하고 데이터를 BMU로 전송한다.
  - **PRA** : BMU의 제어를 받는 릴레이(메인 릴레이, 프리 차지 릴레이, PTC 히터 릴레이 등)와 배터리 전류 센서로 구성되어 있다.
- 고전압 배터리 충전 상태 (SOC), 출력, 고장 진단, 배터리 셀 밸런싱, 전원 공급 및 차단을 제어한다.

주요 기능

1. **SOC 제어 :** 전압,전류,온도 측정을 통해 SOC를 계산하여 적정 영역으로 제어한다.
2. **배터리 출력 제어 :** 시스템 상태에 따른 입력 및 출력 에너지 값을 산출하여 배터리 보호, 가용 파워 예측, 충전 및 방전 에너지를 극대화하며 과충전과 과방전은 방지한다.
3. **릴레이 제어 :** 고전압 배터리 시스템과 관련 시스템으로 전원을 공급 및 차단하고, 고장 시 릴레이 차단으로 안전 사고를 방지한다.
4. **온도 제어 :** 3 웨이 밸브, 전자식 워터 펌프(EWP) 제어, PTC 히트 제어(옵션)를 통해 최적의 배터리 작동 온도를 유지시킨다.
5. **고장 진단 :** 시스템 고장을 진단하고 페일 세이프(Fail safe) 레벨을 분류하여 출력 제한 또는 릴레이 제어를 통해 안전 사고를 방지한다.

> **참 고**
>
> - SOC (State Of Charge) : 배터리의 사용 가능 에너지
> - SOC = (방전 가능 전류량 / 배터리 정격 용량) X 100%

고전압 배터리 컨트롤 시스템 제어

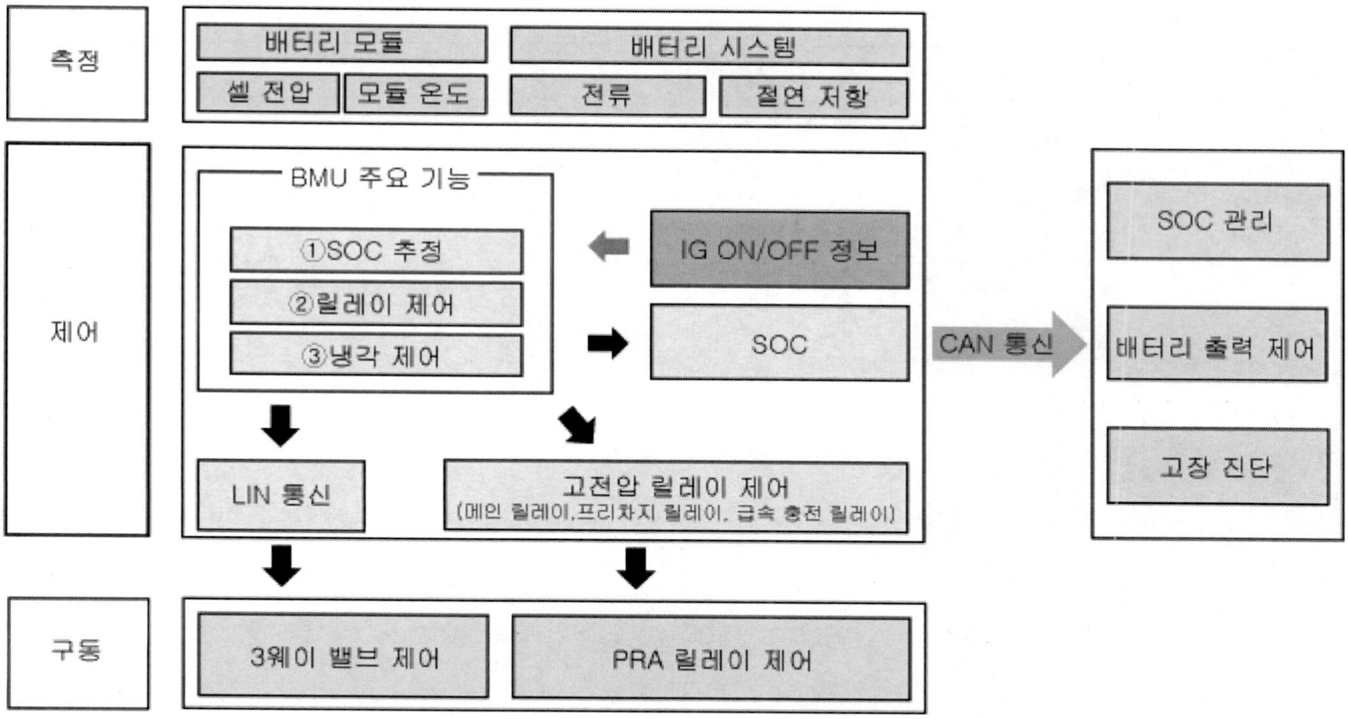
측정
배터리 모듈
셀 전압
모듈 온도
배터리 시스템
전류
절연 저항
제어
BMU 주요 기능
①SOC 추정
②릴레이 제어
③냉각 제어
IG ON/OFF 정보
SOC
LIN 통신
고전압 릴레이 제어
(메인 릴레이,프리차지 릴레이, 급속 충전 릴레이)
CAN 통신
SOC 관리
배터리 출력 제어
고장 진단
구동
3웨이 밸브 제어
PRA 릴레이 제어

제원

항목	제원
작동 전압(V)	9 ~ 16
작동 온도(°C)	-35 ~ 75
절연 저항(MΩ)	10 (2kV기준)

구성부품

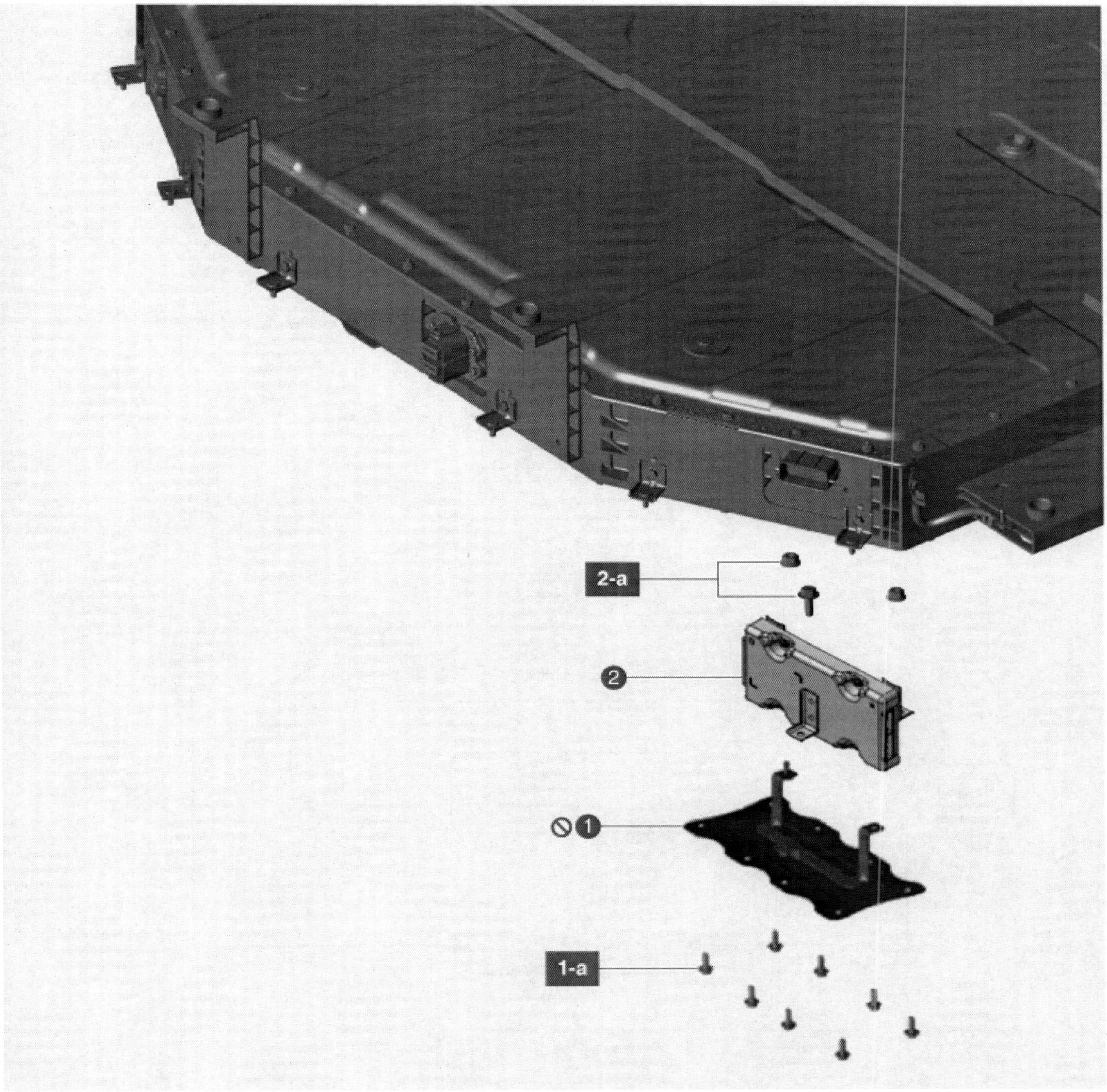

1. 서비스 커버 1-a. 1차 : 0.9 kgf·m 1-a. 2차 : 1.1 kgf·m	2. 배터리 매니지먼트 유닛(BMU) 2-a. 1차 : 0.9 kgf·m 2-a. 2차 : 1.1 kgf·m

차상점검

경 고

- 고전압 시스템 관련 작업 시, 관련 교육을 이수한 작업자가 정비를 진행한다. 고전압 시스템에 대한 이해가 부족한 경우 감전 또는 누전 등으로 인한 심각한 사고를 초래할 수 있다.
- 고전압 시스템 또는 주변 부품 작업 시, 반드시 "고전압 시스템 안전사항 및 주의, 경고" 내용을 숙지하고 준수해야 한다. 미준수 시, 감전 또는 누전 등으로 인한 심각한 사고를 초래할 수 있다.
- 고전압 시스템 작업 특성상, 개인보호장구(PPE) 및 사전 고전압 차단 절차를 반드시 확인한다.

유 의

배터리 매니지먼트 유닛(BMU) 관련 고장 발생 시 관련 고장 부품을 점검하고 관련 부품이 정상일 경우 BMU를 교환한다.

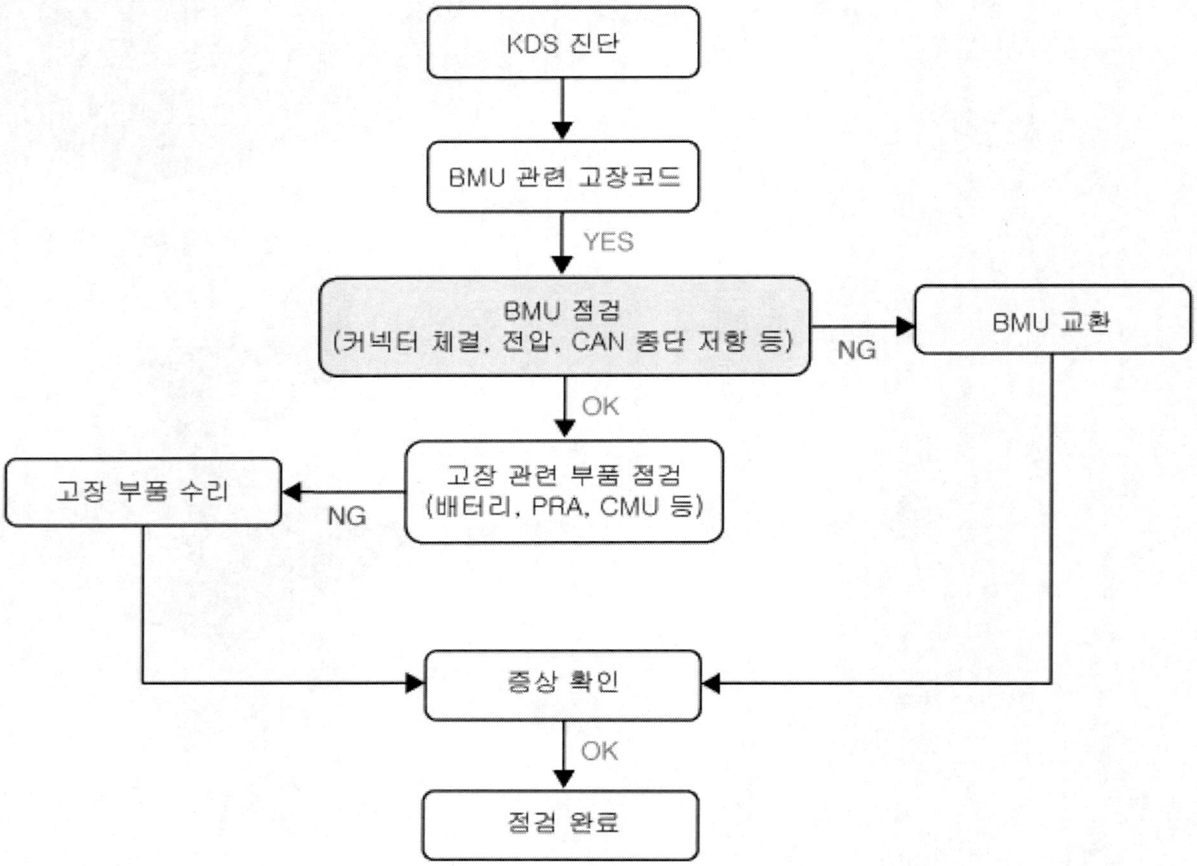

1. 진단 장비(KDS)를 이용해 배터리 매니지먼트 시스템을 진단한다.
2. 볼트를 풀어 BMU 서비스 커버(A)를 탈거한다.

체결토크
1차 : 0.9 kgf·m
2차 : 1.1 kgf·m

3. 고장 발생 시 BMU를 점검하고 필요시 교환한다.

커넥터 연결 상태

(1) BMU 커넥터(A) 연결 상태를 점검한다.

CAN 통신 라인 점검

(1) IG 상태에서 G-CAN 라인 전압을 측정한다.

점검 부위 : CAN LOW 단자 D19와 차체 접지, CAN HIGH 단자 D20과 접지
정상값 : 1.5 ~ 3.5 V

---

(2) G-CAN 라인 종단 저항을 점검한다.

점검 부위 : 단자 D19와 단자 D20
정상값 : 120 Ω

---

4. BMU가 정상일 경우 고장 코드(DTC) 관련 부품을 점검한다.

참 고

고장 코드 별 점검 방법은 DTC 가이드 매뉴얼을 참고한다.

탈거

⚠ 경 고

- 고전압 시스템 관련 작업 시, 관련 교육을 이수한 작업자가 정비를 진행한다. 고전압 시스템에 대한 이해가 부족한 경우 감전 또는 누전 등으로 인한 심각한 사고를 초래할 수 있다.
- 고전압 시스템 또는 주변 부품 작업 시, 반드시 "고전압 시스템 안전사항 및 주의, 경고" 내용을 숙지하고 준수해야 한다. 미 준수 시, 감전 또는 누전 등으로 인한 심각한 사고를 초래할 수 있다.
- 고전압 시스템 작업 특성상, 개인보호장구(PPE) 및 사전 고전압 차단 절차를 반드시 확인한다.

1. 고전압 차단 절차를 수행한다.
   (배터리 제어 시스템 (항속형) - "고전압 차단 절차" 참조)
2. 볼트를 풀어 배터리 매니지먼트 유닛(BMU) 서비스 커버(A)를 탈거한다.

체결토크
1차 : 0.9 kgf·m
2차 : 1.1 kgf·m

3. BMU 커넥터(A)를 분리한다.

4. 볼트와 너트를 풀어 서비스 커버에서 BMU(A)를 탈거한다.

체결토크
1차 : 0.9 kgf·m
2차 : 1.1 kgf·m

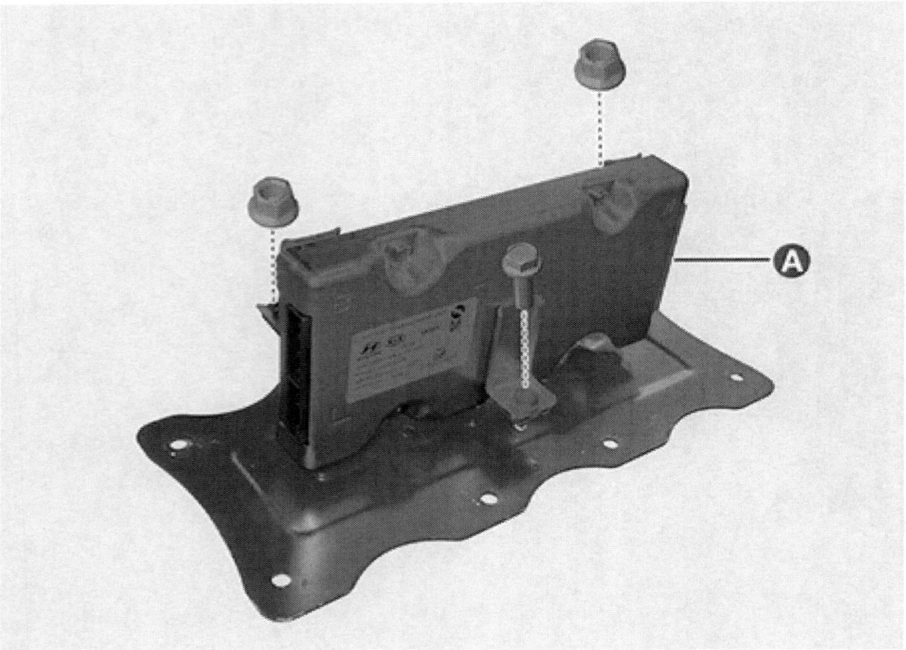

장착

▲ 경 고

- 고전압 시스템 관련 작업 시, 관련 교육을 이수한 작업자가 정비를 진행한다. 고전압 시스템에 대한 이해가 부족한 경우 감전 또는 누전 등으로 인한 심각한 사고를 초래할 수 있다.
- 고전압 시스템 또는 주변 부품 작업 시, 반드시 "고전압 시스템 안전사항 및 주의, 경고" 내용을 숙지하고 준수해야 한다. 미 준수 시, 감전 또는 누전 등으로 인한 심각한 사고를 초래할 수 있다.
- 고전압 시스템 작업 특성상, 개인보호장구(PPE) 및 사전 고전압 차단 절차를 반드시 확인한다.

1. 장착은 탈거의 역순으로 한다.

> **유 의**
>
> - 배터리 매니지먼트 유닛(BMU) 장착 시 규정 토크를 준수하여 장착한다.
> - BMU를 떨어뜨렸을 경우, 보이지 않는 손상이 유발될 수 있으니 신품으로 교환한다. (재사용 금지)
> - 기밀 유지를 위해 배터리 측에 도포된 기존 테이프는 완전히 제거 후 서비스 커버를 장착한다.
> - 서비스 커버는 신품으로 교환한다. (재사용 금지)

2. 진단 장비(KDS)를 이용하여 기밀 점검을 실시한다.
   (고전압 배터리 시스템 - "기밀 점검" 참조)
3. 진단 장비(KDS)를 이용하여 SOC 보정 기능을 수행한다.

4. 진단 장비(KDS)를 이용하여 SOH 초기화 기능을 수행한다.

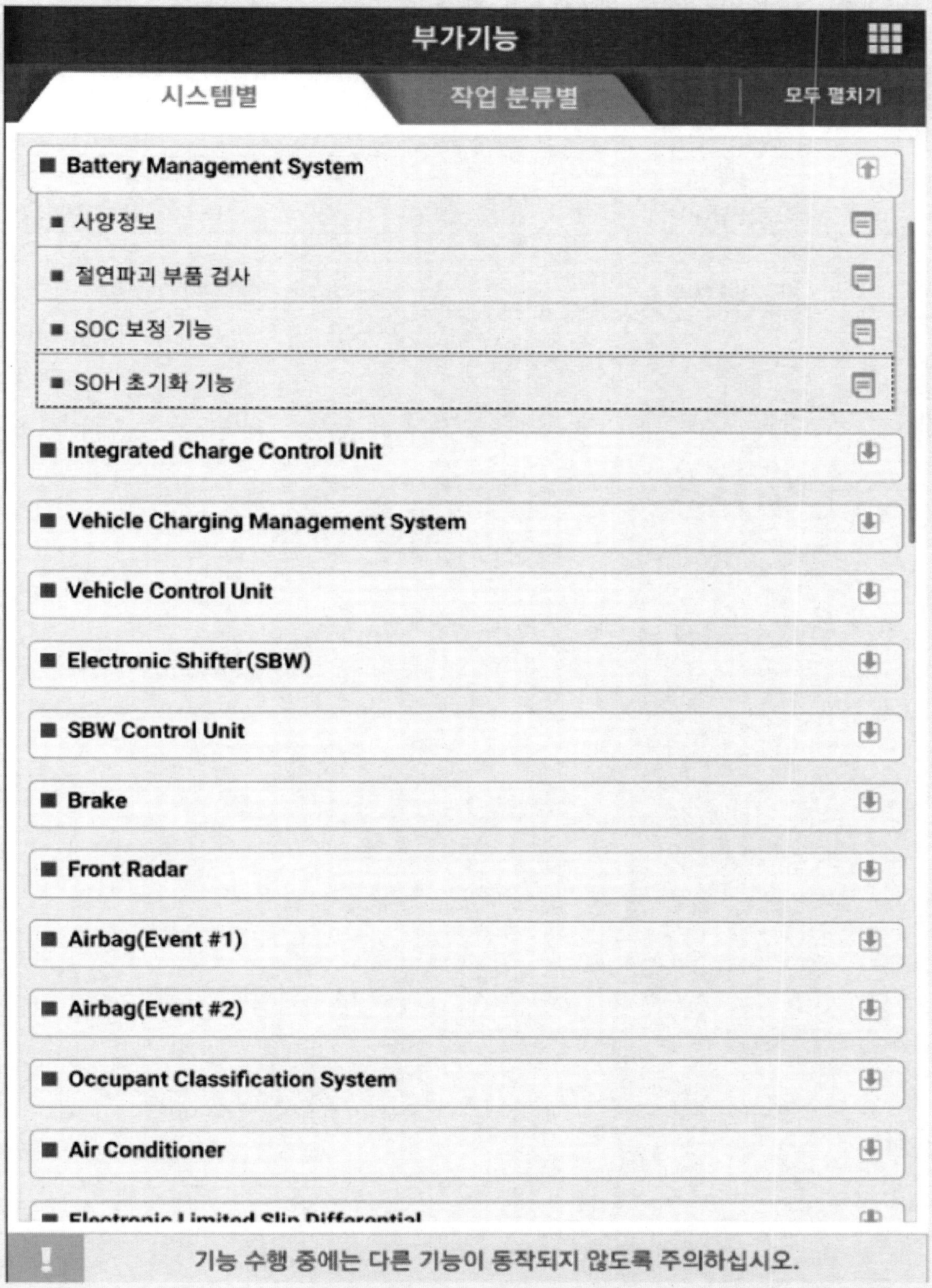
부가기능
시스템별
작업 분류별
모두 펼치기
Battery Management System
사양정보
절연파괴 부품 검사
SOC 보정 기능
SOH 초기화 기능
Integrated Charge Control Unit
Vehicle Charging Management System
Vehicle Control Unit
Electronic Shifter(SBW)
SBW Control Unit
Brake
Front Radar
Airbag(Event #1)
Airbag(Event #2)
Occupant Classification System
Air Conditioner
기능 수행 중에는 다른 기능이 동작되지 않도록 주의하십시오.

제원

항목	제원
작동 전압(V)	9 ~ 60 (12셀 기준)
작동 온도(°C)	-35 ~75
절연 저항(MΩ)	10 (2kV기준)

구성부품

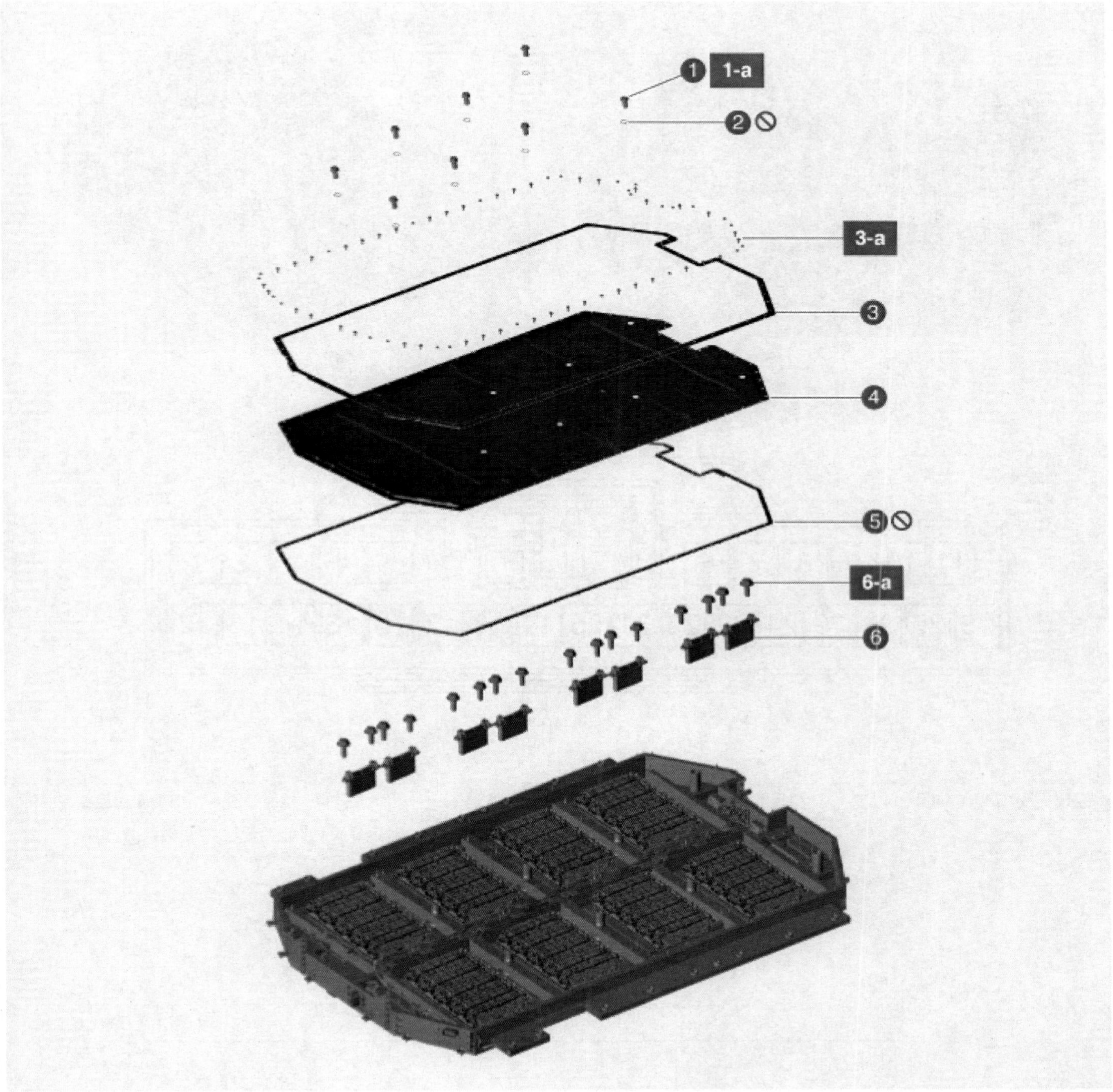

1. 상부 케이스 볼트 1-a. 10.5 ~ 15.8 kgf·m 2. O-링 3. 수밀 보강 브래킷 3-a. 1차 : 0.9 kgf·m 3-a. 2차 : 1.1 kgf·m	4. 상부 케이스 5. 수밀 개스킷 6. 셀 모니터링 유닛(CMU) 6-a. 1차 : 0.9 kgf·m 6-a. 2차 : 1.1 kgf·m

셀 모니터링 유닛(CMU) 커넥터 및 단자 정보

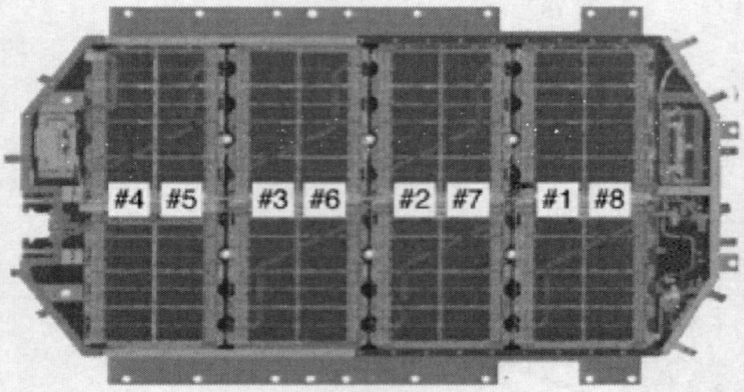

CMU NO.

Sub-BMA NO.

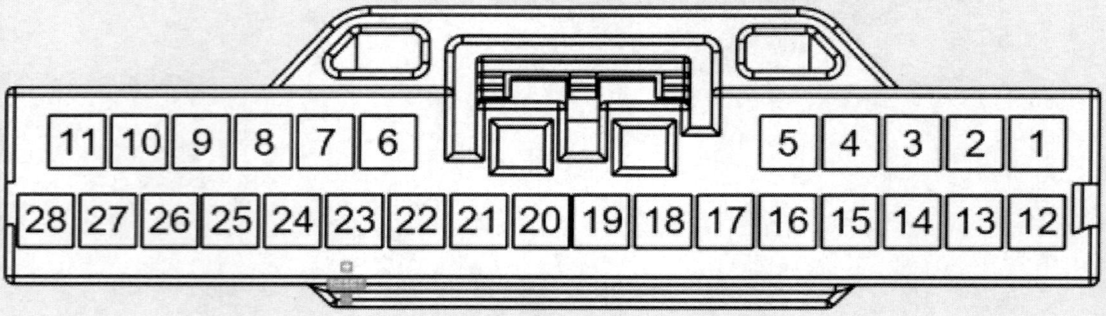

CMU 커넥터

셀 모니터링 유닛(CMU)	모듈	셀 번호	단자	ETM 회로도 단자
#1	1	1	1 - 12	C0 - C1
		2	1 - 13	C1 - C2
		3	2 - 13	C2 - C3
		4	2 - 14	C3 - C4
		5	3 - 14	C4 - C5
		6	3 - 15	C5 - C6
	2	7	4 - 15	C6 - C7
		8	4 - 16	C7 - C8
		9	5 - 15	C8 - C9
		10	5 - 17	C9 - C10
		11	17 - 18	C10 - C11
		12	18 - 19	C11 - C12
	3	13	6 - 22	C0 - C1
		14	6 -23	C1 - C2
		15	7 - 23	C2 - C3
		16	7 - 24	C3 - C4
		17	8 - 24	C4 - C5

		18	8 - 25	C5 - C6
		19	9 - 25	C6 - C7
		20	9 - 26	C7 - C8
	4	21	10 - 26	C8 - C9
		22	10 - 27	C9 - C10
		23	11 - 27	C10 - C11
		24	11 - 28	C11 - C12
		25	1 - 12	C0 - C1
		26	1 - 13	C1 - C2
	5	27	2 - 13	C2 - C3
		28	2 - 14	C3 - C4
		29	3 - 14	C4 - C5
		30	3 - 15	C5 - C6
		31	4 - 15	C6 - C7
		32	4 - 16	C7 - C8
	6	33	5 - 15	C8 - C9
		34	5 - 17	C9 - C10
		35	17 - 18	C10 - C11
		36	18 - 19	C11 - C12
#2		37	6 - 22	C0 - C1
		38	6 -23	C1 - C2
	7	39	7 - 23	C2 - C3
		40	7 - 24	C3 - C4
		41	8 - 24	C4 - C5
		42	8 - 25	C5 - C6
		43	9 - 25	C6 - C7
		44	9 - 26	C7 - C8
	8	45	10 - 26	C8 - C9
		46	10 - 27	C9 - C10
		47	11 - 27	C10 - C11
		48	11 - 28	C11 - C12
#3		49	1 - 12	C0 - C1
		50	1 - 13	C1 - C2
	9	51	2 - 13	C2 - C3
		52	2 - 14	C3 - C4
		53	3 - 14	C4 - C5
		54	3 - 15	C5 - C6
		55	4 - 15	C6 - C7
	10	56	4 - 16	C7 - C8
		57	5 - 15	C8 - C9
		58	5 - 17	C9 - C10
		59	17 - 18	C10 - C11
		60	18 - 19	C11 - C12

	11	61	6 - 22	C0 - C1
		62	6 -23	C1 - C2
		63	7 - 23	C2 - C3
		64	7 - 24	C3 - C4
		65	8 - 24	C4 - C5
	12	66	8 - 25	C5 - C6
		67	9 - 25	C6 - C7
		68	9 - 26	C7 - C8
		69	10 - 26	C8 - C9
		70	10 - 27	C9 - C10
		71	11 - 27	C10 - C11
	13	72	11 - 28	C11 - C12
		73	1 - 12	C0 - C1
		74	1 - 13	C1 - C2
		75	2 - 13	C2 - C3
		76	2 - 14	C3 - C4
		77	3 - 14	C4 - C5
	14	78	3 - 15	C5 - C6
		79	4 - 15	C6 - C7
		80	4 - 16	C7 - C8
		81	5 - 15	C8 - C9
		82	5 - 17	C9 - C10
		83	17 - 18	C10 - C11
#4		84	18 - 19	C11 - C12
#5	15	85	6 - 22	C0 - C1
		86	6 -23	C1 - C2
		87	7 - 23	C2 - C3
		88	7 - 24	C3 - C4
		89	8 - 24	C4 - C5
	16	90	8 - 25	C5 - C6
		91	9 - 25	C6 - C7
		92	9 - 26	C7 - C8
		93	10 - 26	C8 - C9
		94	10 - 27	C9 - C10
		95	11 - 27	C10 - C11
	17	96	11 - 28	C11 - C12
		97	1 - 12	C0 - C1
		98	1 - 13	C1 - C2
		99	2 - 13	C2 - C3
		100	2 - 14	C3 - C4
		101	3 - 14	C4 - C5
	18	102	3 - 15	C5 - C6
		103	4 - 15	C6 - C7

		104	4 - 16	C7 - C8
		105	5 - 15	C8 - C9
		106	5 - 17	C9 - C10
		107	17 - 18	C10 - C11
	19	108	18 - 19	C11 - C12
		109	6 - 22	C0 - C1
		110	6 -23	C1 - C2
		111	7 - 23	C2 - C3
		112	7 - 24	C3 - C4
		113	8 - 24	C4 - C5
	20	114	8 - 25	C5 - C6
		115	9 - 25	C6 - C7
		116	9 - 26	C7 - C8
		117	10 - 26	C8 - C9
		118	10 - 27	C9 - C10
		119	11 - 27	C10 - C11
	21	120	11 - 28	C11 - C12
		121	1 - 12	C0 - C1
		122	1 - 13	C1 - C2
		123	2 - 13	C2 - C3
		124	2 - 14	C3 - C4
		125	3 - 14	C4 - C5
#6	22	126	3 - 15	C5 - C6
		127	4 - 15	C6 - C7
		128	4 - 16	C7 - C8
		129	5 - 15	C8 - C9
		130	5 - 17	C9 - C10
		131	17 - 18	C10 - C11
	23	132	18 - 19	C11 - C12
		133	6 - 22	C0 - C1
		134	6 -23	C1 - C2
		135	7 - 23	C2 - C3
		136	7 - 24	C3 - C4
		137	8 - 24	C4 - C5
	24	138	8 - 25	C5 - C6
		139	9 - 25	C6 - C7
		140	9 - 26	C7 - C8
		141	10 - 26	C8 - C9
		142	10 - 27	C9 - C10
		143	11 - 27	C10 - C11
#7	25	144	11 - 28	C11 - C12
		145	1 - 12	C0 - C1
		146	1 - 13	C1 - C2

		147	2 - 13	C2 - C3
		148	2 - 14	C3 - C4
		149	3 - 14	C4 - C5
		150	3 - 15	C5 - C6
		151	4 - 15	C6 - C7
	26	152	4 - 16	C7 - C8
		153	5 - 15	C8 - C9
		154	5 - 17	C9 - C10
		155	17 - 18	C10 - C11
		156	18 - 19	C11 - C12
		157	6 - 22	C0 - C1
	27	158	6 -23	C1 - C2
		159	7 - 23	C2 - C3
		160	7 - 24	C3 - C4
		161	8 - 24	C4 - C5
		162	8 - 25	C5 - C6
		163	9 - 25	C6 - C7
	28	164	9 - 26	C7 - C8
		165	10 - 26	C8 - C9
		166	10 - 27	C9 - C10
		167	11 - 27	C10 - C11
		168	11 - 28	C11 - C12
#8		169	1 - 12	C0 - C1
	29	170	1 - 13	C1 - C2
		171	2 - 13	C2 - C3
		172	2 - 14	C3 - C4
		173	3 - 14	C4 - C5
		174	3 - 15	C5 - C6
		175	4 - 15	C6 - C7
	30	176	4 - 16	C7 - C8
		177	5 - 15	C8 - C9
		178	5 - 17	C9 - C10
		179	17 - 18	C10 - C11
		180	18 - 19	C11 - C12
		181	6 - 22	C0 - C1
	31	182	6 -23	C1 - C2
		183	7 - 23	C2 - C3
		184	7 - 24	C3 - C4
		185	8 - 24	C4 - C5
		186	8 - 25	C5 - C6
	32	187	9 - 25	C6 - C7
		188	9 - 26	C7 - C8
		189	10 - 26	C8 - C9

190	10 - 27	C9 - C10
191	11 - 27	C10 - C11
192	11 - 28	C11 - C12

차상점검

⚠ 경 고

- 고전압 시스템 관련 작업 시, 관련 교육을 이수한 작업자가 정비를 진행한다. 고전압 시스템에 대한 이해가 부족한 경우 감전 또는 누전 등으로 인한 심각한 사고를 초래할 수 있다.
- 고전압 시스템 또는 주변 부품 작업 시, 반드시 "고전압 시스템 안전사항 및 주의, 경고" 내용을 숙지하고 준수해야 한다. 미준수 시, 감전 또는 누전 등으로 인한 심각한 사고를 초래할 수 있다.
- 고전압 시스템 작업 특성상, 개인보호장구(PPE) 및 사전 고전압 차단 절차를 반드시 확인한다.

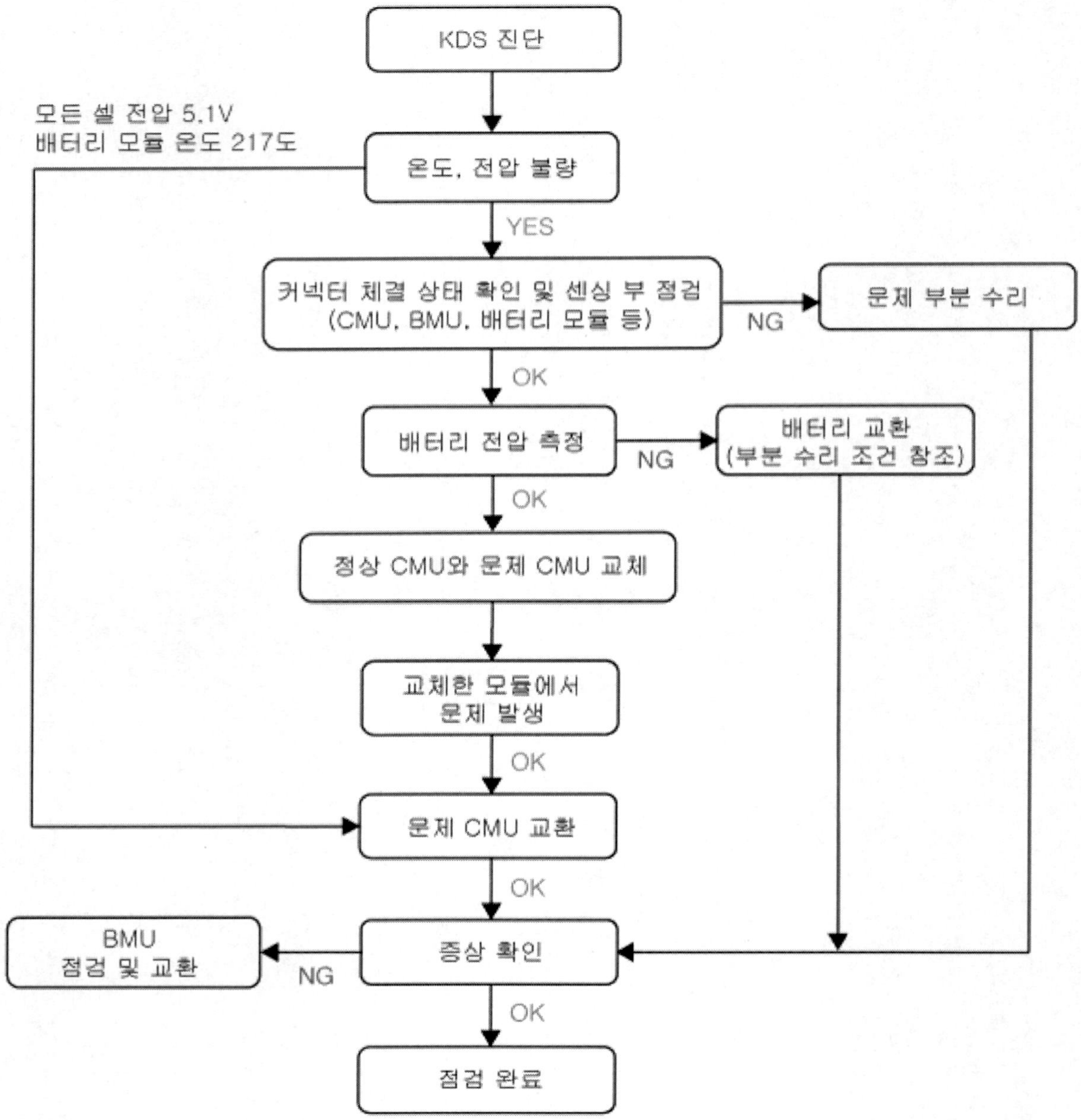

1. 진단 장비(KDS) 센서데이터를 확인한다.
2. 셀 전압 및 배터리 모듈 온도 관련 문제 발생 시 센싱 회로 부(CMU, 배터리 모듈, BMU, 센서 와이어링)를 점검한다.
3. 전압 및 온도 센싱 회로에 이상이 없을 경우 문제 발생 CMU와 정상 CMU를 바꿔서 장착한다.
4. 진단 장비(KDS)를 이용해 문제 발생 모듈 및 셀 번호가 바뀌었는지 확인한다.

5. 문제 발생 모듈 및 셀 번호 변경 시 결함이 있는 CMU를 신품으로 교환한다.

탈거

⚠ 경 고

- 고전압 시스템 관련 작업 시, 관련 교육을 이수한 작업자가 정비를 진행한다. 고전압 시스템에 대한 이해가 부족한 경우 감전 또는 누전 등으로 인한 심각한 사고를 초래할 수 있다.
- 고전압 시스템 또는 주변 부품 작업 시, 반드시 "고전압 시스템 안전사항 및 주의, 경고" 내용을 숙지하고 준수해야 한다. 미 준수 시, 감전 또는 누전 등으로 인한 심각한 사고를 초래할 수 있다.
- 고전압 시스템 작업 특성상, 개인보호장구(PPE) 및 사전 고전압 차단 절차를 반드시 확인한다.

ℹ 참 고

아래 셀 모니터링 유닛(CMU) 탈거 절차는 #8에 대한 절차이다. 나머지 CMU도 동일한 방법으로 진행한다.

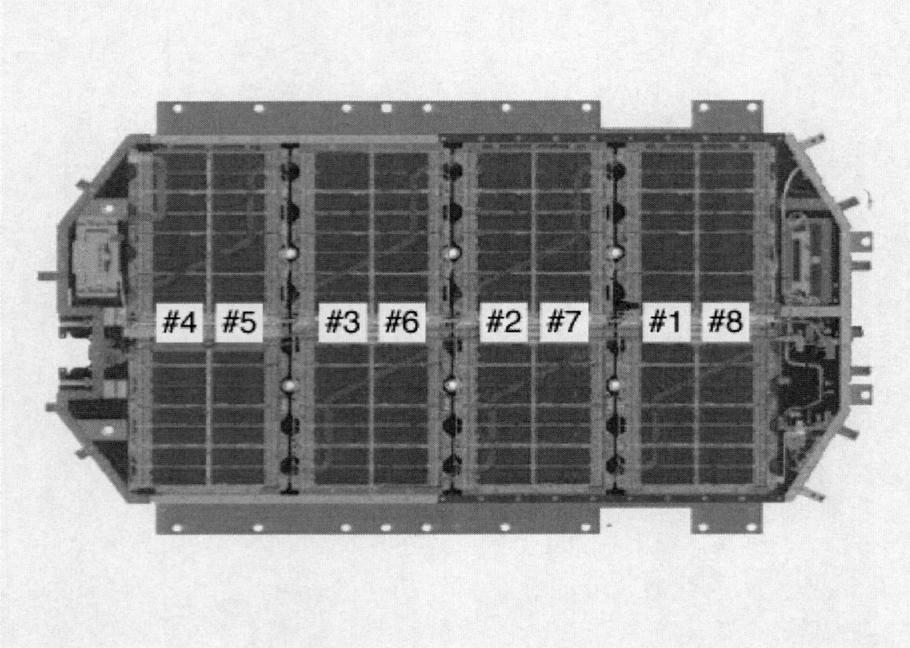

1. 배터리 시스템 어셈블리(BSA) 상부 케이스를 탈거한다.
   (고전압 배터리 시스템 - "케이스" 참조)
2. 볼트와 너트를 풀어 버스 바(A)를 탈거한다.

체결토크 : 0.8 ~ 1.2 kgf·m

3. 모든 셀 모니터링 유닛(CMU)에 분기 커넥터(A)를 분리한다.

참 고

분기 커넥터의 위치는 아래를 참고한다.

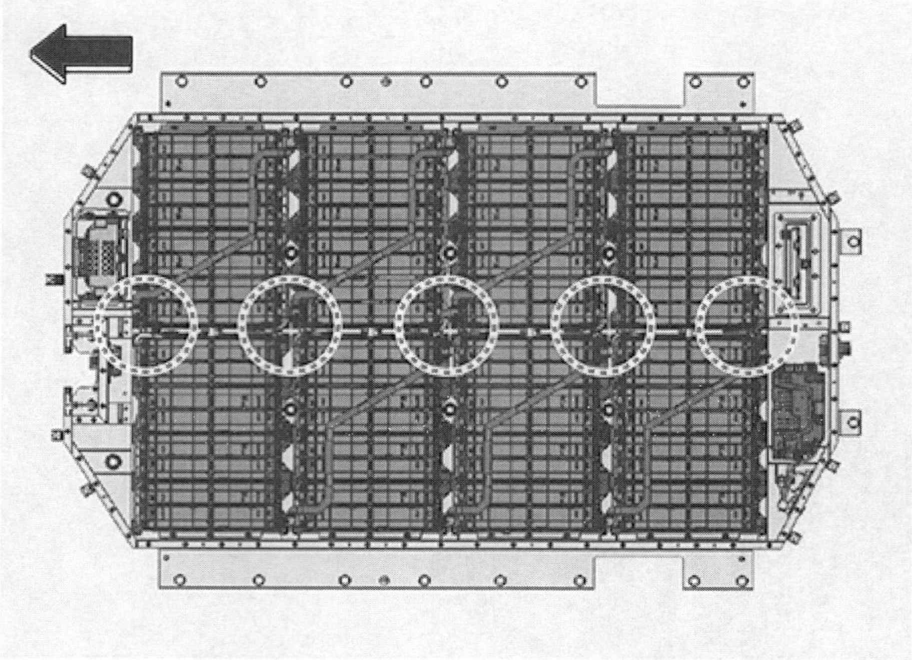

4. 모든 셀 모니터링 유닛(CMU)에 전압 센싱 커넥터(A)를 분리한다.

⚠ 경 고

전위차 발생으로 배터리 모듈 어셈블리(BMA) 내부 회로 상 쇼트나 CMU 내부 회로에 서지 전압 발생을 방지하기 위하여 하기 절차를 필히 준수 한다.

- 셀 모니터링 유닛(CMU) 커넥터 탈거 시, 반드시 CMU#8 >#7>#6>#5>#4>#3>#2>#1 순서로 분리한다.
- CMU를 개별적으로 교환하더라고 모든 커넥터는 순서대로 분리해야한다.
- CMU의 검정색 커넥터가 전압 센싱 커넥터이다.
- CMU 번호는 아래 이미지를 참고한다.

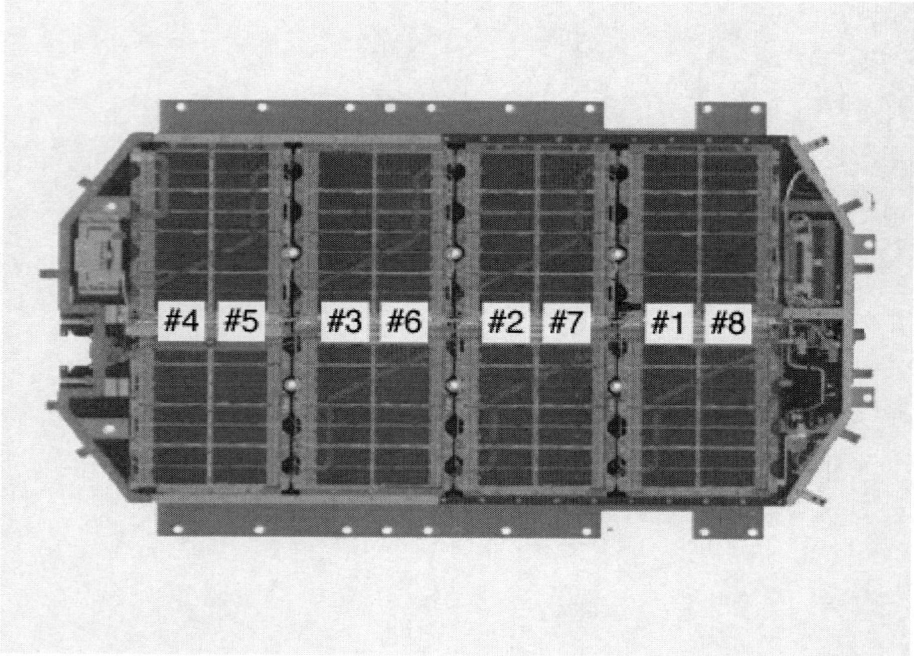

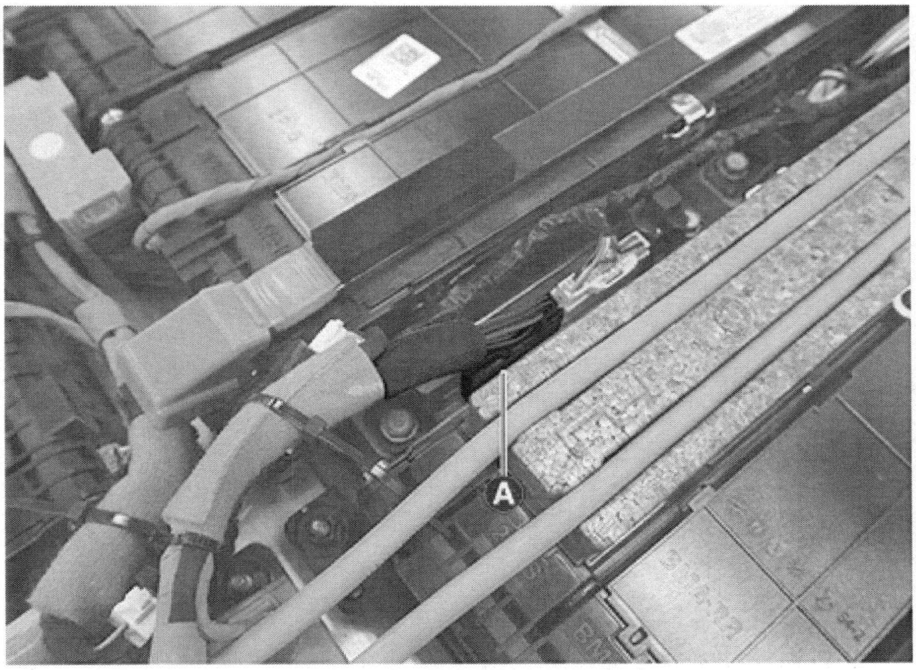

5. 셀 모니터링 유닛(CMU)에 비동기 통신 커넥터(A)를 분리한다.

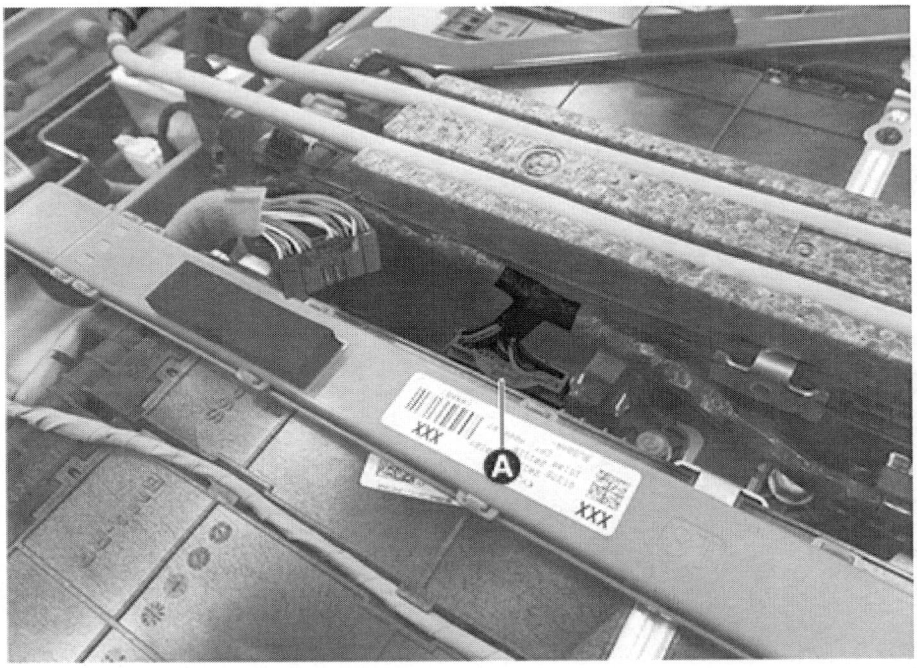

6. 볼트를 풀어 CMU(A)를 들어올린다.

체결토크
1차 : 0.9 kgf·m
2차 : 1.1 kgf·m

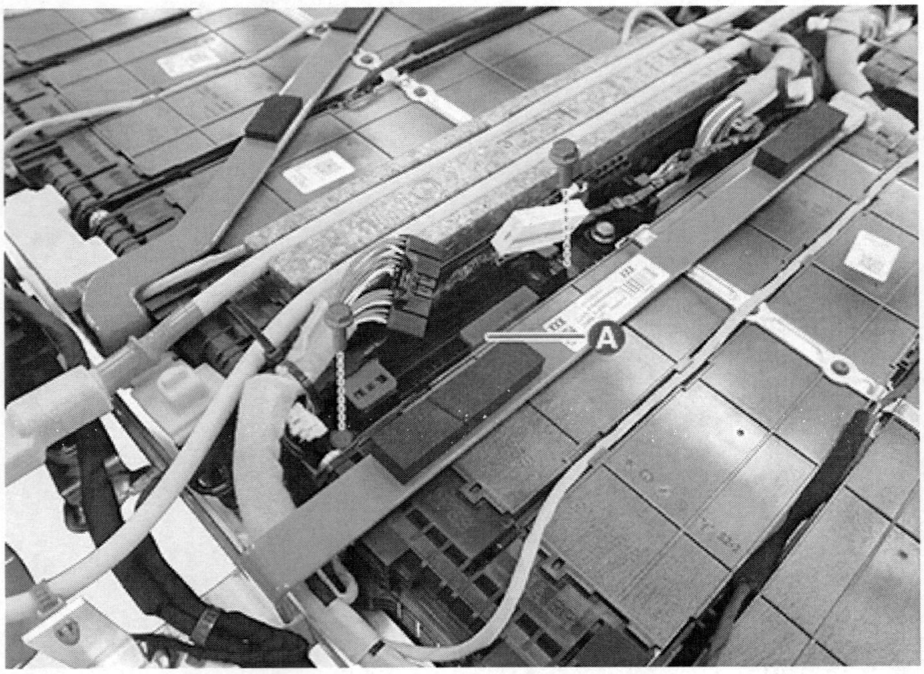

7. 와이어링 클립(B)을 해제하여 CMU(A)를 분리한다.

장착

⚠ 경 고

- 고전압 시스템 관련 작업 시, 관련 교육을 이수한 작업자가 정비를 진행한다. 고전압 시스템에 대한 이해가 부족한 경우 감전 또는 누전 등으로 인한 심각한 사고를 초래할 수 있다.
- 고전압 시스템 또는 주변 부품 작업 시, 반드시 "고전압 시스템 안전사항 및 주의, 경고" 내용을 숙지하고 준수해야 한다. 미준수 시, 감전 또는 누전 등으로 인한 심각한 사고를 초래할 수 있다.
- 고전압 시스템 작업 특성상, 개인보호장구(PPE) 및 사전 고전압 차단 절차를 반드시 확인한다.

1. 장착은 탈거의 역순으로 한다.

유 의

- 셀 모니터링 유닛 (CMU) 장착 시 규정 토크를 준수하여 장착한다.
- CMU를 떨어뜨렸을 경우, 보이지 않는 손상이 유발될 수 있으니 신품으로 교환한다. (재사용 금지)

- 셀 모니터링 유닛(CMU) 커넥터 장착 시, 반드시 CMU#1>#2>#3>#4>#5>#6#>7#>8 순서로 장착한다.

2. 배터리 시스템 어셈블리(BSA) 상부 케이스 장착 전, 진단 장비(KDS)를 이용하여 고전압 배터리팩 커넥터 체결검사를 실시한다.
(부가기능 → 배터리 매니지먼트 시스템(BMS) → 고전압 배터리 팩 체결 검사)

제원

메인 릴레이

항목	제원
정격 전압(V)	12
작동 전압(V)	0.5 ~ 9
코일 저항(Ω)	21.6 ~ 26.4 (20°C)

프리 차지 릴레이

항목	제원
타입	전자식 릴레이
정격 전압(V)	1000
정격 전류(A)	20

배터리 전류 센서

대전류 (A)	출력 전압 (V)
-750 (충전)	0.5
0	2.5
750 (방전)	4.5

저전류 (A)	출력 전압 (V)
-75	0.5
0	2.5
75	4.5

구성부품

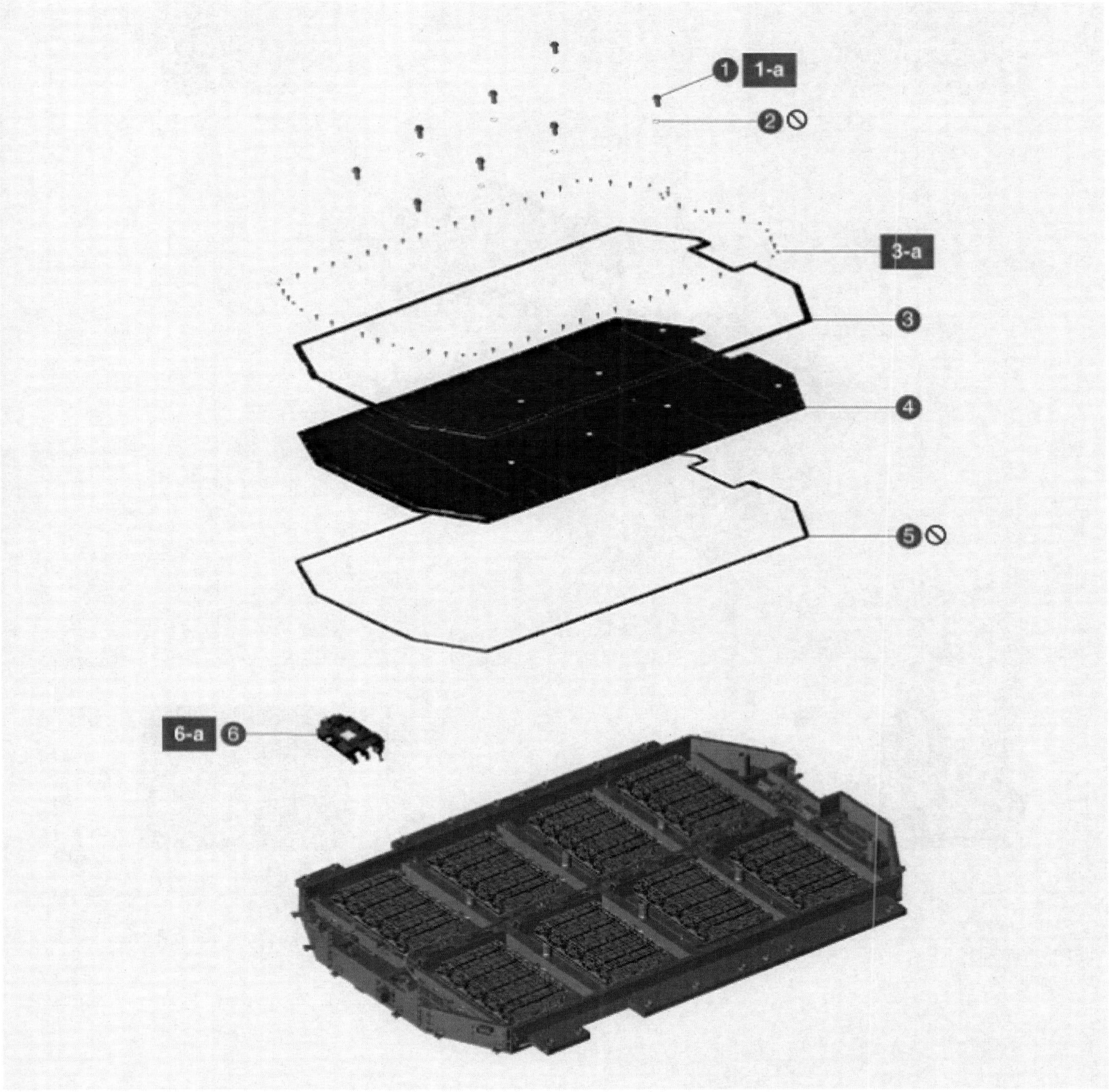

1. 상부 케이스 볼트 1-a. 10.5 ~ 15.8 kgf·m 2. O-링 3. 수밀 보강 브래킷 3-a. 1차 : 0.9 kgf·m 3-a. 2차 : 1.1 kgf·m	4. 상부 케이스 5. 수밀 개스킷 6. 파워 릴레이 어셈블리(PRA) 6-a. 0.8 ~ 1.2 kgf·m

부품위치

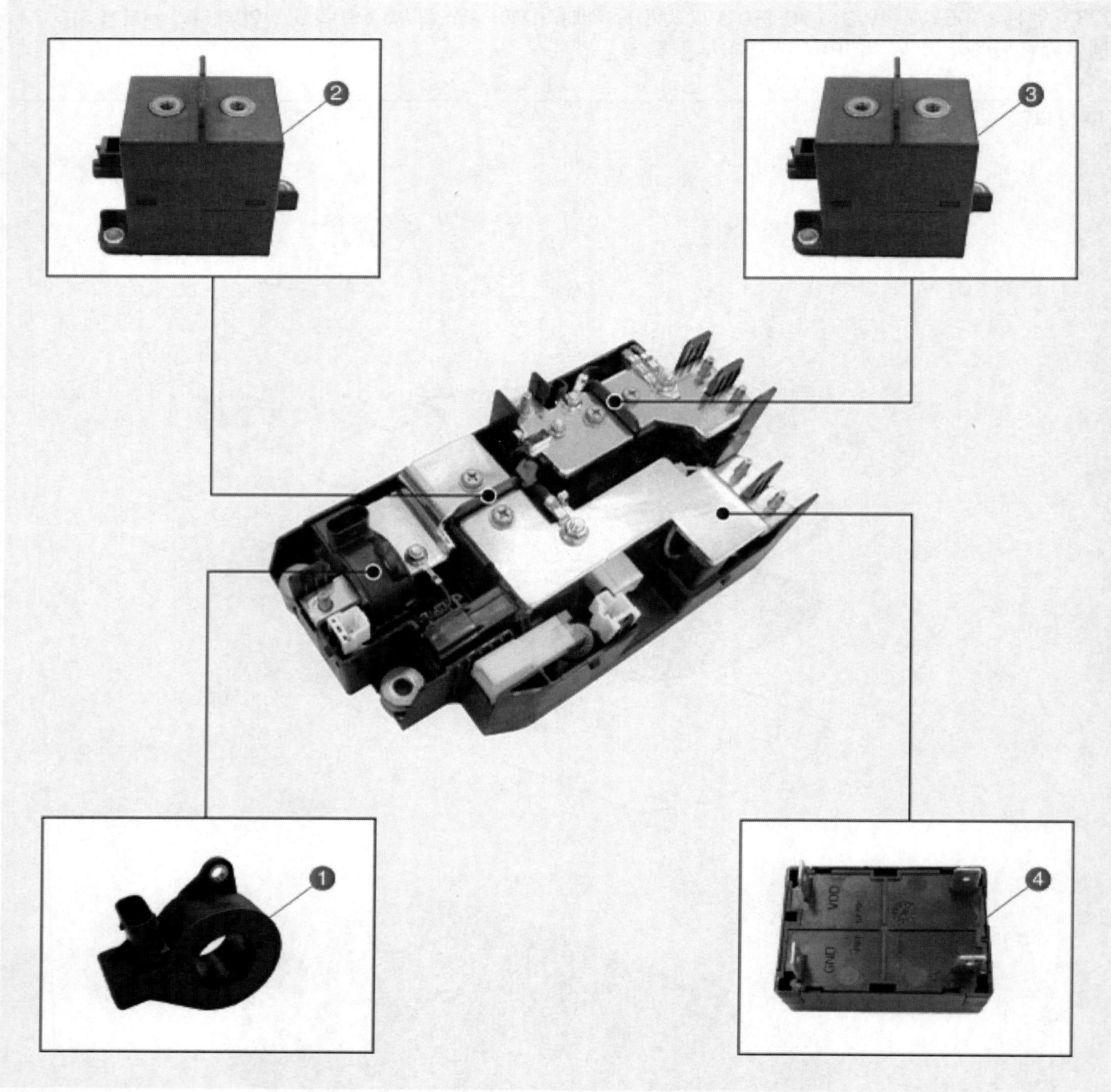

1. 배터리 전류 센서 2. 메인 릴레이 (-)	3. 메인 릴레이 (+) 4. 프리 차지 릴레이

개요

항목	형상	개요
파워 릴레이 어셈블리 (PRA)		배터리 매니지먼트 유닛(BMU)의 제어를 받는 릴레이(메인 릴레이, 프리 차지 릴레이, 프리 차지 레지스터)와 배터리 전류 센서로 구성되어 있다.
메인 릴레이		• 메인 릴레이는 파워 릴레이 어셈블리(PRA)에 장착되어 있으며 (+), (-) 메인 릴레이로 구성되어 있다. • BMU 제어 신호에 의해 고전압 정션 박스와 고전압 배터리의 전원을 연결시키는 역할을 한다. • 고전압 배터리 셀 과충전으로 배터리 셀이 부풀어 오르는 상황이 오면 메인 릴레이 (+, -), 프리 차지 릴레이가 차단된다.
프리 차지 릴레이		• 프리 차지 릴레이(Pre-Charge Relay)는 파워 릴레이 어셈블리(PRA)에 장착되어 있으며 인버터의 커패시터를 초기 충전할 때 고전압 배터리와 고전압 회로를 연결하는 기능을 한다. • IG ON을 하면 프리 차지 릴레이와 레지스터를 통해 흐른 전류가 인버터 내에 커패시터에 충전이 되고, 충전이 완료 되면 프리 차지 릴레이는 OFF 된다.
프리 차지 레지스터	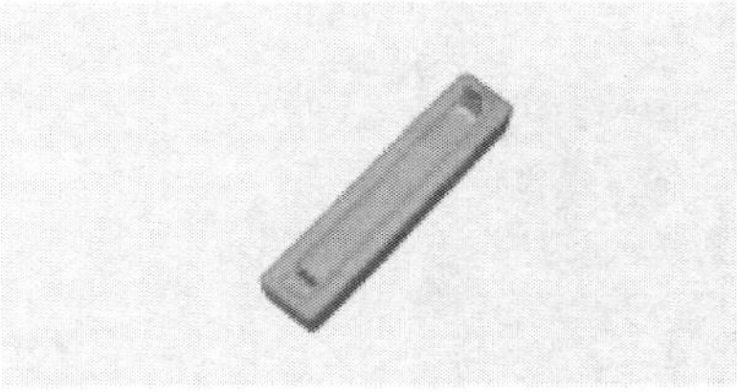	프리 차지 레지스터는 파워 릴레이 어셈블리(PRA)에 장착되어 있으며, 인버터의 커패시터를 초기 충전할 때 충전 전류를 제한하여 고전압 회로를 보호한다.
배터리 전류 센서		배터리 전류 센서는 파워 릴레이 어셈블리(PRA) 내부에 장착되어 있으며 고전압 배터리의 충전 및 방전 시 전류를 측정하는 센서이다.

작동원리

IG START

① 메인 릴레이 (-) ON → ② 프리 차지 릴레이 ON → ③ 캐패시터 충전 → ④ 메인 릴레이 (+) ON → ⑤ 프리 차지 릴레이 OFF

IG OFF

① 메인 릴레이 (+)(-) OFF

차상점검

⚠ 경 고

- 고전압 시스템 관련 작업 시, 관련 교육을 이수한 작업자가 정비를 진행한다. 고전압 시스템에 대한 이해가 부족한 경우 감전 또는 누전 등으로 인한 심각한 사고를 초래할 수 있다.
- 고전압 시스템 또는 주변 부품 작업 시, 반드시 "고전압 시스템 안전사항 및 주의, 경고" 내용을 숙지하고 준수해야 한다. 미준수 시, 감전 또는 누전 등으로 인한 심각한 사고를 초래할 수 있다.
- 고전압 시스템 작업 특성상, 개인보호장구(PPE) 및 사전 고전압 차단 절차를 반드시 확인한다.

프리 차지 릴레이 작동 점검

1. 고전압 차단 절차를 수행한다.
   (배터리 제어 시스템 (항속형) - "고전압 차단 절차" 참조)
2. IG ON한다.
3. 진단 장비(KDS) 강제 구동의 메인 릴레이 (-) ON & 프리 차지 릴레이 ON 을 통해 프리 차지 릴레이 작동 상태를 점검한다.
4. 고전압 배터리 시스템 커넥터 (+) 단자와 (-) 단자 사이의 전압을 측정한다.

제원 : 0 V 이상

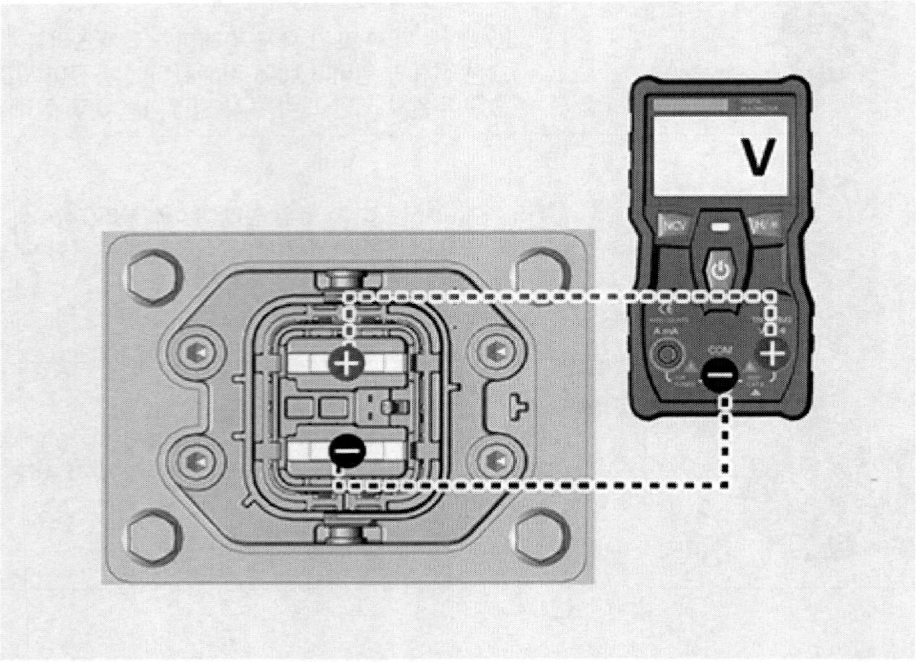

5. 측정 값이 정상이면 메인 릴레이 작동 점검을 실시한다.
6. 측정 값이 비정상이면 파워 릴레이 어셈블리(PRA)를 교환한다.
   (파워 릴레이 어셈블리 (PRA) - "탈거 및 장착" 참조)

메인 릴레이 작동 점검

1. 고전압 차단 절차를 수행한다.
   (배터리 제어 시스템 (항속형) - "고전압 차단 절차" 참조)
2. IG ON한다.
3. 진단 장비(KDS) 강제 구동의 메인 릴레이 (-) ON 또는 메인 릴레이 (+) ON 을 통해 메인 릴레이 작동 상태를 점검한다.
4. 고전압 배터리 시스템 커넥터 (+) 단자와 (-) 단자 사이의 전압을 측정한다.

제원 : 0 V

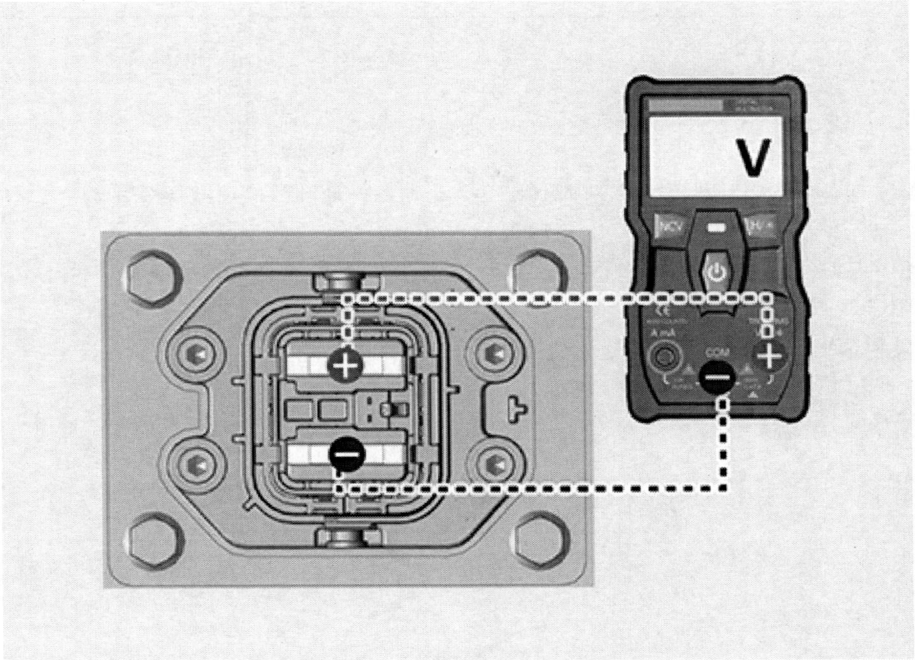

5. 측정 값이 정상이면 고전압 부품 및 A/C 컴프레셔 점검을 실시한다.
6. 측정 값이 비정상이면 파워 릴레이 어셈블리(PRA)를 교환한다.
   (파워 릴레이 어셈블리 (PRA) - "탈거 및 장착" 참조)

탈거

⚠ 경 고

- 고전압 시스템 관련 작업 시, 관련 교육을 이수한 작업자가 정비를 진행한다. 고전압 시스템에 대한 이해가 부족한 경우 감전 또는 누전 등으로 인한 심각한 사고를 초래할 수 있다.
- 고전압 시스템 또는 주변 부품 작업 시, 반드시 "고전압 시스템 안전사항 및 주의, 경고" 내용을 숙지하고 준수해야 한다. 미준수 시, 감전 또는 누전 등으로 인한 심각한 사고를 초래할 수 있다.
- 고전압 시스템 작업 특성상, 개인보호장구(PPE) 및 사전 고전압 차단 절차를 반드시 확인한다.

1. 배터리 시스템 어셈블리(BSA) 상부 케이스를 탈거한다.
   (고전압 배터리 시스템 - "케이스" 참조)
2. 버스 바(A)를 분리한다.

   체결토크 : 0.8 ~ 1.2 kgf·m

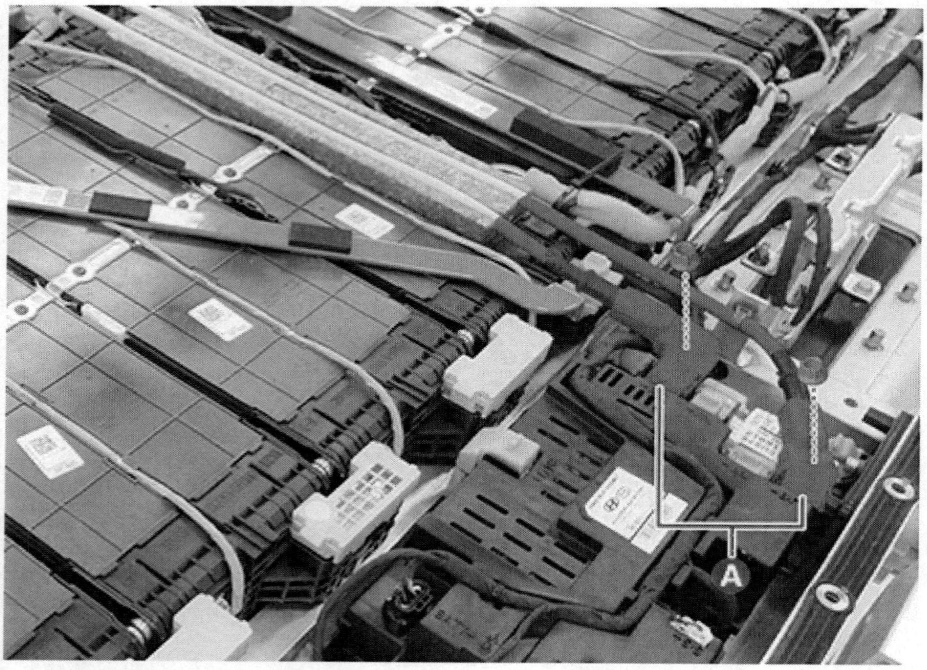

3. 버스 바(A)를 탈거한다.

   체결토크 : 0.8 ~ 1.2 kgf·m

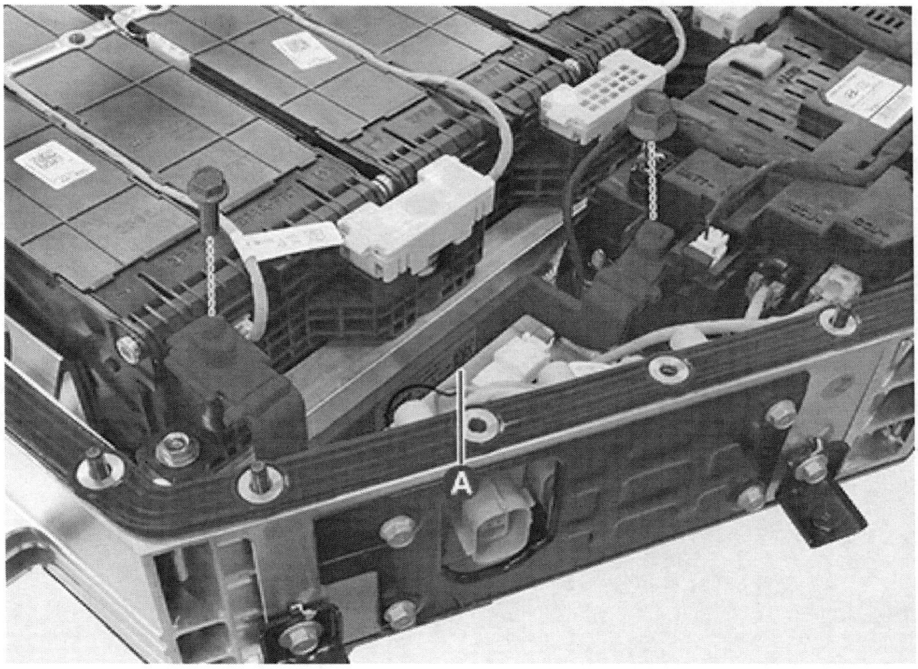

4. 커넥터(A, B, C, D, E)를 분리한다.

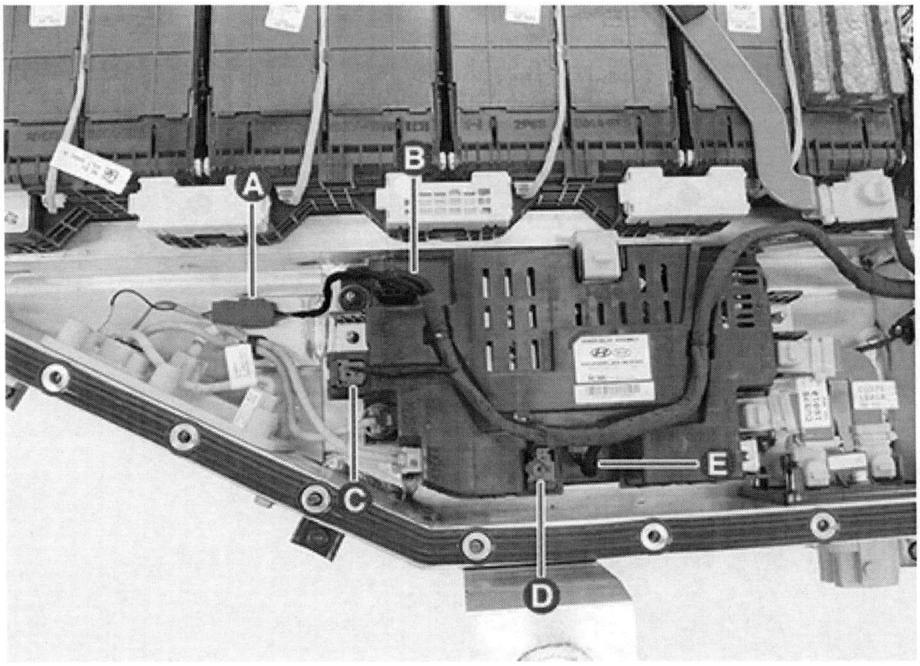

5. 와이어링(A)을 분리한다.

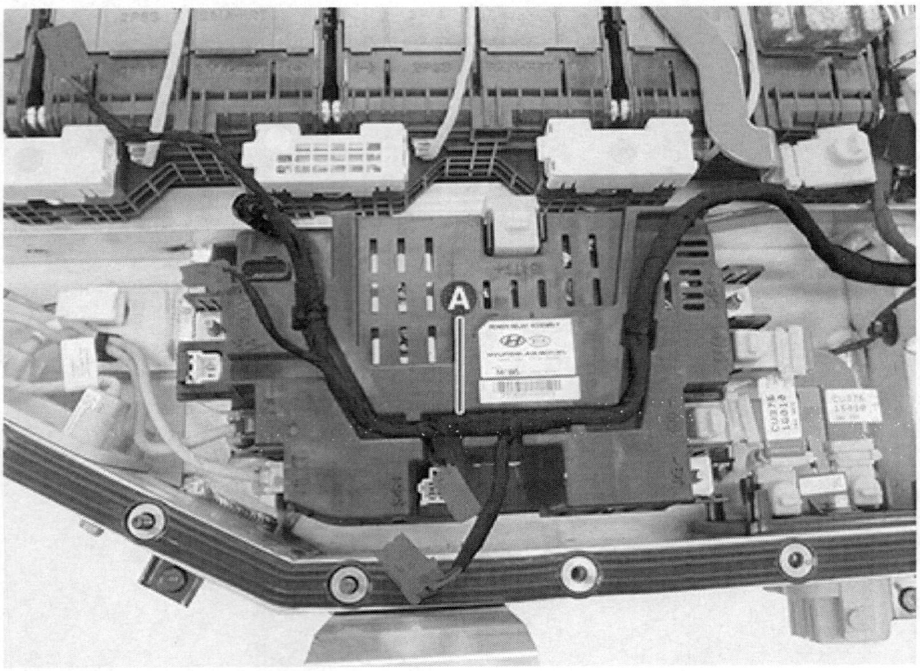

6. 통합 충전 제어 유닛 (ICCU) 커넥터(A)를 분리한다.

7. 버스 바(A)를 탈거한다.

체결토크 : 0.8 ~ 1.2 kgf·m

8. 버스 바(A)를 탈거한다.

체결토크 : 0.8 ~ 1.2 kgf·m

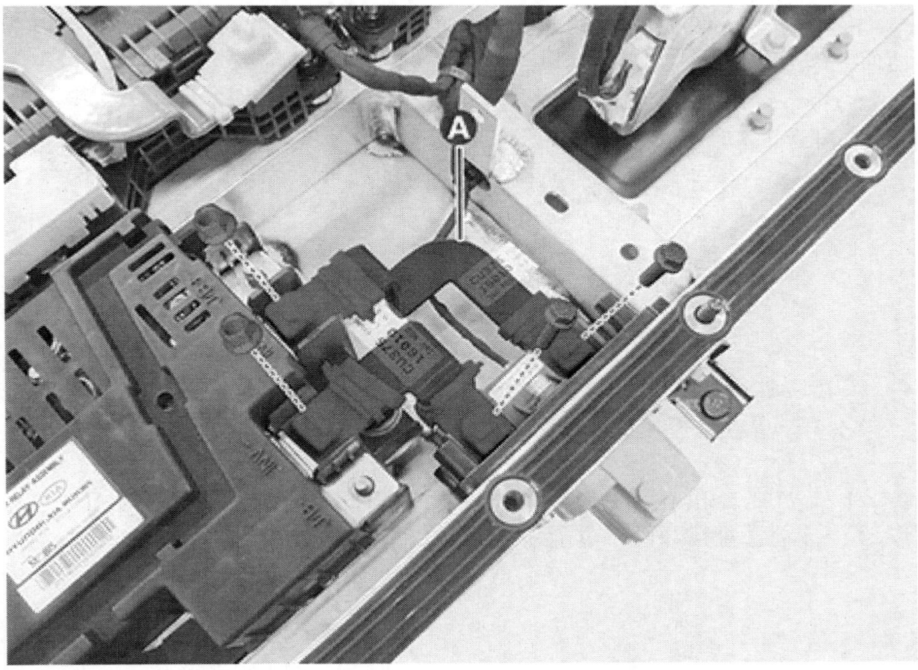

9. 너트를 풀어 파워 릴레이 어셈블리(PRA)(A)를 탈거한다.

체결토크 : 0.8 ~ 1.2 kgf·m

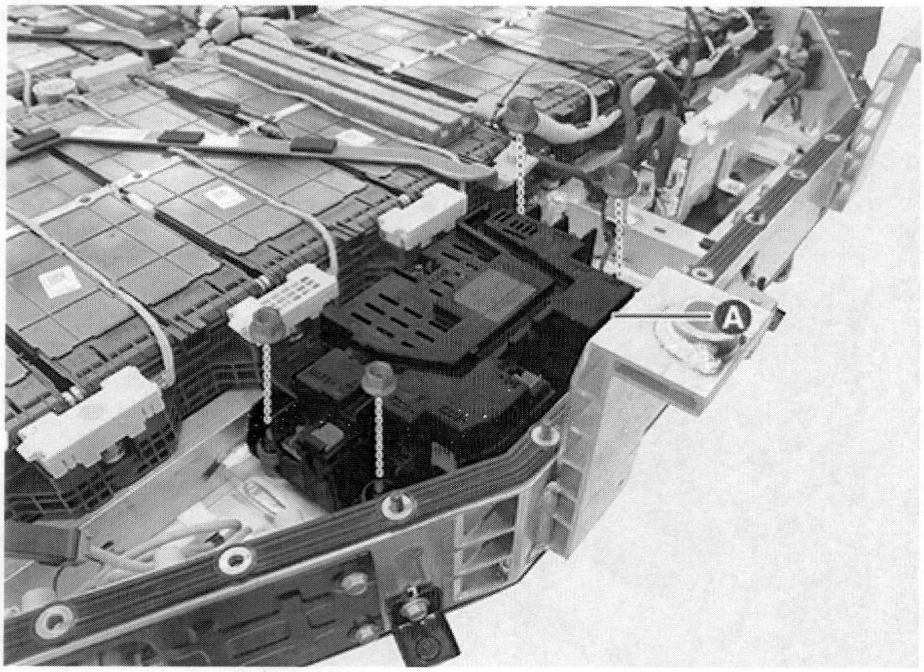

장착

⚠ 경 고

- 고전압 시스템 관련 작업 시, 관련 교육을 이수한 작업자가 정비를 진행한다. 고전압 시스템에 대한 이해가 부족한 경우 감전 또는 누전 등으로 인한 심각한 사고를 초래할 수 있다.
- 고전압 시스템 또는 주변 부품 작업 시, 반드시 "고전압 시스템 안전사항 및 주의, 경고" 내용을 숙지하고 준수해야 한다. 미준수 시, 감전 또는 누전 등으로 인한 심각한 사고를 초래할 수 있다.
- 고전압 시스템 작업 특성상, 개인보호장구(PPE) 및 사전 고전압 차단 절차를 반드시 확인한다.

1. 장착은 탈거의 역순으로 한다.

유 의

- 파워 릴레이 어셈블리(PRA) 장착 시 규정 토크를 준수하여 장착한다.
- PRA를 떨어뜨렸을 경우, 보이지 않은 손상이 유발될 수 있으니 신품으로 교환한다. (재사용 금지)

2. 배터리 시스템 어셈블리(BSA) 상부 케이스 장착 전, 진단 장비(KDS)를 이용하여 고전압 배터리팩 커넥터 체결검사를 실시한다. (부가기능 → 배터리 매니지먼트 시스템(BMS) → 고전압 배터리 팩 체결 검사)

점검

⚠ 경 고

- 고전압 시스템 관련 작업 시, 관련 교육을 이수한 작업자가 정비를 진행한다. 고전압 시스템에 대한 이해가 부족한 경우 감전 또는 누전 등으로 인한 심각한 사고를 초래할 수 있다.
- 고전압 시스템 또는 주변 부품 작업 시, 반드시 "고전압 시스템 안전사항 및 주의, 경고" 내용을 숙지하고 준수해야 한다. 미 준수 시, 감전 또는 누전 등으로 인한 심각한 사고를 초래할 수 있다.
- 고전압 시스템 작업 특성상, 개인보호장구(PPE) 및 사전 고전압 차단 절차를 반드시 확인한다.

유 의

- 파워 릴레이 어셈블리(PRA)는 부분 수리가 불가능하므로 교환 필요 시 파워 릴레이 어셈블리(PRA)를 교환한다.
- PRA 내부 분해할 경우 PRA 재사용을 금지한다. (볼트 및 너트 체결 등이 발열에 주요 원인으로 PRA 과열 문제 및 화재 사고와 관련 되어 재사용을 금지한다.)
- 프리 차지 저항 점검 시, 내부 볼트 및 너트를 해제하지 않고 점검한다.
- PRA 점검 시, 프리 차지 레지스터 점검 후 릴레이를 점검하는 것이 효율적이다. (프리 차지 레지스터 소손 시, PRA 상태에서 프리 차지 릴레이를 점검하기 어렵다.)

파워 릴레이 어셈블리 (PRA) 점검

1. 파워 릴레이 어셈블리(PRA) 단품을 점검한다.
   (파워 릴레이 어셈블리 (PRA) - "차상 점검" 참조)

프리 차지 레지스터 점검

1. 파워 릴레이 어셈블리(PRA)를 탈거한다.
   (파워 릴레이 어셈블리 (PRA) - "탈거 및 장착" 참조)
2. 프리 차지 레지스터 저항을 측정한다.

제원 : 55 Ω

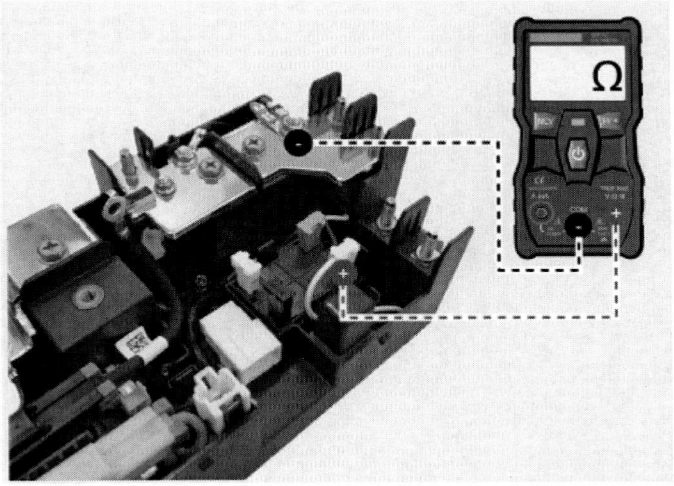

유 의

- 위 그림은 사용자의 이해를 돕기 위한 도안이다. (PRA 내부 분해 금지)
- 아래 그림을 참고하여 내부 볼트 및 너트를 해제하지 않고 점검한다.

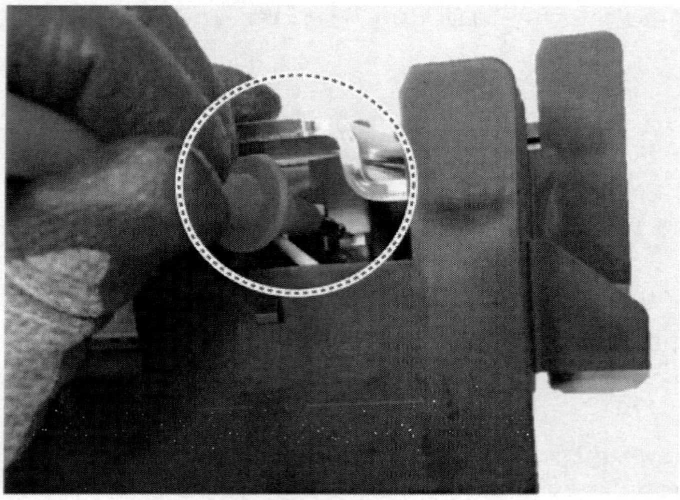

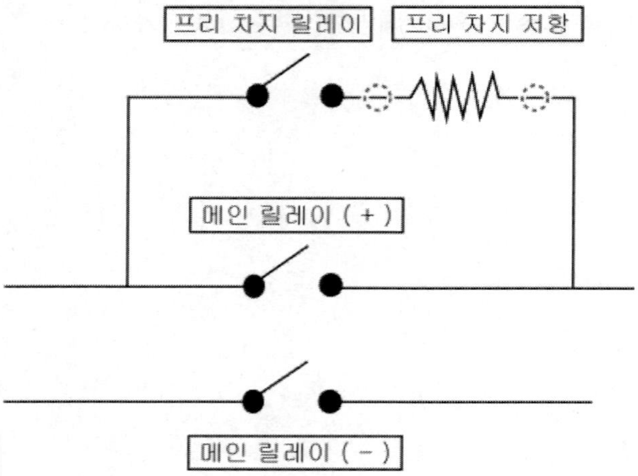

프리 차지 릴레이 점검

1. 파워 릴레이 어셈블리(PRA)를 탈거한다.
   (파워 릴레이 어셈블리 (PRA) - "탈거 및 장착" 참조)
2. 프리 차지 릴레이를 점검한다.
   (1) 디지털 테스터를 이용해 배터리 (+) 단자와 인버터 (+) 단자간 저항을 측정하여 융착 상태를 점검한다.

   제원 : 55 Ω

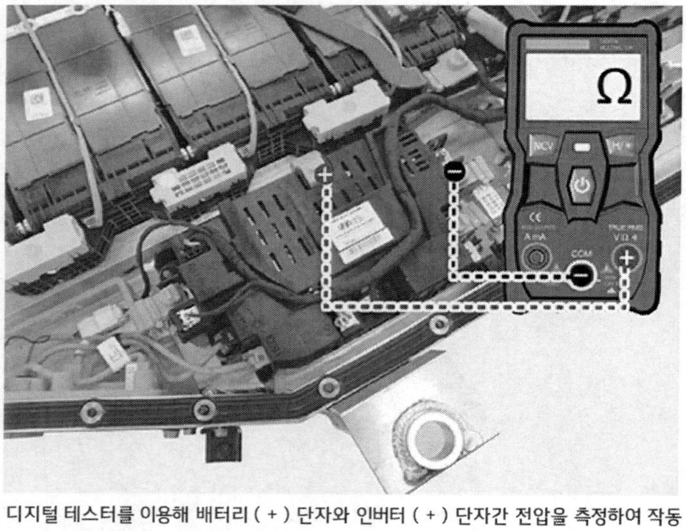

   (2) 디지털 테스터를 이용해 배터리 (+) 단자와 인버터 (+) 단자간 전압을 측정하여 작동 상태를 점검한다.

> **참 고**
>
> 테스터기의 Diode 모드로 설정 후 점검한다.

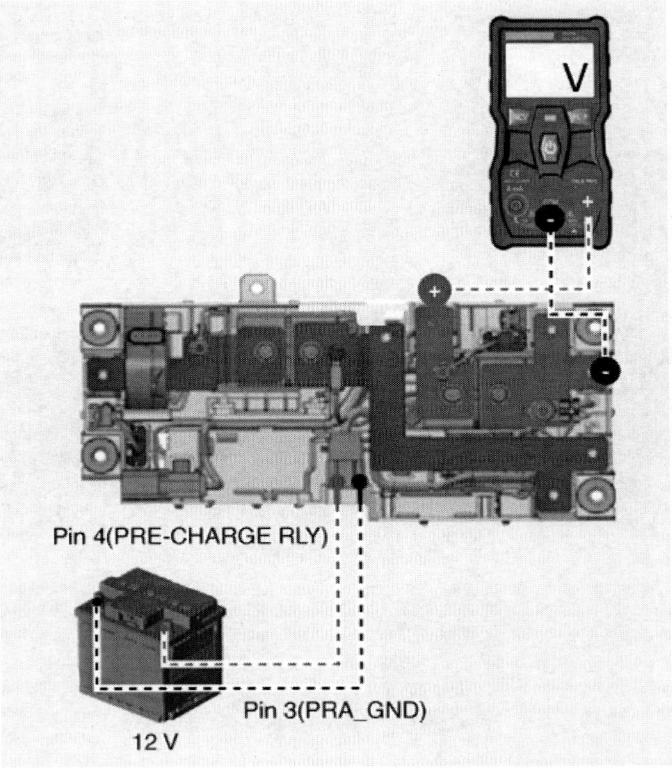

항목	제원
프리 차지 릴레이 12 V ON (V)	0.3 ~ 1.0
프리 차지 릴레이 12 V OFF (V)	0

메인 릴레이 점검

1. 파워 릴레이 어셈블리(PRA)를 탈거한다.
   (파워 릴레이 어셈블리 (PRA) - "탈거 및 장착" 참조)
2. 메인 릴레이를 점검한다.

항목	릴레이 OFF	릴레이 ON
메인 릴레이 (+)	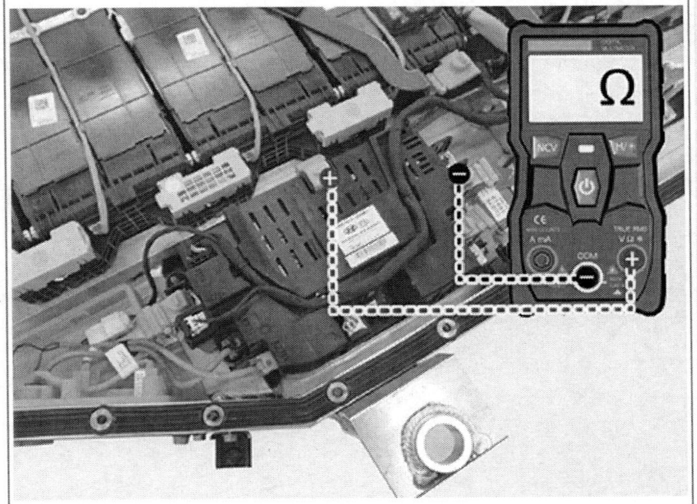	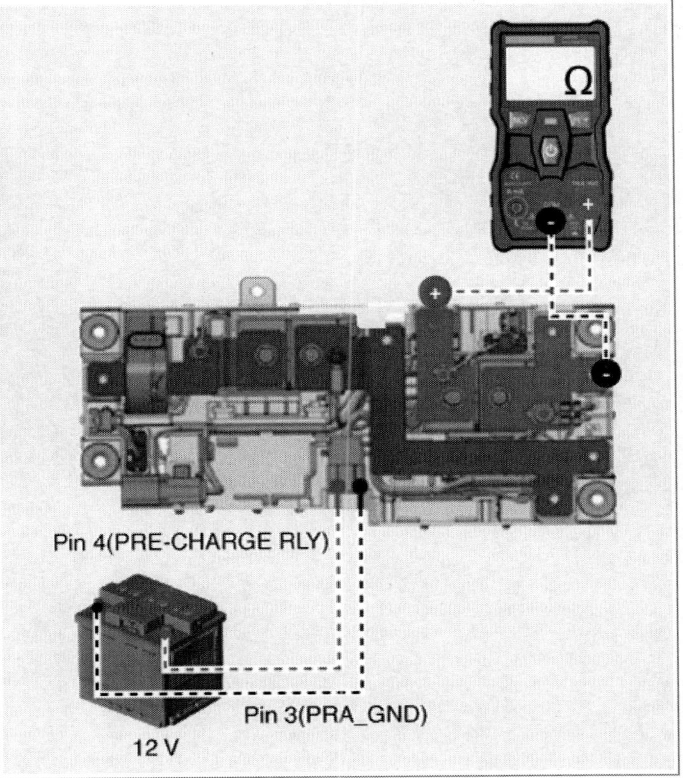

메인릴레이(-)	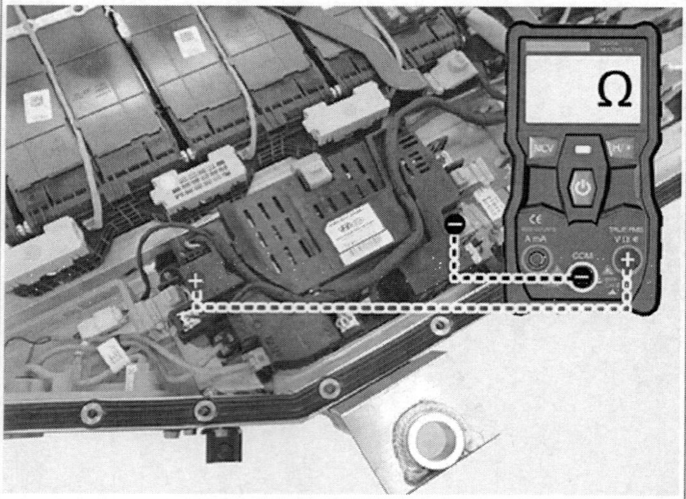	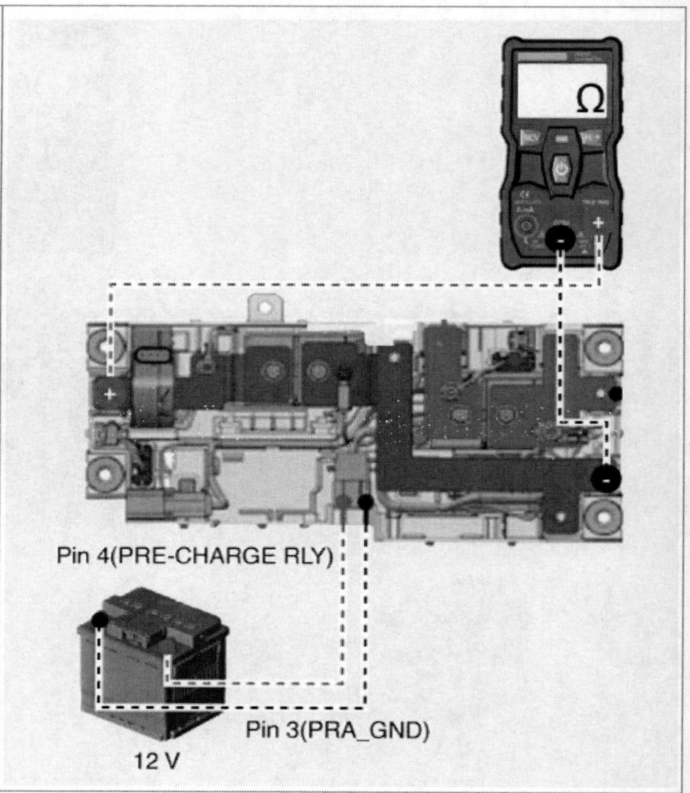
제원	∞ Ω	1 Ω 이하

제원

항목	제원
저항(Ω)	1.0 이하 (20°C)

구성부품

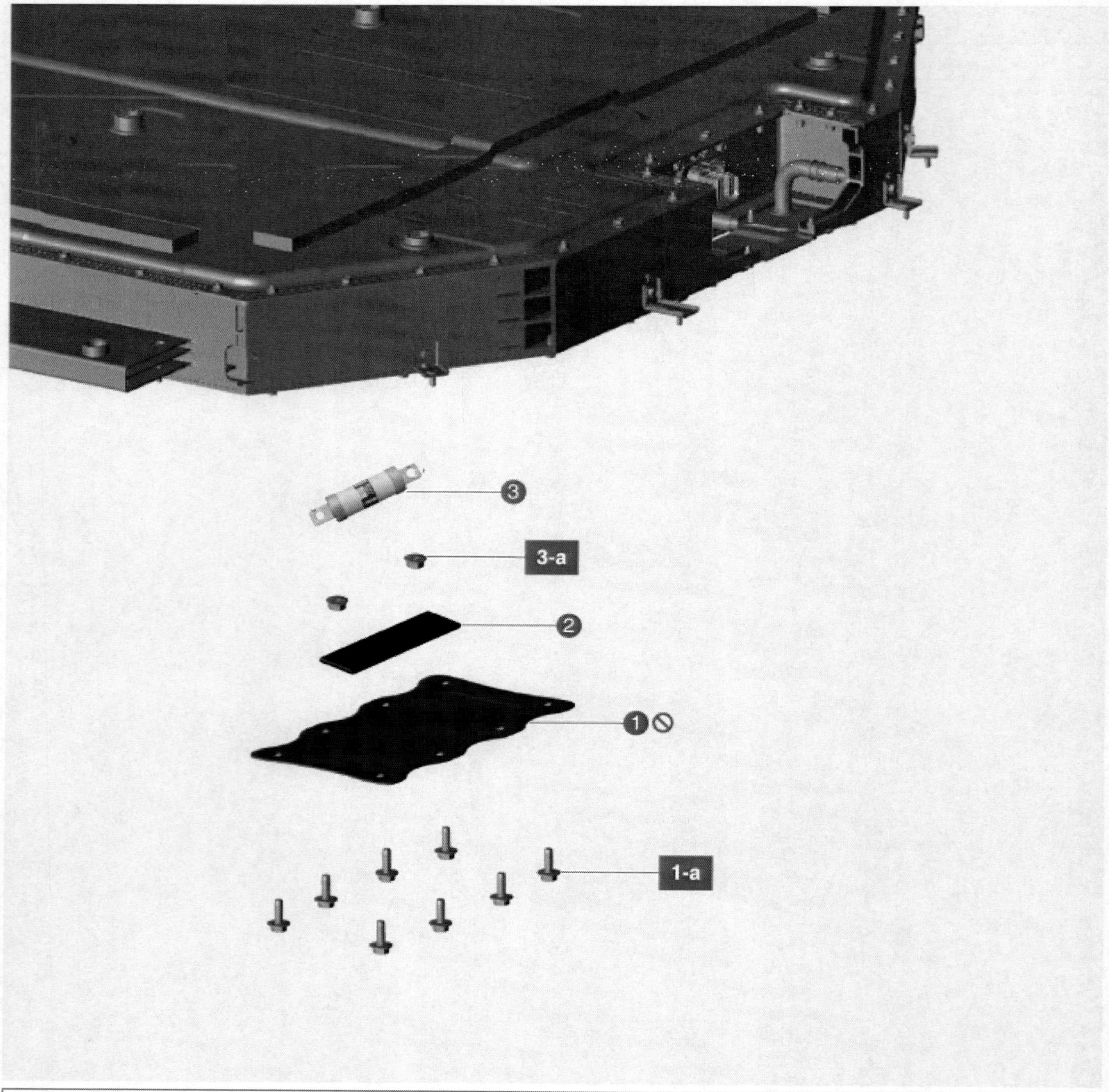

1. 서비스 커버 1-a. 1차 : 0.9 kgf·m 1-a. 2차 : 1.1 kgf·m	2. 메인 퓨즈 커버 3. 메인 퓨즈 3-a. 1.6 ~ 1.7 kgf·m

개요

메인 퓨즈는 안전 플러그 내에 장착되어 있으며 고전압 배터리 및 고전압 회로를 과전류로부터 보호하는 기능을 한다.

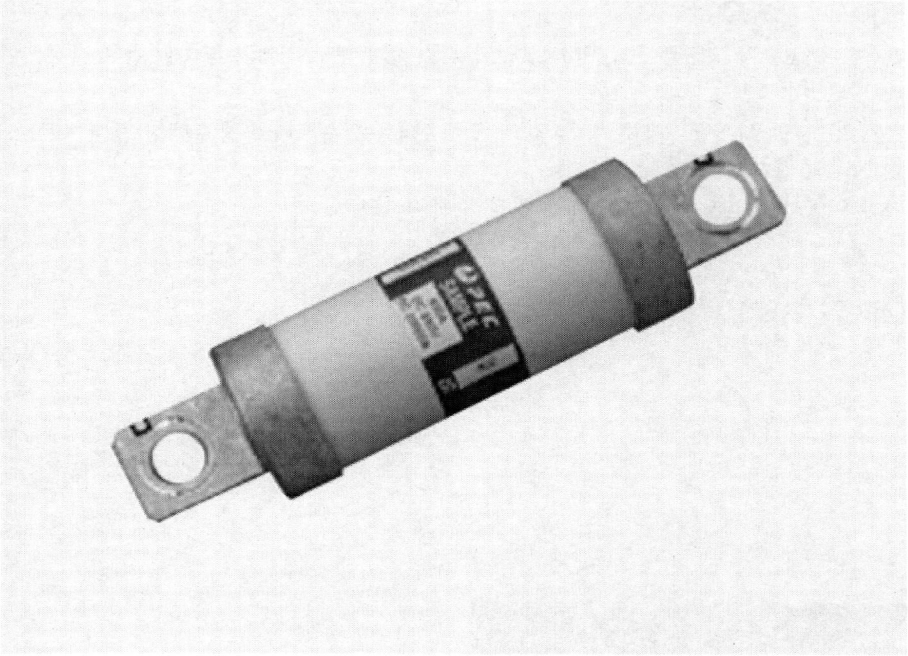

탈거

⚠ 경 고

- 고전압 시스템 관련 작업 시, 관련 교육을 이수한 작업자가 정비를 진행한다. 고전압 시스템에 대한 이해가 부족한 경우 감전 또는 누전 등으로 인한 심각한 사고를 초래할 수 있다.
- 고전압 시스템 또는 주변 부품 작업 시, 반드시 "고전압 시스템 안전사항 및 주의, 경고" 내용을 숙지하고 준수해야 한다. 미준수 시, 감전 또는 누전 등으로 인한 심각한 사고를 초래할 수 있다.
- 고전압 시스템 작업 특성상, 개인보호장구(PPE) 및 사전 고전압 차단 절차를 반드시 확인한다.

1. 고전압 차단 절차를 수행한다.
   (배터리 제어 시스템 (항속형) - "고전압 차단 절차" 참조)
2. 메인 퓨즈 서비스 커버(A)를 탈거한다.

   체결토크
   1차 : 0.9 kgf·m
   2차 : 1.1 kgf·m

3. 메인 퓨즈 커버(A)를 탈거한다.

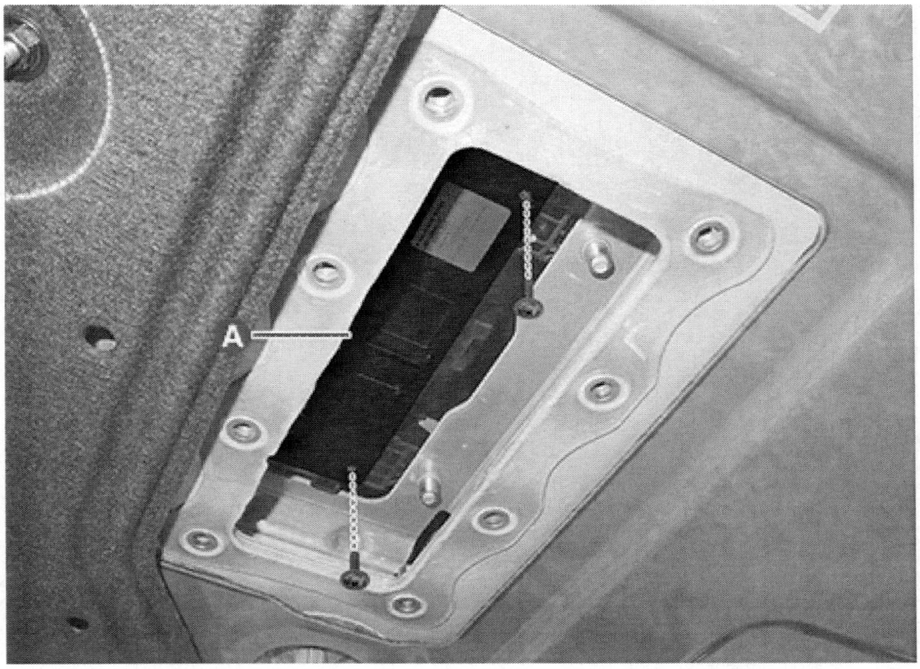

4. 메인 퓨즈(A)를 탈거한다.

체결토크 : 1.6 ~ 1.7 kgf·m

장착

⚠ 경 고

- 고전압 시스템 관련 작업 시, 관련 교육을 이수한 작업자가 정비를 진행한다. 고전압 시스템에 대한 이해가 부족한 경우 감전 또는 누전 등으로 인한 심각한 사고를 초래할 수 있다.
- 고전압 시스템 또는 주변 부품 작업 시, 반드시 "고전압 시스템 안전사항 및 주의, 경고" 내용을 숙지하고 준수해야 한다. 미준수 시, 감전 또는 누전 등으로 인한 심각한 사고를 초래할 수 있다.
- 고전압 시스템 작업 특성상, 개인보호장구(PPE) 및 사전 고전압 차단 절차를 반드시 확인한다.

1. 장착은 탈거의 역순으로 한다.

유 의

- 메인 퓨즈 장착 시 규정 토크를 준수하여 장착한다.
- 메인 퓨즈를 떨어뜨렸을 경우, 보이지 않는 손상이 유발될 수 있으니 신품으로 교환한다. (재사용 금지)
- 기밀 유지를 위해 배터리 측에 도포된 기존 테이프는 완전히 제거 후 서비스 커버를 장착한다.
- 서비스 커버는 신품으로 교환한다. (재사용 금지)

2. 진단 장비(KDS)를 이용하여 기밀 점검을 실시한다.
   (고전압 배터리 시스템 - "기밀 점검" 참조)

점검

⚠ 경 고

- 고전압 시스템 관련 작업 시, 관련 교육을 이수한 작업자가 정비를 진행한다. 고전압 시스템에 대한 이해가 부족한 경우 감전 또는 누전 등으로 인한 심각한 사고를 초래할 수 있다.
- 고전압 시스템 또는 주변 부품 작업 시, 반드시 "고전압 시스템 안전사항 및 주의, 경고" 내용을 숙지하고 준수해야 한다. 미준수 시, 감전 또는 누전 등으로 인한 심각한 사고를 초래할 수 있다.
- 고전압 시스템 작업 특성상, 개인보호장구(PPE) 및 사전 고전압 차단 절차를 반드시 확인한다.

1. 메인 퓨즈를 탈거한다.
   (메인 퓨즈 - "탈거 및 장착" 참조)
2. 메인 퓨즈 저항을 측정한다.

정상 : 1.0 Ω 이하 (20°C)

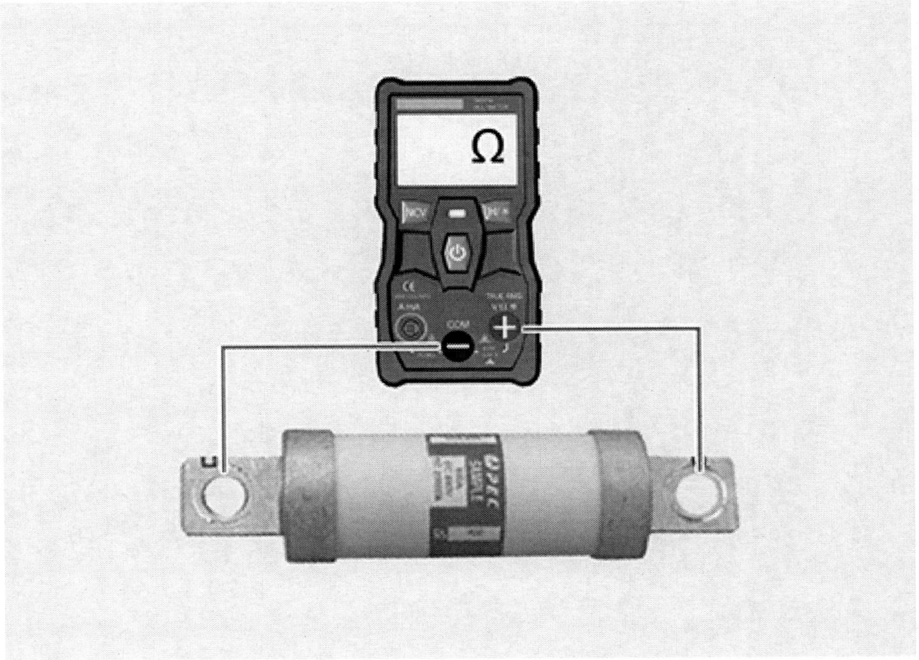

제원

온도 (°C)	저항값 (kΩ)	편차 (%)
-40	214.8	-0.7 ~ 0.7
-30	122	-0.7 ~ 0.7
- 20	72.04	-0.6 ~ 0.6
- 10	44.09	-0.6 ~ 0.6
0	27.86	-0.5 ~ 0.5
10	18.13	-0.4 ~ 0.4
20	12.12	-0.4 ~ 0.4
30	8.3	-0.4 ~ 0.4
40	5.81	-0.5 ~ 0.5
50	4.14	-0.6 ~ 0.6
60	3.01	-0.8 ~ 0.8
70	2.23	-0.9 ~ 0.9

개요

각 배터리 모듈의 셀 전압과 모듈 온도를 측정하여 셀 모니터링 유닛(CMU)에 전달한다.

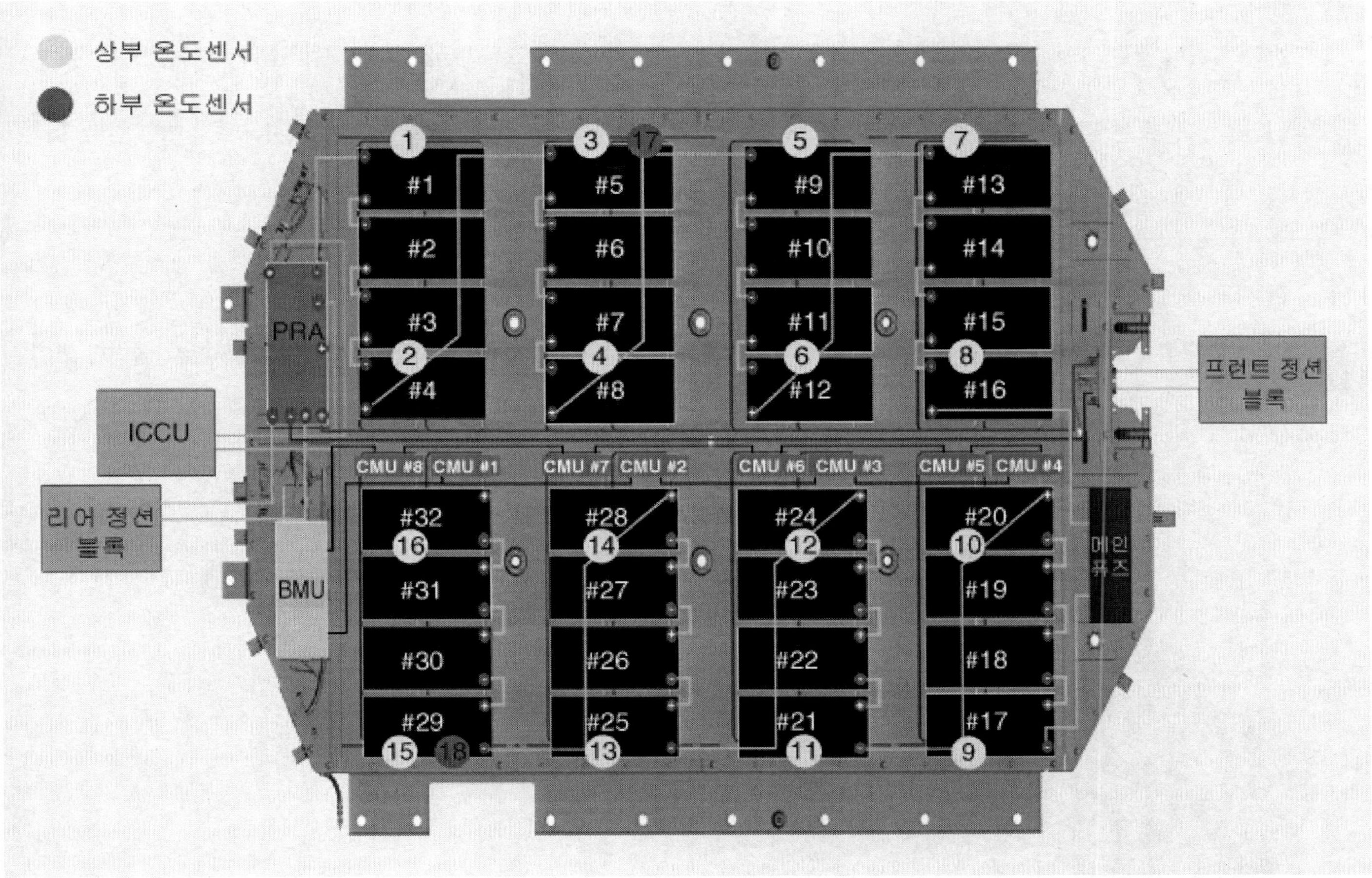

작동원리

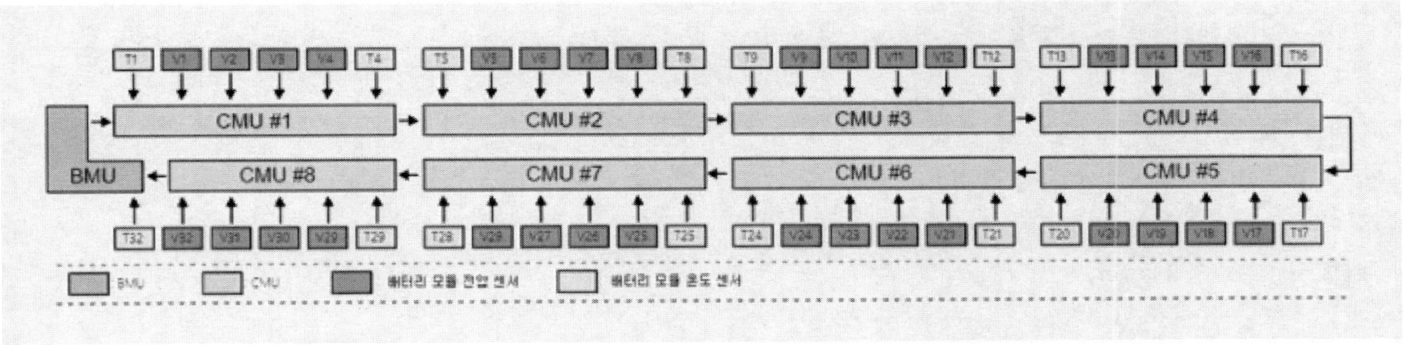

탈거

⚠ 경 고

- 고전압 시스템 관련 작업 시, 관련 교육을 이수한 작업자가 정비를 진행한다. 고전압 시스템에 대한 이해가 부족한 경우 감전 또는 누전 등으로 인한 심각한 사고를 초래할 수 있다.
- 고전압 시스템 또는 주변 부품 작업 시, 반드시 "고전압 시스템 안전사항 및 주의, 경고" 내용을 숙지하고 준수해야 한다. 미준수 시, 감전 또는 누전 등으로 인한 심각한 사고를 초래할 수 있다.
- 고전압 시스템 작업 특성상, 개인보호장구(PPE) 및 사전 고전압 차단 절차를 반드시 확인한다.

ⓘ 참 고

다음 절차는 배터리 모듈 어셈블리#1의 전압 & 온도 센싱 와이어링 탈거 절차이다. 다른 전압 & 온도 센싱 와이어링도 동일한 방법으로 탈거한다.

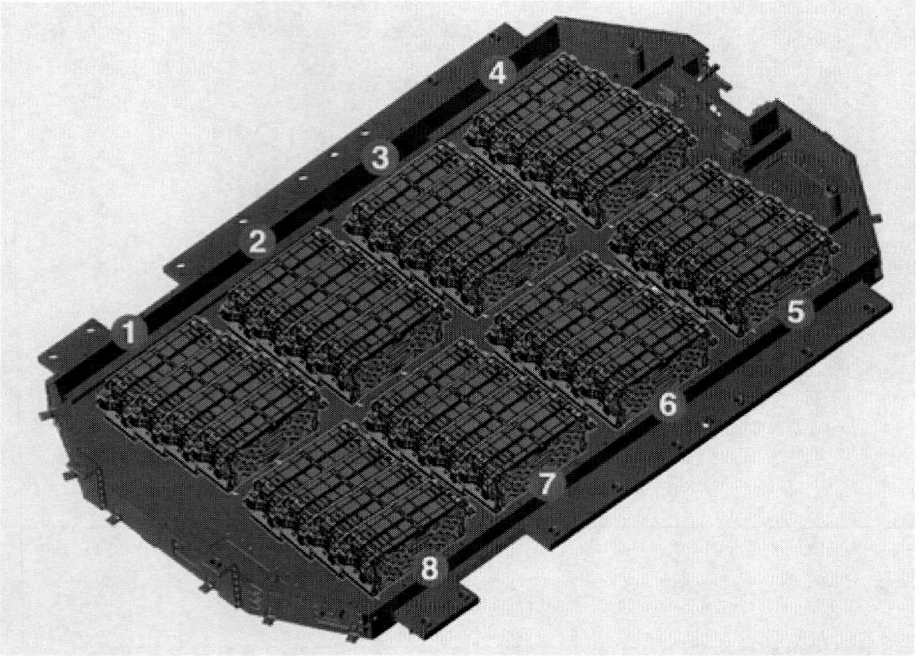

1. 배터리 시스템 어셈블리(BSA) 상부 케이스를 탈거한다.
   (고전압 배터리 시스템 - "케이스" 참조)
2. 볼트와 너트를 풀어 버스 바(A)를 탈거한다.

체결토크 : 0.8 ~ 1.2 kgf·m

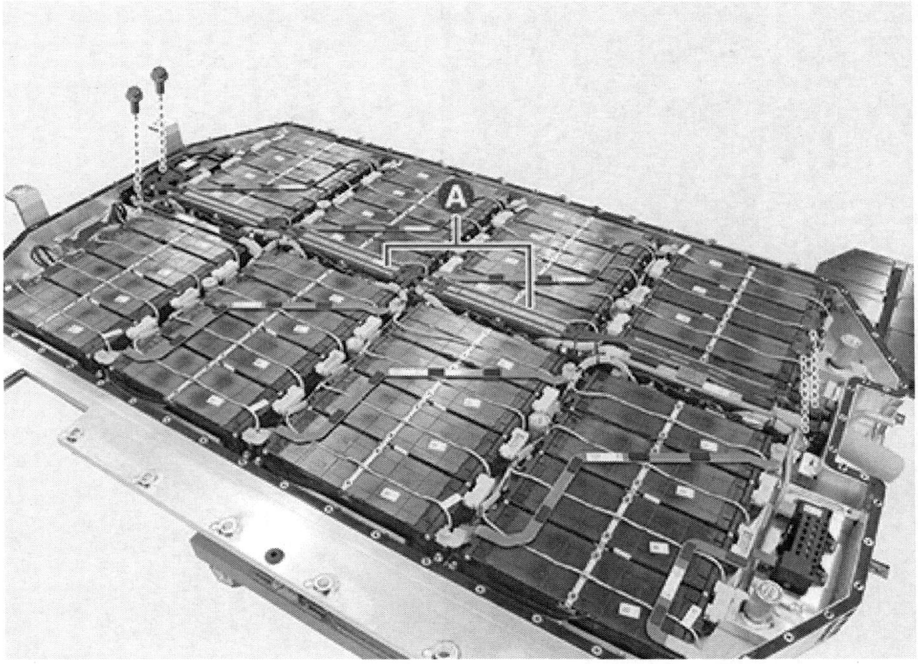

3. 버스 바(A)를 탈거한다.

체결토크 : 0.8 ~ 1.2 kgf·m

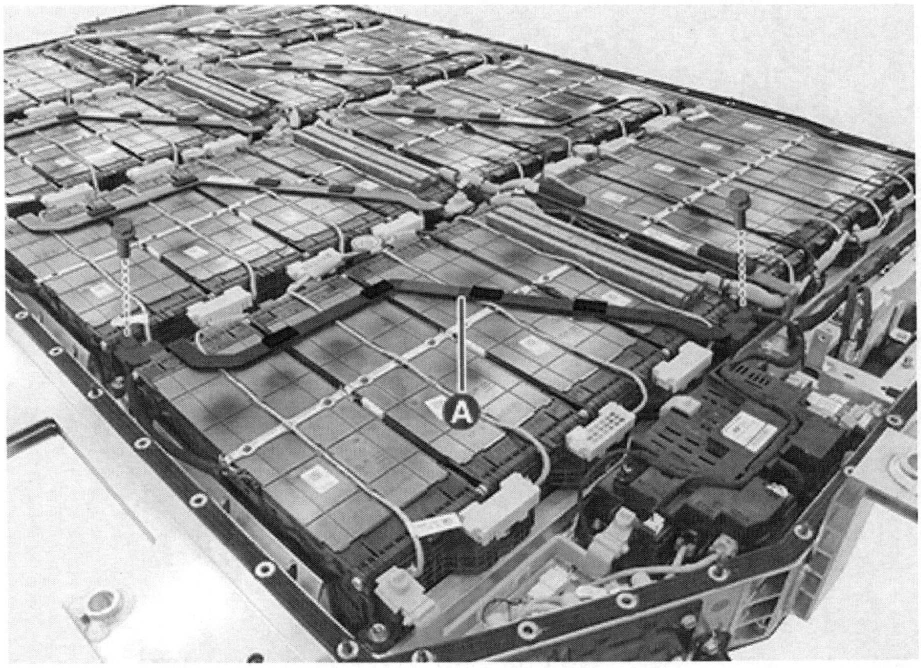

4. 온도 센싱 와이어링 커넥터(A)를 분리한다.

5. 분기 커넥터(A)를 분리한다.

6. 모든 셀 모니터링 유닛(CMU)에 전압 센싱 커넥터(A)를 분리한다.

⚠ 경 고

전위차 발생으로 배터리 모듈 어셈블리(BMA) 내부 회로 상 쇼트나 CMU 내부 회로에 서지 전압 발생을 방지하기 위하여 하기 절차를 필히 준수 한다.

- 셀 모니터링 유닛(CMU) 커넥터 탈거 시, 반드시 CMU#8 >#7>#6>#5>#4>#3>#2>#1 순서로 분리한다.
- CMU를 개별적으로 교환하더라고 모든 커넥터는 순서대로 분리해야한다.
- CMU의 검정색 커넥터가 전압 센싱 커넥터이다.
- CMU 번호는 아래 이미지를 참고한다.

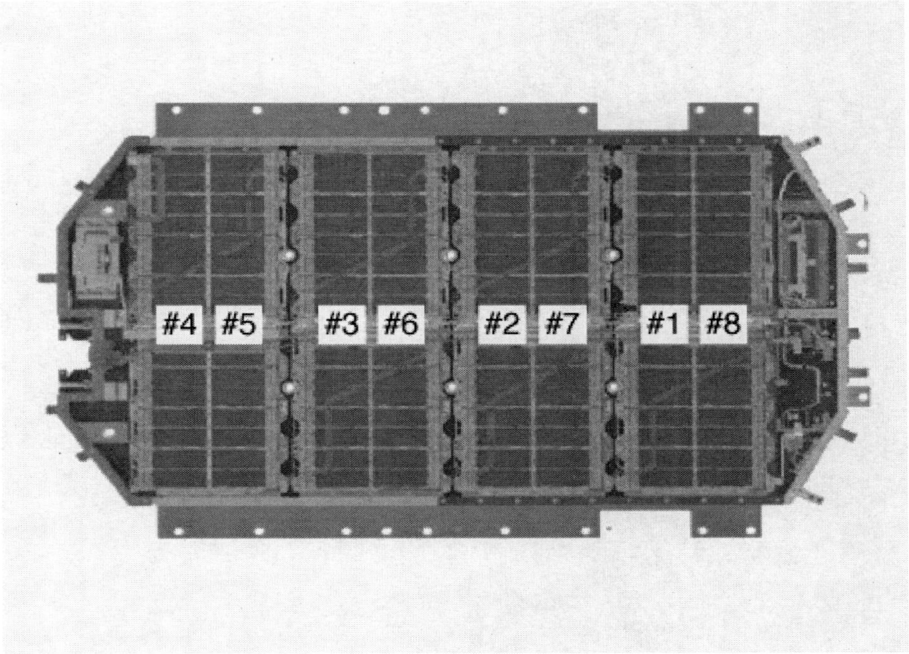

7. 전압 센싱 커넥터(A)를 분리한다.

8. 전압 센싱 커넥터(B)를 탈거하여 전압&온도 센싱 와이어링(A)을 분리한다.

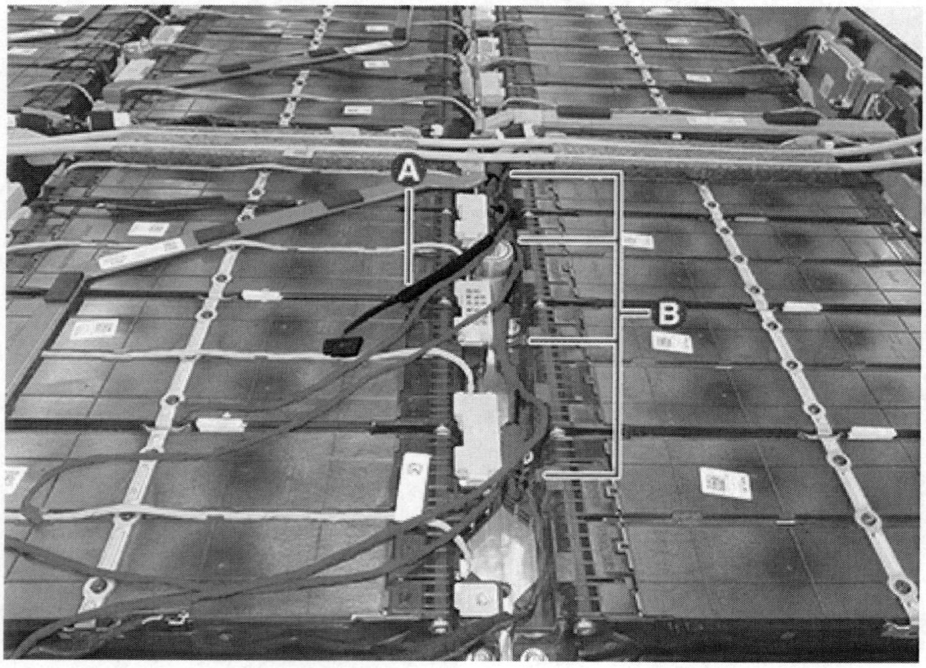

장착

⚠ 경 고

- 고전압 시스템 관련 작업 시, 관련 교육을 이수한 작업자가 정비를 진행한다. 고전압 시스템에 대한 이해가 부족한 경우 감전 또는 누전 등으로 인한 심각한 사고를 초래할 수 있다.
- 고전압 시스템 또는 주변 부품 작업 시, 반드시 "고전압 시스템 안전사항 및 주의, 경고" 내용을 숙지하고 준수해야 한다. 미준수 시, 감전 또는 누전 등으로 인한 심각한 사고를 초래할 수 있다.
- 고전압 시스템 작업 특성상, 개인보호장구(PPE) 및 사전 고전압 차단 절차를 반드시 확인한다.

1. 장착은 탈거의 역순으로 한다.

유 의

- 전압 & 온도 센싱 와이어링을 떨어뜨렸을 경우, 보이지 않는 손상이 유발될 수 있으니 신품으로 교환한다. (재사용 금지)
- 셀 모니터링 유닛(CMU) 커넥터 장착 시, 반드시 CMU#1>#2>#3>#4>#5>#6#>7#>8 순서로 장착한다.

2. 배터리 시스템 어셈블리(BSA) 상부 케이스 장착 전, 진단 장비(KDS)를 이용하여 고전압 배터리팩 커넥터 체결검사를 실시한다.
(부가기능 → 배터리 매니지먼트 시스템(BMS) → 고전압 배터리 팩 체결 검사)

개요

충전 시스템 개요

- 고전압 충전 시스템은 통합 충전 제어 유닛(ICCU), 차량 충전 관리 시스템(VCMS), 멀티 인버터 어셈블리, 콤보 충전 인렛 어셈블리, 전동식 충전 도어로 구성되어 있다.
- 충전 시에는 안전을 위해 차량 주행이 불가능하고 급속 충전과 완속 충전이 동시에 이루어질 수 없다.

주요 기능

- **완속 충전** : 220 V 교류 전원이 통합 충전 제어 유닛(ICCU)을 통해 직류 전원으로 변환되어 고전압 배터리를 충전한다.
- **멀티 입력 급속 충전** : 급속 충전기의 직류 전원으로 고전압 배터리를 충전한다.
  - 멀티 인버터 어셈블리를 통해 급속 충전기 사양(400 V / 800 V)에 관계없이 충전이 가능하다. (별도 컨버터 불필요)
  - 400 V 충전기로 충전 시 멀티 인버터를 활용하여 800 V로 승압하여 충전한다.
- **V2L (Vehicle to Load)** : 양방향 OBC를 활용하여 차량 내/외부로 일반 전기 전원(220 V)을 제공한다.
  1. 사용 방법
  - 실외 : 충전 인렛에 젠더 커넥터 연결 후 사용 가능하다.
  - 실내 : IG ON / 유틸리티 모드 시 사용 가능하다.
  2. 시스템 구성

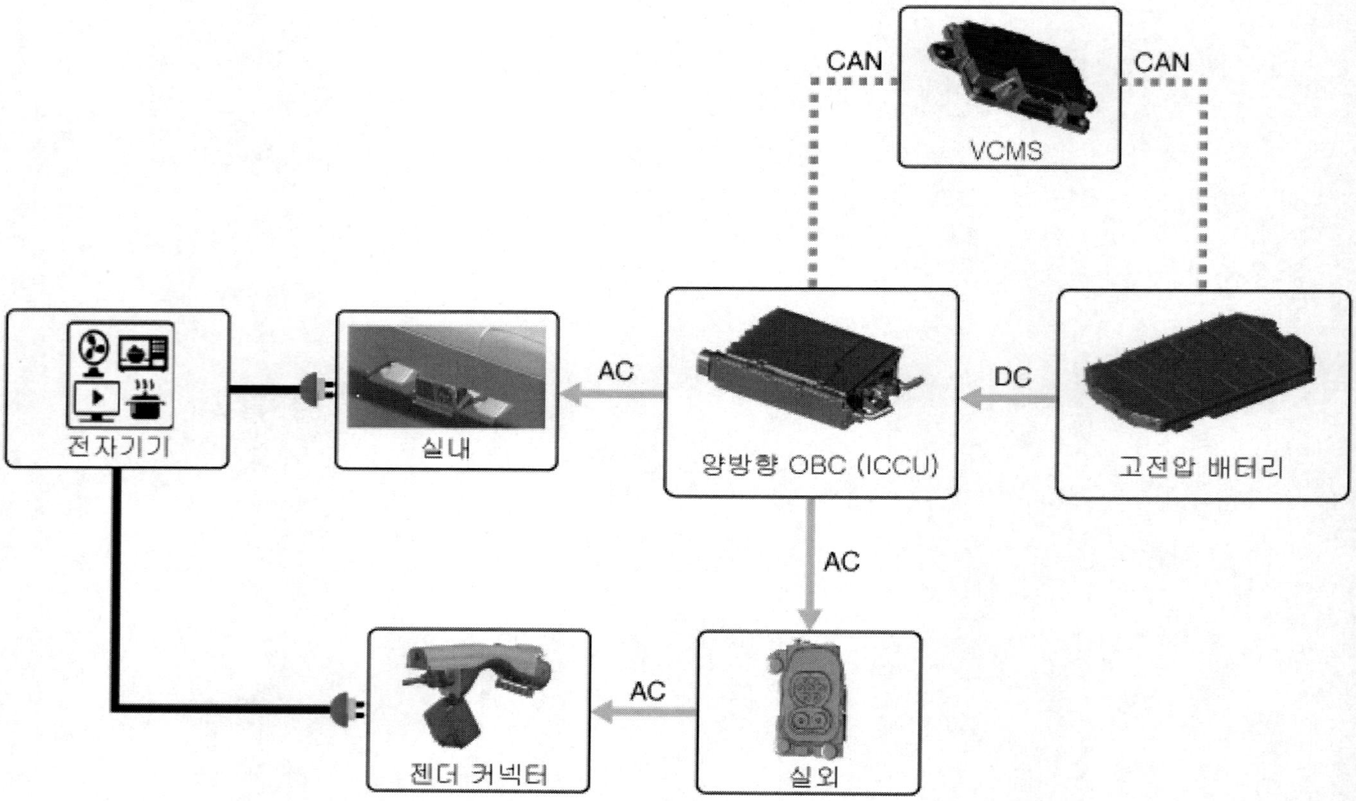

- **V2V (Vehicle-to-Vehicle)** : 양방향 OBC를 활용하여 차량간 충전이 가능하다.
  1. 사용 방법
  - 충전 인렛에 V2L 젠더 커넥터 연결한 후 충전 케이블(ICCB)을 연결하여 충전 가능하다.

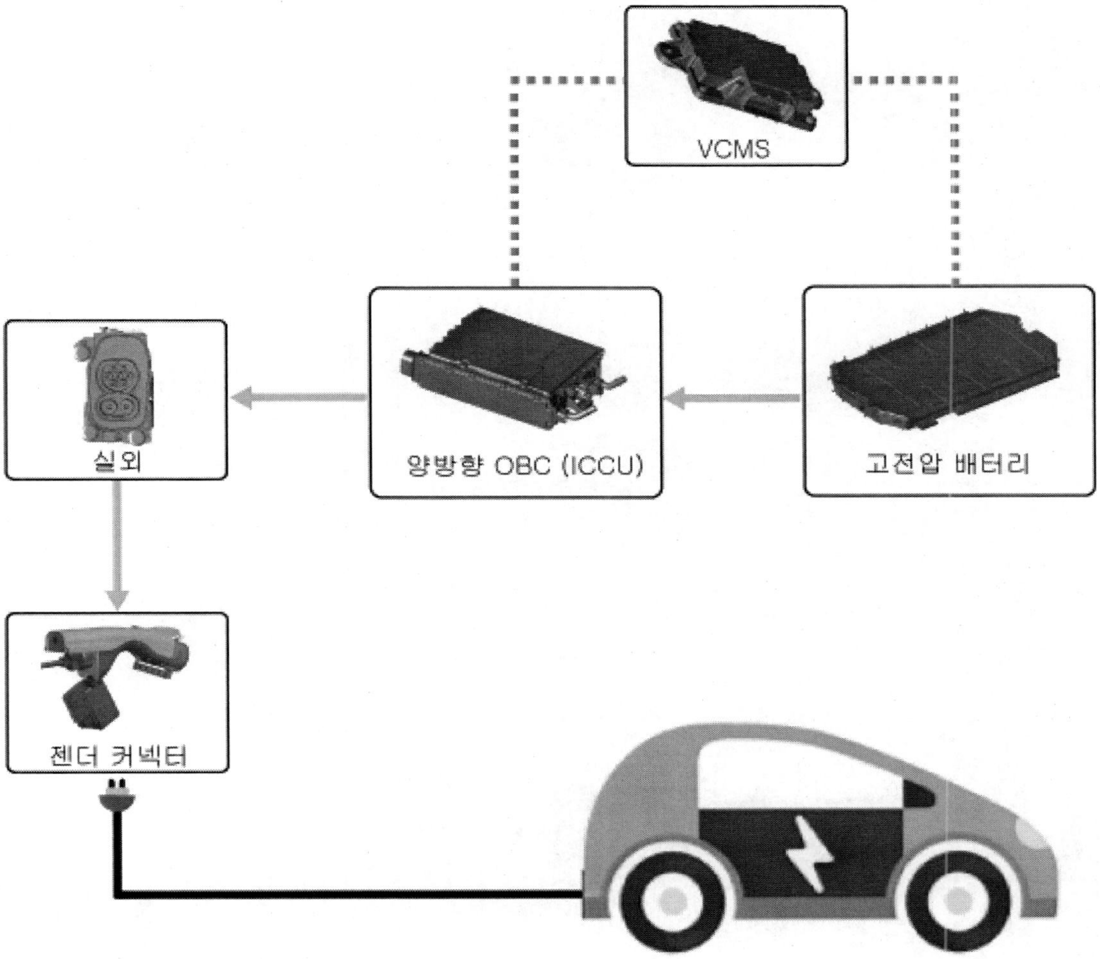

- **간편 결제 시스템(PnC)** : VCMS를 활용하여 별도의 인증/결제 절차 없이 즉시 충전이 가능한 기능이다.

충전 시스템 흐름도

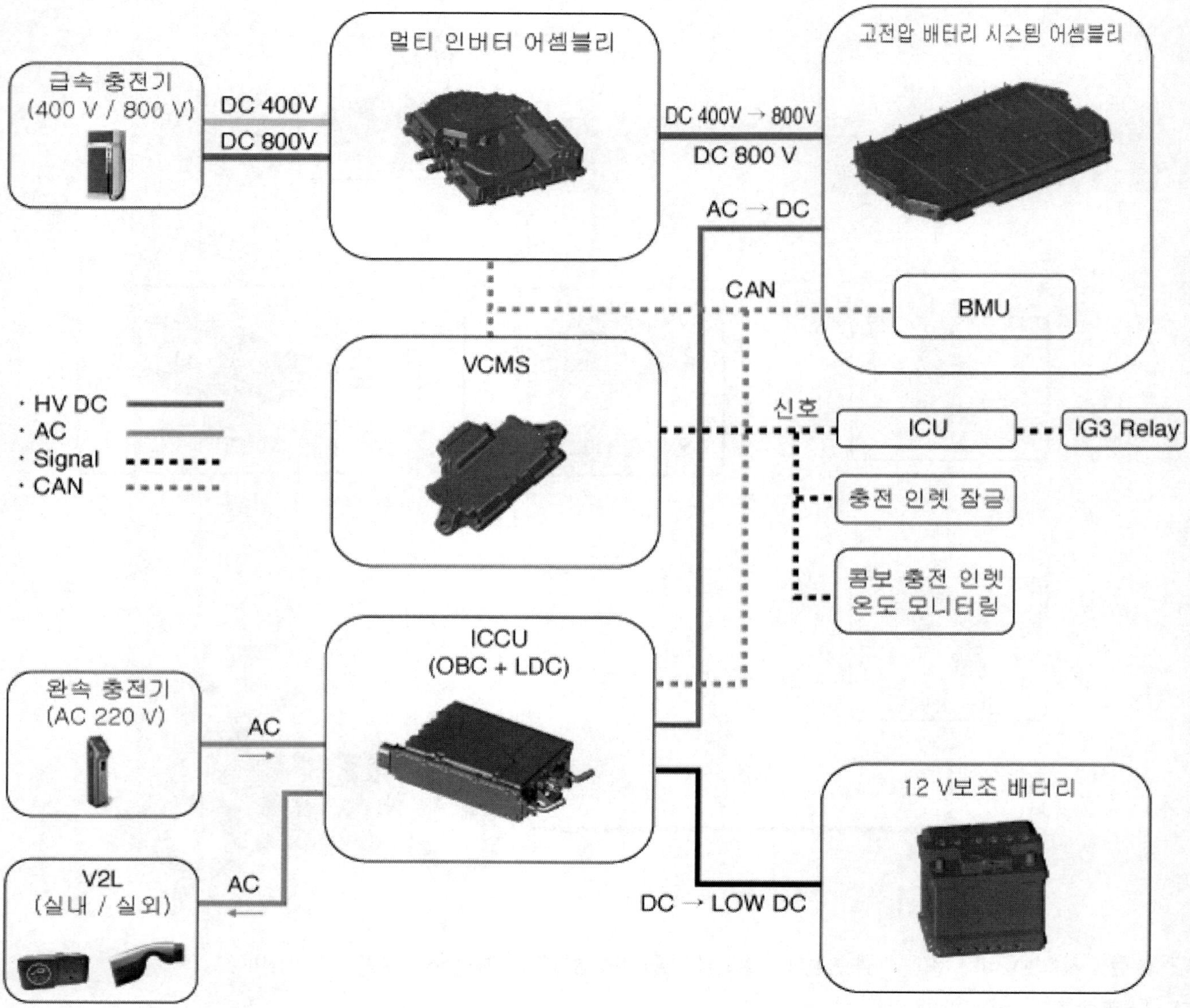
급속 충전기
(400 V / 800 V)
DC 400V
DC 800V
멀티 인버터 어셈블리
DC 400V → 800V
DC 800 V
고전압 배터리 시스템 어셈블리
AC → DC
CAN
BMU
VCMS
· HV DC
· AC
· Signal
· CAN
신호
ICU
IG3 Relay
충전 인렛 잠금
콤보 충전 인렛
온도 모니터링
ICCU
(OBC + LDC)
완속 충전기
(AC 220 V)
AC
V2L
(실내 / 실외)
AC
DC → LOW DC
12 V보조 배터리

차상점검

유 의

- 충전 불가 시 차량 충전 관리 시스템(VCMS)을 교환하기 전에 전기차 충전 장비(EVSE), 콤보 충전 인렛, 급속 충전 릴레이, 유관 제어기의 이상유무를 확인한다.
- VCMS 교환 및 관련 부품 교환 후에는 정상 충전 여부를 확인해야 한다.

충전 불가 시 점검 방법

1. 충전 경고 문구 확인
   (1) 정상 작동하는 전기차 충전 장비(EVSE)를 이용하여 완속 충전을 진행한다. (약 10분간 수행)
   (2) 충전이 불가 시 IG ON에서 충전 경고 문구가 표출되는지 확인한다.

참 고

클러스터는 10초간, AVN은 3초간 충전 경고 문구가 표출된다.

   (3) 경고 문구 표출 시 아래와 같이 점검한다.

경고 문구	원인	점검 방법
외부(완속/급속)충전기 상태를 확인하십시오.	• EVSE CP신호 이상 • EVSE 충전 중단(자체 진단/사용자 종료 등) • 정전 또는 차단기 동작	• EVSE 이상유무 점검 • 다른 EVSE에서 동일 경고 문구 표출 시 VCMS 점검 필요
충전 커넥터 연결 상태를 확인하십시오.	• 충전 커넥터 체결 불량	• 충전 커넥터 점검(이물질, 파손) • 충전 케이블 교환 후 동일 경고 문구 표출 시 VCMS 점검 필요(근접 감지 신호 점검)

2. 차량 상태 점검
   (1) 완속 충전 진입 조건을 확인 후 아래와 같이 점검한다.

항목	진입 조건	점검 방법
예약 충전	• 예약 충전 해제 상태 • 예약 충전 설정 상태에서 해제 버튼 누름(충전 케이블 연결 후 3분내에만 가능) • 예약 충전 설정 상태에서 충전 시작 시간 도달 시	• AVN에서 예약 충전 해제 후 충전 수행
충전 종료 배터리량 설정	• 완속 충전 종료 배터리량 설정값이 현재 배터리량(SOC) 보다 큰 경우	• AVN에서 충전 종료 배터리량 100%로 변경 후 충전 수행
기어 위치	• P단	• P단 상태에서 충전 수행
보조 배터리(12 V)	• 정상	• 보조 배터리(12 V) 정상 조건에서 충전 수행

V2L (Vehicle to Load) 불가 시 점검 방법

1. 방전 경고 문구 확인
   (1) V2L 전용 커넥터를 연결하고 V2L 기능을 수행한다.(약 5분간 수행)
   (2) 방전 불가 시 IG ON에서 방전 경고 문구가 표출되는지 확인한다.

참 고

클러스터는 10초간, AVN은 3초간 방전 경고 문구가 표출된다.

(3) 경고 문구 표출 시 아래와 같이 점검한다.

경고 문구	원인	점검 방법
사용 전력 초과로 V2L 기능이 중지됩니다.	• 방전 전력 초과	• 전자 기기 점검
V2L 작동 조건이 아닙니다.	• 실외 V2L 전용 커넥터 스위치 OFF • 실내 V2L 콘센트 과열 차단 • 실내 V2L 사용 중 충전 도어 열림	• V2L 전용 커넥터 점검(이물질, 파손) • 실내 V2L 콘센트 점검 • 충전 도어 어셈블리 점검

2. 차량 상태 점검

(1) V2L 진입 조건을 확인 후 아래와 같이 점검한다.

항목	진입 조건	점검 방법
방전 종료 배터리량 설정	• 최소 방전 종료 배터리량 설정값이 현재 고전압 배터리량(SOC) 보다 낮은 경우	• AVN에서 방전 종료 배터리량 20%로 변경 후 방전 수행
보조 배터리(12 V)	• 정상	• 보조 배터리(12 V) 정상 조건에서 방전 수행

제원

항목		제원
주요 기능		완속 충전기(OBC) + 저전압 직류 변환 장치 (LDC)
OBC 시스템 사양	최대 용량(kW)	10.9
	입력 전압(V)	AC 70 ~ 285
	출력 전압(V)	DC 360 ~ 826
	입력 전류(A)	최대 48
LDC 시스템 사양	최대 용량(kW)	1.8
	입력 전압(V)	DC 360 ~ 826
	출력 전압(V)	12.8 ~ 15.1
	전류(A)	130
냉각	냉각 방법	수냉식
	작동 온도(°C)	-40 ~ 85

구성부품

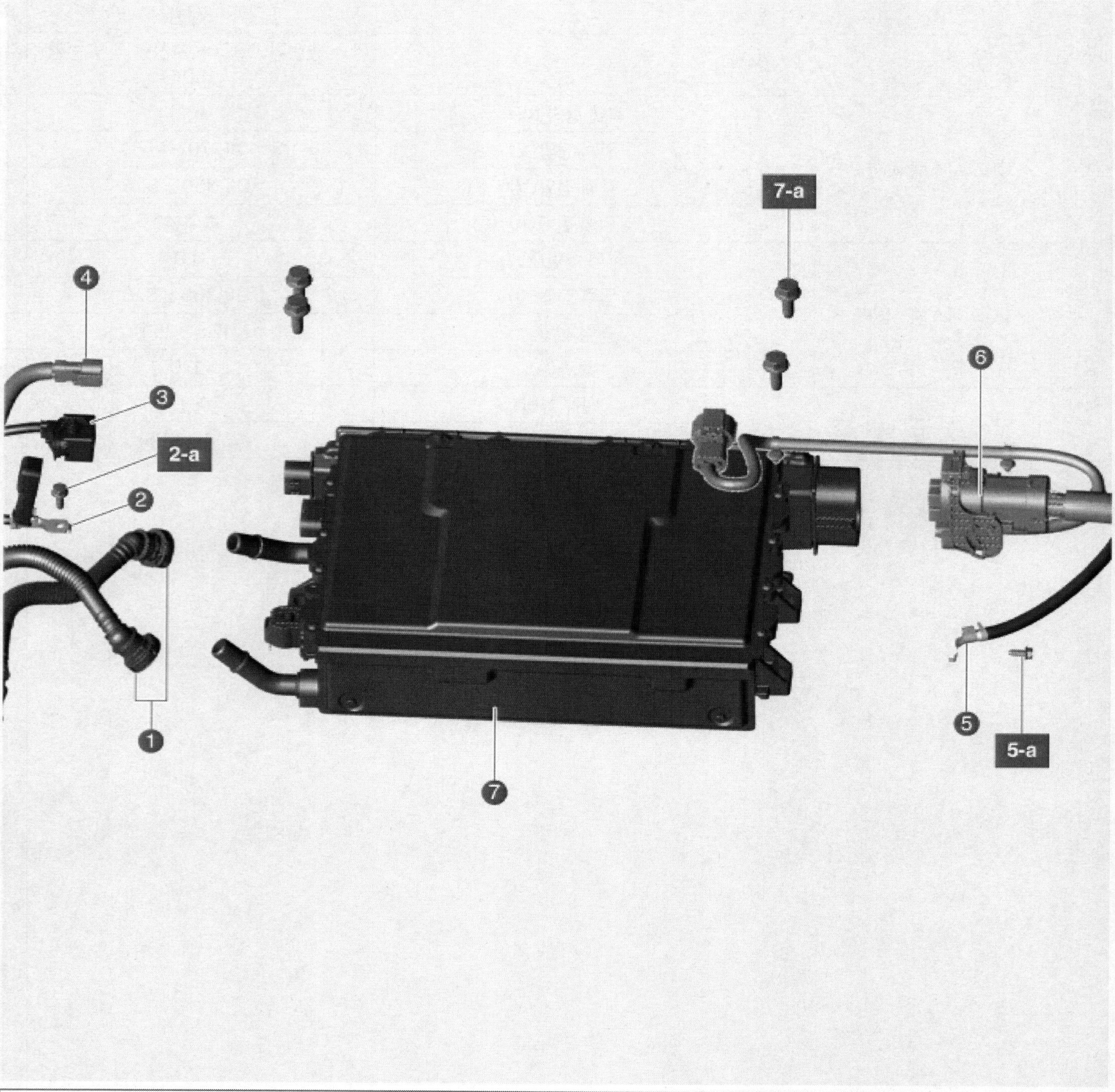

1. 냉각 호스 2. 저전압 직류 변환 장치(LDC) (+) 케이블 2-a. 0.8 ~ 1.0 kgf·m 3. 통합 충전 제어 유닛(ICCU) 커넥터 4. ICCU 고전압 파워 커넥터	5. 저전압 직류 변환 장치(LDC) (-) 케이블 5-a. 0.8 ~ 1.0 kgf·m 6. 콤보 충전 인렛 커넥터 7. 통합 충전 제어 유닛(ICCU) 7-a. 0.8 ~ 1.2 kgf·m

개요

- 고전압 배터리 충전 및 보조 배터리(12 V) 충전 기능을 수행한다.
- 통합 충전 제어 유닛(ICCU)은 양방향 완속 충전기(OBC)와 저전압 직류 변환 장치(LDC)가 일체형으로 구성된 통합형 유닛이다.
  1) OBC
  - 상용 전원인 AC 전압을 DC 전압으로 변환하여 고전압 배터리 전력을 공급한다.
  - 고전압 배터리 전력인 DC 전압을 AC 전압으로 변환하여 차량 내/외부로 전원(110 V / 220 V)을 제공한다. (V2L : Vehicle-to-Load)
  2) LDC
  - 고전압 배터리의 전력(DC)을 보조 배터리(12 V)의 전력(DC)으로 변환시킨다. (고전압 → 저전압)

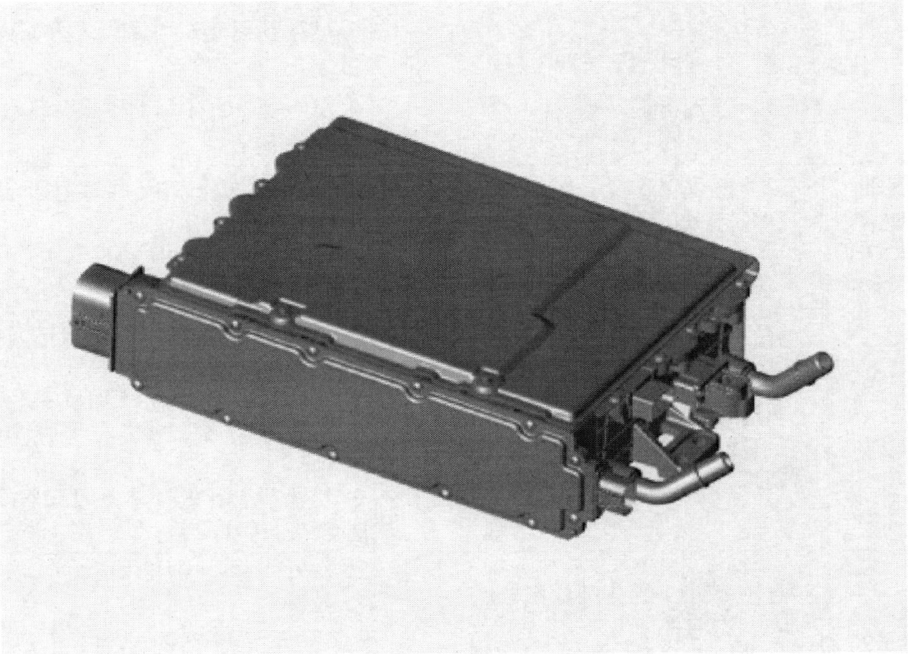

고장진단

고장 코드 발생 시 조치 방법

완속 충전기(OBC)

구분	주요 고장 코드	원인	점검
OBC 점검	• 내부 센서 고장(전압, 전류, 온도) • OBC 출력 파워 성능 이상	• OBC	• 완속 충전 수행 후 동일 고장 재현 시 통합 충전 제어 유닛(ICCU) 교환
차량 점검	• OBC 과열	• 냉각 시스템 • 냉각수 부족 • 전자식 워터 펌프(EWP)	• 충전 중 OBC 온도 변화 확인 • 냉각수 및 전자식 워터 펌프(EWP) 점검
	• 인터락	• 고전압 케이블	• 고전압 DC 커넥터 체결 상태 및 단자 상태 확인
	• 배터리 충전기 출력 전압 낮음 • 고전압 배터리 전압과 OBC 출력 전압 편차 높음	• 고전압 케이블 • OBC 퓨즈(고전압 배터리)	• 고전압 DC 커넥터 체결 상태 및 단자 상태 확인 • 통합 충전 제어 유닛(ICCU) 교환
외부 교류 전원 점검	• 배터리 충전기 입력 전압 낮음 • 배터리 충전기 입력 전압 높음	• 외부 AC 전원 계통 • 외부 EVSE • 고전압 케이블 • OBC	• 외부 충전기(EVSE) 및 외부 교류 전원(전압, 주파수) 점검 • 정상 동작하는 EVSE에서 충전 수행 후 동일 고장 코드 발생 시 차량 와이어 점검 • 차량 와이어 점검 후 동일 고장 코드 발생 시 ICCU 교환
V2L 부하 점검	• V2L 모드 AC 출력 과부하	• 높은 부하의 전기 제품 사용 • V2L 커넥터 • 실내 V2L 단자 • OBC	• 전기 제품을 연결하지 않고 V2L 동작 수행 - 고장 코드 발생: 차량 점검 필요 - 고장 코드 미발생: 이전에 사용한 전기 제품에 의한 과부하 발생

저전압 직류 변환 장치(LDC)

구분	주요 고장 코드	원인	점검
LDC 점검	• 출력 과전압 고장	• LDC	• 차량 재시동 후 동일 문제 발생 시 통합 충전 제어 유닛(ICCU) 교환
	• LDC 전압 제어 이상		
	• 센서류 고장 - 전류 센서 옵셋 보정 이상 - 온도 센서 단선/단락/성능 이상 고장 - 입력/출력 전압 센서 고장		
	• PWM 출력부 이상		
차량 점검	• 출력단 경로 이상	• LDC 출력 단자와 정션 박스간 배선 및 커넥터	• LDC 출력단 배선 및 케이블 체결 상태 점검
	• 냉각 시스템 이상	• 냉각 시스템 • 냉각수 부족 • 전자식 워터 펌프(EWP)	• 냉각수 및 전자식 워터 펌프(EWP) 점검
	• 입력 과전류 고장	• 보조 배터리(12 V) 방전 • 12 V 전장 과부하	• 보조 배터리(12 V) 방전 상태 점검 • 12 V 전장부하 이상 동작 또는 단락 상태 점검

탈거

⚠ 경 고

- 고전압 시스템 관련 작업 시, 관련 교육을 이수한 작업자가 정비를 진행한다. 고전압 시스템에 대한 이해가 부족한 경우 감전 또는 누전 등으로 인한 심각한 사고를 초래할 수 있다.
- 고전압 시스템 또는 주변 부품 작업 시, 반드시 "고전압 시스템 안전사항 및 주의, 경고" 내용을 숙지하고 준수해야 한다. 미준수 시, 감전 또는 누전 등으로 인한 심각한 사고를 초래할 수 있다.
- 고전압 시스템 작업 특성상, 개인보호장구(PPE) 및 사전 고전압 차단 절차를 반드시 확인한다.

1. 고전압 차단 절차를 수행한다.
   (배터리 제어 시스템 (항속형) - "고전압 차단 절차" 참조)
2. 냉각수를 배출한다.
   (전기차 냉각 시스템 - "모터 냉각수" 참조)
3. 리어 시트 어셈블리를 탈거한다.
   (바디 - "리어 시트 어셈블리" 참조)
4. 냉각수 호스 커넥터(A)를 분리한다.

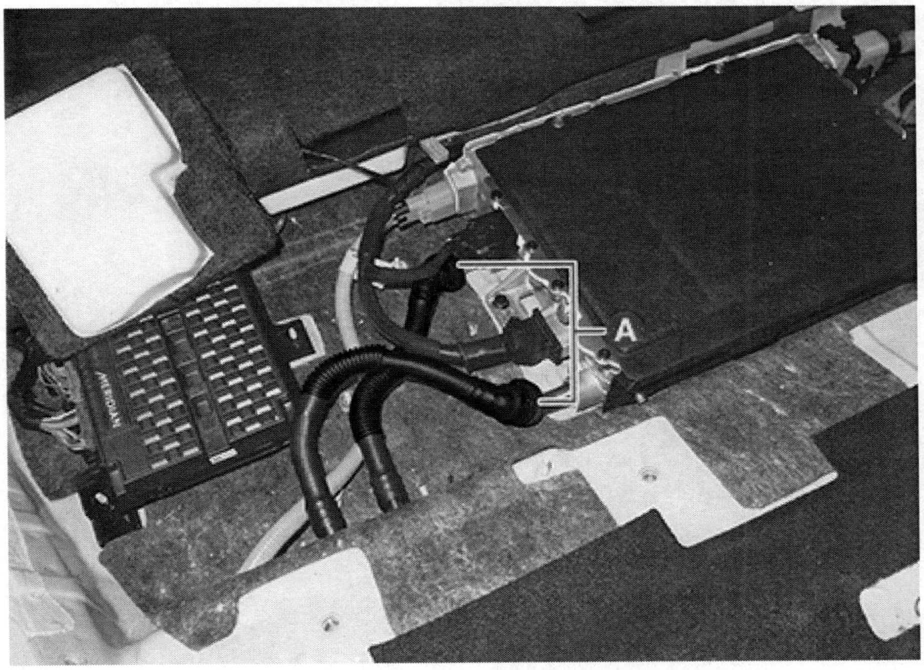

5. 볼트를 풀어 저전압 직류 변환 장치(LDC) (+) 케이블(A)을 분리한다.

체결토크 : 0.8 ~ 1.0 kgf·m

6. 통합 충전 제어 유닛(ICCU) 커넥터(A)를 분리한다.

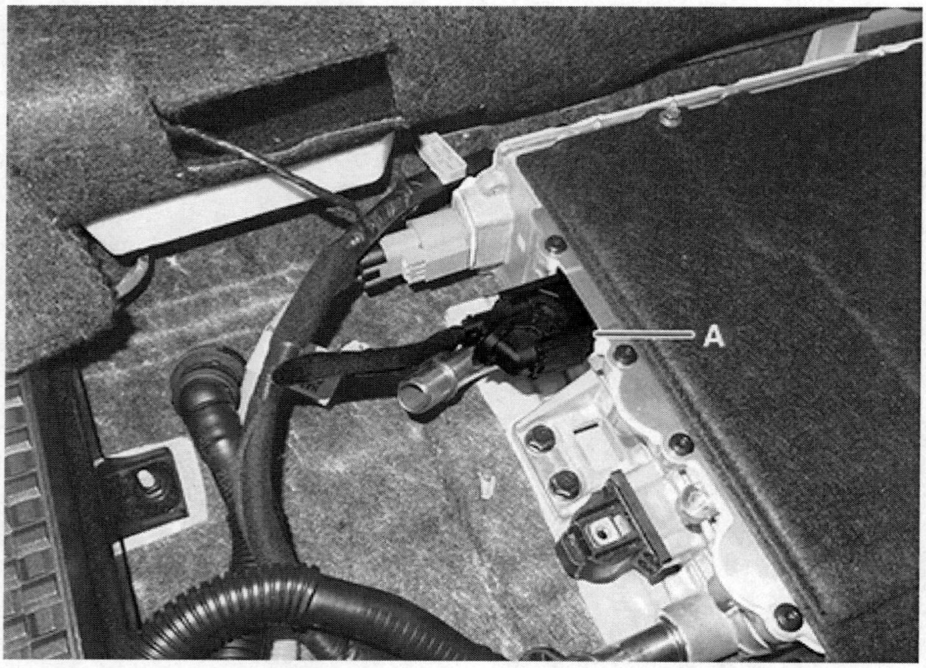

7. ICCU 고전압 파워 커넥터(A)를 분리한다.

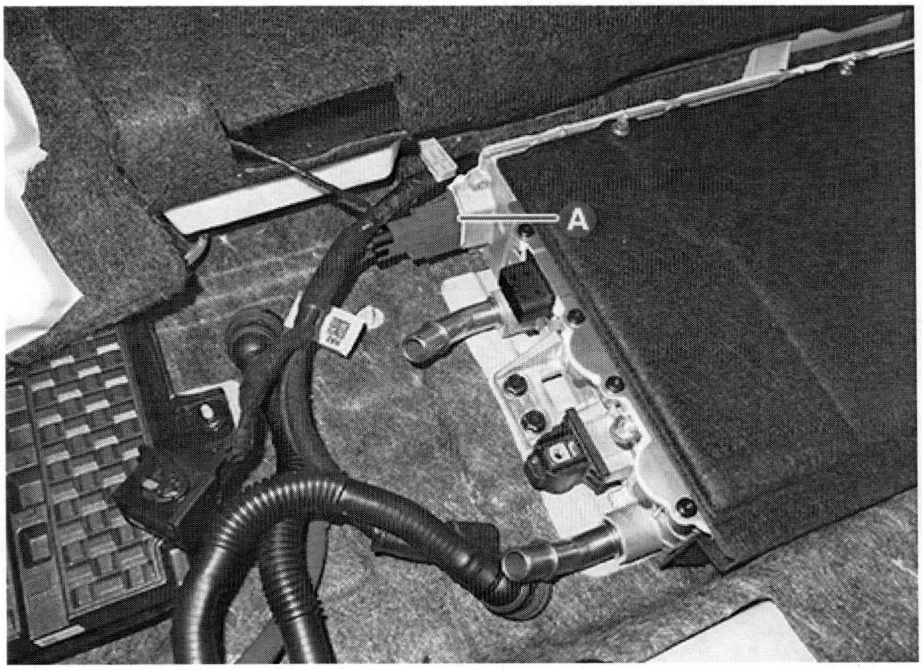

8. 볼트를 풀어 LDC (-) 케이블(A)을 분리한다.

체결토크 : 0.8 ~ 1.0 kgf·m

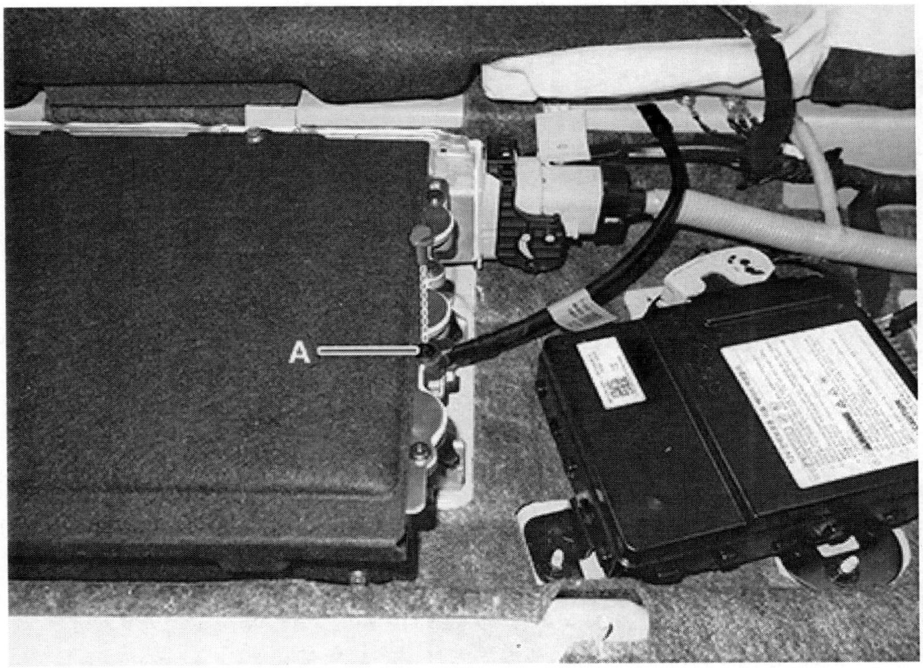

9. 콤보 충전 인렛 커넥터(A)를 분리한다.

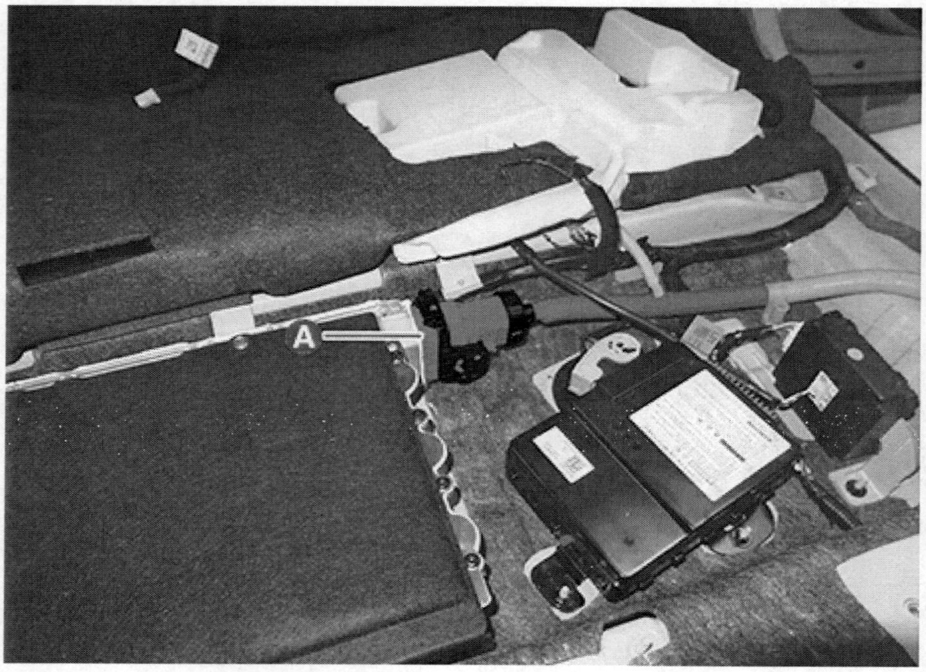

10. 볼트를 풀어 ICCU(A)를 탈거한다.

체결토크 : 0.8 ~ 1.2 kgf·m

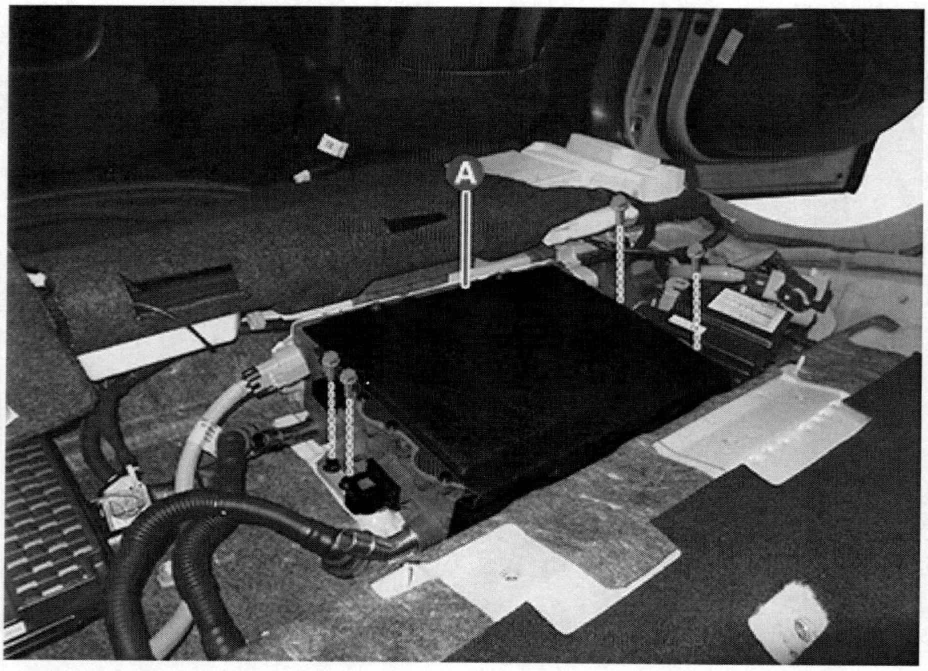

11. ICCU 패드(A)를 탈거한다.

체결토크 : 0.4 ~ 0.6 kgf·m

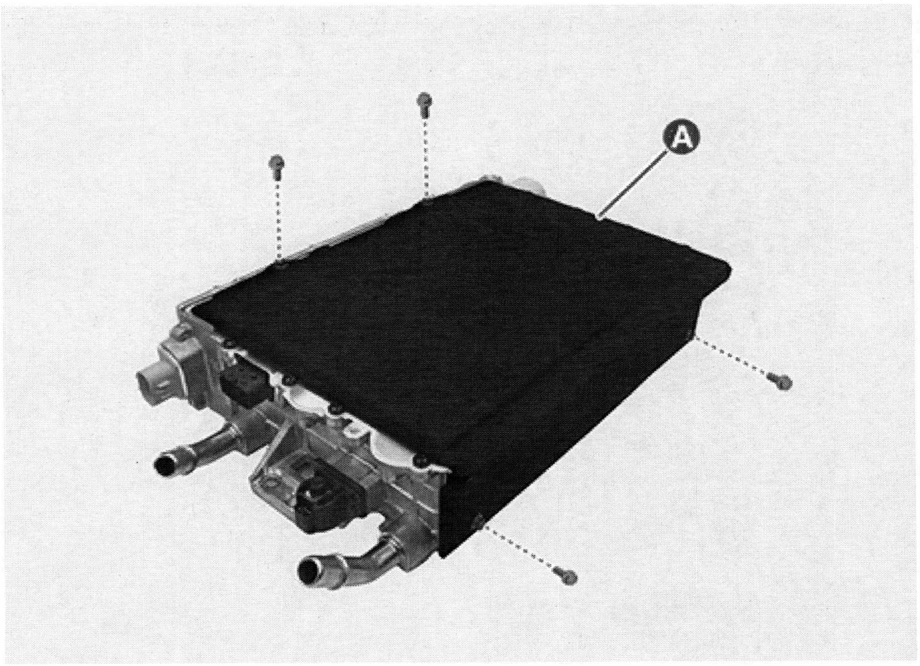

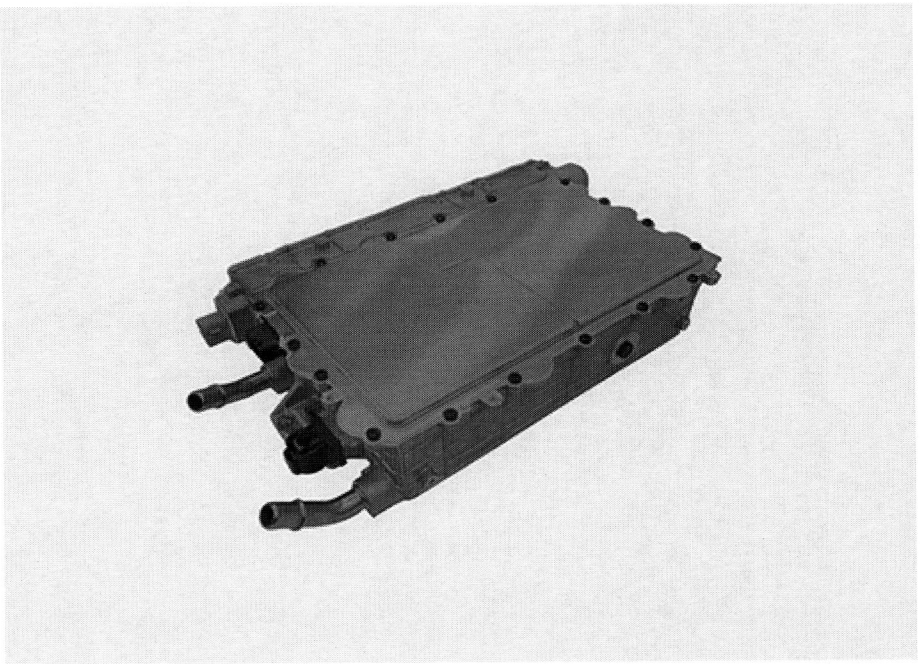

장착

⚠ 경 고

- 고전압 시스템 관련 작업 시, 관련 교육을 이수한 작업자가 정비를 진행한다. 고전압 시스템에 대한 이해가 부족한 경우 감전 또는 누전 등으로 인한 심각한 사고를 초래할 수 있다.
- 고전압 시스템 또는 주변 부품 작업 시, 반드시 "고전압 시스템 안전사항 및 주의, 경고" 내용을 숙지하고 준수해야 한다. 미준수 시, 감전 또는 누전 등으로 인한 심각한 사고를 초래할 수 있다.
- 고전압 시스템 작업 특성상, 개인보호장구(PPE) 및 사전 고전압 차단 절차를 반드시 확인한다.

1. 장착은 탈거의 역순으로 한다.

유 의

- 통합 충전 제어 유닛 (ICCU) 장착 시 규정 토크를 준수하여 장착한다.
- ICCU를 떨어뜨렸을 경우, 보이지 않는 손상이 유발될 수 있으니 신품으로 교환한다. (재사용 금지)
- ICCU를 장착 후 냉각수를 보충하고 반드시 진단 장비(KDS)를 이용하여 냉각수를 순환시킨다.

2. ICCU 및 관련 부품의 교체 후 정상 충전 여부를 확인한다.

제원

항목	제원
정격 전압(V)	DC 11 ~ 13
작동 전압(V)	DC 9 ~ 16
동작 온도(°C)	-30 ~ 75
암전류(mA)	최대 1.0 (Power off Mode)

부품위치

1. 차량 충전 관리 시스템(VCMS)
1-a. 0.8 ~ 1.2 kgf·m

개요

기능

- 다수 제어기에 분산된 충전 관련 기능을 통합 관리 하는 제어기이다.
- 충전/방전 상위 제어기로써 완속/급속 충전 인터페이스 및 편의 기능 인터페이스 정보를 제어한다.

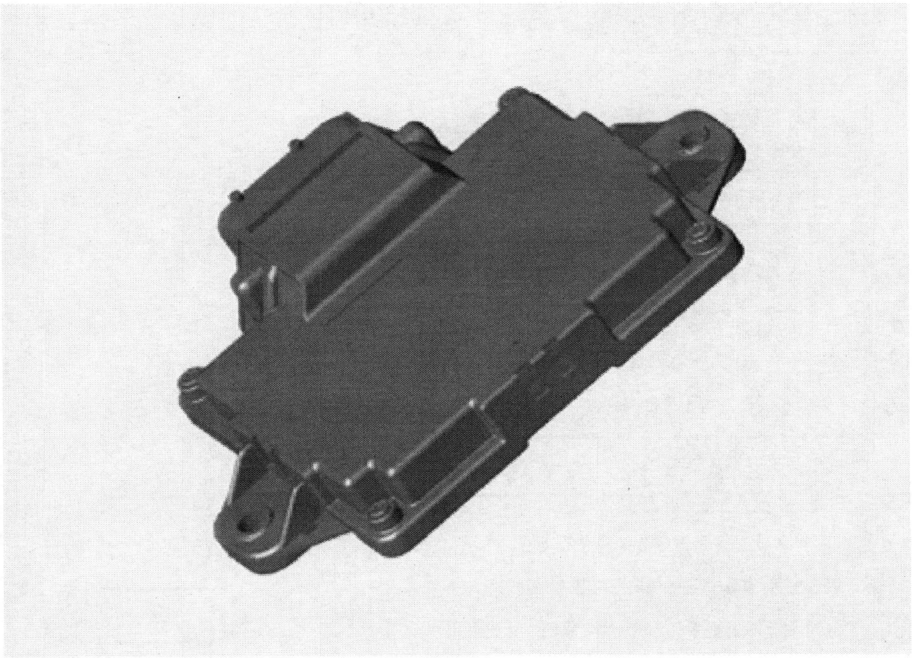

제어 로직

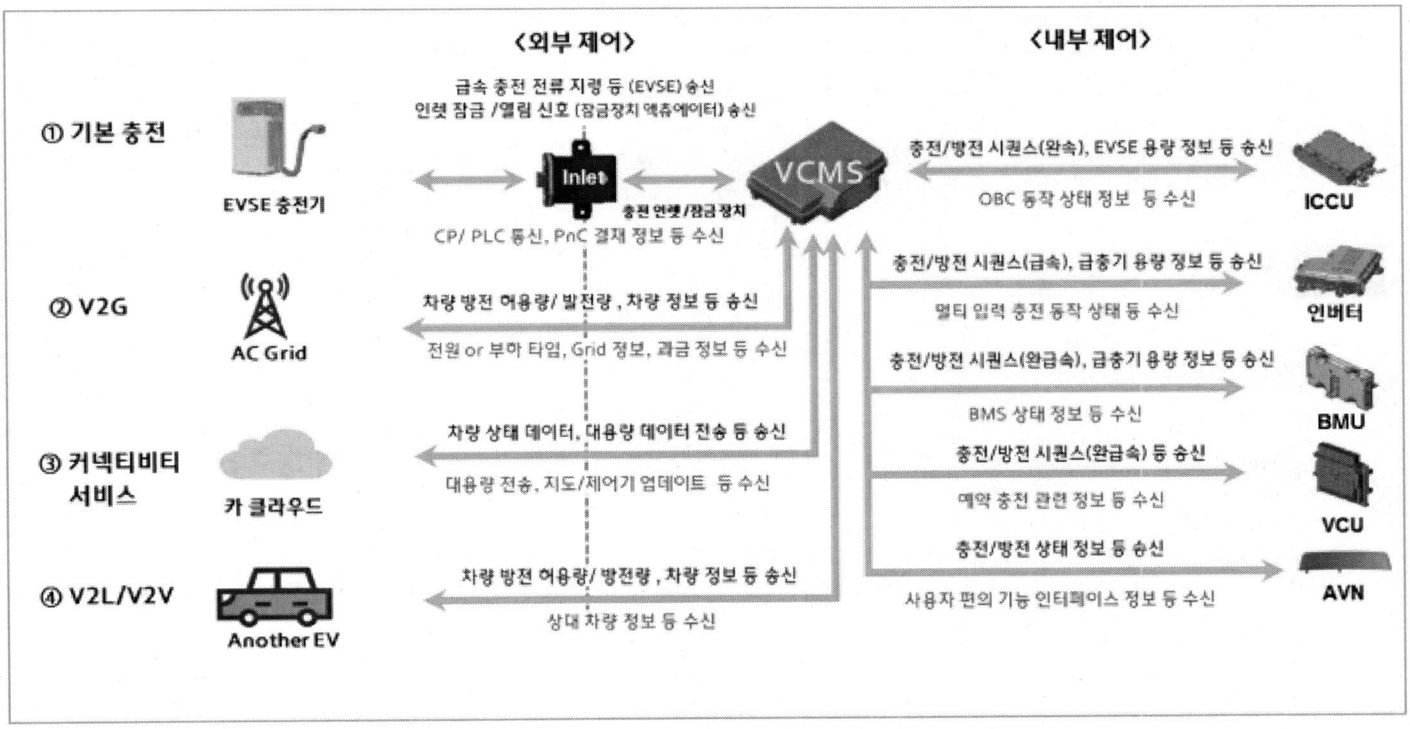

> **참 고**
>
> * V2G (Vehicle to Grid) : 표준 기반 충전 통신 및 차량 협조 제어를 적용한 양방향 충방전 시퀀스
> * V2L (Vehicle to Load) : 전기차에 탑재된 고전압 배터리의 DC 전원을 AC 전원으로 변환하여 차량 내/외부에 AC전원을 공급하는 기능

* V2V (Vehicle to Vehicle) : 차량간 통신 기능
* PnC (Plug and Charge) : 간편 결제 기능
* PLC (Power Line Communication) : 충전 장비 / 차량간 통신
* EVSE (Electric Vehicle Supply Equipment) : 전기차 충전 장비
* OBC (On-Board Charger) : 완속 충전기

구성

CMS부와 PCM부로 구성되어있다. (하나의 제어 보드에 2개의 CPU 구성)

- CMS (Charging Management System) : 충전, V2G, V2L, 편의 기능을 위해 차량 유관제어기와의 협조 제어(충전 총괄 제어) 담당
- PCM (Powerline Communication Module) : PLC 통신, PnC, 커넥티비티 기능을 위한 충전기/차량간 통신 및 보안 기능 담당

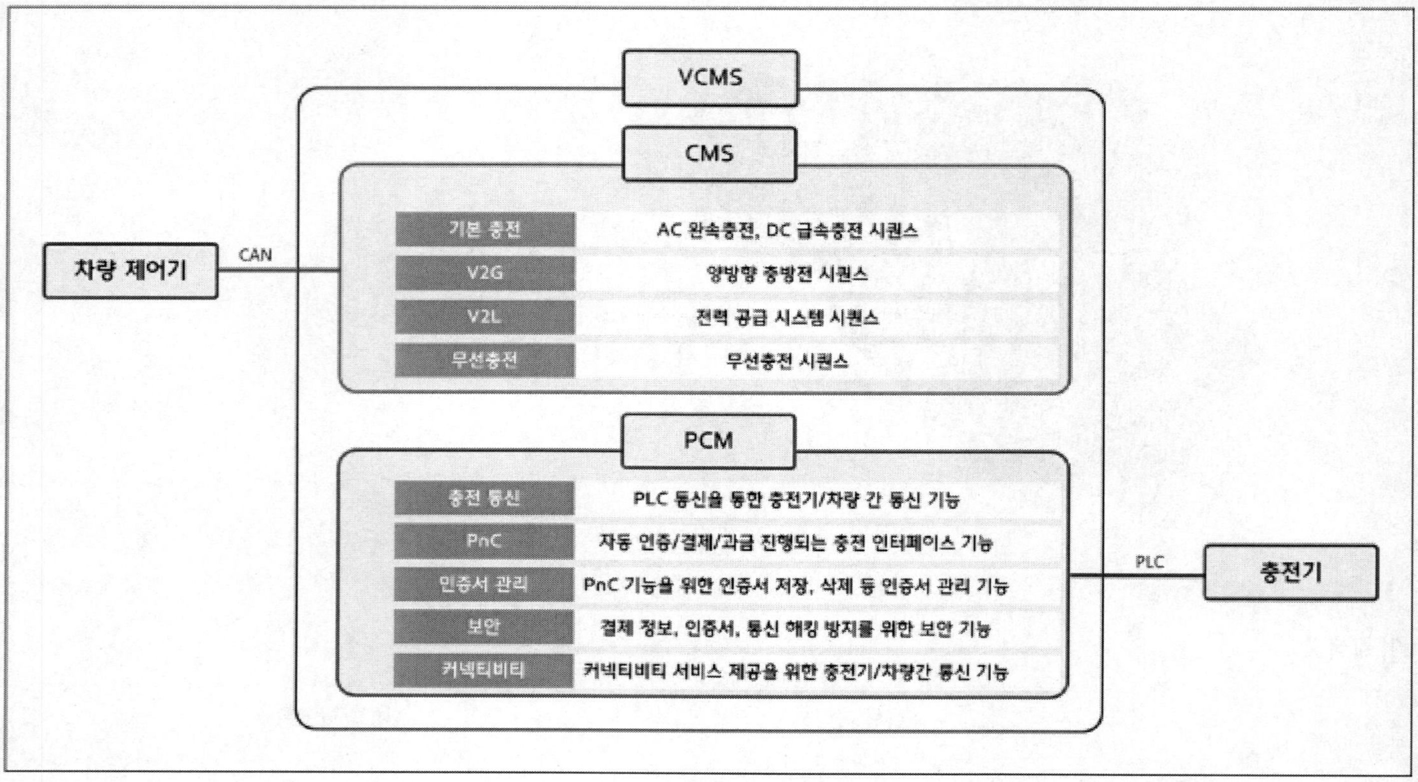

고장진단

고장 코드 발생 시 조치 방법

> **유 의**
>
> 차량 충전 관리 시스템(VCMS) 교환 전 반드시 충전 장비(EVSE), 인렛 잠금 장치, 각종 릴레이의 이상 유무를 먼저 점검한다.

구분	주요 고장 코드	원인	점검
차량 충전 관리 시스템 (VCMS)	• 시스템 과전압 및 저전압 • 제어 모듈(CPU) 성능 이상	• VCMS • 보조 배터리(12 V)	• 완속/급속 충전 후 동일 고장 재현 시 보조 배터리(12 V) 점검 및 VCMS 교환
	• 근접 탐지(PD) 회로 이상	• VCMS • 콤보 충전 인렛 단자와 VCMS간 배선 및 커넥터 이상	• VCMS PD 인식 회로 점검 • 콤보 충전 인렛 단자와 VCMS간 배선 및 커넥터 점검
전기차 충전 장비 (EVSE)	• EVSE CP 신호 이상	• EVSE	• 정상 작동하는 EVSE에서 충전 수행 후 동일 고장 코드 발생 시 VCMS CP 인식 회로 점검
	• EVSE 통신 실패 • PLC 신호 이상	• EVSE • VCMS	• 정상 작동하는 EVSE에서 충전 수행 후 동일 고장 코드 발생 시 PLC 통신 모듈 점검 및 교환
콤보 충전 인렛	• 충전구 과열 • 충전구 온도 센서 고장	• LDC 출력 단자와 정션 박스간 배선 및 커넥터	• 정상 작동하는 EVSE에서 충전 수행 후 동일 고장 코드 발생 시 충전구 온도 센서 점검
	• 인렛 액추에이터 고장 • 인렛 위치 센서 고장	• 인렛 액추에이터 • 인렛 위치 센서	• 인렛 액추에이터 강제 구동을 통한 인렛 잠금/해제 점검
페일 세이프	• 급속 충전 릴레이 융착 / 성능 이상	• 급속 충전 릴레이 • 급속 충전 릴레이 연결 배선 및 커넥터 체결 불량	• 고전압 정션 박스 내 급속 충전 릴레이 이상 유무 점검

탈거

⚠ 경 고

- 고전압 시스템 관련 작업 시, 관련 교육을 이수한 작업자가 정비를 진행한다. 고전압 시스템에 대한 이해가 부족한 경우 감전 또는 누전 등으로 인한 심각한 사고를 초래할 수 있다.
- 고전압 시스템 또는 주변 부품 작업 시, 반드시 "고전압 시스템 안전사항 및 주의, 경고" 내용을 숙지하고 준수해야 한다. 미준수 시, 감전 또는 누전 등으로 인한 심각한 사고를 초래할 수 있다.
- 고전압 시스템 작업 특성상, 개인보호장구(PPE) 및 사전 고전압 차단 절차를 반드시 확인한다.

유 의

차량 충전 관리 시스템(VCMS) 교환 전 반드시 충전 장비(EVSE), 인렛 잠금 장치, 각종 릴레이의 이상 유무를 먼저 점검한다.

1. 고전압 차단 절차를 수행한다.
   (배터리 제어 시스템 (항속형) - "고전압 차단 절차" 참조)
2. 리어 시트 어셈블리를 탈거한다.
   (바디 - "리어 시트 어셈블리" 참조)
3. 우측 러기지 사이드 트림을 탈거한다.
   (바디 - "러기지 사이드 트림" 참조)
4. 차량 충전 관리 시스템(VCMS) 커넥터(A)를 분리한다.

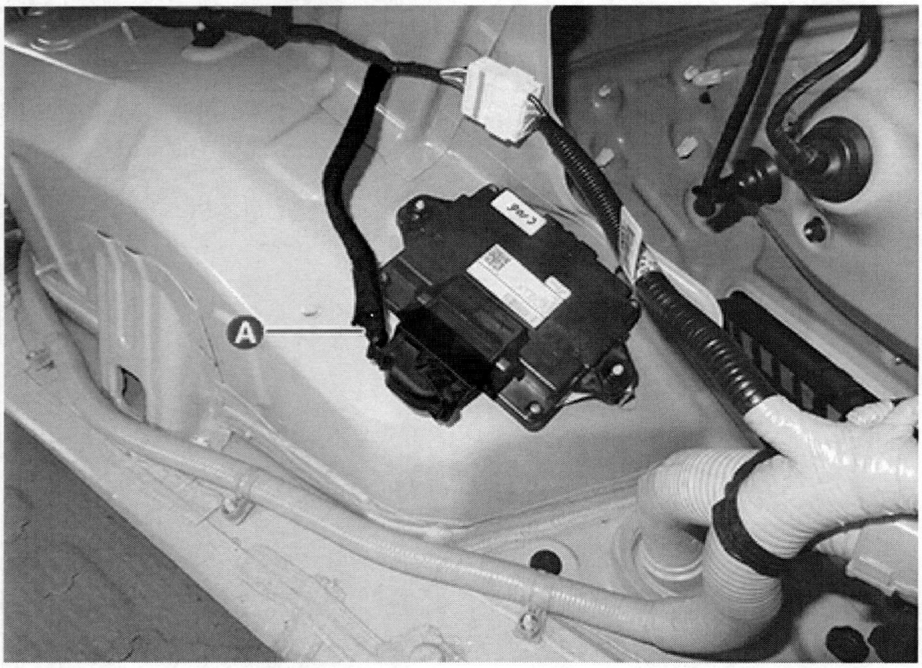

5. 너트를 풀어 VCMS(A)를 탈거한다.

체결토크 : 0.8 ~ 1.2 kgf·m

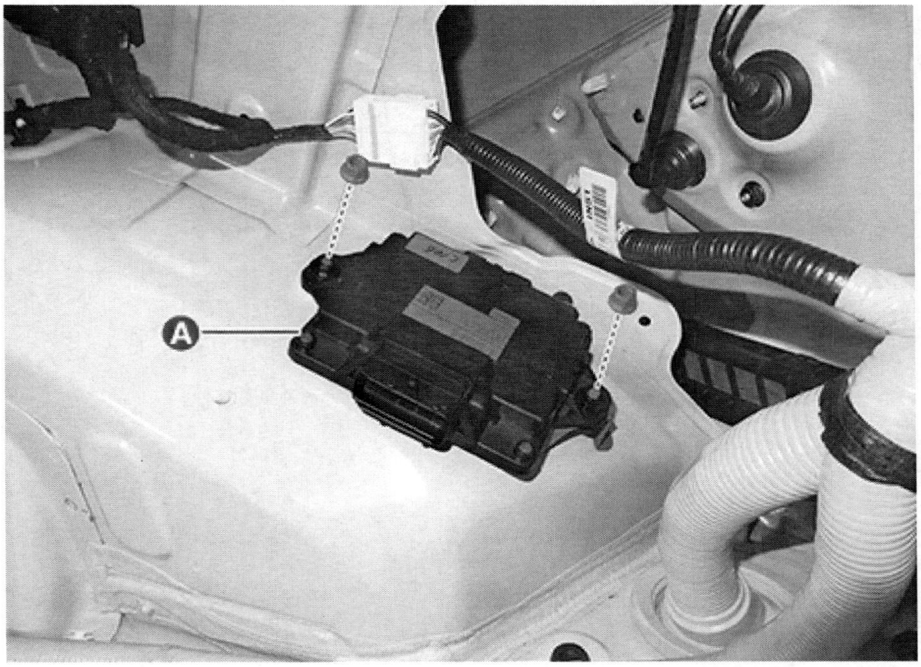

장착

⚠ 경 고

- 고전압 시스템 관련 작업 시, 관련 교육을 이수한 작업자가 정비를 진행한다. 고전압 시스템에 대한 이해가 부족한 경우 감전 또는 누전 등으로 인한 심각한 사고를 초래할 수 있다.
- 고전압 시스템 또는 주변 부품 작업 시, 반드시 "고전압 시스템 안전사항 및 주의, 경고" 내용을 숙지하고 준수해야 한다. 미준수 시, 감전 또는 누전 등으로 인한 심각한 사고를 초래할 수 있다.
- 고전압 시스템 작업 특성상, 개인보호장구(PPE) 및 사전 고전압 차단 절차를 반드시 확인한다.

1. 장착은 탈거의 역순으로 한다.

유 의

- 차량 충전 관리 시스템(VCMS) 장착 시 규정 토크를 준수하여 장착한다.
- VCMS를 떨어뜨렸을 경우, 보이지 않는 손상이 유발될 수 있으니 신품으로 교환한다. (재사용 금지)

2. VCMS 및 관련 부품의 교체 후 정상 충전 여부를 확인한다.

구성 부품

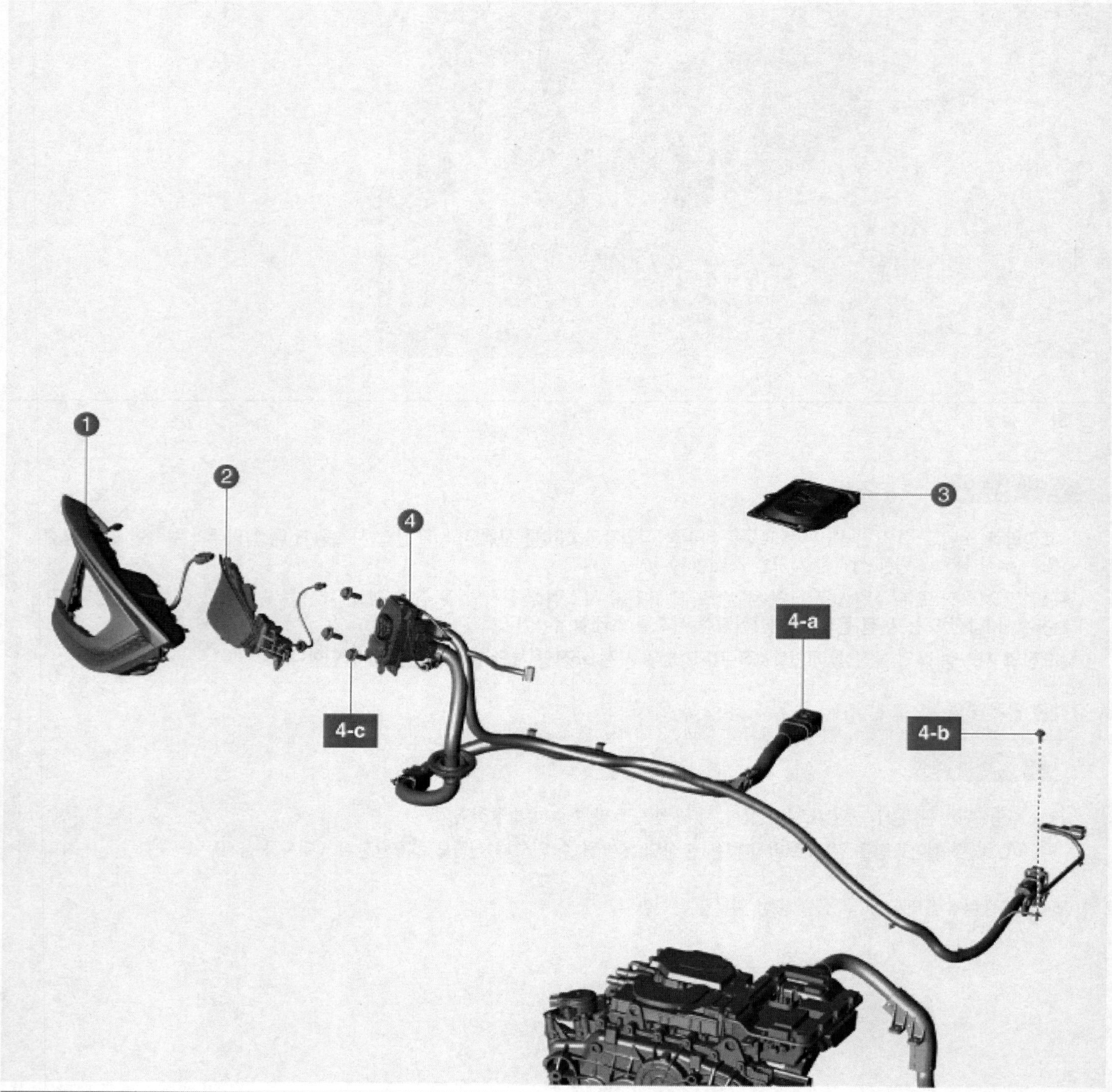

1. 리어 콤비네이션 램프 2. 충전 도어 어셈블리 3. 서비스 커버	4. 콤보 충전 인렛 어셈블리 4-a. 1.0 ~ 1.1 kgf·m 4-b. 0.8 ~ 1.0 kgf·m 4-c. 0.8 ~ 1.2 kgf·m

개요

충전 포트는 우측 후방 콤비네이션 램프 측에 위치해있다. 전기차 휴대용 충전기(ICCB)를 완속 충전 포트에 연결하거나 급속 충전 커넥터를 급속 충전 포트에 연결하면 충전이 시작된다.

탈거

⚠ 경 고

- 고전압 시스템 관련 작업 시, 관련 교육을 이수한 작업자가 정비를 진행한다. 고전압 시스템에 대한 이해가 부족한 경우 감전 또는 누전 등으로 인한 심각한 사고를 초래할 수 있다.
- 고전압 시스템 또는 주변 부품 작업 시, 반드시 "고전압 시스템 안전사항 및 주의, 경고" 내용을 숙지하고 준수해야 한다. 미준수 시, 감전 또는 누전 등으로 인한 심각한 사고를 초래할 수 있다.
- 고전압 시스템 작업 특성상, 개인보호장구(PPE) 및 사전 고전압 차단 절차를 반드시 확인한다.

1. 고전압 차단 절차를 수행한다.
   (배터리 제어 시스템 (항속형) - "고전압 차단 절차" 참조)
2. 리어 시트 어셈블리를 탈거한다.
   (바디 - "리어 시트 어셈블리" 참조)
3. 우측 리어 콤비네이션 램프를 탈거한다.
   (바디 전장 - "리어 콤비네이션 램프" 참조)
4. 볼트를 풀어 콤보 충전 인렛 어셈블리(A)를 분리한다.

체결토크 : 0.8 ~ 1.2 kgf·m

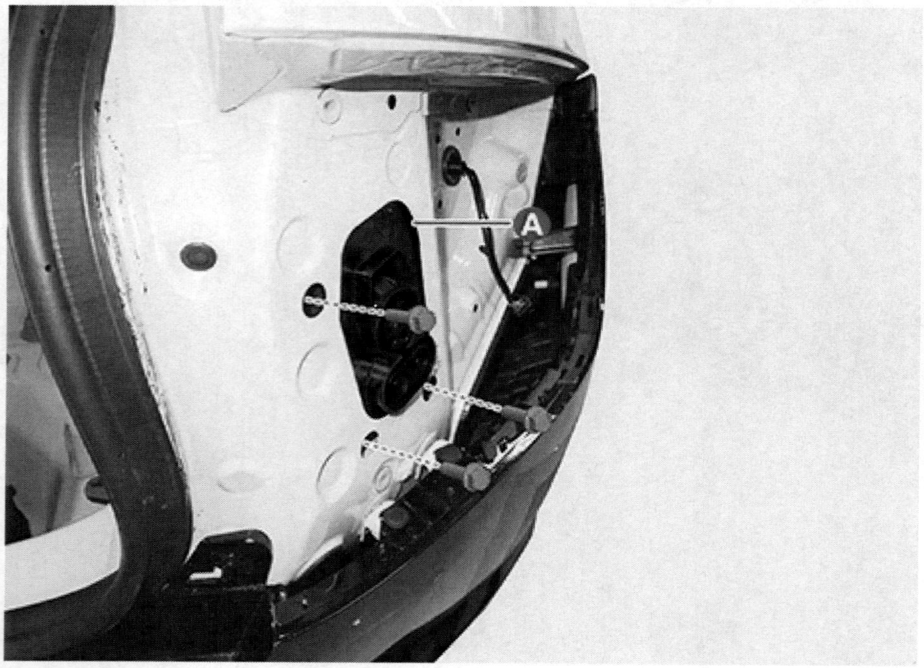

5. 커넥터(A)를 분리한다.

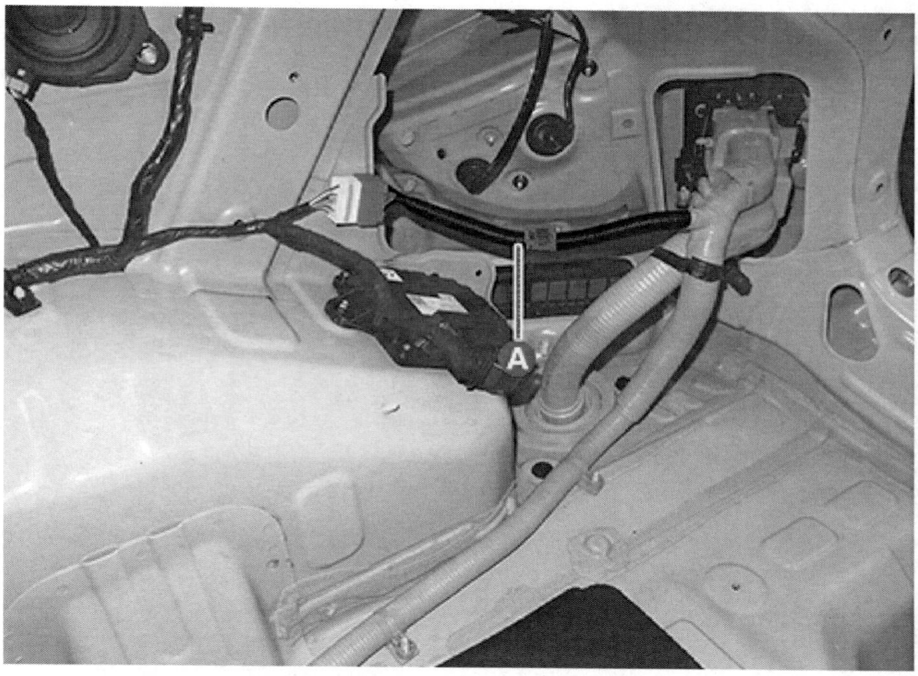

6. 콤보 충전 인렛 어셈블리 케이블(A)을 차체에서 분리한다.

7. 볼트를 풀어 접지 케이블(A)을 분리한다.

체결토크 : 0.8 ~ 1.0 kgf·m

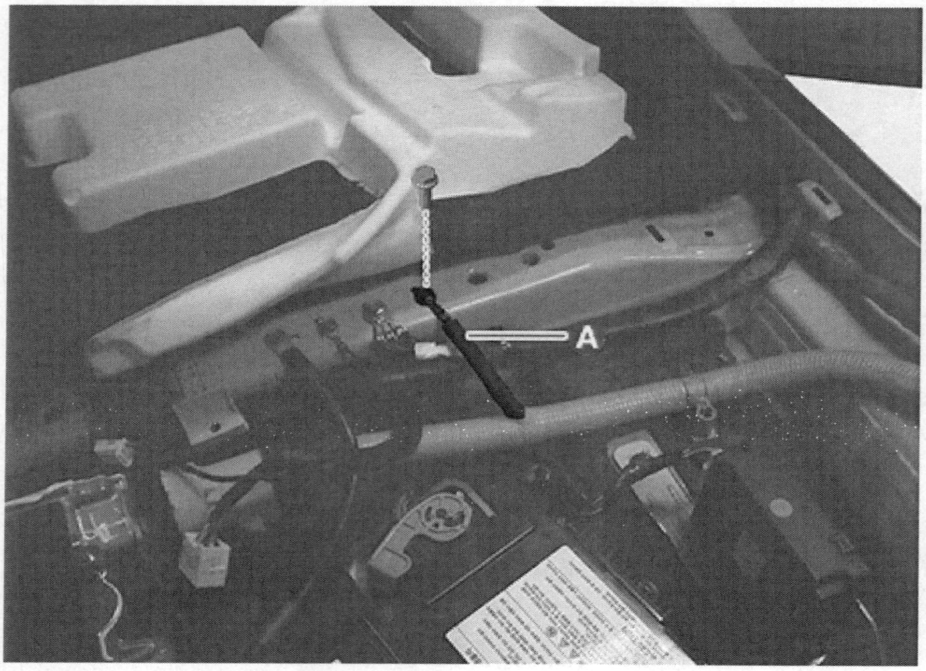

8. 콤보 충전 인렛 어셈블리 커넥터(A)를 분리한다.

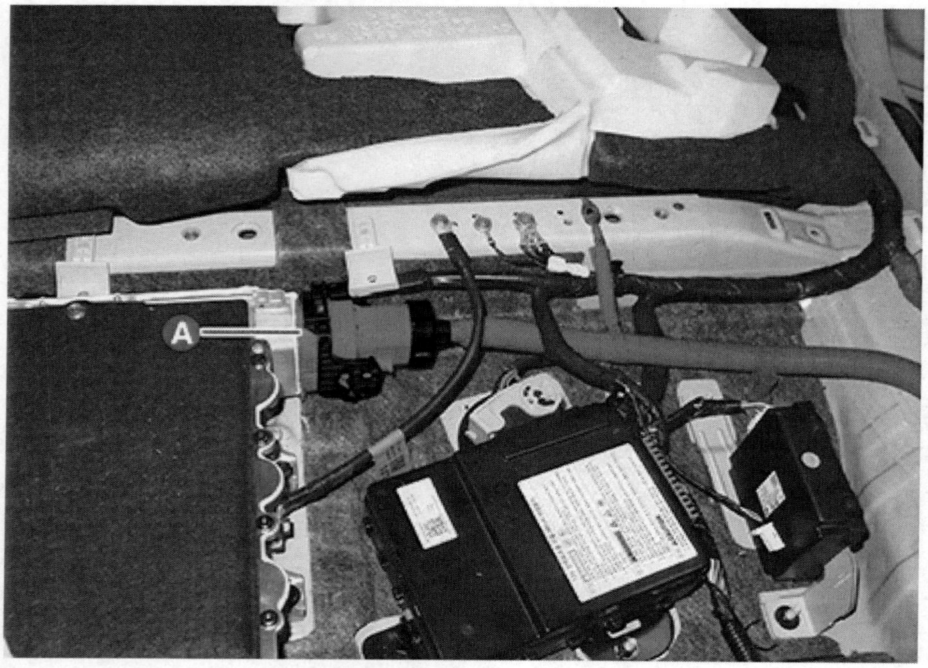

9. 급속 충전 커넥터 서비스 커버(A)를 탈거한다.

체결토크 : 0.8 ~ 1.2 kgf·m

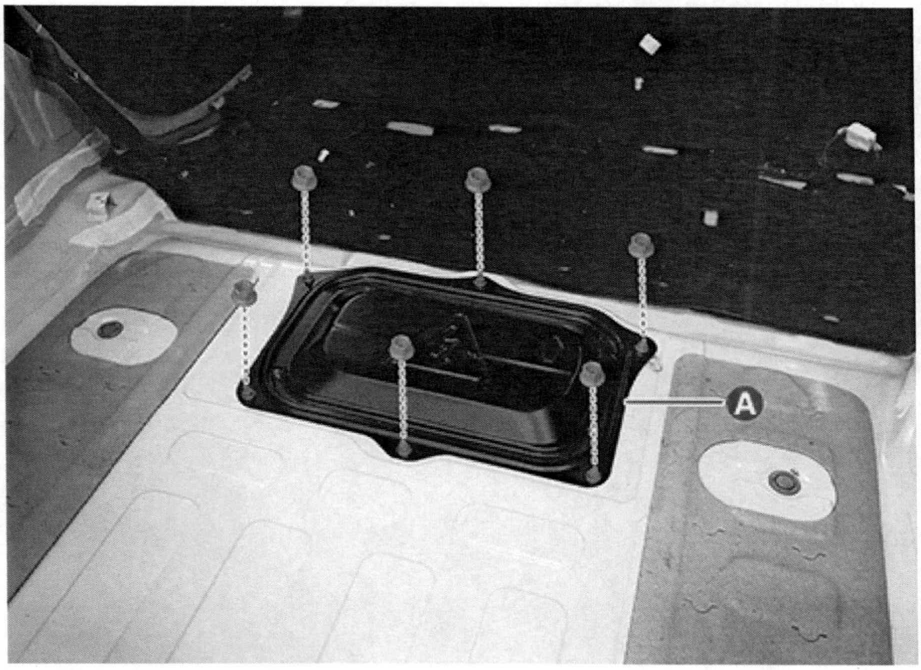

10. 급속 충전 커넥터(A)를 분리한다.

체결토크 : 1.0 ~ 1.1 kgf·m

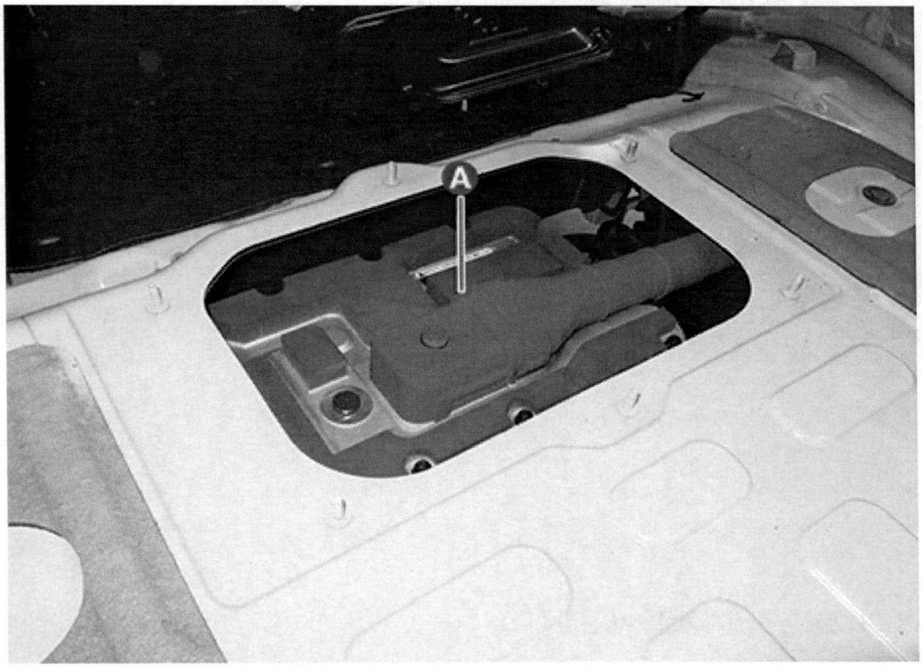

11. 케이블 고정 클립(A)을 분리한다.

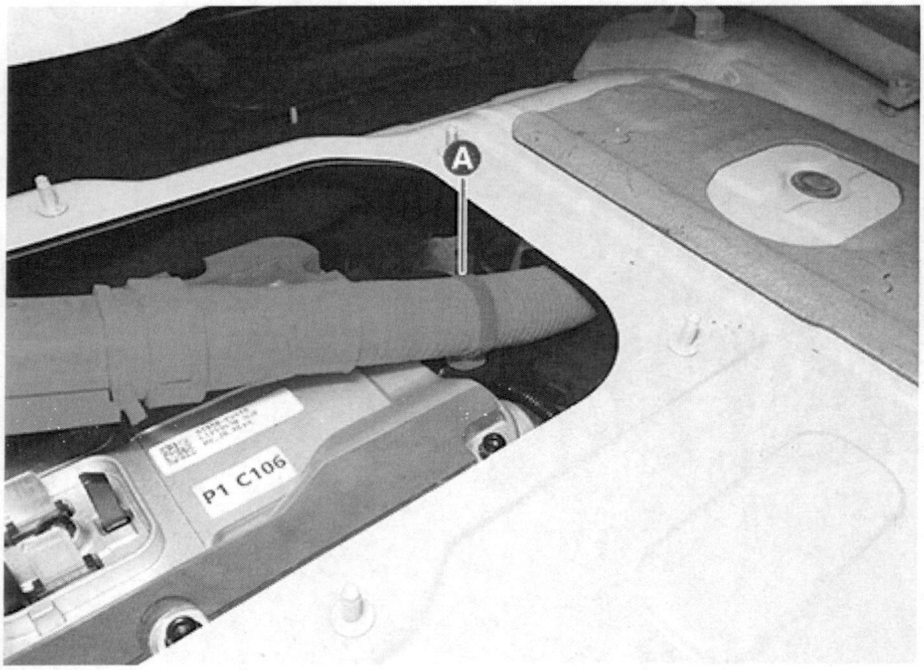

12. 리어 언더 커버를 탈거한다.
    (모터 및 감속기 시스템 - "리어 언더 커버" 참조)
13. 리어 언더 커버(A)를 탈거한다

14. 파스너 및 너트를 탈거하여 콤보 충전 인렛 어셈블리(A)를 차체로부터 분리한다.

체결토크 : 0.8 ~ 1.2 kgf·m

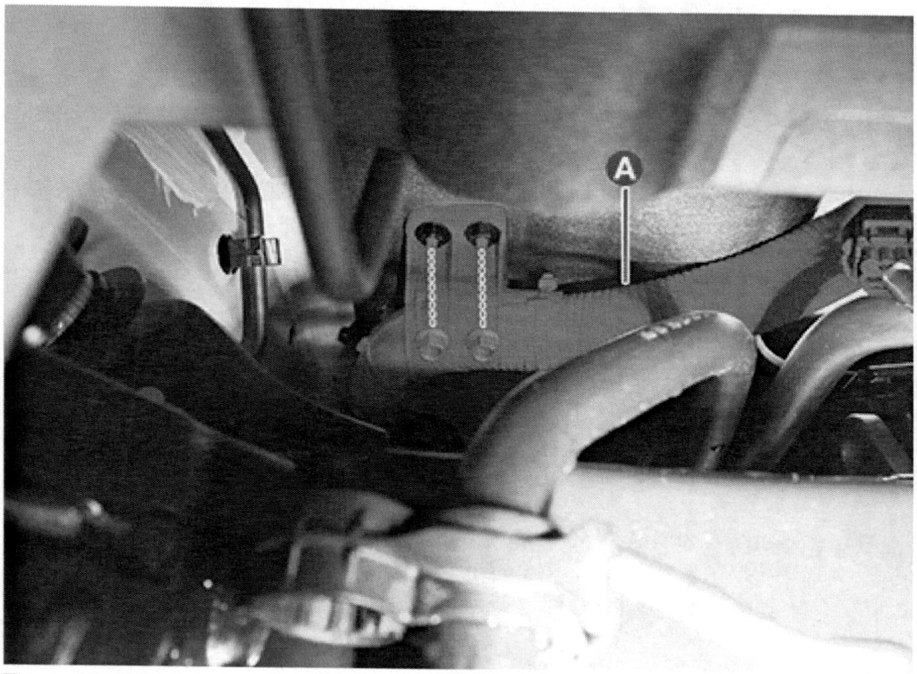
A

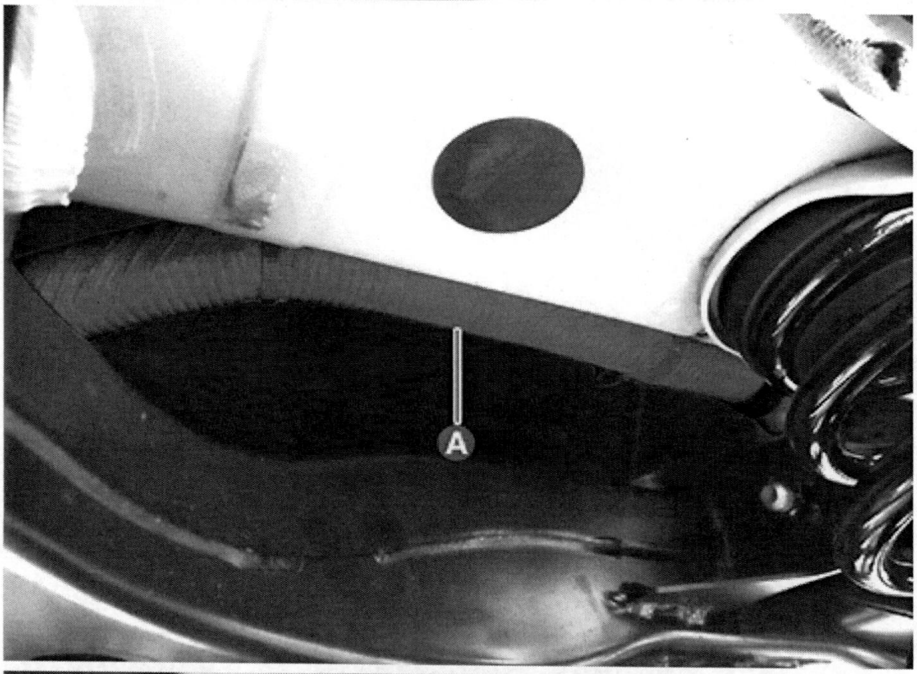
A

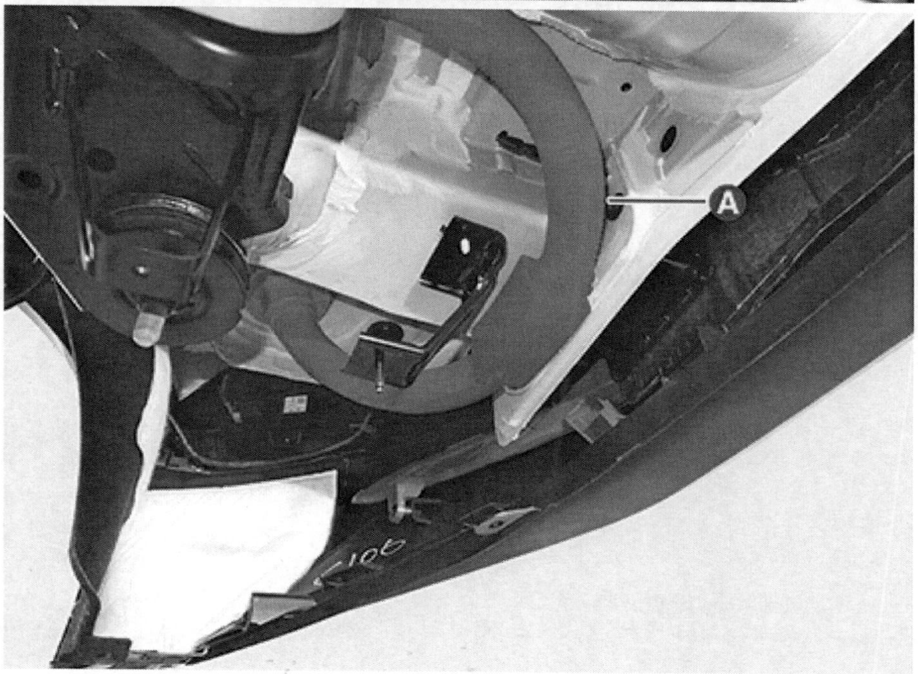
A

장착

⚠ 경 고

- 고전압 시스템 관련 작업 시, 관련 교육을 이수한 작업자가 정비를 진행한다. 고전압 시스템에 대한 이해가 부족한 경우 감전 또는 누전 등으로 인한 심각한 사고를 초래할 수 있다.
- 고전압 시스템 또는 주변 부품 작업 시, 반드시 "고전압 시스템 안전사항 및 주의, 경고" 내용을 숙지하고 준수해야 한다. 미준수 시, 감전 또는 누전 등으로 인한 심각한 사고를 초래할 수 있다.
- 고전압 시스템 작업 특성상, 개인보호장구(PPE) 및 사전 고전압 차단 절차를 반드시 확인한다.

1. 장착은 탈거의 역순으로 한다.

유 의

콤보 충전 인렛 어셈블리 장착 시 규정 토크를 준수하여 장착한다.

2. 콤보 충전 인렛 어셈블리 및 관련 부품의 교체 후 정상 충전 여부를 확인한다.

교환

⚠ 경 고

- 고전압 시스템 관련 작업 시, 관련 교육을 이수한 작업자가 정비를 진행한다. 고전압 시스템에 대한 이해가 부족한 경우 감전 또는 누전 등으로 인한 심각한 사고를 초래할 수 있다.
- 고전압 시스템 또는 주변 부품 작업 시, 반드시 "고전압 시스템 안전사항 및 주의, 경고" 내용을 숙지하고 준수해야 한다. 미준수 시, 감전 또는 누전 등으로 인한 심각한 사고를 초래할 수 있다.
- 고전압 시스템 작업 특성상, 개인보호장구(PPE) 및 사전 고전압 차단 절차를 반드시 확인한다.

유 의

인렛 액추에이터는 콤보 충전 인렛 어셈블리로 구성되어 있어 부분 수리가 불가능하다. 교환 필요시 콤보 충전 인렛 어셈블리를 교환한다.

1. 콤보 충전 인렛 어셈블리를 교환한다.
   (고전압 충전 시스템 - "콤보 충전 인렛 어셈블리" 참조)

탈거

1. 우측 아웃사이드 리어 콤비네이션 램프를 탈거한다.
   (바디 전장 - "리어 콤비네이션 램프" 참조)
2. 플랜지 커버(A)를 탈거한다.

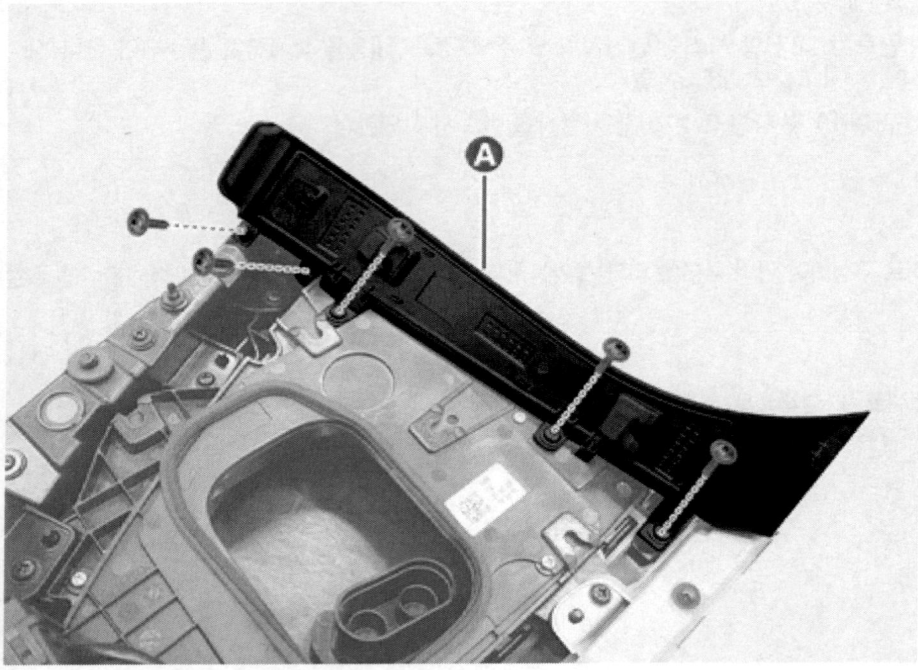

3. 충전 도어 컨트롤 유닛 커넥터(A)를 분리한다.

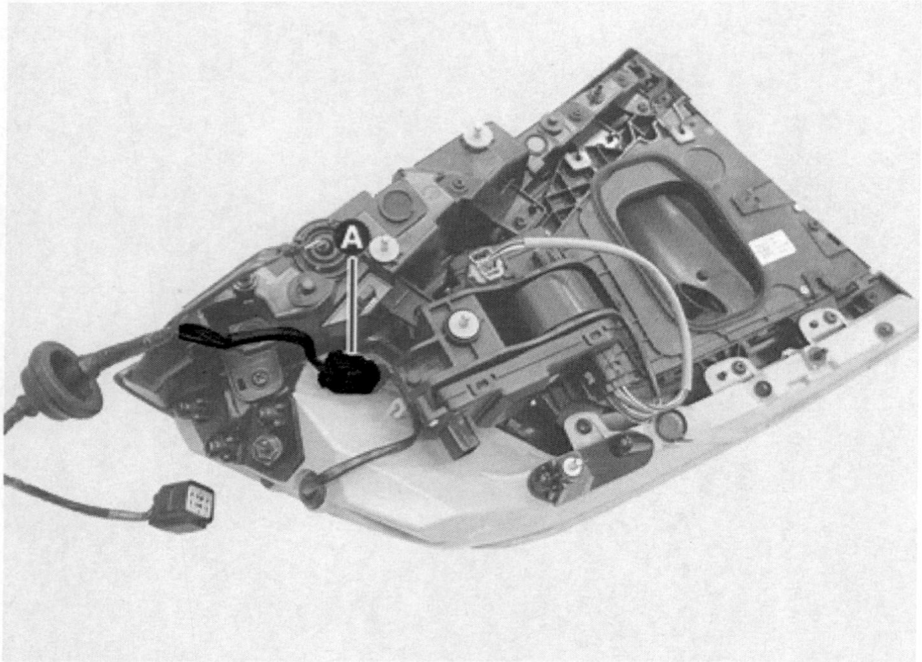

4. 스크루를 풀어 정지등 및 미등(A)을 탈거한다.

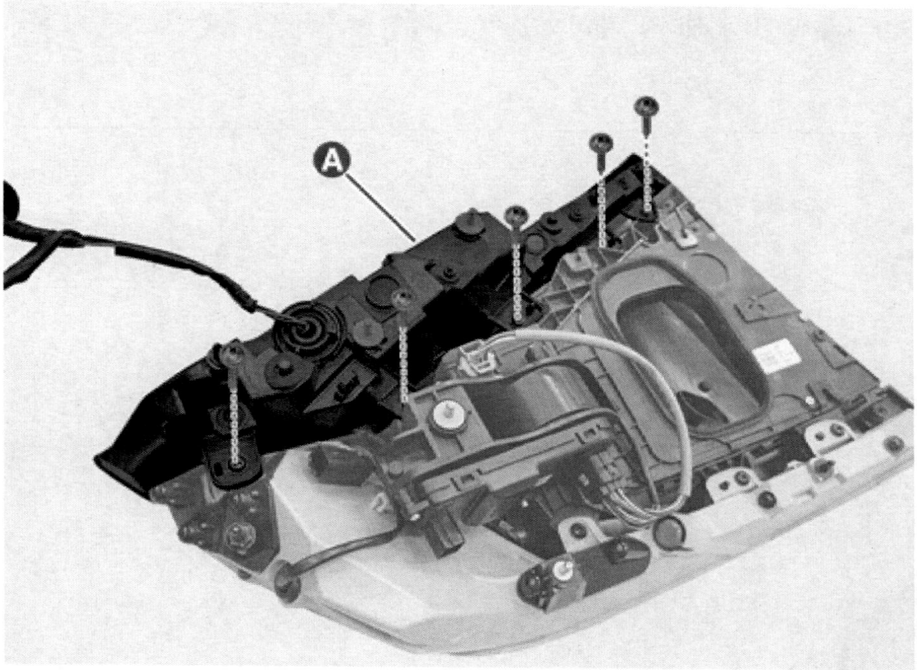

5. 스크루를 풀어 방향지시등(A)을 탈거한다.

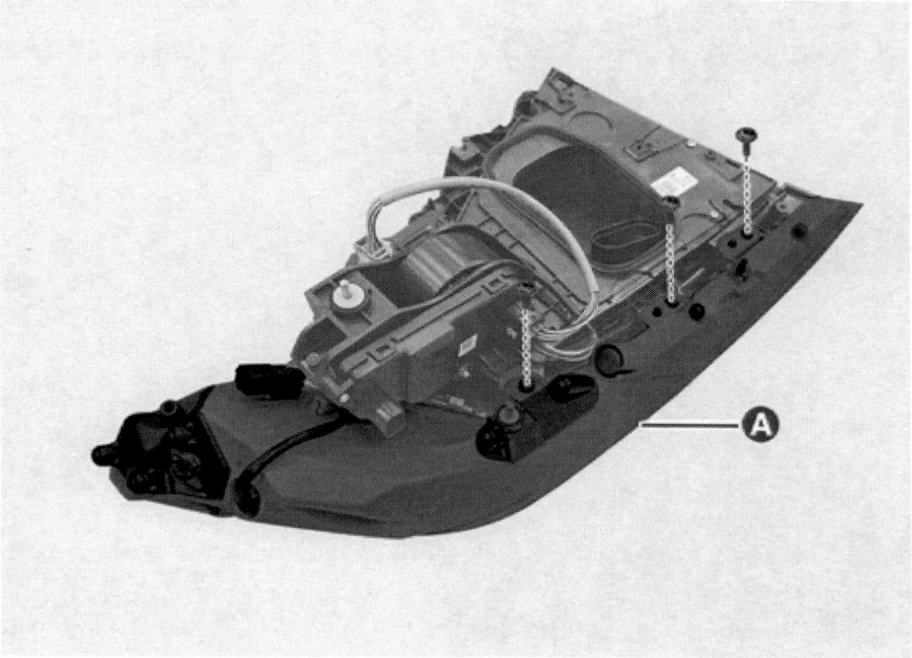

장착

1. 장착은 탈거의 역순으로 한다.

> **유 의**
>
> 충전 도어 어셈블리를 떨어뜨렸을 경우, 보이지 않는 손상이 유발될 수 있으니 신품으로 교환한다. (재사용 금지)

2. 충전 도어 어셈블리 및 관련 부품의 교체 후 정상 충전 여부를 확인한다.

탈거

1. 우측 아웃사이드 리어 콤비네이션 램프를 탈거한다.
   (바디 전장 - "리어 콤비네이션 램프" 참조)
2. 플랜지 커버(A)를 탈거한다.

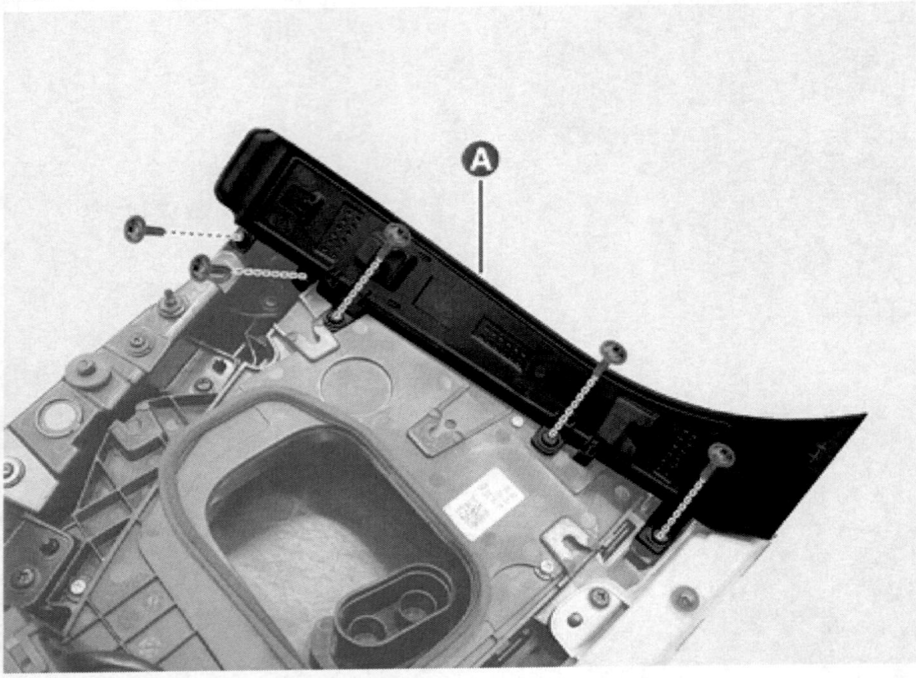

3. 충전 도어 컨트롤 유닛 커넥터(A)를 분리한다.

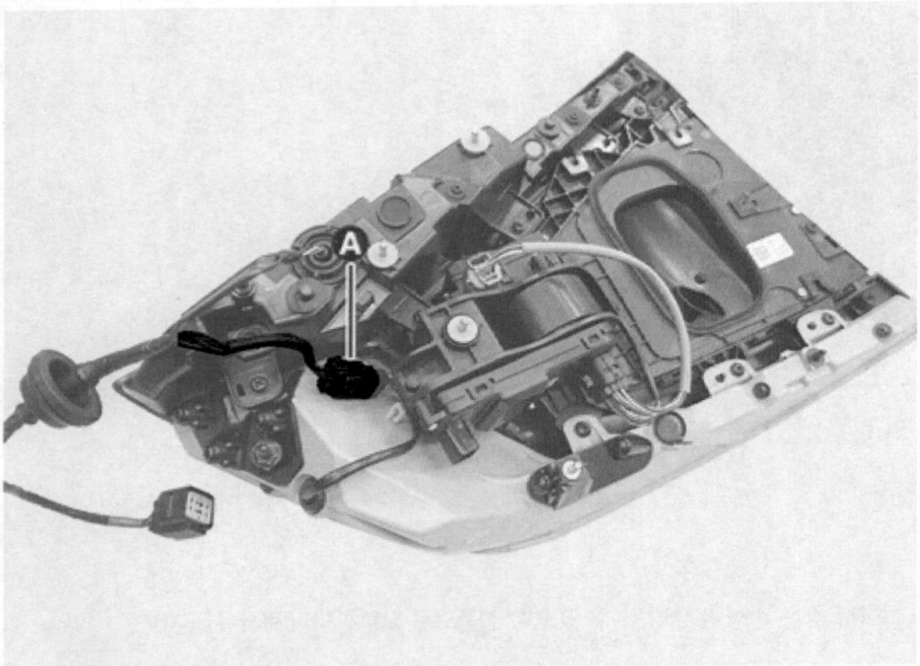

4. 스크루를 풀어 정지등 및 미등(A)을 탈거한다.

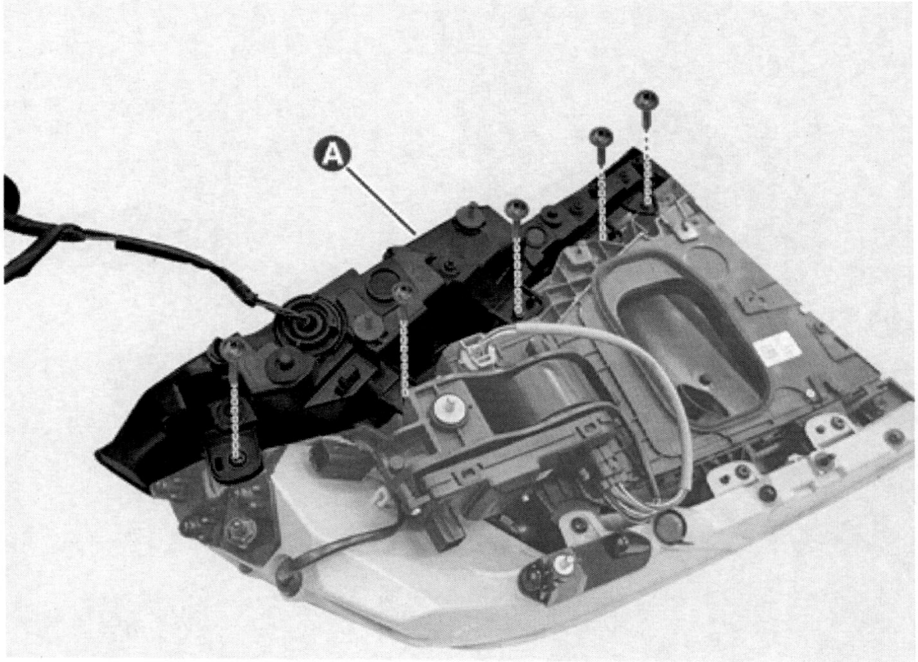

5. 스크루를 풀어 방향지시등(A)을 탈거한다.

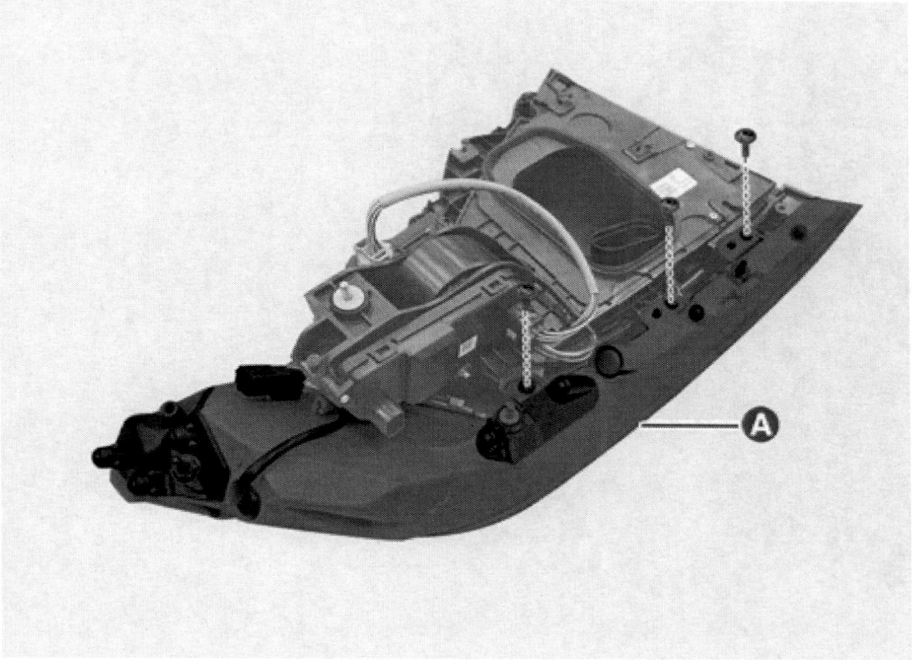

6. 충전 도어 모듈 커넥터(A)를 분리한다.

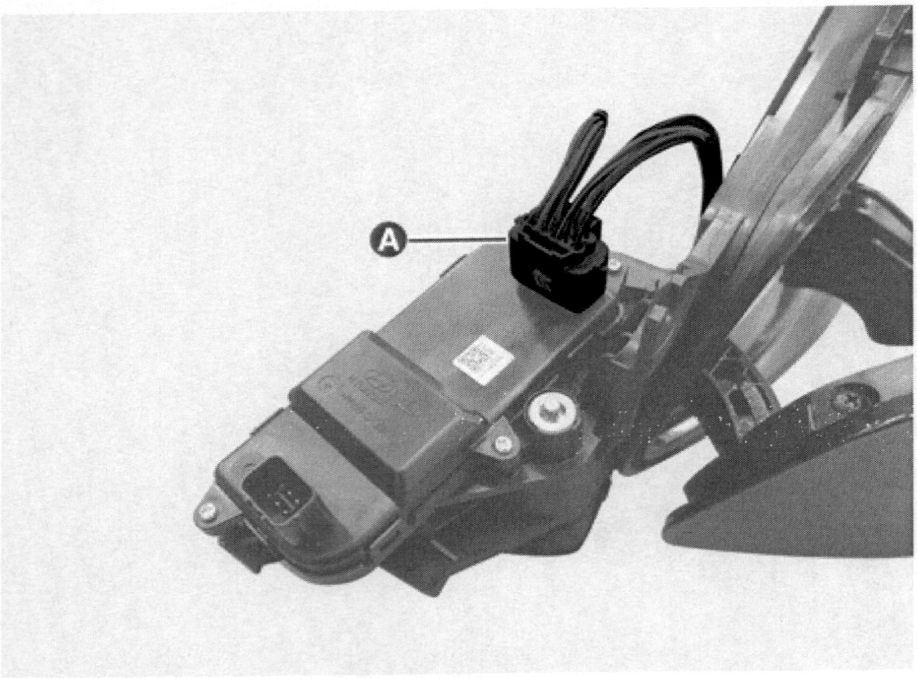

7. 스크루를 풀어 충전 도어 모듈(A)을 탈거한다.

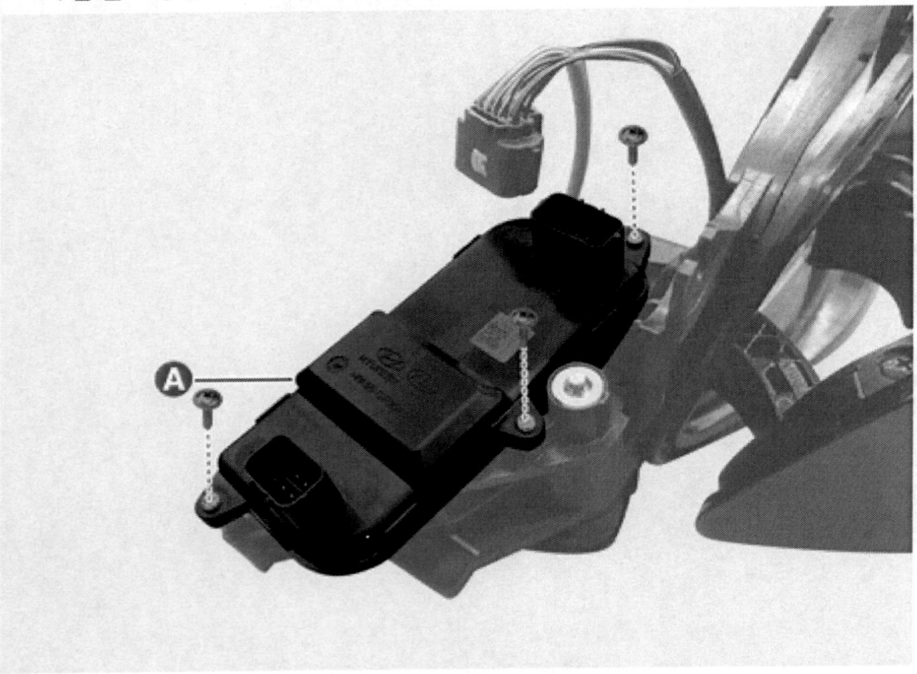

장착

1. 장착은 탈거의 역순으로 한다.

> **유 의**
>
> - 충전 도어 모듈 (CDM) 장착 시 규정 토크를 준수하여 장착한다.
> - CDM을 떨어뜨렸을 경우, 보이지 않는 손상이 유발될 수 있으니 신품으로 교환한다. (재사용 금지)

2. CDM 및 관련 부품의 교체 후 정상 충전 여부를 확인한다.

탈거

1. 우측 아웃사이드 리어 콤비네이션 램프를 탈거한다.
   (바디 전장 - "리어 콤비네이션 램프" 참조)
2. 플랜지 커버(A)를 탈거한다.

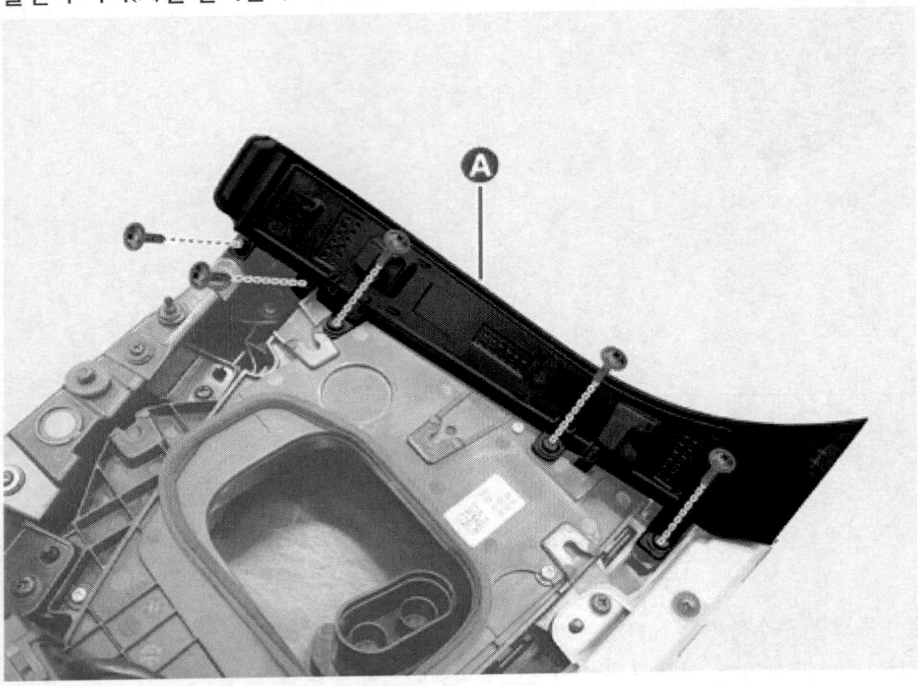

3. 충전 도어 컨트롤 유닛 커넥터(A)를 분리한다.

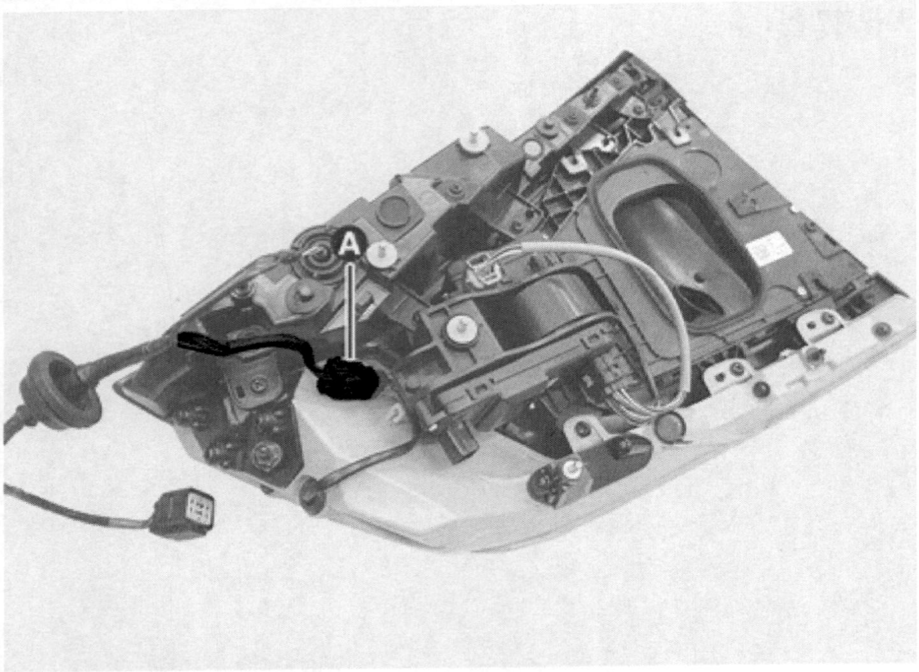

4. 스크루를 풀어 정지등 및 미등(A)을 탈거한다.

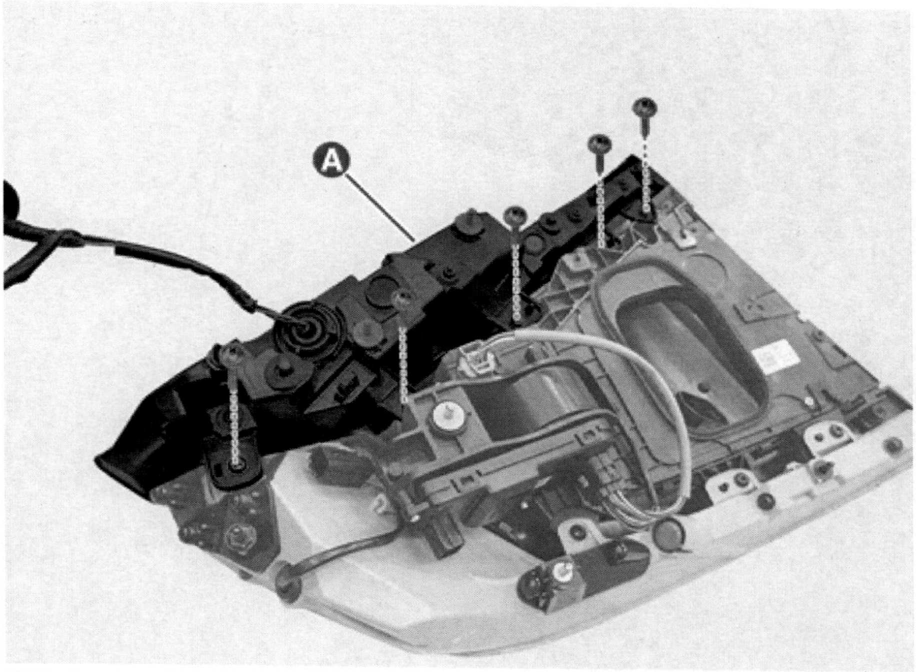

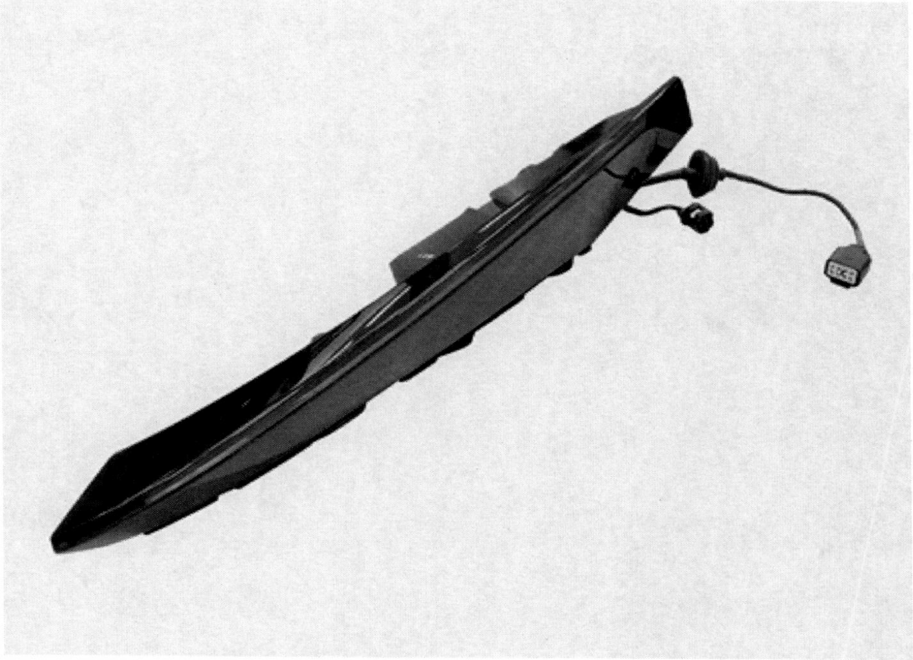

5. 충전 도어 액추에이터 커넥터(A)를 탈거한다.

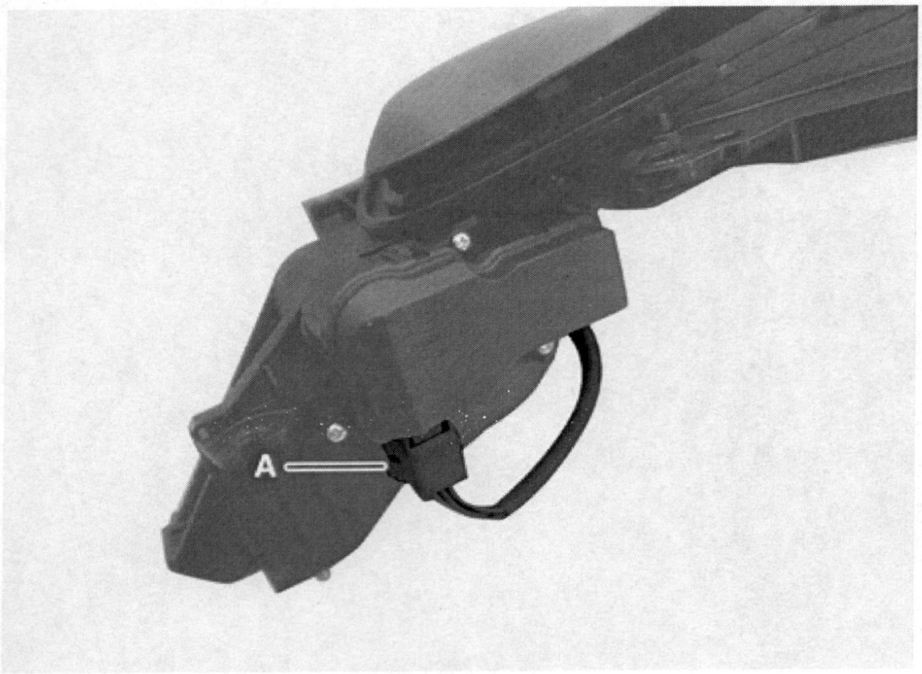

6. 스크루를 풀고 충전 도어 액추에이터(A)를 탈거한다.

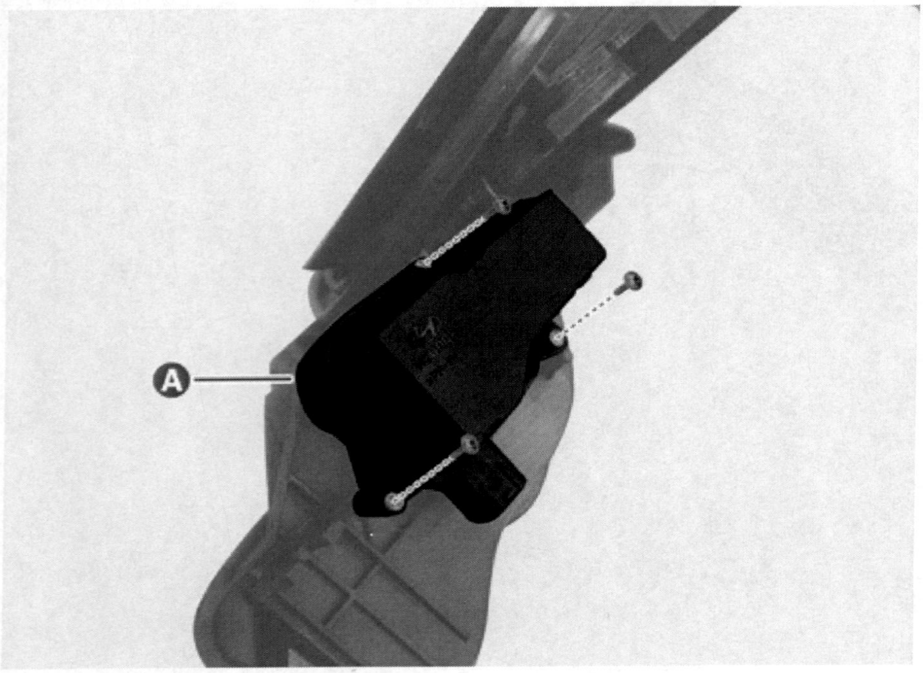

장착

1. 장착은 탈거의 역순으로 한다.

> **유 의**
>
> - 충전 도어 액추에이터 장착 시 규정 토크를 준수하여 장착한다.
> - 충전 도어 액추에이터를 떨어뜨렸을 경우, 보이지 않는 손상이 유발될 수 있으니 신품으로 교환한다. (재사용 금지)

2. 충전 도어 액추에이터 및 관련 부품의 교체 후 정상 충전 여부를 확인한다.

교환

유 의

충전 도어 스위치는 레오스탯으로 구성되어 있어 부분 수리가 불가능하다. 교환 필요시 레오스탯을 교환한다.

1. 레오스탯을 교환한다.
   (바디 전장 - "레오스탯" 참조)

제원

항목	제원
정격 전압(V)	120 ~ 230
정격 전류(A)	6, 8, 10, 12 (가변 설정)

개요

- 전기차 가정용 충전기(ICCB)는 완속충전(가정에서 충전 시)을 지원하기 위한 전원 공급 장치이다.
- ICCB는 충전 상태 표시, 누설전류 차단 및 검출, 내부온도 이상시 전원차단, 과전류 검출, 전원플러그 온도이상시 차단, 전류 자동 하향 가변 기능이 있다.

표시등 개요

명칭	표시등	기능
전원 표시등		녹색 점등 : 전원 플러그 연결
충전 표시등		파란색 점등 : 정상 충전 파란색 점멸 : 하향 충전
고장 코드 표시등		빨간색 점멸 : 고장으로 충전 중단(누설전류, 과전류 등)
7 - 세그먼트	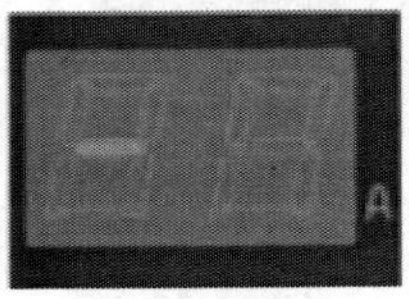	충전 전류 또는 고장 코드 표시 충전 전류 가변 모드에서 점멸

고장진단

정상 충전 진행 시 디스플레이 점등 사양

순서	조건	디스플레이 모드	
1	전원 플러그에 전기차 가정용 충전기 (ICCB) 연결 : 전원 표시등 점등(대기 상태)이 되고 7 - 세그먼트에 현재 설정된 충전 전류가 표시된다.	대기 모드	
2	차량 인렛 커넥터에 ICCB 연결 및 충전 : ICCB가 인렛 커넥터에 체결되면 약 1.5초간 자기진단 검사를 실시하며 문제가 없을 경우 내부 릴레이를 ON시켜 충전이 가능한 상태가 되고, 충전 표시등(충전 상태)이 점등된다. 충전 상태에서 약 1분 동안 상태 변화가 없다면 절전을 위해 7 - 세그먼트의 충전 전류가 꺼진다. 플러그 온도가 80 ~ 90°C 또는 ICCB 내부 온도가 90 ~ 95°C 이면 충전 전류 하향 모드가 되어 충전 전류는 6 A가 되고 충전 표시등은 점멸된다. 충전 전류 하향 모드 이후 온도가 70°C 이하가 되면 원래 충전 전류값으로 원복된다.	충전 모드	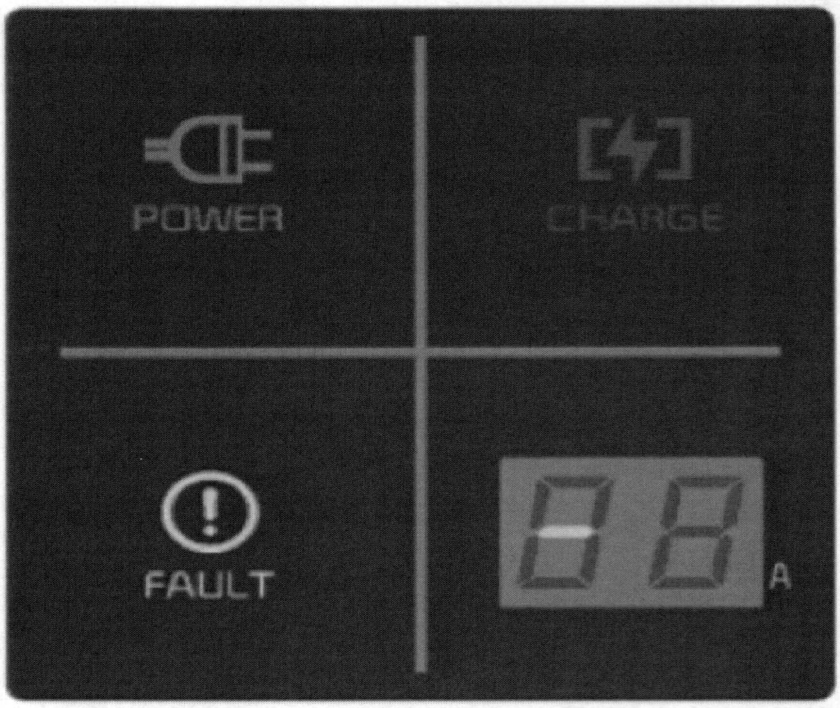
3	충전 완료 : 충전 표시등이 OFF 되고, 전원 표시등만 녹색 점등된다.	대기 모드	

			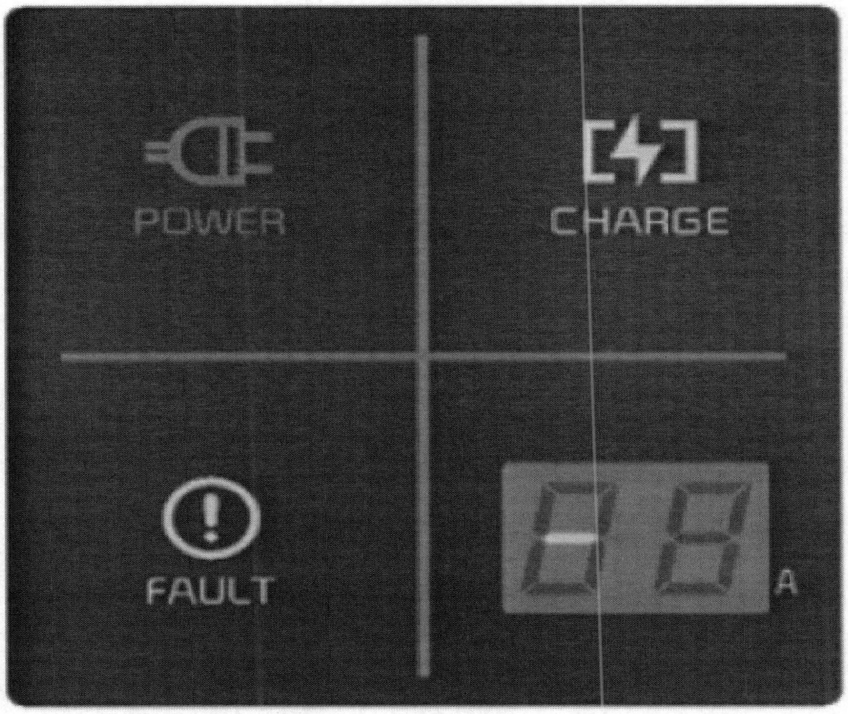

충전 전류 설정 방법

순서	절차
1	충전 전류 설정 상태 진입 대기 상태 또는 충전 상태에서 버튼을 2 ~ 8초간 누르면 충전 전류 변경 가능한 상태로 진입하고 7 - 세그먼트의 충전 전류값이 점멸된다.
2	충전 전류 변경 충전 전류는 초기 6 A로 설정되어 있으며, 버튼을 1회 누를 때마다(1초 미만) 1단계씩 상승되고, 현재 전류가 12 A인 경우 버튼 1회 누르면 6 A가 된다. 1단계 6 A → 2단계 8 A → 3단계 10 A → 4단계 12 A → 1단계 6 A
3	충전 전류 확정 충전 전류를 원하는 값으로 설정 후 버튼을 1초 이상 누르면 설정된 값으로 적용되고, 충전 전류 설정 모드에서 원래 모드(대기 모드 또는 충전 모드)로 전환된다. 버튼 입력이 없는 상태로 10초 이상 경과 시 이전 설정된 충전 전류값으로 복귀되고 원래 모드로 전환된다.

전기차 가정용 충전기 (ICCB) 자기진단(Self-diagnosis)

고장 발생 시 전기차 가정용 충전기 (ICCB) 동작

고장 발생 시 전기차 가정용 충전기 (ICCB) 동작 사양	디스플레이 모드

전원 표시등이 점등되고, 고장 코드 표시등이 점멸되며, 7 - 세그먼트에 고장 코드가 표시된다. 내부 릴레이를 OFF 시켜 전원을 차단한다.	고장 모드	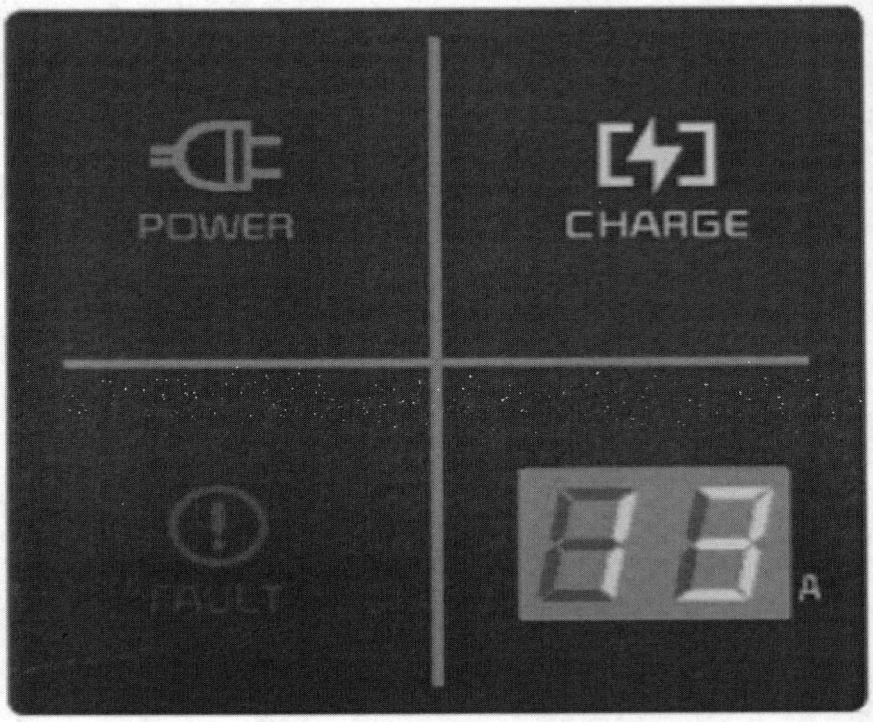

전기차 가정용 충전기 (ICCB) 고장 코드 항목

고장 코드	항목	원인	점검
E1	CP 통신	차량 통신 오류 발생	통신 라인 점검, ICCU 점검
E2	누설	누설 전류 발생	E2 고장 코드(누설 전류) 조치 방법 : 전원 플러그를 탈거 했다가 다시 연결 후 2초 이상 버튼을 누르면 자동 복구 ※ 상기 내용을 2 ~ 3회 반복 후에도 복구가 안되면 ICCB 교환 요망
E3		충전기 오류 발생	ICCB 교환
E4	플러그 온도	전원 플러그 90°C 이상	
E5		전원 플러그 1분 이내 20°C 이상 온도 상승	
E6		전원 플러그 온도 센서 이상	
E7	과전류	충전 과전류 경고	
E8	내부 온도	ICCB 내부 온도 95°C 이상	
E9		ICCB 내부 온도 센서 이상	
F1	릴레이 고장	내부 릴레이 융착	
F3	SMPS 전원 이상	SMPS 출력 전압 8.5 V 미만	
F4		SMPS 출력 전압 8.5 ~ 11 V	
F5	CP 전압 이상	CP (-) 전압 이상	
F6		CP (+) 전압 이상	
F7	온도 센서 이상	플러그 온도 센서 이상	
F8		PCB 내부 온도 센서 이상	

과거 고장 코드 삭제 방법

순서	조건	디스플레이 사양

고장 코드 호출	고장 코드 호출은 고장 코드 표시가 없는 대기 상태에서 가능하며, 과거에 발생된 고장 코드 내역을 호출하기 위해서는 8초 이상 버튼을 누른다.	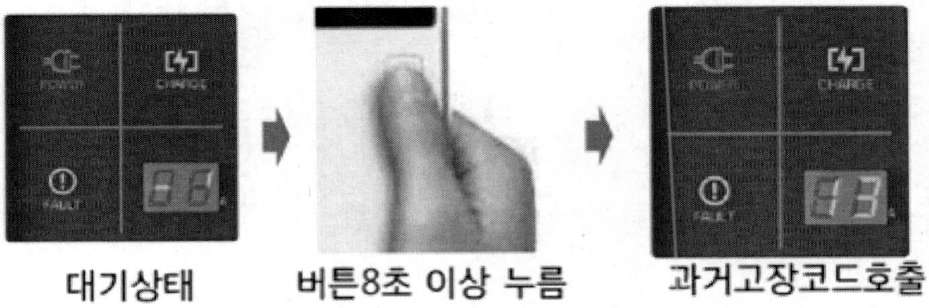
저장 코드 삭제	고장 코드를 호출한 상태에서 버튼을 8초 이상 누를 시, 고장 코드가 삭제되고 7 - 세그먼트에는 no가 표시된다. 그 이후 자동 대기 모드로 전환된다.	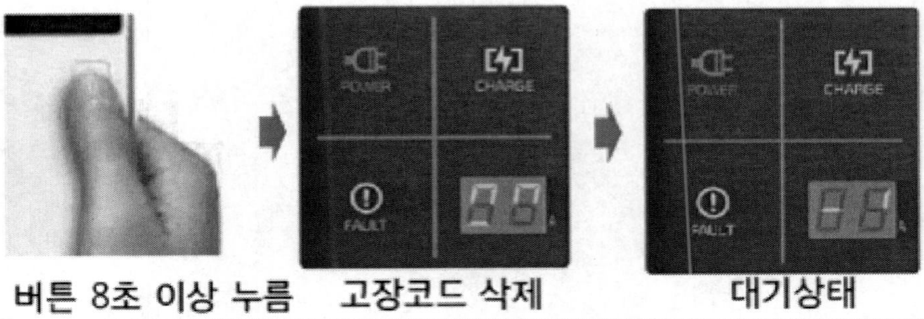
대기 상태 복귀	고장 코드를 삭제하지 않고 복귀하는 방법 1. 전원 플러그 탈거 후 재연결 2. 버튼을 2 ~ 8초간 1회 누름	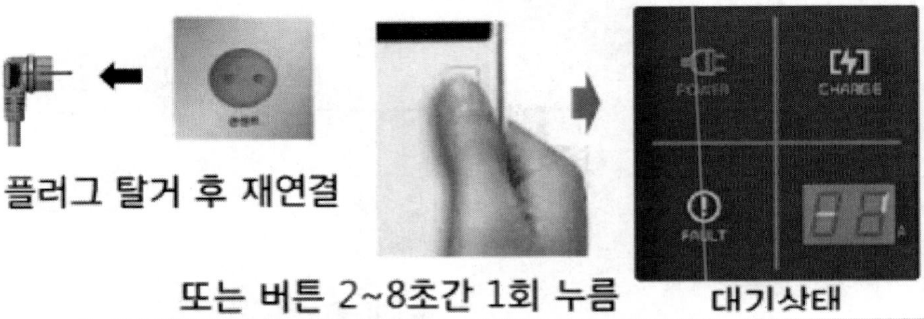

구성부품

2WD

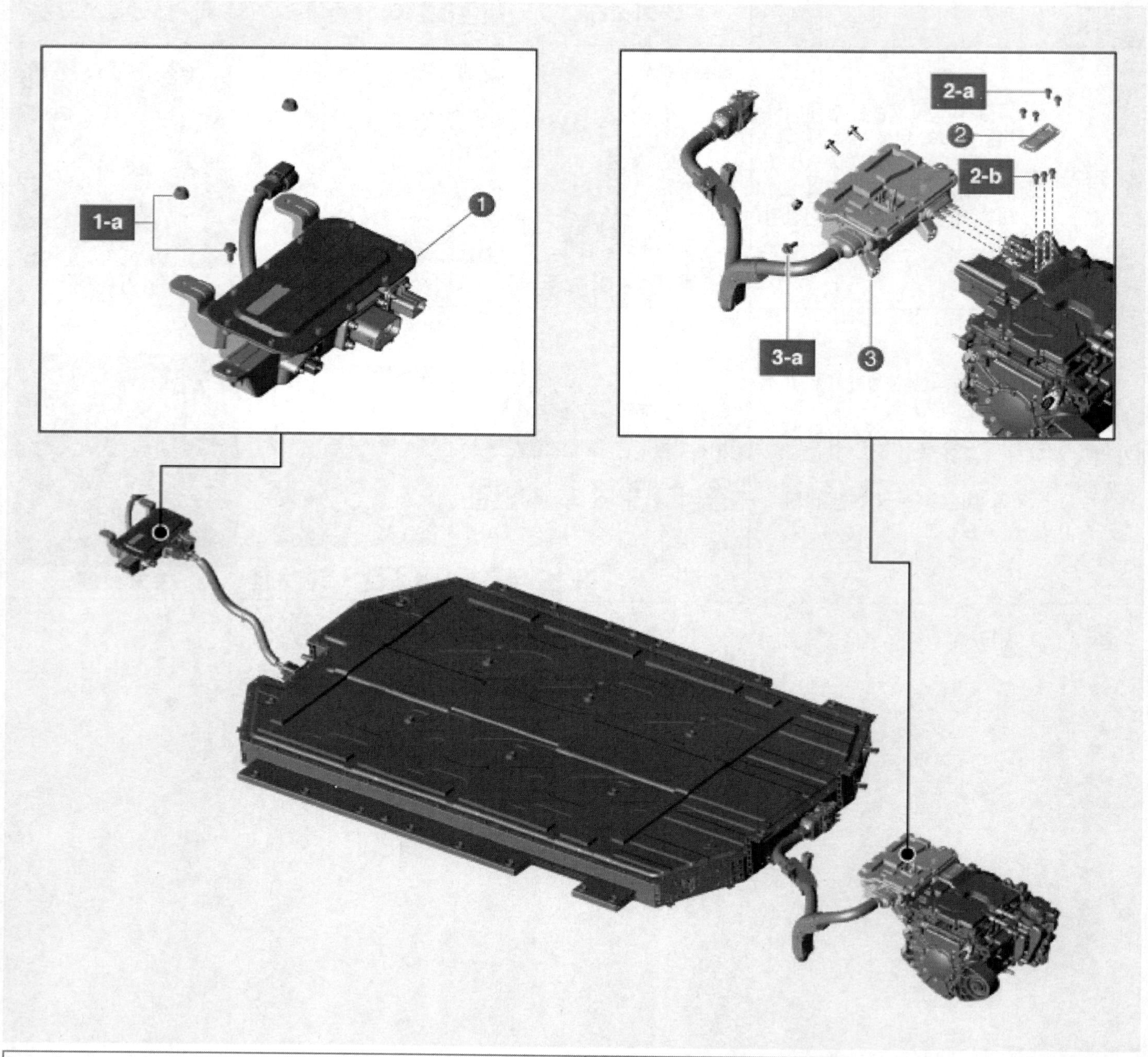

1. 프런트 고전압 정션 박스 1-a. 0.7 ~ 1.0 kgf·m	2. 고전압 정션 박스 서비스 커버 2-a. 0.4 ~ 0.6 kgf·m 2-b. 0.7 ~ 1.0 kgf·m 3. 리어 고전압 정션 박스 3-a. 2.0 ~ 2.4 kgf·m

4WD

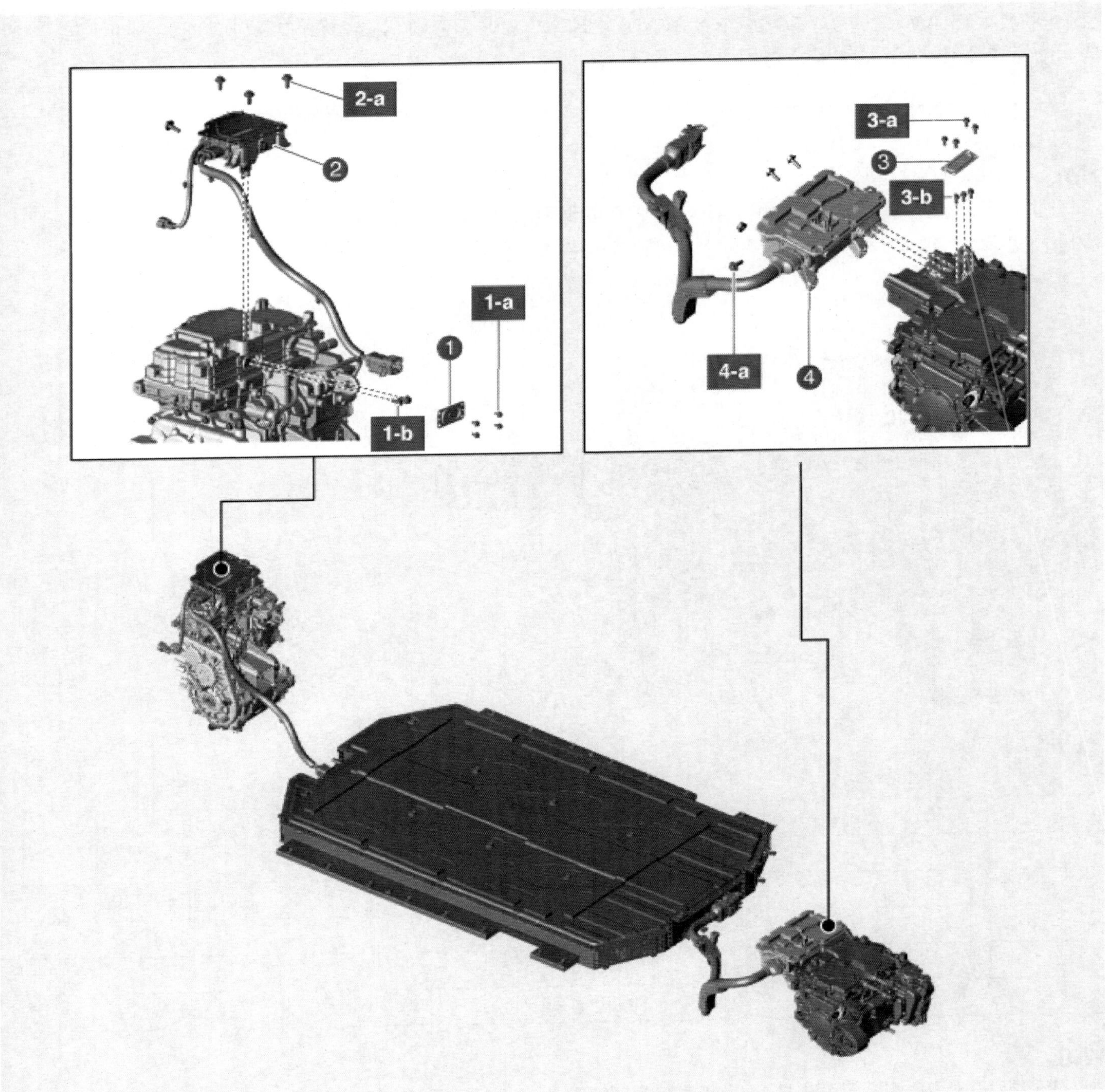

1. 고전압 정션 박스 서비스 커버 1-a. 0.4 ~ 0.6 kgf·m 1-b. 0.7 ~ 1.0 kgf·m 2. 프런트 고전압 정션 박스 2-a. 0.7 ~ 1.0 kgf·m	3. 고전압 정션 박스 서비스 커버 3-a. 0.4 ~ 0.6 kgf·m 3-b. 0.7 ~ 1.0 kgf·m 4. 리어 고전압 정션 박스 4-a. 2.0 ~ 2.4 kgf·m

개요

[2WD]

- 고전압 배터리 전력을 고전압 부품(에어컨 컴프레서, PTC 히터 등)과 연결해주는 전원 분배기 역할을 한다.
- 차량 전방 크로스 멤버에 장착되어 있으며 버스 바와 퓨즈, 승온 히터 릴레이(+)가 내장돼 있다.

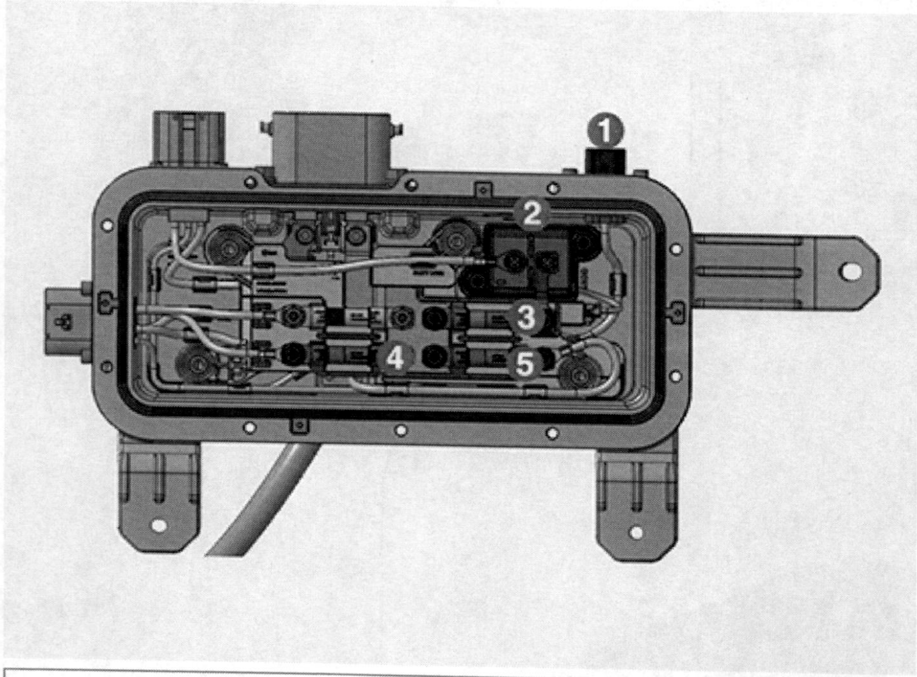

NO	시스템	비고
1	배터리 신호	-
2	배터리 PTC 릴레이	BMU 릴레이 제어
3	배터리 PTC 퓨즈	20 A
4	PTC 히터 퓨즈	30 A
5	에어컨 컴프레서 퓨즈	30 A

[4WD]

- 고전압 배터리 전력을 전방 고전압 부품 (인버터, 에어컨 컴프레서, PTC 히터 등)과 연결해주는 전원 분배기 역할을 한다.
- 전방 인버터 어셈블리 상단에 장착되어 있으며 버스 바와 퓨즈, 승온 히터 릴레이(+)가 내장돼 있다.

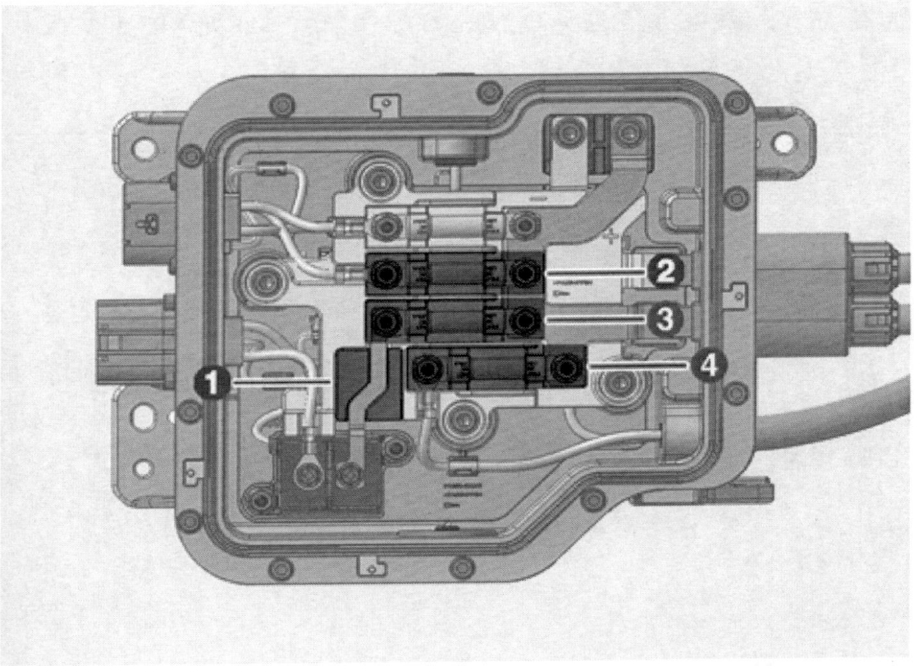

NO	시스템	비고
1	배터리 PTC 릴레이	BMU 릴레이 제어
2	PTC 히터 퓨즈	30 A
3	배터리 PTC 퓨즈	20 A
4	에어컨 컴프레서 퓨즈	30 A

탈거

⚠ 경 고

- 고전압 시스템 관련 작업 시, 관련 교육을 이수한 작업자가 정비를 진행한다. 고전압 시스템에 대한 이해가 부족한 경우 감전 또는 누전 등으로 인한 심각한 사고를 초래할 수 있다.
- 고전압 시스템 또는 주변 부품 작업 시, 반드시 "고전압 시스템 안전사항 및 주의, 경고" 내용을 숙지하고 준수해야 한다. 미준수 시, 감전 또는 누전 등으로 인한 심각한 사고를 초래할 수 있다.
- 고전압 시스템 작업 특성상, 개인보호장구(PPE) 및 사전 고전압 차단 절차를 반드시 확인한다.

1. 고전압 차단 절차를 수행한다.
   (배터리 제어 시스템 (항속형) - "고전압 차단 절차" 참조)
2. 프런트 트렁크를 탈거한다.
   (바디 - "프런트 트렁크" 참조)
3. 보조 배터리(12 V) 트레이를 탈거한다.
   (전력 변환 시스템 - "보조 배터리(12 V)" 참조)
4. 프런트 정션 박스 커넥터(A)를 분리한다.

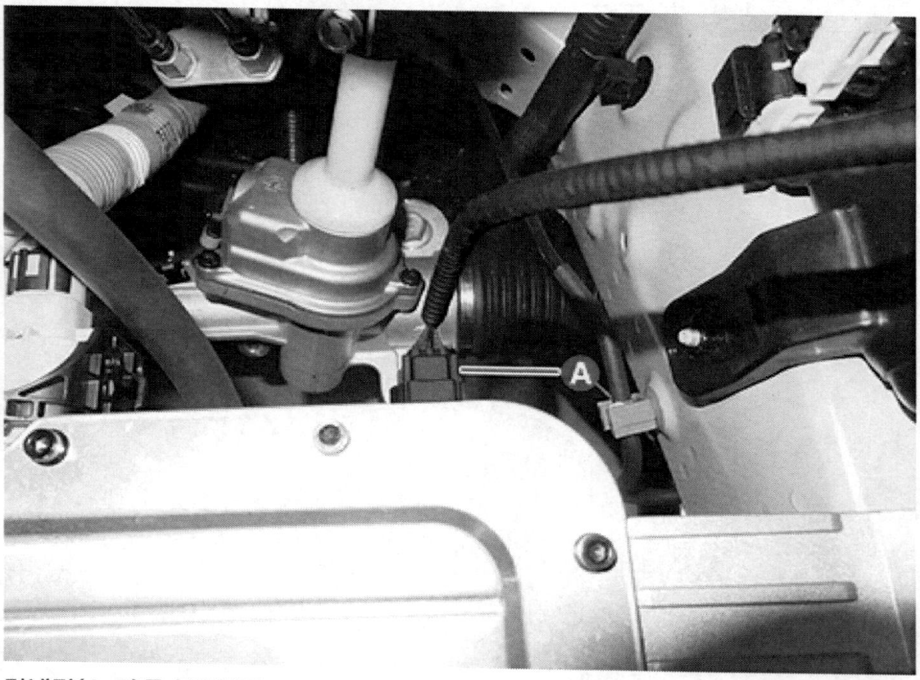

5. 커넥터(A, B)를 분리한다.

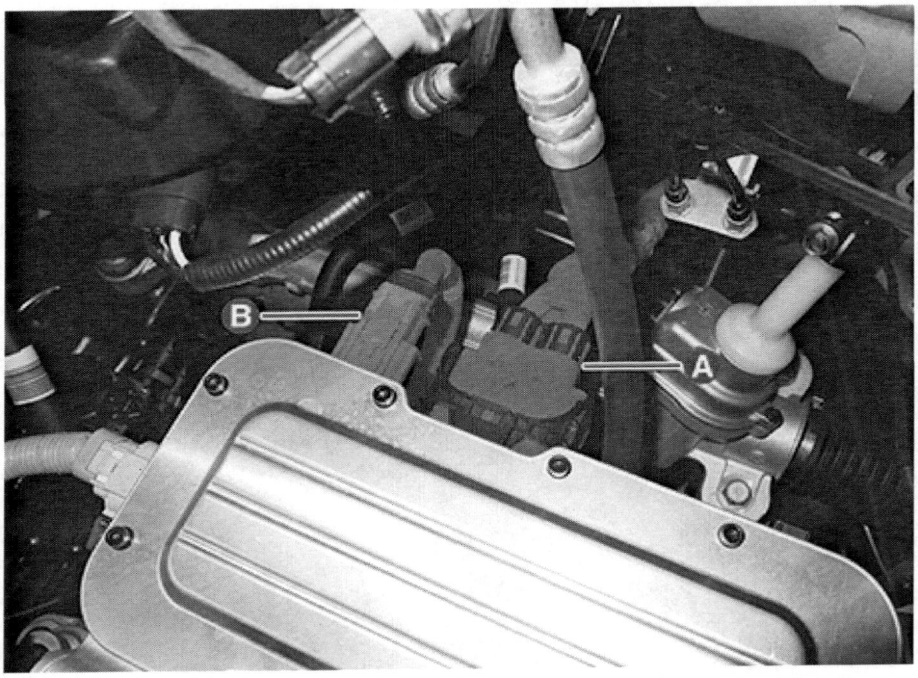

6. 커넥터(A)를 분리한다.

7. 전동식 컴프레서 커넥터(A)를 분리한다.

8. 너트를 풀어 프런트 고전압 정션 박스(A)를 탈거한다.

체결토크 : 0.7 ~ 1.0 kgf·m

장착

⚠ 경 고

- 고전압 시스템 관련 작업 시, 관련 교육을 이수한 작업자가 정비를 진행한다. 고전압 시스템에 대한 이해가 부족한 경우 감전 또는 누전 등으로 인한 심각한 사고를 초래할 수 있다.
- 고전압 시스템 또는 주변 부품 작업 시, 반드시 "고전압 시스템 안전사항 및 주의, 경고" 내용을 숙지하고 준수해야 한다. 미준수 시, 감전 또는 누전 등으로 인한 심각한 사고를 초래할 수 있다.
- 고전압 시스템 작업 특성상, 개인보호장구(PPE) 및 사전 고전압 차단 절차를 반드시 확인한다.

1. 장착은 탈거의 역순으로 한다.

유 의

- 프런트 고전압 정션 박스 장착 시 규정 토크를 준수하여 장착한다.
- 프런트 고전압 정션 박스를 떨어뜨렸을 경우, 보이지 않는 손상이 유발될 수 있으니 신품으로 교환한다. (재사용 금지)

탈거

⚠ 경 고

- 고전압 시스템 관련 작업 시, 관련 교육을 이수한 작업자가 정비를 진행한다. 고전압 시스템에 대한 이해가 부족한 경우 감전 또는 누전 등으로 인한 심각한 사고를 초래할 수 있다.
- 고전압 시스템 또는 주변 부품 작업 시, 반드시 "고전압 시스템 안전사항 및 주의, 경고" 내용을 숙지하고 준수해야 한다. 미준수 시, 감전 또는 누전 등으로 인한 심각한 사고를 초래할 수 있다.
- 고전압 시스템 작업 특성상, 개인보호장구(PPE) 및 사전 고전압 차단 절차를 반드시 확인한다.

1. 고전압 차단 절차를 수행한다.
   (배터리 제어 시스템 (항속형) - "고전압 차단 절차" 참조)
2. 프런트 고전압 정션 박스 파워 케이블(A)을 분리한다.

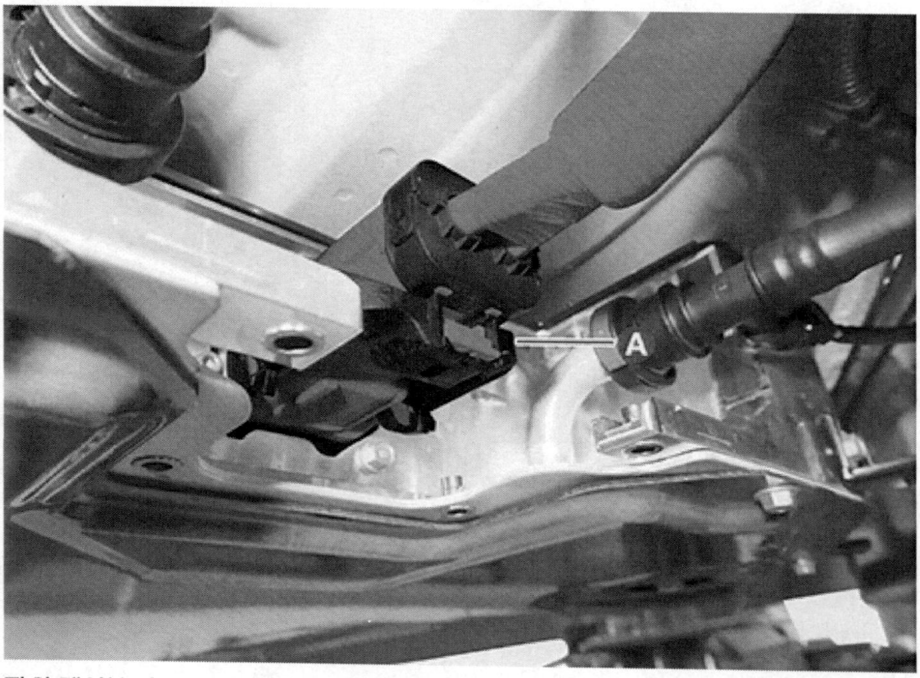

3. 파워 케이블 파스너(A)를 차체로부터 분리한다.

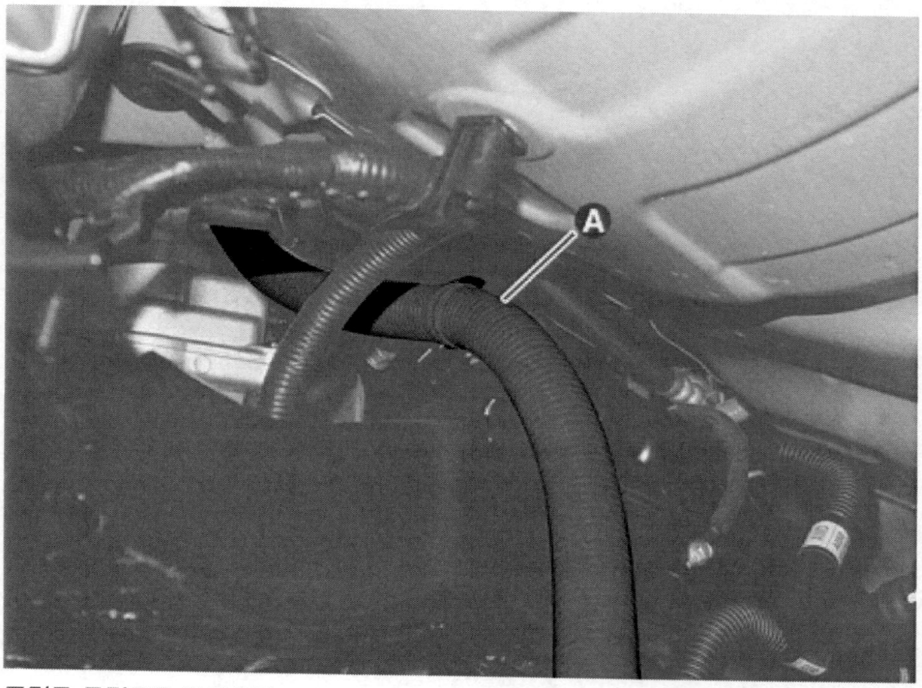

4. 프런트_트렁크를 탈거한다.

5. 고전압 정션 박스 파워 케이블(A, B)을 분리한다.

6. 정션 박스 신호 커넥터(A,B)를 분리한다.

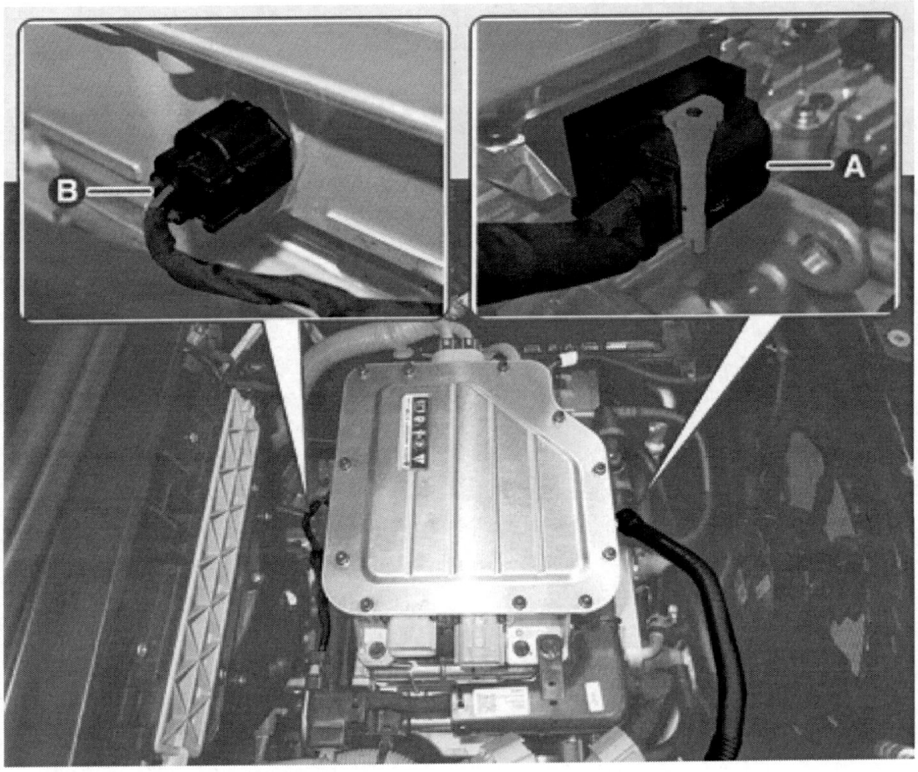

7. 와이어링 프로텍터(A)를 분리한다.

체결토크 : 0.7 ~ 1.0 kgf·m

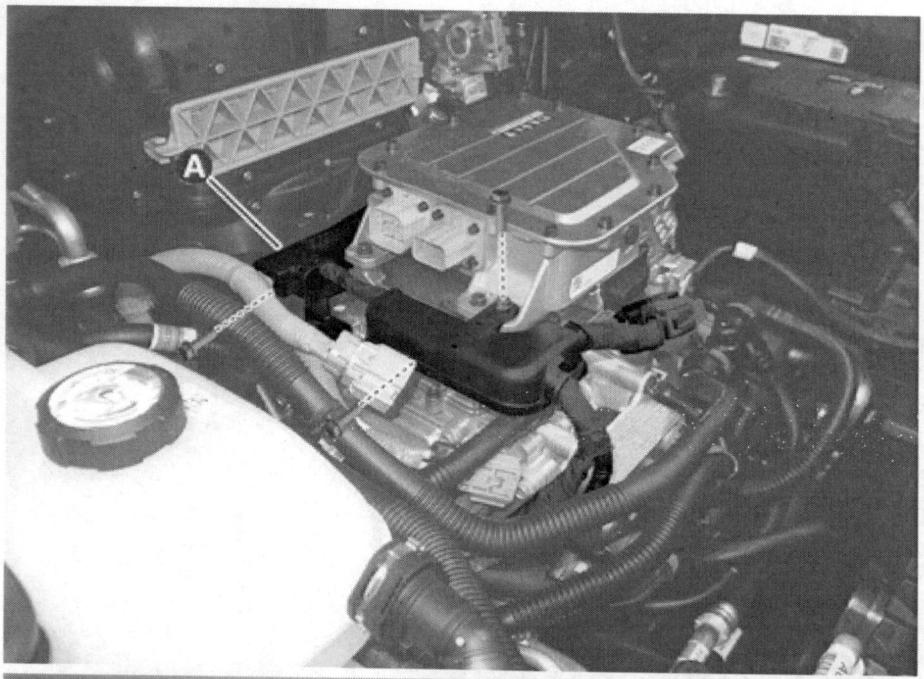

8. 고전압 정션 박스 서비스 커버(A)를 탈거한다.

체결토크 : 0.4 ~ 0.6 kgf·m

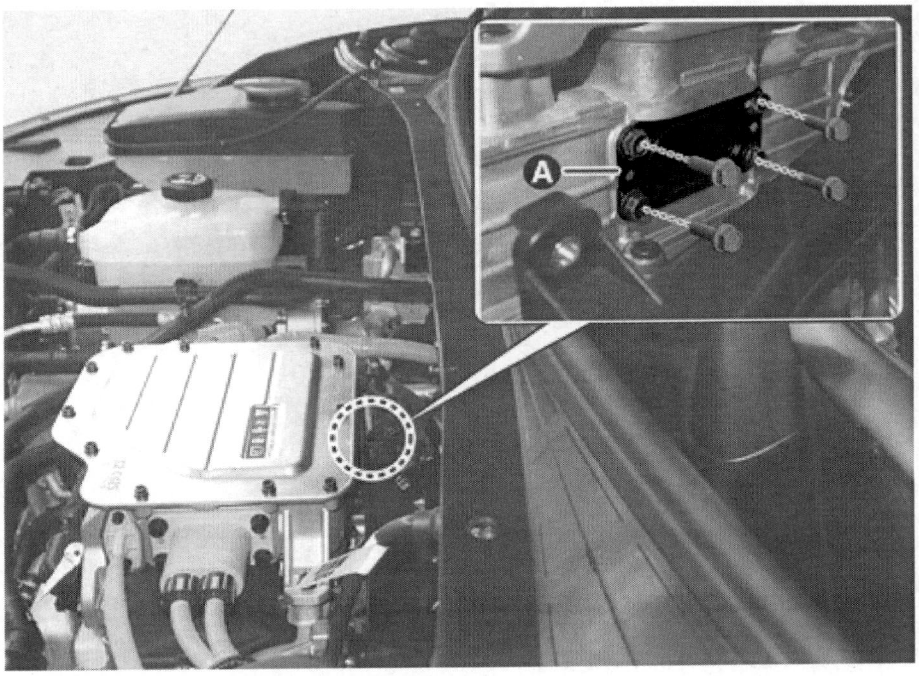

9. 고전압 정션 박스 접지 볼트(A)를 탈거한다.

체결토크 : 0.7 ~ 1.0 kgf·m

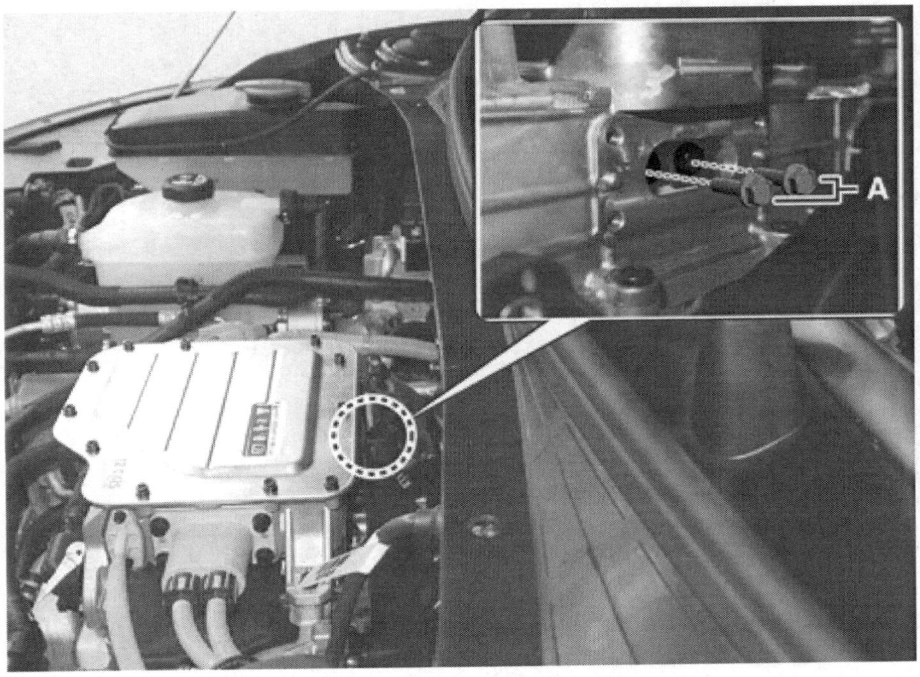

10. 전동식 컴프레서 커넥터(A)와 파스너(B)를 분리한다.

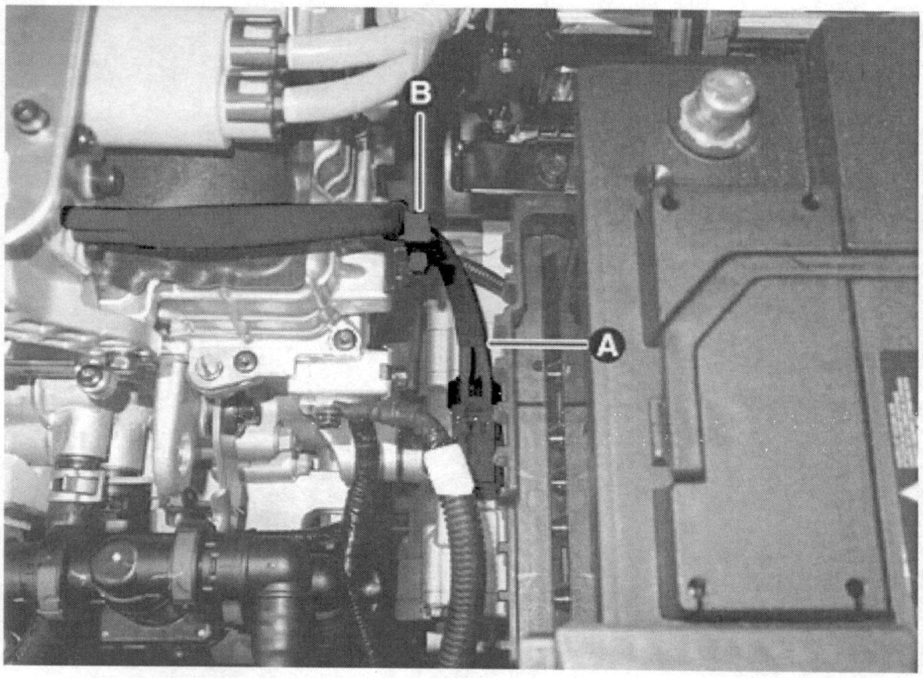

11. 파스너(A)를 분리하여 파워 케이블을 분리한다.

12. 프런트 고전압 정션 박스(A)를 탈거한다.

체결토크 : 0.7 ~ 1.0 kgf·m

장착

⚠ 경 고

- 고전압 시스템 관련 작업 시, 관련 교육을 이수한 작업자가 정비를 진행한다. 고전압 시스템에 대한 이해가 부족한 경우 감전 또는 누전 등으로 인한 심각한 사고를 초래할 수 있다.
- 고전압 시스템 또는 주변 부품 작업 시, 반드시 "고전압 시스템 안전사항 및 주의, 경고" 내용을 숙지하고 준수해야 한다. 미준수 시, 감전 또는 누전 등으로 인한 심각한 사고를 초래할 수 있다.
- 고전압 시스템 작업 특성상, 개인보호장구(PPE) 및 사전 고전압 차단 절차를 반드시 확인한다.

1. 장착은 탈거의 역순으로 한다.

유 의

- 프런트 고전압 정션 박스 장착 시 규정 토크를 준수하여 장착한다.
- 프런트 고전압 정션 박스를 떨어뜨렸을 경우, 보이지 않는 손상이 유발될 수 있으니 신품으로 교환한다. (재사용 금지)

기밀점검

유 의

- 고전압 정션 박스 또는 멀티 인버터 어셈블리[또는 인버터 어셈블리(4WD)]를 차량에 장착하기 전에 PE 시스템 기밀 점검 절차를 실시한다.
- 고전압 정션 박스 또는 인버터 어셈블리 작업 시, EV 배터리 팩 기밀 점검 테스터 장비를 이용하여 PE 시스템 기밀 점검 절차를 실시한다.
- 모터 어셈블리 관련 작업 시, PE 시스템 기밀 점검 절차를 완료 후 차량에 장착한다.

1. 프런트 고전압 정션 박스에 기밀 유지 커넥터(A)를 장착한다.

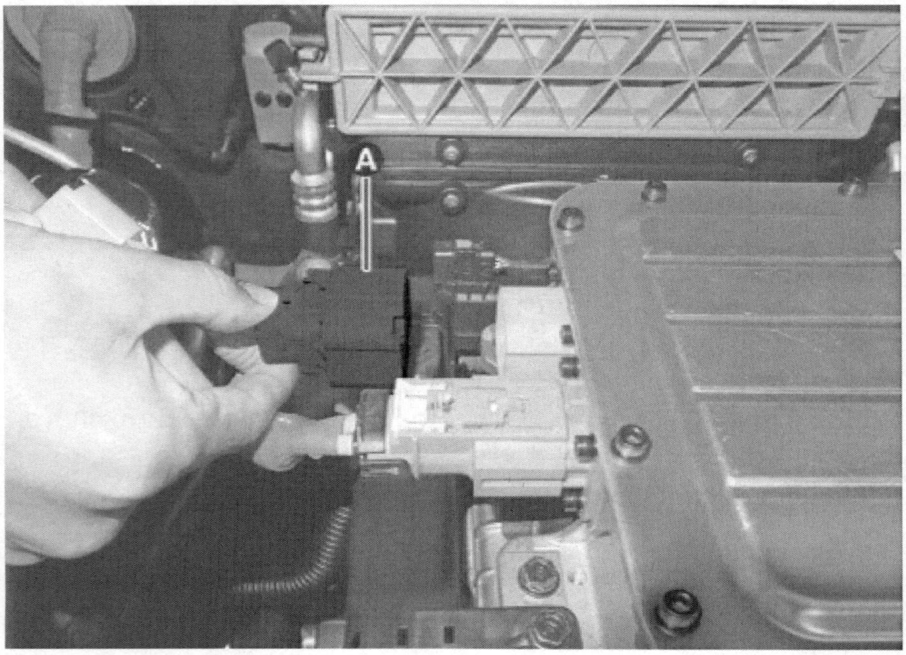

2. 프런트 리어 언더 커버를 탈거한다.
   (모터 및 감속기 시스템 - "프런트 언더 커버" 참조)
3. 고전압 케이블에 기밀 유지 커넥터(A)를 장착한다.

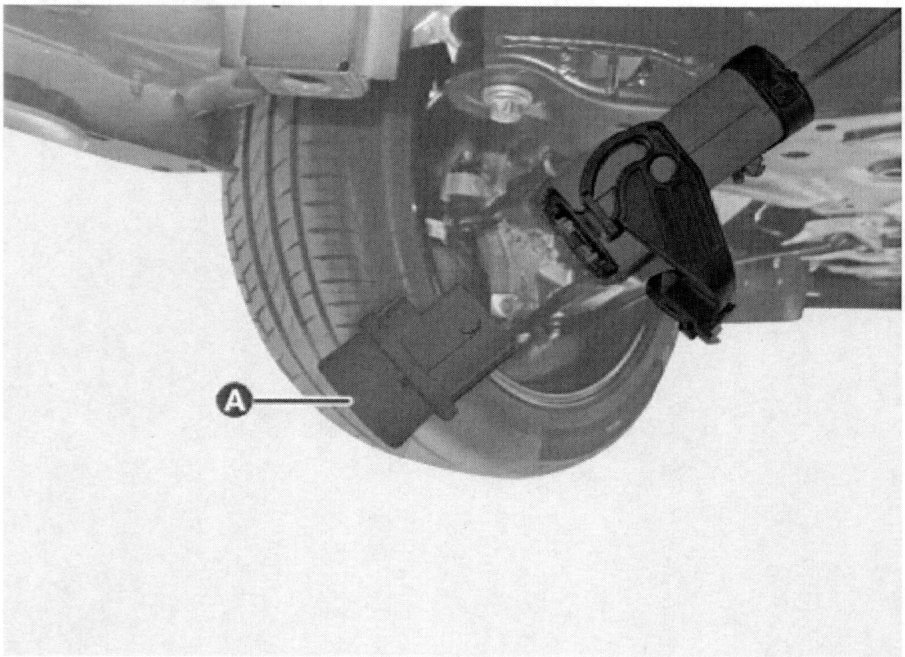

4. 기밀 점검 테스터기의 압력 조정제 어댑터(A)를 연결한다.

유 의

- 압력 조정재 어댑터 연결 시, 기밀 점검 전까지 손으로 어댑터를 밀착시킨 후 유지한다.
- 기밀 점검 테스터기와 압력 조정제 어댑터 호스가 꺾이지 않도록 유의한다.

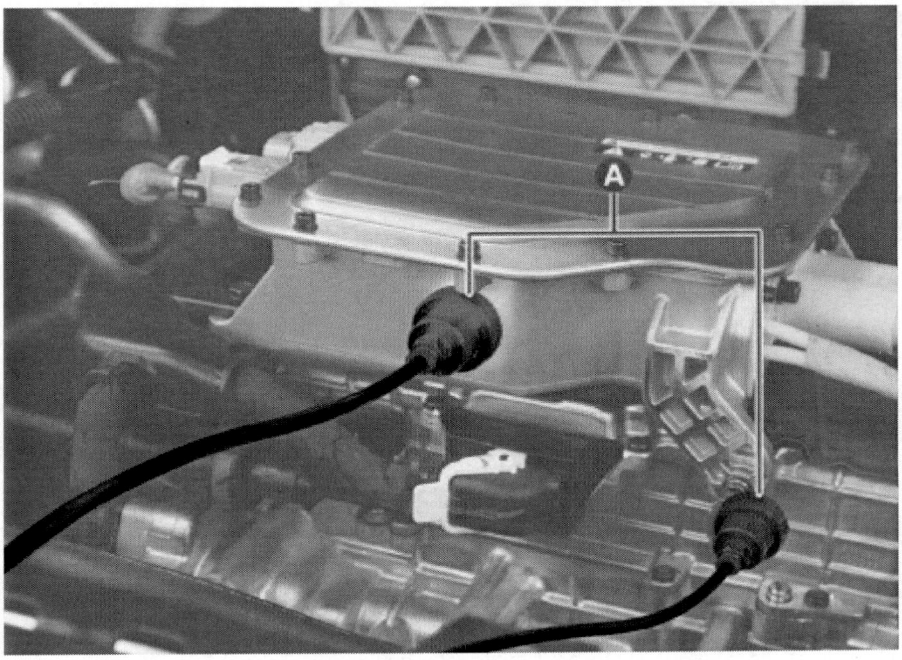

5. 진단 장비(KDS)를 이용하여 PE 시스템 기밀 점검을 실시한다.

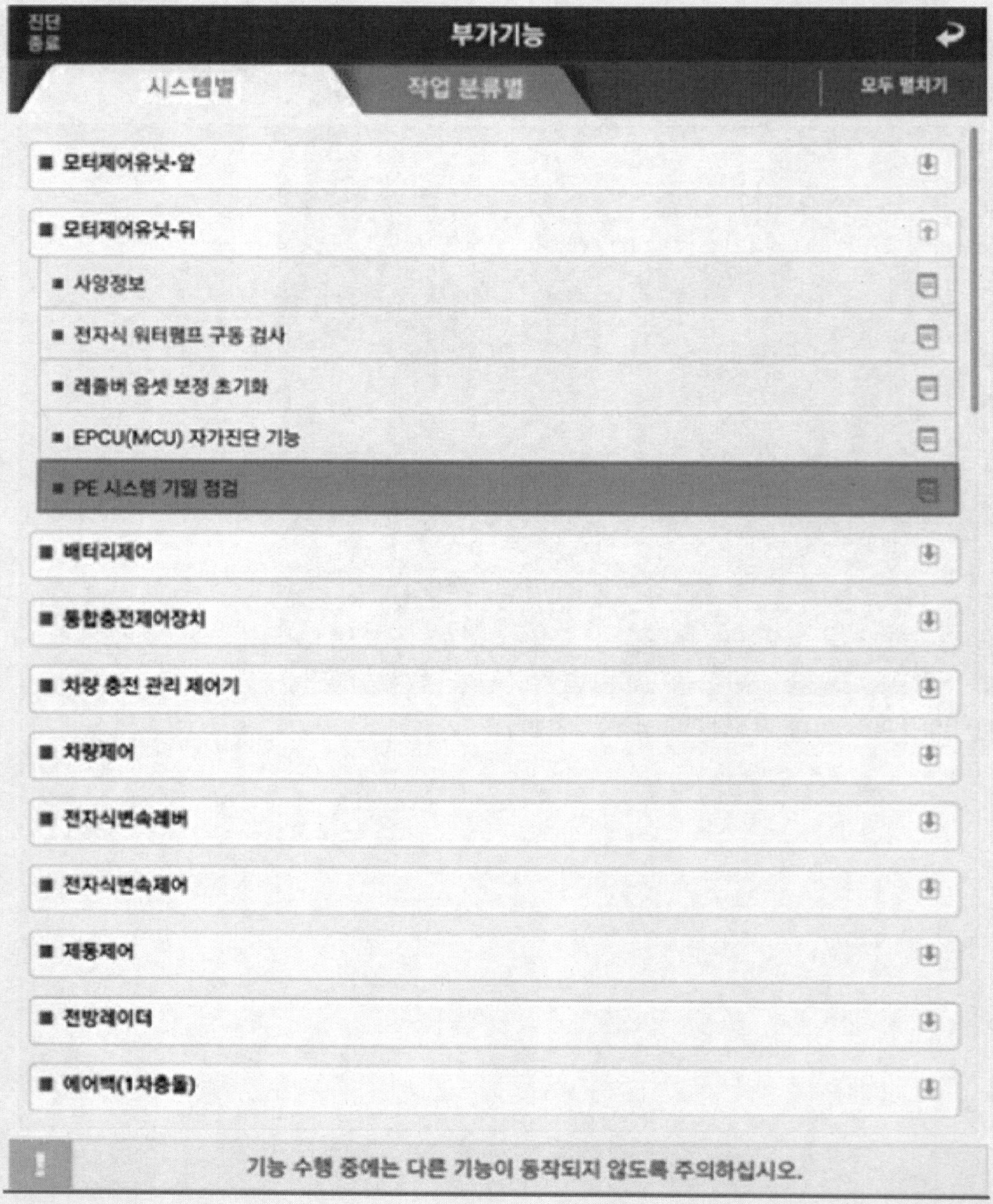
진단
종료
부가기능
시스템별
작업 분류별
모두 펼치기
모터제어유닛-앞
모터제어유닛-뒤
사양정보
전자식 워터펌프 구동 검사
레졸버 옵셋 보정 초기화
EPCU(MCU) 자가진단 기능
PE 시스템 기밀 점검
배터리제어
통합충전제어장치
차량 충전 관리 제어기
차량제어
전자식변속레버
전자식변속제어
제동제어
전방레이더
에어백(1차충돌)
기능 수행 중에는 다른 기능이 동작되지 않도록 주의하십시오.

진단
종료

부가기능

• PE시스템 기밀 점검

검사목적	진공 후 증설 압력을 체크하여 PE시스템 조립상태를 점검하는 기능
검사조건	-
연계단품	Motor Control Unit (MCU)
연계DTC	-
불량현상	-
기 타	

확인

! 기능 수행 중에는 다른 기능이 동작되지 않도록 주의하십시오.

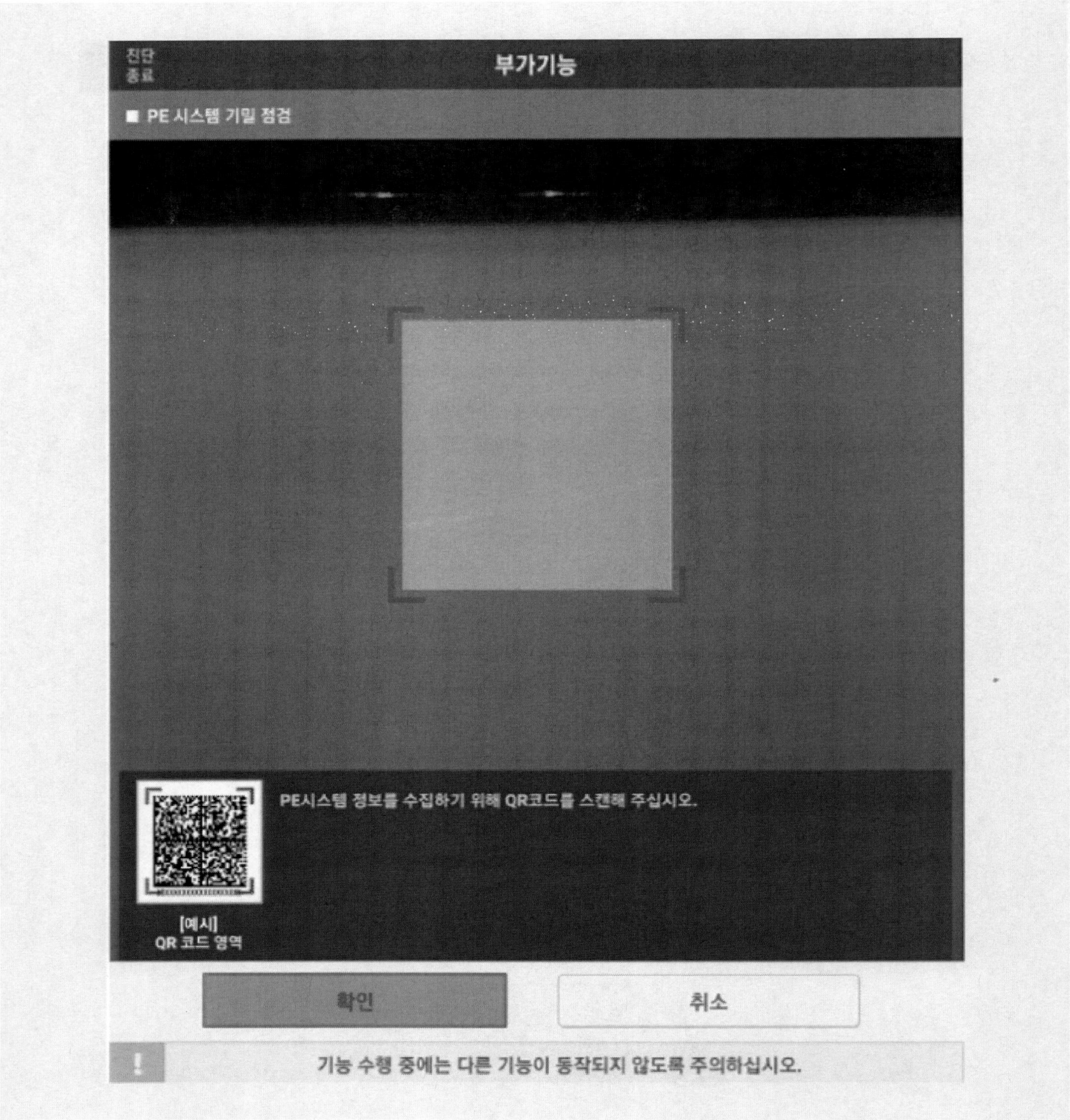
진단
종료
부가기능
■ PE 시스템 기밀 점검
PE시스템 정보를 수집하기 위해 QR코드를 스캔해 주십시오.
[예시]
QR 코드 영역
확인
취소
기능 수행 중에는 다른 기능이 동작되지 않도록 주의하십시오.

진단
종료
부가기능
■ PE 시스템 기밀 점검
• [PE시스템 정보 입력]
코드를 입력하신 뒤 [확인] 버튼을 누르십시오.
BSXXXXXXXXXXXXXXXXX
PE시스템 코드
확인
취소
!
기능 수행 중에는 다른 기능이 동작되지 않도록 주의하십시오.

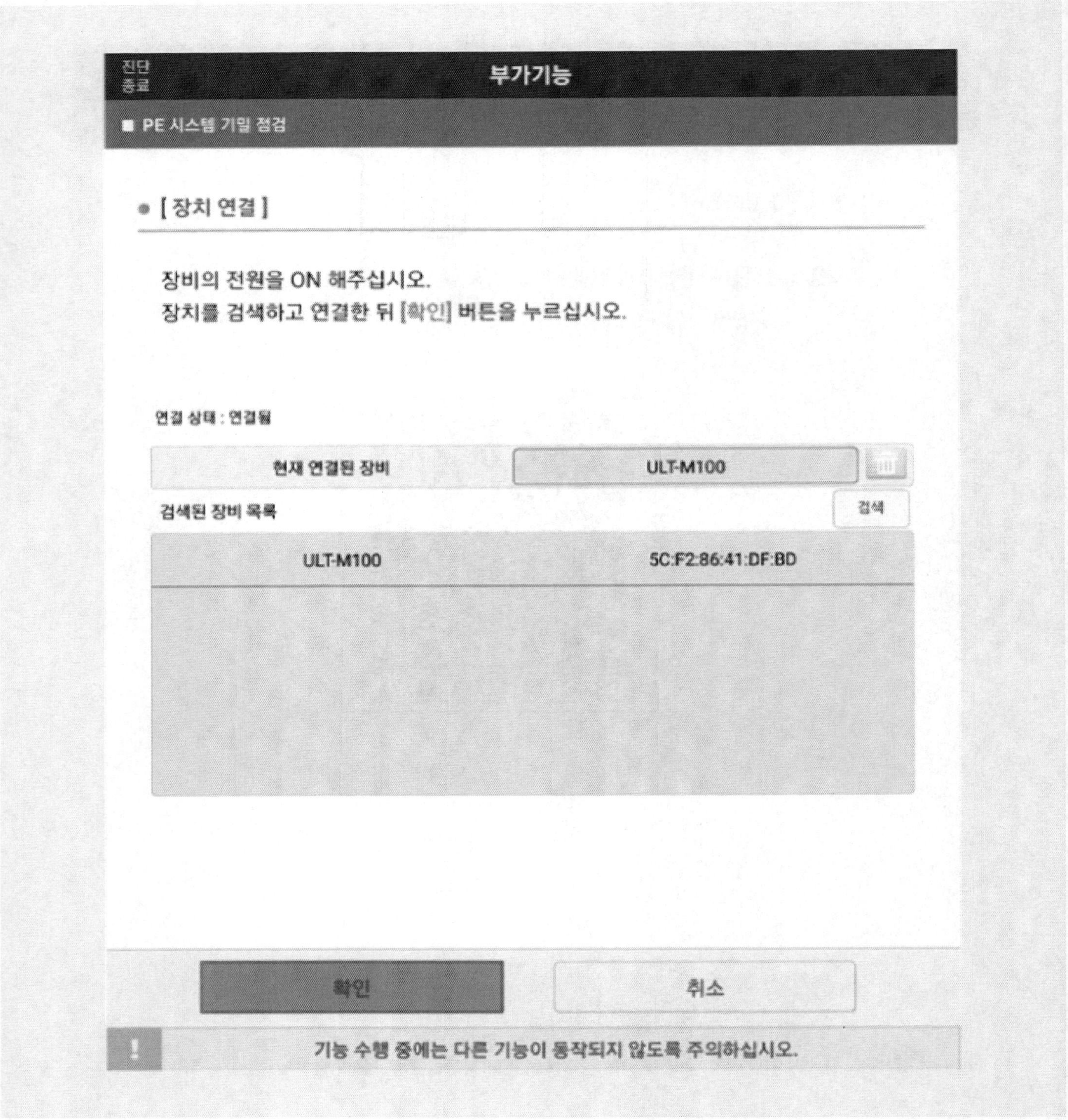
진단
종료
부가기능
■ PE 시스템 기밀 점검
● [장치 연결]
장비의 전원을 ON 해주십시오.
장치를 검색하고 연결한 뒤 [확인] 버튼을 누르십시오.
연결 상태 : 연결됨
현재 연결된 장비
ULT-M100
검색된 장비 목록
검색
ULT-M100
5C:F2:86:41:DF:BD
확인
취소
!
기능 수행 중에는 다른 기능이 동작되지 않도록 주의하십시오.

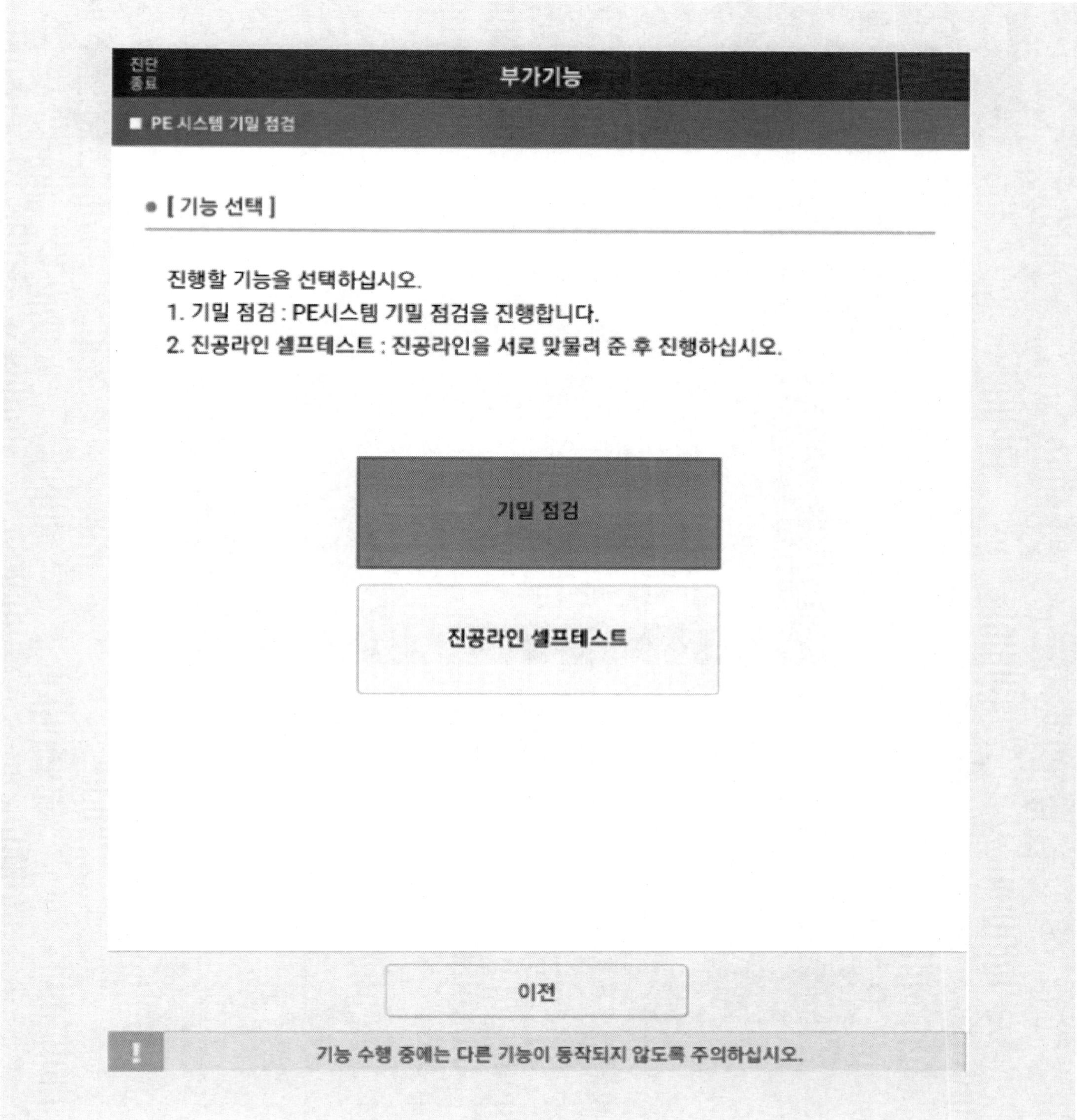
진단
종료
부가기능
■ PE 시스템 기밀 점검
● [기능 선택]
진행할 기능을 선택하십시오.
1. 기밀 점검 : PE시스템 기밀 점검을 진행합니다.
2. 진공라인 셀프테스트 : 진공라인을 서로 맞물려 준 후 진행하십시오.
기밀 점검
진공라인 셀프테스트
이전
!
기능 수행 중에는 다른 기능이 동작되지 않도록 주의하십시오.

진단
종료

부가기능

■ PE 시스템 기밀 점검

● [PE시스템 기밀 점검 - 영점조정]

전체 미연결된 상태로 [영점 조정] 버튼을 누르십시오.

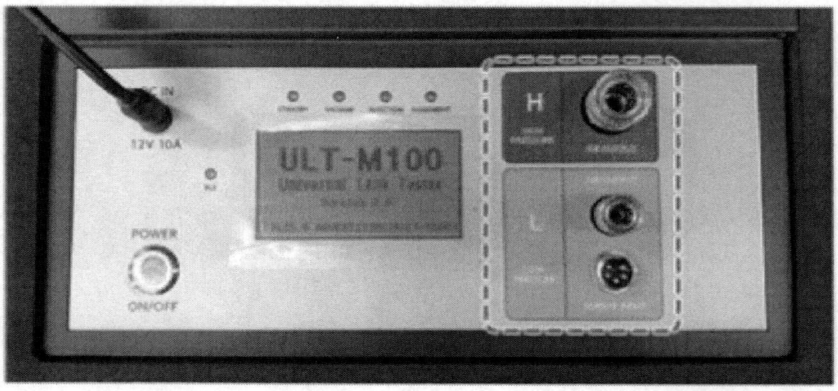

❶ 영점 조정

❷ 확인 | 이전 | 취소

! 기능 수행 중에는 다른 기능이 동작되지 않도록 주의하십시오.

진단
종료

부가기능

■ PE 시스템 기밀 점검

● [PE시스템 기밀 점검 - 막음 커넥터 결합]

막음 커넥터 결합 여부를 확인하신 후 [확인] 버튼을 누르십시오.

⚠[주의]
차종에 맞는 커넥터를 사용해 주십시오.

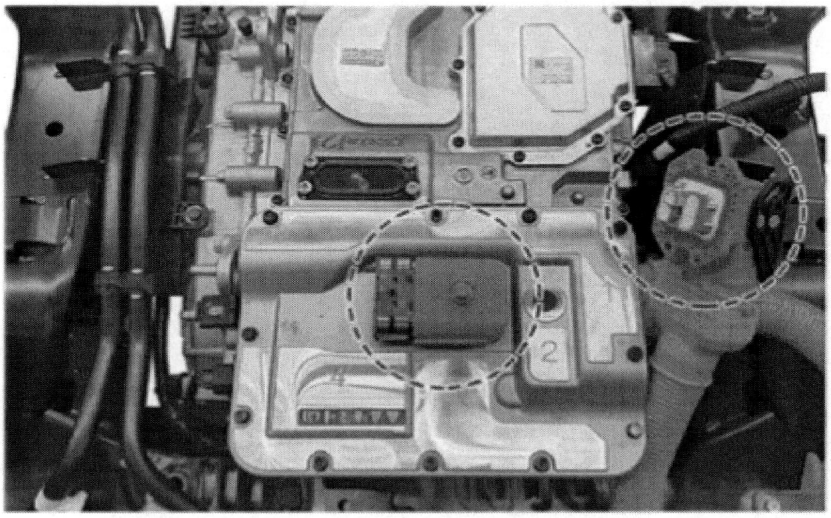

확인 | 이전 | 취소

! 기능 수행 중에는 다른 기능이 동작되지 않도록 주의하십시오.

진단
종료

부가기능

■ PE 시스템 기밀 점검

● [PE시스템 기밀 점검 - 장비연결]

1. 압력조정재 2곳에 진공 라인을 연결해주십시오.
2. 'LOW PRESSURE AIR OUTPUT'과 'PE시스템 진공 라인'을 연결 후 검사를 진행해주십시오.

확인 이전 취소

! 기능 수행 중에는 다른 기능이 동작되지 않도록 주의하십시오.

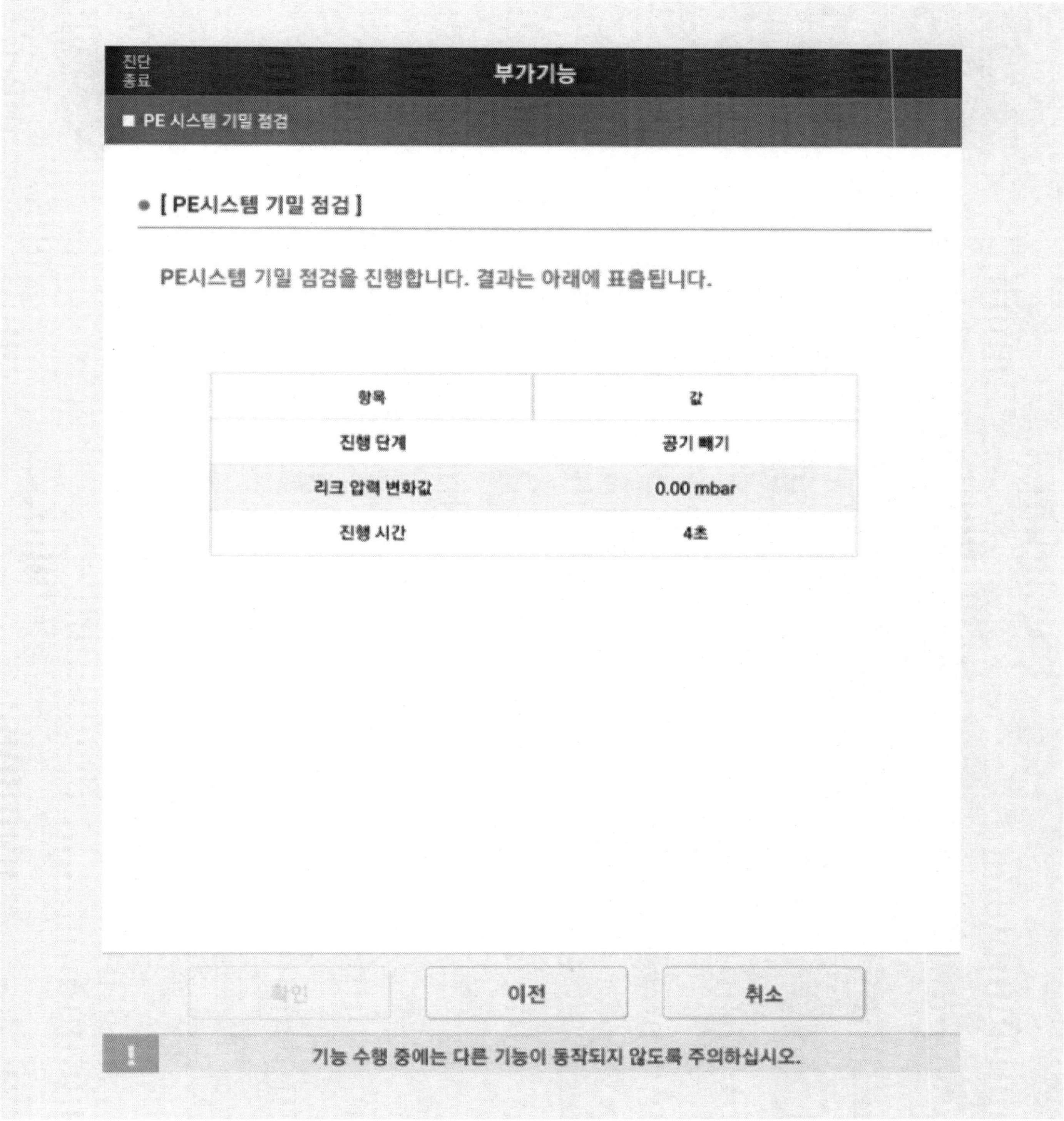
진단
종료
부가기능
■ PE 시스템 기밀 점검
● [PE시스템 기밀 점검]
PE시스템 기밀 점검을 진행합니다. 결과는 아래에 표출됩니다.
항목
값
진행 단계
공기 빼기
리크 압력 변화값
0.00 mbar
진행 시간
4초
확인
이전
취소
!
기능 수행 중에는 다른 기능이 동작되지 않도록 주의하십시오.

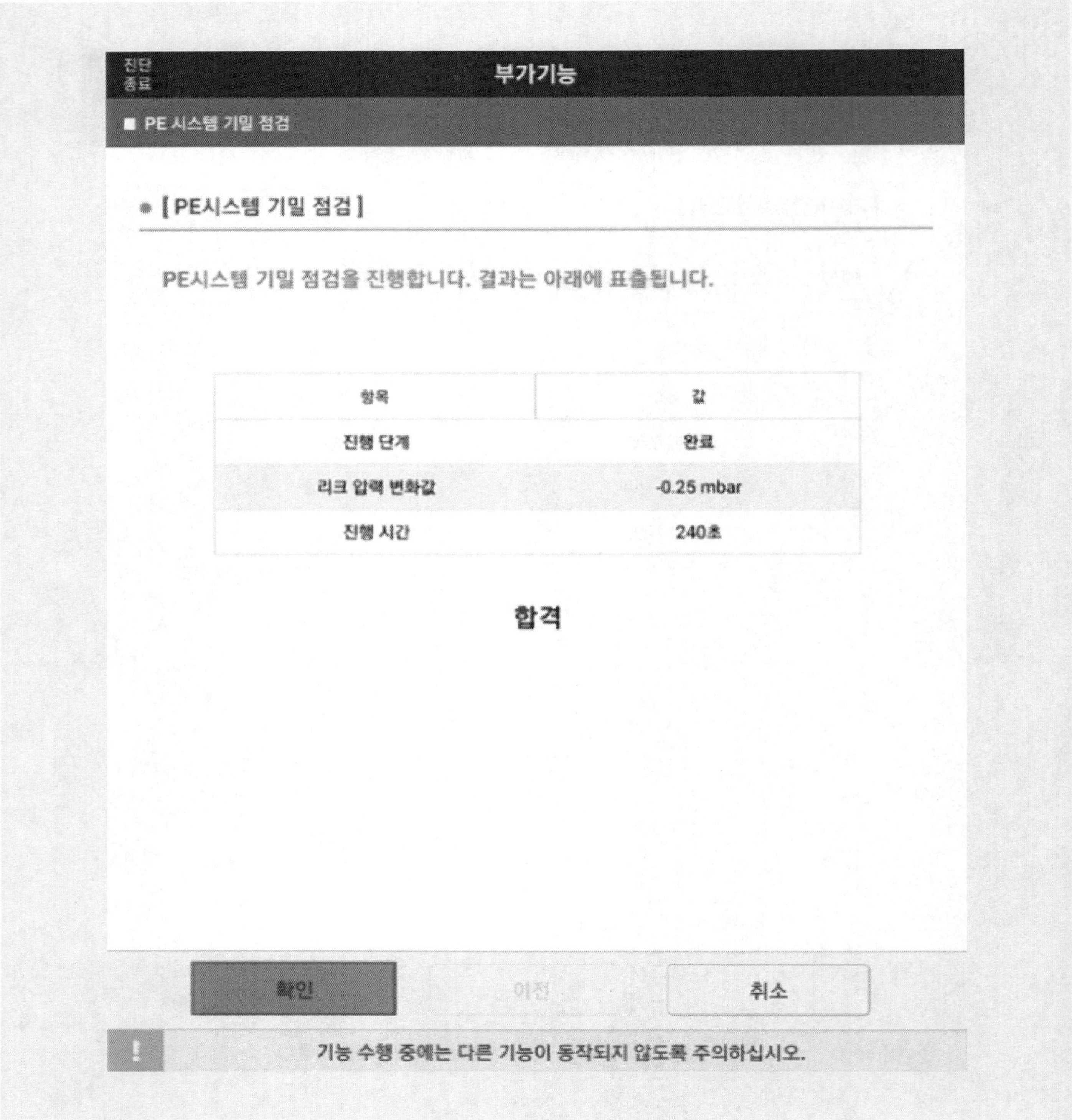

6. PE 시스템의 기밀 누설 여부를 확인한다.

참 고

PE 시스템 기밀 누설 판정 기준

PASS (이상없음)	FAIL (이상있음)

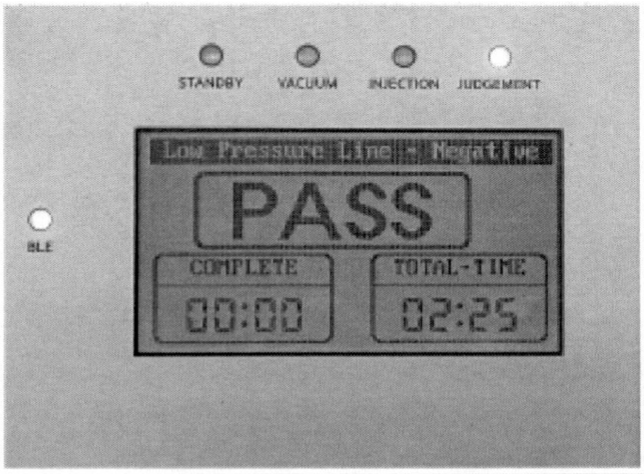
STANDBY
VACUUM
INJECTION
JUDGEMENT
Low Pressure Line - Negative
PASS
BLE
COMPLETE
00:00
TOTAL-TIME
02:25

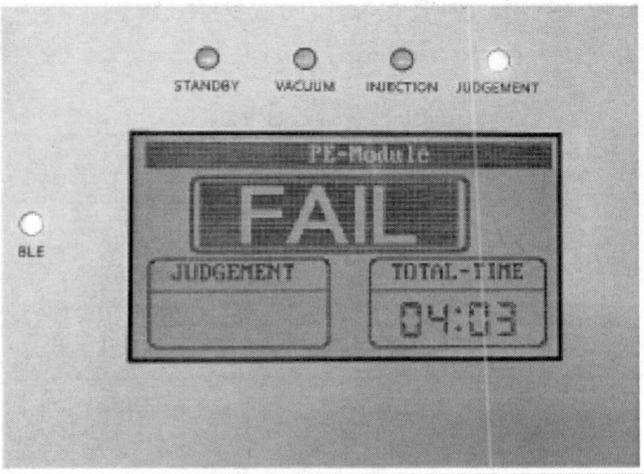
STANDBY
VACUUM
INJECTION
JUDGEMENT
PE-Module
FAIL
BLE
JUDGEMENT
TOTAL-TIME
04:03

구성부품

2WD

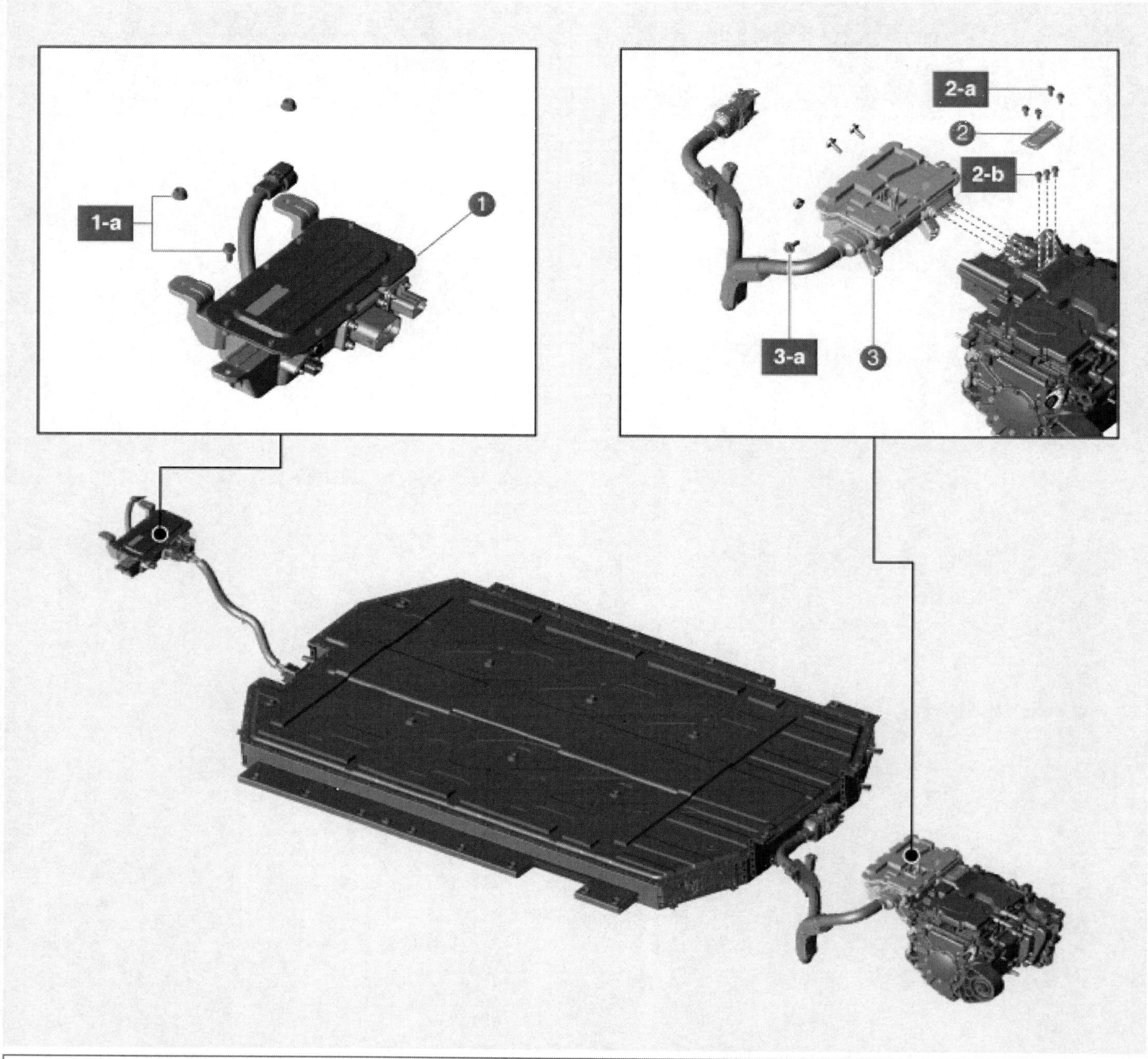

1. 프런트 고전압 정션 박스 1-a. 0.7 ~ 1.0 kgf·m	2. 고전압 정션 박스 서비스 커버 2-a. 0.4 ~ 0.6 kgf·m 2-b. 0.7 ~ 1.0 kgf·m 3. 리어 고전압 정션 박스 3-a. 2.0 ~ 2.4 kgf·m

4WD

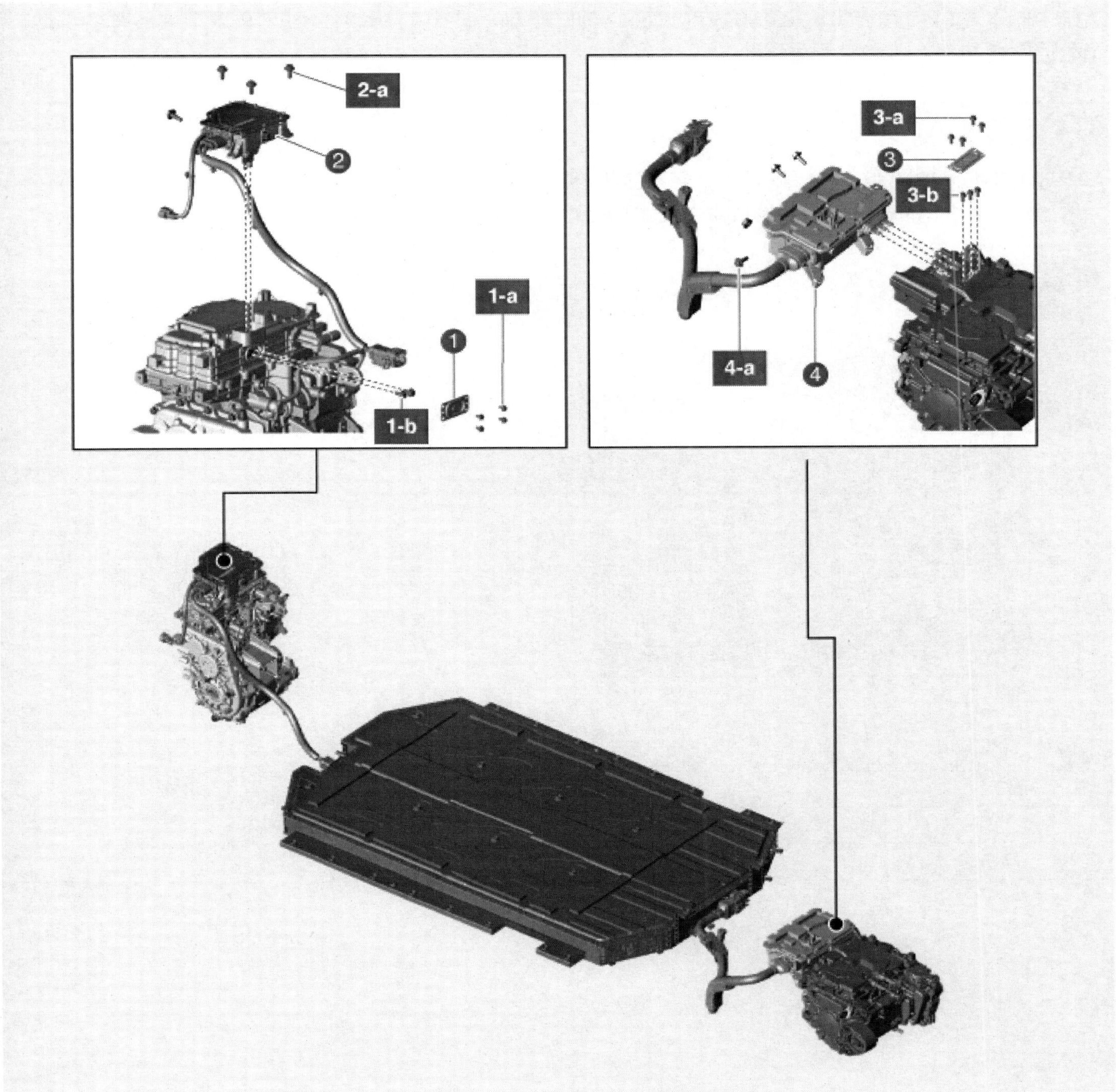

1. 고전압 정션 박스 서비스 커버 1-a. 0.4 ~ 0.6 kgf·m 1-b. 0.7 ~ 1.0 kgf·m 2. 프런트 고전압 정션 박스 2-a. 0.7 ~ 1.0 kgf·m	3. 고전압 정션 박스 서비스 커버 3-a. 0.4 ~ 0.6 kgf·m 3-b. 0.7 ~ 1.0 kgf·m 4. 리어 고전압 정션 박스 4-a. 2.0 ~ 2.4 kgf·m

개요

- 고전압 배터리 전력을 후방 고전압 부품과 연결해주는 전원 분배기 역할을 한다.
- 후륜 모터 상단 및 멀티 인버터 어셈블리 정면에 장착되어 있으며 버스 바와 급속 충전 릴레이(+,-)가 내장돼 있다.

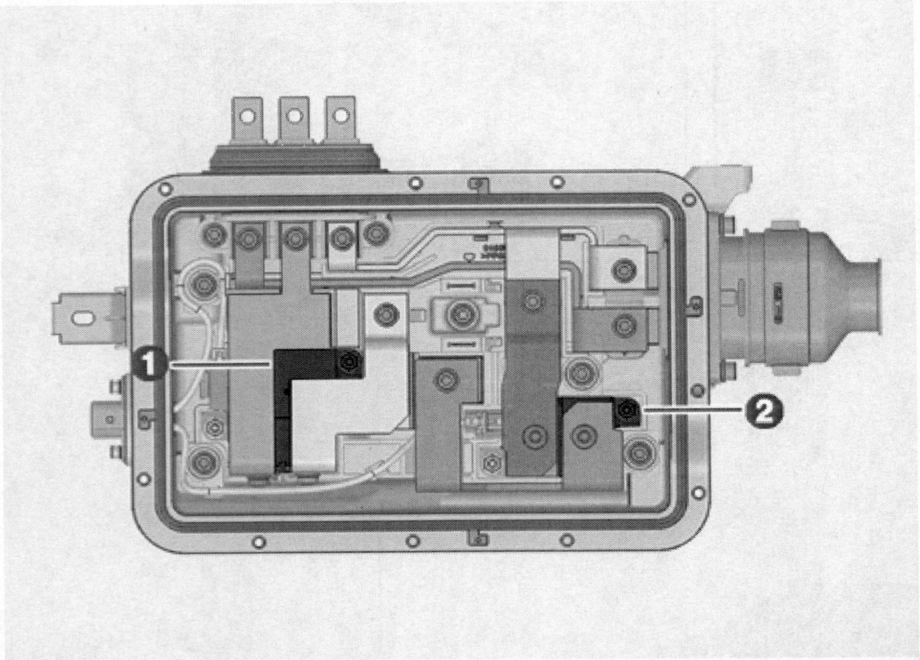

NO	시스템	비고
1	급속 충전 릴레이 (+)	BMU 릴레이 제어
2	급속 충전 릴레이 (-)	

탈거

⚠ 경 고

- 고전압 시스템 관련 작업 시, 관련 교육을 이수한 작업자가 정비를 진행한다. 고전압 시스템에 대한 이해가 부족한 경우 감전 또는 누전 등으로 인한 심각한 사고를 초래할 수 있다.
- 고전압 시스템 또는 주변 부품 작업 시, 반드시 "고전압 시스템 안전사항 및 주의, 경고" 내용을 숙지하고 준수해야 한다. 미준수 시, 감전 또는 누전 등으로 인한 심각한 사고를 초래할 수 있다.
- 고전압 시스템 작업 특성상, 개인보호장구(PPE) 및 사전 고전압 차단 절차를 반드시 확인한다.

1. 고전압 차단 절차를 수행한다.
   (배터리 제어 시스템 (항속형) - "고전압 차단 절차" 참조)
2. 후륜 모터 및 감속기 어셈블리를 탈거한다.
   (후륜 모터 및 감속기 시스템 - "후륜 모터 및 감속기 어셈블리" 참조)
3. 볼트를 풀어 고전압 케이블(A)을 차체로부터 분리한다.

체결토크 : 0.7 ~ 1.0 kgf·m

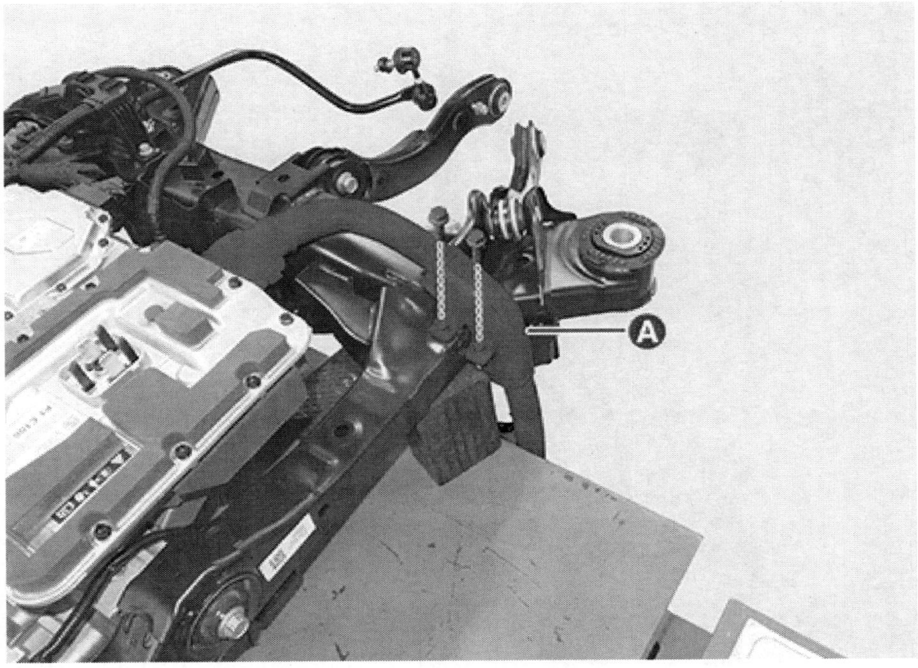

4. 고전압 정션 박스 서비스 커버(A)를 탈거한다.

체결토크 : 0.4 ~ 0.6 kgf·m

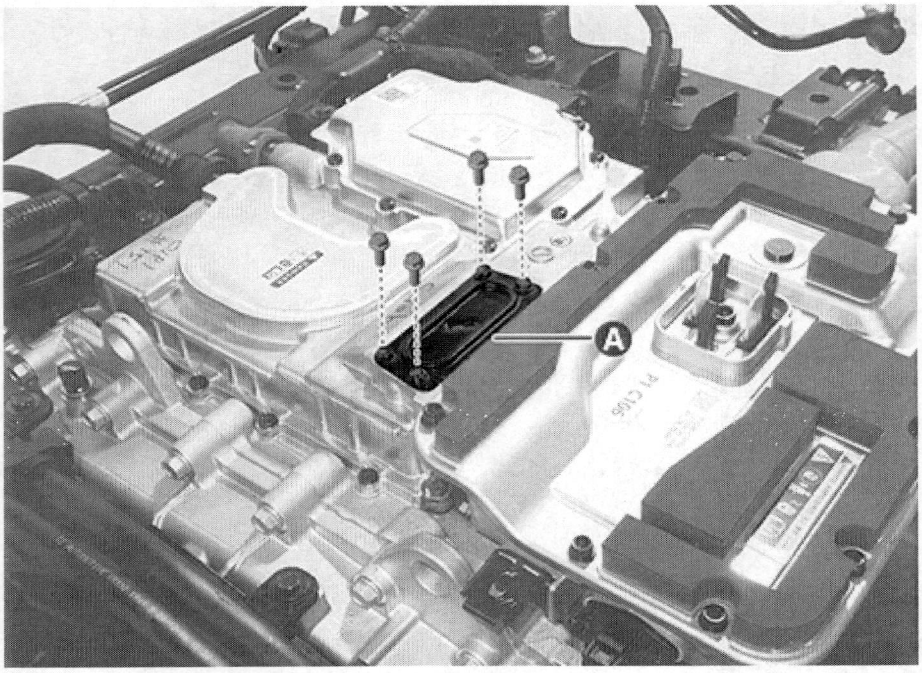

5. 리어 고전압 정션 박스 및 인버터 볼트(A)를 탈거한다.

체결토크 : 0.7 ~ 1.0 kgf·m

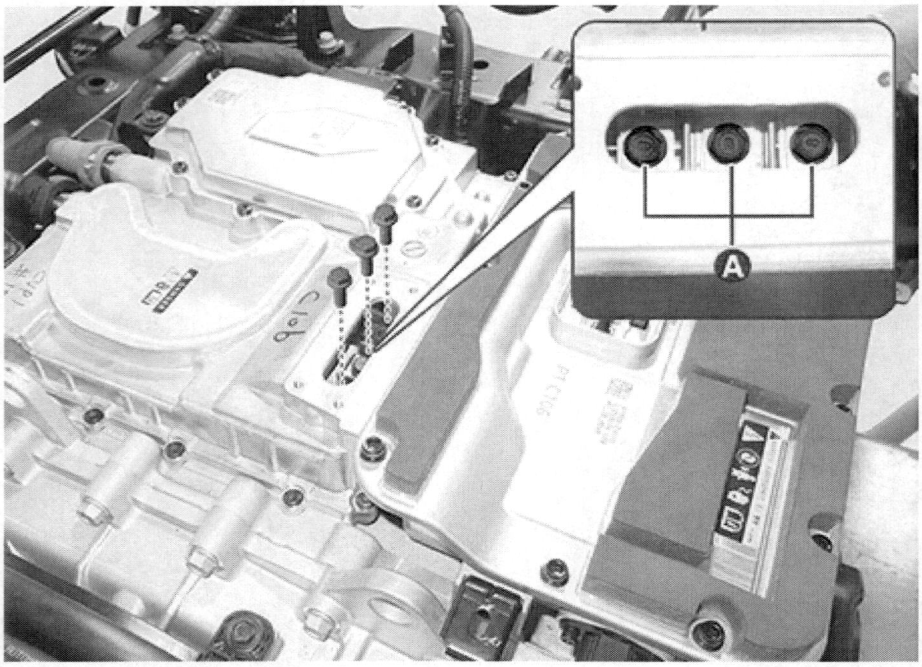

6. 리어 고전압 정션 박스 커넥터(A)를 분리한다.

7. 볼트를 풀어 리어 고전압 정션 박스(A)를 탈거한다.

체결토크 : 2.0 ~ 2.4 kgf·m

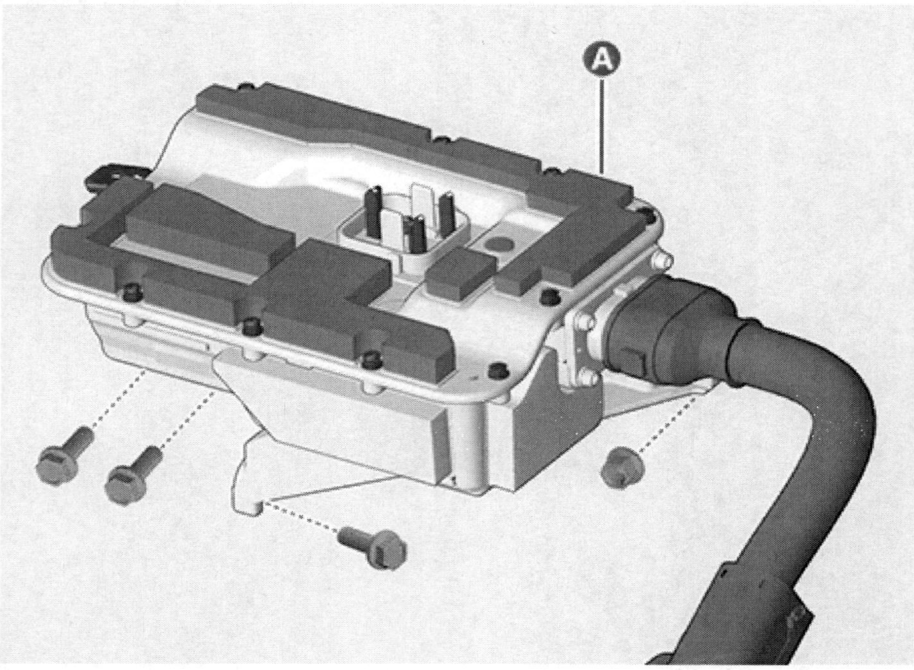

장착

⚠ 경 고

- 고전압 시스템 관련 작업 시, 관련 교육을 이수한 작업자가 정비를 진행한다. 고전압 시스템에 대한 이해가 부족한 경우 감전 또는 누전 등으로 인한 심각한 사고를 초래할 수 있다.
- 고전압 시스템 또는 주변 부품 작업 시, 반드시 "고전압 시스템 안전사항 및 주의, 경고" 내용을 숙지하고 준수해야 한다. 미준수 시, 감전 또는 누전 등으로 인한 심각한 사고를 초래할 수 있다.
- 고전압 시스템 작업 특성상, 개인보호장구(PPE) 및 사전 고전압 차단 절차를 반드시 확인한다.

1. 장착은 탈거의 역순으로 한다.

유 의

- 리어 고전압 정션 박스 장착 시 규정 토크를 준수하여 장착한다.
- 리어 고전압 정션 박스를 떨어뜨렸을 경우, 보이지 않는 손상이 유발될 수 있으니 신품으로 교환한다. (재사용 금지)

기밀점검

유 의

- 고전압 정션 박스 또는 멀티 인버터 어셈블리[또는 인버터 어셈블리(4WD)]를 차량에 장착하기 전에 PE 시스템 기밀 점검 절차를 실시한다.
- 고전압 정션 박스 또는 인버터 어셈블리 작업 시, EV 배터리 팩 기밀 점검 테스터 장비를 이용하여 PE 시스템 기밀 점검 절차를 실시한다.
- 모터 어셈블리 관련 작업 시, PE 시스템 기밀 점검 절차를 완료 후 차량에 장착한다.

1. 리어 고전압 정션 박스에 기밀 유지 커넥터(A)를 장착한다.

체결토크 : 0.8 ~ 1.2 kgf·m

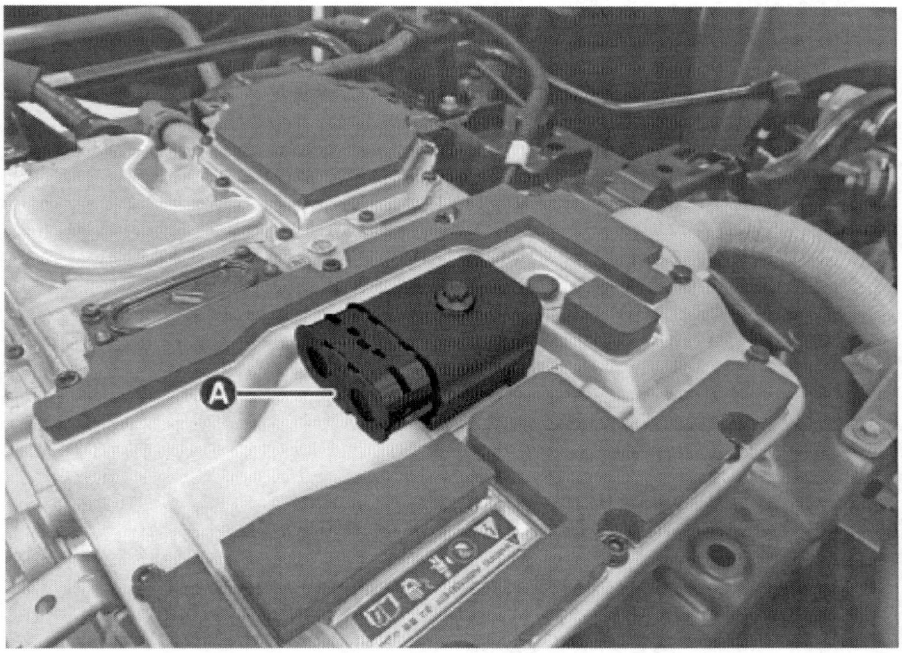

2. 고전압 케이블(B)에 기밀 유지 커넥터(A)를 장착한다.

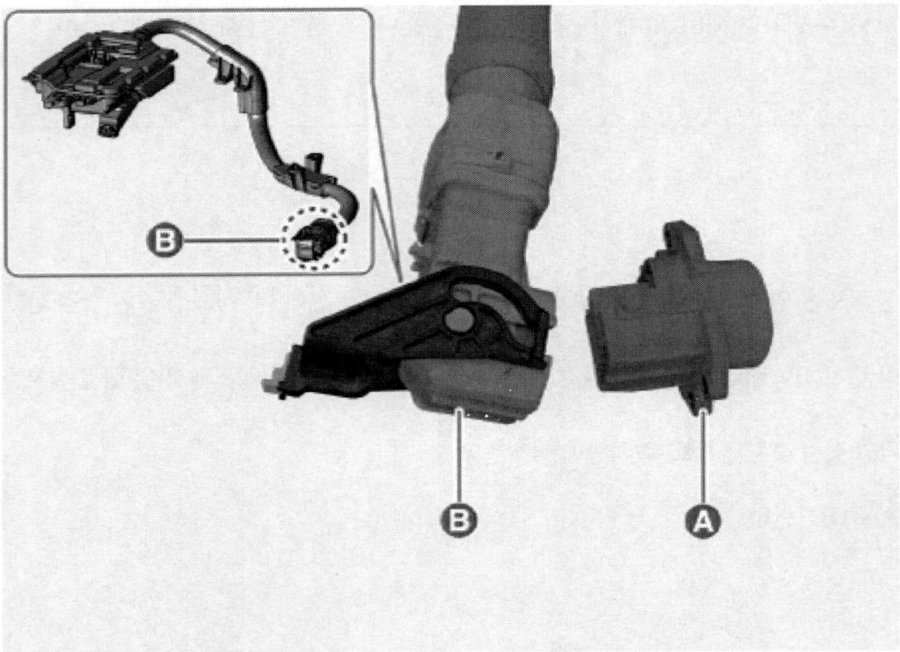

3. 기밀 점검 테스터기의 압력 조정제 어댑터(A)를 연결한다.

유 의
• 압력 조정재 어댑터 연결 시, 기밀 점검 전까지 손으로 어댑터를 밀착시킨 후 유지한다. • 기밀 점검 테스터기와 압력 조정제 어댑터 호스가 꺾이지 않도록 유의한다.

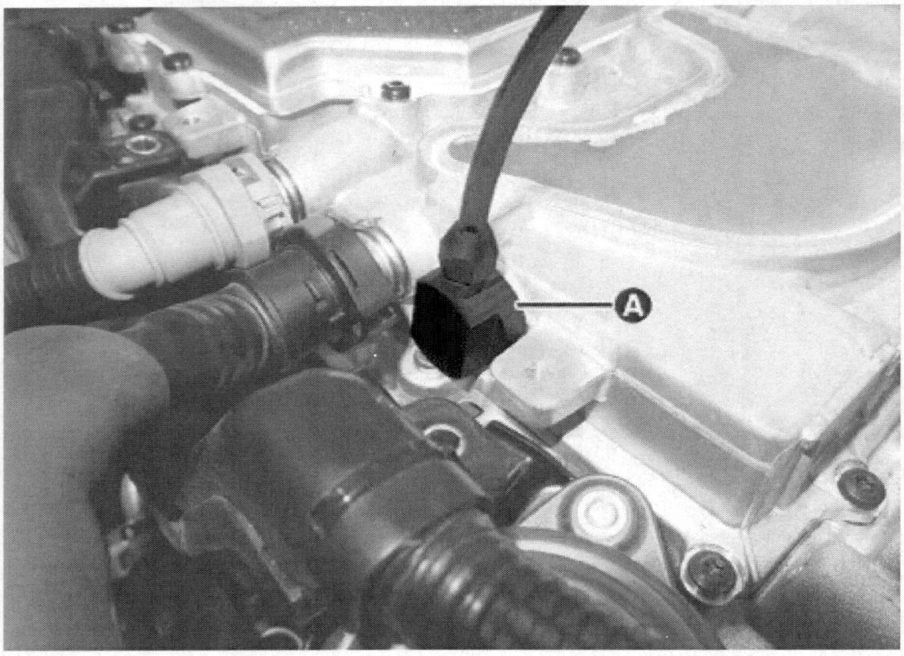

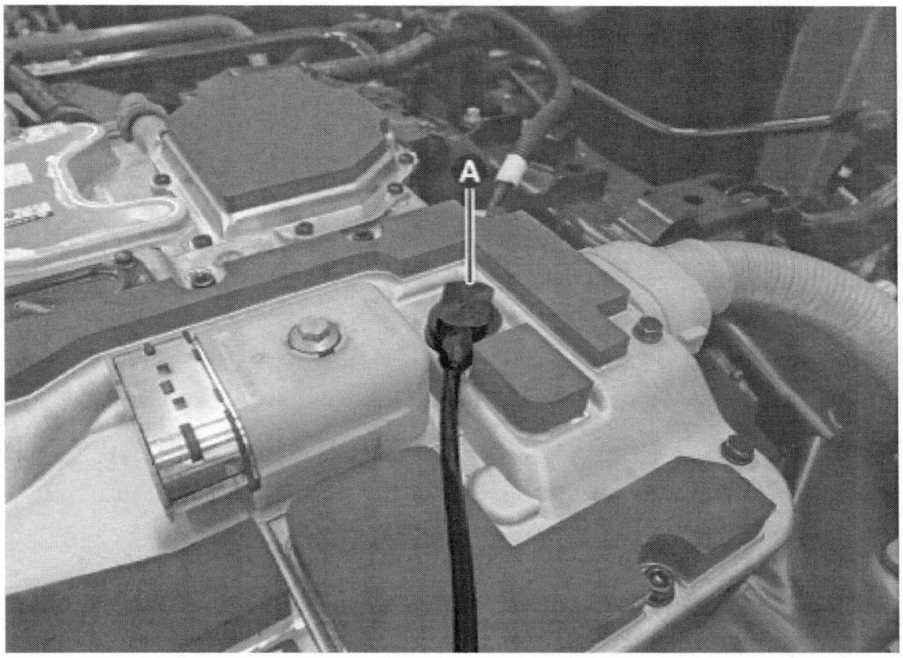

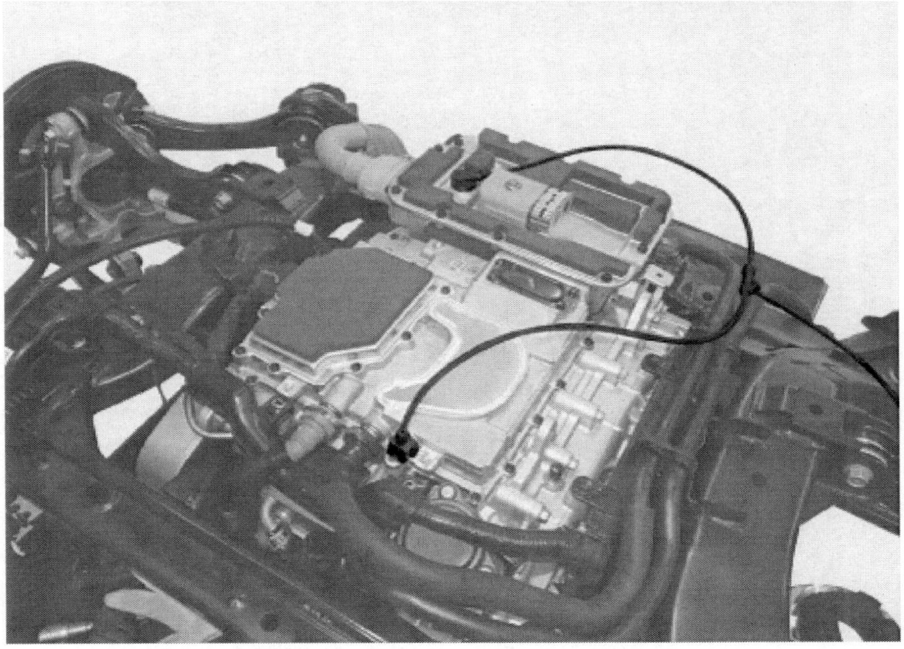

4. 진단 장비(KDS)를 이용하여 PE 시스템 기밀 점검을 실시한다.

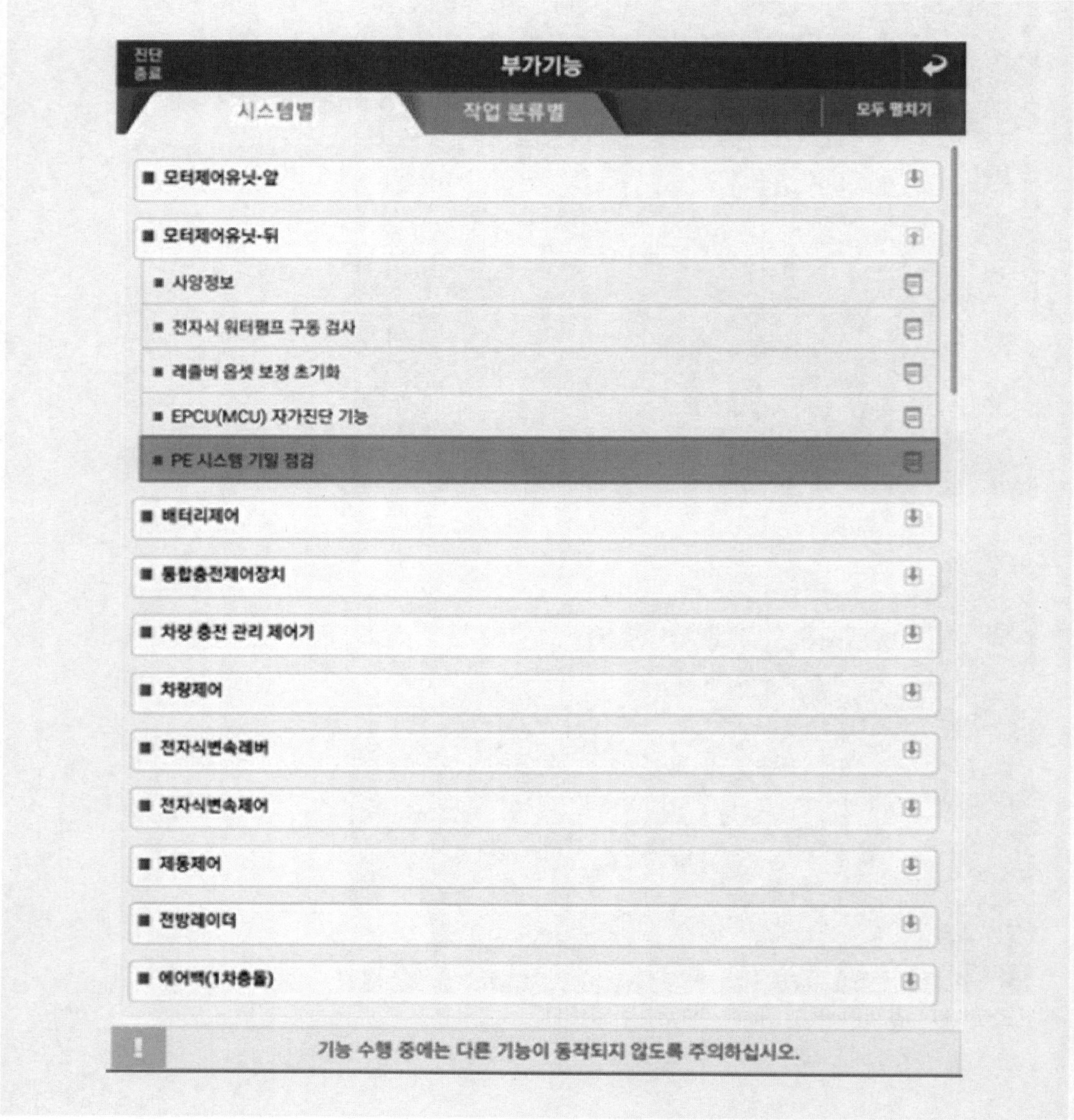
진단 종료
부가기능
시스템별
작업 분류별
모두 펼치기
■ 모터제어유닛-앞
■ 모터제어유닛-뒤
■ 사양정보
■ 전자식 워터펌프 구동 검사
■ 레졸버 옵셋 보정 초기화
■ EPCU(MCU) 자가진단 기능
■ PE 시스템 기밀 점검
■ 배터리제어
■ 통합충전제어장치
■ 차량 충전 관리 제어기
■ 차량제어
■ 전자식변속레버
■ 전자식변속제어
■ 제동제어
■ 전방레이더
■ 에어백(1차충돌)
기능 수행 중에는 다른 기능이 동작되지 않도록 주의하십시오.

진단
종료

부가기능

• **PE시스템 기밀 점검**

검사목적	진공 후 증설 압력을 체크하여 PE시스템 조립상태를 점검하는 기능
검사조건	-
연계단품	Motor Control Unit (MCU)
연계DTC	-
불량현상	-
기 타	

확인

! 기능 수행 중에는 다른 기능이 동작되지 않도록 주의하십시오.

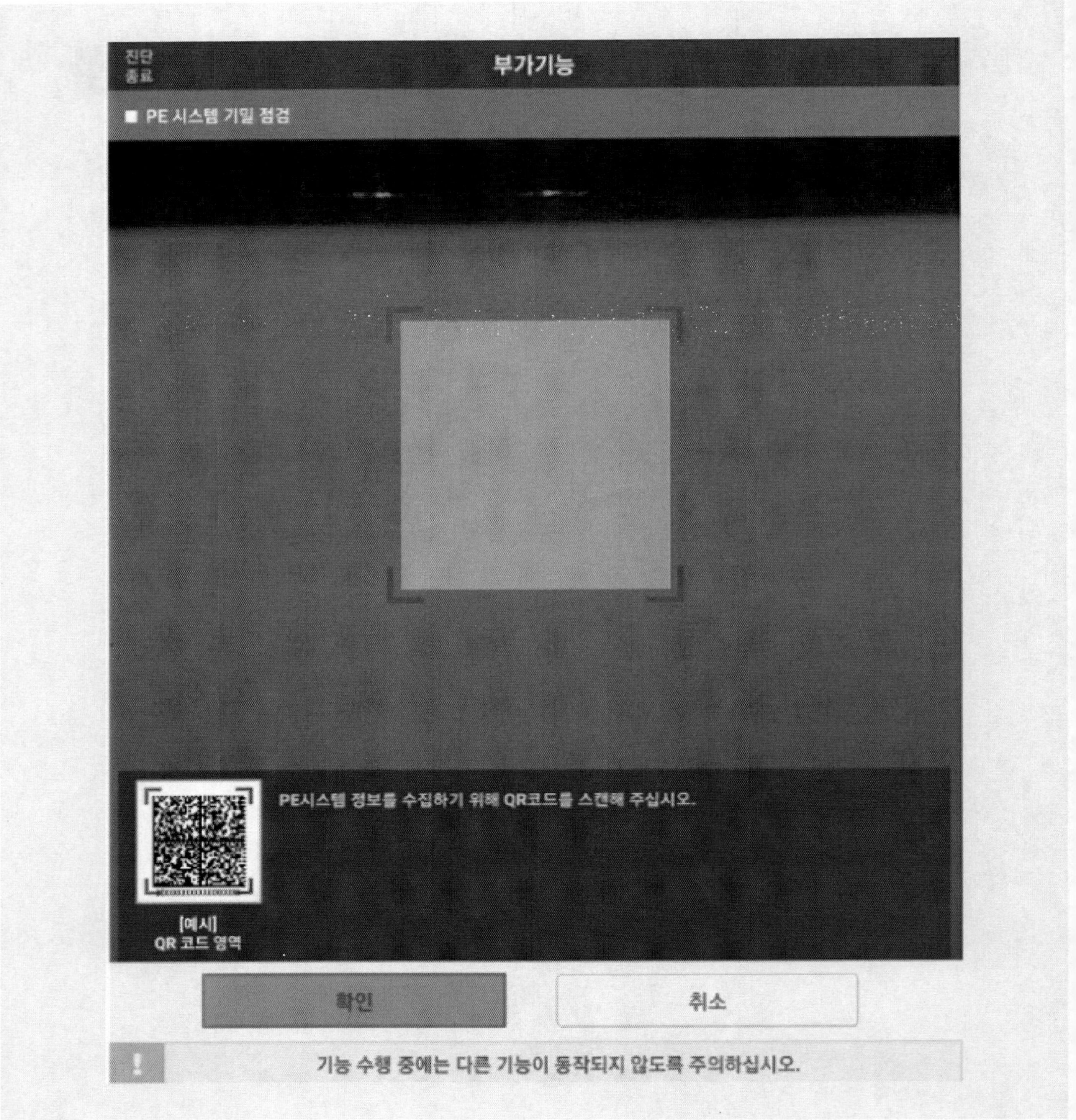
진단
종료
부가기능
■ PE 시스템 기밀 점검
PE시스템 정보를 수집하기 위해 QR코드를 스캔해 주십시오.
[예시]
QR 코드 영역
확인
취소
기능 수행 중에는 다른 기능이 동작되지 않도록 주의하십시오.

진단 종료
부가기능
■ PE 시스템 기밀 점검
● [PE시스템 정보 입력]
코드를 입력하신 뒤 [확인] 버튼을 누르십시오.
BSXXXXXXXXXXXXXXXXXX
PE시스템 코드
확인
취소
기능 수행 중에는 다른 기능이 동작되지 않도록 주의하십시오.

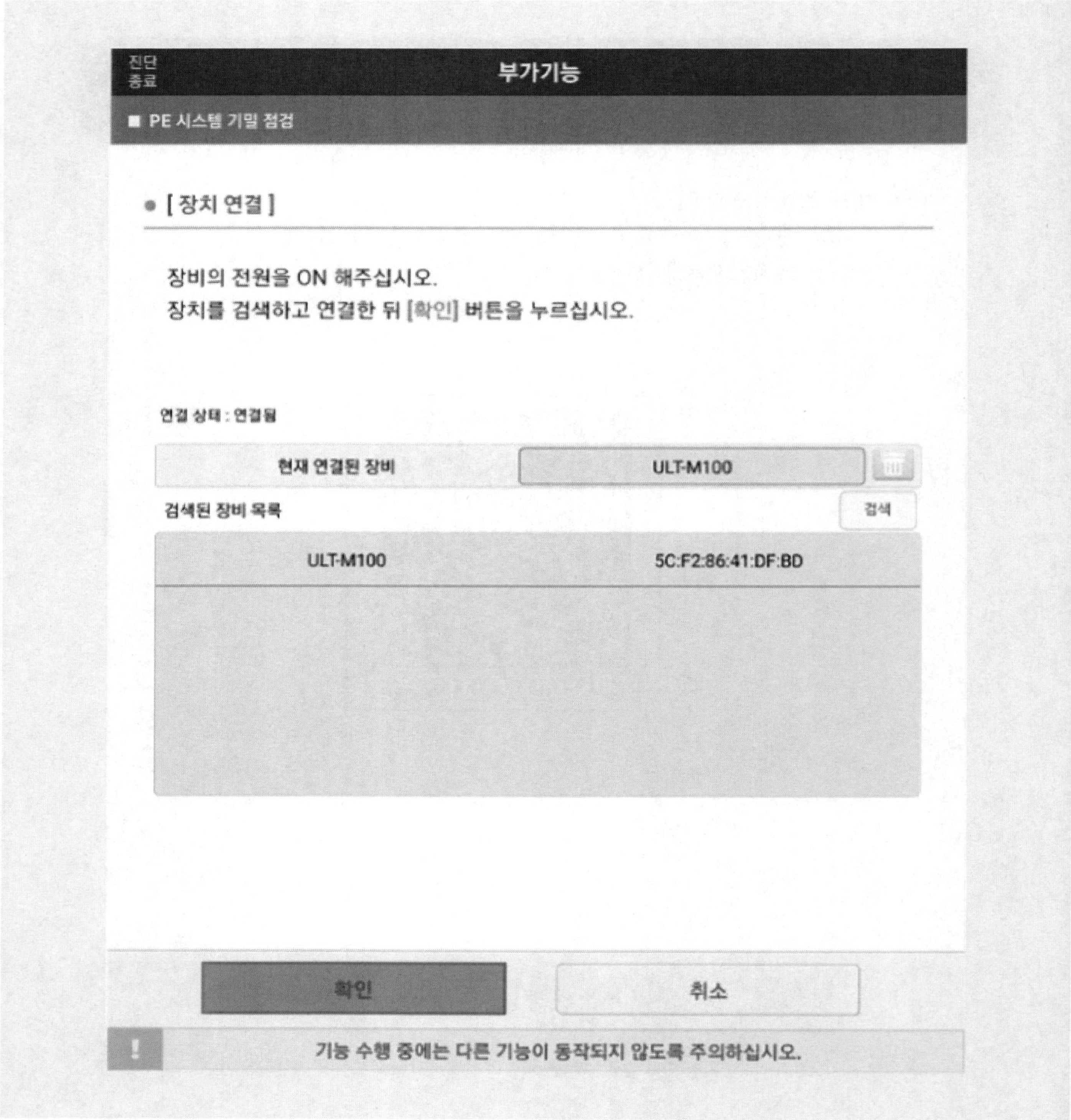
진단
종료
부가기능
■ PE 시스템 기밀 점검
● [장치 연결]
장비의 전원을 ON 해주십시오.
장치를 검색하고 연결한 뒤 [확인] 버튼을 누르십시오.
연결 상태 : 연결됨
현재 연결된 장비
ULT-M100
검색된 장비 목록
검색
ULT-M100
5C:F2:86:41:DF:BD
확인
취소
!
기능 수행 중에는 다른 기능이 동작되지 않도록 주의하십시오.

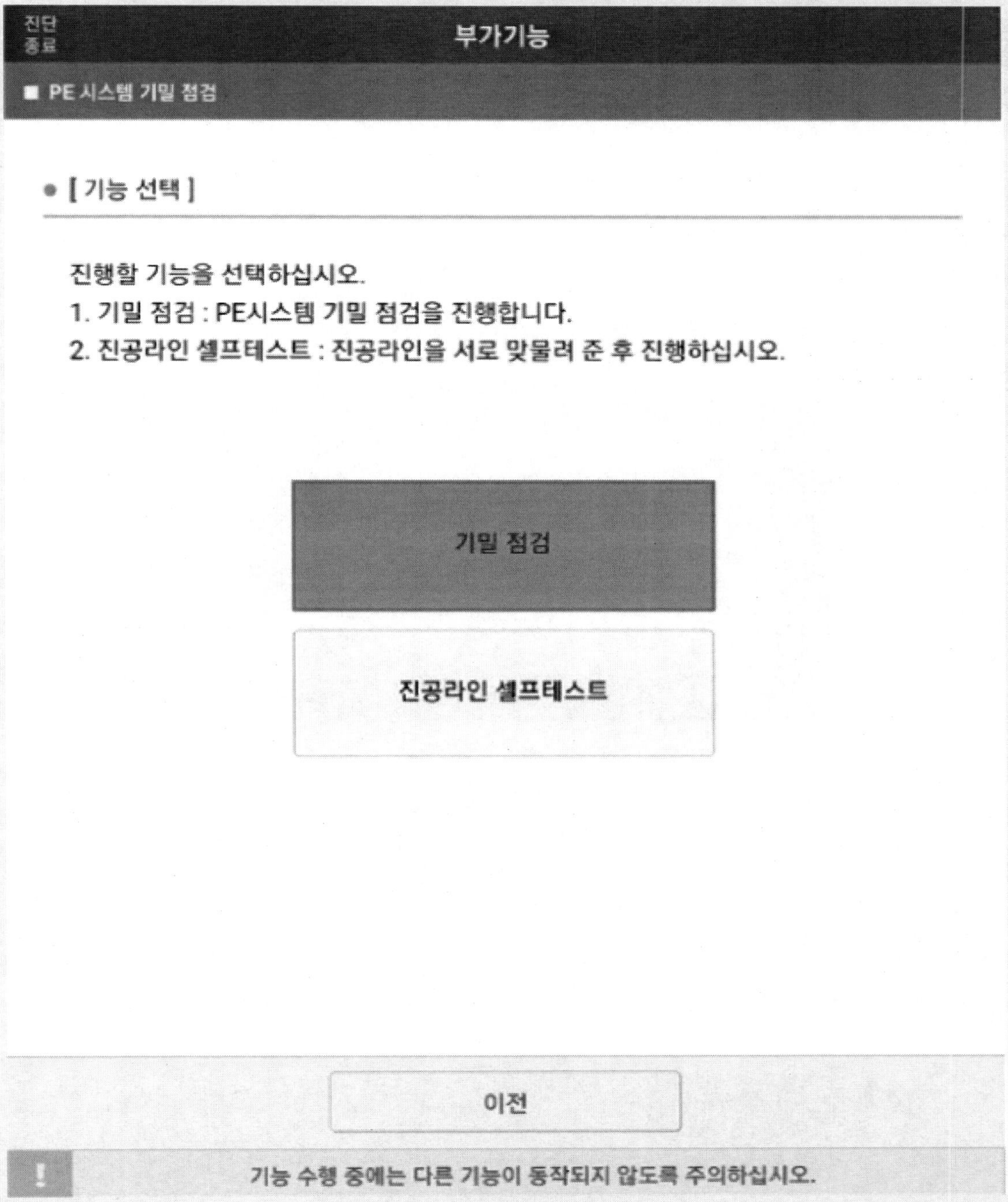
진단
종료
부가기능
■ PE 시스템 기밀 점검
● [기능 선택]
진행할 기능을 선택하십시오.
1. 기밀 점검 : PE시스템 기밀 점검을 진행합니다.
2. 진공라인 셀프테스트 : 진공라인을 서로 맞물려 준 후 진행하십시오.
기밀 점검
진공라인 셀프테스트
이전
!
기능 수행 중에는 다른 기능이 동작되지 않도록 주의하십시오.

진단
종료

부가기능

■ PE 시스템 기밀 점검

• [PE시스템 기밀 점검 - 영점조정]

전체 미연결된 상태로 [영점 조정] 버튼을 누르십시오.

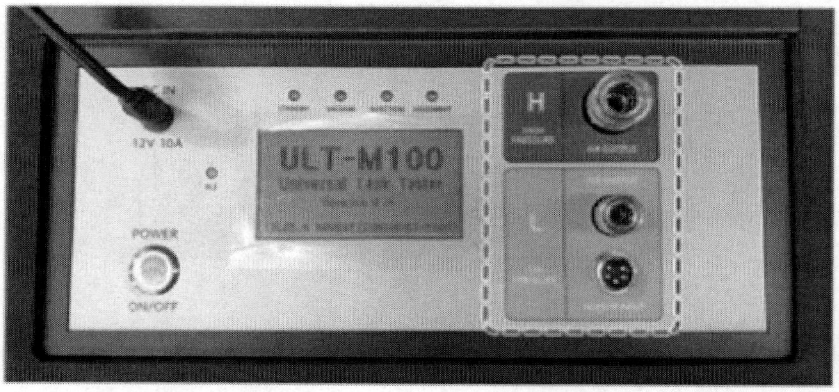

❶ 영점 조정

❷ 확인 | 이전 | 취소

! 기능 수행 중에는 다른 기능이 동작되지 않도록 주의하십시오.

진단
종료

부가기능

■ PE 시스템 기밀 점검

● [PE시스템 기밀 점검 - 막음 커넥터 결합]

막음 커넥터 결합 여부를 확인하신 후 [확인] 버튼을 누르십시오.

⚠[주의]
차종에 맞는 커넥터를 사용해 주십시오.

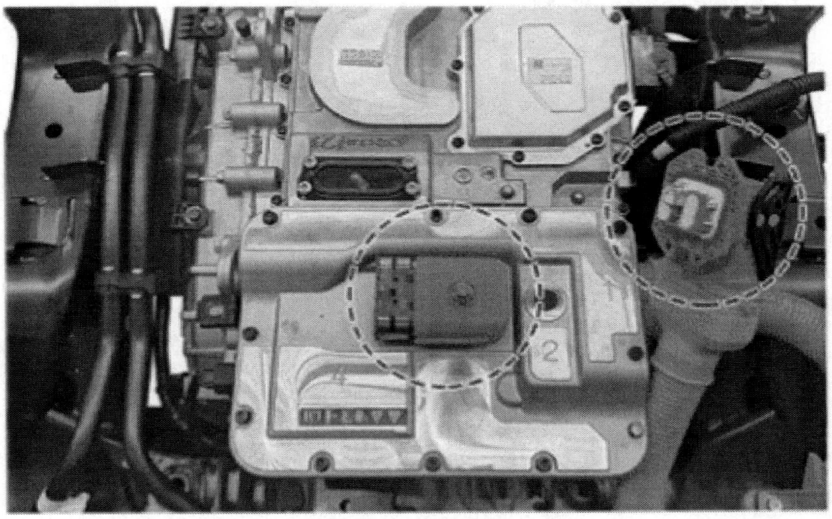

확인 | 이전 | 취소

! 기능 수행 중에는 다른 기능이 동작되지 않도록 주의하십시오.

진단 종료

부가기능

■ PE 시스템 기밀 점검

● [PE시스템 기밀 점검 - 장비연결]

1. 압력조정재 2곳에 진공 라인을 연결해주십시오.
2. 'LOW PRESSURE AIR OUTPUT'과 'PE시스템 진공 라인'을 연결 후 검사를 진행해 주십시오.

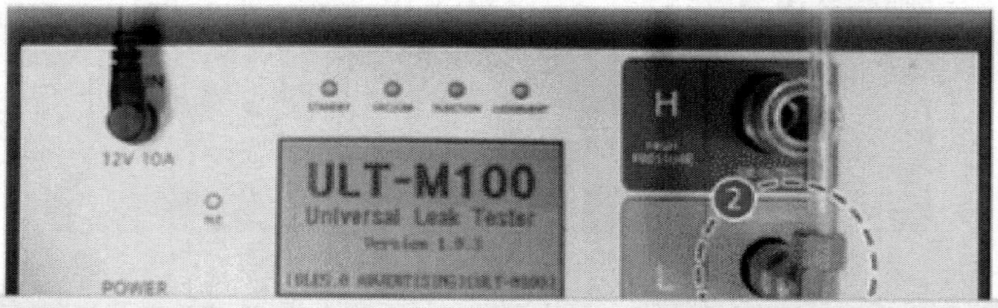

확인 | 이전 | 취소

! 기능 수행 중에는 다른 기능이 동작되지 않도록 주의하십시오.

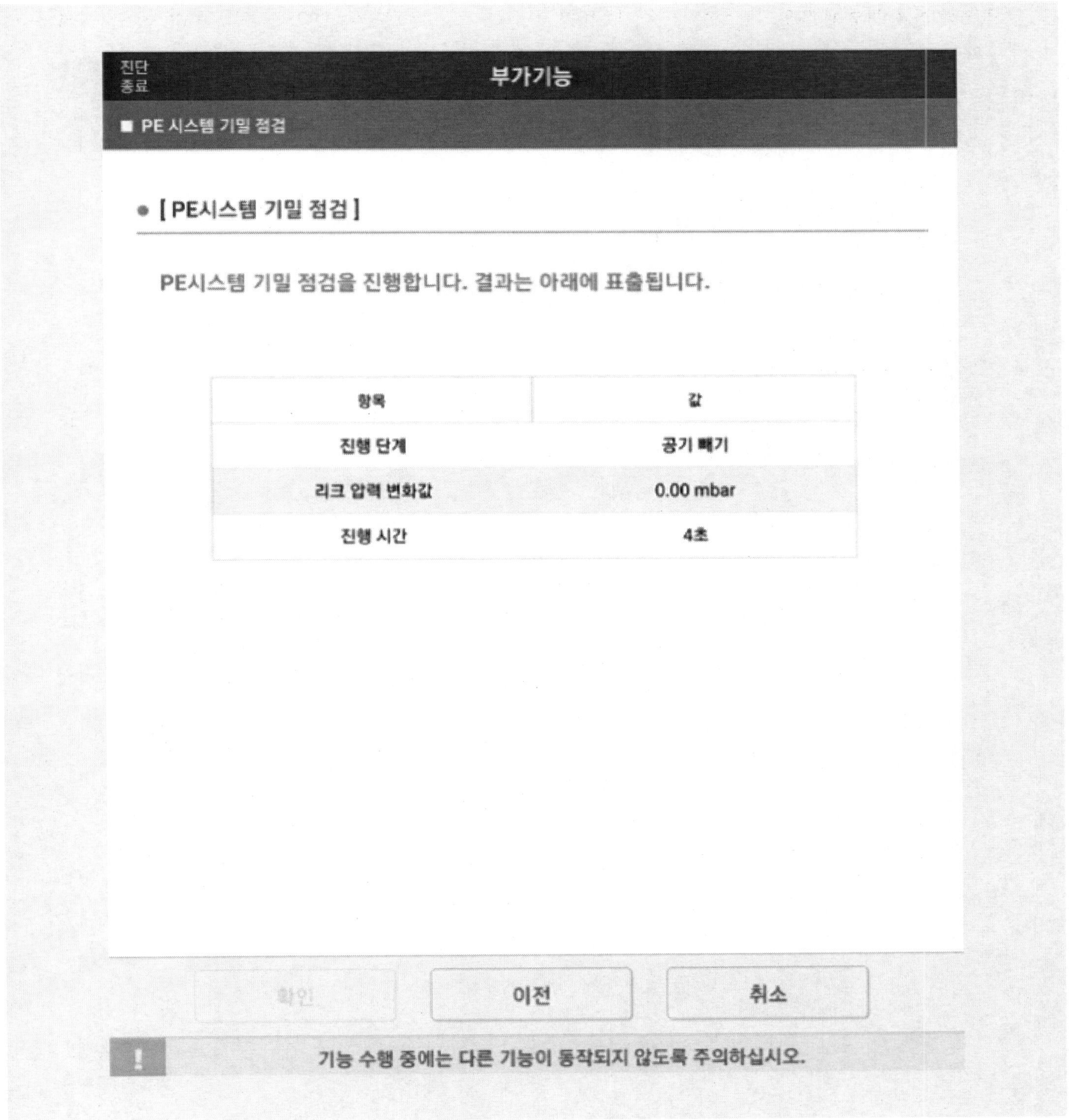
진단
종료
부가기능
■ PE 시스템 기밀 점검
● [PE시스템 기밀 점검]
PE시스템 기밀 점검을 진행합니다. 결과는 아래에 표출됩니다.
항목
값
진행 단계
공기 빼기
리크 압력 변화값
0.00 mbar
진행 시간
4초
확인
이전
취소
!
기능 수행 중에는 다른 기능이 동작되지 않도록 주의하십시오.

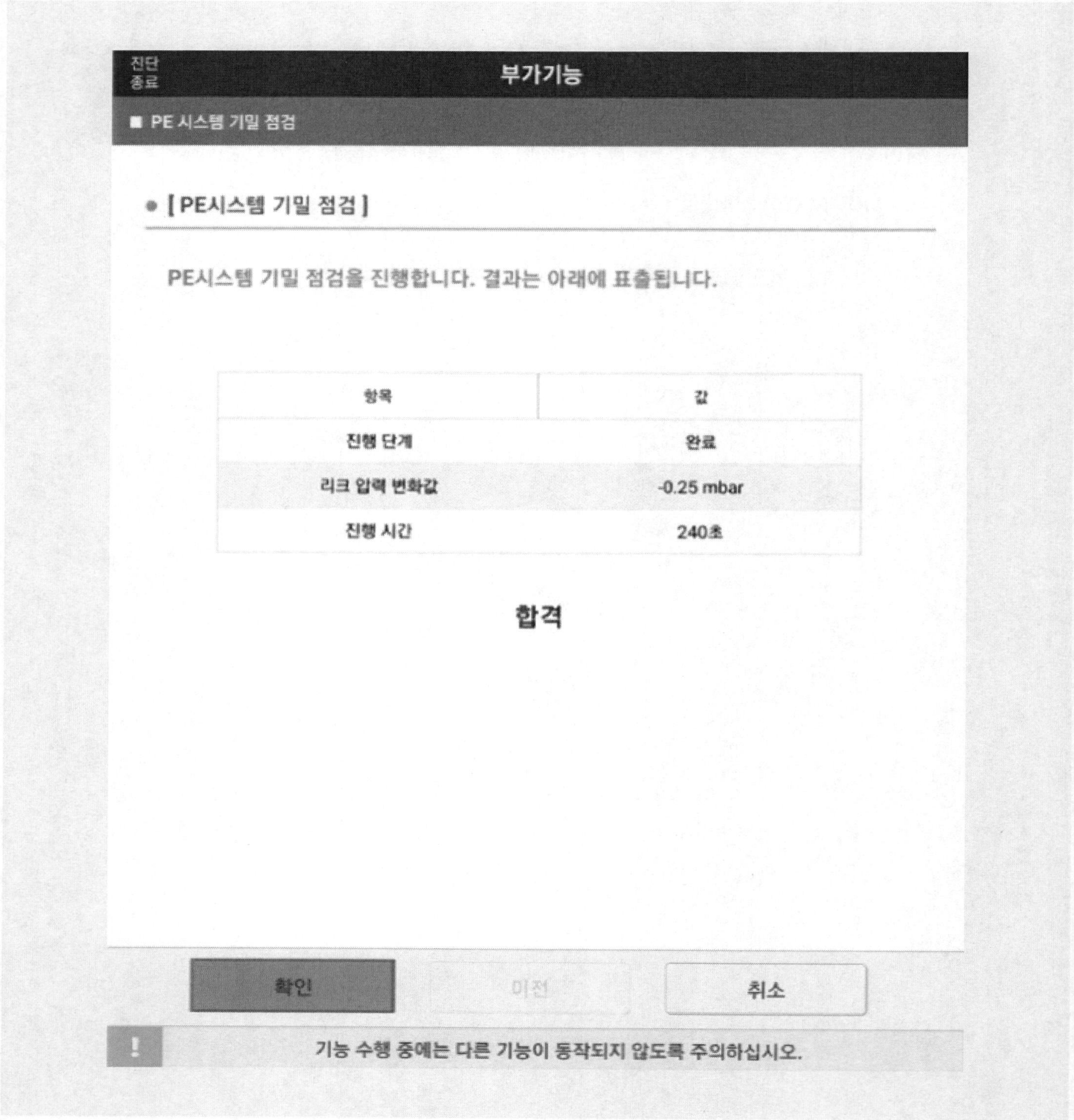

5. PE 시스템의 기밀 누설 여부를 확인한다.

참 고

PE 시스템 기밀 누설 판정 기준

PASS (이상없음)	FAIL (이상있음)

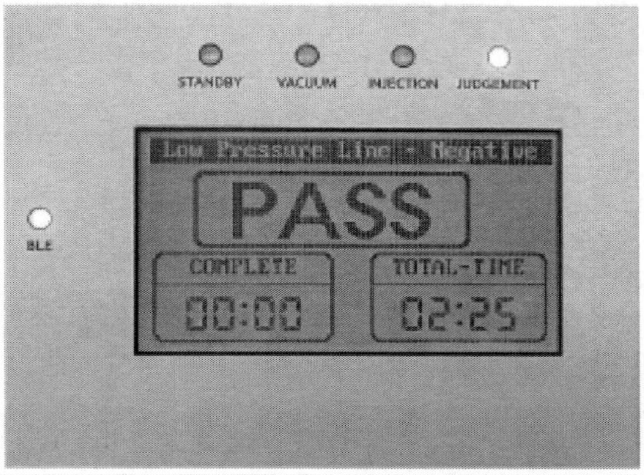
STANDBY
VACUUM
INJECTION
JUDGEMENT
Low Pressure Line - Negative
PASS
BLE
COMPLETE
00:00
TOTAL-TIME
02:25

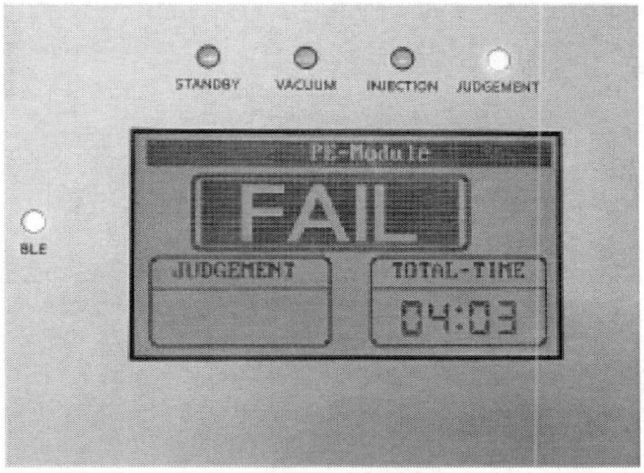
STANDBY
VACUUM
INJECTION
JUDGEMENT
PE-Module
FAIL
BLE
JUDGEMENT
TOTAL-TIME
04:03

부품위치

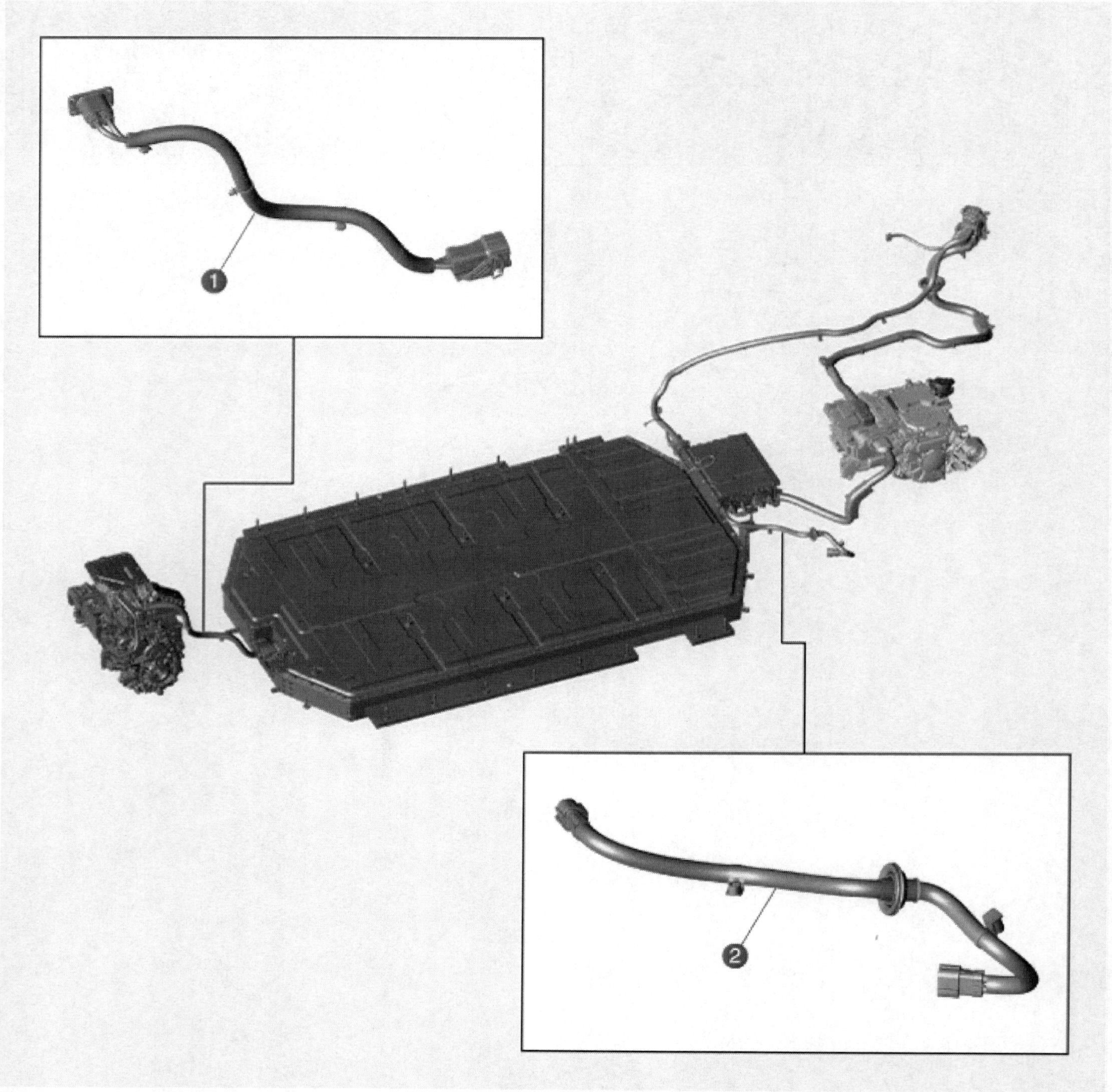

1. 파워 케이블(프런트 고전압 정션 박스 - 배터리 시스템 어셈블리)	2. 파워 케이블(리어 고전압 정션 박스 - 배터리 시스템 어셈블리)

탈거

⚠ 경 고

- 고전압 시스템 관련 작업 시, 관련 교육을 이수한 작업자가 정비를 진행한다. 고전압 시스템에 대한 이해가 부족한 경우 감전 또는 누전 등으로 인한 심각한 사고를 초래할 수 있다.
- 고전압 시스템 또는 주변 부품 작업 시, 반드시 "고전압 시스템 안전사항 및 주의, 경고" 내용을 숙지하고 준수해야 한다. 미준수 시, 감전 또는 누전 등으로 인한 심각한 사고를 초래할 수 있다.
- 고전압 시스템 작업 특성상, 개인보호장구(PPE) 및 사전 고전압 차단 절차를 반드시 확인한다.

파워 케이블[프런트 고전압 정션 박스 - 배터리 시스템 어셈블리]

1. 고전압 차단 절차를 수행한다.
   (배터리 제어 시스템 (항속형) - "고전압 차단 절차" 참조)
2. 고전압 배터리 측 파워 케이블 커넥터(A)를 분리하여 파워 케이블을 탈거한다.

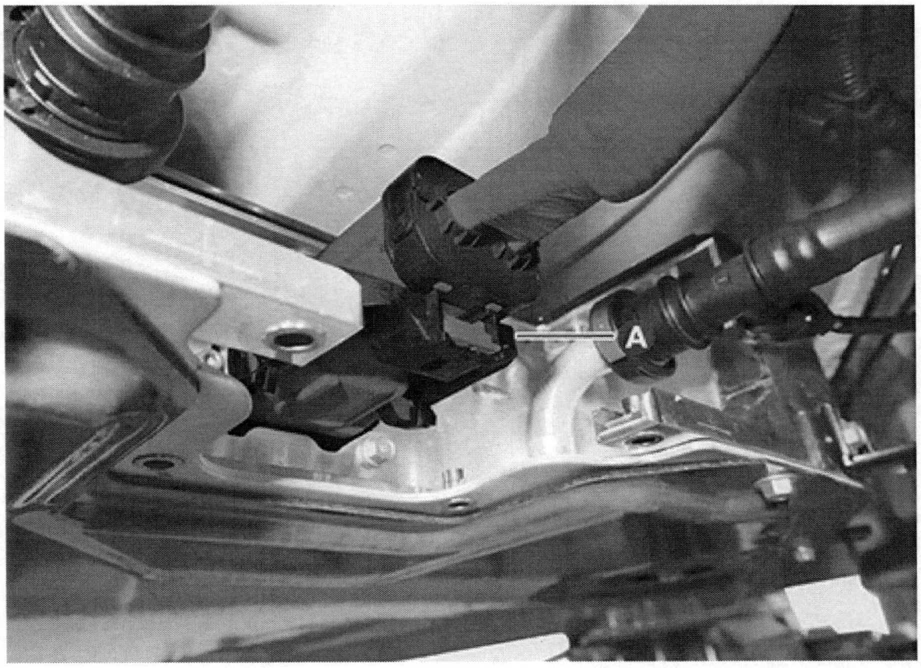

3. 프런트 언더 커버를 탈거한다.
   (모터 및 감속기 시스템 - "프런트 언더 커버" 참조)
4. 프런트 고전압 정션 박스 측 파워 케이블 커넥터(A)를 분리한다.

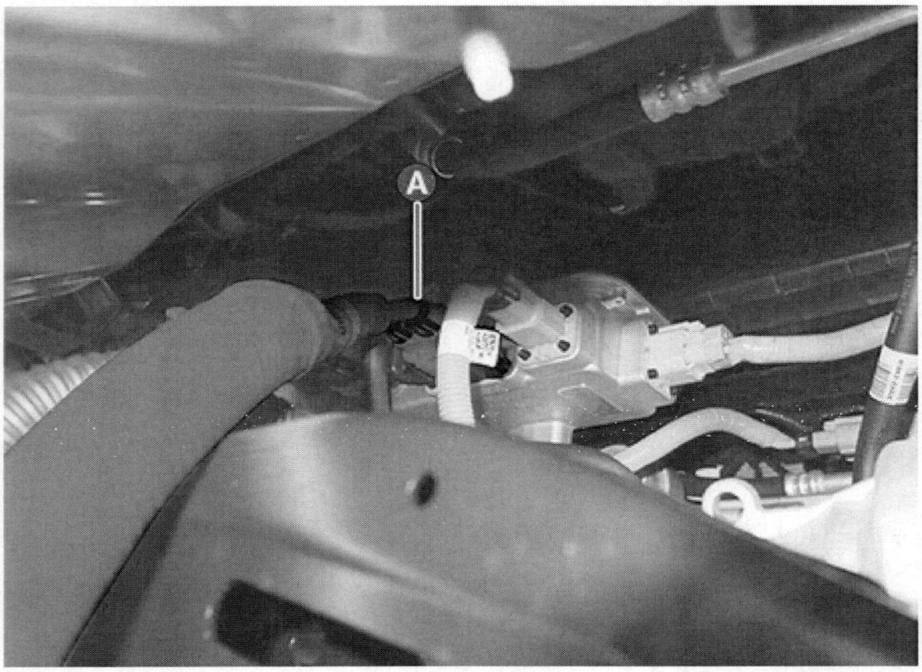

파워 케이블[리어 고전압 정션 박스 - 배터리 시스템 어셈블리]

1. 고전압 차단 절차를 수행한다.
   (배터리 제어 시스템 (항속형) - "고전압 차단 절차" 참조)
2. 리어 시트 어셈블리를 탈거한다.
   (바디 - "리어 시트 어셈블리" 참조)
3. 통합 충전 제어 유닛(ICCU) 커넥터를 분리하여 케이블(A)을 탈거한다.

4. 리어 언더 커버를 탈거한다.
   (모터 및 감속기 시스템 - "리어 언더 커버" 참조)
5. ICCU 커넥터를 분리하여 케이블(A)을 차체로부터 분리한다.

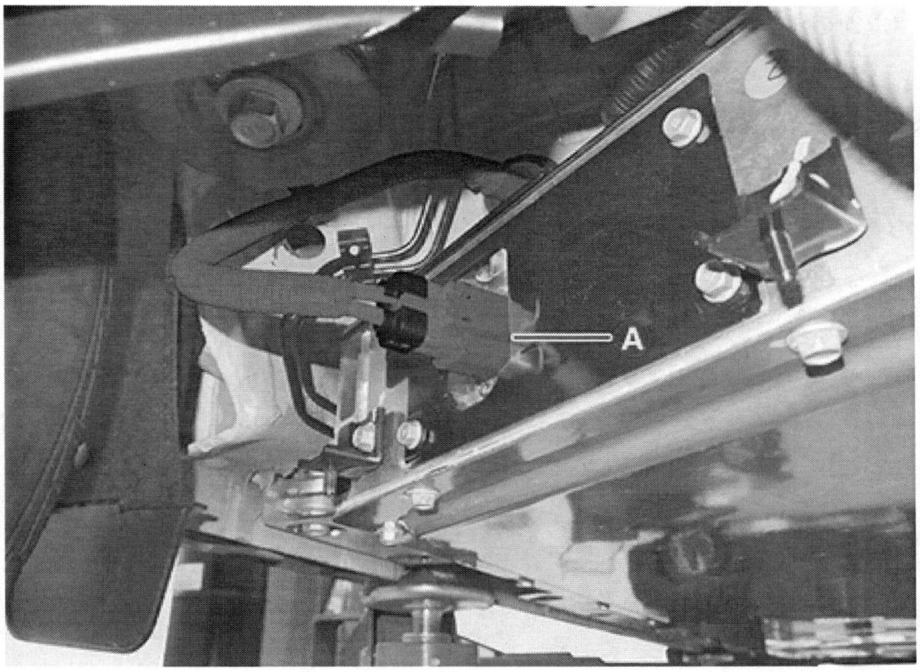

장착

▲ 경 고

- 고전압 시스템 관련 작업 시, 관련 교육을 이수한 작업자가 정비를 진행한다. 고전압 시스템에 대한 이해가 부족한 경우 감전 또는 누전 등으로 인한 심각한 사고를 초래할 수 있다.
- 고전압 시스템 또는 주변 부품 작업 시, 반드시 "고전압 시스템 안전사항 및 주의, 경고" 내용을 숙지하고 준수해야 한다. 미준수 시, 감전 또는 누전 등으로 인한 심각한 사고를 초래할 수 있다.
- 고전압 시스템 작업 특성상, 개인보호장구(PPE) 및 사전 고전압 차단 절차를 반드시 확인한다.

1. 장착은 탈거의 역순으로 한다.

유 의

파워 케이블을 떨어뜨렸을 경우, 보이지 않는 손상이 유발될 수 있으니 신품으로 교환한다. (재사용 금지)

탈거

⚠ 경 고

- 고전압 시스템 관련 작업 시, 관련 교육을 이수한 작업자가 정비를 진행한다. 고전압 시스템에 대한 이해가 부족한 경우 감전 또는 누전 등으로 인한 심각한 사고를 초래할 수 있다.
- 고전압 시스템 또는 주변 부품 작업 시, 반드시 "고전압 시스템 안전사항 및 주의, 경고" 내용을 숙지하고 준수해야 한다. 미준수 시, 감전 또는 누전 등으로 인한 심각한 사고를 초래할 수 있다.
- 고전압 시스템 작업 특성상, 개인보호장구(PPE) 및 사전 고전압 차단 절차를 반드시 확인한다.

파워 케이블[프런트 고전압 정션 박스 - 배터리 시스템 어셈블리]

1. 프런트 고전압 정션 박스를 탈거한다.
   (고전압 분배 시스템 - "프런트 고전압 정션 박스" 참조)

유 의

파워 케이블이 프런트 고전압 정션 박스와 일체형으로 단품 교환이 불가하다.

파워 케이블[리어 고전압 정션 박스 - 배터리 시스템 어셈블리]

1. 고전압 차단 절차를 수행한다.
   (배터리 제어 시스템 (항속형) - "고전압 차단 절차" 참조)
2. 리어 시트 어셈블리를 탈거한다.
   (바디 - "리어 시트 어셈블리" 참조)
3. 통합 충전 제어 유닛(ICCU) 커넥터를 분리하여 케이블(A)을 탈거한다.

4. 리어 언더 커버를 탈거한다.
   (모터 및 감속기 시스템 - "리어 언더 커버" 참조)
5. ICCU 커넥터를 분리하여 케이블(A)을 차체로부터 분리한다.

장착

⚠ 경 고

- 고전압 시스템 관련 작업 시, 관련 교육을 이수한 작업자가 정비를 진행한다. 고전압 시스템에 대한 이해가 부족한 경우 감전 또는 누전 등으로 인한 심각한 사고를 초래할 수 있다.
- 고전압 시스템 또는 주변 부품 작업 시, 반드시 "고전압 시스템 안전사항 및 주의, 경고" 내용을 숙지하고 준수해야 한다. 미준수 시, 감전 또는 누전 등으로 인한 심각한 사고를 초래할 수 있다.
- 고전압 시스템 작업 특성상, 개인보호장구(PPE) 및 사전 고전압 차단 절차를 반드시 확인한다.

1. 장착은 탈거의 역순으로 한다.

유 의

파워 케이블을 떨어뜨렸을 경우, 보이지 않는 손상이 유발될 수 있으니 신품으로 교환한다. (재사용 금지)

구성부품

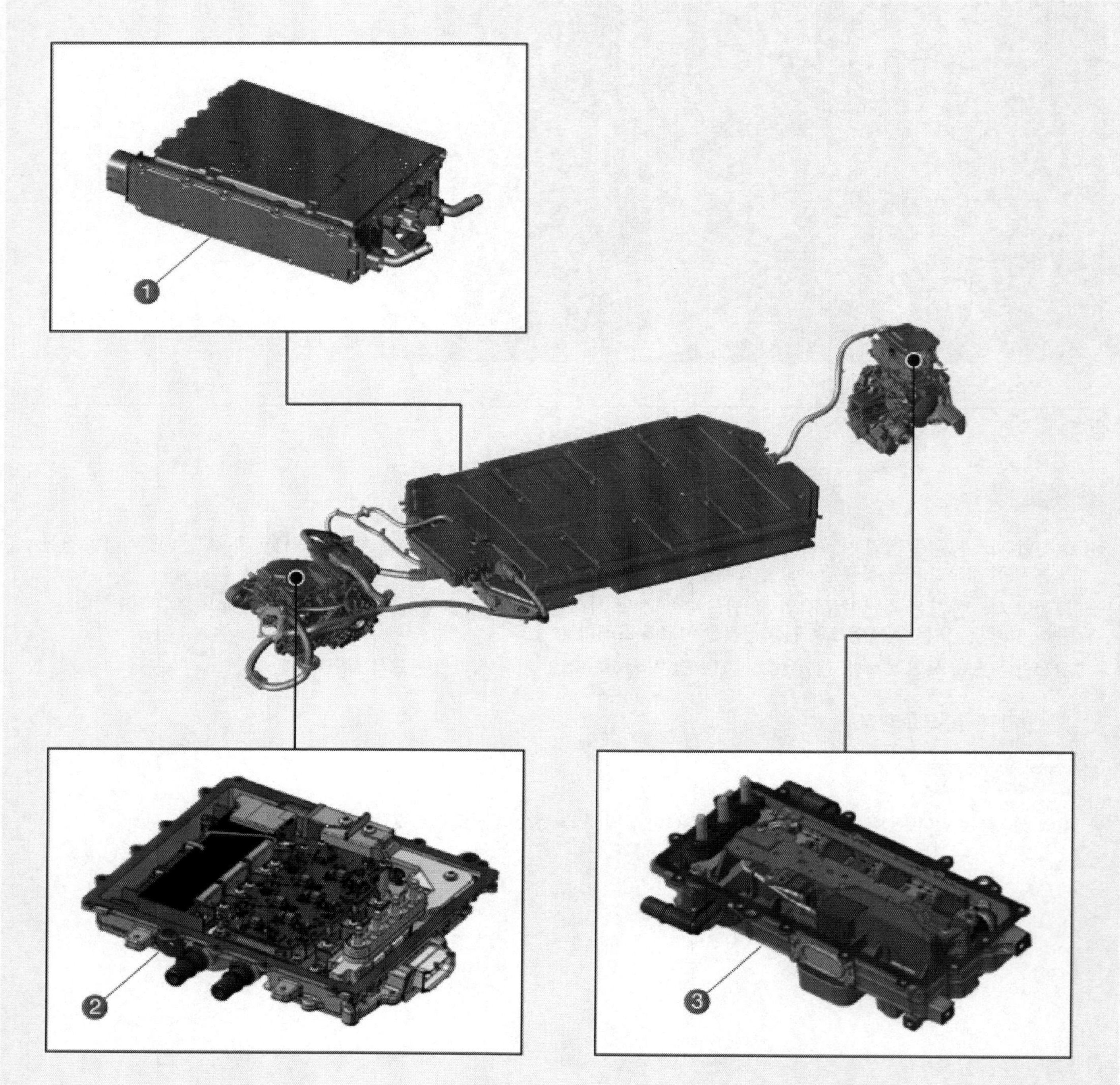

1. 통합 충전 제어 유닛(ICCU) 2. 멀티 인버터 어셈블리	3. 인버터 어셈블리(4WD 사양)

개요

전력 변환 시스템 정의

- 전력의 형태를 사용하는 용도에 따라 변환(AC/DC ↔ DC/AC) 시켜 주는 시스템이다.
- 전압, 전류, 주파수, 상(phase) 수 가운데 하나 이상을 전력 손실 없이 변환시킨다.

전력 변환 시스템 구성

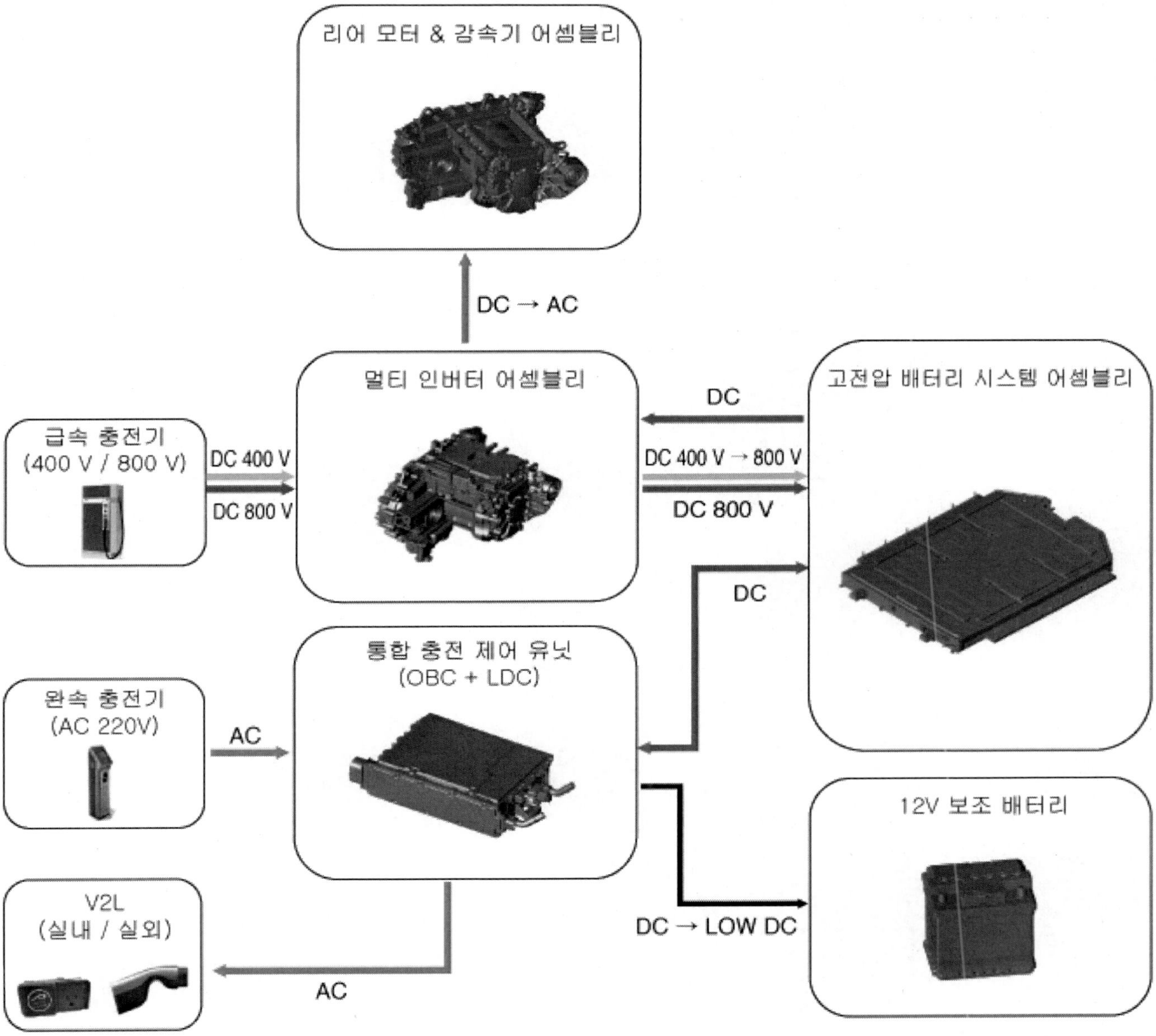

제원

항목	제원
입력 전압(V)	452.5 ~ 778.3
작동 전압(V)	9 ~ 16
연속 전류(A)	180 (@20min.)
전류(A)	최대 245 (@15sec.)

구성부품

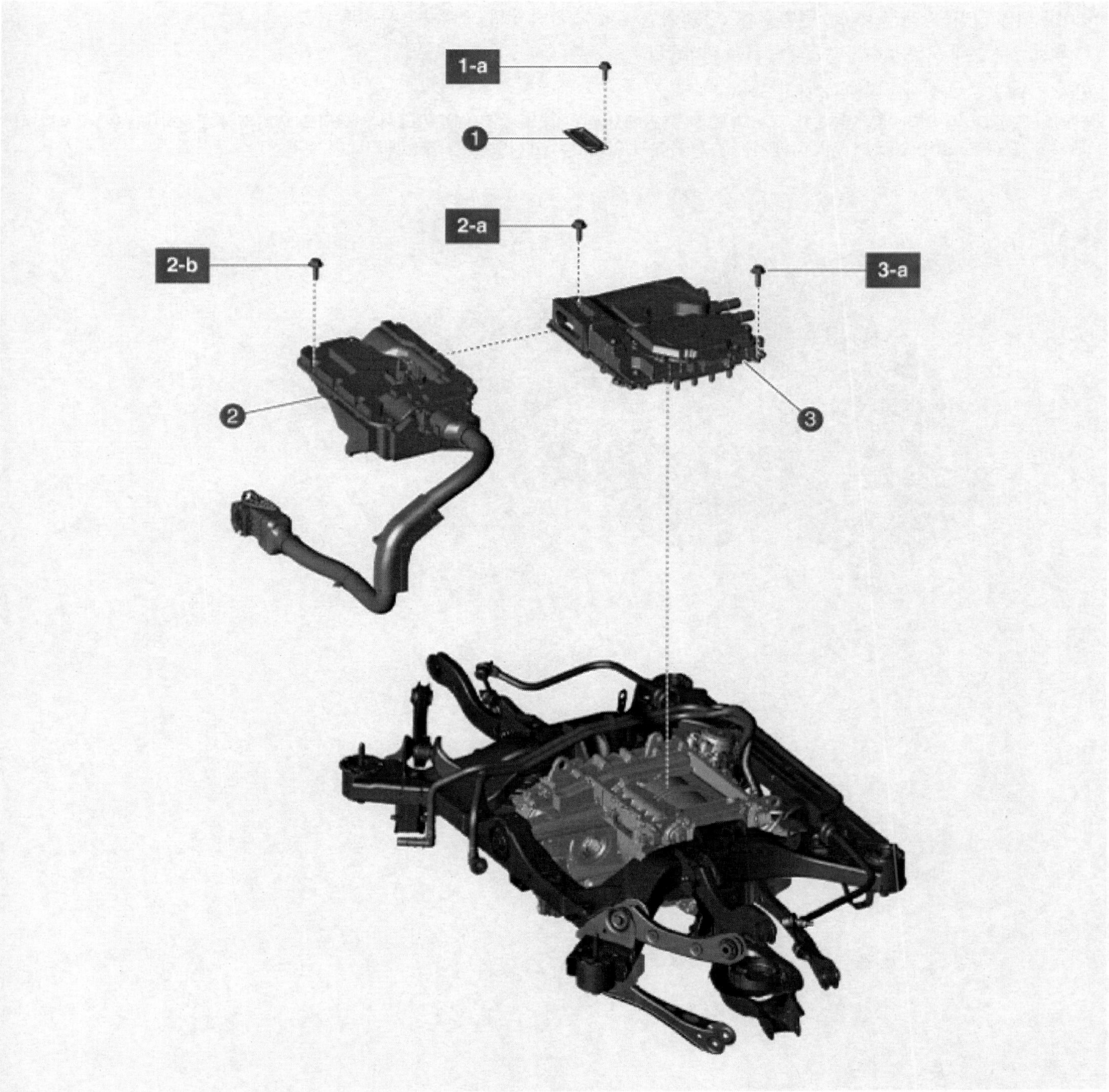

1. 고전압 정션 박스 서비스 커버 1-a. 0.4 ~ 0.6 kgf·m 2. 리어 고전압 정션 박스 2-a. 0.7 ~ 1.0 kgf·m 2-b. 2.0 ~ 2.4 kgf·m	3. 멀티 인버터 어셈블리 3-a. 0.4 ~ 0.6 kgf·m

개요

- 리어 모터에 장착되어 있으며 DC 전원을 AC 전원(가변 주파수, 가변 전압)으로 변환시킨다.
- 전력 조절을 통해 모터의 회전속도와 토크를 제어한다.
- 400 V 급속 충전 시 800 V로 승압시킨다.
- 400 V 와 800 V 멀티 충전을 위한 차세대 충전 시스템으로 400 V 충전 인프라에서는 모터와 인버터를 활용하여 800 V 배터리에 충전을 하고, 800 V 충전 인프라에서는 충전기에서 입력되는 고전압을 그대로 배터리에 충전한다.

탈거

⚠ 경 고

- 고전압 시스템 관련 작업 시, 관련 교육을 이수한 작업자가 정비를 진행한다. 고전압 시스템에 대한 이해가 부족한 경우 감전 또는 누전 등으로 인한 심각한 사고를 초래할 수 있다.
- 고전압 시스템 또는 주변 부품 작업 시, 반드시 "고전압 시스템 안전사항 및 주의, 경고" 내용을 숙지하고 준수해야 한다. 미 준수 시, 감전 또는 누전 등으로 인한 심각한 사고를 초래할 수 있다.
- 고전압 시스템 작업 특성상, 개인보호장구(PPE) 및 사전 고전압 차단 절차를 반드시 확인한다.

1. 리어 고전압 정션 박스를 탈거한다.
   (고전압 분배 시스템 - "리어 고전압 정션 박스" 참조)
2. 멀티 인버터 냉각 퀵 커넥터 호스(A)를 분리한다.

3. 와이어링 프로텍터(A)를 멀티 인버터 어셈블리로부터 분리한다.

체결토크 : 0.7 ~ 1.0 kgf·m

4. 멀티 인버터 어셈블리 커넥터(A)를 분리한다.

5. 볼트를 풀어 멀티 인버터 어셈블리(A)를 탈거한다.

체결토크 : 0.4 ~ 0.6 kgf·m

장착

⚠ 경 고

- 고전압 시스템 관련 작업 시, 관련 교육을 이수한 작업자가 정비를 진행한다. 고전압 시스템에 대한 이해가 부족한 경우 감전 또는 누전 등으로 인한 심각한 사고를 초래할 수 있다.
- 고전압 시스템 또는 주변 부품 작업 시, 반드시 "고전압 시스템 안전사항 및 주의, 경고" 내용을 숙지하고 준수해야 한다. 미 준수 시, 감전 또는 누전 등으로 인한 심각한 사고를 초래할 수 있다.
- 고전압 시스템 작업 특성상, 개인보호장구(PPE) 및 사전 고전압 차단 절차를 반드시 확인한다.

1. 장착은 탈거의 역순으로 한다.

유 의

- 멀티 인버터 어셈블리 장착 시 규정 토크를 준수하여 장착한다.
- 멀티 인버터 어셈블리를 떨어뜨렸을 경우, 보이지 않는 손상이 유발될 수 있으니 신품으로 교환한다. (재사용 금지)
- 멀티 인버터 어셈블리를 장착하기 전에 개스킷(A)을 신품으로 교환 후 장착 상태를 확인한다.

- 멀티 인버터 어셈블리를 차량에 장착하기 전에 PE 시스템 기밀 점검 절차를 실시한다.

2. 진단 장비(KDS)를 이용하여 PE 시스템 기밀 점검을 실시한다.
   (고전압 분배 시스템 - "리어 고전압 정션 박스" 참조)
3. 진단 장비(KDS)를 이용하여 레졸버 옵셋 보정 초기화를 실시한다.

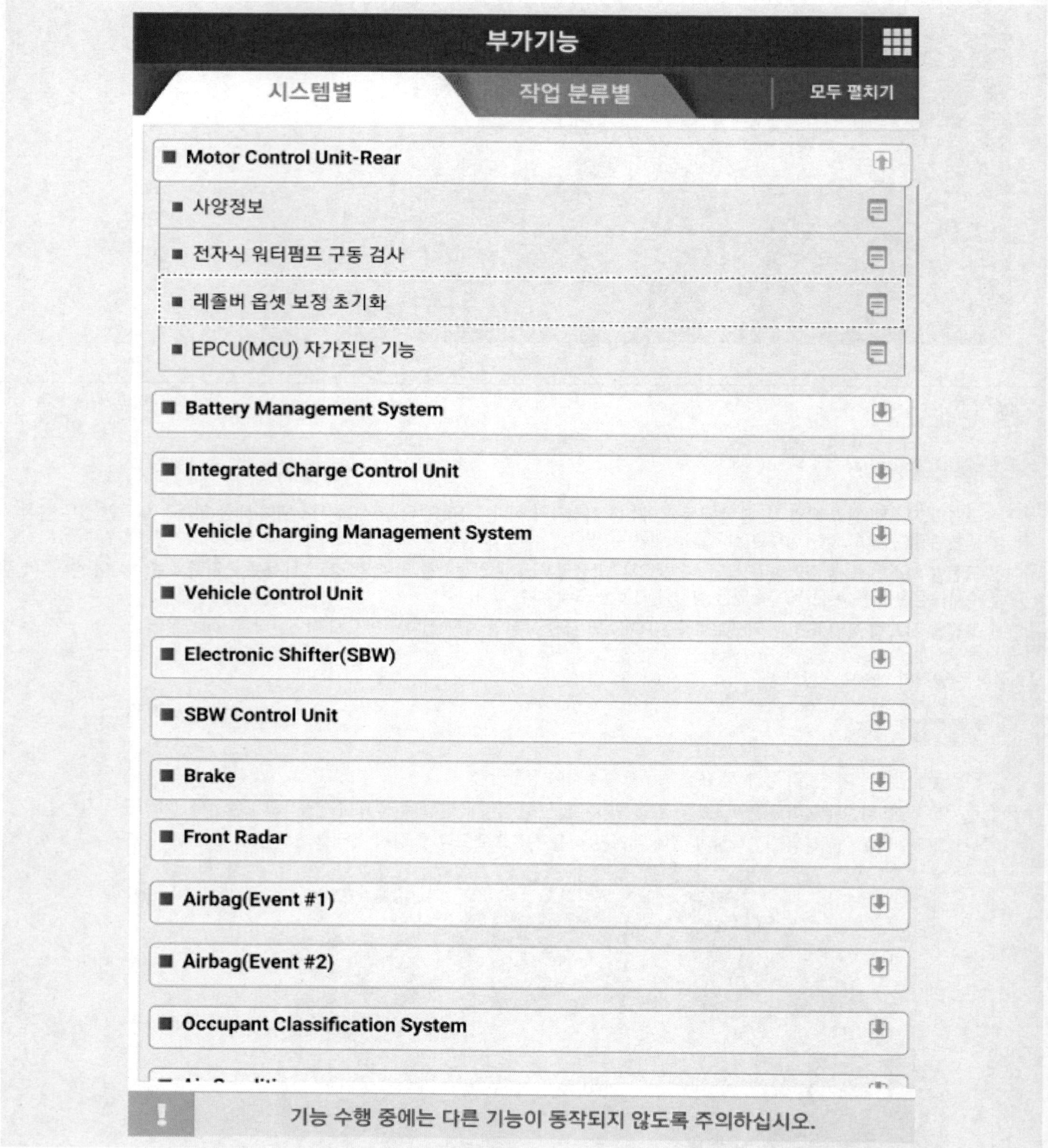

제원

항목	제원
입력 전압(V)	452.5 ~ 778.3
작동 전압(V)	9 ~ 16
연속 전류(A)	75 (@20min.)
전류(A)	최대 190 (@15sec.)

구성부품

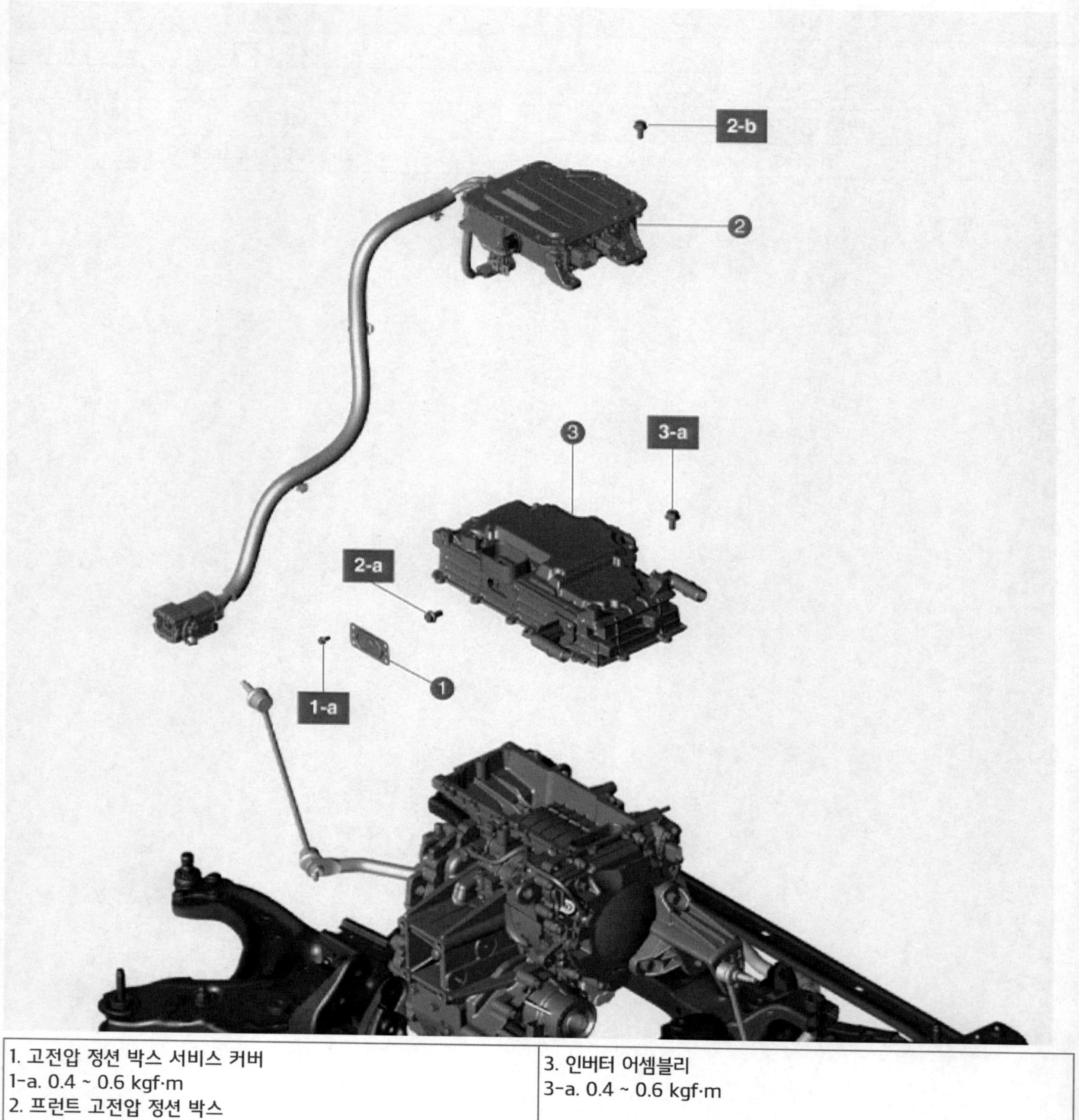

1. 고전압 정션 박스 서비스 커버 1-a. 0.4 ~ 0.6 kgf·m 2. 프런트 고전압 정션 박스 2-a. 0.7 ~ 1.0 kgf·m 2-b. 0.7 ~ 1.0 kgf·m	3. 인버터 어셈블리 3-a. 0.4 ~ 0.6 kgf·m

개요

- 프런트 모터에 장착되어 있으며 DC 전원을 AC 전원(가변 주파수, 가변 전압)으로 변환시킨다.
- 전력 조절을 통해 모터의 회전속도와 토크를 제어한다.

탈거

⚠ 경 고

- 고전압 시스템 관련 작업 시, 관련 교육을 이수한 작업자가 정비를 진행한다. 고전압 시스템에 대한 이해가 부족한 경우 감전 또는 누전 등으로 인한 심각한 사고를 초래할 수 있다.
- 고전압 시스템 또는 주변 부품 작업 시, 반드시 "고전압 시스템 안전사항 및 주의, 경고" 내용을 숙지하고 준수해야 한다. 미준수 시, 감전 또는 누전 등으로 인한 심각한 사고를 초래할 수 있다.
- 고전압 시스템 작업 특성상, 개인보호장구(PPE) 및 사전 고전압 차단 절차를 반드시 확인한다.

1. 프런트 고전압 정션 박스를 탈거한다.
   (고전압 분배 시스템 - "프런트 고전압 정션 박스" 참조)
2. 인버터 냉각 퀵 커넥터 호스(A)를 분리한다.

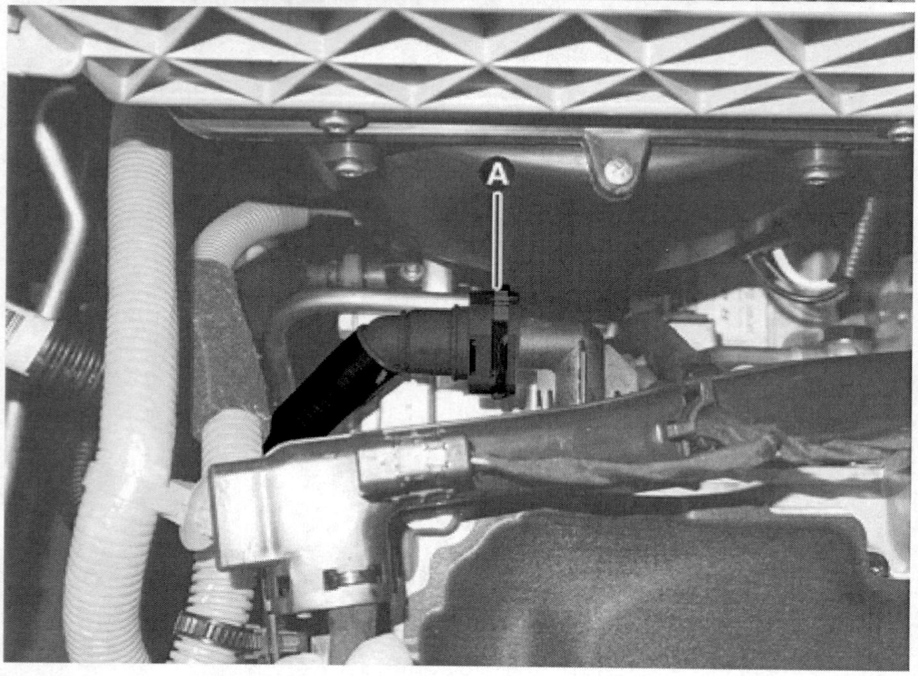

3. 볼트를 풀어 인버터 어셈블리(A)를 탈거한다.

체결토크 : 0.4 ~ 0.6 kgf·m

장착

⚠ 경 고

- 고전압 시스템 관련 작업 시, 관련 교육을 이수한 작업자가 정비를 진행한다. 고전압 시스템에 대한 이해가 부족한 경우 감전 또는 누전 등으로 인한 심각한 사고를 초래할 수 있다.
- 고전압 시스템 또는 주변 부품 작업 시, 반드시 "고전압 시스템 안전사항 및 주의, 경고" 내용을 숙지하고 준수해야 한다. 미준수 시, 감전 또는 누전 등으로 인한 심각한 사고를 초래할 수 있다.
- 고전압 시스템 작업 특성상, 개인보호장구(PPE) 및 사전 고전압 차단 절차를 반드시 확인한다.

1. 장착은 탈거의 역순으로 한다.

유 의

- 인버터 어셈블리 장착 시 규정 토크를 준수하여 장착한다.
- 인버터 어셈블리를 떨어뜨렸을 경우, 보이지 않는 손상이 유발될 수 있으니 신품으로 교환한다. (재사용 금지)
- 인버터 어셈블리를 장착하기 전에 개스킷(A)을 신품으로 교환 후 장착 상태를 확인한다.

2. 진단 장비(KDS)를 이용하여 PE 시스템 기밀 점검을 실시한다.
   (고전압 분배 시스템 - "프런트 고전압 정션 박스" 참조)
3. 진단 장비(KDS)를 이용하여 레졸버 옵셋 보정 초기화를 실시한다.

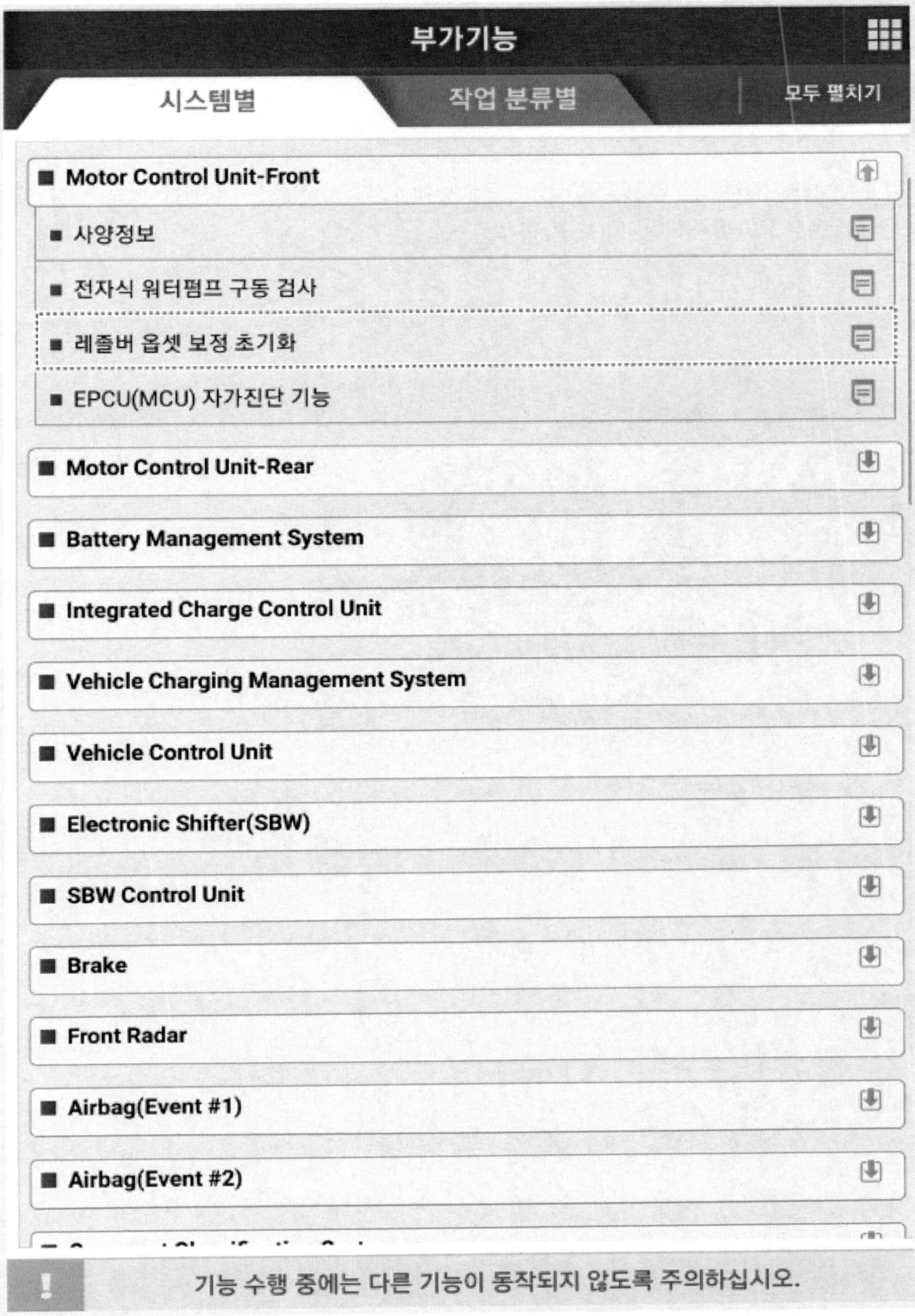
부가기능
시스템별
작업 분류별
모두 펼치기
Motor Control Unit-Front
사양정보
전자식 워터펌프 구동 검사
레졸버 옵셋 보정 초기화
EPCU(MCU) 자가진단 기능
Motor Control Unit-Rear
Battery Management System
Integrated Charge Control Unit
Vehicle Charging Management System
Vehicle Control Unit
Electronic Shifter(SBW)
SBW Control Unit
Brake
Front Radar
Airbag(Event #1)
Airbag(Event #2)
기능 수행 중에는 다른 기능이 동작되지 않도록 주의하십시오.

개요

- 고전압 배터리의 전력(DC)을 저전압 배터리의 전력(DC)으로 변환시킨다. (고전압 → 저전압)
- LDC와 OBC는 통합 충전 제어 장치(ICCU)에 통합되어 있다.

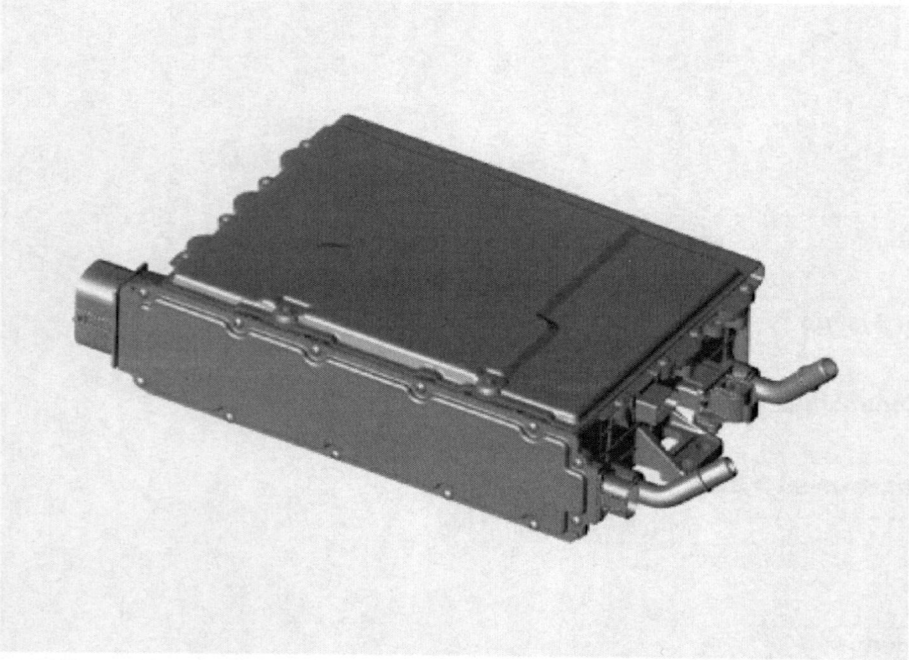

고장진단

고장 코드 발생 시 조치 방법

구분	주요 고장 코드	원인	점검
LDC 점검	• 출력 과전압 고장	• LDC	• 차량 재시동 후 동일 문제 발생 시 통합 충전 제어 유닛(ICCU) 교환
	• LDC 전압 제어 이상		
	• 센서류 고장 - 전류 센서 옵셋 보정 이상 - 온도 센서 단선/단락/성능 이상 고장 - 입력/출력 전압 센서 고장		
	• PWM 출력부 이상		
차량 점검	• 출력단 경로 이상	• LDC 출력 단자와 정션 박스간 배선 및 커넥터	• LDC 출력단 배선 및 케이블 체결 상태 점검
	• 냉각 시스템 이상	• 냉각 시스템 • 냉각수 부족 • 전자식 워터 펌프(EWP)	• 냉각수 및 전자식 워터 펌프(EWP) 점검
	• 입력 과전류 고장	• 보조 배터리(12 V) 방전 • 12 V 전장 과부하	• 보조 배터리(12 V) 방전 상태 점검 • 12 V 전장부하 이상 동작 또는 단락 상태 점검

교환

⚠ 경 고

- 고전압 시스템 관련 작업 시, 관련 교육을 이수한 작업자가 정비를 진행한다. 고전압 시스템에 대한 이해가 부족한 경우 감전 또는 누전 등으로 인한 심각한 사고를 초래할 수 있다.
- 고전압 시스템 또는 주변 부품 작업 시, 반드시 "고전압 시스템 안전사항 및 주의, 경고" 내용을 숙지하고 준수해야 한다. 미준수 시, 감전 또는 누전 등으로 인한 심각한 사고를 초래할 수 있다.
- 고전압 시스템 작업 특성상, 개인보호장구(PPE) 및 사전 고전압 차단 절차를 반드시 확인한다.

유 의

저전압 직류 변환 장치(LDC)는 완속 충전기(OBC)와 함께 통합 충전 제어 유닛(ICCU)으로 구성되어 있어 부분 수리가 불가능하다. 교환 필요시 통합 충전 제어 유닛(ICCU)을 교환한다.

1. 통합 충전 제어 유닛(ICCU)을 교환한다.
   (고전압 충전 시스템 - "통합 충전 제어 유닛 (ICCU)" 참조)

제원

항목	제원
타입	AGM60L-DIN
용량(Ah) [20HR/5HR]	60 / 48
냉간 시동 전류(A)	640 (SAE / EN)
보존 용량(분)	100
비중	1.30 ~ 1.32 (25℃)
전압(V)	12

참 고

배터리 사이즈

용량(20HR/5HR)	가로	세로	높이	총 높이
	mm			
60 / 48	239 ~ 243	173 ~ 175	164.5 ~ 167.5	187 ~ 190

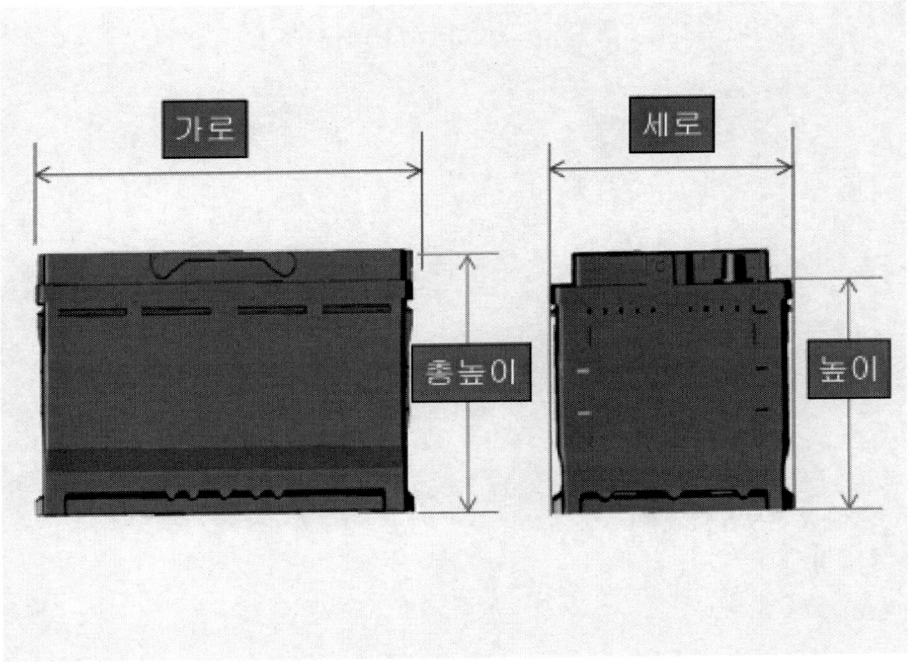

개요

- 보조 배터리(12 V)는 고전압 부품을 제외한 전장품에 전원을 공급한다.
- 고전압 배터리의 고전압 전원이 저전압 직류 변환 장치(LDC)를 통해 저전압으로 변환되어 보조 배터리(12 V)를 충전한다.

배터리 라벨 정보

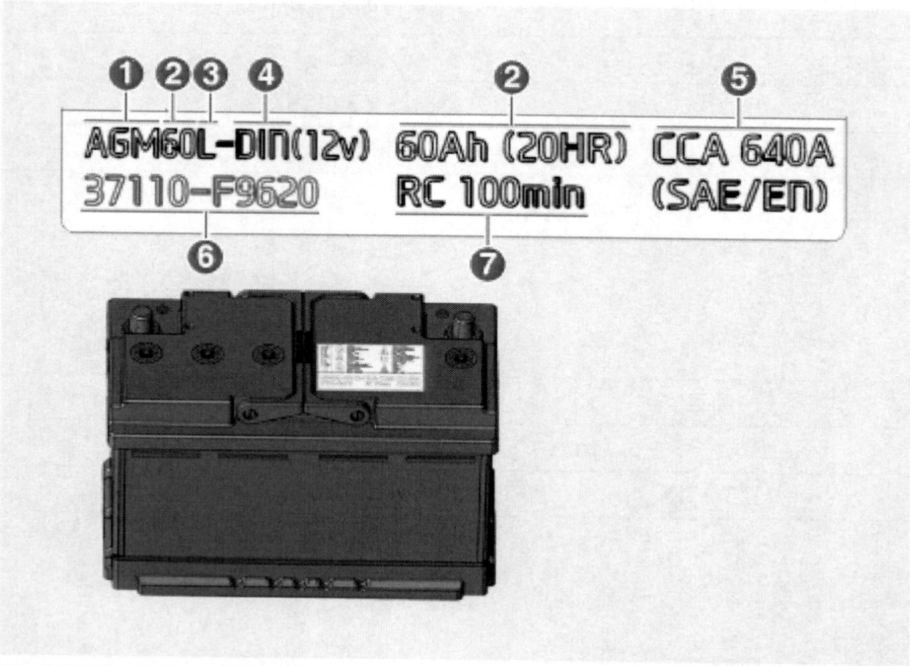

1. 배터리 사양
   - AGM : Absorbent Glass Material
   - CMF : Closed Maintenance Free
   - MF : Maintenance Free
2. 배터리 용량(20시간율 기준)
3. 단자 위치
   - L : (+)단자가 왼쪽에 위치
   - R : (+)단자가 오른쪽에 위치
4. 배터리 타입
   - BCI (Battery Council International) : 돌출형 단자
   - DIN (Deutsche Industric Normen) : 함몰형 단자
5. 냉간 시동 전류(CCA : Cold Cranking Ampere)

> **참 고**
>
> CCA : -18°C에서 7.2 V 이상의 전압을 유지하면서 30초간 공급할 수 있는 전류량

6. 부품 번호
7. 보존 용량(RC : Reserve Capacity)

> **참 고**
>
> RC : 26.7°C의 온도에서 최소 전압 10.5 V를 유지하면서 25 A를 공급할 수 있는 시간

구성부품

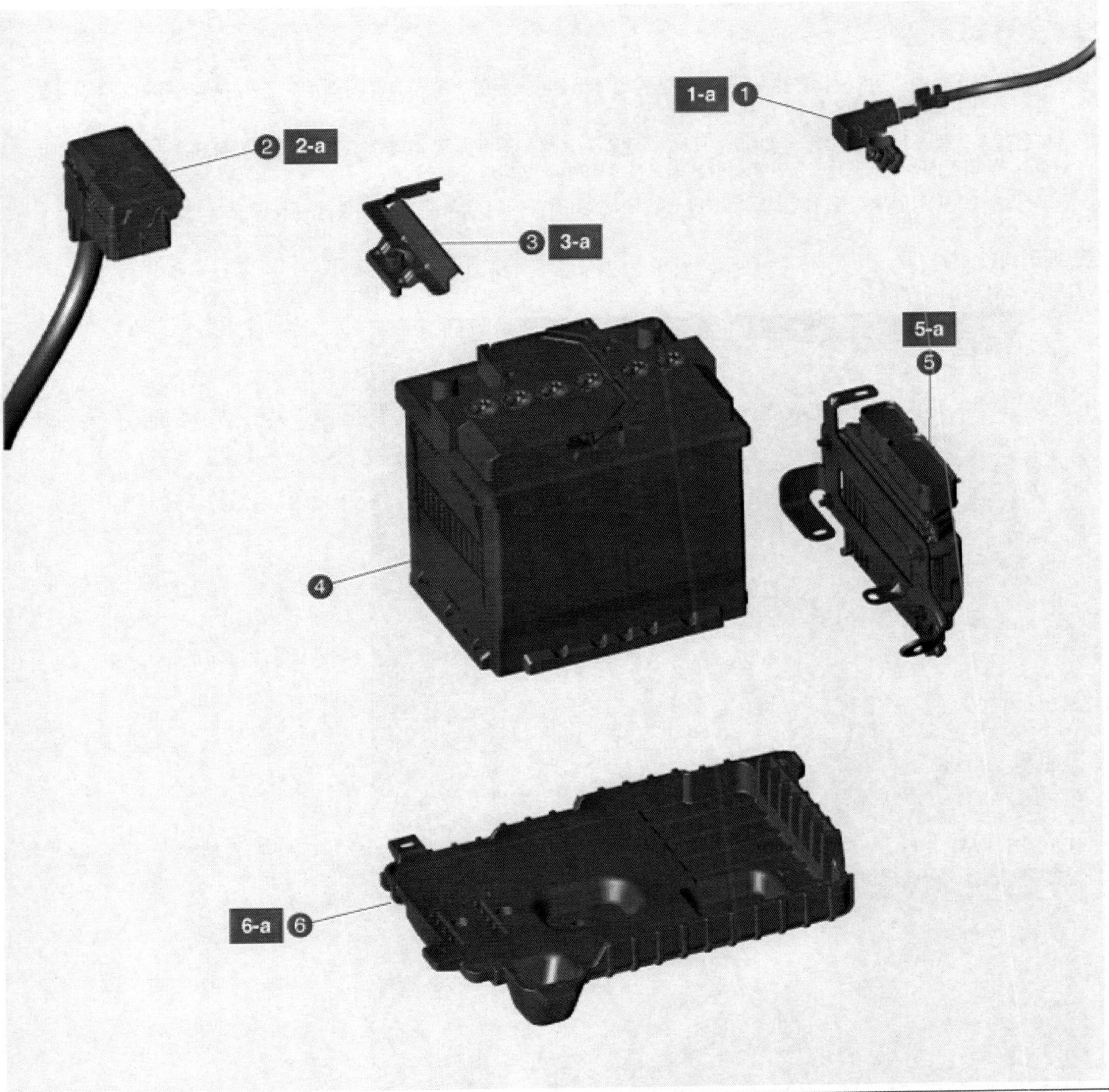

1. 배터리 (-) 케이블 1-a. 0.8 ~ 1.0 kgf·m 2. 배터리 (+) 케이블 2-a. 0.8 ~ 1.0 kgf·m 3. 배터리 클램프 3-a. 1.0 ~ 1.4 kgf·m	4. 보조 배터리(12 V) 5. 차량 제어 유닛(VCU) 5-a. 1.0 ~ 1.2 kgf·m 6. 배터리 트레이 6-a. 1.0 ~ 1.4 kgf·m

탈거

⚠ 경 고

- 고전압 시스템 관련 작업 시, 관련 교육을 이수한 작업자가 정비를 진행한다. 고전압 시스템에 대한 이해가 부족한 경우 감전 또는 누전 등으로 인한 심각한 사고를 초래할 수 있다.
- 고전압 시스템 또는 주변 부품 작업 시, 반드시 "고전압 시스템 안전사항 및 주의, 경고" 내용을 숙지하고 준수해야 한다. 미준수 시, 감전 또는 누전 등으로 인한 심각한 사고를 초래할 수 있다.
- 고전압 시스템 작업 특성상, 개인보호장구(PPE) 및 사전 고전압 차단 절차를 반드시 확인한다.

보조 배터리(12 V)

1. 프런트 트렁크(A)를 연다.

2. 서비스 커버(A)를 연다.

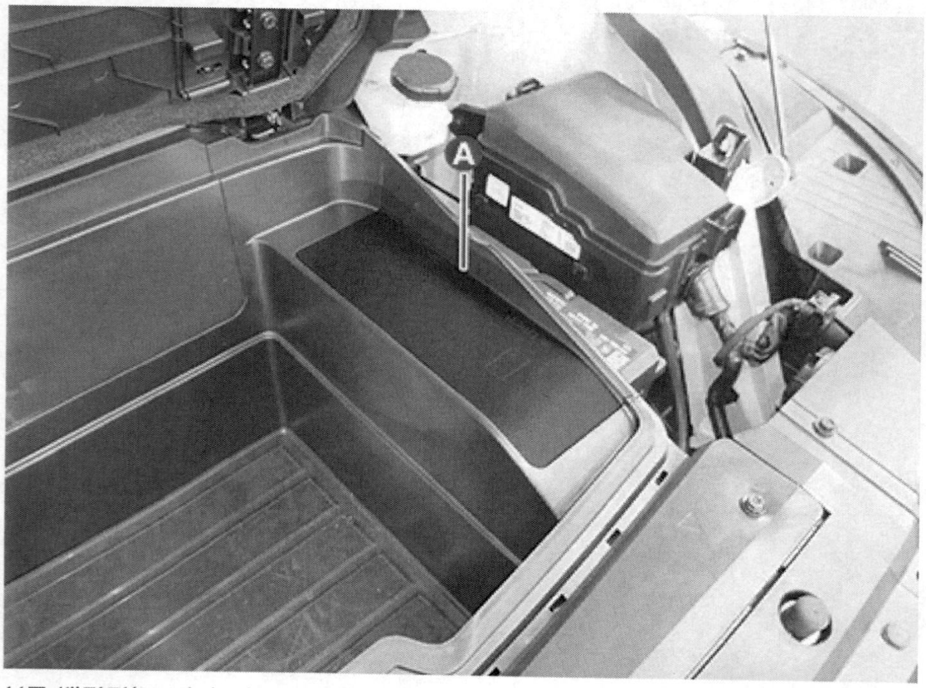

3. 보조 배터리(12 V) (-) 단자(A)를 분리한다.

체결토크 : 0.8 ~ 1.0 kgf·m

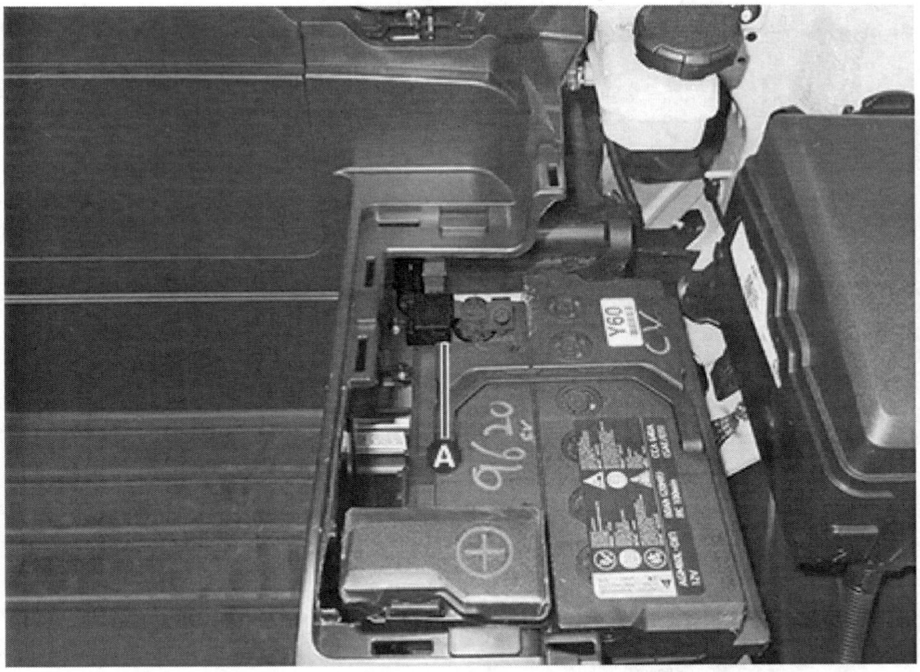

4. 서비스 인터록 커넥터(A)를 분리한다.

⚠ 경 고

고전압 시스템의 커패시터가 완전히 방전될 수 있도록 5분 이상 대기한다.

유 의

서비스 인터록 커넥터는 완전히 탈거되지 않는다.

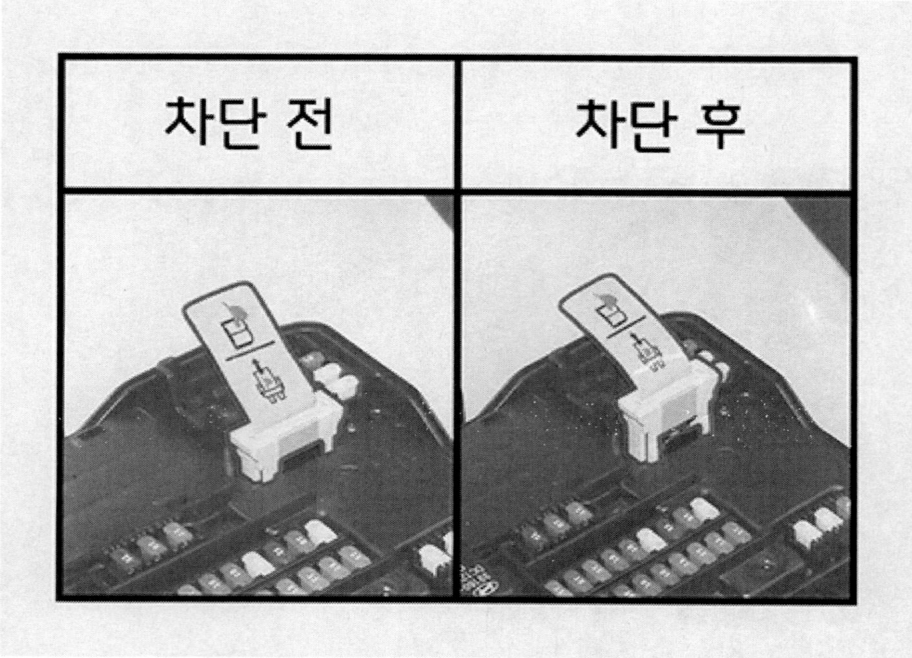

5. 보조 배터리(12 V) (+) 단자 커버(A)를 연다.

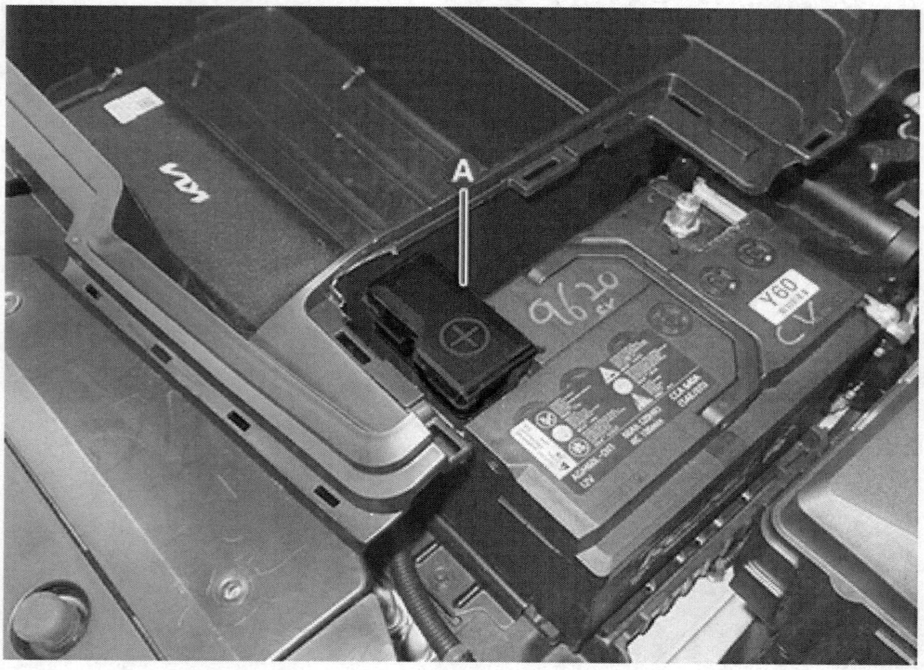

6. 보조 배터리(12 V) (+) 단자(A)를 분리한다.

체결토크 : 0.8 ~ 1.0 kgf·m

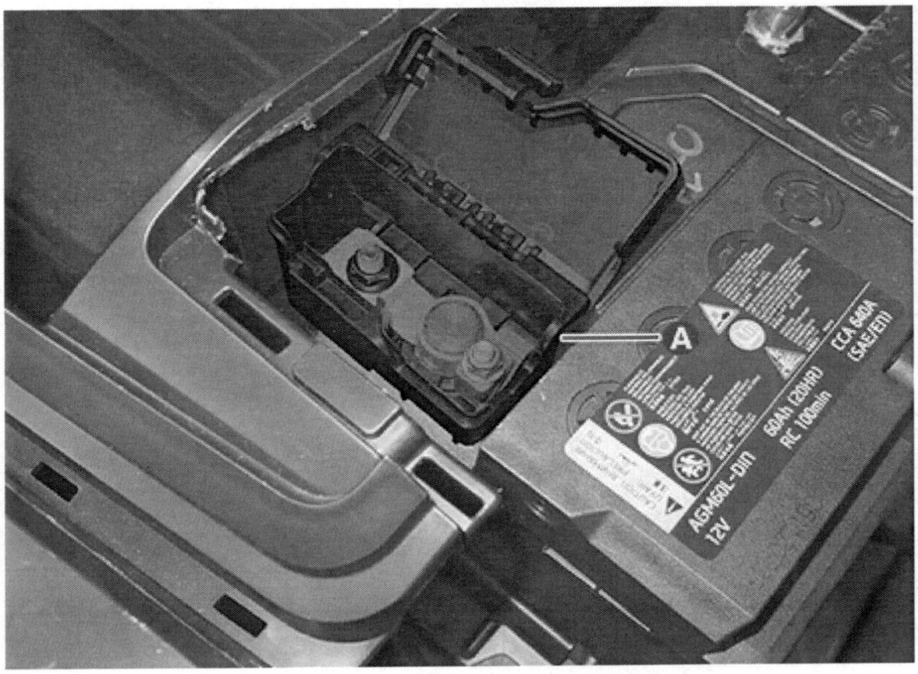

7. 보조 배터리(12 V) 클램프(B)를 탈거 후 보조 배터리(A)를 탈거한다.

체결토크 : 1.0 ~ 1.4 kgf·m

보조 배터리(12 V) 트레이

1. 보조 배터리(12 V)를 탈거한다.
   (보조 배터리(12 V) - "탈거 및 장착 - 2WD" 참조)
2. 차량 제어 유닛(VCU)을 탈거한다.
   (모터 및 감속기 시스템 - "차량 제어 유닛 (VCU)" 참조)
3. 와이어링(A)을 트레이로부터 분리한다.

4. 배터리 트레이(A)를 탈거한다.

체결토크 : 1.0 ~ 1.4 kgf·m

장착

⚠ 경 고

- 고전압 시스템 관련 작업 시, 관련 교육을 이수한 작업자가 정비를 진행한다. 고전압 시스템에 대한 이해가 부족한 경우 감전 또는 누전 등으로 인한 심각한 사고를 초래할 수 있다.
- 고전압 시스템 또는 주변 부품 작업 시, 반드시 "고전압 시스템 안전사항 및 주의, 경고" 내용을 숙지하고 준수해야 한다. 미준수 시, 감전 또는 누전 등으로 인한 심각한 사고를 초래할 수 있다.
- 고전압 시스템 작업 특성상, 개인보호장구(PPE) 및 사전 고전압 차단 절차를 반드시 확인한다.

1. 장착은 탈거의 역순으로 한다.

유 의

- 보조 배터리(12 V) 및 트레이 장착 시 규정 토크를 준수하여 장착한다.
- 보조 배터리(12 V)를 떨어뜨렸을 경우, 보이지 않는 손상이 유발될 수 있으니 신품으로 교환한다. (재사용 금지)

탈거

⚠ 경 고

- 고전압 시스템 관련 작업 시, 관련 교육을 이수한 작업자가 정비를 진행한다. 고전압 시스템에 대한 이해가 부족한 경우 감전 또는 누전 등으로 인한 심각한 사고를 초래할 수 있다.
- 고전압 시스템 또는 주변 부품 작업 시, 반드시 "고전압 시스템 안전사항 및 주의, 경고" 내용을 숙지하고 준수해야 한다. 미준수 시, 감전 또는 누전 등으로 인한 심각한 사고를 초래할 수 있다.
- 고전압 시스템 작업 특성상, 개인보호장구(PPE) 및 사전 고전압 차단 절차를 반드시 확인한다.

보조 배터리(12 V)

1. 프런트 트렁크(A)를 연다.

2. 서비스 커버(A)를 연다.

3. 보조 배터리(12 V) (-) 단자(A)를 분리한다.

체결토크 : 0.8 ~ 1.0 kgf·m

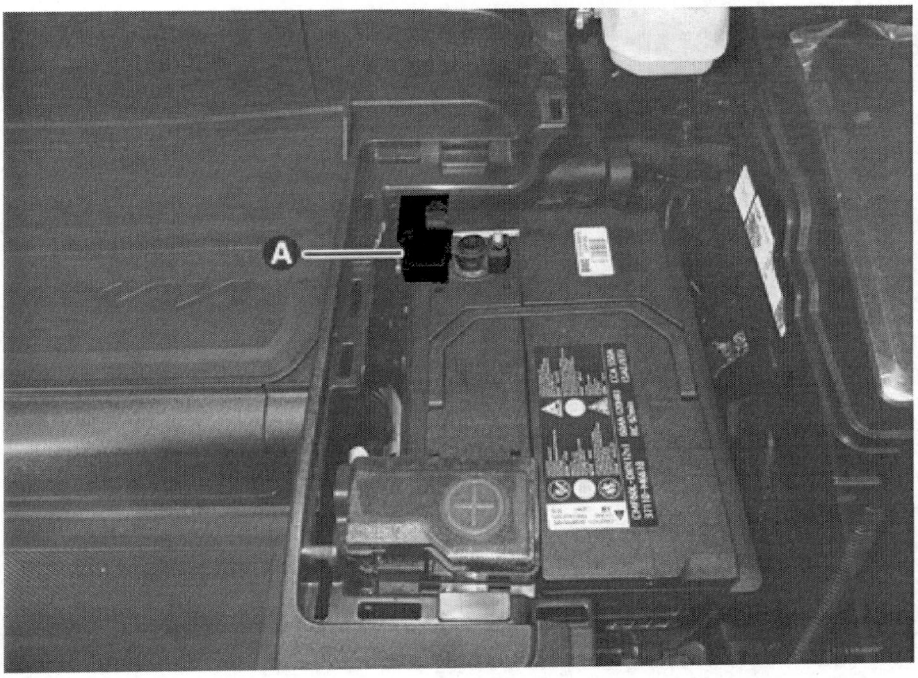

4. 서비스 인터록 커넥터(A)를 분리한다.

> **⚠ 경 고**
>
> 고전압 시스템의 커패시터가 완전히 방전될 수 있도록 5분 이상 대기한다.

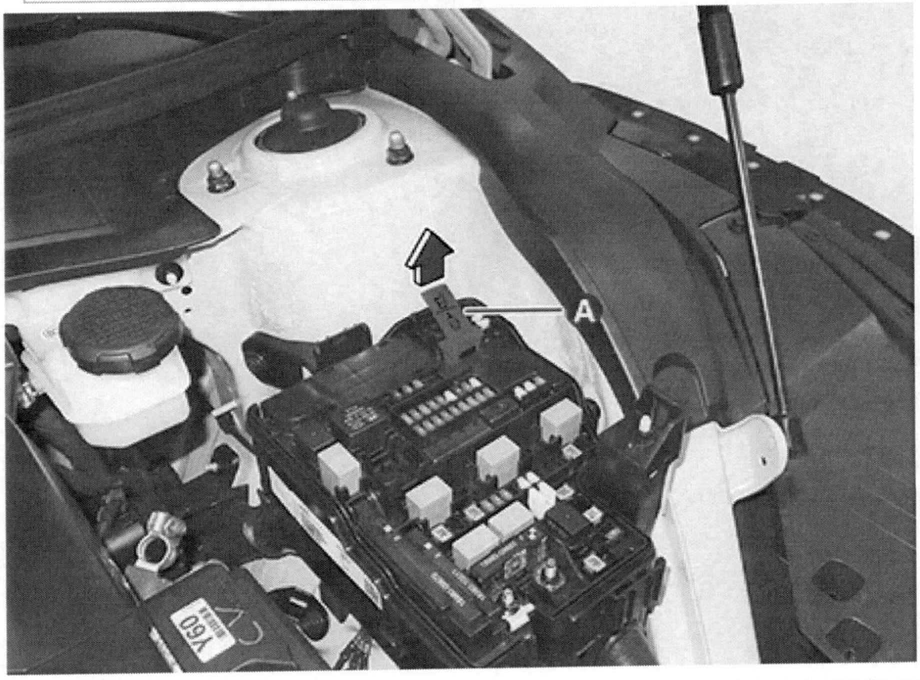

> **유 의**
>
> 서비스 인터록 커넥터는 완전히 탈거되지 않는다.

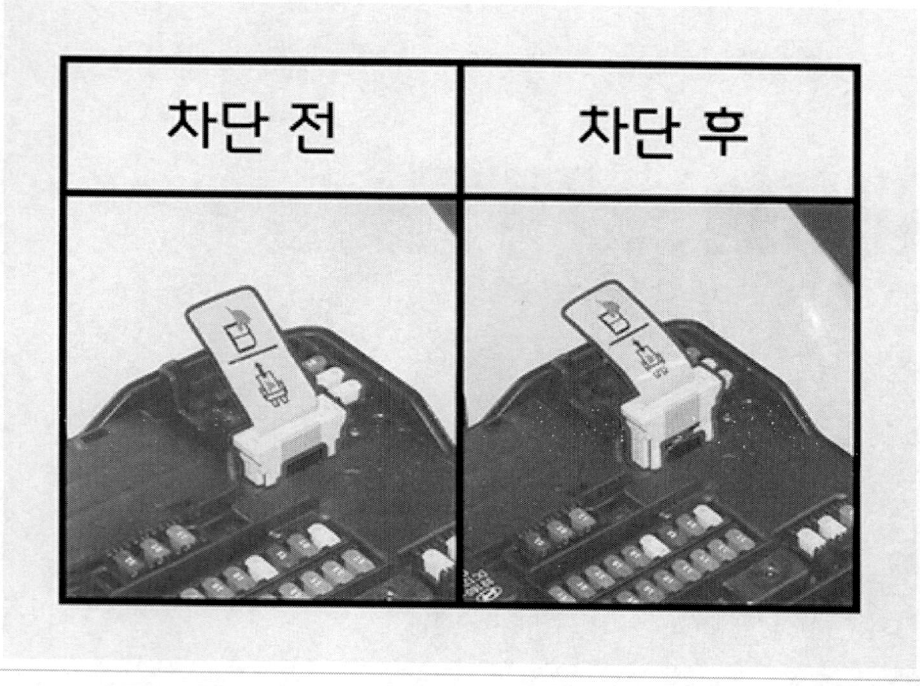

5. 보조 배터리(12 V) (+) 단자 커버(A)를 연다.

6. 보조 배터리(12 V) (+) 단자(A)를 분리한다.

체결토크 : 0.8 ~ 1.0 kgf·m

7. 보조 배터리(12 V) 클램프(B)를 탈거 후 보조 배터리(A)를 탈거한다.

체결토크 : 1.0 ~ 1.4 kgf·m

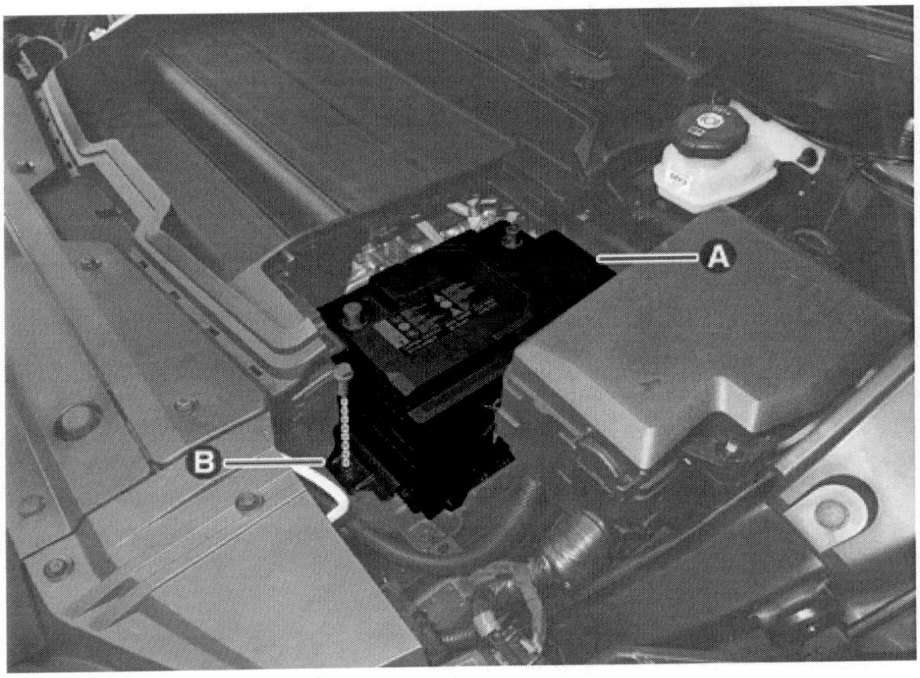

보조 배터리(12 V) 트레이

1. 보조 배터리(12 V)를 탈거한다.
   (보조 배터리(12 V) - "탈거 및 장착-4WD" 참조)
2. 차량 제어 유닛(VCU)을 탈거한다.
   (모터 및 감속기 시스템 - "차량 제어 유닛 (VCU)" 참조)
3. 와이어링(A, B)을 트레이로부터 분리한다.

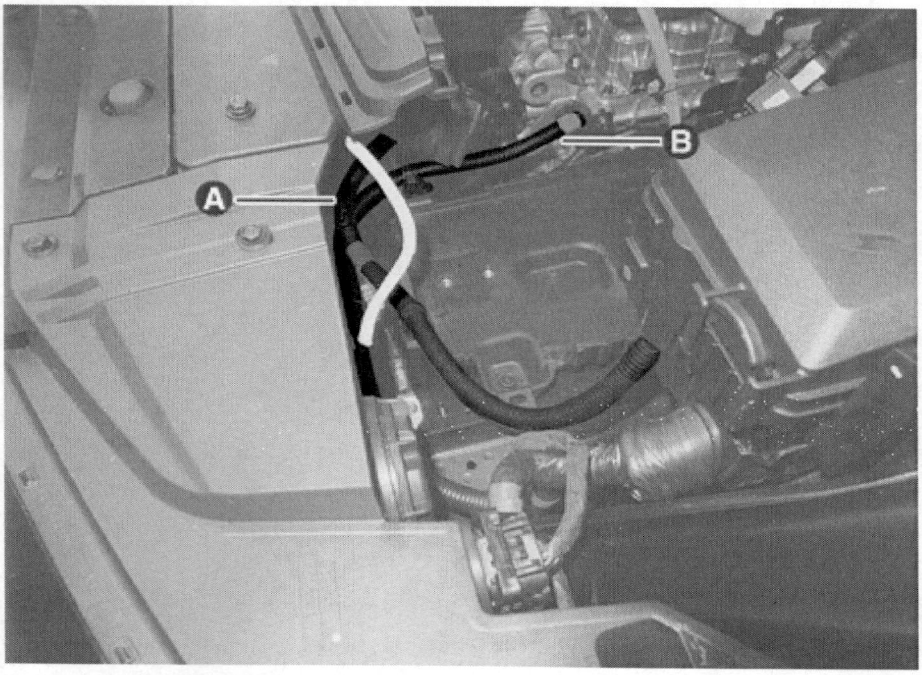

4. 배터리 트레이(A)를 탈거한다.

체결토크 : 1.0 ~ 1.4 kgf·m

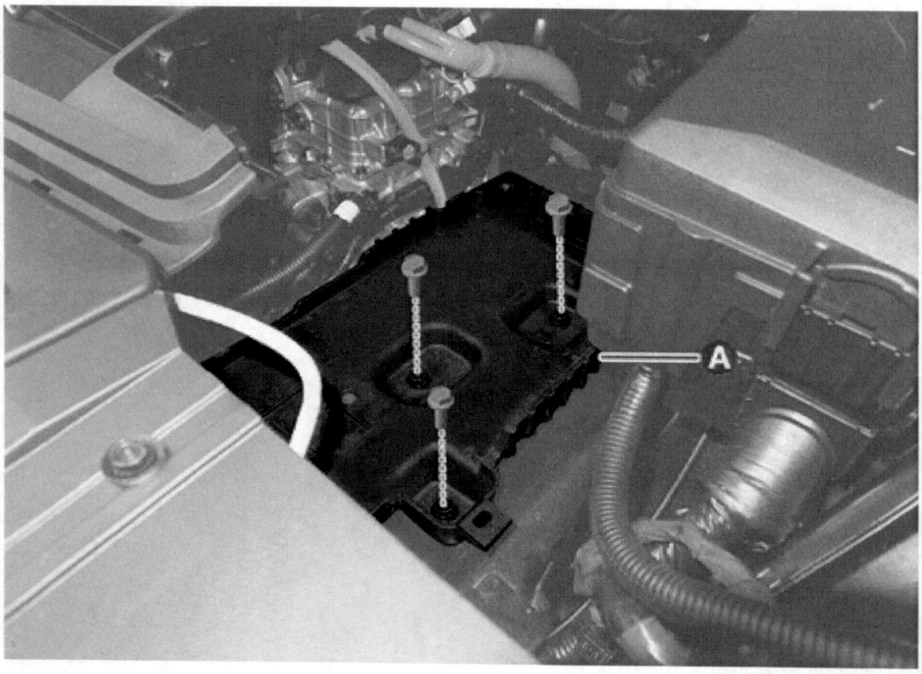

장착

⚠ 경 고

- 고전압 시스템 관련 작업 시, 관련 교육을 이수한 작업자가 정비를 진행한다. 고전압 시스템에 대한 이해가 부족한 경우 감전 또는 누전 등으로 인한 심각한 사고를 초래할 수 있다.
- 고전압 시스템 또는 주변 부품 작업 시, 반드시 "고전압 시스템 안전사항 및 주의, 경고" 내용을 숙지하고 준수해야 한다. 미준수 시, 감전 또는 누전 등으로 인한 심각한 사고를 초래할 수 있다.
- 고전압 시스템 작업 특성상, 개인보호장구(PPE) 및 사전 고전압 차단 절차를 반드시 확인한다.

1. 장착은 탈거의 역순으로 한다.

유 의

- 보조 배터리(12 V) 및 트레이 장착 시 규정 토크를 준수하여 장착한다.
- 보조 배터리(12 V)를 떨어뜨렸을 경우, 보이지 않는 손상이 유발될 수 있으니 신품으로 교환한다. (재사용 금지)

제원

항목	제원
정격 전압(V)	12 ~ 14
작동 전압(V)	6 ~ 18
작동 온도(°C)	-40 ~ 105
암전류(uA)	최대 300

개요

배터리 센서는 보조 배터리(12 V) (-) 단자에 장착되며 전장 액추에이터에 공급되는 전압 변화를 감지하고 보조 배터리(12 V) 입력과 출력 전류를 감지한다.

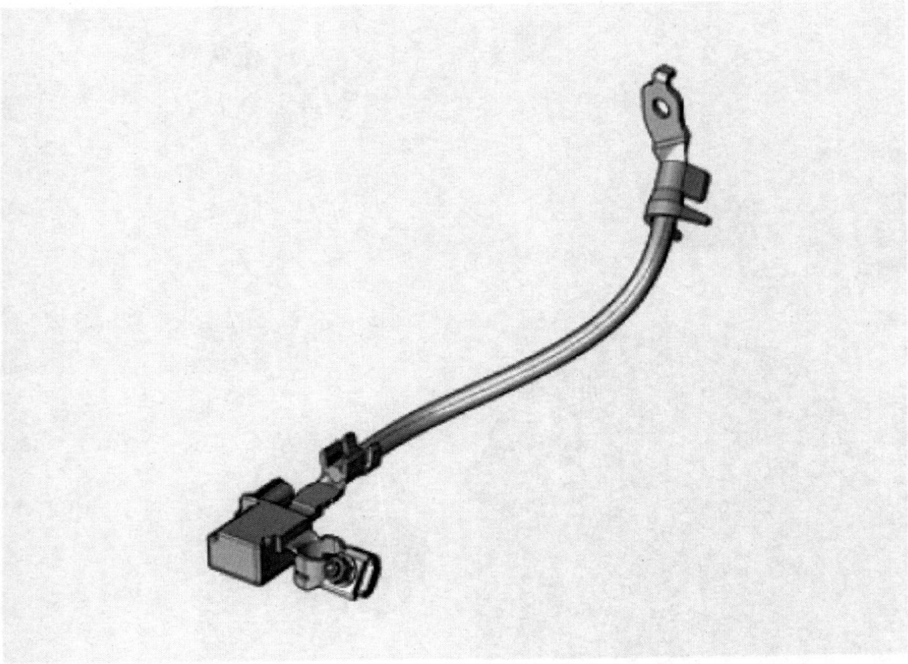

구성부품

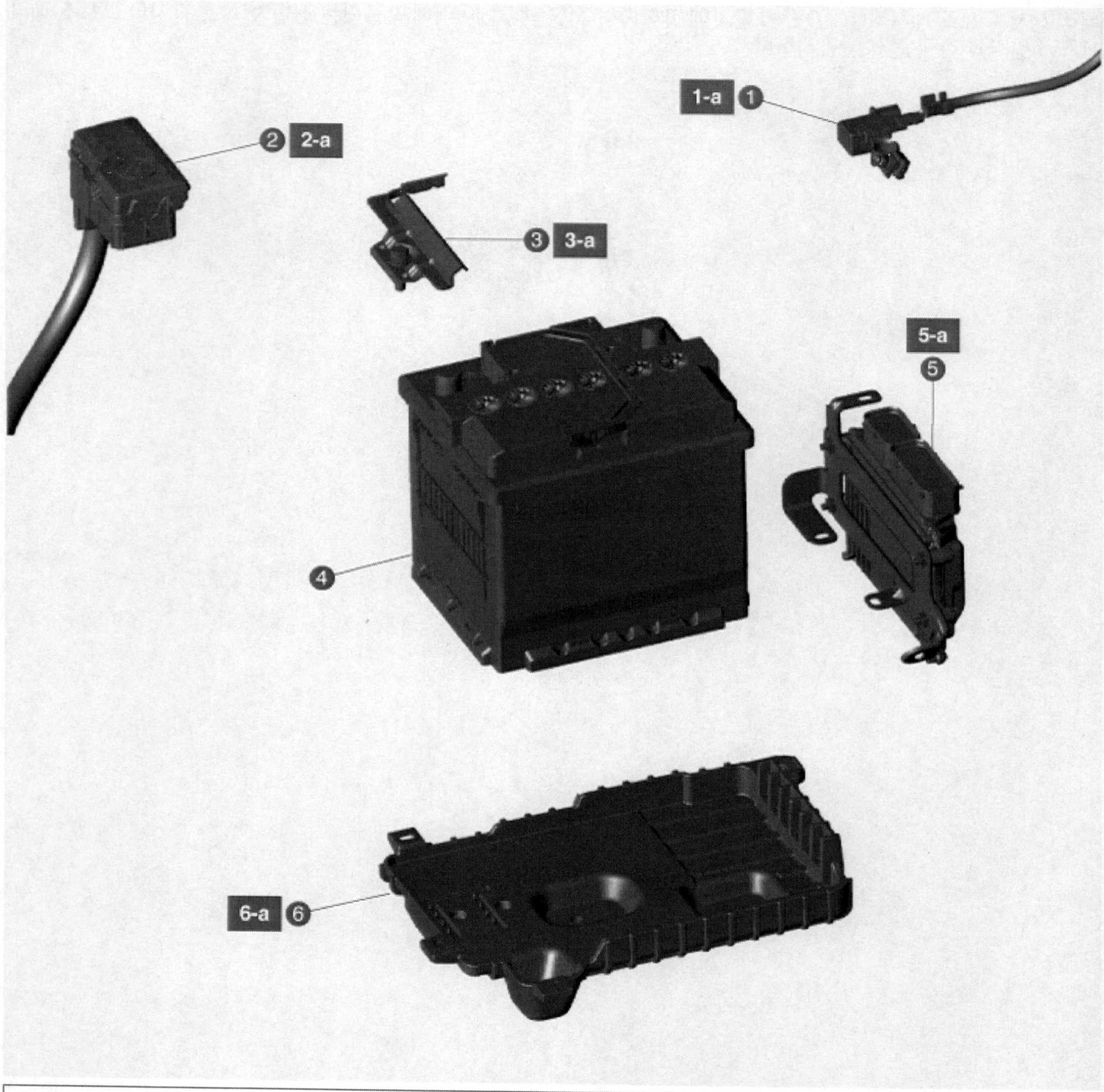

1. 배터리 (-) 케이블 1-a. 0.8 ~ 1.0 kgf·m 2. 배터리 (+) 케이블 2-a. 0.8 ~ 1.0 kgf·m 3. 배터리 클램프 3-a. 1.0 ~ 1.4 kgf·m	4. 보조 배터리(12 V) 5. 차량 제어 유닛(VCU) 5-a. 1.0 ~ 1.2 kgf·m 6. 배터리 트레이 6-a. 1.0 ~ 1.4 kgf·m

탈거

⚠ 경 고

- 고전압 시스템 관련 작업 시, 관련 교육을 이수한 작업자가 정비를 진행한다. 고전압 시스템에 대한 이해가 부족한 경우 감전 또는 누전 등으로 인한 심각한 사고를 초래할 수 있다.
- 고전압 시스템 또는 주변 부품 작업 시, 반드시 "고전압 시스템 안전사항 및 주의, 경고" 내용을 숙지하고 준수해야 한다. 미준수 시, 감전 또는 누전 등으로 인한 심각한 사고를 초래할 수 있다.
- 고전압 시스템 작업 특성상, 개인보호장구(PPE) 및 사전 고전압 차단 절차를 반드시 확인한다.

1. 서비스 인터록 커넥터(A)를 분리한다.

⚠ 경 고

고전압 시스템의 커패시터가 완전히 방전될 수 있도록 5분 이상 대기한다.

유 의

서비스 인터록 커넥터는 완전히 탈거되지 않는다.

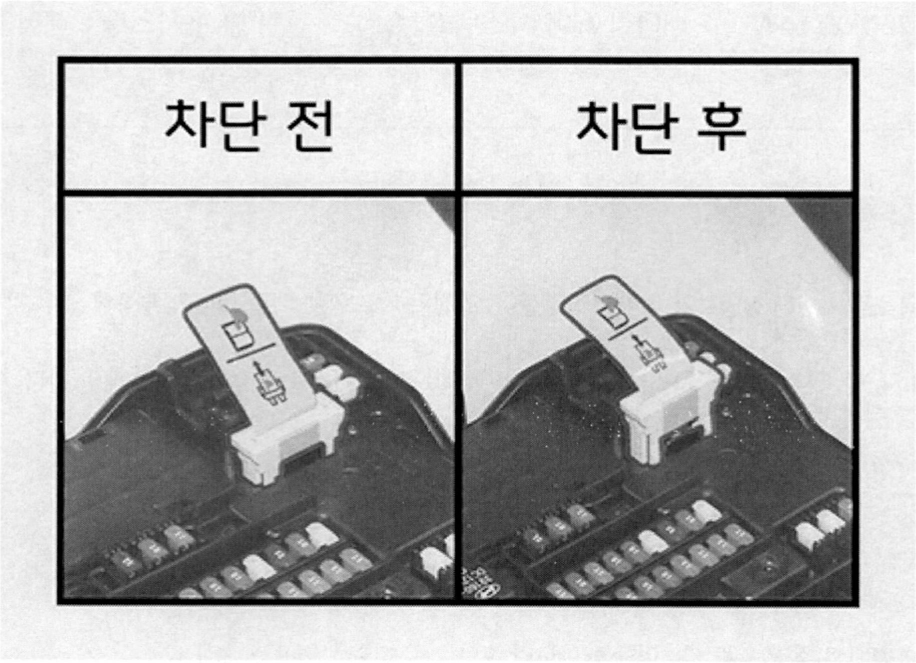

2. 프런트 트렁크를 탈거한다.
   (바디 - "프런트 트렁크" 참조)
3. 보조 배터리(12 V) (-) 단자(A)를 분리한다.

체결토크 : 0.8 ~ 1.0 kgf·m

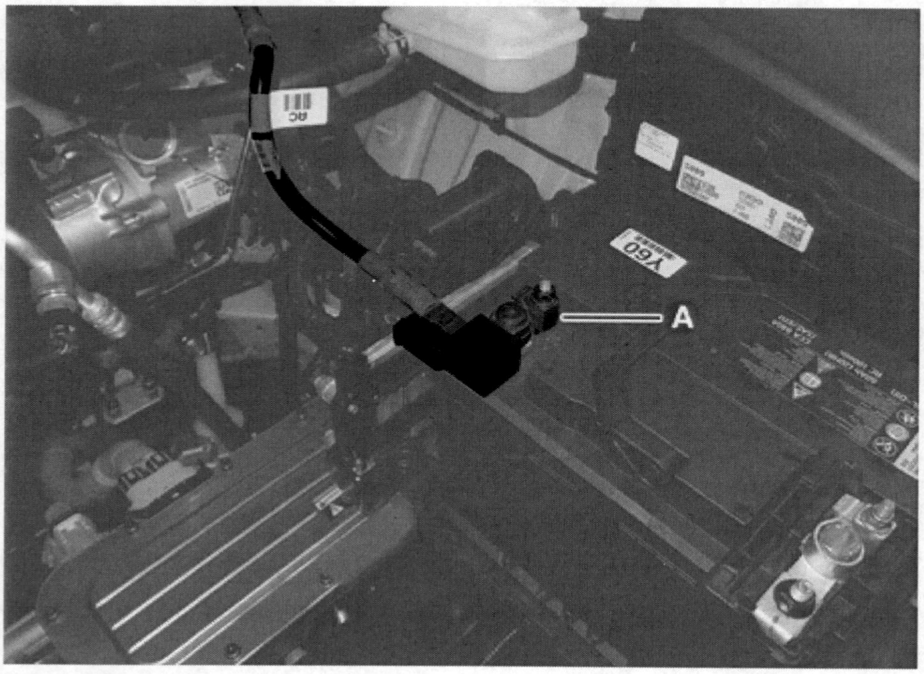

4. 배터리 센서 커넥터(A)를 분리한다.

5. 볼트를 풀어 배터리 센서(A)를 탈거한다.

체결토크 : 2.7 ~ 3.3 kgf·m

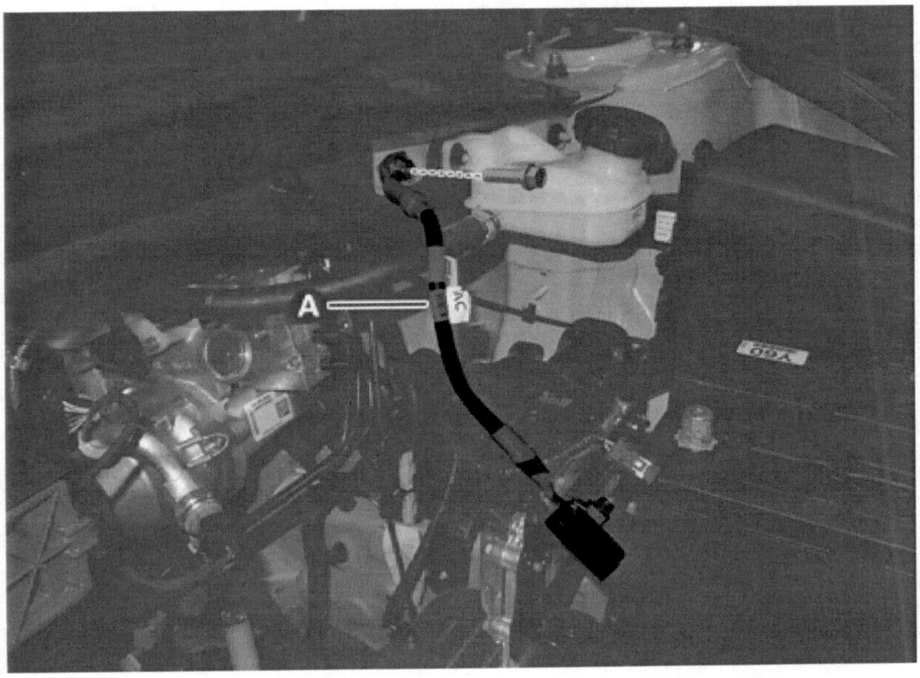

장착

▲ 경 고

- 고전압 시스템 관련 작업 시, 관련 교육을 이수한 작업자가 정비를 진행한다. 고전압 시스템에 대한 이해가 부족한 경우 감전 또는 누전 등으로 인한 심각한 사고를 초래할 수 있다.
- 고전압 시스템 또는 주변 부품 작업 시, 반드시 "고전압 시스템 안전사항 및 주의, 경고" 내용을 숙지하고 준수해야 한다. 미준수 시, 감전 또는 누전 등으로 인한 심각한 사고를 초래할 수 있다.
- 고전압 시스템 작업 특성상, 개인보호장구(PPE) 및 사전 고전압 차단 절차를 반드시 확인한다.

1. 장착은 탈거의 역순으로 한다.

유 의

- 배터리 센서 장착 시 규정 토크를 준수하여 장착한다.
- 배터리 센서를 떨어뜨렸을 경우, 보이지 않는 손상이 유발될 수 있으니 신품으로 교환한다. (재사용 금지)

탈거

⚠ 경 고

- 고전압 시스템 관련 작업 시, 관련 교육을 이수한 작업자가 정비를 진행한다. 고전압 시스템에 대한 이해가 부족한 경우 감전 또는 누전 등으로 인한 심각한 사고를 초래할 수 있다.
- 고전압 시스템 또는 주변 부품 작업 시, 반드시 "고전압 시스템 안전사항 및 주의, 경고" 내용을 숙지하고 준수해야 한다. 미준수 시, 감전 또는 누전 등으로 인한 심각한 사고를 초래할 수 있다.
- 고전압 시스템 작업 특성상, 개인보호장구(PPE) 및 사전 고전압 차단 절차를 반드시 확인한다.

1. 서비스 인터록 커넥터(A)를 분리한다.

⚠ 경 고

고전압 시스템의 커패시터가 완전히 방전될 수 있도록 5분 이상 대기한다.

유 의

서비스 인터록 커넥터는 완전히 탈거되지 않는다.

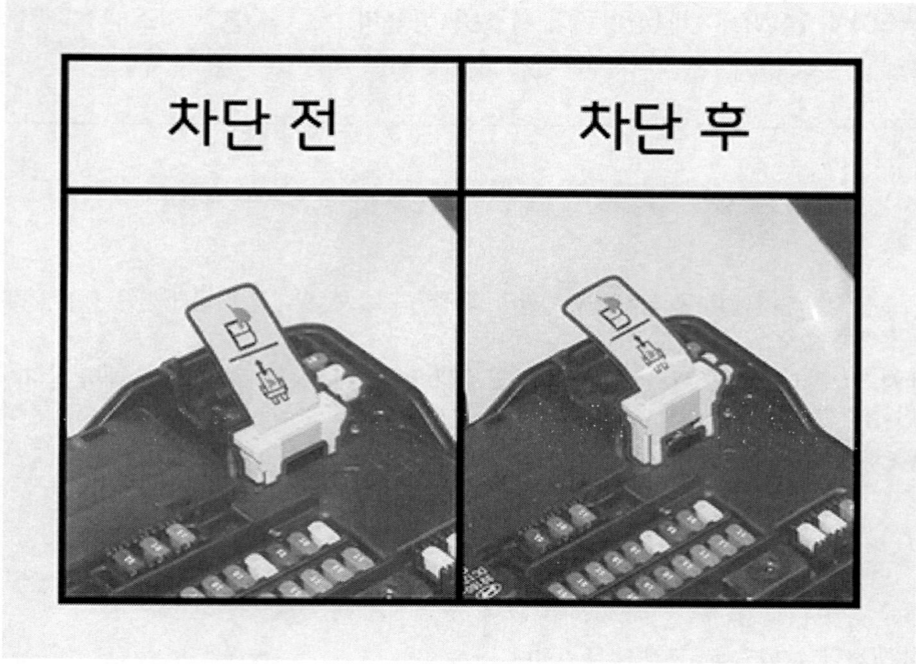

2. 프런트 트렁크를 탈거한다.
   (바디 - "프런트 트렁크" 참조)
3. 보조 배터리(12 V) (-) 단자(A)를 분리한다.

체결토크 : 0.8 ~ 1.0 kgf·m

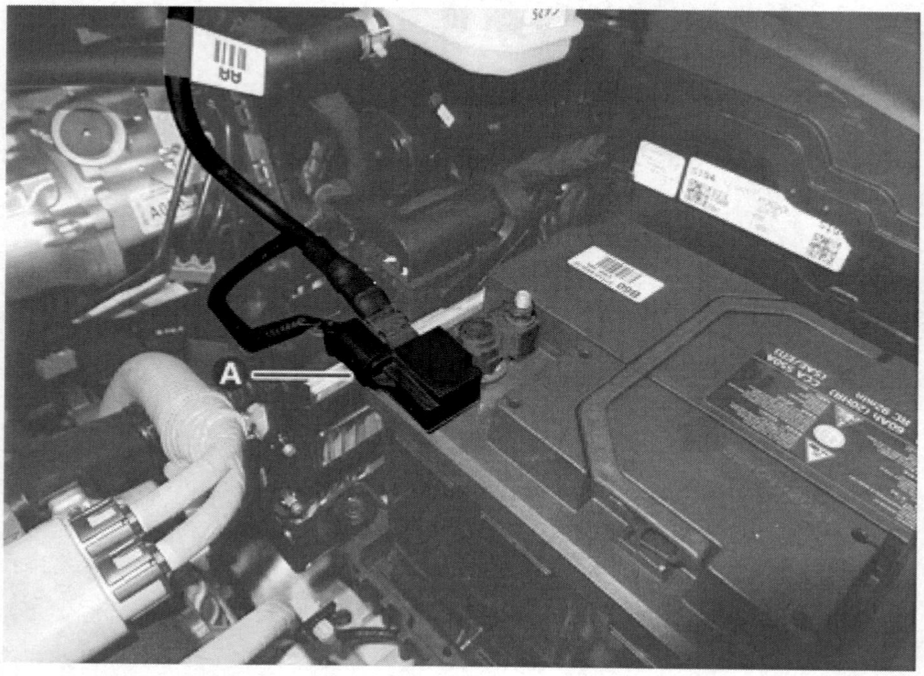

4. 배터리 센서 커넥터(A)를 분리한다.

5. 볼트를 풀어 배터리 센서(A)를 탈거한다.

체결토크 : 2.7 ~ 3.3 kgf·m

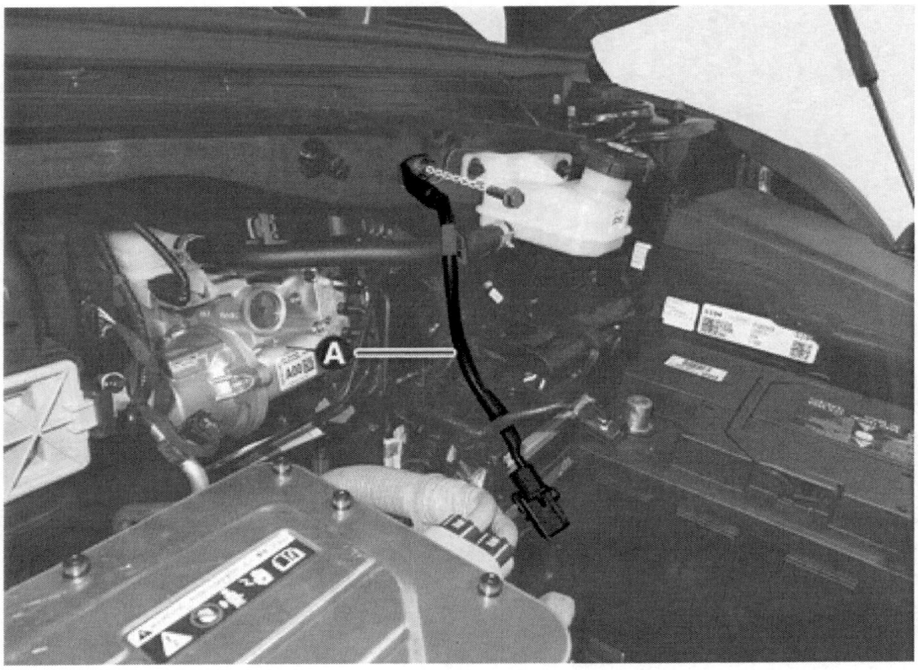

장착

⚠ 경 고

- 고전압 시스템 관련 작업 시, 관련 교육을 이수한 작업자가 정비를 진행한다. 고전압 시스템에 대한 이해가 부족한 경우 감전 또는 누전 등으로 인한 심각한 사고를 초래할 수 있다.
- 고전압 시스템 또는 주변 부품 작업 시, 반드시 "고전압 시스템 안전사항 및 주의, 경고" 내용을 숙지하고 준수해야 한다. 미준수 시, 감전 또는 누전 등으로 인한 심각한 사고를 초래할 수 있다.
- 고전압 시스템 작업 특성상, 개인보호장구(PPE) 및 사전 고전압 차단 절차를 반드시 확인한다.

1. 장착은 탈거의 역순으로 한다.

유 의

- 배터리 센서 장착 시 규정 토크를 준수하여 장착한다.
- 배터리 센서를 떨어뜨렸을 경우, 보이지 않는 손상이 유발될 수 있으니 신품으로 교환한다. (재사용 금지)

모터 및 감속기 시스템

제원

모터 및 감속기

항목	제원	
	70 kw (전륜)	160 kw (후륜)
모터 타입	매입형 영구자석 동기 모터 (IPMSM)	매입형 영구자석 동기 모터 (IPMSM)
감속기 기어비	10.65	10.65
최대 출력(kW)	70	160
최대 토크(Nm)	255	350
최대 회전 속도(rpm)	15,000	17,900
냉각 방식	유냉식	유냉식

오일 온도 센서

항목		제원
센서 형식		NTC 서미스터
작동 전압(V)		4.75 ~ 5.25
최대 저항(mA)		100
응답 시간	시험 매체 : 냉각수	MAX. 5초
오일 온도(˚C)		-40 ~ 150

오일 온도 센서 표

온도 (˚C)	저항 (kΩ)		
	최저	보통	최대
-40	41.74	48.14	54.54
-30	23.54	26.74	29.94
-20	14.13	15.48	16.83
-10	8.393	9.308	10.223
0	5.281	5.790	6.299
10	3.422	3.714	4.007
20	2.310	2.450	2.590
30	1.554	1.658	1.762
40	1.084	1.148	1.212
50	0.7729	0.8126	0.8524
60	0.5615	0.5865	0.6115
70	0.4154	0.4311	0.4469
80	0.3122	0.3222	0.3322
90	0.2382	0.2446	0.2510
100	0.1844	0.1884	0.1924
110	0.1451	0.1471	0.1491
120	0.1139	0.1163	0.1187

130	0.0908	0.0930	0.0953
140	0.0731	0.0752	0.0773
150	0.0594	0.0614	0.0634

체결토크

프런트 언더 커버

항목	체결토크(kgf·m)
프런트 언더 커버 볼트	0.8 ~ 1.2
프런트 리어 언더 커버 너트	0.8 ~ 1.2

전륜 모터 및 감속기 마운팅

항목	체결토크(kgf·m)
모터 마운팅 브래킷 볼트 & 너트	11.0 ~ 13.0
모터 마운팅 브래킷 볼트	6.5 ~ 8.5

전륜 모터 및 감속기 어셈블리

항목	체결토크(kgf·m)
접지 볼트	0.7 ~ 1.0
에어컨 파이프 너트	0.9 ~ 1.4
스티어링 유니버설 조인트 볼트	5.0 ~ 6.0
고전압 배터리 커버 볼트	0.8 ~ 1.2
스태빌라이저 바 링크 너트	10.0 ~ 12.0
프런트 서브 프레임 볼트 & 너트	11.0 ~ 13.0
모터 마운팅 브래킷 볼트 & 너트	11.0 ~ 13.0
모터 & 감속기 마운팅 브래킷 볼트	6.5 ~ 8.5

리어 언더 커버

항목	체결토크(kgf·m)
센터 플로어 리어 언더 커버 너트	0.8 ~ 1.2
리어 크로스 멤버 언더 커버 볼트	0.8 ~ 1.2

후륜 모터 및 감속기 마운팅

항목	체결토크(kgf·m)
모터 마운팅 브래킷 볼트	6.5 ~ 8.5
모터 마운팅 브래킷 볼트 & 너트	11.0 ~ 13.0

후륜 모터 및 감속기 어셈블리

항목	체결토크(kgf·m)
급속 충전 커넥터 서비스 커버 너트	0.8 ~ 1.2
급속 충전 커넥터 볼트	1.0 ~ 1.1
리어 휠 속도 센서 와이어링 브래킷 볼트	2.0 ~ 3.0
접지 볼트	0.8 ~ 1.2
고전압 케이블 브래킷 너트	1.0 ~ 1.2

리어 범퍼 언더 커버 너트	0.8 ~ 1.2
언더 커버 브래킷 볼트	5.0 ~ 6.0
리어 크로스 멤버 볼트 & 너트	18.0 ~ 20.0
접지 볼트	0.7 ~ 1.1
메인 와이어링 프로텍터 볼트	0.7 ~ 1.0
고전압 케이블 브래킷 볼트	0.8 ~ 1.2
후륜 모터 및 감속기 너트	11.0 ~ 13.0
후륜 모터 및 감속기 볼트	6.5 ~ 8.5
	18.0 ~ 20.0

감속기 오일

항목	체결토크(kgf·m)
드레인 플러그	4.5 ~ 6.0
필러 플러그	4.5 ~ 6.0

SBW 액추에이터

항목	체결토크(kgf·m)
메인 와이어링 프로텍터 볼트	0.7 ~ 1.0
SBW 액추에이터 볼트	2.1 ~ 2.8

SBW 제어 유닛

항목	체결토크(kgf·m)
SBW 제어 유닛 너트	1.0 ~ 1.2

오일 온도 센서

항목	체결토크(kgf·m)
오일 온도 센서 볼트	1.0 ~ 1.2

전동식 오일 펌프(EOP)

항목	체결토크(kgf·m)
EOP 볼트	2.0 ~ 2.7

DAS 모터

항목	체결토크(kgf·m)
DAS 모터 볼트	0.5 ~ 0.6

윤활유

오일

전륜 모터 및 감속기 [4WD]

오일 등급	용량
SK ATF SP4M-1, NOCA ATF SP4M-1, S-OIL ATF SP4M-1, 기아 순정 ATF SP4M-1	3.2 ~ 3.3 ℓ

후륜 모터 및 감속기 [2WD, 4WD]

오일 등급	용량
SK ATF SP4M-1, NOCA ATF SP4M-1, S-OIL ATF SP4M-1, 기아 순정 ATF SP4M-1	3.4 ~ 3.5 ℓ

유 의

품질 성능이 부적합한 오일의 사용은 모터 및 감속기 고장 및 성능의 저하 등을 초래할 수 있으며 이로 인한 품질은 보증이 불가능합니다. 순정 오일은 품질과 성능을 당사가 보증하는 부품입니다.

특수공구

공구 명칭 / 번호	형상	용도
감속기 오일 실 인스톨러 09445 - GI100		후륜 감속기 케이스 측 오일 실 장착 [2WD] 전륜 감속기 케이스와 하우징 측 오일 실 장착 [4WD] (핸들과 함께 사용)
감속기 오일 실 인스톨러 09445 - GI200		후륜 감속기 하우징 측 오일 실 장착 [2WD] (핸들과 함께 사용)
핸들 09231 - H1100	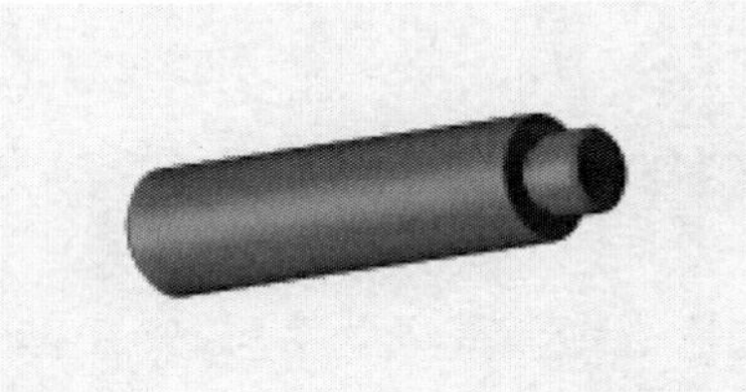	오일 실 장착 시 인스톨러와 함께 사용
엔진 지지대(어댑터) 09200 - 4X000	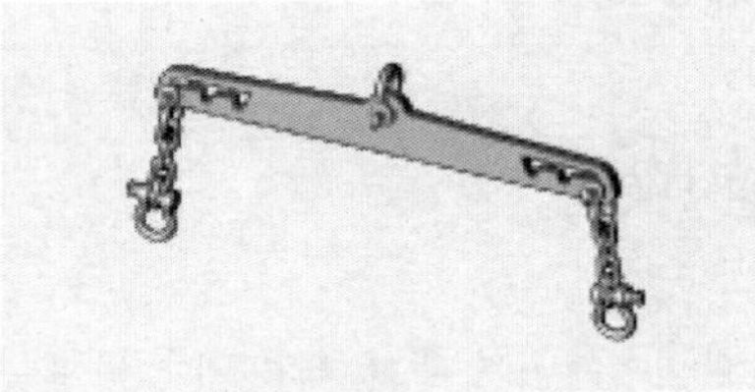	모터 및 감속기 탈거 및 장착 시 모터 및 감속기 고정

개요

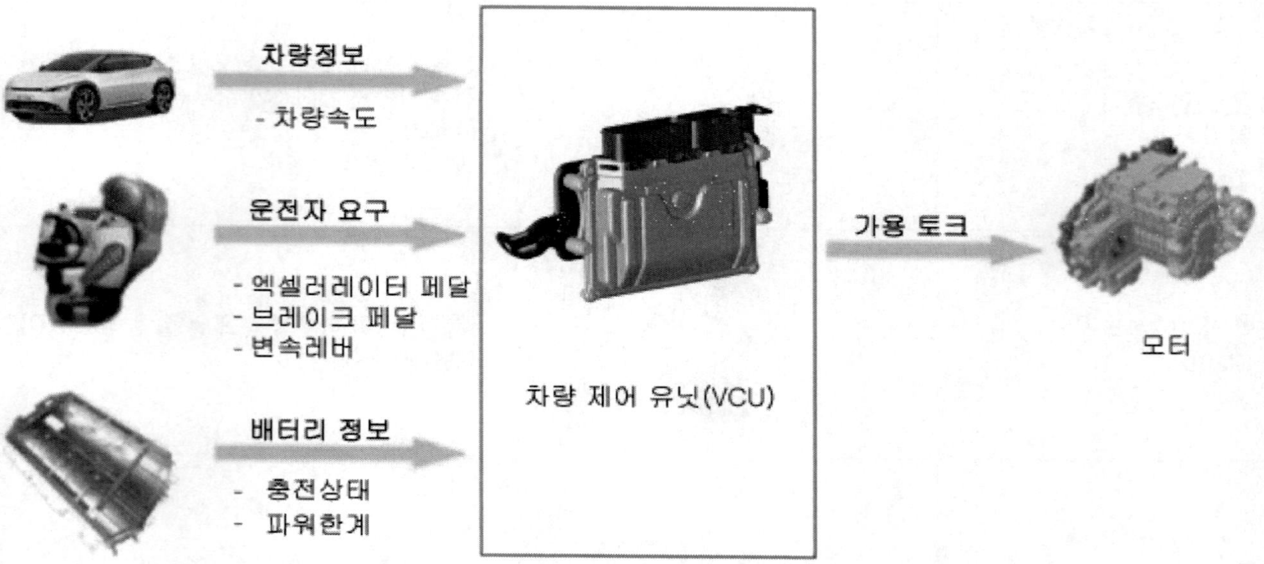

- 차량 제어 유닛(VCU)은 차량의 최상위 제어기로 모든 정보를 종합하여 운전자의 요구에 맞게 최적 제어한다.
- 구동 모터 제어, 공조 부하 제어, 12 V 전장 부하 전원 공급 제어, 디스커넥터 액추에이터 시스템(DAS) 외 종합 제어한다.

기능	세부 사항
구동 모터 제어	• 배터리 가용 파워 연산 • 모터 가용 토크 연산 • 운전자 요구(액셀러레이터 페달, 브레이크 페달, 변속 레버) 고려한 모터 토크 지령
공조 부하 제어	• 배터리 정보 및 전자동 에어컨(FATC) 요청 파워를 이용하여 최종 FATC 허용 파워 지령
12 V 전장 부하 전원 공급 제어	• 12 V 배터리 정보 및 차량 상태에 따른 LDC 동작 모드 결정
디스커넥터 액추에이터 시스템(DAS)	• 4WD 차량에 적용되어 주행 상황에 따라 전륜 모터와 구동축을 연결 또는 분리 제어
클러스터 제어	• 구동 파워, 에너지 흐름, READY 램프 및 각종 램프류 점등 지령
주행 가능 거리(DTE) 연산	• 배터리 가용 에너지 과거 주행 전비를 기반으로 차량의 주행 가능 거리 지령 • AVN을 이용한 경로 설정 시 경로의 전비 추정을 통해 DTE 표시 지령
예약/원격	• Kia Connect 기능과 연동하여 스마트폰을 통한 원격 제어 • 운전자의 요구 작동 시각 설정을 통한 예약 기능 제어
회생 제동 제어	• 회생 제동을 위한 모터 충전 토크 지령 연산 • 회생 제동 실행량 연산

탈거

프런트 언더 커버

1. 파스너를 분리하고 볼트를 풀어 프런트 언더 커버(A)를 탈거한다.

체결토크 : 0.8 ~ 1.2 kgf·m

프런트 리어 언더 커버

> **참 고**
>
> 리프트 잭 설치 시, 리프트 잭(A)과 프런트 리어 언더 커버(B)가 간섭되는지 확인한다.
>
> 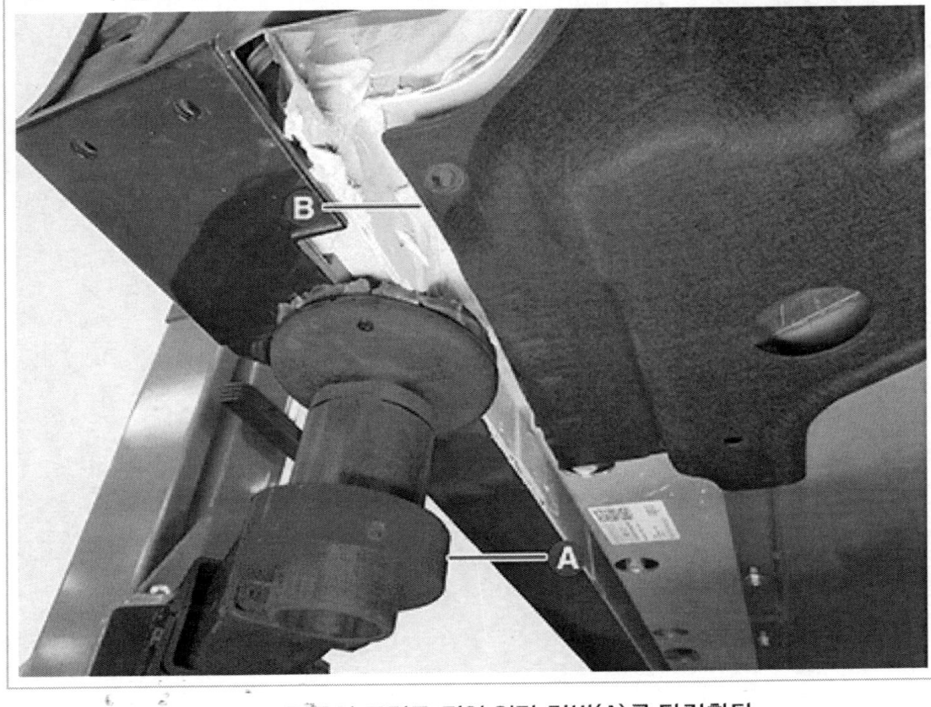
>

1. 파스너를 분리하고 너트를 풀어 프런트 리어 언더 커버(A)를 탈거한다.

체결토크 : 0.8 ~ 1.2 kgf·m

장착

프런트 언더 커버

1. 장착은 탈거의 역순으로 한다.

프런트 리어 언더 커버

1. 장착은 탈거의 역순으로 한다.

탈거

⚠ 경 고

- 고전압 시스템 관련 작업 시, 관련 교육을 이수한 작업자가 정비를 진행한다. 고전압 시스템에 대한 이해가 부족한 경우 감전 또는 누전 등으로 인한 심각한 사고를 초래할 수 있다.
- 고전압 시스템 또는 주변 부품 작업 시, 반드시 "안전 사항 및 주의, 경고" 내용을 숙지하고 준수해야 한다. 미 준수 시, 감전 또는 누전 등으로 인한 심각한 사고를 초래할 수 있다.
- 고전압 시스템 작업 특성 상, 개인보호장구(PPE) 및 사전 고전압 차단 절차를 반드시 확인한다.

전륜 모터 프런트 커버

1. 고전압 차단 절차를 수행한다.
   (모터 및 감속기 시스템 - "고전압 차단 절차" 참조)
2. 프런트 트렁크를 탈거한다.
   (바디 - "프런트 트렁크" 참조)
3. 냉각수를 배출한다.
   (전기차 냉각 시스템 - "냉각수" 참조)
4. 모터 & 감속기 오일 쿨러를 탈거한다.
   (전기차 냉각 시스템 - "모터 & 감속기 오일 쿨러" 참조)
5. 냉각수 분배 파이프를 탈거한다.
   (전기차 냉각 시스템 - "냉각수 분배 파이프" 참조)
6. 파스너를 분리하고 전륜 모터 프런트 커버(A)를 탈거한다.

전륜 모터 측면 커버

1. 고전압 차단 절차를 수행한다.
   (모터 및 감속기 시스템 - "고전압 차단 절차" 참조)
2. 프런트 트렁크를 탈거한다.
   (바디 - "프런트 트렁크" 참조)
3. 파스너를 분리하고 전륜 모터 측면 커버(A)를 탈거한다.

전륜 감속기 프런트 커버

1. 고전압 차단 절차를 수행한다.
   (모터 및 감속기 시스템 - "고전압 차단 절차" 참조)
2. 프런트 트렁크를 탈거한다.
   (바디 - "프런트 트렁크" 참조)
3. 전동식 에어컨 컴프레서를 탈거한다.
   (히터 및 에어컨 장치 - "전동식 에어컨 컴프레서" 참조)
4. 파스너를 분리하고 전륜 감속기 프런트 커버(A)를 탈거한다.

전륜 모터 리어 커버 1

1. 프런트 언더 커버 를 탈거한다.
   (전륜 모터 및 감속기 시스템 - "프런트 언더 커버" 참조)
2. 파스너를 분리하여 전륜 모터 리어 커버 1 (A)를 탈거한다.

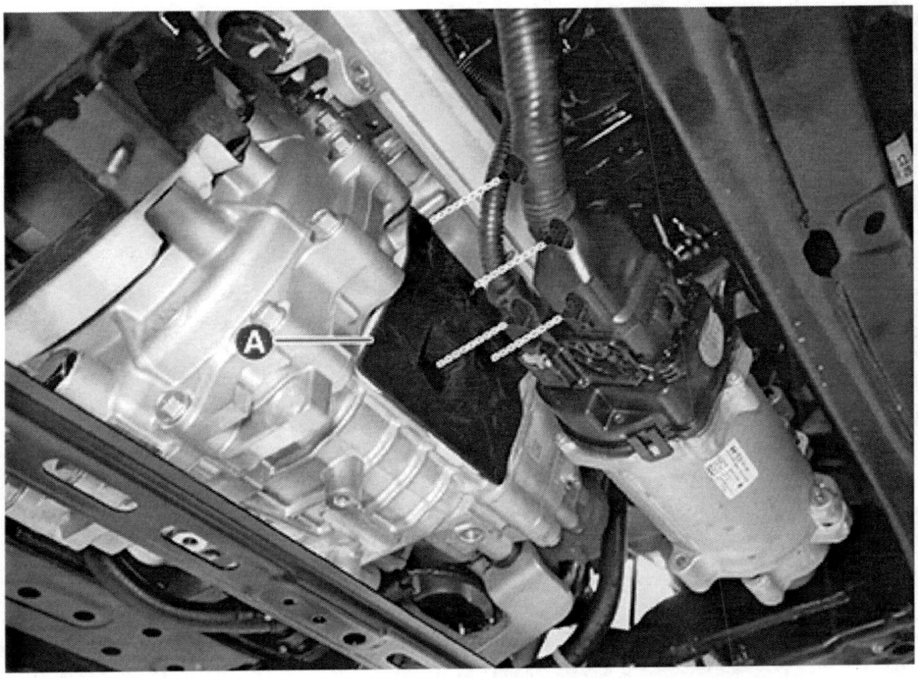

전륜 모터 리어 커버 2

1. 고전압 차단 절차를 수행한다.
   (모터 및 감속기 시스템 - "고전압 차단 절차" 참조)
2. 프런트 트렁크를 탈거한다.
   (바디 -"프런트 트렁크" 참조)
3. 프런트 언더 커버 를 탈거한다.
   (전륜 모터 및 감속기 시스템 - "프런트 언더 커버" 참조)
4. 배터리 냉각수를 배출한다.
   (전기차 냉각 시스템 - "배터리 냉각수" 참조)
5. 배터리 히터를 탈거한다.
   (전기차 냉각 시스템 - "배터리 히터" 참조)
6. 와이어링 고정 볼트(A)를 탈거한다.

체결토크 : 0.7 ~ 1.0 kgf·m

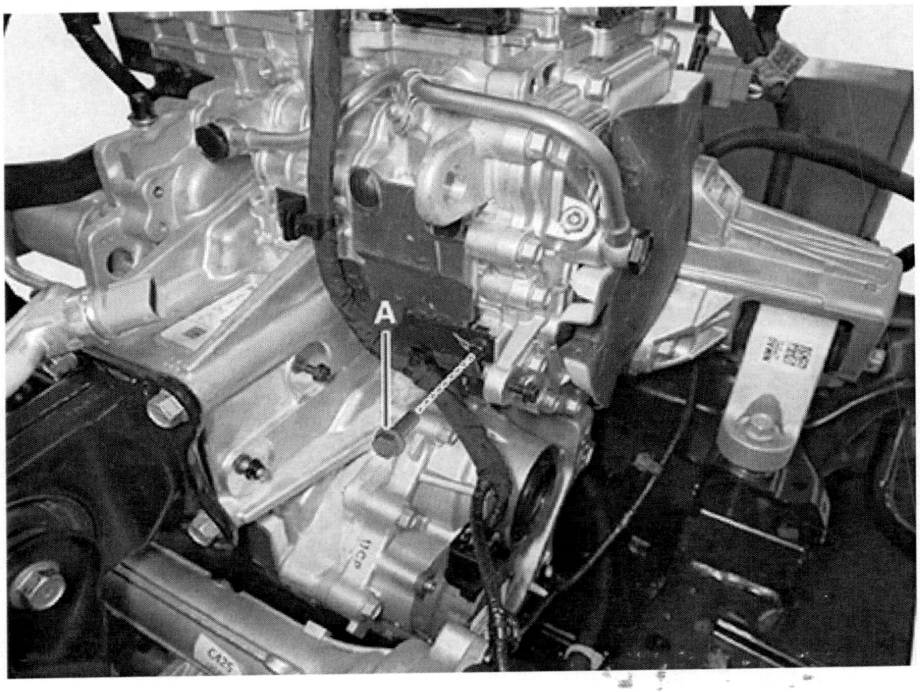

7. 파스너를 분리하고 전륜 모터 리어 커버 2 (A)를 탈거한다.

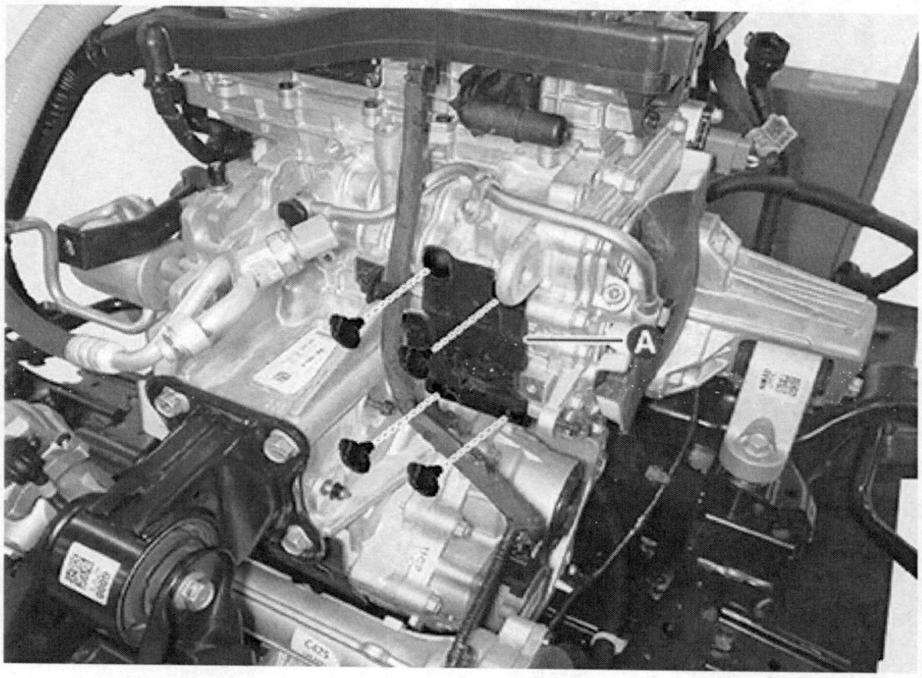

장착

전륜 모터 프런트 커버

1. 장착은 탈거의 역순으로 한다.

전륜 모터 측면 커버

1. 장착은 탈거의 역순으로 한다.

전륜 감속기 프런트 커버

1. 장착은 탈거의 역순으로 한다.

전륜 모터 리어 커버 1

1. 장착은 탈거의 역순으로 한다.

전륜 모터 리어 커버 2

1. 장착은 탈거의 역순으로 한다.

구성부품 및 부품위치

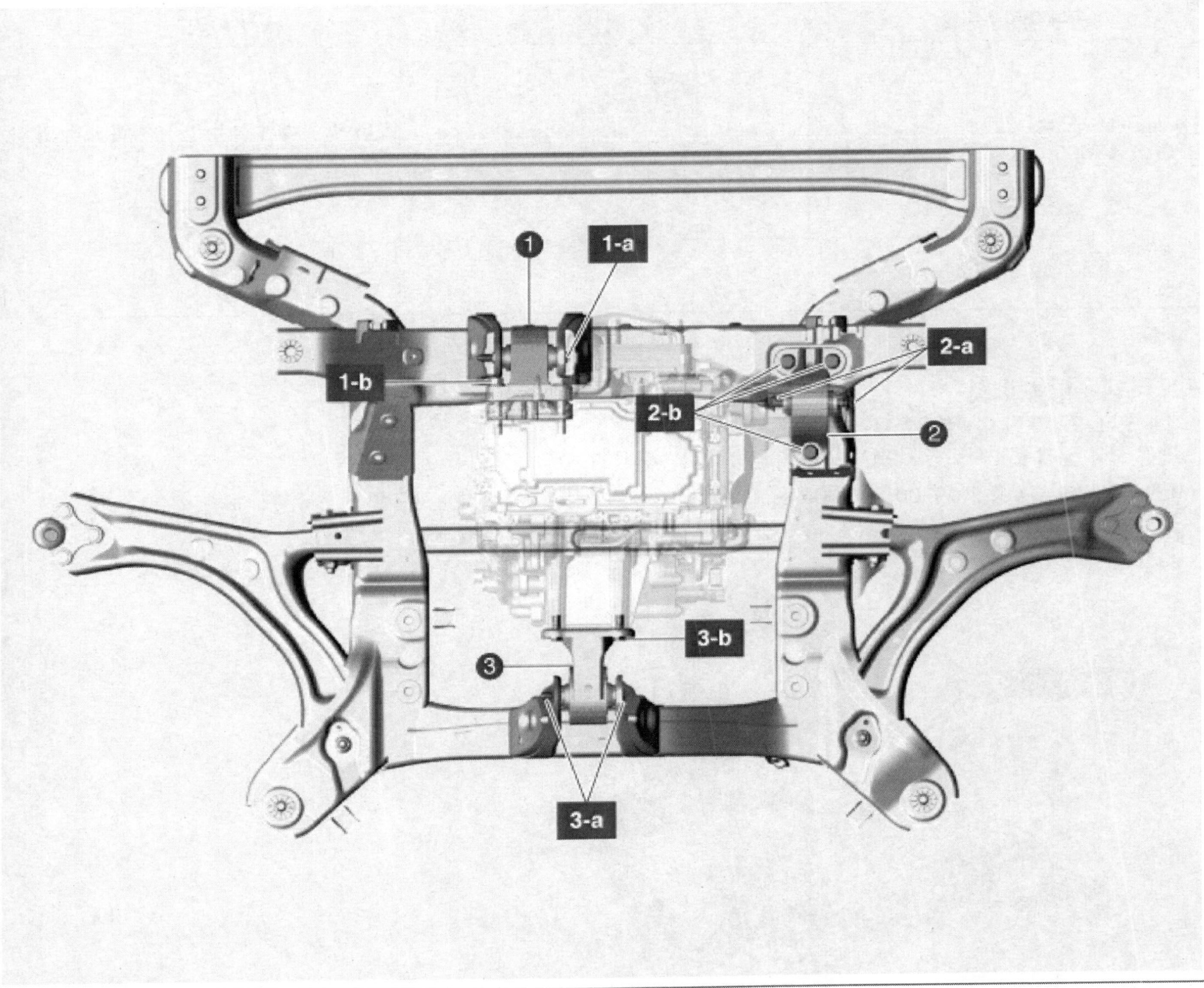

1. LH 모터 마운팅 브래킷 1-a. 11.0 ~ 13.0 kgf·m 1-b. 6.5 ~ 8.5 kgf·m 2. RH 모터 마운팅 브래킷 2-a. 11.0 ~ 13.0 kgf·m 2-b. 6.5 ~ 8.5 kgf·m	3. RR 모터 마운팅 브래킷 3-a. 11.0 ~ 13.0 kgf·m 3-b. 6.5 ~ 8.5 kgf·m

특수공구

공구 명칭 / 번호	형상	용도
엔진 지지대(어댑터) 09200 - 4X000	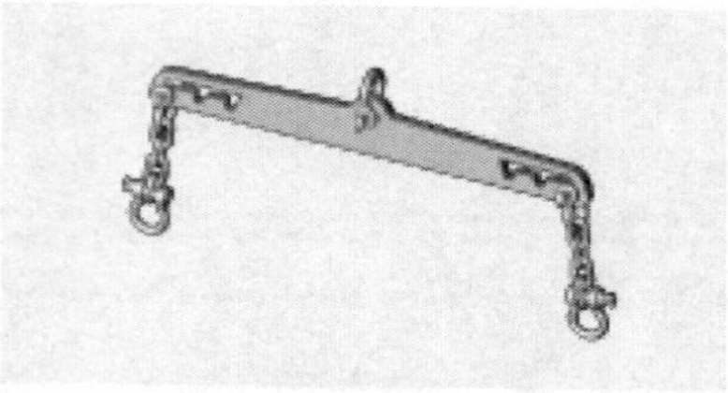	모터 및 감속기 탈거 및 장착 시 모터 및 감속기 고정

탈거

LH 모터 마운팅 브래킷

1. 전륜 모터 및 감속기 어셈블리를 탈거한다.
   (전륜 모터 및 감속기 시스템 - "전륜 모터 및 감속기 어셈블리" 참조)
2. 엔진 크레인과 특수공구(09200 - 4X000)를 사용하여 모터 및 감속기 어셈블리를 지지한다.

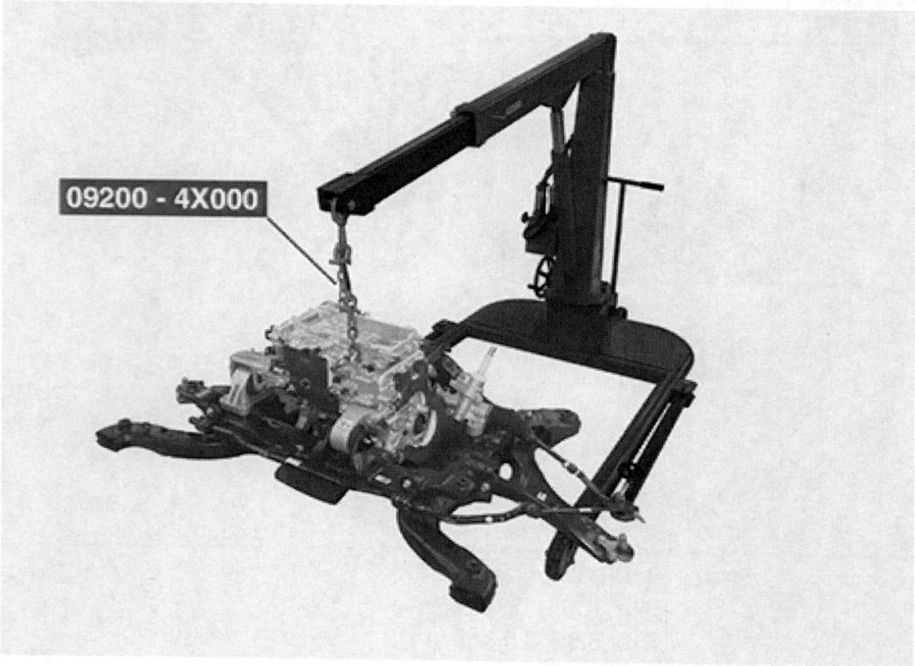

유 의

전륜 모터 및 감속기 어셈블리 행어에 특수공구(09200 - 4X000)를 장착한다.

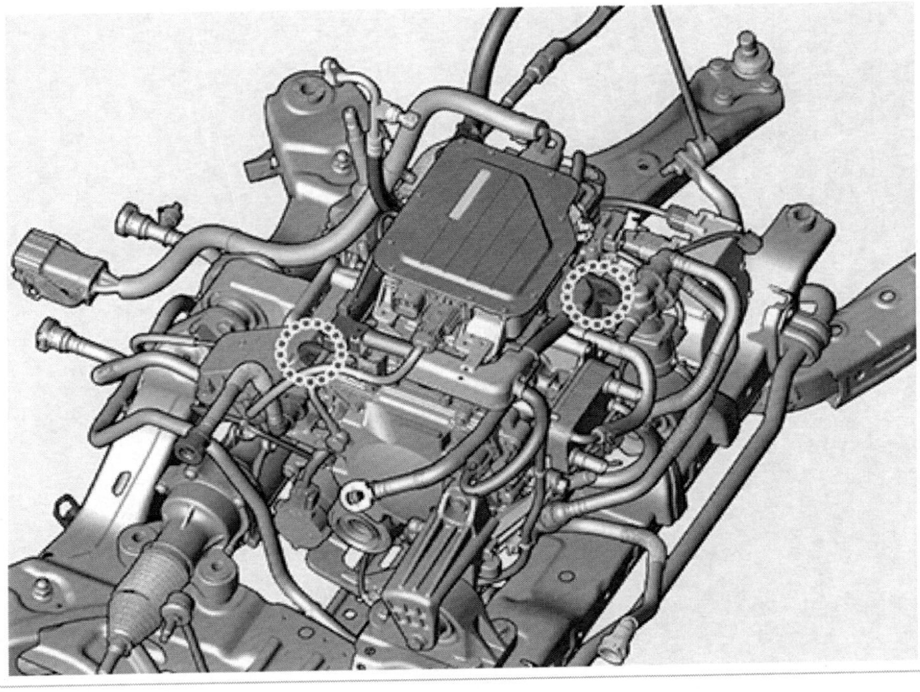

3. 모터 마운팅 브래킷 볼트 및 너트(A)를 탈거한다.

체결토크 : 11.0 ~ 13.0 kgf·m

[LH 모터 마운팅 브래킷]

[RH 모터 마운팅 브래킷]

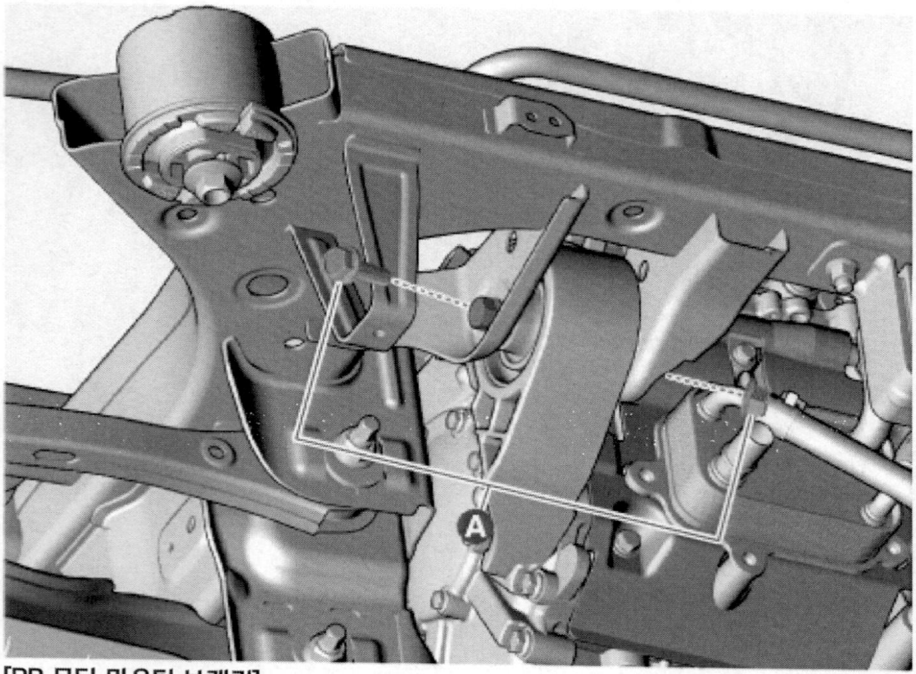

[RR 모터 마운팅 브래킷]

4. 엔진 크레인을 들어 올려 전륜 모터 및 감속기 어셈블리를 프런트 서브 프레임으로부터 분리한다.

유 의

- 고전압 커넥터가 손상되지 않도록 유의한다.
- 모터 및 감속기 어셈블리에 장착된 부품이 손상되지 않도록 유의한다.

5. 볼트를 풀어 LH 모터 마운팅 브래킷(A)을 탈거한다.

체결토크 : 6.5 ~ 8.5 kgf·m

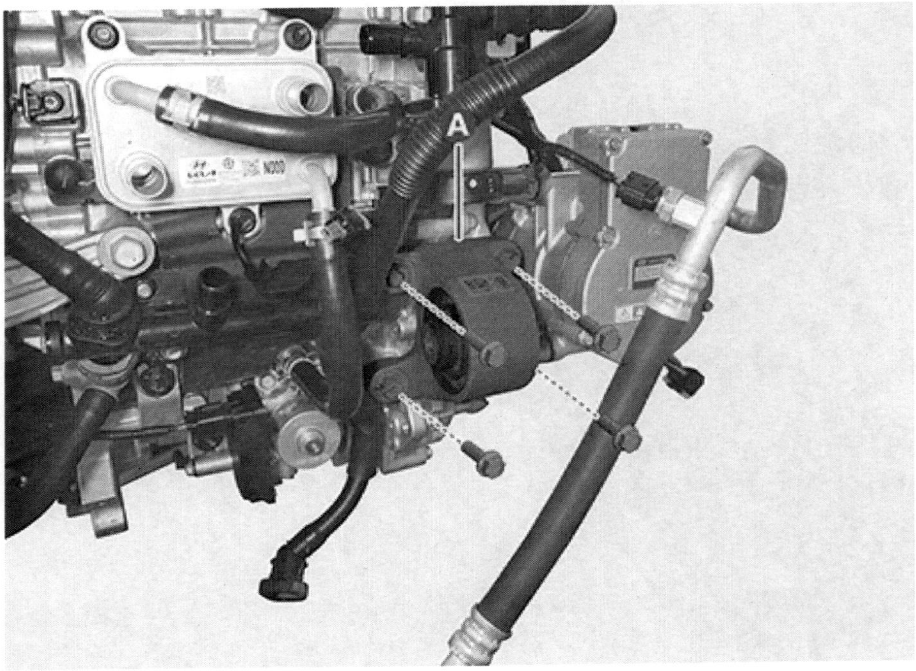

RH 모터 마운팅 브래킷

1. 전륜 모터 및 감속기 어셈블리를 탈거한다.
   (전륜 모터 및 감속기 시스템 - "전륜 모터 및 감속기 어셈블리" 참조)
2. 엔진 크레인과 특수공구(09200 - 4X000)를 사용하여 모터 및 감속기 어셈블리를 지지한다.

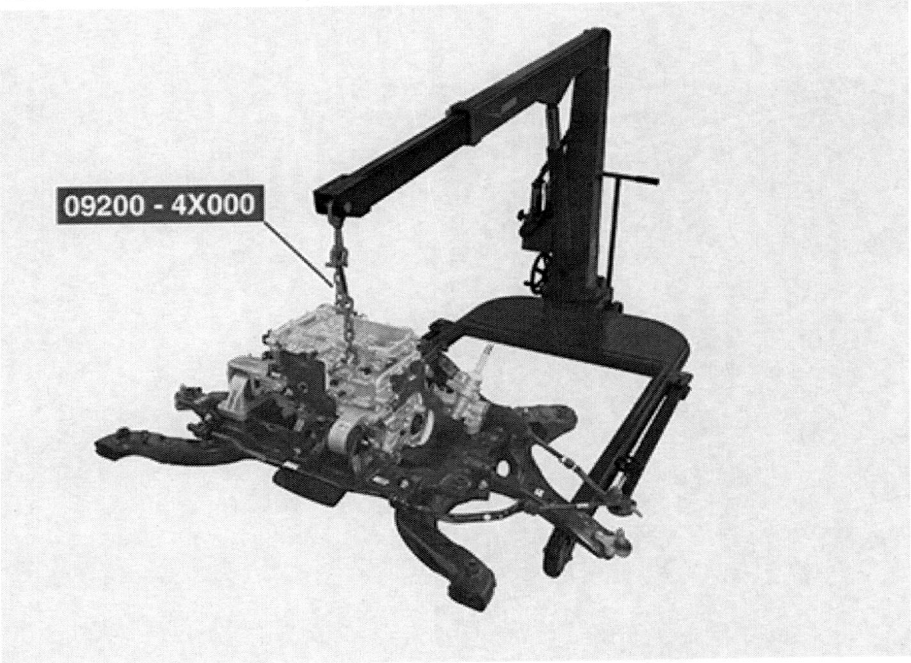

유 의

전륜 모터 및 감속기 어셈블리 행어에 특수공구(09200 - 4X000)를 장착한다.

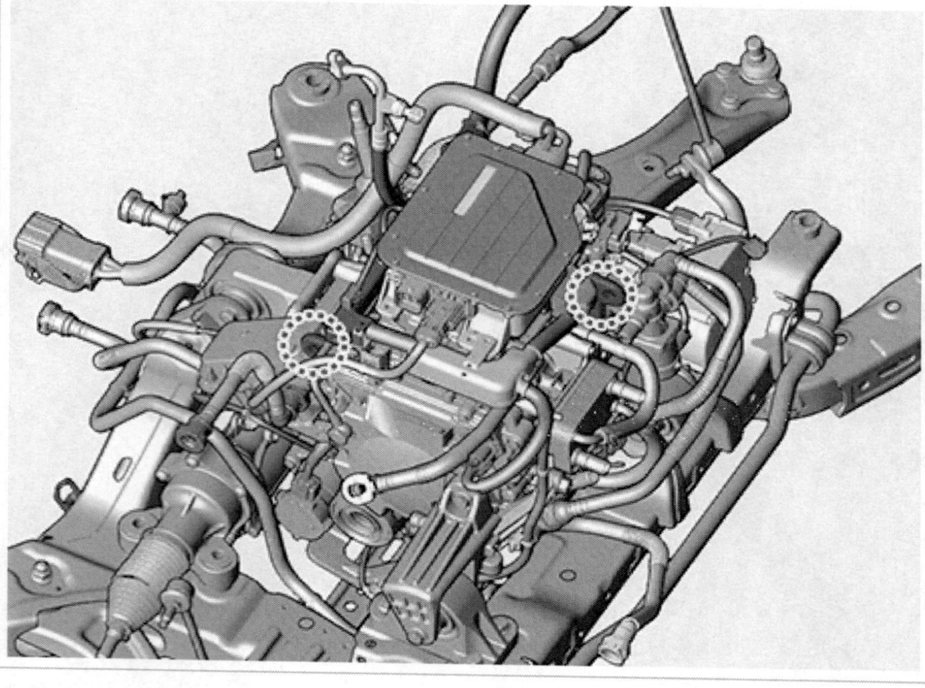

3. RH 모터 마운팅 브래킷 볼트 및 너트(A)를 탈거한다.

체결토크 : 11.0 ~ 13.0 kgf·m

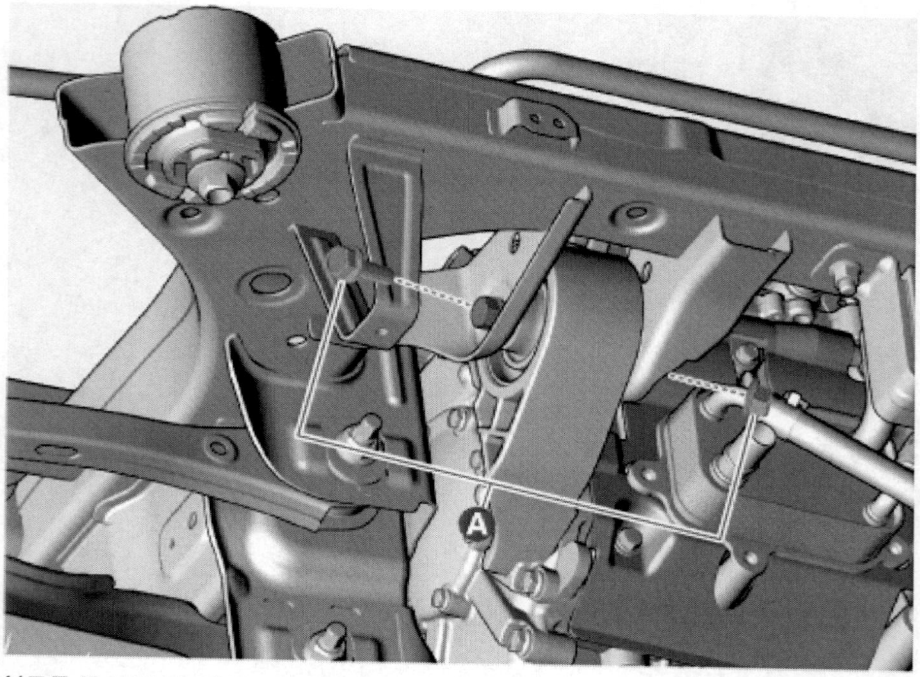

4. 볼트를 풀어 RH 모터 마운팅 브래킷(A)을 탈거한다.

체결토크 : 6.5 ~ 8.5 kgf·m

RR 모터 마운팅 브래킷

1. 전륜 모터 및 감속기 어셈블리를 탈거한다.
   (전륜 모터 및 감속기 시스템 - "전륜 모터 및 감속기 어셈블리" 참조)
2. 엔진 크레인과 특수공구(09200 - 4X000)를 사용하여 모터 및 감속기 어셈블리를 지지한다.

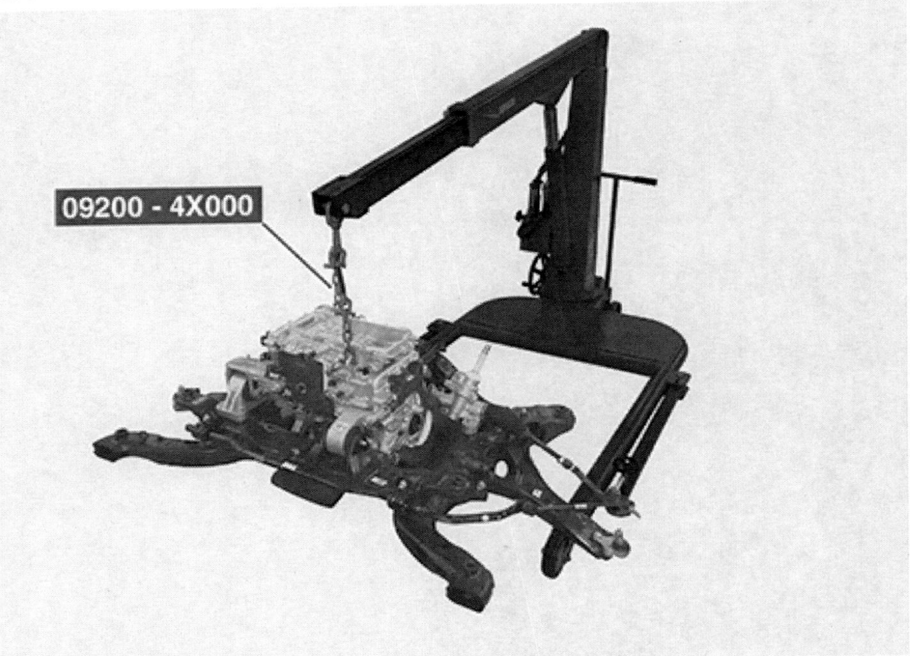

유 의

전륜 모터 및 감속기 어셈블리 행어에 특수공구(09200 - 4X000)를 장착한다.

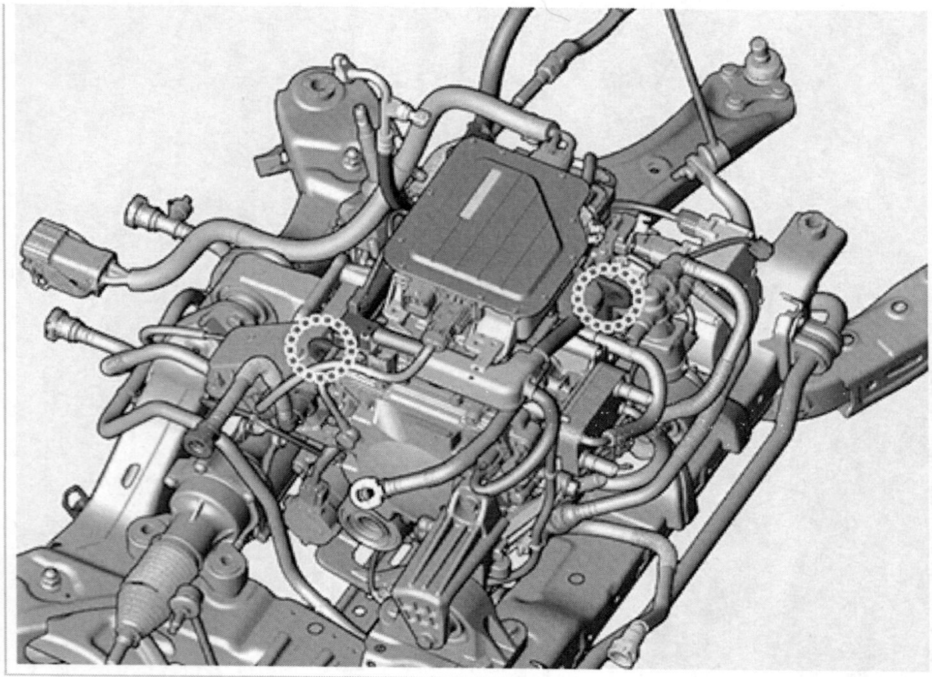

3. RR 모터 마운팅 볼트 및 너트(A)를 탈거한다.

체결토크 : 11.0 ~ 13.0 kgf·m

4. 볼트를 풀어 RR 모터 마운팅 브래킷(A)을 탈거한다.

체결토크 : 6.5 ~ 8.5 kgf·m

장착

LH 모터 마운팅 브래킷

1. 장착은 탈거의 역순으로 한다.

RH 모터 마운팅 브래킷

1. 장착은 탈거의 역순으로 한다.

RR 모터 마운팅 브래킷

1. 장착은 탈거의 역순으로 한다.

구성부품 및 부품위치

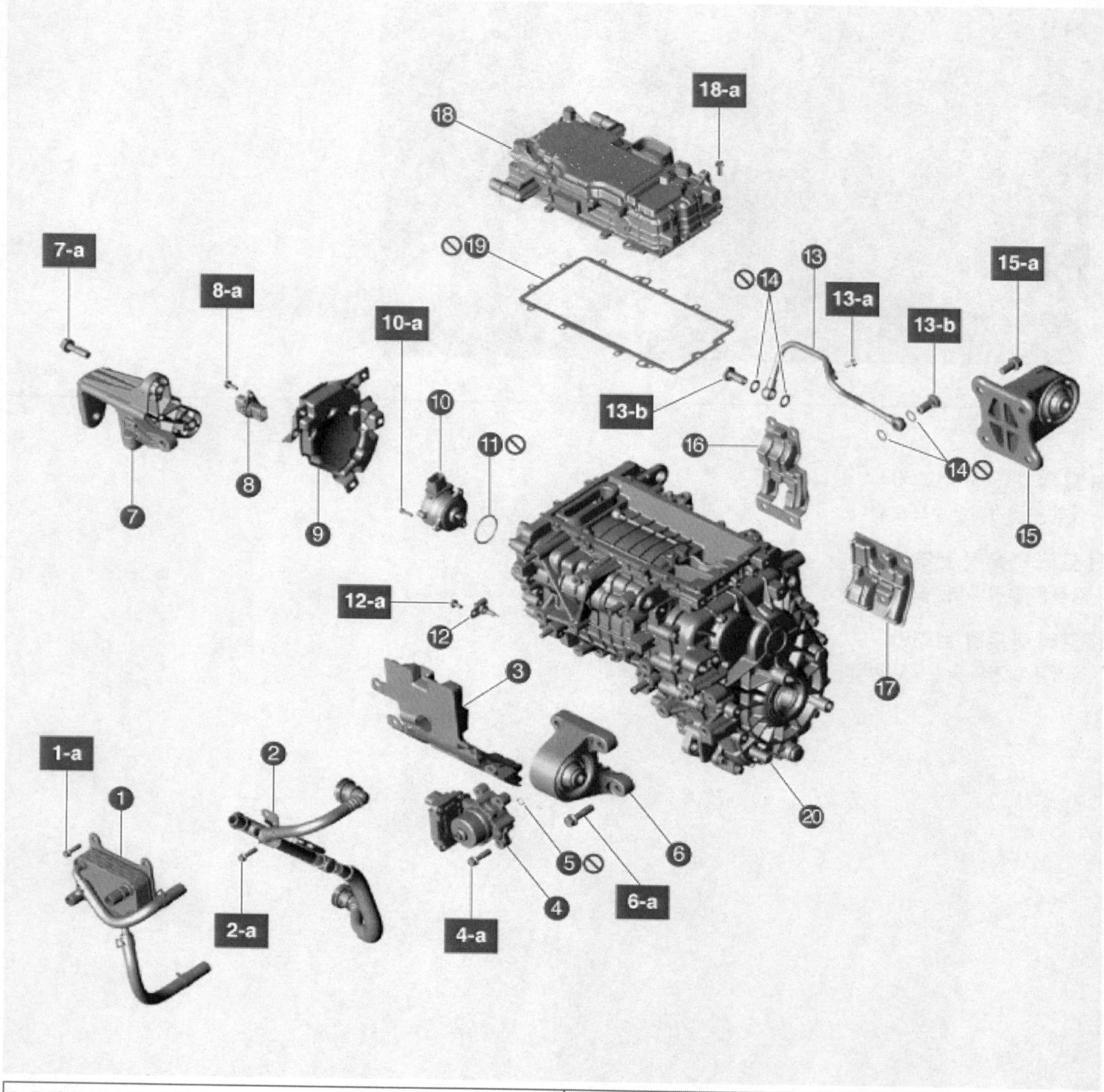

1. 모터 & 감속기 오일 쿨러. 1-a. 0.7 ~ 1.0 kgf·m 2. 분배 파이프 2-a. 2.0 ~ 2.4 kgf·m 3. 전륜 모터 프런트 커버 4. 전동식 오일 펌프(EOP) 4-a. 2.0 ~ 2.7 kgf·m 5. O-링 6. LH 모터 마운팅 브래킷 6-a. 6.5 ~ 8.5 kgf·m 7. 모터측 마운팅 브래킷 7-a. 6.2 ~ 8.2 kgf·m	10. DAS 모터 10-a. 0.5 ~ 0.6 kgf·m 11. O-링 12. 오일 온도 센서 12-a. 1.0 ~ 1.2 kgf·m 13. 튜브 파이프 13-a. 4.2 ~ 4.8 kgf·m 14. 튜브 파이프 와셔 15. RR 모터 마운팅 브래킷 15-a. 6.5 ~ 8.5 kgf·m 16. 전륜 모터 리어 커버 2 17. 전륜 모터 리어 커버 1

8. 모터 위치 및 온도 센서 8-a. 1.0 ~ 1.2 kgf·m 9. 전륜 모터 측면 커버	18. 인버터 어셈블리 18-a. 0.4 ~ 0.6 kgf·m 19. 인버터 어셈블리 개스킷 20. 전륜 모터 및 감속기 어셈블리

특수공구

공구 명칭 / 번호	형상	용도
엔진 지지대(어댑터) 09200 - 4X000	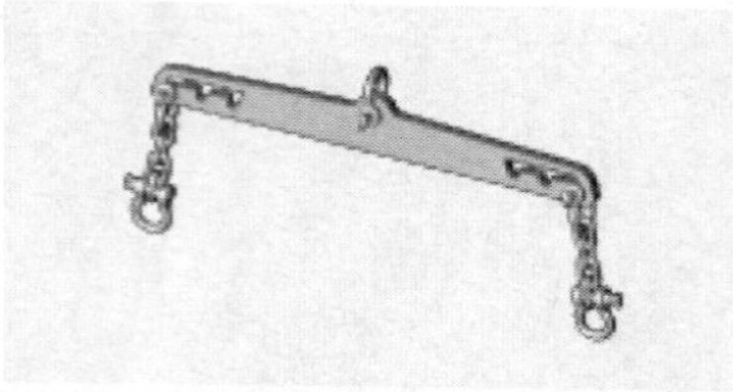	모터 및 감속기 탈거 및 장착 시 모터 및 감속기 고정

탈거

⚠ 경 고

- 고전압 시스템 관련 작업 시, 관련 교육을 이수한 작업자가 정비를 진행한다. 고전압 시스템에 대한 이해가 부족한 경우 감전 또는 누전 등으로 인한 심각한 사고를 초래할 수 있다.
- 고전압 시스템 또는 주변 부품 작업 시, 반드시 "안전 사항 및 주의, 경고" 내용을 숙지하고 준수해야 한다. 미 준수 시, 감전 또는 누전 등으로 인한 심각한 사고를 초래할 수 있다.
- 고전압 시스템 작업 특성 상, 개인보호장구(PPE) 및 사전 고전압 차단 절차를 반드시 확인한다.

유 의

- 차체 도장부의 손상을 방지하기 위해 펜더 커버를 사용한다.
- 커넥터 및 와이어링이 손상되지 않도록 주의하여 분리한다.
- 퀵 커넥터 분리 시 퀵 커넥터 타입에 따라 아래 사항에 유의한다.

[타입 A]
- 퀵 커넥터 클램프(A)를 화살표 방향으로 누르며 분리한다.
- 호스 내측 러버 실(B)을 만지지 않는다.

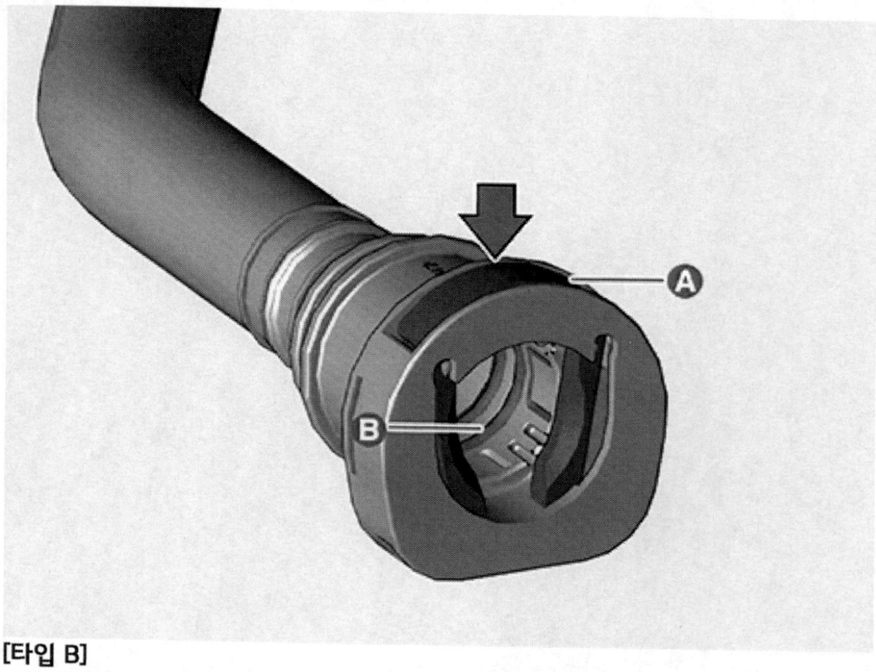

[타입 B]
- 퀵 커넥터 클램프(A)를 화살표 방향으로 당겨 클램프를 분리하고 호스를 분리한다.
- 호스 내측 러버 실(B)을 만지지 않는다.

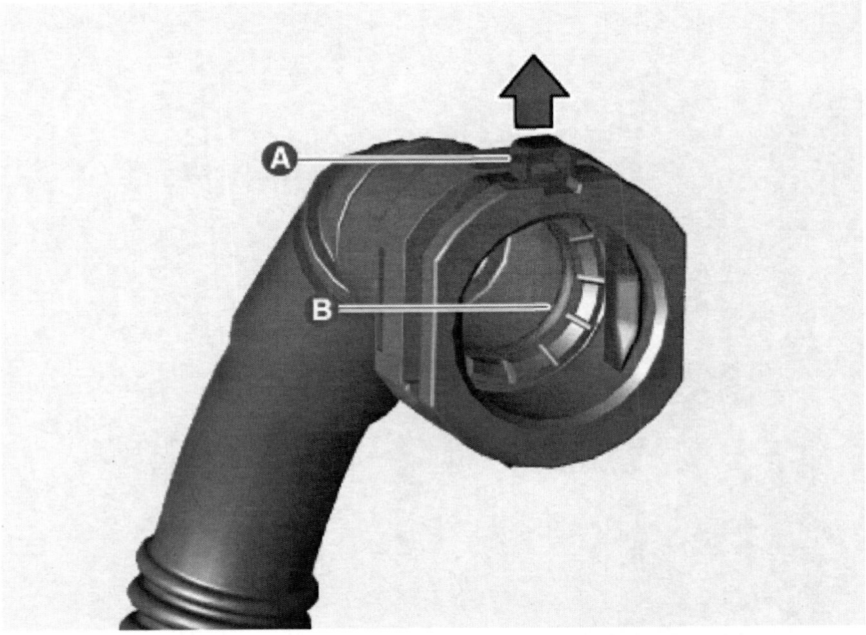

참 고

와이어링 커넥터 및 호스의 잘못된 연결을 방지하기 위해 표시를 해둔다.

1. 고전압 차단 절차를 수행한다.
   (모터 및 감속기 시스템 - "고전압 차단 절차" 참조)
2. 보조 배터리 및 트레이를 탈거한다.
   (배터리 제어 시스템 - "보조 배터리 (12 V)" 참조)
3. 프런트 트렁크를 탈거한다.
   (바디 - "프런트 트렁크" 참조)
4. 프런트 언더 커버 및 프런트 리어 언더 커버를 탈거한다.
   (전륜 모터 및 감속기 시스템 - "프런트 언더 커버" 참조)
5. 냉각수를 배출한다.
   (전기차 냉각 시스템 - "냉각수" 참조)
6. 전륜 모터 및 감속기 오일을 배출한다.
   (전륜 모터 및 감속기 시스템 - "전륜 모터 및 감속기 오일" 참조)
7. 에어컨 냉매를 회수한다.
   (히터 및 에어컨 장치 - "냉매 회수/재생/충전/진공" 참조)
8. 고전압 케이블(A)과 와이어링 고정 클립(B)을 분리한다.

9. 프런트 와이어링 커넥터를 분리한다.

(1) 정션 블록 커버(A)를 탈거한다.

(2) 프런트 와이어링 커넥터(A)와 와이어링 고정 클립(B)을 분리한다.

(3) 프런트 와이어링 프로텍터(A)를 정션 블록으로 부터 탈거한다.

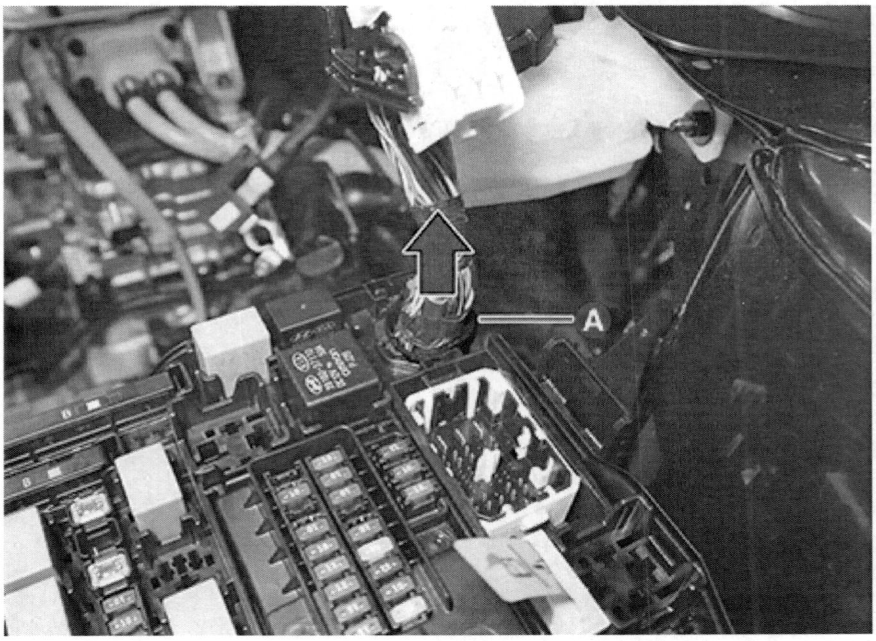

10. 모터 접지 볼트(A)를 탈거한다.

체결토크 : 0.7 ~ 1.0 kgf·m

11. 퀵 커넥터를 해제하여 3웨이 밸브 냉각수 호스(A)를 분리한다.

12. 퀵 커넥터를 해제하여 모터 & 감속기 오일 쿨러 냉각수 호스(A)를 분리한다.

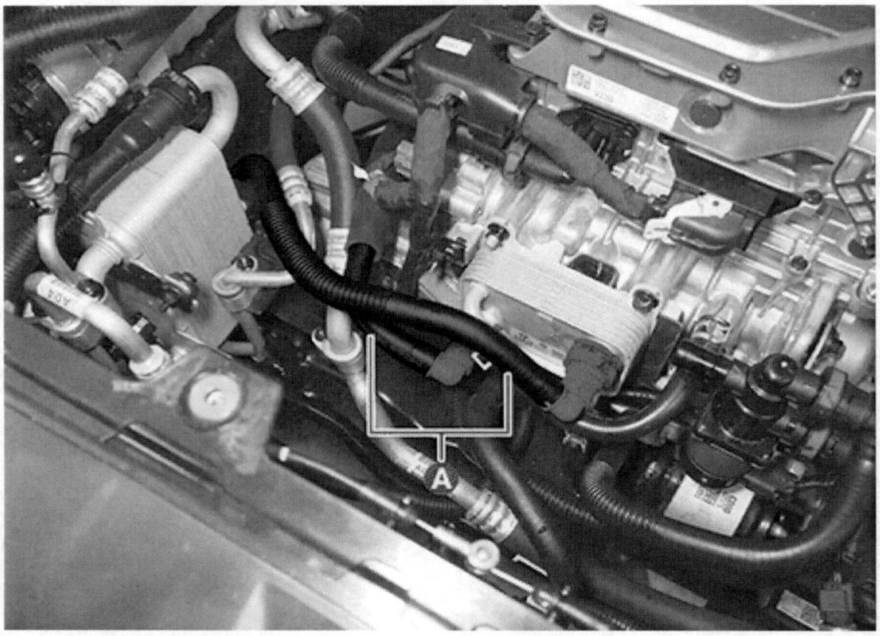

13. 퀵 커넥터를 해제하여 인버터 냉각수 호스(A)를 분리한다.

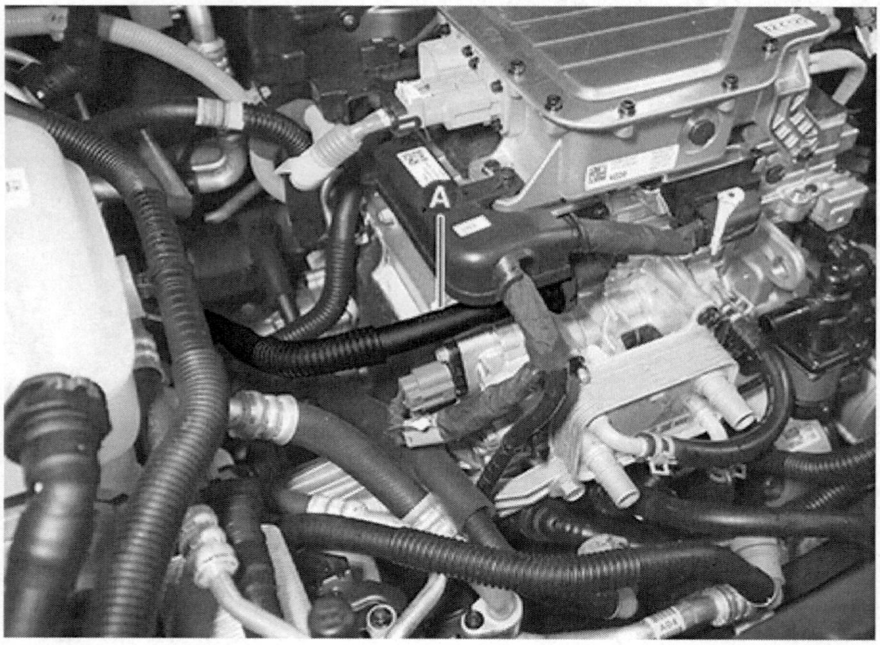

14. 퀵 커넥터를 해제하여 배터리 히터 냉각수 호스(A)를 분리한다.

15. 냉각수 온도 센서 커넥터(A)를 분리한다.

16. 퀵 커넥터를 해제하여 냉각수 호스(A)를 분리한다.

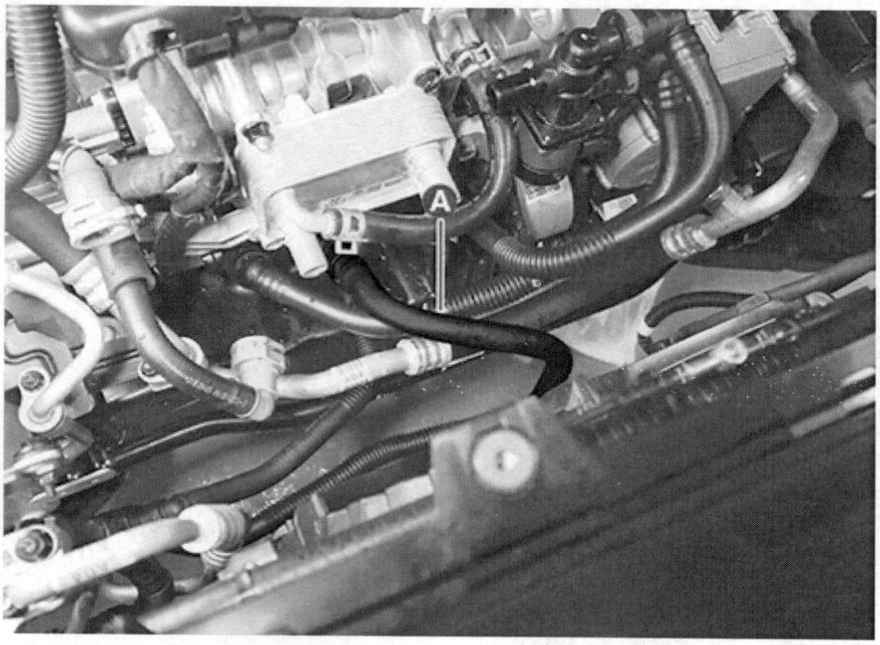

17. 에어컨 파이프를 탈거한다.

(1) 에어컨 프레셔 트랜스듀서 커넥터(A)를 분리한다.

(2) 너트를 풀어 에어컨 파이프(B)를 탈거한다.

체결토크 : 0.9 ~ 1.4 kgf·m

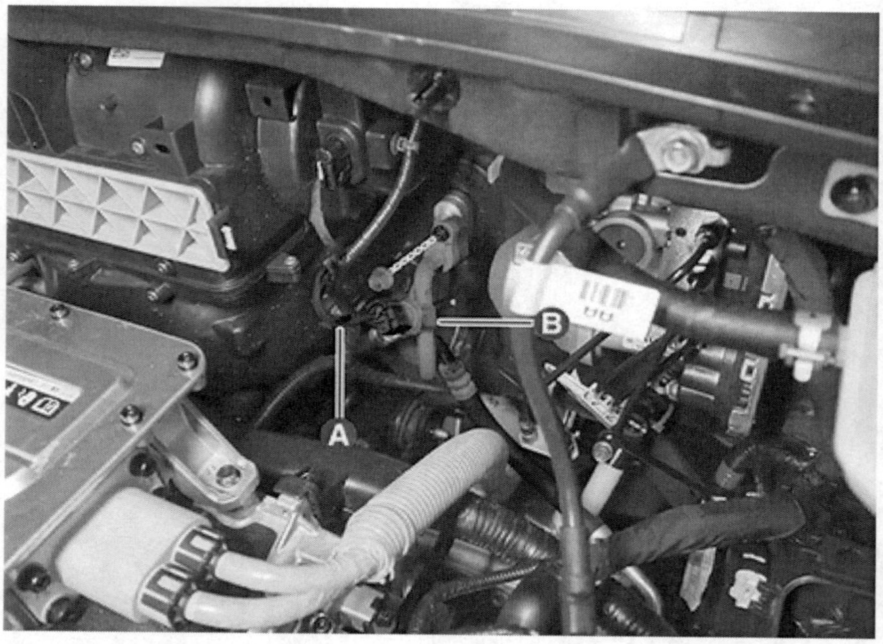

(3) 너트를 풀어 에어컨 파이프(A)를 탈거한다.

체결토크 : 0.9 ~ 1.4 kgf·m

(4) 에어컨 파이프(A)를 고정 브래킷에서 분리한다.

18. 스티어링 유니버설 조인트를 스티어링 기어박스로부터 분리한다.
   (1) 스티어링 유니버설 조인트 볼트(A)를 탈거한다.

체결토크 : 5.0 ~ 6.0 kgf·m

유 의

항상 신품의 스티어링 유니버설 조인트 볼트를 사용한다.

(2) 스티어링 유니버설 조인트(A)를 화살표 방향으로 올려 분리한다.

19. 퀵 커넥터를 해제하여 수냉 콘덴서 냉각수 호스(A)를 분리한다.

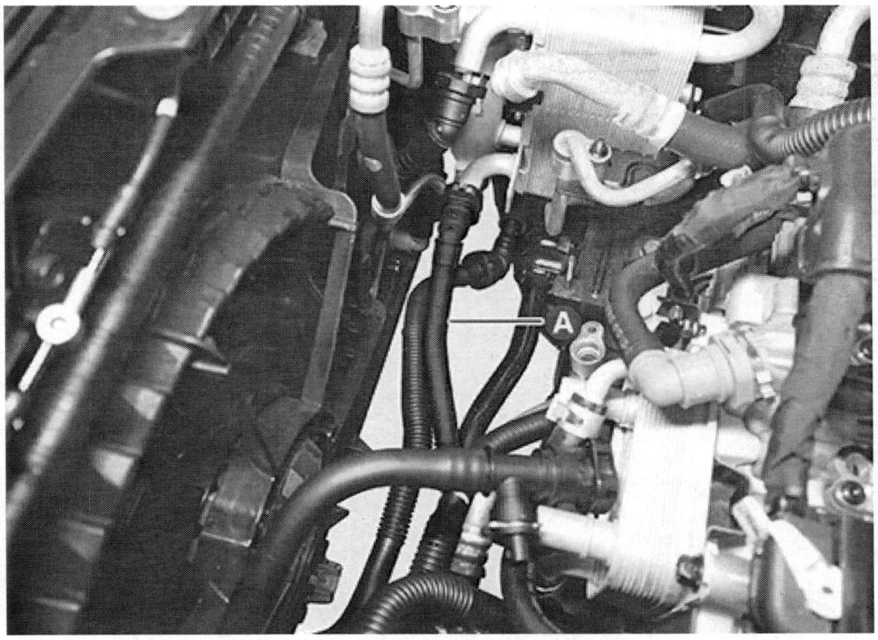

20. 고전압 배터리 냉각수 온도 센서 커넥터(A)를 분리한다.

21. 퀵 커넥터를 해제하여 고전압 배터리 냉각 호스(A)를 분리한다.

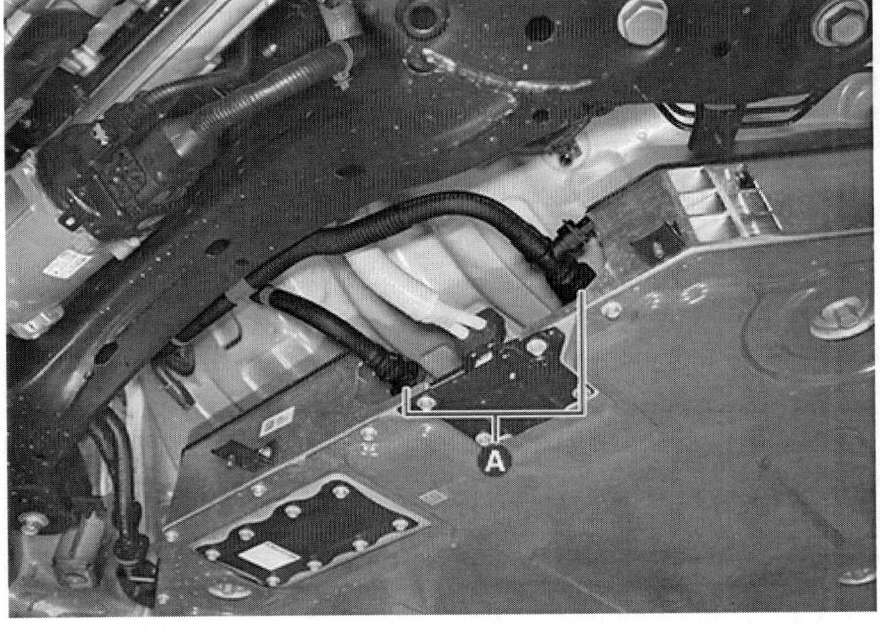

22. 볼트를 풀어 고전압 배터리 커버(A)를 탈거한다.

체결토크 : 0.8 ~ 1.2 kgf·m

23. 프런트 고전압 정션 박스 파워 케이블(A)을 분리한다.

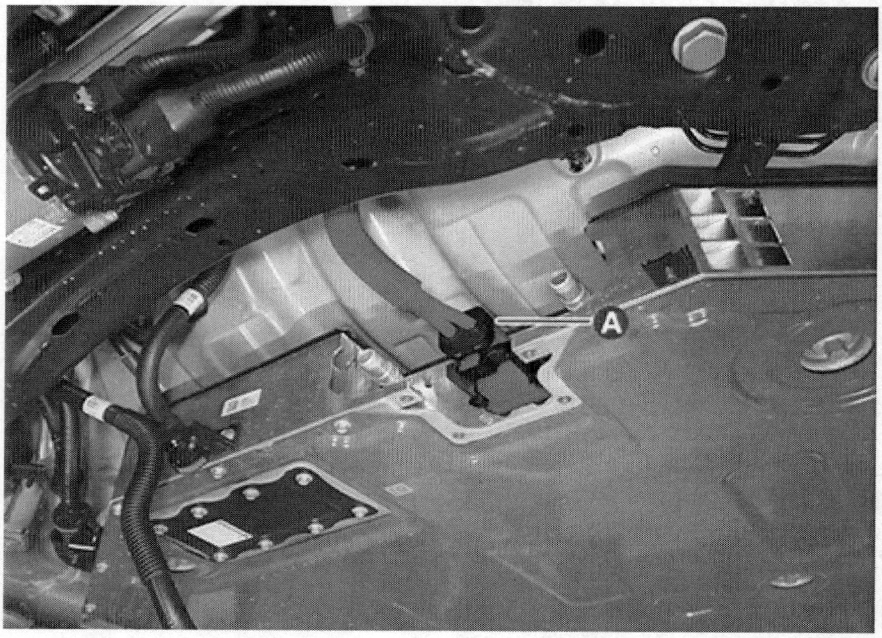

유 의

커넥터 분리 방법

1) 잠금 클립(A)을 당겨 해제한다.
2) 잠금 클립(B)을 누른 상태에서 레버(A)를 화살표 방향으로 밀며 분리한다.

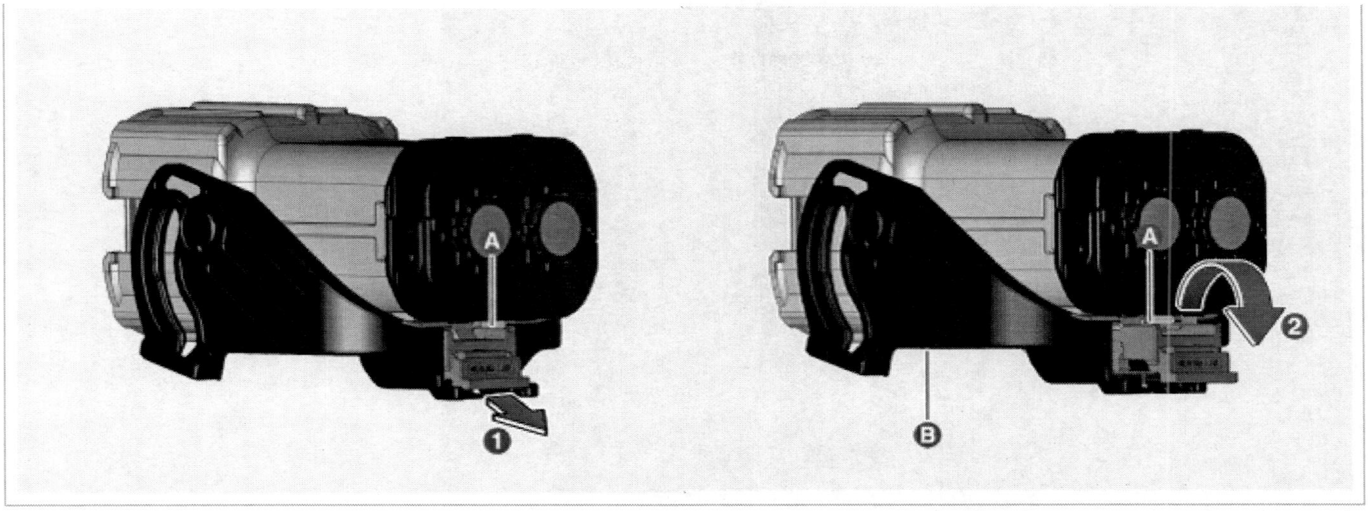

24. R-MDPS 커넥터(A)와 와이어링 고정 클립(B)을 분리한다.

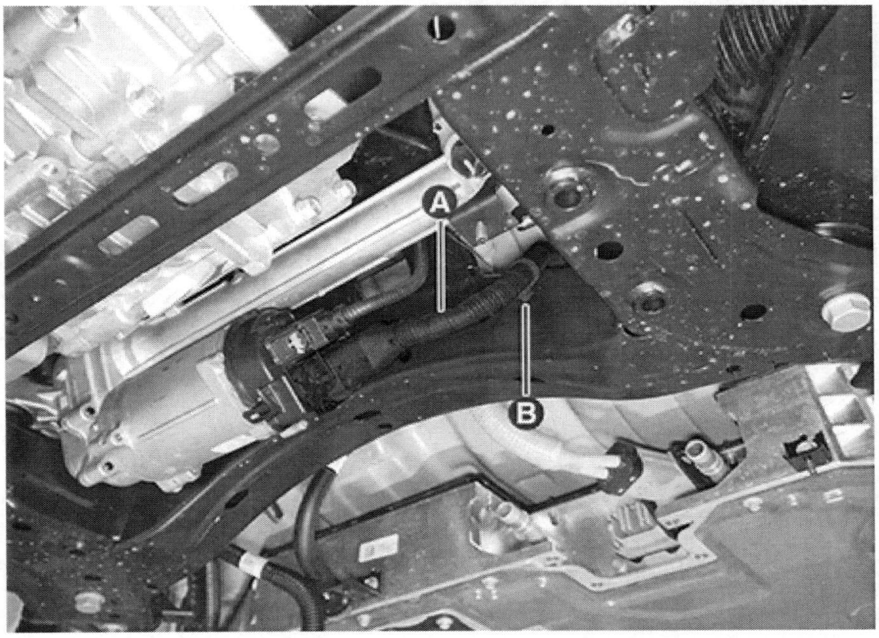

25. 전자식 워터 펌프(EWP)를 탈거한다.
    (전기차 냉각 시스템 - "전자식 워터 펌프(EWP)" 참조)
26. 프런트 드라이브 샤프트를 탈거한다.
    (드라이브 샤프트 및 액슬 - "프런트 드라이브 샤프트" 참조)
27. 너트를 풀어 프런트 스트럿 어셈블리에서 스태빌라이저 바 링크(A)를 분리한다.

체결토크 : 10.0 ~ 12.0 kgf·m

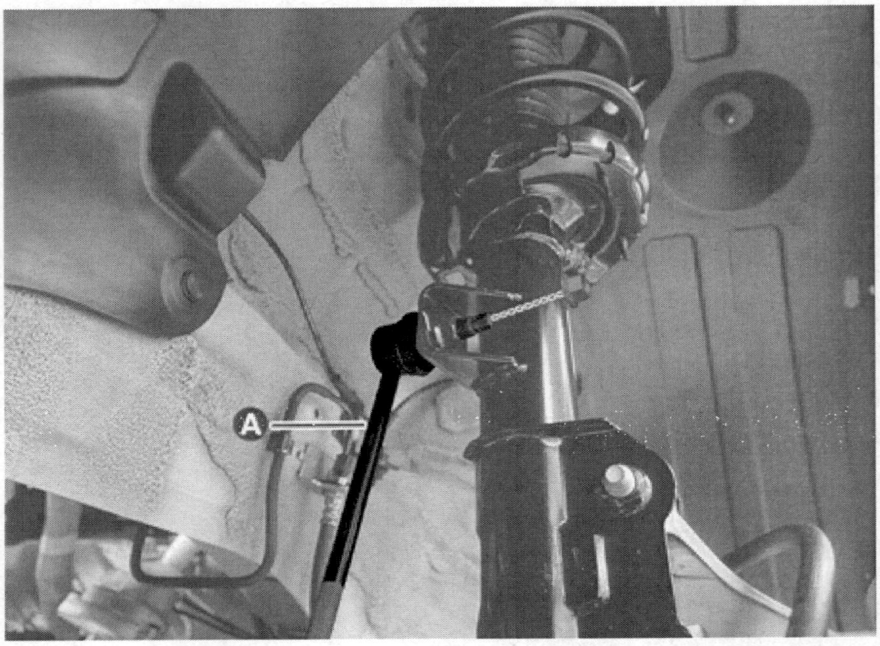

유 의

- 스태빌라이저 바 링크 탈거 및 장착 시 링크의 아웃터 헥사(A)를 고정하고 너트(B)를 탈거 및 장착한다.

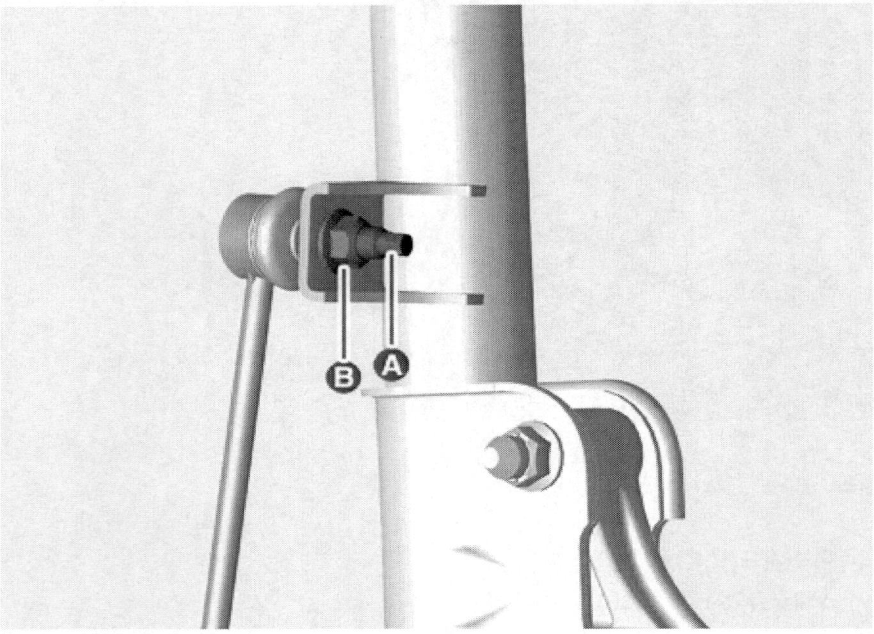

- 링크의 고무 부트가 손상되지 않도록 유의한다.
- 스태빌라이저 바 링크 너트 탈거 및 장착 시 반드시 수공구를 이용한다.

28. 리프트 테이블을 이용하여 프런트 서브 프레임을 지지한다.

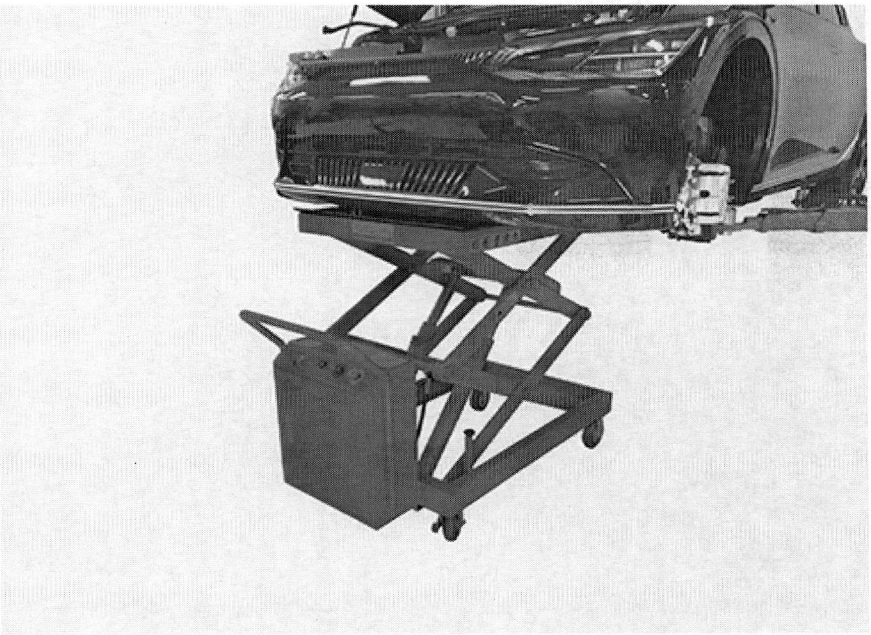

29. 프런트 서브 프레임 볼트 및 너트(A)를 탈거한다.

체결토크 : 11.0 ~ 13.0 kgf·m

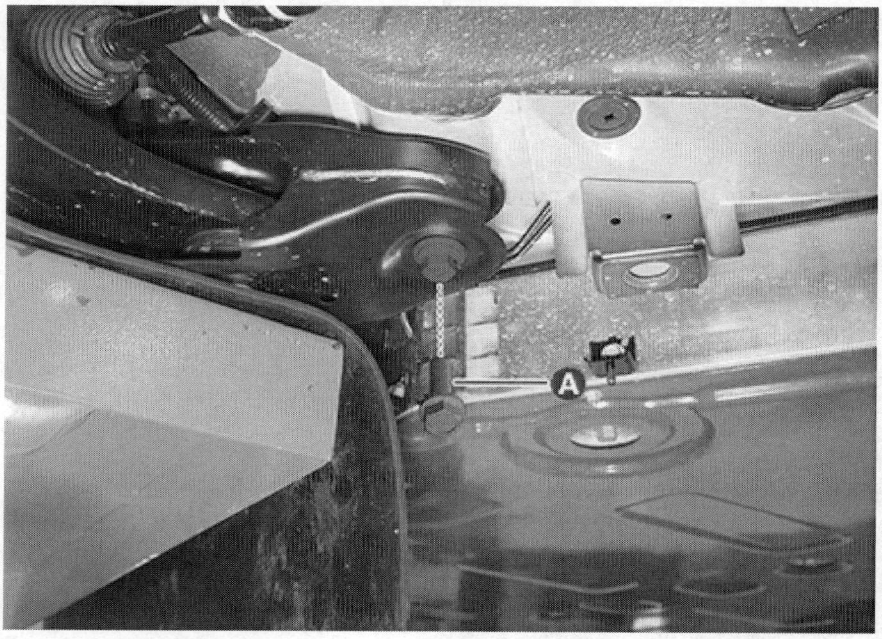

30. 차량을 서서히 들어 올려 모터 및 감속기 어셈블리와 프런트 서브 프레임을 탈거한다.

> **유 의**
>
> - 모터 및 감속기 어셈블리를 탈거하기 전에 호스 및 와이어 커넥터가 분리되어 있는지 확인한다.
> - 모터 및 감속기 어셈블리를 탈거할 때 주변 부품이나 차체 구성 요소가 손상되지 않도록 주의한다.

31. 모터 및 감속기 주변 프로텍터 및 와이어링 케이블을 탈거한다.

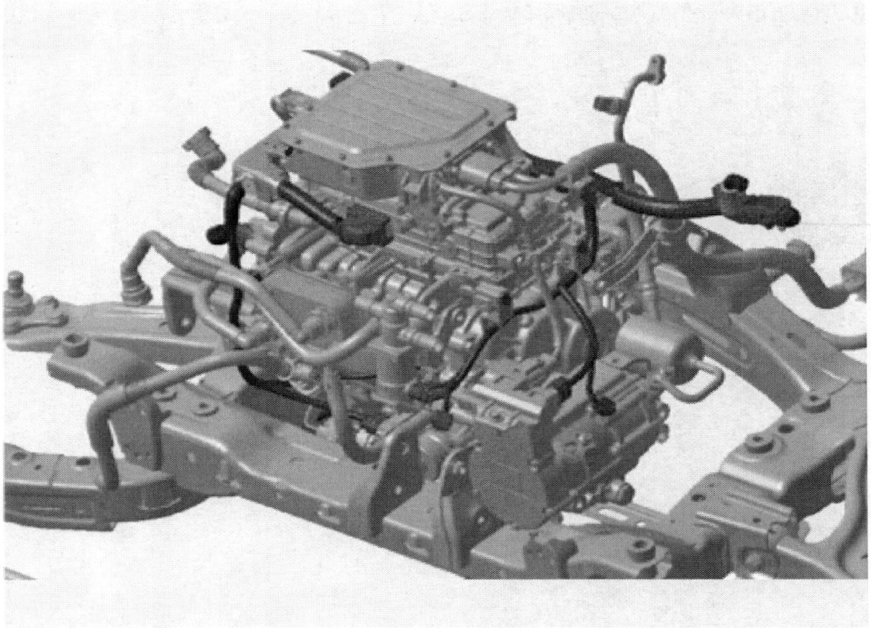

32. 모터 & 감속기 오일 쿨러를 탈거한다.
    (전기차 냉각 시스템 - "모터 & 감속기 오일 쿨러" 참조)
33. 3웨이 밸브를 탈거한다.
    (전기차 냉각 시스템 - "3웨이 밸브 " 참조)
34. 냉각수 분배 파이프를 탈거한다.
    (전기차 냉각 시스템 - "냉각수 분배 파이프" 참조)
35. 전동식 오일 펌프(EOP)를 탈거한다.
    (모터 및 감속기 컨트롤 시스템 - "전동식 오일 펌프(EOP)" 참조)
36. 배터리 히터를 탈거한다.
    (전기차 냉각 시스템 - "배터리 히터" 참조)
37. 프런트 고전압 정션 박스를 탈거한다.
    (배터리 제어 시스템 - "프런트 고전압 정션 박스" 참조)
38. 인버터 어셈블리를 탈거한다.
    (배터리 제어 시스템 - "인버터 어셈블리(4WD)" 참조)
39. 전동식 에어컨 컴프레서를 탈거한다.
    (히터 및 에어컨 장치 - "전동식 에어컨 컴프레서" 참조)
40. 엔진 크레인과 특수공구(09200 - 4X000)를 사용하여 모터 및 감속기 어셈블리를 지지한다.

유 의

전륜 모터 및 감속기 어셈블리 행어에 특수공구(09200 - 4X000)를 장착한다.

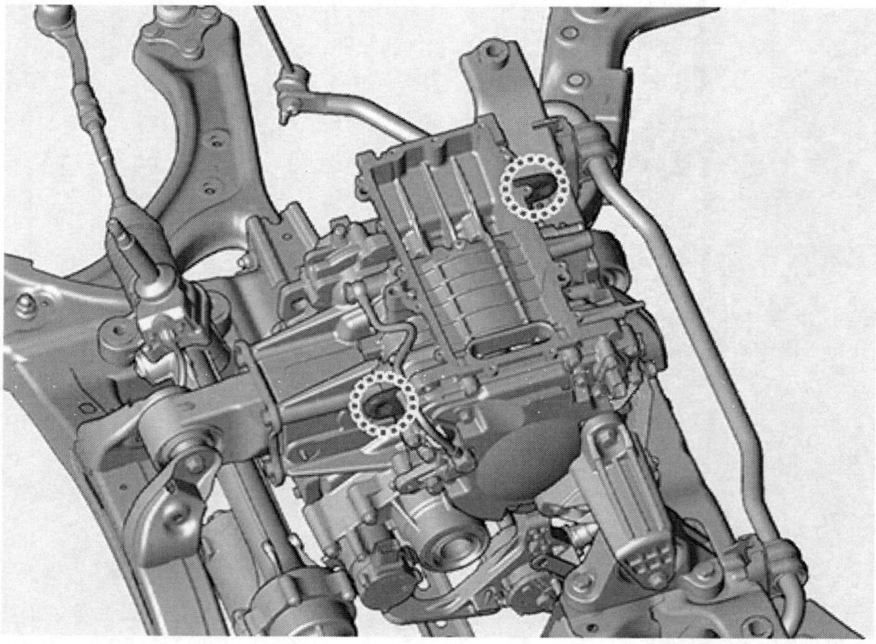

41. 모터 마운팅 브래킷 볼트 및 너트(A)를 탈거한다.

체결토크 : 11.0 ~ 13.0 kgf·m

[LH 모터 마운팅 브래킷]

[RH 모터 마운팅 브래킷]

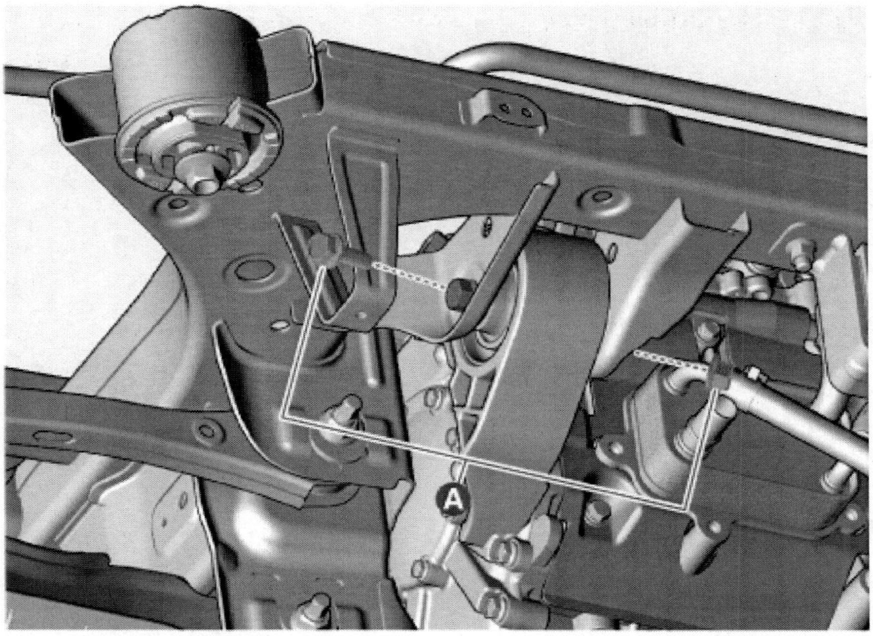

[RR 모터 마운팅 브래킷]

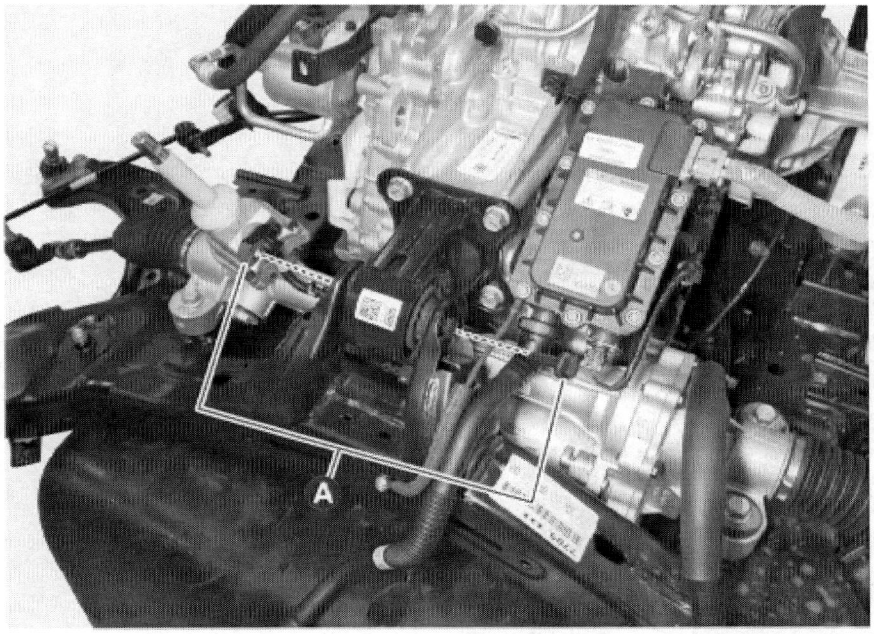

42. 엔진 크레인을 들어 올려 전륜 모터 및 감속기 어셈블리를 프런트 서브 프레임으로부터 분리한다.
43. 모터 및 감속기 마운팅 브래킷(A)을 탈거한다.

체결토크 : 6.5 ~ 8.5 kgf·m

[LH 모터 마운팅 브래킷]

[RR 모터 마운팅 브래킷]

장착

1. 장착은 탈거의 역순으로 한다.

유 의

냉각수 호스 장착 후 퀵 커넥터가 확실히 장착되었는지 확인한다.

[타입 A]

- 퀵 커넥터(A)가 확실히 장착 되었는지 확인한다.

[타입 B]

- 퀵 커넥터와 퀵 커넥터 클램프가 확실히 장착 되었는지 확인한다.
- 퀵 커넥터 클램프 돌출부(A)와 퀵 커넥터 홈(B)이 일치하는지 확인한다.

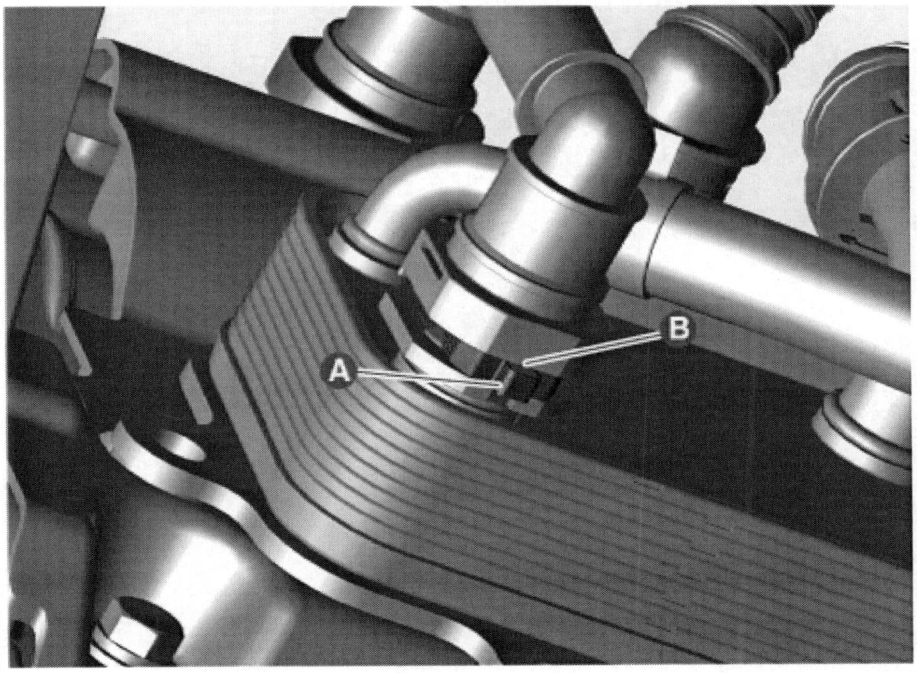

2. 냉각수를 주입한다.
   (전기차 냉각 시스템 - "냉각수" 참조)

유 의

KDS를 이용하여 전자식 워터 펌프(EWP)를 강제 구동시켜 공기 빼기를 실시한다.

3. 전륜 모터 및 감속기 오일을 보충한다.
   (전륜 모터 및 감속기 시스템 - "전륜 모터 및 감속기 오일" 참조)
4. 프런트 모터 및 감속기 어셈블리를 장착 후 기밀점검을 실시한다.
   (배터리 제어 시스템 - "기밀점검" 참조)
5. KDS 부가기능의 "모터제어유닛-앞"을 선택 후 "레졸버 옵셋 보정 초기화" 항목을 수행한다.
   (모터 및 감속기 컨트롤 시스템 - "모터 위치 및 온도 센서" 참조)

유 의

레졸버 옵셋 보정 초기화를 수행하지 않은 경우출력 저하 및 주행 가능 거리가 단축 될 수 있다.

점검

[선간 저항]

1. 프런트 고전압 정션션 박스를 탈거한다.
   (배터리 제어 시스템 - "프런트 고전압 정션 박스" 참조)
2. 인버터 어셈블리를 탈거한다.
   (배터리 제어 시스템 - "인버터 어셈블리(4WD)" 참조)
3. 멀티옴 미터기를 이용하여 각 선간(U, V, W)의 저항을 점검한다.

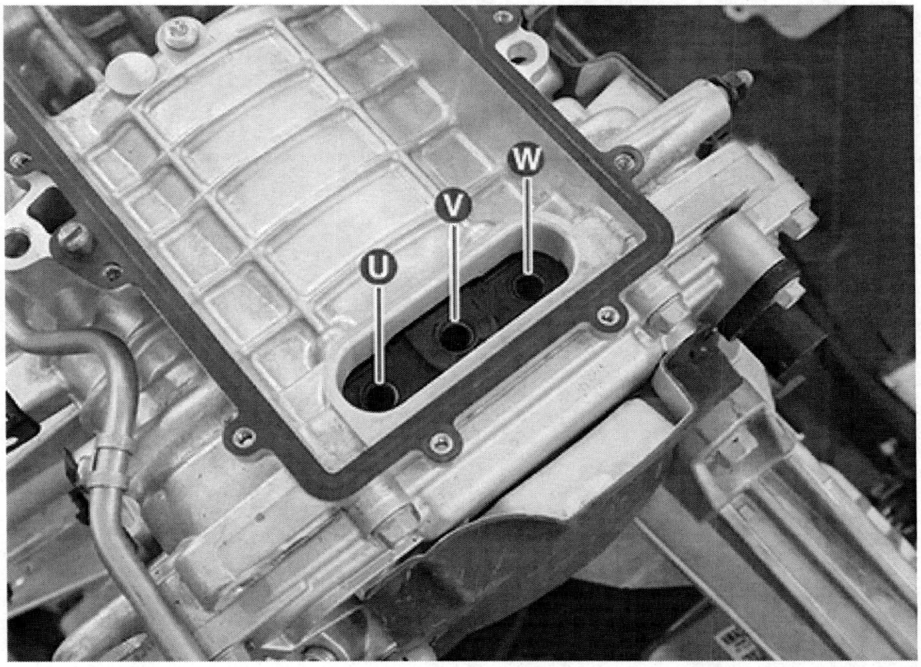

항목	점검부위	규정값	비고
선간 저항 (Line - Line)	U - V	168.63 - 186.37 mΩ	상온 20℃
	V - W		
	W - U		

[절연 저항]

1. 프런트 고전압 정션 박스를 탈거한다.
   (배터리 제어 시스템 - "프런트 고전압 정션 박스" 참조)
2. 인버터 어셈블리를 탈거한다.
   (배터리 제어 시스템 - "인버터 어셈블리(4WD)" 참조)
3. 절연 저항 시험기를 이용하여 절연 저항을 점검한다.
   (1) 절연 저항 시험기의 (-) 단자를 하우징에 연결한다.
   (2) 절연 저항 시험기의 (+) 단자를 상(U, V, W)에 연결한다.

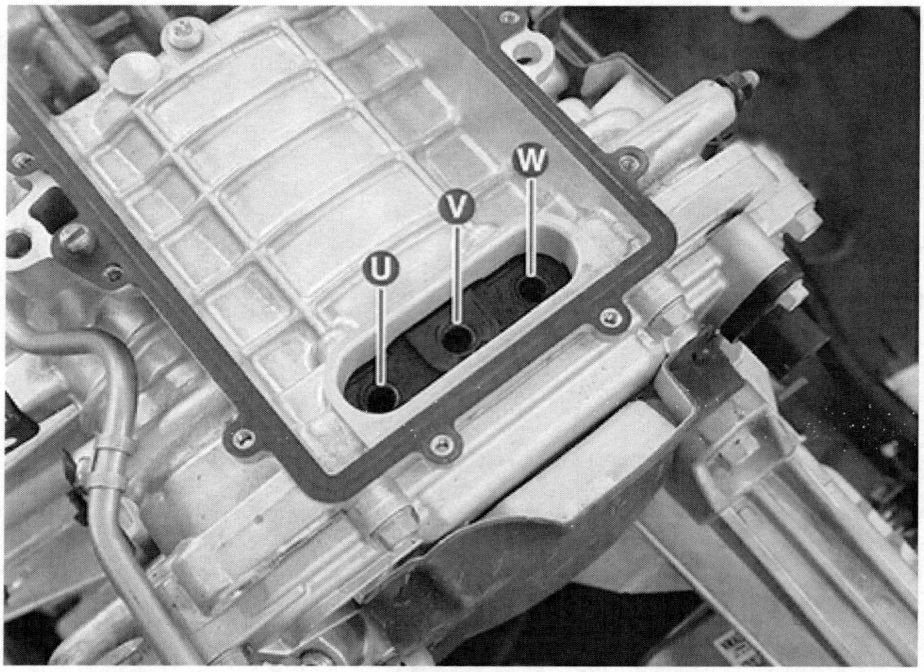

(3) 1분간 DC 1,000 V를 인가하여 측정값을 확인한다.

항목	점검 부위	규정값	비고
절연 저항	모터 하우징 - U	100MΩ 이상	DC 1000V ,1분간
	모터 하우징 - V		
	모터 하우징 - W		

[절연 내력]

1. 프런트 고전압 정션 박스를 탈거한다.
   (배터리 제어 시스템 - "프런트 고전압 정션 박스" 참조)
2. 인버터 어셈블리를 탈거한다.
   (배터리 제어 시스템 - "인버터 어셈블리(4WD)" 참조)
3. 내전압 시험기를 이용하여 누설 전류를 점검한다.
   (1) 내전압 시험기의 (-) 단자를 하우징에 연결한다.
   (2) 내전압 시험기의 (+) 단자를 상(U, V, W)에 연결한다.

(3) 1분간 AC 2,200 V를 인가하여 측정값을 확인한다.

항목	점검 부위	규정값	비고
절연 내력	모터 하우징 - U	10mA_rms 이하	AC 2,200V, 1분간
	모터 하우징 - V		
	모터 하우징 - W		

교환

⚠ 경 고

- 고전압 시스템 관련 작업 시, 관련 교육을 이수한 작업자가 정비를 진행한다. 고전압 시스템에 대한 이해가 부족한 경우 감전 또는 누전 등으로 인한 심각한 사고를 초래할 수 있다.
- 고전압 시스템 또는 주변 부품 작업 시, 반드시 "고전압 시스템 안전사항 및 주의, 경고" 내용을 숙지하고 준수해야 한다. 미 준수 시, 감전 또는 누전 등으로 인한 심각한 사고를 초래할 수 있다.
- 고전압 시스템 작업 특성 상, 개인보호장구(PPE) 및 사전 고전압 차단 절차를 반드시 확인한다.

유 의

감속기 오일 레벨 점검시 주입구를 통해 먼지, 이물질 등이 유입되지 않게 주의한다.

1. 프런트 언더 커버를 탈거한다.
   (전륜 모터 및 감속기 시스템 - "프런트 언더 커버" 참조)
2. 5.0 ℓ 이상의 깨끗한 비커(A)를 준비한다.

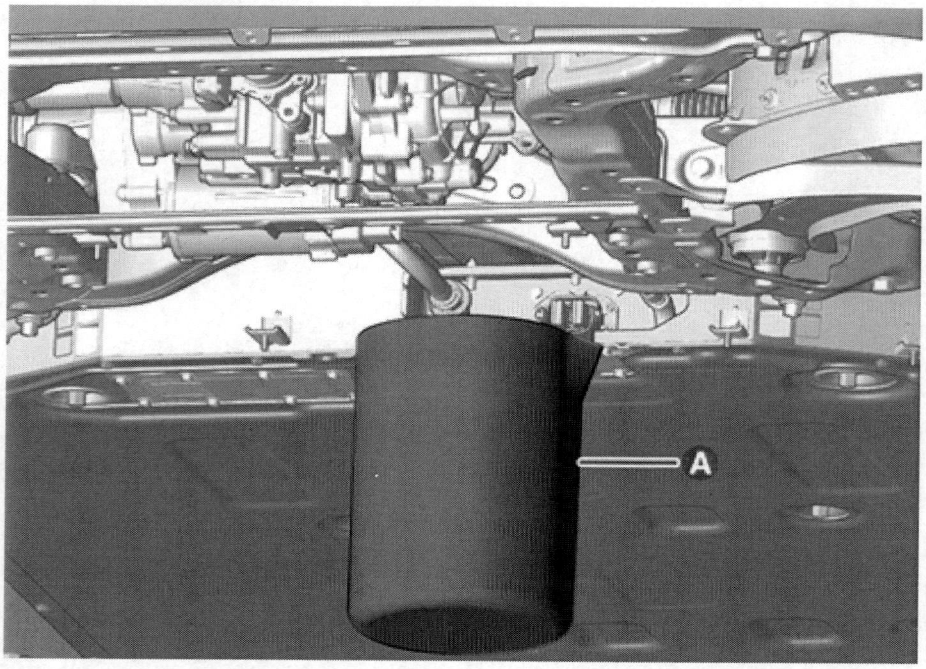

3. 드레인 플러그(A)를 탈거하고 오일을 전량 배출한 후 드레인 플러그를 재장착한다.

체결토크 : 4.5 ~ 6.0 kgf·m

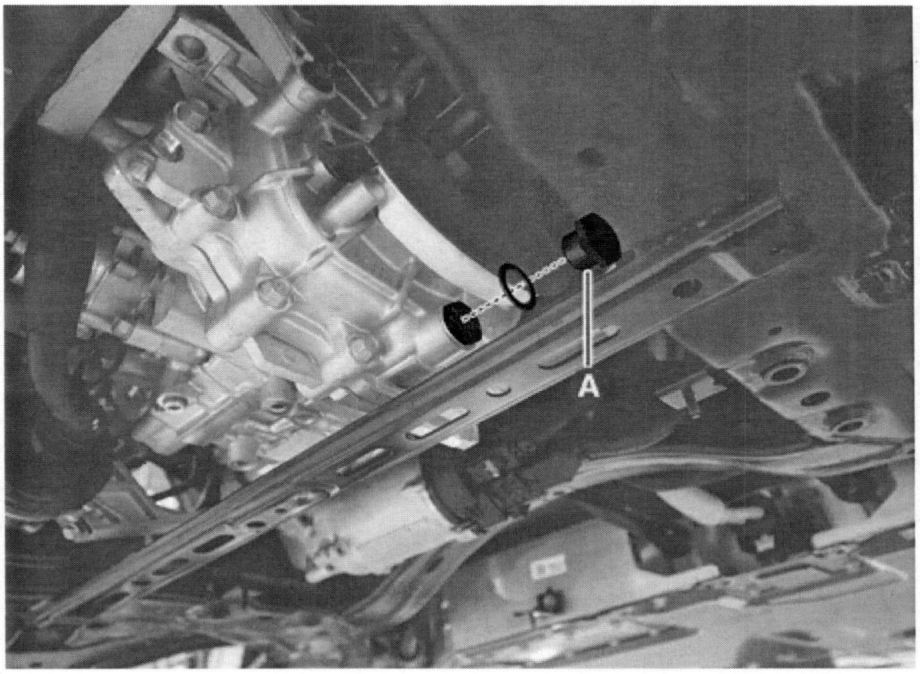

유 의

드레인 플러그의 개스킷(A)은 신품으로 교환한다. (재사용 금지)

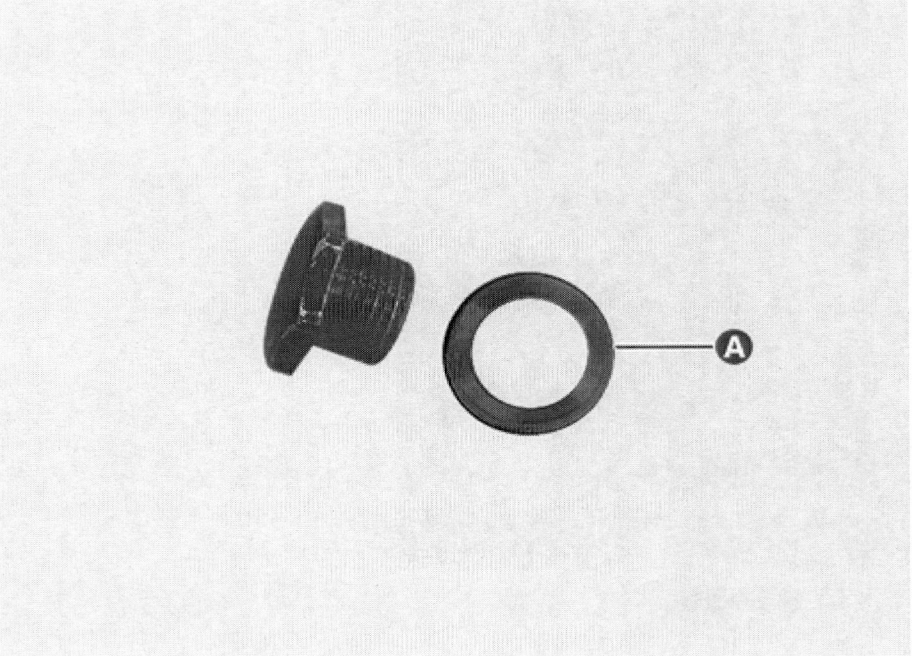

4. 전륜 감속기 프런트 커버 파스너(A)를 분리한다.

5. 필러 플러그(A)를 탈거한다.

6. 비커에 배출된 양만큼 규정 오일을 필러 플러그 홀에 주입한다.

추천 등급 : SK ATF SP4M-1, NOCA ATF SP4M-1, S-OIL ATF SP4M-1, 기아 순정 ATF SP4M-1

유 의

품질 성능이 부적합한 오일의 사용은 모터 및 감속기 고장 및 성능의 저하 등을 초래할 수 있으며 이로 인한 품질은 보증이 불가능합니다. 순정 오일은 품질과 성능을 당사가 보증하는 부품입니다.

7. 필러 플러그(A)를 장착한다

체결토크 : 4.5 ~ 6.0 kgf·m

유 의

필러 플러그의 개스킷(A)은 신품으로 교환한다. (재사용 금지)

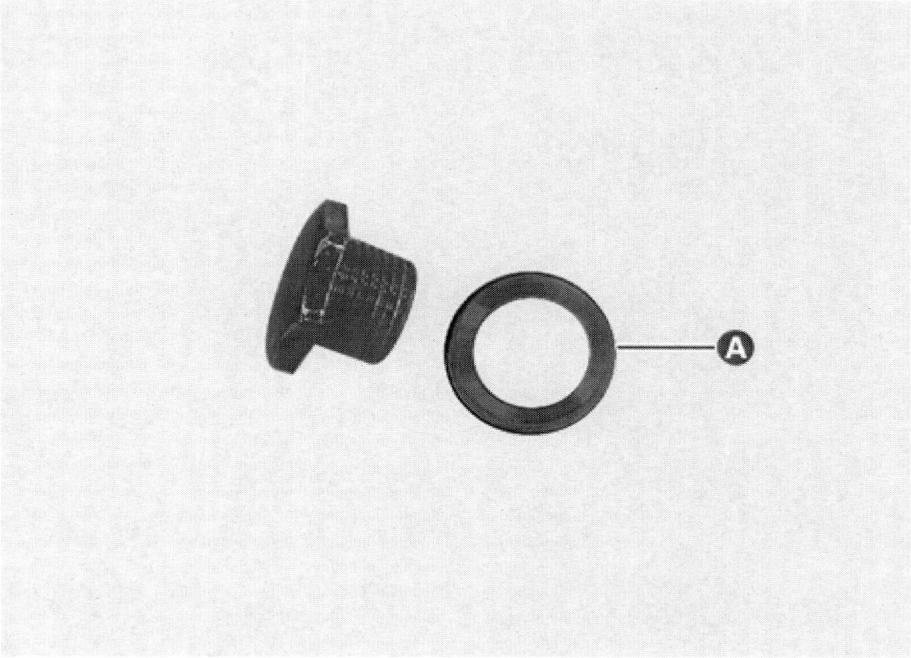

8. 전륜 감속기 프런트 커버 파스너(A)를 장착한다.

9. 프런트 언더 커버를 장착한다.
(프런트 모터 및 감속기 시스템 - "프런트 언더 커버" 참조)

특수공구

공구 명칭 / 번호	형상	용도
감속기 오일 실 인스톨러 09445 - GI100		전륜 감속기 케이스와 하우징 측 오일 실 장착 (핸들과 함께 사용)
핸들 09231 - H1100	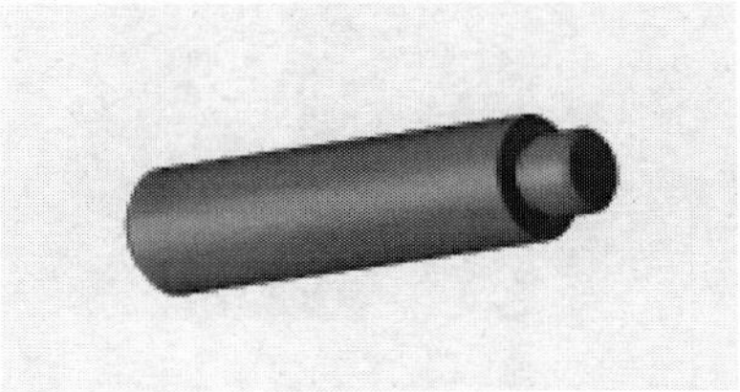	오일 실 장착 시 인스톨러와 함께 사용

교환

⚠ 경 고

- 고전압 시스템 관련 작업 시, 관련 교육을 이수한 작업자가 정비를 진행한다. 고전압 시스템에 대한 이해가 부족한 경우 감전 또는 누전 등으로 인한 심각한 사고를 초래할 수 있다.
- 고전압 시스템 또는 주변 부품 작업 시, 반드시 "고전압 시스템 안전사항 및 주의, 경고" 내용을 숙지하고 준수해야 한다. 미준수 시, 감전 또는 누전 등으로 인한 심각한 사고를 초래할 수 있다.
- 고전압 시스템 작업 특성 상, 개인보호장구(PPE) 및 사전 고전압 차단 절차를 반드시 확인한다.

1. 전륜 모터 및 감속기 오일을 배출한다.
   (전륜 모터 및 감속기 시스템 - "전륜 모터 및 감속기 오일" 참조)
2. 프런트 드라이브 샤프트 어셈블리를 탈거한다.
   (드라이브 샤프트 및 액슬 - "프런트 드라이브 샤프트" 참조)
3. 오일 실(A)을 탈거한다.

   케이스 측

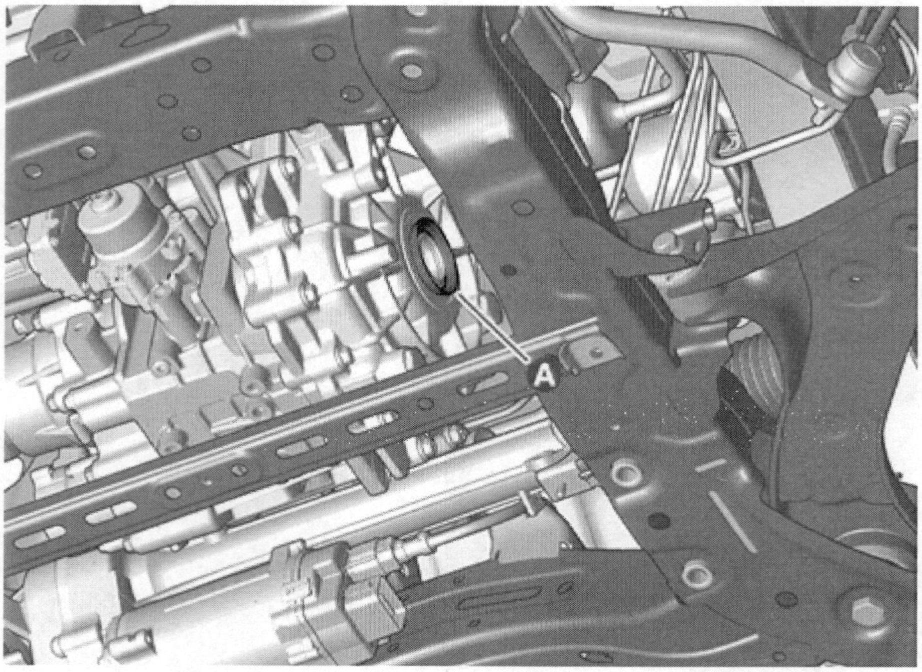

하우징 측

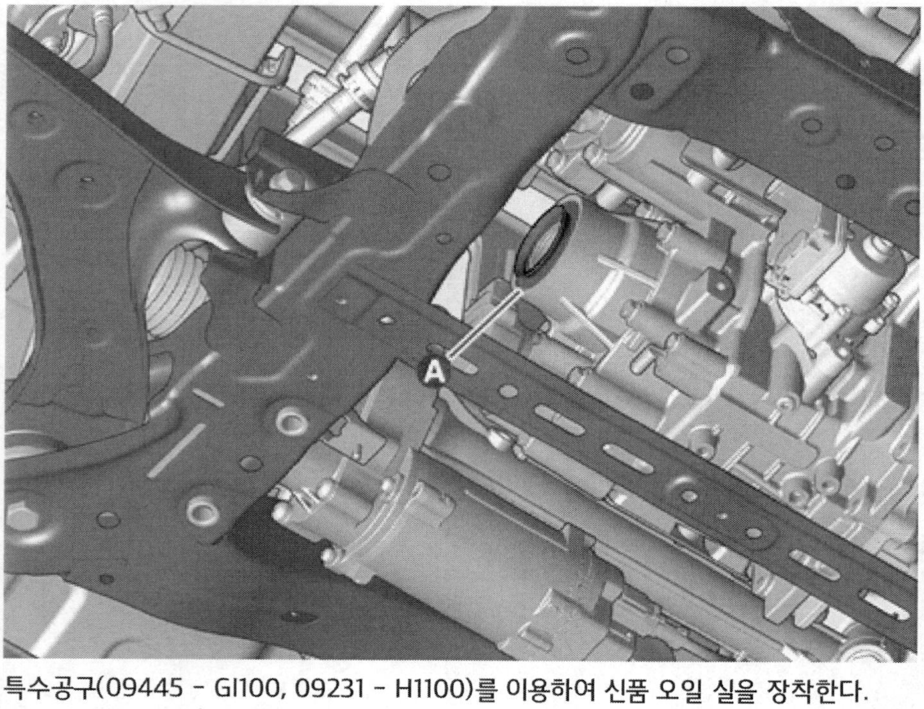

4. 특수공구(09445 - GI100, 09231 - H1100)를 이용하여 신품 오일 실을 장착한다.

케이스 측

하우징 측

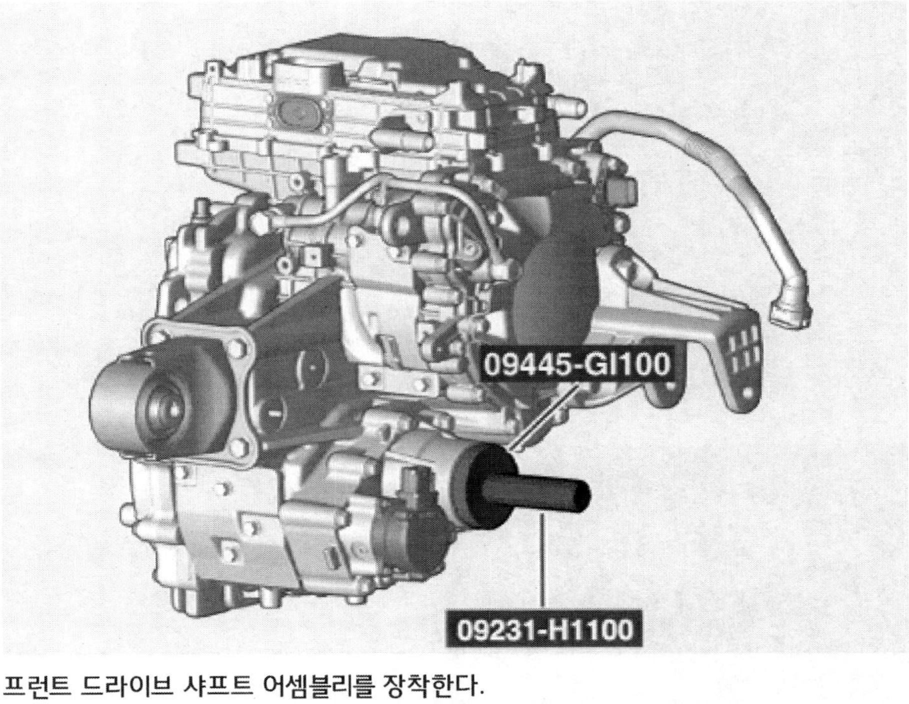

5. 프런트 드라이브 샤프트 어셈블리를 장착한다.
   (드라이브 샤프트 및 액슬 - "프런트 드라이브 샤프트" 참조)
6. 전륜 모터 및 감속기 오일을 보충한다.
   (전륜 모터 및 감속기 시스템 - "전륜 모터 및 감속기 오일" 참조)

탈거

센터 플로어 리어 언더 커버

1. 너트를 풀어 센터 플로어 리어 언더 커버(A)를 탈거한다.

체결토크 : 0.8 ~ 1.2 kgf·m

[기본형]

[항속형]

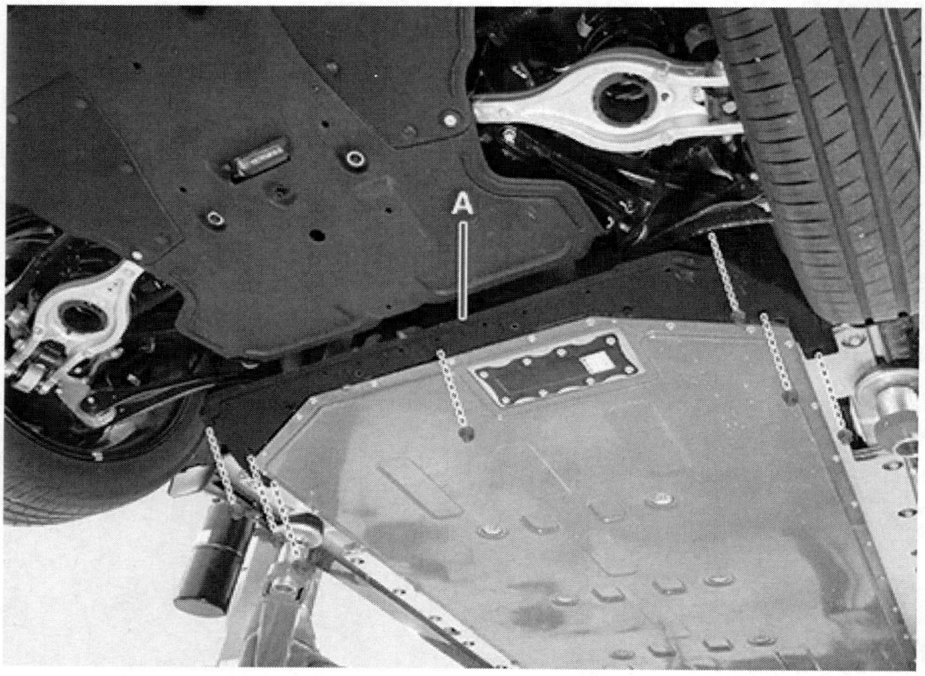

리어 크로스 멤버 언더 커버

1. 볼트를 풀어 리어 크로스 멤버 언더 커버(A)를 탈거한다.

체결토크 : 0.8 ~ 1.2 kgf·m

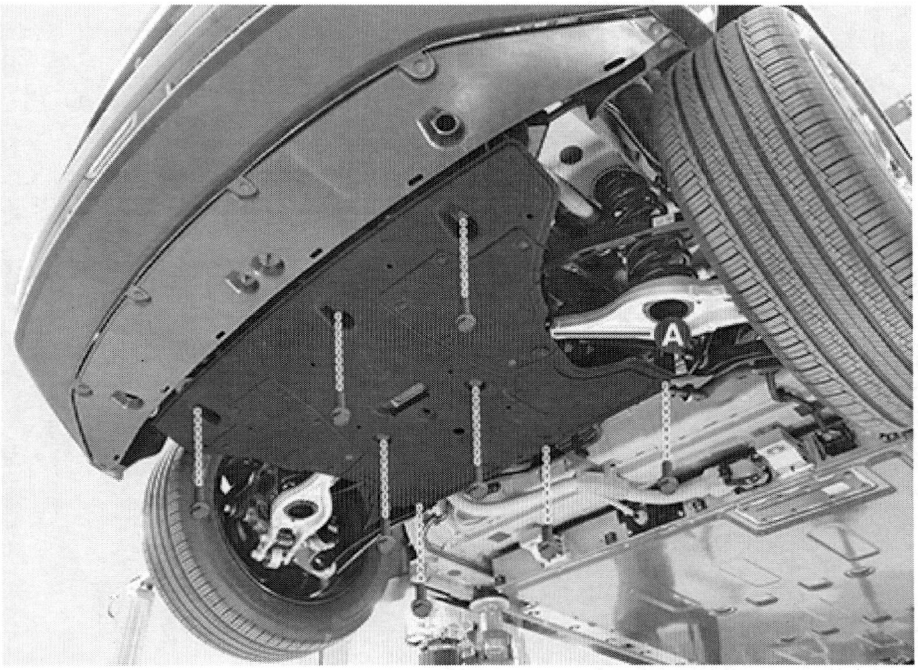

장착

센터 플로어 리어 언더 커버

1. 장착은 탈거의 역순으로 한다.

리어 크로스 멤버 언더 커버

1. 장착은 탈거의 역순으로 한다.

탈거

⚠ 경 고

- 고전압 시스템 관련 작업 시, 관련 교육을 이수한 작업자가 정비를 진행한다. 고전압 시스템에 대한 이해가 부족한 경우 감전 또는 누전 등으로 인한 심각한 사고를 초래할 수 있다.
- 고전압 시스템 또는 주변 부품 작업 시, 반드시 "안전 사항 및 주의, 경고" 내용을 숙지하고 준수해야 한다. 미 준수 시, 감전 또는 누전 등으로 인한 심각한 사고를 초래할 수 있다.
- 고전압 시스템 작업 특성 상, 개인보호장구(PPE) 및 사전 고전압 차단 절차를 반드시 확인한다.

후륜 모터 프런트 커버

1. 리어 크로스 멤버 언더 커버를 탈거한다.
   (후륜 모터 및 감속기 시스템 - "리어 언더 커버" 참조)
2. 후륜 모터 하부 커버를 탈거한다.
3. 파스너를 분리하고 후륜 모터 프런트 커버(A)를 탈거한다.

후륜 모터 하부 커버

1. 리어 크로스 멤버 언더 커버를 탈거한다.
   (후륜 모터 및 감속기 시스템 - "리어 언더 커버" 참조)
2. 후륜 모터 하부 커버 파스너(A)를 분리한다.

3. 파스너를 분리하고 후륜 모터 하부 커버(A)를 탈거한다.

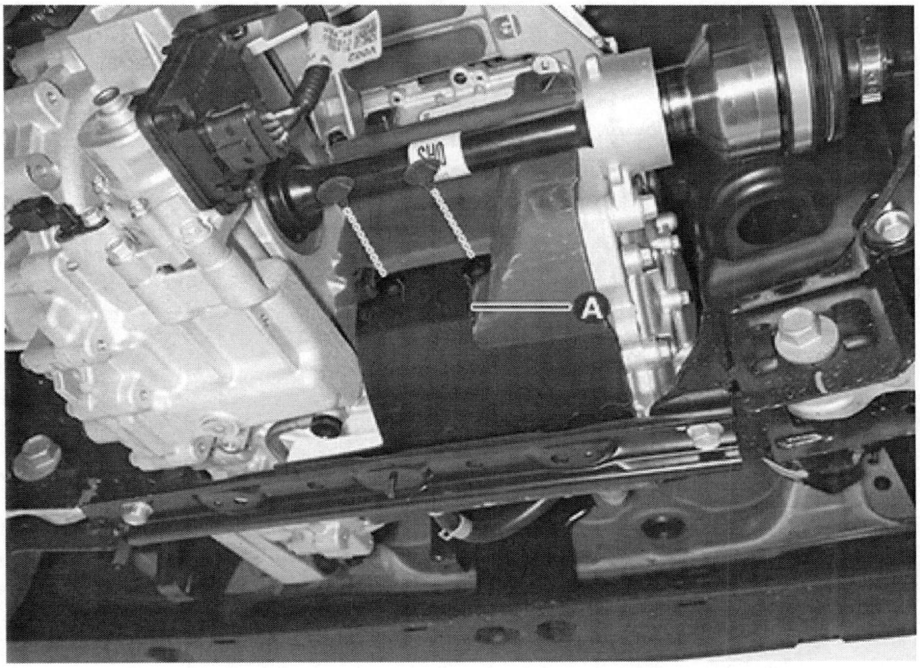

후륜 모터 리어 커버

1. 고전압 차단 절차를 수행한다.
   (모터 및 감속기 시스템 - "고전압 차단 절차" 참조)
2. 리어 크로스 멤버 언더 커버를 탈거한다.
   (후륜 모터 및 감속기 시스템 - "리어 언더 커버" 참조)
3. 후륜 모터 하부 커버를 탈거한다.
4. 모터 & 감속기 오일 쿨러를 탈거한다.
   (전기차 냉각 시스템 - "모터 & 감속기 오일 쿨러" 참조)
5. 파스너를 분리하고 후륜 모터 리어 커버(A)를 탈거한다.

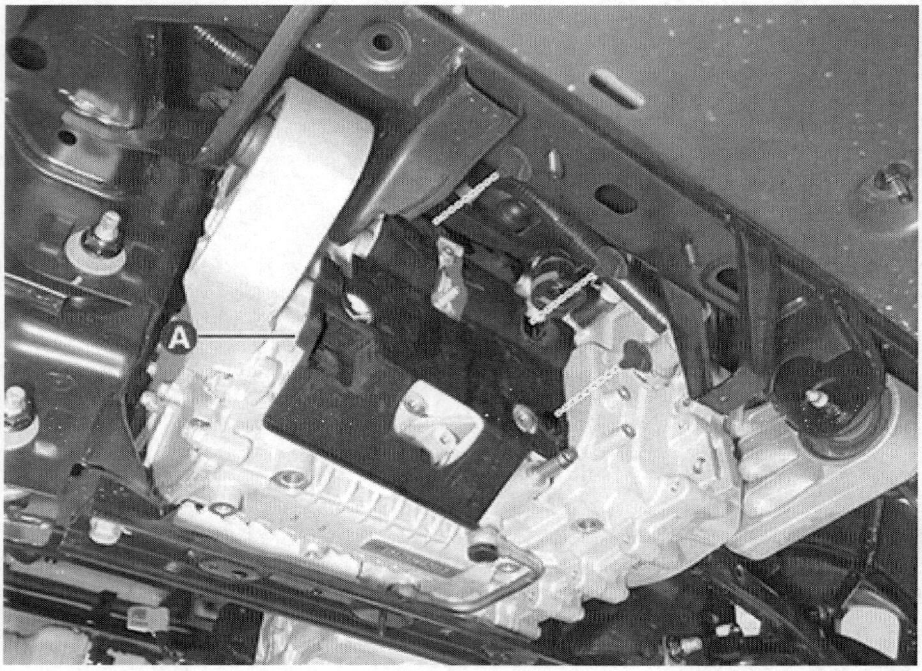

장착

후륜 모터 프런트 커버

1. 장착은 탈거의 역순으로 한다.

후륜 모터 하부 커버

1. 장착은 탈거의 역순으로 한다.

후륜 모터 리어 커버

1. 장착은 탈거의 역순으로 한다.

구성부품 및 부품위치

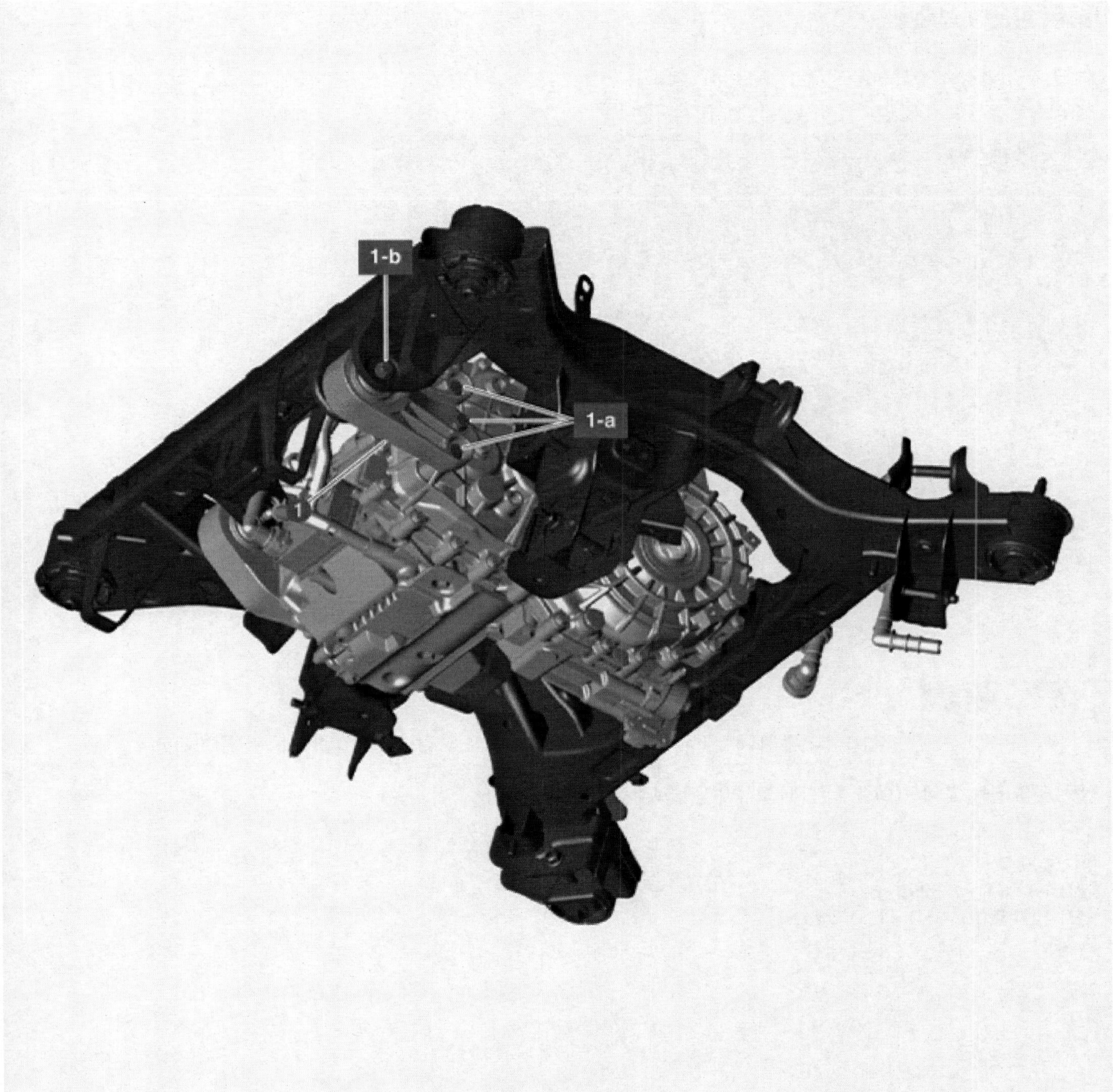

1. RH 모터 마운팅 브래킷
1-a. 6.5 ~ 8.5 kgf·m
1-b. 11.0 ~ 13.0 kgf·m

탈거

RH 모터 마운팅 브래킷

1. 리어 언더 커버를 탈거한다.
   (후륜 모터 및 감속기 시스템 - "리어 언더 커버" 참조)
2. 잭(A)으로 후륜 모터 및 감속기 어셈블리 하부를 지지한다.

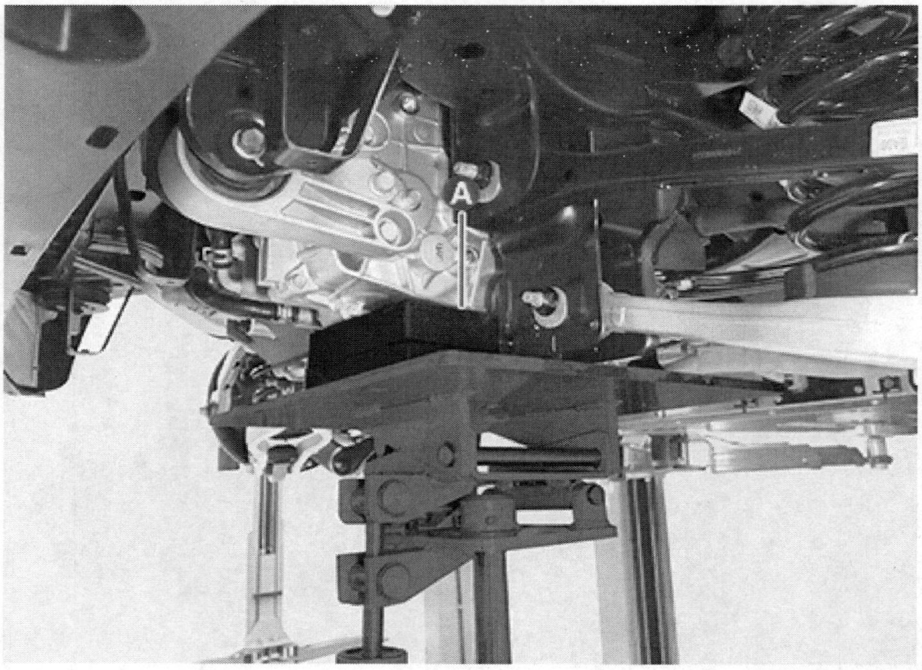

> **유 의**
>
> 후륜 모터 및 감속기 어셈블리와 잭 사이에 러버 패드 등을 넣어 후륜 모터 및 감속기 어셈블리에 손상을 방지한다.

3. 볼트(B)와 볼트 및 너트(C)를 풀어 RH 모터 마운팅 브래킷(A)을 탈거한다.

체결토크
볼트(B) : 6.5 ~ 8.5 kgf·m
볼트 및 너트(C) : 11.0 ~ 13.0 kgf·m

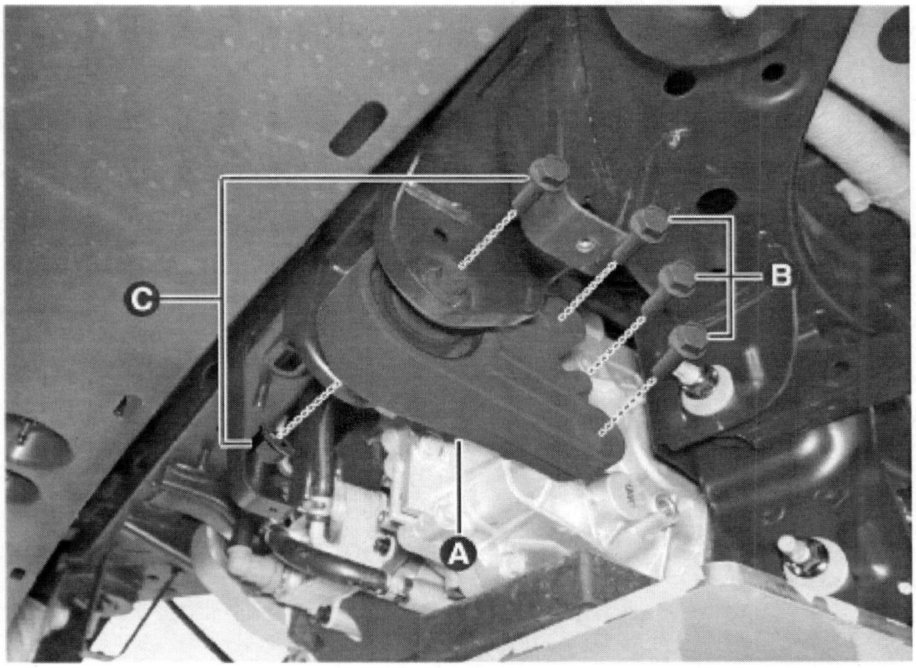

장착

RH 모터 마운팅 브래킷

1. 장착은 탈거의 역순으로 한다.

구성부품 및 부품위치

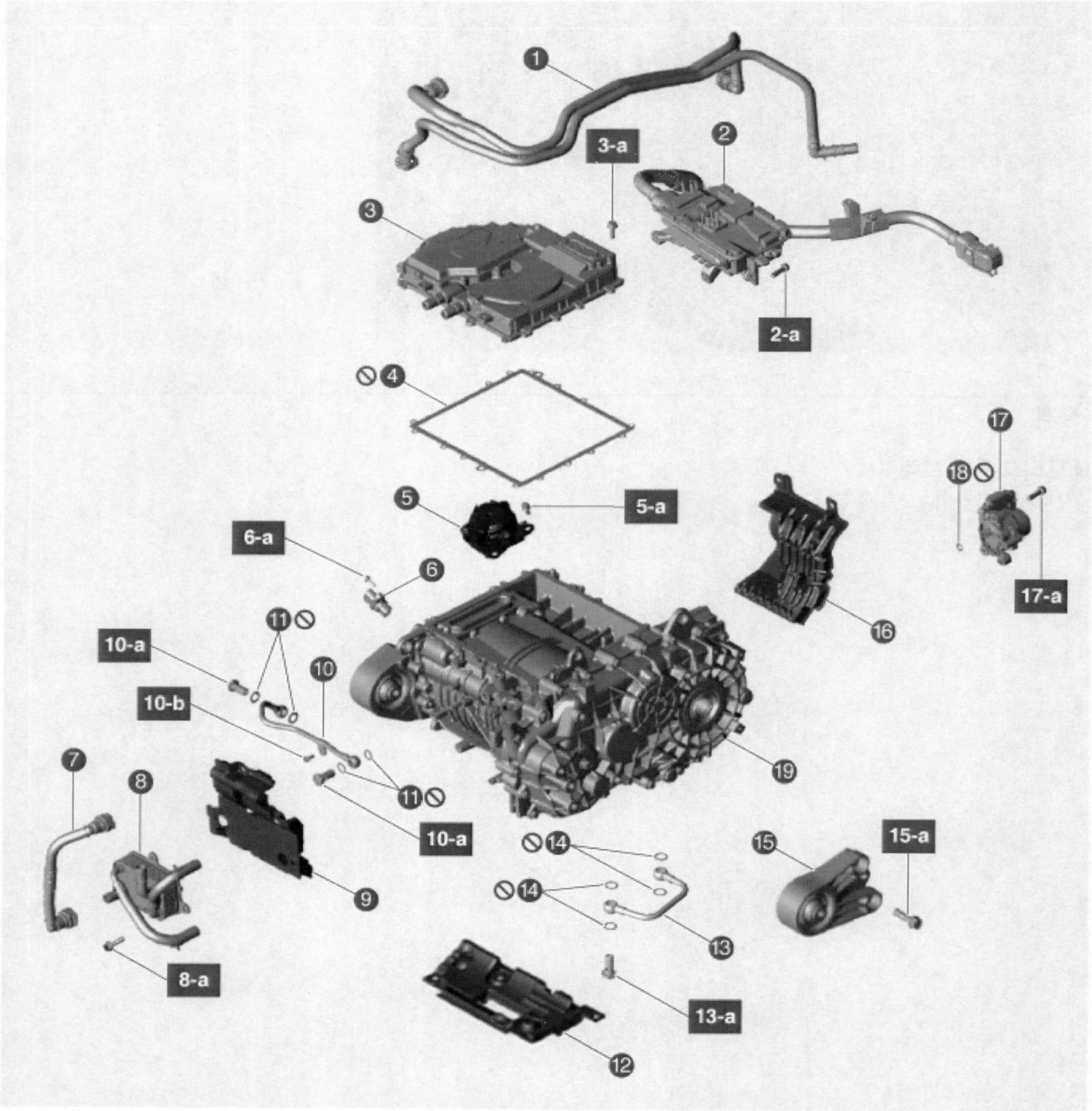

1. 워터 호스 어셈블리 2. 리어 고전압 정션 박스 2-a. 1.0 ~ 1.2 kgf·m 3. 멀티 인버터 어셈블리 3-a. 0.4 ~ 0.6 kgf·m 4. 멀티 인버터 어셈블리 개스킷 5. SBW 액추에이터 5-a. 2.1 ~ 2.8 kgf·m 6. 모터 위치 및 온도 센서 6-a. 1.0 ~ 1.2 kgf·m 7. 모터 & 감속기 오일 쿨러 냉각 호스	10. 튜브 파이프 B 10-a. 4.2 ~ 4.8 kgf·m 11. 튜브 파이프 B 개스킷 12. 후륜 모터 하부 커버 13. 튜브 파이프 A 13-a. 4.2 ~ 4.8 kgf·m 14. 튜브 파이프 A 개스킷 15. RH 모터 마운팅 브래킷 15-a. 6.5 ~ 8.5 kgf·m 16. 후륜 모터 전방 커버 17. 전동식 오일 펌프(EOP)

8. 모터 & 감속기 오일 쿨러 8-a. 0.7 ~ 1.0 kgf·m 9. 후륜 모터 후방 커버	17-a. 2.0 ~ 2.7 kgf·m 18. O-링 19. 후륜 모터 & 감속기 어셈블리

특수공구

공구 명칭 / 번호	형상	용도
엔진 지지대(어댑터) 09200 - 4X000	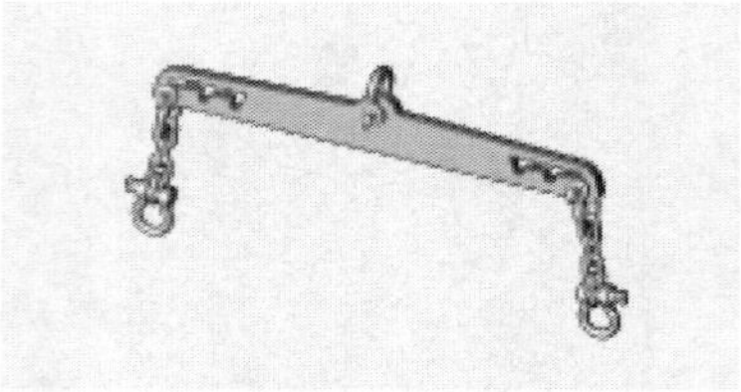	모터 및 감속기 탈거 및 장착 시 모터 및 감속기 고정

탈거

▲ 경 고

- 고전압 시스템 관련 작업 시, 관련 교육을 이수한 작업자가 정비를 진행한다. 고전압 시스템에 대한 이해가 부족한 경우 감전 또는 누전 등으로 인한 심각한 사고를 초래할 수 있다.
- 고전압 시스템 또는 주변 부품 작업 시, 반드시 "안전 사항 및 주의, 경고" 내용을 숙지하고 준수해야 한다. 미 준수 시, 감전 또는 누전 등으로 인한 심각한 사고를 초래할 수 있다.
- 고전압 시스템 작업 특성 상, 개인보호장구(PPE) 및 사전 고전압 차단 절차를 반드시 확인한다.

유 의

- 차체 도장부의 손상을 방지하기 위해 펜더 커버를 사용한다.
- 커넥터 및 와이어링이 손상되지 않도록 주의하여 분리한다.
- 퀵 커넥터 분리 시 퀵 커넥터 타입에 따라 아래 사항에 유의한다.

  [타입 A]

  - 퀵 커넥터 클램프(A)를 화살표 방향으로 누르며 분리한다.
  - 호스 내측 러버 실(B)을 만지지 않는다.

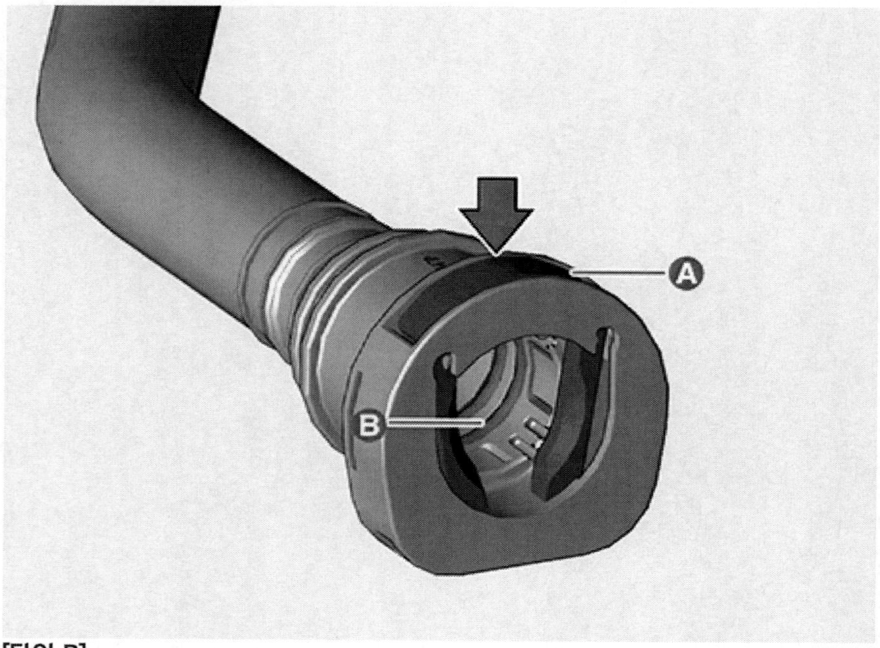

  [타입 B]

  - 퀵 커넥터 클램프(A)를 화살표 방향으로 당겨 클램프를 분리하고 호스를 분리한다.
  - 호스 내측 러버 실(B)을 만지지 않는다.

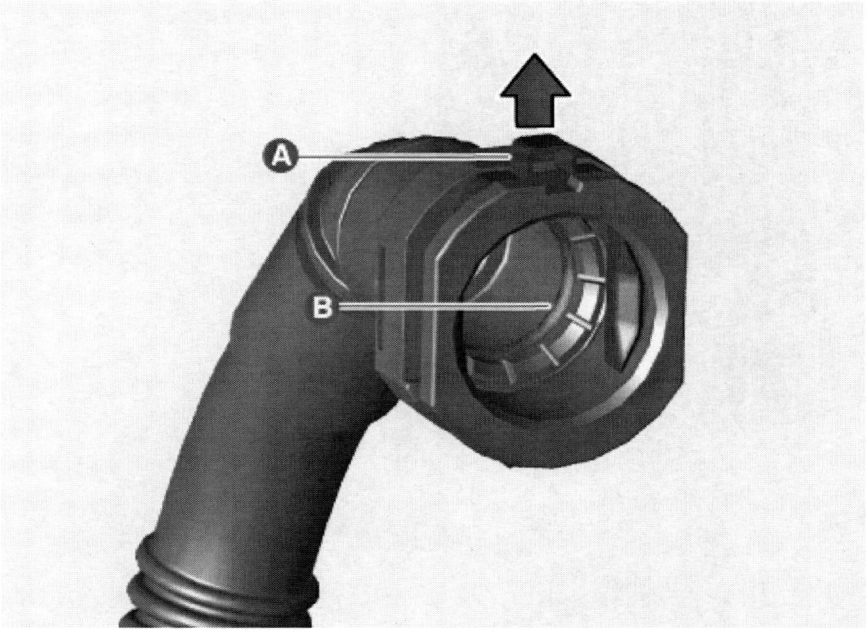

참 고

와이어링 커넥터 및 호스의 잘못된 연결을 방지하기 위해 표시를 해둔다.

1. 고전압 차단 절차를 수행한다.
   (모터 및 감속기 시스템 - "고전압 차단 절차" 참조)
2. 리어 시트 어셈블리를 탈거한다.
   (바디 - "리어 시트 어셈블리" 참조)
3. 러기지 사이드 트림을 탈거한다.
   (바디 - "러기지 사이드 트림" 참조)
4. 러기지 플로어 보드(A)를 탈거한다.

5. 너트를 풀어 급속 충전 커넥터 서비스 커버(A)를 탈거한다.

체결토크 : 0.8 ~ 1.2 kgf·m

6. 볼트를 풀어 급속 충전 커넥터(A)을 분리한다.

체결토크 : 1.0 ~ 1.1 kgf·m

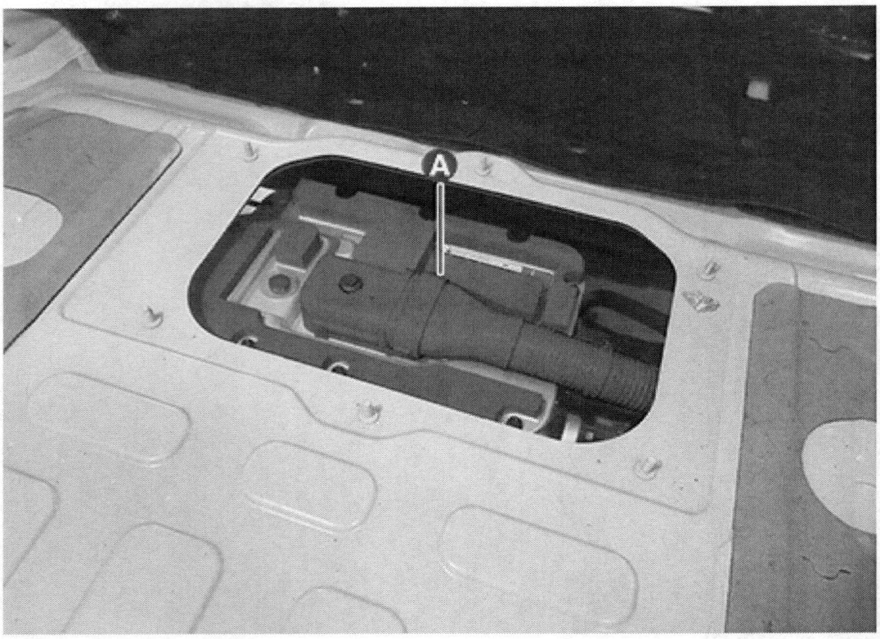

7. 리어 언더 커버를 탈거한다.
   (후륜 모터 및 감속기 시스템 - "리어 언더 커버" 참조)
8. 냉각수를 배출한다.
   (전기차 냉각 시스템 - "냉각수" 참조)
9. 후륜 모터 및 감속기 오일을 배출한다.
   (후륜 모터 및 감속기 시스템 - "후륜 모터 및 감속기 오일" 참조)
10. 퀵 커넥터를 해제하여 냉각수 호스(A)를 분리한다

11. 기능통합형 드라이브 액슬(IDA)을 탈거한다.
    (드라이브 샤프트 및 액슬 - "기능통합형 드라이브 액슬 (IDA)" 참조)
12. 리어 코일 스프링을 탈거한다.
    (리어 서스펜션 시스템 - "리어 코일 스프링" 참조)
13. 볼트를 풀어 리어 휠 속도 센서 와이어링 브래킷(A)을 탈거한다.

체결토크 : 2.0 ~ 3.0 kgf·m

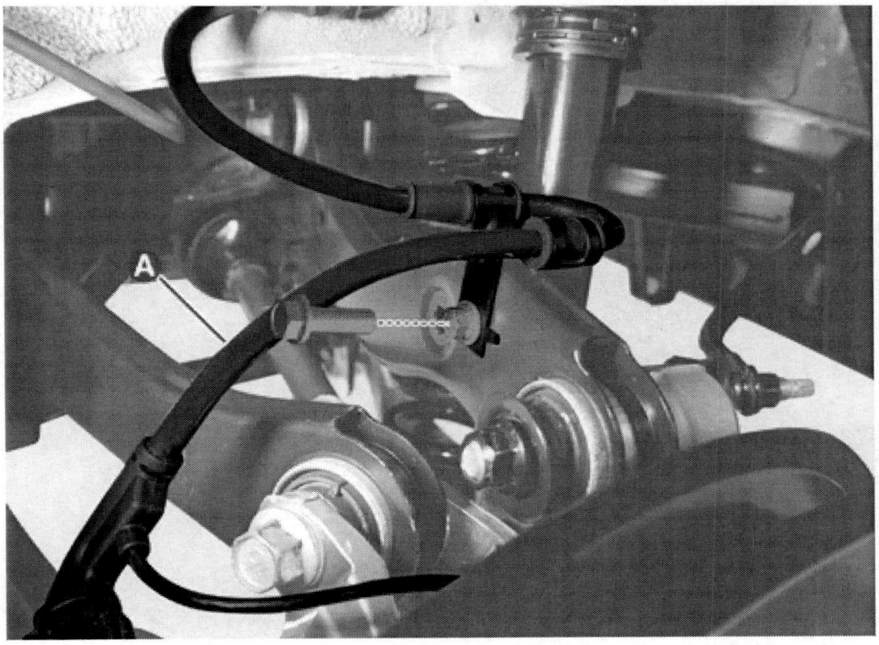

14. 메인 커넥터(A)를 분리한다.

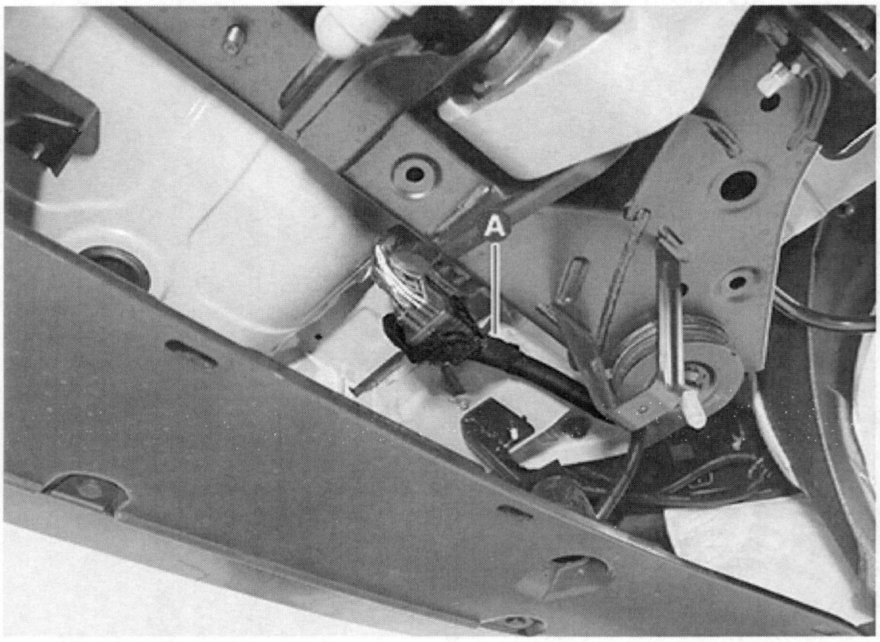

15. 접지 볼트(A)를 탈거한다.

체결토크 : 0.8 ~ 1.2 kgf·m

16. 고전압 케이블(A)을 분리한다.

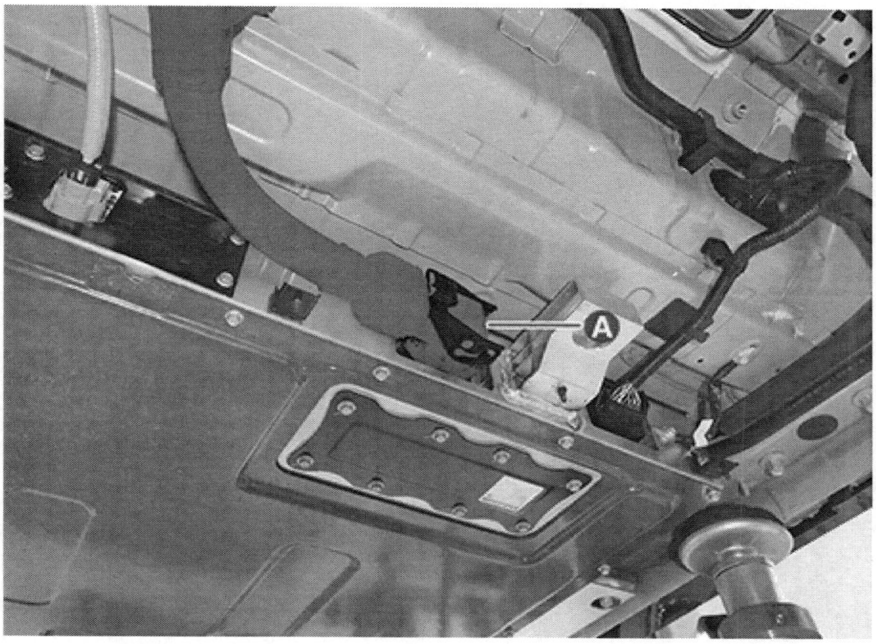

유 의

커넥터 분리 방법

1) 잠금 클립(A)을 당겨 해제한다.
2) 잠금 클립(B)을 누른 상태에서 레버(A)를 화살표 방향으로 밀며 분리한다.

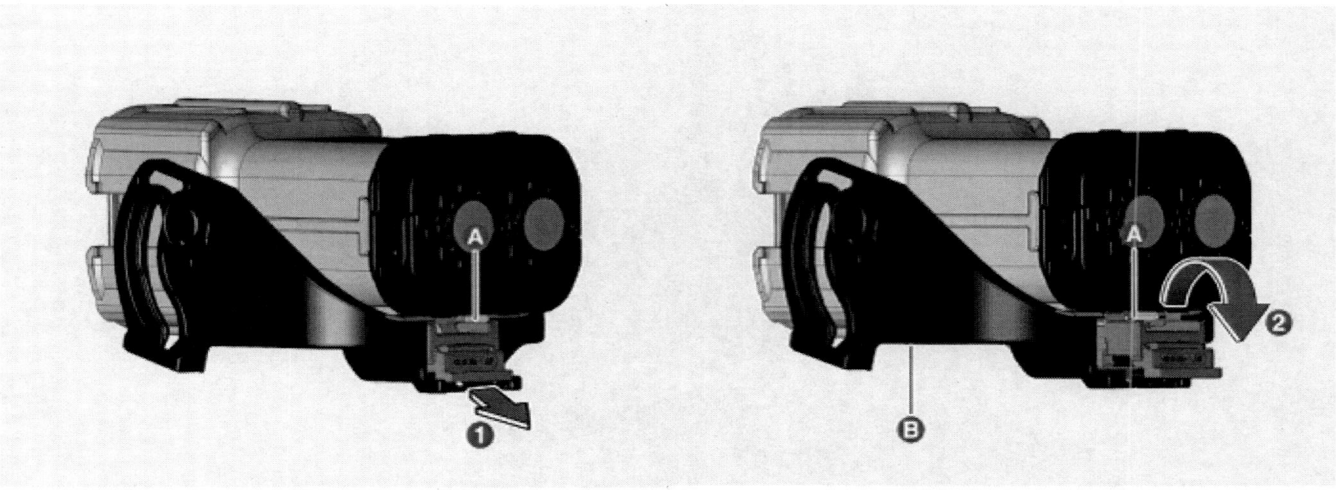

17. 고전압 케이블 브래킷 너트(A)를 탈거한다.

체결토크 : 1.0 ~ 1.2 kgf·m

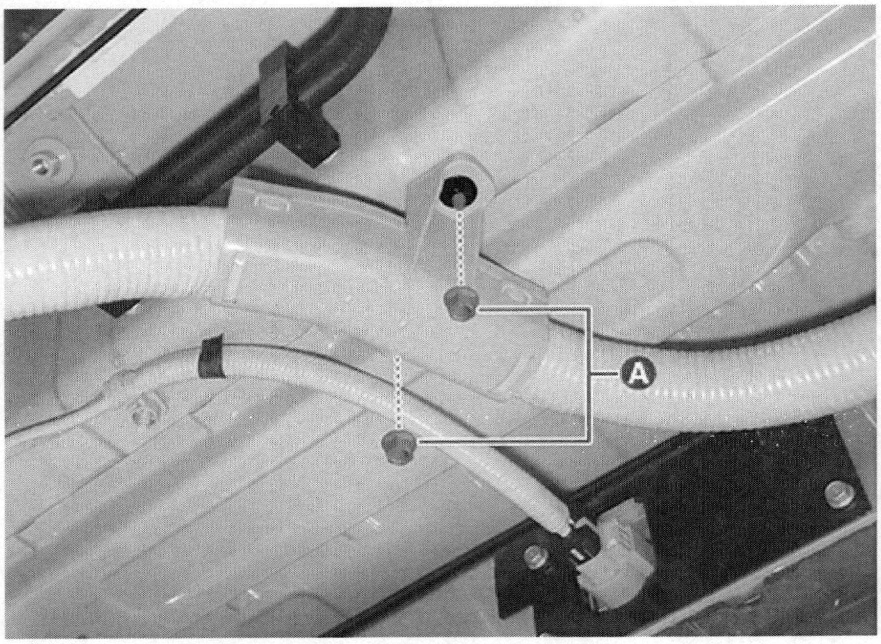

18. 너트를 풀고 파스너를 분리하여 리어 범퍼 언더 커버(A)를 탈거한다.

체결토크 : 0.8 ~ 1.2 kgf·m

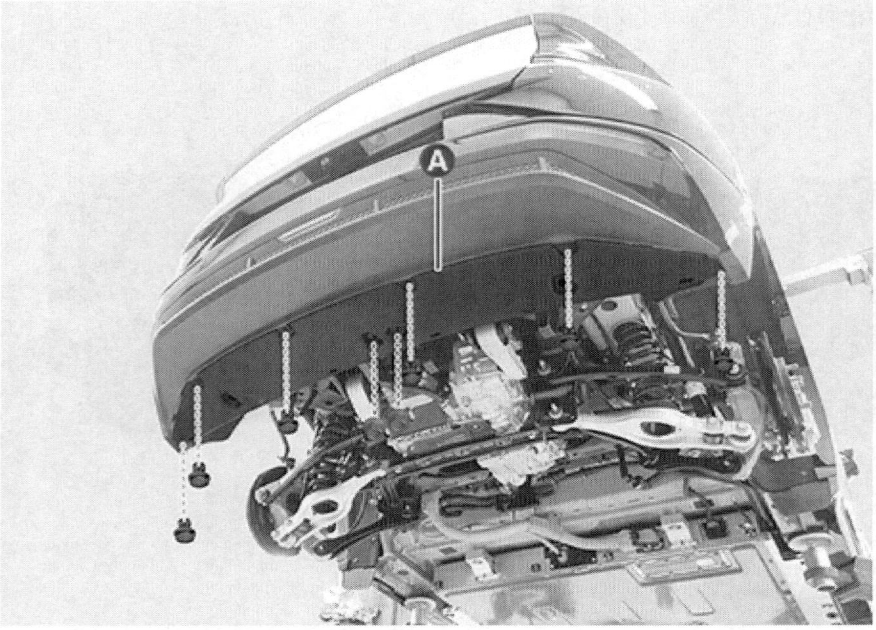

19. 볼트를 풀어 언더 커버 브래킷(A)을 탈거한다.

체결토크 : 5.0 ~ 6.0 kgf·m

20. 리어 크로스 멤버를 리프트 테이블(A)로 지지한다.

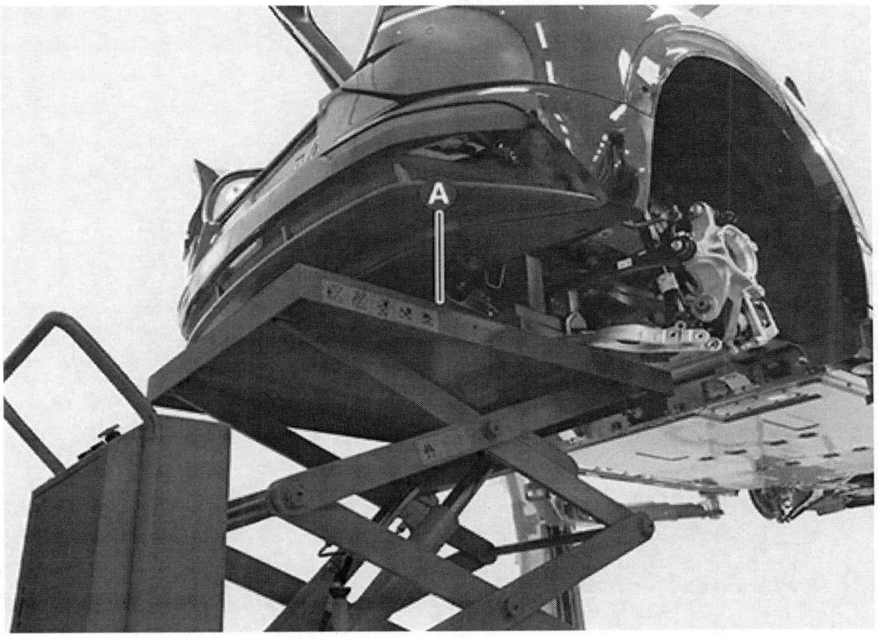

21. 리어 크로스 멤버 볼트 및 너트(A)를 탈거한다.

체결토크 : 18.0 ~ 20.0 kgf·m

22. 차량을 서서히 들어 올려 모터 및 감속기 어셈블리와 리어 크로스 맴버를 탈거한다.

> **유 의**
>
> - 모터 및 감속기 어셈블리를 탈거하기 전에 호스 및 와이어 커넥터가 분리되어 있는지 확인한다.
> - 모터 및 감속기 어셈블리를 탈거할 때 주변 부품이나 차체 구성 요소가 손상되지 않도록 주의한다.

23. 퀵 커넥터를 해제하여 호스(A, B, C)를 분리한다.

(A) : 인버터 인렛 워터 호스
(B) : 인버터 아웃렛 워터 호스
(C) : 오일 쿨러 아웃렛 호스

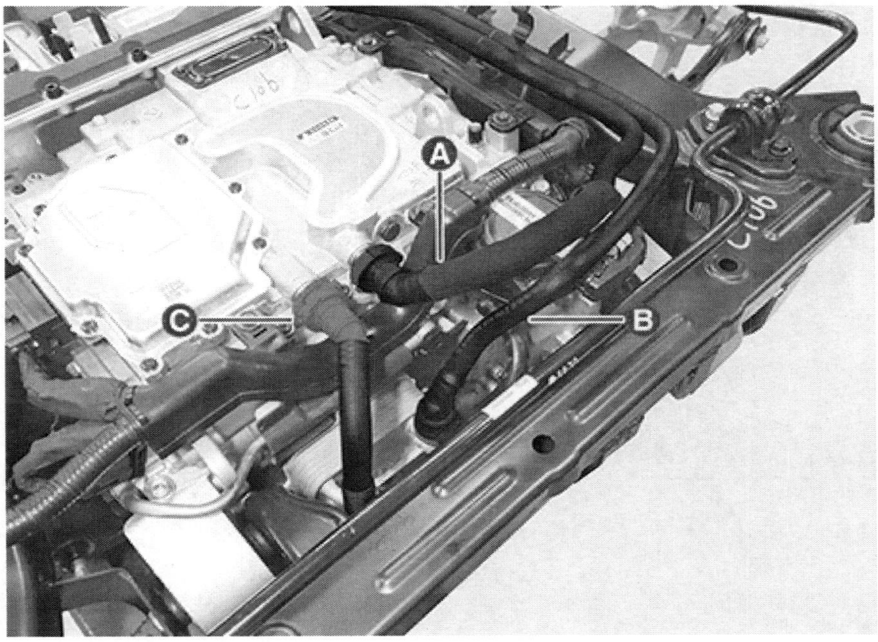

24. 호스 고정 클립을 분리한다.

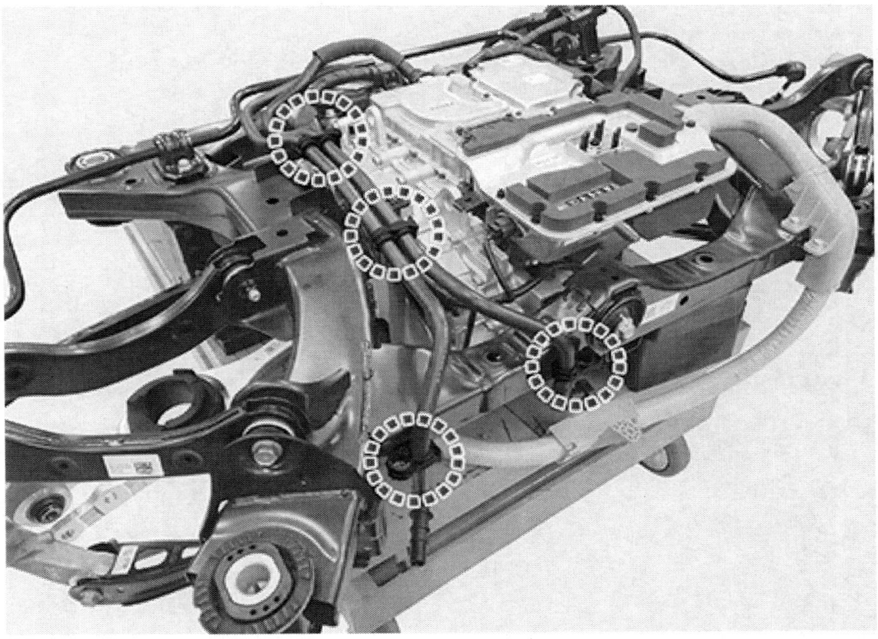

참 고

호스 고정 클립의 A 부위를 화살표 방향으로 벌린 상태에서 B 부위를 화살표 방향으로 밀어 록을 해제한다.

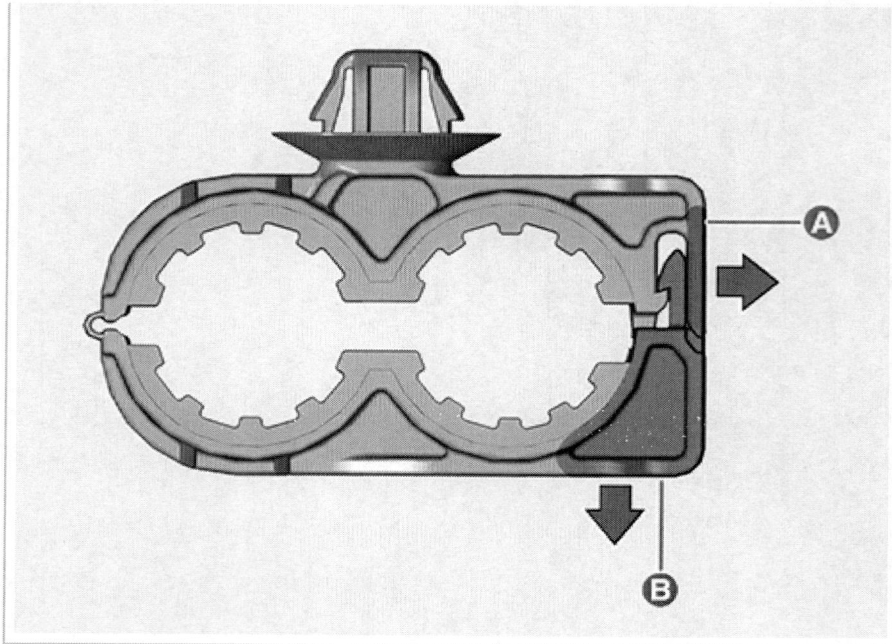

25. 인버터 인렛 워터 호스(A)와 인버터 아웃렛 워터 호스(B)를 탈거한다.

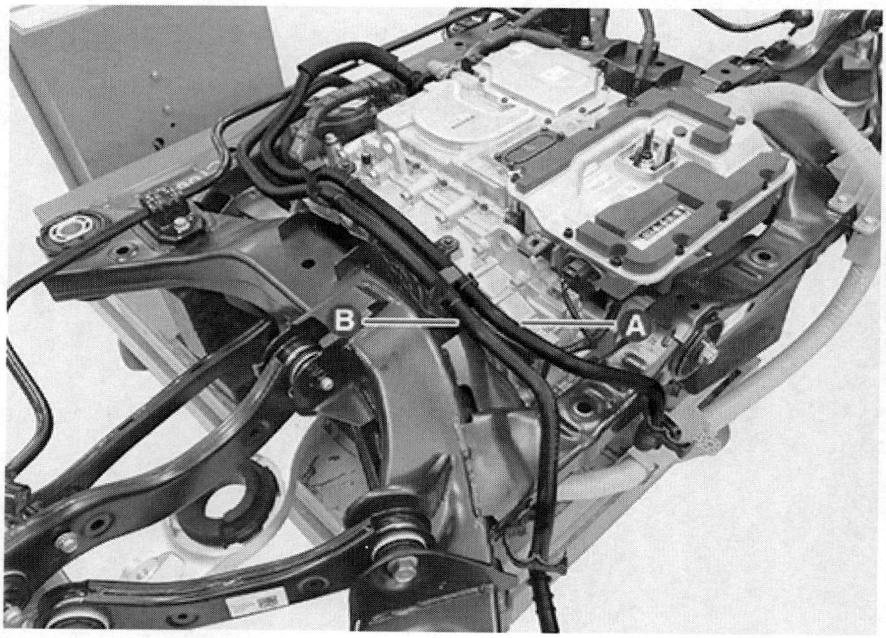

26. 접지 볼트(A)를 탈거한다.

체결토크 : 0.7 ~ 1.1 kgf·m

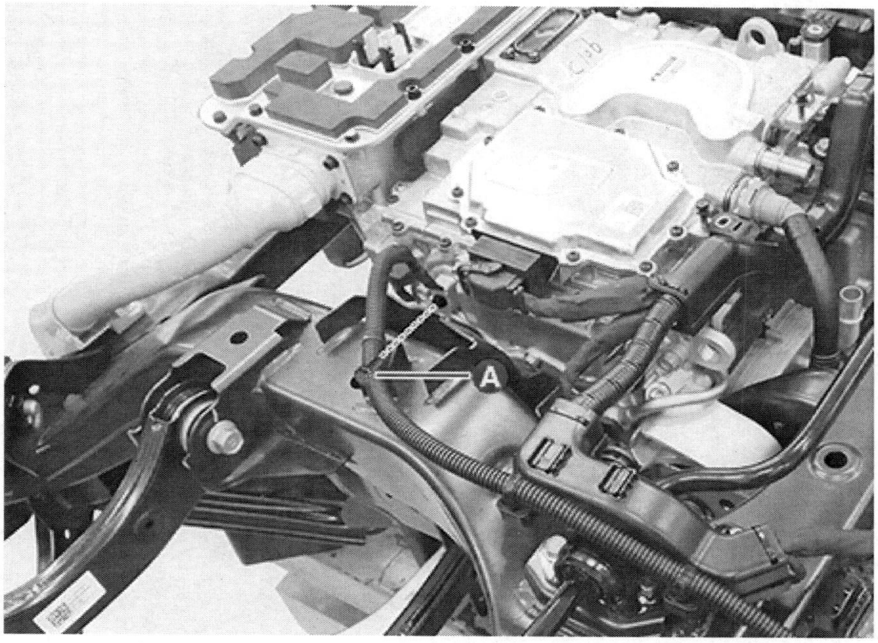

27. 볼트를 풀어 후륜 모터 및 감속기 어셈블리에서 메인 와이어링 프로텍터(A)를 분리한다.

체결토크 : 0.7 ~ 1.0 kgf·m

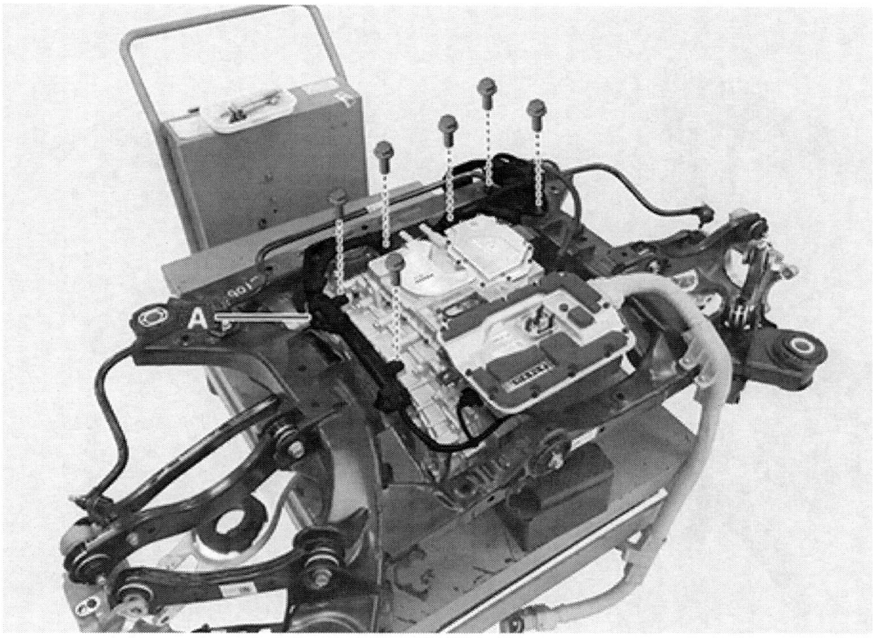

28. 볼트(A)를 풀어 고전압 케이블 브래킷을 탈거한다.

체결토크 : 0.8 ~ 1.2 kgf·m

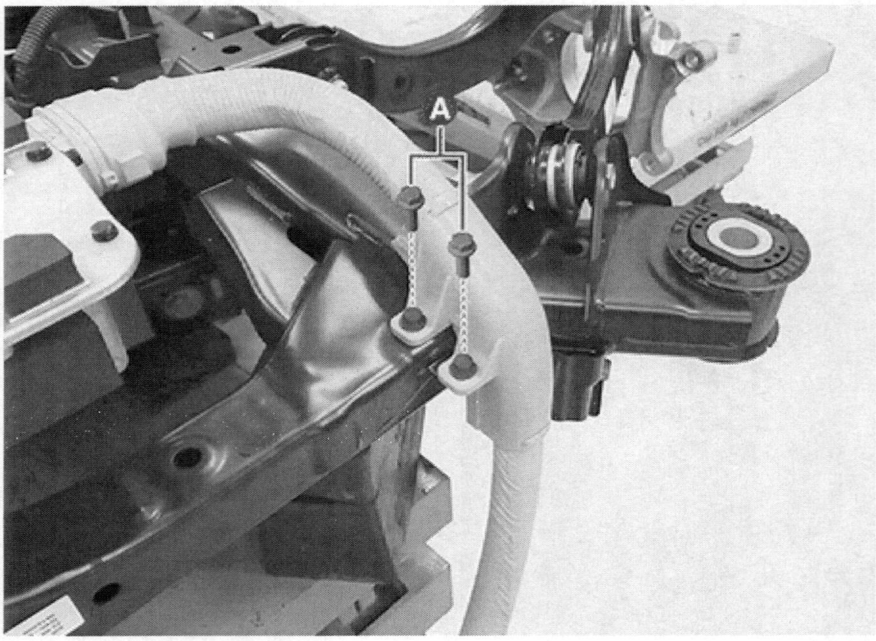

29. 리어 고전압 정션 박스를 탈거한다.
    (배터리 제어 시스템 - "리어 고전압 정션 박스" 참조)
30. 멀티 인버터 어셈블리를 탈거한다.
    (배터리 제어 시스템 - "멀티 인버터 어셈블리" 참조)
31. 엔진 크레인과 특수공구(09200 - 4X000)를 사용하여 모터 및 감속기 어셈블리를 지지한다.

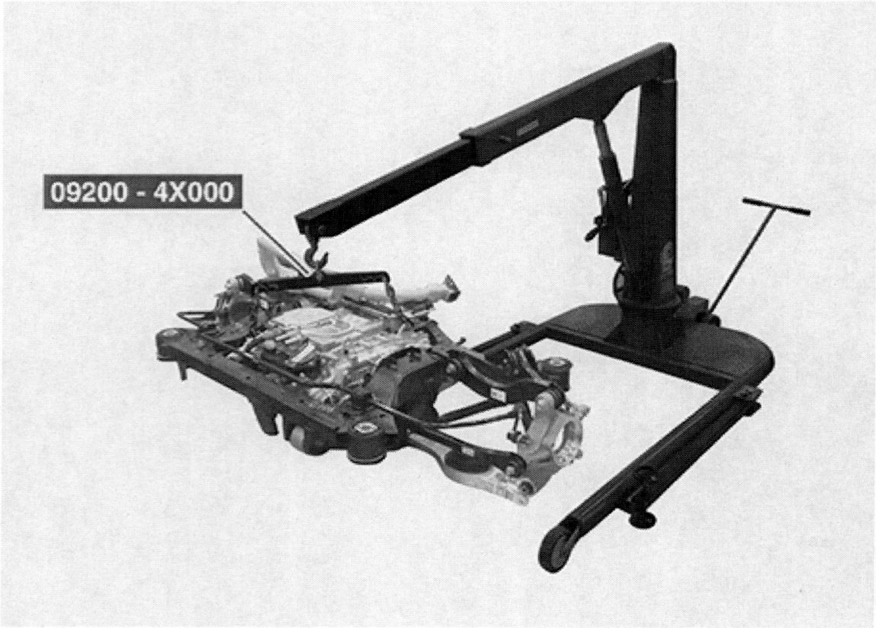

유 의

후륜 모터 및 감속기 어셈블리 행어에 특수공구(09200 - 4X000)를 장착한다.

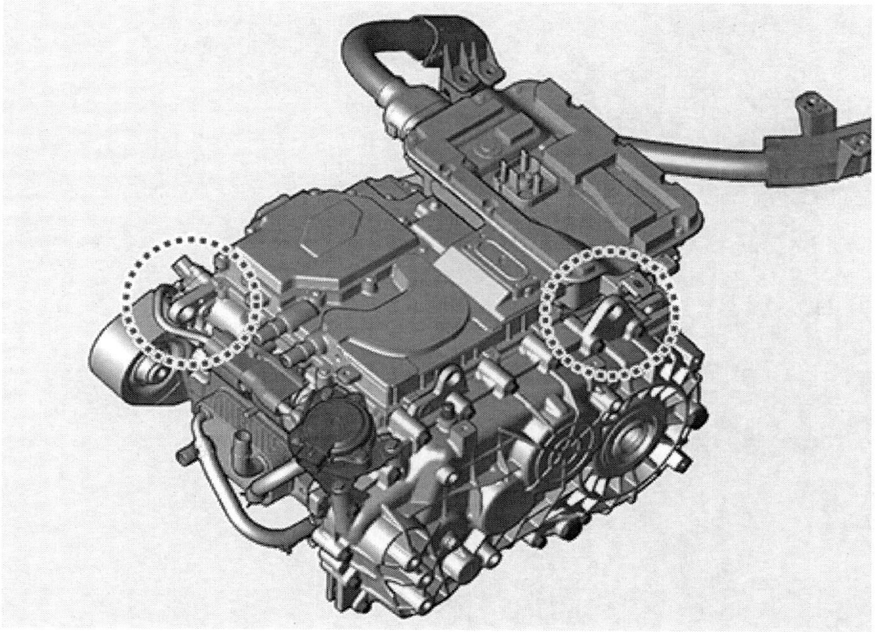

32. 후륜 모터 및 감속기 어셈블리 마운팅 볼트를 탈거한다.

체결토크
볼트 및 너트(A) : 11.0 ~ 13.0 kgf·m
볼트(B) : 6.5 ~ 8.5 kgf·m
볼트(C) : 18.0 ~ 20.0 kgf·m

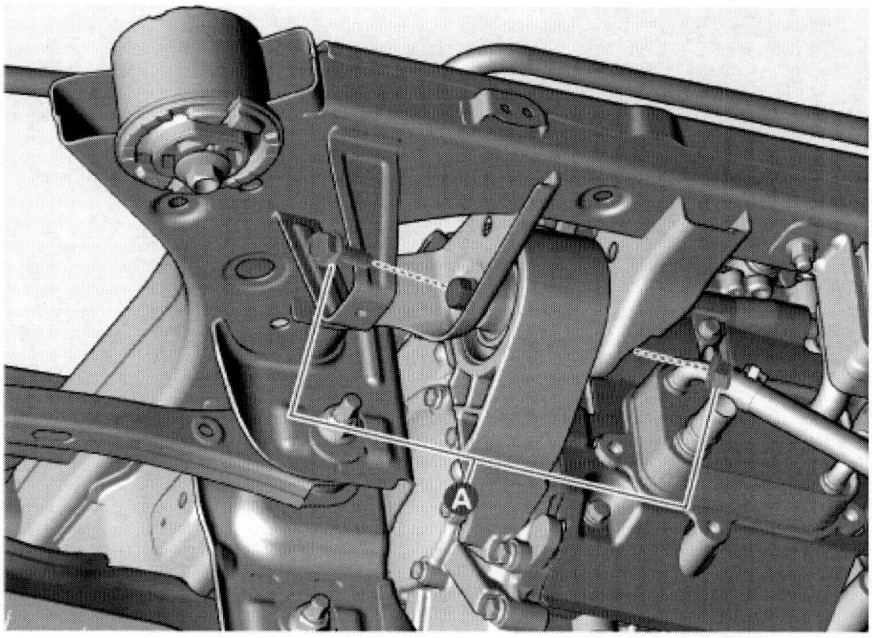

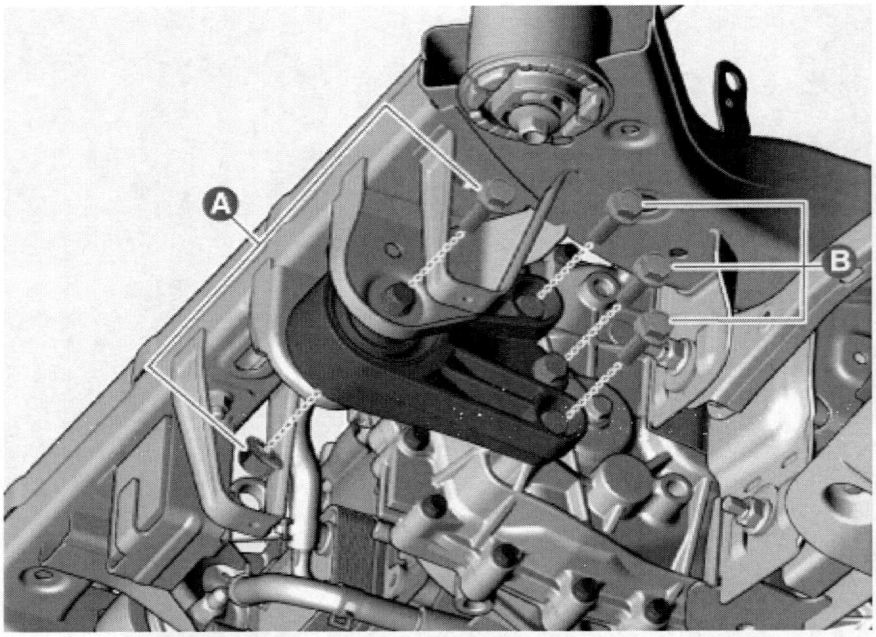

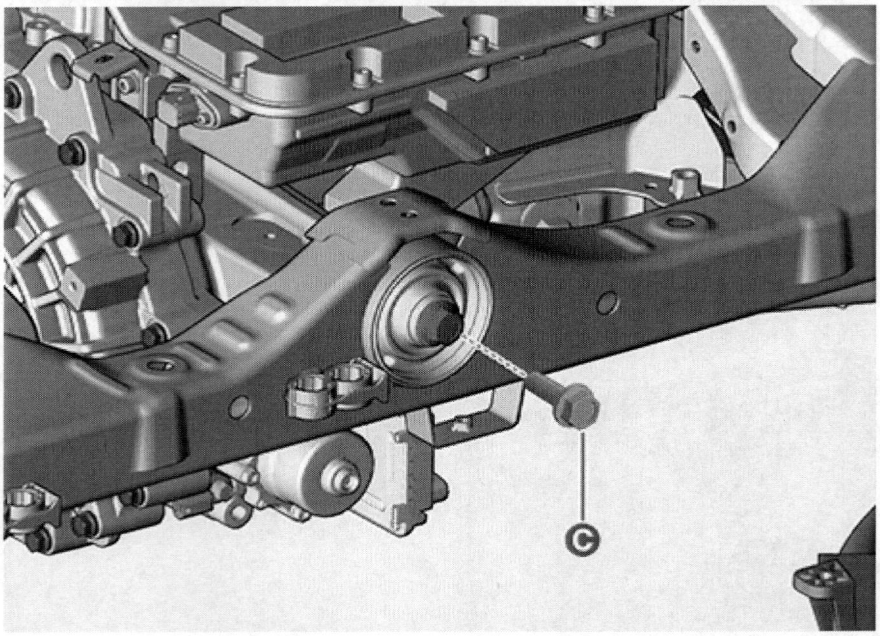

33. 엔진 크레인을 들어 올려 후륜 모터 및 감속기 어셈블리를 리어 크로스 멤버로부터 탈거한다.

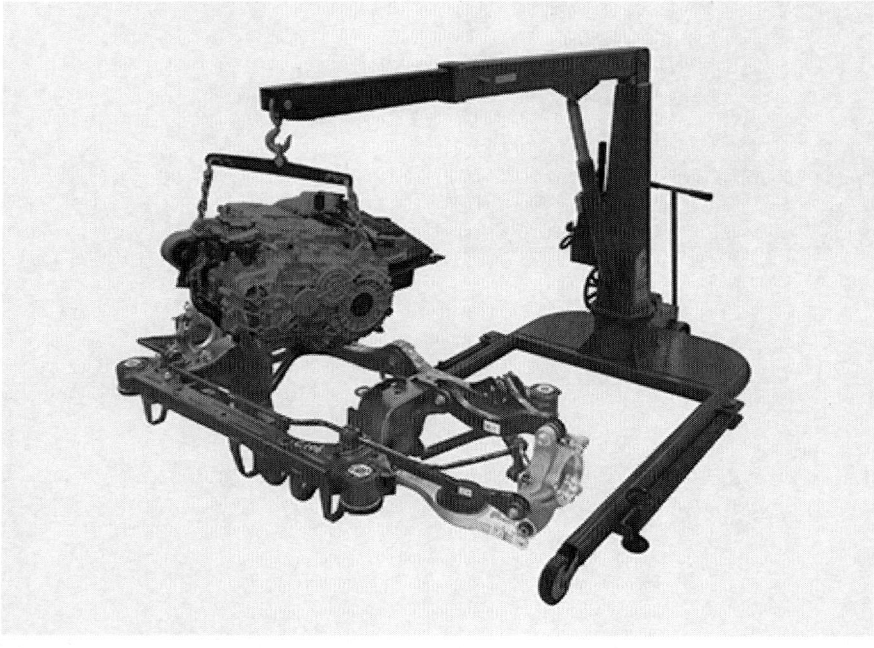

장착

1. 장착은 탈거의 역순으로 한다.

유 의

냉각수 호스 장착 후 퀵 커넥터가 확실히 장착되었는지 확인한다.

[타입 A]

- 퀵 커넥터(A)가 확실히 장착 되었는지 확인한다.

[타입 B]

- 퀵 커넥터와 퀵 커넥터 클램프가 확실히 장착 되었는지 확인한다.
- 퀵 커넥터 클램프 돌출부(A)와 퀵 커넥터 홈(B)이 일치하는지 확인한다.

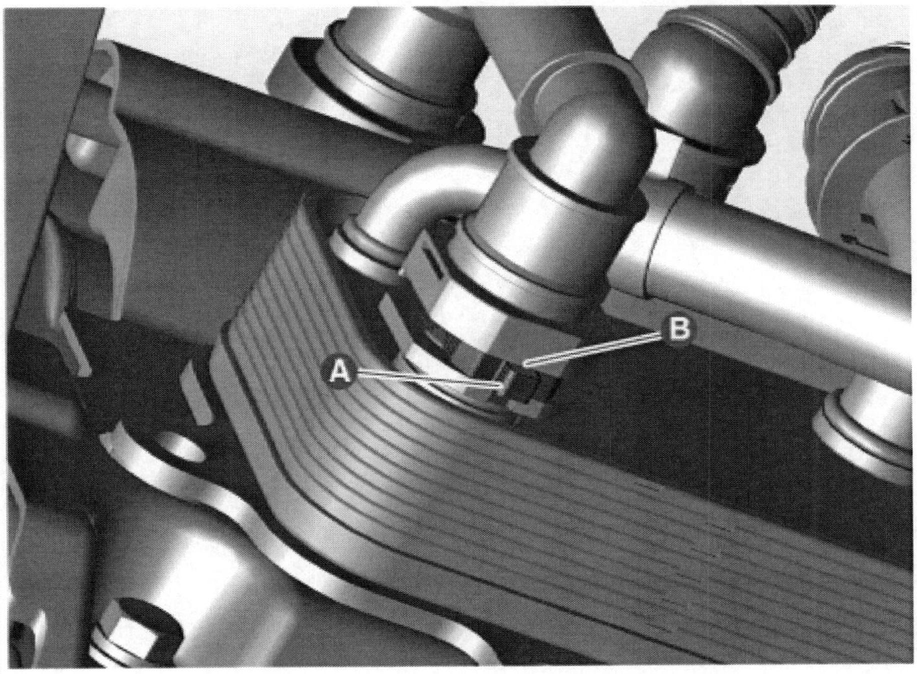

2. 냉각수를 주입한다.
   (전기차 냉각 시스템 - "냉각수" 참조)

유 의

냉각수 주입 시 KDS를 이용하여 전자식 워터 펌프(EWP)를 강제 구동시켜 공기 빼기를 실시한다.

3. 후륜 모터 및 감속기 오일을 보충한다.
   (후륜 모터 및 감속기 시스템 - "후륜 모터 및 감속기 오일" 참조)
4. 후륜 모터 및 감속기 어셈블리를 장착 후 기밀점검을 실시한다.
   (배터리 제어 시스템 - "기밀점검" 참조)
5. KDS 부가기능의 "모터제어 유닛-뒤"를 선택 후 "레졸버 옵셋 보정 초기화" 항목을 수행한다.
   (모터 및 감속기 컨트롤 시스템 - "모터 위치 및 온도 센서" 참조)

유 의

레졸버 옵셋 보정 초기화를 수행하지 않은 경우출력 저하 및 주행 가능 거리가 단축 될 수 있다.

점검

[선간 저항]

1. 리어 고전압 정션 박스를 탈거한다.
   (배터리 제어 시스템 - "리어 고전압 정션 박스" 참조)
2. 멀티 인버터 어셈블리를 탈거한다.
   (배터리 제어 시스템 - "멀티 인버터 어셈블리" 참조)
3. 멀티옴 미터기를 이용하여 각 선간(U, V, W)의 저항을 점검한다.

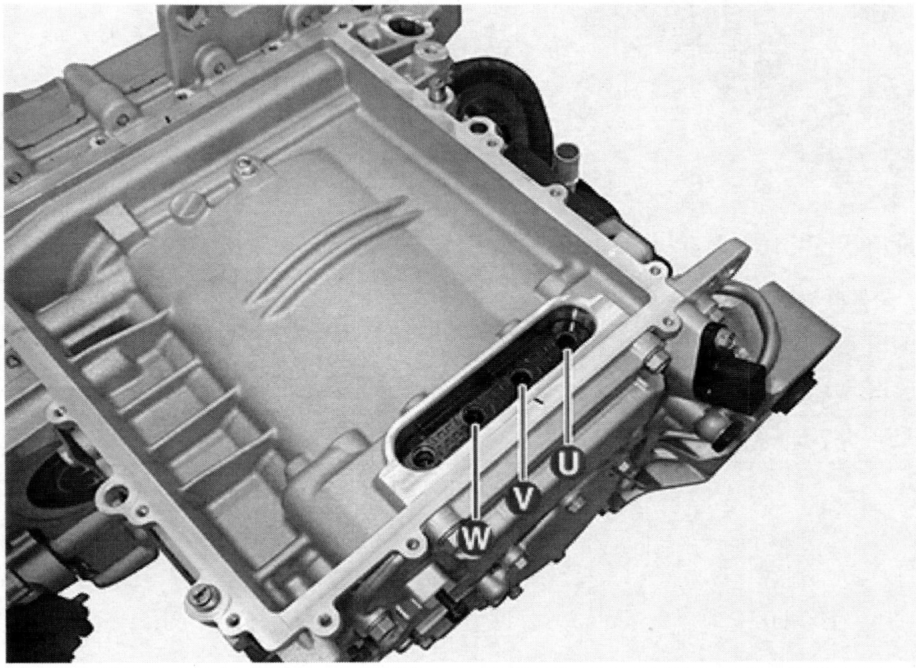

항목	점검 부위	규정값	비고
선간 저항 (Line - Line)	U - V	57.48 - 63.52 mΩ	상온 (20 - 20.08°C)
	V - W		
	W - U		

[절연 저항]

1. 리어 고전압 정션 박스를 탈거한다.
   (배터리 제어 시스템 - "리어 고전압 정션 박스" 참조)
2. 멀티 인버터 어셈블리를 탈거한다.
   (배터리 제어 시스템 - "멀티 인버터 어셈블리" 참조)
3. 절연 저항 시험기를 이용하여 절연 저항을 점검한다.
   (1) 절연 저항 시험기의 (-) 단자를 하우징에 연결한다.
   (2) 절연 저항 시험기의 (+) 단자를 상(U, V, W)에 연결한다.

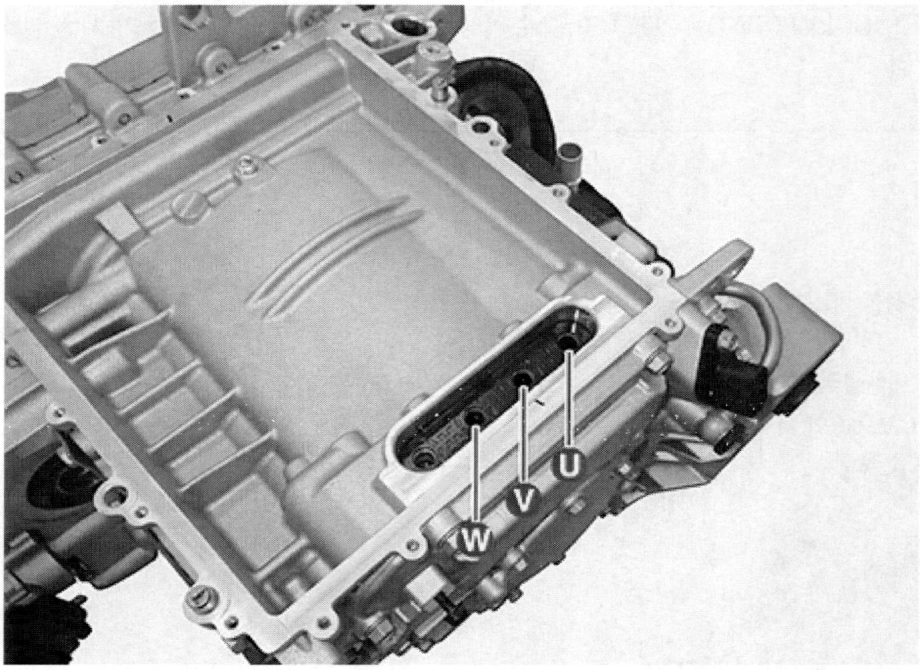

(3) 1분간 DC 1,100 V를 인가하여 측정값을 확인한다.

항목	점검 부위	규정값	비고
절연 저항	모터 하우징 - U	100 MΩ 이상	DC 1,000V, 1분간
	모터 하우징 - V		
	모터 하우징 - W		

[절연 내력]

1. 리어 고전압 정션 박스를 탈거한다.
   (배터리 제어 시스템 - "리어 고전압 정션 박스" 참조)
2. 멀티 인버터 어셈블리를 탈거한다.
   (배터리 제어 시스템 - "멀티 인버터 어셈블리" 참조)
3. 내전압 시험기를 이용하여 누설 전류를 점검한다..
   (1) 내전압 시험기의 (-) 단자를 하우징에 연결한다.
   (2) 내전압 시험기의 (+) 단자를 상(U, V, W)에 연결한다

(3) 1분간 AC 2,200 V를 인가하여 측정값을 확인한다.

항목	점검 부위	규정값	비고
절연 내력	모터 하우징 - U	18 mA 이하	AC 2,200V, 1분간
	모터 하우징 - V		
	모터 하우징 - W		

교환

⚠ 경 고

- 고전압 시스템 관련 작업 시, 관련 교육을 이수한 작업자가 정비를 진행한다. 고전압 시스템에 대한 이해가 부족한 경우 감전 또는 누전 등으로 인한 심각한 사고를 초래할 수 있다.
- 고전압 시스템 또는 주변 부품 작업 시, 반드시 "고전압 시스템 안전사항 및 주의, 경고" 내용을 숙지하고 준수해야 한다. 미 준수 시, 감전 또는 누전 등으로 인한 심각한 사고를 초래할 수 있다.
- 고전압 시스템 작업 특성 상, 개인보호장구(PPE) 및 사전 고전압 차단 절차를 반드시 확인한다.

유 의

감속기 오일 레벨 점검시 주입구를 통해 먼지, 이물질 등이 유입되지 않게 주의한다.

1. 리어 언더 커버를 탈거한다.
   (후륜 모터 및 감속기 시스템 - "리어 언더 커버" 참조)
2. 5.0 ℓ 이상의 깨끗한 비커(A)를 준비한다.

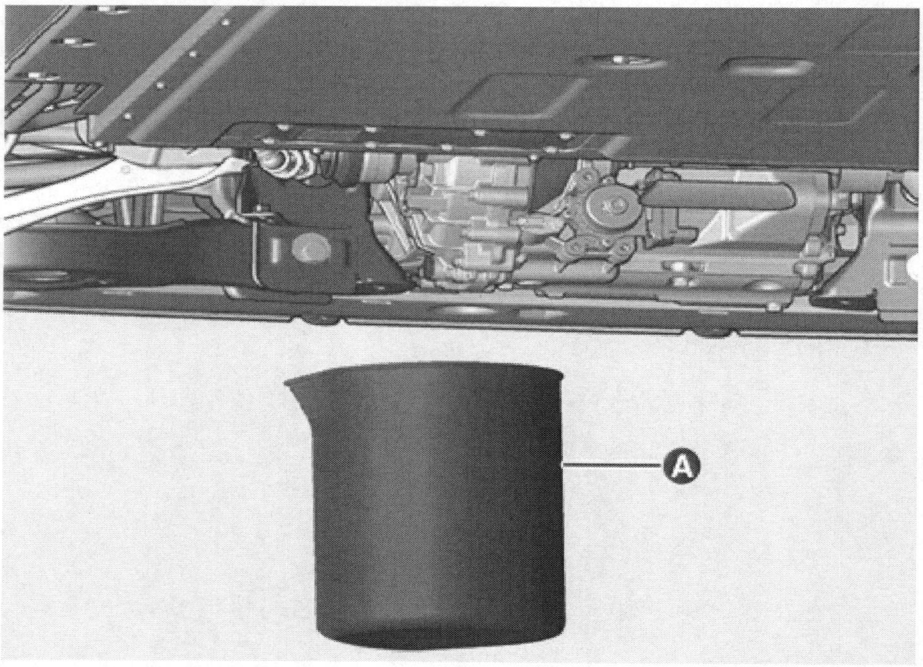

3. 드레인 플러그(A)를 탈거하고 오일을 전량 배출한 후 드레인 플러그를 재장착한다.

체결토크 : 4.5 ~ 6.0 kgf·m

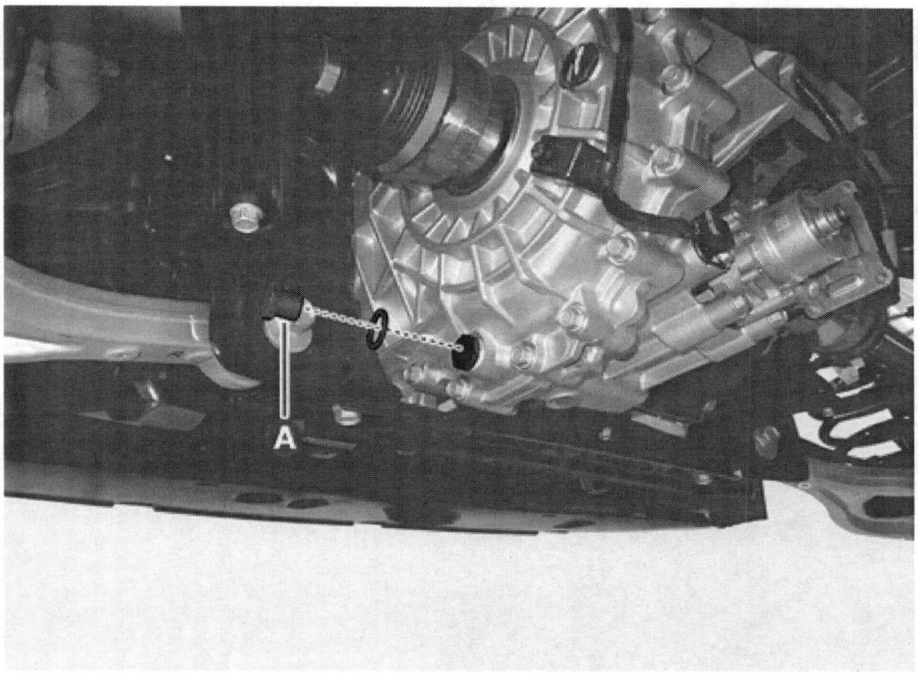

유 의

드레인 플러그의 개스킷(A)은 신품으로 교환한다. (재사용 금지)

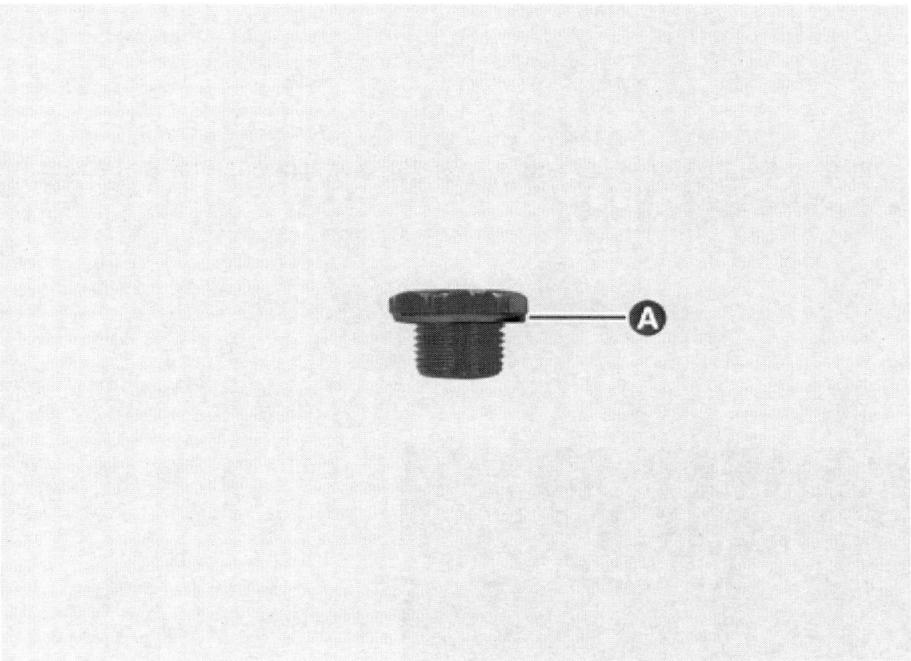

4. 필러 플러그(A)를 탈거한다.

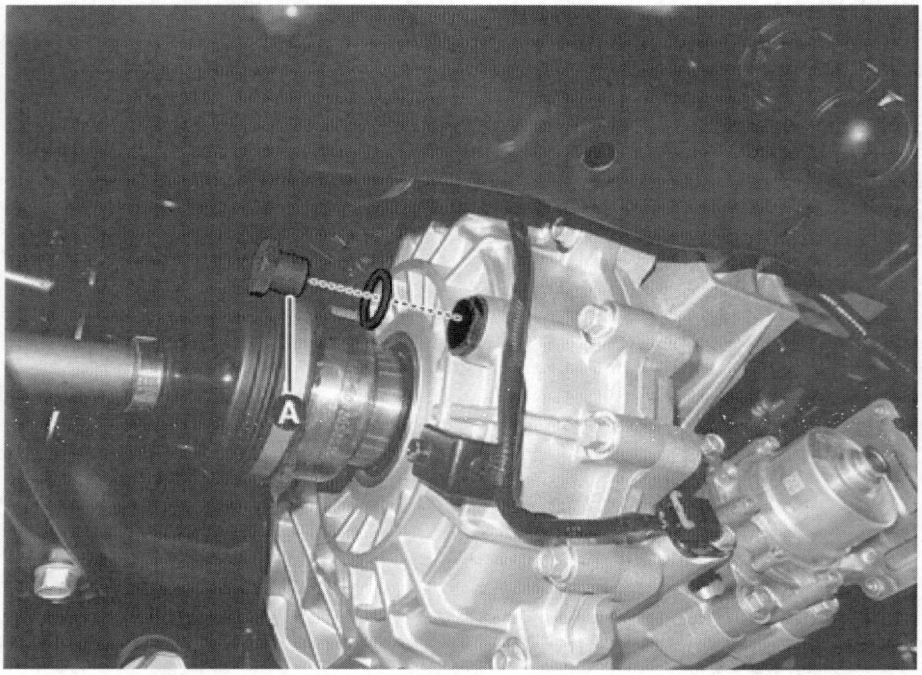

5. 비커에 배출된 양만큼 규정 오일을 필러 플러그 홀에 주입한다.

추천 등급 : SK ATF SP4M-1, NOCA ATF SP4M-1, S-OIL ATF SP4M-1, 기아 순정 ATF SP4M-1

유 의

품질 성능이 부적합한 오일의 사용은 모터 및 감속기 고장 및 성능의 저하 등을 초래할 수 있으며 이로 인한 품질은 보증이 불가능합니다. 순정 오일은 품질과 성능을 당사가 보증하는 부품입니다.

6. 필러 플러그(A)를 장착한다

체결토크 : 4.5 ~ 6.0 kgf·m

유 의

필러 플러그의 개스킷(A)은 신품으로 교환한다. (재사용 금지)

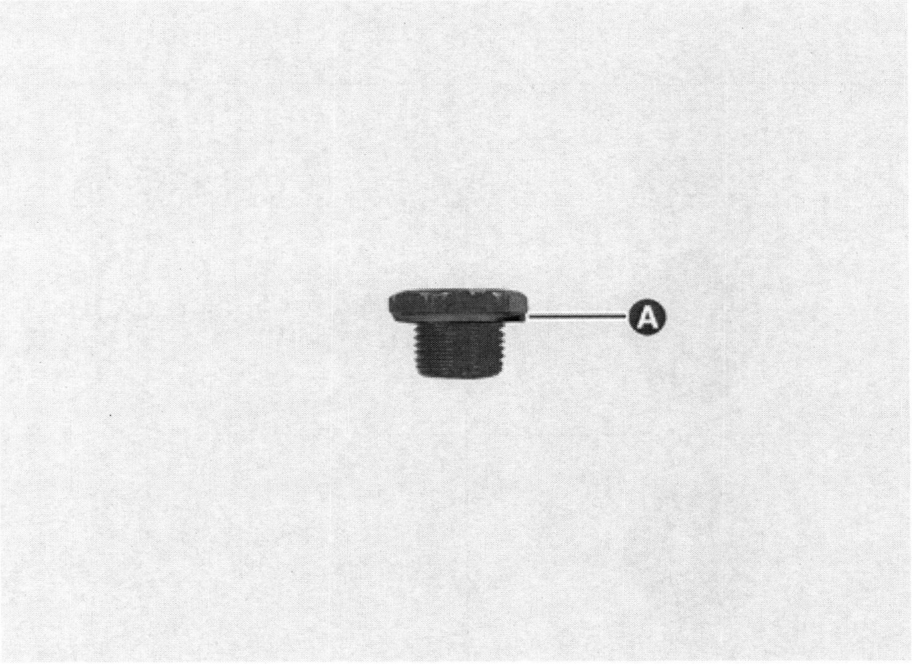

7. 리어 언더 커버를 장착한다.
(후륜 모터 및 감속기 시스템 - "리어 언더 커버" 참조)

특수공구

공구 명칭 / 번호	형상	용도
감속기 오일 실 인스톨러 09445 - GI100		후륜 감속기 케이스 측 오일 실 장착 (핸들과 함께 사용)
감속기 오일 실 인스톨러 09445 - GI200		후륜 감속기 하우징 측 오일 실 장착 (핸들과 함께 사용)
핸들 09231 - H1100	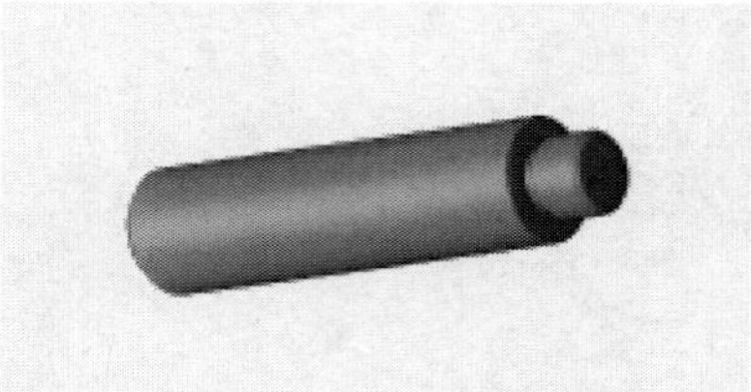	오일 실 장착 시 인스톨러와 함께 사용

교환

⚠ 경 고

- 고전압 시스템 관련 작업 시, 관련 교육을 이수한 작업자가 정비를 진행한다. 고전압 시스템에 대한 이해가 부족한 경우 감전 또는 누전 등으로 인한 심각한 사고를 초래할 수 있다.
- 고전압 시스템 또는 주변 부품 작업 시, 반드시 "고전압 시스템 안전사항 및 주의, 경고" 내용을 숙지하고 준수해야 한다. 미준수 시, 감전 또는 누전 등으로 인한 심각한 사고를 초래할 수 있다.
- 고전압 시스템 작업 특성 상, 개인보호장구(PPE) 및 사전 고전압 차단 절차를 반드시 확인한다.

1. 후륜 모터 및 감속기 오일을 배출한다.
   (후륜 모터 및 감속기 시스템 - "후륜 모터 및 감속기 오일" 참조)
2. 기능통합형 드라이브 액슬(IDA)을 탈거한다.
   (드라이브 샤프트 및 액슬 - "기능통합형 드라이브 액슬 (IDA)" 참조)
3. 오일 실(A)을 탈거한다.

케이스 측

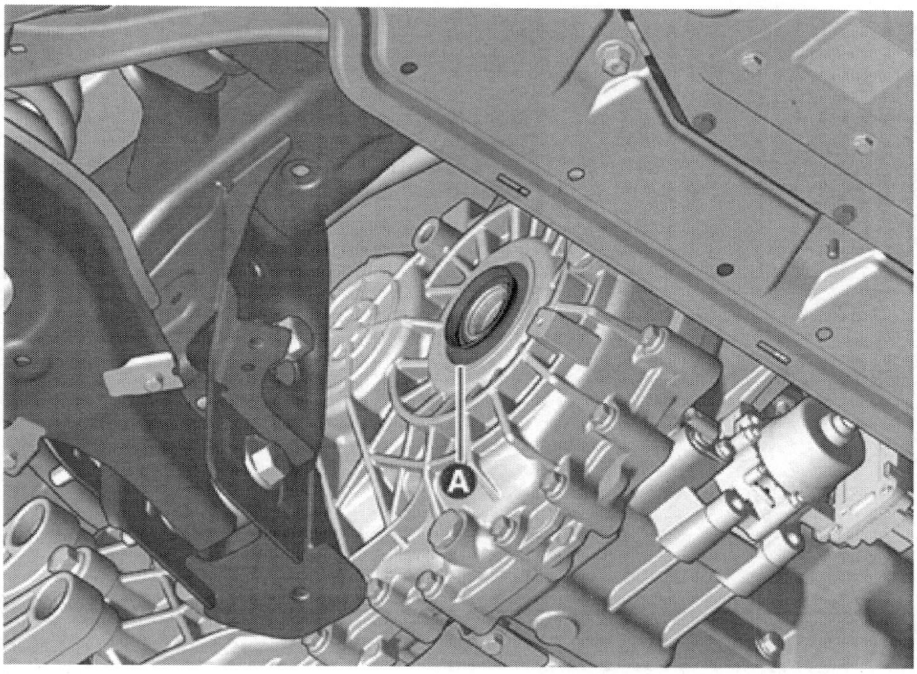

하우징 측

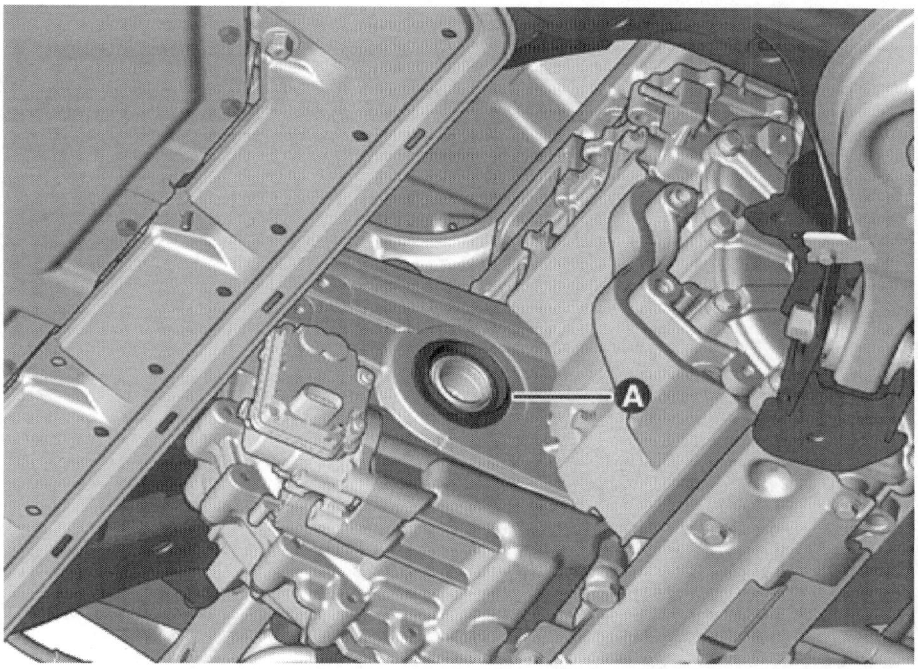

4. 핸들(09231 - H1100)과 사양에 맞는 오일 실 인스톨러를 이용하여 신품 오일 실을 장착한다.

감속기 케이스 측 : 오일 실 인스톨러 (09445 - GI100)

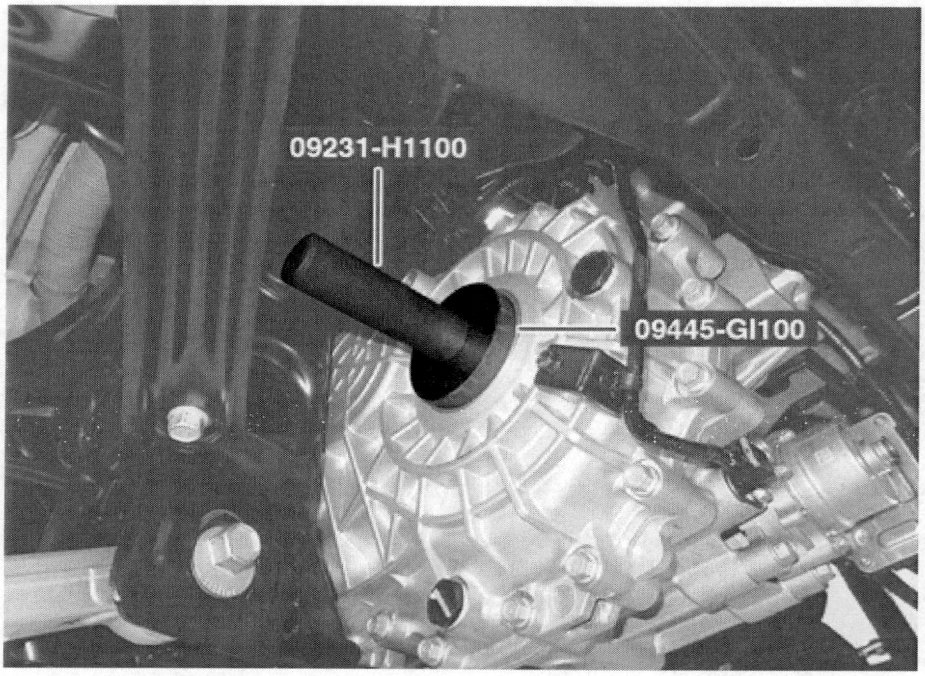

감속기 하우징 측 : 오일 실 인스톨러 (09445 - GI200)

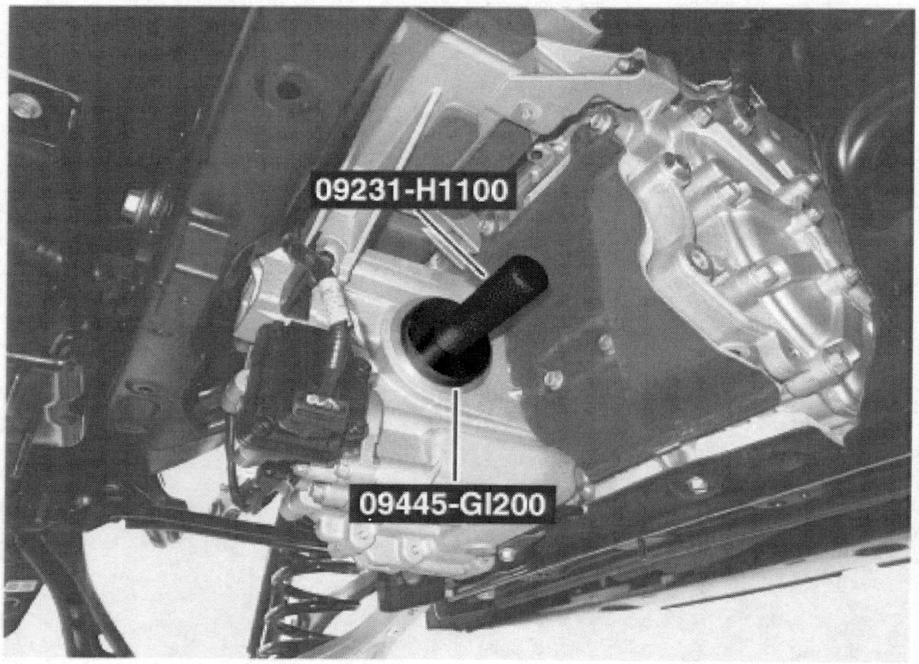

5. 기능통합형 드라이브 액슬(IDA)을 장착한다.
   (드라이브 샤프트 및 액슬 - "기능통합형 드라이브 액슬 (IDA)" 참조)
6. 후륜 모터 및 감속기 오일을 보충한다.
   (후륜 모터 및 감속기 시스템 - "후륜 모터 및 감속기 오일" 참조)

개요

모터 위치 센서

모터 제어를 위해서는 정확한 모터 회전자 절대 위치 검출이 필요하다.
레졸버를 이용한 회전자의 위치 및 속도 정보를 통하여 MCU는 최적으로 모터를 제어할 수 있게 된다. 레졸버는 리어 플레이트에 장착되며 모터의 회전자와 연결된 레졸버 회전자와 하우징과 연결된 레졸버 고정자로 구성되어 엔진의 CMP 센서 처럼 모터 내부의 회전자 위치를 파악한다.

모터 온도 센서

모터 온도 센서는 모터 코일에 조립되며, 온도에 따른 토크보상 및 모터 과온 보호를 목적으로 모터 온도 정보를 센싱하는 기능을 담당한다.

구성부품 및 부품위치

전륜 모터

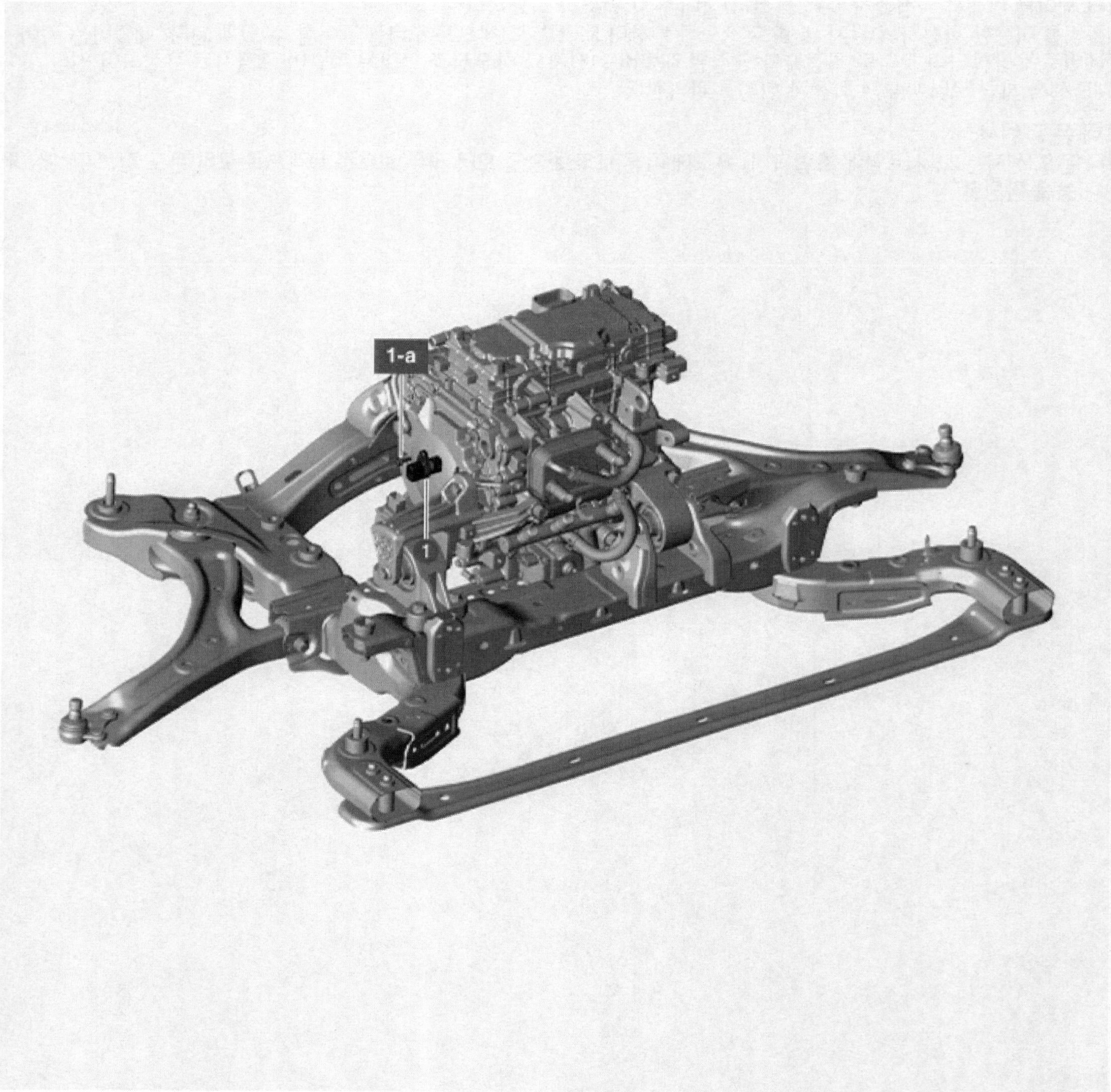

1. 모터 위치 및 온도 센서
1-a. 1.0 ~ 1.2 kgf·m

후륜 모터

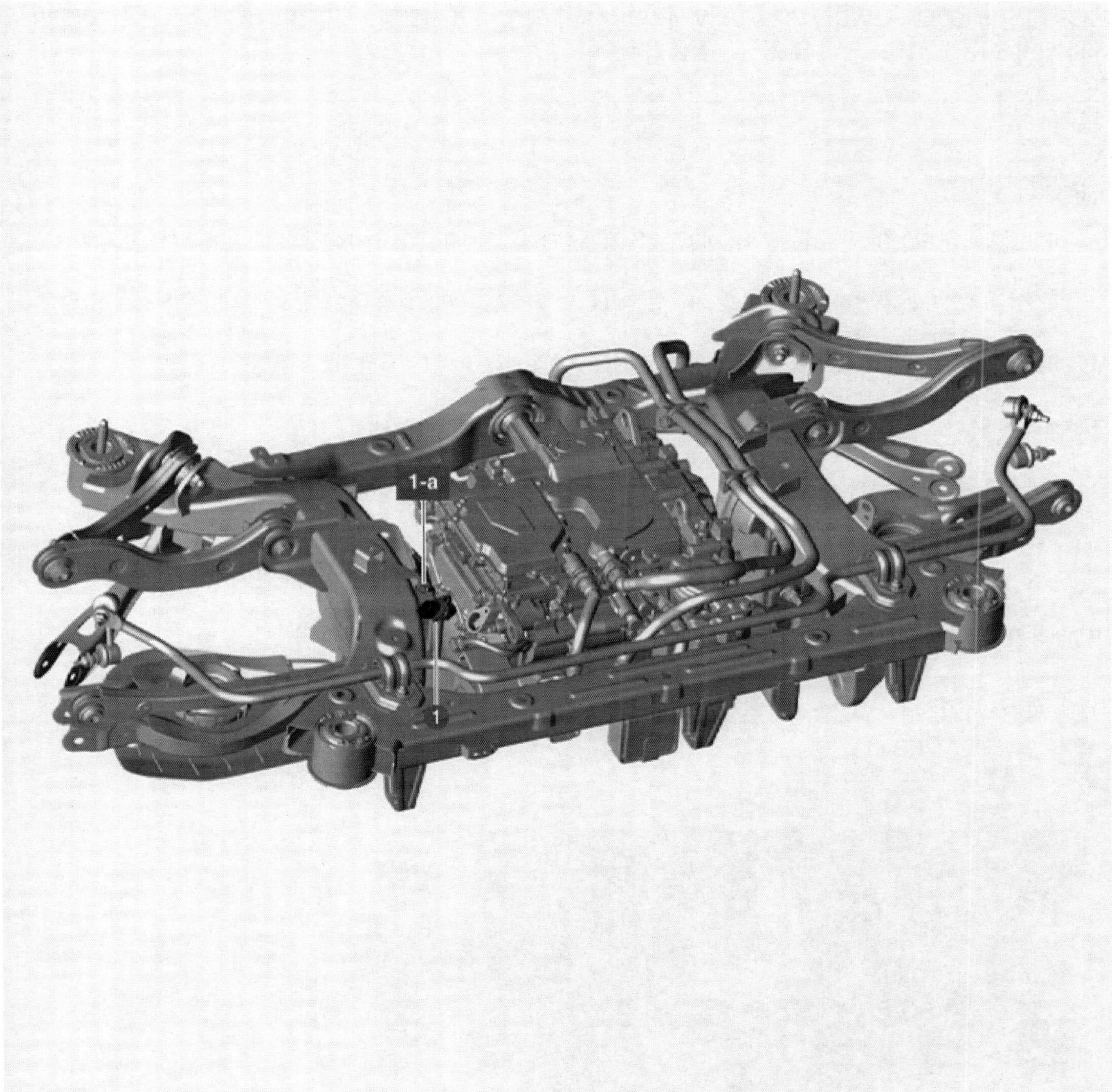

1. 모터 위치 및 온도 센서
1-a. 1.0 ~ 1.2 kgf·m

탈거

⚠ 경 고

- 고전압 시스템 관련 작업 시, 관련 교육을 이수한 작업자가 정비를 진행한다. 고전압 시스템에 대한 이해가 부족한 경우 감전 또는 누전 등으로 인한 심각한 사고를 초래할 수 있다.
- 고전압 시스템 또는 주변 부품 작업 시, 반드시 "안전 사항 및 주의, 경고" 내용을 숙지하고 준수해야 한다. 미 준수 시, 감전 또는 누전 등으로 인한 심각한 사고를 초래할 수 있다.
- 고전압 시스템 작업 특성 상, 개인보호장구(PPE) 및 사전 고전압 차단 절차를 반드시 확인한다.

유 의

- 차체 도장부의 손상을 방지하기 위해 펜더 커버를 사용한다.
- 커넥터 및 와이어링이 손상되지 않도록 주의하여 분리한다.

참 고

와이어링 커넥터 및 호스의 잘못된 연결을 방지하기 위해 표시를 해둔다.

1. 고전압 차단 절차를 수행한다.
   (모터 및 감속기 시스템 - "고전압 차단 절차" 참조)
2. 프런트 트렁크를 탈거한다.
   (바디 - "프런트 트렁크" 참조)
3. 모터 위치 및 온도 센서 커넥터(A)를 분리한다.

4. 볼트를 풀어 모터 위치 및 온도 센서(A)를 탈거한다.

체결토크 : 1.0 ~ 1.2 kgf·m

5. 커넥터를 분리하고 모터 위치 및 온도 센서(A)를 탈거한다.

장착

1. 장착은 탈거의 역순으로 한다.

탈거

경 고

- 고전압 시스템 관련 작업 시, 관련 교육을 이수한 작업자가 정비를 진행한다. 고전압 시스템에 대한 이해가 부족한 경우 감전 또는 누전 등으로 인한 심각한 사고를 초래할 수 있다.
- 고전압 시스템 또는 주변 부품 작업 시, 반드시 "안전 사항 및 주의, 경고" 내용을 숙지하고 준수해야 한다. 미 준수 시, 감전 또는 누전 등으로 인한 심각한 사고를 초래할 수 있다.
- 고전압 시스템 작업 특성 상, 개인보호장구(PPE) 및 사전 고전압 차단 절차를 반드시 확인한다.

유 의

- 차체 도장부의 손상을 방지하기 위해 펜더 커버를 사용한다.
- 커넥터 및 와이어링이 손상되지 않도록 주의하여 분리한다.

참 고

와이어링 커넥터 및 호스의 잘못된 연결을 방지하기 위해 표시를 해둔다.

1. 고전압 차단 절차를 수행한다.
   (모터 및 감속기 시스템 - "고전압 차단 절차" 참조)
2. 후륜 모터 및 감속기 어셈블리를 탈거한다.
   (후륜 모터 및 감속기 시스템 - "후륜 모터 및 감속기 어셈블리" 참조)
3. 모터 위치 및 온도 센서 커넥터(A)를 분리한다.

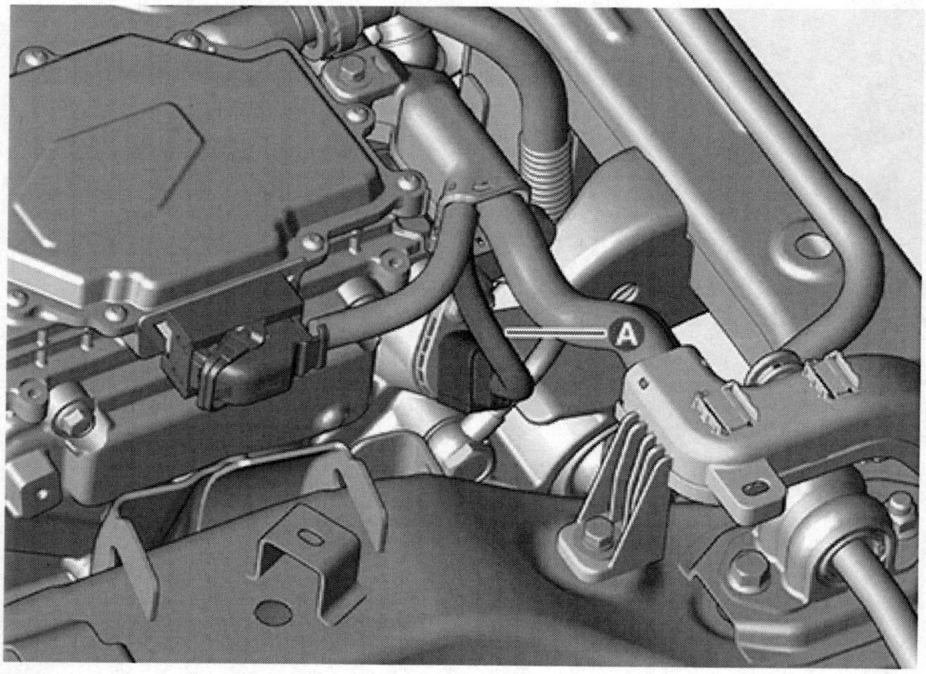

4. 볼트를 풀어 모터 위치 및 온도 센서(A)를 탈거한다.

체결토크 : 1.0 ~ 1.2 kgf·m

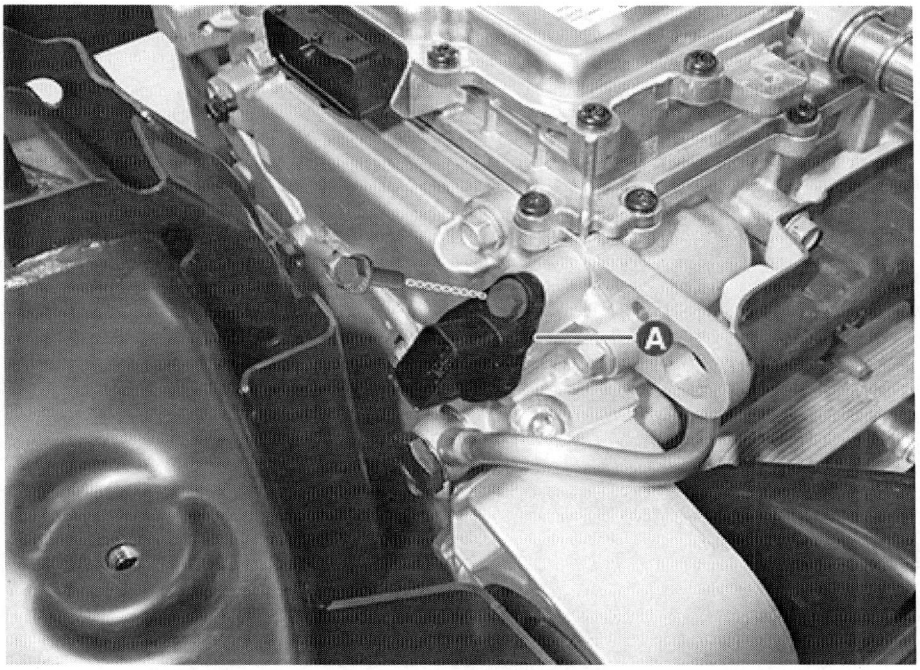

5. 커넥터를 분리하고 모터 위치 및 온도 센서(A)를 탈거한다.

장착

1. 장착은 탈거의 역순으로 한다.

프런트 모터 위치 및 온도 센서 점검

⚠ 경 고

- 고전압 시스템 관련 작업 시, 관련 교육을 이수한 작업자가 정비를 진행한다. 고전압 시스템에 대한 이해가 부족한 경우 감전 또는 누전 등으로 인한 심각한 사고를 초래할 수 있다.
- 고전압 시스템 또는 주변 부품 작업 시, 반드시 "고전압 시스템 안전사항 및 주의, 경고" 내용을 숙지하고 준수해야 한다. 미 준수 시, 감전 또는 누전 등으로 인한 심각한 사고를 초래할 수 있다.
- 고전압 시스템 작업 특성 상, 개인보호장구(PPE) 및 사전 고전압 차단 절차를 반드시 확인한다.

1. 고전압 차단 절차를 수행한다.
   (모터 및 감속기 시스템 - "고전압 차단 절차" 참조)
2. 프런트 트렁크를 탈거한다
   (바디 - "프런트 트렁크" 참조)
3. 인버터 어셈블리를 탈거한다.
   (배터리 제어 시스템 - "인버터 어셈블리(4WD 사양)" 참조)
4. 모터 위치 및 온도 센서 커넥터(A)를 분리한다.

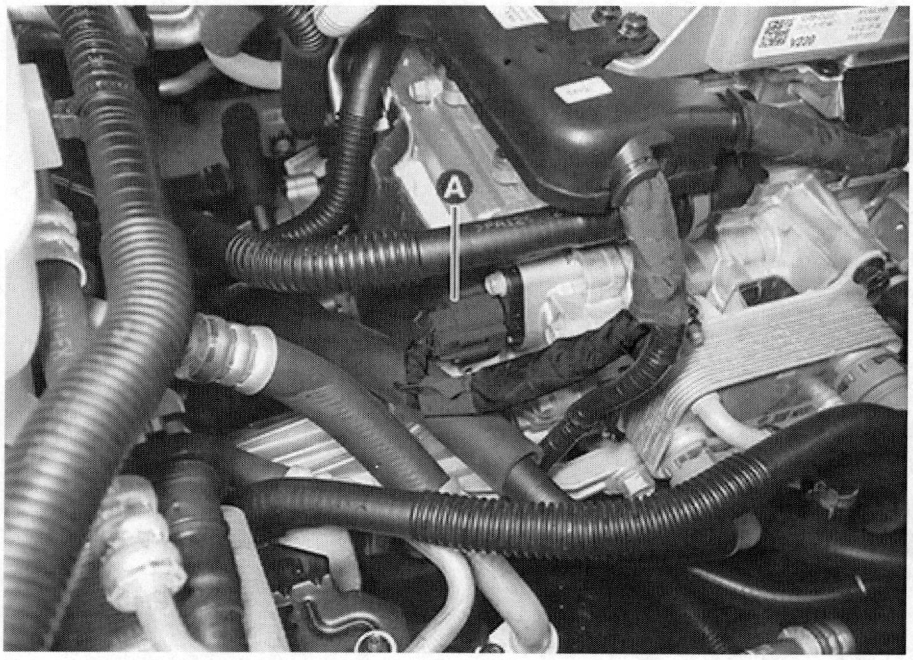

5. 멀티 테스터기를 이용하여 선간 저항을 점검한다.

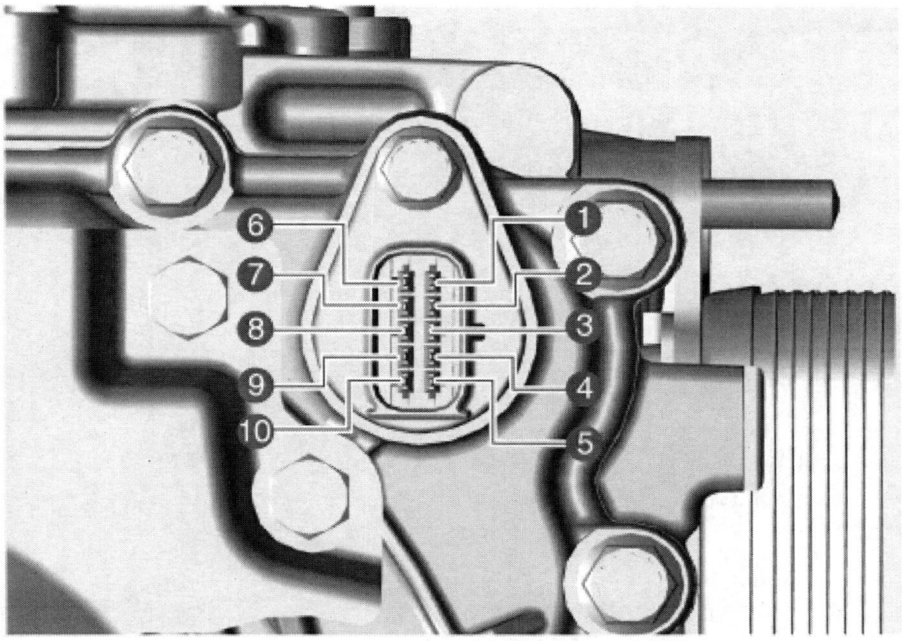

핀 번호	핀 기능
1	SHIELD GND
2	REZ +
3	REZ S1
4	REZ S2
5	TEMP
6	SHIELD GND
7	REZ -
8	REZ S3
9	REZ S4
10	TEMP GND

항목	점검 부위		규정값	비고
모터 온도 센서	선간 저항	5번 핀 - 10번 핀	18.1 - 20.8 kΩ	상온(20 °C) 기준
	절연 저항	5번 핀 - 모터 하우징	100 MΩ 이상	5초간 DC 500V 인가
		5번 핀 - 모터 U/V/W		
	절연 내역	5번 핀 - 모터 하우징	0.5 mA 이하	1초간 AC 1800V 인가
모터 위치 센서	선간 저항	2번 핀 - 7번 핀	16.6 Ω ±7%	상온(20 °C) 기준
		3번 핀 - 8번 핀	58.6 Ω ±7%	
		4번 핀 - 9번 핀	49.8 Ω ±7%	
	절연 저항	2번 핀 - 모터 하우징	100 MΩ 이상	5초간 DC 500V 인가
		3번 핀 - 모터 하우징		
		4번 핀 - 모터 하우징		

프런트 모터 레졸버 옵셋 자동 보정 초기화

6. IG "OFF", 자기진단 커넥터에 KDS를 연결한다.
7. 변속단 P 위치 & IG "ON"(Power 버튼 LED "Red"), "부가기능" 모드를 선택한다.
8. KDS 부가기능의 "모터제어유닛-앞"을 선택 후 "레졸버 옵셋 보정 초기화" 항목을 수행한다.

리어 모터 위치 및 온도 센서 점검

⚠ 경 고

- 고전압 시스템 관련 작업 시, 관련 교육을 이수한 작업자가 정비를 진행한다. 고전압 시스템에 대한 이해가 부족한 경우 감전 또는 누전 등으로 인한 심각한 사고를 초래할 수 있다.
- 고전압 시스템 또는 주변 부품 작업 시, 반드시 "안전 사항 및 주의, 경고" 내용을 숙지하고 준수해야 한다. 미 준수 시, 감전 또는 누전 등으로 인한 심각한 사고를 초래할 수 있다.
- 고전압 시스템 작업 특성 상, 개인보호장구(PPE) 및 사전 고전압 차단 절차를 반드시 확인한다.

1. 고전압 차단 절차를 수행한다.
   (모터 및 감속기 시스템 - "고전압 차단 절차" 참조)
2. 후륜 모터 및 감속기 어셈블리를 탈거한다.
   (후륜 모터 및 감속기 시스템 - "후륜 모터 및 감속기 어셈블리" 참조)
3. 멀티 인버터 어셈블리를 탈거한다.

(배터리 제어 시스템 - "멀티 인버터 어셈블리" 참조)

4. 모터 위치 및 온도 센서 커넥터(A)를 분리한다.

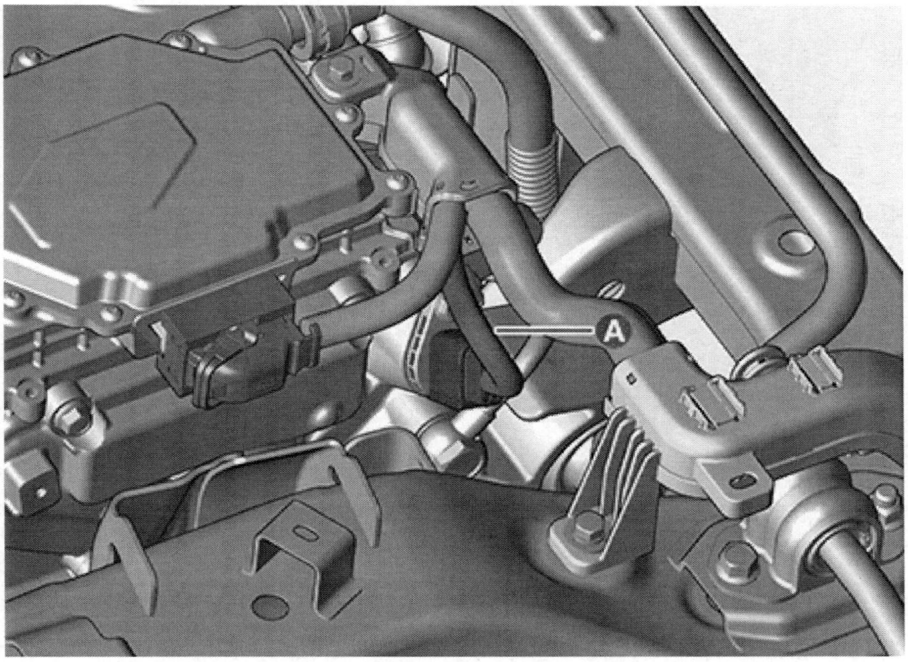

5. 멀티 테스터기를 이용하여 선간 저항을 점검한다.

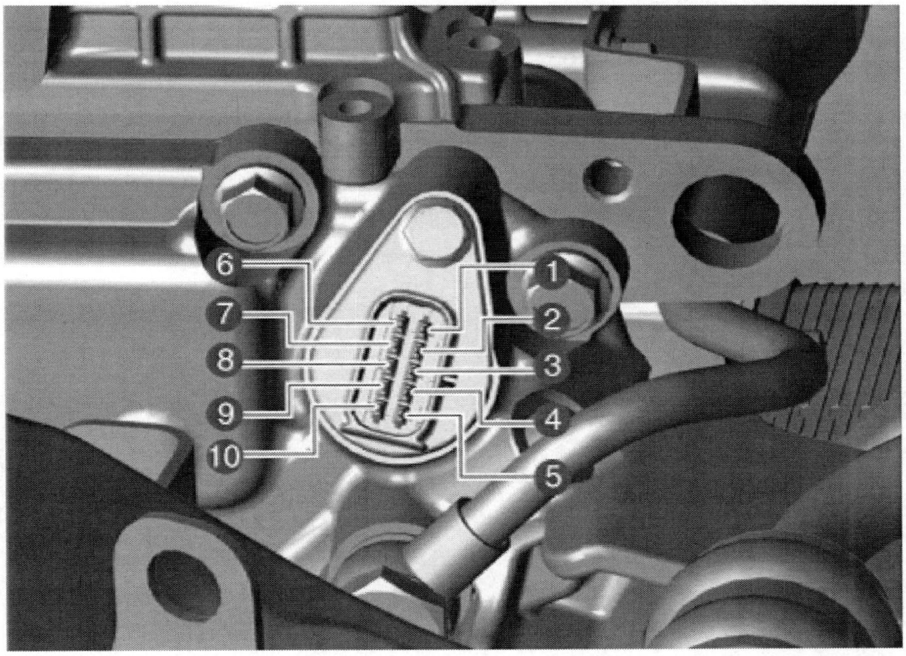

핀 번호	핀 기능
1	SHIELD GND
2	REZ +
3	REZ S1
4	REZ S2
5	TEMP
6	SHIELD GND
7	REZ -
8	REZ S3
9	REZ S4
10	TEMP GND

<table>
<tr><th>항목</th><th colspan="2">점검 부위</th><th>규정값</th><th>비고</th></tr>
<tr><td rowspan="4">모터 온도 센서</td><td>선간 저항</td><td>5번 핀 - 10번 핀</td><td>18.1 - 20.8 kΩ</td><td>상온(20 °C) 기준</td></tr>
<tr><td rowspan="2">절연 저항</td><td>5번 핀 - 모터 하우징</td><td rowspan="2">100 MΩ 이상</td><td rowspan="2">5초간 DC 500V 인가</td></tr>
<tr><td>5번 핀 - 모터 U/V/W</td></tr>
<tr><td>절연 내역</td><td>5번 핀 - 모터 하우징</td><td>0.5 mA 이하</td><td>1초간 AC 1800V 인가</td></tr>
<tr><td rowspan="6">모터 위치 센서</td><td rowspan="3">선간 저항</td><td>2번 핀 - 7번 핀</td><td>16.6 Ω ±7%</td><td rowspan="3">상온(20 °C) 기준</td></tr>
<tr><td>3번 핀 - 8번 핀</td><td>58.6 Ω ±7%</td></tr>
<tr><td>4번 핀 - 9번 핀</td><td>49.8 Ω ±7%</td></tr>
<tr><td rowspan="3">절연 저항</td><td>2번 핀 - 모터 하우징</td><td rowspan="3">100 MΩ 이상</td><td rowspan="3">5초간 DC 500V 인가</td></tr>
<tr><td>3번 핀 - 모터 하우징</td></tr>
<tr><td>4번 핀 - 모터 하우징</td></tr>
</table>

리어 모터 레졸버 옵셋 자동 보정 초기화

6. IG "OFF", 자기진단 커넥터에 KDS를 연결한다.
7. 변속단 P 위치 & IG "ON"(Power 버튼 LED "Red"), "부가기능" 모드를 선택한다.
8. KDS 부가기능의 "모터제어 유닛-뒤"를 선택 후 "레졸버 옵셋 보정 초기화" 항목을 수행한다.

홈
오프라인
EV6(CV)/2022/160kW (2W..
VCI
VCI II 탐색 중
탐색 중지
시스템별
작업 분류별
모두 펼치기
■ 모터제어유닛-앞
■ 모터제어유닛-뒤
■ 사양정보
■ 전자식 워터펌프 구동 검사
■ 레졸버 옵셋 보정 초기화
■ EPCU(MCU) 자가진단 기능
■ 배터리 매니지먼트 시스템
■ 통합충전제어장치
■ 차량 충전 관리 제어기
■ 차량제어
■ 전자식변속레버
■ 전자식변속제어
■ 제동제어
■ 전방레이더
■ 에어백(1차충돌)
■ 에어백(2차충돌)
기능 수행 중에는 다른 기능이 동작되지 않도록 주의하십시오.

구성부품

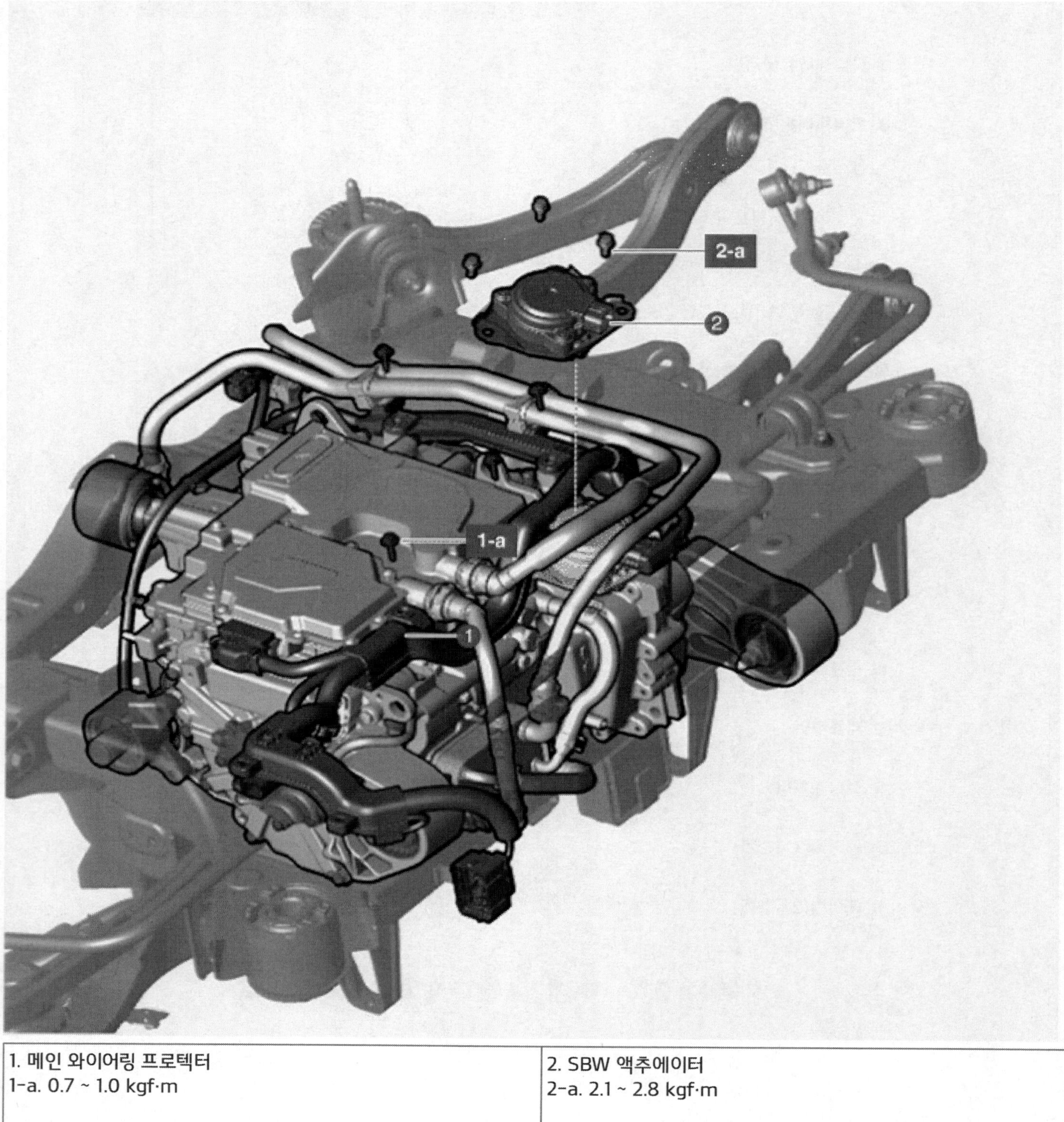

1. 메인 와이어링 프로텍터 1-a. 0.7 ~ 1.0 kgf·m	2. SBW 액추에이터 2-a. 2.1 ~ 2.8 kgf·m

탈거

⚠ 경 고

- 고전압 시스템 관련 작업 시, 관련 교육을 이수한 작업자가 정비를 진행한다. 고전압 시스템에 대한 이해가 부족한 경우 감전 또는 누전 등으로 인한 심각한 사고를 초래할 수 있다.
- 고전압 시스템 또는 주변 부품 작업 시, 반드시 "고전압 시스템 안전사항 및 주의, 경고" 내용을 숙지하고 준수해야 한다. 미준수 시, 감전 또는 누전 등으로 인한 심각한 사고를 초래할 수 있다.
- 고전압 시스템 작업 특성 상, 개인보호장구(PPE) 및 사전 고전압 차단 절차를 반드시 확인한다.

1. 고전압 차단 절차를 수행한다.
   (모터 및 감속기 시스템 - "고전압 차단 절차" 참고)
2. 후륜 모터 및 감속기 어셈블리를 탈거한다.
   (후륜 모터 및 감속기 시스템 - "후륜 모터 및 감속기 어셈블리" 참조)
3. 볼트를 풀어 메인 와이어링 프로텍터(A)를 분리한다.

체결토크 : 0.7 ~ 1.0 kgf·m

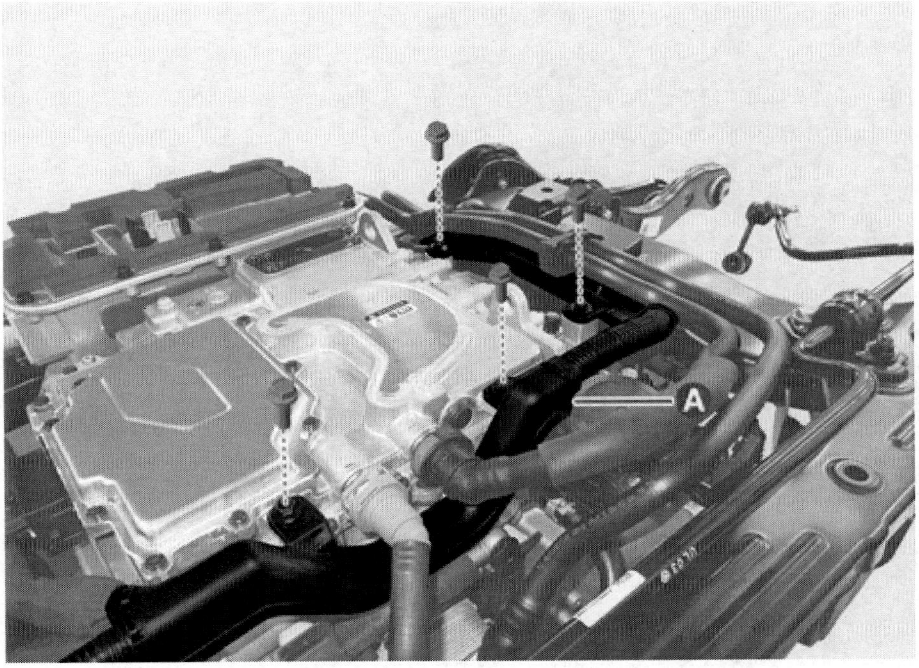

4. SBW 액추에이터 커넥터(A)를 분리한다.

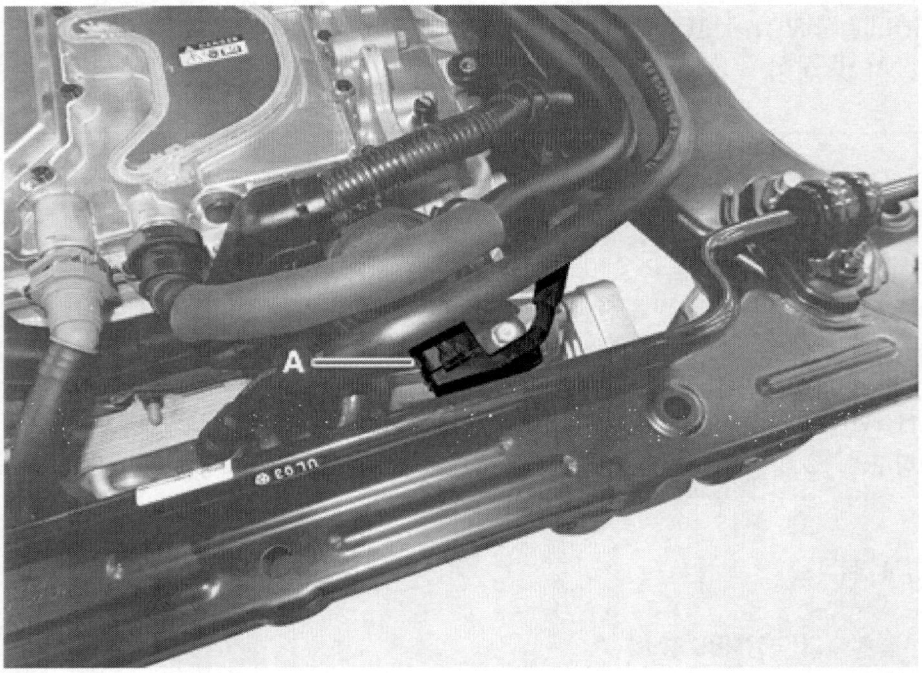

5. 볼트를 풀어 SBW 액추에이터(A)를 탈거한다.

체결토크 : 2.1 ~ 2.8 kgf·m

장착

> **▲ 경 고**
>
> - 고전압 시스템 관련 작업 시, 관련 교육을 이수한 작업자가 정비를 진행한다. 고전압 시스템에 대한 이해가 부족한 경우 감전 또는 누전 등으로 인한 심각한 사고를 초래할 수 있다.
> - 고전압 시스템 또는 주변 부품 작업 시, 반드시 "고전압 시스템 안전사항 및 주의, 경고" 내용을 숙지하고 준수해야 한다. 미준수 시, 감전 또는 누전 등으로 인한 심각한 사고를 초래할 수 있다.
> - 고전압 시스템 작업 특성 상, 개인보호장구(PPE) 및 사전 고전압 차단 절차를 반드시 확인한다.

1. 장착은 탈거의 역순으로 한다.

구성부품

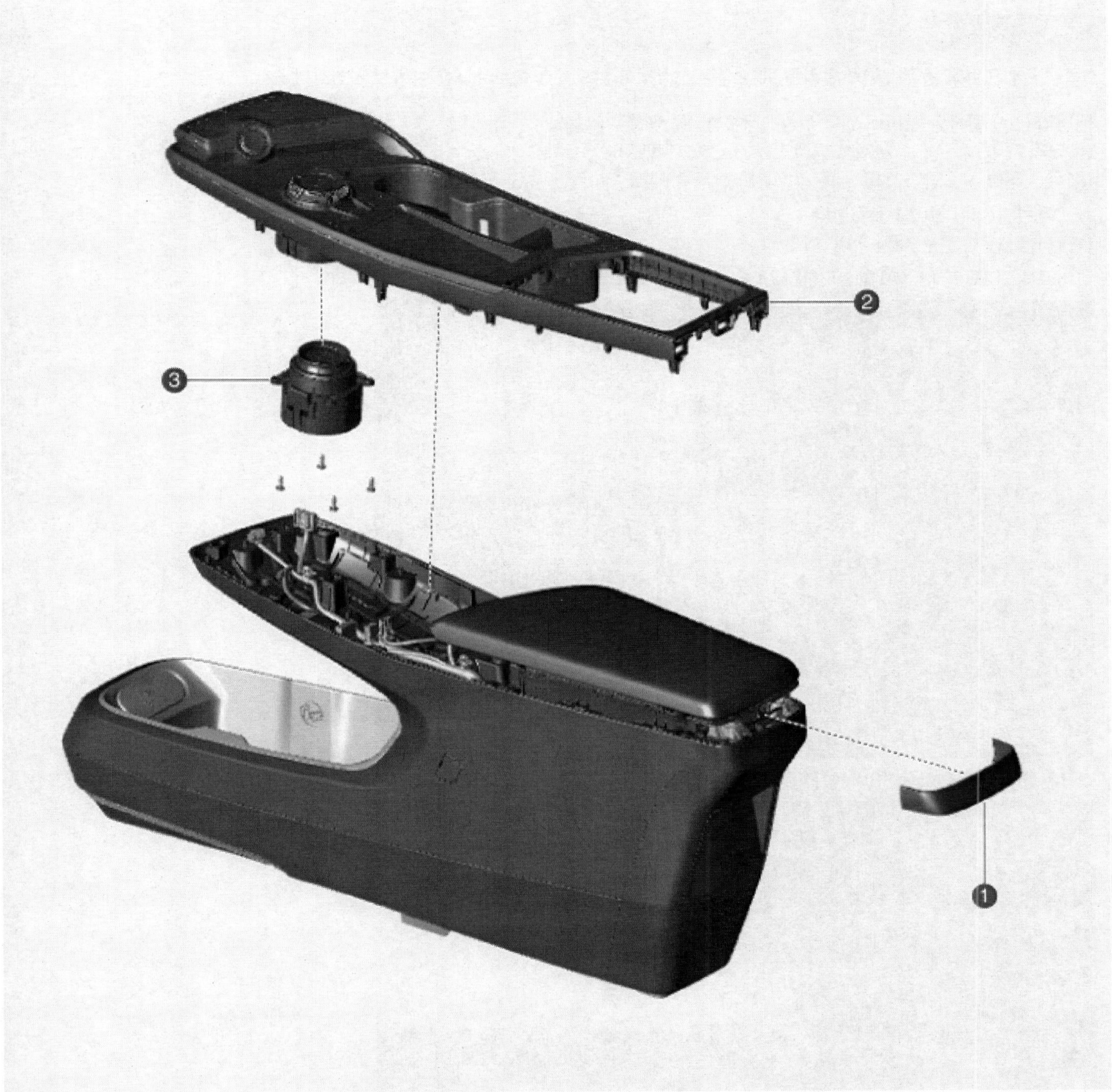

1. 리어 콘솔 어퍼 가니쉬 2. 플로어 콘솔 어셈블리	3. SBW 레버

탈거

유 의

스크루 드라이버 또는 리무버로 탈거할 때 부품이 손상되지 않도록 보호 테이프를 감아서 사용한다.

1. 배터리 (-) 단자와 서비스 인터록 커넥터를 분리한다.
   (배터리 제어 시스템 - "보조 배터리 (12 V)-2WD" 참조)
   (배터리 제어 시스템 - "보조 배터리 (12 V)-4WD" 참조)
2. 플로어 콘솔 어퍼 커버를 탈거한다.
   (바디 - "플로어 콘솔 어퍼 커버" 참조)
3. 다이얼식 SBW 커넥터(A)를 분리한다.

4. 스크루를 풀어 다이얼식 SBW(A)를 탈거한다.

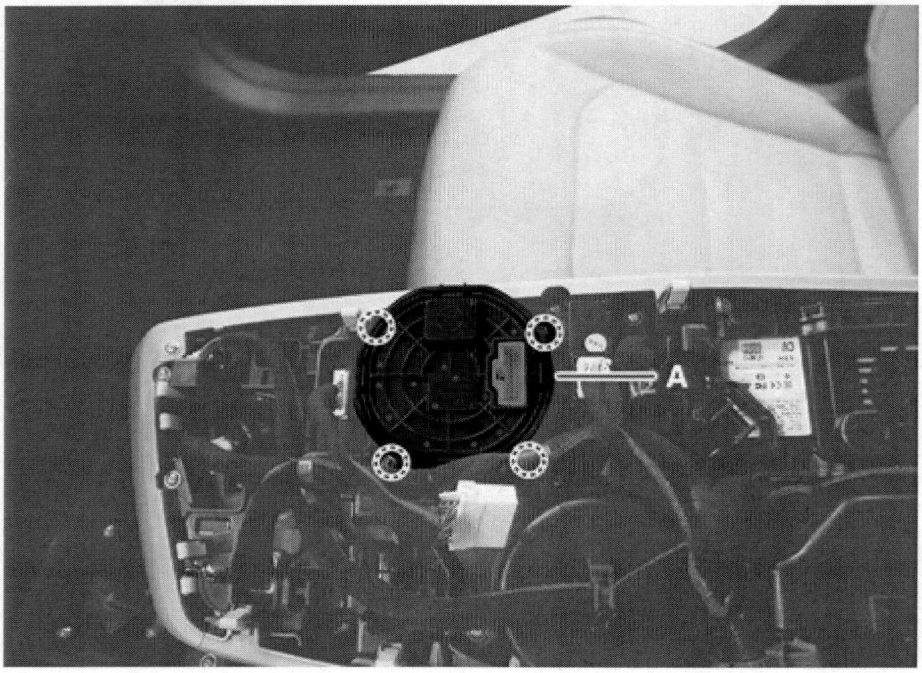

장착

1. 장착은 탈거의 역순으로 한다.

구성부품

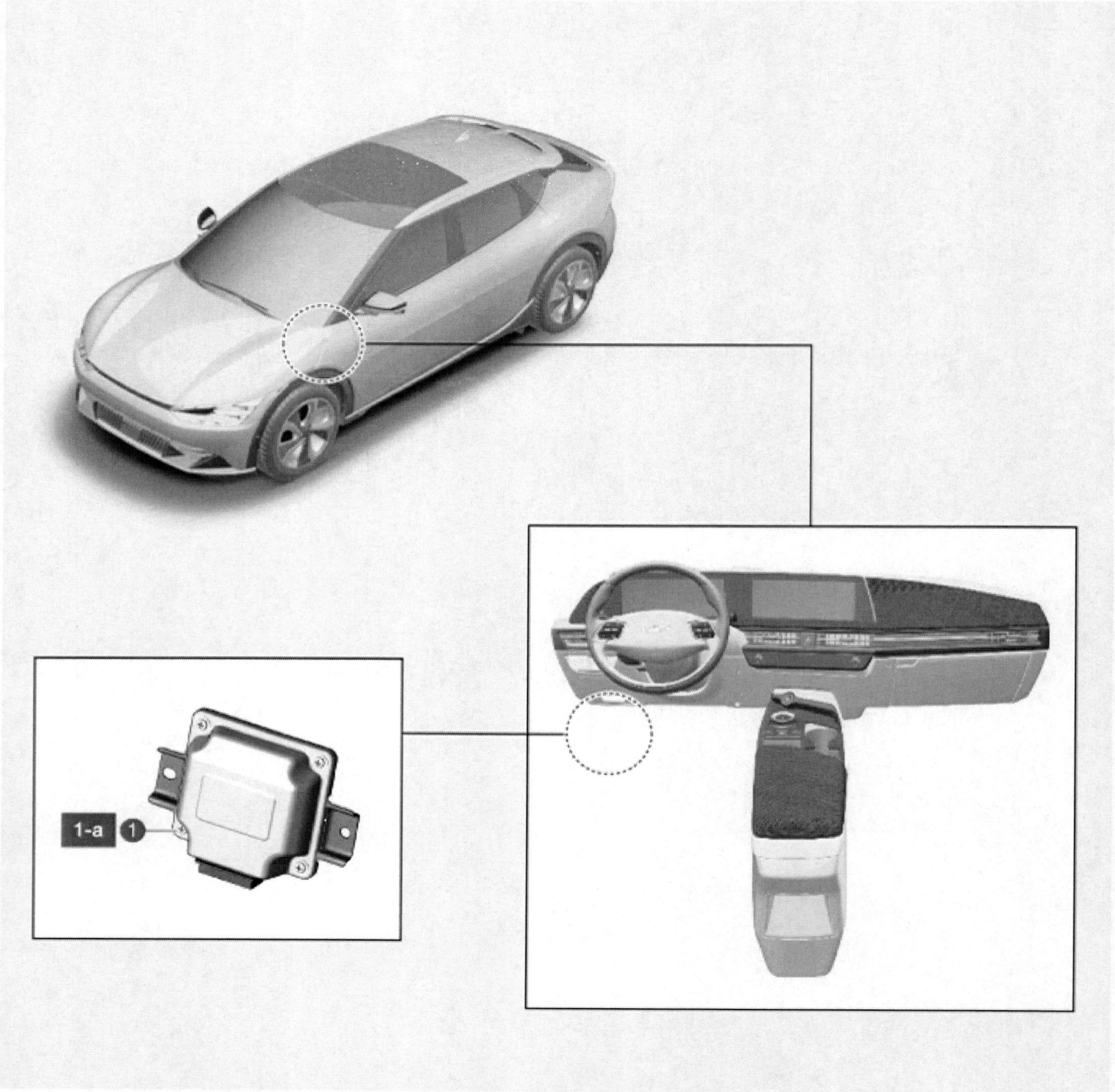

1. SBW 제어 유닛 1-a. 1.0 ~ 1.2 kgf·m	

탈거

1. 배터리 (-) 단자와 서비스 인터록 커넥터를 분리한다.
   (배터리 제어 시스템 - "보조 배터리 (12 V)-2WD" 참조)
   (배터리 제어 시스템 - "보조 배터리 (12 V)-4WD" 참조)
2. SBW 제어 유닛 커넥터(A)를 분리한다.

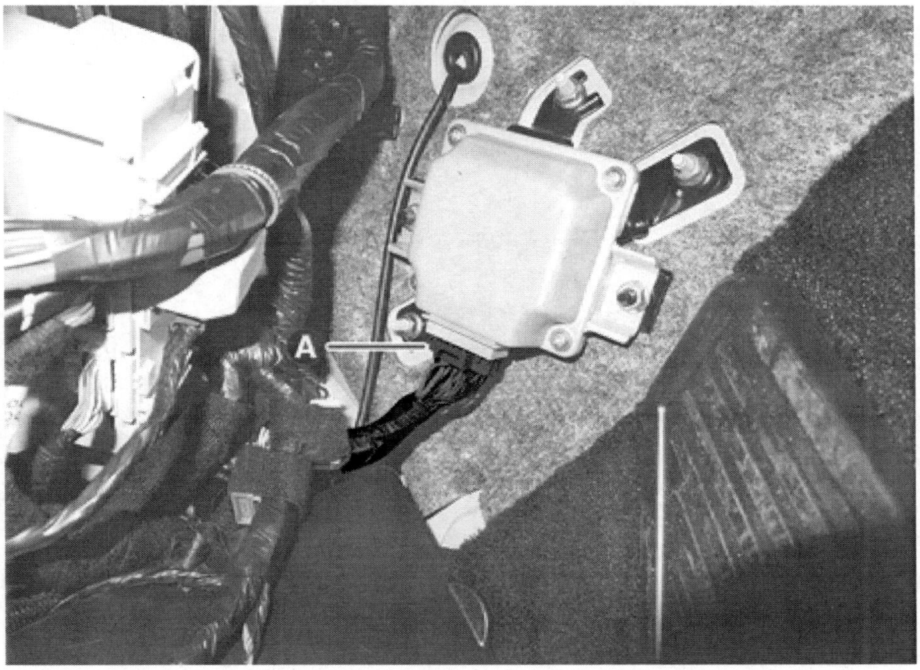

3. 너트를 풀어 SBW 제어 유닛(A)을 탈거한다.

체결토크 : 1.0 ~ 1.2 kgf·m

장착

1. 장착은 탈거의 역순으로 진행한다.

서비스 정보

항목		제원
센서 형식		NTC 서미스터
작동 전압(V)		4.75 ~ 5.25
최대 저항(mA)		100
응답 시간	시험 매체 : 냉각수	MAX. 5초
오일 온도(˚C)		-40 ~ 150

오일 온도 센서 표

온도 (˚C)	저항 (kΩ)		
	최저	보통	최대
-40	41.74	48.14	54.54
-30	23.54	26.74	29.94
-20	14.13	15.48	16.83
-10	8.393	9.308	10.223
0	5.281	5.790	6.299
10	3.422	3.714	4.007
20	2.310	2.450	2.590
30	1.554	1.658	1.762
40	1.084	1.148	1.212
50	0.7729	0.8126	0.8524
60	0.5615	0.5865	0.6115
70	0.4154	0.4311	0.4469
80	0.3122	0.3222	0.3322
90	0.2382	0.2446	0.2510
100	0.1844	0.1884	0.1924
110	0.1451	0.1471	0.1491
120	0.1139	0.1163	0.1187
130	0.0908	0.0930	0.0953
140	0.0731	0.0752	0.0773
150	0.0594	0.0614	0.0634

구성부품

전륜 모터

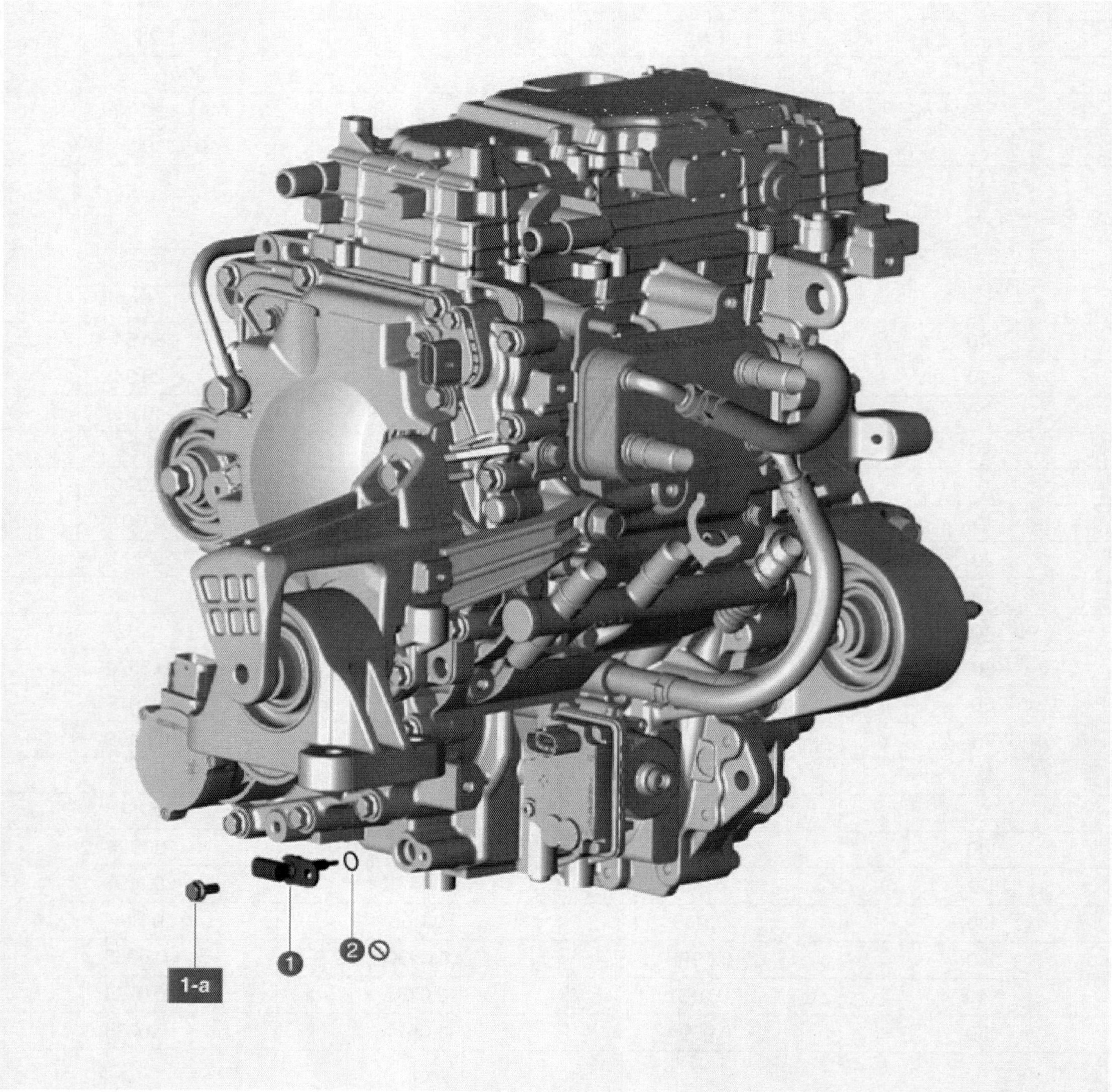

1. 오일 온도 센서 1-a. 1.0 ~ 1.2 kgf·m	2. O-링

후륜 모터

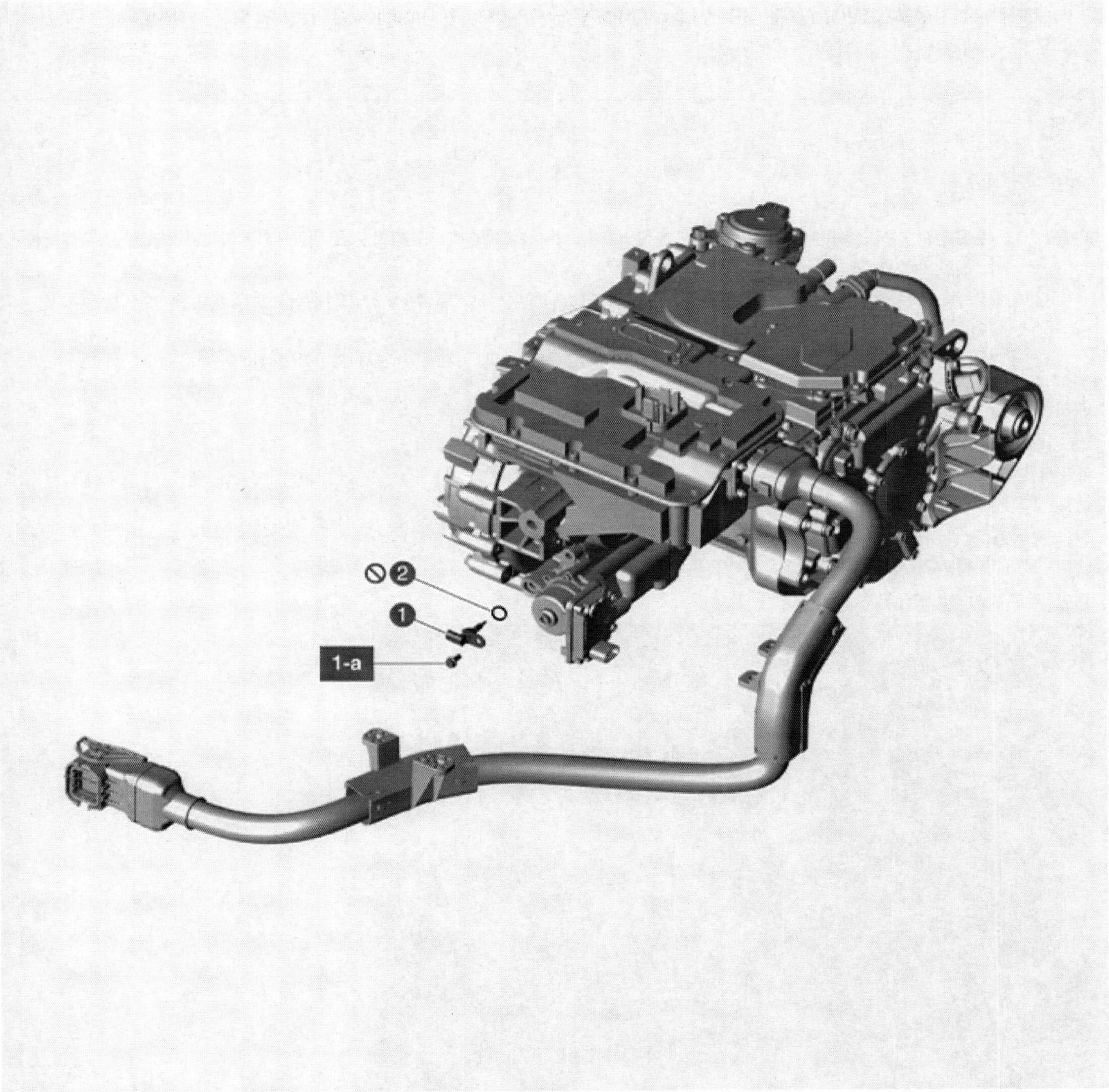

1. 오일 온도 센서 1-a. 1.0 ~ 1.2 kgf·m	2. O-링

탈거

⚠ 경 고

- 고전압 시스템 관련 작업 시, 관련 교육을 이수한 작업자가 정비를 진행한다. 고전압 시스템에 대한 이해가 부족한 경우 감전 또는 누전 등으로 인한 심각한 사고를 초래할 수 있다.
- 고전압 시스템 또는 주변 부품 작업 시, 반드시 "고전압 시스템 안전사항 및 주의, 경고" 내용을 숙지하고 준수해야 한다. 미 준수 시, 감전 또는 누전 등으로 인한 심각한 사고를 초래할 수 있다.
- 고전압 시스템 작업 특성 상, 개인보호장구(PPE) 및 사전 고전압 차단 절차를 반드시 확인한다.

1. 배터리 (-) 단자와 서비스 인터록 커넥터를 분리한다.
   (배터리 제어 시스템 - "보조 배터리 (12 V)" 참조)
2. 프런트 언더 커버를 탈거한다.
   (전륜 모터 및 감속기 시스템 - "프런트 언더 커버" 참조)
3. 전륜 모터 및 감속기 오일을 배출한다.
   (전륜 모터 및 감속기 시스템 - "전륜 모터 및 감속기 오일" 참조)
4. 오일 온도 센서 커넥터(A)를 분리한다.

5. 볼트를 풀어 오일 온도 센서(A)를 탈거한다.

체결토크 : 1.0 ~ 1.2 kgf·m

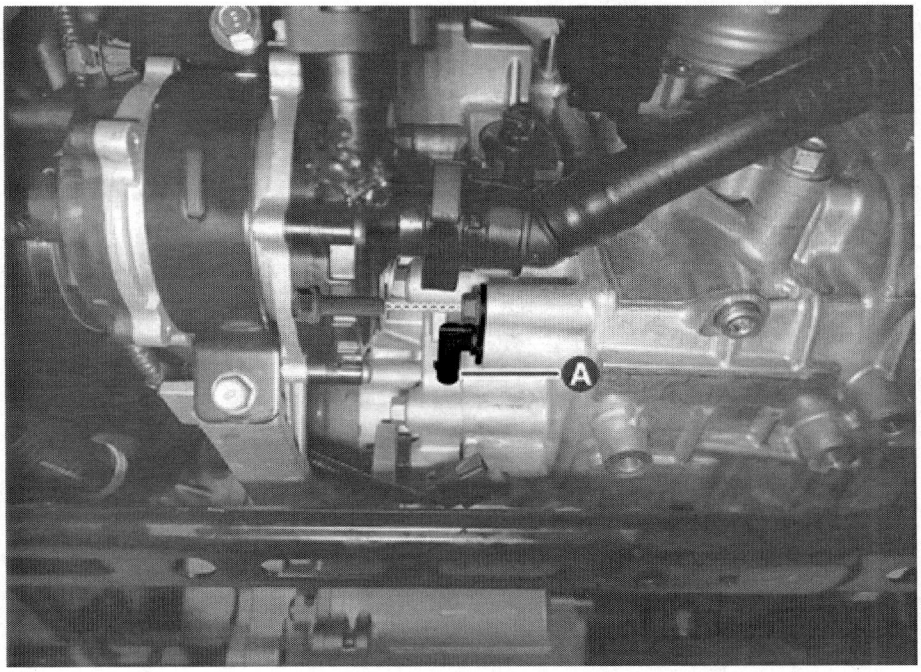

장착

⚠ 경 고

- 고전압 시스템 관련 작업 시, 관련 교육을 이수한 작업자가 정비를 진행한다. 고전압 시스템에 대한 이해가 부족한 경우 감전 또는 누전 등으로 인한 심각한 사고를 초래할 수 있다.
- 고전압 시스템 또는 주변 부품 작업 시, 반드시 "고전압 시스템 안전사항 및 주의, 경고" 내용을 숙지하고 준수해야 한다. 미준수 시, 감전 또는 누전 등으로 인한 심각한 사고를 초래할 수 있다.
- 고전압 시스템 작업 특성 상, 개인보호장구(PPE) 및 사전 고전압 차단 절차를 반드시 확인한다.

1. 장착은 탈거의 역순으로 한다.

유 의

오일 온도 센서의 O-링(A)은 재사용하지 않는다.

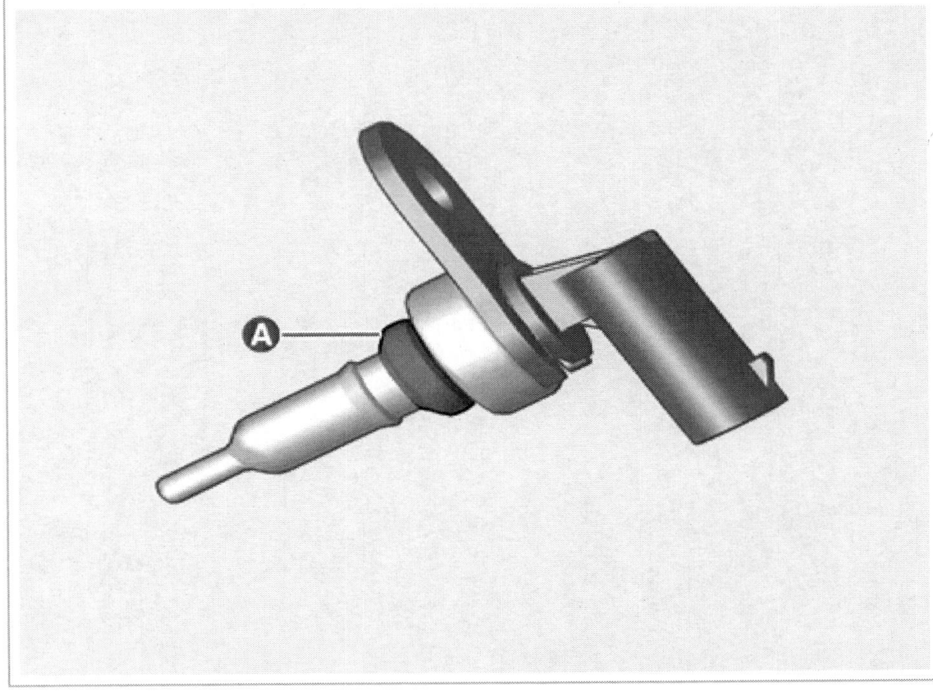

2. 전륜 모터 및 감속기 오일을 보충한다.

(전륜 모터 및 감속기 시스템 - "전륜 모터 및 감속기 오일" 참조)

탈거

⚠ 경 고

- 고전압 시스템 관련 작업 시, 관련 교육을 이수한 작업자가 정비를 진행한다. 고전압 시스템에 대한 이해가 부족한 경우 감전 또는 누전 등으로 인한 심각한 사고를 초래할 수 있다.
- 고전압 시스템 또는 주변 부품 작업 시, 반드시 "고전압 시스템 안전사항 및 주의, 경고" 내용을 숙지하고 준수해야 한다. 미준수 시, 감전 또는 누전 등으로 인한 심각한 사고를 초래할 수 있다.
- 고전압 시스템 작업 특성 상, 개인보호장구(PPE) 및 사전 고전압 차단 절차를 반드시 확인한다.

1. 배터리 (-) 단자와 서비스 인터록 커넥터를 분리한다.
   (배터리 제어 시스템 - "보조 배터리 (12 V)-2WD" 참조)
   (배터리 제어 시스템 - "보조 배터리 (12 V)-4WD" 참조)
2. 리어 언더 커버를 탈거한다.
   (모터 및 감속기 시스템 - "리어 언더 커버" 참조)
3. 후륜 모터 및 감속기 오일을 배출한다.
   (후륜 모터 및 감속기 시스템 - "후륜 모터 및 감속기 오일" 참조)
4. 오일 온도 센서 커넥터(A)를 분리한다.

5. 볼트를 풀어 오일 온도 센서(A)를 탈거한다.

체결토크 : 1.0 ~ 1.2 kgf·m

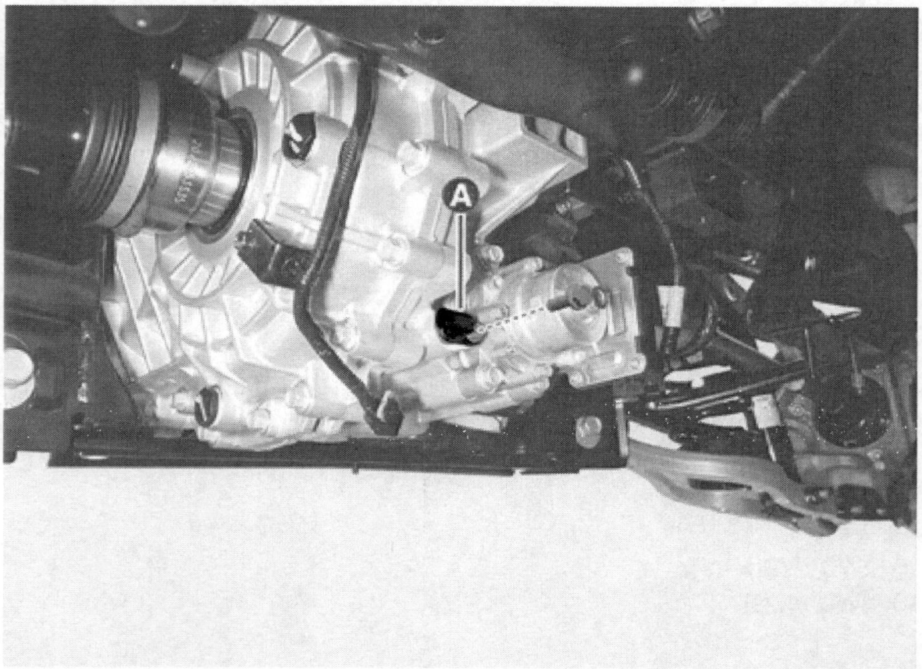

장착

⚠ 경 고

- 고전압 시스템 관련 작업 시, 관련 교육을 이수한 작업자가 정비를 진행한다. 고전압 시스템에 대한 이해가 부족한 경우 감전 또는 누전 등으로 인한 심각한 사고를 초래할 수 있다.
- 고전압 시스템 또는 주변 부품 작업 시, 반드시 "고전압 시스템 안전사항 및 주의, 경고" 내용을 숙지하고 준수해야 한다. 미준수 시, 감전 또는 누전 등으로 인한 심각한 사고를 초래할 수 있다.
- 고전압 시스템 작업 특성 상, 개인보호장구(PPE) 및 사전 고전압 차단 절차를 반드시 확인한다.

1. 장착은 탈거의 역순으로 한다.

유 의

오일 온도 센서의 O-링(A)은 재사용하지 않는다.

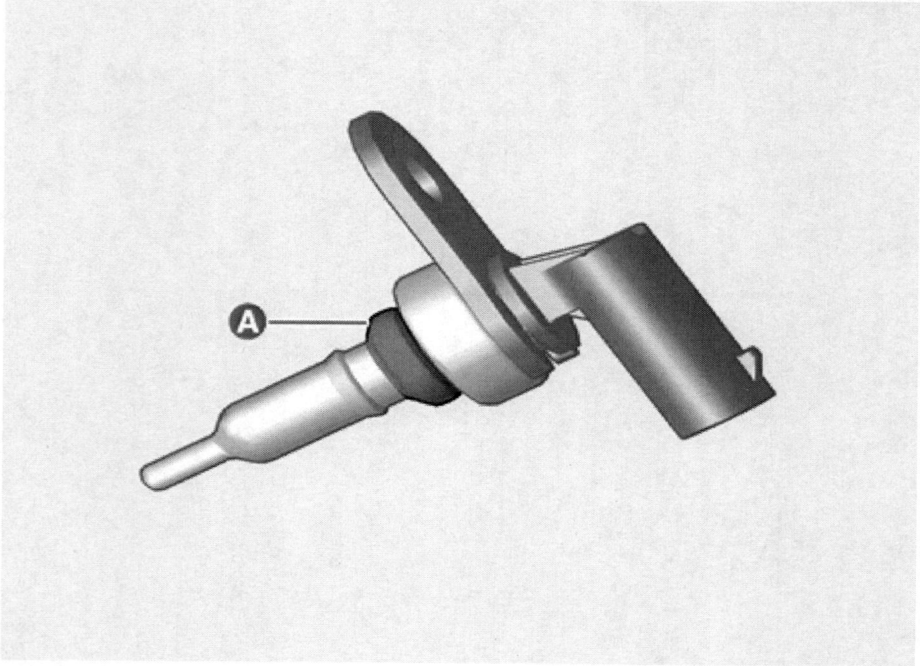

2. 후륜 모터 및 감속기 오일을 보충한다.

(후륜 모터 및 감속기 시스템 - "후륜 모터 및 감속기 오일" 참조)

구성부품

전륜 모터

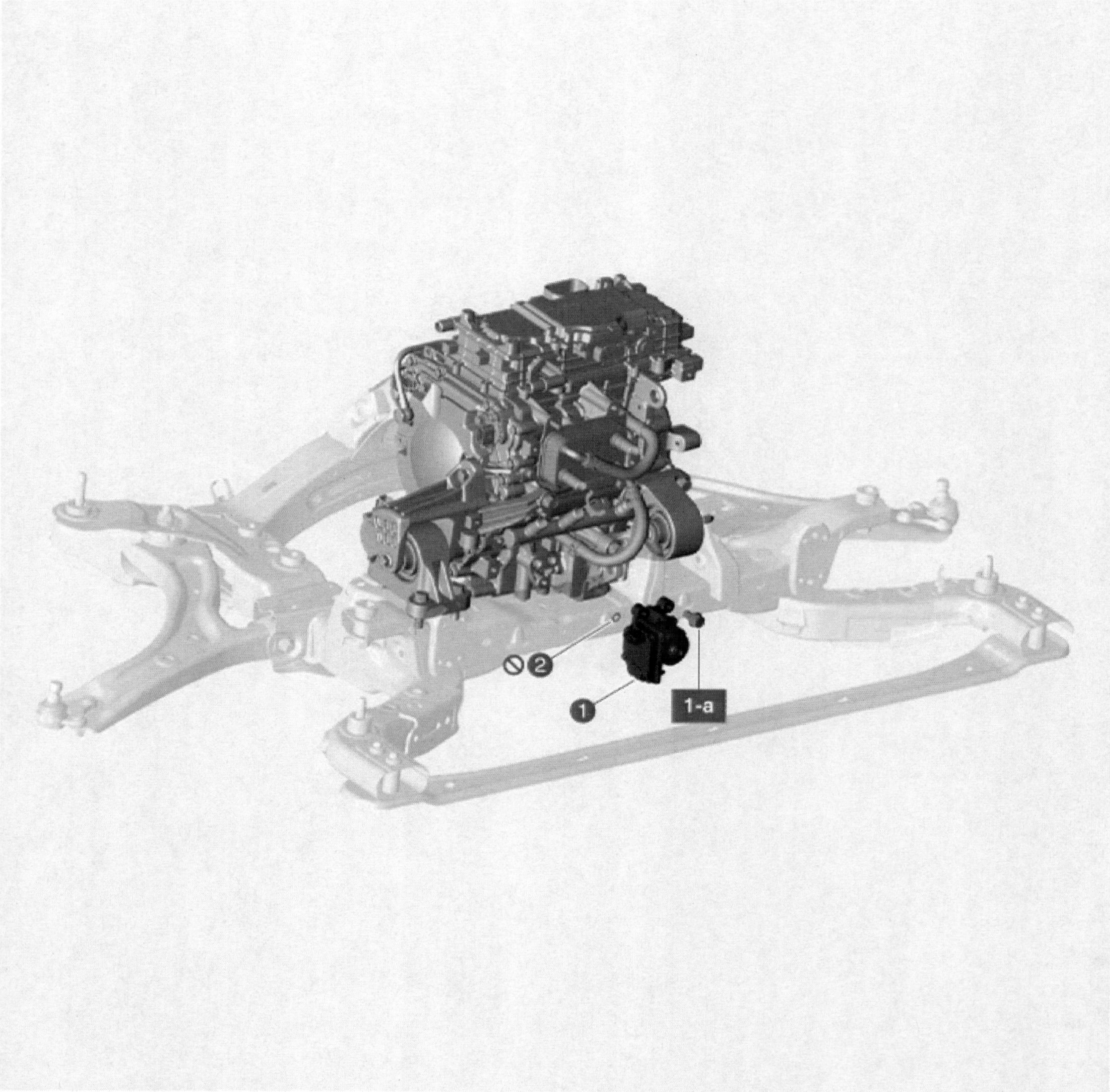

1. 전동식 오일 펌프 (EOP) 1-a. 2.0 ~ 2.7 kgf·m	2. O-링

후륜 모터

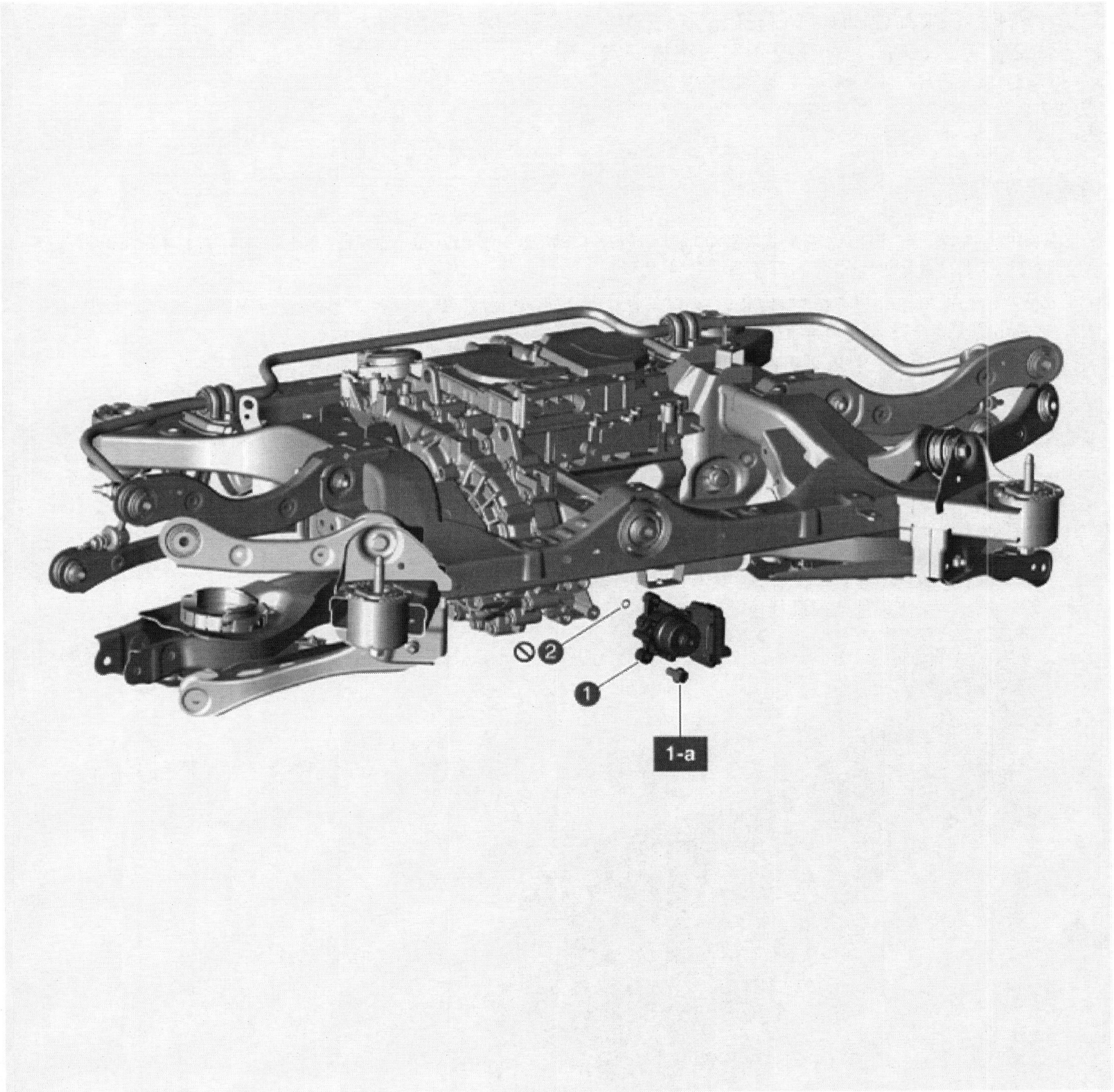

1. 전동식 오일 펌프 (EOP) 1-a. 2.0 ~ 2.7 kgf·m	2. O-링

탈거

⚠ 경 고

- 고전압 시스템 관련 작업 시, 관련 교육을 이수한 작업자가 정비를 진행한다. 고전압 시스템에 대한 이해가 부족한 경우 감전 또는 누전 등으로 인한 심각한 사고를 초래할 수 있다.
- 고전압 시스템 또는 주변 부품 작업 시, 반드시 "고전압 시스템 안전사항 및 주의, 경고" 내용을 숙지하고 준수해야 한다. 미 준수 시, 감전 또는 누전 등으로 인한 심각한 사고를 초래할 수 있다.
- 고전압 시스템 작업 특성 상, 개인보호장구(PPE) 및 사전 고전압 차단 절차를 반드시 확인한다.

유 의

- 차체 도장부의 손상을 방지하기 위해 펜더 커버를 사용한다.
- 커넥터 및 와이어링이 손상되지 않도록 주의하여 분리한다.
- 퀵 커넥터 분리 시 퀵 커넥터 타입에 따라 아래 사항에 유의한다.
  - 퀵 커넥터 클램프(A)를 화살표 방향으로 누르며 분리한다.
  - 호스 내측 러버 실(B)을 만지지 않는다.

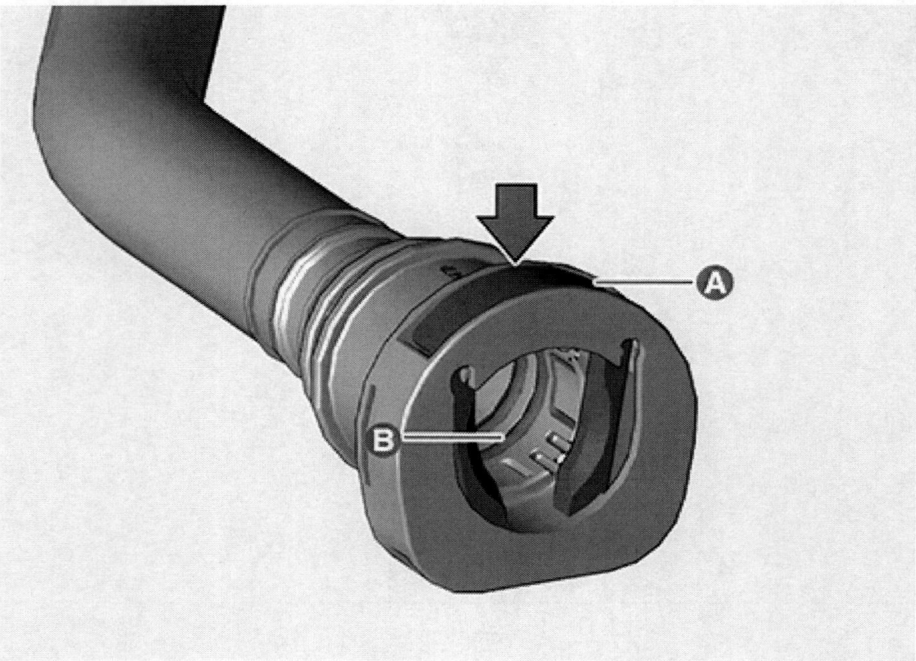

1. 배터리 (-) 단자와 서비스 인터록 커넥터를 분리한다.
   (배터리 제어 시스템 - "보조 배터리 (12 V)" 참조)
2. 프런트 언더 커버를 탈거한다.
   (전륜 모터 및 감속기 시스템 - "프런트 언더 커버" 참조)
3. 배터리 냉각수를 배출한다.
   (전기차 냉각 시스템 - "배터리 냉각수" 참조)
4. 전륜 모터 및 감속기 오일을 배출한다.
   (전륜 모터 및 감속기 시스템 - "전륜 모터 및 감속기 오일" 참조)
5. 전자식 워터 펌프(EWP) 퀵 커넥터 호스(A)를 분리한다.

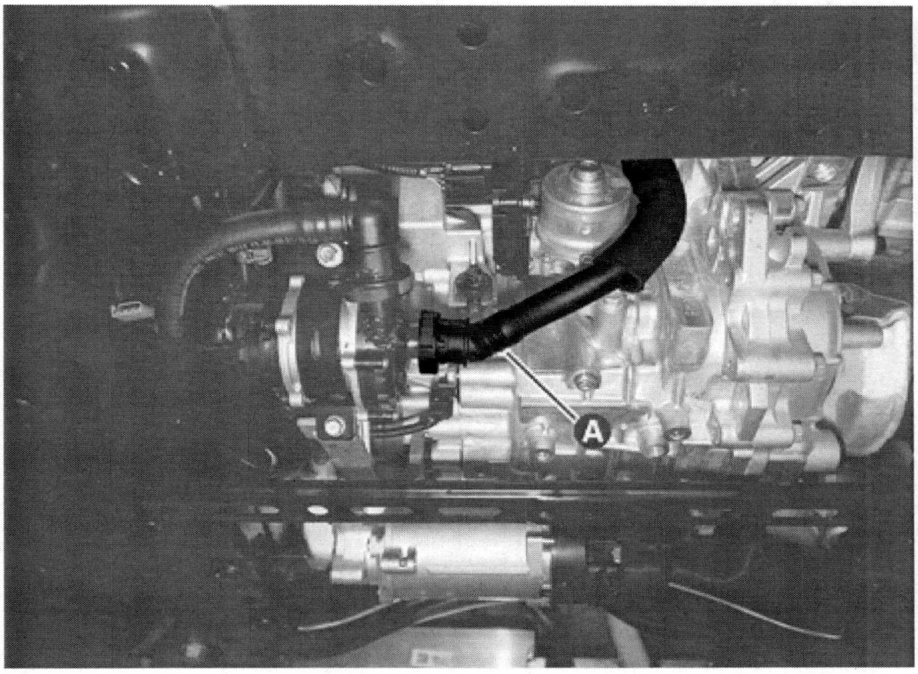

6. 전동식 오일 펌프(EOP) 커넥터(A)를 분리한다.

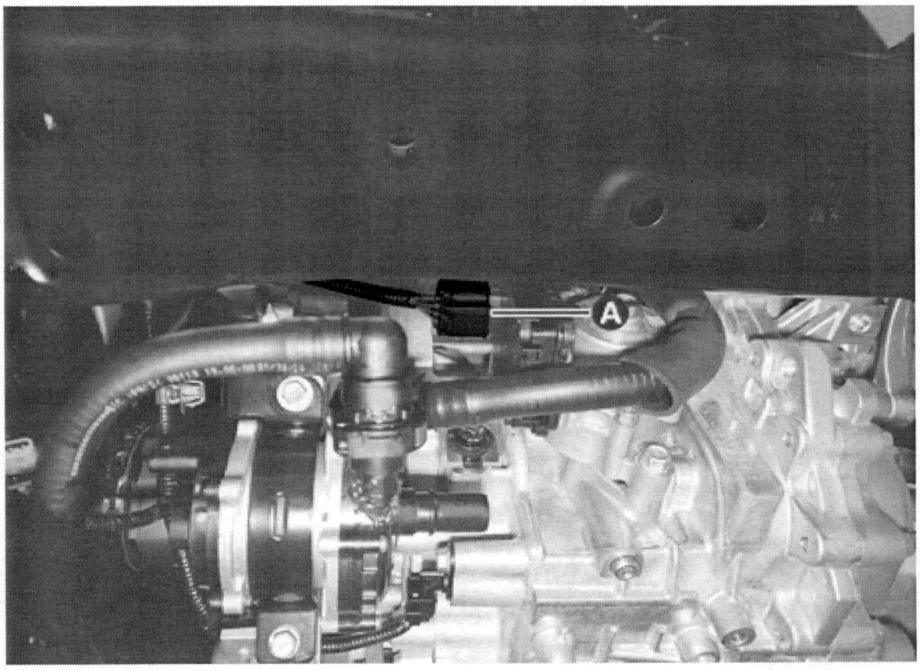

7. 볼트를 풀어 EOP(A)를 탈거한다.

체결토크 : 2.0 ~ 2.7 kgf·m

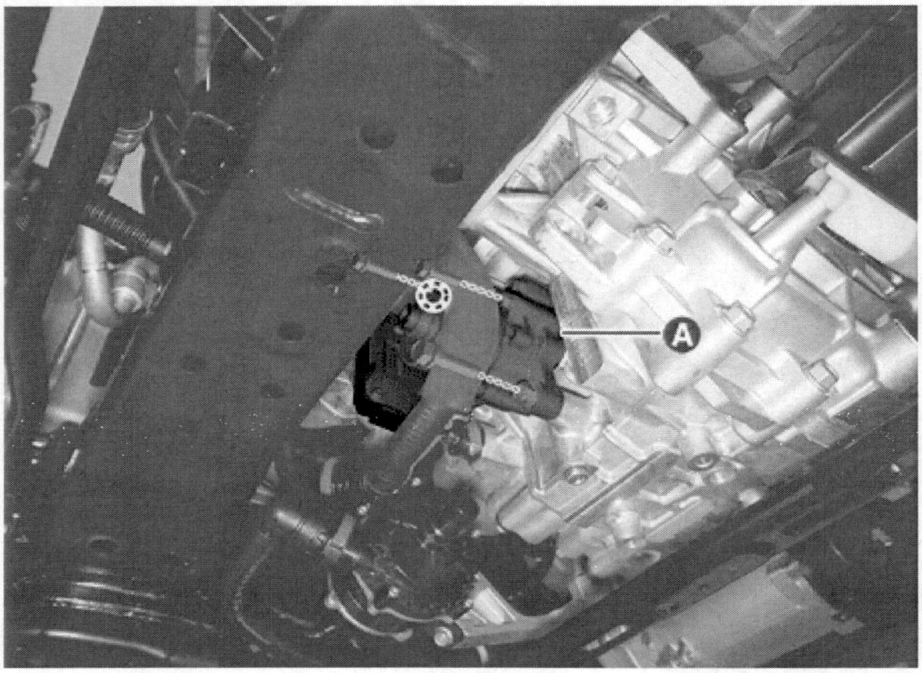

장착

⚠ 경 고

- 고전압 시스템 관련 작업 시, 관련 교육을 이수한 작업자가 정비를 진행한다. 고전압 시스템에 대한 이해가 부족한 경우 감전 또는 누전 등으로 인한 심각한 사고를 초래할 수 있다.
- 고전압 시스템 또는 주변 부품 작업 시, 반드시 "고전압 시스템 안전사항 및 주의, 경고" 내용을 숙지하고 준수해야 한다. 미준수 시, 감전 또는 누전 등으로 인한 심각한 사고를 초래할 수 있다.
- 고전압 시스템 작업 특성 상, 개인보호장구(PPE) 및 사전 고전압 차단 절차를 반드시 확인한다.

1. 장착은 탈거의 역순으로 진행한다.

유 의

- O-링(A)은 신품으로 교환한다.

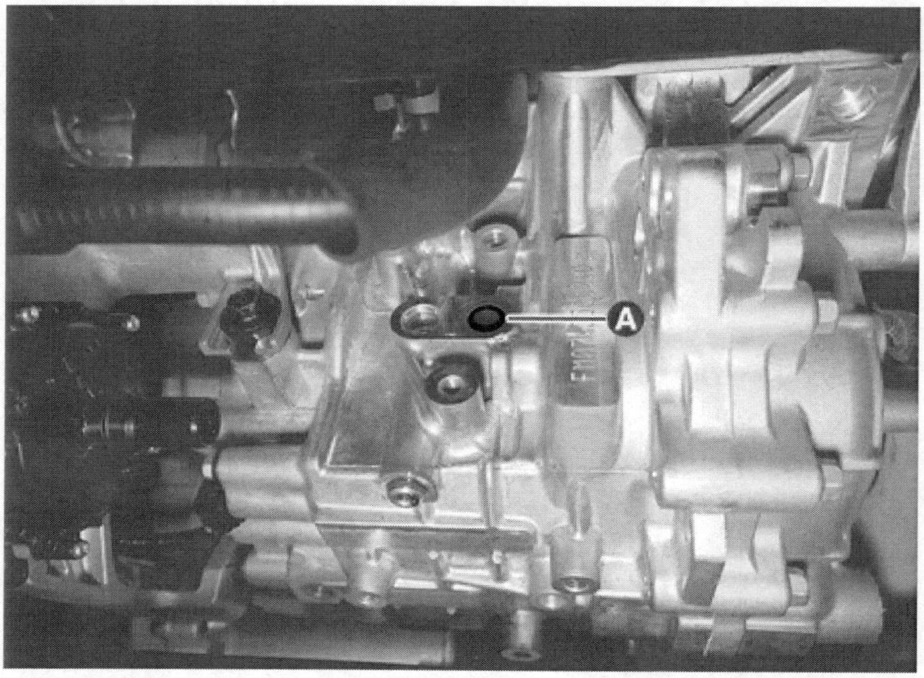

- EOP 재장착 시 O-링(A)은 신품으로 교환한다.

- 퀵 커넥터가 확실히 장착 되었는지 확인한다.

2. 전륜 모터 및 감속기 오일을 보충한다.
   (전륜 모터 및 감속기 시스템 - "전륜 모터 및 감속기 오일" 참조)
3. 배터리 냉각수를 보충한다.
   (전기차 냉각 시스템 - "배터리 냉각수" 참조)

탈거

⚠ 경 고

- 고전압 시스템 관련 작업 시, 관련 교육을 이수한 작업자가 정비를 진행한다. 고전압 시스템에 대한 이해가 부족한 경우 감전 또는 누전 등으로 인한 심각한 사고를 초래할 수 있다.
- 고전압 시스템 또는 주변 부품 작업 시, 반드시 "고전압 시스템 안전사항 및 주의, 경고" 내용을 숙지하고 준수해야 한다. 미 준수 시, 감전 또는 누전 등으로 인한 심각한 사고를 초래할 수 있다.
- 고전압 시스템 작업 특성 상, 개인보호장구(PPE) 및 사전 고전압 차단 절차를 반드시 확인한다.

1. 배터리 (-) 단자와 서비스 인터록 커넥터를 분리한다.
   (배터리 제어 시스템 - "보조 배터리 (12 V)-2WD" 참조)
   (배터리 제어 시스템 - "보조 배터리 (12 V)-4WD" 참조)
2. 리어 언더 커버를 탈거한다.
   (후륜 모터 및 감속기 시스템 - "리어 언더 커버" 참조)
3. 후륜 모터 및 감속기 오일을 배출한다.
   (후륜 모터 및 감속기 시스템 - "후륜 모터 및 감속기 오일" 참조)
4. 전동식 오일 펌프(EOP) 커넥터(A)를 분리한다.

5. 볼트를 풀어 EOP(A)를 탈거한다.

체결토크 : 2.0 ~ 2.7 kgf·m

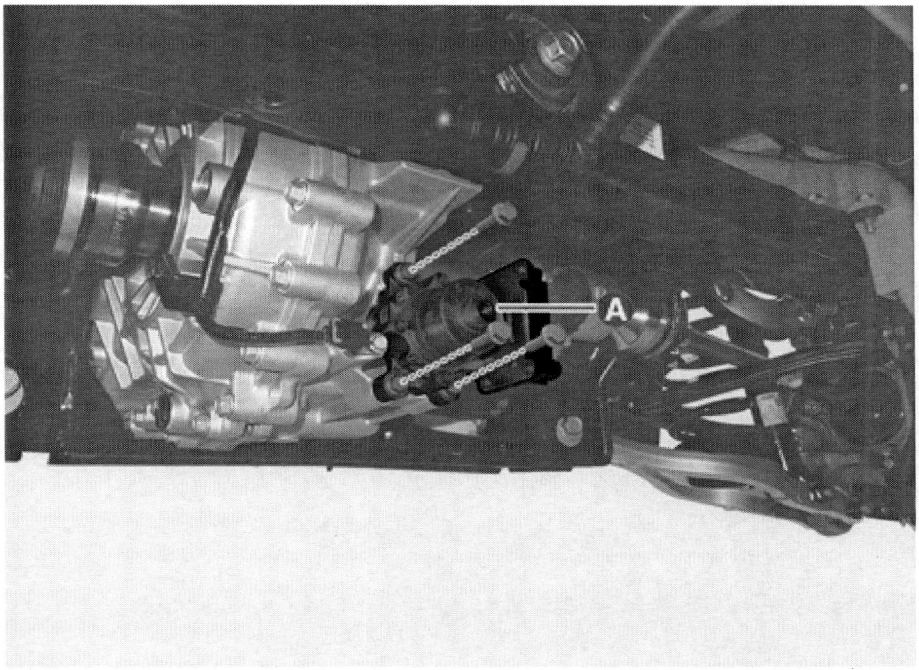

장착

⚠ 경 고

- 고전압 시스템 관련 작업 시, 관련 교육을 이수한 작업자가 정비를 진행한다. 고전압 시스템에 대한 이해가 부족한 경우 감전 또는 누전 등으로 인한 심각한 사고를 초래할 수 있다.
- 고전압 시스템 또는 주변 부품 작업 시, 반드시 "고전압 시스템 안전사항 및 주의, 경고" 내용을 숙지하고 준수해야 한다. 미 준수 시, 감전 또는 누전 등으로 인한 심각한 사고를 초래할 수 있다.
- 고전압 시스템 작업 특성 상, 개인보호장구(PPE) 및 사전 고전압 차단 절차를 반드시 확인한다.

1. 장착은 탈거의 역순으로 진행한다.

유 의

- O-링(A)은 신품으로 교환한다.

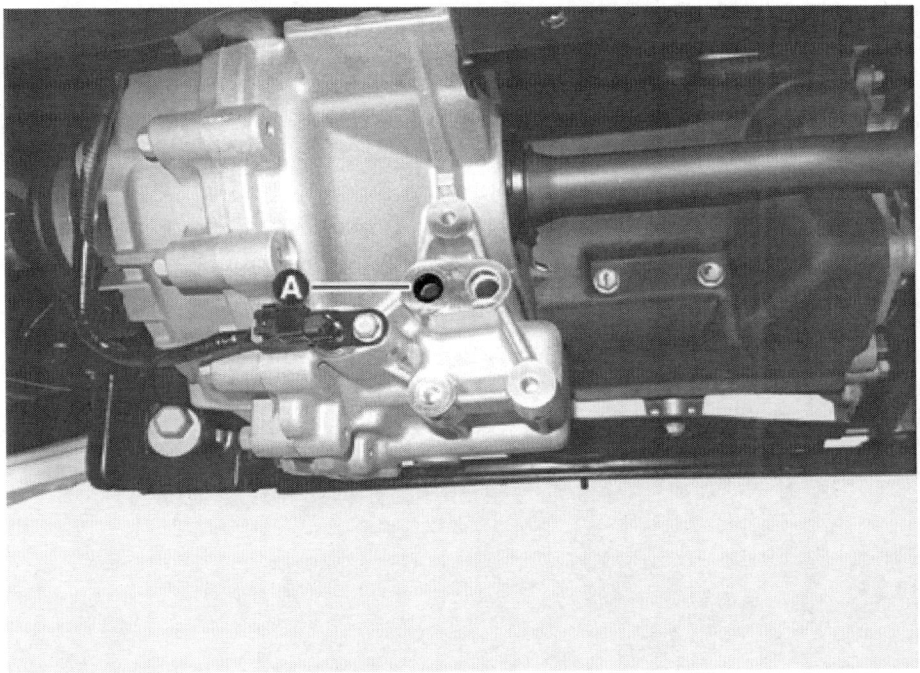

- EOP 재장착 시 O-링(A)은 신품으로 교환한다.

2. 후륜 모터 및 감속기 오일을 보충한다.
(후륜 모터 및 감속기 시스템 - "후륜 모터 및 감속기 오일" 참조)

구성부품 및 부품위치

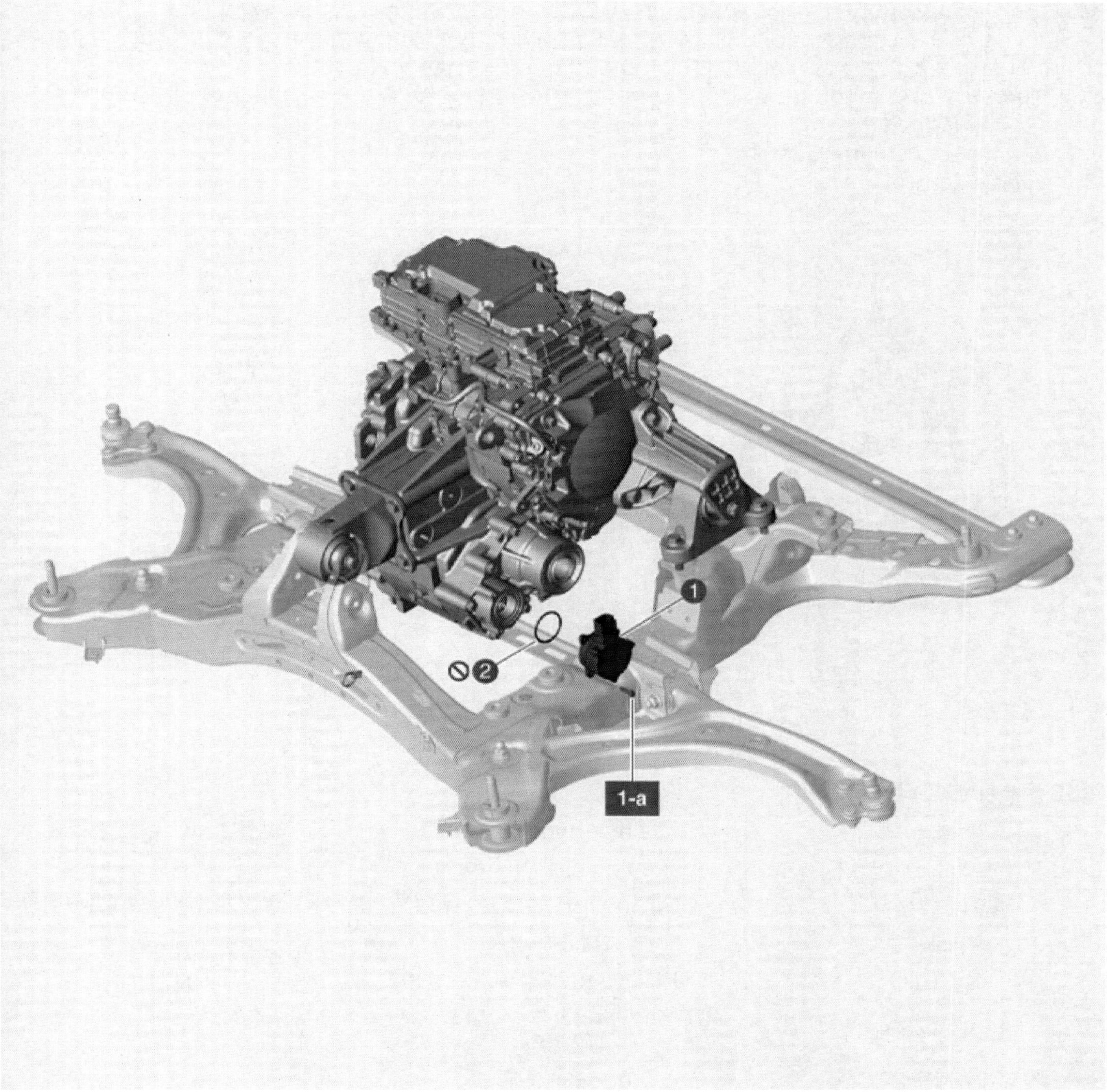

1. DAS 모터 1-a. 0.5 ~ 0.6 kgf·m	2. O-링

개요

주행 성능 향상을 위해 4WD 시스템이 적용되지만, 4WD 구동은 주행 거리가 단축되는 단점이 있다.
주행 거리 단축 단점을 보완하기 위해 주행 조건에 따라 2WD 구동(후륜 모터 및 감속기 구동)되며, 전륜 모터 및 감속기 드라이브 라인 저항을 감소하기 위해 드라이브 라인을 차단하는 *DAS가 적용된다.
DAS를 제어하기 위해 액추에이터(DAS 모터)가 장착되며, DAS 모터는 *VCU 신호를 받아 감속기와 드라이브 샤프트를 연결 또는 해제하는 역할을 한다.
*DAS : Disconnect Actuator System
*VCU : Vehicle Control Unit

DAS 구성 요소

주행 조건별 DAS 모터 작동 조건

항목	2WD → 4WD 전환 조건	4WD → 2WD 전환 조건
드라이브 모드	SNOW, SPORT 모드 선택 시	※ 좌측의 조건 미 충족 및 아래 조건 만족 시 1) ECO 모드 선택 시 (단, 15kph 이하는 연결) 2) ABS 작동 시
급격한 조향 시	조향각 60° 이상, 각가속도 40°/초	
구배로 주행	구배 8% 이상	
차속 (kph)	15 이하, 120 이상(Normal 모드 한정)	
운전자의 가속 의지	운전자의 요구 토크가 후륜 최대 토크보다 클 경우	
전자 제어 제동 장치 작동	TCS, ESC 작동 시	

탈거

⚠ 경 고

- 고전압 시스템 관련 작업 시, 관련 교육을 이수한 작업자가 정비를 진행한다. 고전압 시스템에 대한 이해가 부족한 경우 감전 또는 누전 등으로 인한 심각한 사고를 초래할 수 있다.
- 고전압 시스템 또는 주변 부품 작업 시, 반드시 "고전압 시스템 안전사항 및 주의, 경고" 내용을 숙지하고 준수해야 한다. 미준수 시, 감전 또는 누전 등으로 인한 심각한 사고를 초래할 수 있다.
- 고전압 시스템 작업 특성 상, 개인보호장구(PPE) 및 사전 고전압 차단 절차를 반드시 확인한다.

1. 배터리 (-) 단자와 서비스 인터록 커넥터를 분리한다.
   (배터리 제어 시스템 - "보조 배터리 (12 V)" 참조)
2. 프런트 언더 커버를 탈거한다.
   (전륜 모터 및 감속기 시스템 - "프런트 언더 커버" 참조)
3. DAS 모터 커넥터(A)를 분리한다.

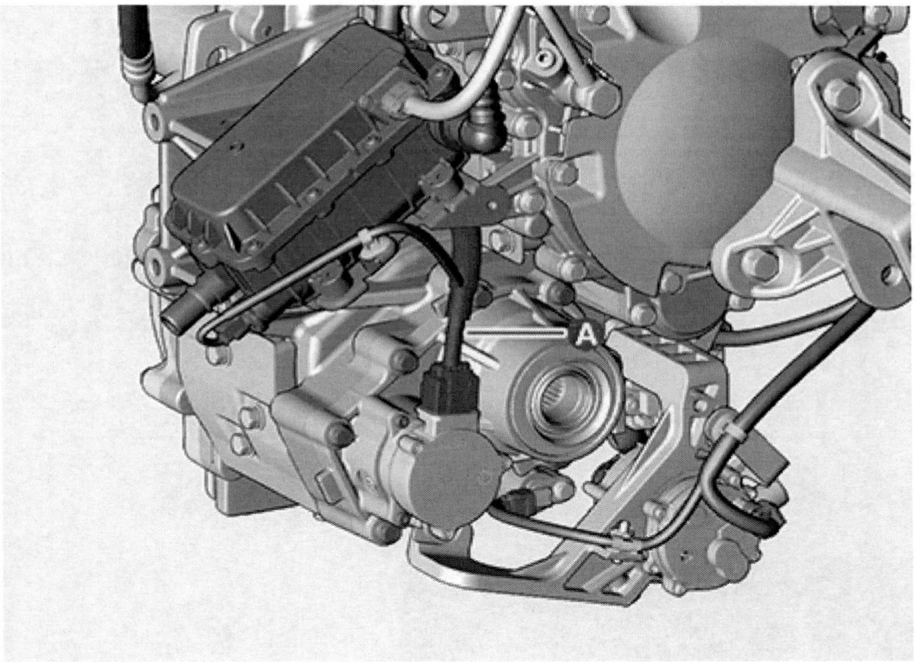

4. 육각 볼트를 풀어 DAS 모터(A)를 탈거한다.

체결토크 : 0.5 ~ 0.6 kgf·m

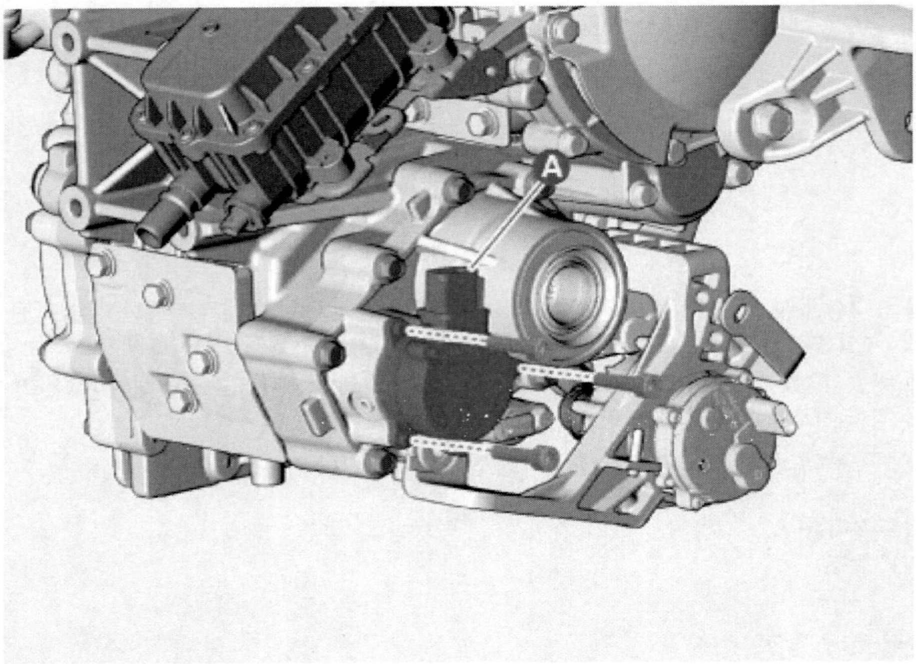

장착

⚠ 경 고

- 고전압 시스템 관련 작업 시, 관련 교육을 이수한 작업자가 정비를 진행한다. 고전압 시스템에 대한 이해가 부족한 경우 감전 또는 누전 등으로 인한 심각한 사고를 초래할 수 있다.
- 고전압 시스템 또는 주변 부품 작업 시, 반드시 "고전압 시스템 안전사항 및 주의, 경고" 내용을 숙지하고 준수해야 한다. 미준수 시, 감전 또는 누전 등으로 인한 심각한 사고를 초래할 수 있다.
- 고전압 시스템 작업 특성 상, 개인보호장구(PPE) 및 사전 고전압 차단 절차를 반드시 확인한다.

1. 장착은 탈거의 역순으로 진행한다.

유 의

O-링(A)은 재사용하지 않는다.

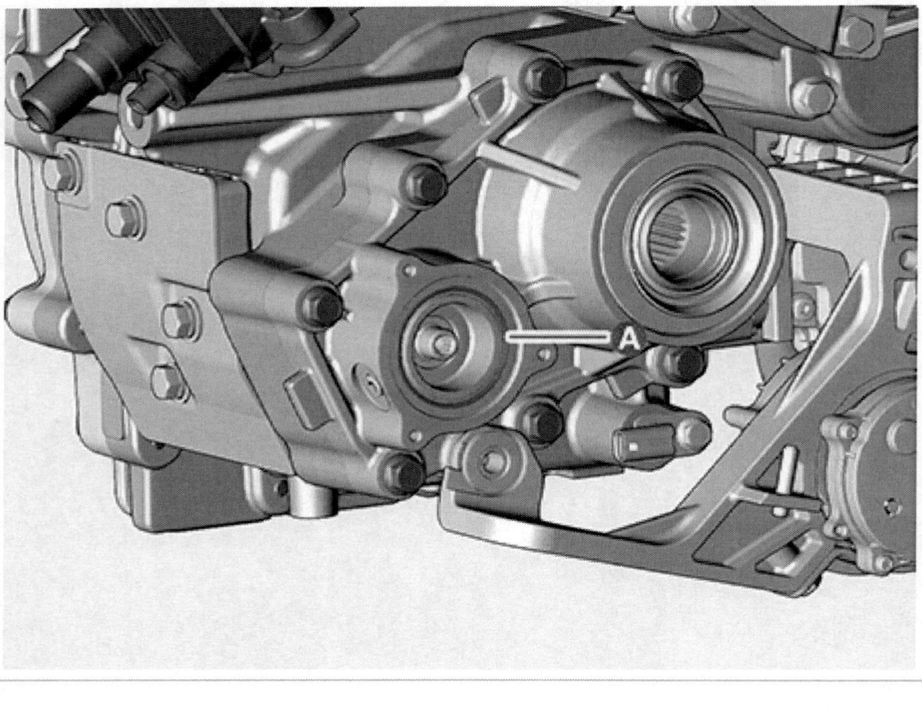

개요

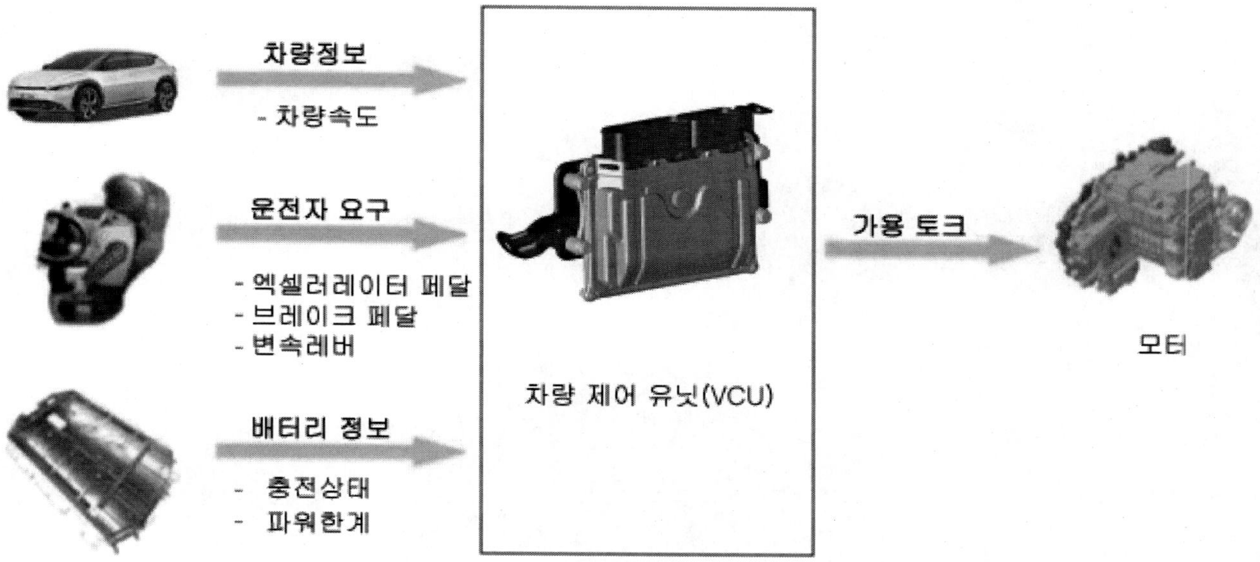

- 차량 제어 유닛(VCU)은 차량의 최상위 제어기로 모든 정보를 종합하여 운전자의 요구에 맞게 최적 제어한다.
- 구동 모터 제어, 공조 부하 제어, 12 V 전장 부하 전원 공급 제어, 디스커넥터 액추에이터 시스템(DAS) 외 종합 제어한다.

기능	세부 사항
구동 모터 제어	• 배터리 가용 파워 연산 • 모터 가용 토크 연산 • 운전자 요구(액셀러레이터 페달, 브레이크 페달, 변속 레버) 고려한 모터 토크 지령
공조 부하 제어	• 배터리 정보 및 전자동 에어컨(FATC) 요청 파워를 이용하여 최종 FATC 허용 파워 지령
12 V 전장 부하 전원 공급 제어	• 12 V 배터리 정보 및 차량 상태에 따른 LDC 동작 모드 결정
디스커넥터 액추에이터 시스템(DAS)	• 4WD 차량에 적용되어 주행 상황에 따라 전륜 모터와 구동축을 연결 또는 분리 제어
클러스터 제어	• 구동 파워, 에너지 흐름, READY 램프 및 각종 램프류 점등 지령
주행 가능 거리(DTE) 연산	• 배터리 가용 에너지 과거 주행 전비를 기반으로 차량의 주행 가능 거리 지령 • AVN을 이용한 경로 설정 시 경로의 전비 추정을 통해 DTE 표시 지령
예약/원격	• Kia Connect 기능과 연동하여 스마트폰을 통한 원격 제어 • 운전자의 요구 작동 시각 설정을 통한 예약 기능 제어
회생 제동 제어	• 회생 제동을 위한 모터 충전 토크 지령 연산 • 회생 제동 실행량 연산

구성부품

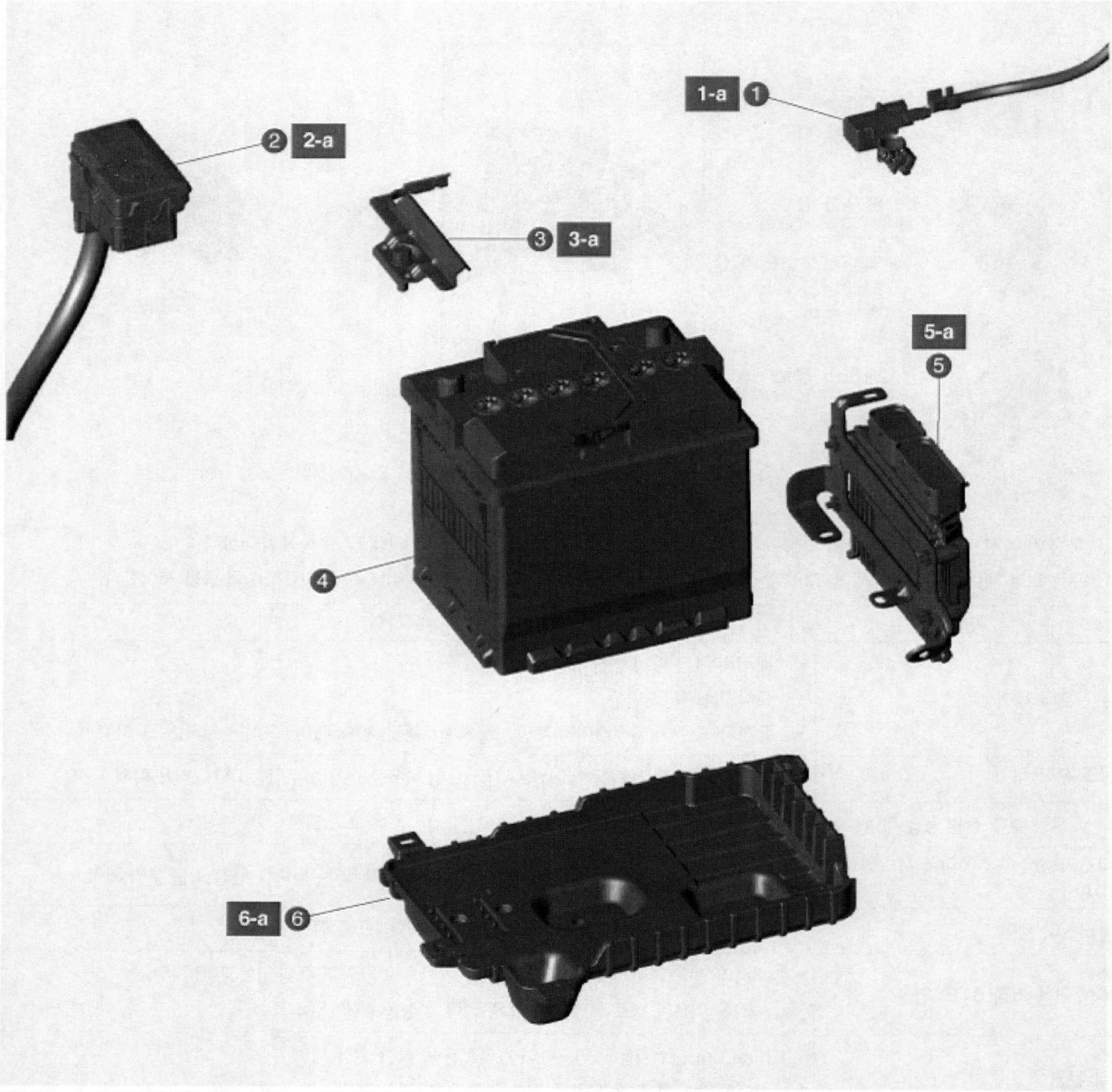

1. 배터리 (-) 케이블 1-a. 0.8 ~ 1.0 kgf·m 2. 배터리 (+) 케이블 2-a. 0.8 ~ 1.0 kgf·m 3. 배터리 클램프 3-a. 1.0 ~ 1.4 kgf·m	4. 보조 배터리(12 V) 5. 차량 제어 유닛(VCU) 5-a. 1.0 ~ 1.2 kgf·m 6. 배터리 트레이 6-a. 1.0 ~ 1.4 kgf·m

탈거

⚠ 경 고

- 고전압 시스템 관련 작업 시, 관련 교육을 이수한 작업자가 정비를 진행한다. 고전압 시스템에 대한 이해가 부족한 경우 감전 또는 누전 등으로 인한 심각한 사고를 초래할 수 있다.
- 고전압 시스템 또는 주변 부품 작업 시, 반드시 "안전 사항 및 주의, 경고" 내용을 숙지하고 준수해야 한다. 미 준수 시, 감전 또는 누전 등으로 인한 심각한 사고를 초래할 수 있다.
- 고전압 시스템 작업 특성 상, 개인보호장구(PPE) 및 사전 고전압 차단 절차를 반드시 확인한다.

1. 보조 배터리 (12 V)를 탈거한다.
   (배터리 제어 시스템 - "보조 배터리 (12 V)" 참조)
2. 차량 제어 유닛(VCU) 커넥터(A)를 탈거한다.

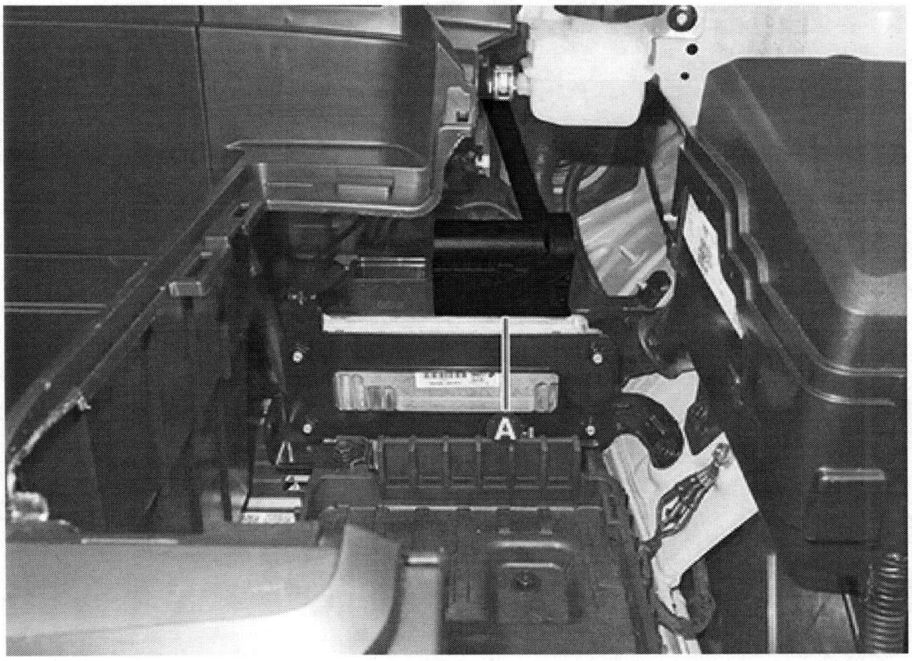

3. VCU 어셈블리(A)를 탈거한다.

체결토크 : 1.0 ~ 1.2 kgf·m

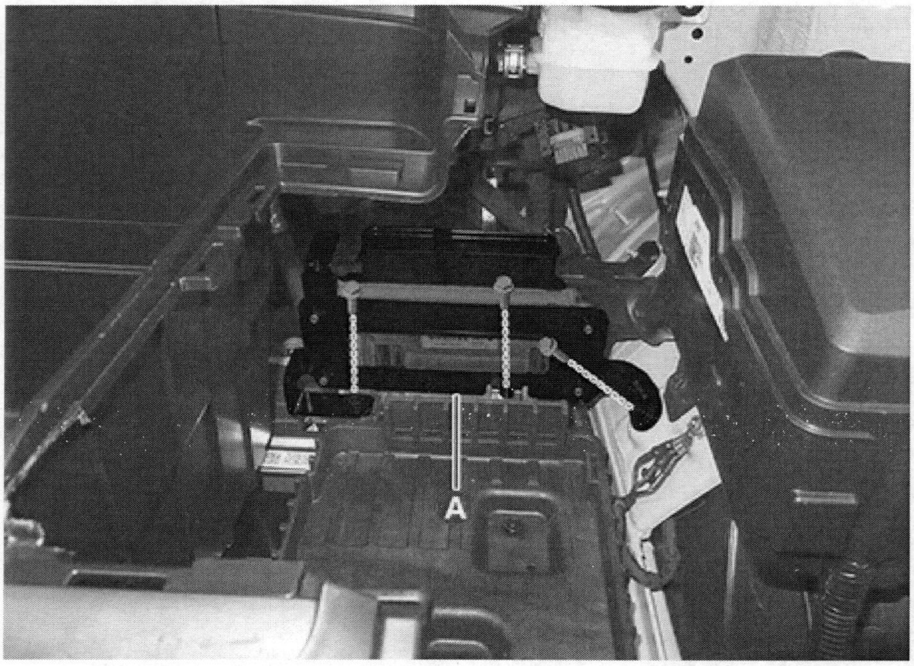

4. 볼트를 탈거하여 VCU(A)에서 브래킷을 분리한다.

체결토크 : 1.0 ~ 1.2 kgf·m

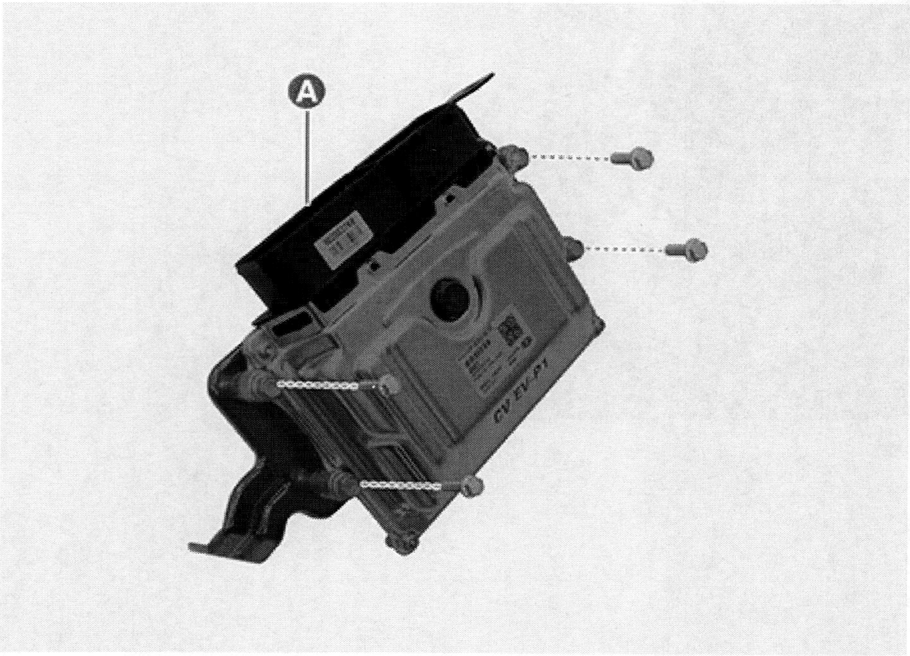

장착

⚠ 경 고

- 고전압 시스템 관련 작업 시, 관련 교육을 이수한 작업자가 정비를 진행한다. 고전압 시스템에 대한 이해가 부족한 경우 감전 또는 누전 등으로 인한 심각한 사고를 초래할 수 있다.
- 고전압 시스템 또는 주변 부품 작업 시, 반드시 "안전 사항 및 주의, 경고" 내용을 숙지하고 준수해야 한다. 미 준수 시, 감전 또는 누전 등으로 인한 심각한 사고를 초래할 수 있다.
- 고전압 시스템 작업 특성 상, 개인보호장구(PPE) 및 사전 고전압 차단 절차를 반드시 확인한다.

1. 장착은 탈거의 역순으로 한다.

유 의

- 차량 제어 유닛(VCU) 장착 시 규정 토크를 준수하여 장착한다.
- VCU를 떨어뜨렸을 경우, 보이지 않는 손상이 유발될 수 있으니 신품으로 교환한다. (재사용 금지)

2. 진단 장비(KDS)를 이용하여 차대번호(VIN) 쓰기를 수행한다.

탈거

⚠ 경 고

- 고전압 시스템 관련 작업 시, 관련 교육을 이수한 작업자가 정비를 진행한다. 고전압 시스템에 대한 이해가 부족한 경우 감전 또는 누전 등으로 인한 심각한 사고를 초래할 수 있다.
- 고전압 시스템 또는 주변 부품 작업 시, 반드시 "안전 사항 및 주의, 경고" 내용을 숙지하고 준수해야 한다. 미 준수 시, 감전 또는 누전 등으로 인한 심각한 사고를 초래할 수 있다.
- 고전압 시스템 작업 특성 상, 개인보호장구(PPE) 및 사전 고전압 차단 절차를 반드시 확인한다.

1. 보조 배터리 (12 V)를 탈거한다.
   (배터리 제어 시스템 - "보조 배터리 (12 V)" 참조)
2. 차량 제어 유닛(VCU) 커넥터(A)를 탈거한다.

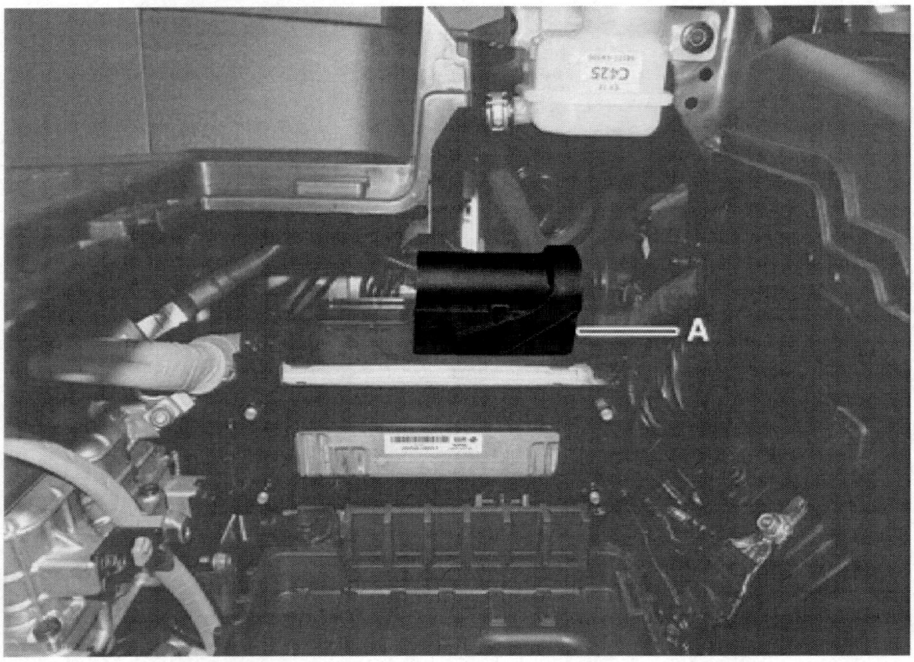

3. VCU 브래킷에 체결된 와이어링(A)을 분리한다.

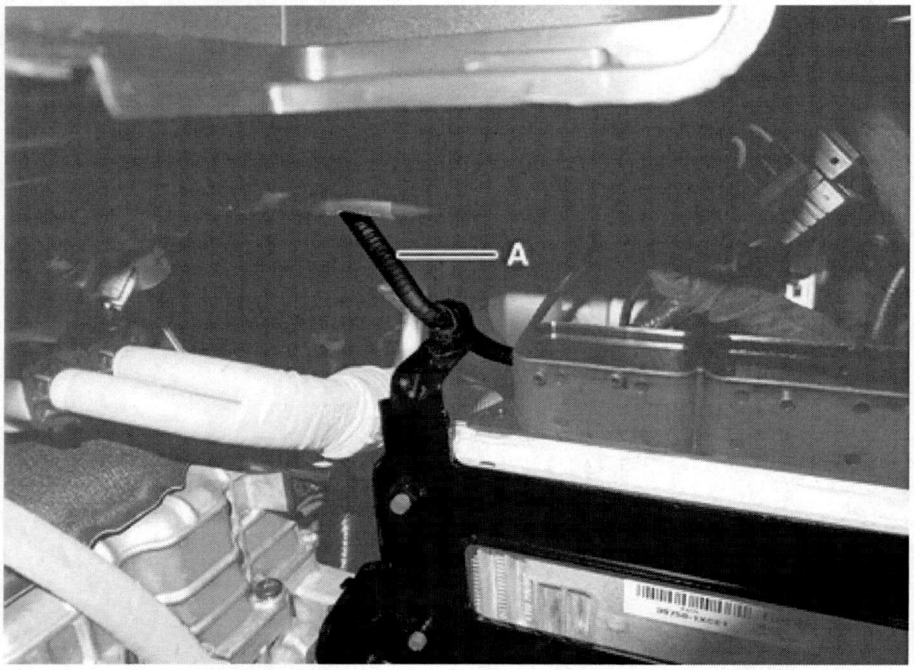

4. VCU 어셈블리(A)를 탈거한다.

체결토크 : 1.0 ~ 1.2 kgf·m

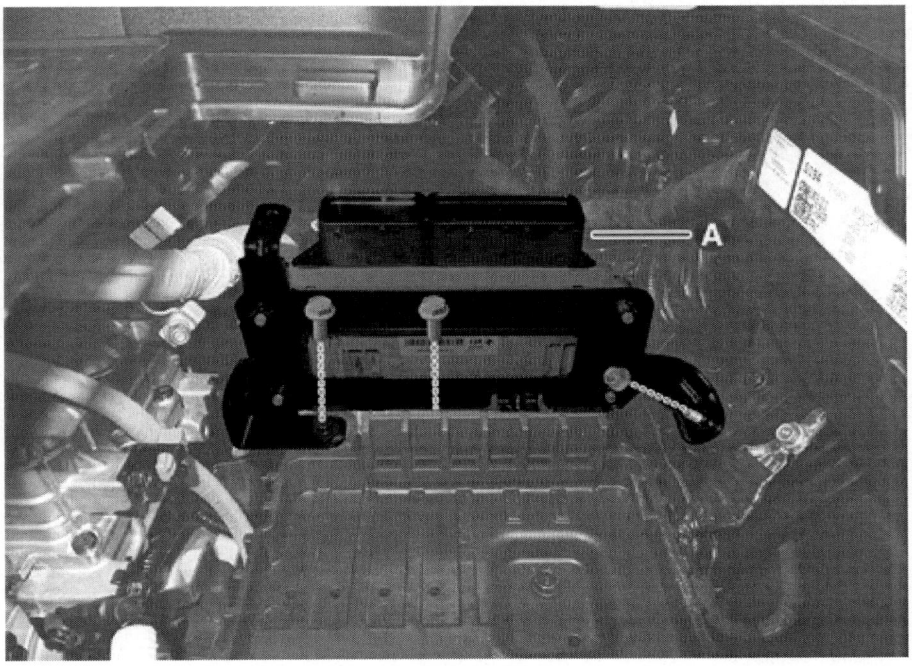

5. 볼트를 탈거하여 VCU(A)에서 브래킷을 분리한다.

체결토크 : 1.0 ~ 1.2 kgf·m

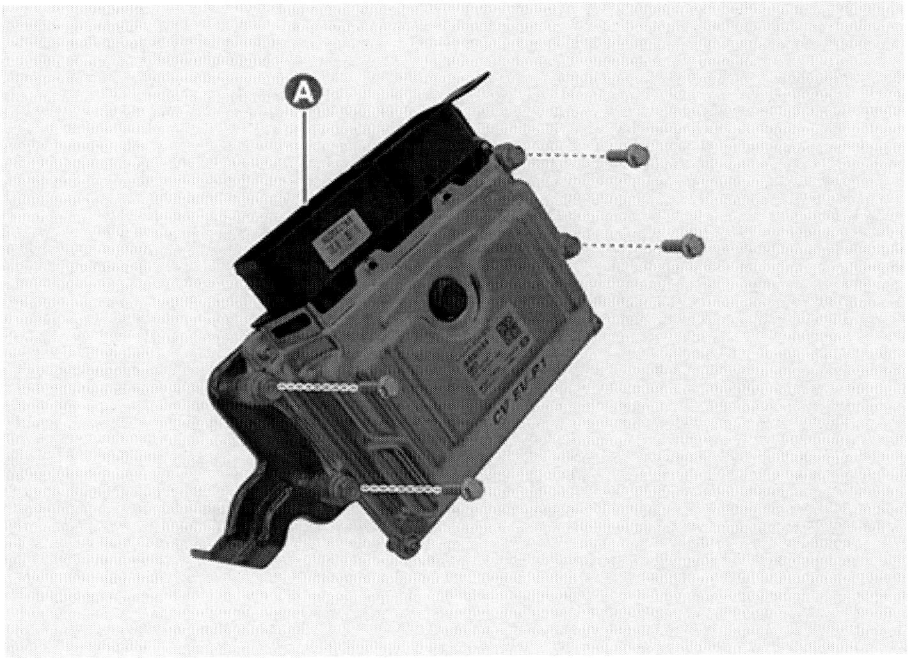

장착

⚠ 경 고

- 고전압 시스템 관련 작업 시, 관련 교육을 이수한 작업자가 정비를 진행한다. 고전압 시스템에 대한 이해가 부족한 경우 감전 또는 누전 등으로 인한 심각한 사고를 초래할 수 있다.

- 고전압 시스템 또는 주변 부품 작업 시, 반드시 "안전 사항 및 주의, 경고" 내용을 숙지하고 준수해야 한다. 미 준수 시, 감전 또는 누전 등으로 인한 심각한 사고를 초래할 수 있다.
- 고전압 시스템 작업 특성 상, 개인보호장구(PPE) 및 사전 고전압 차단 절차를 반드시 확인한다.

1. 장착은 탈거의 역순으로 한다.

유 의

- 차량 제어 유닛(VCU) 장착 시 규정 토크를 준수하여 장착한다.
- VCU를 떨어뜨렸을 경우, 보이지 않는 손상이 유발될 수 있으니 신품으로 교환한다. (재사용 금지)

2. 진단 장비(KDS)를 이용하여 차대번호(VIN) 쓰기를 수행한다.

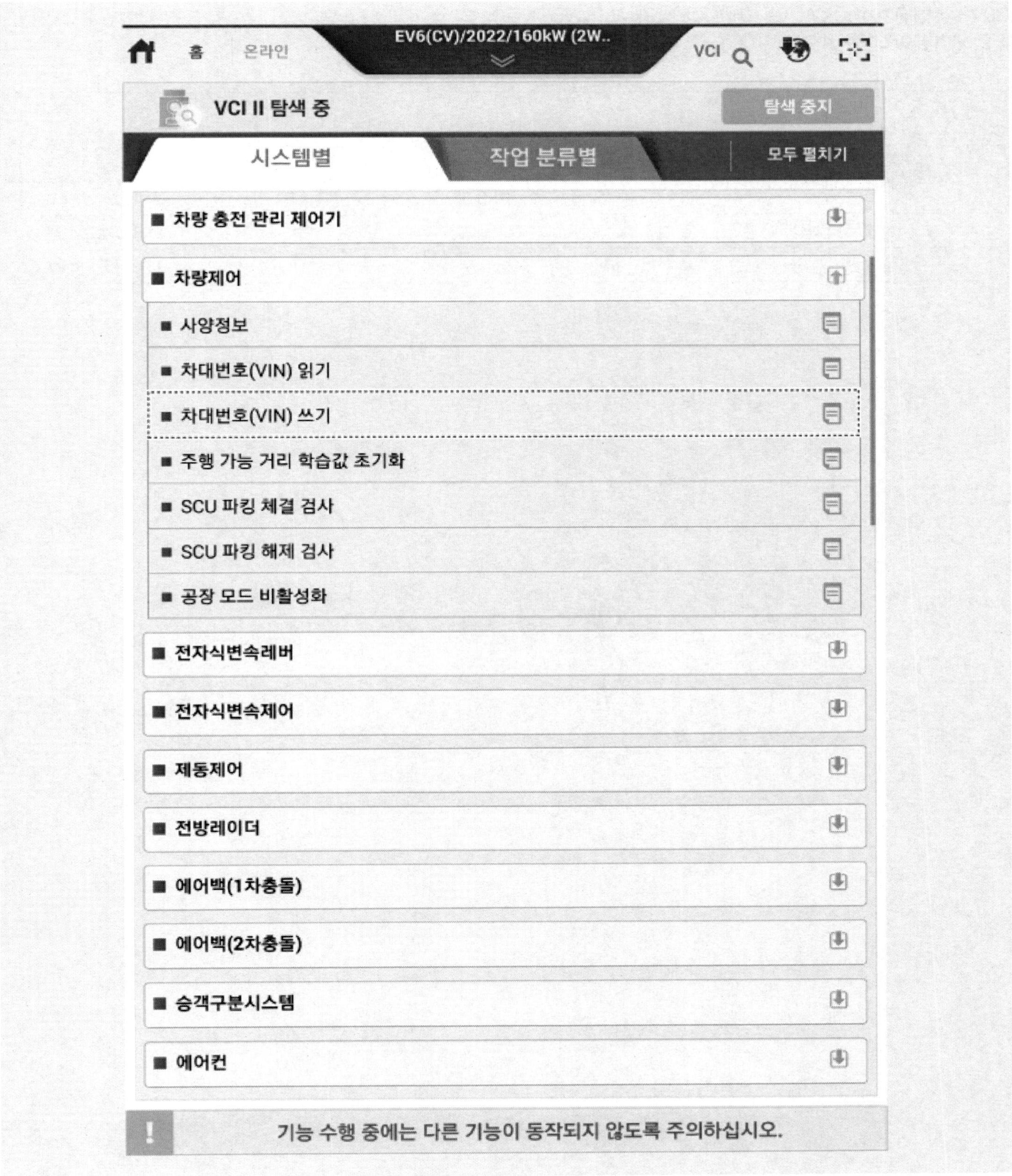
홈
온라인
EV6(CV)/2022/160kW (2W..
VCI
VCI II 탐색 중
탐색 중지
시스템별
작업 분류별
모두 펼치기
차량 충전 관리 제어기
차량제어
사양정보
차대번호(VIN) 읽기
차대번호(VIN) 쓰기
주행 가능 거리 학습값 초기화
SCU 파킹 체결 검사
SCU 파킹 해제 검사
공장 모드 비활성화
전자식변속레버
전자식변속제어
제동제어
전방레이더
에어백(1차충돌)
에어백(2차충돌)
승객구분시스템
에어컨
기능 수행 중에는 다른 기능이 동작되지 않도록 주의하십시오.

제원

액셀러레이터 페달 위치	출력 전압(V)	
	APS 1	APS 2
밟지 않음	0.7 ~ 0.8	0.33 ~ 0.43
완전히 밟음	3.98 ~ 4.22	1.93 ~ 2.17

차상점검

1. 진단 장비(KDS)를 이용해서 신속하게 고장 부위를 진단할 수 있다. ("DTC 진단 가이드" 참조)
   (1) 자기 진단 : 고장 코드(DTC) 점검 및 표출
   (2) 센서 데이터 : 시스템 입출력 값 상태 확인
   (3) 강제 구동 : 시스템 작동 상태 확인
   (4) 부가 기능 : 시스템 옵션, 영점 조절 등의 기타 기능 제어

단품 점검

1. 진단 장비(KDS)를 이용하여 악셀 페달 상태에 따라 센서 1 과 센서 2의 출력 전압을 점검한다.

액셀러레이터 페달 위치	출력 전압(V)	
	APS 1	APS 2
밟지 않음	0.7 ~ 0.8	0.33 ~ 0.43
완전히 밟음	3.98 ~ 4.22	1.93 ~ 2.17

탈거

1. 배터리 (-) 단자와 서비스 인터록 커넥터를 분리한다.
   (배터리 제어 시스템 - "보조 배터리 (12 V)-2WD" 참조)
   (배터리 제어 시스템 - "보조 배터리 (12 V)-4WD" 참조)
2. 커넥터(A)를 분리한다.

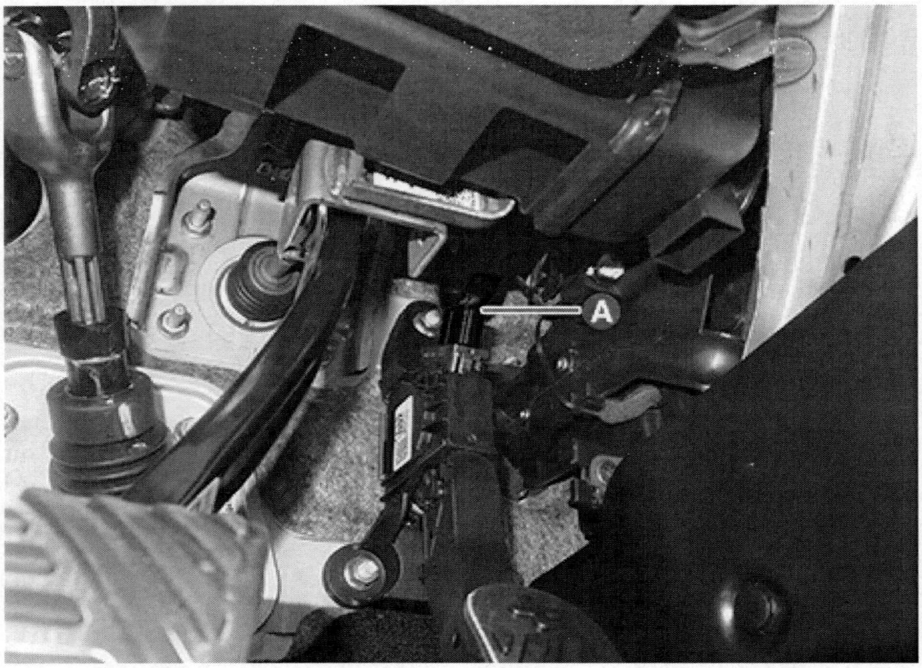

3. 너트를 풀어 액셀러레이터 페달 모듈(A)을 탈거한다.

체결토크 : 1.3 ~ 1.6 kgf·m

장착

1. 장착은 탈거의 역순으로 한다.

유 의

- 액셀러레이터 페달 모듈 장착 시 규정 토크를 준수하여 장착한다.
- 액셀러레이터 페달 모듈을 떨어뜨렸을 경우, 보이지 않는 손상이 유발될 수 있으니 신품으로 교환한다. (재사용 금지)

제　　목 : **2023 EV6 정비지침서(I 편)**
(일반사항/배터리 제어 시스템(기본형)/
배터리 제어 시스템(항속형)/모터 및 감속기 시스템)
발행일자 : 2024년 3월 4일 발 행
저　　자 : 기아자동차(주) 오너십기술정보팀
발 행 인 : 김 길 현
발 행 처 : (주) 골든벨
서울시 용산구 원효로 245(원효로1가 53-1)
등　　록 : 제 1987-000018호
대표전화 : 02) 713－4135 / FAX : 02) 718－5510
홈페이지 : http : //www.gbbook.co.kr
I S B N : 978-11-5806-697-0
정　　가 : 38,000원